$$J_n(x) = q\mu_n n(x)\mathscr{E}(x) + qD_n \frac{dn(x)}{dx}$$

전도전류: 표동 확산 (4–23)

$$J_p(x) = q\mu_p p(x)\mathscr{E}(x) - qD_p \frac{dp(x)}{dx}$$

$$J_{\text{total}} = J_{\text{conduction}} + J_{\text{displacement}} = J_n + J_p + C\frac{dV}{dt}$$

연속방정식: $\frac{\partial p(x,t)}{\partial t} = \frac{\partial \delta p}{\partial t} = -\frac{1}{q}\frac{\partial J_p}{\partial x} - \frac{\delta p}{\tau_p} \qquad \frac{\partial \delta n}{\partial t} = \frac{1}{q}\frac{\partial J_n}{\partial x} - \frac{\delta n}{\tau_n}$ (4–31)

정상상태 확산: $\frac{d^2\delta n}{dx^2} = \frac{\delta n}{D_n\tau_n} \equiv \frac{\delta n}{L_n^2} \qquad \frac{d^2\delta p}{dx^2} = \frac{\delta p}{L_p^2}$ (4–34)

확산거리: $L \equiv \sqrt{D\tau}$ 아인슈타인 관계식: $\frac{D}{\mu} = \frac{kT}{q}$ (4–29)

p–n 접합

평형: $V_0 = \frac{kT}{q}\ln\frac{p_p}{p_n} = \frac{kT}{q}\ln\frac{N_a}{n_i^2/N_d} = \frac{kT}{q}\ln\frac{N_aN_d}{n_i^2}$ (5-8)

$\frac{p_p}{p_n} = \frac{n_n}{n_p} = e^{qV_0/kT}$ (5-10) $W = \left[\frac{2\epsilon(V_0 - V)}{q}\left(\frac{N_a + N_d}{N_aN_d}\right)\right]^{1/2}$ (5-57)

한쪽 계단형 p^+-n: $x_{n0} = \frac{WN_a}{N_a + N_d} \simeq W$ (5–23b) $V_0 = \frac{qN_dW^2}{2\epsilon}$

$\Delta p_n = p(x_{n0}) - p_n = p_n(e^{qV/kT} - 1)$ (5-29)

$\delta p(x_n) = \Delta p_n e^{-x_n/L_p} = p_n(e^{qV/kT} - 1)e^{-x_n/L_p}$ (5-31b)

이상형 다이오드: $I = qA\left(\frac{D_p}{L_p}p_n + \frac{D_n}{L_n}n_p\right)(e^{qV/kT} - 1) = I_0(e^{qV/kT} - 1)$ (5-36)

비이상형: $I = I_0'(e^{qV/\mathbf{n}kT} - 1)$ $(\mathbf{n} = 1 \text{ to } 2)$ (5-74)

빛: $I_{\text{op}} = qAg_{\text{op}}(L_p + L_n + W)$ (8-1)

고체전자공학

Solid State Electronic Devices

제7판

상보형 금속 산화물 반도체(CMOS) 칩의 다층 구리배선. CMOS 집적회로의 전자현미경 사진(1 cm = 3.5 μm)은 칩에서 전기신호들을 전송하는 데 사용되는 6층의 구리배선을 나타낸다. 내부 금속 사이의 유전 절연물질들은 구리배선을 자세히 보여주기 위해 화학적으로 식각하여 제거하였다. (IBM 사진 제공)

고체전자공학

Solid State Electronic Devices

제7판

Ben G. Streetman, Sanjay Kumar Banerjee 지음

곽계달 · 김성준 · 전국진 옮김

PEARSON

■ 옮긴이 ■

곽계달

전, 한양대학교 전자전기컴퓨터공학부 교수
한양대학교 전자공학과 학사
한양대학교 전자공학과 석사
프랑스 국립 폴리테크닉 인스티튜트
전자공학(반도체) 박사

김성준

서울대학교 전기 · 컴퓨터공학부 교수
서울대학교 전자공학과 학사
코넬대학교 전기공학과 석사
코넬대학교 전기공학과 박사

전국진

서울대학교 전기 · 컴퓨터공학부 교수
서울대학교 전자공학과 학사
미시간대학교 전기전자공학과 석사
미시간대학교 전기전자공학과 박사

고체전자공학 제7판

Solid State Electronic Devices 7th Edition

저　자 | Ben G. Streetman and Sanjay Kumar Banerjee
역　자 | 곽계달 김성준 전국진
발행인 | 채희선
발행처 | 성진미디어
발행일 | 2015년 2월 17일
등　록 | 제311-2010-23호

전 화 | 02)374-4363(대표)
팩 스 | 02)375-4362
주 소 | 서울시 은평구 증산동 248 중앙하이츠상가 B101호

ISBN 978-89-98308-10-0

값 35,000원

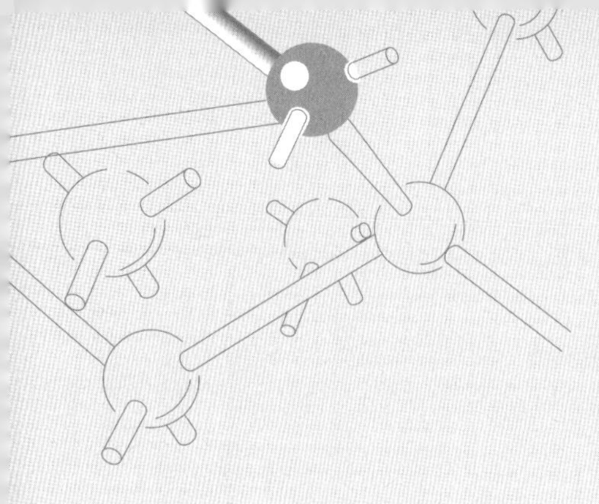

옮긴이 머리말

반세기에 걸친 전자공학, 특히 반도체 분야의 눈부신 발전은 산업 전 분야에 지대한 영향을 미치게 되었다. 또한 반도체 기술의 발달은 전자공학을 전공하는 사람들로 하여금 끊임없이 새로운 지식을 요구하고 있다. 이러한 필요성에 따라 몇몇 교재들이 나오게 되었으며, 그 중에서도 이 책은 학부생뿐만 아니라 대학원생들을 위한 교재로 많이 사용되어 왔다.

이 책의 주요 내용은 반도체 재료의 종류와 성장방법, 기본적인 반도체 소자의 동작원리와 동작특성 그리고 반도체 응용 소자들이다. 현대물리학에 대한 기초 지식이 부족한 학생들에게는 다소 어려운 내용이 포함되어 있을지 모르지만, 상세하게 설명되어 있기 때문에 학부 3,4학년생이나 대학원생들은 쉽게 이해할 수 있으리라고 생각한다.

그동안 반도체 분야의 기술은 상상할 수 없을 정도로 비약적인 발전을 해왔다. 2005년에 이 책의 제6판이 나온 이후, 7판에서는 그동안 출현한 새로운 소자들에 대한 내용이 추가되었으며, 기존의 내용도 수정 및 보완되었다. 특히 최신 논의되고 있는 첨단 소자들: FinFET, 스트레인드 실리콘(strained silicon) 소자, 금속 게이트/high-k 소자들과 III-V 높은 채널 이동도 소자인 첨단 MOSFET와 높은 밴드갭 질화반도체(bandgap nitride semiconductor)와 양자폭포 레이저(quantum cascade lasers)를 포함한 광전자 소자의 최신 동향을 논의하고 있다.

그 외에도, 꿈의 첨단 소재인 그래핀을 포함한 2D 재료와 기하학적인 절연체, 1D 나노와이어와 나노 튜브, 그리고 0D 양자점(quantum dots)과 같은 흥미로운 개념을 소개 했고, 스핀트로닉스(spintronics)에 대한 논의와 새로운 저항성과 위상 변화 메모리(resistive and phase change memories)에 대해서도 다루었으며, 초고주파와 전력 소자에 접합과 전도 과정의 이론도 인용해 보았다.

특히 10장에서 나노전자에 대한 완전히 새로운 절을 추가했다. 여기에 소개된 모든 소자들은 오늘 날 사용되는 전자산업에 중요함으로 이에 대한 개념을 토대로 소자의 응용 예를 들어 학생들의 이해를 돕도록 하였다.

7판을 번역하면서 상당부분은 6판을 참조하였지만, 가능한 처음부터 끝까지 원문에 충실하면서 의미 전달이 잘 될 수 있도록 노력하였으나, 우리말로 옮기면서 다소 어색하고 부자연스러운 표현이 있을지도 모른다.

끝으로 이 책을 번역하는 데 많은 도움을 주신 성진미디어 채희선 대표와 편집진 여러분에게 감사드린다.

역자 일동

머리말

이 책은 전기공학을 전공하는 학부 학생과 기타 흥미를 가진 학생들, 실습하는 공학도, 그리고 최신 현대전자를 이해하기 위한, 과학자들을 대상으로 한, 반도체 소자에 대한 입문서이다. 이 책의 구성은 대학 2학년 물리학 수준의 지식을 가진 학생들이 새로운 소자와 그 응용에 관한 문헌을 읽고 이해할 수 있도록 되어 있다.

목표

학부과정에서는 전자소자에 대해 다음의 두 가지 목표가 있다. (1) 학생들에게 현존하는 소자에 대한 충분한 이해를 도모하여 전자회로 및 시스템에 대한 연구가 의미 있게 하며, (2) 장래에 새로이 개발되는 소자와 그 응용에 대하여 이해할 수 있는 기본을 마련한다. 전자공학을 다루는 기술자와 과학자가 후에 새로운 소자와 공정에 대하여 계속 접하게 될 것임이 분명하므로 아마도 두 번째 목표가 더욱 중요할 것이다. 이런 이유로 새로운 소자를 설명하는 문헌에 계속해서 등장하는 반도체 재료와 고체 내에서의 전도현상의 기본 개념을 포함시키려 노력하였다. 이러한 개념들 중 몇몇은 접합 및 트랜지스터의 기본을 이해하는 데 불필요하다는 이유로 입문서에서 종종 생략된다. 이러한 관점은 학생들이 문헌을 읽어 새로운 소자를 이해할 수 있도록 하는 중요한 목적을 간과한 것이라고 생각한다. 따라서 이 책에서는 상용되는 대부분의 반도체 용어 및 개념을 소개하고 소자를 넓은 범위로 확장시켰다.

금번 개정7판의 새로운 내용들

- 최신 논의되고 있는 MOS 소자들, 탄도 FET의 강조된 이론과 함께 FinFET, 스트레인드 실리콘(strained silicon) 소자, 금속 게이트/high-k 소자들과 III-V 높은 채널 이동도 소자인 첨단 MOSFET에 관한 논의
- 높은 밴드갭 질화반도체(bandgap nitride semiconductor)와 양자폭포레이저(quantum cascade lasers)를 포함한 광전자 소자의 최신 동향
- 학생들에게 그래핀을 포함한 2D 재료와 기하학적인 절연체, 1D 나노 와이어와 나노

튜브, 그리고 0D 양자점(quantum dots)과 같은 흥미로운 개념을 소개하는 새로운 절
- 스핀트로닉스(spintronics)에 대한 논의와 새로운 저항성과 위상 변화 메모리(resistive and phase change memories)
- 100개 가량의 새로운 문제와 교과서 내용을 확장한 최신 참고문헌

참고문헌

학생들에게 도움이 될 수 있도록 쉽게 읽을 수 있는 논문을 각 장 끝의 참고문헌에 포함시켰다. 학생들이 이 참고문헌에 추천된 모든 논문을 읽을 것으로 기대하지는 않는다. 어쨌든 정기간행물에 있는 것들은 혼자 공부하거나 지식을 함양하기 위해 기초를 닦는 데 유용하다. 또한 주요 개념 요약을 각 장의 마지막에 추가하였다.

문제

이 책의 내용을 이해하는 방법 중 하나는 문제를 풀어 연습하는 것이다. 각 장의 끝에 있는 연습문제들은 내용을 쉽게 이해할 수 있도록 구성되어 있다. 단순히 넣은 문제는 없으며, 그 장의 내용을 강화하고 확장시키기 위한 문제들이 선택되었다. 학생들 입장에서 개념을 이해하고 있는가를 측정하기 위한 "자가진단 퀴즈"를 추가하여 수록하였다.

단위

앞에서 언급한 목표를 달성하기 위하여 예제 및 연습문제들은 반도체 문헌에서 상용되는 단위로 나타내었다. 단위의 기본은 MKS이나, 길이 단위로는 cm가 사용되었다. 또한 전자 에너지의 단위로 eV가 J(joule)보다 많이 사용되었다. 다양한 양의 단위들은 부록 I 및 II에 수록하였다.

내용

이 책에서는 내용을 학부수준에 맞게 하기 위하여 몇몇 경우에 "…임을 증명할 수 있다(It can be shown …)"와 같은 문구를 사용했음을 고려해야 한다. 실망스럽겠지만 고체전자 소자에 대한 연구는 통계역학, 양자이론 및 기타 고급수준의 예비지식을 자유로이 활용할 수 있는 석사과정까지 미뤄야 한다. 이것은 더욱 정밀한 분석을 가능케 하지만, 학부생들이 매우 흥미진진한 소자에 대한 공부를 즐기는 데 방해가 될 수 있다.

이 책에서는 실리콘과 화합물 반도체를 모두 다루었는데, 이것은 광전자소자 및 고속소자의 응용에 있어 이들의 중요성이 점점 증가하고 있는 것을 반영하기 위해서이다. 그리고 이종접합, 3원소, 4원소 합금의 격자정합, 합금성분에 따른 에너지 대역간극의 변화, 양자우물을 통한 터널링 등의 내용들이 추가되어 다루는 분야가 넓어졌다. 화합물 반도체에 견줄 만큼 실리콘 소자도 경이로운 발전을 계속하였다. 또한 FET 구조 및 실리콘 집적회로에 대한 논의에 이러한 진보된 내용들을 반영하였다. 이 책의 의도는 최근의 소자 모두

를 다루는 것이 아니며, 이것은 논문 및 학회 발표지를 통해서만 이루어질 수 있다. 대신에, 중요한 원리를 폭넓게 설명할 수 있는 소자를 다루었다.

이 책의 처음 네 개 장은 반도체 및 고체 내에서의 전도에 대한 본질을 다루었다(3장, 4장). 2장에서는 이 분야가 생소한 학생들을 위하여 양자 개념을 간단히 소개하였다. 5장에서는 p-n 접합 및 그 응용 분야를 다루었으며 6, 7장에서는 트랜지스터의 동작원리를 다루었다. 8장에서는 광전자공학을, 9장에서는 집적회로를 논한다. 10장에서는 접합 및 전도의 원리를 고주파와 전력소자에 응용하였다. 나노 전자에 대해서는 완전히 새로운 절을 첨가했다. 이 책에서 다루는 모든 소자는 현대 전자공학에서 매우 중요하며, 더욱이 소자들의 이해는 재미있고 매우 유익한 경험이 될 것이다.

감사의 글

학생들과 교수들이 보내준 지난 여섯 번의 출판본에 대한 지적사항과 제안사항에 힘입어 일곱 번째 출판이 이루어졌다. 많은 독자들이 7판을 준비하는 데 아주 중요한 의견들을 기꺼이 제공해 주었다. 6판까지의 머리말에서 언급했던 바와 같이 이 책을 출판하는 데 많은 기여를 해 준 여러 사람들에게 감사를 드린다. 특히 7판을 저술할 때 끊임없는 정보와 영감을 제공해 준 닉 호로야크(Nick Holonyak)에게 감사드린다. 도움을 많이 주고 있는 텍사스대학교(오스틴)의 동료들, 특히 Leonard Frank Register, Emanuel Tutuc, Ray Chen, Ananth Dodabalapur, Seth Bank, Misha Belkin, Zheng Wang, Neal Hall, Deji Akinwande, Jack Lee, 그리고 Dean Neikirk에게 감사들 드린다. Hema Movva는 연습문제의 해답을 타이핑하는데 도움을 주었다. 그림설명에 인용된 소자와 제조공정과정에 대한 그림들과 사진들을 기꺼이 제공해 준 많은 회사들과 기관들에게도 감사를 보낸다. 7판을 위하여 새로운 사진들을 제공해 준 TI의 Bob Doering, 인텔의 Mark Bohr, 마이크론의 Chandra Mouli, MEMC의 Babu Chalamala, TEL의 Kevin Lally에게도 감사를 보낸다. 끝으로 오랫동안 소중한 동료이자 친구로 지내온 고인이신 Al Tasch에게 감사의 마음을 드린다.

Ben G. Streetman
Sanjay Kumar Banerjee

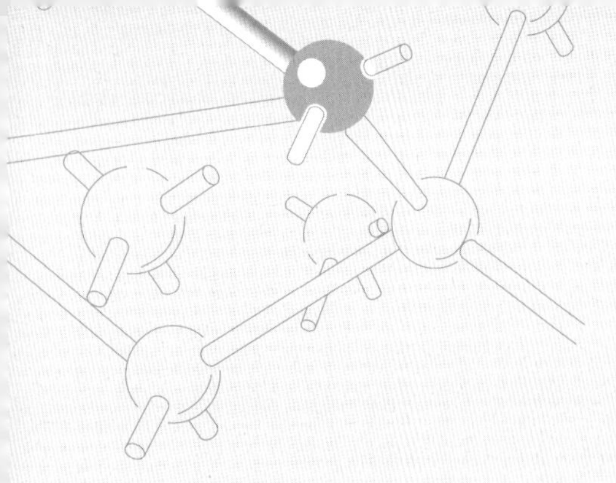

지은이 소개

벤 스트리트만(*Ben G. Streetman*)은 텍사스대학교(오스틴)의 공대 학장이며 공학 분야의 듈러 콕렐(Dula D. Cockrell) 100년 기념 교수직을 가지고 있다. 현재 전기 및 컴퓨터 공학과 교수이며, 미세전자연구센터(Microelectronics Research Center)의 설립 이사직(1984~1996)을 역임하였다. 그의 교육 분야와 연구 분야는 반도체 재료와 소자 분야이다. 1966년 텍사스대학교(오스틴)에서 박사 학위를 받은 후, 1966년부터 1982년까지 일리노이대학교(어배나 샘페인)의 교수를 역임하였다. 1982년에 텍사스대학교(오스틴)로 돌아온 뒤 IEEE에서 교육 메달을 받았으며, ASEE(American Society for Engineering Education)에서 프레더릭 에몬스 터먼(Frederick Emmons Terman) 메달과 국제 화합물 반도체 컨퍼런스에서 하인리히 벨커(Heinrich Welker) 메달을 수상하였다. 그리고 미국 공학한림원(National Academy of Engineering)과 미국 학술원(American Academy of Arts & Science)의 회원이며, IEEE와 전기화학회(Electrochemical Society)의 특별회원이다. 또한 텍사스대학교(오스틴)의 자랑스러운 졸업생과 텍사스공과대학교의 자랑스러운 졸업생의 영예를 받은 바 있다. 공학 교육 부문에서 제너럴 다이나믹스 상을 수상한 바 있고, 부모협회로부터 주어지는 탁월한 대학 교육에 대한 티칭 펠로 상을 받는 영예를 누렸다. 현재 산업체와 정부 기관의 수많은 위원회 위원으로 활동해 오고 있으며, 290편 이상의 기술 논문을 발표하였다. 전기공학과 재료공학 그리고 물리학 분야의 학생 33명이 그의 지도하에 박사 학위를 받았다.

산자이 쿠마르 바네지(Sanjay Kumar Banejee)는 전기 및 컴퓨터공학과의 코크렐(Cockrell) 교수 위원장과 오스틴 텍사스 대학(The University of Texas at Austin)의 마이크로 엘렉트로닉스 연구센터의 책임자로 재직중이다. 그는 1979년에 인디안 공과대학(IIT) 학사를, 카락프(Karagpur)에서 1981년에 석사를, 일리노이 어바나-샴페인 대학(the University of Illinois at Urbana-Champaign) 전기공학과에서 1983년에 박사를 획득했다. 그는 1983-1987년에 TI에서 세계에서 최초로 개발된 4Megabit DRAM에 종사했고, 이로 인해서 ISSCC 최고 논문상을 공동 수상했다. 그는 900편에 가까운 저서와 컨퍼런스 발표 논문, 30편의 U.S. 특허, 50편이 넘는 박사 논문을 심사했다. 그의 수상 중에는 NSF 재단 이사장의 젊은 연구자 상(1988), 텍사스 원자에너지 100주년 장학금(1990-1997)), 컬린(Cullen) 교수상(1997-20001)과 텍사스 대학으로부터 호코트(Hocott) 연구상도 포함된다. 또한 ECS 칼리난 상(2003), 산업 연구 100인에 주는 상(2000), 우수 동창 상, IIT(2005), IEEE 밀레니엄 메달(2000)과 IEEE 앤드류 S. 그로브(Andrew S. Grove) 상(2014)도 받았다. 그는 IEEE와 APS, AAA의 펠로우(Fellow) 회원이다. 그는 2D 물질과 스핀트로닉스에 기반을 둔 CMOS를 능가하는 나노전자 트랜지스터와 첨단 MOSFETs와 태양전지의 제조와 모델링에 관심을 가지고 있다.

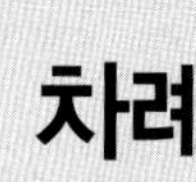

차례

Chapter 01

결정체 성질과 반도체 결정의 성장

학·습·목·표

1. 반도체에 대하여 서술한다.
2. 결정과 관련된 단순 계산을 수행해 본다.
3. 초크랄스키 방법과 박막 에피택셜 결정성장을 이해한다.
4. 결정의 결함에 대해 배운다.

고체전자 소자를 공부할 때는 주로 고체의 전기적인 행동에 관심을 갖지만, 금속이나 반도체를 통한 전하의 이동이 전자의 특성뿐 아니라 고체 내의 원자배열에도 의존한다는 것을 다음 장들에서 알게 될 것이다. 이 장에서는 다른 고체와 비교되는 반도체의 물리적인 특성과 다양한 재료의 원자배열, 그리고 반도체 결정을 성장시키는 몇 가지 방법을 논의할 것이다. 결정구조와 결정성장기술과 같은 주제들은 흔히 개론적인 몇 개의 장보다는 다른 책으로 만들어질 만한 주제들이다. 따라서 우리는 반도체와 소자 제조의 전기적인 특성을 이해하기 위한 기초를 형성시키는 몇 가지 중요하고 기본적인 방법만을 고려할 것이다.

1.1 반도체 재료

일반적으로 반도체는 금속과 절연체의 중간 정도의 전기전도도를 갖는 일련의 물질을 말한다. 이들 물질의 (전기)전도도가 온도 변화, 광학적인 여기상태 및 불순물 함유량에 따라 크게 변할 수 있다는 것은 매우 중요한 사실이다. 이와 같은 전기적 성질의 융통성 때문에 반도체 재료가 전자소자 연구를 위한 물질로 선정되는 것이다.

반도체 재료는 주기율표(표 1-1)의 IV족 및 그 옆에 들어 있는 물질들이며, 이 IV족에 속하는 반도체인 실리콘(silicon; Si)과 게르마늄(germanium; Ge)은 **원소**(*elemental*) 반도체라 하며, 단일 종류의 원자들로만 이루어져 있다. 이들 외에 주기율표 III족과 V족에 속하는 원자들의 화합물 또는 일부 II족과 VI족에 속하는 원자들의 화합물, 혹은 IV족 원자들끼리의 화합물은 **화합물**(*compound*) 반도체를 만든다.

표 1-1에 나타낸 바와 같이 반도체의 종류는 많으며 이러한 반도체는 상당히 여러 가지 종류의 특성을 나타내어, 소자나 회로 기술자들이 전자적인 기능을 설계하는 데 많은 융통성을 준다. 반도체 발전 초기에는 Ge가 많이 사용되었으나 현재는 Si가 대부분의 반도체 전자소자에 사용되고 있으며 정류소자, 트랜지스터 및 집적회로 소자(ICs)에 이용된다. 반면에 화합물 반도체는 고속 또는 빛을 방출 및 흡수하는 데 필요한 전자소자에서 가장 널리 사용되고 있다. GaN, GaP, GaAs와 같은 2원소(*binary*)의 III-V족 화합물은 발광 다이오드(light-emitting diode; LED)에 주로 이용된다. 1.2.4절에서와 같이, GaAsP와 같은 3원소(*ternary*) 및 InGaAsP와 같은 4원소(*quaternary*)의 화합물은 다양한 물성의 선택의 폭을 넓히는 데 기여한다.

표 1-1 일반적인 반도체 원소: (a) 반도체를 만드는 원소의 주기율표에서의 위치; (b) 원소 반도체와 화합물 반도체.

(a)	II	III	IV	V	VI
		B	C	N	
		Al	Si	P	S
	Zn	Ga	Ge	As	Se
	Cd	In		Sb	Te

(b)	원소	IV족 화합물	2원소 III-V족 화합물	2원소 II-VI족 화합물
	Si	SiC	AlP	ZnS
	Ge	SiGe	AlAs	ZnSe
			AlSb	ZnTe
			GaN	CdS
			GaP	CdSe
			GaAs	CdTe
			GaSb	
			InP	
			InAs	
			InSb	

텔레비전 화면에 사용되는 것과 같은 형광물질(fluorescent material)은 일반적으로 ZnS와 같은 II-VI족의 화합물 반도체이다. 광검출기(light detector)는 흔히 InSb, CdSe 또는 PbTe, HgCdTe와 같은 화합물이 사용되며, Si와 Ge도 적외선 검출기와 방사능 검출기로 널리 사용되고 있다. 마이크로파 전자소자로서 중요한 건(Gunn) 다이오드는 GaAs나 InP로 만드는 것이 보통이다. 반도체 레이저는 GaAs, AlGaAs나 3원소, 4원소의 화합물로 만들어진다.

반도체를 도체 및 절연체와 구분할 수 있는 중요한 성질은 **에너지 대역간극**(*energy band gap*)이다. 3장에서 자세히 다룰 이 성질은 반도체에서 흡수되거나 방출되는 빛의 파장을 결정한다. 예를 들어, GaAs의 대역간극은 1.43 eV로 근적외선의 파장을 낸다. 반대로, GaP의 대역간극은 2.3 eV로서 녹색파장을 낸다.[1] 반도체의 대역간극 E_g는 부록 III에 다른 성질과 함께 수록되어 있다. 다양한 반도체 대역간극으로 발광 다이오드나 레이저는 적외선으로부터 가시광선에 이르는 폭넓은 파장을 만들 수 있다.

반도체 재료의 전자적 및 광학적 성질은 불순물에 의해 크게 영향을 받으며, 이 불순물은 정밀하게 제어된 양으로 첨가된다. 이와 같은 불순물은 반도체의 전도도를 광범위하게 변화시키고 심지어는 음(negative)전하 캐리어(carrier)에 의한 것에서 양(positive)전하 캐리어에 의한 것으로 전도과정의 성질을 바꾸는 데까지 이용되고 있다. 예를 들어, 100만분의 1에 상당하는 불순물의 농도가 시료 Si를 전류에 대한 부도체에서 도체로 바꾸어 준다. 이와 같은 불순물 첨가의 조절과정을 **도핑**(*doping*)이라 하는데 후에 다시 언급할 것이다.

이상과 같은 반도체의 유용한 특성을 검토함에 있어서는 이들 물질 속에서의 원자배열을 알아야 한다. 앞에서 지적한 바와 같이 원래의 물질에 대한 작은 불순물 함유량의 변화가 그 물질의 전기적 성질을 크게 변화시킬 수 있다면, 각 반도체에 있어서 원자의 성질과 특수한 배열이 결정적으로 중요한 요인이 될 것이다. 따라서 우선 간단히 결정구조에 대한 소개부터 시작하기로 한다.

1.2 결정격자

이 절에서는 여러 가지 고체에서의 원자배열을 검토함에 있어 우선 단결정과 다른 형태의 물질을 구별한 후에 결정격자(crystal lattice)의 주기성을 검토하기로 한다. 여기서 기본적인 입방구조를 갖는 결정을 참고로 하여 몇 가지 중요한 결정학적 용어를 정의하고 예시한다. 이 정의를 사용하면 임의의 결정구조 격자 내에서의 평면이나 방향을 표시할 수

1) 빛의 광자 에너지 E(eV)와 파장 λ(μm) 간의 전환은 $\lambda = 1.24/E$이다. GaAs의 경우에, $\lambda = 1.24/1.43 = 0.87$ μm이다.

있다. 끝으로 다이아몬드 격자를 배울 것이다. 이 구조는 변형되어 대부분의 전자소자에 사용되는 대표적인 반도체재료이다.

1.2.1 주기적 구조

결정질 고체(crystalline solid)는 그 결정을 구성하고 있는 원자가 주기적인 형식으로 배열되어 있다는 점에서 특이한 것이다. 즉, 어떤 기본적인 원자배열이 전체 고체에서 되풀이된다. 따라서 일단 이 기본적인 주기성이 발견되면 일련의 다른 등가적인 지점에서와 똑같이 결정이 한 지점에서 나타난다. 그러나 모든 고체가 결정체는 아니다(그림 1-1). 어느 것은 전혀 주기적인 구조를 이루지 않고 있으며[**비정질 고체**(*amorphous* soild)], 또 다른 것은 작은 영역 내에서는 단결정(single-crystal)인 물질이 여러 개 합해져 있다[**다결정 고체**(*polycrystalline* solid)]. 그림 6-33의 고해상도 사진은 트랜지스터 채널에서의 단결정실리콘 내의 주기적 원자배열을 산화물층의 비정질 SiO_2(유리)와 비교하고 있다.

결정 내에서의 주기는 공간 내 점들의 대칭적 배열을 일컫는 **격자**(*lattice*)에 의해 규정된다. **결정**(*crystal*)을 이루기 위해서는 **기본**(*basis*)배열의 격자점 각각에 같은 공간적 배열을 갖고 있는 하나 또는 그룹의 원자들을 더하면 된다. 어느 경우나 이 격자는 전체 격자를 나타내고 결정 전체를 통해 규칙적으로 되풀이되는 체적 또는 **셀**(*cell*)을 포함하고 있다. 그림 1-2는 이와 같은 격자의 예로서 **기본셀**(*primitive* cell) $ODEF$로 된 원자의 2차원 배열을 나타낸 것이다. 여기서 벡터(vector) **a**, **b**를 그림과 같이 정의했을 때, 기본셀이 이들 벡터의 정수배만큼 이동하면 처음 것과 동일한 새 기본셀(즉, $O'D'E'F'$)이 나타남을 알 수 있다. 이들 벡터를 이 격자에 대한 **기본벡터**(*primitive vector*)라 한다. 이 격자 내의 점들은 두 점 사이의 벡터가

$$\mathbf{r} = p\mathbf{a} + q\mathbf{b} + s\mathbf{c} \tag{1-1}$$

이면 구별이 되지 않는다. 여기서 p, q, s는 정수이다. 기본셀은 셀의 모서리에만 격자점을 갖고 있다. 기본셀은 유일하지는 않으며,기본 벡터의 정수배 만큼 이동함으로써 결정의

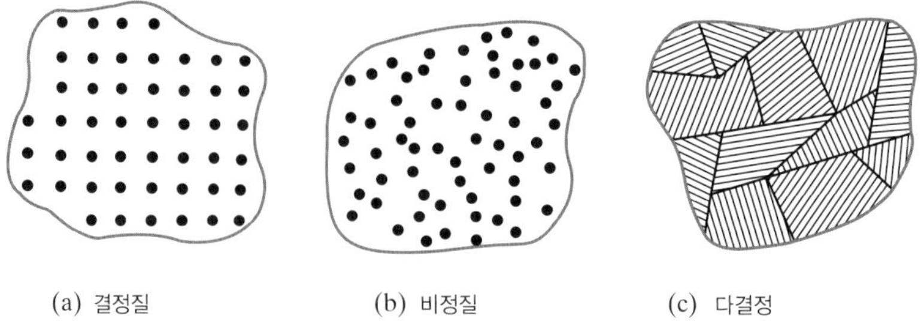

그림 1-1 원자배열에 따른 세 가지 고체의 분류: 결정질(a)과 비정질 재료(b)는 원자의 미시적 관점에서 본 것이며, 다결정구조(c)는 (a)와 같은 서로 인접한 단결정의 영역을 거시적 관점에서 표시한 것이다.

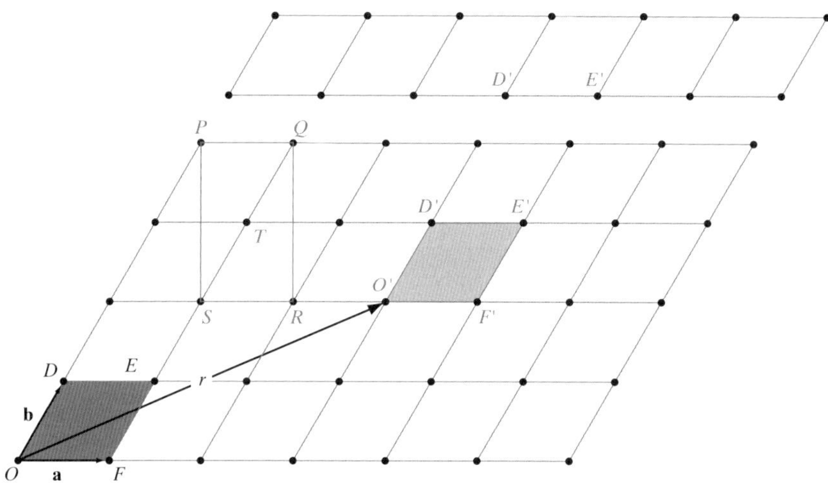

그림 1-2 단위셀이 r = 3a + 2b만큼 이루어진 것을 보여주는 2차원 격자

전체를 나타낼 수 있어야 하며 셀 당 하나의 격자점을 갖는다. 가장 작은 기본 벡터를 고르는 것이 관례이다. 여기서 알아두어야 할 것은 그림 1-2에 보인 기본 셀의 격자점 모서리들은 인접한 셀들과 공유 되므로 기본 셀에 속하는 **유효**(*effective*) 격자점 수는 언제나 1(unity)이다. 체적 속에 원자를 배열하는 방법은 다양하므로 원자들 사이의 거리와 방향은 여러 가지 형태를 띠게 되어 서로 다른 격자와 결정의 구조를 갖게 된다. 중요한 것은 격자를 결정하는 것은 격자점 간 거리, 크기가 아니라 **대칭성**(*symmetry*)이다.

그러나 흔히 격자를 취급할 때 이 기본셀이 가장 편리한 것은 아니다. 예를 들어 그림 1-2를 보면, 격자점들의 마름모꼴 배열이 *T*가 중심인 격자점을 가진 직사각형꼴(*PQRS*)로 간주될 수도 있음을 알 수 있다[소위 **중심 직사각형** 격자(*centered rectangular* lattice)로 알려져 있다]. [단, 모든 마름모꼴 격자들에 적용되는 것은 아니다!] 확실히 마름모보다는 직사각형을 다루는 것이 더 간단하다. 그러므로 이런 경우에는 가장 작은 기본셀 *ODEF*를 다루는 것보다 더 큰 직사각형 **단위셀**(*unit* cell) *PQRS*를 선택하는 것이 낫다. 단위셀은 격자점을 모서리에도 두고 있지만 또한 면심(face center)[그리고 3차원으로는 체심(body center)]에도 필요하면 두고 있다. 격자의 대칭성을 보다 더 낫게 표현할 수 있다면 종종 기본셀 대신 사용될 때가 있다(이 경우는 '중심 직사각형' 2차원 격자). 이는 **기본**(*basis*)벡터를 정수배 이동함으로써 격자를 반복한다.

단위셀이 중요한 이유는 대표적인 체적을 검토함으로써 그 결정체를 전체적으로 분석 고찰할 수 있기 때문이다. 예를 들어, 한 단위셀로부터 격자의 상태를 유지하는 여러 가지 힘을 계산하기 위해 가장 인접한 원자들 사이의 거리와 그 다음으로 가까이 있는 원자들 사이의 거리 등을 구할 수 있다. 그래서 원자들로 채워져 있는 단위셀 체적의 작은 부분을 볼 수 있고, 고체의 밀도와 원자배열을 관련시켜 생각할 수 있다. 그러나 더욱 중요한 것은 전자소자의 경우 주기적인 결정격자의 성질이 전도과정에 관여하는 전자들이 취할 수

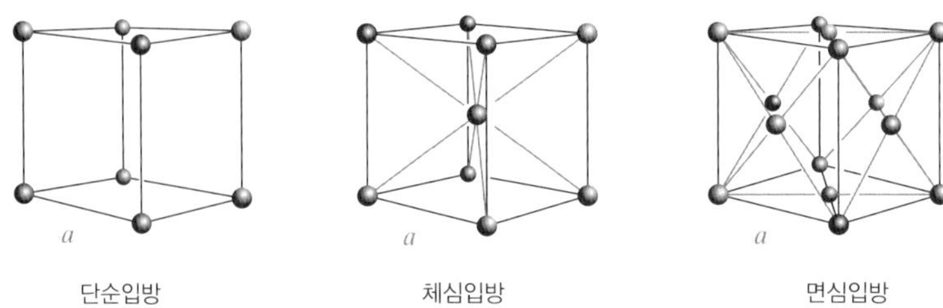

그림 1-3 세 가지 입방격자구조의 단위셀

있는 허용된 에너지를 결정한다는 점이다. 따라서 격자구조는 결정의 기계적 성질뿐 아니라 전기적 성질도 결정하게 된다.

1.2.2 입방격자

가장 간단한 3차원 격자는 단위셀이 그림 1-3에 나타낸 세 가지와 같은 입방체로 되어 있는 것이다. 단순입방(*simple cubic*; *sc*)구조는 단위셀의 각 모서리에 한 개의 원자가 위치하고 있다. 체심입방(*body-centered cubic*; *bcc*)격자는 입방구조에서 그 중심에 원자가 하나 더 추가되어 있는 구조이고, 면심입방(*face-centered cubic*; *fcc*)격자의 단위셀에는 8개의 모서리와 6개의 측면 중심에 원자들이 있다. 이 세 가지 구조들은 모두 다른 기본셀을 갖고 있지만 같은 입방 단위셀을 갖고 있다. 일반적으로 단위셀이 사용된다.

위의 모든 원자 배열에서 원자들이 격자 안에 배열될 때, 인접한 원자 간의 거리는 그들이 서로 끄는 힘과 미는 힘 사이의 평형이 이루어짐으로써 정해지는 것이다. 이들 힘의 성질에 대해서는 3.1.1절에서 특정 고체의 경우를 예로 들어서 검토할 것이고, 우선 원자를

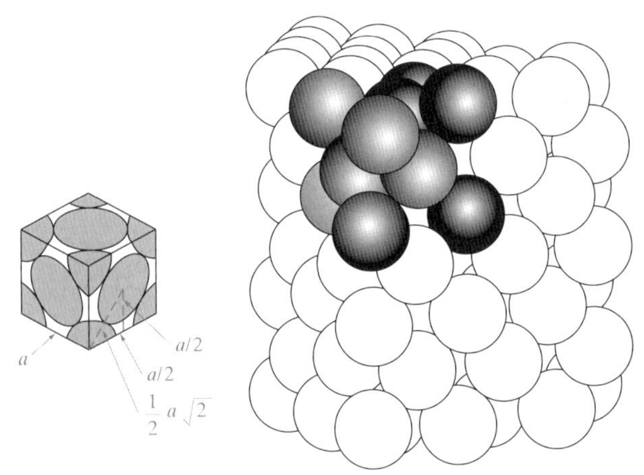

그림 1-4 fcc 격자로 강구를 충전시킬 경우의 모형

강체의 구(sphere)로 근사시켜 이들 원자로서 충전시킬 수 있는 격자체적의 최대부분을 계산하면 다음과 같다. 예를 들어, 그림 1-4의 경우는 변의 길이가 *a*인 면심입방의 한 셀에 가장 인접해 있는 것들이 서로 접촉되게 구들이 싸여진 상태를 나타낸 것이다. 한 입방단위셀에서 이 변의 길이 *a*를 격자상수(*lattice constant*)라 한다. fcc 격자의 경우 가장 인접한 원자 간의 거리는 면의 대각선의 반, 즉 $\frac{1}{2}(a\sqrt{2})$이다. 따라서 면의 각 4개의 모서리에 있는 원자들과 접촉을 이루고 있는 그 면 위에 중심을 둔 원자의 반지름은 가장 인접한 원자 간 거리의 반, 즉 124 $(a\sqrt{2})$가 될 것이다.

예제 1-1 강체의 구를 채우고 있는 단위 셀의 면심입방(face centered cubic, fcc)구조의 비율(충전율)을 구하여라.

풀이 가장 인접한 원자 간의 간격 = $\frac{5\sqrt{2}}{2}$ Å = 3.54 Å

반지름 = 1.77 Å

각 원자의 체적 = 23.14 Å^3

입방당 원자수 = $6 \cdot \frac{1}{2} + 8 \cdot \frac{1}{8}$ = 4 atoms

충전율 = $\frac{23.1\ \text{Å}^3 \cdot 4}{(5\ \text{Å})^3} = 0.74 = 74\%$

1.2.3 면과 방향

결정을 논함에 있어 격자 내에서의 면이나 방향을 표시해 주는 것이 크게 도움이 된다. 이와 같은 목적에서 보통 채택되고 있는 표시방법으로는 격자 내의 평면의 위치나 벡터의 방향을 나타내는 세 개의 정수로 된 시스템이 사용되고 있다. 우선 한 격자점을 원점으로 하여 *xyz* 좌표를 설정하고(모두 동등하기 때문에 어느 격자점도 상관없다!), 좌표축들은 입방단위셀의 모서리와 맞추어진다. 한 특정 면을 기술하는 세 개의 정수는 다음과 같이 구할 수 있다.

1. 그 면과 결정축과의 교점을 구하고 이들 교점을 기본벡터의 정수배수로 나타낸다(즉, 그 면의 방향을 바꾸지 않고 원점으로부터 안쪽 또는 바깥쪽으로 이동시켜 각 결정축상에서 기본벡터의 정수배가 되는 교점을 구하는 것이다).
2. 과정 1에서 구해진 정수 세 개의 역수를 취하고 이들을 최소 정수 *h*, *k*, *l*의 세트(set)로 고친다(이들은 세 개의 역수에서와 같은 관계를 서로 유지한다).
3. 면(*hkl*)으로 표시한다.

예제 1-2 그림 1-5에 표시된 면은 세 개의 결정축과 2**a**, 4**b**, 1**c**에서 교차한다. 이들 교점을 나타내는 정수배수의 역수를 취하면 $\frac{1}{2}, \frac{1}{4}, 1$이며, 이들 분수는 정수 2, 1, 4와 같은 관계를 갖는다(즉, 각각에 4를 곱해 주면 알 수 있다). 따라서 이 면은 (214) 면으로 표시할 수 있다. 단 하나의 예외는 교점이 격자상수 a의 일부분일 때이다. 이런 경우에는 가장 작은 정수로 줄이지 않는다. 예를 들어, 그림 1-3에서 입방면과 평행이며 bcc 격자에서 체심 원자들을 통과하는 면들은 (200)이지 (100)이 아니다.

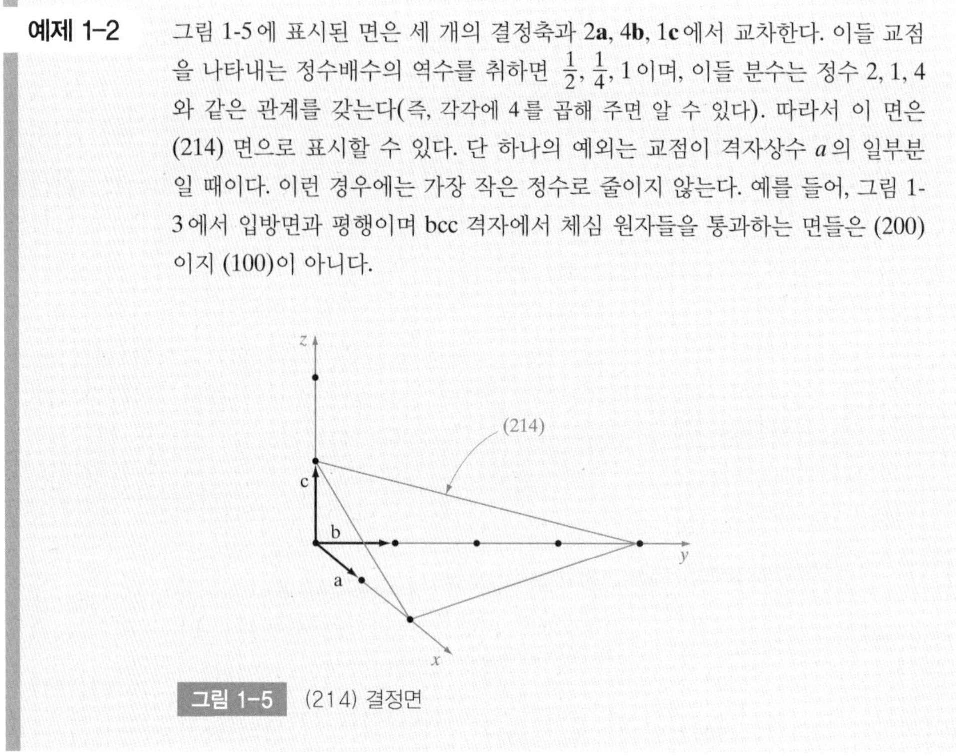

그림 1-5 (214) 결정면

이 세 개의 정수 h, k, l을 밀러지수(*Miller index*)라 하며, 이 세 개의 수로 격자 내의 서로 평행한 일련의 평면을 정의하게 된다. 교점 좌표의 역수를 취하는 방법의 이점은 그 표시방법에서 있을 수 있는 무한한 경우의 수를 배제할 수 있다는 데 있다. 즉, 한 결정축에 관하여 평행한 평면에 대한 교점은 무수히 많으나 이와 같은 교점 좌표의 역수는 0으로 취해진다. 한 평면이 한 결정축을 포함하면 그 축에 평행하게 되며 교점 좌표의 역수는 0이 된다. 또 평면이 원점을 통과하면 밀러지수를 계산하기 위해서 그것을 평행한 위치로 병진시켜 옮겨놓을 수 있다. 또한 결정축의 음(negative)축상에서 교차가 이루어지면 편의상 $(h\bar{k}l)$과 같이 밀러지수 위에 음의 부호를 붙여놓으면 된다.

결정학적으로 보면 한 격자에 있는 여러 평면은 등가적이다. 즉, 주어진 밀러지수를 갖는 평면은 그 격자에서 간단히 단위셀의 위치와 방향을 선정함으로써 적당히 옮겨놓을 수 있다. 이와 같은 등가적인 평면들에 대한 지수는 소괄호 ( ) 대신 중괄호 { }를 사용해서 표시한다. 예를 들면 그림 1-6의 입방격자의 경우, 모든 입방면(cubic face)들은 결정학적으로는 등가적이어서 이 단위셀은 여러 가지 방향으로 회전시켜도 역시 같게 된다. 따라서 이 6개의 등가적인 면을 전체적으로 {100}으로 표시한다.

격자 내에서의 방향도 그 방향을 나타내는 벡터의 성분과 같은 관계에 있는 세 개의 정수로 표시한다. 이 세 개의 벡터성분은 기본벡터의 배수로 나타내어지며, 이 세 개의 정수를 그들 사이의 관계는 그대로 유지하면서 그들의 최소값으로 약분한다. 예를 들어, 입방

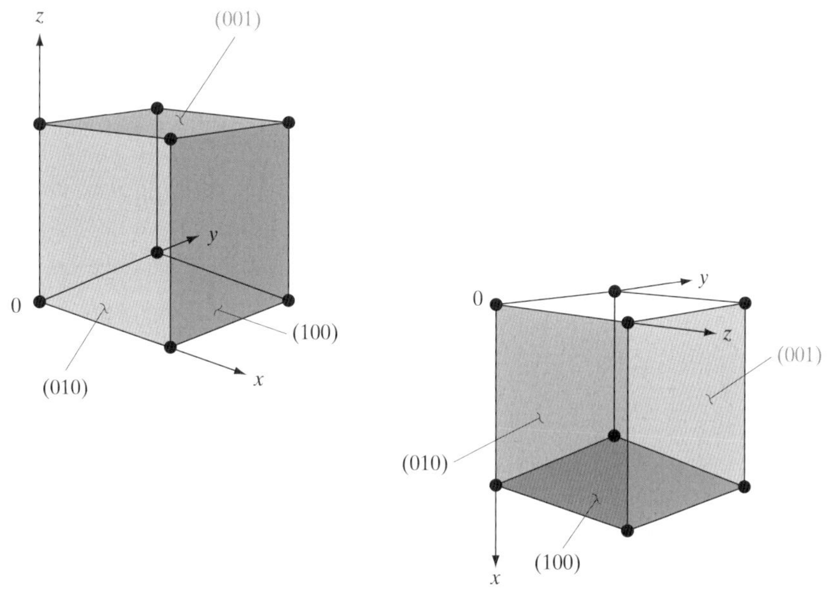

그림 1-6 입방격자 내에서 단위셀을 회전시켜 얻은 등가적인 입방면({100} 면)

격자에서(그림 1-7a와 같이) 입체대각선을 보면 이것은 1**a**, 1**b**, 1**c**의 세 성분으로 되어 있다. 따라서 이 대각선은 [111] 방향이다(여기서 대괄호는 방향지수에 대하여 사용한다). 평면의 경우와 같이 격자구조에서는 여러 개의 방향이 등가적이며 축에 대한 방향을 임의로 선정하는 데 따르게 된다. 이와 같은 등가적인 방향지수의 경우는 각괄호 ⟨ ⟩를 사용한다. 예를 들어, 입방격자의 결정축 [100], [010], [001]은 모두 등가적이며 ⟨100⟩ 방향이라 한다(그림 1-7b).

밀러지수에 관한 두 가지 유용한 특성은 면 사이의 거리와 방향 사이의 각도이다. 인접한 두 면(hkl) 사이의 거리 d는 격자상수 a로 다음과 같이 나타낼 수 있다.

$$d = a/(h^2 + k^2 + l^2)^{1/2} \tag{1-2a}$$

각기 다른 밀러지수 방향들 사이의 각도 θ는 다음과 같이 주어진다.

$$\cos\theta = \{h_1h_2 + k_1k_2 + l_1l_2\}\{(h_1^2 + k_1^2 + l_1^2)^{1/2}(h_2^2 + k_2^2 + l_2^2)^{1/2}\} \tag{1-2b}$$

그림 1-6과 1-7을 비교하면 입방격자구조에서 방향 [hkl]은 평면 (hkl)에 수직임을 알 수 있다. 이 사실은 입방격자의 단위셀로 격자를 분석하는 것을 편리하게 해 주지만, 입방격자시스템이 아닌 경우에는 반드시 그렇다고 할 수는 없다.

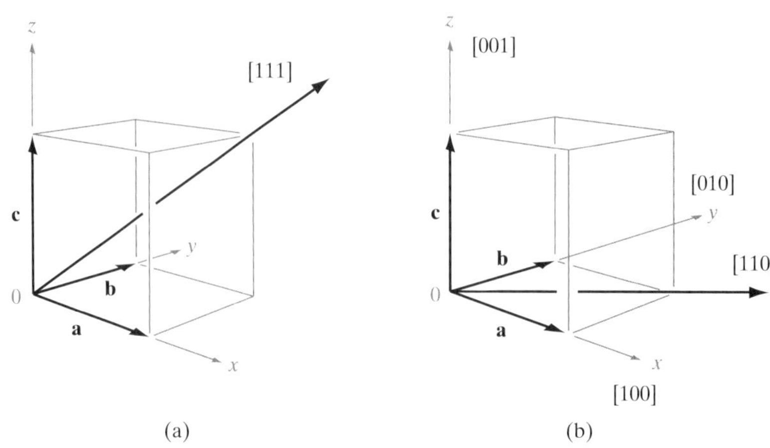

그림 1-7 입방격자구조에서의 결정방향

1.2.4 다이아몬드 격자구조

많은 중요한 반도체의 기본 결정구조는 두 개의 원자를 기본으로 하는 면심입방격자로 다이아몬드(*diamond*) 구조가 되며, 이것은 Si, Ge와 C가 다이아몬드 형태일 때의 특성이다. 또 여러 화합물 반도체에서 원자는 기본적인 다이아몬드 구조로 배열되어 있으나 구성원자가 격자위치에 교대로 자리잡고 있다. 이것을 섬아연광(*zinc blende*)구조라 하는데, III-V족 화합물 반도체는 이의 대표적인 예이다. 다이아몬드 구조를 표시하는 가장 간단한 방법 중 하나는 다음과 같다.

> 다이아몬드 구조는 fcc 격자의 배열로 된 각 원자로부터 **a**/4 + **b**/4 + **c**/4인 위치에 별도로 원자가 더 있는 일종의 fcc 격자로 볼 수 있다.

그림 1-8a는 fcc 단위셀로부터 다이아몬드 격자를 구성하는 방법을 나타낸 것이며, 각 방향으로 이 입방체의 한 변의 1/4에 상당하는 성분을 갖는 벡터를 그리면, 같은 단위셀 내에서 4개의 다른 원자에 도달하게 된다. 나머지 다른 fcc 격자점의 원자로부터 앞에서 정의한 바와 같이 그린 벡터들은 인접한 단위셀에 있는 대응되는 격자점을 정해 줄 따름이다. 이상과 같은 다이아몬드 격자의 구성방법은 원래의 fcc에 대하여 제2의 fcc가 $\frac{1}{4}$, $\frac{1}{4}$, $\frac{1}{4}$ 만큼 이동하여 처음 것 속으로 침투된 모양이 된다는 것을 암시해 준다. 이와 같이 그림 1-8a의 단위셀을 위쪽(또는 임의의 ⟨100⟩ 방향)에서 내려다보면 겹쳐진 상태의 fcc 부격자(*sublattice*)들의 형상이 된다. 그림 1-8b에서는 원래의 fcc에 속하는 원자는 원으로, 또 침투된 상태로 된 부격자는 흑점으로 표시되어 있다. 이상의 경우 모든 원자가 같으면 이 구조를 다이아몬드 격자라 하고, 다른 종류의 원자가 서로 번갈아 인접하여 배치된 상태이면 섬아연광구조라 한다. 예를 들어 한 fcc 부격자는 Ga 원자로, 이 격자 속으로 침투된 부격자들은 As 원자로 되어 있을 때는 GaAs의 섬아연광구조가 된다. 대부분의 화합물

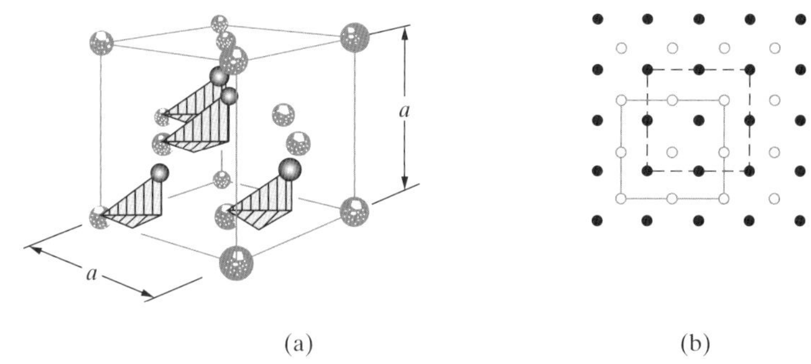

그림 1-8 다이아몬드 격자구조: (a) fcc에서의 각 원소로부터 $\frac{1}{4}$, $\frac{1}{4}$, $\frac{1}{4}$만큼 떨어져서 원자를 배치하여 구성한 다이아몬드 격자의 단위셀; (b) 확대한 다이아몬드 격자의 위에서 본(즉, 임의의 ⟨100⟩ 방향) 모형(원으로 표시한 것은 fcc 부격자를, 흑점은 이것에 침입된 fcc 격자를 표시).

반도체는 이 구조의 격자를 갖고 있으며, II-VI족 화합물 반도체 중의 일부는 이들과 약간 다른 섬유아연석(*wurtzite*) 격자구조를 갖고 있다. 여기서는 가장 보편적으로 사용되고 있는 대부분의 반도체 결정이 다이아몬드 및 섬아연광 격자구조로 되어 있으므로 이들에 대해서만 검토하기로 한다.

III-V족 화합물의 특이하고 유용한 특성은 섬아연광 결정의 두 fcc 부격자 각각에 대하여 성분의 조성을 변화시킬 수 있다는 것이다. 예를 들어, AlGaAs는 III족 부격자 중의 Al이나 Ga 원자의 양을 변화시켜 3원소의 조합을 변경시킬 수 있다. 이들 여러 성분의 구성은 첨자를 이용하여 표시한다. 예를 들어, $Al_xGa_{1-x}As$는 3원소 합금으로 섬아연광 구조의 III족 부격자 중 Al이 x, Ga가 $(1-x)$만큼 있는 것이다. $Al_{0.3}Ga_{0.7}As$는 30% 의 Al 및 70% 의 Ga가 III족 자리에, As 원자가 V족 부격자 자리에 있음을 표시한다. 정해진 구성으로 이와 같은 3원소의 결정을 성장시킬 수 있는 것이 매우 중요하며, 가령 $Al_xGa_{1-x}As$에서와 같이 x를 0에서 1까지 변화시킴으로써 전자적, 광학적 성질을 GaAs($x = 0$)로부터 AlAs($x = 1$)까지 다양화할 수 있다. 또한 4원소 화합물도 $In_xGa_{1-x}As_yP_{1-y}$와 같이 성장시켜 다양한 성질을 꾀할 수 있다.

예제 1-3 Si 격자상수가 5.43 Å일 때, Si 원자들의 체적밀도(원자수/cm³)를 계산하라. (100) 면 위의 원자들의 면적밀도(원자수/cm²)를 계산하라.

풀이 (100) 면에는 꼭지점에 4개의 원자와 면심 중앙에 하나의 원자가 있다.

$$(100)\ 면:\ \frac{4 \times \frac{1}{4} + 1}{(5.43 \times 10^{-8})(5.43 \times 10^{-8})} = 6.8 \times 10^{14}\ cm^{-2}$$

Si의 경우, 8개의 꼭지점에 격자점들이 있고, 6개의 면심 중앙지점들 그리고 2

개의 원자들이 있으므로

$$\text{입방당 원자수} = \left(8 \times \frac{1}{8} + \frac{1}{2} \times 6\right) \times 2 = 8$$

$$\text{체적밀도} = \frac{8}{(5.43 \times 10^{-8})^3} = 5.00 \times 10^{22}\ \text{cm}^{-3}$$

전자공학의 입장에서 보면 다이아몬드나 섬아연광 격자구조에서는 그림 1-9에서 보는 바와 같이 각 격자점의 원자들이 4개의 최인접 원자들에 의해 둘러싸여 있다는 것이 중요하다. 이와 같은 각 원자에 대한 주위 원자들과의 관계의 중요성은 3.1.1절에서 격자를 구성하는 결합력(bonding force)을 검토할 때 분명해질 것이다.

결정에서 원자가 어떠한 평면을 이루고 배열되어 있다는 사실은 그 물질의 여러 가지 기계적, 금속학적 및 화학적 특성을 검토할 때 매우 중요하다. 예를 들면, 결정체는 종종 어떠한 원자면에 따라 쪼개져서 특이한 평면의 표면을 이룬다. 이것은 보석용으로 쪼갠 다이아몬드에서 잘 알 수 있는데, 그 면은 분명히 여러 개의 결정학적 방향에 따라 교차되는 면들이 삼각형, 육각형, 정사각형의 대칭성을 나타내고 있다. 다이아몬드 및 섬아연광 격자구조의 반도체도 비슷한 벽개면(cleavage plane)을 갖고 있다. 결정의 식각(etching)과 같은 화학반응도 흔히 어떠한 한 결정방향으로 특히 잘 이루어진다. 이와 같은 성질은 결정의 대칭성을 보여주는 좋은 예로 이용되기도 하지만, 반도체 소자를 만드는 과정에서도 매우 중요한 역할을 한다.

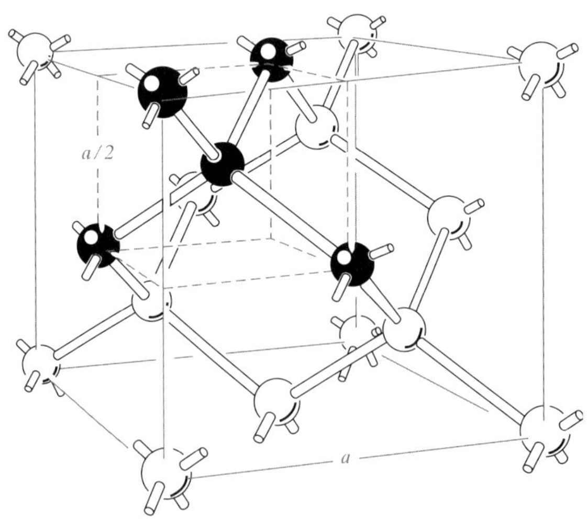

그림 1-9 4개의 최인접 원자구조를 보여주는 다이아몬드 격자구조의 단위셀[*Electrons and Holes in Semiconductors*(W. Shockley, Litton Educational Publishing, 1950)에서 발췌; Van Nostrand Reinhold Co., Inc. 허가 수락].

1.3 반도체 결정의 성장

1948년 트랜지스터의 발명 이래 고체전자 소자 기술의 진보는 이와 같은 전자소자들에 대한 착상의 발달에 의존하였을 뿐 아니라 재료의 개선도 또한 크게 관련되어 있다. 예를 들어, 오늘날 집적회로(integrated circuit)가 제작되고 있다는 사실은 1950년대 초반 및 중반에 순수한 단결정 Si의 성장이 상당히 성공적으로 이루어진 결과이다. 전자소자급의 반도체 결정을 성장시켜야 한다는 것은 다른 어떤 재료에서보다도 절박한 문제이다. 이와 같은 경우 반도체 결정은 큰 단결정이어야 할 뿐만 아니라 극도로 정밀한 한계 내에서 그 순도가 조절되어야 한다. 예를 들어, 현재 (전자)소자에 사용되고 있는 Si 결정에서는 대부분의 불순물농도를 100억분의 1 이하의 것으로 한다. 이와 같은 순도를 얻으려면 제조과정에서 각 공정마다 재료의 취급과 처리에 각별한 주의가 필요하다.

1.3.1 시작시료

Si 결정에 사용되는 천연재료는 SiO_2이다. 우리는 다음 반응식에 따라 SiO_2를 환원시키기 위해 SiO_2를 불꽃을 사용하는 도가니(arc furnace)에서 매우 높은 온도(~1800°C)로 코크(coke)상태인 탄소와 반응시킨다.

$$SiO_2 + 2C \rightarrow Si + 2CO \tag{1-3}$$

이것은 철(Fe)과 알루미늄(Al) 그리고 무거운 금속과 같은 불순물이 몇 백에서 몇 천 ppm 수준으로 함유된 MGS(metallurgical grade silicon)를 구성한다. 예제 1-3을 보면, 1 ppm Si가 5×10^{16} cm^{-3} 불순물 수준에 해당한다는 것을 확인할 수 있다. MGS는 Si를 사용해 스테인레스강(stainless steel)을 만드는 것과 같은 야금술적인 응용에는 충분할 정도로 깨끗한 반면, 전기적인 응용에 적합할 만큼 충분히 순수하지는 않다. 그것은 또한 단결정도 아니다.

반도체에 사용되는 품질의 Si나 전기적인 응용에 사용되는 품질의 Si(electronic grade silicon; EGS)를 제작하기 위해 MGS는 훨씬 더 정제되어 불순물 수준이 ppb(1 ppb = 5 $\times 10^{13}$ cm^{-3}) 수준으로 줄여진다. 이것은 끓는점이 32°C인 액체 $SiHCl_3$를 형성하기 위해 다음 반응식에 의해 MGS를 건식 HCl과 반응시키는 과정을 포함한다.

$$Si + 3HCl \rightarrow SiHCl_3 + H_2 \tag{1-4}$$

$SiHCl_3$와 함께 부산물로 $FeCl_3$와 같은 불순물을 포함한 염화물이 형성되는데, 다행히도 그것은 $SiHCl_3$와 끓는점이 다르다. 이것은 부분증류법(fractional distillation)이라는 기술을 사용할 수 있도록 한다. 그리고 그 기술을 사용해 $SiHCl_3$와 불순물인 염화물로 된 혼합물을 가열하여, 적당한 온도를 유지하는 서로 다른 증류탑에서 증기를 응축시킨다. 이

러한 과정을 통해 불순물로부터 순수한 $SiHCl_3$를 분리해낼 수 있다. 그러고 나서 $SiHCl_3$를 수소(H_2)와 반응시켜 높은 순도의 EGS로 변환시킨다.

$$2SiHCl_3 + 2H_2 \rightarrow 2Si + 6HCl \tag{1-5}$$

1.3.2 단결정 주괴의 성장

이렇게 고순도이긴 하지만 아직은 다결정인 EGS는 단결정 Si 주괴(ingot)나 공(boule)으로 변환되어야 한다. 이것은 일반적으로 오늘날 초크랄스키(*Czochralski*) 방법이라 불리는 과정을 통해 행해진다. 통상 단결정을 성장시키기 위해서는 성장을 위한 틀을 제공하는 시드(seed) 결정을 필요로 한다. EGS에 Si의 용융점(1412°C)까지 열을 가해서 안벽에 석영을 붙인 흑연 도가니에서 이것을 용융한다.

시드 결정을 용융된 재료 속에 내린 후 천천히 올림으로써 시드 위로 결정이 성장되도록 한다(그림 1-10a). 일반적으로 이 결정은 성장 중에 천천히 회전시켜서 용융체를 약간 저어주거나 온도를 균등하게 함으로써 불균등한 응고를 방지한다. 이 기술은 Si, Ge 및 일부 화합물 반도체 결정을 성장시키는 데 널리 사용되고 있다.

용융체로부터 GaAs와 같은 화합물을 인상할 경우에는 휘발성 원소(즉, As)가 증발하는 것을 막아야 한다. 이를 위한 한 가지 방안으로는 용융상태에서 밀도가 높고 점도가 큰 B_2O_3층을 용융된 GaAs 표면에 띄워서 As의 증발을 막는 것이다. 이와 같은 결정성장방법을 액상밀봉식 초크랄스키(*liquid-encapsulated Czochralski*; *LEC*) 성장방법이라 한다.

초크랄스키 결정성장방법에서 주괴의 모양은 결정구조에 따라 다각형을 이루고자 하는 경향과 원형의 **단면**을 이루고자 하는 표면장력의 영향이 합쳐져서 결정된다. 결정성장 초기에는 그림 1-10b와 같이 시드 결정 부근에 작은 평면이 생기나, 대형 주괴의 단면은 그림 1-11과 같이 거의 원형이다.

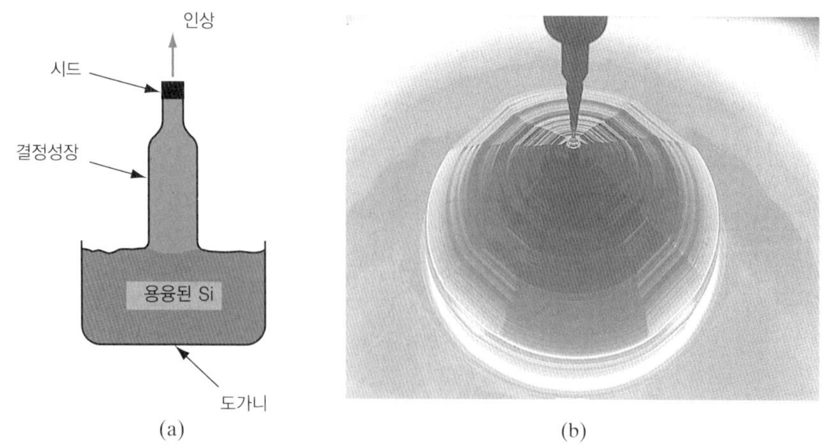

그림 1-10 용융체로부터의 Si 결정의 인상(초크랄스키 방법): (a) 결정성장과정의 개요도; (b) 지름 8인치, ⟨100⟩ 방향의 Si 결정이 용융체로부터 인상되고 있음(MEMC 일렉트로닉스 사진 제공).

Si 집적회로(9장 참조)를 만들 때는 매우 큰 Si 웨이퍼(wafer)를 사용해서 여러 개의 집적회로 칩(IC chip)을 동시에 제작하는 것이 경제적이다. 따라서 매우 큰 Si 결정을 성장시키기 위한 방법에 대한 상당한 연구와 발전이 이루어져 있다. 예를 들어, 그림 1-11은 지름 12인치(300 mm), 길이 1.0 m, 무게 140 kg의 주괴와 300 mm 웨이퍼를 보여주고 있다.

(a)

(b)

그림 1-11 (a) 초크랄스키 방법에 의해 성장된 Si 결정. 이 대형 단결정 주괴로부터 지름 300 mm(12인치)의 웨이퍼를 만들 수 있다. 이 주괴는 (뾰족한 영역을 제외하면) 길이 1.0 m, 무게 140 kg에 해당한다. (b) 300 mm 웨이퍼를 들고 있는 기사(MEMC 일렉트로닉스 사진 제공).

1.3.3 웨이퍼

단결정 주괴는 성장되고 나서 웨이퍼 제작을 위해 기계적으로 처리된다. 첫 번째 단계는 다소 부정확한 실린더 주괴를 정밀하게 조정된 직경을 갖는 완벽한 실린더로 기계적으로 다듬는 과정을 포함한다. 이것은 현대의 집적회로 공정설비에서 많은 프로세싱 도구들과 웨이퍼 조작 로봇들이 웨이퍼 크기에 있어 엄격한 허용오차를 요구하기 때문에 중요하다. 엑스레이 결정학(X-ray crystallography)을 사용하여, 주괴의 결정면(crystal plane)을 확인한다. 6.4.3절에서 논의되는 이유들 때문에 대부분의 Si 주괴는 ⟨100⟩ 방향을 따라 성장된다(그림 1-10). 그러한 주괴의 경우 작은 V자 형태의 절단면(notch)이 결정의 {110} 면을 나타내기 위해 실린더 한쪽에 만들어진다. 이것은 ⟨100⟩ Si 웨이퍼들의 경우 {110} 벽개의 면들이 서로 직교하기 때문에 유용하다. 이 절단면은 개개의 집적회로 칩들이 {110} 면을 향하게 만들어 칩들이 절단될 때 결정의 불필요한 깨짐을 막아 동작하는 칩의 손실을 막는다.

이어서, Si 실린더는 다이아몬드가 끝에 붙은, 안쪽에 구멍이 난 날톱(blade saw)이나 실톱(wire saw)을 사용함으로써 약 775 μm 두께의 개개의 웨이퍼들로 잘린다(그림 1-12). 현재 최첨단의 웨이퍼는 지름이 300 mm이나, 다음 세대는 지름이 450 mm 일 것이다. 생성된 웨이퍼들은 평탄한 표면을 만들고 톱질로 인한 기계적인 손상을 제거하기 위해 양쪽 면들이 기계적으로 겹쳐지고 연마된다. 그런 손상들은 소자에 해로운 영향을 미칠 수도

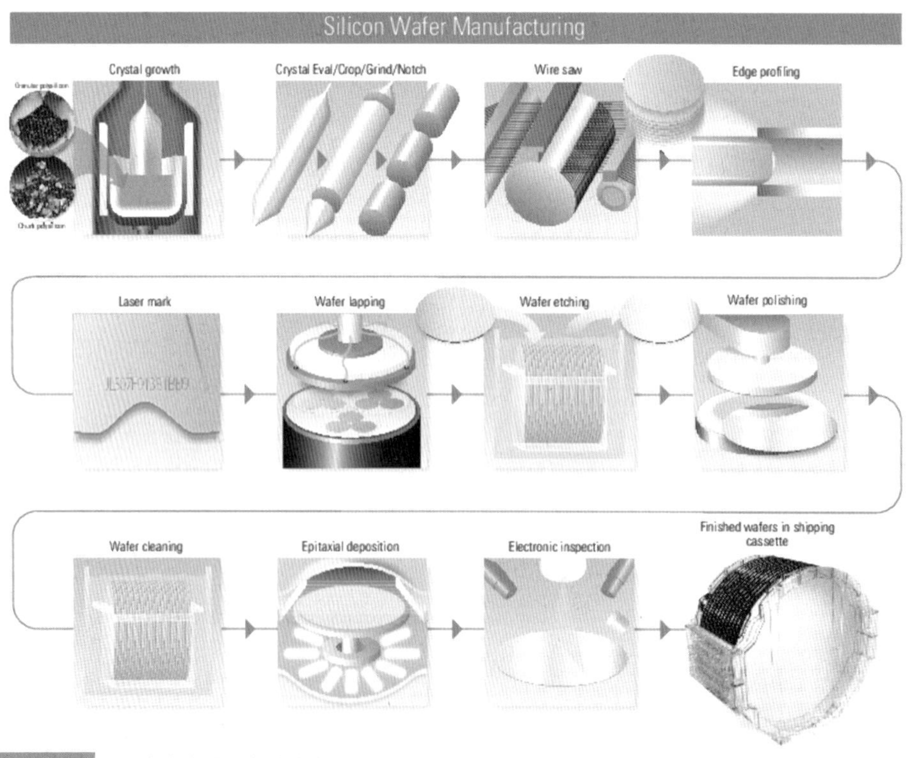

그림 1-12 Si 웨이퍼 제작에 관계된 단계.

있다. 웨이퍼의 평탄도(flatness)는 "초점깊이(depth of focus)", 즉 5장에서 논의되는 사진석판(photolithography) 동안 이미지가 얼마나 선명하게 웨이퍼 표면에 초점이 맞춰질 수 있는가의 관점에서 중요하다. 다음으로 Si 웨이퍼들은 가공하는 동안 웨이퍼들이 조각날 가능성을 최소화하기 위해 모서리들을 따라 둥글게 만들어진다. 마지막으로, 웨이퍼들은 웨이퍼의 앞 표면을 거울 같이 만드는 마무리를 위해 알칼리성의 NaOH 용액에서 매우 미세한 SiO_2 입자의 현탁액(slurry)을 사용하는 화학-기계적 연마작업(chemical-mechanical polishing)의 대상이 된다. 이제 웨이퍼들은 집적회로공정을 할 준비가 되었다(그림 1-12b). 이러한 공정에 덧붙여진 경제적인 가치는 인상적이다. 매우 저렴한 모래(SiO_2)로부터, 예를 들면 그 위에 각각이 몇 백 달러의 가치를 가진 수백 개의 마이크로프로세서들을 만들 수 있는, 몇 백 달러의 가치를 지닌 Si 웨이퍼를 얻을 수 있다.

1.3.4 도핑

앞에서 언급했듯이, 용융된 EGS에는 약간의 불순물이 남아 있다. 또한 Si의 전기적 특성을 변화시키기 위해 Si 용융체에 의도적으로 불순물이나 도펀트(dopant)를 첨가시킬 수도 있다. 용융체와 고체의 중간층 계면이 응고할 때에 이들 2상(phase, 相) 사이에 불순물의 분포가 이루어진다. 이와 같은 성질을 확인하는 양이 **분포계수**(*distribution coefficient*) k_d이며, 평형상태에서 액상(液相) 내에 있는 불순물농도 C_L에 대한 고상(固相) 내에 있는 불순물농도 C_S의 비로서 정의된다. 즉,

$$k_d = \frac{C_S}{C_L} \tag{1-6}$$

이 분포계수는 물질, 불순물, 고체-액체 계면의 온도 및 성장속도의 함수이다. 즉, 분포계수가 1/2이 되는 불순물의 경우에, 재응고된 고체 속의 불순물농도에 대한 응고된 재료부분의 불순물의 상대적인 농도는 1 대 2가 된다. 따라서 먼저 응고된 재료부분의 불순물농도는 초기 불순물농도 C_0의 반이 된다. 그러므로 용융체로부터 성장되는 동안에는 이 분포계수가 중요시된다. 이런 결과는 초크랄스키 성장을 포함하는 다음의 예제를 통해 설명될 수 있다.

예제 1-4 초크랄스키 방법으로 성장시킨 Si 1 kg에 10^{15} cm^{-3}로 도핑하기 위하여 추가하는 As(k_d = 0.3)의 무게를 구하여라. (As의 원자량 = $74.9\frac{g}{mol}$)

풀이

$$C_s = k_d \cdot C_L = 10^{15}\frac{1}{cm^3} \rightarrow C_L \frac{10^{15}\frac{1}{cm^3}}{0.3} = 3.33 \cdot 10^{15}\frac{1}{cm^3}$$

전체적으로 용융 된 무게와 체적을 무시할 수 있으면

$$\frac{1000\text{g Si}}{2.33\frac{\text{g}}{\text{cm}^3}} = 429.2\ \text{cm}^3\ \text{Si}$$

$$3.33 \cdot 10^{15}\frac{1}{\text{cm}^3} \cdot 429.2\ \text{cm}^3 = 1.43 \cdot 10^{18}\ \text{As atoms}$$

$$\frac{1.43 \cdot 10^{18}\ \text{atoms} \cdot 74.9\frac{\text{g}}{\text{mol}}}{6.02 \cdot 10^{23}\frac{\text{atoms}}{\text{mol}}} = 1.8 \cdot 10^{-4}\text{g As} = 1.8 \cdot 10^{-7}\text{kg As}$$

1.4 에피택셜 성장

소자의 응용을 위한 결정성장방법 중의 하나는 호환성이 있는 결정으로 이루어진 웨이퍼 상에 얇은 결정을 성장시키는 것이다. 기판의 결정은 성장되는 물질과 같을 수도 있고 유사한 격자구조의 다른 물질일 수도 있다. 이 과정에서 기판은 그 위에 새로운 결정이 성장되는 시드 결정이 되며, 새 결정은 기판과 같은 결정구조 및 방향성을 갖는다. 이 기판웨이퍼 위에 방향성을 가진 단결정막을 기르는 기술을 **에피택셜 성장**(*epitaxial growth*) 또는 **에피택시**(*epitaxy*)라 한다. 이는 기판결정의 용융점보다 훨씬 낮은 온도에서 행해지며, 성장막의 표면에 적절한 원자를 공급하기 위한 다양한 방법이 사용된다. 이 방법에는 **화학기상증착**(*chemical vapor deposition*; *CVD*),[2] 용융액으로부터의 성장[**액상 에피택시**(*liquid-phase epitaxy*; *LPE*)], 진공에서의 원자의 증착[**분자선 에피택시**(*molecular beam epitaxy*; *MBE*)] 등이 있다. 이러한 광범위한 성장방법으로 전자 및 광전자소자에 필요한 성질을 갖는 결정을 성장시킬 수 있다.

1.4.1 에피택셜 성장에서의 격자정합

Si 에피택셜층이 Si 기판 위에 성장될 경우에는 결정격자의 자연적인 정합이 이루어지므로 고질(高質)의 단결정이 생성된다. 그러나 종종 기판과 다른 에피택셜층을 성장시킬 필요가 있으며, 이를 **이종에피택시**(*heteroepitaxy*)라 한다. 이는 격자구조 및 격자상수 a가 두 종류의 물질에 대해 같으면 쉽게 얻어질 수 있다. 예를 들어, GaAs와 AlAs는 모두 섬아연광구조이며, 격자상수는 약 5.65 Å이다. 따라서 3원소 합금 AlGaAs는 GaAs 위에 매우 적은 격자상의 차이를 가지며 성장될 수 있다. 또한 GaAs는 Ge 기판 위에 성장될 수 있다(부록 III 참조).

2) **화학기상증착**(*chemical vapor deposition*)이라는 용어는 다결정이나 비정질의 막을 증착함을 포함한다. CVD 공정이 단결정 에피택셜층을 형성하는 경우는 특별히 **기상 에피택시**(*vapor-phase epitaxy*; *VPE*)라 한다.

AlAs 및 GaAs는 유사한 격자상수를 가지므로, AlGaAs는 AlAs로부터 GaAs에 이르는 모든 조성범위에 걸쳐 동일한 격자상수를 갖는다. 따라서 3원소 화합물인 $Al_xGa_{1-x}As$는 조성비 x를 원하는 소자 특성에 맞게 선택하여 GaAs 웨이퍼 위에 형성될 수 있다. 이때 형성된 에피택셜층은 GaAs 기판과 정합된 상태이다.

그림 1-13은 III-V족 3원소 화합물의 조성비가 변함에 따른 에너지 대역간극 E_g를 격자상수 a에 대하여 나타낸 것이다. 예를 들어, InGaAs의 성분이 III족 부격자상에 InAs로부터 GaAs로 변화될 때, 에너지 대역간극은 0.36 eV에서 1.43 eV로, 결정격자상수는 InAs의 6.06 Å에서 GaAs의 5.65 Å으로 변화하는 것을 볼 수 있다. 고정된 격자상수를 갖는 2원소 화합물 위에는 이 3원소 화합물이 모든 조성비를 가지며 성장될 수 없다. 그러나 그림 1-13에서 볼 수 있듯이 InP 기판 위에는 일정한 조성비의 InGaAs를 성장시킬

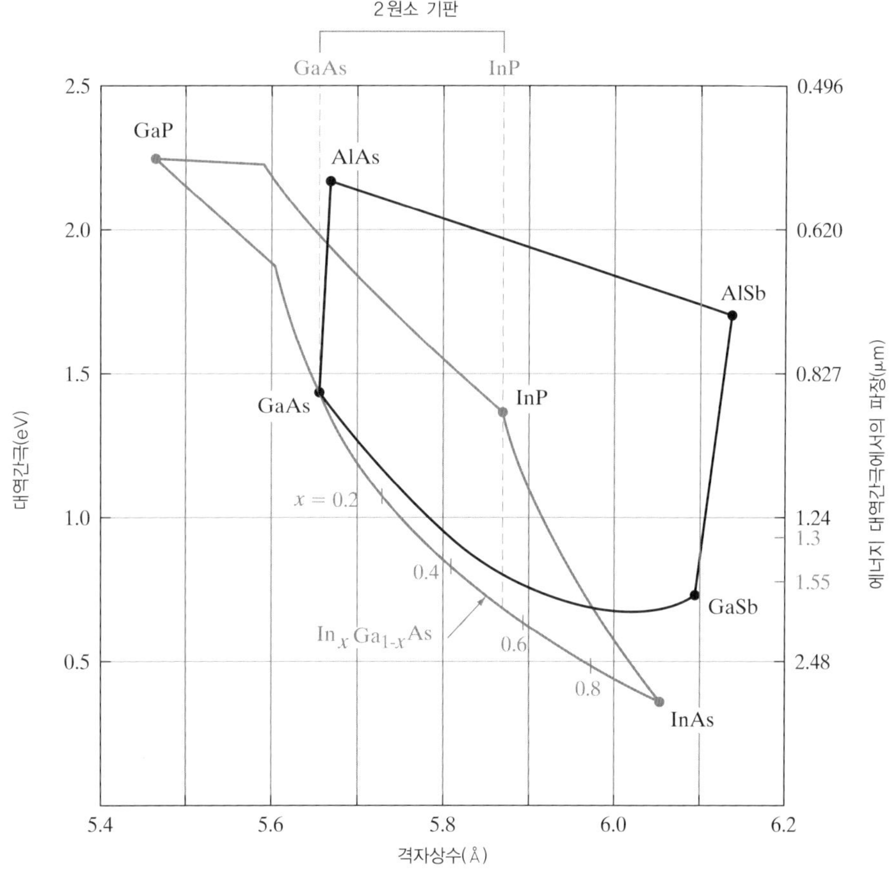

그림 1-13 InGaAsP와 AlGaAsSb 합금에 있어서의 에너지 대역간극 및 격자상수의 관계. 점선의 수직성분은 GaAs와 InP 상용 기판의 격자상수를 나타낸다. 표시된 $In_xGa_{1-x}As$의 예에서는 조성비 $x = 0.53$의 결정이 격자상수가 같으므로 InP 위에 정합되어 성장될 수 있다. 4원소 합금의 경우에는 III, V족의 부격자의 조성비가 동시에 변화되어 정합된 에피택셜층을 성장시킬 수 있다. 예를 들어, $In_xGa_{1-x}As_yP_{1-y}$는 기판 위에 성장될 수 있으며, 이때의 에너지 대역간극은 0.75 eV에서 1.35 eV까지 변한다. 본 그림을 이용함에 있어, 3원소 합금의 격자상수 a는 조성비 x에 선형비례함을 가정한다.

수 있다. InP에서 InGaAs에 이르는 수직선분(동일한 격자상수를 가짐)은 중간 조성비(정확히 $In_{0.53}Ga_{0.47}As$)를 갖는 정합된 화합물이 InP 기판 위에 성장될 수 있음을 보여준다. 유사하게, 3원소 화합물인 InGaP도 Ga 및 In이 약 50%의 조성비로 GaAs 기판 위에 정합된 성장을 할 수 있다. 주어진 기판 위에 정합된 결정성장의 종류를 늘이기 위해서는 InGaAsP와 같은 4원소 화합물을 이용하면 좋다. III, V족 부격자의 조성비를 동시에 변화시킴으로써 원하는 에너지 대역간극을 쉽게 얻을 수 있으며, 동시에 GaAs나 InP와 같은 많이 이용되는 2원소 화합물 기판 위에 정합된 결정을 만들 수 있다.

GaAsP의 격자상수는 조성비에 따라 GaAs와 GaP 사이에 있다. 예를 들어, 적색 LED에 사용되는 GaAsP 결정은 40%의 P와 60%의 As로 구성되어 있다. 이 결정은 GaAs나 GaP 기판 위에 직접 성장될 수 없으므로, 결정성장 시 격자상수를 점진적으로 변화시키는 것이 중요하다. 성장은 GaAs나 Ge 기판을 이용하여 GaAs에 가까운 조성비로 시작된다. 먼저 약 25 μm 두께까지는 원하는 As와 P의 조성비를 얻을 때까지 P를 점진적으로 증가시키며 성장된다. 다음에 원하는 에피택셜층(즉, 100 μm 두께)은 이 변화층(graded region) 위에 성장된다. 이러한 방법으로 에피택셜 성장은 항상 유사한 격자상수를 갖는 결정 위에 이루어진다. 이 변화층에서의 격자 변위에 의한 전위가 약간 있으나, 양질의 결정이 만들어지며 LED에 사용될 수 있다.

정합된 에피택셜층의 많은 이용과 함께, 다음 절에서 언급되는 진보된 에피택셜 성장방법으로 박막의(약 100 Å 두께) 부정합된 결정을 성장시킬 수 있다. 부정합이 수 %이고 층이 매우 얇으면, 에피택셜층은 시드 결정(그림 1-14)에 맞춰가는 격자상수를 가지며 성장될 수 있다. 성장된 층은 그 격자상수가 시드 결정에 맞추어지는 과정에서 표면을 따라 압축응력(compression)이나 인장응력(tension)이 발생한다. 이러한 층을 **슈도모르픽**(*pseudomorphic*, 부정규형)이라 하는데, 이는 변위가 없이는 기판 위에 정합될 수 없기 때문이다. 그러나 에피택셜층이 격자의 부정합에 의존하는 임계층 두께 t_c를 초과하면, 변위 에너지는 **미스핏 전위**(*misfit dislocation*)라 불리는 결함을 만들게 된다. 이 약간 부정합된 결정층을 교대로 성장시켜 **변위층-초격자**(*strained-layer superlattice*; *SLS*)를 형성할 수 있으며, 이는 교대로 성장된 층들이 인장응력이나 압축응력을 갖고 있다. SLS의 격자상수는 층을 이루는 두 물질상수의 평균이 된다.

1.4.2 기상 에피택시

저온에서 고순도로 결정성장하는 장점들은 기상(vapor phase)에서 결정성장을 함으로써 얻을 수 있다. 결정층은 시드(물질) 또는 기판 위에 반도체 재료의 화학적 증기(vapor) 또는 반도체 재료를 함유하는 화학적 증기의 혼합물로부터 성장시킬 수 있다. **기상 에피택시**(*vapor-phase epitaxy*; *VPE*)는 전자소자에서 사용되는 특히 중요한 반도체 재료의 원천이다. GaAs와 같은 일부 화합물은 다른 방법보다는 기상 에피택시 기법에 의하여 보다 순수하고 결정구조가 완전하게 성장시킬 수 있다. 더욱이 이들 기법을 사용함으로써 전자

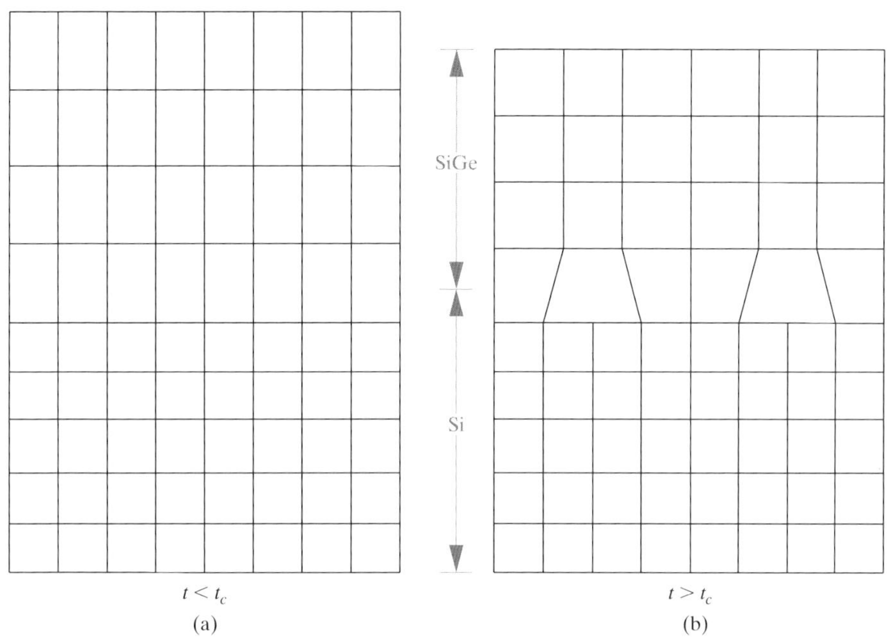

그림 1-14 이종에피택시와 어긋난 전위(dislocation). 예를 들면, Si상의 SiGe층의 이종에피택시에서 SiGe와 Si 사이의 격자 부정합은 SiGe층에 압축력에 의한 긴장을 만들어낸다. 긴장의 정도는 Ge의 분자비에 의존한다: (a) 층의 두께가 임계층 두께인 t_c보다 작은 경우 부정규형 성장이 발생한다; (b) 그러나 t_c 이상인 경우는 어긋난 전위가 소자 응용에서 층의 유용성을 감소시킬 수도 있는 계면에 형성된다.

소자의 실제 제작에 있어 융통성이 커진다. 기판 위에 에피택셜층이 성장될 때는 비교적 간단하게 기판과 성장층에서의 불순물 첨가의 형태 사이에 뚜렷한 구분이 이루어진다. 이와 같은 불순물의 변화를 자유롭게 할 수 있다는 것의 장점은 다음 장들에서 검토하기로 한다. 다만 여기서는 쌍극성(bipolar) Si 집적회로 소자(9장 참조)는 보통 Si 웨이퍼상에서 기상 에피택시에 의해 성장시킨 반도체층에 구성된다는 것을 지적해 준다.

일반적으로 에피택셜층은 Si를 함유하고 있는 화학적 증기에서부터 Si 기판 위에 Si 원자의 증착을 조절해 줌으로써 그 기판 위에 성장시키게 된다. 그 한 가지 방법을 보면 4염화실리콘(silicon tetrachloride) 가스를 수소가스와 반응시켜 Si와 무수(anhydrous) HCl로 만든다.

$$SiCl_4 + 2H_2 \rightleftharpoons Si + 4HCl \tag{1-7}$$

이와 같은 반응이 가열된 결정의 표면 위에서 생기면 이 반응에 의해 방출된 Si 원자가 에피택셜층으로서 증착될 수 있는 것이다. HCl은 이 반응온도에서는 기체상태로 머물러 있게 되어 결정성장을 방해하지는 않는다. 지적된 것처럼 그 반응은 역으로도 일어난다. 이러한 사실은 공정 파라미터를 조정하면 식 (1-7)의 반응은 왼쪽으로 진행시킬 수 있다는 것을 암시하므로 매우 중요하다(증착보다는 Si의 식각을 제공함). 이러한 식각은 에피택

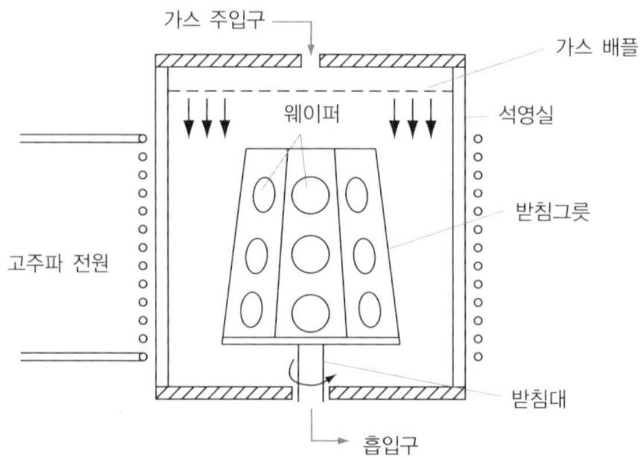

그림 1-15 Si VPE를 위한 몸통형 반응기. 이 반응기는 대기압 시스템이다. Si 웨이퍼는 균일한 에피택시에 도움을 주는 가스유통 패턴을 촉진시키기 위해 기초(base) 근처에서 타오르는 SiC로 코팅된 흑연 받침그릇 각 면상에 만들어진 슬롯(slot)에 고정된다.

시가 일어날 수 있는 원자 크기의 깨끗한 표면을 마련하는 데 이용될 수 있다.

이상과 같은 기상 에피택시 기법은 가스가 주입되는 실(chamber) 및 Si 웨이퍼를 가열하는 방법을 필요로 한다. 화학반응이 이 관에서 일어나기 때문에 이것을 반응실(*reaction chamber*) 또는 단순히 리액터(*reactor*, 반응기)라 한다. 수소가스는 $SiCl_4$가 가열되어 기화되어 있는 실을 통과하며, 이어서 이 두 가지 가스는 원하는 도핑 불순물을 포함하고 있는 다른 가스들과 함께 리액터 내의 기판 결정 위로 들어간다. Si의 박절편(slice)은 흑연으로 된 받침그릇(susceptor) 또는 RF 가열코일로 반응온도까지 가열할 수 있는 어떠한 다른 물질 위에 설치된다. 이 방법은 동시에 여러 개의 Si 박절편 위에 정밀하게 불순물농도가 조절된 에피택셜층을 성장시키는 데 채택되고 있다(그림 1-15).

$SiCl_4$의 수소환원을 위한 반응온도는 약 1150 ~ 1250°C이다. 또 다른 반응은 약간 낮은 온도에서 이루어지는데, 1000 ~ 1100°C에서의 2염화실란(dichlorosilane; SiH_2Cl_2)이나 500°C ~ 1000°C에서의 실란(silane; SiH_4)의 열분해(pyrolysis)도 이에 속한다. 이 열분해는 반응온도에서 실란의 분해를 의미한다. 즉,

$$SiH_4 \rightarrow Si + 2H_2 \tag{1-8}$$

이 기법은 몇 가지 장점이 있으며, 낮은 반응온도로 인하여 기판에서 성장 중인 에피택셜층으로 불순물이 이동하는 것이 감소된다는 사실도 포함된다.

일부 응용에서는 절연물 기판 위에 Si의 박막층을 성장시킬 수 있어 유용하다. 예를 들어, 기상 에피택셜 기법은 사파이어(sapphire)나 다른 종류의 절연체 위에 약 1 μm의 Si 박막을 성장시키는 데 사용할 수 있다.

기상 에피택셜 성장은 또한 GaAs, GaP와 같은 III-V족 화합물과 3원소 합금 GaAsP에서 중요하다. 후자의 물질은 발광 다이오드 제작에서 널리 사용되고 있다. 기판은 회전하는 웨이퍼 홀더(holder) 위에서 약 800°C로 유지되며 인, 비소 및 염화갈륨(gallium chloride; GaCl) 가스를 혼합하여 이 시료 위를 통과시킨다. 이 GaCl은 리액터 내에서 용융된 Ga와 무수 HCl을 반응시켜서 얻는다. GaAsP 결정 조성의 변경은 As와 P 가스의 조성비를 바꾸어서 조절한다.

또 다른 화합물 반도체를 성장시키는 유용한 기법은 **유기금속**[*metal-organic vapor-phase epitaxy*(*MOVPE*) 또는 *organometallic vapor-phase epitaxy*(*OMVPE*)] 성장이라는 것이다. 예를 들어, 3-메틸갈륨(trimethylgallium)은 As와 반응하여 GaAs와 메탄[또는 메세인(methane)]을 만든다. 즉,

$$(CH_3)_3Ga + AsH_3 \rightarrow GaAs + 3CH_4 \tag{1-9}$$

이 반응은 약 700°C에서 일어나며 매우 좋은 GaAs층의 에피택셜 성장을 이룩할 수 있다. 다른 화합물 반도체들도 이와 같은 방법으로 성장시킬 수 있다. 예를 들어, 3-메틸알루미늄(trimethylaluminum)을 앞서 지적한 혼합가스에 첨가하여 AlGaAs를 성장시킬 수 있다. 이와 같은 성장방법은 태양전지와 레이저를 비롯한 여러 가지 전자소자를 만드는 데 사용되고 있다. 이상과 같은 혼합가스는 손쉽게 바꿀 수 있어서 다음 분자선 에피택시의 경우에 검토할 비슷한 다중 박막층을 성장시킬 수 있다.

1.4.3 분자선 에피택시

에피택셜층을 성장시키기 위한 가장 많은 기능을 지닌 기법 중 하나는 **분자선 에피택시**(*molecular beam epitaxy*; *MBE*)이다. 이 방법에서 기판은 고진공실에 설치하고 여러 성분의 분자선 또는 원자선을 그 기판 위에 충돌시키는 것이다(그림 1-16a). 예를 들어, GaAs 기판 위에 AlGaAs층을 성장시킴에 있어 도펀트와 더불어 Al, Ga 및 As 등의 성분(원소)을 각각 격리된 원통형의 셀(cell)에서 가열한다. 기판을 겨냥한 이들 각 성분들의 빔(beam)이 진공 속으로 사출되어 기판 표면 위로 향하게 된다. 이들 원자선이 기판 표면과 충돌하는 비율은 정확히 조절되며 매우 높은 품질의 결정성장이 이루어진다. 이 성장공정 중에 시료(즉, 기판)는 비교적 낮은 온도(GaAs의 경우 약 600°C)로 유지된다. 도핑 또는 결정의 조성(즉, AlGaAs의 경우는 Ga에 대한 Al의 비율)을 급격히 바꾸려면 각 빔의 출구 앞의 셔터(shutter)를 조절해 주면 된다. 낮은 성장속도(≤ 1 μm/h)를 사용하면 이 셔터의 조절로 격자상수 단위 정도의 조성 변화를 이룩할 수 있다. 예를 들면, 그림 1-16b는 두께가 4단층(monolayer)과 같은 GaAs와 AlGaAs의 층이 교대로 성장된 결정의 일부를 나타낸 것이다. 고진공과 정밀제어가 필요하기 때문에 MBE는 다소 정교한 시설이 있어야 한다(그림 1-17). 그러나 이 성장방법은 많은 기능이 있기 때문에 여러 가지 응용에 있어서 매우 매력적이다.

MBE가 발전함에 따라, 그림 1-16의 고체 원료를 기체상태의 화학 원료로 대치하게 되었다. **화학빔 에피택시**(*chemical beam epitaxy*; *CBM*) 또는 **가스-소스 MBE**(*gas-source MBE*)라 하는 이 방법은 MBE와 VPE의 여러 장점을 동시에 얻을 수 있다.

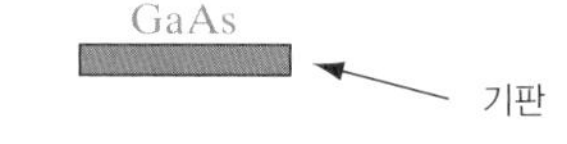

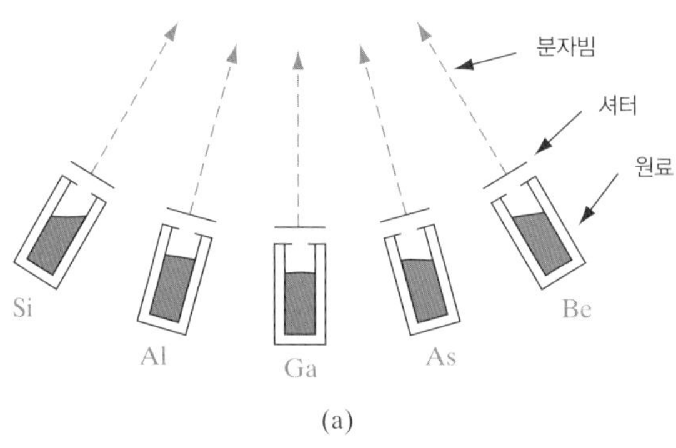

(a)

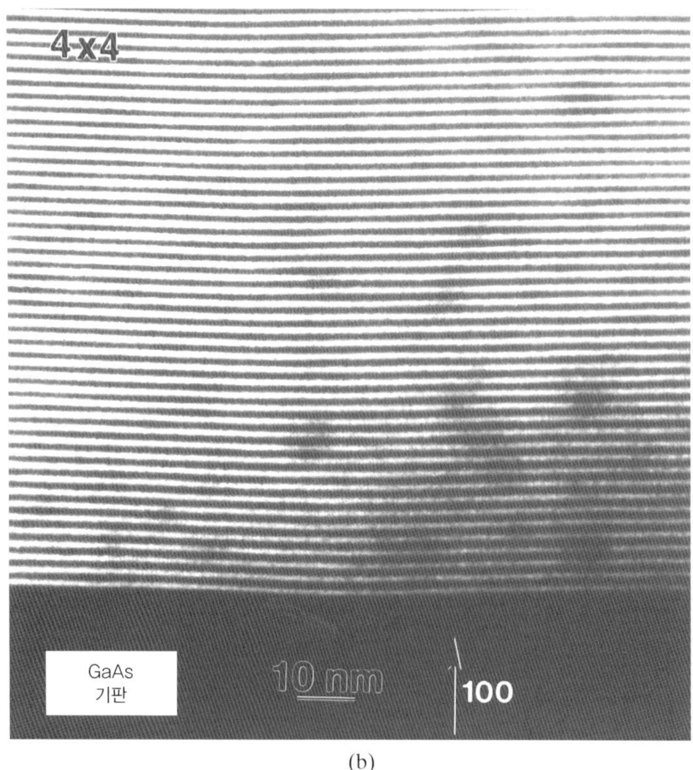

(b)

그림 1-16 분자선 에피택시(MBE)에 의한 결정성장: (a) 고진공실 내에 있는 증발 셀은 Al, Ga, As와 도펀트의 빔들을 GaAs 기판으로 직진시킴; (b) MBE로 성장된 결정 단면의 주사 전자현미경 사진에서 GaAs층(어두운 선)과 AlGaAs(밝은 선)층이 교대로 보임. 각 층의 두께는 4단층($4 \times a/2 = 11.3$ Å)이다.

그림 1-17 텍사스대학교(오스틴)의 미세전자연구센터 내에 있는 분자선 에피택셜 시설

1.5 불연속이고 주기적인 구조에서의 파동 전달

다음 두 장에서는 유한한 크기의 결정 내에서의 여러 가지 형태의 파동 전달이 논의 된다. 불연속이며 주기적인 원자로 만들어진 물질에서 파동의 일반적인 속성을 보는 것은 유익할 것이다. 파동은 다양한 변수로 그 특징을 나태 낼 수 있는데, 이에는 파장, λ, 각주파수, $\omega = 2\pi\upsilon$, 위상, φ, 그리고 크기, $I = A^2$가 있으며 여기서 A는 그림 1-18a에서 파장의 진폭을 의미한다. 파동의 속도 $v_p = \lambda\upsilon$이다. 파장 대신 파동은 파동 벡터(wave vector)로 나타낼 수 있다, $k = 2\pi/\lambda$. 속도 v_p는 위상 속도(*phase velocity*)이고 ω/k로 쓸 수 있으며 일반적으로 단일 파장의 연결보다는 여러 파장이 중첩된 파속(wave packet)으로 다루어진다. [그림 1-18b] 파속은 그룹속도(*group velocity*) $v_g = d\omega/dk$로 이동한다. $\pm x$ 방향으로 전파되는 평면파, ψ는 $\psi = A \exp\{j(kx \pm \omega t)\}$로 나타내어질 수 있다. 여기에서 j는 허수이다. 마찬가지로 평면파들이 선형 결합되면 정상파가 되며 $\sin(kx \pm \omega t)$ 또는 $\cos(kx \pm \omega t)$로 나타낼 수 있다.

격자 상수가 a이고 길이가 $L = Na$인 유한한 결정에서 전파되는 평면파를 바라보면 몇 가지 별난 점이 있다. 면으로 움직이는 파동은 유한한 결정에서 전파될 수 없다 – 계면에서의 반사가 정상파를 만들게 된다. 무한한 결정에서 전파되는 평면파에 관하여 수학은 간단하다. 표면 보다 결정 내부에 관심이 많으면, 길이가 L인 유한한 결정을 모든 방향으로 반복시킴으로써 무한 결정을 인위적으로 만들어 유한 결정의 두 면에서 파동의 값을 같다고 놓는다. $\psi(0) = \psi(L)$ 이것이 주기적 경계 조건이다. [그림 1-18b]

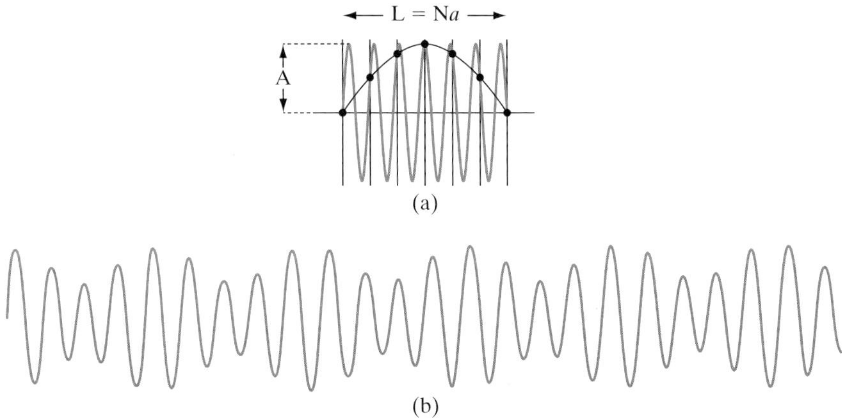

그림 1-18 (a) 보여지는 1차원 결정에서 검게 나타낸 원자들의 이동패턴은 길거나 짧은 두 파장으로 동등하게 표현될 수 있다. 가장 짧은 파장 즉, 가장 큰 k벡터가 브릴루인 존을 결정한다. 유한한 결정에서 정상파 패턴이 존재한다. (b) 두 개의 다른 파장을 혼합하여 만든 더 복잡한 파동(또는 k 공간에서의 Fourier 성분)은 비트패턴을 만든다. (a)의 유한한 결정에 대해 주기적 경계조건을 사용하여 정상파 보다는 진행파를 얻으며 수학은 더 간단해진다.

이 파동에 대한 두 번째 특이한 점은 원자가 간격 a로 위치한 결정과 같은 불연속 물질에서 파장은 일정부분에서만 물리적으로 구분이 가능하다. 이는 [그림 1-18a]에서 명확한데 여기서 원자의 이동을 나타내는 두 파동이 물리적으로 구별이 되지 않는다. 파장이 $2a$보다 작거나 파동벡터 k가 $2\pi/2a = \pi/a$보다 클 때, 의미가 없다는 것을 뜻한다. k의 최대범위를 브릴루인존(brillouin zone)이라 한다. 이것은 격자상수 a가 0에 가까운 연속적 물질에서는 맞지 않는다.

주기적 구조에서 파동 전파의 문제는 실제 영역인 x 또는 상호적인 k 영역에서 표현된다. 이는 주기적 신호인 $f(t) = f(t + T)$가 시간 영역에서, 또는 푸리에 변환, $F(\omega)$을 통한 주파수 영역에서 표현되는 것과 유사하다. 여기서 시간주기 T는 격자의 길이인 L과 동등하다. 이 비유는 디지털신호처리에 의해 추출된 시간영역에서의 불연속신호인 $f(t)$에 대하여 더욱 확장될 수 있다. Δt마다 추출되는 신호에 대하여는 이산 푸리에 변환을 사용해야 하며 가장 관련된 주파수는 나이키스트(Nyquist) 주파수이다. Δt는 격자상수 a와 대응되며, 나이키스트(Nyquist) 주파수는 브릴루인(Brillouin) 영역의 끝과 대응된다.

3장에서 우리는 원자의 물리적 이동을 표현하는 파동이 격자에서 전파되는 음파인 포논(phonon)을 살펴 볼 것이다. 2장과 3장에서는 결정 내에서 전자들의 전파를 양자역학을 이용하여 복잡한 "파동함수"로 표현할 수 있음을 살펴 볼 것이다. 하지만 전자의 파동함수는 위에서 언급된 평면파에 격자와 같은 주기를 갖는 다른함수 $U(k_x, x) = U(k_x, x + a)$를 곱하여 표현될 수 있으며 블록(Bloch)함수로 알려져 있다.

요약 SUMMARY

1.1 반도체 소자는 정보기술의 핵심이다. Si와 같은 원소 반도체들은 주기율표의 IV족에 있으나, GaAs와 같은 화합물 반도체들은 IV족을 대칭으로 주위에 있는 원소들로 구성된다. 더 복잡한 합금 반도체들은 광전자 특성을 최적화하기 위해 활용된다.

1.2 이 소자들은 최상의 성능을 얻기 위해 단결정으로 만들어진다. 단결정들은 긴 구간에서 정렬되어 있으며, 다결정 물질이나 비정질 물질은 각각 짧은 구간에서의 정렬이거나 아예 정렬되어 있지 않다.

1.3 격자는 대칭에 의해 결정된다. 3차원에서는 브라베(Bravais) 격자라고 한다. 격자점(lattice sites)에 원자들을 놓으면 결정을 얻게 된다. 일반적인 반도체는 fcc 대칭성을 갖는데, 이때 같은 두 개 또는 서로 다른 두 개의 원자로 구성되면 각각 다이아몬드 또는 섬아연광 결정이 된다.

1.4 격자의 기본적인 구축단위는 각 꼭지점에 격자점을 지닌 기본셀이다. 어떤 때는 결정을 꼭지점뿐만 아니라 체심과 면심 중앙에도 격자점을 가진 더 큰 "단위"셀로 설명하는 것이 더 용이하다.

1.5 단위셀을 기본벡터의 정수배만큼 옮기면 격자를 복제할 수 있다. 격자의 면과 방향은 밀러지수로 정의될 수 있다.

1.6 실제 결정은 0, 1, 2 및 3차원에서 결함을 지닐 수 있다. 어떤 것들은 양호하나, 대개는 소자에 유해하다.

1.7 반도체 체적(bulk) 결정은 초크랄스키 방법으로 용융체에서 시드로부터 성장된다. 단결정 에피텍셜층들은 기상 에피텍시, MOCVD 또는 MBE와 같은 여러 가지 방법으로 반도체 웨이퍼 위에 성장될 수 있다. 그러므로 소자제조를 위해 도핑과 대역구조 특성을 최적화할 수 있다.

연습문제 PROBLEMS

1.1 표 1-1과 부록 III를 이용하여 가장 큰 에너지 대역간극을 갖는 반도체를 말하라. 가장 작은 대역간극의 반도체는 무엇인가? 빛이 에너지 E_g일 때 방출된다면 그때의 파장은 얼마인가? III-V족 화합물의 에너지 대역간극은 III족의 원소와 연관되어 특이한 점이 있는가?

1.2 격자상수가 3 Å인 BCC 격자 구조에 대하여 원자간의 최단거리, 각 원자의 반지름과 부피를 구하시오. 또한, 그 공간이 원자로 얼마나 차 있는지 계산하라.

1.3 그림 P1-3에 표시한 면들의 명칭을 말하라.

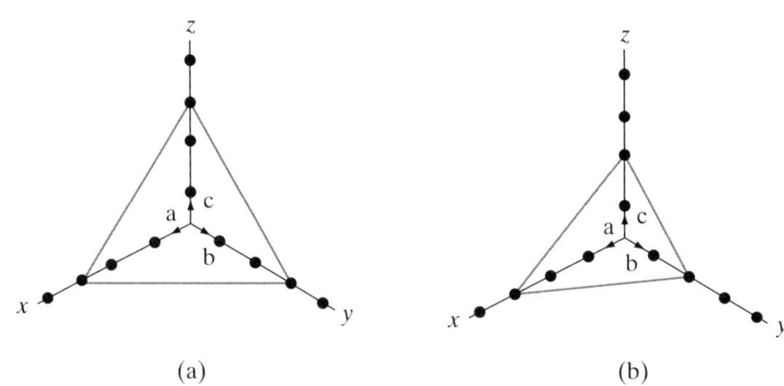

그림 P1-3

1.4 단원자로 구성된 체심입방격자(bcc)의 기본셀을 그려라. 원자 밀도가 1.6×10^{22} cm^{-3}일 때, 격자 *t*상수를 계산하라. (110)면에서의 단위면적의 원자 밀도는 얼마인가? 각 원자의 반지름은 무엇인가? 격자 간 자리(interstitials)와 비어있는 자리(vacancies)는 얼마인가?

1.5 격자상수(부록 III), 원자량 그리고 아보가드로수(Avogadro's number)로부터 Si와 GaAs의 밀도를 계산하라. 부록 III에서 주어진 밀도들을 결과와 비교하라. Si, Ga, As의 원자량은 각각 28.1, 69.7, 74.9이다.

1.6 Ga와 As의 반지름이 각각 136 pm과 114 pm이다. 하드 스피어 근사법을 이용하여 GaAs의 격자 상수와 기본셀(primitive cell)의 부피를 구하라. [1 Å = 100 pm]

1.7 단원자로 구성된 면심입방격자(fcc)의 기본셀(격자 상수 = 5 Å)을 그리고, (110)면에서의 단위면적의 원자 밀도를 계산하라. 단위 체적 당 원자 밀도는 얼마인가? 이 셀에서 격자 간 결함을 나타내어라.

1.8 그림 1-9를 참조하여 다이아몬드 격자를 ⟨110⟩ 방향으로 내려다볼 때의 모습을 그려라. 최인접 원자들을 연결하는 선을 표시하라.

1.9 bcc 격자는 두 개의 서로 관통하는 sc 격자로 나타낼 수 있음을 그림을 사용하여 증명하라. 그림을 간단히 하기 위해 이 격자의 ⟨100⟩ 방향의 모습으로 나타내어라.

1.10 (a) Si 웨이퍼의 (100) 표면에 있는 단위면적(cm^2)당 원자의 수를 구하라.
(b) InP 결정에서 가장 인접한 원자 간의 거리를 Å으로 구하라.

1.11 Na^+(원자무게 23)와 Cl^-(원자무게 35.5)의 이온 반지름은 각각 1.0 Å과 1.8 Å이다. 이온을 강구로 취급할 때, NaCl의 밀도를 계산하라. 측정된 밀도인 2.17 g/cm^3와 이 값을 비교하라.

1.12 격자상수 $\mathbf{a}$ = 4 Å이며, 원자 A가 격자점에 있고, 원자 B가 ($\mathbf{a}$/2, 0, 0)만큼 옮겨진 2원자 기본의 sc 단위셀을 그려라. 두 원자 모두 크기가 같고 밀집구조(close-packed structure, 인접한 원자들이 서로 맞닿아 있다)임을 가정하고 다음을 계산하라.
(i) 충전율(원자들이 차지하고 있는 전체 체적의 비율)
(ii) 단위체적당 원자 B의 개수
(iii) (100) 면에서 단위면적당 원자 A의 개수

1.13 단순입방(sc), 체심입방(bcc), 면심입방(fcc) 격자의 단위셀에는 몇 개의 원자가 있는가? 또한 각 경우에 있어 가장 인접한 원자 간의 거리는 격자상수 a로 나타낼 때 얼마인가?

1.14 그림 1-7과 같은 입방체를 그리고, 각 방향(orientation)에서의 4개의 {111} 면을 표시하라. {110} 면에 대해 반복하라.

1.15 sc, bcc, 다이아몬드 격자의 단위셀에서 강구로 채워지는 최대 충전율은 얼마인가?

1.16 격자상수(부록 III 참조), 원자무게, 아보가드로수로부터 Ge와 InP의 밀도를 구하고 부록 III에 있는 밀도와 비교하라.

1.17 fcc 격자의 개략도를 그리고, 각 원자로부터 $(\frac{1}{4}, \frac{1}{4}, \frac{1}{4})$위치에 원자를 추가하여 다이아몬드 격자를 완성하라. 그림 1-8a에 추가된 네 개의 원자만이 다이아몬드 단위셀에 나타나는 것을 증명하라.

1.18 3원소 합금의 격자상수가 조성비 x에 선형비례할 때(예: 그림 1-13의 InGaAs에서의 변화) $AlSb_xAs_{1-x}$가 InP와 격자정합이 되려면 x는 얼마인가? $In_xGa_{1-x}P$는 x가 얼마일 때 GaAs에 격자정합이 되는가? 또한 각 경우에 에너지 대역간극은 얼마인가?

[주: 몰 비율(mole fraction)을 가진 합금에서 결정 특성(격자상수와 대역간극)의 선형 변화는 베가드의 법칙(*Vegard's law*)으로 알려져 있다. 실험결과에 맞는 2차 다항식이나 2차 방정식을 보잉(*bowing*) 파라미터라 한다.]

1.19 (a) InP 결정 위에 격자정합(lattice-matched)로 성장된 $In_{1-x}Ga_xAs$의 성분을 구하라. 격자상수는 a(InAs) = 6.0584 Å, a(GaAs) = 5.6533 Å, and a(InP) = 5.8688 Å이다.

(b) GaAs 결정 위에 $In_{0.2}Ga_{0.8}As$이 부정규형(pseudomorphic)으로 성장되었을 때 결정의 최대 두께를 구하라.

참고문헌 READING LIST

Ashcroft, N. W., and N. D. Mermin. *Solid State Physics.* Philadelphia; W. B. Saunders,1976.

Kittel, C. *Introduction to Solid State Physics*, 7th ed. New York: Wiley, 1996.

Plummer, J. D., M. D. Deal, and P. B. Griffin, *Silicon VLSI Technology*. Upper Saddle River, NJ: Prentice Hall, 2000.

Stringfellow, G. B. *Organometallic Vapor-Phase Epitaxy*. New York: Academic Press,1989.

Swaminathan, V., and A. T. Macrander. *Material Aspects of GaAs and InP Based Structures.* Englewood Cliffs, NJ: Prentice Hall, 1991.

자가진단 퀴즈 SELF QUIZ

문제 1

(a) 다음의 면을 모서리 길이가 a인 단위셀(단위셀 내에 보이는 것과 같이)의 입방격자에 맞는 표기법을 사용해서 표시하라.

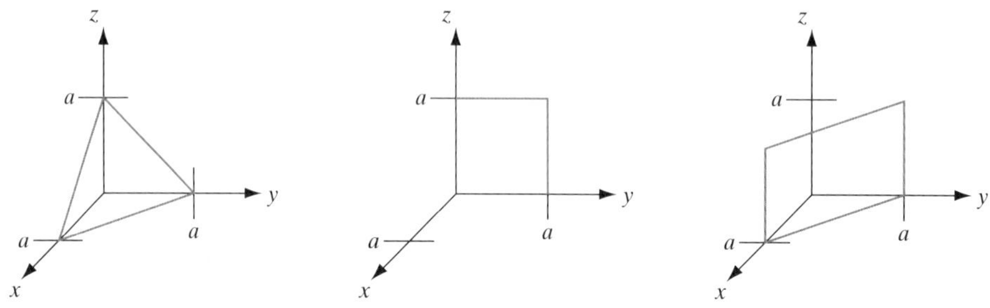

(b) 바른 표기법을 사용하여 ⟨100⟩ 방향에 동등한 모든 방향을 적어라.

(c) 다음 두 그림의 축상에(기본벡터 $\boldsymbol{a}$, $\boldsymbol{b}$, $\boldsymbol{c}$를 가진 입방좌표계에 대하여) (1) [011] 방향과 (2) (111) 면을 그려라.

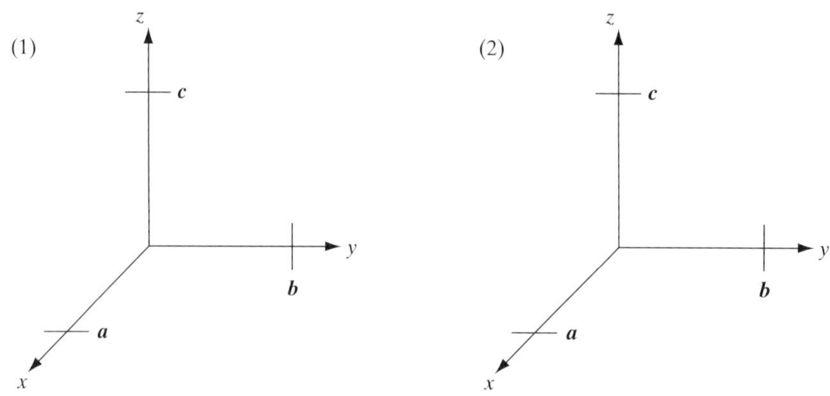

문제 2

(a) 다음 세 개의 단위셀 중 어느 것이 2차원 격자의 기본셀인가? 다음 중 옳은 것에 동그라미표 하라.

1 / 2 / 3 / 1과 2 / 1과 3 / 2와 3 / 1, 2 그리고 3

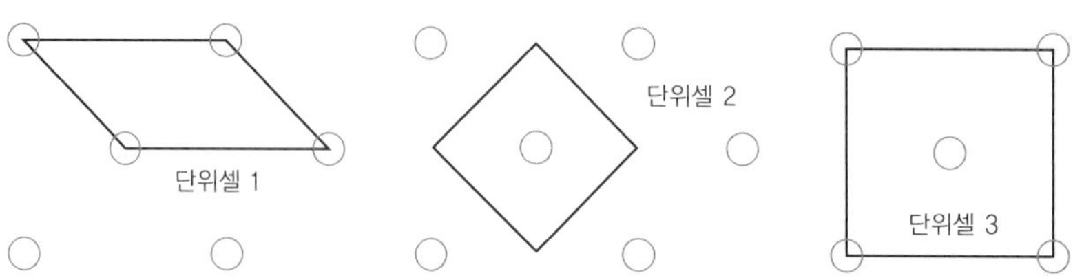

(b) 다음의 면들(제1사분면 내의 $0 < x, y, z < a$만을 보여주며 점선은 참고를 위한 것이다)은 어떤 동등한 면들의 조합에서 생겨난 것인가? 바른 표기법을 사용하라.

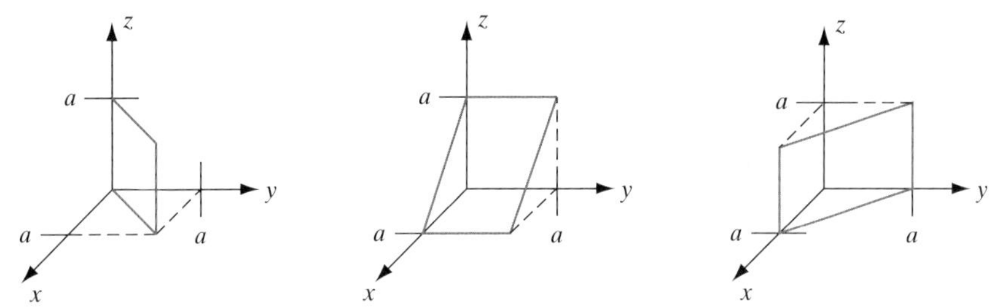

(c) 다음 세 개의 면들 중(제1사분면 내에 보여지는 것들만) 어떤 것이 (121) 면인가? 바른 도식에 동그라미표 하라.

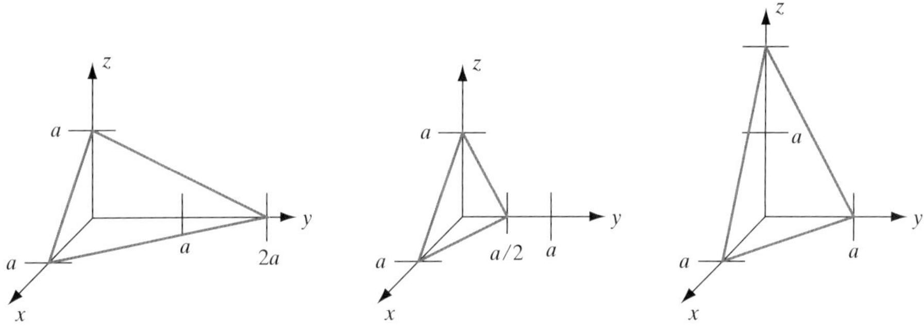

문제 3

(a) 다이아몬드와 섬아연광 결정구조는 모두 2원자 기본인 브라베 격자로 구성되어 있다. 이 브라베 격자의 단위셀에 동그라미표 하라.

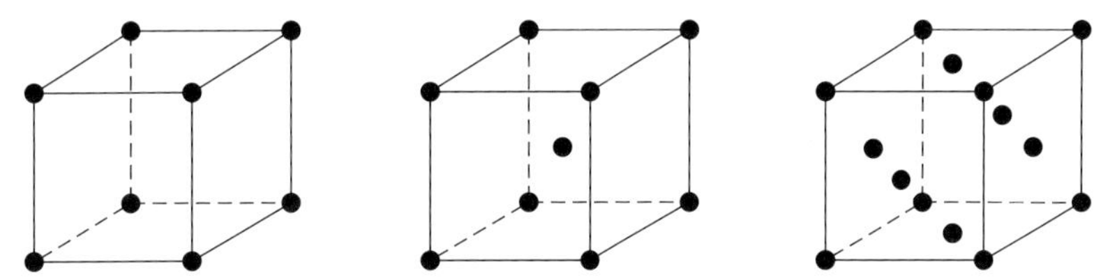

(b) 다음 중 어떤 문구가 바른가?

1. GaAs는 다이아몬드 / 섬아연광 결정구조를 갖고 있다.
2. Si는 다이아몬드 / 섬아연광 결정구조를 갖고 있다.

문제 4

반도체에서 0, 1, 2, 3차원적인 결함들의 예를 들어라.

문제 5

(a) 기본셀과 단위셀의 차이점은 무엇인가? 두 개념의 효용성은 무엇인가?

(b) 격자와 결정의 차이점은 무엇인가? 서로 다른 1차원 격자는 얼마나 있는가?

문제 6

InAs를 다음의 결정기판 위에 성장시킨다고 생각해 보자: InP, AlAs, GaAs, GaP. 어떤 경우에 InAs층의 임계층 두께가 가장 두꺼운가? 그림 1-13을 참조하라.

GaP / GaAs / AlAs / InP

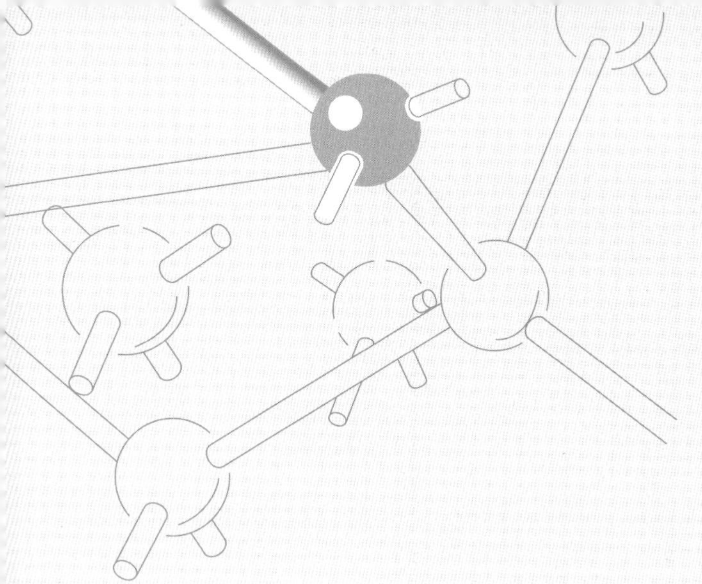

Chapter 02

원자와 전자

학·습·목·표

1. 양자역학의 파동–입자 이중성을 이해한다.
2. 보어의 원자 모형을 습득한다.
3. 슈뢰딩거 방정식을 간단한 문제에 적용한다.
4. 원자들의 전자구조와 주기율표를 이해한다.
5. 반도체의 특성들이 어떻게 결정되는지 이해한다.

이 책은 원래 고체전자 소자에 대한 입문서이기 때문에 전자이론, 양자역학 및 전자 모형 등과 같은 주제로 논의를 지연시키지 않는 것이 바람직할 것이다. 그러나 고체전자 소자의 동작은 이와 같은 주제와 직접 연관되어 있다. 예를 들어, 전자와 결정격자와의 상호작용에 대한 어떠한 지식도 없이 반도체 소자를 통해 전자가 어떻게 전송되는가를 이해하기는 어려울 것이다. 따라서 이 장에서는 특히 다음을 강조하면서 전자의 몇 가지 중요한 특성을 검토하려 한다. 즉, (1) 원자의 전자적 구조와 (2) 빛의 흡수와 방출과 같은 여기(excitation)를 갖는 원자와 전자와의 상호작용이다. 원자 내의 전자의 에너지를 공부함으로써 고체를 통한 전류의 흐름에 관여하는 전자에 대한 격자의 영향을 이해하는 기초를 이룩하게 될 것이다. 전자와 빛의 상호작용에 관한 검토는 후에 설명할 반도체 전도도의 광학적 여기(optical excitation)에 의한 변화, 감광성(light-sensitive) 전자소자 및 레이저에 대한 기초를 이룩해 줄 것이다.

우선, 원자에 대한 현대적 개념으로 이끌어 주는 몇 가지 실험적인 관측을 조사하고,

그 다음 간단한 양자역학의 이론을 소개할 것이다. 이 소개에서 몇 가지 중요한 개념이 밝혀질 것이다. 즉, 원자 내의 전자들은 양자론적 규정에 따라 어떠한 에너지준위로 한정되며, 원자의 전자적 구조는 이들 양자론적 조건에서부터 정해지고, 또 이 "양자화(quantization)"로 전자에 의한 에너지의 흡수와 방출을 수반하는 어떠한 허용된 전이(transition)를 정의하게 된다는 것이다.

2.1 물리학적 모형의 소개

과학의 중요한 노력은 가급적 완전하게 그리고 간결한 형식으로 자연에서 일어나는 일을 기술하는 데 있다. 물리학에서의 이와 같은 노력은 자연현상을 관찰하여 이들 관찰과 이미 확립된 이론을 관련시키며, 끝으로 이 관찰에 대한 물리학적인 모형을 수립해 주는 것을 의미한다. 예를 들어 초기 변형 후 주기적으로 상하로 움직이는 스프링에 매달려 있는 추의 동작을 설명할 수 있는데, 이것은 이와 같은 단진동운동(單振動運動)을 기술하는 미분방정식이 뉴턴(Newton)의 고전역학으로 이미 확립되어 있기 때문이다.

새로운 물리적 현상이 관측되면 이미 확립된 모형과 물리학의 "법칙"에 그것이 어떻게 합치되는가를 알아내야 한다. 대부분의 경우 잘 확립된 수학적 모델을 새로운 문제에 확대 적용하는 것을 의미한다. 사실상 과학자나 기술자가 그것이 실제로 관측되기 전에 단순히 이미 존재하는 모형이나 법칙을 주의깊게 연구하고 확대하여, 새로운 현상이 일어날 것이라는 것을 예언하는 것은 흔히 있는 일이다. 과학의 아름다움은, 자연현상은 고립된 사상(事象)이 아니고 몇 가지 해석적으로 기술할 수 있는 법칙에 따라 다른 사상과 관련되어 있다는 것이다. 그러나 기존 이론으로는 일련의 관측을 기술할 수 없는 일이 종종 일어난다. 이런 경우에는 가능한 한 기존 법칙에 기초를 둔, 그러나 그 새로운 현상에서 생기는 새로운 국면을 포함하는 모형을 개발해야 한다. 새로운 물리원칙을 가정하는 것은 심각한 문제이며, 이것은 기존 이론으로는 그 관측을 전혀 설명할 가능성이 없을 때만 행해져야 한다. 새로운 가정과 모형이 이루어지면 그 정당성은 다음과 같은 의문으로 나타나게 된다. 즉, "그 모형이 관측을 정확하게 기술하고 있으며, 또 그 모형에 근거하여 신뢰할 수 있는 예측을 할 수 있는가?" 하는 것이다. 모형의 좋고 나쁜 것은 이상의 의문에 대한 답변 여하에 따르는 것이다.

1920년대에 원자규모의 현상을 기술하기 위한 새 이론의 개발이 필요하게 되었다. 오랫동안의 주의깊은 관측으로 전자와 원자를 포함하는 많은 사상이 역학의 고전적 법칙에 따르지 않는다는 것을 분명히 지적하기에 이르렀다. 그래서 이 작은 입자의 동작을 기술하는 새로운 종류의 역학을 개발할 필요가 생긴 것이다. **양자역학**(*quantum mechanics*)이라는 이 새로운 접근방법은 원자현상을 매우 잘 서술하였으며, 또 여기서의 첫 번째 관심거리이기도 한 고체 내에서의 전자의 움직임을 적절하게 예측해 준다. 여러 해 동안 양자역학은 매우 성공적이어서 이제는 자연을 합리적으로 서술하는 것으로서 고전적 법칙과 양립한다.

양자역학 이론에 처음 부딪칠 때는 종종 특별한 문제가 생기는데, 그 문제는 양자의 개념이 그 본질상 매우 수학적이며 고전역학과 관련된 "상식적인 특성"을 포함하지 않는다는 것이다. 그래서 처음에는 수학이 복잡하기보다는 개념들이 무엇인가 "현실"과 격리된 것처럼 느껴지기 때문에 양자의 개념을 어렵게 여기게 된다. 이것은 당연한 반응이며, 그것은 우리가 현실적인 것으로 또는 직관적으로 납득할 수 있다고 생각하는 개념은 보통 우리 자신의 관찰에 근거를 둔 것들이기 때문이다. 그래서 운동의 고전적 법칙은 일상적으로 우리가 운동하는 물체를 관찰하고 있기 때문에 이해하기 쉬운 것이다. 한편 원자와 전자의 작용은 간접적으로만 관찰되며 자연적으로 원자규모로 일어나는 일에 대해서는 거의 감을 잡을 수 없다. 따라서 원자나 전자의 비고전적 현상에 대해 고전적인 유추를 강요하려고 하는 것보다는 오히려 실험적 결과를 예측할 수 있는 이론의 용이함에 의존해야 한다.

이 장에서는 양자론으로 유도하는 중요한 실험적 관측을 조사한 다음, 이 이론이 이들 관측을 어떻게 설명해 주는가를 보여줄 것이다. 이와 같은 간단한 소개에서 양자론에 대한 논의는 필연적으로 대부분 정성적인 것이 될 것이며, 여기서는 고체론에 대해 가장 중요한 과제들만을 강조할 것이다. 그 이상의 내용을 연구하고자 하는 독자들을 위해 몇 가지 좋은 참고문헌을 이 장 끝에 제시하였다.

2.2 실험적 관측

양자론의 전개로 이끌어 주는 실험들은 빛과 물질의 상호작용에 관련된 것이다. 한편으로는 뉴턴이 제안한 빛의 입자설과는 대조적으로 호이겐스(Huygens)에 의해서 제안되었듯이 빛의 파동성을 명확하게 나타내는 간섭이나 회절현상이 있었다. 다른 한편으로는 20세기로 들어오면서 빛에 관한 새로운 이론의 필요성을 명확히 보여주는 많은 실험들이 있었다.

2.2.1 광전효과

플랑크(Planck)의 중요한 발견은, 가열된 시료로부터의 복사가 에너지의 불연속적인 단위, 즉 양자(*quantum*, 복수는 *quanta*)를 단위로 하여 방출된다[흑체 복사(blackbody radiation)]는 것이다. 이 에너지단위는 $h\nu$로 표시되는데, 여기서 ν는 복사의 주파수, h는 플랑크 상수라는 양이다($h = 6.63 \times 10^{-34}$ J-s). 플랑크가 이 가정을 전개한 후 얼마 안 되어

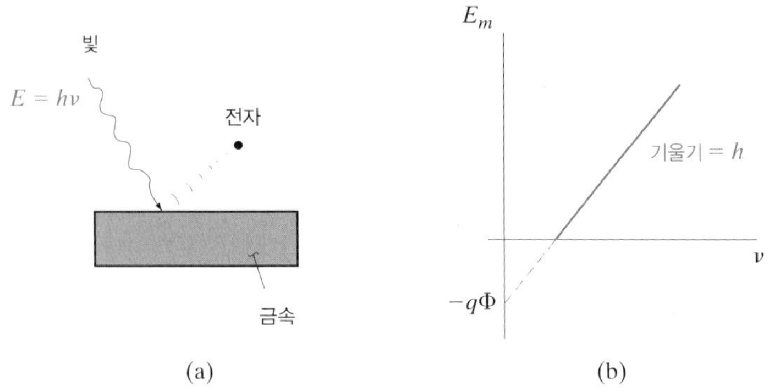

그림 2-1 광전효과: (a) 전자가 진공 속에서 주파수 ν인 빛에 노출되면 금속체 표면으로부터 방출된다; (b) 방출된 전자의 최대 운동에너지와 입사광의 주파수와의 관계.

아인슈타인(Einstein)은 분명히 빛의 불연속적인 성질(양자화)을 증명하는 중요한 실험을 설명하였다. 이 실험은 금속에서의 전자에 의한 광학적 에너지의 흡수, 그리고 흡수된 에너지의 양과 빛의 주파수와의 관계를 포함하고 있다(그림 2-1). 단색광이 진공 속에 있는 금속판 표면에 입사되었다고 생각해 보자. 금속 내의 전자는 빛의 에너지를 흡수하고 그들 전자의 일부는 금속 표면에서 진공으로 탈출하는 데 충분한 에너지를 받는다. 이 현상을 **광전효과**(*photoelectric effect*)라 한다. 탈출한 전자의 에너지를 측정하면 입사광의 주파수 ν의 함수로서 최대 에너지를 나타낼 수 있다(그림 2-1b).

이 탈출 전자의 최대 에너지를 구하는 간단한 방법은 그림 2-1a에 보인 금속판 위쪽에 또 다른 금속판을 놓고, 이들 두 금속판 사이에 전계를 만들어 주는 것이다. 이때 이 두 금속판 사이를 흐르는 모든 전자를 감속시키기 위한 전압은 에너지 E_m을 나타낸다. 시료에 입사된 빛의 특정 주파수 ν에 대하여 최대 에너지 E_m을 방출된 전자들에 대하여 관측한다. 그 결과를 E_m에 대한 ν의 관계로 그리면 직선이 되며, 그 기울기는 플랑크 상수와 같다. 그림 2-1b에 보인 직선의 식은 다음과 같다.

$$E_m = h\nu - q\Phi \tag{2-1}$$

여기서 q는 전자전하의 크기이다. 양 Φ(volts)는 여기서 사용한 특정 금속의 한 특성이 된다. Φ에 전자전하를 곱하면 이 금속으로부터 진공으로 전자가 이탈하는 데 필요한 최소 에너지를 나타내는 에너지(joule)가 된다. 이 에너지 $q\Phi$를 이 금속의 **일함수**(*work function*)라 한다. 이들 결과는 전자들이 빛으로부터 에너지 $h\nu$를 받고 금속 표면으로부터 이탈할 때 $q\Phi$의 에너지량을 잃는다는 것을 표시한다.

이 실험은 분명히 플랑크의 가설, 즉 빛의 에너지는 연속적인 에너지의 분포로 되어 있기보다는 불연속적인 단위로 포함되어 있다는 것이 옳았다는 것을 증명하는 것이다. 다른 실험들은 또 빛의 파동적인 성질에 덧붙여서 빛에너지의 양자화된 단위는 **광자**(*photon*)라 하는 집중된(즉, 국부화된) 에너지의 다발(packet)로 볼 수 있음을 나타내고 있다(흥미롭게도 이것은 뉴턴 학설을 상기시킨다). 여기서 플랑크 관계식은 다음과 같다.

$$E = h\nu = (h/2\pi)(2\pi\nu) = \hbar\omega \tag{2-2a}$$

빛의 세기가 증가함에 따라 광전에너지가 증가하는 것이 아니라 광전자의 수가 증가한다. 이는 고전물리가 예상하는 것과 극명하게 대조 된다. 더 높은 진폭이나 세기의 파동이 더 많은 에너지를 가지며 광전에너지도 증가한다. 대신에 양자역학에서는 더 높은 세기의 빛이 더 많은 수의 광자와 더 많은 광전자에 대응된다. 어떤 실험은 빛의 파동성을 강조하는 반면, 또 다른 실험은 광자의 불연속성을 밝히고 있다.

이 이중성은 Young의 이중슬릿(slit) 회절 실험에서 아주 잘 보인다. 단색파가 두 개의 근접한 좁고 기다란 구멍을 통하여 스크린에 비출 때 고휘도의 밝은 영역(보강간섭)과 저휘도의 어두운 영역(상쇄간섭)에 상응하는 회절과 간섭패턴이 나타나는 것을 볼 수 있다. 이는 파동의 그림과 부합 한다. 더욱이 초당 수 개의 광자가 방출될 정도로 광원의 세기가 감소하면 간섭패턴은 보이지 않는다. 대신에 광자는 나눠질 수없기 때문에 광자가 스크린에 도달하는 곳 마다 빛의 점으로 나타내어지며, 어느 정도 임의적으로 만들어진다. 그러나 이 실험을 계속하면 이 임의적인 광자가 도달하는 곳에서 파동의 그림에 부응하는 간섭패턴을 만든다. 통계적으로 스크린의 밝은 영역에서 더 많은 광자가 도달하며 어두운 영역은 적은 광자가 도달 한다. 유사한 결과가 전자와 또 다른 아원자(subatomic) 입자 사이에서 관찰된다. 이 파동-입자 이중성이 양자역학 발전의 핵심이다. 그러므로, 빛의 파동-입자 이중성을 토대로, 루이 드브로이(Louis de Broglie)는 전자와 같은 물질의 입자들도 특정 실험 중에는 비슷하게 파동 특성을 나타낼 수 있음을 증명했다. 이 발견은 데이비슨(Davisson)과 저머(Germer)가 발견한 결정 안에 있는 원자들의 주기적인 배열로 인한 전자의 회절로 확증됐다. 드브로이는 입자의 운동량 $p = mv$가

$$\lambda = h/p = h/mv$$
$$\Rightarrow p = h/\lambda = (h/2\pi)(2\pi/\lambda) = \hbar k \tag{2-2b}$$

로 표현된 파장을 지닌다고 주장했다.

플랑크와 드브로이의 관계식은 양자물리학에서는 기본이 되며, 모든 상황의 양자와 전자를 포함하는 모든 경우에 적용된다. 그것들은 현상의 파동적 설명(주파수와 파장)과 입자적 설명(에너지와 운동량)을 연결해 준다.

그러나 분산관계(*dispersion relationship*)로 알려져 있는 주파수와 파장(또는 에너지와 운동량) 사이의 관계가 다른 물체에 대하여는 같지 않다. 예를들어 광자의 파장(λ)은 주파수에 대하여 $\nu = c/\lambda \Rightarrow E = \hbar\omega = \hbar(2\pi\nu) = \hbar 2\pi(c/\lambda) = \hbar ck = cp$의 관계가 있으며 여기에서 c는 빛의 속도이다. 전자들의 경우에는 거의 포물선 모양의 분산관계 E(k)이며 3장에서 다루어질 대역(band) 구조로도 알려져 있다.

2.2.2 원자 스펙트럼

현대 물리학에서의 가장 귀중한 실험 중 하나는 원자에 의한 빛의 흡수와 방출의 분석이다. 전자의 드브로이 파동 성질이 이 실험을 이해하는 데 핵심이다. 예를 들어 방전이 가스 속에서 발생할 수 있는데, 이로써 원자는 그 가스 특유의 파장의 빛을 방출하기 시작한다. 이와 같은 효과를 네온사인(neon sign)에서 볼 수 있는데, 일반적으로 이것은 네온 또는 혼합가스로 차 있는, 그리고 방전을 발생시키기 위한 전극이 들어 있는 유리관으로 되어 있다. 방출되는 빛의 세기를 파장의 함수로서 측정한다면 파장에 대하여 연속적인 분포를 하기보다는 뚜렷한 일련의 선으로 됨을 알 수 있다. 1900년대 초반까지는 몇 가지 원자에 대한 이와 같은 특징적인 스펙트럼(spectrum)이 잘 알려져 있었다. 수소의 경우에 측정된 방출 스펙트럼의 일부를 그림 2-2에 나타내었는데, 여기서 수직선이 파장눈금으로 관측한 방출된 빛의 피크(peak)값의 위치를 나타낸다. 양자 에너지 $h\nu$는 파장과 분산관계식 $\lambda = c/\nu$로 나타난다.

그림 2-2의 선은 초기 연구자들의 이름을 따라 라이먼(*Lyman*), 발머(*Balmer*) 및 파셴(*Paschen*) 계열이라 명칭이 붙은 몇 개의 군으로 나타나 있다. 이 수소 스펙트럼이 확실해지자 과학자들은 이들 선 사이에서 몇 가지 흥미로운 관계를 알게 되었다. 이들 스펙트럼 속의 여러 가지 계열들은 어떤 실험식에 따라 나타남이 관측되었다. 즉,

$$\text{라이먼 계열: } \nu = cR\left(\frac{1}{1^2} - \frac{1}{\mathbf{n}^2}\right), \quad \mathbf{n} = 2, 3, 4, \ldots \tag{2-3a}$$

$$\text{발머 계열: } \nu = cR\left(\frac{1}{2^2} - \frac{1}{\mathbf{n}^2}\right), \quad \mathbf{n} = 3, 4, 5, \ldots \tag{2-3b}$$

$$\text{파셴 계열: } \nu = cR\left(\frac{1}{3^2} - \frac{1}{\mathbf{n}^2}\right), \quad \mathbf{n} = 4, 5, 6, \ldots \tag{2-3c}$$

여기서 R은 리드베리(Rydberg) 상수이다(R = 109,678 cm^{-1}). 광자의 에너지 $h\nu$를 정수 $\mathbf{n}$의 계속되는 값에 대하여 그려보면, 각 에너지는 스펙트럼에 나타난 다른 광자의 에너지들의 합 또는 차를 취하면 얻어진다는 것을 알 수 있다(그림 2-3). 예를 들어, 발머 계

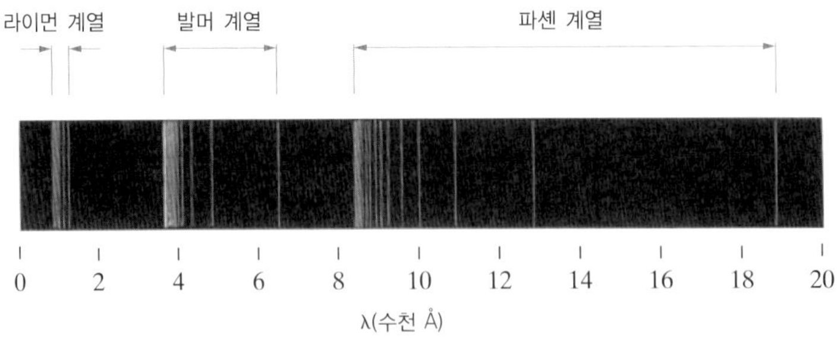

그림 2-2 수소의 복사 스펙트럼에서 중요한 선의 일부

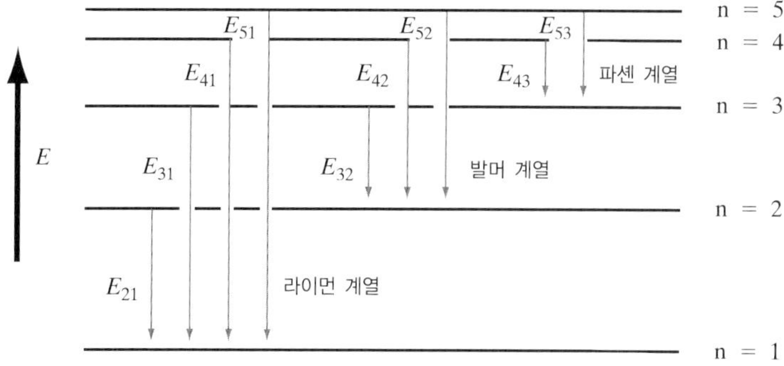

그림 2-3 수소 스펙트럼에서 광자 에너지 사이의 관계

열에서 E_{42}는 라이먼 계열에서의 E_{41}과 E_{21}의 차가 된다. 이 여러 (스펙트럼에서의) 계열 간의 관계를 리츠의 결합원칙(*Ritz combination principle*)이라 한다. 자연적으로 이들 실험적인 관측은 원자에 의해 방출되는 광자의 근원에 관한 이해할 수 있는 이론을 구성하는 데 있어 흥미를 크게 북돋아 주었다.

2.3 보어의 모형

복사 스펙트럼 실험결과는 닐스 보어(Niels Bohr)로 하여금 수학적 혹성 시스템에 근거하여 수소원자의 모형을 구성하게 만들었다. 수소원자의 전자가 차지할 수 있는 혹성에서와 같은 양식의 일련의 궤도를 갖는다면, 그 전자는 바깥쪽 궤도로 여기되어 옮겨 갈 수 있고, 또 그림 2-3의 (에너지 차이에 대응하는) 선들 중 하나에 상당하는 에너지를 방출하면서 안쪽 궤도 중의 하나로 떨어질 수 있다. 보어는 이 모형을 전개시키기 위해서 몇 가지 가정을 하였다.

1. 전자는 원자핵 주위의 어떠한 안정된 원형궤도에 있다. 이 가정은, 이 궤도전자는 고전적인 전자기이론에서 보통 각가속도를 받는 전하에 대하여 생기는 것과 같은 복사는 방출되지 않는다는 것을 암시하는 것으로서, 그렇지 않으면 전자는 그 궤도에서 안정될 수 없으며 그것이 복사로 에너지를 잃음에 따라 원자핵으로 선회하여 들어갈 것이다.
2. 전자는 보다 높거나 낮은 에너지의 궤도로 옮겨 갈 수(전이) 있으며, 이로써 (에너지 $h\nu$인 광자의 흡수 또는 방출에 의하여) 전이 전후의 궤도에 대응하는 에너지준위의 차와 같은 에너지를 획득 또는 상실한다.

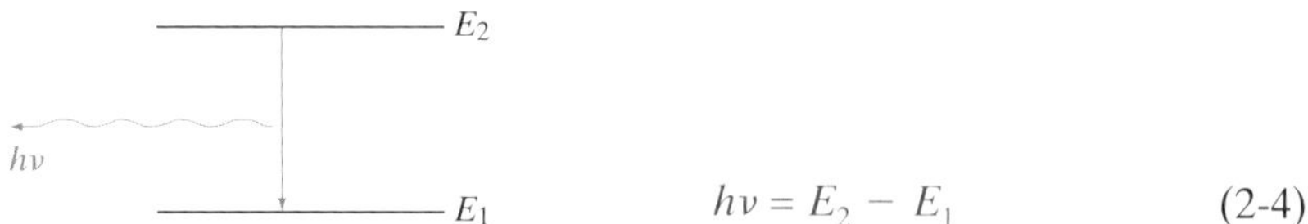

$$h\nu = E_2 - E_1 \tag{2-4}$$

3. 궤도에 있는 전자의 각운동량 p_θ는 언제나 플랑크 상수를 2π로 나눈 것($h/2\pi$는 편의상 종종 $\hbar$로 약기한다)의 정수배이다. 이 가정, 즉

$$p_\theta = \mathbf{n}\hbar, \quad \mathbf{n} = 1, 2, 3, 4, \ldots \tag{2-5}$$

는 그림 2-3의 관측된 결과를 얻기 위하여 필요한 것이다. 보어는 데이터를 설명하기 위해 이러한 임시변통의 관계를 내세운 것이었지만, 이것은 전자궤도의 원주 내에서 드브로이 파장의 정수배와 같은 것을 알 수 있다(연습문제 2.2). 이들은 핵 주위의 전자들의 운동을 인도해 주는 지표 파동(*pilot* wave)이라 불린다. 드브로이 파동 개념은 2.4절에서 다루어지는 양자역학에서의 슈뢰딩거(Schrödinger) 파동방정식에 영감을 주었다.

수소원자의 양성자(proton) 주위의 반지름 r인 안정된 궤도에 있는 전자를 눈앞에 떠오르게 한다면 전하 사이의 정전기적 (인)력은 원운동의 원심력과 같다고 할 수 있다. 즉,

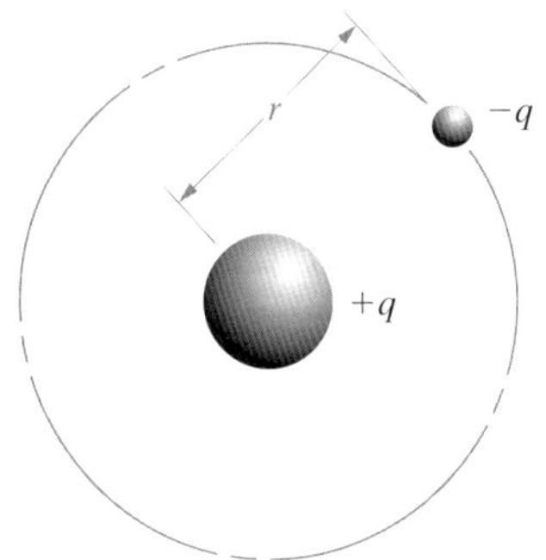

$$-\frac{q^2}{Kr^2} = -\frac{m\text{v}^2}{r} \tag{2-6}$$

여기서 MKS 단위로 $K = 4\pi\epsilon_0$, m은 전자의 질량, v는 전자의 속도이다. 제3의 가정으로부터

$$p_\theta = m\text{v}r = \mathbf{n}\hbar \tag{2-7}$$

$\mathbf{n}$은 정수값만을 취하기 때문에 r을 r_n으로 써서 $\mathbf{n}$번째 궤도에 대한 것임을 나타내게 한다면, 식 (2-7)은 다음과 같이 쓸 수 있다.

$$m^2\text{v}^2 = \frac{\mathbf{n}^2\hbar^2}{r_n^2} \tag{2-8}$$

식 (2-8)을 식 (2-6)에 대입하면, 이 전자의 **n** 번째 궤도 반지름은

$$\frac{q^2}{Kr_n^2} = \frac{1}{mr_n} \cdot \frac{\mathbf{n}^2\hbar^2}{r_n^2} \tag{2-9}$$

$$r_n = \frac{K\mathbf{n}^2\hbar^2}{mq^2} \tag{2-10}$$

와 같이 됨을 알 수 있다. 이제 이 궤도에 있는 전자의 총 에너지에 대한 식을 구하여 궤도 사이에서 전이에 따른 에너지를 계산할 수 있다.

식 (2-7)과 식 (2-10)으로부터

$$\mathrm{v} = \frac{\mathbf{n}\hbar}{mr_n} \tag{2-11}$$

$$\mathrm{v} = \frac{\mathbf{n}\hbar q^2}{K\mathbf{n}^2\hbar^2} = \frac{q^2}{K\mathbf{n}\hbar} \tag{2-12}$$

따라서 전자의 운동에너지(kinetic energy)는 다음과 같다.

$$\text{K. E.} = \frac{1}{2}m\mathrm{v}^2 = \frac{mq^4}{2K^2\mathbf{n}^2\hbar^2} \tag{2-13}$$

위치 에너지(potential energy)는 그 전하 사이의 정전기적 힘과 거리의 곱이다. 즉,

$$\text{P. E.} = -\frac{q^2}{Kr_n} = -\frac{mq^4}{K^2\mathbf{n}^2\hbar^2} \tag{2-14}$$

그리고 **n** 번째 궤도에 있는 전자의 총 에너지(E_n)는 다음과 같다.

$$E_n = \text{K. E.} + \text{P. E.} = -\frac{mq^4}{2K^2\mathbf{n}^2\hbar^2} \tag{2-15}$$

이 모형의 결정적인 검증은 궤도 간의 에너지 차이가 수소 스펙트럼에서 관측된 광자에너지에 상당하는지 여부이다. 라이먼, 발머 및 파센 계열에 상당하는 궤도 사이의 전이를 그림 2-4에 나타내었다. 궤도 $\mathbf{n}_1$과 $\mathbf{n}_2$ 사이의 에너지 차이는 다음과 같다.

$$E_{n2} - E_{n1} = \frac{mq^4}{2K^2\hbar^2}\left(\frac{1}{\mathbf{n}_1^2} - \frac{1}{\mathbf{n}_2^2}\right) \tag{2-16}$$

이들 두 궤도 사이의 전이로서 방출되는 빛의 주파수는 다음과 같다.

$$\nu_{21} = \left[\frac{mq^4}{2K^2\hbar^2 h}\right]\left(\frac{1}{\mathbf{n}_1^2} - \frac{1}{\mathbf{n}_2^2}\right) \tag{2-17}$$

예제 2-1 식 (2-17)이 식 (2-3)에 상응한다는 것을 보여라. 즉 $c \cdot R = \dfrac{m \cdot q^4}{2 \cdot K^2 \cdot \hbar^2 \cdot h}$ 임을 증명하여라.

풀이 식 (2-17)과 식 (2-3)의 해답으로부터

$$\nu_{21} = \frac{\mathrm{c}}{\lambda} = \frac{2.998 \cdot 10^8 \frac{\mathrm{m}}{\mathrm{s}}}{9.11 \cdot 10^{-8}\,\mathrm{m} \cdot \dfrac{\mathbf{n}_1^2\,\mathbf{n}_2^2}{\mathbf{n}_2^2 - \mathbf{n}_1^2}} = 3.29 \cdot 10^{15}\,\mathrm{Hz} \cdot \left(\frac{1}{\mathbf{n}_1^2} - \frac{1}{\mathbf{n}_2^2}\right)$$

식 (2-3)으로부터

$$\nu_{21} = \mathrm{c} \cdot \mathrm{R} \cdot \left(\frac{1}{\mathbf{n}_1^2} - \frac{1}{\mathbf{n}_2^2}\right) = 2.998 \cdot 10^8 \frac{\mathrm{m}}{\mathrm{s}} \cdot 1.097 \cdot 10^7 \frac{1}{\mathrm{m}} \cdot \left(\frac{1}{\mathbf{n}_1^2} - \frac{1}{\mathbf{n}_2^2}\right)$$

$$= 3.29 \cdot 10^{15}\,\mathrm{Hz} \cdot \left(\frac{1}{\mathbf{n}_1^2} - \frac{1}{\mathbf{n}_2^2}\right)$$

전인자(pre-factor)는 근본적으로 리드베르그(Rydberg)상수 R과 빛의 상수 c의 곱이다. 식 (2-17)을 식 (2-3)으로 요약한 결과와 비교하면 보어의 이론이 초기의 실험적 증거에 관한 한 수소원자 내의 전자 전이에 대한 좋은 모형을 마련해 주고 있음을 나타내고 있다.

보어의 모형은 수소 스펙트럼의 총체적인 특색을 정확하게 기술하고 있기는 하지만 많은 상세한 점이 포함되어 있지 않다. 예를 들어, 실험적인 증거는 이 이온으로 예측되는 에너지준위 이외에, 이 준위들의 어떤 분열을 암시하고 있다. 또 이 모형을 수소보다 더욱 복잡한 원자로까지 확대시키는 데 있어 어려움이 생긴다. 더욱 일반적인 경우를 위하여 보어의 모형을 변형시키려는 시도가 있었으나 곧 더욱 알기 쉬운 이론이 필요하다는 것이 분명해졌다. 그러나 이 보어 모형의 부분적인 성공은 양자이론의 최종적인 발전으로의 중

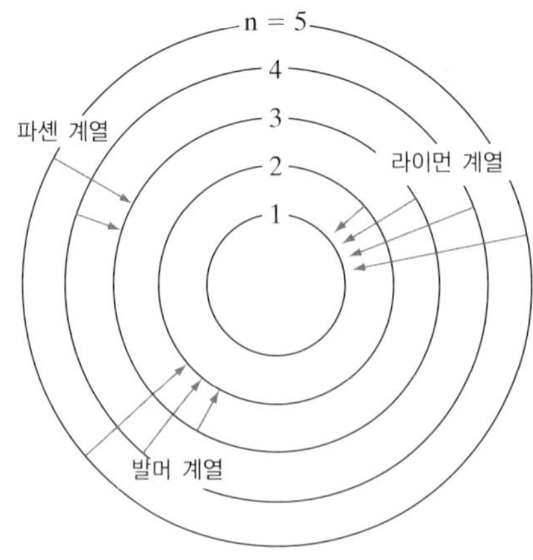

그림 2-4 수소원자의 보어 모형에서의 전자궤도와 전이. 궤도 간격은 제 눈금대로 그린 것이 아니다.

요한 한 걸음이었다. 전자를 어떤 허용된 에너지준위로 양자화하는 개념과 광자 에너지와 에너지준위 사이의 전이와의 관계는 보어의 이론으로 확립된 것이다.

2.4 양자역학

양자역학의 원리는 거의 같은 시기(1920년대 후반)에 두 개의 다른 견지에서부터 발전되었다. 하이젠베르그(Heisenberg)에 의해 발전된 한 접근방법은 매트릭스(matrix)의 수학을 이용하는 것으로 **매트릭스 역학**(*matrix mechanics*)이라 한다. 이와는 독립적으로 슈뢰딩거는 오늘날 **파동역학**(*wave mechanics*)이라 하는 파동방정식을 사용하는 접근방법을 발전시켰다. 이들 두 가지의 수학적인 전개는 전혀 다르다. 그러나 자세히 검토해 보면 형식을 제외시키면 이 두 접근방법의 근본원리는 같다. 예를 들어, 매트릭스 역학의 결과는 수학적 조작을 거친 후 파동역학의 결과로 바뀌게 된다는 것을 증명할 수 있다. 여기서는 수학적인 논의가 덜 들어 있고 그것으로 몇 가지 간단한 문제에 대한 해답을 얻을 수 있기 때문에 파동역학적인 접근방법을 중점적으로 취급한다.

2.4.1 확률과 불확실성 원리

원자규모로서는 개개의 입자가 관여하는 사건을 절대적인 정밀성을 가지고 기술하기는 불가능하다. 그 대신 전자와 같은 입자의 위치, 운동량, 에너지의 평균값[**기대값**(*expectation value*)]에 대하여 말해야 한다. 그러나 양자역학적 계산에서 나타나는 불확실성(uncertainty)은 그 이론의 일부 부족한 점에서 기인하는 것이 아니라는 점에 유의해야 한다. 사실상 이 이론의 주요 강점은 그것이 원자와 전자가 관여하는 사건의 확률론적인 성질을 기술하고 있다는 것이다. 실제로 전자의 위치와 운동량과 같은 양은 한 특정한 불확실성으로부터 벗어나서 존재하지는 않는 것이다. 이 본질적인 불확실성의 크기는 **하이젠베르그의 불확실성 원리**(*Heisenberg uncertainty principle*)[1]로 기술된다. 즉,

입자의 위치와 운동량의 어느 측정에 있어서나 이 두 가지 측정된 양의 불확실성은

$$(\Delta x)(\Delta p_x) \geq \hbar/2 \tag{2-18}$$

인 관계에 있을 것이다. 마찬가지로 에너지 측정에서의 불확실성은 그 측정이 이루어지는 시간에 관한 불확실성에 대하여

1) 이것은 종종 **불확정성 원리**(*principle of indeterminacy*)라고도 한다. 파라미터는 이들 공식에서 명시된 것보다 더 나은 정확도를 갖고 결정될 수 없으므로 이 표현이 더 나은 것이다.

$$(\Delta E)(\Delta t) \geq \hbar/2 \tag{2-19}$$

로 관련되어 있다.

이들 제한은 위치와 운동량 또는 에너지와 시간의 동시측정은 본질적으로 어느 정도 부정확하다는 것을 시사한다. 물론 플랑크 상수 h는 확실히 작은 수(6.63×10^{-34} J-s)이며, 예를 들어 화물자동차에 대하여 x와 p_x를 측정할 때는 이와 같은 부정확성에는 상관하지 않는다. 그러나 전자의 위치와 속도의 측정은 이 불확실성 원리에 의해 심각하게 제한된다.

불확실성 원리의 한 암시는, 예를 들어 전자의 위치에 대해서는 적절하게 말할 수 없으며 어떤 위치에서 전자를 발견할 수 있는 "확률(probability)"을 구해야 한다. 따라서 양자역학의 중요한 결과 중 하나는 어떤 한 상황에서의 한 입자에 대한 **확률밀도함수**(*probability density function*)를 구할 수 있다는 것이며, 이 함수는 위치, 운동량 및 에너지와 같은 중요한 양의 기대값을 구하는 데 사용할 수 있다. 불연속적(단일값) 확률을 계산하기 위한 방법은 경험으로 잘 알고 있다. 예를 들어 무질서하게 섞여 있는 한 벌의 카드에서 특정 카드를 뽑아낼 확률은 $^1/_{52}$이고, 던져진 동전의 앞면이 나올 확률은 $^1/_2$이라는 것은 분명하다. 그러나 이 확률이 변화할 때 예측을 하는 기술은 덜 알려져 있다. 이와 같은 경우에는, 체적 내에서 하나의 입자를 발견할 수 있는 확률을 나타내는 확률밀도함수를 정의하는 것이 보통이다. 1차원적인 문제에 대한 확률밀도함수 $P(x)$가 주어지면 그 입자를 x에서 $x + dx$에 이르는 영역에서 발견할 확률은 $P(x)dx$이다. 이 입자는 어느 곳엔가에는 있을 것이므로 함수 $P(x)$가 적절히 취해질 때, 이 함수는

$$\int_{-\infty}^{\infty} P(x)dx = 1 \tag{2-20}$$

임을 암시한다. 식 (2-20)은 함수 $P(x)$가 **정규화**(*normalize*)된 것으로 나타내어진다(즉, 그의 적분이 1이다).

x 함수의 평균값을 구하려면 각 증가분 dx에 대한 이 함수값에 그 dx에서 입자를 발견할 수 있는 확률을 곱하고, 이것을 x의 모든 값에 대하여 합해 주기만 하면 된다. 따라서 $f(x)$의 평균값은 다음과 같다.

$$\langle f(x) \rangle = \int_{-\infty}^{\infty} f(x)P(x)dx \tag{2-21a}$$

만일 확률밀도함수가 정규화되어 있지 않으면, 이 식은 다음과 같이 써야 한다.

$$\langle f(x) \rangle = \frac{\int_{-\infty}^{\infty} f(x)P(x)dx}{\int_{-\infty}^{\infty} P(x)dx} \tag{2-21b}$$

2.4.2 슈뢰딩거의 파동방정식

여러 가지 고전역학 방정식에 양자역학적인 개념을 적용하여 파동방정식을 전개하는 여러 방법이 있다. 가장 간단한 방법 중 하나는 약간의 기본 가정과 함께 파동방정식을 전개하며, 이 가정의 정당화를 위해서 그 결과의 정확성에 의존하는 것이다. 이 책보다 고급과정을 다룬 교재에는 이들 가정이 더욱 알기 쉽게 상세히 취급되어 있다.

기본 가정

1. 물리학적 시스템에서의 각 입자는 파동함수 $\Psi(x, y, z, t)$로서 기술된다. 이 함수와 그의 공간에 관한 도함수 $(\partial\Psi/\partial x + \partial\Psi/\partial y + \partial\Psi/\partial z)$는 연속적이고 유한하며 단일값이다.
2. 에너지 E와 운동량 p와 같은 고전적인 양을 취급함에 있어서 이들 양을 다음과 같이 정의된 추상적인 양자역학적 오퍼레이터(operator)와 관련시켜야 한다. 즉,

고전적 변수	양자역학적인 오퍼레이터
x	x
$f(x)$	$f(x)$
$\mathrm{p}(x)$	$\dfrac{\hbar}{j}\dfrac{\partial}{\partial x}$
E	$-\dfrac{\hbar}{j}\dfrac{\partial}{\partial t}$

다른 두 축(즉, y, z)에 대해서도 이와 비슷하게 한다.

3. 체적 $dx\,dy\,dz$ 내에서 파동함수 Ψ의 입자를 발견할 수 있는 확률은 $\Psi^*\Psi\,dx\,dy\,dz$이다.[2)] 곱 $\Psi^*\Psi$는 식 (2-20)에 의해 정규화되며, 따라서

$$\int_{-\infty}^{\infty} \Psi^*\Psi\,dx\,dy\,dz = 1$$

이고, 임의의 변수 Q의 평균값 $\langle Q\rangle$는 가정 2에서 정의된 오퍼레이터 형식 Q_{op}를 사용하여 파동함수로부터 계산된다. 즉,

$$\langle Q\rangle = \int_{-\infty}^{\infty} \Psi^* Q_{op}\,\Psi\,dx\,dy\,dz$$

일단 한 입자에 대한 파동함수 Ψ가 구해지면 그것의 평균 위치, 에너지 및 운동량을 불확실성 원리의 한계 내에서 계산할 수 있다. 따라서 양자역학적인 계산에 있어서 노력의 주요부분은 입자의 물리학적 시스템에 의해 부과되는 조건 내에서 Ψ에 대하여 푸는 것을

2) Ψ^*는 각 j의 부호를 반대로 하여 얻어지는 Ψ의 복소공액(*complex conjugate*)이다. 따라서 $(e^{jx})^* = e^{-jx}$이다.

포함하게 된다. 가정 3으로부터 확률밀도함수는 $\Psi^*\Psi$, 즉 $|\Psi|^2$ 임에 유의해야 한다.

입자의 에너지에 대한 고전적 방정식은

$$\begin{array}{ccccc} \text{운동에너지} & + & \text{위치에너지} & = & \text{총 에너지} \\ \frac{1}{2m}\mathrm{p}^2 & + & \mathrm{V} & = & E \end{array} \tag{2-22}$$

양자역학에서는 이들 변수에 대한 오퍼레이터 형식을 사용한다(가정 2). 이 오퍼레이터는 파동함수 Ψ에 대하여 연산이 행해지도록 되어 있다. 1차원적인 문제에 대하여 식 (2-22)는

$$-\frac{\hbar^2}{2m}\frac{\partial^2\Psi(x,t)}{\partial x^2} + \mathrm{V}(x)\Psi(x,t) = -\frac{\hbar}{j}\frac{\partial\Psi(x,t)}{\partial t} \tag{2-23}$$

과 같이 되며,[3] 이것은 슈뢰딩거의 파동방정식이다. 3차원의 경우에 이 방정식은

$$\boxed{-\frac{\hbar^2}{2m}\nabla^2\Psi + \mathrm{V}\Psi = -\frac{\hbar}{j}\frac{\partial\Psi}{\partial t}} \tag{2-24}$$

과 같이 되며, 여기서 $\nabla^2\Psi$는 다음과 같다.

$$\frac{\partial^2\Psi}{\partial x^2} + \frac{\partial^2\Psi}{\partial y^2} + \frac{\partial^2\Psi}{\partial z^2}$$

식 (2-23)과 식 (2-24)의 파동함수 Ψ는 공간 및 시간 양쪽의 종속변수를 포함하고 있으며 이 종속변수를 분리하여 계산한 후에 그들을 합쳐 주는 것이 보통이다. 더욱이 많은 문제들은 시간에는 무관하고 공간변수만이 필요하다. 따라서 이 파동방정식을 변수분리 기법으로 두 개의 방정식으로 나누어서 풀고자 한다. $\Psi(x, t)$를 곱 $\psi(x)\phi(t)$로 나타내자. 식 (2-23)에 이 곱을 사용하면

$$-\frac{\hbar^2}{2m}\frac{\partial^2\psi(x)}{\partial x^2}\phi(t) + \mathrm{V}(x)\psi(x)\phi(t) = -\frac{\hbar}{j}\psi(x)\frac{\partial\phi(t)}{\partial t} \tag{2-25}$$

를 얻는다. 이로써 변수를 분리시킬 수 있으며, 시간에 종속된 방정식

$$\boxed{\frac{d\phi(t)}{dt} + \frac{jE}{\hbar}\phi(t) = 0} \tag{2-26a}$$

과 시간에 무관한 1차원 방정식

3) $(\partial/\partial x)^2$의 연산적 해석은 2차 도함수의 형식 $\partial^2/\partial x^2$이다. j의 제곱은 -1이다.

$$\left[-\frac{\hbar^2}{2m}\frac{d^2}{dx^2} + V(x)\right]\psi(x) = E\psi(x) \tag{2-26b}$$

을 얻는다.

이러한 형태의 방정식은 고유(eigenvalue) 방정식으로 알려져 있으며 고유, eigen은 독일어로 "참"을 의미한다. 이 함수에서 쓰이는 연산자(operator)는 그 함수의 상수를 곱한 것과 같다. 분리상수 E는 입자의 전체 에너지(운동에너지와 위치에너지의 합)에 해당하며 서로 다른 고유에너지(eigenenergy) E_n에 대하여 고유함수(eigenfunction) ψ_n을 얻을 수 있다. 시간에 종속된 방정식 (2-26a)는 1차 미분방정식이므로 그의 해는 단순히 $\phi(t) = \exp(-jE/\hbar t) = \exp(-j\omega t)$ (플랑크 관계를 이용하여)이다. 이 형태는 모든 고유함수에 대하여 보편적으로 시간에 종속 된다.

양자역학에서 임의의 파동함수는 이 고유함수의 선형적 조합으로 쓰여지며 전인자나 가중계수는 초기 조건에 좌우 된다. 유사하게 임의의 벡터 **V**는 x, y, z축으로 단위벡터와 기본벡터 V_x, V_y, V_z의 선형적 조합으로 확장될 수 있다:

$$\mathbf{V} = V_x\mathbf{x} + V_y\mathbf{y} + V_z\mathbf{z} \tag{2-27a}$$

파동함수는 위에 보인 시간에 따라 전개되는 적절한 전인자들과 함께 여러 고유함수의 선형적 조합으로 간략하게 나타낼 수 있다.

$$\psi(x, t) = \sum_n c_n\psi_n \exp(-jE_n/\hbar t) \tag{2-27b}$$

그러므로 고유함수는 때때로 기본함수로 알려진다. 그러나 실제영역에서 세 개의 기본벡터로부터 확장될 수 있는 것과 달리 고유함수는 힐버트(*Hilbert*) 공간으로 알려져 있는 추상적인 공간에서 무한차원에 걸쳐 확장한다. 이 입자의 에너지를 측정하면 이러한 고유에너지를 얻게되며 그 확률은 c_n^2이다. 우리가 이러한 실험을 반복하면 매번 다른 고유에너지와 그에 상응하는 확률 c_n^2을 얻게된다. 이것이 유명한 양자역학에서의 불확정성으로 연결된다. 많은 양자역학적 측정의 평균은 고전역학적 결과에 상응한다. 이 방정식들은 파동역학의 기본이 된다. 이 들로부터 다양하고 간단한 시스템에서의 입자의 파동방정식이 결정된다. 양자역학에 있어 서로 다른 문제에서의 차이는 단지 V(x)의 형태이다. 전자를 포함한 계산에서 V(x)는 전계나 자계로부터 구해진다.

2.4.3 전위우물 문제

대부분의 실제적인 전위전계(potential field)에 대한 슈뢰딩거 방정식의 해를 구하기는 매우 어렵다. 예를 들어, 수소원자에 대해서는 약간의 수고로 이 문제를 풀 수 있으나 더욱 복잡한 원자의 경우는 해를 얻기가 어렵다. 그러나 복잡한 조작 없이 이 이론을 예증하는 몇 가지 중요한 문제들이 있다. 가장 간단한 문제는 무한대의 경계값을 갖는 전위우물(well)이다. 입자가 경계 $x = 0$과 L를 제외하고는 $V(x)$가 0이고 그 경계에서는 그것이

무한히 큰 전위우물에 포획되어 있다고 가정하자(그림 2-5a). 즉,

$$\begin{aligned} V(x) &= 0, \quad 0 < x < L \\ V(x) &= \infty, \quad x = 0, L \end{aligned} \tag{2-28}$$

우물 내부에 대해서는 식 (2-27)에서 $V(x) = 0$으로 놓아

$$\frac{d^2\psi(x)}{dx^2} + \frac{2m}{\hbar^2}E\psi(x) = 0, \quad 0 < x < L \tag{2-29}$$

이것은 자유입자에 대한 파동방정식이다. 이것을 전위 $V(x)$가 없는 영역에서의 전위우물 문제에 적용한다.

식 (2-29)에 대한 가능한 해는 $\sin kx$와 $\cos kx$이며, 여기서 k는 $\sqrt{2mE}/\hbar$이다. 그러나 해를 선정함에 있어 경계조건을 검토해야 한다. 전위장벽(potential barrier)에서는 ψ에 대해 허용된 값은 0뿐이다. 아니면 이 전위우물 외부에서도 0이 아닌 $|\psi|^2$가 있어야 할 것이며, 이것은 입자가 무한대 크기의 전위장벽을 침투할 수는 없기 때문에 불가능한 것이다. 따라서 $x = L$에서 $\sin kx$가 0이 되게 정현함수의 해만을 선정하고 k를 정해야 한다. 즉,

$$\psi = A\sin kx, \quad k = \frac{\sqrt{2mE}}{\hbar} \tag{2-30}$$

상수 A는 파동함수의 진폭이고 정규화 조건(가정 3)으로부터 구해질 것이다. ψ가 $x = L$에서 0이 되려면 k는 π/L의 어떤 정수배이어야 한다. 즉,

$$k = \frac{\mathbf{n}\pi}{L}, \quad \mathbf{n} = 1, 2, 3, \ldots \tag{2-31}$$

식 (2-30)과 식 (2-31)로부터 각 정수 **n**에 대하여 총 에너지 E_n에 관하여 풀 수 있다.

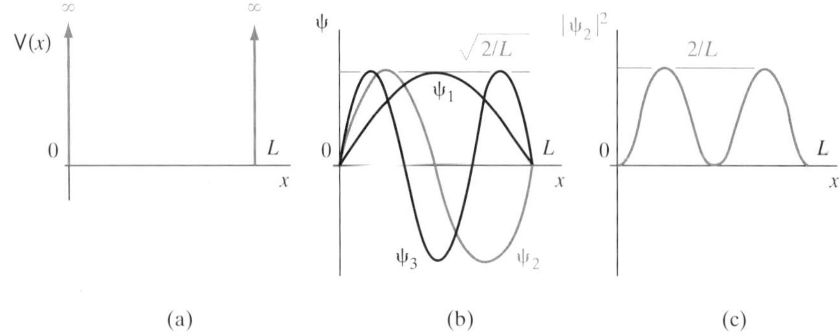

그림 2-5 전위우물의 입자문제: (a) 위치에너지 개요도; (b) 처음 세 개의 양자상태에서의 파동함수; (c) 제2의 상태에 대한 확률분포함수.

$$\frac{\sqrt{2mE_n}}{\hbar} = \frac{\mathbf{n}\pi}{L} \tag{2-32}$$

$$E_n = \frac{\mathbf{n}^2\pi^2\hbar^2}{2mL^2} \tag{2-33}$$

그래서 각각의 허용된 **n** 값에 대한 입자의 에너지는 식 (2-33)으로 주어진다. 여기서 이 에너지는 양자화되어 있음에 유의해야 한다. 즉, 에너지의 어느 일정한 값만이 허용된다. 이 정수 **n**을 양자수(*quantum number*)라 한다. 이 특정 파동함수 ψ_n과 이에 대응되는 에너지상태 E_n은 그 입자의 양자상태(*quantum state*)를 말하는 것이다.

식 (2-33)에 나타나 있는 양자화된 에너지준위는 반도체 소자에서 다루는 다양한 작은 구조에서 나타난다. 이 전위우물 문제("상자 속 입자" 문제라고도 함)는 후에 다시 다룰 것이다.

상수 A는 가정 3으로부터 구해지며

$$\int_{-\infty}^{\infty} \psi^*\psi \, dx = \int_0^L A^2\left(\sin\frac{\mathbf{n}\pi}{L}x\right)^2 dx = A^2\frac{L}{2} \tag{2-34}$$

이 식을 1로 놓아 다음을 얻을 수 있다.

$$A = \sqrt{\frac{2}{L}}, \quad \psi_n = \sqrt{\frac{2}{L}}\sin\frac{\mathbf{n}\pi}{L}x \tag{2-35}$$

이들 처음 세 개의 파동함수 ψ_1, ψ_2, ψ_3를 그림 2-5b에 그렸다. 확률밀도함수 $\psi^*\psi$ 또는 이 경우에는 $|\psi|^2$를 ψ_2에 대하여 그림 2-5c에 그렸다.

전위의 다른 유용한 식은 포물선 전위우물인 $\mathrm{V}(x) = \mathrm{k}x^2$이며, 단조화진동자(SHO; simple harmonic oscillator)에 해당한다. 파동함수와 고유에너지의 모양은 위의 직사각형 전위우물에서 얻어지는 것과 다르다. 이 경우의 고유에너지는 SHO의 양자들인 여러 가지 양정수 $\boldsymbol{n}$에 대하여 등간격이며 $E_n = (\boldsymbol{n} + 1/2)\hbar\omega$로 주어진다. 3장에서는 포물선적인 원자간 전위에서 단조화 진동에 의한 격자내 탄성파를 다루게 되며 이 탄성파의 양자화된 단위가 포논으로 알려져 있다.(위에 논의한 양자와 유사하게) 이 포논의 에너지가 $\hbar\omega$로 주어진다.

예제 2-2 파동(plane wave) $\psi = A\exp(jk_x x)$가 주어졌을 때, x 방향의 운동량 p_x의 기대값은 얼마인가?

풀이 정규화 후

$$\langle p_x \rangle = \frac{\int_{-\infty}^{\infty} A^* e^{-jk_x x}\left(\frac{\hbar}{j}\frac{\partial}{\partial x}\right) A e^{jk_x x}\, dx}{\int_{-\infty}^{\infty} |A|^2 e^{-jk_x x} e^{jk_x x}\, dx} = (\hbar k_x)$$

이것이 드브로이 관계식이다. 만약 이 적분들을 직접 구하려고 한다면, 이상적인 파동은 정규화할 수 있는 파동함수가 아니기 때문에 분모와 분자가 무한대가 되는 문제에 봉착하게 된다. 이럴 때 사용할 수 있는 요령으로 적분구간을 두는 방법이 있는데, 가령 길이 L의 부분 내에서 $-L/2$에서부터 $+L/2$의 한계를 두는 방법이 있다. 인수 L이 분모와 분자에서 약분된다. 그 후에 L을 무한대로 보내면 된다. 정규화될 수 있는 파동함수에 대해서는 이러한 수학적인 "요령"이 사용되지 않아도 된다.

또한 시간종속항을 포함하면 $\Psi = A\ \exp(jk_x x = -j\omega t)$를 얻는다. 또한 에너지 연산자의 기대값은

$$\langle E \rangle = \frac{\int_{-\infty}^{\infty} A^* e^{-j(k_x x-\omega t)}\left(-\frac{\hbar}{j}\frac{\partial}{\partial t}\right) A e^{j(k_x x-\omega t)}\, dx}{\int_{-\infty}^{\infty} |A|^2 e^{-jk_x x} e^{jk_x x}\, dx} \quad \text{이며}$$

이를 정규화하면 $(\hbar\omega)$이다.
이것이 플랑크 관계식이다.

2.4.4 터널링

무한대의 장벽을 갖는 전위우물에 대해서는 장벽위치에서의 경계조건으로부터 ψ가 0이어야 하므로 파동함수를 구하기가 비교적 쉽다. 이 문제를 약간 변형하여 일부 고체전자소자에서 매우 중요한 원리, 즉 유한한 높이와 두께의 전위장벽을 통하는 전자의 양자역학적 터널링(*tunneling*)을 설명한다. 그림 2-6과 같은 전위장벽을 생각해 보자. 이 전위장벽이 무한대의 크기가 아니면 그의 경계조건이 장벽에서 ψ를 0으로 만들지는 않는다. 대신 ψ 및 그 기울기 $d\psi/dx$가 각 장벽의 경계에서 연속적이라는 조건을 사용해야 된다(가정 1). 따라서 장벽(그곳을 통과한 장벽) 안과 다른 쪽에서의 ψ는 0이 아닌 값을 가져야 한다. ψ는 장벽 오른쪽에서는 어떤 값을 갖고 있으므로 $\psi^*\psi$도 그곳에서는 존재하며, 이것은 이 장벽을 넘어서도 입자를 발견할 어떠한 확률이 있음을 의미한다. 입자는 장벽을 넘어갈 수는 없다는 것을 알고 있다. 그의 총 에너지는 장벽높이 V_0보다는 작다고 가정하고 있다.

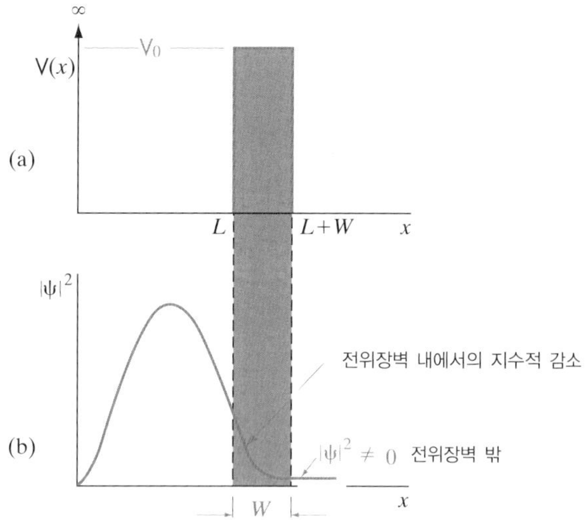

그림 2-6 양자역학적 터널링: (a) 높이 V_0, 두께 W인 전위장벽; (b) $E < V_0$인 에너지를 갖는 전자에 대한 확률밀도. 이것은 장벽 밖에서의 파동함수의 값이 0이 아님을 보여주고 있다.

이 입자가 이와 같은 장벽을 "투과하는" 기구를 터널링이라 한다. 그러나 장벽의 터널링을 고전역학적으로 설명하는 것을 포함하여 고전역학적으로 이 효과를 적절히 설명할 방법은 아무것도 없다. 양자역학적 터널링효과는 불확실성 원리와 아주 가깝게 연결되어 있다. 장벽이 충분히 얇으면 입자가 한쪽에만 있다고 확실하게 말할 수는 없다. 그러나 입자에 대한 파동함수의 진폭은 그림 2-6이 나타내듯이 장벽에 의해 감소되며, 따라서 두께 W를 보다 넓게 만듦으로써 전위장벽 오른쪽에서 무시할 수 있을 정도의 터널링효과가 생기는 점까지 ψ를 감소시킬 수 있다. 터널링효과는 매우 작은 크기에 대해서 중요하지만, 5, 6 및 10장에서 알 수 있듯이 고체 내에서 전자의 전도에 극히 중요하다.

최근에 공진 터널링 다이오드(resonant tunneling diode)라는 새로운 소자가 개발되었는데, 이것은 2.4.3절에서 언급한 "전위우물 내에서의 입자" 에너지준위를 통해 터널링하는 전자에 의해 작동한다.

2.5 원자구조와 주기율표

슈뢰딩거 방정식은 원자 내의 전자와 같이 전위전계와 입자의 상호작용을 정확하게 기술한다. 실제로 현대와 같은 원자이론(현대적인 원자 모형)은 파동방정식과 하이젠베르그의 매트릭스 역학에서 생겼다. 그러나 복잡한 원자에 대해 직접 슈뢰딩거 방정식을 푸는 문제는 매우 어렵다는 것을 지적해야 할 것이다. 사실상 직접 해를 구할 수 있는 것은 오직 수소원자뿐이다. 원자번호가 1보다 큰 원자들은 보통 근사값을 포함하는 기법으로 취급된다. 알칼리금속(Li, Na 등)과 같은 단일 전자가 바깥쪽 궤도에 있는 중성의 중심체(core)를 갖고 있는 많은 원자는, 수소원자에 대한 결과를 다소 단순하게 확대한 것으로써 취급할 수 있다. 이 수소원자에 대한 해는 허용된 전자의 에너지준위를 기술하기 위한 기본적 선택규칙을 확인하는 데도 중요하다. 이들 양자역학의 결과는 실험적으로 얻은 스펙트럼과 일치되어야 하며, 이들 에너지준위는 보어의 모형으로부터 예측되는 것들을 포함할 것으로 예상된다. 이 절에서는 수소원자에 대해 수학을 써서 실제로 처리하지 않고 파동방정식에 의해 에너지준위의 구성을 조사하기로 한다.

2.5.1 수소원자

수소원자에 대한 파동함수를 구하려면 쿨롱의 전위전계에 대한 3차원에서의 슈뢰딩거 방정식을 풀어야 한다. 이 문제는 구형대칭(球刑對稱)이기 때문에 구(또는 극)좌표계를 사용한다(그림 2-7). 식 (2-24)의 항 $V(x, y, z)$는 $V(r, \theta, \phi)$로 치환해야 하며, 양성자 근처에서 전자가 받는 쿨롱의 전위를 나타낸다. 이 쿨롱 전위는 구좌표계에서 식 (2-14)에서와 같이 r에 의해서만 변화한다. 즉,

$$V(r, \theta, \phi) = V(r) = -(4\pi\epsilon_0)^{-1}\frac{q^2}{r} \tag{2-36}$$

변수분리를 행하면 시간에 무관한 방정식은 다음과 같이 쓸 수 있다. 즉,

$$\psi(r, \theta, \phi) = R(r)\Theta(\theta)\Phi(\phi) \tag{2-37}$$

따라서 파동함수는 세 개의 부분으로 구해진다. 이들 분리된 해는 r에 종속된 식(즉, r을 독립변수로 하는 방정식), θ에 종속된 식, ϕ에 종속된 식에 대하여 구해야 한다. 이들 세 개

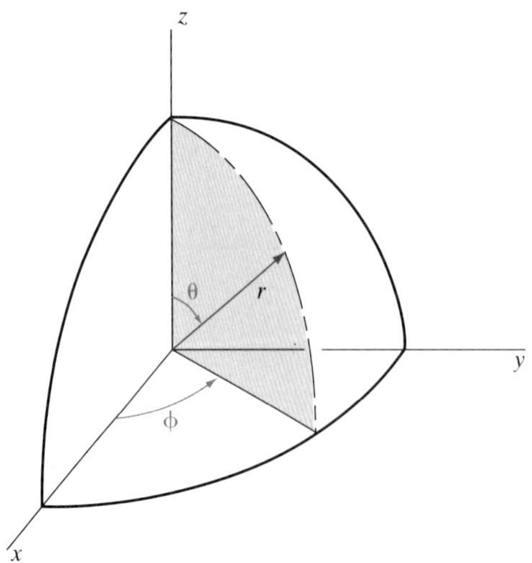

그림 2-7 구좌표계

의 방정식을 푼 다음 전체적인 파동함수 ψ는 이들 각각의 방정식 해의 곱으로써 얻어진다.

단순한 전위우물 문제에서와 같이 이 세 개의 수소원자에 대한 각각의 방정식은 양자화된 해를 얻는다. 따라서 파동방정식의 세 부분과 관련된 양자수를 기대할 수 있다. 예로 ϕ에 종속된 방정식은 다음과 같다.

$$\frac{d^2\Phi}{d\phi^2} + \mathbf{m}^2\Phi = 0 \tag{2-38}$$

여기서 **m**은 양자수이다. 이 방정식의 해는

$$\Phi_m(\phi) = Ae^{j\mathbf{m}\phi} \tag{2-39}$$

이며, 여기서 A는 앞에서와 같이 정규화 조건으로 계산할 수 있다. 즉,

$$\int_0^{2\pi} \Phi_m^*(\phi)\Phi_m(\phi)d\phi = 1 \tag{2-40}$$

$$A^2\int_0^{2\pi} e^{-j\mathbf{m}\phi}e^{j\mathbf{m}\phi}\,d\phi = A^2\int_0^{2\pi} d\phi = 2\pi A^2 \tag{2-41}$$

따라서

$$A = \frac{1}{\sqrt{2\pi}} \tag{2-42}$$

또 ϕ에 종속된 파동방정식은 다음과 같다.

$$\Phi_m(\phi) = \frac{1}{\sqrt{2\pi}}e^{j\mathbf{m}\phi} \tag{2-43}$$

ϕ의 값은 2π 라디안(radian)마다 되풀이되기 때문에 Φ도 역시 같은 값이 되풀이될 것이다. 이것은 음의 정수와 0을 포함하여 **m**이 정수이면 일어난다. 따라서 ϕ에 종속된 방정식의 파동함수는 다음과 같은 양자수에 대한 선택법칙에 따라 양자화된다. 즉,

$$\mathbf{m} = \ldots, -3, -2, -1, 0, +1, +2, +3, \ldots \tag{2-44}$$

비슷하게 하여 함수 $R(r)$과 $\Theta(\theta)$도 얻을 수 있으며 각각 그들 자체의 선택법칙에 따라 양자화된다. r에 종속된 방정식에 대해서 양자수 **n**은 (0이 아닌) 임의의 양의 정수일 수 있고 θ에 종속된 방정식에서 양자수 ***l***은 0 또는 양의 정수일 수 있다. 그러나 한 단일 파동함수 ψ_{nlm}에서

$$\psi_{nlm}(r, \theta, \phi) = R_n(r)\Theta_l(\theta)\Phi_m(\phi) \tag{2-45}$$

이며, 사용할 수 있는 여러 양자수를 제한하는 식들 사이에는 상호관계가 있다. 즉,

$$\mathbf{n} = 1, 2, 3, \ldots \tag{2-46a}$$

$$\boldsymbol{l} = 0, 1, 2, \ldots, (\mathbf{n} - 1) \tag{2-46b}$$

$$\mathbf{m} = -\boldsymbol{l}, \ldots, -2, -1, 0, +1, +2, \ldots, +\boldsymbol{l} \tag{2-46c}$$

파동방정식의 세 부분으로부터 생기는 세 가지 양자수에 덧붙여 전자 "스핀(spin)"에 대한 중요한 양자화 조건이 있다. 전자스핀의 연구에서는 양자역학과 동시에 상대성 원리를 쓰기 때문에 여기서는 간단히 특정한 ψ_{nlm}을 갖는 전자의 고유 각운동량 **s**를 다음과 같이 한다.

$$\mathbf{s} = \pm\frac{\hbar}{2} \tag{2-47}$$

즉, $\hbar$를 기본단위로 하였을 때 전자는 $\frac{1}{2}$의 스핀을 가지며, 이 스핀에 의한 각운동량은 전자가 "스핀업(spin up)" 또는 "스핀다운(spin down)"에 따라 양 또는 음일 수 있다. 이 검토에서 중요한 점은 수소원자에서 전자의 허용된 에너지상태 각각은 유일무이하게 4개의 양자수 **n**, ***l***, **m** 및 **s**로써 기술할 수 있다는 것이다.[4)]

이 4가지 양자수를 사용해서 수소원자에서 전자가 점유할 수 있는 여러 에너지상태를 확인할 수 있다. 주양자수(*principal* quantum number)라 하는 **n**은 보어 용어로서는 전자의 "궤도(orbit)"를 규정한다. 물론 양자역학적 계산에서 궤도의 개념은 확률밀도함수로 대치된다. 보통 주어진 주양자수를 가진 에너지상태를 궤도보다는 외각(*shell*)에 속해 있는 것으로 본다.

다른 세 개의 양자조건으로 인하여 이 보어궤도 부근에서의 에너지준위들에는 상당히 미세한 구조가 있다. 예를 들어, **n** = 1(제1의 보어궤도)의 전자는 식 (2-46)에 따라 ***l*** = 0와 **m** = 0만을 취할 수 있으나, 식 (2-47)로부터 허용된 두 개의 스핀상태가 있다. **n** = 2인 경우, ***l***은 0 또는 1일 수 있고, **m**은 −1, 0 또는 +1일 수 있다. 이와 같은 여러 가지 허용된 양자수의 조합이 표 2-1의 처음 4개의 행에 나타나 있다. 이들 조합으로부터 수소원자의 전자는 가장 낮은 (기저)상태 ψ_{100}로부터 많은 수의 여기상태 중 임의의 하나를 취할 수 있음이 분명하다. 여러 에너지상태 사이의 에너지 차이는 수소 스펙트럼에서 관측된 선을 적절히 설명하고 있다.

2.5.2 주기율표

2.5.1절에서 검토한 양자수는 수소원자 문제에 대한 해로부터 생긴다. 이와 같이 파동함수로부터 얻을 수 있는 에너지는 수소원자에 국한된 것이며, 적절한 변형 없이는 더욱 복잡한 원자로까지 확대시킬 수 없다. 그러나 양자수 선택법칙은 더욱 복잡한 구조에도 적

---

4) 많은 교재에서 여기서 **m**과 **s**로 한 것을 각각 $\mathbf{m}_l$과 $\mathbf{m}_s$라 언급하고 있다.

표 2-1 n = 3까지의 양자수와 수소원자의 전자에 대한 허용할 수 있는 에너지상태의 수. 처음 4개의 행은 식 (2-46)의 선택법칙에 의해 허용된 양자수의 여러 가지 조합을 나타낸 것이며, 끝의 두 개의 행은 각각 *l*(부각)과 n(외각 또는 보어궤도)에 대해 허용된 에너지상태의 수이다.

<table>
<tr><th>n</th><th>l</th><th>m</th><th>s/ħ</th><th>부각 안에 허용된 에너지상태</th><th>모든 외각 안에 허용된 에너지상태</th></tr>
<tr><td>1</td><td>0</td><td>0</td><td>$\pm\frac{1}{2}$</td><td>2</td><td>2</td></tr>
<tr><td rowspan="2">2</td><td>0</td><td>0</td><td>$\pm\frac{1}{2}$</td><td>2</td><td rowspan="2">8</td></tr>
<tr><td>1</td><td>−1
0
1</td><td>$\pm\frac{1}{2}$
$\pm\frac{1}{2}$
$\pm\frac{1}{2}$</td><td>6</td></tr>
<tr><td rowspan="3">3</td><td>0</td><td>0</td><td>$\pm\frac{1}{2}$</td><td>2</td><td rowspan="3">18</td></tr>
<tr><td>1</td><td>−1
0
1</td><td>$\pm\frac{1}{2}$
$\pm\frac{1}{2}$
$\pm\frac{1}{2}$</td><td>6</td></tr>
<tr><td>2</td><td>−2
−1
0
1
2</td><td>$\pm\frac{1}{2}$
$\pm\frac{1}{2}$
$\pm\frac{1}{2}$
$\pm\frac{1}{2}$
$\pm\frac{1}{2}$</td><td>10</td></tr>
</table>

용되며, 이들 법칙을 화학원소의 주기율표에 있는 원자의 배열을 이해하는 데 이용할 수 있다. 이 선택법칙이 없으면 원자의 첫 번째 보어궤도에는 두 개의 전자만이 합당하며, 두 번째 궤도에서는 8개의 전자가 허용되는 이유를 이해하기는 어렵다. 앞서 주어진 간단한 양자수에 대한 논의만으로도 보다 높은 안목으로 이와 같은 질문에 답할 수 있을 것이다.

주기율표를 논의하기 전에 양자이론의 중요한 원리인 **파울리의 배타원리**(*Pauli exclusion principle*)를 알아야 한다. 이 법칙은 상호작용이 있는 시스템의[5] 어느 두 개 전자도 양자수 **n**, ***l***, **m**, **s**의 같은 짝을 가질 수 없다는 것이다. 다시 말하면 단지 두 개의 전자만이 같은 세 개의 양자수 **n**, ***l***, **m**을 가질 수 있으며, 이들 둘은 서로 반대되는 스핀을 가져야 한다. 이 원리는 매우 중요한 것이며, 주기율표에 있는 모든 원자의 전자구조에 대한 기초이다. 이 원리가 암시하는 것은 양자수의 여러 가지 조합을 표로 만들어 보면 복잡한 원자의 각 전자에 적합한 외각이 어느 것인지, 또 각 외각에 몇 개의 전자가 들어갈 수 있는지를 결정할 수 있게 하는 것이다. 표 2-1에 종합해 놓은 양자상태는 가장 낮은 에너지(기저)상태에 있는 원자의 전자배열을 나타내는 데 사용할 수 있다.

첫 번째 전자외각(**n** = 1)에서 ***l***의 최대값은 언제나 **n** − 1이므로 ***l***은 0만 될 수 있다.

5) 상호작용 시스템은 전자의 파동함수가 겹쳐지는 시스템으로서, 이 경우에 원자는 두 개 또는 그 이상의 핵외 전자를 갖고 있다.

비슷하게 하여 **m**은 ***l***의 양의 값에서 음의 값에 이르러 계속되기 때문에 **m** 역시 0으로만 될 수 있다. 서로 반대되는 스핀의 두 개의 전자가 이 ψ_{100} 상태에 정합할 수 있다. 따라서 첫 번째 외각은 많아야 두 개의 전자를 가질 수 있다. 기저상태(ground state)에 있는 헬륨(helium; He)원자(원자번호 $Z = 2$)에 대해서는 두 개의 전자가 모두 첫 번째 보어궤도(**n** = 1)에 있을 것이며, 그들은 다같이 ***l*** = 0 및 **m** = 0일 것이고 서로 반대되는 스핀을 가질 것이다. 물론 He 원자의 핵외전자 하나 또는 둘 다가 표 2-1의 보다 높은 에너지상태 중 하나로 여기되고, 이어서 He 스펙트럼의 광자 특성을 내면서 기저상태로 풀려 되돌아갈 수 있다.

표 2-1이 나타내고 있듯이 ***l*** = 0인 부각에는 두 개의 전자가, ***l*** = 1에 대해서는 6개 전자가, 그리고 ***l*** = 2에 대해서는 10개의 전자가 있을 수 있다. 주기율표의 여러 원자의 원자배열은 이 허용되는 에너지상태들로부터 추정할 수 있다. 몇 가지 원자에 대한 기저상태에서의 전자구조를 표 2-2에 나타내었다. 이와 같은 표 대신 일반적으로 사용되고 있는 전자구조에 대한 간단한 속기 표기법도 함께 보여주고 있다. 이 표기법에서 기억해 두어야 할 새로운 관례는 ***l***의 값에 이름을 붙이는 일이다. 즉,

$$
\begin{array}{l}
\boldsymbol{l} = 0, 1, 2, 3, 4, \ldots \\
\quad\; s, p, d, f, g, \ldots
\end{array}
$$

이 관례는 일찍이 분광학자들에 의해 창안된 것으로, 그들은 처음 4가지 스펙트럼군을 각각 *s*harp(예리한 계열), *p*rincipal(주 계열), *d*iffuse(얇게 퍼진 계열) 및 *f*undamental(기저 계열)이라 하였다. *f* 다음에는 알파벳이 순서대로 사용된다. ***l***에 대한 이 관례를 사용하면 전자의 에너지상태는 다음과 같이 쓸 수 있다.

$$3p^6$$

3*p* 부각 안의 6개의 전자

(**n** = 3) (***l*** = 1)

예를 들어, Si ($Z = 14$)에 대한 전체 전자배열은 기저상태에서는 다음과 같다.

$$1s^2 2s^2 2p^6 3s^2 3p^2$$

Si는 외각에 빈 자리가 없는 Ne의 핵외전자배열(표 2-2 참조)에 그의 바깥쪽 **n** = 3 궤도에 4개의 전자($3s^2 3p^2$)를 갖고 있다. 이것(**n** = 3 궤도의 것)이 Si의 4개의 가전자들이다. 즉, 두 개의 가전자는 *s* 상태에, 그리고 두 개는 *p* 상태에 있다. 이 Si의 핵외전자배열은 편의상 [Ne] $3s^2 3p^2$로 쓸 수 있는데, Ne의 배열 $1s^2 2s^2 2p^6$는 폐쇄된, 즉 더 이상 전자가 차지할 곳이 없는 외각(불활성 원소에서의 대표적 형태인)을 이루고 있기 때문이다.

그림 2-8a에서는 14개의 양성자와 중성자들, 외각 **n** = 1과 2에 있는 10개의 중심(core) 전자와 3*s*와 3*p* 부각에 있는 4개의 가전자로 구성된 핵을 가진 Si 원자의 궤도 모형을 보여준다. 그림 2-8b는 핵의 쿨롱 전위우물에 있는 여러 가지 전자들의 에너지준위

표 2-2 기저상태의 원자에 대한 핵외전자배열

		n = 1	2		3			4		
		l = 0	0	1	0	1	2	0	1	
원자 번호 (Z)	원소	$1s$	$2s$	$2p$	$3s$	$3p$	$3d$	$4s$	$4p$	
		전자의 개수								속기 표기법
1	H	1								$1s^1$
2	He	2								$1s^2$
3	Li		1							$1s^2\ 2s^1$
4	Be		2							$1s^2\ 2s^2$
5	B		2	1						$1s^2\ 2s^2\ 2p^1$
6	C	헬륨 중심체. 전자 2개	2	2						$1s^2\ 2s^2\ 2p^2$
7	N		2	3						$1s^2\ 2s^2\ 2p^3$
8	O		2	4						$1s^2\ 2s^2\ 2p^4$
9	F		2	5						$1s^2\ 2s^2\ 2p^5$
10	Ne		2	6						$1s^2\ 2s^2\ 2p^6$
11	Na				1					[Ne] $3s^1$
12	Mg				2					$3s^2$
13	Al				2	1				$3s^2\ 3p^1$
14	Si	네온 중심체. 전자 10개			2	2				$3s^2\ 3p^2$
15	P				2	3				$3s^2\ 3p^3$
16	S				2	4				$3s^2\ 3p^4$
17	Cl				2	5				$3s^2\ 3p^5$
18	Ar				2	6				$3s^2\ 3p^6$
19	K							1		[Ar] $4s^1$
20	Ca							2		$4s^2$
21	Sc						1	2		$3d^1\ 4s^2$
22	Ti						2	2		$3d^2\ 4s^2$
23	V						3	2		$3d^3\ 4s^2$
24	Cr						5	1		$3d^5\ 4s^1$
25	Mn						5	2		$3d^5\ 4s^2$
26	Fe						6	2		$3d^6\ 4s^2$
27	Co	아르곤 중심체. 전자 18개					7	2		$3d^7\ 4s^2$
28	Ni						8	2		$3d^8\ 4s^2$
29	Cu						10	1		$3d^{10}\ 4s^1$
30	Zn						10	2		$3d^{10}\ 4s^2$
31	Ga						10	2	1	$3d^{10}\ 4s^2\ 4p^1$
32	Ge						10	2	2	$3d^{10}\ 4s^2\ 4p^2$
33	As						10	2	3	$3d^{10}\ 4s^2\ 4p^3$
34	Se						10	2	4	$3d^{10}\ 4s^2\ 4p^4$
35	Br						10	2	5	$3d^{10}\ 4s^2\ 4p^5$
36	Kr						10	2	6	$3d^{10}\ 4s^2\ 4p^6$

를 보여주고 있다. 극성이 다른 전하는 서로 끌어당기기 때문에, 음으로 충전된 전자들과 양으로 충전된 핵 사이에는 당기는 힘에 의한 전위가 생긴다. 식 (2-36)에서 보여주듯이, 쿨롱 전위는 전하(이 경우에는 Si 핵)로부터의 거리 함수인 $1/r$로 변화된다. 위치에너지는 무한대로 감에 따라 점차적으로 0에 접근한다. 결과적으로 2.4.3절과 식 (2-33)에서 검토했듯이, 이 전위우물 속에 있는 이들 전자에 대한 "상자 속 입자(particle-in-a-box)"의 상태를 얻게 된다. 물론 이 경우 전위우물의 모양은 그림 2-5a에서 보여지는 직사각형이 아니라, 그림 2-8b에서 보여지듯이 쿨롱적이다. 그러므로 에너지준위들은 식 (2-33)보다는 차

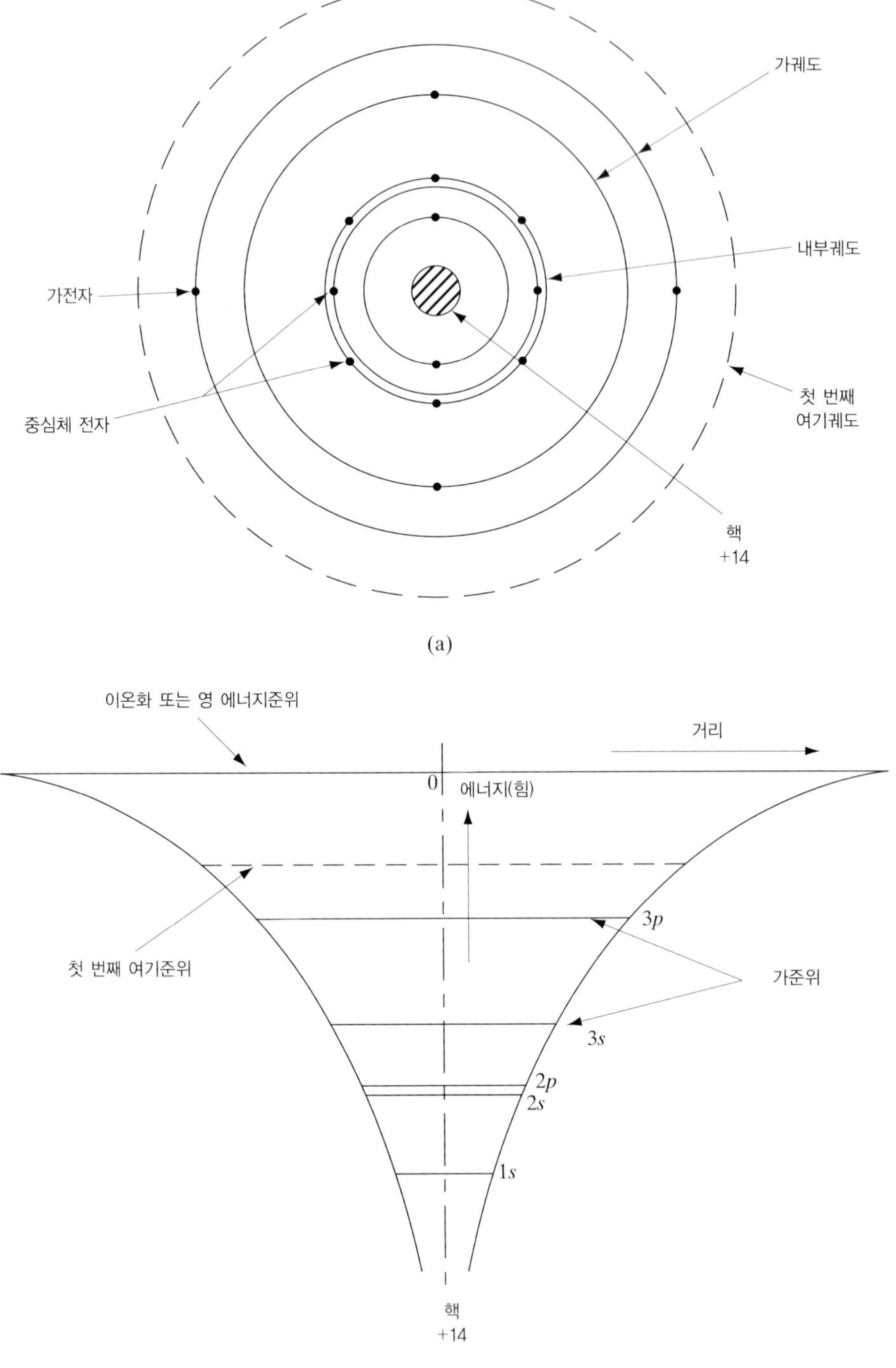

그림 2-8 Si 원자에서의 전자의 구조와 에너지준위: (a) 10개의 중심 전자(n = 1과 2)와 4개의 가전자(n = 3)를 보여주는 Si 원자의 궤도 모형, (b) 핵의 쿨롱 전위에서의 에너지준위 또한 구조적으로 나타나 있다.

라리 식 (2-15)에서 보여지는 것처럼 수소원자의 에너지준위에 더 가까운 형태를 갖는다.

만약 2.5.1 절에서 수소원자에 대해 풀었던 것처럼 Si 원자에 대해 슈뢰딩거 방정식을 푼다면, 파동방정식의 반경과 각에 대한 의존성이나 전자의 "궤도들"을 얻을 수 있다. 두 개의 3*s* 전자와 두 개의 3*p* 전자를 갖는 **n** = 3 인 가전자 외각에 초점을 맞춰 보자. 3*s* 궤도는 각의 의존성이 없는 구형대칭이고 어디서든 양이라는 것이 밝혀졌다. 그것은 파울리의 배타원리에 따라 반대 스핀을 가진 두 개의 전자를 소유할 수 있다. 상호 직교하는 3*p* 궤도들이 존재한다. 이들은 양의 돌출부(lobe)와 음의 돌출부를 가진 아령 같은 모양을 하고 있다(그림 2-9). 3*p* 부각은 6 개까지 전자를 소유할 수 있지만, Si 의 경우에는 오직 두 개만 가질 수 있다. 흥미롭게도, Si 결정에서는 개개의 원자들이 서로 가깝게 근접할 때, *s* 와 *p* 궤도들은 그들 고유의 특성을 잃을 정도로 너무 많이 겹쳐져서 4 개의 혼합된 sp^3 궤도들을 이룬다. *p* 궤도의 음의 부분은 *s* 형 파동함수를 상쇄하는 반면, 양의 부분은 그것을 증대시킨다. 그러한 이유로 인해 공간에서 "방향성 있는" 결합을 형성한다. 그림 2-9 에서 볼 수 있듯이, 이러한 **원자궤도의 선형결합**(*linear combinations of atomic orbitals; LCAO*) 또는 "혼성" sp^3 궤도들은 4 개의 정방정계 방향(tetragonal direction)들을 따라 공간상에 대칭으로 위치된다(그림 1-9 참조). 3 장에서는 이러한 "방향성 있는" 화학적인 결합이 대부분의 반도체에서 정방정계 다이아몬드 또는 섬아연광 격자구조의 원인이라는 것을 알게 될 것이다. 또한 이들 결합은 에너지대역을 이해하는 것과 이들 반도체에서의 전하전도에 있어 매우 중요하다.

IV족 열에 있는 반도체 Ge(Z = 32)는 4 개의 가전자가 폐쇄된 외각 **n** = 3 보다 바깥쪽에 있다는 것을 제외하면 Si 와 유사한 전기적인 구조를 갖는다. 따라서 Ge 의 구성은 [Ar] $3d^{10}4s^2 4p^2$ 이다. 표 2-2 에 열거된 몇 가지 경우는 이러한 간단한 양자수 선택법칙의 예외가 된다. 예를 들면 K(Z = 19)와 Ca(Z = 20)에서는 3*d* 상태가 채워지기 전에 4*s* 상태가 먼저 채워지며, Cr(Z = 24)과 Cu(Z = 29)에서는 한 개의 전자가 다시 3*d* 상태로 옮겨져 있다. 이와 같은 예외의 경우는 최소 에너지에 대한 고려에 의해 요구되는 것으로서 대부분의 원자물리 교재에서 더욱 충분히 검토되고 있다.

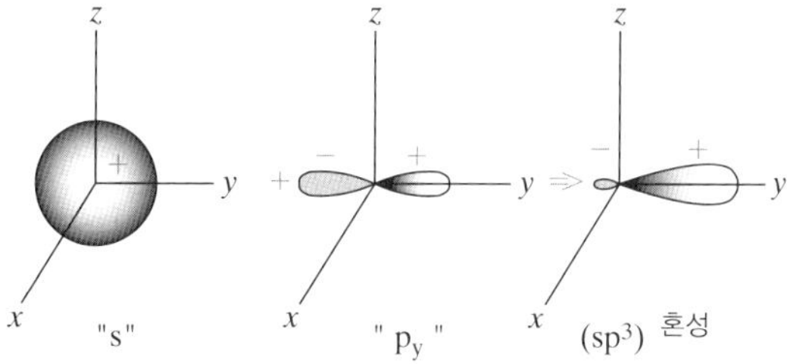

그림 2-9 Si 원자에서의 궤도: 구형대칭인 "s"형 파동함수나 궤도는 어느 곳에서나 양인 반면에, 3 개의 상호 수직인 "p"형 궤도(p_x, p_y, p_z)는 아령 모양이고 양의 돌출부와 음의 돌출부를 갖고 있다. 4 개의 sp^3 "혼성" 궤도들은(여기서는 하나만 보여졌지만) 공간에서 점대칭이고 Si에서 다이아몬드 격자를 만든다.

요약 SUMMARY

2.1 고전물리학에서 물질(전자 포함)은 뉴턴역학에 의해 지배되는 입자로, 빛은 간섭이나 회절과 같은 현상과 일관성 있게 파동으로 설명되었다.

2.2 흑체 복사와 광전효과와 같은 현상들을 통해 플랑크와 아인슈타인은 빛의 입자적인 면(광자)을 발견했다. 원자 분광에 대한 분석은 이후에 보어와 드브로이가 비슷하게 파동적인 면을 전자와 같은 아원자 입자들에 도입했다. 이는 하이젠베르그와 슈뢰딩거의 파동–입자 이중성과 양자역학적인 설명으로 이어졌다.

2.3 전자들의 반도체 안에서의 움직임이나 빛과의 반응을 이해하려면 전자의 복잡한 파동방정식을 결정해야 한다. 파동방정식은 수학적으로 정확해야 하며, 전자를 찾을 수 있는 확률밀도가 공간과 시간 속에서 파동함수 크기의 제곱이라는 것과 일치한다.

2.4 슈뢰딩거의 시간-의존 편미분방정식을 풀면 파동함수를 얻을 수 있다. 경계조건들(위치에너지 분포)을 적용하면 수개의 (적합한) 고유함수들이 유효한 해로 구해지고, 이들에 상응하는 고유에너지는 허용된 양자수들에 의해 결정된다. 물리적 측정의 결과는 더 이상 (고전역학에서처럼) 확정적이지 않고 확률적이 되는데, 이때 기대값은 물리적 양에 상응하는 적합한 양자역학적 오퍼레이터들을 써서 얻은 파동함수의 평균값이 된다.

2.5 이 원리들을 가장 간단한 원자(H)에 적용하면, 4개의 양자수(**n**, ***l***, **m**, **s**)를 얻게 된다. 이들은 적합한 양자역학적 법칙을 따른다. 외삽법에 따라 Si 등과 같이 더 복잡한 원자들을 측정하여 한 세트의 양자수가 최대 한 개의 전자를 가질 수 있다는 파울리의 배타법칙을 적용하여 전자구조와 주기율표 개념으로 나타난다.

연습문제 PROBLEMS

2.1 (a) 광전효과 실험에서 E_m을 측정하기 위한 간단한 진공관 소자와 그와 연관된 회로구성을 그려라.

(b) 주어진 전극 재료와 구성을 사용해 측정할 경우 예상되는 광전류 I 대 지연전압 V를 그려라. 주어진 파장에서 몇 가지의 빛의 세기에 대한 그림을 그려라.

(c) 백금(platinum)의 일함수는 4.09 eV이다. 주사되는 빛의 파장이 2440 Å인 경우 백금 전극으로 한 광전실험에서 광전류가 0이 되도록 하기 위해 지연전위가 필요로 하는 것은 무엇인가? 표면에서 이탈할 때 $q\Phi$의 에너지를 각각의 전자들에 의해 잃는다고 생각하라.

2.2 광전효과실험에서 아연(Zinc)으로부터 나오는 광전자의 임계파장은 310 nm이다. 아연의 일함수를 계산하라. 또한 임계치와 다른 200 nm 파장의 빛에 의한 광전자의 속도를 구하라.

2.3 (a) 수소 스펙트럼에서 다양한 선들이 다음과 같은 옴스트롬 단위로 표현될 수 있다는 것을

증명하라.

$$\lambda(\text{Å}) = \frac{911\mathbf{n}_1^2\mathbf{n}^2}{\mathbf{n}^2 - \mathbf{n}_1^2}$$

여기서 $\mathbf{n}_1$은 라이먼 계열의 경우는 1이고, 발머 계열의 경우는 2 그리고 파셴 계열의 경우는 3이다. 정수 $\mathbf{n}$은 $\mathbf{n}_1$보다 크다.

(b) 파장 λ를 라이먼 계열의 경우는 $\mathbf{n} = 5$에 대해, 발머 계열의 경우는 $\mathbf{n} = 7$에 대해, 그리고 파셴 계열의 경우는 $\mathbf{n} = 10$에 대해 계산하라. 그 결과를 그림 2-2와 같은 곡선으로 그려라. 세 가지 계열 각각의 경우에 파장의 한계는 얼마인가?

2.4 Heisenberg의 불확정성 원리를 이용하여 직경 10 fm의 원자 안에 갇힌 전자의 운동량의 불확실성을 계산하라. 또한 이를 이용하여 최소 결합에너지를 구하라.

2.5 Balmer 계열에 대한 계산에서, 수소 스펙트럼의 첫 번째 항은 656.1 nm의 파장을 보이고 있다. 수소 원자의 전자가 세 번째로부터 두 번째 에너지 레벨로의 전이에 의한 것과 유사한 복사 전이를 Bohr의 이론이 뒷받침한다. 이로부터 Rydberg 상수의 값을 구하라.

2.6 전자가 다음과 같이 정규화된(normalized) 파동 함수 $\varphi(x) = 2\alpha\sqrt{\alpha}\,xe^{-\alpha x}$ $x > 0$일 때, $\varphi(x) = 0$ $x < 0$일 때,

(a) 어떠한 x의 값에 대하여 $P(x) = |\varphi(x)|^2$는 최대가 되는가?

(b) $\langle x \rangle$와 $\langle x^2 \rangle$를 계산하라.

(c) 입자를 $x = 0$와 $x = 1/\alpha$ 사이에서 발견할 확률은 얼마인가?

2.7 하나의 입자가 1차원에서 파동함수로 표현된다. $x \geq 0$일 때 $\psi(x) = \mathrm{B}e^{-2x}$ 그리고 $x < 0$일 때 $\psi(x) = \mathrm{C}e^{+4x}$이며, B와 C는 실수이다. ψ를 유효한 파동함수를 만들기 위한 B와 C를 계산하여라. 입자가 있을 확률이 가장 높은 곳은 어디인가?

2.8 전자의 파동함수는 $x = 2$와 22 cm 사이에서 $\mathrm{C}e^{ikx}$이고, 그 외에는 0이다. C의 값은 무엇인가? $x = 0$과 4 cm 사이에서 전자를 찾을 수 있는 확률은 얼마인가?

2.9 에너지 V가 위치 x에 대하여 다음과 같이 함수로 주어지는 전위우물이 있다. $x = -0.5$에서 0 nm일 때 $V = \infty$, $x = 0$에서 5 nm일 때 $V = 0$ eV, $x = 5$에서 6 nm일 때 $V = 10$ eV, 그리고 $x > 6$ nm이고 $x < -0.5$ nm일 때 $V = 0$이다. 7 eV의 에너지를 가진 전자가 0과 5 nm 사이에 존재할 때, x가 0 nm보다 작은 영역에서 전자가 존재할 확률은 얼마인가? $x >$ 6 nm에서 전자가 발견될 확률은 영(zero)인가 아닌가? 전자가 양자역학이 아닌 고전역학으로 표시될 때 $x > 6$ nm에서 전자가 발견될 확률은 얼마인가?

2.10 탄소 원자에 존재하는 전자, 양자, 중성자의 수를 전자껍질 구조를 분석하여 구하라.

2.11 0.59 nm의 폭을 가진 무한대의 양자 우물에 갇힌 전자의 처음 다섯 에너지 준위를 계산하라.

2.12 원자 안의 전자는 다음의 파동 함수로 표현된다. $\varphi(x, t) = \frac{e^{-iE_1 t}}{\hbar}\varphi_1(x) + \frac{e^{-iE_2 t}}{\hbar}\varphi_2(x)$. 에너지와 에너지 분리(ΔE)의 예상값을 계산하라.

2.13 $1s^2 2s^2 2p^4$의 전자외각구조를 가지고 원자량 21인 원자의 여러 부각에 있는 전자의 수를 도식적으로 나타내어라. 핵에는 얼마나 많은 양성자와 중성자가 있는가? 이 원자는 화학적으로 반응하는가? 그렇다면 그 이유는 무엇인가?

참고문헌 READING LIST

Cohen-Tannouoji, C., B. Diu, and F. Laloe. *Quantum Mechanics.* New York: Wiley, 1977.

Datta, S. *Modular Series on Solid State Devices:Vol. 8. Quantum Phenomena.* Reading, MA: Addison-Wesley, 1989.

Feynman, R. P. *The Feynman Lectures on Physics,Vol. 3. Quantum Mechanics.* Reading, MA: Addison-Wesley, 1965.

Kroemer, H. *Quantum Mechanics.* Englewood Cliffs, NJ: Prentice Hall, 1994.

자가진단 퀴즈 SELF QUIZ

문제 1

다음의 일차원적인 함수가 음의 무한대와 양의 무한대 사이의 x에 대하여 허용되는 양자역학적 파동함수인지 아닌지를 결정하라(답에 동그라미표 하라).

(a) $-|a| < x < |a|$일 때 $\Psi(x) = C$, 그 외에는 $\Psi(x) = 0$ 허용된다 / 허용되지 않는다

(b) $\Psi(x) = C(e^{x/a}+e^{-x/a})$ 허용된다 / 허용되지 않는다

(c) $\Psi(x) = C\exp(-x^2/|a|)$ 허용된다 / 허용되지 않는다

여기서 C와 a는 0이 아니고 유한상수이다.

문제 2

아래와 같은 유한한 전위우물에 대하여 다음에 답하라.

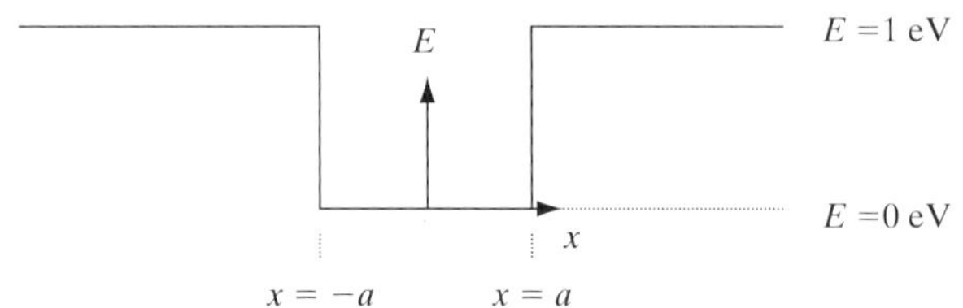

(a) 전위우물 안에서 측정된 입자 에너지가 0 eV가 될 수 있는가?

(b) 입자가 $E < 1$ eV의 에너지를 가질 때, 측정된 입자의 위치는 $|x| > a$가 될 수 있는가?

문제 3

(a) 최소 위치에너지가 0 eV인 다음과 같은 전위우물에 있는 입자에 대하여 기저상태의 고유에너지 E_1이 0이 될 수 있는가? 다음 중 하나를 선택하여 동그라미표 하라.

가능하다 / 불가능하다 / 자료가 부족하다

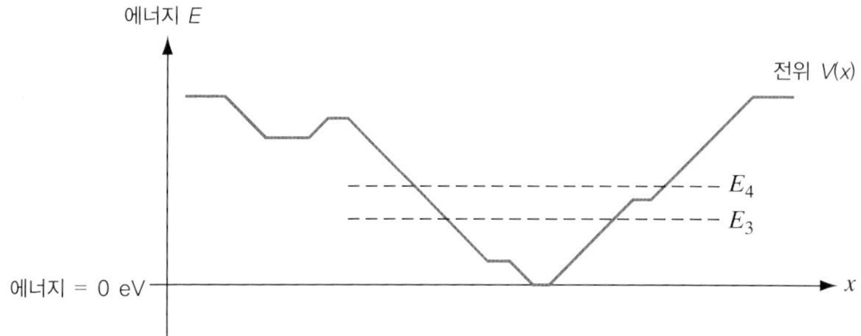

(b) 세 번째와 네 번째로 가장 활동적인 고유상태 에너지가 위와 같이 주어졌을 때, 어떠한 경우에도 입자 에너지의 기대값이 정확히 $0.5(E_3 + E_4)$임이 가능한가? (입자가 하나의 에너지 고유상태에 있다고 가정하지 말 것.) 다음 중 하나를 선택하여 동그라미표 하라.

가능하다 / 불가능하다 / 자료가 부족하다

(c) 아래와 같은 연속적이고, 각지지 않고, 정규화 가능한 파동함수 $\Psi(x)$는 (a)에서의 전위 $V(x)$보다 높은 입자에 대하여 허용된 양자역학적 파동함수인가? (하나에 동그라미표 하라.)

그렇다 / 그렇지 않다 / 알 수 없다

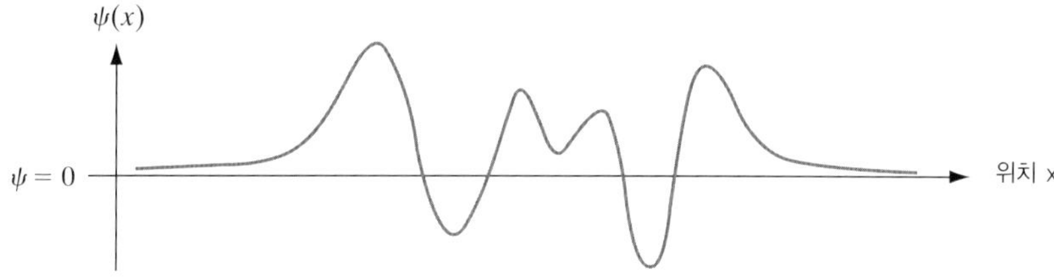

문제 4

아래의 두 시스템에서 화살표의 수직적인 위치에 정확히 해당하는 에너지를 보유한 양자역학적 입자가 왼쪽으로부터 들어온다면 반사될 확률은 시스템 1이 시스템 2보다 큰가? 다음 중 하나를 선택하여 동그라미표 하라.

그렇다 / 그렇지 않다 / 자료가 부족하다

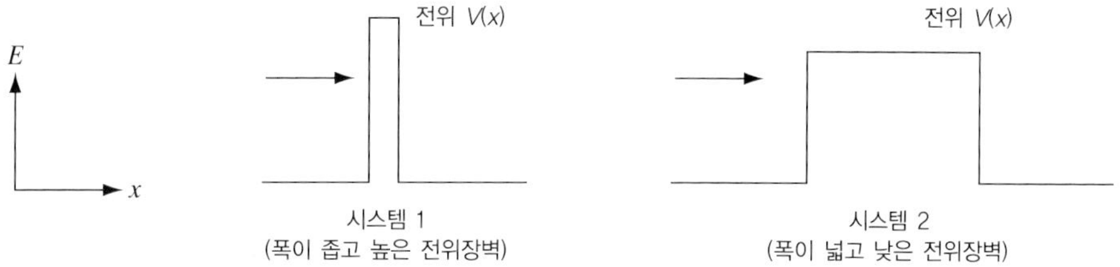

문제 5

한 입자에 대한 다섯 개의 정확한 측정이 빠른 순서로 진행되어서 측정 사이의 입자 파동함수의 시간적 변화가 없으며 다음의 순서로 측정되었다고 가정하라: (1) 위치 (2) 운동량 (3) 운동량 (4) 위치 (5) 운동량. 처음의 두 측정결과가 각각 x_o와 p_o라면, 다음 세 개의 측정치는 무엇인가? (각각 한 개씩 동그라미표 하라.)

측정치 (3) 운동량 p_o / 미정
측정치 (4) 위치 x_o / 미정
측정치 (5) 운동량 p_o / 미정

문제 6

광전효과가 양자역학보다 고전물리학에 의해 적용된다면 다음 실험들의 결과는 무엇인가?

(a) 입사된 복사강도를 변화시킴으로써 에너지 및 방출된 전자수에 어떤 일이 일어날 것인가?

(b) 빛의 주파수를 바꾸는 것은 어떠한가?

Chapter 03

에너지대역과 반도체에서의 전하 캐리어

학·습·목·표

1. 전도대역과 가전자대역을 이해하고 대역간극이 어떻게 형성되었는가를 이해한다.
2. 반도체에 있어서의 도핑 개념을 올바르게 인식한다.
3. 상태밀도와 페르미-디랙 통계를 이용하여 캐리어농도를 계산한다.
4. 일정한 전계에서 이동전류를 캐리어 이동도로 계산하고 이동도가 산란에 의해 어떻게 영향을 받는지 알아본다.
5. "유효"질량의 개념에 대해서 논의한다.

이 장에서는 우선 고체 내에서 어떻게 전류가 흐르는지 논하기로 한다. 이 기구를 검토함에 있어 어떠한 물질은 전류의 양도체인 데 반하여 다른 것은 불량도체인 이유를 배울 것이다. 반도체의 전도율이 온도나 불순물 수의 변화에 따라 어떻게 변동되는가를 알게 될 것이며, 이들 전하전송의 기본개념은 후에 검토할 고체전자 소자 동작의 기초를 이루게 되는 것이다.

3.1 고체에서의 결합력과 에너지대역

2장에서 전자들은 원자 내에서 일련의 불연속적인 에너지준위(즉, 에너지값)로 한정되어 있음을 알았다. 이 에너지준위에는 전자가 존재할 수 없는 큰 에너지 간극(gap)이 있다. 이와 비슷하게 고체 내의 전자들도 특정 에너지값을 가지도록 제한되어 있고 기타의 에너지준위에는 있을 수 없다. 고체 내의 전자의 경우와 독립된 원자 속의 전자의 경우와의 기본적인 차이는, 고체의 경우 전자는 그가 취할 수 있는 에너지값의 영역(*range*), 즉 대역(*band*)이 있다는 것이다. 독립된 원자 내의 불연속적인 에너지준위는 서로 인접한 원자 내의 전자의 파동함수가 겹쳐지기 때문에 고체에서는 이들이 퍼져서 에너지의 대역으로 되는 것이며, (핵외)전자는 특정 원자에 국한되어 배치되어 있을 필요는 없다. 이리하여, 예를 들어 한 원자의 영향을 받아 그의 전체적인 파동함수는 바뀐다. 자연히 이 영향은 슈뢰딩거(Schrödinger) 방정식의 위치에너지와 경계조건에 작용하게 되어, 그 해에 있어 다른 에너지를 얻을 것이 예측된다. 보통 특정 원자의 에너지준위에 주는 인접 원자들의 영향은 작은 섭동(攝動)으로서 취급할 수 있어 에너지상태의 추이와 분열로 에너지대역이 생기게 된다.

3.1.1 고체에서의 결합력

고체에서 인접한 원자의 전자 상호간의 작용은 결정체를 한데 뭉쳐 있게 하는 매우 중요한 기능을 나타낸다. 예를 들어, NaCl과 같은 알칼리의 할로겐 화합물(alkali halide)은 이온결합(*ionic bonding*)을 대표한다. NaCl 격자에서 각 Na 원자는 6개의 가장 인접한 Cl 원자로 둘러싸여 있고, 또 반대로 Cl 원자가 Na 원자에 의하여 둘러싸여 있다. 가장 인접해 있는 4개의 원자는 그림 3-1a에서 보인 2차원적 표시에서 분명하다. Na(Z = 11)의 전자구조는 [Ne] $3s^1$, Cl(Z = 17)은 [Ne] $3s^2 3p^5$의 구조를 갖고 있다. 이 격자에서 각 Na 원자는 그의 바깥쪽의 $3s$ 전자를 Cl 원자에 주어, 이 결정은 불활성 원소의 원자인 Ne와 Ar(Ar은 [Ne] $3s^2 3p^6$의 전자구조를 가짐) 전자구조의 이온(ion)으로 되어 있게 된다. 그러나 이 전자 교환 후 이온들은 실질적인 전하를 갖고 있다. 전자 하나를 잃은 Na^+ 이온은 실질적인 양전하를, 전자 하나를 얻은 Cl^- 이온은 실질적인 음전하를 갖게 된다.

각 Na^+ 이온은 그의 6개의 인접 Cl^-에 정전적 인력을 미치며 또 그 반대방향의 작용도 있다. 이 쿨롱의 힘은 격자를 서로 잡아당겨 반발력(척력)과 평형을 이루게 된다. 이들 이온을 강구(剛球)가 서로 잡아당긴다고 생각하여 상당히 정확한 원자 간극을 계산할 수 있다(예제 1-1).

NaCl 구조에서 중요한 것은 모든 전자가 원자들에 단단하게 속박되어 있다는 것이다. 일단 Na와 Cl 사이에서 전자의 교환이 이루어져 Na^+와 Cl^-가 이루어지면, 모든 전자의 바깥쪽 궤도는 완전히 채워진다. 이들 이온은 불활성 원소의 원자 Ne와 Ar의 폐쇄된 외각 원자배열을 이루기 때문에 전류흐름에 참여하는 느슨하게 속박된 전자는 하나도 없다. 따라서 NaCl은 좋은 절연체가 된다.

금속원자에서는 전자가 차지할 외각은 부분적으로만 채워져 있으며, 보통 세 개 이상의 전자는 없다. 알칼리금속(즉, Na)은 이 바깥쪽 궤도에 단 하나의 전자가 있다는 것을 이미

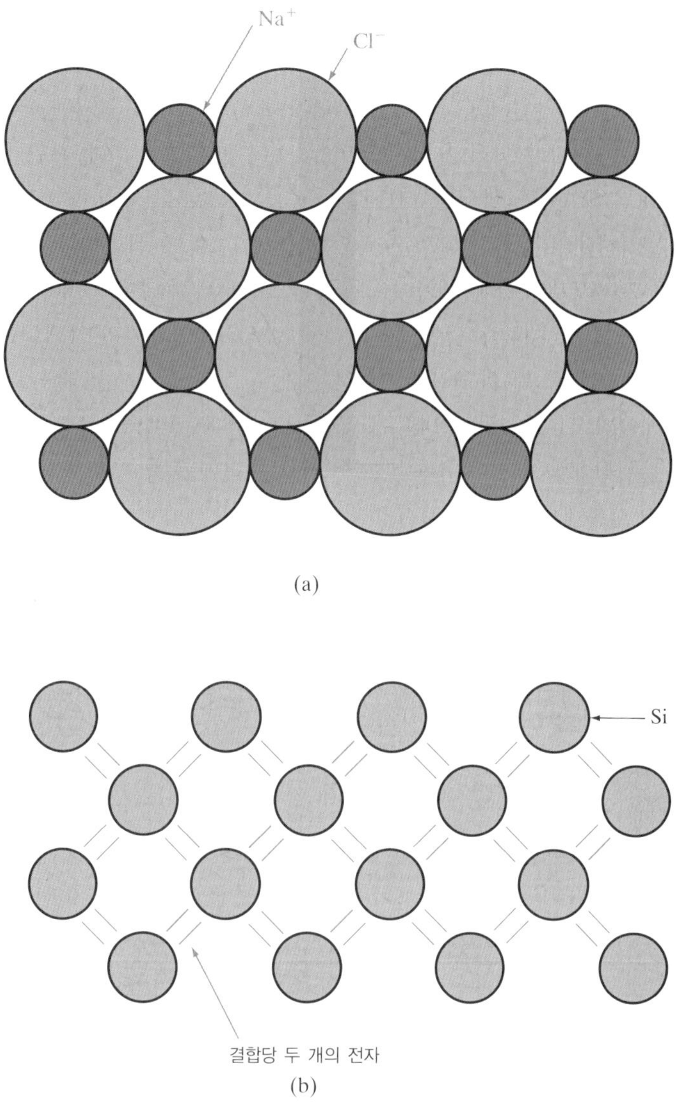

그림 3-1 고체에서 화학결합의 다른 형태: (a) NaCl에서의 이온결합의 한 예; (b) ⟨100⟩ 방향에 따라 본 Si 결정의 공유결합(그림 1-8 및 1-9 참조).

알고 있다. 이 전자는 약하게 속박되어 있어 쉽게 떨어져 이온을 형성한다. 이것이 알칼리 금속이 전도도가 클 뿐만 아니라 화학적 활성도 큰 이유이다. 이 금속의 경우는 각 알칼리 금속 원자의 바깥쪽 궤도의 전자가 전체적으로 결정구성에 기여하며, 이 고체는 자유전자의 바다 속에 있는 폐쇄된 외각을 갖는 이온들로 이루어진다. 이 결정격자를 그 상태로 유지하는 힘은 이 양이온의 중심체(core)와 그들 주위의 자유전자들 사이의 상호작용으로부터 생긴다. 이것은 **금속결합**(*metallic bonding*)의 일종이다. 분명히 각종 금속의 결합력에는 복잡한 차이가 있으며, 이것은 융점이 광범위하다는 것으로 증명된다(Hg의 경우는 234 K, W의 경우는 3643 K). 하지만 금속원자들은 전자의 바다를 공유하고 있으며, 이 전자들은 전계의 영향하에서 결정 주위를 자유롭게 움직일 수 있다.

결합의 제3의 형태는 다이아몬드 격자를 가지는 반도체에서 나타난다. Ge, Si 또는 C의 다이아몬드 격자에서의 각 원자는 바깥쪽 궤도에 각각 4개의 전자를 갖고 있는 4개의 최인접 원자들로 둘러싸여 있다. 이 결정에서 각 원자들은 그의 4개의 인접 원자들과 가전자들을 공유하고 있다(그림 3-1b). 최인접 원자들 간의 결합은 그림 1-9의 다이아몬드 격자 그림에 명시되어 있다. 이 결합력은 공유된 전자들 사이의 양자역학적 상호작용으로부터 생긴다. 이것은 공유결합(*covalent bonding*)으로 알려져 있으며, 각 전자의 쌍이 공유결합수를 구성한다. 이 분담(즉, 공유하는) 과정에서는 어느 전자가 (결합을 이루는 두 원자 중의) 어떤 특정한 원자에 소속되는가를 묻는 것은 더 이상 의미가 없다. 즉, 두 개가 모두 그 결합에 속한다. 이 두 개의 전자는 그들이 파울리(Pauli)의 배타원리를 충족시키게끔 서로 반대되는 스핀을 가져야 한다는 것을 제외하면 이들을 식별할 수 없다. 공유결합은 또 H_2와 같이 일부 분자에서도 발견된다.

이온결정의 경우에서와 같이, 그림 3-1b의 공유결합 다이아몬드 구조의 격자에서는 이용할 수 있는 자유전자가 하나도 없다. 이 때문에 Ge와 Si도 절연체이어야 할 것이다. 그러나 이 그림은 0 K에서의 이상적인 격자를 그린 것이다. 후에 나오는 각 절에서 알게 되겠지만, 전자는 열적으로 또는 광학적으로 여기되어 공유결합을 이탈하고, 따라서 자유롭게 되어 전도에 기여할 수 있다. 이것은 반도체의 중요한 특색 중 하나이다.

GaAs와 같은 화합물 반도체는 이온 및 공유결합 양쪽의 힘이 다같이 참여하게 되는 혼합된 결합을 이루고 있다. 주기율표에서 Ga와 As 원자의 자리가 다르기 때문에 GaAs와 같은 결정에서는 어떤 이온결합을 예측할 수 있는 것이다. 이와 같은 결합의 이온결합적인 특성은 II-VI족 화합물에서와 같이 주기율표상에서 화합물의 원자가 서로 멀리 떨어져 있을수록 더욱 중요해진다. 이와 같은 전자구조와 특히 가장 밖의 가전자 외각(valence shell)에 8개의 안정적인 전자(Ne, Ar, Kr)를 가져야만 완전(*complete*)하다는 것은 대부분의 화학과 많은 반도체의 기본 특성이다.

3.1.2 에너지대역

서로 떨어져 있는 원자를 접근시켜 고체를 형성하게 함에 따라, 서로 인접한 원자들 사이에서는 앞 절에서 기술한 것들을 비롯한 여러 가지 상호작용이 발생한다. 원자 사이의 인력(attraction force)과 척력(repulsion force)이 결정의 적절한 원자 간 거리에서 평형을 이룰 것이다. 이 과정에서 핵외전자의 에너지준위 배열에 중요한 변화가 생기며, 이 변동으로 고체의 여러 가지 전기적 성질이 나타나게 된다.

그림 2-8에서는 핵의 쿨롱 전위우물에서의 여러 가지 전자들에 대한 에너지준위와 함께 실리콘 원자의 궤도 모형(orbital model)을 살펴보았다. 최외각 또는 가전자 외각에 초점을 두면, **n** = 3인 두 개의 3*s*와 두 개의 3*p* 전자들은 원자들이 서로 가까워짐에 따라 4개의 “이종화된” sp^3를 형성하기 위해 상호작용한다. 그림 3-2에는 두 핵의 중심에 위치

된 두 전자들의 파동함수와 함께 서로 인접해 있는 두 원자의 쿨롱 전위우물들이 도식적으로 나타나 있다. 그러한 상호작용에 대해 슈뢰딩거 방정식을 풂으로써, 두 전자의 파동함수들의 합성은 개개 **원자궤도의 선형결합**(*linear combinations* of the individual *atomic orbitals*; *LCAO*)임을 발견할 수 있다. 기수 또는 반대칭결합을 반결합궤도(antibonding orbital)라 하며, 반대로 우수 또는 대칭결합은 결합궤도(bonding orbital)라 한다. 그것은 결합궤도가 두 핵 사이 영역 내에서 반결합상태보다 더 높은 파동함수값(그러므로 전자확률밀도 역시)을 갖는다는 것을 보여준다.

자연에서 기본적인 입자는 정수의 스핀을 가지는 보손(즉, 광자)이거나 1/2의 스핀을 가지는 페르미온(즉, 전자)이 있다. 전자의 양자역학적 파동함수는 공간(궤도) 부분과 스핀에 관계되는 부분이 있다. 다전자 시스템에서 페르미온 파동함수는 반드시 반대칭이어야 한다. 공간부분이 대칭이면 전자의 스핀은 역평행이어야 하고 그 반대도 성립한다. 그러므로 결합궤도에서의 두 전자가 상반되는 스핀을 가지면 결합이 안된 상태의 전자는 평행의 스핀을 갖는다. 이것이 파울리 배타원리를 설명한다. 만약 두 전자가 양자 상태(quantum state)에 있으면 반드시 반대의 스핀을 가져야 한다. 평행 스핀의 전자들은 반대칭 궤도에서 본 것 처럼 양자역학적으로 서로 반발한다.(이는 전자의 쿨롱 반발이다) 나중에 10장에서는 이 개념이 나노일렉트로닉스에서 중요한 영향을 주는 것을 볼 수 있다. 결합 또는 반

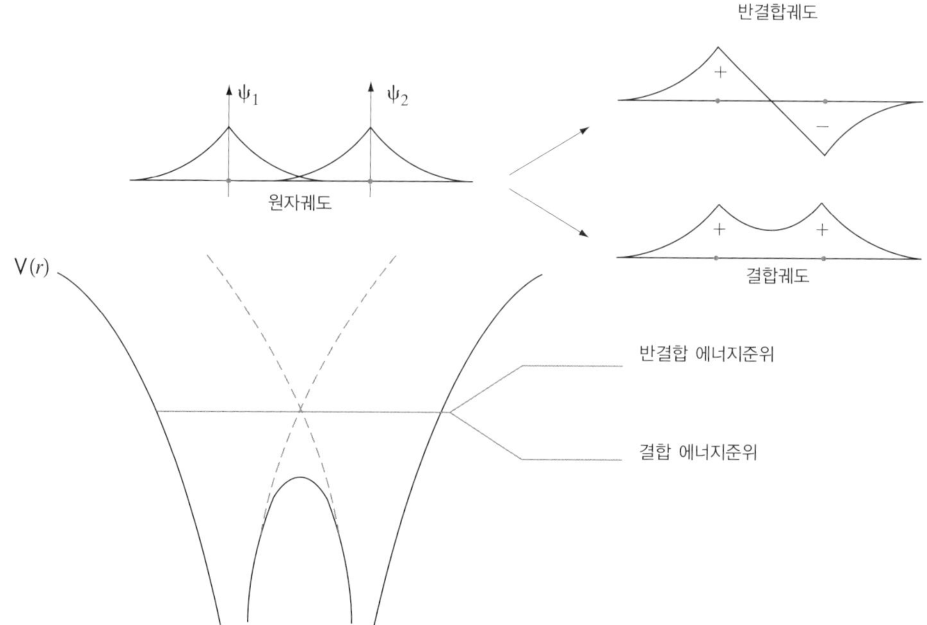

그림 3-2 원자궤도의 선형결합(LCAO): 두 개의 원자가 서로 합쳐질 때 LCAO는 두 개의 다른 "정규"양식을 갖는다(고에너지 반결합궤도), 저에너지 결합궤도. 전자확률밀도는 결합에너지의 저하와 결정의 응집력을 이끄는 이온중심부(공유"결합") 사이의 영역에서 높다는 것에 주목하라. 두 원자 대신 하나의 원자가 *N*개 원자들과 합쳐진 경우에, *N*개의 다른 LCAO와 한 결합 내에서 *N*개의 밀집한 간격의 에너지준위가 존재할 것이다.

결합상태의 에너지준위를 결정하기 위해, 두 핵 사이 영역에 있는 쿨롱 위치에너지 V(r)이 독립된 원자(그림 3-2 점선 참조)들에 비해 더 낮다는 것을(실선 참조) 인식하는 게 중요하다. 이런 영역에서 위치에너지가 더 낮은 이유를 알아보는 것은 쉽다. 그것은 여기서 하나의 전자는 하나가 아닌 두 핵에 의해 끌어당겨질 것이기 때문이다. 결합상태에 대해 전자확률밀도는 반결합상태에서보다 낮은 위치에너지 영역에서 더 높다. 결과적으로, 본래의 독립된 원자 에너지준위는 낮은 결합 에너지준위와 높은 반결합준위의 두 개로 나뉠 것이다. 결정의 응집력을 야기시키는 것은 바로 결합상태 에너지의 저하이다. 훨씬 작은 내부 원자 공간들에 대해서, 결정에너지는 핵과 다른 전자들의 상호작용에 의한 반발력 때문에 상승한다. 확률밀도함수는 파동함수의 제곱으로 주어지기 때문에 전체 파동함수에 -1을 곱한다 할지라도 그것이 하나의 다른 LCAO를 만들어내지 못한다. 이런 논의에서 주목할 중요한 점은 별개의 LCAO 수와 별개의 에너지준위의 수는 서로 뭉쳐진 원자의 수에 의존한다는 점이다. 가장 낮은 에너지준위는 모든 대칭 LCAO에 대응하고 가장 높은 에너지준위가 모든 반대칭 그리고 그들 사이의 에너지준위를 이끌어내는 다른 결합들에 대응한다.

정성적으로는 원자를 서로 접근시킴에 따라 파울리의 배타원리의 적용이 중요해짐을 알 수 있다. 두 개의 원자가 서로 완전히 떨어져 있어 그들 사이에서는 전자의 파동함수의 상호작용이 없다면 그들 원자는 똑같은 전자구조를 가질 수 있다. 그러나 이 두 개의 원자 간 거리가 작아질수록 전자의 파동함수는 겹쳐지기 시작한다. 배타원리는 주어진 상호작용 시스템에서는 어떤 두 개의 전자들도 같은 양자상태를 취할 수 없을 것임을 말하고 있다. 따라서 독립된 원자의 불연속적인 에너지준위가 개개의 원자들보다는 이 전자의 쌍에 속한다고 볼 수 있는 새로운 준위로 분할되어야 할 것이다.

고체의 경우는 여러 개의 원자가 서로 접근되어 있다. 따라서 이 분할된 에너지준위는 본질적으로 연속적인 에너지의 대역(*band*)을 형성한다. 예를 들어, 그림 3-3은 독립된 실리콘 원자로부터 실리콘 결정을 가상적으로 형성시키는 것을 보인 것이다. 각각의 독립된 실리콘 원자는 기저상태에서 $1s^2 2s^2 2p^6 3s^2 3p^2$인 전자구조를 갖고 있다. 각 원자는 핵외전자가 점유할 수 있는 두 개의 $1s$ 상태, 두 개의 $2s$ 상태, 6개의 $2p$ 상태, 두 개의 $3s$ 상태, 6개의 $3p$ 상태 그리고 이들보다 높은 에너지상태를 갖고 있다(표 2-1과 2-2 참조). 따라서 N개의 원자를 생각하면 $1s$, $2s$, $2p$, $3s$ 그리고 $3p$ 상태로 각각 $2N$, $2N$, $6N$, $2N$ 및 $6N$개의 상태가 있을 것이다. 원자 간의 간극이 감소됨에 따라 이들 에너지준위는 분할되어 대역으로 되며, 이것은 외각($\mathbf{n}$ = 3)에서부터 시작한다. "$3s$"와 "$3p$"에 대응하는 대역이 점차 그 폭이 벌어짐에 따라 그들은 합쳐져 에너지준위의 혼합으로 이루어지는 단일대역이 된다. 이 "$3s$-$3p$" 준위의 혼합체로 이루어지는 대역은 $8N$개의 핵외전자가 점유할 수 있는 에너지상태를 포함하고 있다. 원자 간의 거리가 실리콘 결정의 평형 시의 원자 간 간극에 접근함에 따라 이들 대역은 에너지간극(*energy gap*) E_g만큼 떨어져 있는 두 개의 대역으로 분할된다. 이때 위쪽 대역[전도대역(*conduction band*)]은 $4N$개의 에너지상태를 포함하

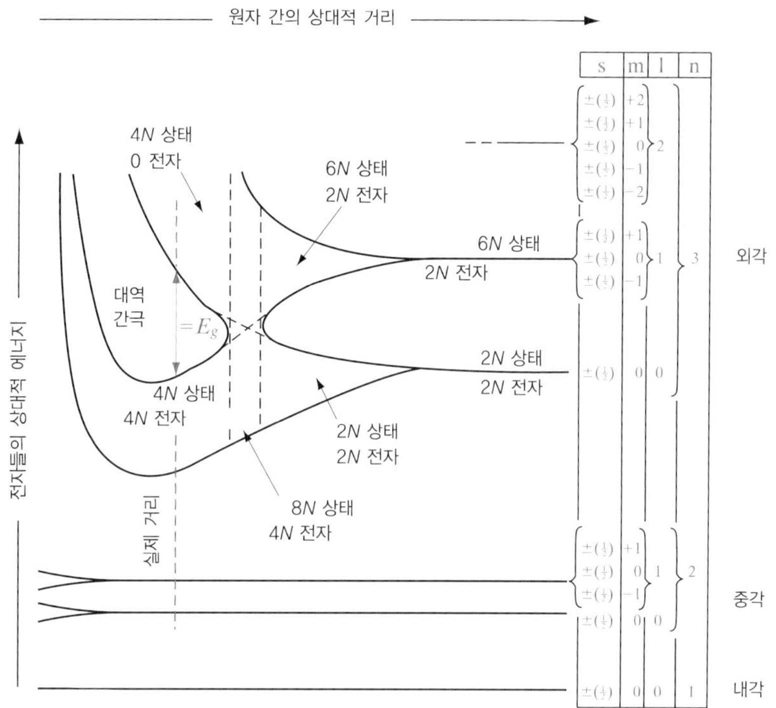

그림 3-3 원자 간 거리의 함수로 나타낸 실리콘의 에너지준위. 중심부 준위(n = 1, 2)들은 전자들로 가득 차 있다. 결정의 실제 원자 간격에서 3*s* 부각에서의 2*N* 전자와 3*p* 부각에서의 2*N* 전자들은 sp^3 이종화를 겪고 낮은 4*N* 상태(가전자대)에서 모두 끝난다. 반면 높은 위치에 놓여 있는 4*N* 상태(전도대)들은 비어 있게 되고 어떤 대역간극만큼 분리된다.

고 있고, 또 아래쪽 대역[가전자대역(*valence band*)]도 4*N*개의 상태를 함유한다. 이리하여 아래쪽에 있는 원자핵에 강력하게 속박되어 있는 "1*s*" 준위들과 떨어져서 실리콘 결정은 E_g만한 폭의 에너지간극만큼 떨어져 있는, 핵외전자가 점유할 수 있는 에너지준위의 두 개 대역을 갖고 있으며, 이 에너지간극에는 핵외전자가 점유할 수 있는 에너지준위가 하나도 없다. 이 간극을 때로는 "금지대역(forbidden band)"이라 하는데, 그것은 완전한 결정에서는 이 대역에 전자의 에너지상태가 없기 때문이다.

다음 전자수를 계산해 보면 아래쪽 "1*s*" 대역은 2*N*개의 전자로 채워져 있는데, 이들은 원래 독립된 원자의 집합적인 1*s* 상태에 있던 것들이다. 유사하게 2*s*와 2*p* 대역은 각각 2*N*과 6*N*개의 전자를 가질 것이다. 그러나 원래 독립된 **n** = 3인 외각에는 4*N*개의 원자가 있다(3*s* 상태에 2*N*개, 3*p* 상태에 2*N*개). 이들 4*N*개의 전자가 이 결정의 가전자대역과 전도대역에 있는 에너지상태를 점유해야 한다. 0 K에서 전자들은 그들이 점유할 수 있는 가장 낮은 에너지상태를 취할 것이다. 다이아몬드 결정의 경우, 가전자대역에는 4*N*개의 전자에 대하여 점유할 수 있는 정확히 4*N*개의 에너지상태가 있다. 따라서 0 K에서는 가전자대역에 있는 모든 에너지상태가 다 차 있으나 전도대역은 완전히 전자가 비어 있다. 후에 알게 되겠지만, 이와 같이 완전히 채워져 있고 또 비어 있는 에너지대역 배치는 고체의 전도에 중요한 영향을 미치고 있다.

3.1.3 금속, 반도체 및 절연체

모든 고체는 각자 고유의 에너지 대역구조를 갖고 있다. 이 대역구조의 변화는 여러 가지 물질에서 관측되는 광범위한 전기적 특성의 원인이 된다. 예를 들어, 그림 3-3의 실리콘 대역구조는 다이아몬드 격자에서 실리콘이 좋은 절연체를 이루는 이유를 잘 묘사할 수 있다. 이와 같은 결론을 내리기 위해서는 전류 전도과정에서의 완전히 충만된 에너지대역과 완전히 빈 에너지대역의 성질을 검토해야 한다.

고체에서의 전류흐름에 대한 기구를 검토하기에 앞서, 여기서 전자들이 인가전계에서 가속되기 위해서는 새로운 에너지상태로 옮겨 갈 수 있어야 한다는 것을 알 수 있을 것이다. 이것은 이들 전자가 점유할 수 있는 빈 상태(아직은 전자가 점유하고 있지는 않으나 그들이 점유할 수 있는 에너지상태)가 존재해야 한다는 것을 암시한다. 예를 들어, 비어 있어야 할 에너지대역에 비교적 적은 수의 전자가 머물러 있다면, 아직 채워지지 않은 많은 에너지상태들은 그곳으로 전자들이 이동하여 채워질 수 있다. 한편, 실리콘 대역구조에서 가전자대역은 0 K에서 전자들로 완전히 채워지며 전도대역은 비워져 있다. 전자가 이동하여 들어갈 수 있는 빈 상태가 하나도 없기 때문에 가전자대역 내에서는 전하의 전송이 있을 수 없다. 전도대역에 전자가 하나도 없어서 전하의 전송 역시 생길 수 없다. 그러므로 0 K에서의 Si는 부도체에서 흔히 나타나는 높은 비저항을 가진다.

0 K에서의 반도체 물질은 근본적으로 절연체와 같은 에너지 대역구조를 갖고 있다. 즉, (전자가 하나도 없이) 빈 전도대역으로부터 허용된 에너지상태가 하나도 포함되어 있지 않은 대역간극만큼 떨어져서 전자로 충만된 가전자대역이 있다(그림 3-4). 다만 차이는 대역간극 E_g의 크기에 있으며 절연체에서보다는 반도체에서 훨씬 작다. 예를 들어, 다이아몬드 구조는 5 eV인 데 비하여 반도체 Si는 약 1.1 eV이다. 이와 같이 반도체의 비교적 작

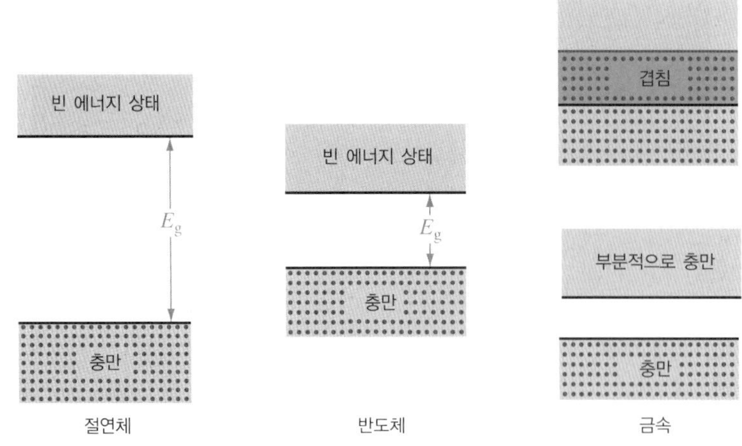

그림 3-4 0 K에서의 전형적인 대역구조

은 에너지 대역간극(부록 III 참조)으로 말미암아, 적당한 크기의 열적 또는 광학적 에너지로서 낮은 가전자대역으로부터 높은 전도대역으로의 전자의 여기가 허용된다. 예를 들어, 실온에서 1 eV의 대역간극을 가진 반도체는 상당한 수의 열적으로 여기된 전자가 에너지 간극을 넘어 전도대역으로 가는 데 반하여, E_g = 10 eV인 절연체는 여기된 전자가 무시할 수 있을 정도이다. 따라서 반도체와 절연체의 중요한 차이는 전도에 기여할 수 있는 전자수가 반도체에서는 열적 또는 광학적 에너지로 크게 증가될 수 있다는 것이다.

금속체에서는 이 에너지대역들이 겹쳐지거나 부분적으로 충만되어 있다. 따라서 대역 내에서 전자와 (전자가 점유하지 않고 있는) 빈 에너지상태가 서로 혼합되어 있어서, 전자들은 외부전계의 영향하에서 자유롭게 이동할 수 있다. 그림 3-4에 나타나 있는 금속의 대역구조로부터 예측되는 바와 같이 금속은 높은 전기전도도를 갖고 있다.

3.1.4 직접 및 간접형 반도체

독립된 원자들을 서로 합쳐서 고체를 형성시키는 3.1.2절의 "사고(思考)에 의한 실험"은 에너지대역의 존재와 일부 그의 성질을 지적해내는 데 유용하다. 그러나 에너지 대역구조에 관하여 양적 계산을 할 때는 보통 다른 기법이 사용되고 있다. 일반적인 계산에서는 단일 전자가 완전히 주기적인 격자 사이를 통하여 운동한다고 가정한다. 전자의 파동함수는, 예를 들어 전파상수(propagation constant) **k**[파동벡터(*wave vector*)라고도 함]를 가지고 x 방향으로 움직이는 평면파[1)]의 형태로 되어 있다고 가정한다. 이 전자에 대한 공간종속적(즉, 공간위치의 함수로 된) 파동함수는 다음과 같다.

$$\psi_{\mathbf{k}}(x) = U(\mathbf{k}_x, x)e^{j\mathbf{k}_x x} \tag{3-1}$$

여기서 함수 $U(\mathbf{k}_x, x)$는 격자의 주기성에 따라 파동함수를 변조한다. 이런 파동함수는 물리학자 Felix Bloch의 이름을 따서 블록(Bloch) 함수라 불린다.

이와 같은 계산에서는 허용된 에너지값을 전파상수 **k**에 대하여 그려서 나타낼 수 있다. 대부분 격자의 주기성은 여러 가지 방향에 따라 다르므로 $(E, \mathbf{k})$의 관계도는 여러 가지 결정방향에 대하여 그려야 하고, E와 **k**의 전체적인 관계는 복잡한 표면으로 되며 3차원으로 하여 눈으로 볼 수 있게 해야 할 것이다.

GaAs의 대역구조는 전도대역에 하나의 최소값과 가전자대역에의 하나의 최대값을 같은 **k** 값($\mathbf{k}$ = 0)에서 갖고 있다. 한편 Si는 가전자대역의 최대값이 그의 전도대역의 최소값과 서로 다른 **k**값에 있다. 따라서 GaAs에서는 전도대역으로부터 가전자대역으로 전자가 최소 에너지의 전이(transition)를 함에 있어 **k** 값의 변동 없이 이루어질 수 있다. 한편 Si 전도대역의 최소값으로부터 가전자대역의 최대값으로의 전자의 전이에는 **k**값의 변화가 필요하다. 따라서 반도체의 에너지대역에는 두 가지 종류, 즉 직접(*direct*) 전이형과

---

1) 평면파에 대한 논의는 대부분의 대학 2학년 정도의 물리학 교재나 전자기학 입문서에서 찾아볼 수 있다.

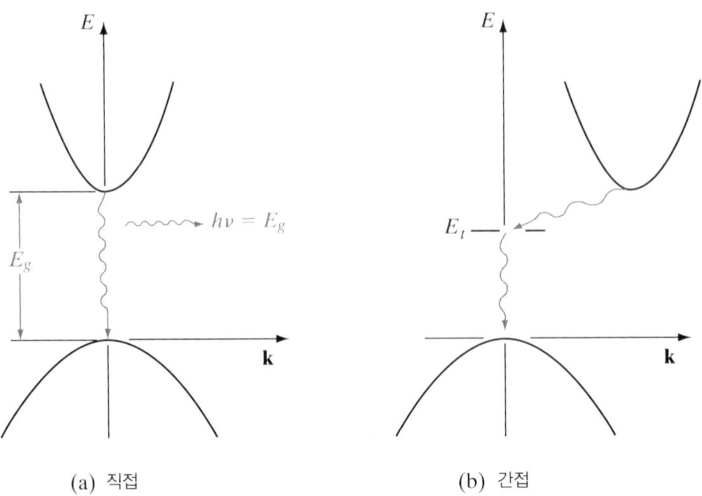

그림 3-5 반도체에서의 직접 및 간접적 전자 전이: (a) 광자 방출을 동반하는 직접적 전이; (b) 결정결함 준위를 경유하는 간접적 전이.

간접(*indirect*) 전이형이 있다(그림 3-5). **k**의 변화를 포함한 간접적 전이는 전자 운동량의 변화가 필요하다는 것을 증명할 수 있다.

직접형과 간접형 반도체에 어떤 것이 있는지는 부록 III에 나와 있다. GaAs와 같은 직접형 반도체에서 전도대역의 전자는 빛의 광자 형태로 에너지 차이 E_g를 발산하면서 가전자대역에 있는 빈 에너지상태로 떨어질 수 있다. 한편 간접형 반도체에서 전도대역의 최소값에 있는 전자는 직접 가전자대역의 최대값으로 떨어질 수 없고, 그의 에너지 변화와 동시에 운동량의 변화도 받아야 한다. 예를 들어, 전자는 에너지 대역간극 속의 어떤 결정결함상태(E_t)를 통하여 갈 수도 있다. 이와 같은 결함에 대해서는 4.2.1절 및 4.3.2절에서 검토하기로 한다. **k**의 변화가 관여되는 간접적 전이에서, 일반적으로 이 에너지는 방출되는 광자로서보다는 격자의 열로서 내놓게 된다. 이와 같은 직접형과 간접형 대역구조의 차이는 반도체를 광출력이 요구되는 소자에 사용할 수 있는지의 여부를 결정하는 데 매우 중요한 것이다. 예를 들어, 반도체 발광체(light emitter)와 레이저(8장 참조)는 보통 직접적으로 대역 간 전이가 가능한 물질이나 또는 결정결함의 에너지상태 사이에서 수직 전이가 이루어지는 간접형 물질로 만들어야 한다.

그림 3-5와 같은 에너지대역도는 전자소자를 해석할 때 그리기에는 귀찮은 것이며, 또 그 시료에서의 거리에 따르는 전자 에너지의 변동상태를 보여주는 것도 아니다. 따라서 대부분의 논의에서는 그림 3-4와 같은 단순한 에너지대역도를 이용할 것이며 대역간극을 가로질러서 생기는 전자의 전이는 직접적으로, 또는 간접적으로 생길 수 있음을 상기시킬 것이다.

3.1.5 합금 조성비에 따른 에너지대역의 변화

III-V 족 3 원소(ternary)와 4 원소(quaternary) 합금의 조성비가 변화할 때(1.2.4 절과 1.4.1 절 참조) 에너지대역의 구조가 변한다. 예를 들어, 그림 3-6은 GaAs와 AlAs의 대역구조가 3 원소 합금 $Al_xGa_{1-x}As$의 조성비 x에 따라 변화하는 것을 보여준다. 2 원소(binary) 화합물 GaAs는 대역간극이 실온에서 1.43 eV인 직접형 물질이다. 우리는 직접

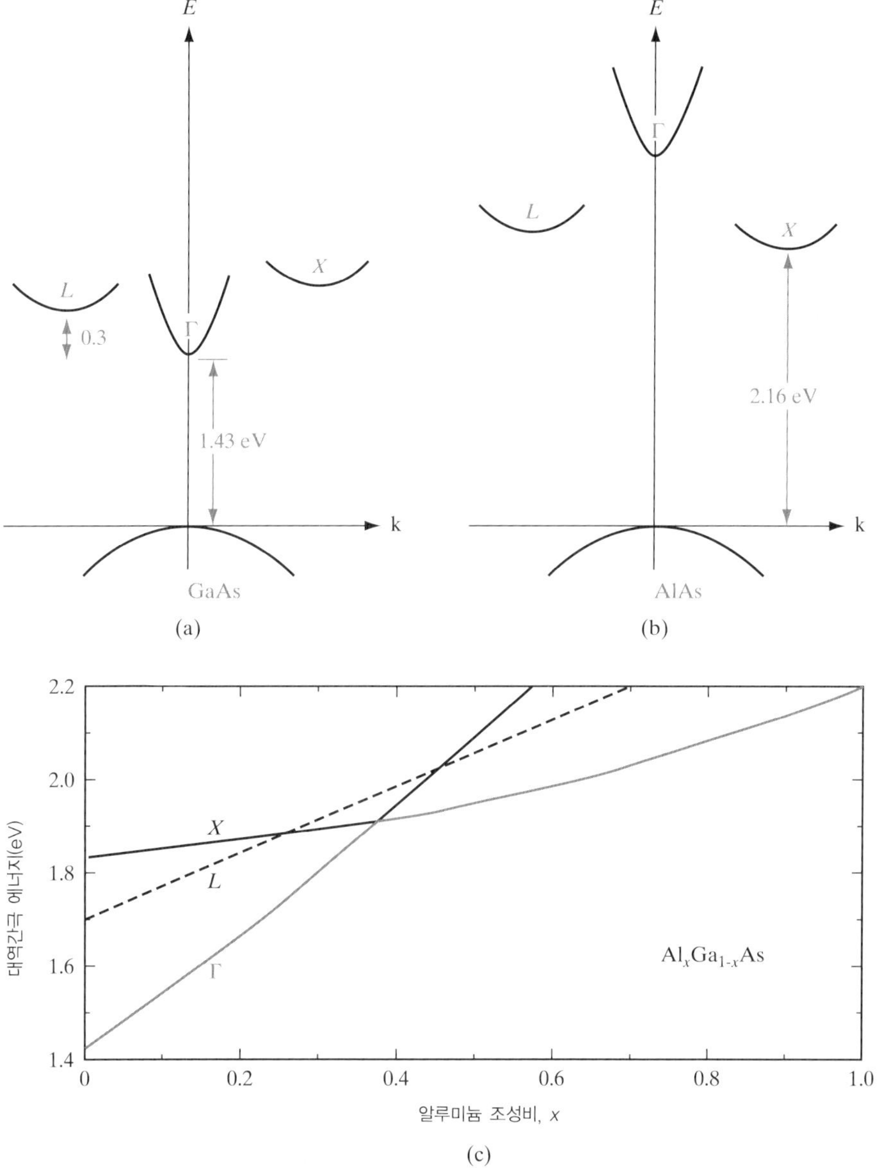

그림 3-6 AlGaAs에서 조성비에 따른 직접 및 간접 전도대역의 변화: (a) 전도대역에서 세 최소점을 보이고 있는 GaAs에 대한 (E, k) 대역구조도; (b) AlAs 대역구조도; (c) $Al_xGa_{1-x}As$에서 조성비 x가 0(GaAs)에서 1(AlAs)까지 변할 때의 세 전도대역 최소점의 위치. 대역간극의 최소값 E_g(회색선으로 표시)는 x = 0.38 이하에서는 직접 Γ대역을 따르나 그 이상에서는 간접 X대역을 따른다.

($\mathbf{k} = 0$) 전도대역이 최소가 되는 곳을 Γ라 하고 기준으로 삼는다. GaAs 전도대역에는 이 밖에도 더 높은 곳에 있는 두 개의 간접 최소점(indirect minima)이 있으나, 이들은 보다 충분히 떨어져 있어서 전자들이 거의 존재하지 않는다[10장에서는 중요한 예외에 대하여 배우는데, 이는 고(高)전계에 의해 여기된 전자들이 간접 최소점으로 이동하여 건(Gunn)효과를 나타내는 것이다]. 이들 중에서 낮은 것을 L, 높은 것을 X 최소점이라 한다. AlAs에 있어 직접 Γ 최소점은 간접 X 최소점보다 훨씬 높이 위치하고 있기 때문에 이 물질은 간접형이고 실온에서 그 대역간극은 2.16 eV이다.

3원소 합금 $Al_xGa_{1-x}As$에 있어서는 조성비 x가 0(GaAs)에서 1(AlAs)로 변함에 따라, 상기의 전도대역 최소점들이 가전자대역에 대하여 위로 올라가게 된다. 그러나 간접 최소점 X는 다른 것들보다 덜 올라가므로 38% Al 이상의 조성비에 대해서는 X 최소점이 전도대역에서 가장 낮은 점이 된다. 그래서 3원소 합금 AlGaAs는 III족 원소인 Al의 조성비가 38% 이내의 범위에서 직접형 반도체가 되며, 더 높은 Al 조성비에 대해서는 간접형 반도체가 되는 것이다. 대역간극 에너지 E_g는 그림 3-6c에 표시되어 있다.

다른 3원소 합금 $GaAs_{1-x}P_x$의 대역 변화도 그림 3-6에 나타낸 AlGaAs의 경우와 유사하다. GaAsP는 대략 $GaAs_{0.55}P_{0.45}$까지는 직접형 반도체이며, 여기에서 GaP까지는 간접형 반도체이며(그림 8-11 참조) 가시(visible) LED에 많이 사용된다.

직접형 물질에 있어서 전자들은 $\mathbf{k}$(따라서, 운동량)의 변화 없이도, 전도대역으로부터 가전자대역으로 떨어질 수 있으므로 효율적인 광방출(light emission)을 할 수 있게 된다. 이 때문에 GaAsP를 사용해서 만드는 LED는 조성비 $x = 0.45$ 이하로 성장한 물질을 이용하게 된다. 예를 들어 대부분의 적색 LED는 $x = 0.4$를 이용하므로 Γ 최소점이 전도대역에서의 최저점이 되며, 여기서 가전자대역으로 전이하는 광자가 적색 스펙트럼(약 1.9 eV)을 나타내게 된다. 간접형 반도체에서 불순물을 이용하여 복사 재결합(radiative recombination)을 향상시키는 방법은 8.2절에서 설명한다.

3.2 반도체의 전하 캐리어

전류전도는 금속의 경우에는 비교적 구체화하기 쉽다. 즉, 금속원자는 비교적 운동이 자유로운 전자들의 "바다" 속에 잠겨 있어, 이들 전자는 전계의 영향을 받아서 집단적으로 움직일 수 있다. 이 자유전자의 견해는 너무나 단순화된 것이나, 금속의 여러 가지 중요한 전도 특성들이 바로 이와 같은 모형으로부터 유도될 수 있다. 그러나 이 방법으로 반도체의 전기적 성질 전부를 설명할 수는 없다. 반도체는 0 K에서 충만된 가전자대역과 비어 있는 전도대역을 갖고 있으므로, 온도 상승과 더불어 에너지 대역간극을 지나 열적 여기에 의해 전도대역의 전자가 증가하는 것을 고려해야 한다. 또 전자가 전도대역으로 여기된 후 가전자대역에 남아 있는 빈 에너지상태가 전도과정에 기여할 수 있다. 불순물의 첨가는 이 에너지 대역구조와 전하 캐리어(charge carrier)들의 이용도에 있어 중요한 영향을 준다. 따라서 반도체의 전기적 성질을 조절하는 데 있어 상당한 융통성을 준다.

3.2.1 전자와 정공

반도체의 온도가 0 K로부터 상승함에 따라 가전자대역의 일부 전자는 에너지 대역간극을 지나 전도대역까지 여기되는 데 충분한 열에너지를 받게 된다. 그 결과 비어 있어야 할 전도대역에 일부 전자가 있고, 또 충만되어 있을 가전자대역에 일부 빈 에너지상태를 갖는 물질이 된다(그림 3-7).[2] 편의상 가전자대역의 빈 상태를 **정공**(*hole*)이라 한다. 가전자대역의 전자가 전도대역으로 여기되어 전도대역의 전자와 정공이 생성되면, 이들을 **전자–정공쌍**(*electron-hole pair*; *EHP*)이라 한다.

전도대역으로 여기된 다음에 전자는 아직 채워지지 않은 많은 수의 에너지상태로 둘러싸인다. 예를 들어, 실온에서 순수한 Si에서의 열적 평형이 이루어졌을 때의 전자-정공쌍 수는, Si 원자의 밀도가 5×10^{22} 원자/cm^3인 데 비하여 단지 약 10^{10} EHP/cm^3에 불과하다. 따라서 전도대역의 소수의 전자가 많은 전자가 차지할 수 있게 비어 있는 에너지상태를 경유하여 자유롭게 움직일 수 있게 비어 있다.

가전자대역에서의 전하전송에 대응되는 문제는 약간 더 복잡하다. 그러나 정공을 포함하고 있는 가전자대역에서의 전류의 효과는 단순히 정공 그 자체를 놓치지 않고 따라가면 설명할 수 있다.

충만된 대역에서는 모든 차지할 수 있는 모든 에너지상태가 캐리어에 의해 점유되어 있다. 주어진 속도로 움직이고 있는 모든 전자에 대하여 이 대역 내의 어느 곳에는 이와 반대되는 방향의 전자운동이 있다. 전계를 인가해 주면 속도 v_j로 움직이는 모든 전자 j에 대하여 대응되는 속도 $-v_j$에 전자 j'가 있게 되므로 실질적인 전류는 0이다. 그림 3-8은 가전자대역에 대하여 전자 에너지와 파동벡터의 관계를 그린 그림으로 이와 같은 효과를 나타낸 것이다. 파동벡터 **k**는 전자의 운동량에 비례하기 때문에, 그림의 두 개의 전자는

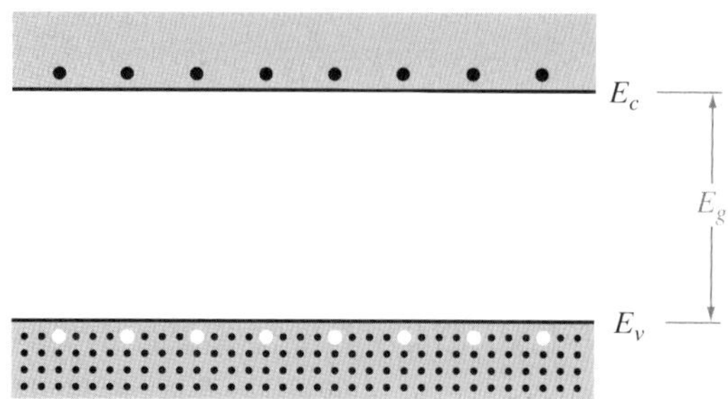

그림 3–7 반도체에서의 전자–정공쌍

2) 그림 3-7과 이후의 논의에 있어서는 전도대역의 하단부를 E_c, 가전자대역의 상단부를 E_v라 하기도 한다.

서로 반대되는 방향의 속도를 갖는 것이 분명하다. 이 가전자대역에 N 전자/cm^{3}개의 전자가 있을 때는 전류밀도는 이 전자속도들을 모두 합쳐서 쓰고, 각 전자의 전하 $-q$를 포함시켜서 나타낼 수 있다. 즉, 단위체적에서는

$$J = (-q)\sum_{i}^{N} \mathrm{v}_i = 0 \text{ (충만된 대역)} \tag{3-2a}$$

j번째의 전자를 제거하여 정공이 생기게 되면, 가전자대역의 실질적인 전류밀도는 모든 전자의 속도의 합에서 이미 제거한 전자의 기여분만큼 뺀 것이다. 즉,

$$J = (-q)\sum_{i}^{N} \mathrm{v}_i - (-q)\mathrm{v}_j \text{ (} j\text{번째 전자 탈락)} \tag{3-2b}$$

그러나 식 (3-2a)로부터 첫 번째 항은 0이다. 따라서 실질적인 전류는 $+q\mathrm{v}_j$이다. 다시 말하면, 정공의 전류에 대한 기여는 속도 v_j를 갖는 양으로 대전된 입자, 즉 없어진 전자의 전류에 대한 기여와 같다. 물론 전하전송은 실제적으로는 이제 보상되지 않은 전자(j')의 운동에 의한 것이다. 그의 전류에 대한 기여 $(-q)$ $(-\mathrm{v}_j)$는 속도 $+\mathrm{v}_j$를 가진 양으로 대전된 입자에 의한 것과 같다. 간단하게 하기 위해 이 가전자대역의 빈 에너지상태를 양전하와 양의 질량을 갖는 전하 캐리어로 취급하는 것이 관례이다.

정공의 움직임을 이해시키기 위해 한 가지 유사한 예를 들어 보겠다. 두 개의 병이 있는데 하나는 완전히 물로 채워져 있고 하나는 완전히 비어 있다고 가정한다면, 우리는 다음과 같은 질문을 스스로에게 던질 수 있다. "병들을 기울인다면 물의 순수한 이동이 일어날까?" 대답은 "아니오"이다. 비어 있는 병의 경우에는 대답이 분명하다. 가득 차 있는 병의 경우에도 거기엔 물이 움직일 빈 자리가 없기 때문에 물의 순수한 어떤 이동도 없다.

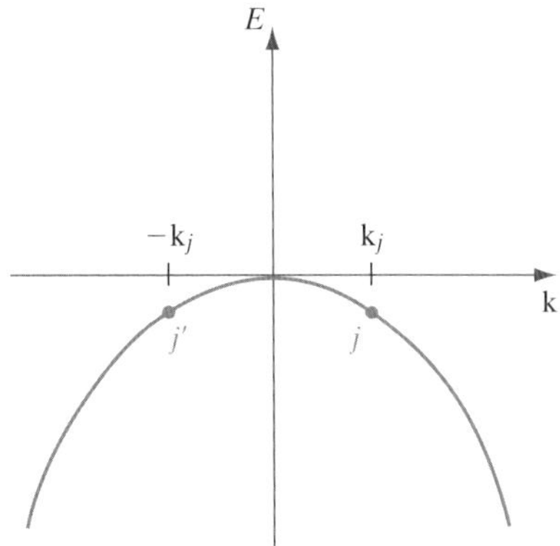

그림 3-8 모든 에너지상태가 충만된 가전자대역. 검토를 위하여 표지를 붙인 에너지상태 j와 j'을 포함하고 있다. 파동벡터 k_j를 갖는 j번째의 전자는 반대되는 파동벡터 $-k_j$를 가진 j'번째의 전자와 대응된다. 전자가 떨어져 나가지 않으면 이 대역에서 실질적인 전류는 없다. 예를 들어, j번째의 전자가 제거되면 j'에 있는 전자의 운동은 더 이상 보상되지 않는다.

유사하게 전자가 완전히 비어 있는 전도대나 전자들로 가득 찬 가전자대는 전자의 순수한 이동을 야기시킬 수 없다. 그리하여 전류전도는 일어나지 않는다.

다음으로, 물이 가득 찬 병으로부터 비어 있는 병으로 다소의 물방울을 옮겼다고 상상해 보자. 그것은 뒤에 다소의 기포를 남긴다. 그리고 스스로에게 몇 가지 질문을 던져보라. 이제 병을 기울였을 때는 순수한 물의 이동이 일어날 것이다. 한 병에서는 물방울이 아래로 굴러 떨어지고, 다른 병에서는 기포가 위로 올라갈 것이다. 이와 유사하게 전도대에 전자들이 몇 개 있고 나머지는 비어 있을 때, 그 전자들은 전계의 반대방향으로 움직인다. 반면에, 정공만 몇 개 있고 나머지는 차 있는 가전자대역에서의 정공은 전계방향으로 움직인다. 기포와의 유사성은 불완전하지만, 이것으로 정공의 전하와 질량이 전자와 부호가 반대인 이유를 물리적으로 이해하는 데 도움이 될 수 있을 것이다.

이어지는 모든 논의에서는 전도대에 있는 전자와 가전자대에 있는 정공들에 관해서 집중할 것이다. 전하 캐리어의 이들 두 가지 형태의 움직임으로 반도체 내의 전류흐름을 설명할 수 있다. 그림 3-8에서 볼 수 있듯이, 전자 에너지의 크기 E에 관해서 가전자대와 전도대를 그릴 수 있다. 그러나 두 캐리어가 반대전하를 갖고 있기 때문에 가전자대에서 정공의 에너지는 전자 에너지와 반대로 증가함을 기억해야 한다. 그러므로 그림 3-8을 보면 정공 에너지는 아랫방향으로 증가한다. 그리고 가능한 가장 낮은 에너지를 찾은 정공은 일반적으로 가전자대 꼭대기에서 발견된다. 반대로, 전도대에 있는 전자들은 전도대의 밑바닥에서 발견된다.

$(E, \mathbf{k})$ 에너지대역도를 반도체 소자 해석과정에 흔히 사용되는 "간소화된" 에너지대역도와 비교해 보는 것도 교육적으로 유익할 것이다(그림 3-9). 예제 3-1, 3-2에서 논의한 것처럼 $(E, \mathbf{k})$ 관계도는 공간의 어떤 점에서 전자 파동벡터(운동량 또는 속도에 비례하는)에 의존하는 결정방향의 함수로서 전체 전자 에너지(위치에너지 + 운동에너지)의 한 도표라 말할 수 있다. 그러므로 0인 전자속도 혹은 그 운동에너지에 해당하는 밑바닥 전도대역은 단순히 공간 내에 있는 그 점에서의 위치에너지 값을 알려 준다. 정공에 대해서는, 0인 운동에너지에 해당하는 가전자대역의 꼭대기가 된다. 간소화된 에너지대역도에 대해 소자에서 위치의 함수로서 전도대역과 가전자대역(즉, 위치에너지)을 그릴 수 있다. 그 대역에서 더 높은 에너지는 전자의 추가적인 운동에너지에 해당한다. 또한 대역이 전자의 위치에너지에 해당한다는 사실은 공간 내에서 대역의 변화가 반도체 내에 있는 다른 점들에서의 전계와 관계되어 있음을 시사해 준다. 이런 관계는 4.4.2절에서 명백히 알게 될 것이다.

그림 3-9에서, A 위치에 있는 한 전자는 대역의 기울기(위치에너지)로서 주어진 전계와 만나서 B점으로 움직임으로써 운동에너지(위치에너지의 소모로)를 얻게 된다. 이에 대응하여, $(E, \mathbf{k})$ 대역도에서 전자는 $k = 0$에서 출발한다. 하지만 0이 아닌 파동벡터 $\mathbf{k}_B$ 쪽으로 움직인다. 이때 전자는 산란기구에 의해 열로서 운동에너지를 잃게 되고(3.4.3절에서 논의될 것임) B점에 있는 대역의 바닥으로 되돌아가게 된다. 공간 내 다른 점들에서 (E, x)

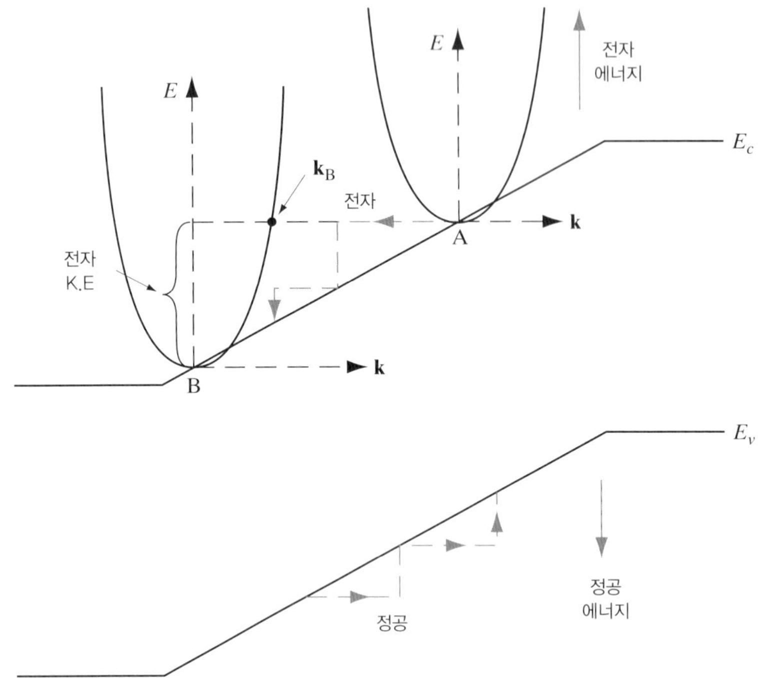

그림 3-9 전계 내에 놓여 있는 반도체에 대한 에너지대역도를 단순화한 에너지 대 위치에 관하여 (E, k) 대역구조를 중첩. 정공 에너지는 내려가는 반면, 전자 에너지는 올라간다. 유사하게, 서로 마주보고 있는 전자와 정공의 파동벡터와 이들 전하 캐리어는 그림에 나타나 있듯이 서로 반대 방향으로 움직인다.

대역의 기울기들은 그들 점들에서의 국부적인 전계를 반영한다. 그러므로 A와 B 사이의 전계가 상수가 아니라면 그림 3-9와 같이 대역 끝의 기울기는 상수가 아니며 전계의 크기와 방향에 따라 각 점에서 달라진다. 실제로 전자는 회색 점선에 의해 나타난 것처럼 일련의 산란에 의해 단계적으로 운동에너지를 잃게 된다.

예제 3-1 긴 반도체 막대에서($E_G = 2$ eV), 전도대역의 전자들이 왼쪽에서 3 eV의 운동에너지를 갖고 +x 방향으로 유입된다. 전자들은 A, B, C, D의 순으로 이동한다. A와 B 사이에서는 전계가 0이며, B와 C 사이에서는 전압이 선형적으로 4V 증가한다. 그리고 C와 D 사이의 전계는 다시 0이다. 산란은 없다고 가정하고 전자들의 이동을 나타낸 대역도를 간략히 그려라. 전자들은 자유 전자의 질량을 가지며 평면파로 표현 될 수 있음을 가정하고 D에서의 전자들의 파동 방정식을 써라. 임의의 정규화 상수로 당신의 결과를 나타내어라. 대역도를 그리고 D에서의 파동 방정식을 정규화 상수로 나타내어라.

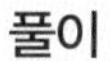

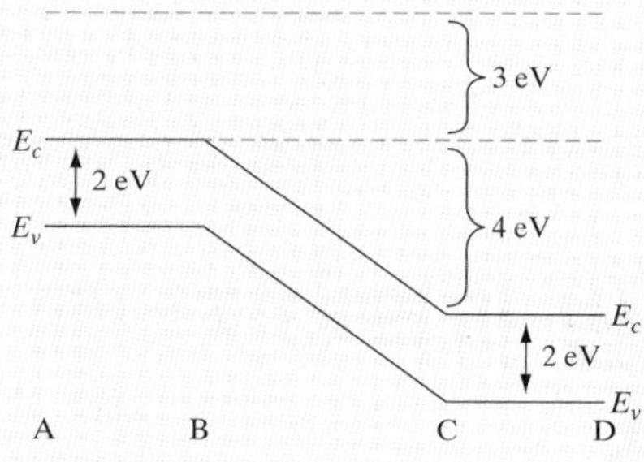

일반 파동함수 : $\Psi(x, t) = \alpha \times e^{j(\mathrm{k}x - \omega t)}$

$$\text{D 에서의 에너지} = \hbar \cdot \omega = \frac{\hbar^2 \cdot \mathrm{k}^2}{2 \cdot \mathrm{m_o}} = 3\mathrm{eV} + 4\mathrm{eV} = 7\mathrm{eV}$$

$$= 7\mathrm{eV} \cdot 1.6 \cdot 10^{-19}\,\tfrac{\mathrm{J}}{\mathrm{eV}} = 1.12 \cdot 10^{-18}\,\mathrm{J}$$

$$\omega = \frac{1.12 \cdot 10^{-18}\,\mathrm{J}}{\hbar} = \frac{1.12 \cdot 10^{-18}\,\mathrm{J}}{1.06 \cdot 10^{-34}\,\mathrm{J \cdot s}} = 1.06 \cdot 10^{16}\,\mathrm{Hz}$$

$$\mathrm{k} = \sqrt{\frac{1.12 \cdot 10^{-18}\mathrm{J} \cdot 2 \cdot \mathrm{m_o}}{\hbar^2}} = \sqrt{\frac{1.12 \cdot 10^{-18}\mathrm{J} \cdot 2 \cdot 9.11 \cdot 10^{-31}\mathrm{kg}}{(1.06 \cdot 10^{-34}\mathrm{J \cdot s})^2}}$$

$$= 1.35 \cdot 10^{10}\,\tfrac{1}{\mathrm{m}}$$

D 에서의 파동함수

$\Psi(x,t) = \alpha \cdot \mathrm{e}^{i(1.35 \cdot 10^{10}\frac{1}{\mathrm{m}} \cdot x - 1.06 \cdot 10^{16}\mathrm{Hz} \cdot t)}$ 여기서 α는 정규화 상수이다.

3.2.2 유효질량

결정 속의 전자는 완전히 자유로운 것은 아니며, 그 대신 격자의 주기적인 전위와 상호작용을 한다. 그 결과 그들의 "파동-입자" 운동은 자유공간에서의 전자에 대한 것과 같은 것으로 기대할 수는 없다. 따라서 고체의 전하 캐리어에 일반적인 전기역학의 식을 적용함에 있어 입자질량의 값을 바꾸어서 써야 한다. 이렇게 하는 데 있어 격자의 영향을 고려하여 전자와 정공을 대부분의 계산에서 "거의 자유로운" 캐리어로 취급할 수 있게 한다. 유효질량의 계산에서는 3차원적인 **k**-공간에서의 에너지대역 모양을 고려해야 하는데, 여기에 여러 가지 에너지 대역구조의 적합한 평균을 취해야 한다.

예제 3-2 자유전자의 $(E, \mathbf{k})$ 관계를 구하고 전자질량과 관련시켜라.

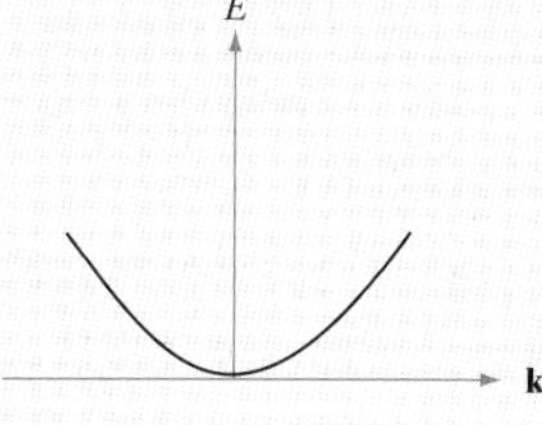

풀이 예제 3-1로부터 전자의 운동량은 $\mathrm{p} = m\mathrm{v} = \hbar\mathbf{k}$이다. 이때

$$E = \frac{1}{2}m\mathrm{v}^2 = \frac{1}{2}\frac{\mathrm{p}^2}{m} = \frac{\hbar^2}{2m}\mathbf{k}^2$$

즉, 전자 에너지는 파동벡터 $\mathbf{k}$에 대하여 포물함수이다.

$$\frac{d^2E}{d\mathbf{k}^2} = \frac{\hbar^2}{m}$$

이므로 전자질량은 $(E, \mathbf{k})$ 관계의 곡률(curvature, 이차미분)에 반비례한다.

고체에서 전자들이 자유롭지는 않지만 (전도대역의) 최소점이나 (가전자대역의) 최대점 근처에서는 대부분의 에너지대역들이 포물선형에 가깝다. 따라서 그러한 대역극한점 근처에서는 대역의 곡률로부터 대략적인 유효질량을 구할 수 있다.

주어진 $(E, \mathbf{k})$ 관계에 대하여 한 대역에 있는 전자의 유효질량은 예제 3-2에서 구해지듯

$$m^* = \frac{\hbar^2}{d^2E/d\mathbf{k}^2} \tag{3-3}$$

로 주어진다.

그러므로 에너지대역의 곡률이 전자의 유효질량을 결정하게 된다. 예를 들어, 그림 3-6a를 보면 GaAs에서의 전자 유효질량은 직접 Γ 전도대역(강한 곡률)에서 작고 L이나 X 최소점(약한 곡률, m^*의 식에서 분모가 작아짐)에서 커진다.

그림 3-5와 3-6에서 주목할 것은 곡률 $d^2E/d\mathbf{k}^2$이 전도대역 최소점에서는 양수(+)이고 가전자대역 최대점에서는 음수(−)인 것이다. 따라서 식 (3-3)에 따르면 가전자대역 상부에서 전자들은 음의 유효질량(*negative effective mass*)을 갖게 된다. 음의 전하와 음의 질량을 갖는 가전자대역 전자들은 양의 전하와 양의 질량을 갖는 정공들과 전계 아래에서 같은 방향으로 움직이게 된다. 3.2.1절에서 설명한 바와 같이 가전자대역에서의 전하전송은 정공의 이동을 고려함으로써 완전히 설명할 수 있다.

GaAs에서 Γ 대역과 같이 $\mathbf{k} = 0$에 중심을 둔 대역에 있어, 최소점 근처에서의 $(E, \mathbf{k})$ 관계는 주로 포물선형이다. 즉,

$$E = \frac{\hbar^2}{2m^*}\mathbf{k}^2 + E_c \tag{3-4}$$

이 관계를 식 (3-3)과 비교하면 유효질량 m^*가 포물선형 대역에 있어 상수임을 알 수 있다. 한편 다른 많은 전도대역들은 매우 복잡한 $(E, \mathbf{k})$ 관계를 갖고 있으며, 이 관계는 주결정방향(principal crystal direction)에 대하여 주어지는 전자전송 방향에 따라 결정된

다. 이 경우에 유효질량은 텐서(tensor)의 양을 갖는다. 그러나 대부분의 계산에 있어서 그러한 복잡한 대역에 대한 적합한 평균치를 사용할 수 있다.

그림 3-10a는 두 개의 주된 결정방향을 따라서 Si와 GaAs에 대한 대역구조를 보여주고 있다. 그림 3-5와 예제 3-2에서 지적된 대역 근처에서의 형상은 포물선인 반면, 고에너지 부근에서는 상당한 비포물선 형태를 띤다. 그 에너지들은 결정에서 높은 대칭성을 지닌 [111]과 [100] 방향을 따라 그려졌다. 여기서 $\mathbf{k} = 0$인 점을 Γ로 나타낸다. [100] 방향을 따라갈 때, X 근처의 계곡에 도달하게 된다. 반면 [111] 방향으로 따라가다 보면 L 계곡에 도달한다(에너지들이 서로 다른 방향을 따라 그려졌기 때문에 곡선이 대칭인 것으로 보이지 않는다). 대부분의 반도체에서 가전자대의 최대값은 Γ점에 있다. 그것은 세 개의 가지를 갖는다: 가장 작은 곡률을 갖는 무거운 정공대역(*heavy hole band*), 가장 큰 곡률을 갖는 가벼운 정공대역(*light hole band*), 그리고 다른 에너지에서 분리된 대역(*split-off band*). GaAs에 대해 전도대의 최소값과 가전자대의 최대값이 $\mathbf{k} = 0$인 점에 둘 다 존재함을 볼 수 있다. 그러므로 이를 직접 대역간극(direct band gap)이라 한다. 한편 실리콘은 6개의 동등한 ⟨100⟩ 면을 따라서 X에서 6개의 동등한 전도 최소점을 갖는다. 그러므로 이를 간접 대역간극(indirect band gap)이라 한다.

그림 3-10b는 실리콘에 대한 여섯 개의 전도대역 중 하나에 대한 전자들의 등에너지면

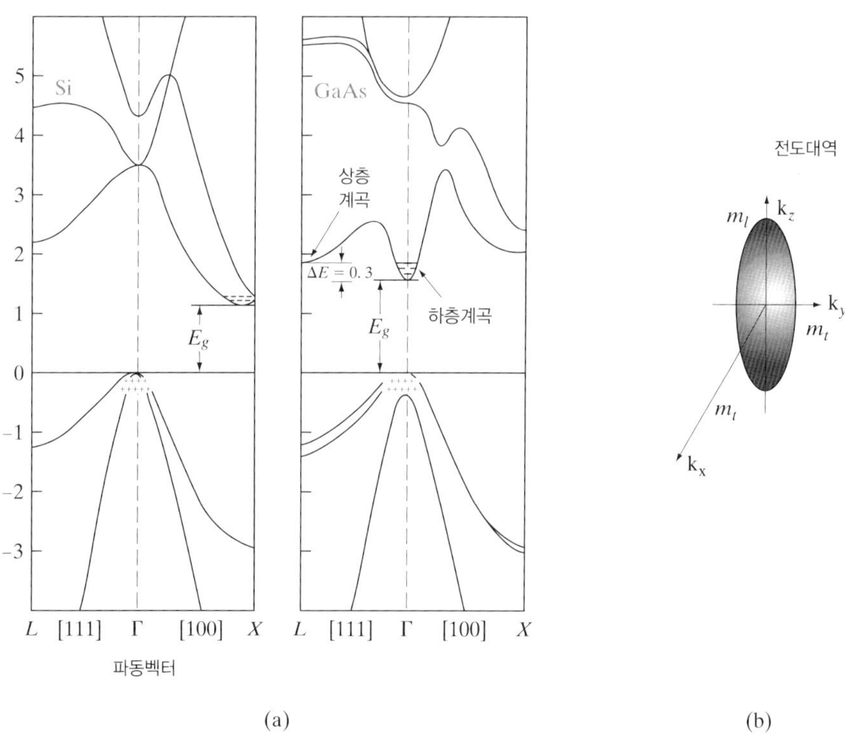

그림 3-10 반도체의 실제 대역구조: (a) [111]과 [100] 면을 따라서 본 Si와 GaAs에서의 전도대와 가전자대; (b) X방향을 따라서 본 6개의 전도대역 최소점 근처의 Si에 대한 타원형 등에너지면 (Chelikowsky and Cohen, Phys. Rev. B14, 556, 1796).

을 보여주고 있다. 이들 면을 그림 3-10a의 대역구조와 관련시키는 방법은 어떤 에너지값을 고려하고 이 에너지를 얻기 위해 3차원에서의 모든 **k** 벡터를 결정하는 것이다. 실리콘은 장축을 따라서 하나의 종축 유효질량 m_l을 갖고, 단축을 따라서 두 개의 횡축 유효질량 m_t를 갖는 6개의 등가 X방향을 따라 전도대역의 최소점에 가까운 6개의 옆궐련 형상을 한 타원형 등에너지면을 갖는다는 것을 발견할 수 있다. GaAs에 대해서는, 저에너지에 대해 전도대가 더 혹은 덜 구면을 갖는다. 다른 한편으로는 가전자대에서는 비틀린 구면을 갖는다. 이들 면의 중요성은 반도체에서 유효질량의 다른 형태들을 고려할 때 3.3.2절 및 3.4.1절에서 분명해진다.

전하 캐리어의 질량을 포함하는 계산에 있어서 포함된 개개 물질에 대해 유효질량값을 사용해야 한다. 뒤따르는 모든 논의에서, 전자의 유효질량을 m_n^*로 정공의 유효질량을 m_p^*로 표기할 것이다. 첨자 n은 음의 전하 캐리어로서 전자를 지칭하며, 첨자 p는 양의 전하 캐리어로서의 정공을 지칭한다.

"유효" 질량 m_n^*의 개념과 그것이 반도체에 따라 달라진다는 사실이 신비로울 것은 없다. 전자의 "진성" 질량 m은 Si, Ge, GaAs 모두에서 동일하다(그것은 진공에서 자유전자와 동일하다). 유효질량이 진성질량과 다른 이유를 이해하기 위해 "시간에 따른 운동량의 변화는 힘이다"라는 뉴턴의 제2법칙을 이용하자.

$$dp/dt = d(m\text{v})/dt = \text{힘} \tag{3-5a}$$

결정 내의 한 전자는 전체 힘 $\text{F}_{\text{int}} + \text{F}_{\text{ext}}$를 경험한다. 거기서 F_{int}는 내부의 주기적 결정 힘의 총합이고, F_{ext}는 외부적으로 인가된 힘이다. 우리가 반도체 소자 문제를 풀 때마다 주기적 결정 위치에너지를 포함하는 복잡한 문제를 푸는 것은 비효율적이다. 결정의 주기적 위치에너지 내에 있는 캐리어 움직임의 복잡한 문제를 한 번만 풀고서 곡률로서 유효질량 m_n^*의 정보를 주는, $(E, \mathbf{k})$ 대역구조로 불리우는 정보를 캡슐화함이 더 나을 것이다. 그러면 전자는 외부힘에 대해 새로운 m_n^*으로 반응한다. 설명된 유효질량을 가지며 포물선 대역의 끝 가까이 있는 캐리어에 대하여 뉴턴의 법칙은 다음과 같이 쓸 수 있다.

$$d(m_n^*\text{v})/dt = \text{F}_{\text{ext}} \tag{3-5b}$$

이것은 더욱 상세한 문제와 비교했을 때 엄청난 간소화임이 분명하다. 명백히, 주기적 결정의 힘은 특정한 반도체의 세부사항들에 의존한다. 그러므로 유효질량은 물질에 따라 다르다.

전자의 속도 v는 1.5절에서와 같이 양자역학적 파속의 그룹속도이며

$$\text{v} = d\omega/dk = (1/\hbar)\,dE/dk \tag{3-5c}$$

이다. $E(\text{k})$가 식 (3-4)에서와 같이 단순 포물선 함수로 주어지면 $\text{v} = \hbar k/m_n^* = \text{p}/m_n^*$이다. 그러나 일반적으로 k의 속도는 대역구조의 경사에 비례한다. 그러므로 예를 들어 전

자가 Si 전도대역의 최저점에 있으면 (그림 3-10a) 속도는 0이다.(실제로는 0이 아니지만) 식 (3-4)에서와 같이 단순 포물선 함수로 $E(\mathbf{k})$에 대해서

$$\text{식 (3-5b)는 } \mathrm{F_{ext}} = d(\hbar k)/dt \text{ 로 쓰여질 수 있다.} \tag{3-5d}$$

$\mathrm{F_{ext}}$는 전자에 가해지는 전체 힘이 아니므로 p는 진정한 운동량이 아니다. 식 (3-5c)와 식 (3-5d)는 반도체에서 캐리어의 이동을 주관하는 기본 방정식이며 준고전적(semi-classical) 역학으로 알려져 있다.

일단 방향의존적 $(E, \mathbf{k})$로부터 대역곡률 유효질량 성분을 결정하기만 하면, 다른 형태의 계산을 위해서 그들을 적절히 조합해야 한다. 3.3.2 절에서 살펴보겠지만 대역에서 캐리어의 수를 결정하려 한다면 대역곡률 유효질량의 기하평균을 취하여 얻어진 "상태밀도" 유효질량과 등대역 극값의 개수를 이용해야 한다. 다른 한편으로, 캐리어의 거동을 포함하는 문제에서 "전도도" 유효질량을 얻기 위해 대역곡률 유효질량의 조화 평균을 취해야 함을 3.4.1 절에서 보게 될 것이다.

3.2.3 진성 반도체 재료

불순물이나 결정결함이 하나도 없는 완전한 반도체 결정을 진성(*intrinsic*) 반도체라 한다. 이와 같은 물질에서 가전자대역은 전자로 충만되어 있고 전도대역은 비어 있다. 높은 온도에서는 가전자대역의 전자가 열적으로 여기되어 에너지 대역간극을 넘어서 전도대역으로 감에 따라 전자-정공쌍이 생성된다. 이들 EHP는 진성 반도체 재료에서의 유일한 전하 캐리어이다.

이 EHP의 생성은 결정격자에서 공유결합이 부서지는 것(그림 3-11)을 생각하면 정성적인 방법으로 눈앞에 떠오르게 할 수 있다. 만일 Si의 가전자 중 하나가 결합구조에서 그의 위치로부터 이탈하여 격자 속에서 돌아다닐 수 있게 자유로워지면, 전도전자가 생기며 그 뒤에는 부서진 결합수(broken bond, 즉 정공)가 남게 된다. 이 결합수를 부수는 데 필요한 에너지는 에너지 대역간극의 에너지 E_g이다. 이 모형은 EHP 생성의 물리적 기구를 눈앞에 떠오르게 하는 데 도움이 되나, 에너지대역 모형은 양적 계산을 위해서는 더욱 유용하다. 이 부서진 결합수의 모형에서 한 가지 중요한 어려운 점은 자유전자와 정공이 마치 그 격자에 국부적으로 배치되어 있는 것처럼 보인다는 것이다. 실제로 이 자유전자와 정공은 여러 개의 격자공간에 걸쳐서 퍼져 있으며 확률분포에 의하여 양자역학적으로 생각해야 한다(2.4 절 참조).

전자와 정공은 짝을 이루어 생성되기 때문에 전도대역의 전자농도 n(매 cm^3당 전자수)은 가전자대역의 정공농도 p(매 cm^3당 정공수)와 같다. 이들 진성 캐리어농도 각각을 보통 n_i로 나타낸다. 따라서 진성 물질(*intrinsic material*)에서는 다음과 같다.

$$n = p = n_i \tag{3-6}$$

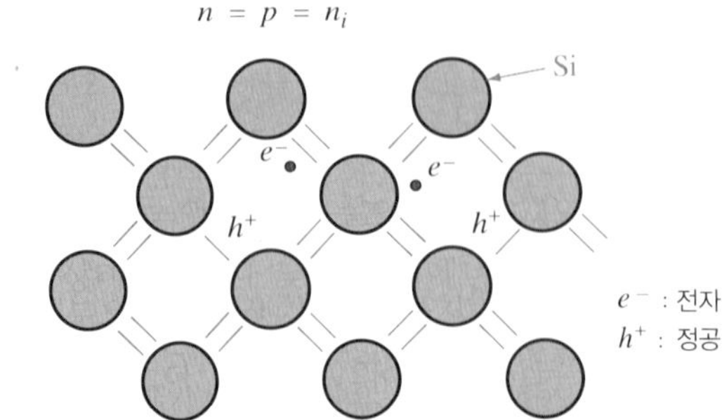

그림 3-11 Si 결정의 공유결합 모형에서의 전자-정공쌍

주어진 온도에서는 전자-정공쌍의 어떠한 일정한 농도 n_i가 있다. 분명히 정상상태의 캐리어농도가 유지되려면 이들이 발생되는 것과 똑같은 비율로 EHP의 재결합(*recombination*)이 있어야 한다. 재결합은 전도대역의 전자가 가전자대역에 있는 빈 에너지상태(즉, 정공)로 (직접 또는 간접적으로) 전이할 때 생기며, 이로써 전자-정공쌍은 소멸된다. EHP의 생성률을 g_i(EHP/cm^3-s)로, 재결합률을 r_i로 정의한다면 평형상태에서는

$$r_i = g_i \tag{3-7a}$$

이어야 한다.

예를 들어 온도가 높아지면 $g_i(T)$는 증가하고, 캐리어농도 n_i가 바뀌어 더 높은 재결합률 $r_i(T)$가 새롭게 생성된 캐리어와 균형을 이루게 된다. 임의의 온도에서 전자와 정공의 재결합률 r_i는 평형상태에서의 전자의 농도 n_0와 정공의 농도 p_0에 비례할 것을 예측할 수 있다. 즉,

$$r_i = \alpha_r n_0 p_0 = \alpha_r n_i^2 = g_i \tag{3-7b}$$

이 인자 α_r은 재결합이 일어나는 특정 기구에 따른 비례상수이다. 3.3.3절에서 온도함수로서의 n_i 계산을 검토할 것이며, 4장에서는 재결합과정을 검토할 것이다.

3.2.4 외인성 재료

열적으로 생성된 진성 캐리어에 덧붙여 결정에 고의적으로 불순물을 넣어서 반도체에 캐리어를 생기게 할 수도 있다. 이 과정을 **도핑**(*doping*, 불순물 첨가)이라 하는데, 반도체의 전도도를 바꾸어 주기 위한 가장 일반적인 기법이다. 도핑으로 전자 또는 정공 어느 한쪽이 우세하게 되도록 결정을 바꾸어 줄 수 있다. 따라서 도핑된 반도체의 두 가지 형식, 즉 n형(캐리어의 대부분이 전자)과 p형(캐리어의 대부분이 정공)이 있다. 결정에 도핑되어 평형상태의 캐리어농도 n_0와 p_0가 그의 진성 캐리어농도 n_i와 다르게 되면 이 물질은 **외인성**(*extrinsic*)이라 한다.

완전한 결정에 불순물이나 격자결함이 첨가되면 부가적인 에너지준위가 에너지 대역구

조에 생기게 되며 보통은 대역간극 내에 형성된다. 예를 들어, 주기율표 V족으로부터의 불순물(P, As, Sb)은 Ge 또는 Si의 전도대역 아주 가까운 곳에 에너지준위가 생기게 한다. 이 준위는 0 K에서는 전자로 충만되어 있으며 이들 전자를 전도대역으로 여기시키는 데는 극히 적은 열에너지가 소모된다(그림 3-12a). 따라서 약 50 ~ 100 K에서는 실질적으로 불순물준위에 있던 모든 전자가 전도대역으로 "공여(donate)" 된다. 이와 같은 불순물준위를 도너(*donor*)준위라 하고, Ge나 Si에 있어서의 V족 불순물은 도너 불순물이라 한다. 그림 3-12a로부터 도너 불순물을 첨가한 물질은 그의 온도가 진성 EHP의 농도가 상당한 정도로 되기에는 너무도 낮은 때일지라도, 전도대역에 상당한 농도의 (전도)전자를 가질 수 있다. 따라서 적지 않게 많은 수의 도너원자를 도핑해 준 반도체는 실온에서 $n_0 >> (n_i, p_0)$가 될 것이며, 이것이 n형 (반도체) 물질이다.

III족(B, Al, Ca, In) 원자는 Ge나 Si에서 가전자대역 가까이에 불순물준위를 만들어 준다. 이 준위는 0 K에서는 전자가 비어 있다(그림 3-12b). 낮은 온도에서 전자를 가전자대역으로부터 이 불순물준위로 여기시켜 가전자대역에 정공을 남기게 하는 데 충분한 에너지를 얻을 수 있다. 이 불순물준위는 가전자대역으로부터 전자를 "받아들이기(accept)" 때문에 이 준위는 억셉터(*acceptor*)준위라 하며, III족의 불순물은 Ge와 Si에서는 억셉터 불순물이다. 그림 3-12b가 나타내고 있는 것과 같이 억셉터 불순물의 첨가로 전도대역의 전자농도 n_0보다도 훨씬 큰 정공농도 p_0를 갖는 반도체를 만들 수 있다(p형 재료).

공유결합 모형으로 도너와 억셉터를 그림 3-12c에서와 같이 눈앞에 보이게 할 수 있다. Si 격자에 있는 As 원자(V족)는 인접한 Si 원자와의 공유결합수를 완결하는 데 필요한 4개의 가전자와 하나의 여분의 전자를 갖고 있다. 이 5번째 전자는 이 격자의 결합구조에는 맞지 않으며, 따라서 As 원자에 약하게 속박되어 있다. 적은 양의 열에너지로 이 여분의 전자는 그 불순물 원자에 대한 쿨롱 결합력을 극복하여 전체적으로 그 격자에 공여될 수 있게 된다. 따라서 그것은 자유롭게 되어 전류전도에 참여할 수 있다. 이 과정은 전자가 도너준위를 떠나서 전도대역으로 여기되는 정성적인 모형이다(그림 3-12a). 이상과 비슷하게 III족의 불순물 B는 공유결합에 기여할 수 있는 세 개의 가전자만을 갖고 있어서 (그림 3-12c) 하나의 결합은 미완결로 남아 있다. 적은 양의 열에너지로 이 완결되지 못한 결합수는 결합수를 이루는 전자가 위치를 교환함에 따라 다른 원자로 옮겨 갈 수 있다. 또 전자가 인접한 결합수로부터 B위치에 있는 미완결의 결합수 쪽으로 "뛰어넘어간다(hopping)"는 개념은 억셉터의 동작에 대한 어떤 물리학적 통찰력을 주는 것이기는 하지만, 대부분의 논의에서는 그림 3-12b의 모형이 더욱 바람직하다.

도너원자의 5번째 전자를 전도대역으로 여기시키는 데 필요한 근사적인 에너지[도너의 결합에너지(*binding energy*)]를 다소 간단하게 계산할 수 있다. 개략적인 계산을 위하여 그림 3-12c의 As 원자에서 공유결합을 이루고 있는 4개의 전자들은 약간 강하게, 그리고 5번째의 "여분의" 전자는 약하게 그 원자에 속박되어 있다고 가정한다. 이와 같은 입장은 보어 모형의 결과를 사용해서 근사시킬 수 있는데, 이 약하게 속박되어 있는 전자가 수소

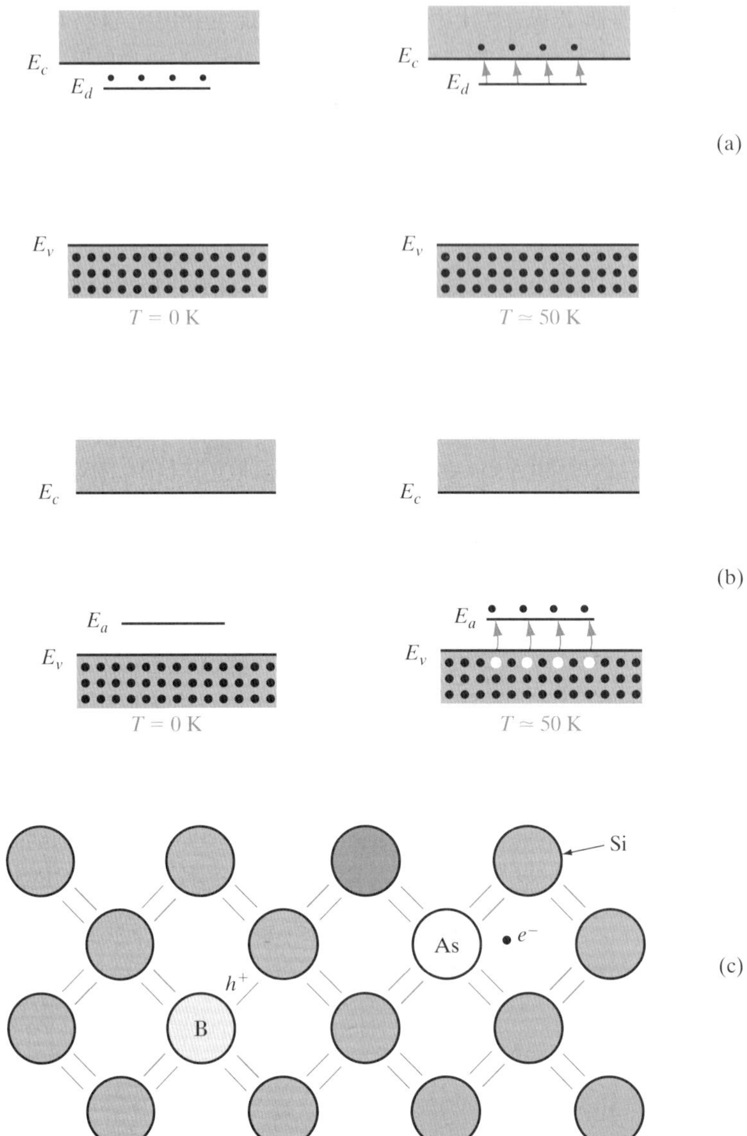

그림 3-12 반도체에서 불순물의 에너지대역 모형과 화학결합 모형: (a) 도너준위로부터 전도대역으로의 전자 공여; (b) 억셉터준위에 의한 가전자대역의 전자의 수용과 그로 인한 정공의 생성; (c) Si 결정의 공유결합 모형에서의 도너와 억셉터 원자.

에서와 같은 궤도에서 강하게 속박되어 있는 중심체(core) 전자들 둘레를 떠돌아다니는 것으로 생각한다. 식 (2-15)로부터 이와 같은 전자의 기저상태의 에너지(**n** = 1) 크기는 다음과 같다.

$$E = \frac{mq^4}{2K^2\hbar^2} \tag{3-8}$$

K 값은 수소원자의 문제에서 사용한 자유공간의 값 $4\pi\epsilon_0$로부터

$$K = 4\pi\epsilon_0 \epsilon_r \tag{3-9}$$

로 바꾸어야 한다. 여기서 ϵ_r은 이 반도체 재료의 상대유전상수이다. 또 이 반도체의 대표적인 유효질량 m_n^*을 사용해야 한다. 이는 3.4.1 절에서 더 세부적으로 논의된다.

예제 3-3 3.2 절에서 언급했듯이, 공유결합 모형은 캐리어의 위치 측정에 대한 잘못된 인식을 준다. 예로서, 그림 3-12c에 있는 도너 주위의 전자궤도 반지름을 구하라. Si에서 기저상태의 수소와 같은 궤도를 가정하라. Si 격자상수와 비교하라. Si는 $m_n^* = 0.26m_0$이다.

풀이 식 (2-10)에 $n = 1$, $\epsilon_r = 11.8$을 Si에 대하여 대입하면

$$r = \frac{4\pi\, \epsilon_r \epsilon_0 \hbar^2}{m_n^* q^2} = \frac{11.8(8.85 \times 10^{-12})(6.63 \times 10^{-34})^2}{\pi(0.26)(9.11 \times 10^{-31})(1.6 \times 10^{-19})^2}$$

$$r = 2.41 \times 10^{-9} m = 24.1\ \text{Å}$$

이 결과가 격자상수 $a = 5.43$ Å의 네 배 이상임을 주지하라.

일반적으로 V족의 도너준위는 Ge의 전도대역 아래로 약 0.01 eV에 위치하며, III족의 억셉터준위는 가전자대역 위로 약 0.01 eV 위치에 있다. Si에서 보통 도너와 억셉터준위는 에너지대역 끝에서부터 약 0.03 ~ 0.06 eV 떨어진 위치에 있다.

III-V족 화합물 반도체에 있어서는 V족 원자위치를 점유한 VI족 불순물은 도너의 역할을 한다. 예를 들어 S, Se 또는 Te는 GaAs에 있어서 As를 치환하여 As 원소에 비해 또 하나의 전자를 제공하므로 도너가 된다. 유사하게 II족(Be, Zn, Cd) 원소들은 III족 원소를 치환하여 억셉터가 된다. 그러나 III-V족 화합물이 IV족 원소인 Si나 Ge로 도핑될 때는 애매해진다. 이러한 불순물들을 양성(*amphoteric*, 兩性)이라 하는데, 이 말은 Si나 Ge가 결정체에서 III족 또는 V족의 자리를 점유하느냐에 따라 도너도 되고 억셉터도 될 수 있음을 의미한다. GaAs에서는 Si 불순물이 Ga 위치를 점유하는 것이 보통이다. 이때 Si는 과잉전자를 가지므로 도너의 역할을 하게 된다. 그러나 GaAs 성장이나 공정 시에 As 공석(vacancy)이 많이 생기게 되면, Si 불순물이 As 자리를 차지하게 되고 따라서 억셉터가 된다.

도핑의 중요성은 p형과 n형 반도체 사이의 접합으로부터 만들어진 전자소자를 섬토할 때 분명해질 것이다. 도핑으로 반도체의 성질을 어느 정도까지 제어할 수 있는가를, 이 도핑으로 생기는 시료 저항의 변화를 검토함으로써 보여줄 수 있다. 예를 들어, Si의 경우 진성 캐리어농도 n_i가 실온에서 약 10^{10} cm^{-3}일 때, Si에 10^{15} 원자/cm^3의 Si를 첨가하면

전도전자농도는 크기의 자리수(차수)가 5만큼 변한다. Si의 고유저항(또는 저항률)은 이 도핑으로 약 2×10^5 Ω-cm에서 5 Ω-cm로 바뀐다.

반도체가 도핑된 n형 또는 p형인 경우는 어느 한쪽 형식의 캐리어가 주축이 된다. 위의 예에서 전도대역의 전자가 가전자대역의 정공보다 수의 크기에 있어 여러 자리수만큼 압도적으로 많다. n형 물질에서의 적은 수의 정공을 소수캐리어(*minority carrier*), 그리고 비교적 많은 수의 전도대역의 전자를 다수캐리어(*majority carrier*)라 한다. 이와 비슷하게 p형 물질에서의 전자는 소수캐리어이며, 정공은 다수캐리어이다.

3.2.5 양자우물에서의 전자와 정공

지금까지 도핑으로 생기는 에너지 대역간극에서의 일정한 값을 갖는 이산(*discrete*) 에너지준위들과 가전자 및 전도대역에서 허용되는 연속(*continuum*) 에너지준위들에 대하여 논의하였다. 세 번째 가능성은 양자역학적인 구속(confinement)에 의하여 전자와 정공이 형성하는 이산 에너지준위들이다.

1.4절에서 다룬 바와 같은 MBE나 OMVPE 기법으로 성장되는 다층 화합물 반도체는 인접층이 서로 다른 에너지간극을 갖는 연속적인 단결정체가 성장될 수 있다는 데 그 중요성이 있다. 예를 들어, 그림 3-13에 매우 얇은 GaAs층이 그보다 넓은 에너지간극을 갖는 두 층의 AlGaAs로 둘러싸인 다층구조에서의 전도대역 및 가전자대역의 공간적 변화를 나타내었다. 이러한 이종접합(*heterojunction*)은 5.8절에서 자세히 다루겠지만, 여기서 흥미로운 것은 이렇게 구속된 전자나 정공은 전위우물에서의 입자(*particle in a potential well*)와 같이 행동한다는 것이다. 이때의 양자준위들은 2.4.3절에서 계산한 바와 같다. (입자들은 실제적으로 다른 방향으로 자유롭게 움직이지만 여기서는 이를 생략한다. 8.4.6절에서 우리는 이러한 양자 우물에서 2차원적 전자와 정공의 가스가 형성되어 여기서 논의되는 불연속적인 양자 준위가 아니라 서브대역(subbands)을 형성하는 것을 배우게 될 것이다.) 그러므로 좁은 간극을 갖는 물질에서의 전도대역 전자들은 정상적인 연속준위를 갖는 것이 아니고, 유효질량과 유한한 전위장벽에 대하여 변형된 식 (2-33)에서와 같은 이산 양자준위에 구속된다. 마찬가지로 가전자대역의 에너지준위들도 양자우물에서의 이산준위들로 구속된다. 여기서 2장에서 논의된 양자역학적인 결과를 명확히 볼 수 있다. 실제 소자 측면에서 볼 때, 그림 3-13의 GaAs층에서의 이산 양자상태의 형성은 광자가 방출되는 에너지를 변하게 한다. GaAs 양자우물에 있어 이산 전도대역 상태(그림 3-13의 E_1)에 있는 한 전자는 비어 있는 이산 가전자대역 상태(가령, E_h)로 전이를 하면서 $E_g + E_1 + E_h$의 에너지를 갖는 광자를 방출하게 되는데, 이는 GaAs 에너지간극보다 크다. 이를 이용하여 GaAs 레이저에서 주로 볼 수 있는 적외선 에너지 전이를 높여서 적색광을 방출하도록 만든 반도체 레이저도 있다. 이후의 장들에서는 반도체 소자에서 양자우물을 적용한 예들을 보게 된다.

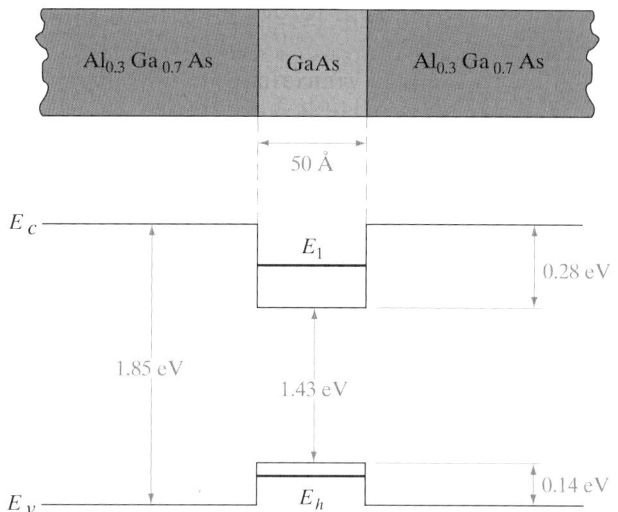

그림 3-13 에너지간극이 큰 AlGaAs에 둘러싸인 얇은 GaAs층에서의 에너지대역 불연속성. 이 경우에 GaAs 영역은 매우 얇아서 가전자대 및 전도대에서 양자준위들이 형성된다. GaAs 전도대에 있는 전자들은 정상적인 전도대준위에 있지 않고 E_1과 같은 "전위우물에서의 입자" 준위에 있게 된다. 마찬가지로 양자우물의 정공들은 E_h와 같은 이산준위를 차지하게 된다.

3.3 캐리어농도

반도체의 전기적 성질을 계산하고 전자소자의 동작을 분석함에 있어 그 물질의 cm^3당 전하 캐리어의 수를 알아야 할 필요가 종종 있다. 보통 도핑을 많이 한 물질에서는 각각의 불순물 원자에 대하여 하나의 다수 캐리어가 정해져서 다수 캐리어농도는 분명하다(표준 도핑의 경우). 그러나 소수캐리어의 농도는 분명하지 않을 뿐만 아니라, 이 캐리어농도의 온도의존성도 분명하지 않다.

캐리어농도의 식을 얻기 위해서는 취할 수 있는 에너지상태 범위에서의 캐리어 분포상태를 조사해야 한다. 이와 같은 형태의 분포는 계산은 어렵지 않으나 유도하는 데 있어 통계학적 방법이 필요하다. 여기서는 주로 이들 결과를 반도체 물질이나 소자에 대하여 응용하는 데 관심이 있으므로 분포함수는 주어진 대로 받아들이기로 한다.

3.3.1 페르미준위

고체 내의 (핵외)전자는 페르미-디랙(*Fermi-Dirac*)의 통계[3]에 따른다. 이런 종류의 통계

3) 다른 형식의 통계 예로는 고전적 입자(즉, 기체)에 대한 맥스웰-볼츠만(*Maxwell-Boltzmann*) 분포와 광자에 대한 보스-아인슈타인(*Bose-Einstein*)의 것이 있다. 두 개의 분리된 에너지준위 E_2와 E_1(단, $E_2 > E_1$)에 대하여

처리에는 전자들의 식별불가능성(indistinguishability), 파동성 및 파울리의 배타원리를 고려해야 한다. 이 통계의 논의로부터 나온 다소 단순한 결과는, 열적 평형상태에서 허용된 에너지준위 범위에서의 전자 분포는

$$f(E) = \frac{1}{1 + e^{(E-E_F)/kT}} \tag{3-10}$$

이라는 것이다. 여기서 k는 볼츠만(Boltzmann) 상수($k = 8.62 \times 10^{-5}$ eV/K $= 1.38 \times 10^{-23}$ J/K)이다. 함수 $f(E)$, 즉 **페르미-디랙 분포함수**(*Fermi-Dirac distribution function*)는 에너지 E의 취할 수 있는 에너지상태를 절대온도 T에서 전자가 점유할 확률을 나타낸다. E_F는 **페르미준위**(*Fermi level*)라 하며 반도체의 동작을 분석하는 데 있어서 중요한 양을 나타낸다. 페르미준위의 E_F와 같은 에너지 E에 대한 점유확률은 다음과 같다.

$$f(E_F) = [1 + e^{(E_F-E_F)/kT}]^{-1} = \frac{1}{1+1} = \frac{1}{2} \tag{3-11}$$

따라서 페르미준위에서의 에너지상태는 전자에 의해 점유될 1/2의 확률을 갖고 있다.

$f(E)$를 자세히 살펴보면 0 K에서 이 분포는 그림 3-14에 보인 바와 같은 단순한 직사각형 모양을 취한다. 분모의 지수부분에서 $T = 0$일 때는 이 지수가 음($E < E_F$)이면 $f(E)$는 $1/(1 + 0) = 1$이고, 지수가 양($E > E_F$)이면 $1/(1 + \infty) = 0$이 된다. 이 직사각형의 분포는 0 K에서 E_F까지 취할 수 있는 모든 에너지상태가 전자들에 의하여 점유되어 있고, E_F를 초과하는 모든 에너지상태는 비어 있다는 것을 의미한다.

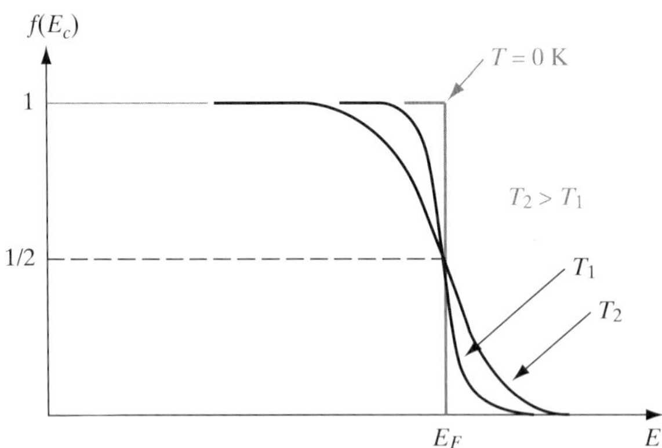

그림 3-14 페르미-디랙 분포함수(부록V에서 유도됨)

고전적인 기체 원자는 볼츠만 분포에 따르며, 상태 E_2에 있는 원자수 n_2와 E_1에 있는 수 n_1은 열적 평형에서 이 두 가지 준위가 같은 에너지상태의 수를 갖는다고 가정하면

$$\frac{n_2}{n_1} = \frac{N_2 e^{-E_2/kT}}{N_1 e^{-E_1/kT}} = \frac{N_2}{N_1} e^{-(E_2-E_1)/kT}$$

인 관계에 있다. 지수항 $\exp(-\Delta E/kT)$는 보통 **볼츠만 인자**(*Boltzmann factor*)라 한다. 이것은 또 페르미-디랙 분포함수의 분모에도 나타나 있다. 레이저의 성질을 논의할 8장에서는 볼츠만 분포로 다시 돌아갈 것이다.

0 K보다 높은 온도에서는 페르미준위 이상의 에너지상태들에 대하여 전자들로 충만될 어떤 확률이 존재한다. 예를 들어, 그림 3-14의 $T = T_1$에서는 E_F보다 높은 에너지상태가 충만될 어떤 확률 $f(E)$가 있고, E_F보다 낮은 에너지상태가 비어 있을 대응되는 확률 $[1 - f(E)]$가 있다. 페르미 함수는 모든 온도에서 E_F에 관하여 대칭적이다. 즉, E_F보다 ΔE 높은 에너지에 전자가 있을 확률 $f(E_F + \Delta E)$는 E_F보다 ΔE 낮은 에너지가 비어 있을 확률 $[1 - f(E_F - \Delta E)]$와 같다. E_F에 관하여 비어 있을(즉, 공위) 상태와 충만될 상태의 분포의 대칭성은 페르미준위를 반도체의 전자와 정공농도 계산에 있어서 자연적인 기준점으로 만들고 있다.

반도체에 페르미-디랙 분포를 적용하는 데 있어서는 $f(E)$가 E에서 취할 수 있는 에너지상태가 점유될 확률이라는 것을 상기해야 한다. 따라서 E에 취할 수 있는 에너지상태가 없으면(즉, 반도체의 에너지 대역간극에서와 같이) 그곳에서 전자를 발견할 가능성은 없다. $f(E)$와 대역구조 사이의 관계는 $f(E)$에 대한 E의 그림을 옆으로 돌려서 E쪽 눈금이 대역도의 에너지를 나타내도록 하여 눈에 가장 잘 보이게 할 수 있다(그림 3-15). 진성 반도체 물질에 대해서는 가전자대역의 정공농도와 전도대역의 전자농도가 같다는 것을 알고 있다. 따라서 페르미준위 E_F는 진성 물질에서는 대역간극의 중앙에 있어야 할 것이다.[4] $f(E)$는 E_F에 대하여 대칭적이므로 그림 3-15a의 전도대역 속에서 연장되어 있는 전자에 대한 확률곡선 $f(E)$의 "꼬리(tail)" 부분은 가전자대역의 정공에 대한 확률곡선의 꼬리부분 $[1 - f(E)]$과 대칭적이다. 이 분포함수는 E_v와 E_c 사이의 에너지 대역간극 내에서도 값을 갖고 있으나, 이곳에서는 취할 수 있는 에너지상태가 하나도 없으며 $f(E)$로부터 이 영역에서는 어떠한 전자에 의해서도 점유되지 않은 상태가 된다.

그림 3-15에서 $f(E)$의 꼬리부분은 설명을 위해 과장되어 있으나, 실제로 E_v와 E_c에서의 확률값은 합당한 온도에서는 진성 물질의 경우 매우 작다. 예를 들어, 300 K에서 Si의 경우는 $n_i = p_i \simeq 10^{10}\ \text{cm}^{-3}$인 데 대하여 E_v와 E_c에서 취할 수 있는 에너지상태의 밀도는 $10^{19}\ \text{cm}^{-3}$ 정도이다. 따라서 전도대역 개개의 상태를 점유할 확률 $f(E)$와 가전자대역에 있는 에너지상태에 대한 정공의 점유확률 $[1 - f(E)]$는 매우 작다. 각 에너지대역의 에너지 상태밀도가 비교적 크기 때문에 $f(E)$의 작은 변동도 캐리어농도에는 상당한 변화를 초래할 수 있다.

n형 반도체 물질에서는 가전자대역의 정공농도에 비하여 전도대역의 전자농도는 크다(그림 3-12a를 상기할 것). 따라서 n형 물질에서 분포함수 $f(E)$는 에너지눈금에서 그의 진성 반도체 경우의 위치보다 위쪽에 있어야 한다(그림 3-15b). $f(E)$는 특정 온도에 대해서는 그 형상이 유지되므로 n형 물질에서는 E_c에서의 전자농도가 보다 크다는 것은 E_v에서의 정공농도가 이에 상응하여 보다 작아진다는 것을 의미한다. 전도대역의 각 에너지준위에 대한 $f(E)$의 값(따라서, 전체 전자농도 n_0)은 E_F가 E_c에 접근해 감에 따라 증가된다는

4) 실제로 진성 E_F는 가전자대역과 전도대역에 있는 취할 수 있는 에너지상태의 밀도가 같지 않아서 대역간극의 중앙에서 다소 벗어나 있다(3.3.2절).

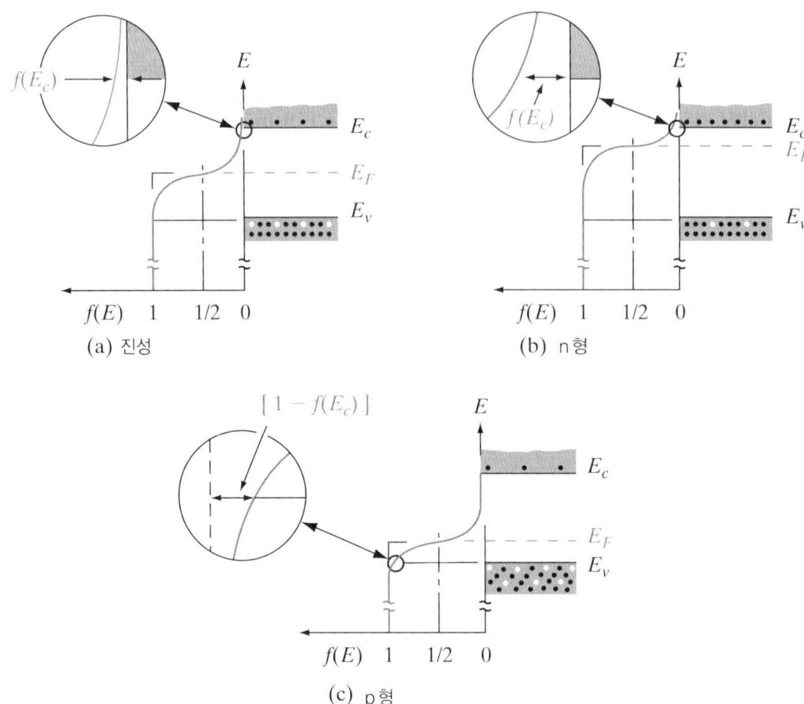

그림 3-15 반도체에 인가된 페르미 분포함수: (a) 진성 반도체; (b) n형 반도체; (c) p형 반도체.

것을 알 수 있다. 따라서 에너지의 차이($E_c - E_F$)는 n의 척도가 되며, 이 관계를 수학적으로 다음 절에서 나타내기로 한다.

p형 반도체 물질의 경우 페르미준위는 가전자대역 가까이 있어(그림 3-15c), E_v보다 아래쪽 $[1 - f(E)]$의 꼬리부분이 E_c보다 위쪽 $f(E)$의 꼬리부분보다도 크게 되어 있다. ($E_F - E_v$)의 값은 이 물질이 어느 정도로 심하게 p형으로 되어 있는가를 나타낸다.

보통 모든 에너지대역도에 $f(E)$ 대 E의 관계를 그려넣어서 전자와 정공의 분포를 나타내게 하는 것은 불편하다. 따라서 보통은 에너지대역도에 E_F의 위치만을 표시한다. 특정 온도에 대한 E_F의 위치는 그림 3-15에서의 분포를 암시하기 때문에 이것은 충분한 정보가 된다.

3.3.2 평형상태에서의 전자 및 정공농도

페르미 분포함수는 가전자대역과 전도대역에서 취할 수 있는 에너지상태의 밀도가 알려지면 반도체에서의 전자와 정공농도를 계산하는 데 사용할 수 있다. 예를 들어, 전도대역의 전자농도는

$$n_0 = \int_{E_c}^{\infty} f(E)N(E)dE \tag{3-12}$$

여기서 $N(E)dE$는 에너지영역 dE에 있는 에너지상태의 밀도(cm^{-3})이다. 전자 및 정공 밀도의 기호(n_0, p_0)에 사용되고 있는 첨자 0는 평형상태를 나타낸다. 에너지영역 dE에 있는 단위체적당 전자수는 에너지상태의 밀도와 점유확률 $f(E)$의 곱이 된다. 따라서 전체 전자농도는 식 (3-12)에서와 같이 전도대역 전체에 이르는 적분으로 된다.[5)] 함수 $N(E)$는 양자역학과 파울리의 배타원리를 이용하여 계산할 수 있다(부록 IV 참조).

부록 IV에서 $N(E)$가 $E^{1/2}$에 비례함을 볼 수 있다. 그래서 전도대역에 있는 상태밀도는 전자 에너지에 따라 증가한다. 이에 반해, 페르미 함수는 큰 에너지에 대해 매우 작게 된다. 그 결과 $f(E)N(E)$는 E_c 위로 급격히 감소하고 매우 적은 전자들만이 전도대역의 훨씬 위의 에너지상태들을 점유한다. 이와 비슷하게, 가전자대역에서 빈 상태(정공)를 발견할 확률 $[1 - f(E)]$는 E_v 아래로 빠르게 감소하고 대부분의 정공들은 가전자대 꼭대기 근처의 상태들을 점유한다. 이러한 효과는 그림 3-16에서 증명된다. 그리고 그것은 열적 평형[즉, 열에너지 외에는 여기원(excitation)이 없음]에서 전도대역과 가전자대역에 있는 이동 가능한 에너지상태를 점유하는 결과적인 전자와 정공들의 수, 이용할 수 있는 상태밀도 그리고 페르미 함수를 보여준다. 정공에 대해, 증가하는 에너지는 E가 전자 에너지를 나타내므로 그림 3-16에서 아래로 향한다.

식 (3-12) 적분의 결과는 전도대역에 분포되어 있는 모든 전자상태를 전도대역 끝 E_c에 위치한 **유효상태밀도**(*effective density of states*) N_c로 나타내었을 때 얻어지는 것과 같다. 따라서 전도대역의 전자농도는 간단히 E_c에서의 유효상태밀도에 E_c에서 점유될 확률을 곱한 것이다.[6)] 즉,

$$n_0 = N_c f(E_c) \tag{3-13}$$

이 식에서는 페르미준위 E_F가 적어도 수 kT만큼 전도대역 아래쪽에 있다고 가정한 것이다. 그리고 지수항이 1에 비하여 크며, 페르미 함수 $f(E_c)$는

$$f(E_c) = \frac{1}{1 + e^{(E_c - E_F)/kT}} \simeq e^{-(E_c - E_F)/kT} \tag{3-14}$$

와 같이 단순화할 수 있다. 실온에서 kT는 0.026 eV에 지나지 않으므로, 이것은 일반적으로 잘 된 근사이다. 이와 같은 조건에서 전도대역의 전자농도는 다음과 같다.

$$\boxed{n_0 = N_c e^{-(E_c - E_F)/kT}} \tag{3-15}$$

---

5) 전도대역은 무한대의 에너지대역까지 퍼져 있지 않으므로 식 (3-12)의 상한은 실제로는 적당하지 않은 것이다. 그러나 $f(E)$는 E의 큰 값에 대해서는 무시할 수 있을 정도로 작으므로, 이것은 n_0의 계산에는 중요하지 않다. 대부분의 전자는 평형상태에서는 전도대역 하단 부근의 상태를 점유한다.

6) 식 (3-13)으로 얻어지는 n_0에 대한 이 간단한 식은 부록 IV에서와 같이 식 (3-12)를 적분한 직접적인 결과이다. 식 (3-15)와 (3-19)는 상태밀도(density of states)를 써서 이 전도대역과 가전자대역의 영향을 적절하게 포함시키고 있다.

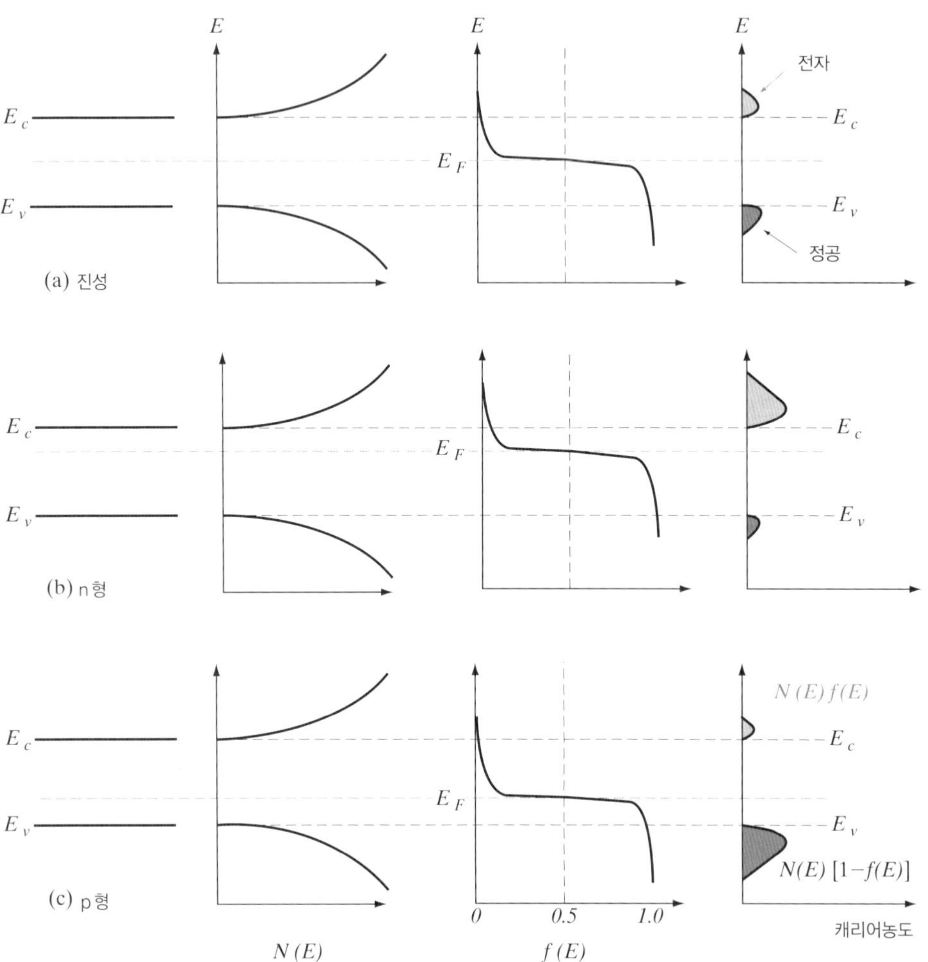

그림 3-16 (a) 진성; (b) n형 및 (c) p형 반도체의 열적 평형에서의 에너지대역도, 상태밀도, 페르미-디랙 분포 및 캐리어농도.

유효상태밀도 N_c는 부록 IV에 나타나 있듯이 다음과 같다.

$$N_c = 2\left(\frac{2\pi m_n^* kT}{h^2}\right)^{3/2} \tag{3-16a}$$

식 (3-16a)에 있는 양들은 알려져 있으므로, N_c의 값은 온도의 함수로서 표로 만들어 나타낼 수 있다. 식 (3-15)가 나타내듯이 전자농도는 E_F가 전도대역에 가까이 이동할수록 증가된다. 이것은 그림 3-15b로부터 예측되는 결과이다.

식 (3-16a)에서 m_n^*는 전자에 대한 상태밀도 유효질량이다. 대역곡률 유효질량으로부터 그것이 어떻게 얻어지는 것인가에 대한 예를 3.2.2절에서 언급했다. Si의 X방향을 따라 여섯 개의 등전도대역의 최소점에 대해 고려해 보자. 그림 3-10b에서 담배 형상을 한 등에너지면을 보면, 유효질량을 계산하는 데 취급될 하나 이상의 대역곡률을 갖고 있다는 것을 발견할 수 있다. 거기엔 타원의 장축방향으로의 종축 유효질량 m_l과 두 개의 단축방향으로의 횡축 유효질량 m_t가 있다. 식 (3-16a)의 상태밀도 표현에서 나타나는 $(m_n^*)^{3/2}$을, 등차를 이용하고 모든 6계곡들의 영향을 더함으로써 다음 식을 얻을 수 있다.

$$(m_n^*)^{3/2} = 6(m_l m_t^2)^{1/2} \tag{3-16b}$$

위 식은 유효질량들의 기하 평균으로 볼 수 있다.

예제 3-4 실리콘에서의 상태밀도 유효질량을 계산하라.

풀이 부록 III으로부터 실리콘에 대해서, $m_l = 0.98m_0$; $m_t = 0.19m_0$이다.
전도대에는 동등한 6개의 X계곡이 있다.

$$m_n^* = 6^{2/3}[0.98(0.19)^2]^{1/3} m_0 = 1.1m_0$$

참고: GaAs에 대해 전도대역 등에너지면은 구형이다. 그래서 거기엔 단지 하나의 대역곡률 유효질량만이 존재한다. 따라서 상태밀도 유효질량과 동일한 값을 갖는다(= $0.067m_0$).

비슷한 검토로 가전자대역의 정공농도는 다음과 같다.

$$p_0 = N_v[1 - f(E_v)] \tag{3-17}$$

여기서 N_v는 가전자대역에서의 유효상태밀도이다. E_v에서 빈 에너지상태를 발견할 확률은 E_v보다 E_F가 수 kT만큼 크면

$$1 - f(E_v) = 1 - \frac{1}{1 + e^{(E_v - E_F)/kT}} \simeq e^{-(E_F - E_v)/kT} \tag{3-18}$$

이 식으로부터 가전자대역의 정공농도는

$$\boxed{p_0 = N_v e^{-(E_F - E_v)/kT}} \tag{3-19}$$

가전자대역에서 그 에너지대역 끝으로 환산된 유효상태밀도는

$$N_v = 2\left(\frac{2\pi m_p^* kT}{h^2}\right)^{3/2} \tag{3-20}$$

그림 3-15c로부터 예상되는 바와 같이, 식 (3-19)는 E_F가 가전자대역으로 가까이 이동함에 따라 정공농도는 증가할 것을 예시하고 있다.

식 (3-15)와 (3-19)로 예시된 전자와 정공농도는 그 물질이 진성이든지 도핑이 이루어진

것이든지 열적 평형이 유지되면 유효하다. 따라서 진성 반도체에서 E_F는 에너지 대역간극 중앙 부근의 어떤 진성준위 E_i에 있을 것이며(그림 3-15a), 진성 전자 및 정공농도는 다음과 같다.

$$n_i = N_c e^{-(E_c - E_i)/kT}, \quad p_i = N_v e^{-(E_i - E_v)/kT} \tag{3-21}$$

평형상태에서 n_0와 p_0의 곱은 도핑이 변동되어도 특정 물질과 온도에 대해서는 일정하다. 즉,

$$\begin{aligned} n_0 p_0 &= (N_c e^{-(E_c - E_F)/kT})(N_v e^{-(E_F - E_v)/kT}) = N_c N_v e^{-(E_c - E_v)/kT} \\ &= N_c N_v e^{-E_g/kT} \end{aligned} \tag{3-22a}$$

$$n_i p_i = (N_c e^{-(E_c - E_i)/kT})(N_v e^{-(E_i - E_v)/kT}) = N_c N_v e^{-E_g/kT} \tag{3-22b}$$

캐리어는 짝을 지어 생성되므로 진성 (반도체의) 전자 및 정공농도는 같으며 $n_i = p_i$이다. 따라서 진성 캐리어농도는 다음과 같다.

$$n_i = \sqrt{N_c N_v}\, e^{-E_g/2kT} \tag{3-23}$$

식 (3-22)에서 전자 및 정공농도의 일정한 곱은

$$\boxed{n_0 p_0 = n_i^2} \tag{3-24}$$

과 같이 편리하게 쓸 수 있다.

이것은 중요한 관계로서 이후의 계산에서 이것은 광범위하게 사용될 것이다. 실온에서 Si의 진성 캐리어농도는 개략적으로 $\bar{n}_i = 1.5 \times 10^{10}\ \text{cm}^{-3}$이다.

식 (3-21)과 (3-23)을 비교하면, 유효상태밀도 N_c와 N_v가 같으면 진성준위 E_i는 에너지 대역간극의 중앙($E_c - E_i = E_g/2$)에 있다. 그러나 보통 전자와 정공의 유효질량에는 다소 차이가 있어서 N_c와 N_v는 식 (3-16)과 (3-20)에 나타나듯이 약간 다르다. 따라서 진성준위 E_i는 에너지 대역간극의 중앙을 벗어나 있으며, Ge나 Si보다 GaAs가 더 큰 차이를 보인다.

식 (3-15)와 (3-19)를 기술하는 다른 편리한 방법은 식 (3-21)을 이용하여 얻어지는 것이다. 즉,

$$\boxed{\begin{aligned} n_0 &= n_i e^{(E_F - E_i)/kT} \quad &(3\text{-}25a) \\ p_0 &= n_i e^{(E_i - E_F)/kT} \quad &(3\text{-}25b) \end{aligned}}$$

이 형식의 식들은 직접 E_F가 진성준위 E_i에 있으면 전자의 농도는 n_i가 되며, 또 페르미 준위가 E_i로부터 멀어지며 전도대역 쪽으로 이동하면 n_0는 지수함수적으로 증가한다는 것을 나타내고 있다. 비슷하게, E_F가 E_i로부터 가전자대역 쪽으로 이동하면 정공농도 p_0

는 n_i로부터 보다 큰 값으로 변한다. 이들 식은 이와 같이 직접적으로 캐리어농도의 정성적인 특성을 밝혀 주고 있으므로 기억해 두면 편리하다.

예제 3-5 Si 시료에 10^{17} 원자/cm^3의 As가 도핑되어 있다. 300 K일 때 평형상태에서의 정공농도는 얼마인가? E_i에 대한 E_F의 위치는 어디인가?

풀이 $N_d \gg n_i$이므로 근사적으로 $n_0 = N_d$로 볼 수 있어

$$p_0 = \frac{n_i^2}{n_0} = \frac{2.25 \times 10^{20}}{10^{17}} = 2.25 \times 10^3 \text{ cm}^{-3}$$

식 (3-25a)로부터

$$E_F - E_i = kT \ln \frac{n_0}{n_i} = 0.0259 \ln \frac{10^{17}}{1.5 \times 10^{10}} = 0.407 \text{ eV}$$

이 결과의 에너지대역도는 다음 그림과 같다.

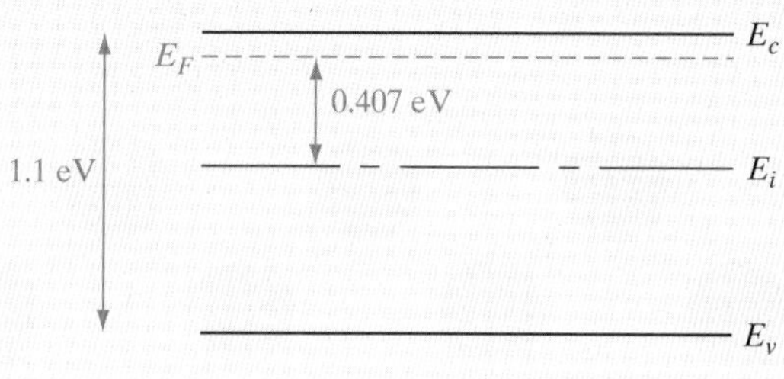

3.3.3 캐리어농도의 온도의존성

온도에 따른 캐리어농도의 변화는 식 (3-25)로 표시되어 있다. 처음에는 T에 대한 n_0와 p_0의 변화가 비교적 이들 관계에 있어서는 단순한 것처럼 보인다. 그러나 n_i는 극히 온도에 의존하며[식 (3-23)], 또 E_F 역시 온도에 따라 변동한다. 우선 진성 캐리어농도를 검토하면 식 (3-23), (3-16a) 및 (3-20)을 합쳐서

$$n_i(T) = 2\left(\frac{2\pi kT}{h^2}\right)^{3/2}(m_n^* m_p^*)^{3/4} e^{-E_g/2kT} \tag{3-26}$$

지수의 온도의존성이 $n_i(T)$를 주도하게 되면, $\ln n_i$에 대한 $10^3/T$을 표시한 것은 거의 선형적으로 보인다(그림 3-17).[7] 이 그림에서는 상태밀도함수의 $T^{3/2}$ 의존성으로 인한 변

7) 볼츠만 상수를 포함한 캐리어농도와 같은 양을 나타낼 때는 온도의 역수를 눈금으로 사용하는 것이 보통이다. 이로써 $1/T$의 지수항이 반대수 도표에서 선형으로 나타나게 할 수 있다. 이와 같은 그래프를 읽을 때는 오른쪽에서 왼쪽으로 온도가 증가된다는 것에 유의해야 한다.

동과 E_g가 온도에 따라 다소 변하는 것은 무시하였다.[8] 임의의 온도에서 n_i의 값은 주어진 반도체에서는 일정한 수치이며 대부분의 물질에 대하여 알려져 있다. 따라서 식 (3-25)로부터 n_0나 p_0를 계산할 때 n_i는 주어져 있는 것으로 볼 수 있다.[9]

주어진 n_i와 T에 대하여 식 (3-25)의 미지량은 캐리어농도와 E_i에 대한 페르미준위의 위치이다. 이 두 가지 양 중의 하나를 구하려면 다른 쪽이 주어져야 한다. 고농도로 도핑이 이루어진 외인성 물질에서와 같이 캐리어농도가 어떤 일정한 값으로 유지된다면 E_F는

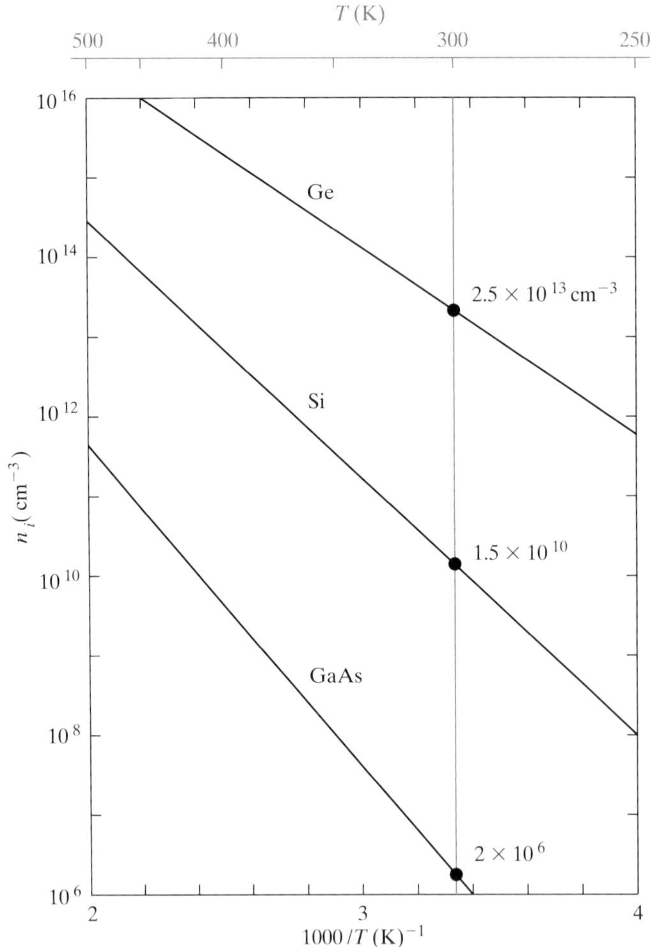

그림 3-17 온도 역수의 함수로서의 Ge, Si, GaAs의 진성 캐리어농도. 실온에 대한 값들은 참고로 표시하였음.

---

8) Si에 대해서 에너지 대역간극 E_g는 300 K에서의 약 1.11 eV로부터 0 K에서의 약 1.16 eV까지 변한다.

9) 이들 계산에 있어서는 일관된 단위를 사용하도록 유의해야 한다. 예를 들어, E_g와 같은 에너지를 전자볼트(eV)로 표시하였으며, k가 J/K 단위로 되어 있는 경우는 $q(1.6 \times 10^{-19}\ \mathrm{C})$를 곱하여 줄(joule) 단위로 바꾸어야 한다. 또는 E_g는 eV 단위로 그대로 두고, eV/K 단위로 된 k의 값을 사용할 수도 있다. 300 K에서 $kT = 0.0259$ eV로 E_g는 eV 단위로 쓸 수 있다.

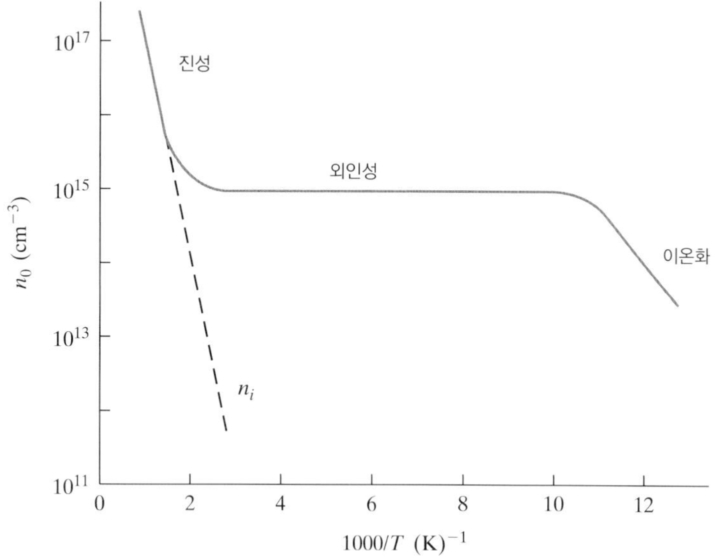

그림 3-18 10^{15} 도너/cm^{3}으로 도핑된 Si에서의 캐리어농도 대 온도 역수의 관계

식 (3-25)로부터 구할 수 있다. 도핑된 반도체에서 전자농도의 온도의존성은 그림 3-18에 나타낸 바와 같이 직접 눈으로 볼 수 있게 할 수 있다. 예에서 Si는 도너농도 $N_d = 10^{15}$ cm^{-3}으로 도핑이 이루어진 n형이다. 매우 낮은 온도($1/T$의 큰 값)에서는 무시할 수 있을 정도의 진성 EHP가 존재하며, 도너전자는 그의 도너원자에 속박되어 있다. 온도가 상승함에 따라 이들 전자들은 전도대역으로 보내지며, 약 100 K($1000/T = 10$)에서는 모든 도너원자가 이온화된다. 이 온도의 범위를 **이온화 영역**(*ionization region*)이라 한다. 일단 도너들이 이온화되면 각 도너원자에 대하여 하나의 전자가 얻어지므로 전도대역의 전자농도는 $n_0 \simeq N_d = 10^{15}$ cm^{-3}이 된다. 모든 취할 수 있는 외인성 전자(즉, 도너로부터의 전자)가 전도대역으로 전송되면, n_0는 사실상 진성 캐리어농도 n_i가 외인성 농도 N_d와 비등하게 될 때까지는 온도에 따라 일정하게 된다. 끝으로 보다 높은 온도에서 n_i는 N_d보다 훨씬 많아지며 진성 캐리어가 주축을 이루게 된다. 대부분의 전자소자에서는 열적인 EHP 생성에 의하기보다는 도핑에 의해 이 캐리어농도를 조정하는 것이 바람직하다. 따라서 보통 외인성 영역이 그 소자가 사용될 최고 온도를 훨씬 넘도록 그 물질(반도체)에 도핑을 행한다.

3.3.4 보상 및 공간전하중성

도핑의 개념을 도입하였을 때 반도체는 N_d개의 도너 또는 N_a개의 억셉터를 포함하고 있어, n형 반도체인가 또는 p형 반도체인가에 따라 각각 외인성 다수캐리어의 농도는 $n_0 \simeq N_d$ 또는 $p_0 \simeq N_a$라 가정하였다. 그러나 반도체가 도너와 억셉터 양쪽을 모두 포함하는 일이 흔히 생긴다. 예를 들어, 그림 3-19는 도너와 억셉터가 다같이 포함되지만 $N_d > N_a$인 반도체의 경우를 보여주고 있다. 도너가 우세하여 이 물질은 n형으로 되어 있고, 따라서 페르미준위는 에너지 대역간극의 위쪽 부분에 있다. E_F는 억셉터준위 E_a보다 충분히 위쪽에 있으므로 이 준위는 본질적으로 전자로 충만되어 있다. 그러나 E_i 위쪽에 E_F가 있어 억셉터 원자의 농도와 같은 양의 가전자대역의 정공농도를 기대할 수는 없다. 사실상 E_a는 전도대역으로부터 제공된 전자로 채워진다. 이는 다음과 같이 가시화할 수 있다. E_a는 그림 3-12b에서 기술한 것과 같이 가전자대역의 전자로 채워지며, 그 결과 가전자대역에 정공이 생긴다고 가정하면, 다음에 이 정공은 전도대역의 전자 하나와 재결합에 의하여 채워진다. 이 논리를 모든 억셉터 원자로 확대하면 이와 같은 결과로 생긴 전도대역의 전자농도는 전체적인 N_d 대신 $N_d - N_a$가 될 것이 예상된다. 이 과정을 보상(*compensation*)이라 한다. 이 과정으로써 n형 반도체로 시작하여 $N_a = N_d$가 되고, 전도대역에는 공여된 전자가 하나도 남지 않을 때까지 억셉터를 첨가할 수 있다. 이와 같이 보상된 물질에서는 $n_0 = n_i = p_0$이며 진성 반도체의 전도가 얻어진다. 더욱 많은 억셉터를 첨가하면, 이 반도체는 본질적으로 $N_a - N_d$의 정공농도를 갖는 p형 반도체가 된다.

전자, 정공, 도너 및 억셉터 농도 사이의 정확한 관계는 공간전하중성(*space charge neutrality*)에 대한 요건을 생각하여 얻을 수 있다. 이 물질이 정전적으로 중성을 유지한다면, 양전하(정공과 이온화된 도너전자)의 합계와 음전하(전자와 이온화된 억셉터 원자)의 합계는 균형을 이루어야 한다. 즉,

$$p_0 + N_d^+ = n_0 + N_a^- \tag{3-27}$$

따라서 그림 3-19에서 전도대역의 실질적인 전자농도는 다음과 같다.

$$n_0 = p_0 + (N_d^+ - N_a^-) \tag{3-28}$$

만일 이 물질이 도핑에 의한 n형 반도체($n_0 \gg p_0$)이고 모든 불순물이 이온화되어 있다

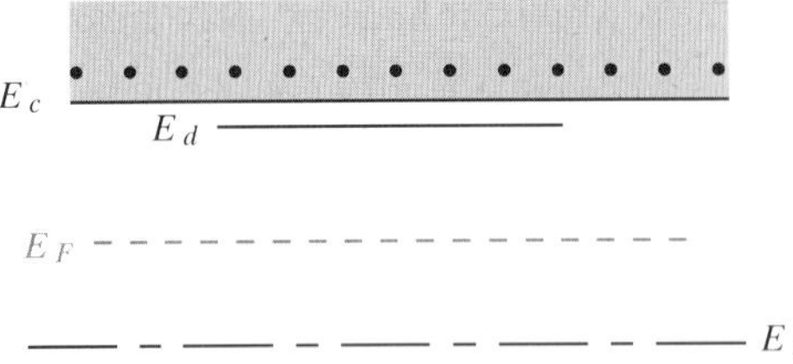

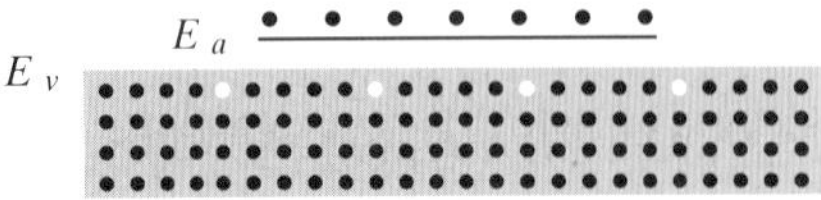

그림 3-19 n형 반도체에서의 보상효과($N_d > N_a$)

면, 근사적으로 식 (3-28)은 $n_0 \simeq N_d - N_a$로 쓸 수 있다.

진성 반도체 자신은 정전적으로 중성이며 첨가한 도핑원자 역시 중성이므로 평형상태에서는 식 (3-27)의 요구조건이 유지되어야 한다. 전자와 정공농도 및 페르미준위는 식 (3-27)과 (3-25)가 만족되도록 조절된다.

3.4 전계 및 자계에서의 캐리어 표동

고체에서의 캐리어농도에 대한 지식은 전계나 자계가 존재할 때의 전류흐름을 계산하는데 필요하다. n과 p의 값에 덧붙여 전하 캐리어의 격자 및 불순물들과의 충돌을 고려해 넣을 수 있어야 한다. 이들 과정은 전자와 정공이 그 결정을 통하여 흐를 수 있는 용이성, 즉 그 고체 내에서의 이동도(*mobility*)에 영향을 줄 것이다. 예측되는 바와 같이 이들 충돌과 산란과정은 온도에 따르며, 이 온도는 격자원자의 열적 운동과 캐리어들의 속도에 영향을 준다.

3.4.1 전도도와 이동도

고체 속의 전하 캐리어는 열적 평형상태에서도 항상 운동하고 있다. 예를 들어, 실온에서 개개 전자의 열적 운동은 격자의 진동, 불순물, 다른 전자 및 결함으로부터의 무작위 산란으로 기인한다(그림 3-20a). 이 산란은 무작위로 일어나는 것이기 때문에 n 전자/cm^3개의 전자군의 실질적인 운동은 없다. 물론 이것은 개개의 전자들에 대해서는 사실이 아니다. 그림 3-20a에서 어떤 시간 t 후에 그의 출발점으로 전자가 돌아올 확률은 무시할 수 있을 정도로 작다. 그러나 많은 수의 전자를 생각한다면(즉, n형 반도체에서 10^{16} cm^{-3}개), 이 전자군에 대해서는 어느 방향으로 특별히 운동이 쉽다는 것이 없으며 실질적인 전류의 흐름이 없다.

전계 $\mathscr{E}_x$가 x방향으로 인가되면, 각 전자들은 이 전계로부터 실질적인 힘 $-q\mathscr{E}_x$를 겪게 된다. 이 힘은 개개 전자의 불규칙한 경로를 눈에 띌 정도로 변경하는 데는 불충분할 수도 있다. 그러나 모든 전자에 대하여 평균했을 때의 효과는 $-x$방향으로의 이 전자군의 실질적인 운동이다. p_x를 이 군의 총 운동량의 x 성분이라 하면 이 전계가 n 전자/cm^3개에 주는 힘은 다음과 같다.

$$-nq\mathscr{E}_x = \left.\frac{d\mathrm{p}_x}{dt}\right|_{\text{field}} \tag{3-29}$$

처음에 식 (3-29)는 $-x$방향으로의 전자의 계속적인 가속을 나타내는 것처럼 보인다. 그러나 식 (3-29)의 실질적인 가속은 충돌과정의 감속에 의해 정상상태에 있도록 균형이

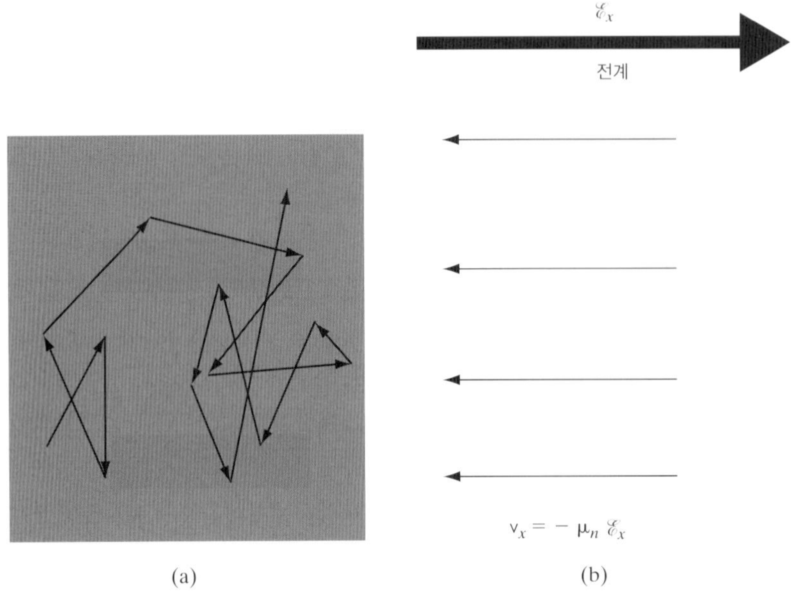

그림 3-20 (a) 고체에서 전자의 임의의 열적 운동; (b) 가해진 전계에 대한 방향성 있는 표동속도.

이루어지기 때문에 이는 사실이 될 수 없다. 따라서 정상적인 전계 $\mathscr{E}_x$는 실질적인 운동량 p_{-x}를 발생시키지만, 충돌을 포함시켰을 때의 운동량의 실질적인 변화율은 정상적인 전류흐름의 경우는 0이어야 한다.

충돌로부터 생기는 운동량 변화의 전체적인 비율을 구하려면 충돌의 확률을 더욱 세밀하게 조사해야 한다. 이 충돌이 참으로 불규칙하다면 각 전자마다 임의의 시간에 있어서 일정한 충돌이 있을 것이다. 시간 $t = 0$에 N_0개의 전자군을 생각하여 $N(t)$를 시간 t까지 한 번의 충돌도 당하지 않은 전자수로 정의한다. 임의의 시간 t에 있어서의 $N(t)$의 감소율은 시간 t에 산란되지 않고 남은 수에 비례한다.

$$-\frac{dN(t)}{dt} = \frac{1}{\bar{t}} N(t) \tag{3-30}$$

여기서 $\bar{t}^{-1}$은 비례상수이다.

식 (3-30)의 해는 지수함수

$$N(t) = N_0 e^{-t/\bar{t}} \tag{3-31}$$

이며, $\bar{t}$는 산란사상 사이의 평균시간,[10] 소위 **평균 자유시간**(*mean free time*)을 나타낸다. 임의의 전자가 시간간극 dt에 한 번 충돌할 확률은 $dt/\bar{t}$이다. 따라서 시간 dt에 충돌로

10) 식 (3-30)과 (3-31)은 불규칙한 과정으로 주도되는 사상의 대표적인 것이며, 이와 같은 식은 물리학이나 공학의 여러 가지 부분에서 자주 생긴다. 예를 들어, 불안정한 원자핵 동위원소의 방사성 붕괴에 있어서 N_0개의 핵은 평균 수명 $\bar{t}$를 가지고 지수함수적으로 붕괴되어 간다. 기타 예들은 이 책 속에 있는데, 반도체에서의 빛의 흡수와 과잉 EHP의 재결합도 이에 포함된다.

인한 p_x의 미분 변화(differential change)는

$$dp_x = -p_x \frac{dt}{\bar{t}} \tag{3-32}$$

충돌의 감속효과로 인한 p_x의 변화율은

$$\left.\frac{dp_x}{dt}\right|_{\text{collisions}} = -\frac{p_x}{\bar{t}} \tag{3-33}$$

가속과 감속효과의 합계는 정상상태에 대해서는 0이 되어야 한다. 식 (3-29)와 (3-33)의 합계를 취하면

$$-\frac{p_x}{\bar{t}} - nq\mathscr{E}_x = 0 \tag{3-34}$$

각 전자당 평균 운동량은

$$\langle p_x \rangle = \frac{p_x}{n} = -q\bar{t}\mathscr{E}_x \tag{3-35}$$

여기서 각괄호는 전자의 전체 집단에 대한 평균을 나타낸다. 정상상태에 대하여 예상되는 바와 같이, 식 (3-35)는 전자들이 음의 x방향으로 평균적으로 일정한 실질적인 속도가 있음을 표시한다. 즉,

$$\langle v_x \rangle = \frac{\langle p_x \rangle}{m_n^*} = -\frac{q\bar{t}}{m_n^*}\mathscr{E}_x \tag{3-36}$$

실제로, 주어진 시간 동안 열적 운동에 의하여 개개의 전자들은 여러 방향으로 이동하나, 식 (3-36)은 전계에 대응하는 평균적인 한 전자의 **실질적인 표동**(*net drift*)을 가리켜 주고 있다. 식 (3-36)으로 기술되는 표동속도는 보통 열적 운동에 의한 불규칙한 속도 v_{th}보다 훨씬 작다.

이 실질적인 표동으로부터 생기는 전류밀도는 단위시간당 단위면적을 지나는 전자수 $(n\langle v_x \rangle)$에 전자의 전하$(-q)$를 곱한 것이 된다. 즉,

$$\boxed{\begin{gathered} J_x = -qn\langle v_x \rangle \\ \frac{\text{ampere}}{\text{cm}^2} = \frac{\text{coulomb}}{\text{electron}} \cdot \frac{\text{electrons}}{\text{cm}^3} \cdot \frac{\text{cm}}{\text{s}} \end{gathered}} \tag{3-37}$$

평균 속도에 대하여 식 (3-36)을 이용하면

$$J_x = \frac{nq^2\bar{t}}{m_n^*}\mathscr{E}_x \tag{3-38}$$

따라서 전류밀도는 옴의 법칙으로부터 예측되는 바와 같이 전계에 비례한다. 즉,

$$J_x = \sigma \mathscr{E}_x\,,\ \text{여기서}\ \ \sigma \equiv \frac{nq^2\bar{t}}{m_n^*} \tag{3-39}$$

전도도 $\sigma(\Omega\text{-cm})^{-1}$은

$$\sigma = qn\mu_n\,,\ \text{여기서}\ \ \mu_n \equiv \frac{q\bar{t}}{m_n^*} \tag{3-40a}$$

으로 쓸 수 있다.

전자의 이동도(*electron mobility*)라 하는 양 μ_n은 이 물질에서 전자가 표동하는 용이성을 기술하는 것이다. 이동도는 반도체 물질을 특징짓고 또 소자 개발에 있어서 매우 중요한 양이다.

여기서 m_n^*는 식 (3-16b)에서 언급된 상태밀도 유효질량과는 다른 전자에 대한 전도도 유효질량이다. 대역에서는 캐리어의 수를 세기 위해 상태밀도 유효질량을 사용하는 반면, 전하전송 문제에 대해서는 전도도 유효질량을 사용해야 한다. 3.2.2 절에서 언급된 대역곡률 유효질량으로부터 그것이 어떻게 얻어졌는지 실례를 들기 위해서 일단 다시 한 번 실리콘에 대해 타원의 장축을 따라서 하나의 종축 유효질량 m_l을 갖고, 두 개의 단축을 따라서 횡축 유효질량 m_t를 갖는 여섯 개의 등가 X방향을 따라 전도대역 최소점을 고려해 보자(그림 3-10b). 식 (3-40a)의 이동도 표현에서 등차원을 사용하면 $1/m_n^*$에 대해 전도도 유효질량을 대역곡률 유효질량의 조화 평균으로서 쓸 수 있다.

$$\frac{1}{m_n^*} = \frac{1}{3}\left(\frac{1}{m_l} + \frac{2}{m_t}\right) \tag{3-40b}$$

예제 3-6 Si에서 전자의 전도도 유효질량을 계산하라.

풀이 실리콘에 대해, $m_l = 0.98m_0$; $m_t = 0.19m_0$(부록 III 참조)
전도대역에는 여섯 개의 등 X계곡이 있다.

$$1/m_n^* = 1/3(1/m_x + 1/m_y + 1/m_z) = 1/3(1/m_l + 2/m_t)$$

$$1/m_n^* = \frac{1}{3}\left(\frac{1}{0.98\,m_0} + \frac{2}{0.19\,m_0}\right)$$

$$m_n^* = 0.26\,m_0$$

참고: GaAs에 대해 전도대역 등에너지면은 구형이다. 그래서 거기엔 단지 하나의 대역곡률 유효질량만이 존재한다(상태밀도 유효질량과 전도도 유효질량은 둘 다 $0.067m_0$이다).

식 (3-40a)에 정의한 이동도는 단위전계당 평균 입자표동속도로 나타낼 수 있다. 식 (3-36)과 (3-40a)를 비교해서, 다음을 얻을 수 있다.

$$\mu_n = -\frac{\langle v_x \rangle}{\mathscr{E}_x} \tag{3-41}$$

이동도의 단위는 식 (3-41)이 암시하듯이 (cm/s)/(V/cm) = cm^2/V-s 이다. 이 정의에서 음의 부호는 전자가 전계와 반대로 표동하므로 이동도의 양의 값을 나타내게 된다.

전류밀도는 이동도를 써서

$$J_x = qn\mu_n\mathscr{E}_x \tag{3-42}$$

와 같이 쓸 수 있다.

이상의 유도는 전류가 주로 전자에 의해 전송된다는 데 근거하고 있다. 정공전도에 대해서는 n을 p로, $-q$를 $+q$로, μ_n을 μ_p로 바꾼다. 단, 여기서 $\mu_p = +\langle v_x \rangle/\mathscr{E}_x$는 정공에 대한 이동도이다. 전자와 정공 양쪽이 참여하면, 식 (3-42)는

$$\boxed{J_x = q(n\mu_n + p\mu_p)\mathscr{E}_x = \sigma\mathscr{E}_x} \tag{3-43}$$

으로 변형해야 한다.

μ_n과 μ_p의 값은 많은 일반적인 반도체 물질에 대하여 부록 III에 주어져 있다. 식 (3-40)에 의하면 이동도를 결정하는 파라미터들은 m^*과 평균 자유시간 $\bar{t}$이다. 식 (3-3)에 설명되었듯이 유효질량은 물질의 에너지 대역구조의 성질이다. 그러므로 m_n^*은 강하게 구부러진 GaAs 전도대역(그림 3-6)의 Γ 최소점에서 작으리라고 생각되며 그 때문에 μ_n은 매우 높다. 좀더 완만히 구부러진 대역에서 식 (3-40)의 분모에 있는 좀더 큰 m^*은 이동도의 값을 더 작도록 한다. 가벼운 입자들이 무거운 입자들보다 이동도가 더 높으리라는 것을 기대해 볼 수 있다(유효질량이 상식적이지 않기 때문에). 이동도를 결정하는 다른 파라미터는 산란(scattering) 사이의 평균 자유시간 $\bar{t}$이다. 3.4.3 절에서는 이것이 반도체의 온도와 불순물농도에 의해 주로 결정됨을 알 수 있다.

3.4.2 표동과 저항

좀더 상세하게 전자와 정공의 표동을 관찰하면, 그림 3-21의 반도체 막대가 두 가지 형태의 캐리어를 포함하고 있을 때 식 (3-43)은 이 물질의 전도도를 나타낸다. 이 막대의 저항은 다음과 같다.

$$R = \frac{\rho L}{wt} = \frac{L}{wt}\frac{1}{\sigma} \tag{3-44}$$

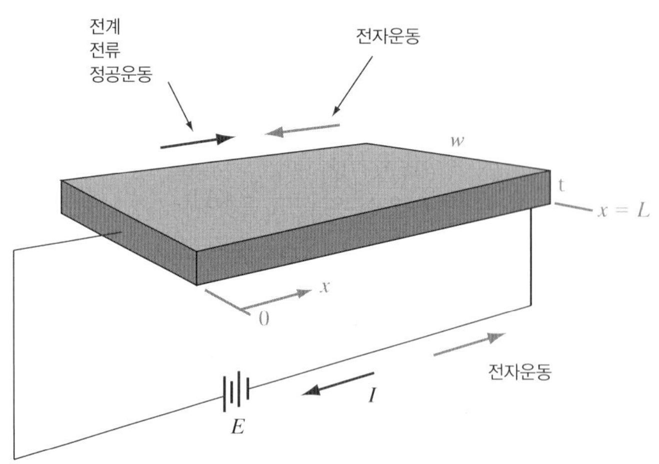

그림 3-21 반도체 막대에서의 전자와 정공의 표동

여기서 ρ는 저항률(resistivity)(Ω-cm)이다. 캐리어 표동의 물리적인 기구는, 이 막대 속의 정공은 집단으로서 전계방향으로 운동하고, 전자들은 집단으로서 전계와 반대방향으로 운동해야 한다. 전류의 전자 및 정공성분은 다같이 전계 $\mathscr{E}$의 방향으로 되어 있는데, 이것은 전통적으로 전류는 정공이 흐르는 방향으로 될 때가 양이고 전자흐름의 방향에는 반대이기 때문이다. 식 (3-43)으로 기술되는 표동전류는 이 막대 전체에서 일정하다. 따라서 접점에서와 외부회로에서의 전자 및 정공흐름의 성격에 관하여 당연히 의문이 생긴다. 그림 3-21의 막대에서 접점은 옴(*ohmic*)이라 규정해야 하는데, 이것은 그들이 두 가지 형태 캐리어의 완전한 원천이며, 또 흡수구(sink)이고 전자 또는 정공을 주입 혹은 집속시키려 하는 등 특정한 경향이 없다는 것을 의미한다.

전류가 전자에 의해 외부회로를 돌아서 흐르는 것을 생각하면 전자가 이 막대의 한 끝에서 흘러들어가서 다른 끝에서 흘러나오는 것(언제나 I에는 반대방향)을 눈앞에 떠오르게 하는 데는 별 문제가 없다. 따라서 그림 3-21의 막대의 왼쪽 끝($x = 0$)을 떠난 모든 전자에 대하여 $x = L$에서는 이에 대응하여 전자의 유입이 있어, 이 막대의 전자농도는 n으로 일정하게 머물러 있게 된다. 그러나 이 접점에서 정공은 어떻게 될 것인가? 정공이 $x = L$에서 옴 접촉부에 도달하면 그것이 전자와 재결합하는데, 이 전자는 외부회로를 통하여 공급되어야 한다. 이 정공이 없어짐에 따라 대응되는 정공이 $x = 0$에 나타나 공간전하중성을 유지해야 한다. 이 막대로 정공이 유입되고 외부회로로 전자가 유출되는 $x = 0$에 있는 이 정공의 원천을 EHP의 발생원으로 생각함은 타당한 것이다.

3.4.3 이동도에 대한 온도 및 도핑의 영향

전자와 정공의 이동도에 영향을 주는 산란기구의 두 가지 기본형태는 격자산란(*lattice scattering*)과 불순물산란(*impurity scattering*)이다. 격자산란에서 결정 사이를 움직이는 캐리어는 온도에서 발생한 격자진동으로 산란된다.[11] 이와 같은 산란의 빈도는 격자의 열적 요동(thermal agitation)이 커지기 때문에 온도 상승과 더불어 증대된다. 따라서 시료가 가열되면 이동도가 감소할 것임을 예측할 수 있다(그림 3-22). 한편 이온화된 불순물과 같이 결정결함으로부터의 산란이 낮은 온도에서는 주된 기구가 된다. 차가운 격자의 원자일수록 덜 요동되므로 격자산란은 덜 중요해지지만 캐리어의 열적 운동도 낮아진다. 느리게 움직이는 캐리어는 보다 큰 운동량을 갖고 있는 캐리어보다 대전된 이온과의 상호작용으로써 더욱 강하게 산란되기 쉬우므로, 불순물로 인한 산란은 온도 저하와 더불어 이동도의 감소를 초래한다. 그림 3-22가 나타내고 있는 것처럼, 근사적인 온도의존성은 격자산란의 경우 $T^{-3/2}$이고 불순물산란에서는 $T^{3/2}$이다. 식 (3-32)의 산란확률은 평균 자유시간에 따라서 이동도에 역비례하므로, 2 또는 그 이상의 산란기구에 의한 이동도는 역수적으로 합하면 다음과 같다.

$$\frac{1}{\mu}=\frac{1}{\mu_1}+\frac{1}{\mu_2}+\ldots \tag{3-45}$$

이 결과로, 그림 3-22에 나타낸 바와 같이 가장 낮은 이동도의 값을 일으키는 산란기구가 이동도를 결정한다.

불순물농도가 증가하면 불순물산란의 영향은 보다 높은 온도에서도 느끼게 된다. 예를 들어, 300 K에서 진성 Si의 전자이동도 μ_n은 1350 $cm^2/(V\text{-}s)$이다. 그러나 도너가 10^{17} cm^{-3}의 농도로 첨가되면 μ_n은 700 $cm^2/(V\text{-}s)$가 된다. 따라서 10^{17} 이온화된 도너/cm^3의

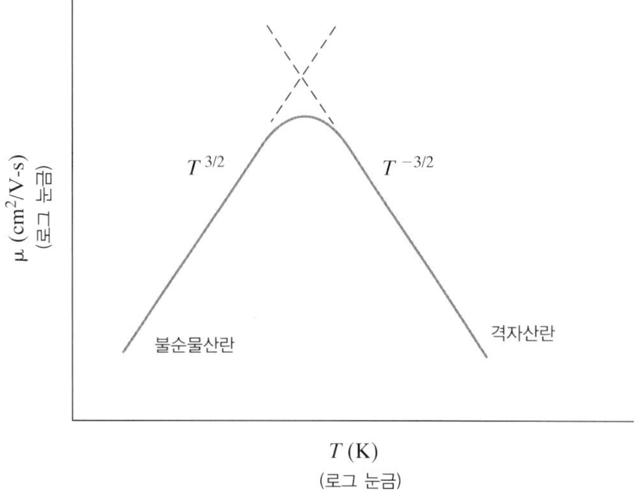

그림 3-22 격자 및 불순물산란에 따른 이동도의 근사적 온도의존성

11) 결정 원자들의 집합적 진동은 포논(*phonon*)이라 한다. 그래서 이 격자산란은 포논산란(*phonon scattering*)으로도 알려져 있다.

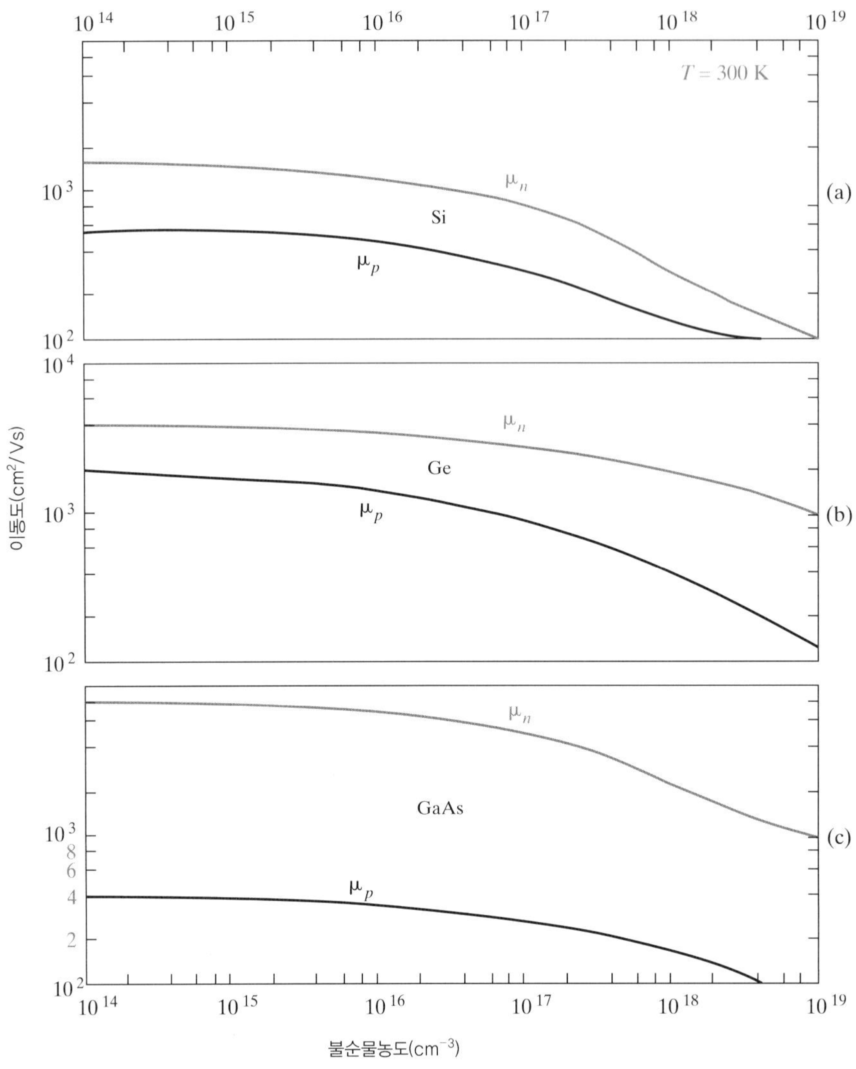

그림 3-23 300 K에서의 Ge, Si, GaAs의 도핑농도($N_a + N_d$)에 따른 이동도의 변화

존재는 상당한 크기의 불순물산란을 가져온다. 이 영향은 그림 3-23에 나타내었는데, 이것은 실온에서 도핑농도에 따른 이동도의 변화를 나타내고 있다.

예제 3.7

(a) 길이 0.1 cm와 단면적 100 μm^2인 Si 막대가 10^{17} cm^{-3}인 인으로 도핑되어 있다. 10 V가 인가되었을 때, 300 K에서의 전류를 구하라.

(b) 100 V/cm의 전계가 가해진 순수한 Si에서 평균 전자들이 1 μm 표동하는 데 얼마의 시간이 걸리는가? 10^5 V/cm에 대해 반복하라.

풀이 (a) 1 μm 길이, 100 μm^2의 단면적 그리고 인으로 10^{17} cm^{-3} 도핑된 Si 막대에 300 K 에서 10 V 가 인가되었을 때의 전류를 구하라.

$\mathscr{E} = \frac{10\ V}{10^{-4}\,\text{cm}} = 10^5\frac{V}{cm}$ 로 시료는 속도 포화 영역에 속한다.

그림 3-24 으로부터, $v_s = 10^7\ \frac{cm}{s}$

$$I = q \cdot A \cdot n \cdot v_s = 1.6 \cdot 10^{-19}\,C \cdot 10^{-6}\,cm^2 \cdot 10^{17}\frac{1}{cm^3} \cdot 10^7\,\frac{cm}{s} = 0.16\,A$$

(b) 순수한 Si 에서 100 $\frac{V}{cm}$의 전계에 대해 전자가 1 μm 표동하는 시간을 구하라. 그리고 10^5 $\frac{V}{cm}$에 대하여는 ?

부록 III 으로부터, $\mu_n = 1350\ \frac{cm^2}{V\text{-}s}$

낮은 전계 : $v_d = \mu_n \cdot \mathscr{E} = 1350\ \frac{cm^2}{V\text{-}s} \cdot 100\,\frac{V}{cm} = 1.35 \cdot 10^5\,\frac{cm}{s}$

$$t = \frac{L}{v_d} = \frac{10^{-4}\,cm}{1.35 \cdot 10^5\,\frac{cm}{s}} = 7.4 \cdot 10^{-10}\,s = 0.74\,ns$$

높은 전계 : 그림 3-24 로부터, 산란이 제한된 속도 $v_s = 10^7\,\frac{cm}{s}$

$$t = \frac{L}{v_s} = \frac{10^{-4}\,cm}{10^7\,\frac{cm}{s}} = 10^{-11}\,s = 10\,ps$$

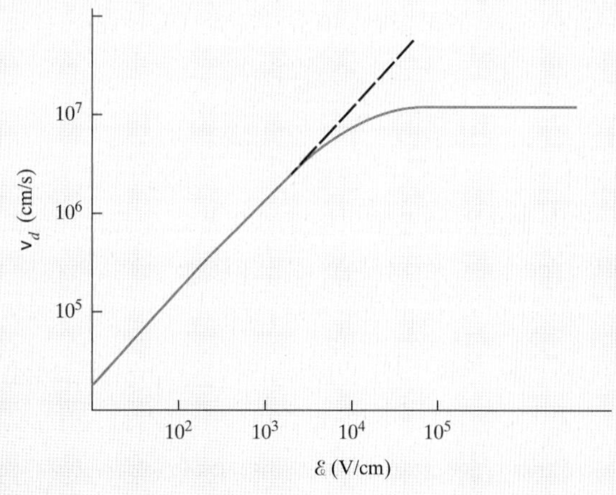

그림 3-24 Si에 대한 강전계에서의 전자 표동속도의 포화

3.4.4 강전계효과

식 (3-39)를 유도할 때 포함시킨 한 가지 가정은 캐리어의 표동과정에서 옴의 법칙이 적용된다는 것이었다. 즉, 표동전류는 전계에 비례하며 또 그 비례상수(σ)는 전계 $\mathscr{E}$의 함수가 아니라고 가정하였다. 이 가정은 $\mathscr{E}$의 넓은 범위에서 적용된다. 그러나 강전계($> 10^3$

V/cm)는 표동속도, 따라서 전류 $J = -qn\mathrm{v}_d$가 전계에 대해 준선형적(sublinear)인 의존성을 나타내게 할 수 있다. σ에 대한 의존성은 **열전자**(*hot electron*)효과가 그 한 예이며, 이것은 캐리어 표동속도 v_d가 그의 열적 속도(thermal velocity) v_{th}와 비등하다는 것을 의미한다.

많은 경우 강전계에서는 캐리어 표동속도가 상한선에 이르게 되는데(그림 3-24), 이 한계는 평균 열적 속도(mean thermal velocity)($\simeq 10^7$ cm/s) 부근에서 일어나며, 또 이 전계에 의해 전달된 추가 에너지가 캐리어의 속도 증가보다는 오히려 격자 쪽으로 전송되는 점을 나타낸다. 이 **산란제한속도**(*scattering limited velocity*)의 결과로 강전계에서 상당히 일정한 전류가 이룩된다. 이와 같은 동작은 Si, Ge 및 기타 일부 반도체에서 전형적인 것이다. 그러나 어떤 물질에서는 다른 중요한 효과들이 있다. 예를 들어, 10장에서 GaAs 및 일부 다른 물질의 강전계에서의 전자속도의 **감소**를 검토할 것이며, 이로써 시료에서의 음성저항 전류의 불안정성이 초래된다. 또 다른 중요한 강전계효과는 애벌랜치(avalanche) 증식작용이며, 이것은 5.4.2절에서 논의할 것이다.

3.4.5 홀효과

p형 반도체 막대에서 정공이 표동하는 방향과 직각으로 자계를 인가하면, 이 정공의 경로는 구부러지는 경향이 있다(그림 3-25). 벡터 기호를 쓰면 전계 및 자계에 의한 단일 정공에 대한 전계적인 힘은 다음과 같다.

$$\mathbf{F} = q(\mathscr{E} + \mathrm{v} \times \mathscr{B}) \tag{3-46}$$

y방향에서 이 힘은 다음과 같다.

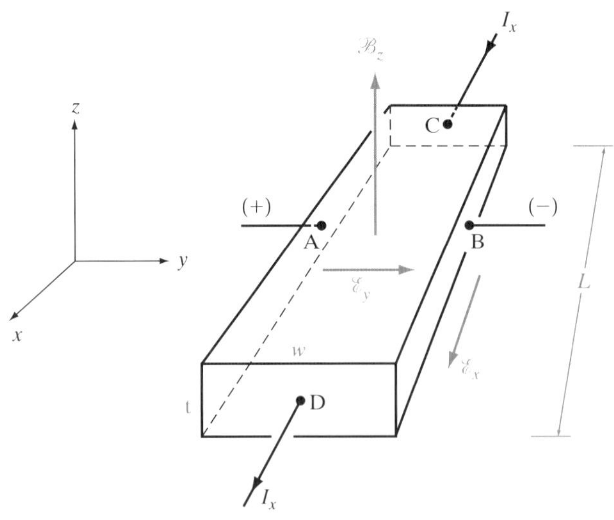

그림 3-25 홀효과

$$F_y = q(\mathscr{E}_y - \mathrm{v}_x\mathscr{B}_z) \tag{3-47}$$

식 (3-47)의 중요한 결과는 전계 $\mathscr{E}_y$가 이 막대의 폭 쪽으로 생기지 않으면, 각 정공은 곱 $q\mathrm{v}_x\mathscr{B}_z$로 인하여 $-y$방향으로 실질적인 힘(가속도)을 받을 것이라는 것이다. 따라서 이 막대의 길이에 따라 내려가는 정공의 정상적인 흐름이 유지되려면 전계 $\mathscr{E}_y$가 곱 $\mathrm{v}_x\mathscr{B}_z$와 반드시 균형을 이루어야 한다. 즉,

$$\mathscr{E}_y = \mathrm{v}_x\mathscr{B}_z \tag{3-48}$$

따라서 실질적인 힘 F_y는 0이다. 물리적으로는 자계가 정공의 분포를 $-y$방향으로 약간 편의시킬 때 이 전계가 생기게 된다. 일단 전계 $\mathscr{E}_y$가 $\mathrm{v}_x\mathscr{B}_z$만큼 크게 되면, 이 정공은 그것들이 이 막대를 따라 표동할 때 실질적인 횡방향의 힘을 받지 않는다. 이 전계 $\mathscr{E}_y$의 형성은 홀효과(*Hall effect*)로 알려져 있으며, 이로 인한 전압 $V_{AB} = \mathscr{E}_y w$를 홀전압(*Hall voltage*)이라 한다. 표동속도에 식 (3-37)에서 유도된 식을 쓰면(정공에 대해서는 $+q$와 p_0를 쓴다), 전계 $\mathscr{E}_y$는 다음과 같다.

$$\mathscr{E}_y = \frac{J_x}{qp_0}\mathscr{B}_z = R_H J_x \mathscr{B}_z, \quad R_H \equiv \frac{1}{qp_0} \tag{3-49}$$

따라서 홀전계는 전류밀도와 자속밀도의 곱에 비례한다. 비례상수 $R_H = (qp_0)^{-1}$을 홀계수(*Hall coefficient*)라 한다. 이미 알고 있는 전류와 자계에 대한 홀전압의 측정으로 정공농도 p_0의 값을 얻는다. 즉,

$$p_0 = \frac{1}{qR_H} = \frac{J_x\mathscr{B}_z}{q\mathscr{E}_y} = \frac{(I_x/w\mathrm{t})\mathscr{B}_z}{q(V_{AB}/w)} = \frac{I_x\mathscr{B}_z}{q\mathrm{t}V_{AB}} \tag{3-50}$$

식 (3-50)의 오른쪽 변의 모든 양은 측정할 수 있으므로 홀효과는 매우 정확하게 캐리어농도의 값을 얻는 데 사용할 수 있다.

저항 R의 측정이 이루어지면 시료의 저항률 ρ가 계산된다. 즉,

$$\rho(\Omega\text{-cm}) = \frac{Rw\mathrm{t}}{L} = \frac{V_{CD}/I_x}{L/w\mathrm{t}} \tag{3-51}$$

전도도 $\sigma = 1/\rho$는 $q\mu_p p_0$로 주어지므로 이동도는 단순히 홀계수와 저항률의 비로 된다. 즉,

$$\mu_p = \frac{\sigma}{qp_0} = \frac{1/\rho}{q(1/qR_H)} = \frac{R_H}{\rho} \tag{3-52}$$

홀계수와 저항률의 한 온도범위에서의 측정은 온도에 대한 다수캐리어농도와 이동도의 관계도를 만들게 된다. 이와 같은 측정은 반도체 물질을 해석하는 데 있어서 극히 유용한

것이다. 여기서의 논의는 p 형 반도체에 관련된 것이나 비슷한 결과는 n 형 반도체에 대해서도 얻어진다. 전자에 대해서는 q 의 음의 값이 사용되며 홀전압 V_{AB}와 홀계수 R_H는 음의 값이다. 사실상 홀전압 부호의 측정이 미지의 시료가 p 형인지 n 형인지를 결정하는 일반적인 기법이다.

예제 3-8 그림 3-25 에서 반도체 막대의 $w = 0.1$ mm, $t = 10$ μm, $L = 5$ mm 이다. 자계 $\mathcal{B} = 10$ kG(1 kG $= 10^{-5}$ Wb/cm^2)과 1 mA 의 전류가 그림에 있는 방향으로 주어졌을 때, $V_{AB} = -2$ mV, $V_{CD} = 100$ mV 이다. 이 막대의 형(type), 농도, 다수캐리어의 이동도를 구하라.

풀이

$$\mathcal{B}_z = 10^{-4}\ \text{Wb/cm}^2$$

V_{AB}의 부호로부터 다수캐리어는 전자임을 알 수 있다.

$$n_0 = \frac{I_x \mathcal{B}_z}{qt(-V_{AB})} = \frac{(10^{-3})(10^{-4})}{1.6 \times 10^{-19}(10^{-3})(2 \times 10^{-3})} = 3.125 \times 10^{17}\ \text{cm}^{-3}$$

$$\rho = \frac{R}{L/wt} = \frac{V_{CD}/I_x}{L/wt} = \frac{0.1/10^{-3}}{0.5/0.01 \times 10^{-3}} = 0.002\ \Omega \cdot \text{cm}$$

$$\mu_n = \frac{1}{\rho q n_0} = \frac{1}{(0.002)(1.6 \times 10^{-19})(3.125 \times 10^{17})} = 10{,}000\ \text{cm}^2(\text{V} \cdot \text{s})^{-1}$$

3.5 평형에서의 페르미준위와 일정성

이 장에서는 도핑이 일정하고, 서로 다른 물질 간의 접합도 없는 순수한 반도체에 관하여 논의하였다. 다음 장에서는 불균일한 도핑의 경우나, 다른 반도체끼리, 또는 반도체와 금속의 접합이 있는 경우에 대하여 논의할 것이다. 이러한 경우는 반도체가 사용되는 여러 종류의 전자 및 광전자소자에 있어 매우 중요하다. 이러한 논의의 준비로서, 평형의 요건에 관한 중요한 개념이 여기서 정리되어야 한다. 이 개념을 요약하면 **평형 페르미준위 E_F에서 단절(*discontinuity*)이나 경사도(*gradient*)가 없다는 것이다.**

이 주장을 증명하기 위해 전자가 그 사이에서 움직일 수 있을 정도로 가깝게 붙어 있는 두 물질을 생각해 보자(그림 3-26). 이 물질들은 서로 다른 반도체들이거나, n 형과 p 형 영역이거나, 금속과 반도체, 또는 단순히 서로 붙어 있는 두 개의 불균일 도핑 반도체이다. 각 물질은 전자들이 차지할 수 있는 에너지준위의 분배를 설명하는 페르미-디랙 분포함수나 또는 다른 분포함수로 설명될 수 있다.

열적 평형상태에서는 전류도 없고 전하 이동과 에너지 이동의 실질적인 값도 없다. 그러므로 그림 3-26 에서의 각 에너지 E에 대하여 물질 1 에서 물질 2 로 전자의 어떠한 이동

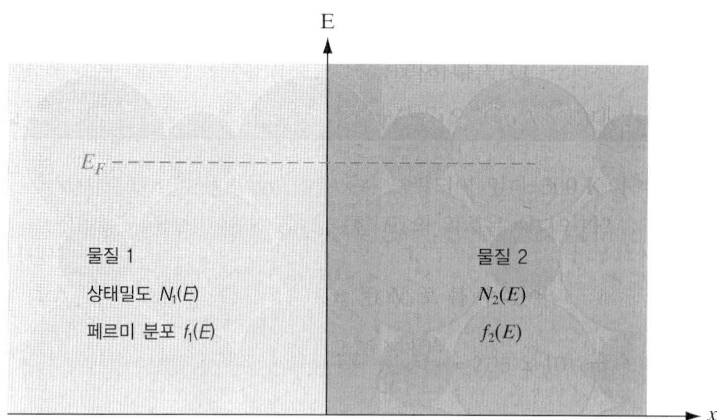

그림 3-26 평형에서 밀착되어 있는 두 물질. 전자의 실질적인 이동은 없으므로 평형 페르미준위는 전체적으로 일정해야 한다.

도, 정확하게 물질 2에서 물질 1로 가는 전자의 반대 이동으로 균형이 이루어져야 한다. 물질 1의 에너지 E의 상태밀도를 $N_1(E)$라 하고, 물질 2에서는 $N_2(E)$라 하자. 에너지 E에서 1에서 2로 가는 전자이동도는 물질 1의 E에서 채워진 상태의 수와 물질 2의 E에서 빈 상태의 수를 곱한 수에 비례한다. 즉,

$$1\text{에서 }2\text{로 가는 비율} \propto N_1(E)f_1(E) \cdot N_2(E)[1 - f_2(E)] \tag{3-53}$$

여기서 $f(E)$는 각 물질이 E에서 채워지는 상태의 확률, 즉 식 (3-10)의 페르미-디랙 분포 함수이다. 이와 유사하게,

$$2\text{에서 }1\text{로 가는 비율} \propto N_2(E)f_2(E) \cdot N_1(E)[1 - f_1(E)] \tag{3-54}$$

평형상태에서 이 둘은 같아야 한다.

$$N_1(E)f_1(E) \cdot N_2(E)[1 - f_2(E)] = N_2(E)f_2(E) \cdot N_1(E)[1 - f_1(E)] \tag{3-55}$$

이를 다시 정리하면, 에너지 E에서

$$N_1 f_1 N_2 - N_1 f_1 N_2 f_2 = N_2 f_2 N_1 - N_2 f_2 N_1 f_1 \tag{3-56}$$

이 되는데, 이는

$$f_1(E) = f_2(E), \text{ 즉 } [1 + e^{(E-E_{F1})/kT}]^{-1} = [1 + e^{(E-E_{F2})/kT}]^{-1} \tag{3-57}$$

에서 나온다.

그러므로 $E_{F1} = E_{F2}$라는 결론이 나온다. 즉, 평형 페르미준위에서는 단절이 일어나지 않는다는 것이다. 이를 좀더 일반화하면 평형에서의 페르미준위는 밀착된 물질들 사이에서 일정해야 한다고 말할 수 있다. 다시 말하면, 평형에서의 페르미준위는 변화성이 존재

하지 않는다고 할 수 있다.

$$\boxed{\frac{dE_F}{dx} = 0} \tag{3-58}$$

다음 장에서 이 결과를 많이 이용하게 될 것이다.

요약 SUMMARY

3.1 다이아몬드 격자에서, 각각의 (가전자 4개를 보유한) Si 원자는 공유전자쌍으로 구성되어 4개의 공유결합을 형성하는 4개의 Si 원자로 둘러싸여 있다. 이렇게 되면 가전자 외각 내에 8개의 전자가 형성된다. GaAs와 같은 섬아연광구조들은 전자가 부분적으로 공유되고(공유결합), 부분적으로는 Ga에서 As로 이동된다(이온결합).

3.2 결정에서, 전자의 파동함수는 겹쳐져서 다양한 원자궤도(LCAO)의 선형결합을 만든다. 가전자 외각 전자의 파동함수의 결합 또는 대칭적 조합은 반결합 또는 비대칭 LCAO들에 상응하는 (거의) 빈 전도대역 내의 높은 에너지준위로부터 에너지간극에 의해 분리된 (거의) 채워진 가전자대역 내에서 (거의) 연속적인 허용대역을 형성한다. 가전자대역 내의 빈 전자준위는, 전도대역 내의 채워진 준위가 음전하 (전도)전자인 반면, 양전하 캐리어(정공)로 보면 된다.

3.3 대역간극이 크면 절연체가 된다; 작으면(~1 eV) 반도체가 되며; 0이라면 도체가 된다(금속).

3.4 간소화된 에너지대역도는 전도대역 내의 전자 에너지를 (위로 증가하면서) 위치에 대한 함수로 그린다. 대역 모서리(*band edge*)는 위치에너지를, 대역 모서리로부터의 거리는 운동에너지를 나타낸다. 가전자대역 내에서 정공 에너지는 아래로 증가한다.

3.5 캐리어 에너지는 또한 파동벡터 **k**(속력이나 운동량에 비례함)의 함수로 그려져서 (E, **k**) 대역구조를 만드는데, 이는 직접적(가전자대역 최대점 위에 전도대역 최소점이 오도록) 또는 간접적일 수 있다. (E, **k**)의 곡률은 캐리어의 유효질량 m^*에 대해 반비례한다. m^*은 캐리어가 주기적인 결정의 전위(periodic crystal potential)와의 반응을 설명한다.

3.6 순수 반도체에서는 가전자대역과 전도대역 사이에 열적인 생성-재결합(또는 결합 파괴)으로부터 야기되는 진성 전자(또는 정공)농도, n_i가 있다. Si 원자(네 개의 가전자대역 전자)를 다섯 개의 가전자대역 전자를 갖는 도너 불순물로 바꾸면 전도전자 $n(= N_d^+)$을 내준다; 유사하게 억셉터는 정공 p를 만든다.

3.7 전자수(n)는 가능한 상태밀도(DOS)와 페르미-디랙(FD) 분포함수의 곱을 전도대역의 맨 밑에서 맨 위까지 적분한 값이다. 포물선 대역구조에 대해 포물선 DOS를 얻는다. FD 함수는 전자준위가 평균적으로 점유된 값을 나타낸다. 또한 전자농도 n은 E_c에서의 FD 점유율과 대역 모서리에서의 유효 DOS의 곱으로 나타낼 수 있으며, p 정공에 대해서도 마찬가지이다. 평형에서의 np 곱은 상수(n_i^2)이다.

3.8 고체 내에서의 전자들은 열에너지 kT와 관련되어 있는 평균 운동에너지를 가지고 불규칙적인 브라운(*Brownian*) 운동을 한다. 전계 내에서 전자는 (임의 운동에 더해) 옴(*ohmic*) 구간 내에서는 이동도에 전계를 곱한 속도로 표동하고, 높은 전계에서는 포화속도로 표동한다. 표동전류는 캐리어농도에 표동속도를 곱한 것에 비례한다. 음전하 전자들은 전계와 반대로 움직이고, 전류는 전자 이동과 반대방향이다. 양전하 정공들은 전계의 방향으로 움직이고, 전류는 정공의 흐름과 같은 방향이다.

3.9 캐리어 이동도는 격자 진동(포논) 또는 이온화된 불순물과 같은, 주기적 격자 전위로부터의 이탈에 의한 산란으로 결정된다. 캐리어 이동도와 농도는 홀효과와 저항의 측정을 통해 얻어질 수 있다.

연습문제 PROBLEMS

3.1 $\epsilon_r = 9.7, m_n^* = 0.13\,m_0$ 인 GaN의 대략적인 결합 에너지를 구하라.

3.2 300 K에서 페르미 함수 $f(E)$의 값을 계산하고 그림 3-14에서처럼 $f(E)$ 대 에너지(eV)의 관계를 그려라. $E_F = 1$ eV로 하고 부드러운 곡선을 얻기 위해 페르미준위 가까이에서 서로 더 밀집되게 점을 계산하라. $f(E)$는 E_F에 비해 수 kT 범위 내에서 상당히 급격한 변화를 갖는다. E_F보다 ΔE만큼 높은 준위가 차 있을 확률이 E_F보다 ΔE만큼 낮은 준위가 비어 있을 확률과 같다는 것을 증명하라.

3.3 (a) Si이 상온에서 $2.70 \times 10^{16}/\text{cm}^3$ 도너(donor)로 도핑되었을 때 이 샘플의 전자와 정공의 농도를 구하라. 또한 n 타입인지 p 타입인지 정하라.($n_i = 1.5 \times 10^{10}/\text{cm}^3$, $N_C = 6.0953 \times 10^{19}/\text{cm}^3$, $Eg = 1.1$ eV)

(b) 위의 샘플이 $5 \times 10^{16}/\text{cm}^3$의 억셉터(acceptor) 원자로 연속하여 도핑되었을 때 새로운 전자와 정공의 농도는 얼마인가? 이 Si의 n형인가, p형인가?

3.4 반도체 물질에서 E_c와 $E_c + kT$ 사이의 에너지 준위의 수를 구하는 식을 유도하라. 이 때 E_c는 전도 대역의 가장자리이고 k는 볼츠만 상수이고 T는 온도이다. 상온에서 실리콘의 DOS(Density of States)를 구하라.

3.5 상온에서 진성반도체인 AlAs가 <100> 방향으로 4X 최저점(minima)를 가지고 Γ 계곡과 X 계곡에서의 전자의 질량이 0.15 m_0와 0.76 m_0이고 정공의 질량은 0.76 m_0이다. 에너지 차이가 0.4 eV일 때 감마와 X에서의 전자의 수가 같아지는 온도는 몇 도인가? AlAs의 밴드갭은 2.23 eV이다.

3.6 식 (3-3)에 따라 대역의 곡률이 증가하면 전도대역 내 전자들의 유효질량이 감소하므로, GaAs의 Γ 계곡 내의 전자유효질량을 간접적 계곡 X 및 L과 비교하여 설명하라(그림 3-10 참조). 부록 III에 나와 있는 GaAs와 GaP의 전자이동도에 유효질량의 차이 효과가 어떻게 나타나 있는가? 그림 3-10에서 만약 전계 내에서의 Γ 계곡 전자표동이 L 계곡으로 갑자

기 옮겨진다면 GaAs의 전도성에 어떠한 변화가 있을 것인가?

3.7 식 (3-23)과 n_i 대 $1000/T$의 그림(그림 3-17)으로부터 Si의 대역간극을 계산하라. 힌트: 기울기는 반대수 도표로부터 직접 구할 수는 없다. 그림 위의 두 점으로부터 값을 읽고 필요한 대로 자연대수를 취하라.

3.8 상온에서 $5 \times 10^{15}/cm^3$ As 원자로 도핑된 Ge 결정에 대하여 진성 에너지 레벨 E_i와 전도 에너지대역 E_c에 대하여 평형 상태에서 전자와 정공의 농도를 구하라. 또한, 페르미 준위의 위치를 구하고 에너지 대역 다이어그램을 그려라.

3.9 반도체에서 진성 에너지 레벨은 이상적으로 밴드갭의 중앙에 위치하여야 한다. 전자와 정공의 유효 질량이 각각 $m_e = 0.041\ m_0$, $m_p = 0.28\ m_0$일 때, 진성 반도체 Ge의 300 K에서의 Ei의 위치를 구하라.

3.10 Ge 샘플이 $10^{14}/cm^3$ As로 도핑되어 있을 때, 평형상태에서 정공 농도는 얼마인가? 또한, 페르미 준위는 Ei에 대하여 얼마나 떨어져 있는가? [$n_i = 2.5 \times 10^{13}/cm^3$]

3.11 새로운 반도체가 $N_c = 10^{19}\ cm^{-3}$, $N_v = 5 \times 10^{18}\ cm^{-3}$, 그리고 $E_g = 2$ eV이다. 이것이(모두 이온화되어 있음) 10^{17}개의 도너로 도핑되어 있다면, 627°C에서의 전자, 정공 그리고 진성 캐리어농도를 계산하라. E_F의 위치를 보여주는 간소화된 에너지대역도를 그려라.

3.12 (a) 반도체 시료의 최소 전도도가 $n_0 = n_i\sqrt{\mu_p/\mu_n}$일 때 일어남을 보여라. 힌트: 식 (3-43)으로 시작하고 식 (3-24)를 적용할 것.

(b) 최소 전도도 σ_{min}의 표현식은 무엇인가?

(c) 300 K에서 Si에 대한 σ_{min}을 구하고 진성 전도도와 비교하라.

3.13 단면적이 0.1 cm^2, 길이가 2 cm인 Si 조각이 도너로(donors) $10^{15}\ cm^{-3}$ 만큼 도핑 되어있고, 저항은 90 Ω이다. 10^5 V/cm 이상의 전계에 대해 Si의 전자들의 포화속도는 10^7 cm/s이다. 이 조각에 100 V의 전압이 인가되었을 때, 전자의 표동 속도를 계산하라. 만약 10^6 V의 전압이 인가되면, 조각에서의 전류는 얼마인가?

3.14 n형의 직사각형 막대(bar)에서 막대의 길이가 원래 길이의 4배가 되고 도핑이 원래의 반으로 줄었을 때 가해진 전압이 같다면, 전기전도도와 막대를 통한 전류 밀도에 어떠한 영향을 끼치는가?

3.15 100만분의 1이 Si 원자가 In 원자로 교체되었을 때 상온에서 Si 결정의 이동도와 비저항에 미치는 영향을 구하라. 이 때 Si의 농도는 $5 \times 10^{28}/m^3$이고, 진성 캐리어 농도는 $1.5 \times 10^{10}/cm^3$, Si의 진성 전도도 0.00044 S/m, Si의 진성 비저항은 $R = 2300\ \Omega \cdot m$, 전자와 정공의 이동도는 0.135 m^2/V-sec, 0.048 m^2/V-sec이다.

3.16 길이가 4 μm이고 $10^{17}/cm^3$ n형으로 도핑된 Si 막대에 대하여 2V의 전압이 가해질 때 0.01 cm^2의 단면적에 흐르는 전류를 계산하라. 전압이 100 V까지 승압되었을 때 전류는 어떻게 변하는가? 낮은 전계에서 전자와 정공의 이동도는 각각 1350 cm^2/V-sec, 400 cm^2/V-sec이다. 또한, 전계가 높을 때 전자의 속도는 10^7 sec로 포화된다.

3.17 반도체가 1 eV의 대역 간극, 유효상태밀도 Nc = 10^{19} cm^{-3}, Nv = 4 × 10^{19} cm^{-3}이며, 전자와 정공의 이동도는 각각 4000 cm^2/V-s, 2500 cm^2/V-s이다. 여러 위치에 대한 다음의 전위를 가진다.(위치 간의 선형적인 전위 변화를 가정한다.)

x = 0 μm에서의 점 A, V = 0 V

x = 2 μm에서의 점 B, V = −2 V

x = 4 μm에서의 점 C, V = +4 V

x = 8 μm에서의 점 D ; C와 D사이의 전계는 0이다.

간략화된 대역도를 그리고, 위치들과 에너지와 전계 방향을 적절히 표기하라.

점 B에서의 전자 농도가 10^{18} cm^{-3}이고 평형 상태에 가깝다고 가정하면, 그곳에서의 정공의 농도는 얼마인가? 전자가 전도대역의 가장자리의 점 B에서 점 C로 이동하면 도달하는 데 시간이 얼마나 걸리는가? 낮은 전계에서 산란을 무시했을 때, 점 C에서 점 D로 이동하는 데 얼마나 걸리는가?

3.18 2 eV의 대역 간극을 갖는 반도체의 간략화된 대역도를 그리고 에너지와 거리를 적절히 표기하라. 정전위는 다음의 조건임; x = 0부터 1 μm 까지 0 V; x = 1 μm 부터 4 μm 까지 0 V에서 1.5 V로 선형 증가; x = 4 μm부터 5 μm까지 일정한 전위를 갖는다. x = 0에서 0.5 eV를 가진 전자를 오른쪽으로 주입한다. 산란이 없다고 가정하고, x = 2 μm에서의 운동에너지는 얼마인가? 전자의 유효 질량이 0.5 m_0이면, x = 4 μm 에서 5 μm까지 이동하는 데 걸리는 시간은 얼마인가? 반도체의 도너 밀도가 10^{17} cm^{-3}이면, x = 4.5 μm에서의 전자의 표동에 의한 전류 밀도는 얼마인가?

3.19 (a) 1.5 eV의 대역 간극을 갖는 반도체의 다음 조건에 대한 간략한 대역도를 그리고 표기하여라 : x = 0부터 2 μm까지 전압은 일정하다. x = 2 μm부터 4 μm까지 오른쪽 방향으로 2 V/μm의 전계가 있다. 그리고 x = 4 μm부터 8 μm 까지 전압은 3 V까지 증가한다.

(b) 반도체는 $E(k) = (4k^2 + 5)$eV의 전자 대역 구조를 가지고 있다. 여기서 k의 단위는 Å^{-1}이다(1 Å = 10^{-10} m). 전자의 유효 질량을 계산하라. 유효 질량과 전자의 실제 질량 9.1 × 10^{-31} kg이 다른 이유는 무엇인가?

3.20 두께가 3 mm인 도핑된 Si 샘플 A가 전류 밀도 J = 300 A/m^2, 자기장 B_z = 1 Weber/m^{2}일 때, 홀 전압 V_y = 3 mV를 나타낸다. 이 반도체의 타입과 도핑 농도를 구하라.

3.21 길이가 8 μm이고 단면적이 2 μm^{2}인 반도체 막대가 진성 농도(10^{11} cm^{-3})보다 높게 도너로 균일하게 도핑 되어 있고, 이온화된 불순물 산란이 다수캐리어 이동도를 도핑 N_d(cm^{-3})의 함수가 되게 한다.

$$\mu = 800/\sqrt{[N_d/(10^{20}\,\text{cm}^{-3})]}\ \text{cm}^2/\text{V-}s$$

만약 160 V에서의 전자의 표동 전류가 10 mA라면, 막대에서의 도핑 농도를 계산하라. 소수캐리어의 이동도가 500 cm^2/V-s이고, 100 kV/cm 이상의 전계에서 포화 속도가 10^6 cm/s 일 때, 정공의 표동 전류를 계산하라. 막대의 중간에서의 전자와 정공의 확산 전류는 얼마인가?

3.22 $N_d = 10^{14}$, 10^{16}, 그리고 10^{18} cm^{-3}의 도너로 도핑된 Si에 대해 10 K에서 500 K까지 이동도와 온도 $\mu(T)$에 대한 관계를 식 (3-45)를 이용하여 계산하고 그려라. 이동도는 불순물과 격자(포논)산란에 의해 결정됨을 고려하라. 이동도를 제한하는 불순물산란은 다음과 같이 기술된다.

$$\mu_1 = 3.29 \times 10^{15} \frac{\epsilon_r^2 T^{3/2}}{N_d^+ (m_n^*/m_0)^{1/2}\left[\ln(1+z) - \dfrac{z}{1+z}\right]}$$

여기서

$$z = 1.3 \times 10^{13} \epsilon_r T^2 (m_n^*/m_0)(N_d^+)^{-1}$$

모든 온도에 대해 이온화된 불순물농도 N_d^+는 N_d와 같다고 가정하라.

Si에 대해 전도도 유효질량 m_n^*는 $0.26m_0$이다. 이동도를 제한하는 음향 격자산란은 다음과 같이 기술된다.

$$\mu_{AC} = 1.18 \times 10^{-5} c_1 (m_n^*/m_0)^{-5/2} T^{-3/2} (E_{AC})^{-2}$$

여기서 Si에 대해 상수 c_1은 다음과 같이 주어진다.

$$c_1 = 1.9 \times 10^{12} \text{ dyne cm}^{-2}$$

그리고 Si에 대해 전도대역 음향 변형 전위(E_{AC})는 다음과 같다.

$$E_{AC} = 9.5 \text{ eV}$$

3.23 낮은 온도 T일 때 도너에서의 캐리어 동결을 고려하여 연습문제 3.22를 반복하라. 즉, 이온화된 불순물농도로서 다음 식을 고려하라.

$$N_d^+ = \frac{N_d}{1 + \exp(E_d/kT)}$$

Si에서 도너 이온화 에너지(E_d)가 45 meV라고 생각하라.

3.24 상온에서 에너지대역 $E_g = 1.12$ eV인 Si 샘플에 대하여,

(a) 페르미 준위 E_F가 밴드갭의 정 중앙에 위치할 때 $E = E_c + 2kT$의 에너지를 갖는 전자를 발견할 확률은 얼마인가?

(b) 페르미 준위 E_F가 E_V에 위치할 때 $E = E_v + kT$의 에너지를 갖는 전자를 발견할 확률은 얼마인가?

3.25 그림 3-25에 나타난 바와 같이 시료에 선을 납땜할 때, 홀 프로브 A와 B를 정확하게 정렬하는 것은 어렵다. B가 A로부터 막대의 길이방향으로 약간 낮게 위치한다면, 잘못된 홀전압이 된다. $+z$ 방향으로 그 다음은 $-z$ 방향으로 자기장을 걸어주었을 때, V_{AB}의 두 측정치

로부터 맞는 홀전압 V_H가 얻어질 수 있음을 보여라.

3.26 폭 0.02 cm, 두께 8 μm, 길이 0.6 cm 인 Si 막대에 대한 홀 측정 결과, z 방향으로 생성되는 자기장이 10^{-5} Wb/cm^{2}이고, 전류는 0.8 mA 이다. 양 단의 전압이 1 mV 이고 V_{CD}가 50 mV 일 때 이 막대의 다수 캐리어의 타입, 농도, 이동도를 구하라.

참고문헌 READING LIST

Blakemore, J. S. *Semiconductor Statistics.* New York: Dover Publications, 1987.

Hess, K. *Advanced Theory of Semiconductor Devices,* 2d ed. New York: IEEE Press, 2000.

Kittel, C. *Introduction to Solid State Physics,* 7th ed. New York: Wiley, 1996.

Neamen, D. A. *Semiconductor Physics and Devices; Basic Principles.* Homewood, IL: Irwin, 2003.

Pierret, R. F. *Semiconductor Device Fundamentals.* Reading, MA: Addison-Wesley, 1996.

Schubert, E. F. *Doping in III-V Semiconductors.* Cambridge: Cambridge University Press, 1993.

Singh, J. *Semiconductor Devices.* New York: McGraw-Hill, 1994.

Wang, S. *Fundamentals of Semiconductor Theory and Device Physics.* Englewood Cliffs, NJ: Prentice Hall, 1989.

Wolfe, C. M., G. E. Stillman, and N. Holonyak, Jr. *Physical Properties of Semiconductors.* Englewood Cliffs, NJ: Prentice Hall, 1989.

자가진단 퀴즈 SELF QUIZ

문제 1

(a) 다음의 세 다이어그램은 가상의 결정 물질(에너지는 수직적으로 변한다)의 세 개의 다른 에너지 대역을 나타낸다. 가정된 페르미준위 에너지 E_F만이 세 개의 물질들 사이의 다른 점이다. 각각의 물질을 금속, 절연체 또는 반도체로 규정지어라.

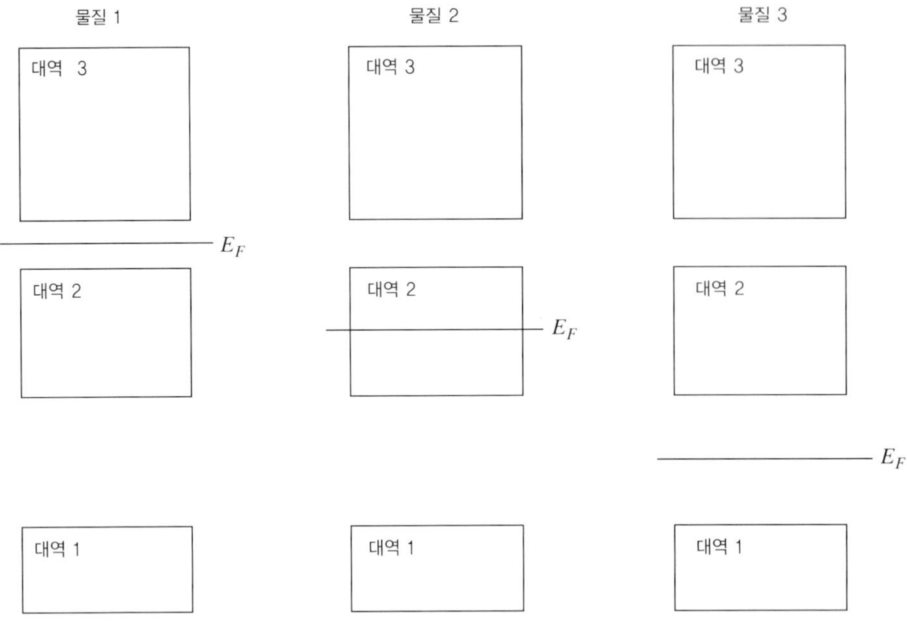

(b) 당신이 (a) 부분의 물질 중 하나만 꿰뚫어볼 수 있다면 어떤 것이 가장 해당되겠는가?

물질 1 / 물질 2 / 물질 3

문제 2

다음 그림의 전도대역 에너지 E와 파동벡터 k_x 사이의 분산관계를 생각하라.

(a) 어떤 에너지 계곡이 더 큰 x방향의 유효질량 m_x를 갖는가? (하나를 동그라미표 하라.)

Γ계곡 / X계곡

(b) 두 전자가 하나씩 굵은 십자표시 지점에 위치되어 있다. 어느 것이 더 큰 속도 크기를 갖고 있는가? (하나를 동그라미표 하라.)

Γ계곡에 있는 전자 / X계곡에 있는 전자

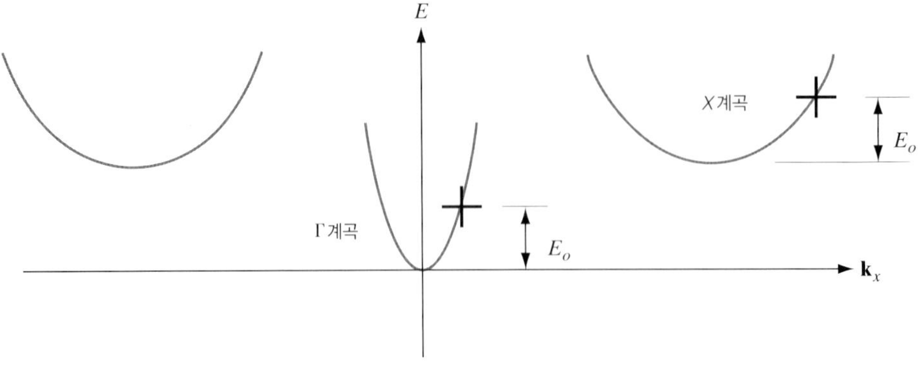

문제 3

다음의 문제에 대하여 그림 3-10에 나타낸 Si와 GaAs의 대역구조를 참조하라.

(a) Si와 GaAs 중 어느 것이 가장 작은 (전도대역) 전자유효질량을 갖고 있는 것처럼 보이는가?

(b) 이들 중 어느 것이 광자(빛)를 전자-정공 재결합을 통해 더 효과적으로 생산할 것으로 예상되는가?

(c) (b)에서의 답과 일관되고 부록 III를 이용하여, 분출된 광자의 에너지는 얼마가 되리라고 예상되는가? 그들의 파장은 μm 단위로 얼마인가? 이들은 가시광선, 적외선 또는 자외선인가?

(d) Si와 GaAs는 얼마나 많은 동등한 전도대역 최소점들을 갖고 있는가?

문제 4

가전자대역과 전도대역을 보여주며 GaAs와 Si에 대하여 [111]과 [100] 방향으로 E와 $\mathbf{k}$의 분산관계를 보여주는 그림 3-10을 참조하라.

(a) 두 물질에서의 전자 산란율의 차이를 무시하면, Si나 GaAs 중 어느 것이 더 큰 전자이동도 μ_n을 지닐 것이라고 예상하는가?

(b) 각 반도체의 전도대역 최소점에 원래 위치해 있던 한 전자에 [100] 방향으로 일정한 힘이 짧은 시간 동안 가해지고 산란이 무시된다면, 같은 힘 **F**에 대하여 Si의 **k**의 크기 변화가 GaAs의 **k**의 크기 변화보다 더 클 것인가, 같을 것인가, 아니면 더 적을 것인가?

크다 / 같다 / 작다

문제 5

(a) 도핑된 직접형 대역간극 반도체의 평형에서의 에너지대역도가 다음 그림에 있다. 이는 n형인가, p형인가, 아니면 알 수 없는가? 다음 중 하나에 동그라미표 하라.

n형 / p형 / 자료가 부족하다.

(b) 에너지대역도에 근거해서(E_i는 간극의 중앙에 있다), 전도대역 상태밀도 유효질량은 전도대역이 가전자대역보다 더 큰가, 같은가 또는 작은가?

보다 크다 / 같다 / 보다 작다

도너준위 E_d — 전도대역 모서리 E_c

진성 페르미준위 E_i

페르미준위 E_F

억셉터준위 E_a

가전자대역 모서리 E_v

(c) 다음 중 어떤 조건에서 위의 에너지대역도가 되는가?

a) 매우 높은 온도

b) 매우 높은 억셉터 도핑

c) 매우 낮은 억셉터 도핑

문제 6

가상의 반도체가 300 K에서 진성 캐리어농도 $1.0 \times 10^{10}/\text{cm}^3$를 갖고 있고, 전도대역과 가전자대역에서 유효상태밀도 N_c와 N_v가 모두 $10^{19}/\text{cm}^3$이다.

(a) 대역간극 E_g는 얼마인가?

(b) 반도체가 $N_d = 1 \times 10^{16}/\text{cm}^3$인 도너로 도핑되어 있다면, 300 K일 때 평형상태에서 전자와 정공의 농도는 얼마인가?

(c) 이 반도체가 $N_d = 1 \times 10^{16}/\text{cm}^3$인 도너를 이미 갖고 있고, $N_a = 2 \times 10^{16}/\text{cm}^3$인 억셉터로 도핑되어 있다면, 300 K일 때의 새로운 평형상태에서 전자와 정공의 농도는 얼마인가?

(d) (c)의 답과 일관되게 진성 페르미준위에 대한 페르미준위 $E_F - E_i$는 얼마인가?

문제 7

상태밀도와 유효상태밀도의 차이점은 무엇이며, 후자가 매우 유용한 개념인 이유는 무엇인가?

문제 8

(a) 매우 높은 전계에서 이동도는 어떤 의미가 있는가? 그 이유는 무엇인가?

(b) 이동도와 캐리어농도를 어떻게 측정하는가?

Chapter 04

반도체의 과잉 캐리어

학·습·목·표

1. 광자가 직접형과 간접형의 대역간극 반도체와 어떻게 상호작용하는지를 이해한다.
2. 과잉 캐리어의 생성-재결합을 포획 위치를 통해 이해한다.
3. 반-평형에서의 의사 페르미준위를 알아본다.
4. 캐리어농도 경사도와 확산율로부터 확산전류를 계산한다.
5. 연속방정식을 이용하여 캐리어농도의 시간의존성을 습득한다.

대부분의 반도체 전자소자에서는 열적 평형값 이상으로 전하 캐리어를 생성시켜서 동작하게 한다. 이들 과잉 캐리어는 광학적 여기, 전자충돌, 또는 5장에서 알 수 있는 바와 같이 순방향 바이어스된 p-n 접합부를 넘어서 이들을 주입시킴으로써 발생시킬 수 있다. 어쨌든 과잉 캐리어가 생겨서 반도체 재료에서의 전도과정을 이들이 주도할 수 있다. 이 장에서는 광학적 흡수에 의한 과잉 캐리어의 생성과 이로 인해 생기는 광발광(photoluminescence)과 광전도(photoconductivity)의 성질을 검토하기로 한다. 여기서는 전자-정공쌍의 재결합과 캐리어 포획의 원리를 더욱 자세히 조사하기로 한다. 끝으로 캐리어 밀도의 경사도에 의한 과잉 캐리어의 확산을 논의할 것인데, 이것은 전계 내에서의 표동구조와 더불어 전도기구의 기초로 작용한다.

4.1 광학적 흡수[1)]

반도체의 대역간극 에너지를 측정하는 중요한 기법은 그 물질의 입사광자의 흡수이다. 이 실험에서는 선정된 파장의 광자를 시료에 쪼여 주고 여러 가지 광자의 상대적인 투과를 관찰한다. 대역간극의 에너지보다 큰 에너지의 광자는 흡수되지만 에너지 대역간극보다 작은 에너지를 갖는 광자는 투과되므로 이 실험은 대역간극 에너지의 정확한 계량방법을 알려 준다.

$h\nu \geq E_g$인 에너지를 갖는 광자가 반도체에 흡수될 수 있음은 분명하다(그림 4-1). 가전자대역은 많은 전자를 포함하고 있고, 전도대역은 전자가 여기되어 들어갈 수 있는 많은 빈 에너지상태가 있기 때문에 광자 흡수의 확률은 크다. 그림 4-1이 나타내고 있듯이 광학적 흡수에 의해 전도대역으로 여기된 전자는 처음에는 전도대역에 있는 전자들이 공통적으로 갖고 있는 것(시료가 극히 많이 도핑되어 있지 않는 한 거의 대부분의 전자는 E_c 근처에 있다)보다 큰 에너지를 갖고 있을 것이다. 따라서 여기된 전자는 그의 속도가 전도대역의 다른 전자들의 열적 평형속도에 도달할 때까지 산란현상을 통해 그의 격자에 에너지를 준다. 이 흡수과정으로써 생성된 전자와 정공은 과잉 캐리어(*excess carrier*)이다. 이들은 주위와 열적 평형을 이루지 못하고 있기 때문에 결국 재결합(recombine)해야 한다. 이 과잉 캐리어들은 각각 그들의 대역에 있지만 자유로이 이 물질의 전도에 기여할 수 있다.

E_g보다 작은 에너지를 가진 광자는 가전자대역에서 전도대역으로 전자를 여기시킬 수 없다. 이와 같이 순수한 반도체에서는 $h\nu < E_g$인 광자의 흡수는 무시할 수 있다. 이것이 어떤 물질이 특정 파장범위에서는 투명하게 되는 이유를 설명하는 것이다. 좋은 NaCl 결

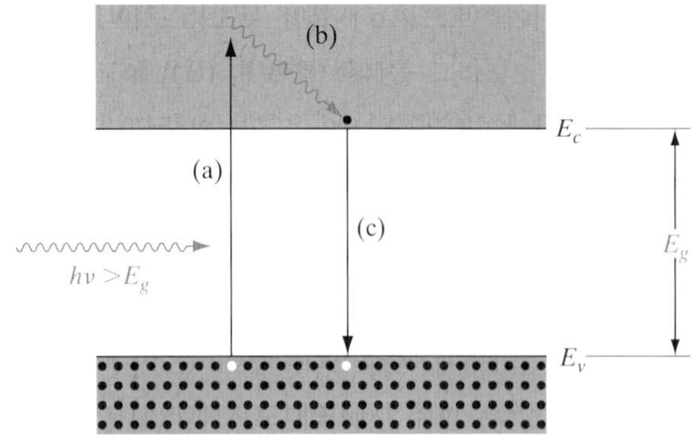

그림 4-1 $h\nu > E_g$인 광자의 광학적 흡수: (a) EHP가 광자의 흡수 중에 생성된다; (b) 여기된 전자는 산란현상의 결과로 격자에 에너지를 준다; (c) 전자는 가전자대역의 정공과 재결합한다.

1) 여기서 "광학적(optical)"이란 용어는 흡수된 광자가 스펙트럼의 가시영역에 있음을 의미할 필요는 없다. 많은 반도체가 적외선영역에서 광자를 흡수하며 이것도 "광학적 흡수"라는 말에 포함된다.

정과 같은 일부 절연체를 "투시"할 수 있는데, 이 물질에는 전자가 취할 수 있는 에너지상태가 하나도 없는 큰 에너지간극이 있기 때문이다. 이 대역간극이 약 2 eV이면 긴 파장(적외선)과 가시 스펙트럼의 적색부분만이 투과된다. 한편 약 3 eV의 대역간극은 적외선과 가시 스펙트럼 전체를 투과할 수 있게 된다.

$h\nu > E_g$인 광자의 빔(beam)이 반도체에 조사되면 물질의 성질로 결정되는 어떤 예측되는 양의 흡수가 이루어진다. 입사광세기에 대한 투과되는 빛의 비는 광자의 파장과 두께에 의존할 것이 예상된다. 이 의존성을 측정하기 위해서 세기 $\mathbf{I}_0$(광자/cm^2-s)인 광자의 다발이 두께 l인 시료에 조사되었다고 가정하자(그림 4-2). 이 광속은 단색광장치(monochromator)로 선택된 파장 λ인 광자만을 포함하고 있다. 이 광속이 시료를 통과할 때 표면으로부터 거리 x인 곳에서의 그의 세기는 임의의 증분 dx 내에서의 흡수의 확률을 고려하여 계산할 수 있다. 흡수되지 않고 거리 x까지 남아 있는 광자는 그것이 얼마나 멀리 지나왔는가는 알 수 없으므로, 임의의 증분 dx에서 흡수되는 확률은 일정하다. 따라서 세기의 감소 $-d\mathbf{I}(x)/dx$는 점 x에 남아 있는 세기에 비례한다. 즉,

$$-\frac{d\mathbf{I}(x)}{dx} = \boldsymbol{\alpha}\mathbf{I}(x) \tag{4-1}$$

이 방정식의 해는

$$\mathbf{I}(x) = \mathbf{I}_0 e^{-\alpha x} \tag{4-2}$$

이며, 시료 두께 l을 투과한 빛의 세기는 다음과 같다.

$$\mathbf{I}_t = \mathbf{I}_0 e^{-\alpha l} \tag{4-3}$$

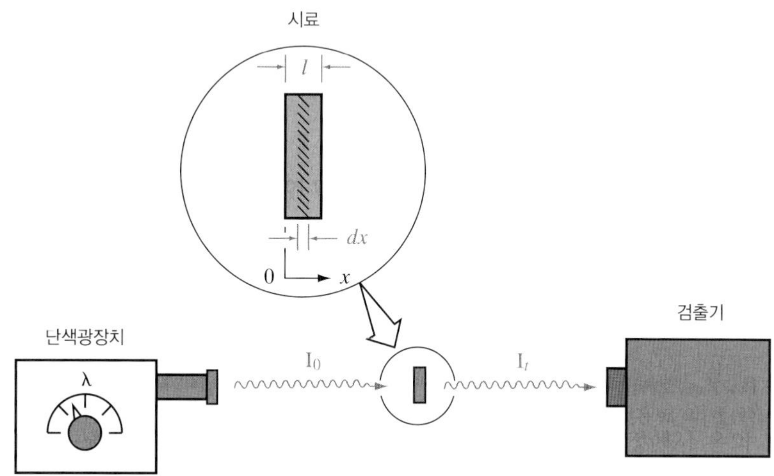

그림 4-2 광학적 흡수 실험

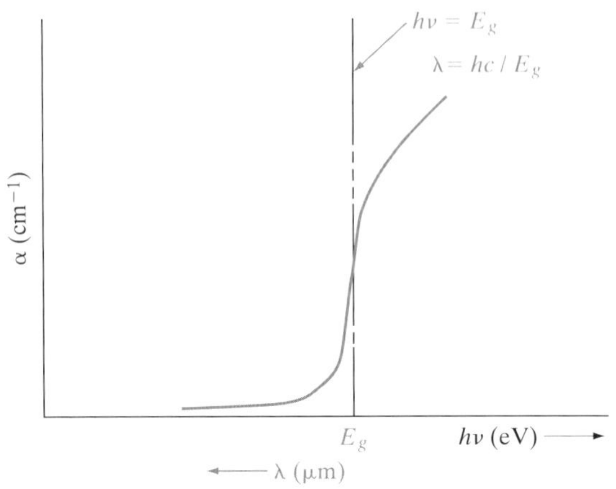

그림 4-3 반도체에서의 광학적 흡수계수 α의 입사광 파장에 대한 의존성

이 계수 α를 흡수계수(*absorption coefficient*)라 하며 단위는 cm^{-1}이다. 이 계수는 물론 광자의 파장과 재료에 따라 변할 것이다. α 대 파장의 대표적인 도표(그림 4-3)에서는 긴 파장(작은 $h\nu$)에서의 흡수는 무시할 수 있을 정도이며, E_g보다 큰 에너지를 가진 광자는 상당히 흡수된다. 식 (2-2)에 따르면 광자 에너지와 파장과의 관계는 $E = hc/\lambda$로 주어진다. 만약 E가 전자볼트(electron volt)로, λ가 마이크로미터로 주어지면 $E = 1.24/\lambda$로 쓸 수 있다.

그림 4-4는 스펙트럼의 가시광선 부분, 적외선 부분 및 자외선 부분과 관련시켜 본 일부 보편적인 반도체의 대역간극 에너지를 나타낸 것이다. 이로부터 GaAs, Si, Ge 및 InSb는 가시광선영역 밖의 적외선영역에 있음이 관찰된다. 다른 GaP나 CdS와 같은 반도체는 넓은 에너지 대역간극을 갖고 있어 가시광선영역에 있는 광자를 통과시키는 데 충분할 정도이다. 여기서 반도체가 그의 에너지 대역간극과 같거나 그보다 큰 광자를 흡수한다는 것에 유의함은 중요하다. 이와 같은 Si는 에너지 대역간극의 빛(~1 μm)뿐만 아니라 스펙트럼의 가시광선 부분에 있는 것을 포함한 보다 짧은 파장도 흡수한다.

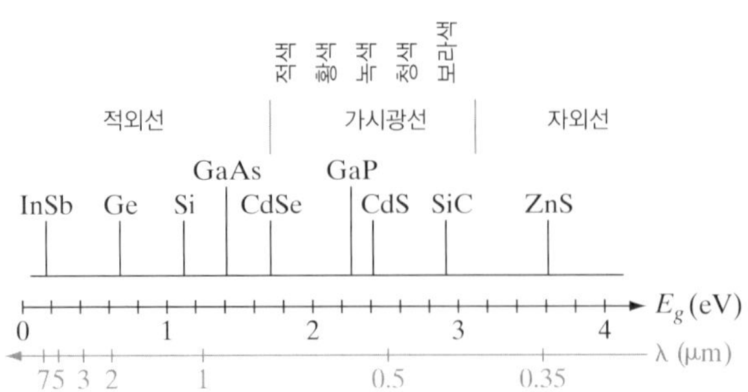

그림 4-4 광학적 스펙트럼과 관련시킨 일부 보편적인 반도체의 에너지 대역간극

4.2 발광

반도체에서 전자-정공쌍이 생성되거나 또는 캐리어가 높은 불순물준위로 여기된 후 평형 상태로 떨어지게 되면, 빛이 생성될 수 있다. 많은 반도체들이 빛을 방출하기에 매우 적절하며, 직접형 대역간극(direct band gap)을 갖는 화합물 반도체의 경우는 특히 그러하다. 빛을 방출하는 일반적인 성질을 **발광**(*luminescence*)[2]이라 한다. 이 총체적인 부류는 그들의 여기구조에 따라 세분할 수 있다. 즉, 캐리어가 광자 흡수에 의해 여기되면 이 여기된 캐리어의 재결합으로 인하여 생기는 복사를 **광발광**(*photoluminescence*)이라 하고, 여기된 캐리어가 그 물질로의 고에너지 전자충돌로서 생기면 이 기구를 **음극선 발광**(*cathodoluminescence*, 또는 전자선 발광)이라 하며, 여기가 시료로의 전류의 도입으로 발생되는 발광을 **전계발광**(*electroluminescence*)이라 한다. 기타 여기 방식도 가능하다. 이상의 세 가지가 전자소자의 응용에 있어서 가장 중요하다.

4.2.1 광발광

반도체로부터의 광방출의 가장 간단한 예는 그림 3-5a에 나타낸 것과 같은 EHP의 직접적인 여기와 재결합으로써 생기는 것이다. 이 재결합이 결정의 결합준위를 경유하기보다는 직접적으로 일어나면, 에너지 대역간극에 대응하는 빛이 이 발광과정으로 복사된다. 정상상태의 여기에서는 EHP의 재결합이 그의 생성과 같은 비율로 일어나며, 각각의 광자의 흡수에 대하여 한 광자가 방출된다. 직접형 재결합은 빠른 과정으로 EHP의 평균 수명은 보통 10^{-8} s급 또는 그 이하 정도이다. 따라서 여기가 끝난 후 약 10^{-8} s 이내에 광자의 방출은 정지된다. 이와 같은 빠른 발광과정은 흔히 **형광**(*fluorescence*)이라 한다. 그러나 일부 물질에서는 여기가 없어진 후에도 수 초 또는 수 분에 이르는 동안 방출이 계속되는데, 이 느린 과정을 **인광**(*phosphorescence*)이라 하고 이 물질을 **형광체**(*phosphors*)라 한다. 느린 과정의 한 예를 그림 4-5에 나타내었다. 이 물질은 에너지 대역간극에 결정결합준위(다분히 불순물에 의한 것)를 포함하고 있으며, 이 준위는 전도대역으로부터 일시적으로 전자를 **포획**(capture, *trap*)하려는 강한 경향이 있다. 이 그림에 나타난 일들은 다음과 같다. 즉, (a) $h\nu_1 > E_g$인 입사광자는 흡수되어 EHP를 생성한다; (b) 여기된 전자는 산란에 의하여 에너지를 격자에 주고 끝내는 전도대역의 하단에 접근한다; (c) 이 전자는 불순물준위 E_t에 의해 **포획**되고; (d) 그것이 열적으로 전도대역으로 재여기될 수 있을 때까지 계속 포획된 상태로 머물러 있다; (e) 끝으로 대략 대역간극의 에너지와 같은 광자($h\nu_2$)를

2) 여기서 고려한 빛의 방출과정은 가열된 물질에서 생기는 백열(incandescence)로 인한 복사와는 혼동하지 말아야 한다. 여러 가지 냉광발광(luminescent) 기구는 백열이 온도와 더불어 증가하는 "고온(hot)" 과정인데 비하여 "냉온(cold)" 과정으로 생각할 수 있다. 실제로 대부분의 발광과정은 그의 온도가 낮아짐에 따라 더욱 효율적이다.

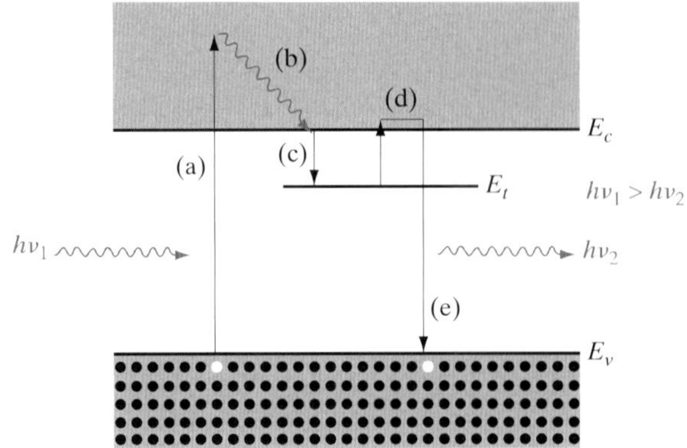

그림 4-5 전자에 대한 포획준위를 갖는 광발광에서의 여기와 재결합

방출하면서, 전자는 가전자대역에 있는 빈 상태로 떨어짐에 따라 직접 재결합이 발생된다. 여기와 재결합 사이의 지연시간은 그의 포획으로부터의 열적 재여기 (d)의 확률이 작으면 비교적 길 수 있다. 전자가 재결합하기 전에 여러 차례 다시 포획된다면 더욱 긴 지연시간까지도 생길 수 있다. 이 포획의 확률이 재결합의 확률보다 크면, 전자는 최종적으로 재결합이 생기기 전에 포획과 전도대역 사이를 여러 차례 오고 갈 것이다. 이와 같은 물질에서는 인광의 빛의 복사가 여기가 끝난 후에도 비교적 긴 시간 동안 지속된다.

ZnS와 같은 인광체에서 방출되는 빛의 색깔은 주로 그곳에 있는 불순물에 따르는데 이것은 많은 복사성 전이(transition)가 에너지 대역간극 내에 있는 불순물준위에 연관되어 있기 때문이다. 이와 같은 빛깔의 선택은 다음 절에서 논의하듯이 컬러 텔레비전의 스크린 제작에 있어서 특히 유용하다.

광발광의 가장 보편적인 예는 형광등이다. 일반적으로 이와 같은 등은 가스(즉, 아르곤과 수은의 혼합물)를 봉입한 유리관으로 되어 있는데, 이 유리관 내면에 형광성 도장(塗裝)이 되어 있다. 이 관의 전극 간에 방전이 생기면 가스의 여기된 원자는 대부분이 스펙트럼의 가시광선 및 자외선영역에 있는 광자를 방출한다. 이 빛은 발광성 도장에 흡수되고 가시광선의 광자를 방출한다. 이와 같은 등의 효율은 백열등보다 상당히 좋으며, 방출되는 빛에서의 파장의 혼합은 형광물질의 적절한 선택으로써 조절할 수 있다.

예제 4-1 0.46-μm 두께의 GaAs 시료를 $h\nu = 2$ eV인 단색광으로 조사하였다. 흡수계수 α는 5×10^4 cm^{-1}이며, 시료로의 입사전력은 10 mW이다.

(a) 이 시료가 매초당 흡수하는 전체 에너지(J/s)를 구하라.
(b) 재결합 전에 전자가 격자에 주는 과잉 열적 에너지의 비율(J/s)을 구하라.
(c) 재결합현상으로 방출되는 매초당 광자수를 구하라. 단, 양자효율은 1이라고 가정하라.

풀이 (a) 식 (4-3)으로부터

$$\mathbf{I}_t = \mathbf{I}_0 e^{-\alpha l} = 10^{-2}\exp(-5 \times 10^4 \times 0.46 \times 10^{-4})$$
$$= 10^{-2}e^{-2.3} = 10^{-3}\ \mathrm{W}$$

따라서 흡수된 전력은

$$10 - 1 = 9\ \mathrm{mW} = 9 \times 10^{-3}\ \mathrm{J/s}$$

(b) 열로 변환되는 각 광자 에너지 단위(unit) 중의 비율은

$$\frac{2 - 1.43}{2} = 0.285$$

따라서 매초당 열로 변환되는 에너지량은

$$0.285 \times 9 \times 10^{-3} = 2.57 \times 10^{-3}\ \mathrm{J/s}$$

(c) 흡수된 각 광자에 대하여 광자가 방출된다고(즉, 이상적인 양자효율) 가정하면,

$$\frac{9 \times 10^{-3}\ \mathrm{J/s}}{1.6 \times 10^{-19}\ \mathrm{J/eV} \times 2\ \mathrm{eV/photon}} = 2.81 \times 10^{16}\ \mathrm{photons/s}$$

별해: 재결합으로 인한 복사는 1.43 eV/광자에서는 9 − 2.57 = 6.43 mW로 된다. 따라서

$$\frac{6.43 \times 10^{-3}}{1.6 \times 10^{-19} \times 1.43} = 2.81 \times 10^{16}\ \mathrm{photons/s}$$

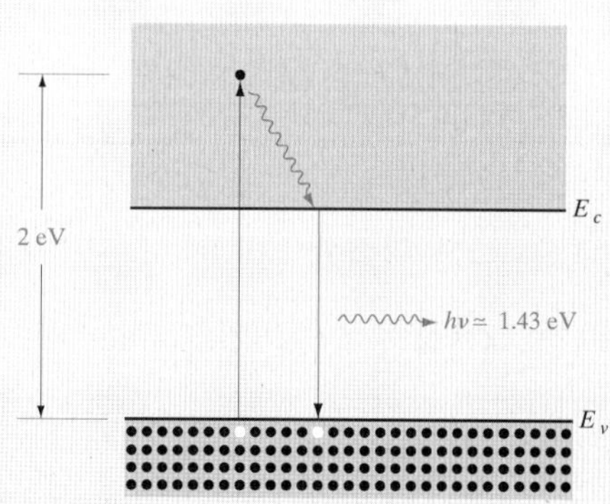

그림 4-6 광발광을 일으키는 여기와 대역 간 재결합

4.2.2 전계발광

고체에서 광자의 방출이 생기게 하기 위하여 전기적 에너지를 쓸 수 있는 방법은 여러 가지가 있다. 발광 다이오드(LED)에서는 전류가 소수캐리어를 그들이 다수캐리어와 재결합할 수 있는 결정의 영역으로 주입되게 하는데, 이 결과로 재결합복사의 방출이 일어난

다. 이 중요한 효과[주입형 전계발광(*injection electroluminescence*)]는 p-n 접합이론의 관점에서 8장에서 검토할 것이다.

처음 관찰된 전계발광효과는 교번전계(交番電界)에서 일부 형광체가 광자를 방출하는 것 [데스트리오(Destriau) 효과]이었다. 이와 같은 소자에서는 ZnS와 같은 형광물질의 분말을 유전상수가 큰 결착재료(binder material, 흔히 플라스틱이 사용됨)에 넣는다. 교류전계가 인가되면 이 형광체로부터 빛이 방출되는 것이다. 이와 같은 셀(cell)은 그의 효율이 대부분의 응용에서는 너무나 낮고 또 신뢰성이 좋지 않지만 발광판(lighting panel)으로 사용할 수 있다.

4.3 캐리어의 수명과 광전도도

과잉전자와 정공이 반도체에서 생기면 이에 대응하는 식 (3-43)으로 표시되는 것과 같은 시료의 전도도 증가가 있게 된다. 이와 같은 과잉 캐리어가 광학적 여기에서부터 생기면 그로 인한 전도도의 증가를 **광전도도**(*photoconductivity*)라 한다. 이것은 중요한 효과이며 반도체 재료의 해석과 몇 가지 형태의 소자 동작에 대한 유용한 응용을 가지고 있다. 이 절에서는 과잉전자와 정공이 재결합되는 기구를 고찰하고, 이 재결합의 역할을 광전도소자의 해석에 적용해 본다. 그러나 재결합의 중요성은 과잉 캐리어가 광학적으로 생성되는 경우에 한정되는 것은 아니다. 사실상 모든 반도체 소자는 무슨 방식으로든 간에 과잉전자와 정공의 재결합에 의존하고 있다. 따라서 이 절에서 전개된 개념을 다음 장에서의 다이오드, 트랜지스터, 레이저 및 기타 소자들의 해석에도 확대하여 사용할 수 있을 것이다.

4.3.1 전자와 정공의 직접 재결합

3.1.4절에서 반도체 전도대역의 전자는 가전자대역으로 직접 또는 간접적으로 전이될 수 있다는 것(즉, 가전자대역의 정공과의 재결합)을 지적한 바 있다. 직접적인 재결합에서는 전자와 정공의 과잉 캐리어가 전도대역으로부터 가전자대역의 빈 에너지상태(즉, 정공)로 떨어져서 소멸한다. 이 전이를 행하는 중에 전자가 상실하는 에너지는 광자로서 주어진다. 직접적인 재결합은 **자연적으로**(*spontaneously*) 일어난다. 즉, 전자와 정공이 재결합할 확률은 시간에 대하여 일정하다. 캐리어가 산란되는 경우와 같이 이 재결합의 일정한 확률로 말미암아 과잉 캐리어의 감쇠가 지수함수적이 되는 해를 예측하게 한다. 이 경우 임의의 시간 t에서의 전자의 감쇠율은 그 시간 t에 남아 있는 전자의 수와 정공의 수에 비례하며, 재결합에 대한 어떤 일정한 비례상수 α_r을 갖는다. 전도대역 전자농도의 실질 변화율은 식 (3-7)로 주어지는 열적 생성률 $\alpha_r n_i^2$에서 재결합률을 뺀 것으로 주어진다.

$$\frac{dn(t)}{dt} = \alpha_r n_i^2 - \alpha_r n(t)p(t) \tag{4-4}$$

과잉 전자 및 정공이, 단시간의 빛의 조사로 인하여 $t = 0$에서 생성되었고 초기 과잉 전자와 정공의 농도 Δn과 Δp가 같다고 가정하면,[3] 전자와 정공은 짝을 맞추어서 재결합으로 과잉 캐리어의 순간적인 농도 $\Delta n(t)$와 $\Delta p(t)$는 또한 같다. 따라서 식 (4-4)의 전체 농도를 평균값 n_0와 p_0 그리고 과잉 캐리어농도 $\delta n(t) = \delta p(t)$로 나타낼 수 있다. 식 (3-24)를 이용해서 다음을 얻을 수 있다.

$$\begin{aligned} \frac{d\delta n(t)}{dt} &= \alpha_r n_i^2 - \alpha_r[n_0 + \delta n(t)][p_0 + \delta p(t)] \\ &= -\alpha_r[(n_0 + p_0)\delta n(t) + \delta n^2(t)] \end{aligned} \tag{4-5}$$

이 비선형방정식을 현재의 형태로 풀기는 어려울 것이다. 다행히도 적은 캐리어 주입의 경우에는 이것을 간단하게 할 수 있다. 즉, 과잉 캐리어의 농도가 낮으면 Δn^2의 항은 무시할 수 있다. 더욱이 그 물질이 외인성 반도체라면 보통 평형상태에서의 소수캐리어를 나타내는 항을 무시할 수 있다. 예를 들어 그 물질이 p형이라면($p_0 \gg n_0$), 식 (4-5)는 다음과 같이 된다.

$$\frac{d\delta n(t)}{dt} = -\alpha_r p_0 \delta n(t) \tag{4-6}$$

이 식의 해는 처음의 과잉 캐리어농도 Δn으로부터 지수적으로 감쇠되는 것이다. 즉

$$\delta n(t) = \Delta n e^{-\alpha_r p_0 t} = \Delta n e^{-t/\tau_n} \tag{4-7}$$

p형 반도체에서의 과잉전자는 감쇠상수(decay constant) $\tau_n = (\alpha_r p_0)^{-1}$의 비율로 재결합한다. 이 τ_n을 재결합 수명(*recombination lifetime*)이라 한다. 이 계산은 소수캐리어에 대하여 이루어져 있기 때문에 τ_n은 흔히 소수캐리어 수명(*minority carrier lifetime*)이라고도 한다. n형 물질에서 과잉정공의 감쇠는 $\tau_p = (\alpha_r n_0)^{-1}$의 비율로 일어난다. 직접적인 재결합의 경우 과잉 다수캐리어는 소수캐리어와 정확히 같은 비율로 감쇠된다.

이것은 소수캐리어인 전자의 농도는 큰 비율의 변화를, 다수캐리어인 정공의 농도는 작은 비율의 변화를 하고 있다. 근본적으로는 외인성 물질과 적은 캐리어 주입을 가정하여 근사하면 식 (4-4)의 $n(t)$를 과잉 캐리어의 농도 $\delta n(t)$로, 또 $p(t)$를 평형값 p_0로 나타낼 수 있는 것이다. 그림 4-7은 이것이 예제의 경우 합당한 근사라는 것을 보여주고 있다. 보다 일반적인 캐리어 수명에 대한 식은 다음과 같다.

---

3) 전자의 $\delta n(t)$와 $\delta p(t)$는 순간적인 캐리어농도를 나타내며, Δn과 Δp는 $t = 0$에서의 값을 나타낸다. 이후에 우리는 유사한 심볼을 공간적인 분포를 나타내는 데 사용하게 될 것이다[예: $\delta n(x)$, $\Delta n(x = 0)$].

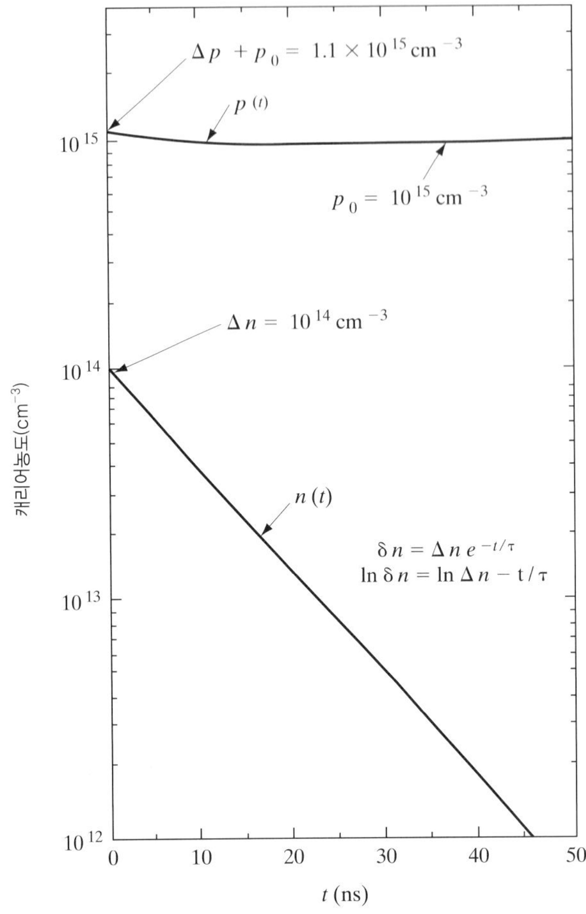

그림 4-7 $\Delta n = \Delta p = 0.1p_0$, n_0는 무시할 수 있고 τ = 10 ns일 때의 재결합에 의한 과잉전자와 정공의 감쇠(예제 4-2). $\delta n(t)$의 지수함수적 감쇠는 이 반대수 도표에서는 선형이 된다.

$$\tau_n = \frac{1}{\alpha_r(n_0 + p_0)} \tag{4-8}$$

이 식은 적은 주입의 n형 또는 p형 물질에 대하여 타당하다.

예제 4-2 수치 예는 직접적인 재결합의 해석에서 행한 근사관계를 눈앞에 보이게 하는 데 도움이 될 수 있을 것이다. GaAs의 시료가 10^{15} 억셉터/cm^{3}로 도핑되어 있다고 가정한다. GaAs의 진성 캐리어농도는 약 10^6 cm^{-3}이다. 따라서 소수캐리어인 전자의 농도는 $n_0 = n_i^2/p_0 = 10^{-3}$ cm^{-3}이다. 확실히 이 경우 근사관계 $p_0 \gg n_0$가 성립된다. $t = 0$에서 10^{14} EHP/cm^{3}이 생겼다고 하면, 시간에 따른 이들 캐리어의 감쇠를 계산할 수 있다. 그림 4-7이 보여주는 바와 같이 근사관계 $\delta n \ll p_0$는 타당한 것이다. 이 그림은 캐리어의 재결합 수명이 $\tau_n = \tau_p = 10^{-8}$ s일 때의 과잉 캐리어 집단의 시간적 감쇠를 보여주고 있다.

4.3.2 간접적 재결합; 포획

주기율표의 IV족 반도체와 일부 화합물에서는 직접적인 전자-정공 재결합의 확률이 매우 낮다(부록 III). 재결합 중에 Si 및 Ge와 같은 물질은 일부 에너지 대역간극의 빛(즉, 광자)을 낸다. 그러나 이 복사는 매우 약하며 예민한 장치로만 검출될 수 있다. 간접형 물질에서 대다수의 재결합현상은 대역간극 내에 있는 **재결합준위**(*recombination level*)를 경유하여 발생하고, 이 결과로 재결합하는 전자가 상실하는 에너지는 보통 광자의 방출보다는 열로서 격자에 주어지는 것이다. 반도체 내의 불순물이나 격자결함에 한 가지 형태의 캐리어를 받아들이고, 이어서 반대 형태의 캐리어를 포획하여 그 전자-정공쌍이 소실되게 할 수 있으며 재결합중심으로서 작용할 수 있다. 예를 들어, 그림 4-8은 평형상태에서 E_F보다 아래쪽에 있는, 따라서 대체적으로 전자가 충만되어 있는 재결합준위 E_r을 나타낸 것이다. 이 물질에서 과잉전자와 정공이 생기면 각 EHP는 두 가지 단계에 의하여 E_r에서 재결합한다. 즉, (a) 정공의 포획과 (b) 전자의 포획이 그것이다.

그림 4-8에서 재결합중심은 평형상태에서는 충만되어 있기 때문에 재결합과정의 첫 번째 현상은 정공의 포획이다. 이 일은 E_r에 있는 전자가 가전자대역으로 떨어지는 것과 같은 것이며, 그 후에는 재결합준위에 빈(즉, 공위의) 재결합준위를 남겨 놓게 된다는 것에 주목해야 한다. 이리하여 정공이 포획될 때 에너지를 격자에 열로서 주게 된다. 비슷한 과정으로 전도대역의 전자가 이어서 E_r에 있는 빈 에너지상태(즉, 준위)로 떨어질 때도 에너지를 방출하게 된다. 이들 현상이 둘 다 발생하면 재결합중심은 그의 원래 상태(즉, 전자로 충만된 상태)로 되돌아가지만 한 EHP가 소실된다. 이리하여 한 번의 EHP 재결합이 생기고 재결합중심은 정공을 포획하는 또 다른 재결합현상에 참여할 준비를 갖추게 된다.

간접적인 재결합으로부터 생기는 캐리어의 수명은 각 형태의 캐리어 포획에 필요한 시간이 같지 않음을 고려해야 하기 때문에 직접적인 재결합의 경우보다 약간 더 복잡하다. 특히 포획된 캐리어가 반대 형태의 캐리어를 포획하는 일이 생기기 전에, 열적으로 다시

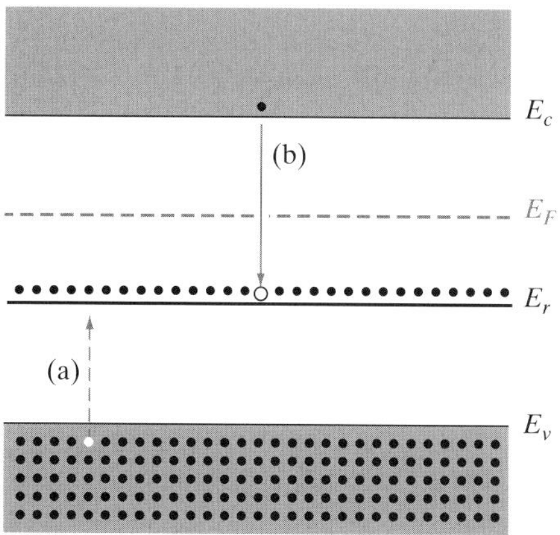

그림 4-8 재결합준위에서의 포획과정: (a) 충만된 재결합중심에서의 정공포획; (b) 빈 재결합중심에서의 전자포획.

여기되어 그가 있던 원래의 대역으로 되돌아가려는 경향이 있어 재결합이 종종 지연된다(4.2.1절). 예를 들어, 그림 4-8에서 전자의 포획(b)이 정공의 포획 후(a) 즉시 뒤따르지 않으면 정공은 열적으로 재여기되어 가전자대역으로 갈 수도 있다. 이 과정에서 소요되는 에너지는 가전자대역의 전자를 재결합준위에 있는 빈 에너지상태로 상승시키는 것과 같은 크기이다. 이 과정은 재결합과정이 완결되기 전에 다시 정공을 포획해야 하므로 재결합을 지연시킨다.

캐리어가 일시적으로 재결합중심에 포획되고 재결합을 일으킴이 없이 재여기될 경우에는 이 과정을 종종 **일시적 포획**(*temporary trapping*)이라 한다. 용어는 다소 다르더라도 한 형식의 캐리어를 포획한 후 그 다음에 생길 가장 확률 높은 사상(事象)이 재여기과정이라면 그 불순물 또는 결정결함의 중심을 **포획중심**(*trapping center*) 또는 단순히 **포획**(*trap*)이라 하는 것이 보통이다. 다음에 생길 확률이 가장 높은 사상이 반대 형식의 캐리어 포획이라면 이 중심은 주로 재결합중심인 것이다. 재결합은 제2의 캐리어를 포획하기에 앞서 처음 캐리어가 붙잡혀 있는 평균 시간에 따라 느리게도 빠르게도 될 수 있다. 일반적으로 에너지 대역간극 속 깊이 위치한 포획준위는 한쪽 에너지대역 가까이 위치하는 준위보다는 포획한 캐리어를 느리게 놓아 준다. 이것은 예를 들어 전도대역 가까이 있는 준위로부터 전자를 재여기시키는 데 소요되는 것보다 대역간극 중앙 부근의 중심으로부터 전도대역으로 포획한 전자를 재여시키는 데 더욱 많은 에너지가 필요하다는 사실로부터 연유되는 것이다.

반도체의 불순물준위의 예로서 그림 4-9[4]는 Si 내에서의 여러 가지 불순물의 에너지준위의 위치를 나타낸 것이다. 이 그림에서 첨자는 그 불순물이 이온화되었을 때 양(도너)인가 음(억셉터)인가를 표시하는 것이다. 일부 불순물은 에너지 대역간극에서 여러 개의 준위를 이룩한다. 예를 들어, Zn은 가전자대역의 위쪽으로 0.31 eV의 위치에서 한 준위(Zn^-), 또 대역간극 중앙 부근에서 제2의 준위($Zn^=$)를 만든다. 각 Zn 불순물 원자는 이 반도체로부터 두 개의 전자를 받아들일 수 있는데, 하나는 낮은 준위에 그리고 또 하나는 높은 준위에 있다.

재결합과 포획의 효과는 **광전도감쇠**(*photoconductive decay*) 실험으로 측정할 수 있다. 그림 4-7에 나타난 바와 같이 과잉전자와 정공은 재결합과정의 감쇠상수(decay constant) 특성에 따라 소실된다. 감쇠되는 동안 그 시료의 전도도는 다음과 같다.

$$\sigma(t) = q[n(t)\mu_n + p(t)\mu_p] \tag{4-9}$$

따라서 캐리어농도의 시간의존성은 시료의 저항을 시간의 함수로 기록함으로써 감시하게 할 수 있다. 대표적인 실험장치를 그림 4-10에 개략적으로 나타내었다. 저항이 변함에 따

4) 참고문헌: S. M. Sze and J. C. Irvin, "Resistivity, Mobility, and Impurity Levels in GaAs, Ge and Si at 300 K", *Solid State Electronics*, vol. 11, pp. 599-602(June 1968); E. Schibli and A. G. Milnes, "Deep Impurities in Silicon", *Materials Science and Engineering*, vol. 2, pp. 173-180(1967).

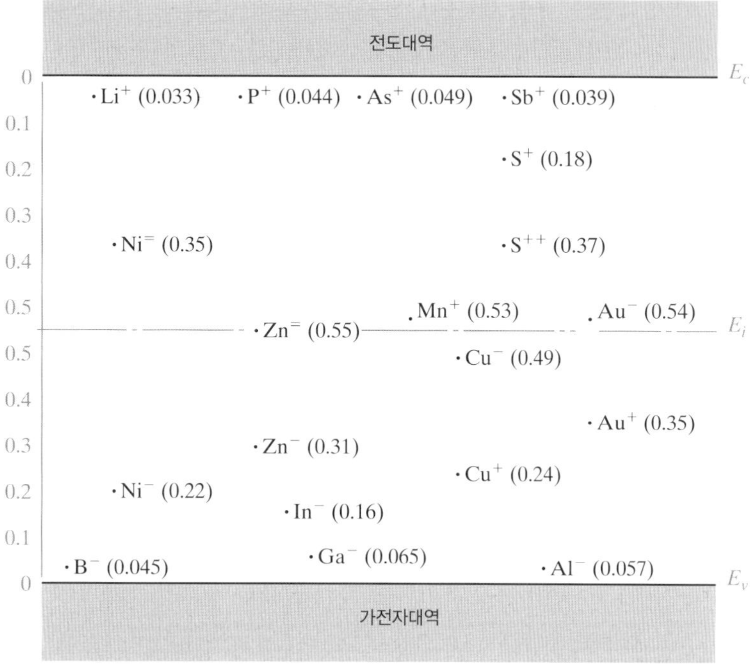

그림 4-9 Si에서의 불순물의 에너지준위. 이 에너지는 가장 가까운 에너지대역단(E_v 또는 E_c)으로부터 측정한 것이다; 도너준위는 양(+)부호로, 억셉터준위는 음(−)부호로 표시하였다.

라 시료 (양단간의) 전압을 표시하기 위한 오실로스코프와 함께 짧은 빛의 펄스(pulse)를 낼 광원이 있어야 한다. μs의 광펄스는 크세논(xenon; Xe)과 같은 가스가 들어 있는 섬광전구(flash tube)를 통하여 축전기를 주기적으로 방전시켜서 얻을 수 있다. 더 짧은 펄스는 펄스 레이저(pulse laser)를 사용하는 것과 같은 특수한 기법을 써야 한다.

4.3.3 정상상태의 캐리어 생성; 의사 페르미준위

앞의 검토에서는 과잉 EHP 집단의 과도적인 감쇠를 강조하였다. 그러나 여러 가지 재결

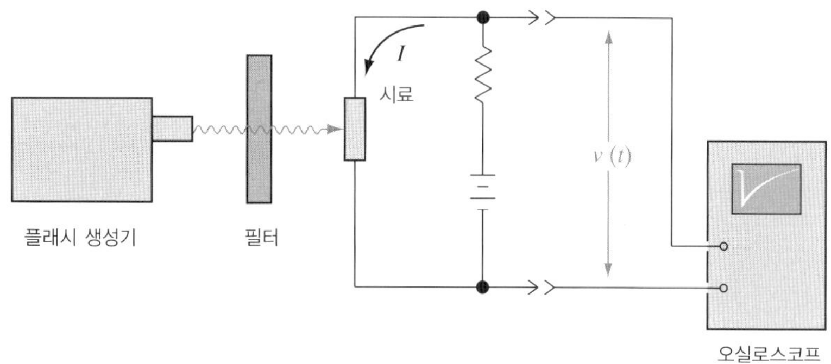

그림 4-10 광전도감쇠 측정용 실험장치와 대표적인 오실로스코프의 기록곡선

합기구가 열적 평형상태에 있는 시료나 정상상태에서의 EHP 발생, 즉 재결합의 평형에 있어서 또한 중요한 것이다.[5] 예를 들면, 평형상태에 있는 반도체는 식 (3-7)로 쓰여지는 비율 $g(T) = g_i$로 EHP의 열적 생성을 겪게 된다. 이 생성은 재결합비율에 의해 균형이 이루어져서 캐리어의 평형농도 n_0와 p_0가 유지된다. 즉,

$$g(T) = \alpha_r n_i^2 = \alpha_r n_0 p_0 \tag{4-10}$$

이 평형비율의 균형에는 대역과 대역 사이에서의 캐리어 생성과 같이 결정결함 중심으로부터 생기는 캐리어의 생성이 포함될 수 있다.

정상적인 빛이 시료에 조사되면 광학적 캐리어의 생성률 g_{op}가 열적 생성에 첨가될 것이며, 캐리어농도 n과 p는 새로운 정상상태의 값으로 증대될 것이다. 이 캐리어의 생성과 재결합의 균형은 평형상태에서의 캐리어농도와 평형상태값으로부터의 편차 δn 및 δp를 이용해서 쓸 수 있다. 즉,

$$g(T) + g_{op} = \alpha_r np = \alpha_r(n_0 + \delta n)(p_0 + \delta p) \tag{4-11}$$

정상상태의 재결합이 이루어지지만 포획이 생기지 않는 경우에는 $\Delta n = \Delta p$이다. 따라서 식 (4-11)은 다음과 같이 된다.

$$g(T) + g_{op} = \alpha_r n_0 p_0 + \alpha_r[(n_0 + p_0)\delta n + \delta n^2] \tag{4-12}$$

$\alpha_r n_0 p_0$의 항은 열적 생성률 $g(T)$와 같다. 따라서 적은 양의 여기 때는 δn^2 항을 무시하면, 식 (4-12)는 다음과 같이 쓸 수 있다.

$$g_{op} = \alpha_r(n_0 + p_0)\delta n = \frac{\delta n}{\tau_n} \tag{4-13}$$

과잉 캐리어농도는 다음과 같다.

$$\delta n = \delta p = g_{op}\tau_n \tag{4-14}$$

더욱 일반적인 식은 식 (4-16)으로 주어지는데, 이것은 (캐리어의) 포획이 있을 때의 $\tau_p \neq \tau_n$인 경우에도 적용할 수 있다.

5) 평형(*equilibrium*)은 외부적 여기가 없고, 실질적인 전하의 이동이 없는 상태를 말한다(즉, 일정한 온도에서 어두운 곳에 있고 인가된 전계가 없는 시료). 정상상태(*steady state*)는 모든 과정이 일정한 상태에 있고 반대되는 과정과 균형이 이루어지는 불평형상태를 말한다(즉, 일정한 전류가 흐르거나 일정한 광학적 EHP의 생성이 이루어지되, 이것이 재결합과 균형이 이루어지고 있는 시료).

예제 4-3 수치 예로서 매 μs당 10^{13} EHP/cm^3이 광학적으로 $n_0 = 10^{14}\ cm^{-3}$, $\tau_n = \tau_p = 2\ \mu s$인 Si 시료에서 발생되었다고 한다. 정상상태에서의 과잉전자(또는 정공)의 농도는 식 (4-14)로부터 $2 \times 10^{13}\ cm^{-3}$이다. 다수캐리어인 전자농도의 백분율 변동은 적으나 소수캐리어(즉, 정공)의 농도는

$$p_0 = n_i^2/n_0 = (2.25 \times 10^{20})/10^{14} = 2.25 \times 10^6\ cm^{-3} \qquad \text{(평형상태)}$$

에서

$$p = 2 \times 10^{13}\ cm^{-3} \qquad \text{(정상상태)}$$

으로 변한다. 평형방정식 $n_0 p_0 = n_i^2$는 첨자 없이는 사용할 수 없음에 주의하라. 즉, 과잉 캐리어가 있을 때 $np \neq n_i^2$이다.

정상상태의 전자농도는

$$n = n_0 + \delta n = 1.2 \times 10^{14} = (1.5 \times 10^{10})e^{(F_n - E_i)/0.0259}$$

여기서 실온에서는 $kT \simeq 0.0259$ eV이다. 따라서 전자의 의사 페르미준위의 위치 $F_n - E_i$는

$$F_n - E_i = 0.0259 \ln(8 \times 10^3) = 0.233\ eV$$

에서 구해지며, F_n은 진성 페르미준위 E_i보다 0.233 eV 위쪽에 있다. 비슷한 계산으로, 정공의 의사 페르미준위는 E_i보다 아래 0.186 eV 위치에 있다(그림 4-11). 이 예에서 평형상태의 페르미준위는 $0.0259 \ln(6.67 \times 10^3) = 0.228$ eV이며, 진성준위보다 위쪽에 있다.

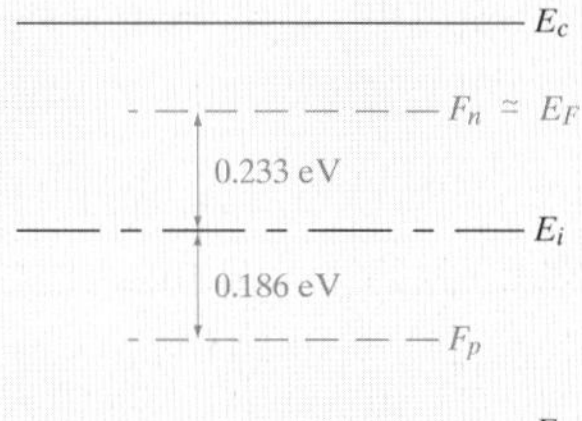

그림 4-11 Si 시료에 대한 의사 페르미준위. 단, $n_0 = 10^{14}\ cm^{-3}$, $\tau_p = 2\ \mu s$, $g_{op} = 10^{19}$ EHP/cm^3-s일 때(예제 4-4).

정상상태의 전자와 정공농도는 여러 가지 전자소자의 대역도에 포함될 수 있는 페르미준위의 항으로 나타내는 것이 바람직하다. 식 (3-25)에서 사용되고 있는 페르미준위 E_F는 과잉 캐리어가 없을 때만 의미가 있다. 그러나 전자와 정공에 대한 별도의 의사 페르미준위(*quasi-Fermi level*) F_n과 F_p를 정의함으로써, 평형상태에 대한 식과 같은 형식으로 정상상태의 캐리어농도에 대한 식을 쓸 수 있다. 이 결과 얻은 농도의 식

$$\boxed{\begin{aligned} n &= n_i e^{(F_n - E_i)/kT} \\ p &= n_i e^{(E_i - F_p)/kT} \end{aligned}} \qquad (4\text{-}15)$$

을 의사 페르미준위에 대한 관계를 정의하는 것으로 생각할 수 있다.[6)]

그림 4-11의 의사 페르미준위는 광학적 여기로써 생긴 평형상태로부터의 차이를 극적으로 보여주고 있다. 즉, 정상상태의 F_n은 평형상태의 페르미준위 E_F보다 약간 위쪽에 있을 뿐이지만, F_p는 E_F보다 아래로 크게 떨어져 있다. 이 그림으로부터 여기는 소수캐리어인 정공의 농도에 있어서 큰 비율의 변화를, 그리고 전자의 농도에 있어서는 비교적 작은 변화를 일으킨다는 것이 분명하다.

요약하면, 의사 페르미준위 F_n과 F_p는 정상상태에 대한 평형상태의 페르미준위 E_F와 유사한 것이다. 과잉 캐리어가 있으면 E_F로부터의 F_n과 F_p의 차이는 전자와 정공의 집단이 평형일 때의 값 n_0와 p_0로부터 얼마나 떨어져 있는가를 나타낸다. 과잉 EHP의 주어진 농도로 말미암아 소수캐리어의 의사 페르미준위가 다수캐리어의 의사 페르미준위에 비하여 큰 편의가 생긴다. 따라서 의사 페르미준위의 분리(정도) $F_n - F_p$는 평형상태(평형일 때는 $F_n = F_p = E_F$)로부터의 이탈의 직접적인 척도가 된다. 의사 페르미준위의 개념은 소수 및 다수 캐리어농도가 위치에 따라 변화하는 전자소자에서 이들 농도를 눈앞에 떠오르게 하는 데 유용하다.

4.3.4 광전도소자

빛이 조사될 때 그의 저항이 변화되는 전자소자의 응용은 여러 가지가 있다. 예를 들면, 광검출기와 같은 것은 초저녁에는 점등하고 새벽에는 소등하는 자동식 철야등을 제어하기 위해서 가정에서 사용할 수 있다. 이것은 또 사진기의 노출계에서와 같이 조명의 수준을 측정하는 데 사용할 수 있다. 여러 가지 시스템에서는 광전도체(photoconductor)로 조준된 광속이 들어 있어, 그것이 광원과 검출기 사이에 물체가 있다는 것을 신호로 알리게 된다. 이와 같은 시스템은 움직이는 물체의 계수기, 도난경보기 및 기타 여러 가지 응용에서 유용하다. 검출기는 정보가 광속에 의해 전달되고 광전도전지에서 받는 광학적 신호시스템에 사용된다.

주어진 응용을 위한 광전도체를 선정할 때 고려할 점에는 그 물질의 감지파장영역, 시간적 응답(time response) 및 광학적 감도 등이 포함된다. 일반적으로 반도체는 에너지 대역간극과 같거나 또는 대역간극보다 약간 큰 에너지를 가진 광자에 대해 가장 예민하다. 이들보다 작은 광자는 흡수되지 않으며, $h\nu \gg E_g$인 광자는 표면에서 흡수되고 체적전도도에는 거의 기여하지 않는다. 따라서 에너지 대역간극표(부록 III)는 대부분의 반도체 광검출기가 감응하는 광자의 에너지를 나타낸다. 예를 들어 CdS(E_g = 2.42 eV)는 가시광선영역에서 광전도체로 흔히 사용되고 있으며, Ge(0.67 eV)와 InSb(0.18 eV)와 같은 좁은 대역간극의 물질은 스펙트럼의 적외선 부분에서 유용하다. 어떤 광전도체는 대역간극 내에 있는 불순물준위로부터의 캐리어 여기에 감응하며, 따라서 대역간극보다도 작은

6) 교재에 따라서는 의사 페르미준위를 IMREF라고도 하는데, 이것은 Fermi를 거꾸로 쓴 것이다.

에너지의 광자에 대해 응답한다.

광전도체의 광학적 감도는 광학적 생성률 g_{op}에 따라 생성되는 정상상태의 과잉 캐리어 농도를 검토하면 계산할 수 있다. 각 캐리어들이 포획되기 전에 그들의 각기 대응되는 대역에서 지내는 평균 시간이 τ_n과 τ_p라 하면

$$\delta n = \tau_n g_{\mathrm{op}} \text{ 그리고 } \delta p = \tau_p g_{\mathrm{op}} \tag{4-16}$$

이며, 광전도도의 변화는 다음과 같다.

$$\Delta\sigma = q g_{\mathrm{op}}(\tau_n \mu_n + \tau_p \mu_p) \tag{4-17}$$

단순한 재결합에서 τ_n과 τ_p는 같다. 그러나 포획이 있다면 캐리어 하나가 포획되기에 앞서 그의 에너지대역에서 짧은 시간 동안을 지낼 수도 있다. 식 (4-17)로부터 광전도의 최대 응답이 이루어지려면 분명히 이동도가 크고 캐리어 수명이 긴 것이 바람직하다. 일부 반도체 중에는 이동도가 커서 특히 광전도소자에 좋은 것들이 있다. 예를 들어 InSb는 10^5 cm^2/V-s의 전자이동도를 가지며, 따라서 많은 응용에서 예민한 적외선 검출기로서 사용된다.

광전도 소자의 시간적 응답은 재결합시간, 캐리어 포획의 정도 및 전계가 있을 때 그 소자를 통하여 캐리어가 표동하는 데 필요한 시간에 의해 제한된다. 종종 이들 성질은 재료와 소자의 기하학적 구조를 적절하게 선정함으로써 조절할 수 있으나, 때로는 이 응답시간의 개선은 감도를 희생하게 된다. 예를 들어, 표동시간은 소자를 짧게 만들어서 감소시킬 수 있으나 이것은 본질적으로는 소자의 감응면적을 감소시킨다. 더욱이 이들 소자에서는 종종 큰 암저항(즉, 빛이 조사되지 않았을 때의 저항)을 갖는 것이 바람직하며, 그래서 길이를 단축시키는 것이 실용적이지 못할 수도 있다. 특정 응용에 대한 소자의 선정에 있어서는 보통 감도, 응답시간, 암저항 및 기타 요구조건들 사이에서 타협이 이루어진다.

4.4 캐리어의 확산

과잉 캐리어가 반도체에서 불균일하게 생성되면 전자와 정공의 농도는 시료에서의 위치에 따라 다르다. n과 p에 있어서의 이와 같은 어떤 공간적인 변동, 즉 경사도(*gradient*)는 높은 캐리어농도의 영역에서 낮은 캐리어농도의 영역으로 캐리어의 실질적인 운동을 가져온다. 이와 같은 형식의 운동을 확산(*diffusion*)이라 하며, 반도체에서 중요한 전하전송 과정을 나타낸다. 전류전도의 두 가지 기본적인 과정은 캐리어의 경사도에 의한 확산과 전계 내에서의 표동이다.

4.4.1 확산과정

폐쇄된 실내의 한쪽 구석에서 향수병을 열어놓으면 곧 방 전체에 향기가 퍼진다. 대류나 기타 실질적인 공기의 운동이 없으면 이 향기는 확산에 의해 퍼진다. 확산은 개개 분자의 불규칙한 운동(*random motion*)의 당연한 결과이다. 예를 들어, 내부에는 향기가 나는 공기분자가 있고 그 체적 밖에는 향기가 나지 않는 분자가 있는 임의의 모양의 한 체적을 생각하면, 모든 분자는 불규칙한 열적 운동을 하고 다른 분자들과 충돌한다. 따라서 각 분자는 임의의 방향으로 이동하는 다른 공기분자와 충돌하고, 그 후에는 새로운 방향으로 움직이게 된다. 이 운동이 참으로 불규칙한 것이라면 체적끝에 있는 분자는(그 표면의 곡률이 분자의 치수에 비하여 무시할 수 있다고 가정하면), 다음 단계에서 그 체적 내로 움직여 들어가고 나올 확률을 갖는다. 따라서 평균 자유시간(mean free time) $\overline{t}$ 후에 이 끝부분(edge)에서 분자의 반은 그 체적 내로 들어갈 것이고, 반은 이 체적에서 움직여 나올 것이다. 이것의 실질적 효과는 향기나는 분자를 함유하는 체적이 증가되었다는 것이다. 이 과정은 그 분자가 실내에 균일하게 분포될 때까지 계속될 것이다. 그리고 주어진 체적은 주어진 시간에 있어서 잃어버린(배출한) 것과 같은 수의 분자만을 얻게(받아들이게) 된다. 다시 말해, 실질적인 확산은 향기나는 분자의 분포에 경사도가 존재하는 한 계속될 것이다.

반도체의 캐리어는 캐리어 분포의 경사도에 따라 불규칙한 운동과 격자와 불순물로부터의 산란에 의해 확산된다. 예를 들어 $x = 0$, 시간 $t = 0$에서 주입된 과잉전자의 펄스는 그림 4-12에 나타낸 바와 같이 시간에 따라 퍼져나가게 된다. 처음에 과잉전자는 $x = 0$(위치)에 집중되어 있다. 그러나 시간의 경과와 더불어 전자는 낮은 전자농도의 영역으로 확산되어 급기야는 $n(x)$가 일정하게 된다.

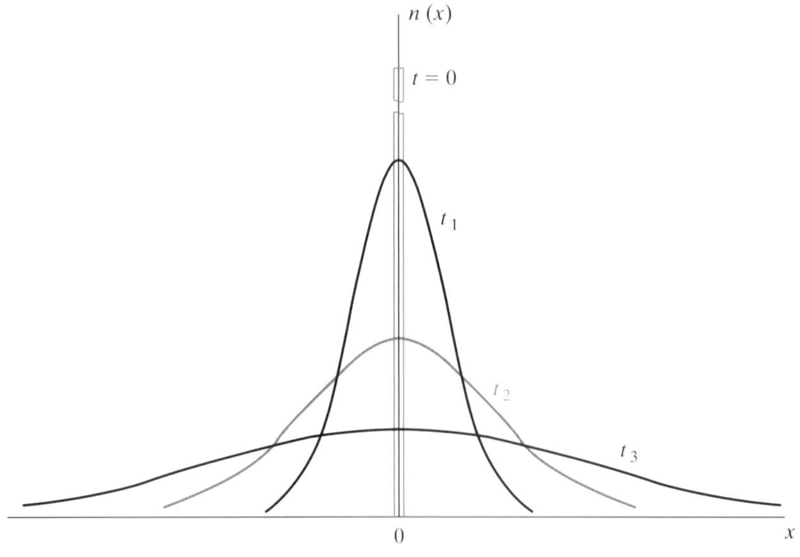

그림 4-12 확산에 의한 전자펄스의 퍼짐

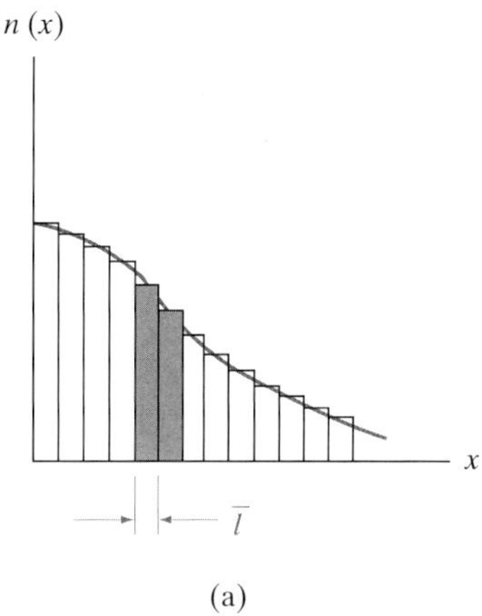

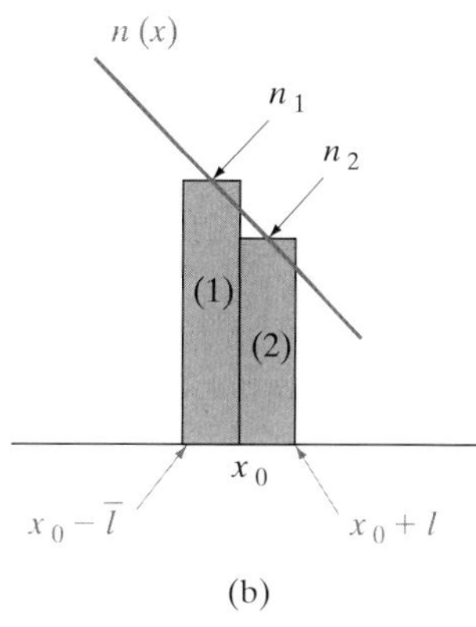

그림 4-13 1 차원적인 불규칙적 전자농도의 경사도: (a) 전자에 대한 평균 자유경로와 길이가 같은 구간으로의 $n(x)$의 분할; (b) x_0에 중심을 둔 이 구간 두 개를 확대한 그림.

그림 4-13a와 같이 임의의 분포 $n(x)$를 생각함으로써 1 차원적 문제에서 전자가 확산하는 비율을 계산할 수 있다. 두 충돌 사이의 평균 자유경로(mean free path) $\bar{l}$는 작은 증분 거리이므로 각 구간의 중앙에서 구한 값이 $n(x)$인 폭 $\bar{l}$의 구간으로 x를 분할할 수 있다(그림 4-13b).

그림 4-13b에서 x_0의 왼쪽 구간 (1)에 있는 전자는 왼쪽 또는 오른쪽으로 이동할 기회가 같으며, 평균 자유시간 $\bar{t}$에서는 그들의 반이 구간 (2)로 이동할 것이다. x_0의 오른쪽으로 한 평균 자유경로(거리) 안에 있는 전자들에 대해서도 사정은 같다. 즉, 이들 전자의 반은 x_0를 지나 오른쪽에서 왼쪽으로 한 평균 자유시간 동안에 이동할 것이다. 따라서 한 평균 자유시간 동안에 왼쪽에서 오른쪽으로 x_0를 통과하는 실질적인 전자의 수는 $\frac{1}{2}(n_1\bar{l}A) - \frac{1}{2}(n_2\bar{l}A)$이다. 여기서 x에 직각되는 면적(단면적)은 A이다. 단위면적당 $+x$방향으로 전자가 흐르는 비율[즉, 전자속(electron flux)의 밀도 ϕ_n]은 다음과 같다.

$$\phi_n(x_0) = \frac{\bar{l}}{2\bar{t}}(n_1 - n_2) \tag{4-18}$$

평균 자유경로 $\bar{l}$은 짧은 미분적 길이이므로 전자농도의 차이 $(n_1 - n_2)$는

$$n_1 - n_2 = \frac{n(x) - n(x + \Delta x)}{\Delta x}\bar{l} \tag{4-19}$$

와 같이 쓸 수 있다. 여기서 x는 구간 (1)의 중앙에서의 값을 취한 것이며, $\Delta x = \bar{l}$이다. 작은 Δx(즉, 산란충돌 사이의 작은 평균 자유경로 $\bar{l}$)의 극한에 있어서는 식 (4-18)은 캐리어의 경사도 $dn(x)/dx$로써 나타낼 수 있다. 즉,

$$\phi_n(x) = \frac{\bar{l}^2}{2\bar{t}} \lim_{\Delta x \to 0} \frac{n(x) - n(x + \Delta x)}{\Delta x} = \frac{-\bar{l}^2}{2\bar{t}} \frac{dn(x)}{dx} \tag{4-20}$$

양 $\bar{l}^2/2\bar{t}$를 전자확산계수(*electron diffusion coefficient*)[7] D_n이라 하며, 단위 cm^2/s를 갖는다. 식 (4-20)의 음의 부호는 도함수의 정의로부터 생긴 것이다. 즉, 이것은 단순히 확산에 의한 전자의 실질적인 운동은 전자농도를 감소시키는 방향으로 되어 있음을 나타낸다. 실질적인 확산은 높은 입자농도의 영역에서 낮은 입자농도의 영역으로 생기기 때문에 이것은 예상했던 결과이다. 똑같은 논의로서 정공농도의 경사도를 갖는 정공들은 확산계수 D_p를 가지고 이동한다. 따라서

$$\phi_n(x) = -D_n \frac{dn(x)}{dx} \tag{4-21a}$$

$$\phi_p(x) = -D_p \frac{dp(x)}{dx} \tag{4-21b}$$

단위단면을 지나는 확산전류(즉, 전류밀도)는 이들 입자속(particle flux)밀도에 그 캐리어의 전하를 곱한 것이다. 즉,

$$J_n(\text{확산}) = -(-q)D_n \frac{dn(x)}{dx} = +qD_n \frac{dn(x)}{dx} \tag{4-22a}$$

$$J_p(\text{확산}) = -(+q)D_p \frac{dp(x)}{dx} = -qD_p \frac{dp(x)}{dx} \tag{4-22b}$$

전자와 정공은 다같이 캐리어 경사도에 따라 운동하지만[식 (4-21)], 그 결과로 생기는 전류는 전자와 정공의 반대되는 전하로 말미암아 반대방향[식 (4-22)]으로 된다는 것에 유의해야 한다.

4.4.2 캐리어의 확산과 표동; 내부전계

캐리어 경사도에 덧붙여 전계가 있으면 전류밀도는 각각 표동성분과 확산성분을 가질 것이다. 즉,

$$J_n(x) = \underbrace{q\mu_n n(x)\mathscr{E}(x)}_{\text{표동}} + \underbrace{qD_n \frac{dn(x)}{dx}}_{\text{확산}} \tag{4-23a}$$

$$J_p(x) = q\mu_p p(x)\mathscr{E}(x) - qD_p \frac{dp(x)}{dx} \tag{4-23b}$$

전체 전류밀도는 전자와 정공에 의한 기여분의 합계가 된다. 즉,

7) 3차원으로 된 운동이 포함되면 이 확산은 x방향으로는 좀더 작게 될 것이다. 실제로 이 확산계수는 진정한 에너지 분포와 산란(scattering)기구로부터 계산해야 한다. 보통 확산계수는 4.4.5절에서 기술한 바와 같이 특정 물질에 대하여 실험적으로 결정한다.

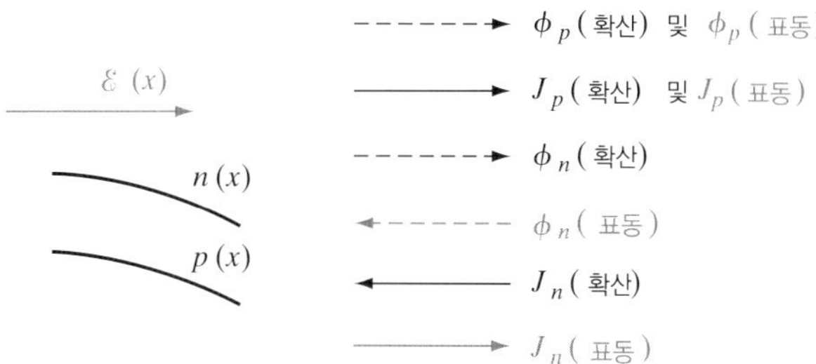

그림 4-14 캐리어 경사도와 전계가 있을 때의 전자와 정공에 대한 표동과 확산방향. 입자의 흐름방향은 점선의 화살표로 표시하고 이로 인한 전류는 실선의 화살표로 나타내었다.

$$J(x) = J_n(x) + J_p(x) \tag{4-24}$$

그림 4-14와 같은 그림을 생각하면 식 (4-23)의 입자의 흐름과 전류 사이의 관계를 가장 잘 눈앞에 떠오르게 할 수 있다. 이 그림에서 x의 증가와 더불어 감소하는 캐리어 분포 $n(x)$와 $p(x)$에 곁들여서 전계는 x방향에 있다고 가정하였다. 따라서 식 (4-21)의 미분은 음이 되고 확산은 $+x$ 방향으로 생긴다. 이로 인한 전자와 정공의 확산전류[J_p(확산)와 J_n(확산)]는 식 (4-22)에 따라 반대방향으로 된다. 정공은 전계방향으로 표동[ϕ_p(표동)]하나 이에 반하여 음전하 때문에 전자는 반대방향으로 표동한다. 이 결과로 생기는 표동전류(drift current)는 각각의 경우 $+x$ 방향으로 된다. 전류의 표동 및 확산성분은 전계가 정공분포가 감소하는 방향으로 있으면 정공에 대해서는 합해 주어야 하지만, 비슷한 상태에 있는 전자의 경우는 이 두 성분을 서로 빼주어야 한다는 것에 유의해야 한다. 전체 전류는 주로 전자나 정공의 흐름에 의한 것이며, 이 흐름은 상대적 (캐리어)농도 그리고 전계와 캐리어 경사도의 상대적인 크기와 방향에 따른다.

식 (4-23)에서 중요한 점은 확산을 통하여 소수캐리어들이 전류의 상당부분을 차지할 수 있다는 것이다. 표동전류는 캐리어농도에 비례하므로 소수캐리어는 별로 기여하지 못한다. 그러나 확산전류는 농도의 경사도에 비례한다. 예를 들어, n 형 물질에서 소수 정공농도 p는 전자농도 n보다 10의 수승배만큼 작지만 경사도 dp/dx는 상당할 수 있다. 따라서 소수캐리어의 확산전류는 다수캐리어 전류에 비하여 큰 경우도 있다.

전계에서의 캐리어 운동을 검토함에 있어서는 에너지대역도에서 전자의 에너지에 주는 전계의 영향을 나타내야 할 것이다. x방향으로 전계 $\mathscr{E}(x)$를 가정하면 그림 4-15와 같이 에너지대역을 그려서 전계 내에서의 전자의 위치에너지 변화를 포함시킬 수 있다. 전자는 전계와 반대방향으로 표동하므로 전자에 대한 위치에너지는 그림 4-15에서와 같이 전계방향으로 증가될 것이 예측된다. 정전적 전위 $\mathscr{V}(x)$는 그것이 양전하에 관하여 정의되어 있고, 따라서 그림에 표시된 전자의 위치에너지 $E(x)$에 대해서는 $\mathscr{V}(x) = E(x)/(-q)$로 관련되어 있기 때문에 반대방향으로 변화한다.

전계의 정의로부터

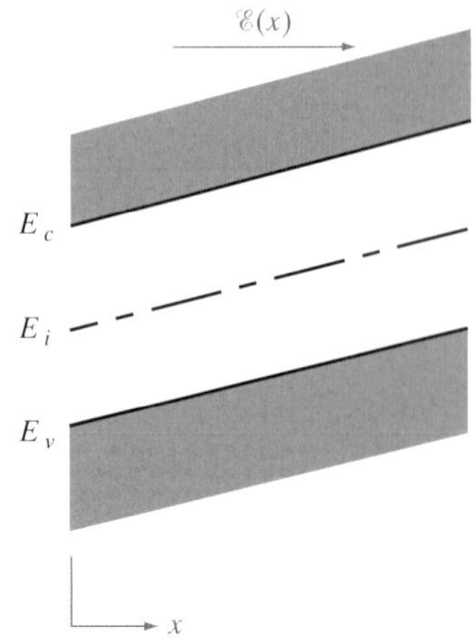

그림 4-15 전계 $\mathscr{E}(x)$에서 반도체의 에너지대역도

$$\mathscr{E}(x) = -\frac{d\mathscr{V}(x)}{dx} \tag{4-25}$$

에너지대역에 정전적 전위에 대한 어떤 기준을 선정하여 에너지대역도에서 $\mathscr{E}(x)$와 전자의 위치에너지가 관련이 있다. 식 (4-25)에 대해서는 $\mathscr{V}(x)$의 공간적인 변동에만 관심이 있으므로 에너지대역 내의 임의의 점을 이와 같은 목적에 이용할 수 있다. 편의상 기준으로 E_i를 취하면, 전계와 이 기준을

$$\boxed{\mathscr{E}(x) = -\frac{d\mathscr{V}(x)}{dx} = -\frac{d}{dx}\left[\frac{E_i}{(-q)}\right] = \frac{1}{q}\frac{dE_i}{dx}} \tag{4-26}$$

로 관련시킬 수 있다.

따라서 그림 4-15에 나타낸 바와 같은 $\mathscr{E}(x)$에 따른 대역에너지의 변동은 옳은 것이다. $\mathscr{E}$에 관한 이 대역 내의 기울기 방향은 기억하기 쉽다. 즉, 이 개요도는 전자의 에너지를 나타내고 있으므로 이 대역의 기울기는 전자가 이 전계 내에서 표동하여 "아래쪽으로" 내려가도록 되어야 한다. 그러므로 $\mathscr{E}$는 에너지대역도의 "윗방향"을 가리키게 된다.

평형상태에서는 반도체에 어떤 실질적인 전류도 흐르지 않는다. 따라서 확산전류를 시작되게 하는 어떠한 캐리어 분포의 요동도 역시 표동에 의해 이들 캐리어를 재분포하게 하는 전계를 만들어 주게 된다. 평형에 대한 요건을 검토하면 확산계수와 이동도는 서로 관련되어 있음을 알게 된다. 식 (4-23b)를 평형에 대하여 0으로 놓으면

$$\mathscr{E}(x) = \frac{D_p}{\mu_p}\frac{1}{p(x)}\frac{dp(x)}{dx} \tag{4-27}$$

표 4-1 300 K에서의 진성 반도체에 대한 전자와 정공의 확산계수와 이동도(도핑이 첨가된 반도체는 그림 3-23 참조)

	D_n (cm^2/s)	D_p (cm^2/s)	μ_n (cm^2/V-s)	μ_p (cm^2/V-s)
Ge	100	50	3900	1900
Si	35	12.5	1350	480
GaAs	220	10	8500	400

$p(x)$에 대하여 식 (3-25b)로 쓰면

$$\mathscr{E}(x) = \frac{D_p}{\mu_p}\frac{1}{kT}\left(\frac{dE_i}{dx} - \frac{dE_F}{dx}\right) \tag{4-28}$$

평형상태에서의 페르미준위는 x와 더불어 변화하지는 않으며, E_i의 도함수는 식 (4-26)으로 주어지므로 식 (4-28)은

$$\boxed{\frac{D}{\mu} = \frac{kT}{q}} \tag{4-29}$$

로 주어진다.

이 결과는 어느 쪽 캐리어 형태에 대해서도 얻어진다. 이 중요한 식을 **아인슈타인 관계식** (*Einstein relation*)이라 한다. 이것을 쓰면 D 또는 μ의 계산을 다른 쪽(즉, μ 또는 D)을 측정함으로써 행할 수 있다. 표 4-1은 실온에서 몇 가지 반도체에 대한 D와 μ의 대표적인 값을 표로 만든 것이다. 이들 값으로부터 $D/\mu \simeq 0.026$ V임이 분명하다.

평형상태에서 캐리어 표동과 확산 간 균형의 중요한 결과는 **내부**(*built-in*)**전계**가 E_i의 경사도를 동반한다는 것이다[식 (4-26) 참조]. 평형상태 대역에서의 경사도는 합금 성분 변화에 따른 대역간극의 변화 때문에 생길 수도 있으나, 흔히 내부전계는 도핑의 경사도 때문에 생긴다. 예를 들어, 도너의 분포 $N_d(x)$가 내부전계 $\mathscr{E}(x)$에 의해 균형이 이루어져야 할 $n_0(x)$의 경사도를 결정한다.

4.4.3 확산과 재결합; 연속방정식

과잉 캐리어의 확산을 논의함에 있어서 지금까지는 재결합의 중요한 효과들은 무시하였다. 그러나 재결합은 캐리어 분포에 변동을 일으킬 수도 있기 때문에 전도과정을 기술할 때는 이들 효과를 포함시켜야 한다. 예를 들어, yz 면에 단면 A를 갖는 반도체 시료의 미소한 길이 Δx를 생각하면(그림 4-16), 이 체적을 떠나는 정공전류밀도 $J_p(x + \Delta x)$는 이 체적 내에서 생기는 캐리어의 생성과 재결합에 따라 유입되는 전류밀도 $J_p(x)$보다 크거나 작을 수 있다. 단위시간당 정공농도의 실질적인 증가 $\partial p/\partial t$는 단위체적당 유입 및 유출되는 정공속(hole flux)의 차에서 재결합되는 비율만큼 뺀 것이 된다. 여기서 J_p를 q로 나누

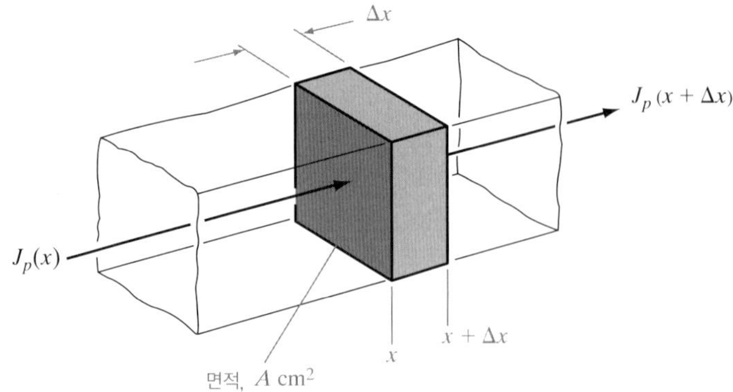

그림 4-16 체적 ΔxA에 유입 및 유출되는 전류

어 정공전류밀도를 정공 입자속밀도로 바꿀 수 있다. 전류밀도는 이미 단위면적당으로 나타나 있다. 따라서 $J_p(x)/q$를 Δx로 나누면 단위시간당 ΔxA로 유입되는 단위체적당 캐리어의 수가 되며, $(1/q)J_p(x + \Delta x)/\Delta x$는 단위체적 및 시간당 (이 체적으로부터) 유출되는 캐리어의 수가 된다. 따라서

$$\left.\frac{\partial p}{\partial t}\right|_{x \to x+\Delta x} = \frac{1}{q}\frac{J_p(x) - J_p(x + \Delta x)}{\Delta x} - \frac{\delta p}{\tau_p} \tag{4-30}$$

정공의 증대율 = 단위시간당 ΔxA에서의 정공농도의 증가 − 재결합률

Δx가 0에 접근함에 따라 전류 변화를 미분의 형식으로 쓸 수 있다. 즉,

$$\frac{\partial p(x,t)}{\partial t} = \frac{\partial \delta p}{\partial t} = -\frac{1}{q}\frac{\partial J_p}{\partial x} - \frac{\delta p}{\tau_p} \tag{4-31a}$$

식 (4-31a)를 정공의 **연속방정식**(*continuity equation*)이라 한다. 전자에 대해서는 전자의 전하가 음이므로 다음과 같이 쓸 수 있다.

$$\frac{\partial \delta n}{\partial t} = \frac{1}{q}\frac{\partial J_n}{\partial x} - \frac{\delta n}{\tau_n} \tag{4-31b}$$

전류가 엄격히 확산에 의해 전송될 때(표동은 무시할 수 있을 때)는 식 (4-31)의 전류를 확산전류에 대한 식으로 대치할 수 있다. 예를 들어, 전자 확산의 경우는

$$J_n(\text{확산}) = qD_n\frac{\partial \delta n}{\partial x} \tag{4-32}$$

이것을 식 (4-31b)에 대입하면 전자에 대한 **확산방정식**(*diffusion equation*)을 얻는다. 즉,

$$\boxed{\frac{\partial \delta n}{\partial t} = D_n \frac{\partial^2 \delta n}{\partial x^2} - \frac{\delta n}{\tau_n}} \tag{4-33a}$$

비슷하게, 정공의 경우는

$$\boxed{\frac{\partial \delta p}{\partial t} = D_p \frac{\partial^2 \delta p}{\partial x^2} - \frac{\delta p}{\tau_n}} \tag{4-33b}$$

이들 방정식은 재결합이 이루어지는 경우 확산의 과도적 문제를 푸는 데 유용하다. 예를 들어, 반도체에서 전자의 펄스(그림 4-12)는 확산에 의해 퍼져나가며 재결합으로 인하여 소멸된다. 이때 시간에 따르는 전자의 분포 $n(x, t)$에 대해 풀려면 확산방정식 (4-33a)로부터 시작해야 할 것이다.

4.4.4 정상상태의 캐리어 주입; 확산거리

많은 문제에 있어 과잉 캐리어의 정상상태 분포가 유지되어 식 (4-33)의 시간적 미분은 0이다. 정상상태의 경우 확산방정식은 다음과 같다.

$$\frac{d^2 \delta n}{dx^2} = \frac{\delta n}{D_n \tau_n} \equiv \frac{\delta n}{L_n^2} \tag{4-34a}$$

$$\frac{d^2 \delta p}{dx^2} = \frac{\delta p}{D_p \tau_p} \equiv \frac{\delta p}{L_p^2} \tag{4-34b}$$

(정상상태)

여기서 $L_n \equiv \sqrt{D_n \tau_n}$ 은 전자의 확산거리(*diffusion length*)라 하며, L_p는 정공에 대한 확산거리이다. 정상상태에서 시간적 변동은 0이므로 편미분은 더 이상 필요하지 않다.

이 확산거리의 물리적 의의는 예를 들어 보면 가장 잘 이해할 수 있다. 한쪽으로 무한히 긴 반도체 막대의 한 끝 $x = 0$에서 어떤 방법으로든 과잉정공이 주입되었다고 하고, 정상적인 정공주입으로 이 주입지점에서 일정한 과잉정공 $\delta p(x = 0) = \Delta p$가 유지된다고 생각하자. 주입된 정공은 이 막대에 따라 확산되며 한 특징적 수명시간 τ_p를 가지고 재결합한다. 정상상태에서는 재결합으로 말미암아 x의 큰 값에 대해서는 과잉정공 분포가 0으로 감쇠될 것이 예상된다(그림 4-17). 이 문제에 대해서는 정공에 관한 정상상태의 확산방정식 (4-34b)를 사용한다. 이 방정식의 해는

$$\delta p(x) = C_1 e^{x/L_p} + C_2 e^{-x/L_p} \tag{4-35}$$

의 형식을 갖는다.

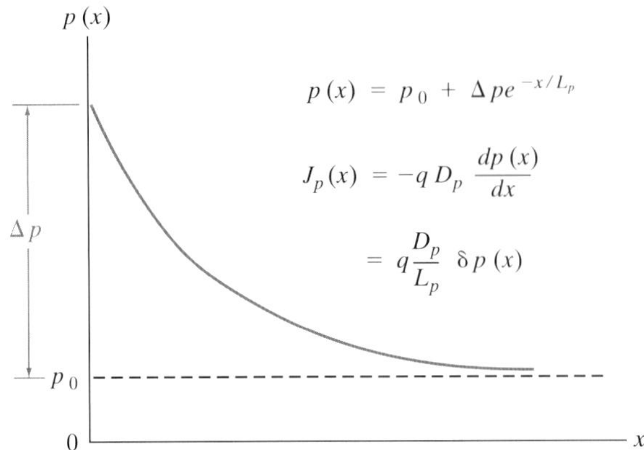

그림 4-17 정상상태에서의 정공의 분포 $p(x)$와 이로 인한 확산전류밀도 $J_p(x)$를 주는 $x = 0$에서의 정공의 주입

C_1과 C_2는 경계조건으로부터 계산할 수 있다. 재결합으로 인해 x가 큰 값이 되면 $\delta p(x)$는 0으로 감소되어야 하기 때문에, $x = \infty$에서는 $\delta p = 0$이며, 따라서 $C_1 = 0$이다. 비슷하게, $x = 0$에서 $\delta p = \Delta p$인 조건은 $C_2 = \Delta p$을 주게 되며 해는 다음과 같다.

$$\boxed{\delta p(x) = \Delta p e^{-x/L_p}} \tag{4-36}$$

주입된 과잉정공의 농도는 재결합으로 인해 x에 관하여 지수함수적으로 소멸되어 가며, 확산거리 L_p는 과잉정공의 분포가 그 정공의 주입점에서의 값의 $1/e$로 감소되는 거리를 나타낸다. L_p는 재결합되기 전에 한 개의 정공이 확산하는 평균 거리가 된다는 것을 증명할 수 있다. 평균 확산거리를 계산하기 위해서는 주입된 정공이 특정 구간 dx에서 재결합할 확률에 대한 식을 얻어야 한다. $x = 0$에서 주입된 정공이 재결합되지 않고 거리 x까지 남아 있을 확률은 $\delta p(x)/\Delta p = \exp(-x/L_p)$이며, 이것은 $x = x$와 $x = 0$에서의 정상상태(steady state) 농도의 비가 된다. 한편 x에서의 정공이 후속되는 구간에서 재결합될 확률은 다음과 같다.

$$\frac{\delta p(x) - \delta p(x + dx)}{\delta p(x)} = \frac{-(d\delta p(x)/dx)dx}{\delta p(x)} = \frac{1}{L_p} dx \tag{4-37}$$

따라서 $x = 0$에서 주입된 한 정공이 주어진 구간 dx에서 재결합될 전체 확률은 이 두 가지 확률의 곱이다. 즉,

$$(e^{-x/L_p})\left(\frac{1}{L_p} dx\right) = \frac{1}{L_p} e^{-x/L_p} dx \tag{4-38}$$

따라서 (2-21)로써 기술되는 보통 사용되는 평균 기법을 쓰면, 재결합하기까지 한 정공이 확산하는 평균 거리는 다음과 같다.

$$\langle x \rangle = \int_0^\infty x \frac{e^{-x/L_p}}{L_p} dx = L_p \tag{4-39}$$

과잉정공의 정상상태 분포는 농도가 감소되는 방향으로 확산하여 정공전류를 일으킨다. 식 (4-22b)와 (4-36)으로부터 다음을 얻을 수 있다.

$$J_p(x) = -qD_p \frac{dp}{dx} = -qD_p \frac{d\delta p}{dx} = q\frac{D_p}{L_p} \Delta p e^{-x/L_p} = q\frac{D_p}{L_p}\delta p(x) \tag{4-40}$$

$p(x) = p_0 + \delta p(x)$이므로 이 공간적인 도함수에는 과잉농도만이 포함된다. $\delta p(x)$는 지수함수적 분포에 대한 그의 도함수에 비례하기 때문에, 임의의 점 x에서의 확산전류는 그 점에서의 과잉 캐리어농도 δp에 비례함을 알 수 있다.

이 예는 다소 특정한 경우 같이 보이지만 이것의 유용함은 p-n 접합을 논의한 5장에서 분명히 알게 될 것이다. 접합을 넘는 소수캐리어의 주입은 흔히 식 (4-36)에서와 같이 지수함수적 분포를 이루게 되며, 이 결과로 생기는 식 (4-40)의 확산전류를 동반한다.

예제 4-4 단면적 = 0.5 cm^2, $N_a = 10^{17}$ cm^{-3}인 매우 긴 p형 Si 막대에 정공을 투입하여 정상상태에서 과잉정공농도가 $x = 0$에서 5×10^{16} cm^{-3}가 되었다. $x = 1000$ Å일 때, F_p와 E_c는 정상상태에서 얼마나 떨어져 있는가? 그곳에서 정공전류는 얼마인가? 과잉 축적되어 있는 정공전하는 얼마인가? $\mu_p = 500$ cm^2/V-s이고 $\tau_p = 10^{-10}$ s로 가정하라.

풀이

$$D_p = \frac{kT}{q}\mu_p = 0.0259 \times 500 = 12.95 \text{ cm/s}$$

$$L_p = \sqrt{D_p\tau_p} = \sqrt{12.95 \times 10^{-10}} = 3.6 \times 10^{-5} \text{ cm}$$

$$p = p_0 + \Delta p e^{-\frac{x}{L_p}} = 10^{17} + 5 \times 10^{16} e^{-\frac{10^{-5}}{3.6\times10^{-5}}}$$

$$= 1.379 \times 10^{17} = n_i e^{(E_i-F_p)/kT} = (1.5 \times 10^{10} \text{ cm}^{-3})e^{(E_i-F_p)/kT}$$

$$E_i - F_p = \left(\ln \frac{1.379 \times 10^{17}}{1.5 \times 10^{10}}\right) \cdot 0.0259 = 0.415 \text{ eV}$$

$$E_c - F_p = 1.1/2 \text{ eV} + 0.415 \text{ eV} = \mathbf{0.965 \text{ eV}}$$

식 (4-40)을 이용하여 정공전하를 계산할 수 있다.

$$I_p = -qAD_p\frac{dp}{dx} = qA\frac{D_p}{L_p}(\Delta p)e^{-\frac{x}{L_p}}$$

$$= 1.6 \times 10^{-19} \times 0.5 \times \frac{12.95}{3.6 \times 10^{-5}} \times 5 \times 10^{16} e^{-\frac{10^{-5}}{3.6\times10^{-5}}}$$

$$= \mathbf{1.09 \times 10^3\ A}$$

$$Q_p = qA(\Delta p)L_p$$

$$= 1.6 \times 10^{-19}\,(0.5)(5 \times 10^{16})(3.6 \times 10^{-5})$$

$$= \mathbf{1.44 \times 10^{-7}\ C}$$

4.4.5 헤인즈-쇼클리 실험

고전적인 반도체 실험 중 하나는 헤인즈(J. R. Haynes)와 쇼클리(W. Shockley)가 1951년 벨(Bell) 전화연구소에서 처음 행한 소수캐리어의 표동과 확산을 증명한 것이다. 이 실험은 소수캐리어의 이동도 μ와 확산관계를 독립적으로 측정할 수 있는 것이다. 헤인즈-쇼클리 실험의 기본원리는 다음과 같다. 즉, 정공의 펄스를 전계가 인가되어 있는 n형 반도체 막대에 발생시킨다(그림 4-18). 이 펄스가 전계에 의해 표동되고 확산에 의해 퍼져감에 따라 이 과잉정공농도를 반도체 막대 아래쪽의 한 장소에서 감시 측정한다. 이 정공이 전계 내에서 주어진 거리를 표동하는 데 필요한 시간은 이동도의 척도가 되며, 또 주어진 시간 동안에 이 펄스가 퍼져나가는 것을 확산계수를 계산하는 데 이용할 수 있다.

그림 4-18에서 과잉 캐리어의 펄스가 n형 반도체($n_0 \gg p_0$)의 한 점 $x = 0$에서 섬광에 의해 생성된다. 이 과잉 캐리어는 전자농도에는 무시할 수 있을 정도의 영향을 주지만, 정공농도는 상당히 변화시킨다. 이 과잉정공은 전계방향으로 표동되며 결국은 한 지점 $x = L$에 도달하게 되며 이곳에서 그들은 감시 측정하게 된다. 이 표동시간 t_d를 측정해서 표

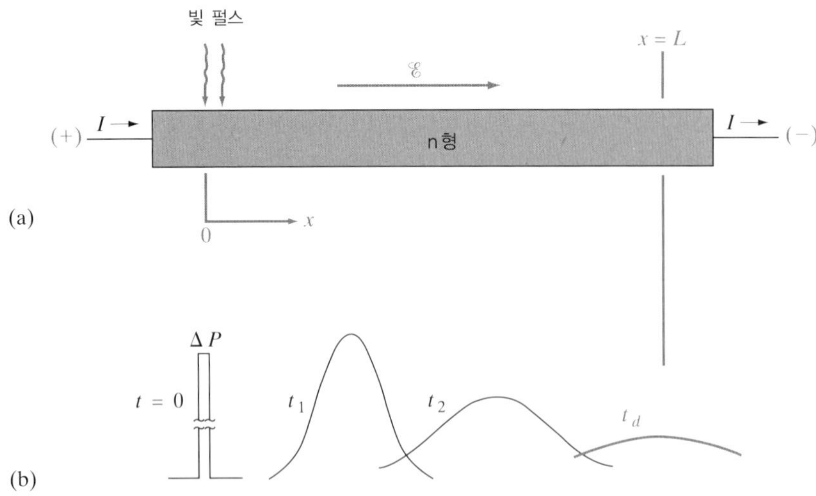

그림 4-18 n형 반도체 막대에서의 정공펄스의 표동과 확산: (a) 시료의 기하학적 구조; (b) 정공펄스가 막대를 아래쪽으로 표동해 가는 동안 여러 차례에 걸쳐서 본 정공펄스의 위치와 모양.

동속도 v_d를 계산할 수 있으며, 따라서 정공의 이동도는 다음과 같다.

$$v_d = \frac{L}{t_d} \tag{4-41}$$

$$\mu_p = \frac{v_d}{\mathscr{E}} \tag{4-42}$$

그러므로 정공의 이동도는 정공펄스가 이 막대를 움직여 내려갈 때 이 정공펄스의 표동시간을 측정하여 직접 계산할 수 있다. 다수캐리어의 이동도를 얻기 위해서 비저항(고유저항)과 함께 쓸 수 있는 홀효과(Hall effect, 3.4.5절)와는 대조적으로 헤인즈-쇼클리 실험은 소수캐리어의 이동도를 측정하는 데 이용된다.

정공펄스가 전계 $\mathscr{E}$ 내에서 표동할 때 이 정공펄스는 또 확산에 의해 퍼져나가게 된다. 이 펄스의 퍼짐을 측정해서 D_p를 계산할 수 있다. 이 정공펄스에 있어서 시간 함수로서의 정공분포를 예측하기 위하여 재결합은 무시하고 표동이 없는 펄스 확산의 경우를 우선 재검토한다(그림 4-12). 이 정공분포가 만족해야 할 방정식은 시간에 의존하는 확산방정식 (4-33b)이다. 재결합을 무시할 수 있는 경우(τ_p가 확산과 관련된 시간에 비하여 길 때) 이 확산방정식은 다음과 같이 쓸 수 있다.

$$\frac{\partial \delta p(x,t)}{\partial t} = D_p \frac{\partial^2 \delta p(x,t)}{\partial x^2} \tag{4-43}$$

이 방정식을 만족시키는 함수는 가우스 분포(*gaussian distribution*)라는 것이며,

$$\delta p(x,t) = \left[\frac{\Delta P}{2\sqrt{\pi D_p t}}\right] e^{-x^2/4D_p t} \tag{4-44}$$

여기서 ΔP는 $t = 0$에서 무시해도 좋을 만큼 작은 간격에서 생성된 단위면적당 정공의 수이다. 괄호 안의 인자($x = 0$에서의)는 펄스의 피크값이 시간과 더불어 감소된다는 것을 나타내며, 지수함수의 인자는 양과 음의 x방향으로의 펄스 확산(그림 4-19)을 암시하는 것이다. 임의의 시간(즉, t_d)에서의 이 펄스의 피크값을 $\delta\hat{p}$로 정한다면, 어떤 지점 x에서의 δp의 값으로부터 식 (4-44)를 이용해서 δp를 계산할 수 있다. 가장 편리한 선택으로는 δp가 그의 피크값 $\delta\hat{p}$의 $1/e$로 저하되는 $\Delta x/2$인 지점이다. 이 지점에서는

$$e^{-1}\delta\hat{p} = \delta\hat{p}e^{-(\Delta x/2)^2/4D_p t_d} \tag{4-45}$$

$$D_p = \frac{(\Delta x)^2}{16 t_d} \tag{4-46}$$

Δx를 직접 측정할 수 없으므로 그림 4-20과 같은 실험장치를 사용하는데, 이것으로 검출기 아래를 지날 때 오실로스코프 위에 이 펄스를 표시하게 할 수 있다. 5장에서 살펴보

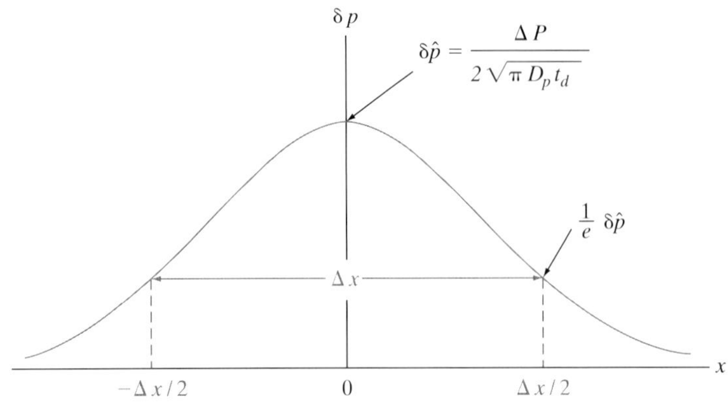

그림 4-19 시간 t_d 후의 δp 분포모양으로부터의 D_p 계산. 표동이나 재결합은 포함되지 않았다.

겠지만, 순방향으로 바이어스된 p-n 접합은 훌륭한 소수캐리어 주입체로서의 역할을 하며, 또 역방향으로 바이어스된 p-n 접합은 검출기로서의 역할을 한다. 그림 4-20에서 측정된 양은 시간에 관해 오실로스코프상에 표시된 펄스폭 Δt이다. 이것은 펄스가 표동하여 검출기 지점 (2)를 지날 때 표동속도에 의하여 Δx와 관련되어 있다. 즉,

$$\Delta x = \Delta t \mathrm{v}_d = \Delta t \frac{L}{t_d} \tag{4-47}$$

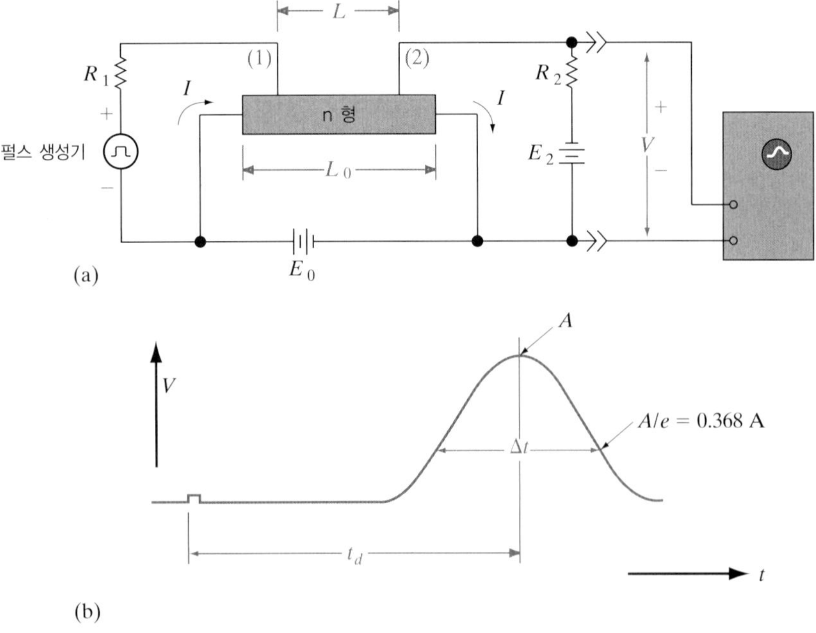

그림 4-20 헤인즈-쇼클리 실험: (a) 회로의 개요; (b) 오실로스코프 스크린상의 대표적인 기록도형(trace).

예제 4-5 그림 4-20과 같은 헤인즈-쇼클리 실험에서 n형 Ge 시료를 사용하고 시료의 길이는 1 cm, 프로브(probe) (1)과 (2)는 0.95 cm 떨어져 있다. 전지전압 E_0는 2 V이다. 점 (1)에서 주입된 후 0.25 ms에 점 (2)에 펄스가 도달한다. 이때의 펄스폭 Δt는 117 μs이었다. 정공이동도와 확산계수를 계산하고 그 결과를 아인슈타인 관계식과 대조해 보라.

풀이

$$\mu_p = \frac{v_d}{\mathscr{E}} = \frac{0.95/(0.25 \times 10^{-3})}{2/1} = 1900\ \text{cm}^2/(\text{V-s})$$

$$D_p = \frac{(\Delta x)^2}{16t_d} = \frac{(\Delta t L)^2}{16t_d^3}$$

$$= \frac{(117 \times 0.95)^2 \times 10^{-12}}{16(0.25)^3 \times 10^{-9}} = 49.4\ \text{cm}^2/\text{s}$$

$$\frac{D_p}{\mu_p} = \frac{49.4}{1900} = 0.026 = \frac{kT}{q}$$

4.4.6 의사 페르미준위의 경사도

3.5절에서 평형이란 페르미준위에 경사도가 없는 것을 의미한다고 하였다. 그러나 표동이나 확산이 존재하면 정상상태 의사 페르미준위에 경사도가 있게 된다.

식 (4-23), (4-26), (4-29)를 이용하면 반도체에 있어서 의사 페르미준위라는 개념의 중요성을 보일 수 있다. 일반적으로 불평형상태에서 전자농도의 표동과 확산을 고려한 전체 전자전류는 다음과 같이 쓸 수 있다.

$$J_n(x) = q\mu_n n(x)\mathscr{E}(x) + qD_n \frac{dn(x)}{dx} \tag{4-48}$$

여기서 전자농도의 경사도는 다음과 같다.

$$\frac{dn(x)}{dx} = \frac{d}{dx}\left[n_i e^{(F_n - E_i)/kT}\right] = \frac{n(x)}{kT}\left(\frac{dF_n}{dx} - \frac{dE_i}{dx}\right) \tag{4-49}$$

아인슈타인 관계식을 이용하면, 전체 전자전류는 다음과 같다.

$$J_n(x) = q\mu_n n(x)\mathscr{E}(x) + \mu_n n(x)\left[\frac{dF_n}{dx} - \frac{dE_i}{dx}\right] \tag{4-50}$$

그러나 식 (4-26)에 의하면 괄호 속에서 빼어지는 항은 $q\mathscr{E}(x)$가 되고, 따라서 $q\mu_n n(x)\mathscr{E}(x)$가 없어지므로 다음과 같이 된다.

$$J_n(x) = \mu_n n(x) \frac{dF_n}{dx} \tag{4-51}$$

이렇게 전자 표동과 확산의 과정은 의사 페르미준위의 공간적 변동(spatial variation)으로 정리될 수 있다. 같은 유도방식이 정공에 대해서도 적용될 수 있고, 따라서 표동 및 확산전류를 아래와 같이 변형된 옴의 법칙(*modified Ohm's law*) 형태로 쓸 수 있다.

$$J_n(x) = q\mu_n n(x) \frac{d(F_n/q)}{dx} = \sigma_n(x) \frac{d(F_n/q)}{dx} \tag{4-52a}$$

$$J_p(x) = q\mu_p p(x) \frac{d(F_p/q)}{dx} = \sigma_p(x) \frac{d(F_p/q)}{dx} \tag{4-52b}$$

그러므로 어떠한 표동이나 확산, 혹은 이 둘의 결합된 형태는 두 의사 페르미준위의 경사도에 비례하는 전류를 만들게 된다. 다시 말해, 전류가 없다는 것은 의사 페르미준위가 상수임을 말해 준다. 유체정역학적인(hydrostatic) 유추를 사용하여 의사 페르미준위를 시스템에서의 수압과 동일시할 수 있다. 물이 높은 압력 지대에서 낮은 압력 지대로 수압이 어디서나 평형이 될 때까지 흐르는 것과 유사하게, 전자들은 높은 의사 페르미준위 지대에서 낮은 의사 페르미준위 지대로 평형상태에서 평평한 의사 페르미준위를 얻을 때까지 흐른다. 의사 페르미준위는 전기화학적 전위라고도 알려져 있는데, 이는 캐리어를 움직이는 힘이 표동을 결정하는 전기 전위(또는 전계)의 경사도와, 또한 확산을 일으키는 캐리어농도의 경사도(화학 전위라 불리는 열역학적 개념과 관계된)에 의하여 지배되기 때문이다.

요약 SUMMARY

4.1 도핑에 의해서 만들어지는 평형상태보다 큰 값의 과잉 캐리어는 광학적(또는 소자들의 전기적 바이어스)으로 생성될 수 있다. 전자-정공쌍(EHP)의 생성-재결합(G-R)은 대역간극보다 큰 에너지를 갖고 있는 광자를 흡수함으로써 일어날 수 있으며 직접형이나 간접형 재결합에 의해 균형을 이룬다.

4.2 G-R 과정은 포획에 의해, 특히 대역중앙(midgap) 근처의 깊은 포획에 의해 조정될 수 있다. 대역-대역, 또는 포획을 이용한 G-R 과정은 과잉 캐리어의 평균 수명으로 이어질 수 있다. 캐리어 수명에 광학적 생성 비율을 곱하면, 정상상태의 과잉 캐리어농도가 된다. 캐리어 수명의 제곱근에 확산계수를 곱한 것이 확산거리를 결정한다.

4.3 평형상태는 일정한 페르미준위를 갖는다. 과잉 캐리어가 있는 비평형 내에서 페르미준위는 일반적으로 전자와 정공의 의사 페르미준위로 분리된다. 의사 페르미준위의 분리는 평형으로부터의 이탈의 척도이다. 소수캐리어 의사 페르미준위는 다수캐리어 의사 페르미준위보다 더

많이 변한다. 이는 소수캐리어 의사 페르미준위의 상대적인 변화가 더 크기 때문이다. 의사 페르미준위의 경사도는 실질적인 표동-확산 전류를 결정한다.

4.4 확산속(*diffusion flux*)은 농도가 높은 곳에서 낮은 곳으로의 캐리어 흐름을 측정하고 이는 확산율에 농도 경사도를 곱한 값이다. 확산전류의 방향은 전자의 속(flux)과 반대이지만, 정공의 방향과는 일치한다. 캐리어 확산율은 이동도에 열적 전압인 kT/q(아인슈타인 관계식)에 의해 관련되어 있다.

4.5 캐리어들이 표동이나 확산에 의해 반도체 내에서 이동할 때, 서로 다른 점에서의 시간에 따라 변하는 캐리어농도는 캐리어의 연속방정식으로 주어지는데, 이 방정식은 들어오는 캐리어 수가 흘러나가는 것보다 많으면, 농도는 시간에 대하여 증가하고 이 반대도 성립한다. 또한 G-R 과정도 캐리어농도에 영향을 미친다.

연습문제 PROBLEMS

4.1 Si 시료에서 E_F가 가전자대역(E_v)보다 0.4 eV 높을 때, 대부분의 Ga 원자가 차지하는 준위는 얼마인가? Zn과 Au의 주된 준위는 얼마인가? 주: 준위는 중성, 양 1가, 음 2가 등을 포함한다.

4.2 $t = 0$일 때 균일한 빛이 Si 샘플로 들어와 $t > 0$에서 과잉 캐리어를 생성한다. 캐리어의 생성률이 $6 \times 10^{22}/\text{cm}^3$이고 샘플이 2×10^{17} As 원자로 도핑 되었을 때 $t = 5$ ms에서 샘플의 전도도와 300 K에서 두 의사 페르미 준위의 차이를 구하라.

4.3 그림 4-7과 같은 반대수 도표를 2×10^{15} 도너/cm^{3}의 도너로 도핑되고 $t = 0$일 때 4×10^{14} EHP/cm^{3}의 EHP가 균일하게 발생하는 Si에 대해 그려라. $\tau_n = \tau_p = 5$ μs로 가정하라.

4.4 연습문제 4.3에서 적은 양의 여기(excitation)에 대한 재결합계수 α_r을 계산하라. 이 α_r 값이 정상상태의 광생성률 $g_{op} = 10^{19}$ EHP/cm^3-s로 균일하게 노출된 GaAs 시료에 적용할 수 있다고 가정하라. 정상상태의 과잉 캐리어농도 $\Delta n = \Delta p$를 구하라.

4.5 진성 Si 시료가 한쪽 끝에서 도너로 도핑되어 있는데, 이때 $N_d = N_0 \exp(-ax)$이다. (a) 평형에서의 내부전계를 $N_d \gg n_i$ 범위에 대하여 나타내어라. (b) $a = 1(\mu\text{m})^{-1}$일 때 전계를 구하라. (c) 그림 4-15와 같은 에너지대역도를 그리고 전계의 방향을 표시하라.

4.6 $10^{15}/\text{cm}^3$의 도너로 도핑된 한 Si 시료가 매초 $10^{19}/\text{cm}^3$의 전자-정공쌍이 발생되는 실온에서 균일하게 광학적으로 여기되어 있다. 빛을 쪼일 때 의사 페르미준위의 분리와 전도도의 변화를 구하라. 전자와 정공의 수명은 둘 다 10 μs이다. $D_p = 12$ cm^2/s.

4.7 n형 Si 시료가 10^{15} cm^{-3}으로 도핑되어 있고, 10^{19} cm^{-3}/s의 전자-정공쌍들을 만들기 위해 시료에 빛을 쪼였다. 만약 수명이 100 ns라면, 정상 상태에서의 소수캐리어의 농도는 무엇인가? 빛이 차단되고 난 후, 정공의 농도가 10% 감소하는데 걸리는 시간은 얼마인가? 정공의 농도가 열 평형 상태의 값 보다 10% 높은 값에 도달하려면 얼마나 걸리는가?

4.8 $N_d = 10^{15}\ \text{cm}^{-3}$인 n형의 Si 시료에 지속적으로 빛이 쪼여지며, $g_{op} = 10^{21}$ EHP/cm^3-s이다. $\tau_n = \tau_p = 1\ \mu$s일 때, 의사 페르미준위의 차이$(F_n - F_p)$를 구하라. 그림 4-11과 같은 에너지 대역도를 그려라.

4.9 단면적이 0.05 cm^{2}인 2 cm 길이의 도핑된$(N_d = 10^{16}\ \text{cm}^{-3})$ Si 막대에 대해, 길이방향으로 10 V를 인가한다면 전류는 얼마인가? 만약 막대에서 균일하게 단위시간당 단위 cm^{3}당 10^{20}개의 전자-정공쌍이 발생하고 수명이 $\tau_n = \tau_p = 10^{-4}$ s라면, 새로운 전류값은 얼마가 되겠는가? 적은 캐리어 주입에서의 α_r이고 많은 캐리어 주입에 대해 변화하지 않는다고 가정하라. 이때 전압이 100,000 V까지 증가한다면, 새로운 전류값은 얼마인가? $\mu_p = 500$ cm^2/V-s라고 가정하되, 전자에 대해서는 적당한 값을 선택해야 한다.

4.10 5-μm 두께의 CdS를 사용하여 광전도체를 설계하고 스케치하라. $\tau_n = \tau_p = 10^{-6}$ s이고 $N_d = 10^{14}\ \text{cm}^{-3}$이라고 가정하라. 암저항$(g_{op} = 0)$은 10 M$\Omega$으로 하고 소자는 한쪽을 한 변의 길이가 0.5 cm인 정사각형으로 맞추어야 한다. 그러므로 어떤 지그재그 형태의 종류가 적당하다. $g_{op} = 10^{21}$ EHP/cm^3-s의 여기를 갖는다면 저항 변화는 얼마인가?

4.11 파장이 600 nm인 레이저 빔이 80 mW로 80 μm 두께의 Si 샘플에 조사되고 있다. 흡수 계수 알파는 8×10^3/cm이고 완전한 양자 효율을 가정할 때, 1초당 방출되는 양자의 수를 구하라. 또한, 샘플에 열 에너지로 전달되는 전력을 구하라.

4.12 0.5 μm 두께의 샘플에 전자 농도가 $x = 0$일 때 0에서 $x = 0.5\ \mu$m일 때 10^{16}/cm^{3}로 변하도록 x축을 따라 선형적으로 샘플이 도핑되었다. 이 샘플의 전체 전자 농도와 정공의 농도를 x의 함수로 표시하라. 또한, 확산계수 $D_n = 30$ cm^2/V-sec, $D_p = 12$ cm^2/V-sec일 때 전자와 정공의 확산 전류 밀도를 구하고 페르미 준위 E_F를 x의 함수로 표시하라.

4.13 정상상태에서의 정공의 분포가 그림 4-17에 나타나 있다. $p(x) \gg p_0$(즉, F_p는 E_F보다 아래에 있음)일 때 정공의 의사 페르미준위 $E_i - F_p(x)$의 식을 구하라. 에너지대역도에 $F_p(x)$의 변화를 표시하라. 주: 소수캐리어가 적으면(즉, $\delta p = n_i$), F_p는 E_F보다 많이 적다.

4.14 길이가 5 μm이고 왼쪽에서 오른쪽으로 농도가 $10^{20}\ \text{cm}^{-3}$에서 0으로 선형적으로 변하는 p형 반도체에 전자들을 주입시킨다. 전자들의 이동도가 500 cm^2/V-s이고, 전계를 무시했을 때 전류 밀도는 얼마인가?

4.15 p형 반도체에 10^{17} photons/cm^2-s를 쪼였고, $x = 0$ 주변 표면에서 모두 흡수가 되었으며 시료의 온도를 500 K까지 증가시켰다. 이 물질에서 소수캐리어의 수명은 200 ns, 전자의 이동도는 2000 cm^2/V-s, 그리고 정공의 이동도가 500 cm^2/V-s일 때 표면으로부터 20 μm 지점에서의 전자의 확산 전류 밀도를 계산하라.

4.16 단면적이 0.5 cm^{2}이고, $10^{17}\ \text{cm}^{-3}$의 도너를 가진 긴 Si 시료는 레이저로 광학적으로 여기되어 10^{20} /cm^{3}의 전자-정공쌍이 $x = 0\ \mu$m에서 매초 생성되고 오른쪽으로 확산한다. $x = 50\ \mu$m에서의 전체 확산 전류는 얼마인가? 전자와 정공의 수명은 모두 10 μs이며, $\mu_p = 500$ cm^2/V-s; $D_n = 36$ cm^2/s이다.

4.17 n형 반도체 막대에서, 전자농도가 왼쪽에서 오른쪽으로 증가하고 전계가 왼쪽을 향한다. 전

자의 표동과 확산전류의 방향을 적합한 그림에 표시하고 그 이유를 설명하라. 모든 곳의 전자농도를 두 배로 늘리면, 확산전류와 표동전류에 어떤 일이 일어나는가? 모든 곳에 일정한 농도의 전자를 추가하면, 표동전류와 확산전류에 어떤 일이 일어나는가? 답을 적합한 식으로 설명하라.

4.18 그림 4-17에서 $x = 0$에 정공주입을 공급하는 데 필요한 전류는 $x = 0$에서 식 (4-40)을 계산하면 얻을 수 있다. 그 결과는 $I_p(x = 0) = qAD_p\Delta p/L_p$이다. 이 전류는 정상상태에서의 정공분포 $\delta p(x)$에 축적된 전하를 적분하고, 평균 정공수명 τ_p로 나눈 것과 같음을 증명하라. 이러한 접근방법으로 $I_p(x = 0)$를 얻을 수 있음을 설명하라.

4.19 내부전계의 방향은 수학을 사용하지 않고도 에너지대역도의 도핑 경사도의 결과를 그림으로써 유추할 수 있다. 평형상태에서 균일한 페르미준위를 기점으로 하여, 연습문제 4.5에서와 같이 두 경우의 도너와 억셉터 도핑 경사도에 대하여 도핑이 변함에 따라 E_i를 E_F에서 가깝게 또는 멀리 놓는다. 전계의 방향을 각각의 경우에 대해 식 (4-26)에 근거하여 보여라. 소수캐리어가 불순물 변화 영역에 주입된다면, 이 두 가지 경우에 어느 방향으로 가속되는가? 이것은 나중에 쌍극성 트랜지스터를 논의할 때 사용될 흥미로운 효과이다.

4.20 연습문제 4.5에서, 도핑의 경사도에 의한 내부전계의 방향은 식 (4-23)과 식 (4-26)에 의해 결정된다. 이 문제는 전계가 생기는 이유를 정성적으로 설명하고 그 방향을 구하는 것이다. (a) 연습문제 4.5에서와 같이 도너 도핑 분포를 그리고 이동 가능한 전자들이 경사도 아래로 확산되는 것을 막기 위해 필요한 전계를 설명하라. 억셉터와 정공에 대해서도 똑같이 반복하라. (b) 도핑 분포의 미세한 영역에 이온화된 도너와 결과적인 이동 가능한 전자를 그려라. 전자들이 더 낮은 농도로 확산하려 할 때, 전계의 시작점과 방향을 설명하라. 억셉터와 정공에 대해서도 똑같이 반복하라.

4.21 p타입의 실리콘 샘플이 헤인즈-쇼클리 실험에 사용되고 있다. 샘플의 길이는 2 cm이고, 두 프로브의 반경은 1.8 cm이다. 가해준 전압은 5 V이고, 0.608 ms의 펄스 후에 과잉 캐리어의 수집 지점에 도달하고 펄스의 간격은 180 sec일 때, 소수 캐리어의 이동도와 확산 계수를 구하라. 또한, 아인슈타인 관계로부터 이를 확인하라.

4.22 진성캐리어 농도가 10^{13} cm^{-3}이고 길이가 2 μm인 반도체 막대가 도너 농도 2×10^{13} cm^{-3}과 억셉터 농도 10^{13} cm^{-3}으로 균일하게 도핑되어 있다. $D_n = 26$ cm^2/s, $D_p = 52$ cm^2/s 이고, 5 V가 인가되었을 때의 전자와 정공의 표동 전류 밀도를 구하라. 이 반도체에서 전자들은 10^5 V/cm 보다 작은 전계에서는 ohmic 영역에 있지만 그 이상의 전계에 대해서는 10^8 cm/s의 포화 속도로 이동한다. 정공의 경우, 10^4 V/cm 아래에서 ohmic 영역, 그리고 그 전계 이상에서는 10^5 cm/s의 포화 속도로 이동한다. 막대의 중간에서의 전자와 정공의 확산 전류 밀도는 무엇인가? (온도는 300 K로 가정)

4.23 최근 발명된 반도체의 $N_c = 10^{19}$ cm^{-3}, $N_v = 5 \times 10^{18}$ cm^{-3} 그리고 $E_g = 2$eV이다. 10^{17}의 도너로 도핑되었다면(모두 이온화되었음), 627 °C에서의 전자, 정공 그리고 진성캐리어의 농도를 구하라. 간략화된 대역도를 그리고, 대역에서의 EF와 Ei의 값을 정확히 계산하라. 만일

8 μm 길이의 이 반도체에 5 V가 인가 되면, 전류는 얼마인가? 이 반도체의 폭은 2 μm 그리고 두께는 1.5 μm이다. 정공과 전자의 확산계수는 각각 25 cm^2/s, 75 cm^2/s이다.

4.24 새로운 반도체 시료가 $L = 2$ μm, $W = 0.5$ μm 그리고 0.2 μm의 두께와 10^{12} cm^{-3}의 진성 캐리어 농도를 갖는다. 만일 이온화된 도너 농도가 2×10^{12} cm^{-3}이라면, 막대의 길이 방향으로 10 V의 전압이 인가 되었을 때, 전자와 정공의 전류는 얼마인가? 전자에 대하여는 ohmic을 가정하고 정공은 포화 속도로 이동한다고 가정하라. 전자와 정공의 확산 계수는 각각 20 cm^2/V-s, 5 cm^2/V-s이다. 반도체 내에서 전자와 정공의 포화 속도는 각각 10^8 cm^2/s, 10^7 cm^2/s이다.

4.25 2 eV의 대역 간극과 $N_c = 10^{19}$ cm^{-3}이고, 0 cm와 0.2 cm 사이에 n^+로 아주 많이 도핑되고 0.2 cm부터 0.7 cm까지 10^{17} cm^{-3} n형으로 도핑되고, 그리고 0.7 cm부터 1 cm까지 n^+로 아주 많이 도핑된 반도체 막대에 0.5 V 건전지를 연결(양극이 막대의 왼쪽에 연결)하였을 때의 간략한 대역도를 그려라. (위치와 에너지의 적절한 표기를 하라) 아주 많이 도핑되어 전도성인 n^+ 영역에서의 전압 강하는 무시한다. (막대의 개략도를 그리고 개략도 밑에 대역도를 맞추어 그려라)

전자의 확산 계수가 100 cm^2/V-s일 때, 전류 밀도는 얼마인가? 만약 전자들이 막대의 오른쪽으로부터 무시할 수 있는 운동에너지로 주입되었고 산란이 없다면 $x = 0.1$ cm, 0.6 cm 그리고 0.9 cm에서의 전자들의 운동에너지는 얼마인가?

참고문헌 READING LIST

Ashcroft, N. W., and N. D. Mermin. *Solid State Physics.* Philadelphia: W. B. Saunders, 1976.

Bhattacharya, P. *Semiconductor Optoelectronic Devices.* Englewood Cliffs, NJ: Prentice Hall, 1994.

Blakemore, J. S. *Semiconductor Statistics.* New York: Dover Publications, 1987.

Neamen, D. A. *Semiconductor Physics and Devices: Basic Principles.* Homewood, IL: Irwin, 2003.

Pankove, J. I. *Optical Processes in Semiconductors.* Englewood Cliffs, NJ: Prentice Hall, 1971.

Pierret, R. F. *Semiconductor Device Fundamentals.* Reading, MA: Addison-Wesley, 1996.

Singh, J. *Semiconductor Devices.* New York: McGraw-Hill, 1994.

Wolfe, C. M., G. E. Stillman, and N. Holonyak, Jr. *Physical Properties of Semiconductors.* Englewood Cliffs, NJ: Prentice Hall, 1989.

자가진단 퀴즈 SELF QUIZ

문제 1

어느 p형 반도체가 1.0 eV의 대역간극을 가지고 소수 전자 수명이 0.1 μs이며, 2.0 eV의 광자 에너지의 빛으로 균일하게 비춰지고 있다.

(a) 어떤 균일한 과잉 캐리어 생성 비율이어야 $10^{10}/cm^3$의 균일한 전자농도를 생성할 수 있는가?

(b) cm^3당 얼마의 광학 전력이 흡수되어야 (a)의 과잉 캐리어농도를 얻을 수 있는가? (답을 eV/s-cm^3 단위로 해도 된다.)

(c) 광자 방출을 통해 캐리어가 재결합한다면, cm^3당 대략 얼마의 광학 전력이 생성되겠는가? (답을 eV/s-cm^3 단위로 해도 된다.)

문제 2

(a) "깊은" 포획과 "얕은" 포획의 의미는 무엇인가? 반도체 소자에 어느 것이 더 손해를 끼치는가? 그 이유는 무엇인가? Si 내의 깊은 포획의 예는 어떠한 것이 있는가?

(b) 대역간극보다 약간 높은 광자의 흡수거리가 Si와 GaAs 중 어느 것이 더 긴가? 그 이유는 무엇인가?

(c) 광자의 흡수계수는 광자 에너지에 따라 증가하는가 또는 감소하는가?

문제 3

내부전계가 $\mathscr{E}$인 한 반도체 시료에 대해서 다음과 같은 평형상태 에너지대역도를 고려하라.

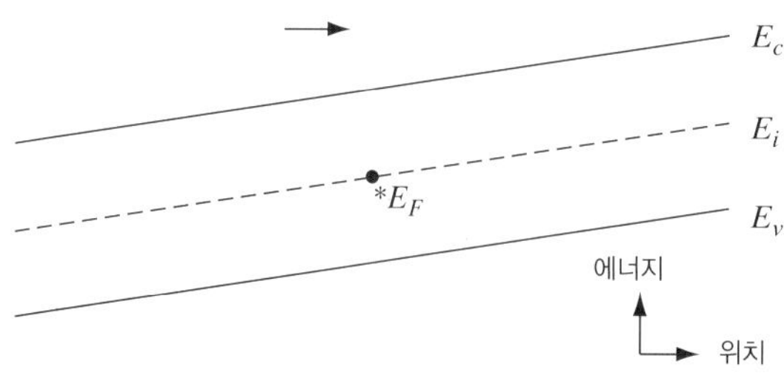

(a) 페르미준위를, 주어진 점 E_F를 지나 위의 에너지대역도의 폭을 가로질러 위치 함수로 그려라.

(b) 에너지대역도에 전계의 방향을 그려라. 전계는 일정한가 아니면 위치에 의존하는가?

(c) 다음의 그래프에서, 전자와 정공의 농도를 시료의 전체 폭을 가로질러 위치의 함수로 그리고 표시하라. 캐리어농도축이 로그함수임을 유의하라. 이때 캐리어농도의 지수함수적인 변화는 직선으로 나타나게 된다. 또한 가로축은 진성 캐리어농도 n_i에 해당한다는 것을 주지하라.

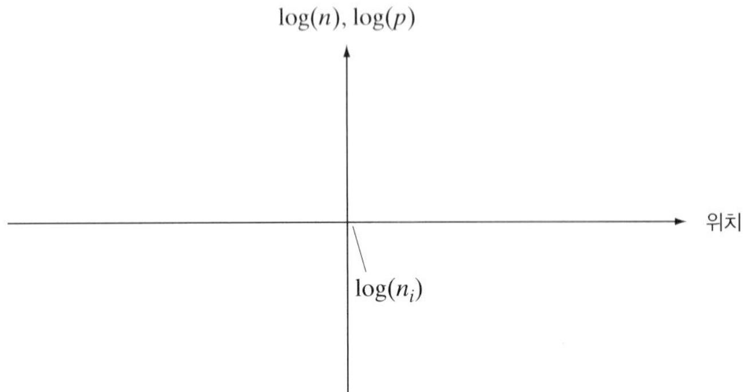

문제 4

(a) 문제 3에서의 평형조건에서, 확산과 표동에 의한 정공과 전자의 속밀도(flux density)의 방향을 나타내어라.

(b) 이 평형조건에서, 확산과 표동에 의한 정공과 전자의 전류밀도 j의 방향을 나타내어라.

문제 5

(a) 반도체 소자에 관한 문제에서 일반적으로 풀어야 하는 관계식들은 무엇인가?

(b) 전도전류의 얼마나 많은 요소가 일반적인 반도체 소자에 있는가? 그것들은 무엇인가?

문제 6

(a) 반도체에서 전계가 오른쪽을 향하고 캐리어농도가 왼쪽으로 증가하는 영역을 생각해 보자. 이 영역에서 표동과 확산에 의한 입자속 ϕ(각각 하나씩 동그라미표 하라)와 전하전류들의 방향 j를 나타내어라.

(b) (a)의 답에 근거하여 이 영역 내에서 표동과 확산에 의한 전하전류들의 방향들을 나타내어라.

Chapter 05

접합

학·습·목·표

1. 평형상태에서의 p-n 접합의 에너지대역도를 만들고, 푸아송 공식을 이용하여 전계와 전압을 계산한다.
2. "이상적인" 다이오드에서 전류의 구성요소를 정하고, 누설 전류가 왜 바이어스의 영향을 받지 않는지를 알아본다; 정류기에의 응용을 공부한다.
3. 도펀트 전하에 의한 공핍 정전용량과 이동 캐리어에 의한 확산 정전용량을 이해한다.
4. 2차적 효과(고준위주입, 공핍영역에서의 생성-재결합, 직렬저항, 경사형 접합)를 이해한다.
5. 진공준위, 전자친화력 및 일함수의 관점에서 금속-반도체 접합(쇼트키와 옴)과 이종접합을 공부한다.

대부분의 반도체 소자는 적어도 p형과 n형 물질 간의 접합(junction) 한 개를 가지고 있다. 이들 p-n 접합은 정류, 증폭, 스위칭, 기타 전자회로의 작용과 같은 여러 기능을 수행하는 기초로 이루어져 있다. 이 장에서는 이 접합에서의 평형상태와 정상상태 및 과도상태 아래에서의 접합을 지나는 전자와 정공의 흐름을 검토하기로 한다. 이어서 금속-반도체의 접합을 검토할 것이다. 이 장에서 살펴볼 접합의 특성을 숙지하면, 이후의 장들에서 특정한 전자소자에 대해 논의할 수 있다.

5.1 p–n 접합의 제작

이 책은 주로 "소자가 어떻게 만들어졌는가" 보다는 "소자가 어떻게 작동하는가"를 다루기는 하지만, 소자 물리학을 이해할 수 있도록 제조공정 전반에 관한 개요도 다룬다. 이미 1장에서 고품질 소자를 위한 단결정 기판과 에피택셜층이 어떻게 성장되고, 도핑이 깊이의 함수로 어떻게 변화될 수 있는지에 관해 논의했다. 하지만 도핑이 어떻게 표면을 따라서 수평적으로 변화될 수 있는지에 관해서는 검토하지 않았는데, 이것은 웨이퍼상에 집적된 소자를 만들 때 중요하다. 그러므로 웨이퍼상에 회로에 대응되어 패턴된 마스크를 형성시키고 마스크에 있는 개구부들을 통해 선택적으로 도펀트를 도입할 수 있는 방법이 필요하다. 우선 현대 집적회로 제조의 토대를 이루는 주요한 공정 단계들을 간략히 언급할 것이다. 비교적 적은 단위공정 단계를 서로 다른 순열과 조합을 이루어 사용함으로써 간단한 다이오드에서 대부분의 복잡한 마이크로프로세서에 이르는 모든 소자에 적용할 수 있다.

5.1.1 열산화

많은 제조공정 단계들은 화학반응을 가속시키기 위해 웨이퍼를 가열하는 과정을 포함한다. 이러한 공정의 중요한 예가 될 수 있는 공정은 SiO_2를 형성시키는 열산화 공정이다. 이 공정은 세라믹 벽돌 절연 외벽(ceramic brick insulating liner)으로 구성된 노(furnace)에 열화 코일을 사용하여 매우 높은 온도(~800 ~ 1000°C)까지 가열될 수 있는 깨끗한 실리카(석영) 관에 한 단위의 웨이퍼들을 배치시키는 과정을 포함한다. 건식 O_2나 H_2O와 같이 산소를 포함하는 가스는 대기압에서 관 속으로 흘려지고, 다른 쪽 끝으로 흘러나가게 된다. 전통적으로 수평로(horizontal furnace)가 사용되었지만(그림 5-1a), 최근에는 수직로(vertical furnace)를 사용하는 것이 일반화되었다(그림 5-1b). 한 단위의 Si 웨이퍼들은 각각이 미립자에 의한 오염을 최소화하기 위해 표면을 아래로 향한 채로 실리카 웨이퍼 홀더(holder)에 놓인다. 그러고 나서 웨이퍼들은 노 속으로 옮겨진다. 전통적인 수평로 속보다 더 균일한 흐름을 제공하기 위해 가스가 위에서 흘러들어와 아래로 흘러나간다. 산화하는 동안의 전반적인 반응들은 다음과 같다.

$$Si + O_2 \rightarrow SiO_2 \text{ (건식 산화)}$$

$$Si + 2H_2O \rightarrow SiO_2 + 2H_2 \text{ (습식 산화)}$$

두 경우 모두에 있어서, Si는 기판의 표면에서부터 소모된다. SiO_2가 매 마이크로 단위로 성장될 때마다 0.44 μm의 Si가 소모되어 SiO_2층은 산화과정에서 소모된 이 Si층 체적의 2.2배만큼 확장된다. 산화과정은 강산화성 분자들(O_2 또는 H_2O)이 이미 성장되어 있는 산화물을 통해 확산되어 위 산화반응이 일어나는 Si-SiO_2 계면까지 도달하게 함으로

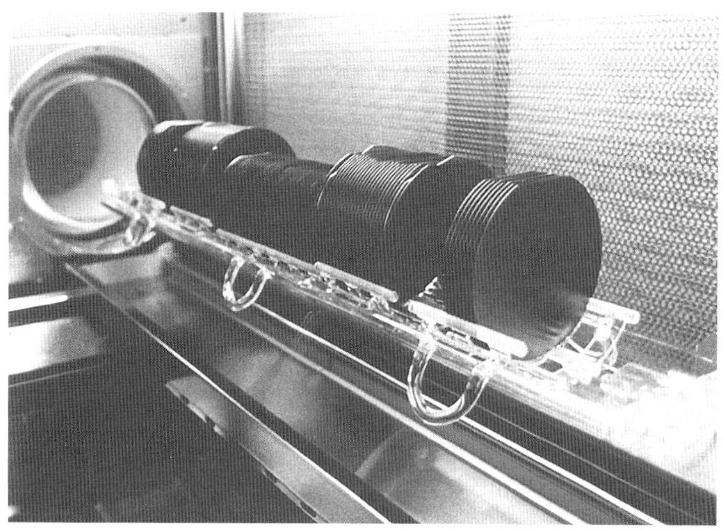

그림 5-1a 노에 장착되는 실리콘 웨이퍼. 8인치 이상의 웨이퍼에 대해서는 이러한 형의 수평장착은 종종 수직로에 의해 대체된다.

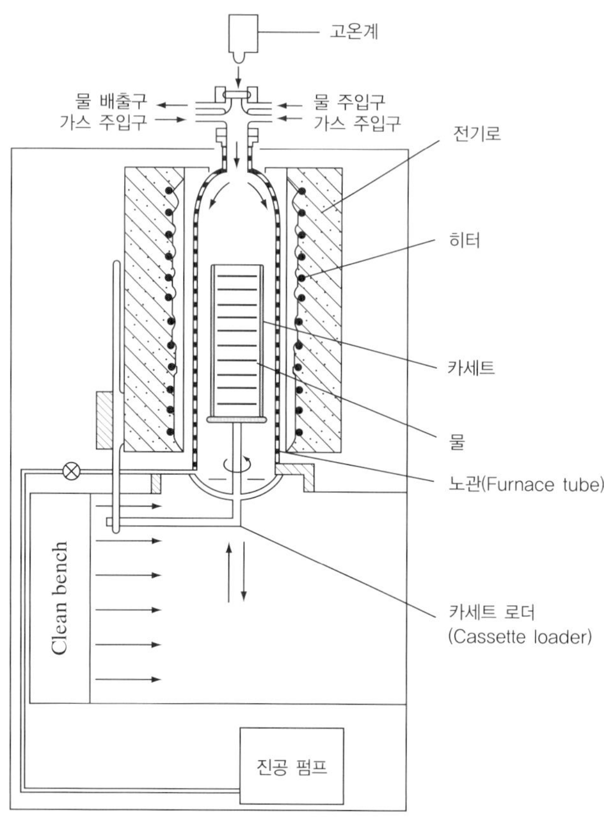

그림 5-1b 큰 Si 웨이퍼를 위한 수직로. 실리카 웨이퍼 홀더는 Si 웨이퍼를 로드(load)해서 산화나 확산 또는 증착작업을 위해 그림 5-1a의 노 속으로 옮긴다(도쿄 일렉트론 사진 제공).

써 진행된다. Si 집적회로가 존재하게 된 매우 중요한 이유(좀더 확장하여 말하면, 현대의 컴퓨터가 존재하게 된 이유) 중 하나는 안정한 열적 산화가 아주 우수한 계면에서의 전기 특성(interface electrical property)을 가진 Si 위에 성장될 수 있다는 것이다. 다른 반도체 재료들에는 이와 같이 유용한 원산화막(native oxide)이 없다. 현대의 전자기술과 컴퓨터 기술은 이렇게 간단한 산화과정 덕분에 존재할 수 있다고 말할 수 있다. 부록 VI에 시간의 함수인 산화물 두께 곡선이 서로 다른 온도에 대해 (100) 방향 Si의 건식 산화와 습식 산화에 관해 나타나 있다.

5.1.2 확산

과거에 IC 공정에서 광범위하게 사용되었던 또 다른 열처리과정은 그림 5-1a에 있는 노에서 생기는 도펀트(dopant)의 열에 의한 내부로의 확산(indiffusion)이다. 먼저 웨이퍼가 산화되고 각각 5.1.6절과 5.1.7절에서 기술되듯이 사진석판공정(photolithography) 단계와 식각(etching) 단계를 거쳐 산화막에 개구부가 만들어진다. 붕소(B), 인(P), 비소(As)와 같은 도펀트들은 일반적으로 가스나 증기 소스(source)를 사용해서 고온(~800 ~ 1100°C)의 확산로(diffusion furnace) 내에서 패턴된 웨이퍼 안으로 도입된다. 도펀트들은 4.4절의 캐리어에 대한 기술(description)과 유사하게, 점진적으로 표면 근처의 고농도 영역에서 확산을 통해 기판 속으로 이동한다. Si에서 용해될 수 있는 불순물의 최대값(고용도)이 다양한 불순물에 대해 온도의 함수로서 나타나 있다.[1] 고체에서의 도펀트 확산계수인 D는 온도 T에 대해 강한 아리니우스(Arrhenius) 의존성을 갖는다. 이것은 $D = D_0 \exp-(E_A/kT)$로 주어지는데, 여기서 D_0는 재료와 도펀트에 의존하는 상수이고, E_A는 활성화 에너지이다. 불순물이 확산하는 평균 거리는 4.4.4절에서 살펴본 것처럼 확산거리에 관계되어 있다. 이 경우에, 확산거리는 $\sqrt{Dt}$이다. 여기서 t는 공정시간이다. Dt는 때때로 **열예산**(*thermal budget*)이라고도 한다. 온도에 대한 확산계수의 아리니우스 의존성은 확산에서 왜 높은 온도가 요구되는지를 설명한다. 온도가 높지 않다면 확산계수는 훨씬 더 작을 것이다. D는 T에 따라 지수적으로 변화하기 때문에, 확산의 분포(profile)(그림 5-2)를 제어하기 위해서는 몇 도 이내로 아주 정밀하게 노의 온도를 제어하는 것이 매우 중요하다. 도펀트는 산화막 내에서 확산계수가 매우 작기 때문에 산화막에 의해서 효과적으로 차단된다. Si와 SiO_2에서 측정된 다양한 도펀트들의 확산계수가 온도의 함수로 부록 VII에 나타나 있다. 확산 분포 제어의 어려움과 높은 고온을 요구하는 공정 때문에 5.1.4절에서 검토되는 것과 같이, 도핑기술로서 확산 대신 이온주입을 사용한다.

더 큰 Si 웨이퍼를 사용하는 경향성이 많은 공정 단계를 변화시켰다. 예를 들어, 8인치나 그보다 큰 웨이퍼들은 전통적인 수평로(그림 5-1a)보다는 수직로(그림 5-1b)에서 가장 잘 다루어질 수 있다. 또한 큰 웨이퍼들은 흔히 다양한 증착과 식각, 그리고 주입공정들

1) 참고자료: **F. A. Trumbore**. "Solid Solubilities of Impurity Elements in Si and Ge." Bell System Technical Journal 39 (1), 205?233 (January 1960) copyright 1960, The American Telephone and Telegraph Co.

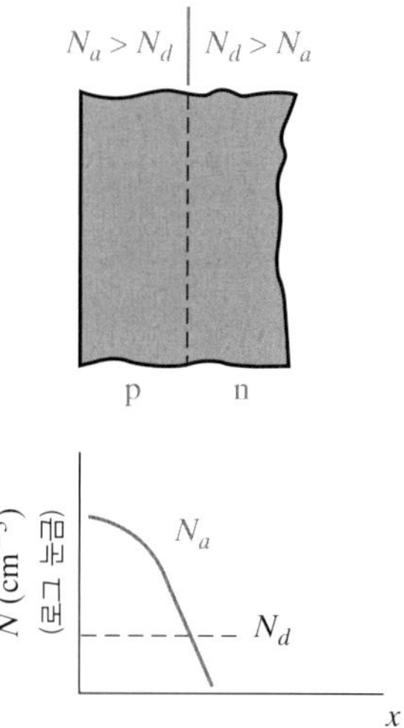

그림 5-2 확산에 대한 불순물농도의 분포

때문에 개별로 다루어진다. 그런 단일 웨이퍼 공정 때문에 빠르고 정확한 조작을 수행하는 로봇시스템이 개발되었다.

확산하는 동안 임의의 시간에서의 이 시료 속의 불순물 분포는 적당한 경계조건을 사용한 확산방정식의 해로부터 계산될 수 있다. 위에서 언급한 시료 표면에서 도펀트 원자의 소스가 한정되어 있다면(즉, 확산 전에 Si 표면에 증착된 원자수가 주어져서 일정한 경우), 식 (4-44)($x > 0$인 경우)로 기술되는 것과 같은 가우스 분포가 얻어진다. 한편 도펀트 원자가 계속해서 공급되어 표면농도가 일정한 값을 유지한다면, 불순물 분포는 **상보오차함수**(*complementary error function*)를 따르게 된다. 그림 5-2에서 볼 수 있듯이 이 시료에는 도입한 억셉터의 농도가 초기의 n형 시료에 있는 바탕의 도너농도와 꼭 같게 되는 어떤 시점이 있다. 이 지점이 p-n 접합의 위치이며, 그림 5-2의 시료에서 이와 같은 접합부보다 왼쪽으로는 억셉터 원자가 주가 되어 이 물질은 p형인 데 반하여, 이 접합부보다 오른쪽으로는 바탕의 도너 원자가 주축을 이루어 그 물질은 n형이 된다. 이 시료의 표면 아래로 있는 접합부의 깊이는 확산의 시간과 온도로 정확하게 제어할 수 있다(연습문제 5.2).

그림 5-1a의 수평 확산로에서, 확산 중에는 Si 웨이퍼를 이 관 속에 넣고 불순물 원자는 실리카 관을 통해 흐르는 가스 속에 도입해 준다. Si에서의 확산을 위한 보편적인 불순물 소스 물질은 붕소의 경우는 B_2O_3, BBr_3 및 BCl_3이며, 인의 소스로는 PH_3, P_2O_5 및 $POCl_3$가 있다. 고체 소스는 시료(즉, Si 웨이퍼)로부터 상류 쪽에서 실리카 관 내에 넣어두거나 같은 노 속의 별도의 가열대역 부분에 놓아둔다. 기체 소스는 가스유량제어시스템 속으로 직접 계량하여 넣을 수 있으며, 액체 소스는 불활성 캐리어 가스를 노관 속으로 도입하기 전에 그 액체를 통과시켜서 발포(bubble)시킨다. Si 웨이퍼는 실리카로 된 “보트”(boat: 배 모양의 용기, 그림 5-1a)에 넣어두고 실리카 막대로 노 속의 적절한 위치로 밀어넣고 또 끌어낼 수 있다.

이들 공정의 각 단계에서 요구되는 정결도(degree of cleanliness)를 기억해 두는 것은 중요하다. 대표적인 도핑농도는 100만분의 1 또는 그 이하이므로 정결도와 물질의 순도는 매우 중요하다. 따라서 불순물 소스와 캐리어 가스는 극도로 순수해야 하며 실리카 관, 시료 지지대 및 삽입봉(pushrod)은 사용에 앞서 세척하고 불화수소산(HF)으로 식각해야 한다(사용중에 원치 않는 불순물이 도입되지 않는다면 관의 청결도는 그대로 유지될 수 있다). 끝으로 Si 웨이퍼 자체는 확산에 앞서 그의 표면으로부터 원치 않는 SiO_2도 제거할 수 있게 HF를 함유한 최종 식각(과정)을 합쳐서 정교한 세척과정을 거쳐야 한다.

5.1.3 급속 열처리 공정

예전에는 노 속에서 하던 많은 열처리 단계가 점차적으로 급속 열처리 공정(*rapid thermal processing*; *RTP*)을 사용해 행해지고 있다. 이 단계는 다음 문단에서 검토되는 것과 같이 급속한 열산화, 이온주입 뒤의 어닐링 그리고 화학기상증착을 포함한다. 간단한 RTP 시스템이 그림 5-3에 나타나 있다. 온도가 급격히 변할 수 없는 종래의 노 속에 큰 묶음의 웨이퍼를 한 번에 넣는 것 대신에, 단일 웨이퍼가, 둘레에 금으로 도금된 반사기를 가진 고출력(수십 kW)의 텅스텐-할로겐 적외선 램프층으로 둘러싸인 채, (미립자를 최소화하기 위해 표면은 아래쪽으로 향하고) 열질량이 작은(low-thermal-mass) 석영 핀에 고정된다. 이 램프를 켬으로써, 고강도 적외선 방사가 석영실(chamber)을 통해 이루어지고 웨이퍼에 의해 흡수되어 이 웨이퍼의 온도가 매우 급속히 올라가게 된다(~50 ~ 100°C/s). 가스흐름이 방 안에서 안정된 후에는 (원하는) 공정온도까지 재빨리 도달될 수 있다. 공정이 끝날 즘에 램프가 꺼지면, 앞서 말한 대로 노와 비교해 RTP 시스템이 훨씬 열질량이 작기 때문에 웨이퍼 온도는 급속히 떨어진다. 따라서 RTP에서 온도는 반응을 시작하거나 멈추게 하는 "스위치"로서 필수불가결하게 사용된다. RTP는 두 가지 중요한 사항, 즉 큰 웨이퍼 전반에서의 온도 균일성과 써모커플(thermocouple)이나 고온계(pyrometer)와 같은 것을 사용한 정밀한 온도 측정을 보장해야 한다.

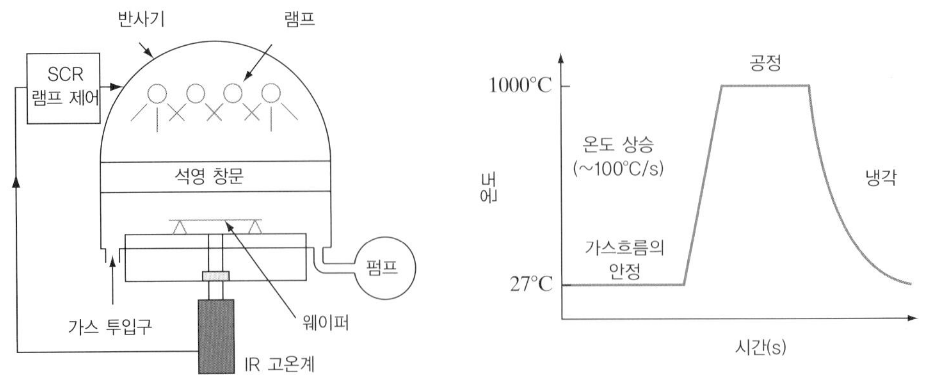

그림 5-3 급속 열처리 공정의 개요도와 전형적인 시간-온도 분포

모든 열처리 공정 단계에서 중요시되는 파라미터는 열예산인 Dt 이다. 일반적으로 과도한 Dt 곱은 초소형 소자에게는 결정적일 수 있는, 조밀한 도핑 분포를 제어하지 못하게 하기 때문에 이 양을 최소화하려고 노력한다. 노 공정에서 열예산을 최소화하기 위해 D 가 작도록 최대한 낮은 온도로 작업한다. 한편 RTP는 이보다 더 높은 온도(~1000°C)로 동작하지만 (노 속에서는 수 분 내지는 수 시간 동안임에 비해) 단지 몇 초 동안만 동작한다.

5.1.4 이온주입법

고온확산에 대한 유용한 대안으로서 반도체 속으로 강력한 에너지의 이온의 직접적인 주입(implantation)이 있다. 이 과정에서는 불순물 이온빔(beam, 묶음)을 그의 운동에너지가 수 keV에서 수 MeV에 이르는 범위로 가속시켜 반도체 표면으로 향하게 한다. 이 불순물 원자는 결정 속으로 들어감에 따라 그들의 에너지를 충돌하는 격자에 주며, 결국 투영비정(*projected range*)이라는 어떤 평균적인 침투깊이에 이르러 정지하게 된다. 불순물의 종류와 주입에너지에 따라 반도체에서의 이 거리는 수 100 Å에서 약 1 μm까지 변할 수 있다. 대개의 이온주입에서는 그림 5-4와 같이 이온들은 R_p를 중심으로 거의 대칭의

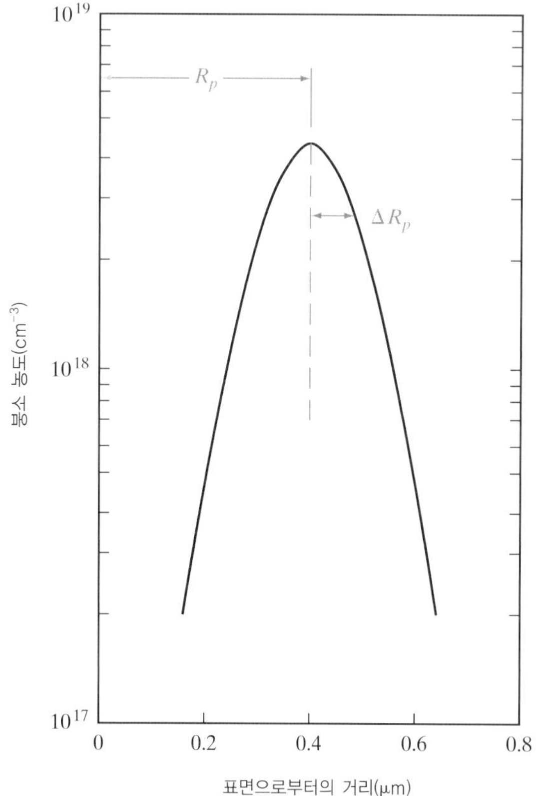

그림 5-4 주입 불순물 분포: 투영비정 R_p를 중심으로 한 붕소원자의 가우스 분포(이 예에서는 140 keV로 주입된 붕소 10^{14} 원자/cm^{2}의 투여량)

형태로 분포되어 정지한다. 이온주입된 투여량, ϕ(이온/cm^2)는 대체로 다음의 가우스 공식으로 분포된다.

$$N(x) = \frac{\phi}{\sqrt{2\pi}\Delta R_p} \exp\left[-\frac{1}{2}\left(\frac{x - R_p}{\Delta R_p}\right)^2\right] \tag{5-1a}$$

여기서 ΔR_p는 분포편차(*straggle*)이며, 피크(peak)의 $e^{-1/2}$이 되는 곳의 분포폭의 반을 나타낸다(그림 5-4). R_p 및 ΔR_p는 이온주입 에너지가 증가함에 따라 증가한다. 이 파라미터들을 Si에 주입되는 여러 원소에 대하여 에너지의 함수를 보여주고 있다.[2)]

대표적인 이온주입장치를 그림 5-5에 대략적으로 나타내었다. 원하는 불순물을 함유하는 가스를 **소스** 속에서 이온화시켜 **가속관**(*acceleration tube*) 속으로 뽑아낸다. 원하는 운동에너지까지 가속한 다음 그 이온은 **질량분리기**(*mass separator*)를 통과시켜 원하는 이온의 종류들만이 확실하게 **표동관**(*drift tube*)으로 들어가게 한다.[3)] 다음 이온빔은 집속되고 정전적으로 **표적실**(*target chamber*)의 웨이퍼 표면 위를 주사하게 된다. 래스터(raster) 모양으로 되풀이되는 주사로 웨이퍼 표면에 각별히 균일한 도핑이 이루어진다. 표적실에는 보통 매 시간당 많은 웨이퍼에 이온주입공정을 진행시킬 수 있게 자동 웨이퍼 조작장치가 포함되어 있다.

주입의 분명한 장점은 그것이 비교적 낮은 온도에서 이루어질 수 있다는 것이며, 이것은 도핑층에 먼저 확산을 행한 영역을 혼란시키지 않고 이온주입이 가능함을 의미한다. 이 이온은 금속 또는 감광막 층으로 저지할 수 있으며, 따라서 5.1.6절에서 설명한 사진석판기법을 사용해서 이온주입으로 도핑을 행할 (부분의) 도형을 확정할 수 있다. 이 방법으로 매우 얇은(10분의 수 μm) 그리고 명확하게 한계가 이루어진 도핑을 얻을 수 있다. 다음 장들에서 알게 되겠지만, 많은 소자들이 얇은 도핑층을 필요로 하며 이온주입기법으로 개

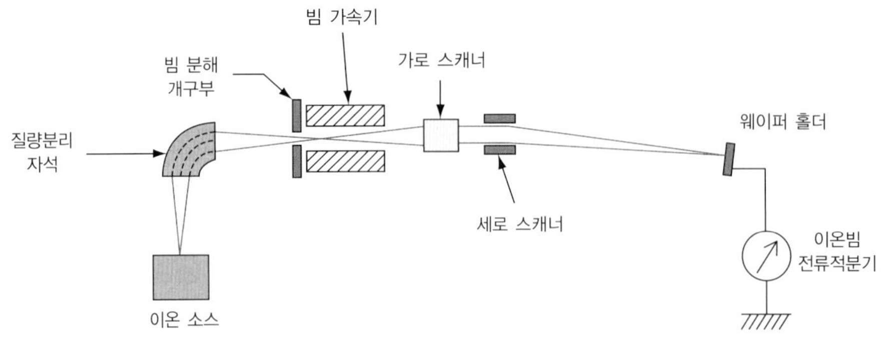

그림 5-5 이온주입장치의 개요도

2) 참고자료: **J. F. Gibbons, W. S. Johnson, and S. W. Mylroie**. *Projected Range Statistics: Semiconductors and Related Materials*. Stroudsburg: Dowden, Hutchison and Ross, 1975. SiO_2 안에서 투시범위는 Si에서의 투시범위와 매우 비슷하다.

3) 많은 이온주입장치에서 질량분리는 이온이 높은 에너지로 가속되기 전에 일어난다.

선될 수 있다. 더욱이, 반도체 속으로 손쉽게 확산하지 않는 불순물을 주입시킬 수 있다.

이온주입의 중요한 장점 중 하나는 도핑농도를 정확하게 조절할 수 있다는 데 있다. 이온빔 전류는 주입 중에 정확하게 측정할 수 있으므로 불순물의 정확한 양이 주입될 수 있다. 이 도핑준위에 대한 제어는 웨이퍼 표면상에서의 주입의 균일성과 더불어 이온주입을 Si 집적회로 제작에 있어 각별히 매력적인 것으로 만들어 주고 있다(9장 참조).

이 도핑방법의 한 가지 문제점은 이온과 격자원자의 충돌로부터 생기는 격자의 손상이다. 그러나 Si의 경우는 이온주입 후 결정을 가열함으로써 이 손상의 대부분을 제거할 수 있다. 이 과정을 어닐링(*annealing*)이라 한다. Si는 어려움 없이 1000°C를 초과하는 온도까지 가열할 수 있으나, GaAs와 일부 다른 화합물들은 높은 온도에서 분해하기 쉽다. 예를 들어, 어닐링 중에 GaAs 표면으로부터의 As의 증발은 시료를 손상시킨다. 따라서 어닐링 동안에는 규소질화물(silicon nitride)의 박층으로 GaAs를 둘러싸는 것이 보통이다. 어닐링에 대한 다른 취급방법은 종래의 노보다는 RTP를 사용해서 매우 짧게(약 10 s) 시료를 가열하는 것이다. 어닐링은 주입된 종(species)의 몇 가지 원치 않는 확산을 만들어 낸다. 따라서 어닐링 시간과 온도를 최적화함으로써 이러한 확산을 최소화시키는 것이 바람직하다. 어닐링 후의 도핑 분포는 다음 식으로 주어진다.

$$N(x) = \frac{\phi}{\sqrt{2\pi}(\Delta R_p^2 + 2Dt)^{1/2}} \exp\left[-\frac{1}{2}\left(\frac{(x - R_p)^2}{\Delta R_p^2 + 2Dt}\right)\right] \tag{5-1b}$$

5.1.5 화학기상증착

여러 단계의 소자 공정을 거쳐서 박막 유전체와 반도체 그리고 금속을 웨이퍼 위에 형성시킨 후 패턴하고 식각해야 한다. 우리는 벌써 이러한 과정에 포함된 중요한 예 중 하나인 Si의 열산화를 검토했다. SiO_2 박막은 또한 저압(~100 mTorr)[4]화학기상증착(*low pressure* chemical vapor deposition; LPCVD)(그림 5-6)이나 PECVD(plasma-enhanced CVD)에 의해 형성될 수 있다. 주요한 차이는 열산화는 기판으로부터 Si를 소모하고 매우 고온을 요구하는 반면에, 기판으로부터 Si를 소모하지 않고 훨씬 더 저온에서 행해질 수 있다는 점이다. CVD 과정은 SiH_4와 같은 Si를 포함하는 가스를 산소를 포함하는 선구물질(precursor)과 반응시켜 화학반응을 일으켜서 기판 위에 SiO_2를 증착한다. SiO_2를 증착시킬 수 있는 것은 어떤 응용에서는 매우 중요하다. 복잡한 소자 구조가 만들어질 때는, Si 기판이 반응을 할 수 없거나 웨이퍼 위에 매우 높은 온도를 견디지 못하는 금속화 공정이 있을 수도 있다. 그런 경우 CVD는 필수적인 대안이다.

비록 우리가 SiO_2의 증착을 중요한 예제로서 사용했지만, LPCVD는 Si_3N_4(silicon nitride) 그리고 다결정이나 비정질 Si와 같은 다른 유전체를 증착하는 데도 널리 사용된

4) Torr 또는 Torricelli = 1 mm Hg 또는 133 Pa

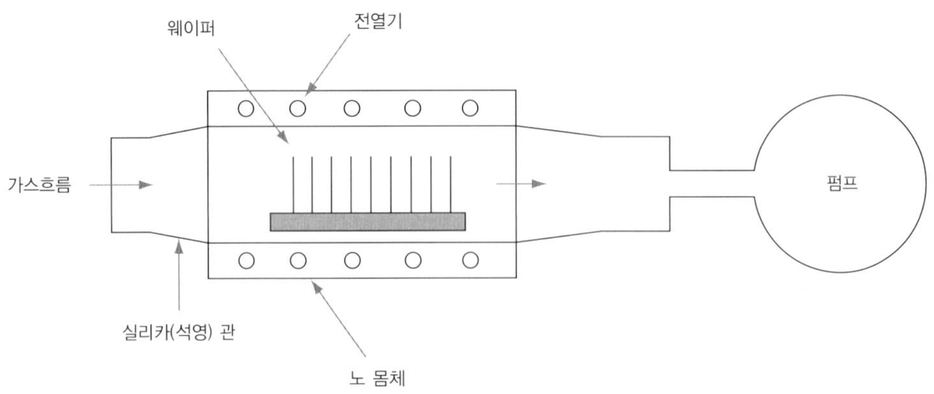

그림 5-6 저압화학기상증착(LPCVD) 반응기

다. 또한 1장에서 검토된 Si의 VPE나 화합물 반도체의 MOCVD는 박막을 증착시켜야 할 뿐만 아니라, 단결정의 성장도 지속해야 하는 특별하고 더 어려운 CVD의 예라는 것이 분명하다.

5.1.6 사진석판

복잡한 회로구성에 대응하는 패턴은 사진석판(*photolithography*)을 사용하여 웨이퍼 위에 형성된다. 이것에는 먼저 패턴이 존재하는 투명한 실리카(석영) 판인 레티클(*reticle*)을 만드는 과정이 포함된다(그림 5-7a). 마스크상의 불투명한 영역은 철 산화막(iron oxide)과 같은 자외선영역의 빛을 흡수하는 층으로 구성된다. 레티클은 보편적으로 전체 웨이퍼[이러한 경우는 마스크(mask)라고 불린다]보다는 단일 칩(*chip*)이나 다이(*die*)에 상응하는 패턴을 포함한다. 이것은 통상 패턴 생성 소프트웨어를 사용해서 회로의 레이아웃 데이터를 기초로 한 컴퓨터에 의해 제어되는 전자빔으로 만들어진다. 전자빔 감광제(resist)라는 전자빔 감지 물질로 이루어진 얇은 막이 철 산화막으로 덮여진 석영판 위에 입혀지고 이 감광제는 전자빔에 의해 노광된다. 일반적으로 감광제는 전자나 광자와 같이 에너지가 높은 입자에 노광되면 화학적 변화를 겪도록 만들어진 얇은 유기 폴리머층이다. 이러한 감광제는 요구되는 패턴에 대응되도록 선택적으로 노광된다. 노광 후에 이 감광제는 화학용액에서 현상된다. 일반적으로 두 종류의 감광제가 있다. 현상물질은 노광된 재료를 제거하거나[양각(*positive*) 감광제] 노광되지 않은 재료를 제거[음각(*negative*) 감광제]하는 데 사용된다. 그 뒤에 철 산화막층이 적당한 패턴을 만들어내기 위해 플라즈마 속에서 선택적으로 식각되어 없어진다. 보편적인 집적회로를 만들기 위해 서로 다른 공정 단계와 관련해서 12개나 그 이상의 레티클들이 요구된다.

Si 웨이퍼는 먼저 이 웨이퍼 위에 액체 감광제를 투여하고 균일한 코팅을(~0.5 μm) 위해 웨이퍼를 급속히 회전시킴으로써(~3000 rpm), 감광막(*photoresist*)이라 불려지는 자외

그림 5-7a 16 Mb의 동적 랜덤 접근방식 메모리(dynamic random access memory; DRAM) 공정 중 한 단계에 사용되는 사진석판공정의 레티클. "스텝퍼(stepper)" 투영 노출 시스템에서 자외선을 유리판을 통해 비춰 하나의 다이에 해당하는 감광막을 통해 이미지가 웨이퍼 위에 투영되도록 한다. 그 후에 다음 다이로 이동한다(IBM 사진 제공).

선 감지 유기물질이나 감광유제(photoemulsion)로 덮여진다. 위에서 언급했듯이 감광제에는 두 종류가 있는데, 레티클에 있는 이미지와 비교해 반대 극성의 이미지를 형성하는 음각과 (같은 극성을 만드는) 양각이 있다. 현재는 양각 감광제가 음각을 대체하고 있는데, 그 이유는 그것이 자외선을 사용해서 0.25 μm 이하의 훨씬 더 나은 해상도를 달성할 수 있기 때문이다. 이 빛은 레티클을 통해 감광제로 덮여진 웨이퍼 위에 비춰져서 노광된 영역을 산성화시킨다. 계속해서 노광된 웨이퍼는 NaOH의 염기성 용액에서 현상되어 노광된 감광제를 식각시킨다. 이것으로 인해 레티클상의 패턴이 웨이퍼 위의 다이에 옮겨진다. 남겨진 감광제는 경화되기 위해 ~125°C에서 구워져서 단단해진 후에는 감광제 패턴에 따라 생긴 개구부를 통해 도펀트를 주입하거나 밑에 있는 층을 플라즈마 식각하는 것과 같은 적당한 공정 단계가 수행될 수 있다.

웨이퍼의 노광은 **스텝퍼**(*stepper*)라 불리는 stepand-repeat 시스템에서 다이마다 이루어진다(그림 5-7b). 그 이름이 암시하듯이, 자외선은 하나의 다이 위치마다 레티클을 통해 선택적으로 비춰진다. 노광이 행해진 후에 웨이퍼는 정밀하게 제어되는 *x-y* 평형 조작대(translation stage) 위에서 다음 다이 위치로 기계적으로 움직여져 다시 노광된다. 레티클상의 패턴을 웨이퍼상에 있는 기존의 패턴과 연계하여 정밀하게 정렬할 수 있는 능력은 매우 중요하다. 그리고 이것이 바로 이 기계가 **마스크 정렬기**(*mask aligner*)로 알려진 이유이기도 하다. 이런 "스텝퍼" 투영시스템의 장점은 웨이퍼 전반에 걸친 표면 평탄도의 미소 변화에 대처하기 위해 재초점화(refocusing)와 재정렬화(realignment)가 가능하다는 것이다. 이것은 매우 큰 웨이퍼에 초소형 선폭을 찍을 때 특히 중요하다. 현대의 IC 제조공정은 깊은 자외선광(deep ultraviolet light) 소스, 정밀한 광학적 투영시스템, 각각의 마스크층 사이의 정렬(registration)에 대한 기술, 그리고 스텝퍼 디자인에서 지금까지 쌓여온 수많은 기술 향상 때문에 성공했다.

(식각과 함께) 사진석판공정이 그렇게 결정적이게 된 이유는 그것이 개개의 소자(즉, 트

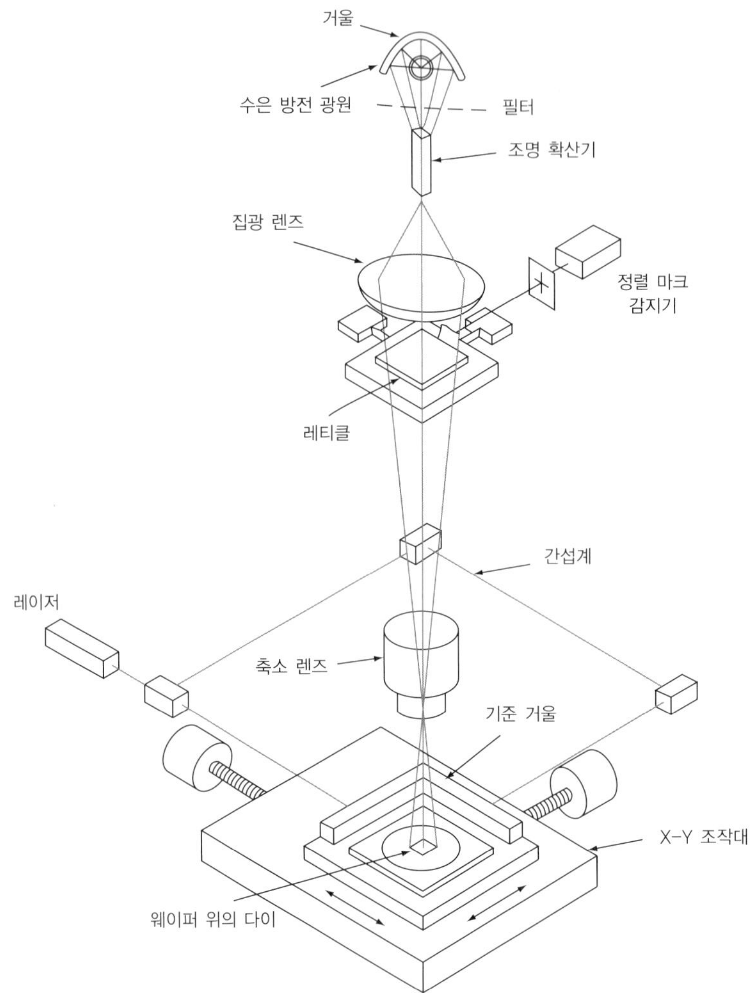

그림 5-7b 광학적 스텝퍼의 개요도

랜지스터)가 얼마나 작고 정밀하게 집적되도록 만들 수 있는지를 분명하게 결정한다는 사실에 있다. 우리는 더 작은 소자가 보다 고속이고 전력소비가 적다는 측면에서 더 잘 동작한다는 것을 알게 될 것이다. 현대의 사진석판기술을 그렇게 어렵게 한 이유는 패턴의 크기가 그것에 사용되는 빛의 파장과 비슷하다는 사실에 있다. 이런 환경하에서는 간단한 기하학적인 광선광학을 사용해서 빛의 전파를 취급할 수는 없다. 오히려 회절현상에 의해 빛의 파동 특성이 명백하게 드러나는데 이것이 패턴의 제어를 더 어렵게 한다. 회절에 의해 제한된 최소 기하구조(*diffractionlimited minimum geometry*)는 다음에 의해 주어진다.

$$l_{min} = 0.8\ \lambda/NA \qquad (5\text{-}2a)$$

여기서 λ는 빛의 파장이고 $NA(\sim 0.5)$는 개구수(numerical aperture), 즉 정렬기에 사용되는 렌즈의 "크기"이다. 이 식은 세밀한 패턴의 경우에는 더 큰 렌즈(그러므로 더 비싸다)

와 더 짧은 파장의 빛으로 작업해야 함을 암시한다. 결과적으로 더 작은 기하구조는 더 짧은 파장을 요구한다. 이것은 그림 5-7b에서 볼 수 있듯이, UV 수은 램프 광원(0.365 μm)을 ArF(argon fluoride) 엑시머(excimer) 레이저로(λ = 0.193 μm) 대체하도록 압박을 가했다. 위상천이 마스크(phase-shift mask), 광학 근접 보정(optical proximity correction), 축이탈(off-axis) 조명을 이용한 새로운 노광기술은 푸리에(Fourier) 광학을 이용하여 해상도를 사용된 파장보다 비슷하거나 작게 만들어낸다. 또한 차세대 사진공정용으로 플라즈마를 이용한 아주 작은 파장을 만드는 극자외선(extream ultraviolet; EUV) 광원(13 nm)에 대한 관심이 있다. 더 작은 파장을 이용한 X선 사진공정에 대한 많은 연구가 있었지만, 생산용으로는 실용적이지 않아 보인다. 새로 개발된 감광막에 몰드(mold)를 이용하여 패턴을 각인(imprinting)하는 방법은 전망이 좋은데, 이렇게 함으로써 광학적 사진공정의 회절 한계를 극복할 수 있다.

사진공정에서 다른 중요한 파라미터는 아래와 같이 주어지는 소위 **초점깊이**(*depth-of-focus*; *DOF*)라는 것이다.

$$\mathrm{DOF} = \frac{\lambda}{2\,(NA)^2} \tag{5-2b}$$

이 DOF는 우리에게 이미지의 질이 섬세해지는 초점면 주위의 거리상의 범위를 알려 준다. 불행히도 이 표현식은 매우 짧은 파장을 사용한 노출은 DOF가 안 좋아진다는 것을 암시한다. 이러한 점은 공정하는 동안 칩상의 연결이나 "언덕과 골짜기"가 광학에서 허용된 DOF보다 더 클 수 있기 때문에 큰 문제를 만든다.

따라서 우리는 제조과정에 **화학적–기계적 연마**(*chemical mechanical polishing*; *CMP*)를 사용해 표면을 평면화하는 단계를 첨가해야 한다. 이 이름이 암시하듯이 평면화 공정은 부분적으로는 본질적으로 (염기성 용액을 사용하는) 화학작용이고, 부분적으로는 연마할 수 있는 현탁액을 사용하여 층을 기계적으로 연마하는 작용이다. 1.3.3절에 기술되었듯이, CMP는 NaOH 용액에서 미세한 SiO_2 입자의 현탁액을 사용해서 이루어진다.

회절에 의해 제한된 기하구조에 대한 표현식[식 (5-2a)]은 왜 전자빔을 사용한 사진석판 공정에 그렇게 많은 관심이 있는지를 설명한다. 드브로이(de Broglie) 정리는 입자의 파장은 그것의 운동량과 역비례한다는 사실을 말해 준다.

$$\lambda = \frac{h}{\mathrm{p}} \tag{5-2c}$$

그러므로 더 크거나 에너지가 큰 입자들은 더 짧은 파장을 갖게 된다. 전자빔을 생성하고 초점을 만들고 휘게 하는 것은 쉽다. 10-keV의 전자는 약 0.1 Å의 파장을 가지므로, 선폭은 초점의 크기와 이 초점의 감광막과의 상호작용에 의하여 제한된다. 웨이퍼상의 감광막에 직접 전자빔 묘화법을 이용하여 0.1 μm 선폭을 그릴 수 있다. 더욱이 컴퓨터로 제어되는 전자빔 노광에는 마스크가 필요 없다. 이 장점 때문에 칩 위에 극도로 높은 밀도의 회로요소들을 집적할 수 있게 되지만, 복잡한 패턴을 직접 묘화하는 것은 시간이 많이 걸린다. 전자빔을 사용한 웨이퍼의 노광에 요구되는 시간 때문에, 레티클을 만들기 위해서만 전자빔을 사용하고(그림 5-7a) 광자를 사용하여 웨이퍼의 감광막을 노광시키는 방법을 사용하는 것이 일반적으로 더 유리하다. 다른 방법은 전자빔 투영사진공정(electron projection lithograpy; EPL)인데, 이는 생산성 문제를 해결하기 위해서 초점이 맞춰진 전자빔을 조정하는 대신에 마스크를 사용하는 방법이다.

5.1.7 식각

감광막 패턴이 형성된 뒤에 그 패턴은 아래에 있는 물질을 식각(etching)하는 마스크로서 사용될 수 있다. 초창기 Si 기술에서 식각과정은 습식 화학작용을 통해 이루어졌다. 예를 들어, 희석된 HF는 우수한 선택도(*selectivity*)로서 Si 기판 위에 성장된 SiO_2층을 식각하는 데 사용될 수 있다. 여기서 선택도라는 용어는 HF가 SiO_2는 공격하지만 아래에 있는 Si 기판이나 감광막 마스크에는 영향을 미치지 않는다는 사실을 나타낸다. 비록 많은 습식 식각이 선택적이라 할지라도, 그들은 불행히도 수직방향으로 식각하는 속도만큼의 빠르기로 수평방향으로도 식각하는 등방성(*isotropic*)이다. 이것은 초소형 모양에는 받아들여질 수 없는 것이다. 그러므로 습식 식각은 선택적이면서 (수직방향으로는 식각하지만 표면과 평행한 방향으로는 식각하지 않는) 비등방성(*anisotropic*)이기도 한 건식 식각과 플라즈마 기반의 식각으로 대부분 대체되었다. 현대의 IC 공정에서 습식 화학공정은 주로 웨이퍼를 깨끗이 씻는 데 사용된다.

플라즈마는 IC 공정의 전반에 걸쳐 편재한다. 플라즈마 기반의 식각에서 가장 인기 있는 형태는 반응성 이온식각(*reactive ion etching*; *RIE*)으로 알려져 있다(그림 5-8). 보편적인 공정에서는 CFC(chlorofluorocarbon)와 같은 적당한 식각가스가 감압된(~1 ~ 100 mTorr) 방으로 흘러들어가서 음극과 양극 양단에 rf 전압을 인가함으로써 플라즈마를 발생시킨다. rf 전압은 이 시스템에 있는 가벼운 전자를 가속시켜 무거운 이온보다 훨씬 더 높은 운동에너지(~10 eV)를 갖게 한다. 고에너지의 전자는 중성 원자와 분자에 충돌하여 래디컬(radical)이라 불리는 이온과 분자조각을 만들어낸다. 웨이퍼는 rf 전력이 인가된 음극에 고정되기 때문에 상대적으로 접지된 실(chamber)은 양극으로서 작용한다. 플라즈마 물리학으로부터 플라즈마 벌크(bulk)가 매우 높은 전도성을 지닌 등전위 영역임에도 불구하고, 상대적으로 낮은 전도성을 지닌 시스(*sheath*)영역(칼집 모양의 덮개처럼 생긴 영역)이 양쪽 전극 근처에 형성된다는 사실을 증명할 수 있다. 또한 (전력이 인가된) 음극의 면적을 (접지된) 양극의 면적보다 더 작게 만듦으로써 음극 근처의 시스전압을 증가시킬 수 있다는 것을 증명할 수 있다. 높은 d-c 전압(~100 ~ 1000 V)이 rf 전력이 인가된 음극 근처에 있는 시스영역에서 만들어지고 양이온이 이 영역에서 가속되어 운동에너지를 얻어 웨이퍼 표면에 수직으로 충돌되도록 한다. 수직으로 이루어지는 이러한 충돌은 비등

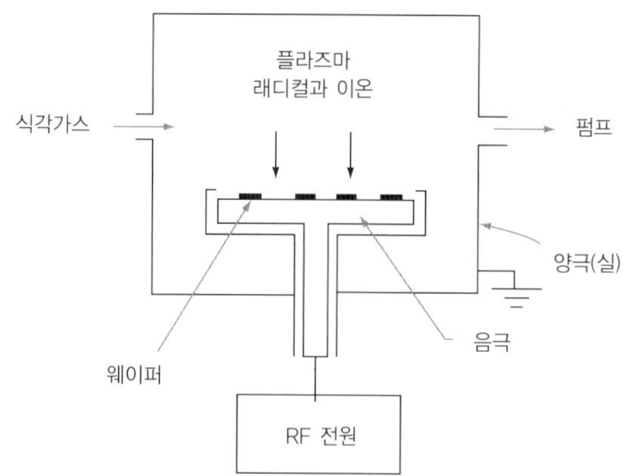

그림 5-8 반응성 이온식각기. 단일 또는 다중 웨이퍼가 이온 폭격을 극대화하기 위해 rf 전력이 인가된 음극에 놓여진다. 그림에 보여진 것은 단지 두 개의 전극을 사용하는 간단한 다이오드 식각기이다. 또한 3극 식각기와 같이 rf 전력을 따로 공급하기 위해서 세 번째 전극을 사용하는 경우도 있다. 대부분의 주로 사용되는 rf 주파수는 13.56 MHz인데, 이것은 무선통신과의 간섭을 최소화하는 산업용으로 사용되는 주파수이다.

방성을 만드는 식각의 물리적 요소로서 기여한다. 그러나 물리적 식각은 다소 비선택적이다. 동시에 이 시스템에 있는 고반응성 래디컬들은 매우 선택적이지만 등방성 화학적 식각을 만들어낸다. 결과적으로는 RIE가 비등방성과 선택도 사이에서 훌륭한 타협점을 이루어 현대의 IC 식각기술의 기간기술이 되었다.

5.1.8 금속화 공정

반도체 소자가 앞에서 기술된 공정방법들로 만들어진 후에는 금속화 공정(metallization)에 의해 서로 연결되어서 결국에는 IC 패키지까지 되어야 한다. 금속박막은 일반적으로 증기화(evaporation, 예를 들어 GaAs 위에 Au를 증착하는 경우)나 스퍼터링(sputtering, 예를 들어 Si 위에 Al을 증착하는 경우)과 같은 물리적인 증기증착기술에 의해 증착된다. Al의 스퍼터링은 (9.3.1절에 기술되는 것과 같이 보편적으로 ~1% Si와 ~4% Cu를 합금시켜 Al의 전기적 특성과 금속적 특성을 향상시킨) Al 타깃(target)을 Ar 플라즈마 속에 잠기게 함으로써 이루어진다. 아르곤 이온은 이 Al과 충돌하여 운동량 전이를 통해 물리적으로 Al 원자를 제거한다(그림 5-9). 타깃으로부터 튀어나온 많은 수의 Al 원자가 타깃과 매우 근접한 곳에 고정된 Si 웨이퍼상에 증착된다. 그런 후에 Al은 금속화 공정의 레티클을 사용해 패턴되고 계속해서 RIE에 의해 식각된다. 마지막으로 그것은 ~450°C로 약 30분 동안 소결(燒結)되어 Si에 훌륭한 전기적, 옴(ohmic) 접촉을 형성한다.

최근에 Si 집적회로에 Al로부터 더 낮은 비저항의 Cu 금속공정으로의 변화가 있다. Cu는 스퍼터링(sputtering)으로 증착 될 수 없다. 대신에 칩에 전기도금 한다. Cu 금속공정은 Cu가 Si 내에서 빨리 확산 되어 깊은 포획(deep trap)으로 작용하기 때문에 큰 어려움을 만든다. 그러므로 Cu를 전기도금하기 전에 Ti와 같은 금속 장벽(barrier metal)을 먼

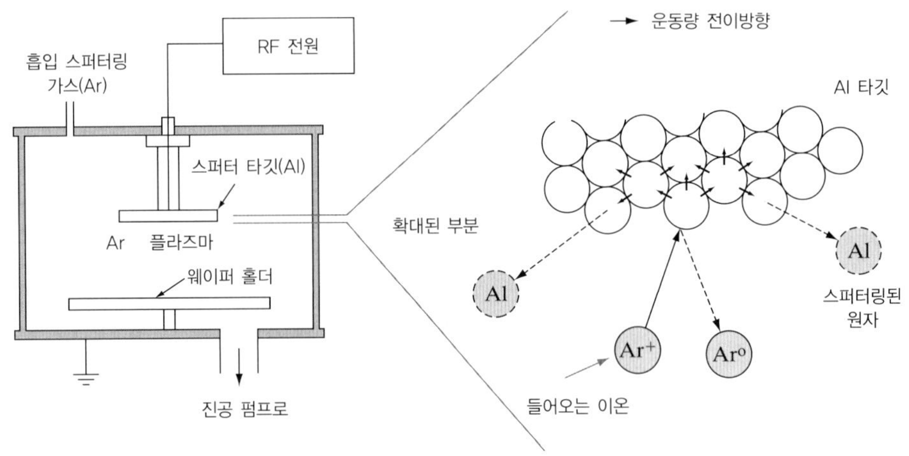

그림 5-9 Ar^+ 이온을 사용하는 알루미늄 스퍼터링. 약 1 ~ 3 keV의 에너지를 갖는 Ar^+ 이온이 Al 원자를 물리적으로 분리시켜서 결국에는 인접한 곳에 부착된 Si 웨이퍼에 증착된다. 실(chamber)은 분리된 Al 원자의 평균 자유경로가 표적과 웨이퍼 사이의 거리에 비해 길도록 저압으로 유지된다.

저 증착하여 Si로의 Cu의 확산을 막는다. Ti는 또한 Cu 전기증착(electrodeposition)의 시드 층(seed layer)으로 작용한다.

상호연결 금속화 공정이 완성된 후에 실리콘 질화물로 된 보호막이 PECVD를 사용하여 증착된다. 그러고 나서 개개의 집적회로가 톱질이나 선으로 긁어서 웨이퍼를 깨뜨리는 방법으로 분리될 수 있다. 공정의 마지막 단계는 개개의 소자를 적당한 패키지 속에 설치해서 도입선을 Al 접촉영역까지 연결하는 것이다. Au나 Al 선을 소자에 접합시키고 그 후에 이 선을 패키지 도입부에 접합시키는 데 매우 정밀한 도입선 접착기(lead bonder)가 사용된다. 소자 제조공정의 이러한 양상은 후 공정(back-end processing)이라 불리는데, 9장에서 보다 자세히 검토될 것이다.

몇 개의 이런 단위공정을 사용해 p-n 접합을 만드는 주요 단계가 그림 5-10에 묘사되어 있다. 이와 유사한 방법으로 우리는 이어지는 장에서 이와 같은 단위공정을 사용해 주요 반도체 소자가 어떻게 만들어지는지를 검토할 것이다.

5.2 평형상태

이 장에서는 p-n 접합을 수학적으로 기술하고 그 특성을 정성적으로 이해하고자 한다. 그러나 이 두 가지 목표를 위해서는 어떤 타협이 이루어져야 하는데, 그것은 완전히 수학적으로만 취급하면 본질적으로 간단한 접합동작의 물리학적인 특징을 이해하기가 어렵고, 완전히 정성적으로만 기술하면 계산하는 데 쓸 수 없기 때문이다. 따라서 여기서는 기본

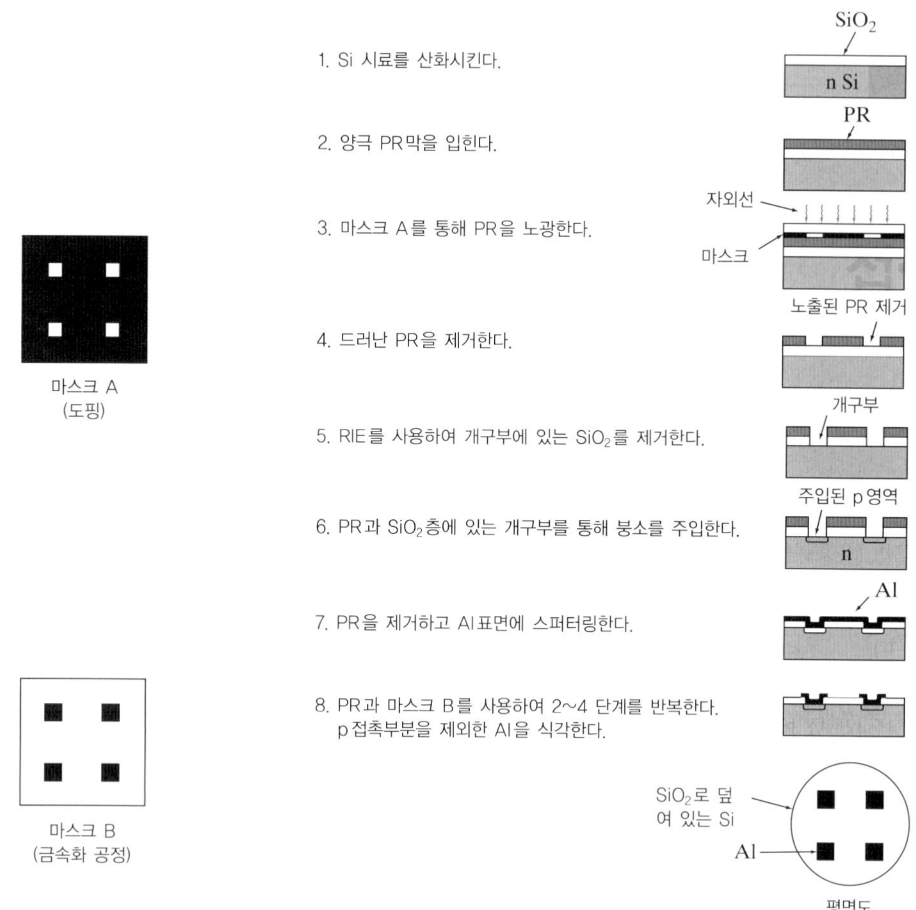

그림 5-10 p-n 접합의 제작 단계. 명확하게 하기 위해 각 웨이퍼마다 4개의 다이오드만을 보였으며 산화물, PR 및 Al층의 상대적인 두께들은 과장되어 있다.

적인 해에는 거의 영향이 없는 작은 효과들은 무시하면서 접합을 수학적으로 설명할 것이다. 5.6절에서는 이 단순한 이론에서 이탈되는 몇 가지 사항을 포함시킬 것이다.

p-n 접합의 수학은, 급격한(abrupt) 접합의 한쪽은 균일하게 p형으로 도핑되어 있고 다른 쪽은 균일하게 n형으로 도핑되어 있는 **계단형 접합**(*step junction*)의 경우는 크게 단순화된다. 이 모형은 합금형 및 에피택셜 접합을 매우 잘 나타내는 것이다. 그러나 확산형 접합은 실제로는 **경사형**(*graded*, $N_d - N_a$가 그 접합부의 양쪽으로 상당한 거리에 이르러 변화함)이다. 접합이론의 기본개념을 계단형 접합에 대하여 탐구한 다음, 그 이론을 경사형 접합에 확대하도록 적절한 수정을 행할 수 있을 것이다. 이들 논의에 있어서는 균일한 단면적의 시료에서 1차원적인 전류가 흐른다고 가정할 것이다.

이 절에서는 평형상태에 있는 계단형 접합의 성질을 조사한다(즉, 외부적인 여기도 없고 또 소자에 어떤 실질 전류도 없다). 접합부 양쪽의 도핑의 차이가 이 두 가지 형태의 물질 간에 전위차를 생기게 한다는 것을 알게 될 것이다. (정공이 많은) p형 물질과 (전자가 많은)

n형 물질 간의 확산 때문에 어떤 전하의 전송이 예측되기 때문에 이것은 합당한 결과이다. 또 전자와 정공의 표동과 확산으로 인해 이 접합을 가로질러서 흐르는 전류에 4가지 성분이 있음을 알게 될 것이다. 평형상태의 경우 이들 4가지 성분은 합쳐져서 실질 전류가 0이 된다. 그러나 이 접합에 대한 바이어스의 인가가 증가되면 이들 전류성분 중의 일부가 다른 것에 비하여 증가되어 실질적인 전류의 흐름을 주게 된다. 이들 4가지 전류성분의 성질을 이해하면, 바이어스가 있든 없든 간에 p-n 접합동작에 대한 확실한 생각이 뒤따르게 될 것이다.

5.2.1 접촉전위차

p형 및 n형 반도체 물질의 떨어져 있는 영역을 고려하여 이들이 모여서 접합부를 이룬다고 생각하면(그림 5-11), 이것이 소자를 만드는 실용적인 방법은 아니지만 이것으로 접합에서의 평형요건을 구할 수 있다. 이들 두 개의 영역을 접합시키기 전에는, n형 물질은 큰 전자농도와 소수의 정공을 가지고 있으며 p형 물질은 이와 반대로 되어 있는 것이 사실이다. 이 두 영역이 접합되면(그림 5-11), 이 접합에서의 큰 캐리어농도의 경사도 때문에 캐리어의 확산이 예상된다. 따라서 p형 쪽에서 n형 쪽으로 정공이 확산되며, 전자는 n형에서 p형 쪽으로 확산된다. 그러나 이로 인한 확산전류는 무한정 증대될 수 없는데, 이것은 이 전류에 대항하는 전계가 접합부에서 생기기 때문이다(그림 5-11b). 이 두 개 영역이 붉은 공기분자와 녹색 공기분자가 든 상자들이라고 하면(적당한 오염의 형태에 의한 것으로 생각하자), 이 상자들을 접속하면 결국 두 가지 공기분자는 균일한 혼합물이 될 것이다. p-n 접합에서의 대전입자의 경우는 공간전하와 전계 $\mathscr{E}$의 발생으로 인하여 이와 같은 것은 생길 수 없다. n형에서 p형으로 확산되는 전자는 보상되지 않은(uncompensated)[5] 도너 이온(N_d^+)을 n형 물질 쪽의 뒤에 남기며, p형 영역을 떠나는 정공은 보상되지 않은 억셉터이온(N_a^-)을 뒤에 남긴다고 생각하면, 이 접합부의 n형 부근에는 양의 공간전하가, 또 p형 부근에는 음의 공간전하가 있다는 것을 가시화하기는 쉽다. 이로 인한 전계는 양전하에서 음전하로 향한다. 따라서 전계 $\mathscr{E}$는 각 형태의 캐리어 확산전류의 방향과 반대방향이 된다(전자전류는 전자흐름의 방향과 반대임을 상기할 것). 따라서 이 전계는 n형에서 p형으로 전류의 표동성분을 생기게 하며 이것은 확산전류에 대립되는 것이다(그림 5-11c).

평형상태에서는 이 접합부를 가로질러서 실질(*net*) 전류는 하나도 흐를 수 없음을 알고 있으므로, 전계 $\mathscr{E}$에서의 캐리어 표동에 의한 전류는 정확하게 확산전류를 소거해야 한다. 더욱이 시간의 함수로서 어느 쪽에서나 전자 또는 정공의 실질적인 증대가 있을 수 없기 때문에, 표동 및 확산전류는 각각의 캐리어 형태에 대하여 서로 소거되어야 한다. 즉,

5) 그림 5-11a에서 n형 물질에는 이온화된 각각의 도너에 대하여 하나의 전자가 있고($n = N_d^+$), 또 p형 물질에는 이온화된 각각의 억셉터($p = N_a^-$)에 대하여 하나의 정공이 있어(소수캐리어는 무시한다), 중성이 유지된다는 것이 상기된다. 따라서 전자가 n형 영역을 떠나면 접합 부근의 양의 도너이온 일부는 그림 5-11b에서와 같이 보상되지 않은 채로 남아 있게 된다. 이들 이온화된 도너와 억셉터는 이동할 수 있는 전자 및 정공과는 대조적으로 그의 격자점에 고정되어 있다.

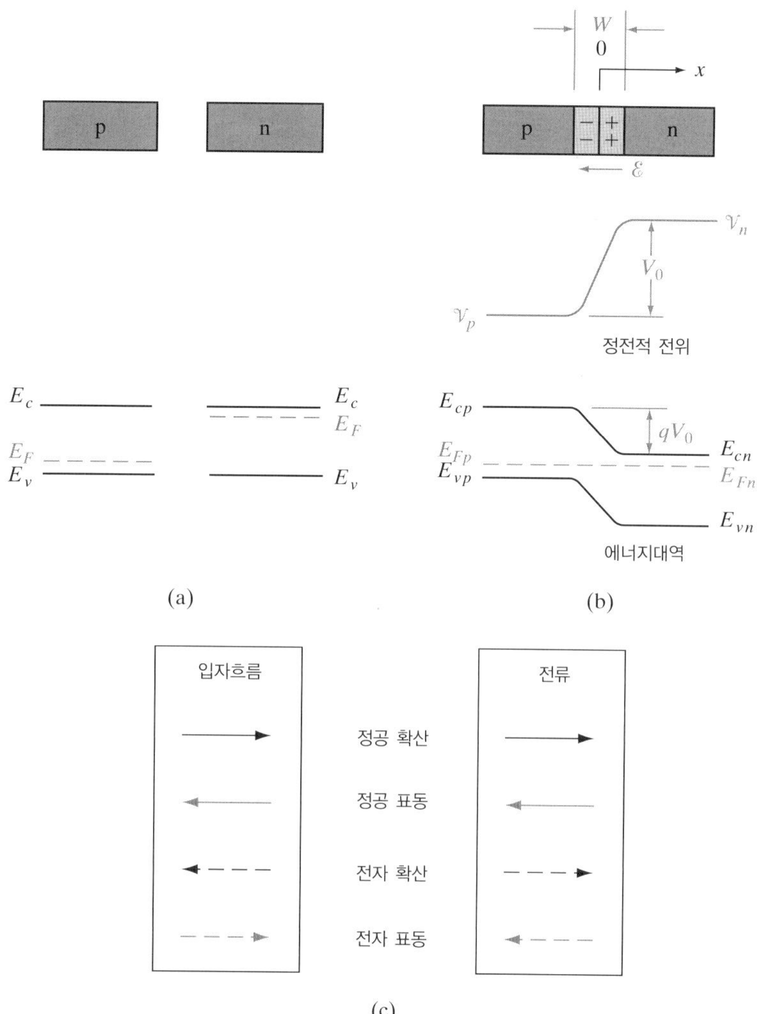

그림 5-11 평형상태에서의 p-n 접합의 성질: (a) 격리된 p형 및 n형 물질의 중성영역과 이 분리된 영역에 대한 에너지대역; (b) 전이영역 W에서의 공간전하, 이로 인한 전계 $\mathscr{E}$ 및 접촉전위(차) V_0, 에너지대역의 분리를 나타내는 접합부; (c) 전이영역 내에서 입자흐름의 4가지 성분방향과 그 결과의 전류방향.

$$J_p(\text{표동}) + J_p(\text{확산}) = 0 \tag{5-3a}$$

$$J_n(\text{표동}) + J_n(\text{확산}) = 0 \tag{5-3b}$$

따라서 전계 $\mathscr{E}$는 평형상태에서 실질적인 전류가 0이 되는 데까지 증대된다. 이 전계는 접합 부근의 어떤 영역 W에서 나타나며, W를 가로질러서 평형전위차 V_0가 있게 된다. 그림 5-11b의 정전적 전위도에서는 기본적인 관계[6] $\mathscr{E}(x) = -d\mathscr{V}(x)/dx$에 따라 $\mathscr{E}$와 반대

6) $\mathscr{E}(x)$로 쓸 때는 x방향으로 계산된 $\mathscr{E}$의 값을 의미한다. 물론 이 값은 그림 5-11b에 보인 바와 같이, $\mathscr{E}$의 참된 방향과 반대로 향하고 있으므로 음이 될 것이다.

되는 방향으로 전위의 경사도가 있다. W 밖의 중성영역에서의 전계는 0이라 가정한다. 따라서 중성인 n형 물질에는 일정한 전위 $\mathscr{V}_n$, 중성의 p형 물질에는 일정한 전위 $\mathscr{V}_p$가 있어 이 두 영역 사이에는 전위차 $V_0 = \mathscr{V}_n - \mathscr{V}_p$가 있게 된다. 이 영역 W를 **전이영역**(*transition region*),[7] 전위차 V_0를 **접촉전위(차)**(*contact potential*)라 한다. W를 가로질러서 나타나는 이 접촉전위는 **내부**(*built-in*) 전위장벽(potential barrier)으로서 접합에서의 평형이 유지되는 데 필요한 것이다. 그것은 어떤 외부적 전위를 의미하지는 않는다. 실제로 이 접촉전위는 이 소자 양단간에 전압계를 놓고서 측정할 수는 없는데, 이것은 각 프로브(probe)에서 꼭 V_0를 소거하는 새로운 접촉전위가 형성되기 때문이다. 정의에 따라 V_0는 평형상태에서의 양으로 이것으로부터 어떠한 실질적인 전류도 생길 수 없다.

이 접촉전위는 그림 5-11b에서와 같이 에너지대역을 어긋나게 해놓는다. 즉, 가전자 및 전도 에너지대역은 접합부의 p형 쪽에서는 n형 쪽에서보다도 크기 qV_0만큼 더 높아진다.[8] 평형상태에서의 대역의 어긋남은 이 소자 전체를 통하여 페르미준위를 일정하게 하는 데 필요한 만큼이 된다. 평형에서의 페르미준위가 변하지 않음은 3.5절에서 논의된 바 있다. 따라서 각각 따로 떨어져 있는 물질에서 E_F를 포함하여 에너지대역도를 알고 있으면(그림 5-11a), 단순히 이들 페르미준위를 일치시킨 그림 5-11b와 같은 그림을 그려서 이 접합에 대한 대역의 어긋남을 알아낼 수 있다.

V_0와 접합부 양쪽의 도핑농도들과의 양적인 관계를 얻으려면 표동 및 확산전류식에서의 평형에 대한 요건을 사용해야 한다. 정공전류의 표동성분과 확산성분은 평형상태에서는 반드시 소거되어야 한다. 즉,

$$J_p(x) = q\left[\mu_p p(x)\mathscr{E}(x) - D_p\frac{dp(x)}{dx}\right] = 0 \tag{5-4a}$$

이 식을 재정리하여

$$\frac{\mu_p}{D_p}\mathscr{E}(x) = \frac{1}{p(x)}\frac{dp(x)}{dx} \tag{5-4b}$$

을 얻을 수 있다. 여기서 x방향은 임의로 p형에서 n형 영역 쪽으로 취한 것이다. 전계는 전위경사도의 항으로 나타낼 수 있다. 즉, $\mathscr{E}(x) = -d\mathscr{V}(x)/dx$이다. 따라서 식 (5-4b)는 μ_p/D_p에 대한 아인슈타인의 관계식을 이용해서 다음과 같이 된다.

---

7) 이 영역의 다른 이름은, 이 영역 밖에서는 중성이 유지되나 W 영역 내에서는 공간전하가 존재하기 때문에 **공간전하영역**(*space charge region*), 또 W에서는 이 결정의 나머지 부분에 비하여 거의 캐리어가 공핍되어 **공핍영역**(*depletion region*)이라 한다. 접촉전위(차) V_0 역시 이것이 확산하는 캐리어가 접합의 한쪽에서 다른 쪽으로 갈 때 뛰어넘어야 할 전위장벽을 나타내므로 **확산전위(차)**(*diffusion potential*)라고도 한다.

8) 그림 5-11b의 전자 에너지는 정전적 전위의 그림과 전자의 음전하 $-q$에 의하여 관련지워져 있다. $\mathscr{V}_n$은 $\mathscr{V}_p$보다 크기 V_0만큼 높은 전위이므로 n형 쪽에서의 전자 에너지는 p형 쪽에서보다 qV_0만큼 낮다.

$$-\frac{q}{kT}\frac{d\mathscr{V}(x)}{dx} = \frac{1}{p(x)}\frac{dp(x)}{dx} \tag{5-5}$$

이 식은 적당한 한계값 범위에서 적분하여 풀 수 있다. 이 경우 접합부의 양쪽 전위 $\mathscr{V}_p$와 $\mathscr{V}_n$, 그리고 전이영역 바로 양쪽 끝에서의 정공농도 p_p와 p_n에 관심이 있다. 계단형 접합에서는 평형상태에서의 값으로서 전이영역 바깥쪽의 중성영역에서의 전자 및 정공농도를 취하는 것이 합리적이다. 여기서는 1차원적인 기하학적 구조를 가정하고 있으므로 무리 없이 p와 $\mathscr{V}$는 x만의 함수로 취할 수 있다. 식 (5-5)의 적분은 다음과 같다.

$$\begin{aligned} -\frac{q}{kT}\int_{\mathscr{V}_p}^{\mathscr{V}_n} d\mathscr{V} &= \int_{p_p}^{p_n}\frac{1}{p}dp \\ -\frac{q}{kT}(\mathscr{V}_n - \mathscr{V}_p) &= \ln p_n - \ln p_p = \ln\frac{p_n}{p_p} \end{aligned} \tag{5-6}$$

전위차 $\mathscr{V}_n - \mathscr{V}_p$는 접촉전위(차) V_0(그림 5-11b)와 같다. 따라서 V_0를 평형상태에서의 접합부 양쪽의 정공농도의 항으로 쓸 수 있다. 즉,

$$V_0 = \frac{kT}{q}\ln\frac{p_p}{p_n} \tag{5-7}$$

p형 쪽은 N_a 억셉터/cm^3, n형 쪽은 N_d인 도너농도의 물질로 되어 있는 계단형 접합을 생각하면, 다수캐리어농도는 각각의 도핑농도가 된다고 간주함으로써 식 (5-7)은 다음과 같이 쓸 수 있다.

$$V_0 = \frac{kT}{q}\ln\frac{N_a}{n_i^2/N_d} = \frac{kT}{q}\ln\frac{N_aN_d}{n_i^2} \tag{5-8}$$

식 (5-7)의 다른 유용한 형태는 다음과 같다.

$$\frac{p_p}{p_n} = e^{qV_0/kT} \tag{5-9}$$

평형조건 $p_pn_p = n_i^2 = p_nn_n$을 사용해서 식 (5-9)를 접합부 양쪽의 전자농도를 포함하도록 확대할 수 있다.

$$\boxed{\frac{p_p}{p_n} = \frac{n_n}{n_p} = e^{qV_0/kT}} \tag{5-10}$$

이 관계는 접합부의 I-V 특성을 계산하는 데 매우 유용할 것이다.

예제 5-1 계단형 Si p-n 접합이 한쪽에 $N_a = 10^{18}\ cm^{-3}$을 포함하고, 다른 쪽에는 $N_d = 5 \times 10^{15}\ cm^{-3}$을 포함하고 있다.

(a) 300 K 에서 p 영역과 n 영역의 페르미준위를 계산하라.
(b) 평형상태에서 접합부의 대역도를 그리고, 그로부터 접촉전위 V_0를 구하라.
(c) (b)의 결과를 식 (5-8)에서 계산된 V_0와 비교하라.

풀이 (a) $E_{ip} - E_F = kT \ln \frac{p_p}{n_i} = 0.0259 \ln \frac{10^{18}}{(1.5 \times 10^{10})} = \mathbf{0.467\ eV}$

$E_F - E_{in} = kT \ln \frac{n_n}{n_i} = 0.0259 \ln \frac{5 \times 10^{15}}{(1.5 \times 10^{10})} = \mathbf{0.329\ eV}$

(b) $qV_0 = 0.467 + 0.329 = \mathbf{0.796\ eV}$

(c) $qV_0 = kT \ln \frac{N_a N_d}{n_i^2} = 0.0259 \ln \frac{5 \times 10^{33}}{2.25 \times 10^{20}} = \mathbf{0.796\ eV}$

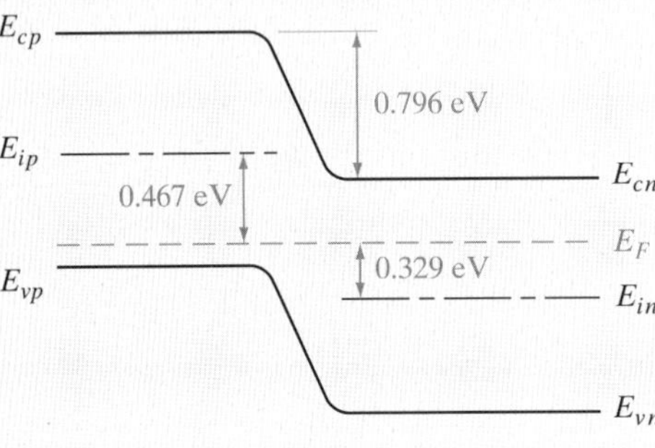

5.2.2 평형 페르미준위

평형상태에서는 그 소자 전체를 통해 페르미준위가 일정해야 한다는 것을 살펴본 적이 있다. 이는 앞 절의 결과를 사용해서 쉽게 증명할 수 있다. p_n과 p_p가 이 전이영역 밖에서의 평형상태값을 갖는다고 가정하면, 식 (3-19)를 이용하여 식 (5-9)를 이들 양의 기본적 정의의 항으로 쓸 수 있다. 즉,

$$\frac{p_p}{p_n} = e^{qV_0/kT} = \frac{N_v e^{-(E_{Fp}-E_{vp})/kT}}{N_v e^{-(E_{Fn}-E_{vn})/kT}} \tag{5-11a}$$

$$e^{qV_0/kT} = e^{(E_{Fn}-E_{Fp})/kT} e^{(E_{vp}-E_{vn})/kT} \tag{5-11b}$$

$$qV_0 = E_{vp} - E_{vn} \tag{5-12}$$

페르미준위와 가전자대역은 접합의 p형 쪽과 n형 쪽을 나타내기 위해 첨자를 붙여서 쓰

고 있다.

그림 5-11b로부터 접합부 양쪽의 에너지대역은 접촉전위차 V_0의 전자전하 q배만큼 어긋나 있다. 따라서 에너지의 차 $E_{vp} - E_{vn}$은 반드시 qV_0가 된다. 식 (5-12)는 접합부 양쪽의 페르미준위가 평형상태(즉, $E_{Fn} - E_{Fp} = 0$)에서는 같게 됨을 나타내고 있다. 이 접합부에 바이어스가 인가되면, 전위장벽은 이 접촉전위차의 값으로부터 높아지거나 낮아지며 접합부 양쪽의 페르미준위들은 인가된 전압만큼 변화된다.

5.2.3 접합부의 공간전하

전이영역 내에서 전자와 정공은 접합의 한쪽에서 다른 쪽으로 전송된다. 일부 전자는 n형에서 p형으로 확산되고, 일부는 p형에서 n형으로 전계에 의해 쓸려가게 된다(그리고 정공의 경우는 이상과 반대방향으로). 그러나 전계는 전이영역 W 내로 들어가는 캐리어를 몰아내게 하므로 어떤 주어진 시간에서 이 전이영역 내에는 극히 적은 수의 캐리어가 있다. 근사적으로 이 전이영역 내의 공간전하는 보상되지 않은 도너 및 억셉터이온들에만 기인되는 것으로 생각할 수 있다. 영역 W 내의 이들 전하의 밀도는 그림 5-12b에 그려져 있다. 이 공간전하영역 내의 캐리어를 무시한다면, n형 쪽의 전하밀도는 도너이온의 농도 N_d의 q배이며, p형 쪽의 음전하밀도는 억셉터 N_a의 $-q$배이다. 이 W 내에는 공핍되어 있고 W 밖에는 중성인 가정을 **공핍근사**(*depletion approximation*)라 한다.

접합부에 관한 쌍극자(dipole)는 양쪽에 같은 수의 전하를 가져야 하므로($Q_+ = |Q_-|$),[9] 이 전이영역은 양쪽의 상대적인 도핑에 따라 불균등하게 p형과 n형 영역으로 퍼져나갈 수도 있다. 예를 들어 p형 쪽이 n형 쪽보다 약간 적게 도핑이 이루어져 있으면($N_a < N_d$), 공간전하영역은 n형보다는 p형 물질 쪽으로 더 깊이 퍼져서 같은 양의 전하가 "노출(uncover)" 되어야 한다. 단면적 A인 시료의 경우 접합부 양쪽의 보상되지 않은 전체 전하는 다음과 같다.

$$qAx_{p0}N_a = qAx_{n0}N_d \tag{5-13}$$

여기서 x_{p0}는 공간전하영역의 p형 물질 속으로의 침투(거리)이고, x_{n0}는 n형 물질 속으로의 침투(거리)이다. 따라서 전이영역의 폭(W)은 x_{p0}와 x_{n0}의 합계이다.

이 전이영역 내에서의 전계 분포를 계산하기 위하여 임의의 지점 x에서의 전계의 국소적인 공간전하에 대한 관계를 말해 주는 **푸아송 방정식**(*Poisson's equation*)으로부터 시작한다.

9) 이 동등한 전하조건을 기억하는 간단한 방법은 전기력 선속(flux line)이 서로 반대되는 부호의 전하에서 시작되고 종결되어야 한다는 것을 유의하는 것이다. 따라서 Q_+와 Q_-가 같은 크기가 아니라면 이 전계는 W 내에 포함되지 않을 것이며, 그 속에 있는 전하가 같아질 때까지 전하가 p형이나 n형 속으로 더욱 확대될 것이다.

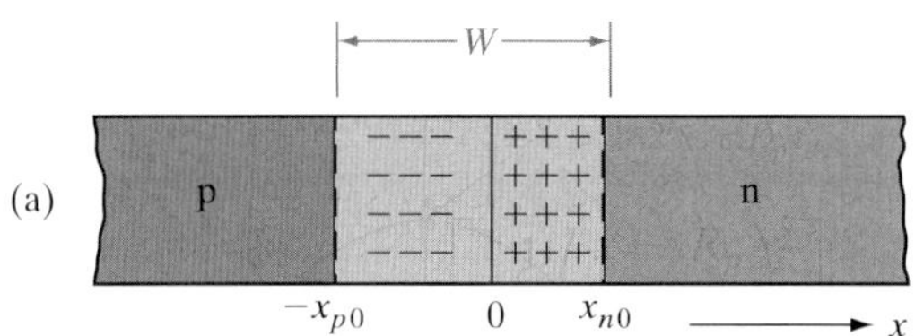

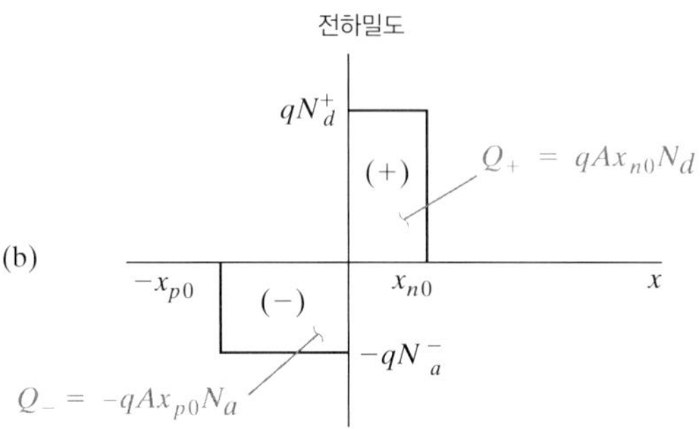

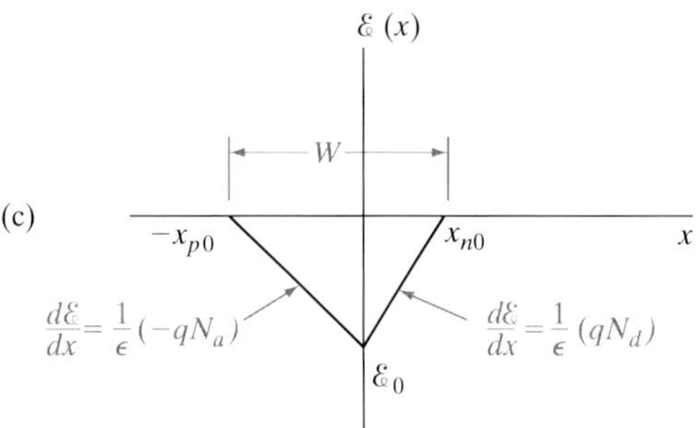

그림 5-12 $N_d > N_a$일 때의 p–n 접합 전이영역 내의 공간전하 및 전계 분포: (a) 금속학적 접합부를 $x = 0$으로 정의한 전이영역; (b) 자유 캐리어를 무시한 전이영역 내의 전하밀도; (c) $\mathscr{E}$에 대한 기준방향을 임의로 $+x$방향으로 취했을 때의 전계 분포.

$$\frac{d\mathscr{E}(x)}{dx} = \frac{q}{\epsilon}(p - n + N_d^+ - N_a^-) \tag{5-14}$$

이 식은 이 공간전하에 대한 캐리어 $(p - n)$의 기여를 무시한다면 전이영역 내에서는 크게 단순화된다. 이와 같은 근사적인 방법을 써서 두 개의 균일한 공간전하영역을 얻게 된다. 즉,

$$\frac{d\mathscr{E}}{dx} = \frac{q}{\epsilon}N_d, \qquad 0 < x < x_{n0} \tag{5-15a}$$

$$\frac{d\mathscr{E}}{dx} = -\frac{q}{\epsilon}N_a, \quad -x_{p0} < x < 0 \tag{5-15b}$$

단, 첨가 불순물은 완전히 이온화되어 있다고 가정한다($N_d^+ = N_d$ 및 $N_a^- = N_a$). 이 두 개의

방정식으로부터 전이영역 내에서 $\mathscr{E}(x)$ 대 x의 관계를 그리면, n형 쪽에서는 (x와 더불어 $\mathscr{E}$가 증가하는) 양의 기울기를, 그리고 p형 쪽에서는 (x 증가와 더불어 $\mathscr{E}$가 더욱 음이 되는) 음의 기울기를 갖게 됨을 알 수 있다. 따라서 (p형과 n형 물질 사이의 금속학적인 접합부인) $x = 0$에서 전계 $\mathscr{E}_0$는 어떤 최대값을 가지며, 전이영역 내에서 $\mathscr{E}(x)$는 어디서나 음이다(그림 5-12c). 이 결론들은 가우스 법칙에 연유하는 것이나 식 없이도 그림 5-12의 정성적인 특성은 예상할 수 있을 것이다. 실제로 전계 $\mathscr{E}$는 n형에서 p형 쪽으로(즉, 전이영역 쌍극자의 양전하에서 음전하로) $-x$방향을 가리킨다는 것을 알고 있기 때문에, 전이영역의 폭 W를 통틀어 전계 $\mathscr{E}$가 음이 될 것이 예상된다. 이 전계는 중성적인 n형 또는 p형 영역에서의 작은 전계 $\mathscr{E}$를 무시한다면 전이영역의 끝부분에서는 0으로 된다고 가정된다. 끝으로 전이영역 양쪽의 전하 Q_+와 Q_- 사이에 이 점이 있으므로 접합에는 최대의 $\mathscr{E}_0$가 있어야 한다. $x = 0$ 면을 통하여 모든 전기력 선속이 지나게 되기 때문에 이것은 분명한 최대 전계의 점이다.

$\mathscr{E}_0$의 값은 적당한 한계에서(적분의 한계를 선정하는 데 있어서는 그림 5-12c를 참조할 것) 식 (5-15)의 어느 한쪽을 적분하면 구할 수 있다.

$$\int_{\mathscr{E}_0}^{0} d\mathscr{E} = \frac{q}{\epsilon} N_d \int_0^{x_{n0}} dx, \qquad 0 < x < x_{n0} \tag{5-16a}$$

$$\int_0^{\mathscr{E}_0} d\mathscr{E} = -\frac{q}{\epsilon} N_a \int_{-x_{p0}}^{0} dx, \quad -x_{p0} < x < 0 \tag{5-16b}$$

따라서 전계의 최대값은 다음과 같다.

$$\mathscr{E}_0 = -\frac{q}{\epsilon} N_d x_{n0} = -\frac{q}{\epsilon} N_a x_{p0} \tag{5-17}$$

임의의 점 x에서의 전계 $\mathscr{E}$는 그 점에서의 전위경사도의 음의 값이므로 전계의 접촉전위차 V_0에 대한 관계는 간단하다. 즉,

$$\mathscr{E}(x) = -\frac{d\mathscr{V}(x)}{dx} \text{ 또는 } -V_0 = \int_{-x_{p0}}^{x_{n0}} \mathscr{E}(x)dx \tag{5-18}$$

따라서 접촉전위차의 음의 값(즉, 음의 부호를 붙인 것)은 단순히 $\mathscr{E}(x)$ 대 x의 관계를 나타내는 삼각형의 면적이 된다. 이것은 접촉전위차를 공핍영역의 폭과 관련시켜 주는 것으로 다음과 같다.

$$V_0 = -\frac{1}{2}\mathscr{E}_0 W = \frac{1}{2}\frac{q}{\epsilon} N_d x_{n0} W \tag{5-19}$$

전하 균형의 요건은 $x_{n0}N_d = x_{p0}N_a$이고 W는 $x_{p0} + x_{n0}$이므로, 식 (5-19)에서 $x_{n0} = WN_a/(N_a + N_d)$로 쓸 수 있다. 따라서

$$V_0 = \frac{1}{2}\frac{q}{\epsilon}\frac{N_a N_d}{N_a + N_d}W^2 \tag{5-20}$$

W에 대하여 풀면 접촉전위차, 도핑농도 그리고 이미 알고 있는 정수 q와 ϵ의 항으로 된 전이영역의 폭에 대한 식을 얻는다. 즉,

$$\boxed{W = \left[\frac{2\epsilon V_0}{q}\left(\frac{N_a + N_d}{N_a N_d}\right)\right]^{1/2} = \left[\frac{2\epsilon V_0}{q}\left(\frac{1}{N_a} + \frac{1}{N_d}\right)\right]^{1/2}} \tag{5-21}$$

식 (5-21)은 몇 가지 유용한 변형이 있는데, 예를 들면 식 (5-8)을 이용해서 V_0를 도핑농도로 쓰면 다음과 같다.

$$W = \left[\frac{2\epsilon kT}{q^2}\left(\ln\frac{N_a N_d}{n_i^2}\right)\left(\frac{1}{N_a} + \frac{1}{N_d}\right)\right]^{1/2} \tag{5-22}$$

또 n형 및 p형 물질 속으로의 전이영역의 침투를 계산할 수 있다. 즉,

$$x_{p0} = \frac{WN_d}{N_a + N_d} = \frac{W}{1 + N_a/N_d} = \left\{\frac{2\epsilon V_0}{q}\left[\frac{N_d}{N_a(N_a + N_d)}\right]\right\}^{1/2} \tag{5-23a}$$

$$x_{n0} = \frac{WN_a}{N_a + N_d} = \frac{W}{1 + N_d/N_a} = \left\{\frac{2\epsilon V_0}{q}\left[\frac{N_a}{N_d(N_a + N_d)}\right]\right\}^{1/2} \tag{5-23b}$$

예상되는 바와 같이 식 (5-23)은 이 전이영역이 불순물이 좀더 적게 도핑된 쪽으로 더욱 깊게 퍼진다는 것을 예시하는 것이다. 예를 들어, $N_a \ll N_d$이면 x_{p0}는 x_{n0}에 비해 크다. 이것은 고농도로 도핑이 이루어진 물질 속으로 짧게 침투된 것에 대한 것과 똑같은 양의 공간전하를 "노출(uncover)" 시키기 위해서는 저농도로 도핑된 물질에는 깊게 침투해야 한다는 정성적인 논리와 일치한다.

식 (5-21)의 또 다른 중요한 결과는 전이영역의 폭 W가 그 영역을 가로질러 걸리는 전압값의 제곱근에 따라 변한다는 것이다. 이제까지의 식의 유도에서는 평형상태에서의 접촉전위차 V_0만을 고려하였다. 5.3절에서는 외부로부터의 인가전압은 평형상태에서의 전계를 조장하거나 방해함으로써, 전이영역을 가로질러서 나타나는 전압을 증대시키거나 감소시킬 수 있음을 알게 될 것이다. 따라서 식 (5-21)은 인가전압이 또한 전이영역의 폭을 증가시키거나 감소시킬 것이라는 것을 예시하고 있다.

예제 5-2 예제 5-1에 설명되어 있는 접합은 지름 10 μm인 원형 단면을 갖고 있다. 평형상태(300 K)에서의 이 접합에 대한 x_{n0}, x_{p0}, Q_+ 및 $\mathscr{E}_0$를 계산하라. 그림 5-12와 같이 $\mathscr{E}(x)$와 전하밀도를 일정한 비율로 축소하여 그려라.

풀이

$$A = \pi(5 \times 10^{-4})^2 = 7.85 \times 10^{-7}\text{cm}^2$$

$$W = \left[\frac{2\epsilon V_0}{q}\left(\frac{1}{N_a} + \frac{1}{N_d}\right)\right]^{1/2}$$

$$= \left[\frac{2(11.8)(8.85 \times 10^{-14})(0.796)}{1.6 \times 10^{-19}}(10^{-18} + 2 \times 10^{-16})\right]^{1/2} = \mathbf{0.457\ \mu m}$$

$$x_{n_0} = \frac{W}{1 + N_d/N_a} = \frac{0.457}{1 + 5 \times 10^{-3}} = \mathbf{0.455\ \mu m}$$

$$x_{p_0} = \frac{0.457}{1 + 200} = \mathbf{2.27 \times 10^{-3}\ \mu m}$$

$$Q_+ = qAx_{n_0}N_d = qAx_{p_0}N_a = (1.6 \times 10^{-19})(7.85 \times 10^{-7})(2.27 \times 10^{11})$$

$$= \mathbf{2.85 \times 10^{-14}C}$$

$$\mathscr{E}_0 = -\frac{q}{\epsilon}x_{n_0}N_d = -\frac{q}{\epsilon}x_{p_0}N_a = \frac{1.6 \times 10^{-19}}{(11.8)(8.85 \times 10^{-14})}(2.27 \times 10^{11})$$

$$= \mathbf{-3.48 \times 10^4\ V/cm}$$

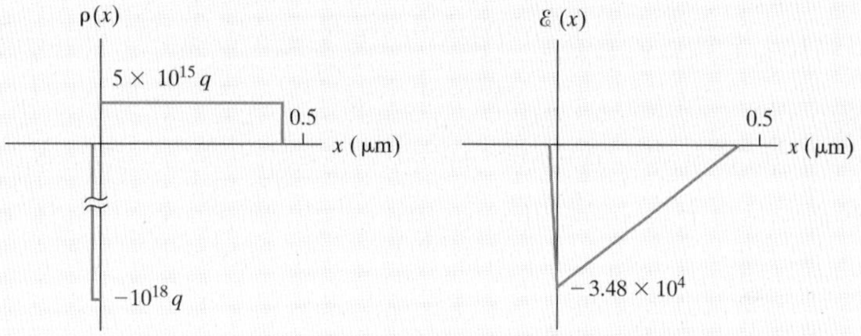

5.3 순방향 및 역방향 바이어스된 접합부; 정상상태

p-n 접합의 유용한 특징 중 하나는 p 형 영역이 n 형 영역에 대하여 상대적으로 양의 외부 전압 바이어스를 가질 때는 p 형에서 n 형 영역 쪽으로 매우 자유로이 전류가 흐르지만(순방향 바이어스 및 순방향 전하), 이에 반하여 p 형 쪽을 n 형 쪽에 대하여 상대적으로 음전위로 만들면 실질적으로 전류가 흐르지 않는다(역방향 바이어스 및 역방향 전류). 이 전류흐름의 비대칭성이 p-n 접합형 다이오드를 매우 유용한 정류기(*rectifier*)로 만들고 있다. 정류는 중요한 응용이지만 이것은 수많은 바이어스된 접합부 이용의 시작에 불과하다. 바이어스된 p-n 접합부는 전압가변(voltage-variable) 커패시터, 광전지, 광방출체 및 현대 전자공학의 기초를 이루고 있는 여러 가지의 많은 소자로서 사용될 수 있다. 두 개 또는 그 이

상의 접합이 트랜지스터 및 제어형 스위치를 형성하는 데 사용될 수 있다.

이 절에서는 우선 바이어스된 접합에서의 전류흐름을 정성적으로 기술한다. 앞 절의 내용을 기반으로 하면 전류흐름의 특징은 비교적 이해하기 쉽고, 이 정성적인 개념은 접합부에서의 순방향 및 역방향 전류의 해석적인 기술의 기초를 형성한다.

5.3.1 접합 전류유동의 정성적 기술

인가전압이 중성적인 n형 및 p형 영역에서보다는 오히려 접합부의 전이영역을 가로질러서 나타난다고 가정한다. 물론 이 중성적인 물질에서는 그곳을 통하여 전류가 흐르면 어떤 전압강하가 생길 것이다. 그러나 대부분의 p-n 접합형 소자에서는 각 영역의 길이가 그의 면적에 비하여 작고 도핑은 보통 적절하게 고농도로 이루어져 있어, 각각의 중성영역에서의 저항은 작으며 공간전하영역(즉, 전이영역) 외에서는 작은 전압강하가 유지될 뿐이다. 거의 모든 계산에서 인가전압은 전적으로 전이영역을 가로질러서 나타난다고 가정하는 것이 타당하다. 외부 바이어스 전압이 n형 쪽에 대하여 p형 쪽이 양이 되는 경우 V를 양으로 취한다.

인가전압은 정전적 전위장벽, 따라서 전이영역 내의 전계를 변화시키므로 그 접합부에서 전류의 여러 성분의 변화가 예상된다(그림 5-13). 또 에너지대역의 격차가(즉, 어긋남이) 공핍영역의 폭과 더불어 인가된 바이어스에 의해 영향을 받게 된다. 우선 접합의 이 중요한 특징에 주어지는 영향을 정성적으로 검토하기로 하자.

이 접합부에서 **정전적 전위장벽**(*electrostatic potential barrier*)은 순방향 바이어스 V_f에 의해, 평형상태에서의 접촉전위차 V_0로부터 보다 작은 값 $V_0 - V_f$로 낮아진다. 이 전위장벽의 저하는 순방향 바이어스(n형 쪽에 대해 p형 쪽이 양)가 n형 쪽에 대한 상대적인 p형 쪽 정전적 전위를 높이기 때문이다. 역방향 바이어스($V = -V_r$)에 대해서는 반대의 상태가 생긴다. 즉, p형 쪽의 정전적 전위가 n형 쪽에 대하여 상대적으로 낮아지고 접합에서의 전위장벽이 보다 크게($V_0 + V_r$) 된다.

전이영역 내의 **전계**(*electric field*)는 이 전위장벽으로부터 추론할 수 있다. 순방향 바이어스일 때 외부로부터의 인가전계는 내부전계(built-in field)와는 반대방향이 되기 때문에 전계가 감소된다. 역방향 바이어스일 때 접합에서의 전계는 외부 인가전압으로 증가되며, 이 전압은 평형상태에서의 내부전계와 같은 방향이다.

주어진 값의 전계 $\mathscr{E}$에 대해서는 역시 그의 적절한 수의 양·음전하(보상되지 않은 도너와 억셉터의 형태로 된)가 노출되어야 하므로, 접합부에서의 전계의 변화는 **전이영역폭**(*transition region width*) W가 감소(보다 작은 $\mathscr{E}$에 대해서는 더욱 작은 수의 보상되지 않은 전하가 노출)되고, 또 역방향 바이어스일 때는 (W가) 증가할 것이 예상될 것이다. 식 (5-21)과 (5-23)은 V_0를 새로운 장벽높이[10] $V_0 - V$로 대치하면 W, x_{p0} 및 x_{n0}의 계산에 쓸 수 있다.

10) 접합에 인가된 바이어스가 있을 때는 x_{n0}와 x_{p0}의 첨자 0은 평형상태에서의 것임을 의미하지 않는다. 그 대신 뒤의 그림 5-15에서 정의한 것과 같이 새로운 한 벌의 좌표 원점 $x_n = 0$과 $x_p = 0$을 뜻한다.

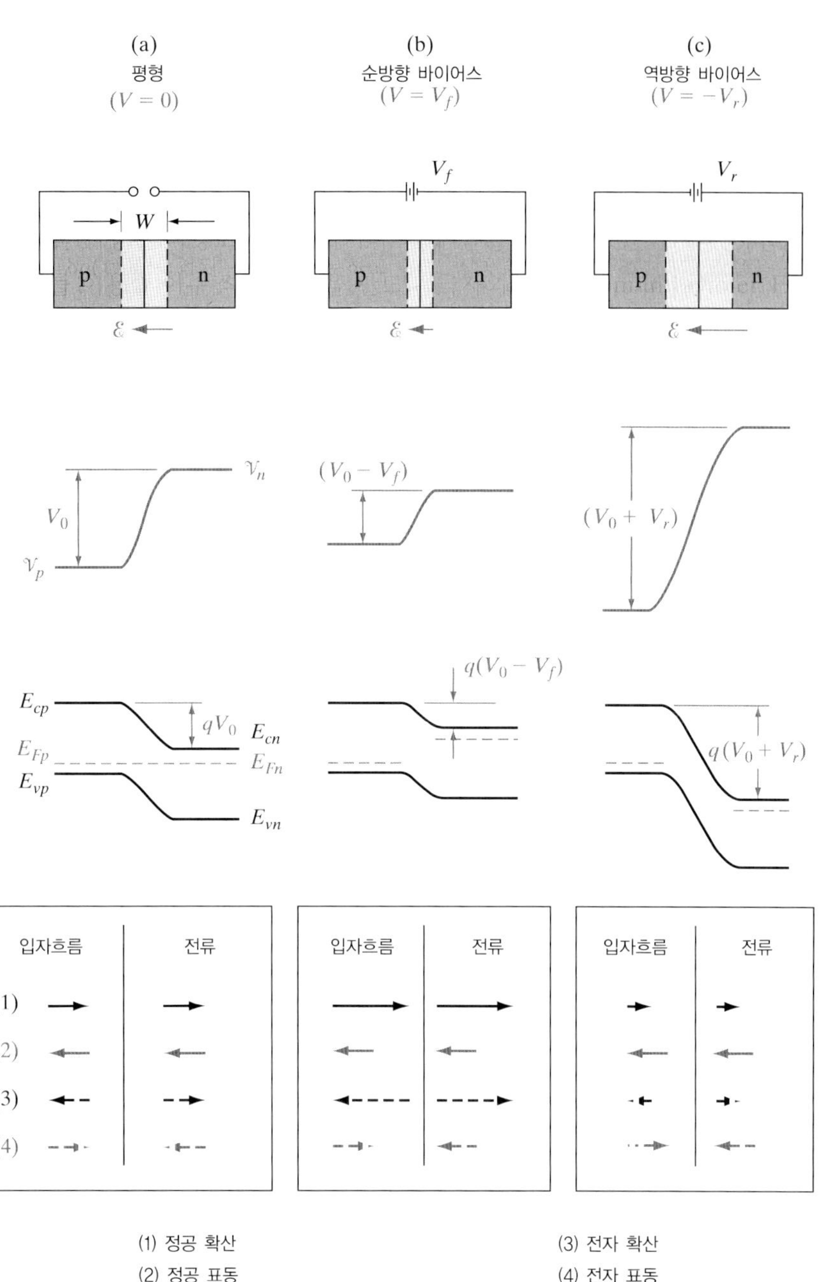

그림 5-13 p-n 접합에서의 바이어스 영향. 평형상태(a), 순방향 바이어스일 때(b) 및 역방향 바이어스일 때(c)의 전이영역폭, 전계, 정전적 전위(장벽), 에너지대역도 그리고 W 내에서의 입자의 흐름과 전류방향. 전계는 그림 5-12와 같이 공핍 영역에서의 도핑 농도가 접합의 양 끝에서 동일하면 위치에 따라 선형적으로 변화한다. 정전위는 식 (5-18)에서와 같이 전계의 적분으로 구해지며 전위의 프로파일은 공핍 영역의 끝에서 부터의 거리의 제곱에 따라 변한다. 그러므로 공핍 영역에서의 대역도는 선형이 아니며 부드럽게 이어지는 두 개의 포물선 곡선으로 구성된다.

에너지대역의 격차(*separation of the energy band*, 즉 불일치)는 접합부의 정전적 전위장벽의 직접적인 함수이다. 이 전자에 대한 에너지장벽의 높이는 간단히 전자의 전하 q에 정전적 전위장벽의 높이를 곱한 것이다. 따라서 에너지대역들은 순방향 바이어스일 때는 $[q(V_0 - V_f)]$로 평형상태보다 덜 어긋나고, 역방향 바이어스일 때는 $[q(V_0 + V_r)]$로 더욱 어긋나게 된다. 각 중성영역 안쪽 깊게 있는 페르미준위는 본질적으로 그들의 평형상태에서의 값이라 가정한다(후에 이 가정으로 다시 돌아와 검토할 것이다). 따라서 바이어스상태에서 에너지대역의 상호편의는 5.2.2절에서 언급한 것처럼 이 접합 양쪽의 페르미준위가 어긋남을 의미한다. 순방향 바이어스일 때는 n형 쪽의 페르미준위 E_{Fn}은 E_{Fp}보다 에너지 qV_f만큼 위쪽에 있고, 역방향 바이어스일 때는 E_{Fp}가 E_{Fn}보다 qV_r J만큼 높다. 전자볼트(eV)의 에너지단위로 한다면 이들 두 중성영역의 페르미준위는 인가전압(V)만큼 어긋나게 된다.

확산전류(*diffusion current*)는 이 위치에너지 장벽을 넘어서 p형 쪽으로 확산하는 n형 쪽의 다수캐리어인 전자와 p형 쪽에서 n형 쪽으로 그들의 장벽을 넘는 정공들로 되어 있다.[11] n형 쪽 전도대역에서는 전자에 대한 에너지 분포가 있고(그림 3-16), 또 이 분포의 높은 에너지의 "꼬리(tail)" 부분에 있는 일부 전자는 이 전위장벽에도 불구하고 평형상태에서 n형으로부터 p형으로 확산하는 데 충분한 에너지를 갖고 있다. 그러나 순방향 바이어스일 때 이 장벽은 $(V_0 - V_f)$로 낮아지며 n형 쪽의 전도대역에 있는 더욱 많은 전자가 n형 쪽에서 p형 쪽으로 보다 낮아진 장벽을 넘어서 확산하는 데 충분한 에너지를 갖는다. 따라서 순방향 바이어스일 때 전자의 확산전류는 매우 커질 수 있다. 마찬가지로, 낮아진 장벽 때문에 순방향 바이어스일 때는 p형 쪽에서 n형 쪽으로 더 많은 정공이 확산될 수 있다. 역방향 바이어스일 때 장벽은 매우 크게$(V_0 + V_r)$ 되어서 실질적으로는 어느 n형 쪽 전도대역의 전자나 p형 쪽 가전자대역의 정공들도 이것을 넘어갈 수 있는 충분한 에너지를 갖지 못한다. 따라서 보통 확산전류는 역방향 바이어스일 때는 무시할 수 있다.

표동전류(*drift current*)는 비교적 전위장벽의 높이에 대하여 예민하지 않다. 보통 많은 캐리어가 있는 물질에 관하여 생각하기 때문에 처음에는 이것이 이상하게 여겨지며, 따라서 표동전류는 단순히 인가전계에 비례할 것이 예상된다. 이 분명한 예외에 대한 이유는 캐리어가 얼마나 빠르게 이 장벽을 쓸려내려가느냐가 아니라 오히려 얼마나 빈번하게 장벽을 내려가느냐에 따라 표동전류가 제한된다는 사실에 있다. 예를 들어, 전이영역으로 빠져들어가는 p형 쪽의 소수캐리어인 전자는 전계 $\mathscr{E}$에 의하여 장벽을 쓸려내려가서 표동전류의 전자성분을 생기게 한다. 그러나 이 전류는 그 장벽의 높이 때문에 작은 것은 아니며, 이에 참여하는 p형 쪽의 소수캐리어인 전자가 극히 작은 수이기 때문이다. 전이영역으로

---

11) 전자와 정공에 대한 위치에너지 장벽은 서로 반대방향으로 되어 있음을 상기하라. 전자에 대한 장벽은 언제나 전자 에너지에 대하여 그려지는 에너지대역도로부터 분명하다. 정공의 경우 접합에서의 위치에너지 장벽은 정전적 전위장벽과 같은 모양이다(정전적 전위와 정공 에너지 사이의 변환계수는 $+q$이다). 이들 두 가지 장벽방향의 간단한 검사는 전이영역 내의 전계 $\mathscr{E}$에 의해 그 캐리어가 쓸려가는 방향을 물어봄으로써 이루어질 수 있다. 즉, 정공은 $\mathscr{E}$의 방향으로 n형 쪽에서 p형 쪽으로 쓸려들어가고[즉, 정공에 대한 전위의 "언덕(hill)"을 쓸려내려가고], 전자는 $\mathscr{E}$와의 반대쪽으로 p형 쪽에서 n형 쪽으로 쓸려가게 된다(즉, 전자에 대한 위치에너지의 "언덕"을 쓸려내려간다).

확산하는 p형 쪽의 모든 전자는 이 위치에너지의 언덕이 크거나 작거나 간에 이것을 쓸려 내려올 것이다. 즉, 전자의 표동전류는 개개의 전자가 얼마나 빠르게 p형 쪽에서 n형 쪽으로 쓸려가는가에 따르지는 않고, 도리어 매초당 몇 개의 전자가 이 장벽을 쓸려내려가는가에 따른다. 접합부의 n형 쪽에서 p형 쪽으로의 소수캐리어인 정공의 표동에 대해서도 비슷한 설명이 적용된다. 따라서 매우 근사적으로 전자와 정공의 표동전류는 인가전압에 무관하게 된다.

전류의 표동성분에 참여하는 데 필요한 접합 양쪽에서의 소수캐리어의 공급은 전자-정공쌍의 열적 여기에 의해 생기게 된다. 예를 들어, p형 쪽 접합 부근에서 생성된 EHP는 p형 물질에서의 소수캐리어인 전자를 공급해 준다. EHP가 전이영역의 확산거리 L_n 이내에서 생성된다면 이 전자는 접합으로 확산하여 n형 쪽으로 그 전위장벽을 쓸려내려갈 수 있다. 접합을 횡단하는 생성된 캐리어들의 표동에 기인하여 생기는 전류는 그의 크기가 전적으로 EHP의 생성률에 따르므로 **생성전류**(*generation current*)라 한다. 후에 논의하는 바와 같이 이 생성전류는 접합 부근에서의 광학적 EHP의 여기로써 크게 증가시킬 수 있다(예를 들어, p-n 접합형 광다이오드에서와 같다).

접합을 지나는 **전체 전류**(*total current*)는 확산 및 표동성분의 합으로 되어 있다. 그림 5-13이 나타내고 있듯이 전자와 정공의 확산전류는 다같이 p형에서 n형 쪽으로 향하고 있으며(입자의 흐름은 서로 반대방향이지만), 표동전류는 n형에서 p형 쪽으로 향하고 있다. 이 표동 및 확산성분은 각각의 캐리어 형태에 대하여 서로 소거되므로 접합을 넘어서는 실질적인 전류는 평형상태에서는 0이다(실질적인 정공전류와 전자전류가 각각 0인 한, 그림 5-13에서와 같이 평형상태에서의 전자 및 정공성분들이 같아야 할 필요는 없다). 역방향 바이어스에서는 접합에서의 큰 장벽 때문에 양쪽 확산(전류)성분은 무시할 수 있으며, 다만 전류는 비교적 작은(그리고 본질적으로 전압에는 무관한) n형 쪽에서 p형 쪽으로 흐르는 생성전류이다. 이 생성전류 p-n 접합에 대한 대표적인 I-V 관계는 그림 5-14에 나타낸 것과 같다. 이 그림에서 전류 I의 양의 방향은 p형에서 n형 쪽으로 향한 것으로 취하였으며, 인가전압 V는 전지의 양단자가 p형에, 그리고 음단자가 n형 쪽에 접속되었을 때가 양이다. 음의 V일 때의 이 p-n 접합형 다이오드에서 흐르는 유일한 전류는 전이영역에서 생성된 캐리어, 또는 접합으로 확산되고 집속되는 소수캐리어들에 의한 작은 전류 I(생성)이다. $V = 0$(평형상태)에서 전류는 생성과 확산전류가 소거되므로 0이다.[12] 즉,

$$I = I(\text{확산}) - |I(\text{생성})| = 0 \quad (V = 0\text{일 때}) \tag{5-24}$$

다음 절에서 알 수 있는 바와 같이 인가된 순방향 바이어스 $V = V_f$는 접합을 넘어서 캐

12) 전체 전류 I는 생성 및 확산성분의 합계이다. 그러나 이들 성분은 서로 반대쪽으로 향하고 있으며 선정된 기준방향에 대하여 I(확산)는 양, 그리고 I(생성)는 음이다. 부호는 혼동을 피하기 위해서 여기서는 표동전류의 크기 $|I(\text{생성})|$을 쓰며, 식 (5-24)에서는 그의 부호를 포함시켰다. 따라서 항 $-|I(\text{생성})|$을 쓸 때 생성전류는 물론 음의 방향이다. 이 방법은 전체 전류를 나타내기 위하여 두 개의 전류성분을 반대부호를 갖고서 합한다는 것을 강조하는 것이다.

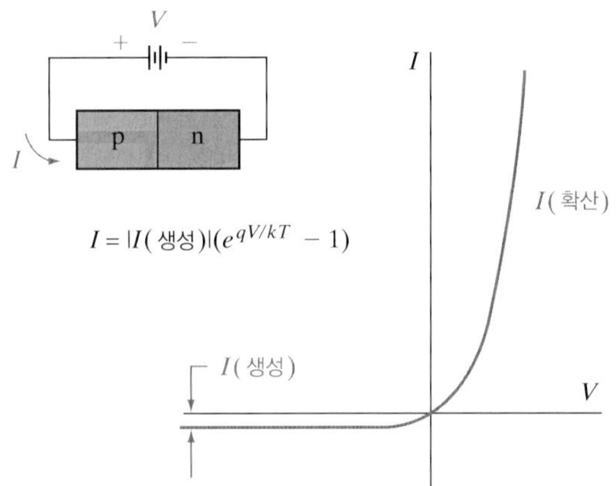

그림 5-14 p-n 접합의 I-V 특성

리어가 확산할 수 있는 확률을 계수 $\exp(qV_f/kT)$만큼 증가시킨다. 따라서 순방향 바이어스일 때의 확산전류는 그의 평형상태에서의 값에 $\exp(qV/kT)$를 곱한 것으로 주어진다. 비슷하게, 역방향 바이어스일 때의 확산전류는 $V = -V_r$로 하여 평형상태의 값을 같은 계수만큼 감소시킨 것이 된다. 평형상태에서의 확산전류는 그 크기에 있어 $|I(\text{생성})|$와 같으므로 바이어스가 인가되었을 때의 확산전류는 간단히 $|I(\text{생성})|\exp(qV/kT)$로 된다. 따라서 전체 전류 I는 확산전류에서 I_0로 나타낼 생성전류의 절대값을 뺀 것이다. 즉,

$$I = I_0(e^{qV/kT} - 1) \tag{5-25}$$

식 (5-25)에서 인가전압 V는 $V = V_f$ 또는 $V = -V_r$로서 양 또는 음이 될 수 있다. V가 양이고 수 kT/q(실온에서는 $kT/q = 0.0259$ V) 이상일 때 지수항은 1보다 훨씬 크다. 따라서 전류는 순방향 바이어스와 더불어 지수함수적으로 증가한다. V가 음이면(역방향 바이어스) 지수항은 0에 접근하며, 전류는 n형에서 p형 쪽의 방향으로 $-I_0$가 된다. 이 음의 생성전류는 **역방향 포화전류**(*reverse saturation current*)라고도 한다. 그림 5-14의 두드러진 특징은 I-V 특성의 비선형성이다. 다이오드의 순방향으로는 전류의 흐름이 비교적 자유로우나 역방향으로는 거의 전류가 흐르지 않는다.

5.3.2 캐리어 주입

앞 절에서의 검토에 의하면 접합부를 가로지르는 캐리어 확산의 변화 때문에, 인가전압에 따라 p-n 접합부 양쪽에서의 소수캐리어농도가 변동될 것이 예상된다. 평형상태에서의 각각의 정공농도의 비

$$\frac{p_p}{p_n} = e^{qV_0/kT} \tag{5-26}$$

은 바이어스에 따라(그림 5-13) 다음과 같이 된다.

$$\frac{p(-x_{p0})}{p(x_{n0})} = e^{q(V_0-V)/kT} \tag{5-27}$$

이 식은 변경된 장벽 $V_0 - V$를 사용한 것이다. 즉, 이것은 순방향 또는 역방향 바이어스(V가 양 또는 음)와 전이영역 양쪽에서의 정상상태의 정공농도를 관련시켜 주는 것이다. 적은 캐리어 주입의 경우 다수캐리어의 농도 변화는 무시할 수 있는데, 이들은 평형상태일 때의 값에 비하면 바이어스에 따라 적은 변화를 할 뿐이다. 이와 같은 단순화를 써서 식 (5-27)에 대한 식 (5-26)의 비를 $p(-x_{p0}) = p_p$로 가정하여 구하면 다음과 같다.

$$\frac{p(x_{n0})}{p_n} = e^{qV/kT} \tag{5-28}$$

순방향 바이어스일 때 식 (5-28)은 전이영역의 n형 쪽 끝에서의 소수캐리어인 정공농도 $p(x_{n0})$가 평형상태일 때보다도 크게 증가됨을 암시하고 있다. 반대로 역방향 바이어스(V가 음)일 때 정공농도 $p(x_{n0})$는 평형상태에서의 값 p_n 이하로 감소된다. 순방향 바이어스에 대하여 x_{n0}에서의 정공농도가 지수함수적으로 증가하는 것은 소수캐리어 주입(*minority carrier injection*)의 한 예이다. 그림 5-15가 나타내듯이 순방향 바이어스일 때 n형 영역에는 과잉정공의, p형 영역에는 과잉전자의 정상상태 주입이 이루어진다. 식 (5-28)에서 평형상태에서의 정공농도를 빼면 전이영역의 끝 x_{n0}에서의 과잉정공농도 Δp_n을 쉽게 계산할 수 있다. 즉,

$$\boxed{\Delta p_n = p(x_{n0}) - p_n = p_n(e^{qV/kT} - 1)} \tag{5-29}$$

비슷하게, p형 쪽의 과잉전자에 대해서는 다음과 같다.

$$\boxed{\Delta n_p = n(-x_{p0}) - n_p = n_p(e^{qV/kT} - 1)} \tag{5-30}$$

4.4.4절의 과잉 캐리어 확산에 관한 논의로부터, x_{n0}에서의 과잉정공 Δp_n의 정상적 농도를 가져오는 주입은 n형 물질에서의 과잉정공의 한 분포를 생기게 할 것이 예상된다. 정공이 n형 영역으로 보다 깊게 확산됨에 따라 그들은 n형 물질 내의 전자들과 재결합하고 그로 인한 과잉정공의 분포가 확산방정식 (4-34b)의 해로서 얻어진다. n형 영역이 정공의 확산거리 L_p에 비하여 길 때 이 해는 식 (4-36)에서와 같이 지수함수적으로 된다. 비슷하게, p형 물질 속으로 주입된 전자는 확산되고 재결합하여 과잉전자의 지수함수적인 분포를 이루게 된다. 편의상 두 가지 새 좌표를 정의하면(그림 5-15), n형 물질에서 x_{n0}로부터 x방향으로 측정한 거리를 x_n으로 정의하고, p형 물질에서 그의 원점으로 $-x_{p0}$를 잡고 $-x$방향으로 측정한 거리를 x_p로 한다. 이와 같이 정하면 그 수학적 취급이 상당히 간단해진다. 접합부 양쪽에 대하여 식 (4-34)에서와 같이 확산방정식을 쓰고 p형 및 n형 영역

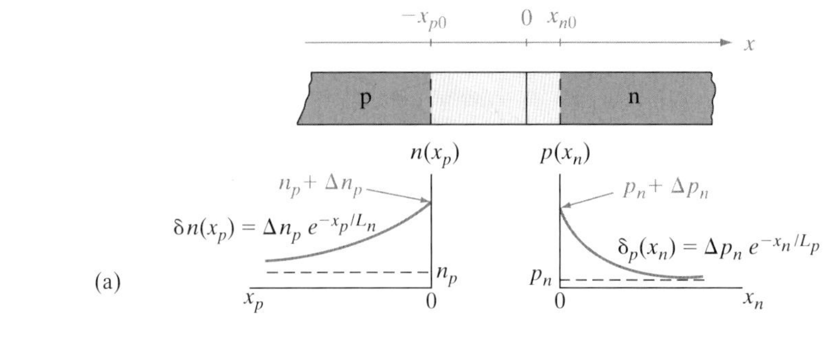

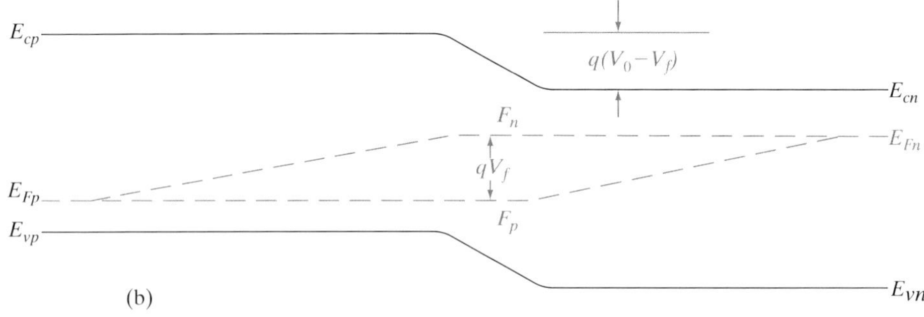

그림 5-15 순방향으로 바이어스된 접합: (a) 전이영역 양쪽에서의 소수캐리어 분포 및 전이영역 끝으로부터 측정한 거리 x_n과 x_p의 정의; (b) 위치에 따른 의사 페르미준위의 변화.

이 길다고 가정하여 과잉 캐리어(δn과 δp)의 분포에 대하여 풀 수 있다. 즉,

$$\boxed{\delta n(x_p) = \Delta n_p e^{-x_p/L_n} = n_p(e^{qV/kT} - 1)e^{-x_p/L_n}} \tag{5-31a}$$

$$\boxed{\delta p(x_n) = \Delta p_n e^{-x_n/L_p} = p_n(e^{qV/kT} - 1)e^{-x_n/L_p}} \tag{5-31b}$$

n형 물질 임의의 점 x_n에서의 정공의 확산전류는 식 (4-40)으로부터 계산할 수 있다. 즉,

$$I_p(x_n) = -qAD_p\frac{d\delta p(x_n)}{dx_n} = qA\frac{D_p}{L_p}\Delta p_n e^{-x_n/L_p} = qA\frac{D_p}{L_p}\delta p(x_n) \tag{5-32}$$

여기서 A는 접합의 단면적이다. 따라서 각 점 x_n에서의 정공의 확산전류는 그 점에서의 과잉정공농도에 비례한다.[13] 접합부에서 n형 물질 쪽으로 주입된 전체 정공전류는 간단히 x_{n0}에서 식 (5-32)를 계산하면 얻어진다. 즉,

13) 바이어스에 의한 캐리어 주입과 더불어 평형상태에서의 페르미준위는 이 소자에서의 캐리어농도를 기술하는 데 사용될 수 없다는 것은 분명하다. 이 캐리어농도의 공간적인 변동을 고려하여 의사 페르미준위의 개념을 사용할 필요가 있다.

$$I_p(x_n = 0) = \frac{qAD_p}{L_p}\Delta p_n = \frac{qAD_p}{L_p}p_n(e^{qV/kT} - 1) \tag{5-33}$$

비슷한 분석으로 p 형 물질 속으로의 전자의 주입은 접합에서의

$$I_n(x_p = 0) = -\frac{qAD_n}{L_n}\Delta n_p = -\frac{qAD_n}{L_n}n_p(e^{qV/kT} - 1) \tag{5-34}$$

인 전자전류를 이루게 한다. 식 (5-34)의 음부호는 전자전류가 x_p 방향에 반대되는 것을 의미한다. 즉, I_n의 참된 방향은 $+x$ 방향으로서 전체 전류에서는 I_p에 첨가된다(그림 5-16). 전이영역에서의 재결합을 무시하면 $-x_{p0}$에 도달하는 주입된 각각의 전자는 x_{n0}를 통과해야 한다고 생각할 수 있다. 따라서 x_{n0}에서의 전체적인 다이오드 전류 I는 $I_p(x_n = 0)$와 $-I_n(x_p = 0)$의 합계로 계산할 수 있다. 전체 전류 I의 기준방향으로서 $+x$ 방향을 취하면, 이 x_p는 $-x$ 방향으로 정의된 것이라는 사실을 고려하여 $I_n(x_p)$와 함께 음부호를 써야 한다. 즉,

$$I = I_p(x_n = 0) - I_n(x_p = 0) = \frac{qAD_p}{L_p}\Delta p_n + \frac{qAD_n}{L_n}\Delta n_p \tag{5-35}$$

$$\boxed{I = qA\left(\frac{D_p}{L_p}p_n + \frac{D_n}{L_n}n_p\right)(e^{qV/kT} - 1) = I_0(e^{qV/kT} - 1)} \tag{5-36}$$

식 (5-36)은 다이오드 방정식(*diode equation*)으로 정성적인 관계식 (5-25)와 같은 형식을 갖고 있다. 이 식의 유도에서는 바이어스 전압 V가 음이 될 수 있는 가능성을 하등 배제하지 않고 있다. 따라서 이 다이오드 방정식은 순방향 또는 역방향 바이어스 어느 쪽에 대해서도 다이오드를 통하는 전체 전류를 기술하는 것이다. 역방향 바이어스에 대한 전류는 $V = -V_r$로 놓아 계산할 수 있다. 즉,

$$I = qA\left(\frac{D_p}{L_p}p_n + \frac{D_n}{L_n}n_p\right)(e^{-qV_r/kT} - 1) \tag{5-37a}$$

V_r이 수 kT/q 이상 크게 되면, 전체 전류는 역방향 포화전류

$$I = -qA\left(\frac{D_p}{L_p}p_n + \frac{D_n}{L_n}n_p\right) = -I_0 \tag{5-37b}$$

가 된다.

식 (5-36)에 내포된 한 가지 의미는 접합부에서의 전체 전류는 도핑이 더욱 많이 이루어진 쪽으로부터 도핑이 덜 이루어진 쪽으로의 캐리어 주입에 의해 주도된다는 것이다.

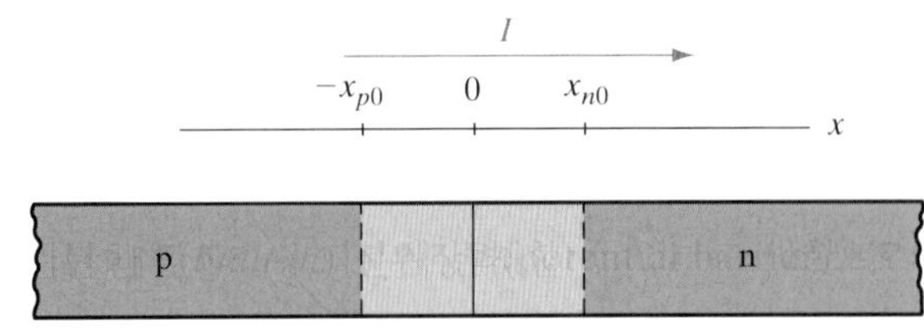

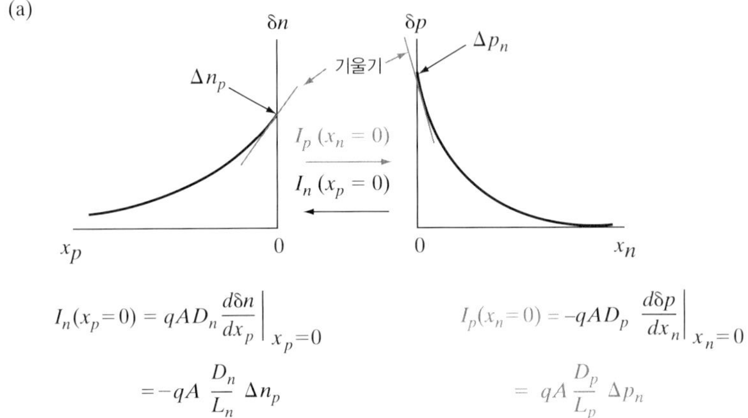

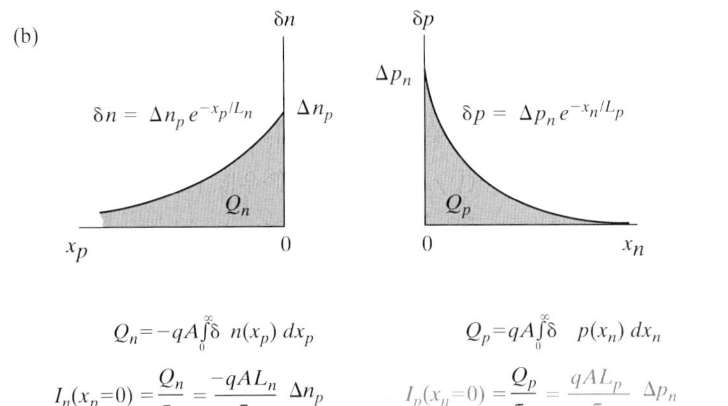

(c)

$$I = I_p(x_n=0) - I_n(x_p=0) = qA\left(\frac{D_p}{L_p}\Delta p_n + \frac{D_n}{L_n}\Delta n_p\right)$$

$$= qA\left(\frac{D_p p_n}{L_p} + \frac{D_n n_p}{L_n}\right)(e^{qV/kT} - 1)$$

그림 5-16 과잉 소수캐리어 분포로부터 접합의 전류를 계산하는 두 가지 방법: (a) 전이영역 끝부분에서의 확산전류; (b) 소수캐리어의 수명으로 나눈 분포되어 있는 전하; (c) 다이오드 방정식.

예를 들어 p형 물질이 매우 고농도로 도핑이 이루어져 있고 n형 쪽은 저농도의 도핑이 이루어져 있다면, p형 쪽의 소수캐리어농도(n_p)는 n형 쪽의 소수캐리어농도(p_n)에 비하여 무시할 수 있다. 따라서 이 다이오드 방정식은 근사적으로 식 (5-33)에서와 같이 정공 주입만의 것으로 볼 수 있다. 이것은 소수캐리어 분포 속에 축적된 전하는 대부분 n형 쪽의 정공에 의한 것임을 의미한다. 예를 들어, 이 p^+-n 접합에서 정공전류를 두 배로 만들려면 p^+ 도핑을 두 배로 해야 하는 것이 아니라, n형 도핑을 두 배만큼 감소시켜야 한다. 이 구조를 p^+-n 접합이라 하며, 여기서 첨자 +는 단순히 고농도의 도핑을 의미한다. p^+-n 또는 n^+-p 구조의 또 다른 특성은 그의 전이영역이 식 (5-23)의 검토에서 알 수 있었던 바와 같이 주로 저농도로 도핑이 이루어진 영역으로 퍼지게 된다는 것이다. 한쪽만 고농도로 도핑을 하는 것은 스위칭(switching) 다이오드와 트랜지스터를 검토할 때 살펴보겠지만 많은 실용적인 소자에서 유용한 조치이다. 이와 같은 접합의 형식은 (추가적인) 반대도핑(counterdoping)으로 제작되는 소자에서는 흔히 있는 것이다. 예를 들어 $N_d = 10^{14}$ cm^{-3}인 n형 Si 시료를 이온주입형 또는 확산형 접합을 위한 기판으로 사용할 수 있는데, p형 영역의 도핑이 (대표적인 확산형 접합의 경우인) 10^{19} cm^{-3}보다 크면 이 구조는 확실히 p^+-n 구조이며, n_p는 그 크기가 p_n보다 10의 5승 이상으로 작다. 이와 같은 형식은 소자(제작)기법에서 보편적인 것이므로 다음 검토의 여러 곳에서 다시 보게 될 것이다.

그림 5-15b는 의사 페르미준위가 순방향 p-n 접합의 경우 위치의 함수라는 것을 보여준다. 평형상태의 E_F는 인가된 바이어스인 V에 해당하는 에너지 qV만큼 W 내에서 분리되는 의사 페르미준위 F_n과 F_p로 나누어진다. 이 에너지는 평형상태에서 벗어난 정도를 나타낸다(4.3.3절 참조). 따라서 공핍영역에 순방향 바이어스가 걸린 경우 다음 식을 얻을 수 있다.

$$pn = n_i^2 e^{(F_n - F_p)/kT} = n_i^2 e^{(qV/kT)} \tag{5-38}$$

접합의 각 면에서 가장 많이 변하는 것은 바로 소수캐리어의 의사 페르미준위이다. 다수캐리어농도는 많은 영향을 받지 않기 때문에 다수캐리어의 의사 페르미준위는 원래의 E_F에 가깝다. W 내에서 F_n과 F_p에 약간의 변화가 있기는 하지만 그림 5-15에 사용된 규모로 나타나지는 않는다. 공핍영역 밖에서는 소수캐리어의 의사 페르미준위가 선형적으로 변화해 결국에는 페르미준위와 결합된다. 이와는 대조적으로 소수캐리어농도는 거리에 따라 지수적으로 감소한다. 사실 의사 페르미준위가, 소수캐리어농도가 진성 캐리어농도와 같게 되는 E_i 준위를 가로지르고 $\delta p(x_n) \simeq p_n$처럼 예시될 수 있는 E_F 준위에 접근하기 위해서는 아주 긴 확산거리를 지나야 한다.

이 전체 전류를 계산하는 또 다른 간단하고도 유익한 방법은 주입된 전류를 과잉분포에 대한 캐리어의 공급으로 보는 것이다(그림 5-16b). 예를 들어 $I_p(x_n = 0)$는 정공이 재결합됨에 따라, 정상상태의 지수함수적인 분포 $\Delta p(x_n)$을 계속 유지하기 위해서 매초당 충분한 정공을 공급해 주어야 한다. 임의의 순간에 있어서의 과잉 캐리어 분포에 축적된 전체 양전하는 다음과 같다.

$$Q_p = qA\int_0^\infty \delta p(x_n)dx_n = qA\Delta p_n \int_0^\infty e^{-x_n/L_p}dx_n = qAL_p\Delta p_n \tag{5-39}$$

n형 물질에서의 정공의 평균 수명은 τ_p이다. 따라서 평균적으로 이 전체의 전하 분포는 재결합되고, 또 매 τ_p초마다 다시 채워져야 한다. 이 분포를 유지하는 데 필요한 $x_n = 0$에서 주입된 정공전류는 단순히 전체 전하를 교체의 평균 시간으로 나눈 것이다. 즉, $D_p/L_p = L_p/\tau_p$를 이용하면 다음과 같다.

$$I_p(x_n = 0) = \frac{Q_p}{\tau_p} = qA\frac{L_p}{\tau_p}\Delta p_n = qA\frac{D_p}{L_p}\Delta p_n \tag{5-40}$$

이것은 확산전류로부터 계산된 식 (5-33)과 같은 결과이다. 비슷하게, 분포 $\delta n(x_p)$ 속에 축적된 음전하를 계산하고 τ_n으로 나누어서 p형 물질로 주입된 전자전류를 얻을 수 있다. 이 방법을 **전하제어근사법**(*charge control approximation*)이라 하는데, p-n 접합부의 양쪽으로 주입된 소수캐리어는 중성 반도체 물질로 확산하고 다수캐리어와 재결합한다는 중요한 사실을 예증해 주고 있는 것이다. 소수캐리어 전류[예를 들어, $I_p(x_n)$]는 중성영역에서 거리와 더불어 지수함수적으로 감소한다. 따라서 수배의 확산거리만큼 접합부로부터 떨어지면, 전체 전류의 대부분은 다수캐리어에 의해 운송된다. 다음 절에서 이 점을 좀더 상세하게 검토하기로 한다.

요약하면, p-n 접합부에서의 전류는 두 가지 방법으로 계산할 수 있다(그림 5-16). 즉, (a) 전이영역 두 끝부분에서의 과잉 소수캐리어 분포의 기울기로부터, 또는 (b) 각각의 분포 내에 축적된 정상상태의 전하로부터 계산하는 것이다. n형 물질로 주입된 정공전류 $I_p(x_n = 0)$를 p형 물질로 주입된 전자전류 $I_n(x_p = 0)$에 합해 주되 $I_n(x_p)$에 음부호를 포함시켜 양전류를 $+x$ 방향으로 취하는 재래의 정의와 맞게 한다. 전이영역 내에서는 재결합이 생기지 않는다고 가정하므로 이들 두 개 전류를 합할 수가 있다. 따라서 이 소자의 한 점 (x_{n0})에서의 전체적인 전자와 정공의 전류를 얻게 된다. 이 소자를 통한 전체적인 전류는 일정해야 하므로(전류성분은 변하더라도), 식 (5-36)에 기술된 것과 같이 I는 이 다이오드에서의 모든 위치 x에서의 전체 전류가 된다.

전이영역 W 바깥쪽 중성영역에서 **소수캐리어의 표동은 무시할 수 있는데**, 이것은 소수캐리어의 농도가 다수캐리어의 농도에 비하여 작기 때문이다. 적어도 이 소수캐리어가 전체 전류에 기여한다면, 이 기여는 (캐리어농도의 크기에 의존하는) 표동에 의한 것이기보다는 오히려 (캐리어농도 **경사도**에 의존하는) 확산에 의한 것이어야 한다. 매우 작은 소수캐리어의 농도일지라도 공간적인 변동이 크면 전류에는 상당한 영향을 줄 수 있다.

일단 소수캐리어의 전류를 알면 두 개의 중성영역에서의 다수캐리어 전류 계산은 간단하다. 전체 전류 I는 이 소자를 통하여 일정해야 하므로 전류의 다수캐리어 성분은 I와 소수캐리어 성분과의 차와 같다(그림 5-17). 예를 들어 $I_p(x_n)$은 n형 물질의 각 위치에서의 과잉정공농도에 비례하기 때문에[식 (5-32)], 이것은 $\delta p(x_n)$의 감소와 더불어 x_n을 따라

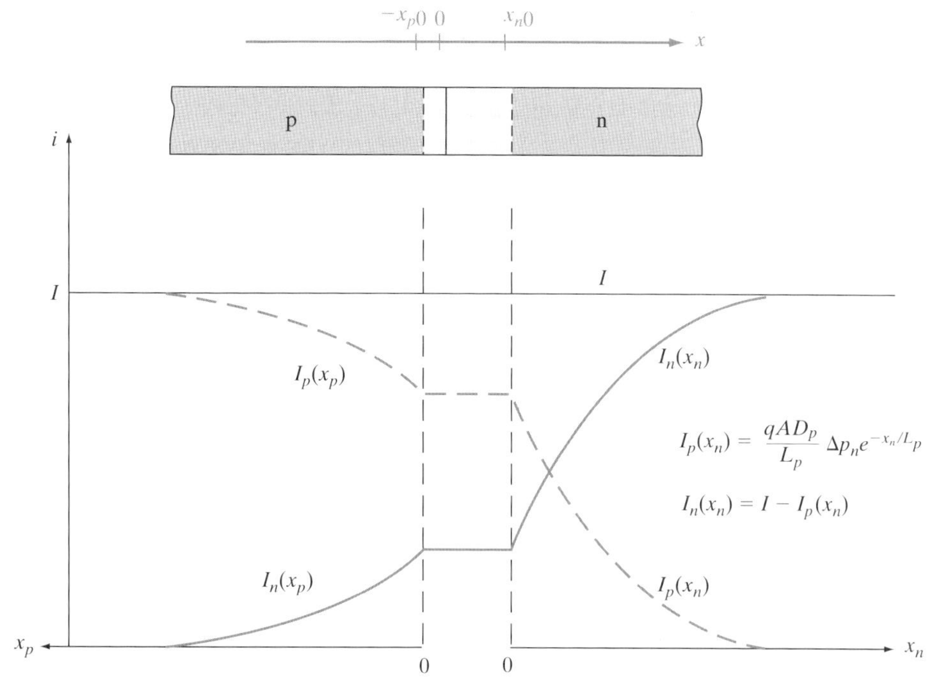

그림 5-17 순방향 p-n 접합에 흐르는 전류의 전자 및 정공성분. 이 예에서는 p도핑보다 n도핑이 낮기 때문에 p쪽에 주입되는 소수캐리어 전자전류보다 n쪽에 있는 주입되는 소수캐리어 정공전류가 더 많다.

지수함수적으로 감소한다. 따라서 전류의 전자성분은 x_n과 더불어 전체 전류 I를 유지하게끔 적절하게 증가해야 한다. 접합부에서 멀리 떨어진 n형 영역에서의 전류는 전자에 의해서 이루어진다. 이것에 대한 물리적인 설명은 전자가 n형 물질로부터(그리고 최종적으로는 전지의 음단자로부터) 흘러들어가 접합부 부근에 과잉정공분포에서의 재결합으로 소실된 전자를 재공급하도록 흘러들어가야 한다는 것이다. 전자전류 $I_n(x_n)$은 x_{n0} 부근에서의 재결합뿐만 아니라, p형 영역으로의 전자주입도 공급하기 위한 충분한 전자흐름을 포함할 것이다. 물론 이 접합부로 향하는 n형 물질 속의 전자흐름은 전체 전류 I에 기여하는 $+x$ 방향의 전류를 구성한다.

아직 대답되어야 할 한 가지 질문은 "다수캐리어 전류가 다이오드 내의 서로 다른 지점에서 표동이나 확산, 혹은 둘 모두에 기인하는가?"이다. (공핍영역의 바로 바깥쪽에 있는) 접합 근처에서는 다수캐리어농도가 공간전하중성 조건을 유지하기 위해 소수캐리어와 정확히 같은 양만큼 변한다. 다수캐리어농도가 유전완화시간(dielectric relaxation time)인 $\tau_D(=\rho\epsilon)$로 알려진 매우 짧은 시간규모 동안 다소 빠르게 변할 수 있다. 여기서 ρ는 저항이고, ϵ은 유전상수이다. 완화시간 τ_D는 어떤 회로에서의 아날로그형 RC 시정수(time constant)이다. 접합으로부터 매우 먼 곳(3배 내지 5배의 확산거리 이상 떨어진 곳)에서 소수캐리어농도는 낮고 일정한 배경값으로 감소된다. 그러므로 다수캐리어농도 또한 위치에 무관하게 된다. 여기서 가능성이 있는 유일한 전류 구성요소가 다수캐리어 표동전류라는 것은 분명하다. 접합으로 접근될 때 공간적으로 변화하는 다수(와 소수) 캐리어농도가 존재하고 비록 고준위주입의 경우를 제외하면 표동이 다수캐리어에서 지배적일지라도 다수캐리어 전류는 완전히 표동전류만 있는 상태에서 표동 및 확산전류가 함께 있는 상태로 변화한다. 다이오드 전체를 통해 임의의 단면에서의 다수 및 소수캐리어에 의한 전체 전류는 일정하게 유지된다.

따라서 중성영역 내의 전계는 앞서 가정한 바와 같이 0일 수는 없다는 것을 유의해야 한다. 그렇지 않으면 표동전류는 없을 것이다. 따라서 인가전압은 전부 전이영역을 가로질러서 나타난다는 가정은 완전하게 정확한 것은 아니다. 한편 다수캐리어농도는 보통 중성영역에서는 크므로 표동전류를 구동시키는 데 작은 전계만이 필요한 것이다. 따라서 접합부 전압이 인가전압과 같다는 가정은 대부분의 계산에서 받아들일 수 있을 것이다.

예제 5-3 순방향으로 바이어스된 p-n 접합부의 n형 물질에서의 전자전류에 대한 식을 구하라.

풀이 전체 전류는

$$I = qA\left(\frac{D_p}{L_p}p_n + \frac{D_n}{L_n}n_p\right)(e^{qV/kT} - 1)$$

n형 쪽의 정공전류는

$$I_p(x_n) = qA\frac{D_p}{L_p}p_n e^{-x_n/L_p}(e^{qV/kT} - 1)$$

따라서 n형 물질 속의 전자전류는

$$I_n(x_n) = I - I_p(x_n) = qA\left[\frac{D_p}{L_p}(1 - e^{-x_n/L_p})p_n + \frac{D_n}{L_n}n_p\right](e^{qV/kT} - 1)$$

이 식은 주입된 정공과 재결합할 전자의 공급, 그리고 접합을 넘어서 p형 쪽으로의 전자의 주입을 포함하고 있다.

5.3.3 역방향 바이어스

지금까지의 캐리어 주입과 소수캐리어 분포에 대한 검토에 있어서 주로 순방향 바이어스를 가정하였다. 역방향 바이어스에 대한 분포는 V의 음값을 도입하면 같은 식으로부터 얻을 수 있다(그림 5-18). 예를 들어, $V = -V_r$이면(n형 쪽에 대하여 p형 쪽이 음으로 바이어스된 것) 식 (5-29)는

$$V_r \gg kT/q \text{일 때 } \Delta p_n = p_n(e^{q(-V_r)/kT} - 1) \simeq -p_n \tag{5-41}$$

와 같이 근사시킬 수 있으며, 비슷하게 하여 $\Delta n_p \simeq -n_p$이다.

따라서 10분의 수 V 이상의 역방향 바이어스의 경우 전이영역의 각 끝부분에서의 소수캐리어의 농도는 과잉 캐리어농도가 평형상태 농도만큼 (−)로 접근함에 따라 본질적으로 0이 된다. 중성영역에서의 과잉 소수캐리어의 농도는 역시 식 (5-31)로 주어지며, 따라서 평형상태에서의 값 이하로 되는 캐리어의 공핍(부분)은 전이영역의 양쪽을 넘어서 대략 한 확산거리 정도까지 확대된다. 이 역방향 바이어스에 의한 소수캐리어의 공핍현상은 순방향 바이어스에 의한 주입과 유사하게 **소수캐리어 적출**(*minority carrier extraction*)로 생각할 수 있다. 물리적으로 적출은 이 공핍영역 끝부분의 소수캐리어가 접합부에서의 장벽 다른 쪽으로 쓸려내려가고 (그들이) 이에 대항하는 캐리어의 확산에 의하여 대치되지 못하기 때문에 생기는 것이다. 예를 들어 x_{n0}의 정공이 전계 $\mathscr{E}$에 의하여 p형 쪽으로 접합부를 가로질러서 쓸려가면 n형 물질 내의 정공분포에는 경사도가 있게 되며, n형 영역의 정공은 접합부 쪽으로 확산한다. n형 영역의 정상상태 정공분포는 그림 5-18a의 역전된 지수(함수)의 모양을 갖는다. 역방향 포화전류는 접합부에서 장벽을 내려오는 캐리어의 표동으로써 생기지만, 이 전류는 중성영역의 소수캐리어의 양쪽으로부터 확산에 의해 접합 쪽으로 공급된다는 것을 기억해야 한다. 이 접합을 넘어서는 캐리어 표동비율(역방향 포화전류)은 중성 물질로부터 확산에 의해 x_{n0}에 정공이 도달하는(또, x_{p0}에 전자가 도달하는) 비율에 따른다. 이들 소수캐리어들은 열적 생성으로써 공급되는데 역방향 포화전류에 대한 식, 즉 식 (5-38)은 전이영역 각각에서의 한 확산거리 내에서 열적으로 캐리어가 생성되는 비율을 나타낸다는 것을 증명할 수 있다.

역방향 바이어스에서 의사 페르미준위는 순방향 바이어스와는 반대의 의미로 분리된다(그림 5-18b). 과잉 캐리어가 존재하는 순방향 바이어스와는 달리, 평형상태보다 역방향 바이어스상태에서 더 적은 캐리어가 존재한다는 사실을 반영하듯이, F_n은 E_c로부터 멀어지는 방향으로(E_v로 접근하는 방향으로) 움직이고 F_p는 E_v로부터 멀어지는 방향으로 움직인다. 역방향 바이어스가 걸린 공핍영역 내에서는 다음 식을 만족한다.

$$pn = n_i^2 e^{(F_n - F_p)/kT} \approx 0 \tag{5-42}$$

역방향 바이어스가 있을 때 의사 페르미준위가 대역 안으로 들어갈 수 있다는 사실은 재미있는 현상이다. 예를 들면, F_p는 공핍영역의 n형 쪽 전도대 속으로 들어간다. 하지만 F_p는 정공농도의 측정수단이므로 가전자대의 위쪽 끝인 E_v에만 연관되어야지 E_c와 연관되어서는 안 된다는 것을 기억해야 한다. 그러므로 대역도는 이 영역의 정공수가 매우 적어서 심지어는 기존의 적은 양의 평형 소수캐리어 정공농도보다도 적다는 사실을 간략하게 반영한다(그림 5-18a). 유사한 관찰이 전자에 관해서도 이루어질 수 있다.

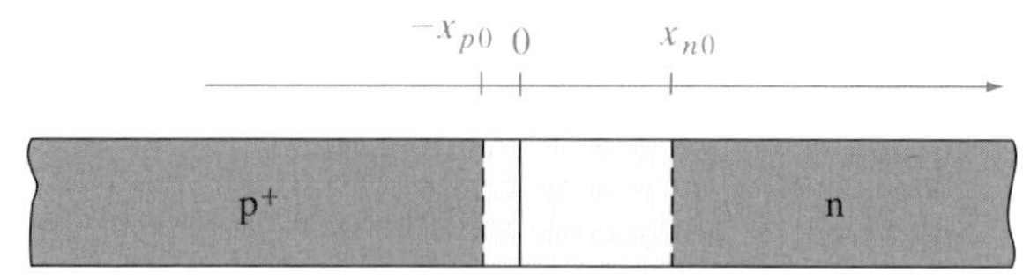

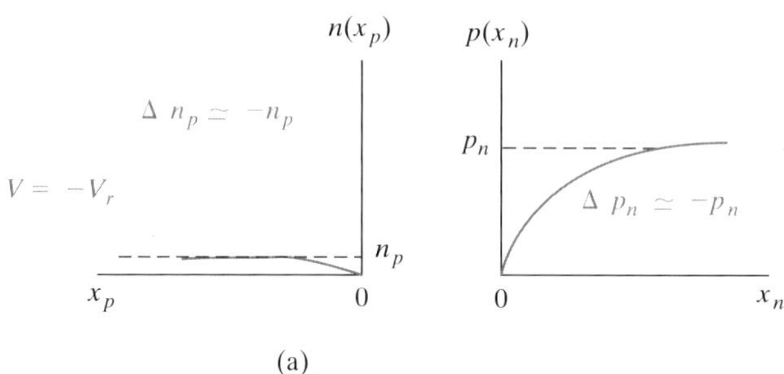

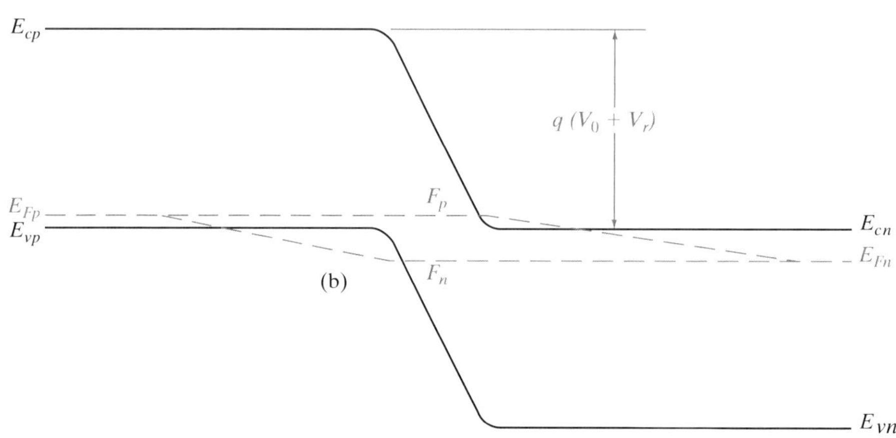

그림 5-18 역방향 바이어스된 p-n 접합: (a) 역방향 바이어스된 접합 근처의 소수캐리어 분포; (b) 의사 페르미준위의 변화.

예제 5-4 계단형 Si p-n 접합($A = 10^{-4}$ cm^2)이 300 K 에서 다음과 같은 성질을 갖는다.

p 영역	n 영역
$N_a = 10^{17}$ cm^{-3}	$N_d = 10^{15}$
$\tau_n = 0.1$ μs	$\tau_p = 10$ μs
$\mu_p = 200$ cm^2/V-s	$\mu_n = 1300$
$\mu_n = 700$	$\mu_p = 450$

접합은 0.5 V 만큼 순방향으로 바이어스되어 있다. 순방향 전류는 얼마인가? −0.5 V 의 역방향 바이어스일 때의 전류는 얼마인가?

풀이

$$I = qA\left(\frac{D_p}{L_p}p_n + \frac{D_n}{L_n}n_p\right)(e^{qV/kT} - 1) = I_0(e^{qV/kT} - 1)$$

$$p_n = \frac{n_i^2}{n_n} = \frac{(1.5 \times 10^{10})^2}{10^{15}} = 2.25 \times 10^5\ \text{cm}^{-3}$$

$$n_p = \frac{n_i^2}{p_p} = \frac{(1.5 \times 10^{10})^2}{10^{17}} = 2.25 \times 10^3\ \text{cm}^{-3}$$

소수캐리어,

$$D_p = \frac{kT}{q}\mu_p = 0.0259 \times 450 = 11.66\ \text{cm}^2/\text{s}\ (\text{n 영역에서})$$

$$D_n = \frac{kT}{q}\mu_n = 0.0259 \times 700 = 18.13\ \text{cm}^2/\text{s}\ (\text{p 영역에서})$$

$$L_p = \sqrt{D_p\tau_p} = \sqrt{11.66 \times 10 \times 10^{-6}} = 1.08 \times 10^{-2}\ \text{cm}$$

$$L_n = \sqrt{D_n\tau_n} = \sqrt{18.13 \times 0.1 \times 10^{-6}} = 1.35 \times 10^{-3}\ \text{cm}$$

$$I_0 = qA\left(\frac{D_p}{L_p}p_n + \frac{D_n}{L_n}n_p\right)$$

$$= 1.6 \times 10^{-19} \times 0.0001\left(\frac{11.66}{0.0108}2.25 \times 10^5 + \frac{18.13}{0.00135}2.25 \times 10^3\right)$$

$$= 4.370 \times 10^{-15}\ \text{A}$$

$$I = I_0(e^{0.5/0.0259} - 1) \approx \mathbf{1.058 \times 10^{-6}}\ \text{의 순방향 바이어스}$$

$$I = -I_0 = \mathbf{-4.37 \times 10^{-15}}\ \text{의 역방향 바이어스}$$

5.4 역방향 바이어스 항복

역방향으로 바이어스된 p-n 접합은 작은, 그리고 본질적으로 전압에는 무관한 포화전류를 나타냄을 알고 있다. 이것은 임계 역방향 바이어스에 이르기까지는 사실이다. 그리고 이 임계 역방향 바이어스일 때 역방향 항복(*reverse breakdown*)이 일어난다(그림 5-19). 이 임계 전압(V_{br})에서는 다이오드를 통하는 역방향 전류는 급격히 증가하며, 비교적 큰 전류가 전압의 작은 증가로 흐를 수 있는 것이다. 이 임계 항복전압의 존재로 대부분 다이오드의 역방향 특성 곡선에 거의 직각모양이 도입된다.

역방향 항복은 원래 전혀 파괴적인 것이 아니다. 외부회로로 그 전류를 적당한 값으로 한정시키면, p-n 접합은 항복에서도 순방향 바이어스상태에서와 같이 안전하게 작동할 수 있다. 예를 들어, 그림 5-19의 소자에서 흐를 수 있는 최대 역방향 전류는 $(E - V_{br})/R$이다. 이 직렬저항 R은 전류를 거기에 사용되고 있는 특정 다이오드에 대하여 안전한 수준으로 한정하도록 선택될 수 있다. 이 전류가 외부적으로 제한되지 않으면 이 접합은 과대

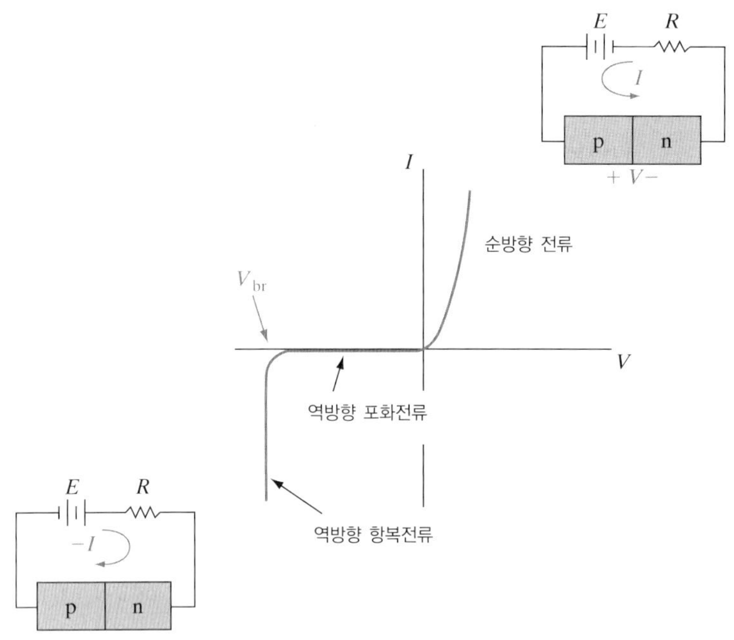

그림 5-19 p–n 접합의 역방향 항복(breakdown)

한 역방향 전류에 의해 손상될 수 있으며, 그 역방향 전류가 최대 전력정격을 초과할 때는 이 소자를 과열시킨다. 그러나 이와 같은 소자의 파손은 반드시 역방향 항복의 독특한 기구에 의한 것일 필요는 없다는 사실을 상기하는 것이 중요하다. 즉, 이 소자에 순방향으로 과대한 전류가 통과해도 비슷한 결과가 나타나는 것이다.[14] 5.4.4 절에서 알 수 있듯이 항복 다이오드(*breakdown diode*)라는 유용한 소자는 그 특성의 역방향 항복체제에서 작동되도록 설계되어 있다.

역방향 항복은 두 가지 기구로 발생되는데, 각각 접합부 전이영역에서의 임계 전계가 있어야 한다. 제너효과(*Zener effect*)라 하는 기구는 낮은 전압(수 V에 이르는 역방향 바이어스)에서 작동한다. 항복이 보다 높은 전압(수 V에서 수천 V까지)에서 생기면 그 기구는 애벌랜치 항복(*avalanche breakdown*)이다. 이 절에서는 이 두 가지 기구를 검토할 것이다.

5.4.1 제너 항복

고농도의 도핑이 이루어진 접합이 역방향으로 바이어스된 경우 에너지대역은 비교적 낮은 전압에서 서로 엇갈리게 된다(즉, n형 쪽 전도대역은 p형 쪽 가전자대역의 반대쪽 맞은편에 나타난다). 그림 5-20이 나타내듯이 이 대역의 교차로 n형 쪽 전도대역의 많은 빈 에너

14) 접합부에서 소산되는 전력(IV)은 물론 주어진 전류에 대해서는 단순히 V가 좀더 크기 때문에, 순방향 바이어스의 경우보다는 항복체제에서 더욱 크다.

지상태들과 반대편의 p형 쪽 가전자대역의 충만된 많은 에너지상태들이 같은 높이로 나란히 서게 된다. 이들 두 대역을 분리시키고 있는 전위장벽의 폭이 좁다면 2.4.4절에서 논의한 바와 같이 전자의 터널링(tunneling)이 일어날 수 있다. p형 쪽 가전자대역에서 n형 쪽 전도대역으로의 전자의 터널링은 n형 영역에서 p형 영역으로의 역전류를 구성하는데, 이것을 **제너효과**라 한다.

터널링전류가 생길 기본요건은 많은 빈 에너지상태들로부터 유한한 높이의 좁은 전위장벽으로 격리되어 있는 다수의 전자가 있다는 것이다. 터널링의 확률은 이 장벽의 폭(그림 5-20의 d)에 의존하므로, 금속학적 접합부는 가파르고 고농도의 도핑이어서 전이영역 W는 그 접합의 양쪽으로부터 극히 짧은 거리까지로만 확장된다는 것이 중요하다. 예를 들어, 이들 요구조건은 고농도로 도핑된 n형 시료에 합금하여 이룩된 p형 영역을 만듦으로써 충족시킬 수 있다. 접합부가 가파르고 못하거나 또는 접합부의 한쪽이 저농도의 도핑이 이루어졌다면, 전이영역 W는 터널링효과가 생기기에는 너무 넓게 될 것이다.

에너지대역이 엇갈릴 때(고농도로 도핑이 이루어진 접합에 대해서는 10분의 수 V 정도), 터널링거리 d는 눈에 보일 정도의 터널링이 생기기에는 너무나 클 것이다. 그러나 d는 더 높은 전계일수록 대역 끝선의 기울기가 더 가파르기 때문에 역방향 바이어스가 증대될수록 d는 작아진다. 이것은 전이영역의 폭 W가 역방향 바이어스와 더불어 현저하게 증가되지는 않는다는 것을 가정하고 있다. 낮은 전압이며 접합의 양쪽에 고농도의 도핑이 이루어진 경우 이것은 잘 된 가정이다. 그러나 제너 항복이 수 V의 역방향 바이어스로서 생기지 않으면 애벌랜치 항복이 주가 될 것이다.

단순한 공유결합 모형에서(그림 3-1) 제너효과는 접합부에서의 주된 원자의 **전계이온화**(*field ionization*)에 의한 것으로 생각할 수 있다. 즉, 고농도로 도핑된 접합에 대한 역방향 전압은 W 내에서 큰 전계를 일으키며, 어떤 임계 전계강도에서는 공유결합에 참여하고 있는 전자들이 이 결합수로부터 전계에 의해 떨어져 나와 접합의 n형 쪽으로 가속될 수 있다. 이와 같은 형태의 이온화에 필요한 전계는 10^6 V/cm 정도이다.

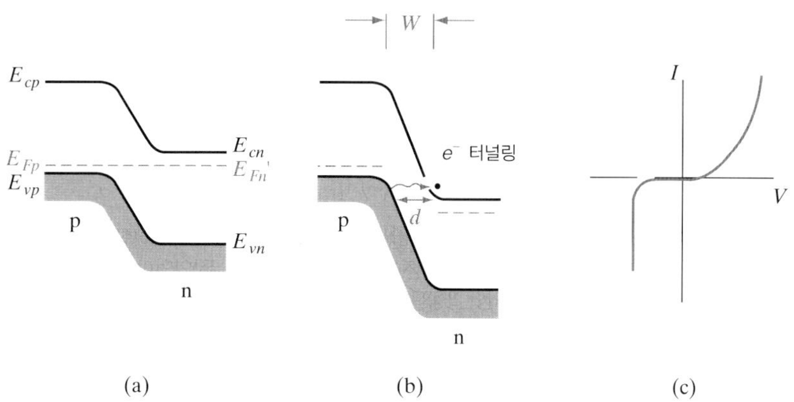

그림 5-20 제너효과: (a) 평형상태에서의 고농도 도핑 접합부; (b) p형에서 n형으로의 전자터널링이 있는 역방향 바이어스상태; (c) I–V 특성.

5.4.2 애벌랜치 항복

저농도의 도핑이 이루어진 접합에서는 전자의 터널링은 무시할 수 있으며, 그 대신 항복 기구는 큰 에너지의 캐리어에 의한 (바탕 물질) 원자의 **충돌이온화**(*impact ionization*)를 수반한다. 보통 격자산란 현상은 그 산란된 캐리어가 충분한 에너지를 갖고 있으면 EHP의 생성으로 이끌어 갈 수 있다. 예를 들어, 전이영역의 전계 $\mathscr{E}$가 크면 p형 쪽에서부터 들어간 전자는 충분한 큰 운동에너지로 가속되어 격자와 이온화충돌을 일으킬 수 있다(그림 5-21a). 하나의 이와 같은 상호작용은 **캐리어 증식**(*carrier multiplication*)을 가져온다. 즉, 원래의 전자와 이 새로 생성된 전자가 모두 접합의 n형 쪽으로 쓸려가고 또 생성된 정공이 (접합의) p형 쪽으로 쓸려간다(그림 5-21b). 전이영역 내에서 생성된 캐리어 역시 전자와 이온화충돌을 하면 증식의 정도는 매우 커질 수 있다. 예를 들어, 들어오는 전자는 격자와 충돌하고 EHP를 생성할 것이다. 이들 캐리어 하나하나가 새로운 EHP를 생성하는

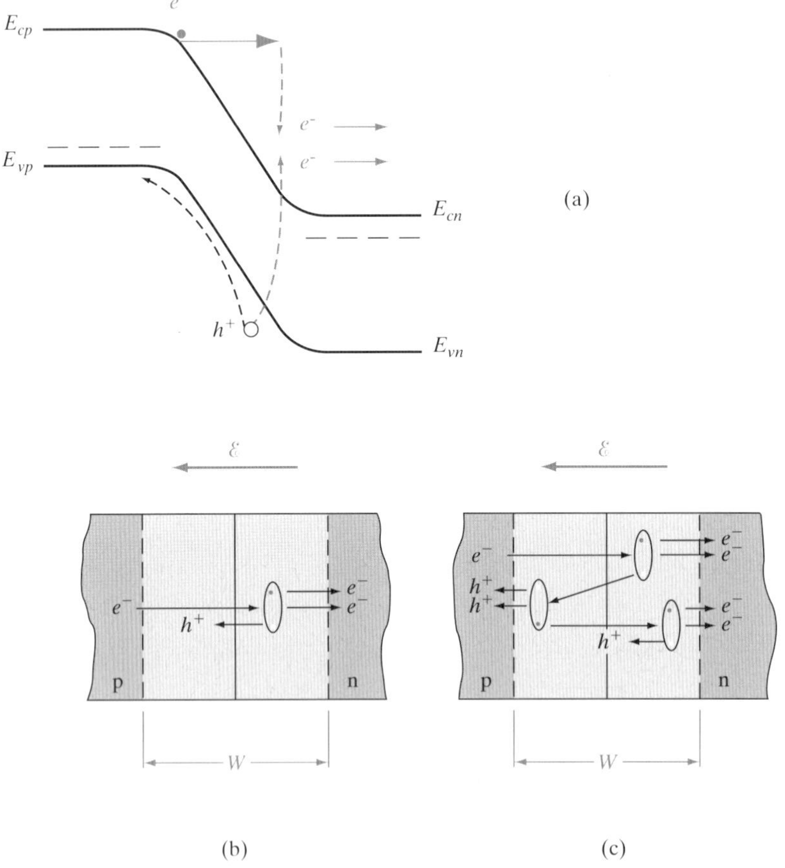

그림 5-21 충돌이온화로 생성된 전자-정공쌍: (a) (1차) 전자가 공핍영역에 걸린 전계 속에서 운동에너지를 얻어서 충돌이온화에 의해 (2차) 전자-정공쌍을 만들고 1차 전자는 그 과정에서 자신의 운동에너지를 잃게 되는 과정을 나타내는 역방향 바이어스하의 p-n 접합 대역도; (b) 들어오는 전자에 의한 한 번의 이온충돌화; (c) 1차, 2차 및 3차 충돌.

기회를 가지며, 이 새로 생긴 것들 각각이 또한 EHP를 생성하고 이와 같은 것이 계속된다(그림 5-21c). 이것이 애벌랜치(*avalanche*) 과정인데, 그것은 들어오는 캐리어 각각이 다수의 새로운 캐리어를 생성할 수 있기 때문이다.

n형 및 p형 캐리어가 전이영역을 지나면서 거리 W 동안 가속되면서, 격자와의 이온화충돌을 할 확률 P를 갖는다고 가정함으로써 애벌랜치 증식작용을 근사적으로 분석할 수 있다. 따라서 p형 쪽으로부터 들어간 전자 n_{in}에 대해서는 Pn_{in}의 이온화충돌이 있고, 각 충돌마다 한 EHP(2차 캐리어)가 생기게 된다. 1차 전자들에 의한 Pn_{in}개의 충돌 후에는 1차 및 2차 전자 $n_{in}(1 + P)$가 생기게 된다. 충돌 후 각 EHP는 전이영역 내에서 실질적으로 거리 W를 움직이게 된다. 예를 들어, 한 EHP가 이 영역의 중앙에서 생기면 전자는 n형 쪽으로 거리 $W/2$, 정공은 p형 쪽으로 $W/2$를 표동한다. 따라서 2차 캐리어의 운동으로 인하여 이온화충돌이 생기는 확률은 이 단순화된 모형에서는 역시 P이다. $n_{in}P$의 2차적인 전자-정공쌍에 대해서는 $(n_{in}P)P$의 이온화충돌과 $n_{in}P^2$개의 3차적인 쌍이 있을 것이다. 이상과 같은 여러 번의 충돌 후에는 n형 쪽에서 이 영역으로부터 나오는 전체적인 전자의 수를 합하면 재결합이 없다고 가정하고

$$n_{out} = n_{in}(1 + P + P^2 + P^3 + \cdots) \tag{5-43}$$

더욱 포괄적인 이론에서는 전자와 정공에 의한 이온화충돌에 대하여 다른 확률과 재결합이 포함될 것이다. 여기서의 간단한 이론에서는 전자증식률 M_n은 직접적인 나눗셈으로 확인할 수 있는 것으로 다음과 같이 된다.

$$M_n = \frac{n_{out}}{n_{in}} = 1 + P + P^2 + P^3 + \cdots = \frac{1}{1 - P} \tag{5-44a}$$

이온화 확률 P가 1에 접근하면 캐리어의 증식(따라서, 접합을 통하는 역방향 전류)은 한없이 증가한다. 실제적으로 이 전류에 대한 한계는 외부회로에 의하여 지시를 받게 될 것이다.

증식과 P와의 관계는 식 (5-44a)로 쉽게 쓸 수 있다. 그러나 접합에서의 파라미터들과 P와의 관계는 훨씬 더 복잡하다. 물리적으로, 이 이온화 확률은 전계의 증가와 더불어 증가될 것이다. 따라서 역방향 바이어스에 의존할 것이 예상된다. 항복 부근에서 접합에서의 캐리어 증식률 M의 측정으로 다음과 같은 실험적 관계식이 얻어진다.

$$M = \frac{1}{1 - (V/V_{br})^{\mathbf{n}}} \tag{5-44b}$$

여기서 **n**은 이 접합에 사용된 물질의 형식에 따르면 약 3 ~ 6 사이에서 변한다.

일반적으로, 항복에 대한 임계 역방향 전압은 이온화충돌에 더욱 많은 에너지가 필요하므로 물질의 에너지 대역간극과 더불어 증대된다. 또 W 내에서의 피크전계는 접합의 보다 낮게 도핑된 쪽의 도핑이 증가함에 따라 증가한다. 따라서 그림 5-22가 나타내듯이 V_{br}

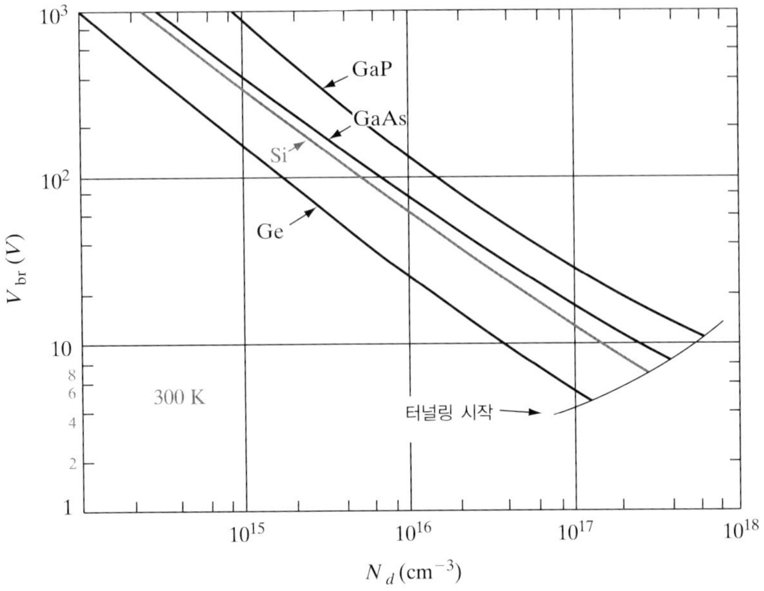

그림 5-22 몇 가지 반도체에 대한 n형 도너농도의 함수로서의 계단형 p^+-n 접합 애벌랜치 항복전압의 변화[S. M. Sze and G. Gibbons, *Applied Physics Letters*, vol. 8, p. 111(1966)]

은 도핑농도가 증가하면 감소된다.

5.4.3 정류기

p-n 접합의 가장 명백한 성질은 **단일방향성**(*unilateral*)이다. 즉, 잘 맞는 근사법으로는 그것은 한 방향으로만 전류를 전도한다. 순방향으로 바이어스되었을 때는 단락회로로, 또 역방향으로 바이어스되었을 때는 개방회로로 **이상적 다이오드**(*ideal diode*)를 생각할 수 있다(그림 5-23a). p-n 접합 다이오드는 이와 같은 서술과 꼭 합치되는 것은 아니나, 많은 접합의 *I-V* 특성이 이상적 다이오드와 직렬로 된 등가회로를 구성할 다른 회로소자들로써 근사시킬 수 있다. 예를 들어, 대부분의 순방향으로 바이어스된 다이오드는 **오프셋**(*offset*, 차감) **전압** E_0를 보여주는데(그림 5-33 참조), 이것은 이상적 다이오드와 직렬로 된 전지를 사용한 회로모형으로 근사시킬 수 있다(그림 5-23b). 이 모형의 직렬전지는 인가된 전압이 E_0보다 작으면 이 이상적 다이오드를 계속 턴오프(turn off, 차단상태)로 유지한다. 5.6.1절로부터 E_0는 근사적으로는 이 접합의 접촉전위차와 같을 것이 짐작된다. 경우에 따라서 실제 다이오드 특성의 이상과 같은 근사는 이 등가회로에 직렬저항 R을 첨가함으로써 개선된다(그림 5-23c). 그림 5-23에 보인 등가회로로 된 근사(표시)는 그의 근사적 특성이 특정한 전압과 전류의 범위에서는 선형적이기 때문에 **구분적 선형등가**(*piecewise-linear equivalent*)라 한다.

이상적 다이오드는 교류전압원과 직렬로 놓아 신호의 **정류**(*rectification*)를 이룩하게 할

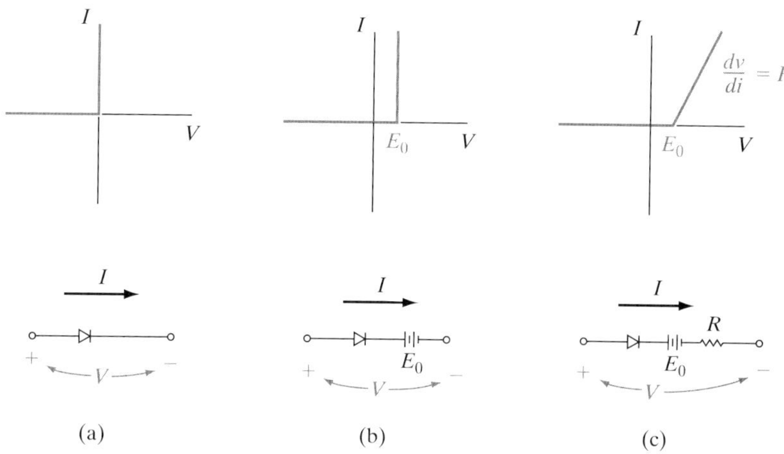

그림 5-23 접합 다이오드 특성의 구분적 선형근사: (a) 이상적 다이오드; (b) 오프셋 전압을 갖는 이상적 다이오드; (c) 오프셋 전압과 순방향 특성에 나타난 기울기를 말해 주는 저항을 갖는 이상적 다이오드.

수 있다. 전류는 다이오드를 통하여 순방향으로만 흐를 수 있기 때문에, 입력 정현파(sine wave) 양의 반주기만을 통과시킨다. 이 출력전압을 **반파정류 정현파**(*half-rectified sine wave*)라 한다. 입력 정현파는 평균값이 없으나 이 정류된 신호는 양의 평균값을 가지며, 따라서 직류성분을 포함하고 있다. 적절한 필터링(filtering, 여파)을 행하여 이 직류의 크기를 정류된 신호로부터 추출할 수 있다.

다이오드의 단일방향성은 **파형 형성**(*waveshaping*)이 요구되는 여러 가지 다른 회로응용을 위하여 유용하다. 이것에는 신호의 어떤 부분만을 통과시키고 다른 부분은 저지시킴으로써 교류신호를 변조하는 것이 포함된다.

정류기로 사용하도록 설계된 접합 다이오드는 최대한 이상적 다이오드에 가까운 *I-V* 특성을 가져야 할 것이다. 그의 역방향 전류는 무시할 수 있으며, 순방향 전류는 거의 전압 의존성을 보이지 않아야 할 것이다(**순방향 저항** *R*이 무시할 수 있을 정도). 역방향 항복전압은 커야 하며, 순방향으로의 오프셋 전압은 작아야 한다. 불행히도 이들 모든 요건이 한 소자로 이루어질 수는 없고, 시도하는 응용에 가장 적절한 다이오드를 이룩할 수 있게 접합을 설계하는 데는 절충이 이루어져야 한다.

5.3 절에서 유도된 이론으로부터 좋은 정류기의 접합에 대한 여러 가지 요건을 쉽게 표로 만들 수 있다. 분명히 에너지 **대역간극**(*band gap*)은 정류기 다이오드용 물질을 선정하는 데 있어서 중요한 고려사항이다. 큰 에너지 대역간극을 갖는 물질에서는 n_i가 작으므로 (열적으로 생성된 캐리어에 의존하는) 역방향 포화전류는 E_g의 증가와 더불어 감소된다. 큰 대역간극을 갖는 물질로 된 정류기는 EHP의 열적 여기가 증대된 대역간극으로 인하여 감소되므로 보다 높은 온도에서 작동할 수 있다. 이와 같은 온도효과는 순방향으로 큰 전류를 운송해야 하는, 따라서 상당히 가열될 정류기에서는 결정적으로 중요한 것이다. 한

편, 접촉전위차와 오프셋 전압 E_0는 일반적으로 E_g와 더불어 증가한다. 이와 같은 단점은 보통 낮은 n_i의 장점들보다는 덜 중요하다. 예를 들어 Si는 일반적으로 전력용 정류기로서의 Ge보다는 유리한데, 그것은 제작상의 특성이 더욱 편리할 뿐만 아니라 대역간극이 넓고 누설전류가 작으며 또 항복전압이 높기 때문이다.

접합 양쪽의 도핑농도(*doping concentration*)는 다이오드의 애벌랜치 항복전압, 접촉전위차 및 직렬저항에 영향을 준다. 이 접합이 고농도로 도핑된 쪽과 저농도로 도핑된 쪽을 (p^+-n형 접합과 같이) 갖고 있다면, 저농도로 도핑된 영역이 그 접합의 여러 가지 성질을 결정한다. 그림 5-22로부터 항복전압 V_{br}을 증대시키기 위해서는 적어도 접합의 한쪽에는 고저항률 영역을 써야 함을 알 수 있다. 그러나 이와 같은 접근방법은 그림 5-23c의 순방향 저항 R을 증가시키는 경향이 있으며, 따라서 I^2R에 따르는 가열로 인한 열적 효과의 문제의 원인이 된다. 저농도의 도핑이 이루어진 영역의 저항을 감소시키기 위해서는 단면적을 크게 하고 길이를 줄여야 한다. 따라서 다이오드 몸체의 기하학적(*geometry*) 형태는 또 다른 중요한 설계상의 변수가 된다. 다이오드의 실제 단면적에 대한 제한에는 균일한 출발 물질을 얻는 것과 큰 면적에 이르러 접합을 형성시키는 공정의 문제가 포함된다. 접합의 균일성에 있어 국부적인 문제는 그 소자의 작은 영역에서 때 아닌 역방향 항복을 일으키는 것이다. 비슷하게 하여, 접합의 저농도로 도핑이 이루어진 영역은 임의로 짧게 할 수 없다. 이 저농도의 도핑영역에 대한 근본적인 문제 중 하나는 소위 펀치스루(*punch-through*)라는 효과이다. 전이영역의 폭 W는 역방향 바이어스와 더불어 증가하며, 주로 저농도의 도핑영역 속으로 확대되므로 W가 영역의 전체 길이를 차지할 때까지 증가할 수도 있다(연습문제 5.30). 이 펀치스루의 결과로 그림 5-22로부터 예상되는 V_{br}의 값보다도 낮은 곳에서 항복이 이루어진다.

큰 역방향 바이어스 전압에서 사용되도록 설계된 소자에서는 시료의 끝부분을 가로질러서 생기는 뜻하지 않은 항복을 피하도록 주의해야 한다. 이 효과는 끝부분을 엇베거나(*beveling*) 시료의 끝부분으로부터 접합을 격리시키기 위한 보호환(*guard ring*)을 확산시킴으로써 감소시킬 수 있다(그림 5-24). 전계는 이 소자의 주된 몸통에서보다도 그림 5-24b의 시료의 엇벤 끝부분에서는 더 낮아진다. 비슷하게, 그림 5-24c의 저농도로 도핑된 p형의 보호환에 있는 접합은 p^+-n 접합보다는 높은 전압에서 항복이 생긴다. 이 공핍영역은 p^+형 영역에서보다는 p형의 보호환 영역 쪽에서 넓게 되어 있으므로, 평균 전계는 주어진 다이오드의 역방향 전압에 대하여 이 보호환 쪽에서 더욱 작게 된다.

p^+-n 또는 p-n^+형 접합을 만드는 데 있어 저농도로 도핑된 영역의 한 끝을 같은 형의 고농도의 도핑이 이루어진 영역으로 만드는 것이 보통이며(그림 5-25a), 이로써 그 소자에 옴 접촉을 만들어 주는 문제가 쉬워진다. 이상의 결과로 동작 접합으로써 작용하는 p^+-n 층을 갖는 p^+-n-n^+의 구조, 또는 동작 p-n^+ 접합을 갖는 p^+-p-n^+형 소자가 된다. 이 중앙의 저농도 도핑영역이 애벌랜치 항복전압을 결정하게 된다. 이 영역이 소수캐리어의 확산거리에 비하여 짧으면, 큰 순방향 전류에 대한 과잉 캐리어의 주입으로 이 영역의 전도도

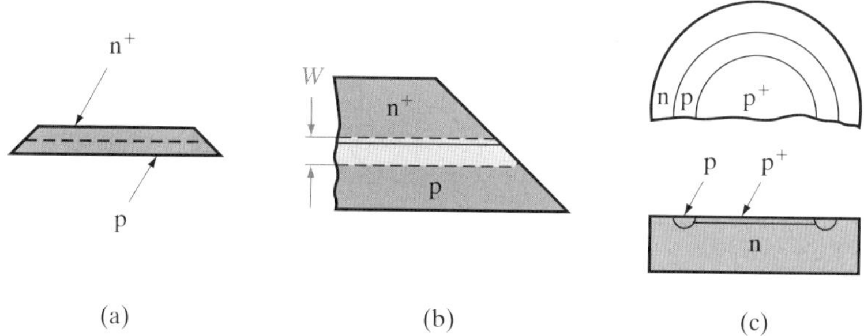

그림 5-24 역방향 바이어스에서 단연 항복(edge breakdown)을 방지하기 위한 엇벤 단연부와 보호환: (a) 엇벤 단연부를 갖는 다이오드; (b) 경사 근처의 공핍영역의 감소를 보여주는 끝부분 근접도; (c) 보호환.

가 현저하게 증가될 수 있다. 순방향 저항 R을 감소시키는 이와 같은 형식의 **전도도 변조**(*conductivity modulation*)는 대전류 소자에서는 매우 유용할 수 있다. 한편 짧고 낮은 농도로 도핑된 중앙영역은 그림 5-25c에서와 같이 역방향 바이어스일 때의 펀치스루를 유도할 수도 있다.

정류소자 접합의 장착방식은 전력을 취급할 수 있는 그의 능력에 있어 결정적인 것이 된다. 소전력 회로에 사용되는 다이오드는 유리나 플라스틱 포장으로 하거나, 또는 간단한 헤더(header)에 장착하는 것이 적당하다. 그러나 많은 양의 열을 소산시켜야 하는 대전류 소자에서는 그의 접합으로부터 열에너지를 옮길 수 있게 특수한 장착방식이 요구된다. 대표적인 Si 전력 정류소자는 Si의 열팽창 특성과 합치되게 몰리브덴이나 텅스텐 원판 위에 장착한다. 이 원판을 적당한 냉각장치가 달려 있는 방열판(heat sink)에 나사로 붙일 수 있게, 구리 또는 기타 열전도성 물질로 된 큰 징(stud) 모양으로 된 것에 고정시킨다.

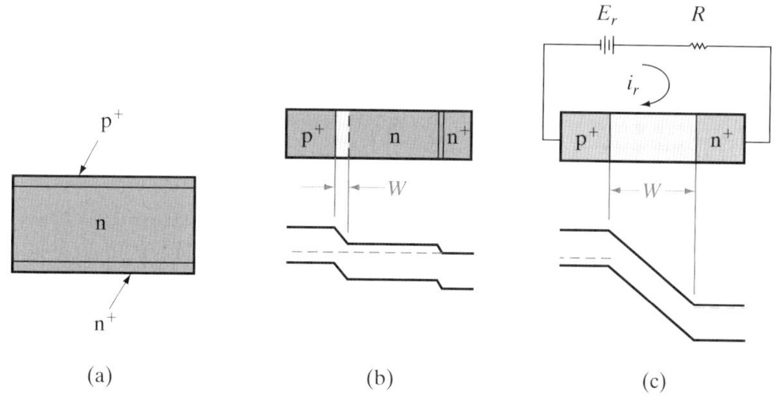

그림 5-25 p^+-n-n^+ 접합 다이오드: (a) 소자 형성; (b) 0 바이어스상태; (c) 펀치스루에 이르기까지 역방향으로 바이어스된 상태.

5.4.4 항복 다이오드

이 절에서 검토한 바와 같이 접합의 역방향 바이어스 항복전압은 접합의 도핑농도 선정에 따라 변동될 수 있다. 이 항복기구는 극히 높은 농도의 도핑으로 된 계단형 접합(abrupt junction)에서는 제너효과(터널링)이다. 그러나 더욱 일반적인 항복은 애벌랜치(즉, 충돌이온화)이며, 더욱 저농도로 도핑이 이루어지거나 또는 경사형 접합(grade junction)의 경우가 그 대표적인 예이다. 도핑을 변화시켜서 1 V 이하에서 수백 V에 이르는 범위의 특정한 항복전압을 갖는 다이오드를 만들 수 있다. 이 접합이 잘 설계되면 이 항복은 급격하게 이루어지며, 항복 후의 전류는 본질적으로 전압과 무관할 것이다(그림 5-26a). 한 다이오드가 특정한 항복전압으로 설계될 때 이것을 **항복 다이오드**(*breakdown diode*)라 한다. 이와 같은 다이오드는 또한 그의 실제적인 항복기구가 보통 애벌랜치 효과임에도 불구하고 **제너 다이오드**(*Zener diode*)라고도 한다. 용어상의 이 착오는 p-n 접합 항복의 처음 관측을 확인하는 데 있어서의 초기의 착오에 의한 것이다.

항복 다이오드는 변동하는 입력을 갖는 회로에서의 **전압조정소자**(*voltage regulator*)로서 사용될 수 있다. 그림 5-26의 15 V 항복 다이오드는 입력전압이 15 V 이상의 전압에서 변동하는 동안 이 회로의 출력전압 v_0는 15 V로 일정하게 유지한다. 예를 들어 v_s가 17 V의 직류성분과 17 V 위아래로 1 V의 리플(ripple) 변동으로 구성된, 정류되고 필터링된 신호라면 출력전압 v_0는 15 V로 일정하게 머물러 있을 것이다. 더욱 복잡한 전압조정회로를 항복 다이오드를 사용해서 설계할 수 있는데, 그것은 조정할 신호의 형태와 출력부하의 성질에 따른다. 비슷한 응용으로서 이와 같은 소자는 **기준 다이오드**(*reference diode*)로 사용될 수가 있다. 특정한 다이오드의 항복전압은 알려져 있기 때문에, 항복 중에 그 양단간의 전압은 이미 알고 있는 전압값이 필요한 회로에서의 기준으로서 쓸 수 있다.

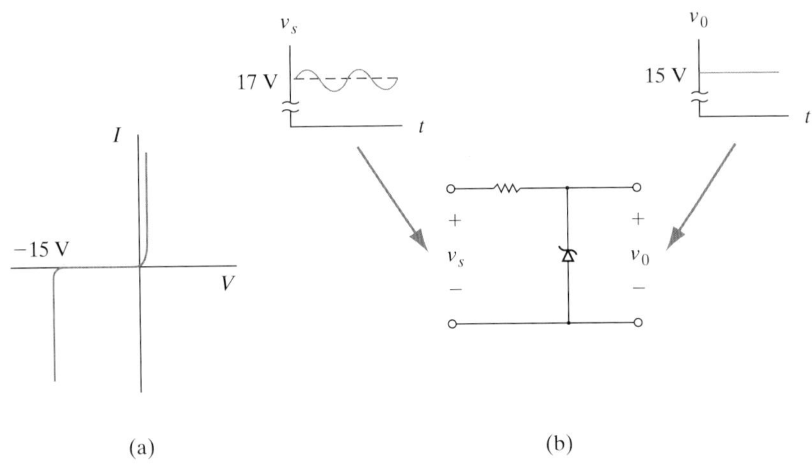

그림 5-26 항복 다이오드: (a) *I–V* 특성; (b) 전압조정소자로서의 응용.

5.5 과도 및 교류상태

이제까지 평형조건하에서 정상상태의 전류가 흐르는 p-n 접합의 성질을 고찰하였다. 접합(형) 소자의 기본 개념의 대부분은 과도 또는 교류상태에서의 접합의 중요한 동작에 대한 것을 제외하고는 이들 성질로부터 얻을 수 있다. 대다수의 고체(전자) 소자는 스위칭용으로나 교류신호 처리를 위해서 사용되기 때문에, 적어도 시간의존적 동작과정의 기초를 알지 않고서는 p-n 접합을 이해할 수 없다. 불행하게도 이들 효과의 완전한 분석은 예비토론에서 적용한 것보다는 더욱 수학적인 조작을 필요로 한다. 기본적으로 이 문제는 시간과 공간의 두 개 변수를 동시에 포함하는 여러 가지 전류의 흐름에 대한 방정식을 푸는 것을 의미한다. 그러나 접합(형) 소자의 대표적인 시간의존적 응용의 몇 가지 특정한 경우에 대한 기본적인 결과는 얻을 수 있다.

이 절에서는 과도 및 교류 문제에서 과잉 캐리어의 중요한 영향을 조사한다. 대표적인 과도현상 문제를 설명하기 위해서 순방향 상태에서 역방향 상태로의 다이오드 스위칭을 분석한다. 끝으로 이들 개념을 p-n 접합의 등가정전용량을 결정하기 위해서 교류소신호의 경우에 적용할 것이다.

5.5.1 축적된 전하의 시간적 변화

바이어스상태에서의 p-n 접합의 과잉 캐리어 분포를 다시 살펴보면(즉, 그림 5-15), 어떠한 전류의 변동도 캐리어 분포 속에 축적된 전하의 변화를 가져와야 한다는 것을 알 수 있다. 그러나 전하의 분포가 증대되거나 공핍되려면 시간이 필요하므로, 이 축적된 전하는 필연적으로 시간의존성을 갖는 문제에서 전류보다 뒤져야 한다. 이것이 본질적으로 5.5.4 절에서 생각할 정전용량효과이다.

과도 문제의 적절한 해를 구하기 위해서는 시간의존 연속방정식인 식 (4-31)을 사용해야 한다. 이들 식으로부터 위치 x와 시간 t에서의 전류의 각 성분을 얻을 수 있다. 예를 들어, 식 (4-31a)로부터 다음과 같이 쓸 수 있다.

$$-\frac{\partial J_p(x,t)}{\partial x} = q\frac{\delta p(x,t)}{\tau_p} + q\frac{\partial p(x,t)}{\partial t} \tag{5-45}$$

순간적인 전류밀도를 얻기 위해서 시간에 관하여 양변을 적분하여

$$J_p(0) - J_p(x) = q\int_0^x \left[\frac{\delta p(x,t)}{\tau_p} + \frac{\partial p(x,t)}{\partial t}\right]dx \tag{5-46}$$

를 얻을 수 있다.

p^+ 영역으로부터 긴 n형 영역으로 전류가 주입되는 경우, $x_n = 0$에서의 전류는 전부 정

공전류로 볼 수 있고, J_p는 $x_n = \infty$에서는 0으로 취할 수 있다. 따라서 시간 변동을 포함시킨 전체 주입전류는 다음과 같다.

$$i(t) = i_p(x_n = 0, t) = \frac{qA}{\tau_p}\int_0^\infty \delta p(x_n, t)dx_n + qA\frac{\partial}{\partial t}\int_0^\infty \delta p(x_n, t)dx_n$$

$$\boxed{i(t) = \frac{Q_p(t)}{\tau_p} + \frac{dQ_p(t)}{dt}} \tag{5-47}$$

이 결과는 p^+-n형 접합부를 통하여 주입된 정공전류(따라서, 근사적으로는 전체 다이오드 전류)는 두 가지 전하축적효과에 의해 결정된다. 즉, (1) 과잉 캐리어 분포를 매 τ_p초마다 대치되는 보통의 재결합항 Q_p/τ_p와, (2) 시간의존성을 갖는 문제에서의 과잉 캐리어 분포가 증감될 수 있다는 사실을 감안한 전하의 증가(또는 공핍)항 dQ_p/dt이다. 정상상태에서 dQ_p/dt 항은 0이고 예상되듯이 식 (5-47)은 식 (5-40)으로 된다. 사실상 임의의 주어진 시간에 주입된 정공전류는 재결합을 위한 소수캐리어의 공급과 전체 축적전하에 생기는 어떠한 변화에 대해서도 소수캐리어를 공급해 주어야함므로, 연속방정식(continuity equation)으로부터 구하기보다는 직관적으로 식 (5-47)을 이용할 수 있을 것이다.

주어진 전류의 과도상태에 대한 시간의 함수로서 이 축적된 전하를 풀 수 있다. 예를 들어, $t = 0$에서 전류 I가 갑자기 제거되는 계단적 차단과도상태에서는(그림 5-27a) 다이오드가 축적된 전하를 그대로 갖고 있다. 이 n형 영역에 있는 과잉정공은 이에 정합하는 전자집단과 재결합하여 소멸되어야 하기 때문에 $Q_p(t)$가 0에 도달하려면 시간이 필요하다. 라플라스(Laplace) 변환으로 식 (5-47)을 $i(t > 0) = 0$ 및 $Q_p(0) = I\tau_p$로 놓아서 풀면

$$0 = \frac{1}{\tau_p}Q_p(s) + sQ_p(s) - I\tau_p$$

$$Q_p(s) = \frac{I\tau_p}{s + 1/\tau_p}$$

$$Q_p(t) = I\tau_p e^{-t/\tau_p} \tag{5-48}$$

을 얻는다. 예측한 바와 같이 축적된 전하는 그의 초기값 $I\tau_p$로부터 n형 물질에서의 정공의 수명과 같은 시상수를 가지고 지수함수적으로 소멸된다.

그림 5-27의 중요한 의미는 전류가 갑자기 멈추더라도 접합부를 가로지른 전압은 Q_p가 없어질 때까지 지속된다는 것이다. 과잉정공의 농도는 5.3.2절에서 유도된 식에 의해 접합부 전압과 관련시킬 수 있으므로 $v(t)$에 대하여 풀 수 있을 것이다. 과도현상 중의 임의의 시간에서의 과잉정공농도는 $x_n = 0$에서

$$\Delta p_n(t) = p_n(e^{qv(t)/kT} - 1) \tag{5-49}$$

임을 이미 알고 있기 때문에, $\Delta p_n(t)$를 구하면 쉽게 과도전압을 알 수 있을 것이다. 불행하

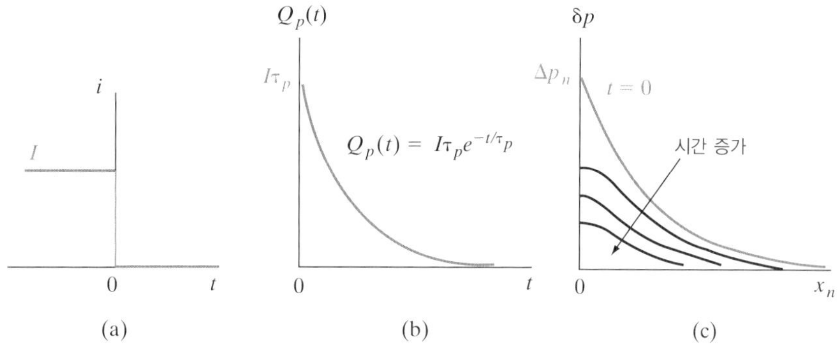

그림 5-27 p^+−n형 다이오드에서의 계단형 차단과도현상의 영향: (a) 다이오드를 통한 전류; (b) n형 영역에 축적된 전하의 감쇠; (c) 과도현상 중 시간의 함수로서 n형 영역의 과잉정공분포.

게도 $Q_p(t)$에 대한 앞의 식으로부터 정확하게 $\Delta p_n(t)$를 얻기는 간단하지 않다. 문제는 정공분포가 정상상태에서 갖고 있는 편리한 지수함수의 모양을 그대로 유지하지 않는다는 것이다. 그림 5-27c가 예시하고 있듯이 양 $\delta p(x_n, t)$는 과도적 과정이 진행됨에 따라 현저하게 비지수함수적이 된다. 예를 들어 주입된 정공전류는 $x_n = 0$에서 정공분포의 경사도에 비례하므로(그림 5-16a), 0 전류는 경사 0을 의미한다. 따라서 그 분포의 기울기는 $x_n = 0$에서 전체적으로 과도상태에서는 정확히 0이어야 한다.[15] 주입점에서 이 0의 기울기는 특히 접합 부근에서의 지수함수적인 분포를 일그러지게 만든다. 그림 5-27c에서 시간이 경과함에 따라 δp(따라서, δn도)는 과잉전자와 정공이 재결합과 더불어 감소된다. 이 과도현상 중의 $\delta p(x_n, t)$의 정확한 식을 구하려면 시간의존적인 연속방정식의 약간 어려운 해가 필요할 것이다.

$v(t)$에 대한 근사적 해는 감쇠되는 동안 매순간마다 δp가 지수함수적인 분포를 하는 것으로 가정하여 얻을 수 있다. 이와 같은 형식의 준정상상태(*quasi-steady state*)의 근사기법은 $x_n = 0$에서의 (분포의) 기울기에 대한 요건에 연유하는 정공분포의 일그러짐과 과도현상 중의 확산의 영향을 무시한 것이다. 따라서 다소 정확하지 않은 결과를 주는 계산이 예측될 것이다. 한편 이와 같은 해는 과도현상 중의 접합의 전압 변동에 대한 감을 잡게 해준다.

$$\delta p(x_n, t) = \Delta p_n(t) e^{-x_n/L_p} \tag{5-50}$$

으로 놓으면, 임의의 순간에 축적된 전하는 다음과 같다.

$$Q_p(t) = qA\int_0^\infty \Delta p_n(t) e^{-x_n/L_p} dx_n = qAL_p \Delta p_n(t) \tag{5-51}$$

15) δp의 크기(magnitude)는 순간적으로 변할 수는 없는데, 그 기울기는 즉각적으로 0이 되어야 한다. 이것은 $t = 0$에서의 전하 재분포가 무시될 수 있는 접합 부근의 작은 영역에서 일어날 수 있다.

$v(t)$에 대한 $\Delta p_n(t)$의 관계는 식 (5-49)로 주어지므로 다음과 같이 된다.

$$\Delta p_n(t) = p_n(e^{qv(t)/kT} - 1) = \frac{Q_p(t)}{qAL_p} \tag{5-52}$$

따라서 준정상상태의 근사기법에서 접합의 전압은 그림 5-27의 차단과도현상 중에는

$$v(t) = \frac{kT}{q} \ln\left(\frac{I\tau_p}{qAL_p p_n} e^{-t/\tau_p} + 1\right) \tag{5-53}$$

에 따라 변동한다. 상세한 사항까지 정확하지는 못하나 이 분석은 분명히 p-n 접합을 가로질러 나타나는 전압은 순간적으로 변할 수 없으며, 축적된 전하는 스위칭용으로 응용할 다이오드에서는 문제를 나타낼 수 있다는 것을 표시하고 있다.

축적된 전하의 많은 문제들은 매우 좁은 폭의 n형 영역을 갖는, 예를 들어, p^+-n형 다이오드를 설계해서 감소시킬 수 있다. 이 n형 영역이 정공의 확산거리보다 짧으면 극히 작은 전하가 축적된다. 따라서 다이오드를 온(on, 전도상태)과 오프(off, 차단상태)로 스위치시키는 데 거의 시간이 필요하지 않다. **협폭베이스 다이오드**(*narrow base diode*)라 하는 이와 같은 형식의 구조는 연습문제 5.40에서 검토한다. 이 스위칭과정은 재결합률을 증가시키기 위해서 Si에 Au 원자와 같은 재결합중심(recombination center)을 고의로 첨가하여 더욱 빠르게 할 수 있다.

5.5.2 역방향 회복 과도현상

대부분의 스위칭 다이오드는 순방향 바이어스상태에서 역방향 바이어스상태로, 그리고 이와 반대방향으로 스위치된다. 그 결과 축적전하의 과도적 현상은 단순한 단속적 과도현상에 대한 것보다는 약간 더 복잡하며, 따라서 다소 분석을 해야 한다. 이 예의 중요한 결과는 정상적인 역방향 포화전류보다는 훨씬 큰 역방향 전류가 축적전하의 재조정에 필요한 시간 동안 접합부를 흐를 수 있다는 것이다.

p^+-n 접합이 주기적으로 $+E$에서 $-E$ V로 스위치하는 구형파 발진기에 의해 구동된다고 가정한다(그림 5-28a). E가 양(positive)인 동안 다이오드는 순방향으로 바이어스되며, 정상상태에서는 전류 I_f가 접합을 통하여 흐른다. E가 접합의 작은 순방향 전압보다 훨씬 크면 전원전압은 거의 전부 저항 사이에서 나타나며, 전류는 근사적으로 $i = I_f \simeq E/R$이다. 발진기의 전압이 반전되면($t > 0$), 전류는 처음에 $i = I_r \simeq -E/R$로 반대방향이 되어야 한다. 이 비정상적으로 큰 다이오드를 통한 역방향 전류에 대한 이유는, 축적된 전하(따라서, 접합부 전압)는 순간적으로 바뀔 수 없다는 것이다. 따라서 전류가 반전되는 바로 그때 접합의 전압은 $t = 0$ 이전에 갖고 있던 작은 순방향 바이어스에서의 값을 그대로 유지한다. 그래서 환로(loop) 전압 방정식은 일시적으로 큰 역방향 전류 $-E/R$가 흘러야 한다는 것을 가르쳐 준다. 이 전류는 접합을 통하여 음(negative)으로 되어 있으나 $\delta p(x_n)$

분포의 기울기는 $x_n = 0$에서는 양의 값이어야 한다.

이 축적된 전하가 접합 근처로부터 없어짐에 따라(그림 5-28b) 식 (5-49)로부터 접합부 전압을 구할 수 있다. Δp_n이 양의 값인 한 접합부 전압 $v(t)$는 양의 값이며 작다. 따라서 Δp_n이 0이 될 때까지는 $i \simeq -E/R$이다. 축적된 전하가 공핍되고 Δp_n이 음이 되면 접합부는 음전압을 나타낸다. 접합부의 역방향 바이어스 전압은 클 수 있으므로 전원접합은

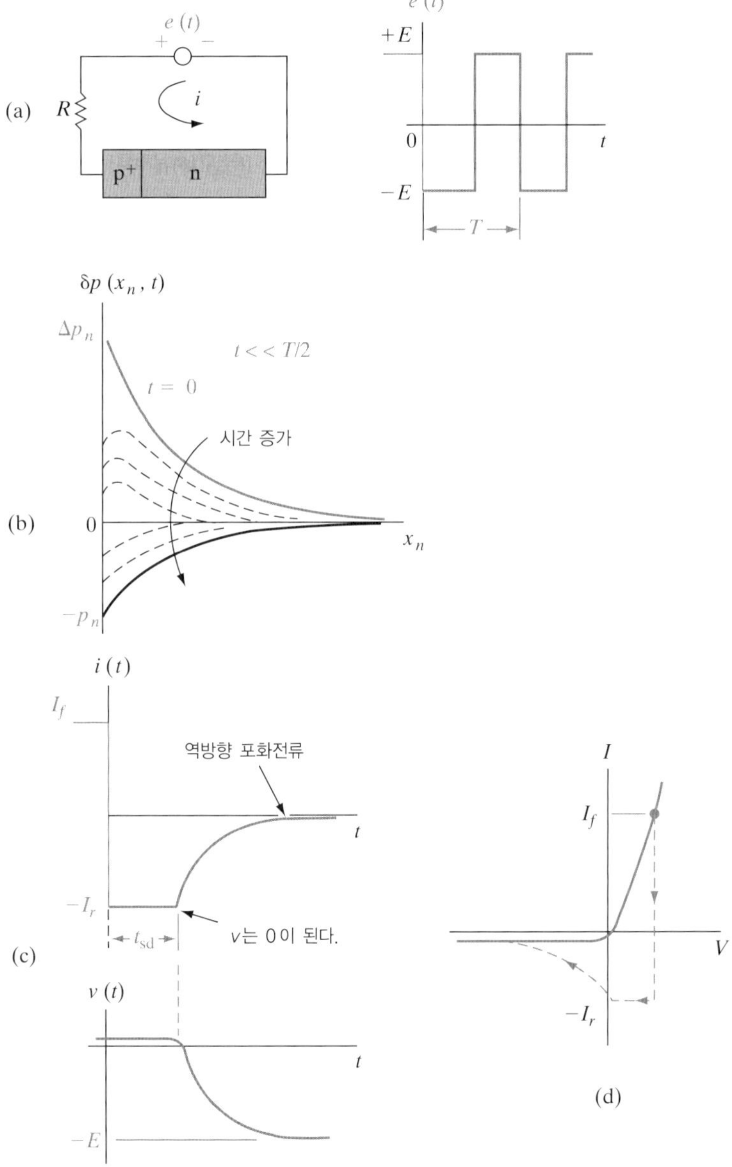

그림 5-28 p^+−n형 다이오드에서의 축적지연시간: (a) 회로와 입력단형파; (b) 과도상태 중 시간 함수로서의 n형 영역에서의 정공분포; (c) 시간에 따른 전류와 전압의 변동; (d) 소자의 I–V 특성상에서의 과도적 전류 및 전압의 대체모형 그림.

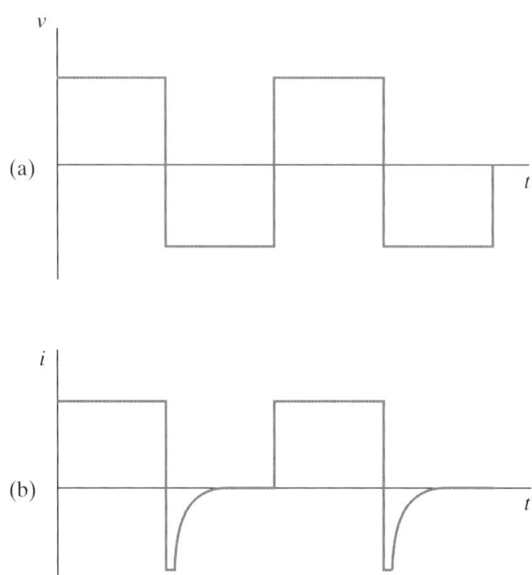

그림 5-29 스위칭 신호에 주는 축적지연시간의 영향: (a) 스위칭 전압; (b) 다이오드 전류.

R과 접합 사이에서 나누어지기 시작한다. 시간이 경과함에 따라 역방향 전류의 크기는 더욱 작아지며, $-E$의 더욱 많은 부분이 역방향 바이어스된 접합을 가로질러서 나타나, 결국 전류는 다만 그 다이오드의 특성인 작은 역방향 포화전류가 된다. 축적된 전하(따라서, 접합부 전압)가 0이 되는 데 필요한 시간 t_{sd}를 **축적지연시간**(*storage delay time*)이라 한다. 이 지연시간은 스위칭용으로 응용되는 다이오드를 평가하는 데 있어서 중요한 특성지수(figure of merit)이다. 보통 t_{sd}는 필요한 스위칭시간(switching time)에 비하여 작은 것이 바람직하다(그림 5-29). t_{sd}를 결정짓는 결정적인 파라미터는 캐리어 수명(p^+-n형 접합부의 예에서는 τ_p)이다. 재결합률이 과잉정공이 n형 영역으로부터 소멸될 수 있는 속도를 결정하므로 t_{sd}가 τ_p에 비례할 것이 예상된다. 실제로 그림 5-28 문제의 정확한 분석은

$$t_{sd} = \tau_p \left[\mathrm{erf}^{-1}\left(\frac{I_f}{I_f + I_r} \right) \right]^2 \tag{5-54}$$

인 결과로 이끌어 준다. 여기서 오차함수(error function; erf)는 표로 주어지는 함수이다. 식 (5-54)를 유도하는 정밀해는 여기서 검토하기에는 너무나도 길지만, 근사적인 해는 준정상상태의 가정으로부터 얻을 수 있다.

예제 5-5 전류 I_f인 순방향으로 바이어스된 p^+-n형 다이오드를 가정하고 시간 $t = 0$에서 전류가 $-I_r$로 스위칭되었다. 식 (5-47)을 $Q_p(t)$에 대하여 풀기 위해서 적절한 경계조건을 사용하라. 준정상상태의 근사기법을 적용하여 축적지연시간 t_{sd}를 구하라.

풀이 식 (5-47)로부터

$$i(t) = \frac{Q_p(t)}{\tau_p} + \frac{dQ_p(t)}{dt} \quad (t < 0, Q_p = I_f\tau_p)$$

라플라스 변환을 이용해서

$$-\frac{I_r}{s} = \frac{Q_p(s)}{\tau_p} + sQ_p(s) - I_f\tau_p$$

$$Q_p(s) = \frac{I_f\tau_p}{s + 1/\tau_p} - \frac{I_r}{s(s + 1/\tau_p)}$$

$$Q_p(t) = I_f\tau_p e^{-t/\tau_p} + I_r\tau_p(e^{-t/\tau_p} - 1) = \tau_p[-I_r + (I_f + I_r)e^{-t/\tau_p}]$$

식 (5-52)에서와 같이 $Q_p(t) = qAL_p\Delta p_n(t)$로 가정하면

$$\Delta p_n(t) = \frac{\tau_p}{qAL_p}[-I_r + (I_f + I_r)e^{-t/\tau_p}]$$

$t = t_{sd}$에서 이것을 0으로 놓아

$$t_{sd} = -\tau_p \ln\left[\frac{I_r}{I_f + I_r}\right] = \tau_p \ln\left(1 + \frac{I_f}{I_r}\right)$$

을 얻는다.

식 (5-54)의 중요한 결과는 τ_p는 축적지연시간의 측정으로부터 바로 계산할 수 있다는 것이다. 사실상 그림 5-28a와 같이 실험장치로 t_{sd}를 측정하는 것이 수명을 측정하는 일반적인 방법이다. 때로는 이것이 4.3.2절에서 검토한 광전도감쇠 측정보다 더욱 편리한 기법이다.

앞 절의 턴오프 과도현상의 경우에서와 같이 축적지연시간은 다이오드 물질에 재결합중심을 도입하여 캐리어의 수명을 줄이거나 또는 협폭베이스 다이오드 현상을 이용하여 감소시킬 수 있다.

5.5.3 스위칭 다이오드

정류소자를 논의할 때 역방향 바이어스일 때의 전류와 순방향 바이어스일 때의 전력 손실

을 최소로 하는 것의 중요성을 강조하였다. 많은 응용에 있어서 시간응답(response)이 또한 중요할 수 있다. 접합 다이오드를 전도상태에서 비전도상태로, 그리고 또 다시 이와 반대로 급속하게 스위칭하는 데 사용할 때는 그의 전하제어 특성을 특별히 고려해야 한다. 접합의 턴온(turnon)시간과 역방향 회복시간을 지배하는 식을 검토하였다. 식 (5-47)과 (5-54)로부터 빠른 스위칭 특성의 다이오드는 정상상태에서의 순방향 전류에 대하여 중성영역에 거의 전하를 축적하지 않거나 또는 매우 짧은 캐리어 수명을 갖거나, 혹은 이들 양쪽이 다 이루어져야 한다.

다이오드의 스위칭 속도를 개선하기 위한 일반적인 기법은 다이오드를 이룰 덩어리로 된 물질에 효율적으로 작용할 재결합중심을 첨가해 주는 것이다. Si 다이오드의 경우 이 목적으로 Au를 도핑하는 것이 유용하다. 잘 맞는 근사법에서 볼 때 캐리어의 수명은 재결합중심 농도의 역수에 따라 변한다. 예를 들어 p^+-n Si 다이오드는 Au를 도핑하기 전에는 $\tau_p = 1$ μs이며 0.1 μs의 역방향 회복시간을 가질 수 있는데, Au를 10^{14} 원자/cm^3 첨가해서 수명이 0.1 μs로 그리고 t_{sd}가 0.01 μs로 감소되었다고 하면, 10^{15} cm^{-3}의 Au 원자는 τ_p를 0.01 μs로 그리고 t_{sd}를 1 ns(10^{-9} s)로 감소시킬 수 있을 것이다. 그러나 이 과정은 무한정 계속될 수는 없다. 공핍영역의 Au 재결합중심으로부터의 캐리어 생성에 의한 역방향 전류는 큰 Au 농도와 더불어 상당한 크기로 된다(5.6.2절). 또 Au 농도가 그 접합의 최저 도핑에 접근함에 따라 그 영역의 평형상태에서의 캐리어농도가 영향을 받을 수 있게 된다.

다이오드의 스위칭시간을 개선하기 위한 제2의 접근기법은 소수캐리어의 확산거리보다 짧은 저농도로 도핑이 이루어진 중성영역을 만드는 것이다. 이것이 **협폭베이스 다이오드**이다(연습문제 5.40). 이 경우 저농도의 도핑이 이루어진 영역을 통하여 끝 접촉부 쪽으로 주입된 캐리어의 대부분이 확산되기 때문에, 축적된 전하는 순방향 전도에서는 매우 작다. 이와 같은 다이오드가 역방향의 전도상태로 스위치될 때는 이 협소한 중성영역에 축적되어 있는 전하를 소거하는 데 극히 적은 시간이 필요하다. 연습문제 5.35에 포함된 수학은 7장에서 쌍극성 접합 트랜지스터를 해석할 때 행할 계산과 매우 흡사하기 때문에 특히 흥미롭다.

5.5.4 p-n 접합의 정전용량

기본적으로 접합부와 관련된 두 가지 형식의 정전용량이 있다. 즉, (1) 전이영역의 쌍극자에 의한 **접합 정전용량**(*junction capacitance*)과, (2) 전하축적효과로 인해 전류 변화에 대하여 전압이 뒤지는 데서부터 생기는 **전하축적 정전용량**(*charge storage capacitance*)이다.[16] 이들 정전용량은 둘 다 중요하며 시간적으로 변하는 신호와 더불어 사용되는 p-n 접합형 소자를 설계할 때는 이들을 고려해야 한다. 역방향 바이어스에서는 접합 정전용량

16) 위에서 말한 정전용량 (1)은 전이영역 정전용량(transition region capacitance) 또는 공핍층 정전용량(depletion layer capacitance)이라고도 한다. (2)는 흔히 확산 정전용량(diffusion capacitance)이라 한다.

(1)이 주가 되며, 접합부가 순방향으로 바이어스되었을 때는 전하축적 정전용량 (2)가 주가 된다. p-n 접합의 많은 응용에서 정전용량은 그 소자의 유용성에 있어서의 제한인자이다. 한편, 여기서 논의된 정전용량이 회로 응용과 p-n 접합의 구조에 관한 중요한 정보를 제공하는 데 있어 유익할 수 있는 중요 응용 분야이다.

다이오드의 접합 정전용량은 전이영역의 전하분포로부터 눈앞에 떠오르게 하기 쉽다(그림 5-12). 전이영역의 p 형 쪽에 있는 보상되지 않은 억셉터는 음전하를, 그리고 n 형 쪽에 있는 이온화된 도너는 같은 양의 양전하를 제공한다. 이로 인해 생긴 쌍극자의 정전용량은 보통의 평행평판 정전용량보다는 계산하기가 약간 더 어렵지만, 몇 가지 단계를 거쳐 구할 수 있다.

전하가 전압의 선형함수로 되어 있는 정전용량에 적용되는 일반적인 식 $C = |Q/V|$ 대신 더욱 일반적인 정의

$$C = \left|\frac{dQ}{dV}\right| \tag{5-55}$$

를 사용해야 하는데, 그것은 전이영역 양쪽의 전하 Q가 인가전압에 따라 비선형적으로 변하기 때문이다(그림 5-30a). 이 비선형적인 의존성은 전이영역의 폭(W)과 이로 인한 전하에 대한 식을 재검토함으로써 증명할 수 있다. W의 평형상태에서의 값은 식 (5-21)에서

$$W = \left[\frac{2\epsilon V_0}{q}\left(\frac{N_a + N_d}{N_a N_d}\right)\right]^{1/2} \quad \text{(평형상태)} \tag{5-56}$$

임을 알고 있다.

전압 V가 인가된 불평형상태인 경우를 취급하고 있기 때문에, 그림 5-13에 관해서 논의한 바와 같이 정전적 전위장벽의 변형된 값 $(V_0 - V)$를 사용해야 한다. 따라서 이 전이영역의 폭에 대한 적절한 식은 다음과 같다.

$$W = \left[\frac{2\epsilon(V_0 - V)}{q}\left(\frac{N_a + N_d}{N_a N_d}\right)\right]^{1/2} \quad \text{(바이어스된 때)} \tag{5-57}$$

이 식에서 인가전압 V는 순방향 또는 역방향 바이어스를 감안하여 양 또는 음일 수 있다. 예상되는 바와 같이 전이영역의 폭은 역방향 바이어스일 때는 증가되고, 순방향 바이어스일 때는 감소된다. 접합 양쪽의 보상되지 않은 전하 Q는 전이영역의 폭에 따라 변하므로, 인가전압의 변동은 커패시터에 필요한 대응되는 전하의 변화를 가져온다. Q의 값은 접합 양쪽의 도핑농도와 전이영역의 폭의 항으로 나타낼 수 있다(그림 5-12). 즉,

$$|Q| = qAx_{n0}N_d = qAx_{p0}N_a \tag{5-58}$$

식 (5-23)으로부터 전이영역의 전체적인 폭 W를 개개의 폭 x_{n0}와 x_{p0}에 관련시켜 생각하면

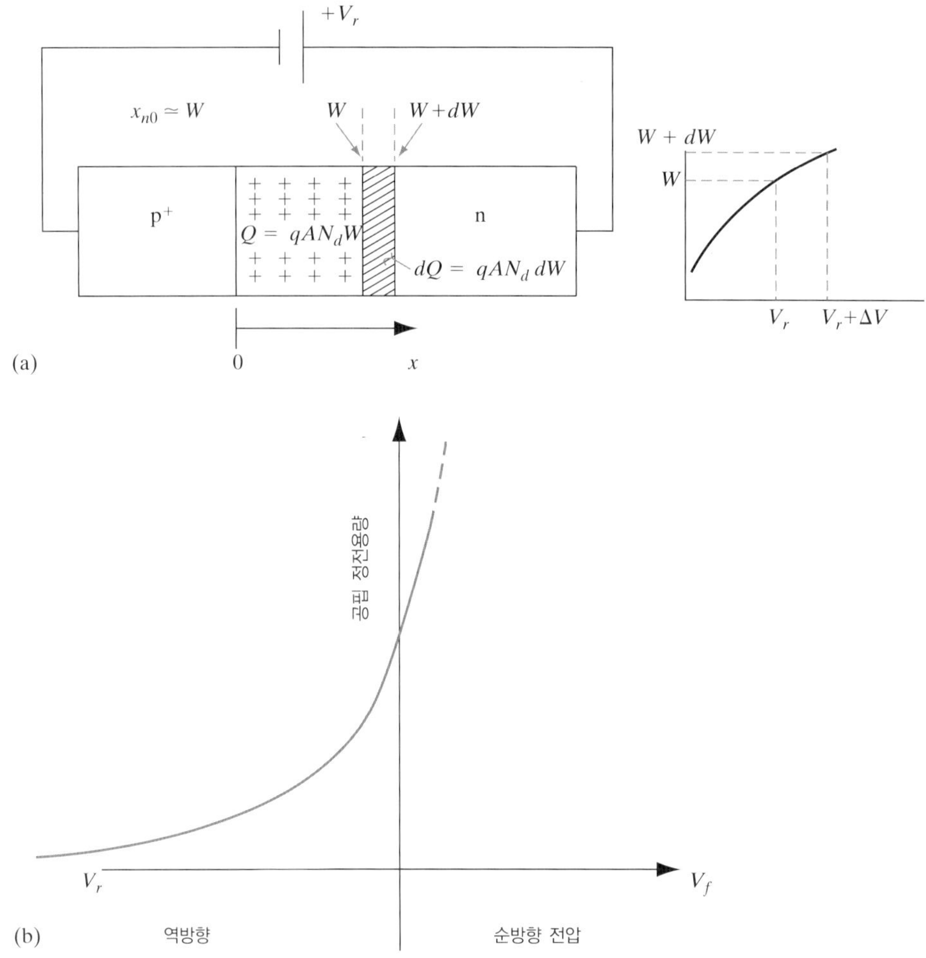

그림 5-30 접합의 공핍 정전용량: (a) 역방향 바이어스일 때 n형 쪽의 공핍층 선단의 변화를 나타내는 p^+-n 접합. 전기적으로, 이 구조는 공핍영역이 유전체의 작용을 하고 공간전하중성영역이 평행판으로 작용하는 평행판 커패시터처럼 보인다; (b) 역방향 바이어스일 때[식 (5-63)] 공핍 정전용량의 변화. 여기서 고농도로 도핑된 p^+ 재료에서 x_{p0}를 무시했다.

$$x_{n0} = \frac{N_a}{N_a + N_d}W, \quad x_{p0} = \frac{N_d}{N_a + N_d}W \tag{5-59}$$

이며, 따라서 쌍극자 각각의 전하는 다음과 같다.

$$|Q| = qA\frac{N_dN_a}{N_d + N_a}W = A\left[2q\epsilon(V_0 - V)\frac{N_dN_a}{N_d + N_a}\right]^{1/2} \tag{5-60}$$

이리하여 전하는 사실상 인가전압의 비선형함수이다. 이 식과 식 (5-55)의 정전용량 정의로부터 접합 정전용량 C_j를 계산할 수 있다. 전이영역의 전하를 변동시키는 전압은 전위장벽의 높이 $(V_0 - V)$이므로 이 전위차에 관한 도함수를 취해야 한다. 즉,

$$C_j = \left|\frac{dQ}{d(V_0 - V)}\right| = \frac{A}{2}\left[\frac{2q\epsilon}{(V_0 - V)}\frac{N_d N_a}{N_d + N_a}\right]^{1/2} \tag{5-61}$$

C_j가 $(V_0 - V)^{-1/2}$에 비례하기 때문에 양 C_j는 **전압가변 정전용량**(*voltage-variable capacitance*)이다. 동조회로에 사용되는 것을 포함하여 가변 커패시터의 몇 가지 중요한 응용이 있다. C_j의 전압가변성을 이용한 p-n 접합형 소자를 버랙터(*varactor*)라 한다. 이 소자는 5.5.5 절에서 좀더 검토하기로 한다.

쌍극자 전하는 접합의 전이영역에 분포되어 있으나, 그 평행평판 커패시터 공식의 모형은 C_j와 W의 식으로부터 얻어진다(그림 5-30a). 즉,

$$C_j = \epsilon A\left[\frac{q}{2\epsilon(V_0 - V)}\frac{N_d N_a}{N_d + N_a}\right]^{1/2} = \frac{\epsilon A}{W} \tag{5-62}$$

평행평판 커패시터와 유사하게 전이영역의 폭 W는 종래의 커패시터에서의 평판간격에 상당한다.

비대칭적으로 도핑된 접합부의 경우는 전이영역은 주로 덜 고농도로 도핑된 쪽으로 확장되며, 정전용량은 한쪽의 도핑농도에 의해서만 결정된다(그림 5-30a). p^+-n 형 접합의 경우 $N_a \gg N_d$이고, x_{p0}는 무시할 수 있어 $x_{n0} \simeq W$이다. 따라서 정전용량은 다음과 같다(그림 5-30b).

$$C_j = \frac{A}{2}\left[\frac{2q\epsilon}{V_0 - V}N_d\right]^{1/2} \quad (p^+\text{-n 형 접합의 경우}) \tag{5-63}$$

따라서 접합 정전용량을 측정하여 저농도로 도핑된 n 형 영역의 불순물농도를 구할 수 있다. 예를 들어, 역방향으로 바이어스된 접합부에서 인가전압 $V = -V_r$은 접촉전위차 V_0보다 훨씬 크게 할 수 있어 후자는 무시할 수 있게 된다. 접합의 단면적을 측정할 수 있으면 믿을 수 있는 N_d의 값을 C_j의 측정으로부터 얻을 수 있다. 그러나 이들 식은 가파른 계단형(step) 접합부를 가정하여 얻어진 것이다. 경사형(grade) 접합의 경우는 어떤 변형이 이루어져야 할 것이다(5.6.4 절 및 연습문제 5.42).

이 접합 정전용량은 역방향 바이어스일 때의 p-n 접합의 리액턴스(reactance)를 좌우하게 된다. 그러나 순방향 바이어스일 때는 전하축적 정전용량 C_s가 우세하다. 경계조건뿐만 아니라 다양한 시간의존성이 있는 전류성분들이 순방향 바이어스에서 확산 정전용량에 영향을 준다는 사실이 최근에 증명되었다.[17] 저장된 전하가 어느 단자에서 추출 또는 "재생" 되는지와 이와 관련된 전압강하가 일어나는 곳을 결정할 필요가 있다. 크기가

17) **S. Laux** and **K. Hess**, "Revisiting the Analytic Theory of p-n Junction Impedance; Improvements Guided by Computer Simulation Leadingto a New Equivalent Circuit," *IEEE Trans, Elec. Dev.*, 46(2) (1999), 396.

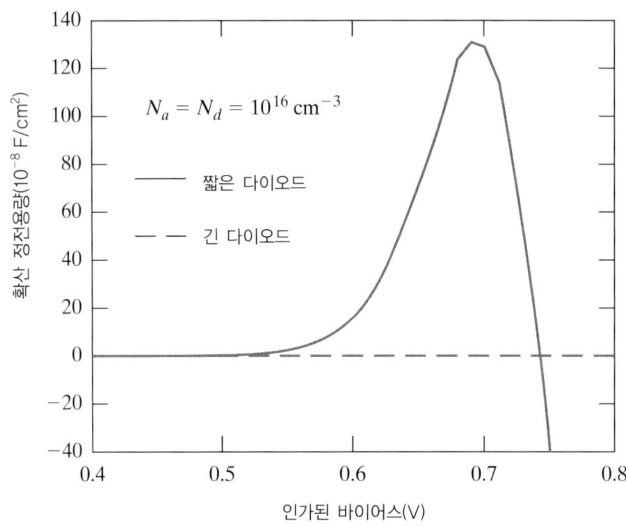

그림 5-31 길이가 긴 다이오드 및 짧은 다이오드 각각에서의 순방향 바이어스의 함수로 표현된 확산 정전용량

확산 길이보다 큰 긴 다이오드에서는 확산 정전용량이 없다. 짧은 다이오드에서는 재생전하가 전체 저장전하의 2/3이다. 길이 c의 n 영역에 있는 저장된 정공에 의한 확산 정전용량은 다음과 같다.

$$C_s = \frac{dQ_p}{dV} = \frac{1}{3}\frac{q^2}{kT}Acp_n e^{qV/kT} \tag{5-64}$$

p 영역에 있는 저장된 전자로부터도 같은 결과가 된다(그림 5-31). 실제로 사용되는 대부분의 Si p-n 접합은 베이스가 짧은 다이오드처럼 행동하는 반면, 직접 에너지 대역간극(짧은 수명을 갖는) 반도체로 만들어진 레이저 다이오드는 흔히 긴 다이오드에 대응된다.

마찬가지로, 이 전류에 작은 변동을 허용함으로써 **교류 컨덕턴스**(*a-c conductance*)를 결정할 수 있다. 예를 들면, 길이가 긴 다이오드의 경우 다음 식을 얻을 수 있다.

$$G_s = \frac{dI}{dV} = \frac{qAL_p p_n}{\tau_p}\frac{d}{dV}(e^{qV/kT}) = \frac{q}{kT}I \tag{5-65}$$

예제 5-6 예제 5-4의 다이오드에 대해, −4 V에서의 전체 공핍 정전용량은 얼마인가?

풀이

$$C_j = \sqrt{\epsilon}A\left[\frac{q}{2(V_0 - V)}\frac{N_d N_a}{N_d + N_a}\right]^{1/2}$$

$$= \sqrt{(8.85 \times 10^{-14} \times 11.8)}(10^{-4})\left[\frac{1.6 \times 10^{-19}}{2(0.695 + 4)}\left(\frac{10^{15} \times 10^{17}}{10^{15} + 10^{17}}\right)\right]^{1/2}$$

$$= \mathbf{4.198 \times 10^{-13}\ F}$$

5.5.5 버랙터 다이오드

버랙터(*varactor*)라는 용어는 역방향으로 바이어스된 p-n 접합의 전압가변 정전용량을 말하는 가변 리액터(*var*iable re*actor*)의 준말이다. 5.5.4절에서 유도한 식은 접합 정전용량이 인가전압과 접합의 설계에 의존함을 가리키고 있다. 때로는 일정한 역방향 바이어스를 걸어준 접합을 고정된 값의 정전용량으로 사용할 수 있을 것이다. 좀더 일반적으로 버랙터 다이오드는 접합 정전용량의 전압 가변성을 개발 이용토록 설계된다. 예를 들어, 버랙터(또는 한 세트의 버랙터)는 덩어리가 큰 가변 평판형 커패시터를 대치하기 위해서 라디오 수신기의 동조단(tuning stage, 同調段)에 사용될 수 있다. 그 결과, 회로의 크기는 크게 감소될 수 있으며 종종 그 신뢰도도 개선된다. 버랙터의 또 다른 응용에는 고주파 발생, 마이크로파 주파수의 증배(multiplication) 및 능동필터 등에서의 이용이 포함된다.

p-n 접합이 계단형이면 그의 정전용량은 역방향 바이어스 V_r의 제곱근에 따라 변한다 [식 (5-61)]. 그러나 경사형 접합에서 정전용량은 보통

$$C_j \propto V_r^{-n} \quad (V_r \gg V_0 \text{일 때}) \tag{5-66}$$

의 형식으로 쓸 수 있다. 예를 들어, 선형으로 경사된 접합에서 지수 **n**은 1/3이다(연습문제 5.42). 따라서 C_j의 전압감도는 선형경사형(linearly grade) 접합에서보다는 계단형(abrupt) 접합에 대한 것이 더욱 크다. 그래서 버랙터 다이오드는 흔히 합금법, 에피택셜 성장법 또는 이온주입법 등으로 만들어진다. 그의 에피택셜층과 기판의 도핑 분포를 식 (5-66)의 지수 **n**이 1/2 이상이 되는 접합이 이루어지도록 설계할 수 있다. 이와 같은 접합을 초계단형 접합(*hyperabrupt junction*)이라 한다.

그림 5-32에 보인 일련의 도핑 분포에서는 접합이 p^+-n형이라 가정하고 있어 공핍층의 폭 W는 주로 n쪽으로 퍼져 있다. n형 쪽의 세 가지 형식의 도핑 분포를 보인 것으로 도너의 분포 $N_d(x)$는 $Gx^{\mathbf{m}}$으로 주어져 있다. 여기서 G는 상수이며, **m**은 0, 1 또는 $-\frac{3}{2}$이다. 식 (5-66)의 지수 **n**은 p^+-n형 접합에서는 1/(**m** + 2)이 됨을 증명할 수 있다(연습문제

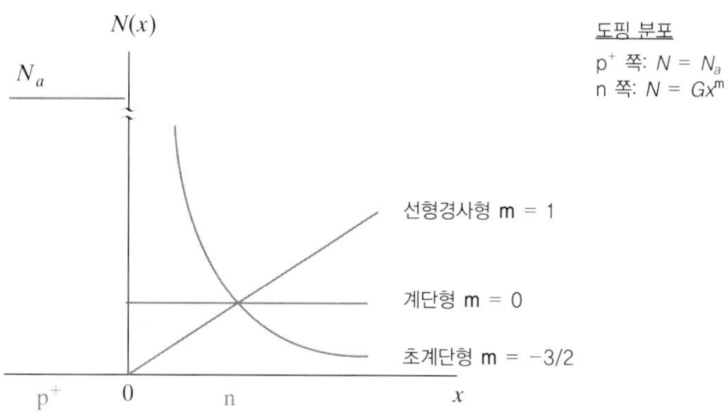

그림 5-32 경사형 접합에서의 도핑 분포: 선형경사형, 계단형, 초계단형.

5.42). 따라서 그림 5-32의 도핑 분포의 경우 계단형 접합일 때는 **n**이 $\frac{1}{2}$이고 선형경사형 접합일 때는 $\frac{1}{3}$이다. **m** = $-\frac{3}{2}$인 초계단형[18]은 이 경우에는 **n** = 2이며 정전용량이 V_r^{-2}에 비례하기 때문에, 일부 버랙터 응용에 있어서 특히 흥미로운 것이다. 이와 같은 커패시터를 인덕터(inductor) L과 함께 공진회로에 사용할 때는 공진주파수가 버랙터에 인가한 전압에 따라 선형으로 변화한다. 즉,

$$\omega_r = \frac{1}{\sqrt{LC}} \propto \frac{1}{\sqrt{V_r^{-n}}} \propto V_r \quad (\mathbf{n} = 2\text{일 때}) \tag{5-67}$$

도핑 분포의 선택에 따라 얻게 되는 C_j 대 V_r 간의 의존성의 광범위한 변화 때문에 버랙터는 특정한 응용을 위해서 설계될 수 있다. 일부 고주파수 응용을 위해 버랙터는 순방향으로 바이어스된 전하축적 정전용량을 이용할 수 있도록 설계될 수 있다.

5.6 단순한 이론으로부터의 이탈

p-n 접합을 논의할 때 취한 접근방법은 2차적인 효과들은 무시하고 동작의 기본원리에만 초점을 맞추었다. 이로써 캐리어 주입과 접합의 성질에 대한 비교적 혼란되지 않은 견해를 얻게 되며, 다이오드 동작의 본질적인 특성을 명백히 해 준다. 그러나 그 설명을 완결짓기 위해서는 특수한 환경하에서 접합형 소자 동작에 영향을 줄 수 있는 몇 가지 세부사항을 보충해야 한다.

이 단순한 이론으로부터 이탈된 것의 대부분은 기본 방정식을 상당히 직접적으로 변형시켜서 취급할 수 있다. 이 절에서는 가장 중요한 이탈 부분을 조사하여 가능한 대로 이론을 변형시킬 것이다. 몇 가지 경우에는 단순히 취하려고 하는 접근방법과 결과만을 지적할 것이다. 단순한 다이오드 이론에 대한 가장 중요한 변경사항은 캐리어 주입에 대한 접촉전위차와 다수캐리어농도 변동의 영향, 전이영역 내의 (캐리어의) 재결합과 생성, 옴효과 그리고 경사형 접합부의 영향이다.

5.6.1 캐리어 주입에 주는 접촉전위의 영향

각종 반도체 다이오드의 순방향 바이어스일 때의 *I-V* 특성을 비교하면, 에너지 대역간극은 캐리어 주입에 중요한 영향을 준다는 것이 분명해진다. 예를 들어, 그림 5-33은 여러 가지 에너지 대역간극의 고농도로 도핑된 다이오드의 저온 특성을 비교한 것이다. 이 그림의 분명한 특색은 *I-V* 특성이 "구형(square)"을 이룬다는 것이다. 즉, 전류는 임계 순방

18) $N_d(x)$는 $x = 0$에서 임의로 크게 될 수는 없다. 그러나 m = $-\frac{2}{3}$일 때의 도핑 분포는 접합으로부터 짧은 거리만큼 떨어져 있는 것으로 근사시킬 수 있다.

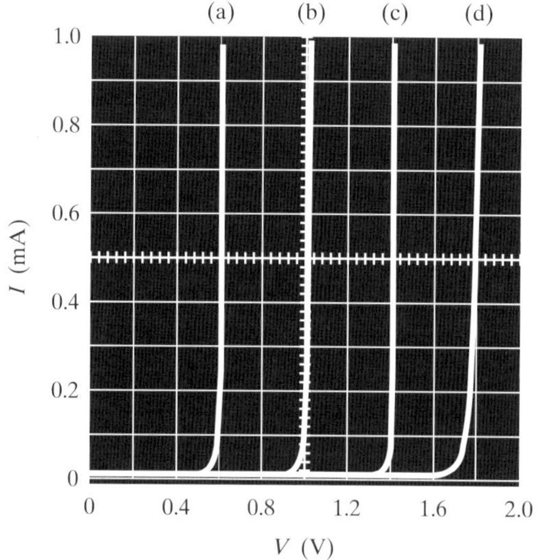

그림 5-33 고농도로 도핑된 p-n 접합의 77 K에서의 순방향 전류에 주는 접촉전위의 영향을 보여주는 I-V 특성: (a) Ge, $E_g \simeq 0.7$ eV; (b) Si, $E_g \simeq 1.1$ eV; (c) GaAs, $E_g \simeq 1.4$ eV; (d) GaAsP, $E_g \simeq 1.9$ eV.

향 바이어스에 도달할 때까지는 매우 작고 그 다음에는 급속히 증가한다. 이것은 이와 같은 눈금으로 그린 대표적인 지수함수 곡선이다. 그러나 이 한계전압은 eV로 표시한 대역간극의 값보다 약간 작다는 것이 중요하다.

이들 소자에서 전압이 낮을 때 전류가 작은 이유는 다이오드의 방정식을 단순히 재정리하면 알 수 있다. 순방향으로 바이어스된 p^+-n형 다이오드에 대하여 식 (5-36)을 ($V \gg kT/q$로 하여) 다시 쓰고, 소수캐리어농도 p_n에 대한 지수함수 형식의 항을 포함시키면 다음과 같다.

$$I = \frac{qAD_p}{L_p} p_n e^{qV/kT} = \frac{qAD_p}{L_p} N_v e^{[qV-(E_{Fn}-E_{vn})]/kT} \tag{5-68}$$

n형 물질로의 정공주입은 순방향 바이어스 V가 $(E_{Fn} - E_{vn})/q$보다 훨씬 적으면 작게 된다. p^+-n형 다이오드의 경우, 이 양은 페르미준위가 p형 쪽의 가전자대역 부근에 있으므로 본질적으로는 접촉전위차와 같다. n형 영역 역시 고농도로 도핑이 이루어지면, 이 접촉전위차는 에너지 대역간극과 거의 같다(그림 5-34). 이것이 그림 5-33에서 에너지 대역간극 전압 근처에서 다이오드 전류가 극적으로 증가하는 이유이다. 보다 낮은 전압에서의 작은 전류는, 소수캐리어농도 $p_n = n_i^2/N_d$는 (n_i가 작은) 낮은 온도에서 고농도의 도핑(N_d가 큰) 때는 매우 작아진다는 사실이 원인이 되는 것이다.

p-n 접합부에 걸리는 한계 순방향 바이어스는 그림 5-34b에서와 같이 접촉전위차와 같다. 이와 같은 효과는 전류가 인가전압에 따라 지수함수적으로 증가하는 단순한 다이오드 방정식으로는 예측할 수 없다. 이 중요한 결과가 단순한 이론에서 제외된 이유는 식 (5-

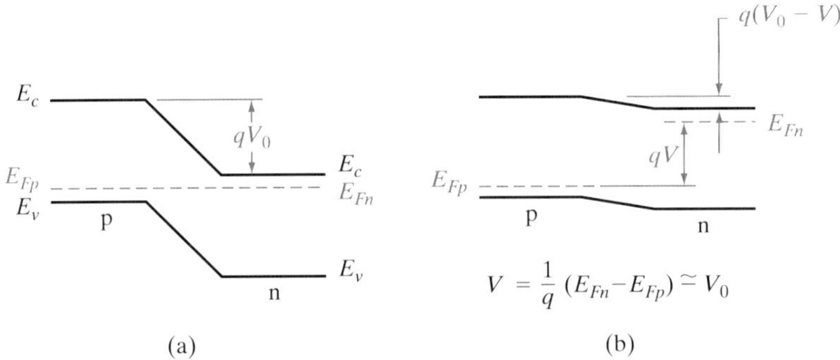

그림 5-34 고농도로 도핑된 p-n 접합부의 접촉전위차의 예: (a) 평형상태; (b) 최대 순방향 바이어스에 접근할 때, 즉 $V = V_0$일 때.

28)에서 접합 양쪽에서의 다수캐리어 농도 변화를 무시하였다는 것이다. 이 가정은 저준위주입에 대해서만 적용되는 것으로, 큰 주입 캐리어농도의 경우 과잉 다수캐리어는 소수캐리어의 도핑과 필적하게 중요해진다. 예를 들어 저주입(준위)에서 $\Delta n_p = \Delta p_p$는 평형상태에서의 소수전자농도 n_p에 비하여 중요하나, 다수정공농도 p_p에 비해서는 무시할 수 있다. 즉, 이것이 식 (5-28)에서 Δp_p를 무시한 근거였다. 그러나 높은 주입준위에서 Δp_p는 p_p에 비등하게 될 수 있어, 식 (5-27)을

$$\frac{p(-x_{p0})}{p(x_{n0})} = \frac{p_p + \Delta p_p}{p_n + \Delta p_n} = e^{q(V_0 - V)/kT} = \frac{n_n + \Delta n_n}{n_p + \Delta n_p} \tag{5-69}$$

의 형태로 써야 한다. 식 (5-38)로부터 우리는 공핍영역의 각 끝단에서 다음 식을 얻을 수 있다.

$$pn = p(-x_{p0})n(-x_{p0}) = p(x_{n0})n(x_{n0}) = n_i^2 e^{\frac{F_n - F_p}{kT}} = n_i^2 e^{qV/kT} \tag{5-70}$$

이제는 이 식으로부터, 예를 들면 $-x_{p0}$에서, 다음과 같은 식을 얻을 수 있다.

$$(p_p + \Delta p_p)(n_p + \Delta n_p) = n_i^2 e^{qV/kT} \tag{5-71}$$

$\Delta p_p = \Delta n_p$, $n_p \ll \Delta n_p$이고 고준위주입에서는 $p_p < \Delta p_p$라는 것을 상기해 보면, 근사적으로 다음 식을 얻을 수 있다.

$$\Delta n_p = n_i e^{qV/2kT} \tag{5-72}$$

이러한 유도과정의 나머지 부분은 5.3.2절에서 한 것과 매우 유사하다. 따라서 고준위주입에서 다이오드 전류는 다음과 같은 비율로 조정된다.

$$I \propto e^{qV/2kT} \tag{5-73}$$

5.6.2 전이영역에서의 재결합과 생성

p-n 접합의 분석에서는 캐리어의 재결합과 열적 생성은 주로 전이영역 밖의 중성적인 p형 및 n형 영역에서 생긴다고 가정하였다. 이 모형에서 다이오드의 순방향 전류는 접합에 의하여 각 중성영역으로 주입된 과잉 소수캐리어들의 재결합으로 구성된다. 비슷하게, 역방향 전류는 중성영역에서 EHP의 열적 생성과 전이영역으로의 이 생성된 소수캐리어의 후속되는 확산, 그리고 이들이 전계에 의해 다른 쪽으로 끌려가는 것에 의해서 이루어진다. 많은 소자에서는 이 모형으로 충분하다. 그러나 접합동작의 더욱 완전한 기술에는 전이영역 그 자체 내에서의 (EHP의) 재결합과 생성을 포함시켜야 할 것이다.

접합이 순방향으로 바이어스되면 전이영역은 접합의 한쪽에서 다른 쪽으로 이동 중에 있는 p형 및 n형의 과잉 캐리어를 포함하게 된다. 전이영역의 폭 W가 캐리어의 확산거리 L_n과 L_p에 비하여 매우 작지 않으면, W 내부에서 상당한 재결합이 생길 수 있다. 이 재결합전류의 정확한 계산은 캐리어농도에 의존하는 재결합률[식 (4-5)]이 이 전이영역 내의 장소에 따라 변화한다는 사실로 인하여 복잡해진다. 재결합의 역학적인 분석은 W 내의 재결합으로 인한 전류는 n_i에 비례하며, 근사적으로는 $\exp(qV/2kT)$에 따라서 순방향 바이어스와 더불어 증가한다는 것을 보여주고 있다. 한편 중성영역에서의 재결합에 의한 전류는 p_n 및 n_p[식 (5-36)]에 따라서 n_i^2/N_d와 n_i^2/N_a에 비례하며, $\exp(qV/kT)$에 따라 증가한다. 다이오드 방정식은 파라미터 **n**을 포함시킴으로써 이 효과를 내포하도록 변형할 수 있다. 즉,

$$I = I_0'(e^{qV/\mathbf{n}kT} - 1) \tag{5-74}$$

여기서 **n**은 그 물질과 온도에 따라 1 ~ 2 사이에서 변동한다. **n**은 이상적 다이오드 특성으로부터의 이탈을 결정하므로 이것을 이상계수(*ideality factor*)라 한다.

이 두 전류의 비율

$$\frac{I(\text{중성영역에서의 재결합})}{I(\text{전이영역에서의 재결합})} \propto \frac{n_i^2 e^{qV/kT}}{n_i e^{qV/2kT}} \propto n_i e^{qV/2kT} \tag{5-75}$$

는 큰 대역간극의 물질, 저온(작은 n_i) 및 낮은 전압의 경우에는 작게 된다. 따라서 Si 다이오드에서 저준위주입의 경우 그 순방향 전류는 전이영역에서의 재결합에 의해서 주도되기 쉽고, 이에 반해 Ge 다이오드는 보통 다이오드 방정식에 따를 것이다. 어느 경우나 W를 통한 중성영역으로의 (캐리어) 주입은 전압이 증가되면 더욱 중요해진다. 따라서 식 (5-74)의 **n**은 낮은 전압일 때의 ~2에서 좀더 높은 전압일 때의 ~1까지 변할 수 있다.

W 내에서의 재결합이 순방향 특성에 영향을 주는 것과 같이 접합을 통하는 역방향 전류는 전이영역에서의 캐리어 생성(*generation*)으로 영향을 받을 수 있다. 5.3.3절에서 역방향 포화전류는 전이영역의 양쪽 확산거리 내에서의 EHP의 열적 생성에 기인되는 것으로 볼 수 있음을 알았다. 이 생성된 소수캐리어는 전이영역으로 확산되고, 그곳에서 전

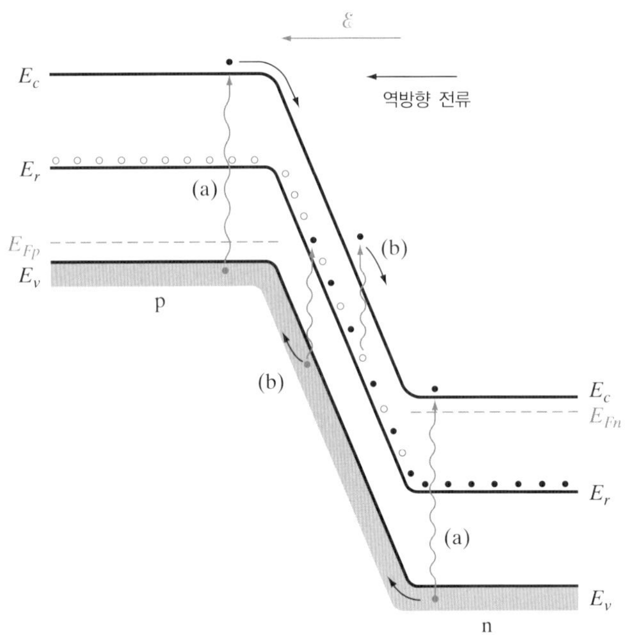

그림 5-35 (a) 대역 간 EHP 생성과 (b) 재결합준위로부터의 생성에 의한 캐리어의 열적 생성에 기인하는 역방향으로 바이어스된 p-n 접합에서의 전류

계에 의해 접합의 다른 쪽으로 쓸려가게 된다(그림 5-35). 그러나 캐리어 생성은 전이영역 자체 내에서도 일어날 수 있다. W가 L_n이나 L_p에 비하여 작으면, 전이영역 내에서의 EHP의 대역 간(band-to-band) 생성이 중성영역에서의 생성에 비하여 중요하지 않다. 그러나 전이영역의 공간전하 속에는 자유 캐리어가 없이 **재결합중심으로부터의 방출**(*emission from recombination center*)로 이루어지는, 캐리어의 실질적인 생성에 기인되는 전류가 생길 수 있다. 그림 5-36에 그린 4가지 생성-재결합과정 중 두 가지 포획률(capture rate) R_n과 R_p는 역방향으로 바이어스된 공간전하영역 내의 캐리어농도가 극히 작기 때문에 무시할 수 있다. 따라서 대역간극 중앙 부근의 재결합준위 E_r은 열적 생성률 G_n 및 G_p에 따라 캐리어를 공급할 수 있다. 각 재결합중심들은 교대로 전자와 정공을 방출하는데, 물리적으로는 이것을 E_r에 있는 전자가 전도대역으로 열적으로 여기되며(G_n), 이로 인해 가전자대역의 전자가 재결합준위에 있는 빈 상태로 열적으로 여기되어, 가전자대역에는 정공을 뒤에 남겨놓는다는 것(G_p)을 의미한다. 그리고 이 과정은 되풀이되면서 전도대역에는 전자를, 가전자대역에는 정공을 공급하게 된다. 평형상태에서는 이와 같은 방출과정이 대응하는 포획과정 R_n 및 R_p와 정확히 균형을 이룬다. 그러나 역방향으로 바이어스된 전이영역에서는 생성된 캐리어는 재결합이 생기기 전에 쓸려가서 실질적인 생성이 있게 된다.

물론 W 내에서의 열적 생성의 중요성은 온도와 재결합중심의 성질에 따른다. 에너지 대역간극의 중앙 부근의 준위가 가장 효과적이며, 이는 G_n과 G_p의 어느 쪽도 대역간극의

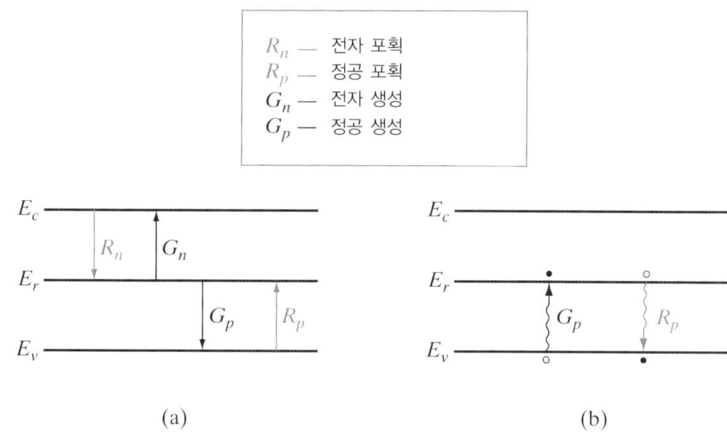

그림 5-36 재결합중심에서 캐리어의 포획과 생성: (a) 전자와 정공의 포획과 생성; (b) 가전자대역 전자의 E_r로의 여기(정공 생성)와 E_r로부터 E_v로의 전자의 원상복귀(deexcitation)(E_r에 의한 정공의 포획)의 용어를 사용해서 다시 그린 정공의 포획과 생성과정.

반 이상으로 전자의 열적 여기가 필요하지 않기 때문이다. 재결합준위가 대역간극 중앙 부근에 없다면, 이와 같은 형식의 생성은 무시할 수 있다. 그러나 대부분의 물질에서는 재결합중심이 극소량의 불순물이나 격자의 결함으로 인해 간극 중앙 부근에 존재한다. W 내의 중심으로부터의 생성은 큰 대역간극을 갖는 물질에서 가장 중요한데, 이들에 대해서는 중성영역에서의 에너지대역 간 캐리어 생성은 적다. 따라서 Si에 대해서는 일반적으로 W 내에서의 생성이 Ge와 같은 좁은 대역간극의 물질보다도 더욱 중요하다.

중성영역에서의 캐리어 생성에 의한 포화전류는 본질적으로 역방향 바이어스에는 무관한 것으로 알려져 있다. 그러나 W 내에서의 캐리어 생성은 역방향 바이어스 전압과 더불어 W가 증가함에 따라 증대된다. 그 결과 역방향 전류는 W 또는 역방향 바이어스 전압의 제곱근에 따라 거의 선형적으로 증가할 수 있다.

5.6.3 옴 손실

다이오드 방정식을 유도할 때 그 소자에 인가된 전압은 전부 접합을 가로질러서 나타난다고 가정하였다. 따라서 중성영역이나 외부와의 접촉부에서의 어떠한 전압강하도 무시하였다. 대부분의 소자에서는 이것이 합당한 가정이다. 즉, 도핑이 보통 상당히 커서 각 중성영역에서의 고유저항이 낮으며, 대표적인 다이오드의 단면적은 길이에 비하여 크다. 그러나 소자에 따라서는 옴효과를 나타내며, 이것이 예측하던 I-V 특성으로부터의 중요한 이탈을 일으키게 한다.

접합과 직렬로 된 단순한 저항을 포함시켜서 다이오드의 옴 손실(ohmic loss)을 좀처럼 정확하게 나타낼 수가 없다. 전이영역 밖의 전압강하의 영향은 이 전압강하가 전류에 의존한다는 사실로 인해 복잡해지는데, 이것은 한편 접합을 가로질러서 나타나는 전압에 의해서 지시된다. 예를 들어 p형 및 n형 영역의 직렬저항을 각각 R_p 및 R_n으로 나타낸다면, 접합전압 V는

$$V = V_a - I[R_p(I) + R_n(I)] \tag{5-76}$$

으로 나타낼 수 있다. 여기서 V_a는 이 소자에 인가된 외부전압이다. 전류가 증가하면 R_p와 R_n에서는 전압강하가 증가하며 접합전압 V는 감소된다. 이 V의 감소는 캐리어의 주입준위를 낮추어서, 전류는 증가하는 바이어스에 대하여 좀더 서서히 증가하게 된다. 옴 손실 계산을 한층 더 복잡하게 하는 것은 각 중성영역의 전도도가 캐리어 주입의 증가와 더불어 커진다는 것이다. 식 (5-76)의 영향은 높은 캐리어 주입준위에서 가장 현저하므로 주입된 과잉 캐리어에 의한 **전도도 변조**(*conductivity modulation*)는 R_p와 R_n을 눈에 띄게 감소시킬 수 있다.

옴 손실은 도핑과 기하학적 구조를 적절하게 선택해서 적당하게 설계한 소자의 경우는 의도적으로 피해진다. 따라서 전류의 (정상적 모양으로부터의) 이탈은 이 소자의 정상적인 동작범위 밖의 매우 큰 전류에 대해서만 나타난다.

그림 5-37은 이상적이지 못한 소자와 이상적인 쇼클리(Shockley) 다이오드의 경우에

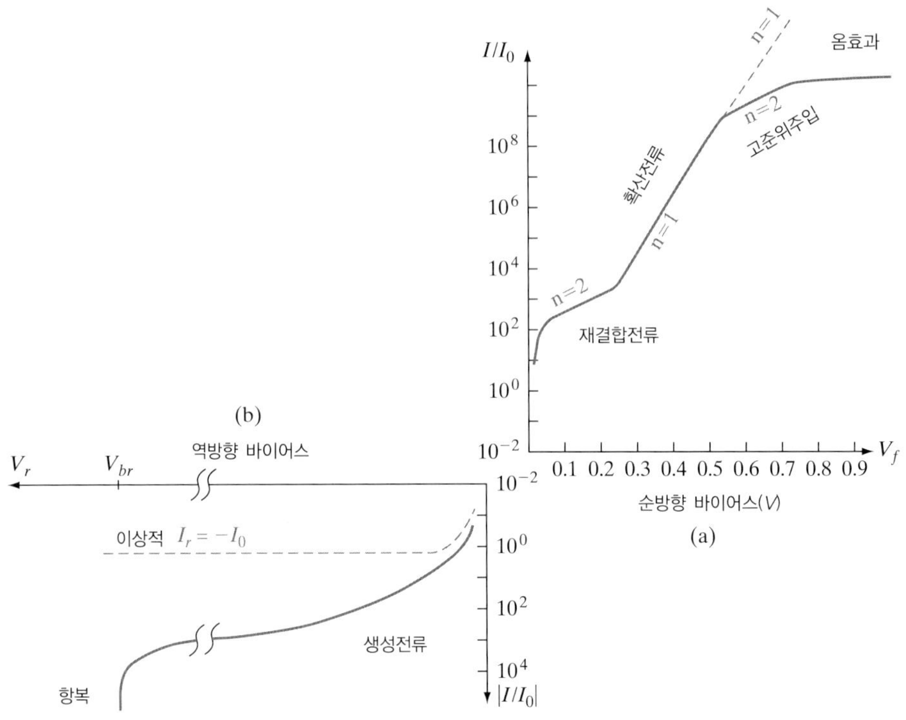

그림 5-37 포화전류 I_0에 관해 전류를 사용한 반대수 단위의 곡선으로 그려진 순방향 및 역방향 전류-전압 특성: (a) 이상적인 순방향 특성은 이상계수가 n = 1(로그-선형 곡선상의 점선으로 된 직선)이기 때문에 지수적이다. 보편적인 다이오드(실선)의 실제 순방향 특성은 4개의 동작영역을 나타낸다; (b) 이상적인 역방향 특성(점선)은 전압의존적인 전류 = $-I_0$이다. 실제 누설 특성(실선)은 공핍영역에서 발생하는 누설 때문에 더 높다. 또한 고전압에서는 항복이 나타난다.

대해서, 반대수(semilog) 눈금으로 p-n 접합의 순방향 및 역방향 전류-전압 특성을 보여주고 있다. 이상적인 순방향 기반의 다이오드의 경우, 전압에 대한 전류의 지수적 의존성 때문에 반대수 도표에서 직선을 얻게 된다. 한편 5.6 절에서 검토된 모든 2차 효과를 고려한다면 다양한 영역에서의 동작을 알 수 있다. 낮은 전류준위에서는 증대된 생성-재결합 전류가 좀더 높은 다이오드의 이상계수(**n** = 2)를 만들어낸다. 보통 수준의 전류에서는 이상적인 적은 캐리어 주입과 확산에 의해 제한되는 전류(**n** = 1)를 얻는다. 이보다 높은 수준의 전류에서는 많은 캐리어 주입과 **n** = 2를 얻는 반면에, 굉장히 높은 수준의 전류에서는 공간전하 중성영역에서 일어나는 저항성 강하가 중요해진다.

이와 유사하게, 역방향 바이어스일 때 이상적인 다이오드에서는 일정하고 전압에 무관한 역방향 포화전류를 얻게 되나, 실제로는 증대되고 전압에 의존하는 생성-재결합 누설전류를 얻게 된다. 매우 높은 역방향 바이어스에서는 다이오드가 애벌랜치 또는 제너효과에 의해 가역적인 항복효과를 일으킨다.

5.6.4 경사형 접합

계단형 접합으로 근사시킴으로써 합금형 접합과 여러 가지 에피택셜 구조의 성질은 정확하게 기술되지만, 확산형 접합소자를 해석하는 데는 종종 부적당하다. 확산된 불순물의 분포가 매우 급준한 얕은 확산(shallow diffusion)의 경우에는(그림 5-38a) 이 계단형 근사를 대개는 받아들일 수 있다. 그러나 불순물의 분포가 시료 속으로 퍼져 있으면 경사형 접합을 이룰 수 있다(그림 5-38b). 이 경우에 대해서는 계단형 접합에 관하여 유도한 몇 가지 식을 변형해야 한다(5.5.5 절 참조).

경사형 접합의 문제는, 예를 들어 접합 부근에서의 실질적 불순물 분포를 선형근사로 나타내면(그림 5-38c) 해석적으로 풀 수 있다. 이 경사부분을

$$N_d - N_a = Gx \tag{5-77}$$

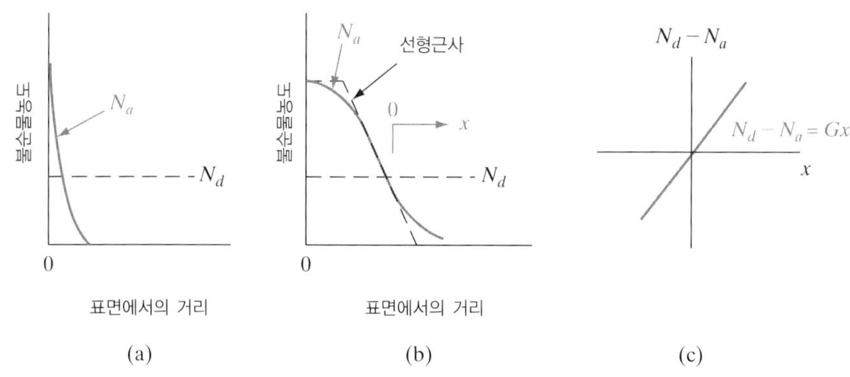

그림 5-38 확산형 접합부에 대한 근사표시: (a) 얕은 확산(계단형); (b) 불순물의 소스를 제거하고 행한 깊은 구동(drivenin) 확산(경사형); (c) 경사형 접합에 대한 선형근사적 표시.

로 근사적으로 나타낼 수 있다고 가정한다. 여기서 G는 실질적 불순물 분포의 기울기를 나타내는 경사상수(grade constant)이다.

푸아송 방정식[식 (5-14)]에 이 선형근사를 사용해서

$$\frac{d\mathscr{E}}{dx} = \frac{q}{\epsilon}(p - n + N_d^+ - N_a^-) \simeq \frac{q}{\epsilon}Gx \tag{5-78}$$

로 쓸 수 있다. 이 근사식에서는 앞에서와 같이 불순물은 완전히 이온화되었다고 가정하고, 전이영역의 캐리어농도는 무시하였다. 실질적 공간전하는 W에 걸쳐서 선형적으로 변화하며, 따라서 전계 분포는 포물선형이 된다. 접촉전위차와 접합 정전용량에 대한 식은 전계가 이제는 접합의 각각 양쪽에서 선형적으로 되어 있지 않기 때문에 계단형 접합의 경우와는 다르게 된다(그림 5-39와 연습문제 5.42).

경사형 접합에서는 일반적인 공핍영역의 근사적 표시는 보통 부정확하다. 경사상수 G가 작으면 식 (5-78)에서 캐리어농도 $(p - n)$이 중요해진다. 마찬가지로 전이영역 밖에서의 공간전하는 무시할 수 있다는 보통의 가정은 G가 작으면 성립하지 않는다. 이 전이영역 바로 밖의 영역을 중성으로보다는 준중성적인 것으로 보는 것이 더욱 정확할 것이다. 따라서 이 전이영역의 끝부분은 그림 5-39가 의미하듯이 급준하지 않고 x쪽으로 퍼져 있다. 이와 같은 것의 영향은 접합 성질의 계산을 복합적이게 하며, 이 문제를 정확하게 풀려면 컴퓨터를 사용해야 한다.

캐리어 주입, 재결합 및 생성전류, 기타의 성질에 관하여 행한 결론의 대부분은, (앞의)

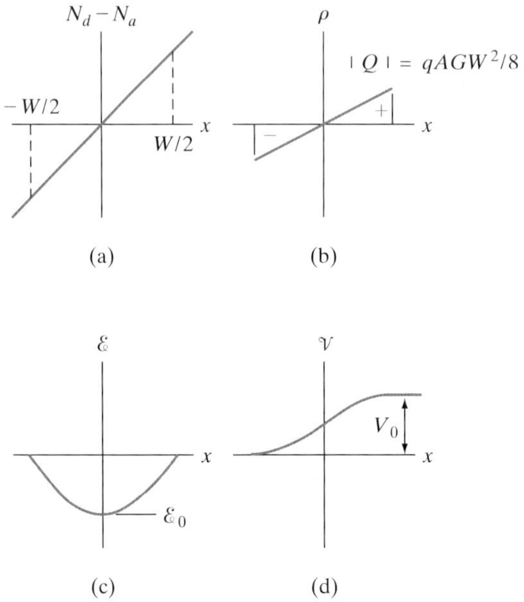

그림 5-39 경사형 접합의 전이영역의 성질: (a) 실질적인 불순물 분포; (b) 실질적인 전하 분포; (c) 전계; (d) 정전적 전위 분포.

결과식 함수의 형식에 일부 변경을 해 주면 경사형 접합에 대해서도 정성적으로 적용할 수 있다. 따라서 접합이론의 대부분의 기본개념은 정확한 계산에서는 어떠한 변형을 주어야 한다는 것을 염두에 두기만 한다면 적당히 경사된 접합에 대해서도 적용할 수 있다.

5.7 금속–반도체 접합

p-n 접합의 대부분의 유용한 성질이 간단히 적절한 금속-반도체 접촉을 형성시켜 줌으로써 얻어진다. 이와 같은 접근방법은 그 제작이 간단하기 때문에 분명히 마음을 끄는 것이며, 또 이 절에서 알 수 있듯이 금속-반도체 접합은 특히 고속 정류가 필요한 경우에 유용하다. 한편 반도체에 대한 비정류적[즉, 옴(ohmic)] 접촉을 형성시켜 줄 수 있어야 한다. 따라서 이 절에서는 정류성 및 옴 접촉 둘 다를 취급한다.

5.7.1 쇼트키 장벽

2.2.1 절에서 진공 속에서의 금속의 일함수 $q\Phi_m$을 검토하였다. 페르미준위에 있는 전자를 금속체 밖 진공으로 이동시키는 데 $q\Phi_m$의 에너지가 필요하다. 매우 정결한 표면의 경우 Φ_m의 대표적 값은 Al 일 때는 4.3 V, Au 일 때는 4.8 V 이다. 음전하를 금속 표면 근처에 가져오면 양의 (영상)전하가 금속에 유기된다. 이들로 인한 영상력(image force)이 인가 전계와 결합되면 실질적 일함수는 약간 감소된다. 이와 같은 전위장벽의 저하를 **쇼트키효과**(*Schottky effect*)라 하며, 이 용어가 금속-반도체 접촉에서 생기는 전위장벽의 논의에 옮겨져 사용된다. 쇼트키효과는 금속-반도체 효과에 대한 설명의 일부에 지나지 않으나, 일반적으로 정류성 접촉을 **쇼트키 장벽 다이오드**(*Schottky barrier diode*)라 한다. 이 절에서는 이와 같은 장벽이 금속-반도체 접촉에서 생기는 상태를 보기로 한다. 먼저 금속-반도체 접합에서의 장벽을 생각해 보고, 5.7.4 절에서 이 장벽의 높이를 바꾸게 하는 효과들을 포함시키기로 한다.

일함수 $q\Phi_m$의 금속을 일함수가 $q\Phi_s$인 반도체와 접촉시키면, 평형상태에서 페르미준위들이 일치될 때까지 전하의 이동이 생긴다(그림 5-40). 예를 들어, $\Phi_m > \Phi_s$이면 반도체의 페르미준위가 처음에는 접촉이 이루어지기 전에 금속의 페르미준위보다 높다. 이 두 개의 페르미준위가 일치하려면 반도체의 정전적 전위가 금속에 대하여 상대적으로 상승되어야 한다(즉, 전자의 에너지가 낮아져야 한다). 그림 5-40 의 n 형 반도체의 경우는 공핍영역 W가 접합 부근에 형성된다. 보상되지 않은 W 내의 도너이온(donor ion)으로 인한 음전하는 금속의 양전하와 정합(match)하게 된다. W 내의 전계와 에너지대역의 휜 상태는 이미 p-n 접합에서 논의한 효과들과 비슷하다. 예를 들어, 반도체의 공핍영역폭 W는 식 (5-21)로부터 p^+-n 형 접합과 근사시킴으로써(즉, 쌍극자의 음전하가 접합 왼쪽 전하의 얇은 판이라고

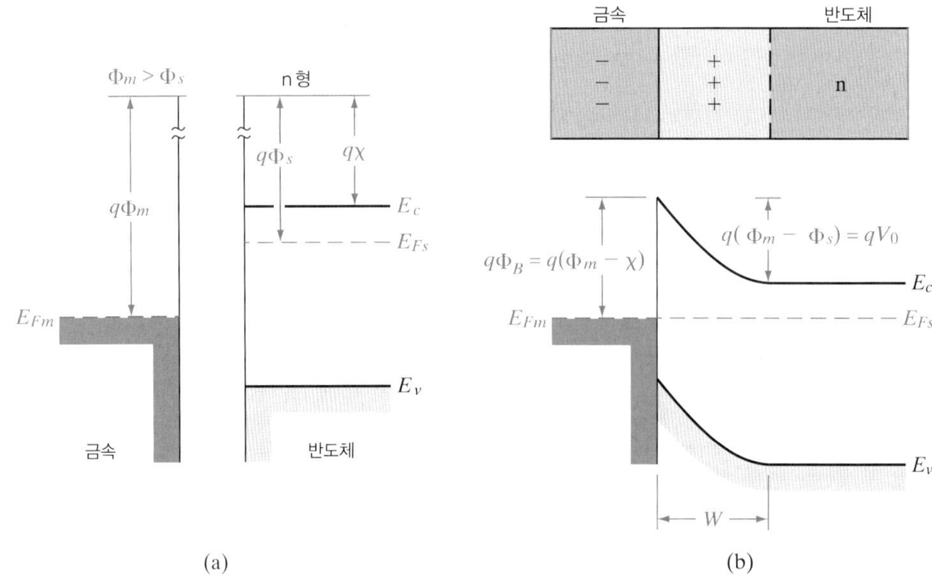

그림 5-40 n형 반도체를 좀더 큰 일함수를 갖는 금속과 접촉시켜 형성한 쇼트키 장벽: (a) 접합을 이루기 전의 금속과 반도체의 대역도; (b) 접합에 대한 평형상태의 대역도.

가정함으로써) 계산할 수 있다. 비슷하게 하여 접합 정전용량은 p^+-n형 접합 때와 같이 $A\epsilon_s/W$이다.[19)]

반도체의 전도대역으로부터 금속으로 더 이상 실질적인 전자의 확산을 막는 평형상태에서의 접촉전위차 V_0는 일함수의 차 $\Phi_m - \Phi_s$이다. 금속으로부터 반도체의 전도대역으로의 전자주입에 대한 전위장벽의 높이 Φ_B는 $\Phi_m - \chi$이며, 여기서 $q\chi$[전자친화력(*electron affinity*)이라 함]는 진공준위에서 반도체의 전도대역 끝부분에 이르러 측정한 것이다. 전위차 V_0는 p-n 접합에서와 같이 순방향 또는 역방향 바이어스 전압을 인가함으로써 감소 또는 증가시킬 수 있다.

그림 5-41은 $\Phi_m < \Phi_s$인 p형 반도체상의 쇼트키 장벽을 보인 것이다. 이 경우는 평형상태에서의 페르미준위의 일치에는 접합의 금속 쪽에 양전하, 그리고 반도체 쪽에는 음전하가 있어야 한다. 이 음전하는 이온화된 억셉터(N_a^-)가 정공에 의해서 보상되지 않은 채 남아 있는 공핍영역 W에 수용되어 있다. 반도체에서 금속으로의 정공의 확산을 저지하게 하는 전위장벽 V_0는 $\Phi_s - \Phi_m$이며, 앞서와 같이 이 장벽은 접합을 가로질러서 전압을 인가함으로써 높이거나 내릴 수 있다. 정공에 대한 이 장벽을 눈앞에 떠오르게 하는 데는 그림 5-11로부터 양전하에 대한 정전적 전위장벽은 전자의 에너지대역도 장벽에 대하여 반대가 된다는 것을 상기한다.

19) 쇼트키 장벽 공핍영역의 성질은 p^+-n형 영역과 유사하지만, 이 유사성에는 p^+-n형 영역에서는 주축을 이루지만 그림 5-40의 접촉에서는 그렇지 못한 순방향 바이어스일 때의 정공주입 현상은 포함되지 않았다는 것이 분명하다.

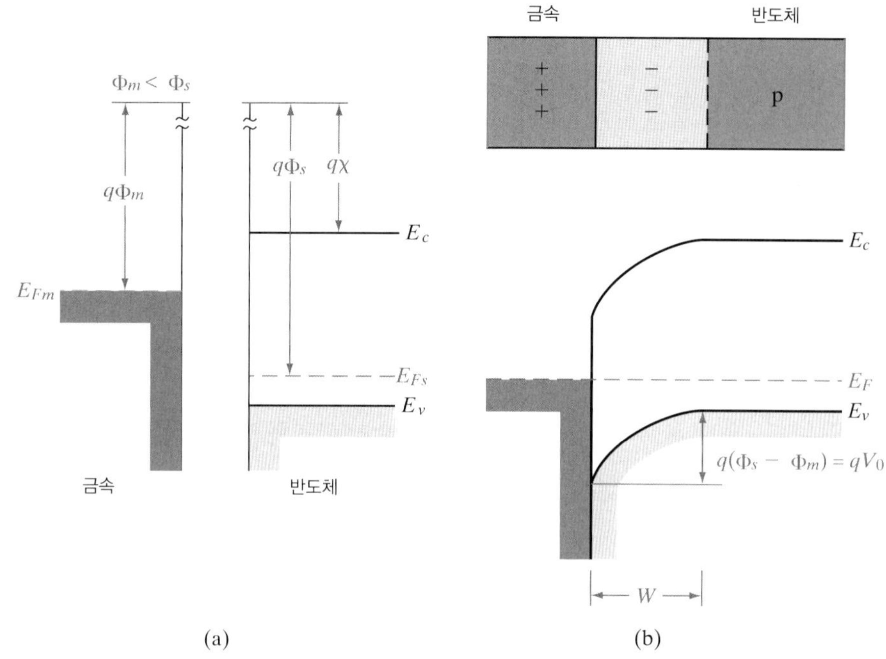

그림 5-41 p형 반도체와 좀더 작은 일함수를 갖는 금속 간의 쇼트키 장벽: (a) 접합 전의 대역도; (b) 평형상태의 접합에 대한 대역도.

이상적인 금속-반도체 접촉의 다른 두 가지 경우(n형 반도체일 때는 $\Phi_m < \Phi_s$이고, p형 반도체일 때는 $\Phi_m > \Phi_s$)는 비정류성 접촉이 이루어진다. 옴 접촉을 논의한 5.7.3절을 위하여 이들 경우의 취급은 보류할 것이다.

5.7.2 정류성 접촉

그림 5-40b의 쇼트키 장벽에 순방향 바이어스 전압을 인가하면, 접촉전위차는 V_0에서 $V_0 - V$로 감소된다(그림 5-42a). 그 결과 반도체의 전도대역의 전자는 공핍영역을 가로질러서 금속 쪽으로 확산시킬 수 있다. 이로써 접합을 통하여(금속에서 반도체 쪽으로) 순방향 전류가 생긴다. 반대로 역방향 바이어스는 장벽을 $V_0 + V_r$로 증가시키며 반도체에서 금속으로의 전자의 흐름은 무시할 수 있게 된다. 어느 경우나 금속에서 반도체로의 전자의 흐름은 장벽 $\Phi_m - \chi$에 의하여 저지된다. 그 결과 다이오드 방정식은 그림 5-42c가 예시하듯이, p-n 접합에 대한

$$I = I_0(e^{qV/kT} - 1) \tag{5-79}$$

과 형식이 비슷하다. 이 경우 역방향 포화전류 I_0는 p-n 접합에 대한 것과 같이 간단히 유도되지 않는다. 그러나 직관적으로 예언할 수 있는 중요한 특색은, 이 포화전류가 금속에서 반도체로의 전자주입에 대한 장벽 Φ_B의 크기에 따라야 한다는 것이다. 이 장벽(그림 5-

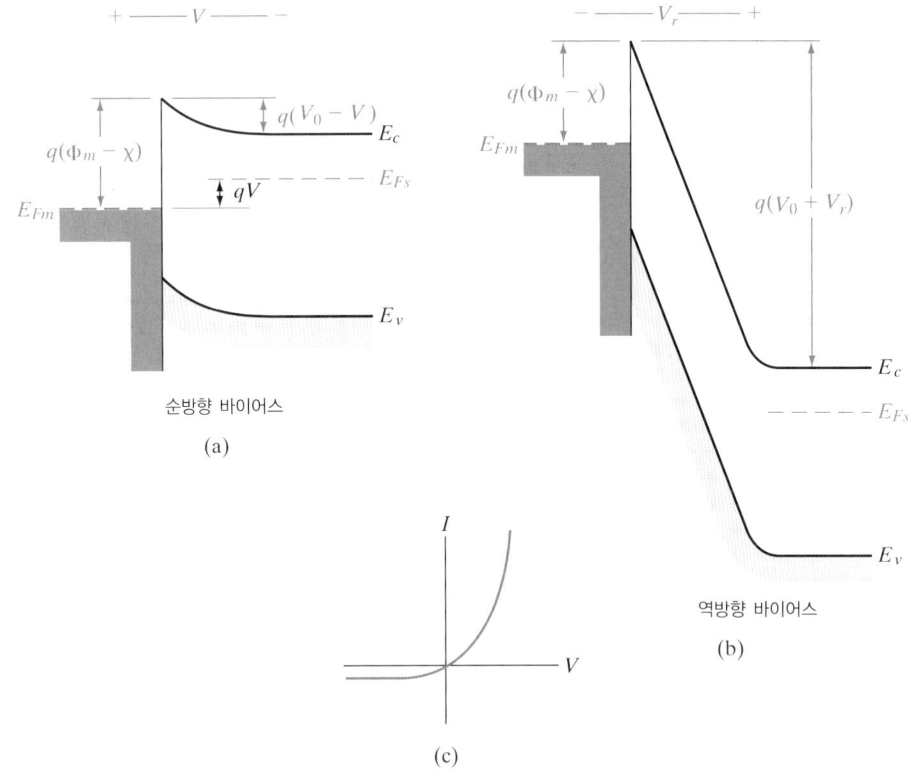

그림 5-42 그림 5-40의 접합에 대한 순방향 및 역방향 바이어스의 영향: (a) 순방향 바이어스; (b) 역방향 바이어스; (c) 대표적인 전류-전압 특성.

42에 보인 이상적인 경우에는 $\Phi_m - \chi$로 됨)은 바이어스 전압에 영향받지 않는다. 금속 속의 전자가 이 장벽을 넘을 확률은 볼츠만 계수(Boltzmann factor)로서 주어질 것이 예상된다. 따라서

$$I_0 \propto e^{-q\Phi_B/kT} \tag{5-80}$$

다이오드 방정식 (5-79)는 그림 5-41의 금속 p형 반도체 접합에도 적용된다. 이 경우 순방향 전압은 금속에 대하여 반도체가 양으로 바이어스되는 것으로써 정의된다. 이 전압은 전위장벽을 $V_0 - V$로 낮추고, 정공이 반도체에서 금속으로 흐르므로 순방향 전류가 증가한다. 물론 역방향 전압은 정공의 흐름에 대한 장벽을 증가시키고 전류는 무시할 수 있게 된다.

이들의 경우 모두 쇼트키 장벽 다이오드는 정류성을 이루어, 순방향으로는 전류의 흐름이 쉬우며 역방향으로는 적은 전류를 갖게 된다. 또 각각의 경우 순방향 전류는 반도체에서 금속으로의 다수캐리어의 주입에 의한 것이라는 것에 유의해야 한다. 소수캐리어의 주입과 이것과 관련된 전하축적으로 인한 시간지연이 없다는 것이 쇼트키 장벽 다이오드의 중요한 특색이다. 큰 전류준위(전류값)에서는 일부 소수캐리어의 주입이 일어나지만 이

(소자)들은 본질적으로는 소수캐리어 소자이다. 따라서 일반적으로 고주파 특성과 스위칭 속도가 대표적인 p-n 접합보다 좋다.

반도체 기술의 초기에는 반도체 표면에 금속선을 압착시켜서 정류성 접촉을 만들었으나, 현재의 소자에서는 금속-반도체 접촉을 정결한 반도체 표면에 적절한 금속박막을 증착시키고 사진석판기법으로 접촉부 도형의 경계를 한정시켜 만든다. 쇼트키 장벽 소자는 특히 높은 밀도로 모아 넣은 집적회로에 매우 적합한데, 그것은 p-n 접합소자에 비하면 사진석판적인 마스크과정의 수가 덜 요구되기 때문이다.

5.7.3 옴 접촉

많은 경우 양쪽 바이어스방향에서 선형 *I-V* 특성을 갖는 옴(*ohmic*) 금속-반도체 접촉을 얻고자 한다. 예를 들어, 대표적인 집적회로의 표면은 접촉과 상호접속이 이루어져야 할 p형 및 n형 영역의 미로와도 같다. 이와 같은 접촉부는 최소의 저항을 가지며 신호를 정류시키는 경향이 전혀 없는 옴이라는 것이 중요하다.

이상적인 금속-반도체 접촉은 페르미준위가 일치되어 반도체에 유기된 전하가 다수캐리어에 의하여 공급될 때 옴으로 된다(그림 5-43). 예를 들어, 그림 5-43a의 $\Phi_m < \Phi_s$(n형 반도체)의 경우 금속에서 반도체 쪽으로 전자가 전송됨으로써 평형상태에서 페르미준위는 일치한다. 이것은 평형상태에서는 금속에 대한 상대적인 반도체의 전자 에너지를 상승시킨다(정전적 전위를 낮게 한다)(그림 5-43b). 이 경우 금속과 반도체 간의 전자흐름에 대한 장벽이 낮아 쉽게 낮은 전압으로써 극복된다. 비슷하게 하여 $\Phi_m > \Phi_s$(p형 반도체)의 경우는 그 접합을 넘어서 쉽게 정공의 흐름이 이룩된다(그림 5-43d). 앞서 검토한 정류성 접촉과는 다르게 평형상태에서 페르미준위를 일치시키는 데 필요한 정전적 전위차는 반도체에 다수캐리어의 축적을 요구하게 되므로, 이들 경우에는 반도체에 공핍영역이 생기지 않는다.

옴 접촉을 형성하기 위한 실제적인 방법은 접촉영역에서 반도체에 고농도의 도핑을 행함으로써 이루어진다. 따라서 장벽이 계면(interface)에 있다면 공핍(영역)폭은 작아서 충분히 그 장벽을 통하여 캐리어가 투과(tunnel)할 수 있다. 예를 들어, 작은 퍼센트의 Sb를 포함하고 있는 Au를 n형 Si에 합금시켜서 반도체 표면에 n^+ 층과 우수한 옴 접촉이 형성되게 할 수 있다. 비슷하게, p형 반도체 물질에서 금속과의 접촉에 있어서 p^+ 표면이 필요하다. p형 Si 위의 Al의 경우는 그 금속 접촉이 또한 억셉터형의 도펀트를 제공한다. 이리하여 필요한 p^+ 표면층이 Al을 증착시킨 후 접촉을 간단히 열처리하는 동안에 형성된다.

5.7.4 대표적인 쇼트키 장벽

이상적인 금속-반도체의 접촉에 대한 논의에서는 두 개의 비슷하지 않은 물질 사이의 접합의 일부 효과가 포함되어 있지 않다. 단결정 내에서 생기는 p-n 접합과는 달리 쇼트키

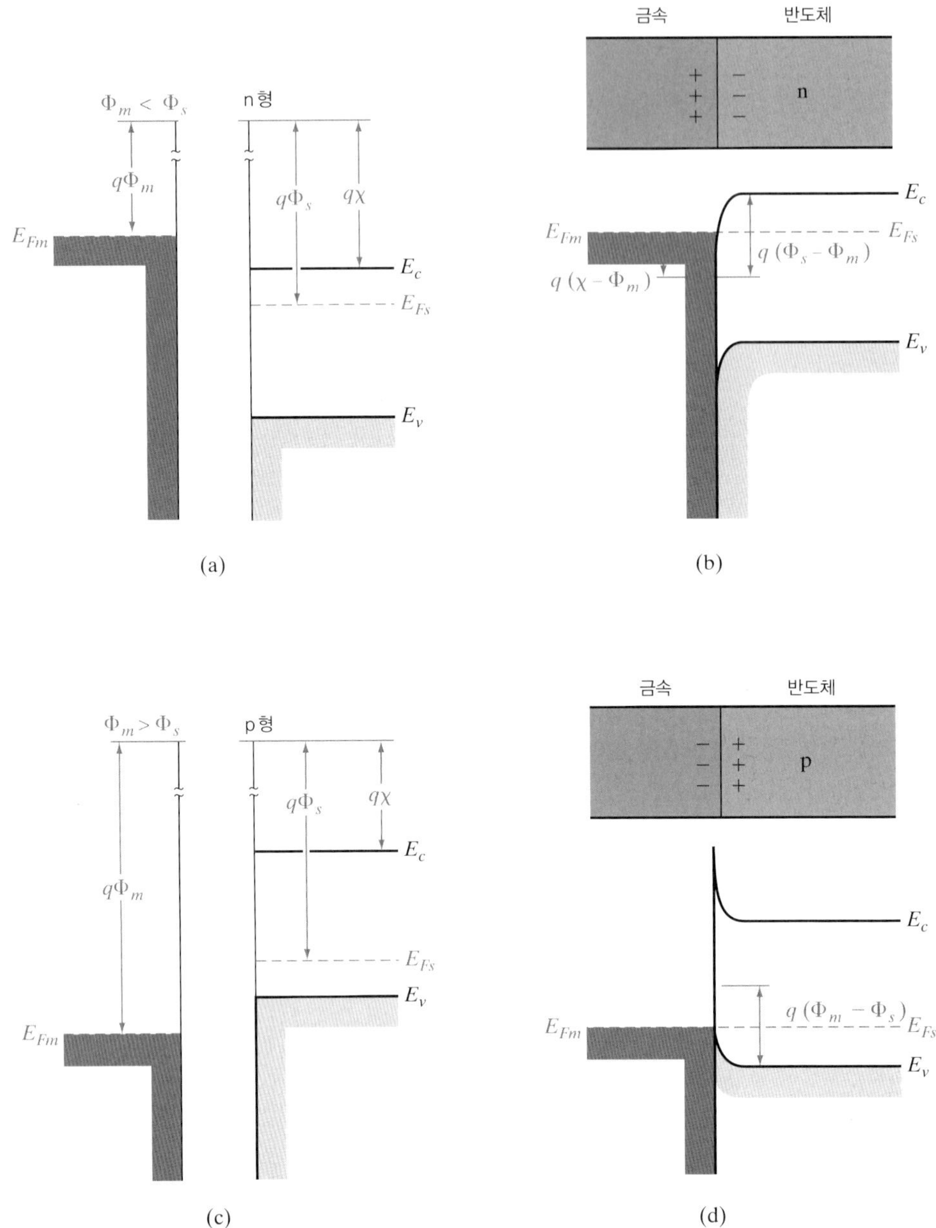

그림 5-43 옴 금속–반도체 접촉: (a) n형 반도체에 대한 $\Phi_m < \Phi_s$의 경우; (b) 접합에 대한 평형상태에서의 대역도; (c) p형 반도체에 대한 $\Phi_m > \Phi_s$의 경우; (d) 평형상태에서의 접합.

장벽 접합은 반도체 결정의 끝만이 포함된다. 반도체 표면은 완결되지 않은 공유결합수와 기타 효과에 의한 **표면상태**(*surface state*, 즉 표면 에너지상태)를 갖게 되며, 이로써 금속-반도체 계면에 전하를 이끌게 할 수 있다. 더욱이, 이 접촉이 반도체 결정과 금속 간에 원자적으로 급준한 불연속성을 이루는 일은 드물다. 대표적인 경우 금속도 반도체도 아닌 얇

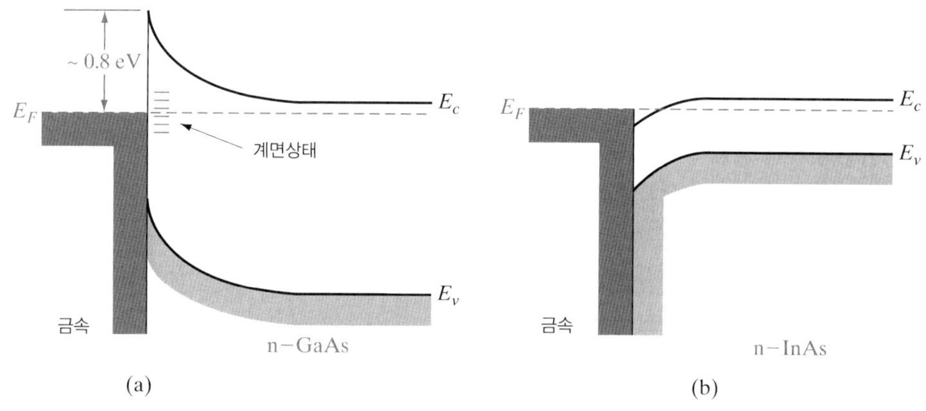

그림 5-44 화합물 반도체에 있어서의 계면상태에 의한 페르미준위 고정: (a) E_F가 금속의 종류에 관계없이 n형 GaAs에서는 E_C − 0.8 eV에 고정된다; (b) n형 InAs에서는 E_F가 E_C보다 위에 위치하여 아주 좋은 옴 접촉을 형성한다.

은 계면층이 생긴다. 예를 들어, 규소결정은 대기 속에서 식각(etching)이나 벽개(cleaving) 후에도 얇은(10 ~ 20 Å) 산화물층으로 덮이게 된다. 따라서 이와 같은 Si 표면에 금속을 증착하면 그 접합부에 유리질의 계면층을 남기게 된다. 전자들은 이 얇은 층을 투과할 수 있더라도 접합을 통한 전류전송에 대한 장벽에는 영향을 준다.

표면상태, 계면층, 금속-반도체 상태의 작은 군, 또 다른 효과들 때문에 두 물질의 일함수로부터 예상되는 이상적인 값에 가까운 장벽을 갖는 접합을 만들기는 어렵다. 따라서 소자 설계에서는 측정된 장벽높이가 사용된다. 화합물 반도체에서는 계면층이 사용되는 금속에 관계없이 일정한 페르미준위를 형성하는 에너지상태를 대역간극 내에 유기시킨다(그림 5-44). 예를 들어, 전도대역보다 0.7 ~ 0.9 eV 낮은 곳에 위치한 계면상태는 E_F를 n형 GaAs의 표면에 고정시키며, 쇼트키 장벽의 높이는 금속의 일함수보다는 이 고정효과(pinning effect)에 의해서 결정된다. 흥미 있는 경우는 n형 InAs인데(그림 5-44b), 이 경우 계면에서의 E_F는 전도대역보다 위에 위치한다. 따라서 n형 InAs의 옴 접촉은 어떤 금속을 사용해도 형성될 수 있다. Si에 대해서는 좋은 쇼트키 장벽이 Au 또는 Pt의 접점으로써 형성된다. Pt의 경우는 열처리로 Pt의 규화물(silicide)층이 얻어져서, n형 Si 위에 $\Phi_B \simeq 0.85$ V의 신뢰성 있는 쇼트키 장벽을 이룩해 준다.

쇼트키 장벽 다이오드를 완전히 풀면,

$$I = ABT^2 e^{-q\Phi_B/kT} e^{qV/\mathbf{n}kT} \tag{5-81}$$

와 같은 형식의 순방향 전류식을 얻는다. 여기서 B는 접합 특성의 파라미터를 포함하는 상수이고, **n**은 1 ~ 2 사이의 수이며, 식 (5-74)에 있는 이상계수와 비슷한 것이다. 이것을 유도하는 수학은 열전자방출(*thermionic emission*)에 대한 것과 비슷하며, 계수 B는 열전자 문제에서 실효적인 리처드슨(Richardson) 상수에 상당한다.

5.8 이종접합

이제까지 단결정 반도체 내에서의 p-n 접합[동종접합(*homojunction*)]과 금속과 반도체 간의 접합에 대해 논의하였다. 세 번째 중요한 접합의 종류는, 다른 대역간극을 가지며 격자상수가 같은 두 물질의 접합이다[이종접합(*heterojunction*)]. 격자정합(lattice matching)에 대해서는 1.4.1 절에서 다루었다. 이러한 두 반도체 사이의 계면은 결함이 없으며, 단(單) 또는 다(多) 이종접합을 갖는 연속되는 결정일 수 있다. 화합물 반도체에 있어서 이종접합 및 다층구조의 도래는, 매우 다양한 소자 개발의 가능성을 열었다. 다음 장에서 이종 쌍극성 트랜지스터(HBT), 전계효과 트랜지스터(FET), 반도체 레이저 등 많은 응용을 다루겠다.

다른 대역간극 및 전자친화력을 갖는 반도체들이 접합을 이루면, 평형상태에서는 페르미준위가 같으므로 에너지대역에서의 불연속을 예상할 수 있다(그림 5-45). 전도대역 및

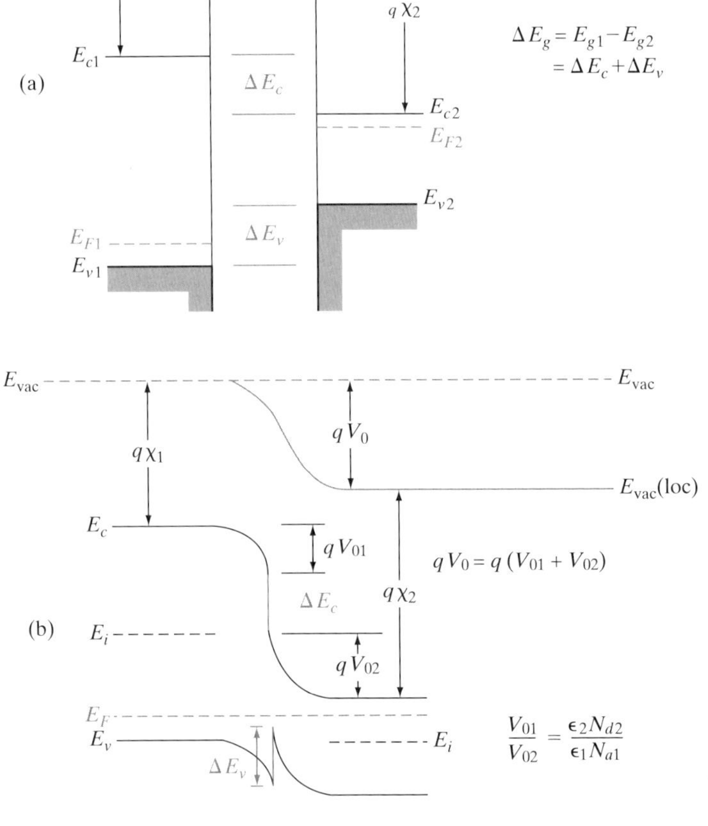

그림 5-45 p형 광역 대역간극 반도체와 n형 협역 대역간극 반도체 사이의 이상적인 이종결합: (a) 접합 전의 대역도; (b) 평형상태에서의 대역불연속과 대역휨.

가전자대역에서의 불연속성, ΔE_c 및 ΔE_v는 두 반도체 사이의 대역간극의 차이 ΔE_g를 수용한다. 이상적인 경우, ΔE_c는 전자친화력 $q(\chi_2 - \chi_1)$의 차이를 나타내며 ΔE_v는 $\Delta E_g - \Delta E_c$에서 구할 수 있다. 실제로 대역의 불연속성은 특정한 반도체쌍에 대하여 실험적으로 구해진다. 예를 들어, 많이 사용되는 GaAs-AlGaAs 이종접합(그림 3-6 및 3-13 참조)에서는 광역 대역간극 AlGaAs와 협역 대역간극 GaAs 사이의 직접 대역간극 차이 ΔE_g^Γ가 전도대에 약 $\frac{2}{3}$, 가전자대역에 $\frac{1}{3}$로 분할된다. 내부(built-in) 접촉전위는 평형상태에서 페르미준위가 정렬될 수 있도록 두 반도체 사이에 분할된다. 따라서 이종접합 양쪽의 공핍영역 및 내부전위는 푸아송 방정식을 $\epsilon_1\mathscr{E}_1 = \epsilon_2\mathscr{E}_2$(접합에서의 연속된 전자속밀도를 나타냄)의 경계조건을 이용하여 풀면 구해진다. n형에서 p형으로 전자의 이동 시 극복해야 할 장벽은 p형에서 n형으로 정공이 경험하는 장벽과 매우 달라질 수 있다. 양쪽의 공핍영역은 식 (5-23)과 유사하나, 이때 두 물질의 유전상수가 다름을 유의해야 한다.

동종접합이나 이종접합을 포함한 임의의 반도체 소자의 경우에 대한 대역도를 그리기 위해서는 에너지 대역간극과, 반도체 재료에는 의존하지만 도핑에는 의존하지 않는 전자친화력, 그리고 도핑뿐만 아니라 반도체 재료에도 의존하는 일함수와 같은 재료에 대한 파라미터가 필요하다. 전자친화력과 일함수는 진공준위를 기준으로 한다. 실제 진공준위[혹은 전체적인(global) 진공준위]인 E_{vac}은 전자를 반도체로부터 어떤 힘도 존재하지 않는 것으로 보고 있는 무한대로 떼어낼 경우에 위치에너지 기준이 된다. 그러므로 실제 진공준위는 상수이다(그림 5-45). 하지만 반도체 소자에서 대역의 구부러짐이 일어나는 것을 보면, 반도체 내에서 전자친화력이 위치의 함수로 변화한다(전자친화력은 재료의 파라미터이기 때문에 있을 수 없는 일이다)는 것을 암시하고 있기 때문에 이것은 분명한 모순이다. 그러므로 우리는 새로운 개념의 지역적인(local) 진공준위인 E_{vac}(loc)을 도입할 필요가 있는데 이것은 전자친화력이 상수로 유지될 수 있도록 전도대의 끝단을 따라 평행하게 변화한다. 이 지역적 진공준위는 전자가 반도체 밖으로 막 빠져나와 그리 멀리 가지 않았을 경우의 전자의 위치에너지를 추적한다. 지역적 진공준위와 전체적인 진공준위의 차이는 공핍영역에서의 (광학에서의) 회절무늬 모양(fringing) 전계에 대항하여 행해지는 전기적 작용 때문에 발생하고, 평형상태에서의 내부 접촉전위 V_0 때문에 발생하는 위치에너지 차이인 qV_0와 같게 된다. 물론 이러한 위치에너지 차이는 인가된 바이어스에 의해 수정될 수 있다.

이종접합의 대역도를 정확하게 그리려면 대역불연속의 적절한 값을 이용해야 할 뿐만 아니라, 접합에서의 대역휨(bending)을 고려해야 한다. 이를 위해서는 이종접합에 대하여 푸아송 방정식을 상세한 불순물농도와 공간전하를 고려하여 풀어야 하는데, 이는 대개 수치해석을 필요로 한다. 그러나 상세한 계산 없이도 실험적인 대역 차이 ΔE_v와 ΔE_c가 주어졌을 때 다음과 같이 하여 근사도형을 그릴 수 있다.

1. 두 반도체의 페르미준위를 정렬시킨다. 공핍영역을 위한 공간을 남겨둔다.

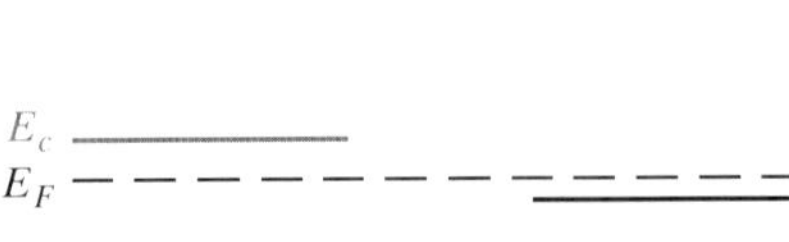

2. 금속학적 접합부($x = 0$)를 고농도 쪽에 가깝게 위치시킨다. 주어진 대역간극으로 분리된 ΔE_v와 ΔE_c를 $x = 0$에 위치시킨다.

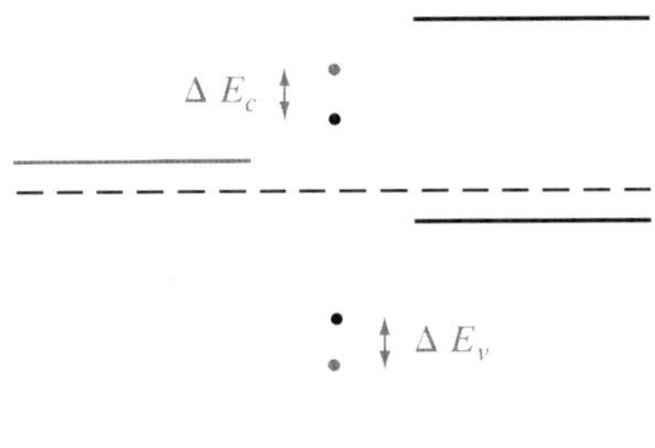

3. 각 물질의 대역간극을 유지하면서 전도대역과 가전자대역을 연결한다.

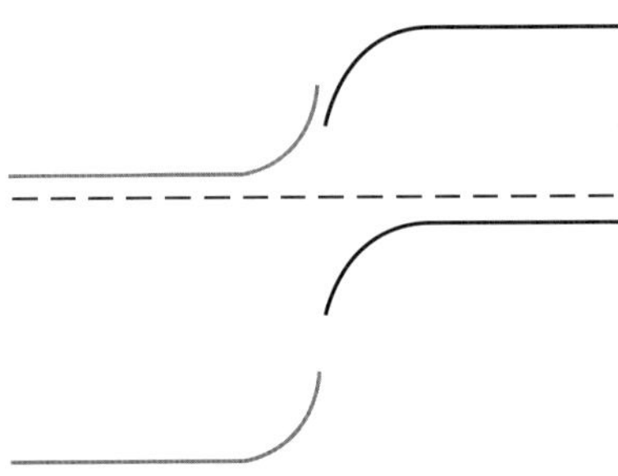

위 방법의 2단계와 3단계에서는 정확한 대역휨이 중요하며, 이는 푸아송 방정식을 풀어서 구해야 한다. 2단계에서는 이종접합의 두 반도체에 대하여 대역 차이값 ΔE_c와 ΔE_v를 사용해야 한다.

예제 5-7 GaAs-AlGaAs 이종접합에서 직접(Γ) 대역간극 차이 ΔE_g^Γ는 전도대역에 약 $\frac{2}{3}$, 가전자대역에 $\frac{1}{3}$로 분할된다. Al의 성분이 0.3이면, AlGaAs는 $\Delta E_g^\Gamma = 1.85$ eV의 직접 대역이 된다(그림 3-6 참조). 다음의 두 이종접합에 대해 대역도를 그려라; n형 GaAs 위의 N^+-$Al_{0.3}Ga_{0.7}As$와 p^+-GaAs 위의 N^+-$Al_{0.3}Ga_{0.7}As$.[20]

풀이 $\Delta E_g = 1.85 - 1.43 = 0.42$ eV를 취하면, 대역 차이는 $\Delta E_c = 0.28$ eV, $\Delta E_v = 0.14$ eV이다. 각 경우에 대하여 평형 페르미준위를 그리고, 접합에서 멀리 떨어진 곳의 대역을 추가하고, 양쪽의 주어진 불순물농도에 대한 대역휨의 상대적인 양과 $x = 0$의 위치를 추정하여 대역 차이를 추가하고, 마지막으로 분리된 반도체에서 $x = 0$의 이종접합까지 E_g가 같은 값을 유지하도록 대역을 그린다.

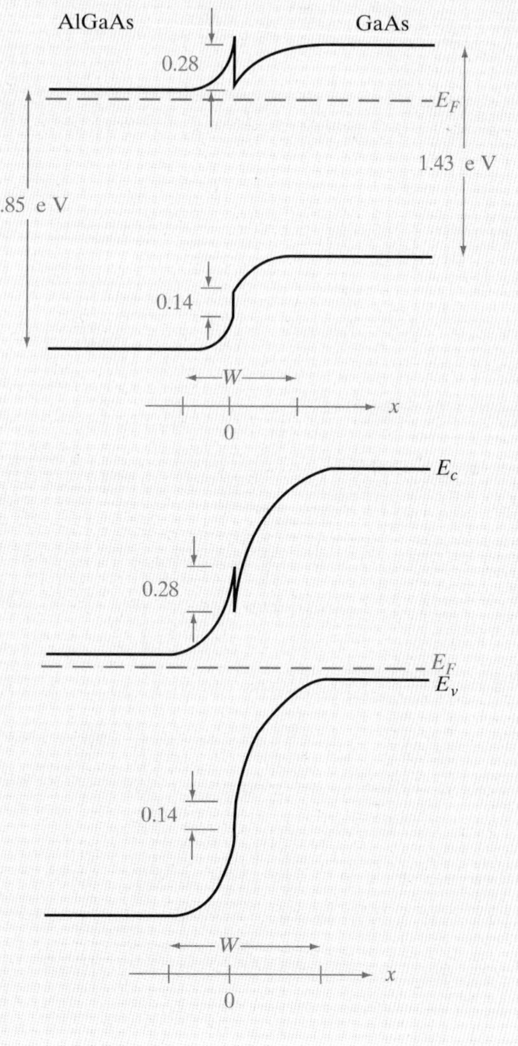

20) 이종접합을 논의할 때 N이나 P는 광역 대역간극 물질을 나타내는 것이 통례이다.

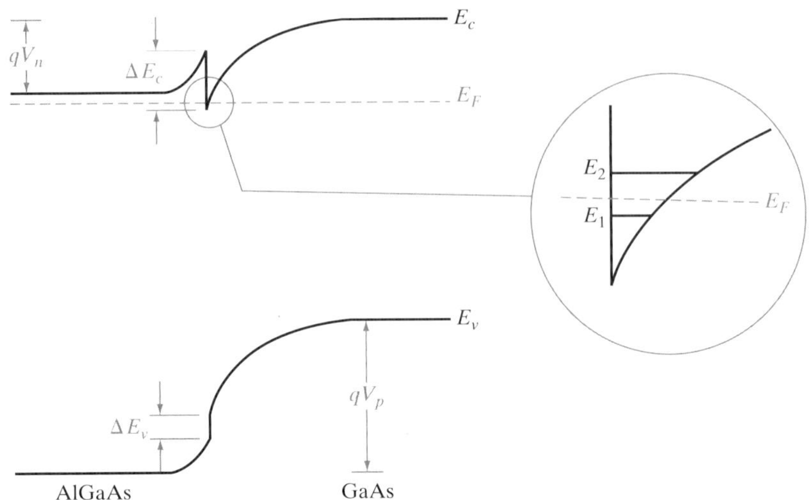

그림 5-46 GaAs 전도대역에서 형성되는 전위우물을 갖는 N^+-AlGaAs와 적은 불순물의 GaAs 사이의 이종접합. 이 우물이 매우 얇으면 2.4.3절에서와 같이 개별상태(E_1 이나 E_2)가 형성된다.

이종접합에 있어서 특히 중요한 예는 그림 5-46에 있는 것과 같이 고농도 n형 AlGaAs가 적은 불순물이 함유된 GaAs 위에 성장될 때이다. 이 예에서는 전도대역의 불연속성이 전자로 하여금 N^+-AlGaAs로부터 GaAs로 흘러들어서 전위우물(potential well)에 포획된다. 따라서 전자는 이종접합의 GaAs 쪽에서 집속되며 계면에서의 페르미준위는 전도대역 위로 끌어올려진다. 이 전자들은 GaAs 전도대역 내의 전위우물에 포획된다. 전도가 이 계면과 평형으로 일어나는 소자의 경우는, 이러한 전위우물 내의 전자가 2차원 전자가스(*two-dimensional electron gas*)를 형성하며, 매우 흥미 있는 소자 성질을 갖게 된다. 6장에서 볼 수 있듯이, 이러한 전위우물 내의 전자는 매우 높은 이동도를 갖는다. 이 높은 이동도는 우물 내의 전자가 AlGaAs로부터 온 것이며, GaAs의 농도에 의한 것이 아니라는 데 기인한다. 따라서 GaAs 내의 우물에서는 불순물산란을 무시할 수 있으며, 이동도는 거의 격자산란[포논(phonon)]에 의해 조정된다. 저온에서는 격자산란이 적으므로 이동도는 매우 높을 수 있다. GaAs 내에서의 대역휨이 충분히 강하면, 전위우물은 매우 얇아질 수 있고 그림 5-46의 E_1, E_2와 같은 불연속적인 상태(discrete state)가 형성된다. 이는 6장의 예제에서 다룰 것이다.

그림 5-46의 다른 확실한 특징은 동종접합에서 전자 및 정공에 대한 접촉 전위장벽 qV_0의 개념이 이종접합에서는 더 이상 유효하지 않다는 것이다. 그림 5-46에서는 전자에 대한 장벽 qV_n은 정공에 대한 장벽 qV_p보다 작다. 이러한 이종접합의 성질은 7.9절에서 살펴볼 전자 및 정공의 상대적 주입(relative injection)을 변화시키는 데 이용될 수 있다.

요약 SUMMARY

5.1 다이오드와 다른 여러 반도체 소자들은 산화, 선택적 도핑(이온주입 또는 확산을 통하여)과 여러 종류의 절연체와 금속을 증착하고, 이들을 사진석판공정을 통하여 만든 패턴으로 식각하여 만들어진다.

5.2 p와 n형 반도체를 접합시켜 p-n접합 다이오드를 만들 때, 캐리어는 평형상태에서 평탄한 페르미준위를 얻을 때까지 접합을 통하여 확산한다. 내부 접합 전위장벽은 p 영역과 n 영역 사이에 만들어지며 공핍영역에서의 전압강하를 나타낸다. 동적(*dynamic*)인 평형일 때 끊임없이 그러나 전위장벽에서는 감소된 비율로 전자는 n 영역에서 p 영역으로 확산된다(정공은 p 영역에서 n 영역으로). 이 속(flux)들은 공핍영역의 가장자리로 확산되어 접합을 가로질러 빠르게 지나가는 소수캐리어의 반대방향 흐름으로 상쇄된다.

5.3 공핍영역의 정전기학은 푸아송 방정식을 풀어서 결정된다. 균일하게 도핑된 계단형 접합에서는 금속학적인 접합에서 가장 큰 선형적으로 변화하는 전계를 얻는다. 더 낮게 도핑된 영역에서는 넓은 공핍영역이 존재하며 접합의 두 영역에는 같은 양의 반대 극성의 공핍전하가 있다.

5.4 이상적인 쇼클리 다이오드에서는 공핍영역 내에서의 생성-재결합은 무시된다. 순방향 바이어스에서는 내부 전위장벽은 낮아지며 다수캐리어의 확산이 지수함수적으로 쉬워진다.

5.5 적은 소수캐리어가 얼마나 자주 공핍영역 끝부분으로 확산되는가에 따라 제한되기 때문에 서로 반대방향의 소수캐리어 속들은 영향을 받지 않는다. 접합에서 멀리 떨어진 곳에서는, 소수캐리어의 확산전류가 존재하는 반대쪽으로 접합을 가로질러 주입되는 다수캐리어의 표동에 의해 전류가 흐른다.

5.6 이상적인 다이오드의 역방향 바이어스에서 전압에 무관한 역방향 전류는 공핍영역으로 확산되어 빨리 지나가며 온도에 의해 생성되는 소수캐리어들에 기인한다. n에서 p로의 전류는 작으며 다이오드 정류기의 기본이 된다.

5.7 다이오드는 높은 역방향 바이어스일 때, 매우 고농도로 도핑되어 폭이 좁은 공핍영역을 지나는 양자역학적 터널링(제너기구)에 의하거나, 저농도로 도핑되어 더 넓은 공핍영역에서 캐리어의 충돌이온화 또는 애벌랜치 증식에 의하여 (가역적인) 항복이 일어난다.

5.8 바이어스를 변화시킴으로써 다이오드 스위칭을 할 수 있다. 다이오드의 과도현상은 연속방정식을 풂으로써 얻을 수 있는데, 예를 들어 라플라스 변환을 적합한 초기조건과 경계조건에 대하여 푸는 것이다.

5.9 반도체 소자에서의 소신호 정전용량은 바이어스에 대한 축적전하의 변화에 기인한다. 다이오드 정전용량에는 두 가지 성분이 있다: 공핍영역에서 노출된 도펀트 전하에 의한 공핍 정전용량(역방향 바이어스에서 지배적이다); 축적된 과잉 이동 캐리어에 의한 확산 정전용량(순방향 바이어스에서 지배적이다).

5.10 실제 다이오드는 공핍영역에서의 생성-재결합이 무시될 수 있는 쇼클리의 이상적인 다이오드

에서 이탈된다. 공핍영역에서의 생성-재결합은 순방향 바이어스에서 다이오드의 이상계수 **n** 을 1에서 2로 증가시키고 역방향 누설전류가 대략 전압의 제곱근으로 변하게 한다.

5.11 높은 순방향 전압에서의 고준위 캐리어 주입에서는 주입된 소수캐리어농도가 바탕의 다수캐리어농도와 비슷하며 **n**은 2가 된다. 직렬저항효과도 높은 전류에서 문제가 된다.

5.12 경사형 접합에서는 양쪽의 도핑농도가 같지 않으며 정성적으로 계단형 접합과 비슷하나 분석하기는 더 어렵다. 또한 계단형 접합과는 다른 C-V 특성을 갖는다.

5.13 금속-반도체 접합은 쇼트키 다이오드(반도체에서 다수캐리어의 공핍이 있도록 페르미준위가 정렬되면) 또는 옴 접촉(반도체에서 공핍영역이 없으면)처럼 작동한다.

5.14 서로 다른 반도체 사이의 접합을 이종접합이라 한다. 진공기준 준위에 관련되어 대역 오프셋을 결정하기 위해서는 전도대역 끝부분(전자친화력)과 대역간극을 조사하고 캐리어 이동방향을 정하기 위해서 페르미준위(일함수)를 조사한다. 전자는 높은 페르미준위 영역에서 낮은 곳으로 흐르며 정공은 반대방향으로 흐른다.

연습문제 PROBLEMS

5.1 900 nm 산화막이 1100°C에서 습식 산화로 (100) Si상에서 성장된다. 처음 200 nm가 성장하기 위해 시간이 얼마나 걸리는가? 다음에 성장되는 300 nm와 마지막에 성장되는 400 nm에 대해서도 구하라.

구형 개구부(1 mm × 1 mm)는 이 산화막에 식각되어 만들어지고 이 웨이퍼가 1150°C에서 습식 산화로 재산화되는데 그로 인해 개구부 밖의 산화막 두께는 2000 nm로 증가된다. 모든 두께와 치수를 구별하여 산화막의 단면과 원래의 Si를 기준한 산화막-실리콘의 계면을 그려라. Si 및 개구부 선단에 있는 산화막에서의 계단높이(step height)를 계산하라.

5.2 표면농도 N_0가 일정하게 유지되도록 무한정한 소스로부터 시료 속으로 불순물이 확산될 때 불순물 분포는

$$N(x, t) = N_0 \operatorname{erfc}\left(\frac{x}{2\sqrt{Dt}}\right)$$

로써 주어진다. 여기서 D는 불순물의 확산계수, t는 확산시간, erfc는 상보오차함수이다.

어떠한 수의 불순물을 표면의 박층 위에 확산에 앞서서 부착해 놓고, 또 더 이상은 확산 중 어떤 불순물도 부가하지 않으며 아무것도 이탈하지 않게 한다면 (불순물의 분포는) 가우스 분포가 얻어진다. 즉,

$$N(x, t) = \frac{N_s}{\sqrt{\pi Dt}} e^{-(x/2\sqrt{Dt})^2}$$

여기서 N_s는 $t = 0$ 이전의 표면에서의 불순물의 양(원자/cm^2)이다. 이 식은 식 (4-44)와 계

수 2만큼 차이가 난다. 그 이유는 무엇인가?

그림 P5-2는 여기서는 $x/2\sqrt{Dt}$가 되는 변수 u에 대한 상보오차함수와 가우스 계수들의 곡선을 나타낸 것이다. 붕소(B)가 n형 Si(균일하게 $N_d = 5 \times 10^{16}\ \text{cm}^{-3}$) 속으로 1000°C에서 30분 확산되었다고 가정한다. Si에서의 B의 확산계수는 이 온도에서 $D = 3 \times 10^{-14}$ cm^2/s이다.

(a) 표면농도는 $N_0 = 5 \times 10^{20}\ \text{cm}^{-3}$으로 일정하게 유지된다고 가정할 때 확산 후의 $N_a(x)$를 그려라. 표면 아래의 접합의 위치를 정하라.

(b) B가 확산 전에 표면에 박층으로 증착되어 있고($N_s = 5 \times 10^{13}\ \text{cm}^{-2}$) 확산 중에는 더 이상의 B 원자의 첨가도 없다고 가정하였을 때 확산 개시 후의 $N_a(x)$를 그려라. 이 경우의 접합 위치를 정하라.

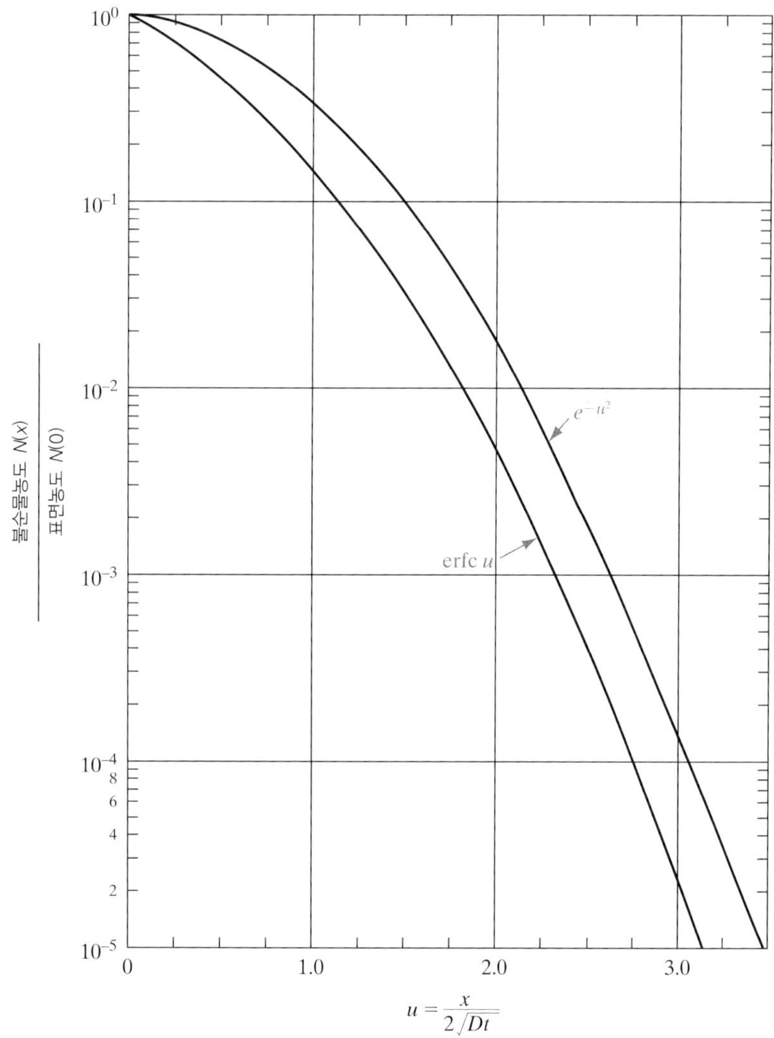

그림 P5-2

힌트: 5주기의 반대수 방안지에 횡축좌표를 0에서 $\frac{1}{2}$ μm까지 변화시키면서 이 곡선을 그려라. $N_a(x)$를 그릴 때는 $2\sqrt{Dt}$의 단순한 배수로 되어 있는 x의 값을 취하라.

5.3 1000°C에서 p형 Si로 인(P)이 끊임없이 같은 양으로 확산될 때($N_a = 2 \times 10^{16}$ cm^{-3}), 접합 깊이가 1 μm가 되는 시간을 계산하라. 연습문제 5.2의 식과 부록 VII을 참조하라.

5.4 2 μm의 산화막이 덮여 있는 Si 위에 B 이온이 이온 주입되어 B 농도의 피크가 표면으로부터 0.4 μm 떨어진 곳에서 5×10^{18}cm^{3}이다. 이를 위한 이온 주입의 에너지와 분포 편차는 얼마인가? 또한, 빔의 주사가 100 cm^2 면적에 30초 동안 이루어질 때, 이온 주입의 농도와 빔 전류는 얼마인가?

5.5 Si에 200 KeV에서 인(P)이 2.1×10^{14} cm^{-2}의 투여량으로 이온주입되었다. P의 분포를 계산하고 그림 5-4와 같이 반대수 도표로 그려라.

5.6 그림 P5-6에 있는 구조를 패턴하는 데 관심이 있다. 렌즈의 개구수와 소스의 파장을 고려하여 마스크 정렬기의 광학(mask aligner optics)을 설계하라.

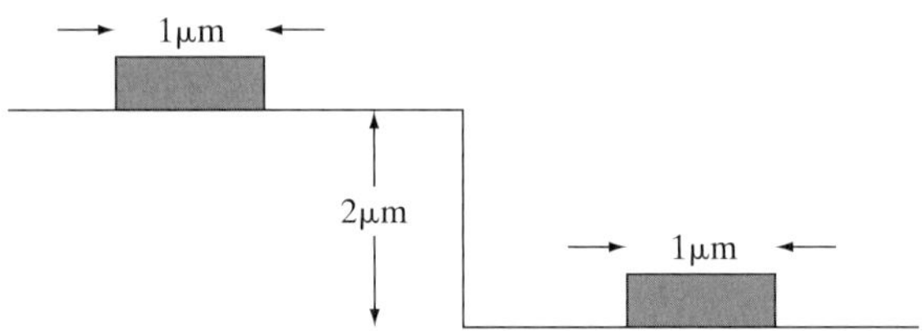

그림 P5-6

5.7 p$^+$-n Si 접합에서 n형 쪽에서는 10^{16} cm^{-3}의 도너 농도를 갖고 있다. 만약 진성캐리어 농도가 10^{10} cm^{-3}이고, 상대유전상수 $\epsilon_r = 12$일 때, 100 V의 역방향 바이어스에서의 공핍 영역의 폭을 구하라. n형 쪽의 공핍 영역의 중간에서의 전계는 얼마인가? (힌트: p$^+$는 아주 많이 도핑된 것임을 기억하라)

5.8 0.8 eV의 대역 간극과 10^{12} cm^{-3}의 진성캐리어 농도를 갖는 반도체가 왼쪽 반은 도너 10^{18} cm^{-3}, 오른쪽 반은 억셉터 10^{17} cm^{-3}로 도핑되어 있다. 평형상태에서의 대역도를 그려라. 접합 전위와 페르미 준위의 위치를 계산하고 대역도 상에 나타내어라. p영역의 전도대역의 끝에서의 전자가 산란없이 n영역으로 넘어 갈 때 파동 벡터를 계산하라. 캐리어의 유효 질량은 $0.2m_0$이며 포물선 대역 구조를 가정하라.

5.9 급격한(abrupt) Si 접합에서(면적은 0.0001 cm^2) 다음의 변수를 갖는다.

$$\text{n 영역} : N_d = 5 \times 10^{17}\ \text{cm}^{-3}$$
$$\text{p 영역} : N_a = 10^{17}\ \text{cm}^{-3}$$

대역도를 그리고 표기하라. 그리고 두 영역에서의 페르미 준위와 진성 페르미 준위의 차이를 계산하라. 평형상태에서 접합의 built-in 전위와 공핍 영역의 폭을 계산하라. 공핍 영역에서의 노출된 전체 억셉터는 얼마인가?

5.10 p-n 접합 다이오드가 p 영역에 10^{16} cm^{-3}의 도핑 농도를 가지며 n 영역에는 아주 많이 도핑되었다. 진성캐리어의 농도는 10^9 cm^{-3}, 대역 간극은 2 eV, 그리고 $\epsilon_r = 15$이다. 역방향 바이어스 2V에 대한 대역도를 그리고 접합으로부터 멀리 떨어진 곳에서의 의사 페르미 준위에 대한 대역 값을 계산하라. n 형의 cm^2 당 공핍된 전하를 계산하라. p 영역에서의 전도대역 끝에서의 전자가 산란 없이 n 영역으로 넘어갈 때 이동 속도를 구하라. 전자와 정공의 유효질량은 $0.4m_0$이다.

5.11 p-n 접합에서 n 영역이 p 영역보다 5배 많이 도핑되었다. 100°C에서 진성캐리어 농도는 10^{11} cm^{-3}이고, 대역 간극은 2 eV이다. 내부 접합 전위가 0.65 V일 때, p 영역의 도핑 값은 얼마인가? 만약 이 반도체의 상대유전상수가 10이라면, 0.5 cm^{2}의 다이오드 단면적에 대해 2 V의 역방향 바이어스가 인가되었을 때, 공핍 정전용량은 얼마인가? 정량적으로 대역도를 그리고 공핍 영역의 폭과 이 전압에 대한 전압 강하를 표기하라.

5.12 세 개의 p-n 접합다이오드 A, B, C에 대하여 억셉터와 도너가 각각 10^{15}/cm^3, 10^{18}/cm^{3}로 같을 때, 300 K에서 이 세 소자의 접촉 준위를 구하라. 세 소자의 진성 캐리어 농도가 각각 1.5×10^{10}/cm^3, 2×10^{10}/cm^3, 2×10^6/cm^{3}일 때, 접촉 준위를 비교하라.

5.13 p$^+$-n 접합에서 중성 n 재료 내의 정공 확산전류가 식 (5-32)로 주어진다. 중성 n 영역에 있는 점 x_n에서의 전류에 관한 전자 확산성분과 전자 표동성분은 어떻게 되는가?

5.14 계단형 Si p-n 접합이 p형 쪽에서는 $N_a = 10^{17}$ cm^{-3}, n형 쪽에서는 $N_d = 10^{16}$ cm^{-3}을 갖고 있다. 300 K에서 (a) 페르미준위를 계산하고, 평형상태에서의 대역도로부터 V_0를 구하라. (b) 식 (5-8)로부터 계산된 V_0를 (a) 부분에서의 결과와 비교하라.

5.15 n형 Si 시료($N_d = 10^{16}$ cm^{-3})에 붕소가 이온주입되어 사각 단면적 2×10^{-3} cm^{2}인 계단형 접합을 형성한다. p 영역에서의 억셉터농도가 $N_a = 4 \times 10^{18}$ cm^{-3}이라고 가정한다. 평형상태(300 K)에서 이 접합에 대한 V_0, x_{n0}, x_{p0}, Q_+, E_0를 계산하라. $\mathscr{E}$와 전하밀도를 그림 5-12와 같이 적당한 비율로 축척하여 그려라.

5.16 p-n 접합 다이오드에서 억셉터, 도너, 진성캐리어 농도가 각각 10^{17}/cm^3, 10^{18}/cm^3, 10^{10}/cm^{3}이다. 다이오드 물질의 비유전율이 12이고, 확산 계수가 $D_n = 49$ cm^2/sec, $D_p = 18$ cm^2/sec이다. 전자와 정공의 캐리어 수명이 25 ns로 같다. 0.2 V의 순방향 전압에 대하여 확산 길이의 2배가 되는 지점에서 전자의 확산 전류 밀도는 계산하라.

5.17 Si n$^+$p 접합에서 p 영역이 2×10^{17}/cm^{3}의 억셉터로 도핑되어 있고 단면적은 10^{-2} cm^{2}이다. 다수 캐리어 수명이 10 ns이고 확산계수가 400 cm^2/sec일 때, 300 K 온도에서 0.3 V 역전압이 걸렸을 때의 전류 밀도를 구하라.

5.18 p-n 접합에서 공핍 영역의 공간 전하가 $p(x) = qh(2x + 3)$로 주어질 때, 전계의 식을 구하라. 이 때, x는 소자 내의 물리적인 접합으로부터의 거리이며 h는 상수이다.

5.19 (a) 면적이 10^{-2} cm^{2}인 Si p$^+$-n 접합의 n형 쪽이 $N_d = 10^{15}$ cm^{-3}으로 도핑되어 있다. 역방향 바이어스가 10 V인 경우 이 접합의 접합 정전용량을 계산하라.

(b) 계단형 p^+-n 접합이 $N_d = 10^{15}\ cm^{-3}$으로 도핑된 Si에 형성된다. 공핍영역의 두께 W는 이 접합이 단지 애벌랜치 항복에서 우세하게 하려면 얼마로 해야 하는가?

5.20 p^+n 접합 다이오드에서 어느 쪽으로 더 깊이 소수 캐리어가 침투하는가? 억셉터 농도가 도너 농도보다 2배 일 때, 접합 지점에서 양쪽으로 소수 캐리어들이 들어가는 깊이의 비를 구하라. 또한, 접합의 양쪽에 생성되는 전계를 비교하라.

5.21 면적이 $2 \times 10^{-4}\ cm^2$인 Si p^+n 접합 다이오드가 아래와 같은 특성을 가지고 있다. 60 V의 역방향 전압이 걸릴 때, 공핍 영역의 폭, 피크 전계, 접합 정전용량은 얼마인가?

P side	n side
$N_a = 10^{19}/cm^3$	$N_d = 10^{16}/cm^3$
$\tau_p = 10$ ns	$\tau_n = 0.1$ ns
$\mu_p = 800\ cm^2/V\text{-sec}$	$\mu_n = 1250\ cm^2/V\text{-sec}$
$\mu_n = 200\ cm^2/V\text{-sec}$	$\mu_p = 1400\ cm^2/V\text{-sec}$

5.22 pn 다이오드에서 정공의 확산계수가 전자의 2배이고 n 영역의 소수 캐리어 농도가 p 영역의 2배이며 또한 정공의 확산 계수가 전자의 2배일 때, $x_n = 0$에서 이 다이오드의 주입 효율(injection efficiency)을 계산하라.

5.23 면적이 $10^{-4}\ cm^2$인 Si p-n 접합 다이오드에서 $N_a = 10^{17}/cm^3$이고 $N_d = 10^{18}/cm^3$이다. 다이오드에 1 V의 순방향 전압이 걸려 있고 전자와 정공의 이동도는 각각 $\mu_n = 1350\ cm^2/V\text{-sec}$, $\mu_p = 400\ cm^2/V\text{-sec}$이고, $\tau_p = \tau_n = 10$ ns이다.

(a) 과잉 캐리어의 농도를 구하라.

(b) $x = 2\,L_n$ 지점에서의 전자 농도와 $x = 2\,L_p$ 지점에서의 정공 농도를 구하라.

5.24 단면적이 $A = 0.001\ cm^2$인 Si p-n 접합이 $N_a = 10^{15}\ cm^{-3}$, $N_d = 10^{20}\ cm^{-3}$으로 형성되었다. 다음을 계산하라.

(a) 접촉전위 V_0

(b) (바이어스가 0인 경우에 대해) 평형상태에서의 공간전하폭

(c) 순방향 바이어스가 0.7 V인 경우의 순방향 전류. 이 전류는 확산이 지배적이라고 가정하고, $\mu_n = 1500\ cm^2/V\text{-s}$, $\mu_p = 450\ cm^2/V\text{-s}$, $\tau_n = \tau_p = 2.5$ ms라고 가정하라. 전자와 정공 중 어떤 전류가 대부분의 전류를 이동시키는가? 그 이유는 무엇인가? 전자전류를 두 배로 하고 싶다면 어떻게 해야 하는가?

5.25 p^+n 다이오드에서 n 영역과 p 영역의 두께가 20 μm이고 5 μm일 때, 역방향 항복이 일어나는 전압은 얼마인가? [$\epsilon = 11.8$, $N_d = 10^{15}/cm^3$]

5.26 p-n 접합 다이오드에서 역방향 전압 V_r이 걸려있을 때, 이 역방향 전압이 3배로 커지면 다음 파라미터에 대한 영향은 얼마인가?

(a) 공핍영역의 폭

(b) 접촉 전위차

(c) 접합 정전용량

(d) 역방향 항복의 확률

5.27 왼쪽에 $2 \times 10^{16}/\text{cm}^{-3}$로 p 타입으로 도핑되고 오른 쪽에 $10^{18}/\text{cm}^{-3}$로 p 타입으로 도핑된 Si 막대에 대하여 평형 상태에서의 밴드 다이어그램을 그려라. 또한, 600 K에서 진성 캐리어 농도가 $10^{16}/\text{cm}^{-3}$일 때 접합으로부터 먼 곳의 값들을 정확하게 기입하라. (참고: 이 소자는 양 쪽 모두 p 타입으로 도핑되어 있어 p-n 접합이 아닌 high-low 접합으로 알려져 있다. 왼쪽 영역의 도핑이 진성캐리어 농도 n_i에 가까운 것을 주의하라. 또한 접합(doping transition) 근처는 정확한 값을 기입하지 않아도 좋다.)

5.28 계단형 Si p-n 접합에서 면적은 10^{-4} cm^{2}이며, p 영역의 $N_a = 10^{17}$ cm^{-3}, n 영역의 $N_d = 10^{17}$ cm^{-3}이다. 이 다이오드에 0.7 V의 순방향 바이어스가 걸렸다. 그림 3-23에서의 이동도를 사용하고 $\tau_n = \tau_p = 1$ μs임을 가정하여 그림 5-17과 같은 대역도에 거리에 대한 I_p와 I_n을 그려라. 접합의 두 영역을 포함하고 W 내에서의 재결합은 무시하라.

5.29 p^+n 다이오드가 5 V의 역방향 전압이 걸렸을 때 생성된 정전용량은 20 pF이다. p 영역의 도핑이 두 배가 되고 전압이 20 V로 바뀔 때 정전용량이 얼마나 변화하는가? 역방향 전압이 100 V가 되면 어떠한 변화가 일어나는가?

5.30 Ge p^+n 접합 다이오드가 $2 \times 10^{15}/\text{cm}^3$의 도너로 도핑되어 있고 비유전율은 16이다. 에벌런치 항복전압이 300 V가 되는 n 영역의 최소 두께는 얼마인가?

5.31 Ge p^+n 접합의 두 역방향 전압이 1 V와 3 V일 때, 각각의 커패시턴스를 계산하라. [$N_d = 10^{16}/\text{cm}^3$, $N_a = 10^{18}/\text{cm}^3$, area $= 10^{-4}$ cm^2, ni, Ge $= 2 \times 10^{10}/\text{cm}^3$]

5.32 5.2.3절에서 캐리어는 W 내에는 없고 반도체는 W 밖에서 중성이라 가정하였다. 이것을 공핍근사(*depletion approximation*)라 한다. 그러나 이와 같은 급격한 전이는 있을 수 없음이 분명하다. 사실, 공간전하는 수 디바이 길이(*Debye length*)에 걸쳐서 변화한다. 이때 디바이 길이는 다음과 같이 주어진다.

$$L_D = \left[\frac{\epsilon_s kT}{q^2 N_d}\right]^{1/2} \quad (\text{n 형 쪽})$$

p형 쪽이 $N_a = 10^{18}$ cm^{-3}, n형 쪽이 $N_d = 10^{14}, 10^{16}, 10^{18}$ cm^{-3}일 때 디바이 길이를 구하고 각각의 경우 W의 크기를 비교하라.

5.33 면적이 10^4 cm^{2}인 Si p-n 접합 다이오드의 $N_a = 10^{17}/\text{cm}^3$, $N_d = 10^{17}/\text{cm}^3$이다.

(a) $\mu n = 1500$ cm^2/v-sec, $\mu p = 450$ cm^2/v-sec, $\tau_p = \tau_n = 2$ ns일 때, 역포화전류를 구하라.

(b) 이상계수가 1.5이고 순방향 전압 0.2 V가 가해졌을 때 전류를 구하라.

5.34 n 영역의 폭이 정공의 확산 거리 L_p와 같은 p^+n 다이오드에 정공이 주입되고 있다. n 영역의 과잉 정공은 $x_n = 0$일 때, Δp_n이며 $x_n = L_p$일 때 0으로 선형적으로 변화한다. 과잉 정공의 농도를 구하기 위한 확산 방정식을 풀어라.

5.35 n 영역의 공핍층 가장자리에서 높은 재결합이 일어나는 협폭 베이스 다이오드(narrow base diode)에 대하여 p 영역의 전자 캐리어 농도와 전자 전류 밀도를 구하라.

5.36 n^+p 접합에 5 V의 역방향 전압이 가해지고 있다. $N_a = 5 \times 10^{17}/\text{cm}^{-3}$, $D_n = 10\ \text{cm}^2/\text{sec}$, $L_n = 45\ \mu\text{m}$ 일때 확산에 의한 역방향 전류 밀도를 구하라.

5.37 그림 5-23c의 다이오드는 다이오드가 부하저항과 직렬로 놓인 간단한 반파정류회로에 사용되었다. 다이오드의 오프셋 전압 E_0가 0.4 V이고 $R = dv/di = 400\ \Omega$이라고 가정하라. 1 kΩ의 부하저항과 $2 \sin \omega t$의 정현파 입력에 대하여 (부하저항에 걸리는) 출력전압을 2주기에 걸쳐 그려라.

5.38 이상계수 **n**은 전이영역과 중성영역 내 재결합의 상대적 중요성을 표현할 때 사용한다. 다음의 조건에 대하여 식 (5-74)를 이용하여 다이오드의 *I-V* 특성을 계산하고 그려라; 이상계수 = 1.0, 1.2, 1.4, 1.6, 1.8, 2.0, $A = 100\ \mu\text{m}^2$, $N_a = 10^{19}\ \text{cm}^{-3}$, $N_d = 10^{19}\ \text{cm}^{-3}$; $\tau_n = \tau_p = 1\ \mu\text{s}$

5.39 정공이 p^+-n 접합으로부터 길이 l의 짧은 n 영역으로 주입되었다고 가정하자. 만약 $\delta p(x_n)$이 $x_n = 0$에서 Δp_n으로부터 옴 접촉($x_n = l$)에서 0으로 선형적으로 변화할 경우, 과잉정공 분포 Q_p에서의 정상상태 전하와 전류 I를 구하라.

5.40 p^+-n 다이오드가 정공의 확산거리보다 작은 n형 영역폭 $l(l < L_p)$을 갖게 만들어졌다고 가정한다. 이것은 협폭베이스 다이오드라 한다. 이 경우 순방향 바이어스일 때는 정공이 짧은 n형 영역으로 주입되므로, 식 (4-35)에서 $\delta p(x_n = \infty) = 0$인 가정을 사용할 수 없다. 그 대신 경계조건으로 $x_n = l$에서 $\delta p = 0$이라는 사실을 사용해야 한다.

(a) 확산방정식을 풀어서

$$\delta p(x_n) = \frac{\Delta p_n[e^{(l-x_n)/L_p} - e^{(x_n-l)/L_p}]}{e^{l/L_p} - e^{-l/L_p}}$$

을 구하라.

(b) 다이오드 전류는

$$I = \left(\frac{qAD_p p_n}{L_p} \text{ctnh} \frac{l}{L_p}\right)(e^{qV/kT} - 1)$$

임을 증명하라.

5.41 협폭베이스 다이오드에 대한 결과(연습문제 5.40)가 주어졌다고 할 때, (a) n형 영역에서의 재결합에 의한 전류를 계산하고, (b) 옴 접촉부에서의 재결합에 의한 전류는

$$\text{I (옴 접촉)} = \left(\frac{qAD_p p_n}{L_p} \text{csch} \frac{l}{L_p}\right)(e^{qV/kT} - 1)$$

임을 증명하라.

5.42 p^+-n형 접합이 도핑이 $N_d(x) = Gx^m$으로 기술되는 경사형(분포) n형 영역을 갖게 만들어졌다고 가정한다. 그의 공핍영역($W \cong x_{n0}$)은 본질적으로 $x = 0$인 접합에서부터 n 영역 내의 점 W까지 퍼져 있다. 음의 값 **m**에 대하여 $x = 0$에서의 특이점은 무시할 수 있다.

(a) 이 공핍영역 사이에서 가우스 법칙을 적분하여 전계의 최대값 $\mathscr{E}_0 = -qGW^{(\mathbf{m}+1)}/\epsilon(\mathbf{m} + 1)$을 구하라.

(b) $\mathscr{E}(x)$에 대한 식을 구하고 그 결과를 사용해서 $V_0 - V = qGW^{(\mathbf{m}+2)}/\epsilon(\mathbf{m} + 2)$를 구하라.

(c) 공핍영역의 이온화된 도너에 의한 전하 Q를 구하고, Q를 $(V_0 - V)$의 항으로 양적으로 (explicitly) 표시하라.

(d) (c)의 결과를 이용하여 도함수 $dQ/d(V_0 - V)$를 취하여 정전용량이

$$C_j = A\left[\frac{qG\epsilon^{(m+1)}}{(m+2)(V_0 - V)}\right]^{1/(\mathbf{m}+2)}$$

임을 증명하라.

5.43 억셉터 도핑준위가 10^{18} cm^{-3}인 Si(전자친화력은 4 eV)에 일함수 4.6 eV인 금속을 증착했다. 평형상태에서 대역도를 그리고 페르미준위와 대역 모서리와 진공준위를 표시하라. 이는 쇼트키 접촉인가, 옴 접촉인가? 이유는 무엇인가? 접촉의 종류를 바꾸려면 금속의 일함수는 얼마나 변해야 하는가? 대역도에 준하여 설명하라.

5.44 접합 사이에 경사형 InGaAs 영역을 넣어서 InAs를 사용하여 n형 GaAs에 옴 접촉을 만들도록 설계하라(그림 5-44 참조).

5.45 쇼트키 장벽이 일함수 4.3 eV를 갖는 금속과 p형 Si(전자친화력 = 4 eV) 사이에 형성되었다. Si 내의 억셉터농도는 10^{17} cm^{-3}이다.

(a) qV_0를 단위로 한 수치를 나타내는 평형대역도를 그려라.

(b) 0.3 V 순방향 전압 인가 시의 대역도를 그려라. 2 V 역방향 전압의 경우에 대하여 반복하라.

5.46 한쪽 표면에는 n형 반도체, 다른 쪽에는 옴 접촉으로 되어 있는 쇼트키 다이오드를 만드려 한다. 전자 친화도는 5 eV, 대역 간극은 1.5 eV, 페르미 준위는 0.25 eV이라면 두 금속의 일함수는 얼마가 되어야 하는가? (답을 특정 값에 대하여 그 이하 또는 그 이상으로 기술하라) 대역도를 그려라.

5.47 반도체 이종접합이 다음 값을 가진 물질 A와 B 사이에 만들어졌다:

	E_G(eV)	χ(eV)	도핑 (cm^{-3})	길이 (μm)	$L_{n,p}$ (μm)	n_i (cm^{-3})	$\tau_{n,p}$ (μs)
A:	2	4	$N_A = 10^{20}$	0.5	10	10^8	10
B:	1	5	$N_D = 10^{16}$	0.1	100	10^{10}	1

진공 준위에 대해서 대역 끝 에너지와 페르미 에너지를 포함하여 평형 상태에서의 대역도를 그려라. 순방향 전압이 인가되어 소수캐리어 농도가 10^6만큼 증가 했을 때, 전류 밀도를 계산하라.

(힌트: 적절한 근사치를 사용하라.여기에는 관련 없는 정보가 많으나 답은 매우 단순하다. p^+-n 접합으로 반도체의 길이가 확산 거리에 비해 충분히 작음을 기억하라. 소자 양쪽 끝의 소수캐리어 농도는 옴 접촉에서 0이다.)

5.48 하나의 p-n 접합 다이오드가 p 영역에서 10^{17} 도핑 농도를 가지고 있고 n 영역에서는 그의 2

배이다. 진성캐리어 농도는 10^{11} cm^{-3}, 대역 간극은 2 eV 그리고 ϵ_r = 15이다. 평형 상태에서의 대역도를 그리고 양 영역에 대하여 페르미 준위와 공핍 영역의 길이를 대역 끝 값에 대하여 표시하라.

위 과정을 n 영역의 대역 간극이 1 eV, 전자 친화도가 4 eV로 줄어든 이종접합에 대하여 반복하라. 다른 값들은 같으며 대역 오프셋은 이종접합에 대하여 전도 대역과 가전자대역에서 같다.

참고문헌 READING LIST

다이오드 동작을 이해하기 위한 유용한 애플릿이 http;//jas.eng.buffalo.edu/에서 이용 가능하다.

Campbell, S. A. *The Science and Engineering of Microelectronic Fabrication*, 2d ed. NY: Oxford, 2001.

Chang, L. L., and L. Esaki. "Semiconductor Quantum Heterostructures." *Physics Today* 45 (October 1992): 36–43.

Muller, R. S., and T. I. Kamins. *Device Electronics for Integrated Circuits.* New York: Wiley, 1986.

Neamen, D. A. *Semiconductor Physics and Devices: Basic Principles.* Homewood, IL: Irwin, 1992.

Pierret, R. F. *Semiconductor Device Fundamentals.* Reading, MA: AddisonWesley, 1996.

Plummer, J. D., M. D. Deal, and P. B. Griffin. *Silicon VLSI Technology.* Upper Saddle River, NJ; Prentice Hall, 2000.

Shockley, W. "The Theory of p-n Junctions in Semiconductors and p-n Junction Transistors." *Bell Syst. Tech. J.* 28 (1949), 435.

Wolf, S., and R. N. Tauber. *Silicon Processing for the VLSI Era.*, 2d ed. Sunset Beach, CA: Lattice Press, 2000.

Wolfe, C. M., G. E. Stillman, and N. Holonyak, Jr. *Physical Properties of Semiconductors.* Englewood Cliffs, NJ: Prentice Hall, 1989.

자가진단 퀴즈 SELF QUIZ

문제 1

순방향 바이어스가 걸린 이상적인(계단형 접합, 공핍영역에서 재결합이나 생성이 없음) 긴 p-n 접합 다이오드를 생각해 보자. 아래의 그래프에 전체 전류 I_{total}, 전체 전자전류 $I_{n,total}$과 전체 정공전류 $I_{p,total}$를 소자 전체에 대하여 위치의 함수로 그리고 라벨(label)을 표시하라. 각 값은 공핍영역의 n 영역 끝에 기준으로 주어져 있다(힌트: 과잉 캐리어농도는 접촉부에서 반드시 0으로 고정되어 있다).

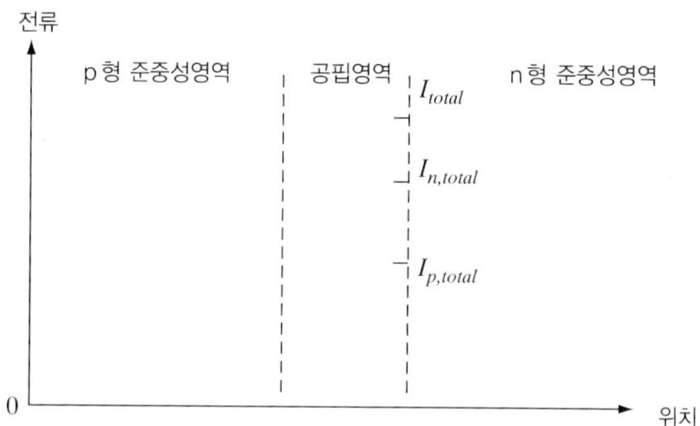

문제 2

(a) (1) n형 쪽에 옴 접촉을 가진 긴 p-n 접합 다이오드, $x_{contact,1} >> L_p$ 와 (2) n형 쪽에 공핍영역의 확산거리보다 훨씬 짧은 곳에 옴 접촉을 가진 짧은 p-n 접합 다이오드, $x_{contact,2} < L_p$를 생각해 보자. 두 다이오드의 n형 쪽 공핍영역 끝부분 아래에 표시된 과잉정공(전자와 같은) 농도 Δp가 주어졌을 때 두 경우에 대하여 영역 내에 과잉정공농도를 다음의 그래프에 위치 $\delta p(x_n)$의 함수로 그리고 (1)과 (2)의 라벨을 표시하라.

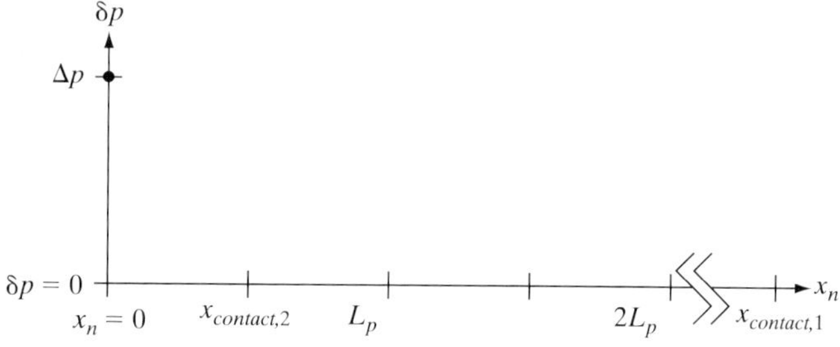

(b) (a)에서의 답과 일관되게 같은 두 다이오드에 대하여 다음 그래프의 영역 내에 정공(확산)전류를 그리고 다시 (1)과 (2)로 라벨을 표시하라. 긴 다이오드의 공핍영역 끝부분에서의 정공전류의 값 $I_{p,1}(x_n = 0)$이 기준으로 주어져 있다.

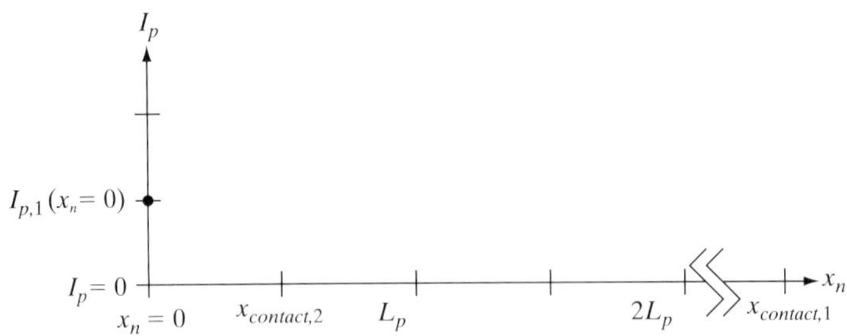

문제 3

두 개의 길이만 길거나 작고 (공핍영역의 확산거리 내에 접촉이 있는) 다른 조건은 같은 두 개의 Si p–n 접합 다이오드를 생각해 보자. 같은 순방향 전압에 대하여 어느 다이오드에 더 큰 전류가 흐르는가?

문제 4

한 p–n 접합의 공핍 정전용량은 평형상태에서 $C_{d,o}$이고 접촉전위가 0.5 V일 때, 이 공핍 정전용량을 $0.5C_{d,o}$로 줄이려면 얼마의 역방향 바이어스 전압이 가해져야 하는가?

문제 5

(a) 다이오드에서 공핍 및 확산 정전용량의 차이점은 무엇인가? 어느 것이 순방향 바이어스에서 많이 큰가? 그 이유는 무엇인가? 역방향 바이어스에서는 어떠한가?

(b) 다이오드와 같은 반도체 소자에서 소신호 정전용량과 전도도를 정의하는 것은 왜 의미가 있는가? 어떻게 정의되는가?

문제 6

격자상수 4 Å과 대역간극 1 eV인 두꺼운 기판 위에 격자상수 6 Å이고 대역간극 2 eV인 에피텍셜층으로 구성된 부정규형(pseudomorphic) 이종구조를 성장시킨다. 기판과 에피텍셜층 모두 입방결정구조를 가지며 변형이 없는 상태이다. 대역 모서리의 불연속의 60%가 전도대역에 있다고 가정하고, 이 이종구조의 간소화된 대역도를 그려라. 또한 2차원적 결정구조를 대역도와 연관지어 정성적으로 그려라.

문제 7

(a) 금속에 낮게 도핑된 반도체를 붙였을 때, 평형상태에서의 대역도를 아래 빈자리에 그리고 다음 사항들을 함께 표시하라: (1) 페르미준위를 표시; (2) $q\Phi_m$, $q\Phi_s$, $q\chi$, E_g를 이용하여 금속-반도체 계면에서의 페르미준위 혹은 E_g로부터의, 전도대역 준위의 오프셋(offset)과 가전자대역 준위의 오프셋을 표시; (3) $q\Phi_m$, $q\Phi_s$, $q\chi$, E_g를 이용하여 반도체에서의 혹은 E_g의 대역휨을 표시; (4) 정성적으로 전하공핍층 또는 축적층을 표시. 여기서 계면에서의 포획은 없다고 가정하라.

(b) 이것은 쇼트키 접촉인가, 옴 접촉인가?

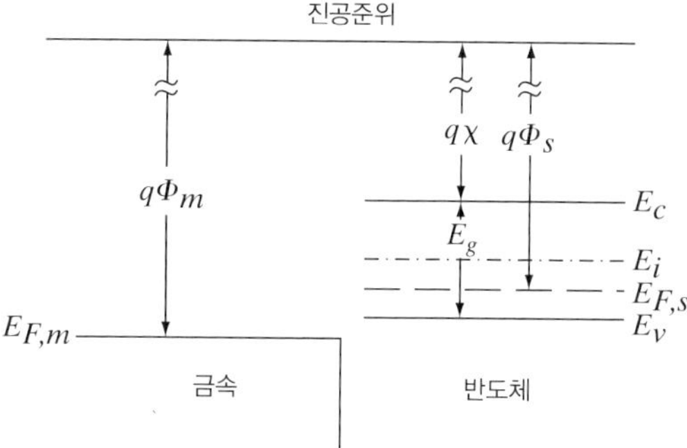
진공준위
$q\Phi_m$
$q\chi$
$q\Phi_s$
E_c
E_g
E_i
$E_{F,s}$
E_v
$E_{F,m}$
금속
반도체

Chapter 06

전계효과 트랜지스터

학·습·목·표

1. JFET, MESFET과 HEMT의 I-V 특성을 도출한다.
2. MOS C-V 특성과 문턱전압을 결정한다; 게이트 유전체의 누설 특성을 연구한다.
3. MOSFET 에너지대역도와 선형 특성 및 포화 특성을 이해한다.
4. "유효"채널 이동도, 몸통효과(기판 바이어스 효과), 문턱전압 이하 기울기 특성을 이해한다.
5. 2차적 효과를 분석한다(DIBL, GIDL, 전하공유, V_T 강하).

오늘날의 반도체 전자공학 시대는 1948년 벨(Bell) 전화연구소의 바딘(Bardeen), 브래튼(Brattain), 쇼클리(Shockley)에 의한 쌍극성 트랜지스터의 발명으로 도래되었다. 이 소자는 이들과 맞서는 전계효과를 이용한 소자와 더불어 사실상 현대생활의 모든 분야에 막대한 영향을 주고 있다. 이 장에서는 전계효과 트랜지스터(field-effect transistor; FET)의 동작, 응용 및 제조에 관하여 배울 것이다.

전계효과 트랜지스터는 여러 가지 형태가 있는데, JFET이라 불리우는 접합(*junction*) FET에서 제어(게이트)전압은 역방향 바이어스된 p-n 접합의 공핍폭을 변화시킨다. 유사한 소자에서는 접합이 쇼트키(Schottky) 장벽(금속-반도체 FET, MESFET이라 불림)으로 교체된다. 혹은 금속게이트 전극은 절연체에 의해 반도체로부터 분리될 수 있다(금속-절연체-반도체 FET, MISFET이라 불림). 이런 형식의 특별한 경우에 있어 흔히 절연체로서 산화물(oxide)을 사용한다(MOSFET).

5장에서, p-n 접합의 뚜렷한 두 가지 특색은 순방향으로 바이어스되었을 때 소수캐리어의 주입과 역방향으로 바이어스되었을 때 공핍폭 *W*의 변화임을 알았다. 이들 두 p-n 접합 성질들은 중요한 두 가지 트랜지스터의 형식에 이용되고 있다. 7장에서 논의될 **쌍극성 접합 트랜지스터**(*bipolar junction transistor; BJT*)는 순방향으로 바이어스된 접합을 넘는 소수캐리어 주입에 이용되며, 이 장에서 논의될 접합 전계효과 트랜지스터는 역방향으로 바이어스된 접합의 공핍영역폭의 제어에 의존하고 있다. FET은 다수캐리어 소자이며, 따라서 흔히 **단극성** 트랜지스터(*unipolar* transistor)라 한다. 반면에 BJT는 소수캐리어의 주입과 집속에 의해 작동한다. 이 소자에서는 전자와 정공 모두가 중요한 작용을 하므로 **쌍극성** 트랜지스터(*bipolar* transistor)라 한다. 이러한 쌍극성 소자와 유사하게, FET은 두 단자를 통해 흐르는 전류가 제3단자에 의해 제어되는 3단자 소자이다. 하지만 BJT와는 다르게, 전계효과 소자에서 제3단자는 전류가 아닌 전압에 의해 제어된다.

BJT와 FET의 역사는 다소 흥미롭다. 릴리엔펠드(Lilienfeld)에 의해 1930년에 처음으로 제안된 것은 FET이었다. 그러나 그는 표면결함과 표면상태에 대해 완전히 이해하지는 못했기 때문에 그것을 동작시키지는 못했다. 그러한 전계효과 트랜지스터를 실험적으로 증명하려고 하던 중에, 바딘과 브래튼은 다소 우연히 운좋게도 최초의 쌍극성 트랜지스터인 Ge 점접촉 트랜지스터를 발명했다. 그리고 쇼클리가 BJT에 대한 개념을 확장함에 따라 비약적인 발전이 뒤따랐다. 최초의 MOSFET이 1960년에 강(Kahng)과 아탈라(Atalla)에 의해 증명된 것은 실리콘에 산화물 절연체를 성장시킴으로써 표면상태 문제를 해결한 훨씬 후의 일이었다. 비록 BJT가 반도체 집적 전자공학의 초창기에 최고 전성기를 누렸을지라도, 대부분의 응용에 있어서 Si MOSFET에 의해 점차적으로 대체되어 왔다. 주된 이유는 BJT와는 다르게 다양한 종류의 FET은 높은 **입력 임피던스**(*input impedance*)로 특정지어진다는 점이다. 그것은 제어전압이 역바이어스된 접합이나 쇼트키 장벽 또는 절연물을 가로질러 인가되기 때문이다. 이들 소자는 특히 전도상태와 비전도상태 사이의 제어스위치로 꽤 적당해서 디지털 회로에 유용하다. 또한 9장에서 보겠지만, 이들은 단일 칩 위에 많은 소자를 집적하기에 적당하다. 실제로, 보통 수백만 개의 MOS 트랜지스터가 반도체 메모리 소자나 마이크로프로세서에 집적되어 사용되고 있다.

6.1 트랜지스터 동작

이 절에서는 트랜지스터에 의한 증폭과 스위칭, 기본적인 회로의 동작에 관한 일반적인 논의로 시작한다. 트랜지스터는 두 단자를 통하는 전류가 제3단자의 전류 혹은 전압의 작은 변화에 의해 제어될 수 있다는 중요한 특색을 지닌 3단자 소자이다. 이 제어 특성으로 인해 작은 교류신호를 증폭하거나 온(*on*) 상태에서 오프(*off*) 상태로, 그리고 다시 원상태로 스위칭시킬 수 있도록 해 준다. 이들 두 동작, 증폭(*amplification*)과 스위칭(*switching*)은 많은 전자적 기능의 기본이다. 이 절에서는 쌍극성 및 전계효과 트랜지스터를 모두 이해하는 기초로서 이들 동작에 대하여 간단히 소개하기로 한다.

6.1.1 부하선

그림 6-1과 같은 비선형 *I-V* 특성을 가진 2단자 소자(그림 6-1a)를 생각해 보자. 이 특성곡선은 여러 인가전압에 대한 전류를 측정하여 실험적으로 이 곡선을 결정할 수 있다. 이와 같은 소자를 그림에 나타낸 것과 같이 간단한 전지-저항의 조합을 사용하여 I_D와 V_D의 정상상태(steady state)값들이 얻어진다. 이들 값을 구하기 위하여 이 회로를 일주하여 우선 환로방정식을 쓰면[1)]

$$E = i_D R + v_D \tag{6-1}$$

이것으로 이 회로를 기술한 식을 얻을 수 있으나 두 개의 미지량(i_D와 v_D)을 포함하고 있다. 다행히도 그림 6-1b의 곡선에서 $i_D = f(v_D)$ 형태의 또 다른 방정식을 갖게 되며, 이로써 두 개의 미지량을 갖는 두 개의 방정식이 주어지게 된다. 정상상태에서의 전류와 전압은 이 두 개의 방정식을 동시에 만족시키는 해로서 구해진다. 그러나 한 방정식은 해석적(analytical)이며, 다른 것은 도해적(graphical)이므로 우선 이들을 같은 형식으로 놓아야 한다. 선형방정식 (6-1)을 도해적인 것으로 만들기는 쉬우며, 따라서 연립해를 구하기 위하여 그것을 그림 6-1b에 그린다. 식 (6-1)로 기술되는 직선의 끝은 $i_D = 0$일 때 E에 있으며 $v_D = 0$일 때는 E/R에 있다. 이 두 개의 도해선(graph)은 바이어스 회로를 갖는 이 소자에 대한 전압 및 전류의 정상상태값 $v_D = V_D$와 $i_D = I_D$인 점에서 교차하게 된다.

이제 어떤 방식으로 이 소자의 *I-V* 특성(그림 6-2a)을 제어할 수 있는 제3단자를 추가

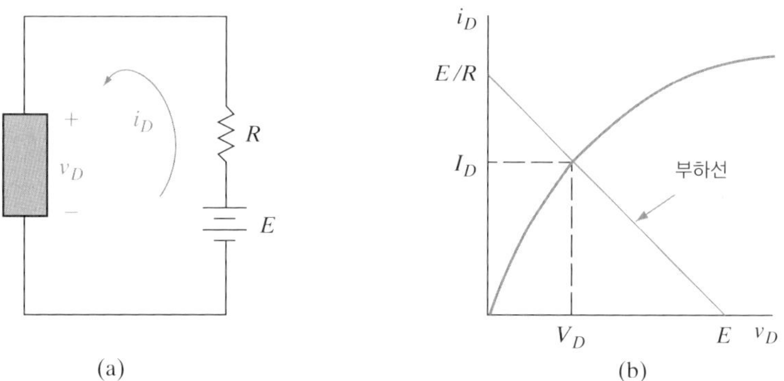

그림 6-1 2단자 비선형소자: (a) 바이어스 회로; (b) *I-V* 특성과 부하선.

1) i_D는 전체 전류를, I_D는 직류값을, 그리고 i_d는 교류성분을 기호화하는 데 사용한다. 다른 전류 및 전압에 대해서도 같은 방식을 사용한다.

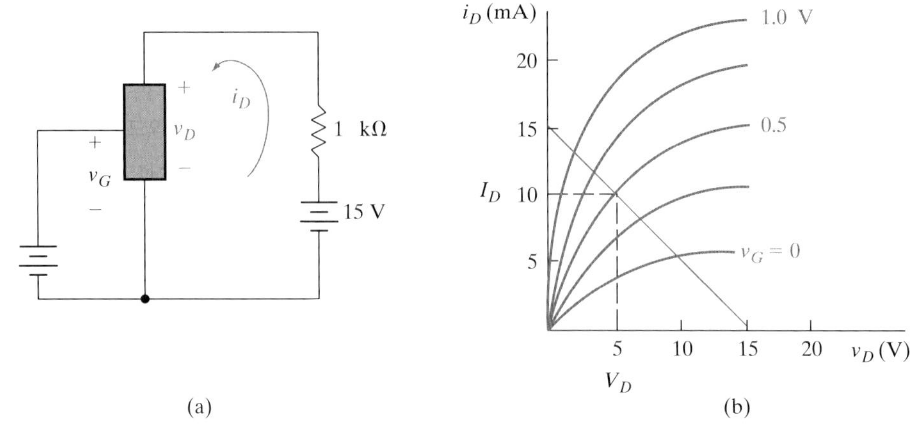

그림 6-2 제3단자에서의 전압 v_G에 의하여 제어될 수 있는 3단자 비선형소자: (a) 바이어스 회로; (b) I-V 특성과 부하선. V_G = 0.5 V이면 I_D와 V_D의 직류값은 점선으로 보인 것과 같다.

하자. 예를 들어 소자의 전류전압 곡선이 그림 6-2b에서와 같이 제어전압 v_G를 증가시켜서 전류축 위로 이동할 수 있다면, 이로 인하여 v_G 값에 의존하는 i_D-v_D의 곡선군을 얻게 된다. 여기서도 환로방정식 (6-1)을 쓰고 그것을 일련의 곡선 위에 그릴 수 있지만, 연립해는 v_G 값에 의존한다. 그림 6-2의 예에서, V_G는 0.5 V이고 I_D와 V_D의 직류값은 교차점에서 각각 10 mA와 5 V로 구해진다. 제3단자에서 제어전압 v_G의 값이 무엇이든지 간에, I_D와 V_D의 값은 식 (6-1)을 나타내는 직선을 따르는 점들로부터 얻어진다. 이를 부하선(*load line*)이라 한다.

6.1.2 증폭과 스위칭

제어전압에 교류전압을 첨가해 주면 v_G에 작은 변화를 줌으로써 i_D의 큰 변화값을 얻을 수 있다. 예를 들면, 그림 6-2에서 v_G를 직류값을 중심으로 0.25 V까지 변화시켜 줌에 따라 v_d는 직류값 V_D를 중심으로 2 V만큼 변한다. 그러므로 교류신호의 증폭은 2/0.25 = 8이다. v_G의 같은 변화에 대한 특성 곡선들이 i_D축에서 같은 간격을 두고 떨어져 있으면 작은 제어신호를 충실하게 증폭시킨 형태를 얻을 수 있다. 이와 같은 형태의 전압제어된 증폭은 쌍극성 트랜지스터에 비해 전계효과 트랜지스터에 있어 전형적이다. 쌍극성 트랜지스터에서는 작은 제어전류가 소자전류의 큰 변화를 성취하는 데 사용된다. 즉, 전류 증폭을 한다.

트랜지스터의 또 다른 중요한 기능은 전자소자의 단속(on and off)에 대한 제어된 스위칭 작용이다. 그림 6-2의 예에서 v_G를 적당히 변화시킴으로써 트랜지스터의 동작점을 부하선의 아래쪽 끝($i_D = 0$)에서 거의 정상까지($i_D \simeq E/R$) 스위칭할 수 있다. 제3단자로 제어할 수 있는 이와 같은 스위칭 형식은 디지털 회로에서 특히 유용하다.

6.2 접합 FET

접합 FET(*junction FET; JFET*)에서는 전압가변성인 접합의 공핍영역폭이 전도성 채널(*channel*)의 유효단면적을 제어하는 데 사용된다. 그림 6-3의 소자에서 전류 I_D는 두 개의 p^+ 영역 사이의 n형 채널을 통해서 흐른다. 이들 p^+ 영역과 채널 사이의 역방향 바이어스를 인가하면 공핍영역이 n형 물질 쪽으로 침입하고, 따라서 이 채널의 유효폭이 제한될 수 있다. 채널영역의 저항률은 도핑에 의해 결정되므로 채널저항은 유효단면적의 변화와 더불어 변한다. 유추해 보면 이 가변성 공핍영역은 전도성 채널을 개폐하는 출입구의 두 개의 문과 같은 역할을 한다.

그림 6-3에서 n형 채널에 있는 전자는 오른쪽에서 왼쪽으로 표동하며 전류의 흐름과 반대가 된다. 전자가 흘러나오는 채널의 끝을 소스(*source*), 그리고 그들이 흘러가는 끝을 드레인(*drain*)이라 한다. p^+형 영역은 게이트(*gate*)라 한다. 채널이 p형이면 정공이 소스로부터 드레인으로 전류가 흐르는 것과 같은 방향으로 흐를 것이며, 게이트영역은 n^+일 것이다. 이 두 개의 게이트영역을 전기적으로 연결하는 것이 일반적이다. 따라서 전압 V_G는 각 게이트영역 G에서 소스 S에 이르는 전위로 고려한다. 고농도의 도핑된 p^+형 영역의 전도도는 크므로, 각 게이트의 전위는 전체적으로 균일하다고 가정할 수 있다. 그러나 저농도로 도핑된 채널에서는 위치에 따라 전위가 변한다(그림 6-3b). 그림 6-3의 채널을 전류 I_D가 흐르는 분포된 저항으로 생각한다면 채널의 드레인단인 D에서 소스전극 S까지 인가되는 전압은 소스 근처의 한 점에서 S까지 인가되는 전압보다 커야 한다는 것은

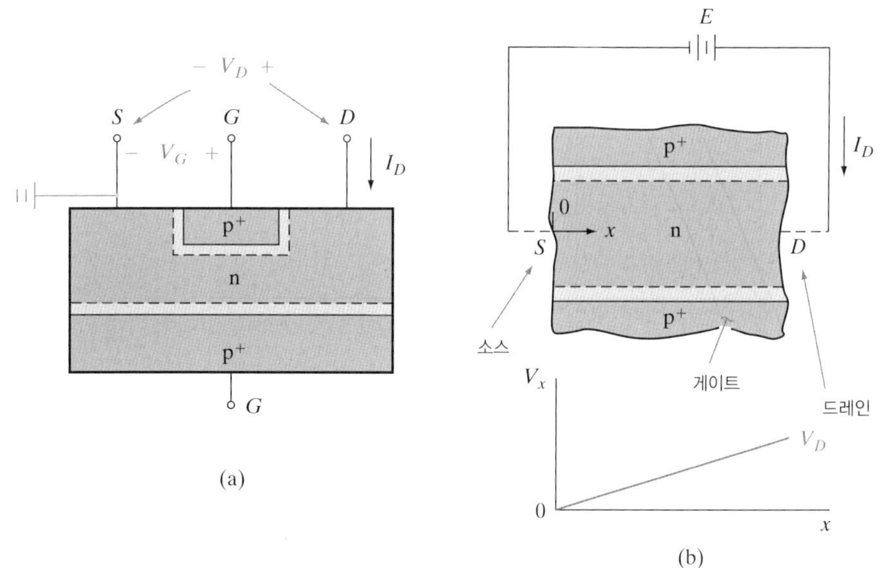

그림 6-3 접합 FET의 단순화된 단면도: (a) 트랜지스터의 기하학적 구조; (b) 채널의 세부도와 $V_G = 0$이고 I_D가 작을 때 채널에 따른 전압 변화.

분명하다. 낮은 전류값에 대해서는 채널에서의 전압 V_x가 선형적인 변화를 보인다고 가정할 수 있으며, 그 값은 드레인단에서의 V_D로부터 소스단에서의 0의 값까지 변화한다(그림 6-3b).

6.2.1 핀치오프와 포화

그림 6-4에서 소스/드레인 전극과 채널의 각 단 사이의 전압강하를 무시함으로써 단순화된 방법으로 이 채널을 고려하자. 예를 들어, 채널의 드레인단에서의 전위는 전극 D에서의 전위와 같다고 가정한다. 이것은 소스와 드레인영역이 비교적 커서 채널의 끝과 전극 사이에 저항이 거의 없다면 좋은 근사적 방법이다. 그림 6-4에서 게이트는 소스와 단락회로를 이루고 있어($V_G = 0$), $x = 0$에서의 전위는 게이트영역의 모든 곳에서의 전위와 같다. 매우 작은 전류가 흐를 때 공핍영역의 폭은 평형상태의 값과 거의 같다(그림 6-4a). 그러나 전류 I_D가 증가함에 따라 V_x가 드레인단 부근에서는 크고, 소스단 부근에서는 작다는 것은 중요해진다. V_G가 0일 때 게이트-채널 사이 접합에서 각 점을 가로질러서 나타나는 역방향 바이어스는 단순히 V_x가 되기 때문에 공핍영역의 모양은 그림 6-4b에서와 같이 어림잡을 수 있다. 역방향 바이어스는 드레인 근처에서는 비교적 크고($V_{GD} = -V_D$), 소스 근처에서는 0으로 감소한다. 그 결과 공핍영역은 드레인 부근에서는 채널 속으로 파

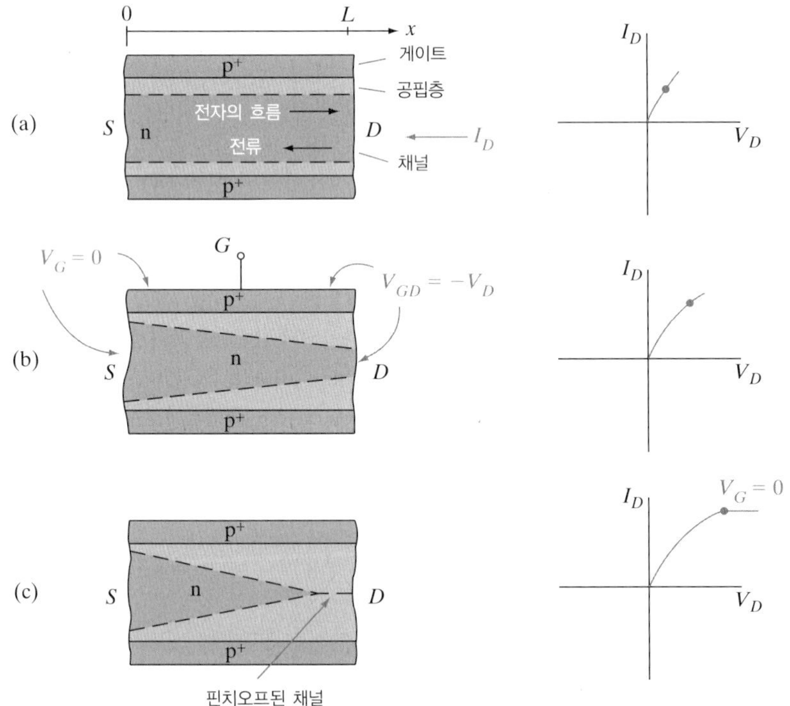

그림 6-4 게이트 바이어스가 0일 때 몇 가지 V_D에 대한 JFET의 공핍영역: (a) 선형영역; (b) 핀치오프 근처; (c) 핀치오프를 넘어선 경우.

고들어가며, 유효채널단면적은 제한된다.

이 제한된 채널의 저항은 커서 이 채널에 대한 *I-V* 관계는 낮은 전류준위일 때 합당했던 선형관계로부터 이탈되기 시작한다. 전압 V_D와 전류 I_D가 더욱더 증가함에 따라 드레인 부근의 채널영역은 공핍영역으로 인하여 더욱 제한되고 채널저항은 계속 증가한다. V_D가 증가함에 따라 이 공핍영역이 드레인 부근에서 서로 맞닿아서 본질적으로 채널을 **핀치오프**(*pinch-off*)하게 하는 어떤 바이어스 전압이 있다(그림 6-4c). 핀치오프가 일어나면 V_D는 더욱 증가해도 I_D는 별로 증가하지 않는다. 이 핀치오프점을 넘어서면 전류는 근사적으로 핀치오프에서의 값에서 **포화**(*saturated*)를 이루게 된다.[2] 일단 전자들이 채널로부터 공핍영역의 전계로 들어가면 그들은 완전히 쓸려가서 결국은 양(positive) 전위의 드레인 접촉부로 흐르게 된다. 핀치오프를 넘어 전류가 포화되고 난 후 채널의 미분저항 dV_D/dI_D는 매우 커진다. 잘맞는 근사로써 임계 핀치오프 전압에서의 전류를 계산할 수 있고, V_D가 증가함에 따라 더 이상의 전류 증가는 없다고 가정할 수 있다.

6.2.2 게이트 제어

음(negative)의 게이트 바이어스 $-V_G$의 영향은 채널의 저항을 증가시키고 보다 낮은 전류값에서 핀치오프를 유기시키는 것이다(그림 6-5). 공핍영역은 V_G가 음으로 됨에 따라 증가되기 때문에 유효채널폭은 보다 작아지며 저전류영역에서의 *I-V* 특성에서 저항은 더욱 높아진다. 따라서 게이트전압이 더욱 음으로 됨에 따라 핀치오프 이하에서는 I_D 대 V_D 곡선의 기울기는 작아진다(그림 6-5b). 핀치오프상태는 보다 낮은 드레인-소스 간 전압에서 도달되며 포화전류는 게이트 바이어스가 0인 경우보다 작아진다. V_G가 변함에 따라

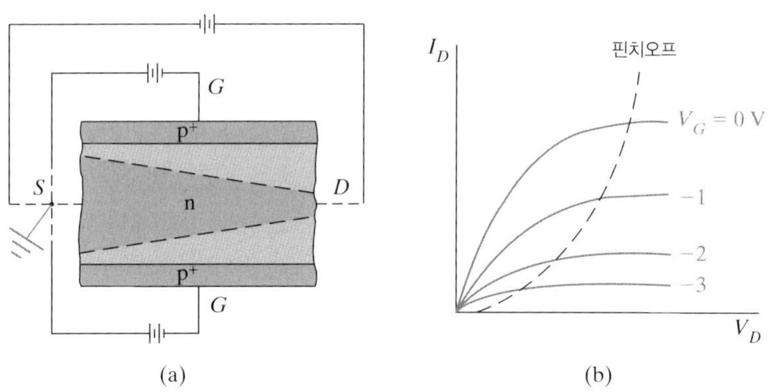

그림 6-5 음의 게이트 바이어스의 영향: (a) V_G가 음으로 됨에 따른 공핍영역폭의 증가; (b) V_G의 변화에 따른 채널에 대한 전류-전압 곡선군.

---

2) 포화(*saturation*)는 소자기술들에 의하여 다른 어떤 단어보다도 더욱 여러 가지 문맥에서 사용된다. 속도 포화, 접합의 역방향 포화전류, BJT의 포화, 그리고 지금은 FET 특성의 포화를 논의한 바 있다. 학생들은 아마도 또 이들 여러 가지 뜻을 이해하려고 하는 데서 이제는 포화에 도달했을 것이다!

채널의 I-V 특성에 대하여 그림 6-5b와 같은 곡선군이 얻어진다.

핀치오프 전압을 넘어서면 드레인전류 I_D는 V_G에 의해 제어된다. 게이트 바이어스를 변화시킴으로써 교류신호를 증폭시킬 수 있다. 입력 제어전압 V_G는 역방향으로 바이어스된 게이트접합을 가로질러서 나타나므로 이 소자의 입력 임피던스는 크다.

채널을 그림 6-6의 근사적 형태로 나타냄으로써 핀치오프 전압을 다소 간단하게 계산할 수 있다. 채널이 대칭적이며 게이트의 작용이 채널영역 각 반쪽부분에서 같다고 하면, 중앙선($y = 0$)에서부터 측정한 이 채널의 반쪽폭 $h(x)$에 주의를 한정시킬 수 있다. 채널의 금속학적 반쪽폭(즉, 공핍영역을 무시할 때)은 a이다. 여기서 n형 채널과 이 채널의 드레인단($x = L$)의 p^+형 게이트 사이의 역방향 바이어스를 계산함으로써 핀치오프 전압을 구할 수 있다. 계산을 간단하게 하기 위해 드레인에서의 채널폭은 역방향 바이어스를 핀치오프까지 증가시킴에 따라 균일하게 감소된다고 가정한다. 게이트와 드레인 사이의 역방향 바이어스가 $-V_{GD}$라면 $x = L$에서의 공핍영역폭은 식 (5-57)로부터 구할 수 있다. 즉,

$$W(x = L) = \left[\frac{2\epsilon(-V_{GD})}{qN_d}\right]^{1/2} \quad (V_{GD}\text{는 음}) \tag{6-2}$$

이 식에서 평형상태에서의 접촉전위 V_0는 V_{GD}에 비하여 무시할 수 있고, p^+-n 접합에 대하여 공핍영역은 주로 채널 속으로 확장된다고 가정한다. V_0를 포함시키는 것은 연습문제 6.1에서 다루게 될 것이다.

이 채널의 드레인단에서는

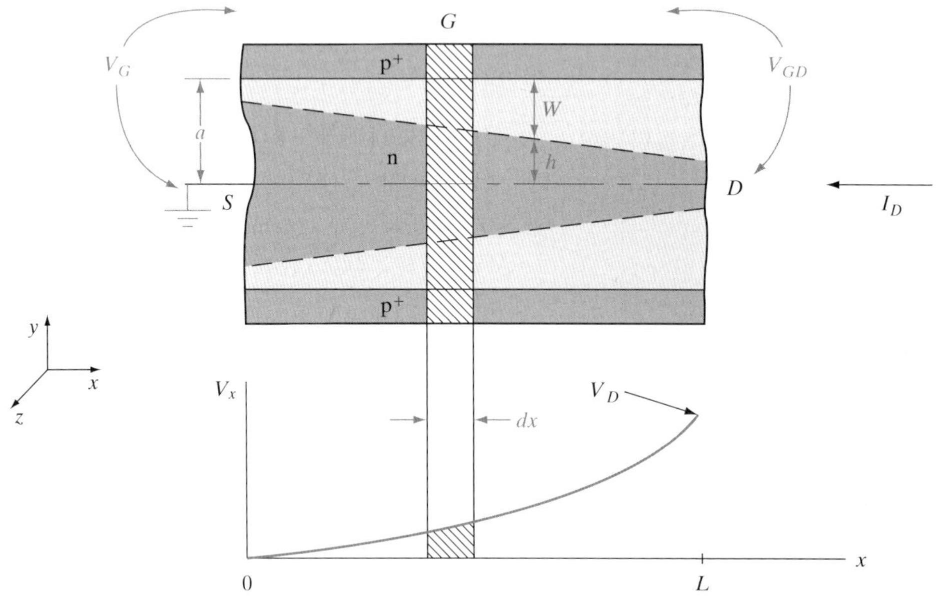

그림 6-6 계산을 위하여 치수와 미소체적을 정의한 채널의 개략도

$$h(x = L) = a - W(x = L) = 0 \tag{6-3}$$

일 때, 즉 $W(x = L) = a$ 일 때 핀치오프가 일어난다. 핀치오프에서의 $-V_{GD}$ 값을 V_p 로 정의하면 다음 식을 구할 수 있다.

$$\left[\frac{2\epsilon V_P}{qN_d}\right]^{1/2} = a$$

$$\boxed{V_P = \frac{qa^2 N_d}{2\epsilon}} \tag{6-4}$$

핀치오프 전압 V_p 는 양이며, V_D 와 V_G 에 대한 관계는 다음과 같다.

$$V_P = -V_{GD}(\text{핀치오프}) = -V_G + V_D \tag{6-5}$$

여기서 V_G 는 적절한 소자동작을 위해서 0 또는 음의 값을 갖는다. 게이트에 순방향 바이어스를 가하면 p^+ 영역에서 채널로 정공이 주입되며, 이 소자의 전계효과에 의한 제어 능력을 상실하게 된다. 식 (6-5)로부터 핀치오프는 게이트-소스 사이의 전압과 드레인-소스 사이의 전압과의 결합으로부터 구해야 함을 알 수 있다. 음의 게이트 바이어스가 인가되면 그림 6-5b 에서처럼 보다 낮은 V_D 값(따라서, 보다 낮은 I_D)에서 핀치오프에 도달한다.

6.2.3 전류-전압 특성

핀치오프 이하에서의 수학은 비교적 간단한 것이기는 하나 채널전류의 계산은 다소 복잡하다. 여기서 하고자 하는 접근방법은 바로 핀치오프에서의 I_D 에 대한 식을 구하고, 그런 다음 핀치오프를 넘어선 포화전류는 이 값으로 거의 일정하게 유지된다고 가정하는 것이다.

그림 6-6 에서 정의된 좌표계에서는 드레인단에서 채널의 중앙을 원점으로 취한다. x 방향으로 채널의 길이는 L, z 방향으로의 채널의 깊이는 Z 이다. 이 n형 채널 물질의 저항률을 ρ(공핍영역 밖의 중성 n형 물질에 있어서만 타당함)라 한다. 중성인 채널 물질의 미소체적 $Z2h(x)dx$ 를 생각하면 이 체적요소의 저항은 $\rho dx/Z2h(x)$이다[식 (3-44) 참조]. 전류는 채널을 따라 거리와 더불어 변하지는 않으므로, I_D 는 이 체적요소에서의 미소전압강하량 (dV_x)에 전도도를 곱한 것으로 표현할 수 있다. 즉,

$$I_D = \frac{Z2h(x)}{\rho}\frac{dV_x}{dx} \tag{6-6}$$

여기서 $2h(x)$ 항은 x 에서의 채널폭이다.

점 x 에서의 채널의 반쪽폭은 게이트와 채널 간의 국부적인 역방향 바이어스 $-V_{Gx}$ 에 의존한다. 즉, $V_{Gx} = V_G - V_x$ 및 $V_p = qa^2N_d/2\epsilon$ 이므로

$$h(x) = a - W(x) = a - \left[\frac{2\epsilon(-V_{Gx})}{qN_d}\right]^{1/2} = a\left[1 - \left(\frac{V_x - V_G}{V_P}\right)^{1/2}\right] \tag{6-7}$$

식 (6-7)에 함축되어 있는 것은 $W(x)$에 대한 식은 채널 내의 점 x까지 단순히 식 (6-2)를 확대시킴으로써 얻을 수 있다는 가정이다. 이것을 **점진적 채널 근사**(*gradual channel approximation*)라 하는데, $h(x)$가 임의의 요소 dx에서 급격히 변하지 않으면 타당하다.

소자를 적절히 동작시키기 위해서 게이트전압 V_G를 음으로 취하기 때문에 전압 V_{Gx}는 음의 값이 될 것이다. 식 (6-7)을 식 (6-6)에 대입하면

$$\frac{2Za}{\rho}\left[1 - \left(\frac{V_x - V_G}{V_P}\right)^{1/2}\right]dV_x = I_D dx \tag{6-8}$$

를 얻을 수 있다. 이 방정식을 풀면 다음과 같다.

$$I_D = G_0 V_P\left[\frac{V_D}{V_P} + \frac{2}{3}\left(-\frac{V_G}{V_P}\right)^{3/2} - \frac{2}{3}\left(\frac{V_D - V_G}{V_P}\right)^{3/2}\right] \tag{6-9}$$

여기서 V_G는 음이며, $G_0 \equiv 2aZ/\rho L$은 $W(x)$를 무시할 수 있을 때, 즉 게이트전압이 없고 I_D가 낮은 값을 가질 때 이 채널의 전도도이다. 이 방정식은 $V_D - V_G = V_p$인 핀치오프에 이르기까지만 타당한 것이다. 포화전류는 본질적으로 핀치오프에서의 값으로 일정하게 유지되고 있다고 가정한다면

$$\begin{aligned} I_D(\text{sat.}) &= G_0 V_P\left[\frac{V_D}{V_P} + \frac{2}{3}\left(-\frac{V_G}{V_P}\right)^{3/2} - \frac{2}{3}\right] \\ &= G_0 V_P\left[\frac{V_G}{V_P} + \frac{2}{3}\left(-\frac{V_G}{V_P}\right)^{3/2} + \frac{1}{3}\right] \end{aligned} \tag{6-10}$$

이 되며, 여기서

$$\frac{V_D}{V_P} = 1 + \frac{V_G}{V_P}$$

결과적으로 이 채널에 대한 I-V 곡선군은 정성적으로 예측했던 것(그림 6-5b)과 일치한다. 포화전류는 V_G가 0일 때 가장 크며, V_G가 음으로 될수록 작아진다.

포화영역으로 바이어스된 이 소자는 드레인전류의 변화가 다음 식에 의해 게이트전압의 변화와 관련되는 등가회로로 나타낼 수 있다.

$$g_m(\text{sat.}) = \frac{\partial I_D(sat.)}{\partial V_G} = G_0\left[1 - \left(-\frac{V_G}{V_P}\right)^{1/2}\right] \tag{6-11}$$

g_m은 상호 전달컨덕턴스(*mutual transconductance*)라 하고, S(siemens) 단위(A/V)를 가지며, 때때로 mhos라 한다. FET 소자의 이점을 나타내는 지표로서 상호 전달컨덕턴스를

단위채널폭 Z로 나누어서 표현하는 것이 일반적이다. 이 g_m/Z은 일반적으로 mS/mm 단위로 주어진다.

제곱법칙에 따르는 특성이 포화상태의 드레인전류를 정확하게 근사시킨다는 것은 실험적으로 알려져 있다. 즉,

$$I_D(\text{sat.}) \simeq I_{DSS}\left(1 + \frac{V_G}{V_P}\right)^2, (V_G\text{는 음}) \tag{6-12}$$

여기서 I_{DSS}는 $V_G = 0$일 때의 포화 드레인전류이다.

식 (6-9) ~ (6-11)에서 채널저항(G_0 항으로 나타난 것)이 일정한 값으로 나타나 있는 것은 전자의 이동도가 일정함을 암시한다. 3.4.4절에서 언급한 것과 같이 강전계에서는 전자의 속도가 포화됨으로써 이 가정은 타당하지 않을 수도 있다. 특히 적당한 드레인전압에서조차 채널에 따라 강전계가 발생되는 단채널소자에 대해서는 더욱 그러하다. 이상적인 모형에서 벗어나는 또 다른 것은 그림 6-4c에서 제시된 바와 같이 핀치오프 이상으로 드레인전압이 증가함에 따라 유효채널길이가 감소한다는 사실에 기인한다. L은 식 (6-10)의 G_0에서 분모항에 포함되어 있으므로 단채널소자에서 이 효과는 핀치오프 이상에서 I_D가 증가하도록 한다. 따라서 포화전류가 일정하다는 가정은 단채널소자에서는 타당하지 못하다.

6.3 금속-반도체 FET

JFET에 대하여 앞에서 논의한 채널에서의 공핍은 p-n 접합 대신 역방향으로 바이어스된 쇼트키 장벽을 이용하여 얻을 수 있다. 이렇게 만든 소자를 MESFET이라 하며, 이것은 금속-반도체 접합을 사용하고 있다는 것을 가리킨다. 이 소자는 고속 디지털 또는 마이크로파 회로에서 유용하며, 쇼트키 장벽의 단순성으로 말미암아 정밀한 공차(tolerance)의 기하학적 구조로 제작할 수 있게 된다. Si보다도 큰 이동도와 캐리어 표동속도를 갖는 GaAs나 InP와 같은 III-V족 화합물의 MESFET 소자에 대해서는 특히 속도상의 이점이 있다.

6.3.1 GaAs MESFET

그림 6-7은 간단한 GaAs MESFET을 개략적으로 보여주고 있다. 기판은 도핑되지 않았거나 크롬(chromium)으로 도핑되었으며, 이로 인해 에너지준위가 GaAs 대역간극의 중앙 근처에 위치하게 된다. 페르미(Fermi)준위가 대역간극의 중앙 부근에 위치하는 어떠한 경우든 그 결과로 일반적으로 **반절연성**(*semi-insulating*) GaAs라 하는 매우 고저항의

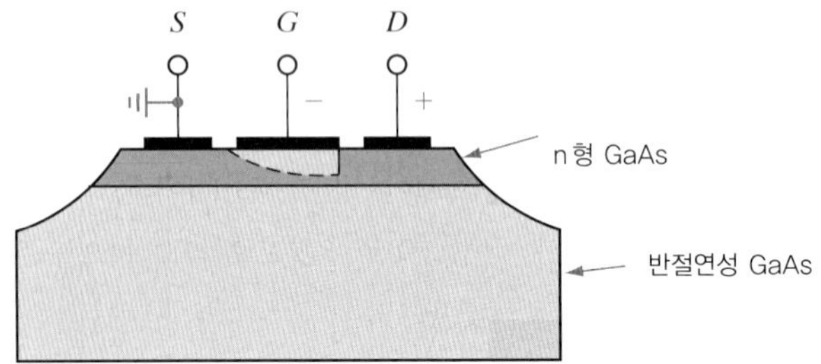

그림 6-7 반절연성 기판 위에 에피택셜 방식으로 성장시킨 n형 GaAs에 형성한 GaAs MESFET. GaAs에서의 쇼트키 게이트를 형성하기 위해 일반적으로 사용하는 금속은 Al 또는 Ti, W, Au 합금이다. 저항성 소스 및 드레인 접촉은 Au와 Ge의 합금을 이용할 수 있다. 이 예에서 소자는 n형 영역을 관통하여 반절연성 기판까지 식각을 함으로써 같은 칩에 있는 다른 소자와 격리된다.

물질(~10^8 Ω-cm)을 얻을 수 있다. 이 비전도성 기판 위에 저농도로 도핑된 n형 GaAs의 얇은 층을 에피택셜 방식으로 성장시켜 FET의 채널영역을 형성한다.[3] 사진석판공정(photolithography)은 소스와 드레인의 옴 접촉(ohmic contact)을 형성하기 위한 금속(즉, Au-Ge)층과 쇼트키 장벽 게이트를 형성하기 위한 금속(즉, Al)층을 정의하는 패턴으로 구성되어 있다. 이 쇼트키 게이트를 역방향으로 바이어스하여 채널을 반절연성 기판에 이르기까지 공핍시킬 수 있고 이로 인한 *I-V* 특성은 JFET 소자와 유사하다.

Si 대신 GaAs를 사용함으로써 보다 큰 전자의 이동도를 얻을 수 있으며(부록 III 참조), 더욱이 GaAs는 보다 높은 온도에서(따라서 보다 높은 전력준위에서) 동작시킬 수 있다. 그림 6-7에서는 확산이 전혀 포함되지 않았으므로 정밀한 공차의 기하학적 구조를 이룰 수 있으며 MESFET을 매우 작은 크기로 만들 수 있다. 이들 소자에서 게이트의 길이 $L \lesssim$ 50 μm는 흔하다. 이것은 표동시간과 정전용량이 최소로 유지되어야 하는 고주파 동작에서는 중요한 것이다.

이온주입을 이용하여 그림 6-7의 n형 에피택셜 성장과 식각에 의한 분리를 피할 수도 있다. 즉, 반절연성 GaAs 기판으로부터 시작하여 표면에 각 트랜지스터의 영역인 얇은 n형 층을 Si 또는 Se와 같은 VI족의 도너불순물을 주입시켜 형성시킬 수 있다. 이 주입에서는 방사손상(radiation damage)을 제거하기 위하여 어닐링(annealing, 담금질)이 필요하지만, 에피택셜 성장은 하지 않게 된다. 완전한 이온주입으로 된 소자나 그림 6-7의 에피택셜 소자에서 소스와 드레인 접촉은 이들 영역에 보다 높은 n^+형의 주입을 함으로써 개선될 것이다. 이온주입된 GaAs MESFET의 간단함과 반절연성 기판으로부터 얻어지는 소자들 사이의 격리로 인해, 이러한 구조는 GaAs 집적회로에서 가장 널리 사용되고 있다.

---

3) 많은 경우 고저항의 GaAs 에피택셜층[버퍼층(*buffer layer*)이라 함]은 그림 6-7에 나타낸 두 개의 층 사이에서 성장한다.

6.3.2 고전자이동도 트랜지스터(HEMT)

III-V족 화합물 반도체의 사용과 함께 MESFET이 적절하게 된 이후, 이들 물질에서 이종접합을 이용할 수 있게 하는 에너지 대역간극(energy band gap) 공학이 개발되기 시작했다. MESFET에서 전달컨덕턴스를 높게 유지하기 위해서 채널의 전도도는 가능한 한 크게 해야 한다. 채널에서의 도핑농도, 즉 캐리어농도를 증가시킴으로 인해 채널의 전도도를 증가시킬 수 있음은 명백하다. 그러나 도핑농도를 증가시키게 되면 이동도의 감소를 초래하는 이온화된 불순물산란 또한 증가한다(그림 3-23 참조). 따라서 도핑 이외의 수단으로 MESFET의 채널에 높은 전자농도를 생성할 방법이 필요하다. 이 조건에 가장 적합한 방법은 에너지 대역간극이 크고 도핑된 장벽(즉, AlGaAs)에 의해 둘러싸인 얇고 도핑되지 않은 우물(즉, GaAs)을 성장시키는 것이다. **변조도핑**(*modulation doping*)이라 하는 이 구조는 그림 6-8a에 나타낸 바와 같이 전자는 도핑된 AlGaAs 장벽으로부터 우물로 떨어지고 그곳에 포획됨으로써 전도성 GaAs를 형성하게 된다. 도너는 GaAs층이 아닌 AlGaAs층에 있으므로 우물 내의 전자는 불순물산란을 겪지 않는다. GaAs 우물에 따른(그림 6-8에서 이 그림의 수직방향) 채널을 갖는 MESFET을 제작하면 산란이 줄어들어 결과적으로 이동도가 증가하는 것을 이용할 수 있다. 이 효과는 격자[즉, 포논(phonon)]산란이 줄어드는 저온에서 특히 강하게 나타난다. 이 소자를 **변조도핑 전계효과 트랜지스터**(*modulation doped field-effect transistor; MODFET*) 또는 **고전자이동도 트랜지스터**(*high electron mobility transistor; HEMT*)라 한다.

그림 6-8a에는 AlGaAs/GaAs 계면에서 발생하는 대역의 휨(band-bending)은 나타내지 않았다. 5.8절의 논의에 의하면, 이종접합에서 대역이 휘는 현상에 의해 우물의 양끝에 전자가 축적될 것이라 예상할 수 있다. 실제로 전자를 포획하기 위해서는 그림 6-8b에 나타낸 바와 같이 오직 하나의 이종접합이 필요하다. 일반적으로 AlGaAs층의 도너는 일부

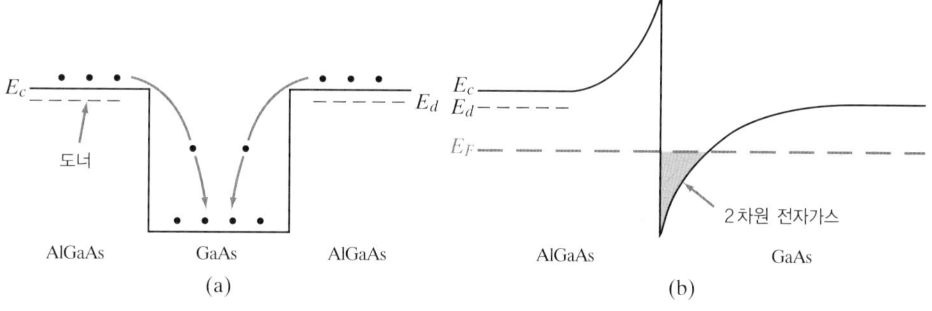

그림 6-8 (a) 변조도핑에서 전도대만을 나타낸 개략도. 도너가 도핑된 AlGaAs층의 전자는 GaAs 전위 우물 속으로 떨어져서 포획된다. 그 결과 불순물이 도핑되지 않은 GaAs층은 n형이 되고, 중성의 n형 물질에서 전형적으로 나타나는 이온화된 도너에 의한 불순물산란을 겪지 않는다; (b) 불순물이 도핑되지 않은 GaAs층에 전자를 포획하기 위해 단일 AlGaAs/GaAs 이종접합을 이용. 계면에서의 자유전자에 기인하는 얇은 전하층은 2차원 전자가스(2-DEG)를 형성하고, 이를 HEMT 소자에서 이용할 수 있다.

러 계면으로부터 ~100 Å 정도 분리시킨다. 이 구조를 이용하면 GaAs 채널영역이 자유 캐리어를 제공하는 전리된 불순물과 공간적으로 분리되어 있기 때문에 채널에서 높은 이동도를 유지하면서 높은 전자농도를 얻을 수 있다.

그림 6-8b에서 AlGaAs의 도너로부터 생성된 자유전자는 에너지 대역간극이 적은 GaAs층으로 확산되며, 이들은 AlGaAs/GaAs 계면의 전위장벽에 의해 되돌아갈 수 없다. (거의) 삼각형 형태인 우물 속의 전자는 2차원 전자가스(때때로 2-DEG라 함)를 형성한다. 그림 6-8b에 나타낸 바와 같이 단일 접합계면에서 10^{12} cm^{-2} 정도의 면 캐리어(sheet carrier) 밀도를 얻을 수 있다. 전리된 불순물산란은 전자를 도너와 분리시킴으로써 매우 감소된다. 또한 매우 높은 2차원 전자가스 밀도로 인한 차폐효과(screening effect)는 이온화된 불순물산란을 더욱 줄인다. 적절히 설계된 구조에서 전자의 전송은 불순물이 없는 중성의 GaAs에서와 거의 같으며, 이동도는 격자산란(lattice scattering)에 의해 제한된다. 그 결과 77 K에서는 250,000 cm^2/V-s의 이동도를, 4 K에서는 2,000,000 cm^2/V-s의 이동도를 얻을 수 있다.

HEMT의 장점은 전리된 불순물산란을 제거하면서 게이트에 아주 가까운 얇은 층(< 100 Å 두께)에 엄청난 전자밀도(~10^{12} cm^{-2})가 위치하게 할 수 있다는 것이다. 정상적인 동작조건하에서 HEMT의 AlGaAs층은 완전히 공핍되며, 전자는 이종접합에 의해 구속되어 있으므로 소자의 동작은 MOSFET과 아주 흡사하다. Si MOSFET에 대한 HEMT의 장점은 GaAs는 Si에 비해 이동도와 최대 전자속도가 크고, Si/SiO_2 계면에 비해 AlGaAs/GaAs 이종접합은 평탄한 계면을 얻을 수 있다는 것이다. HEMT의 높은 성능은 매우 높은 차단주파수(cutoff frequency)와 빠른 액세스(access)시간을 갖는 소자로 나타낼 수 있다.

여기서는 AlGaAs/GaAs 이종접합의 관점에서 HEMT를 설명했지만 InGaAsP/InP계와 같은 다른 물질도 유망하다. $Al_xGa_{1-x}As$를 피하게 되는 동기는 $x > 0.2$일 때 전자를 포획하여 HEMT 동작을 손상시키는 DX 센터라는 깊은 준위의 결함이 존재하는 것이다. 매우 얇은 층으로 구성되기 때문에 약간의 격자 부정합이 있는 물질도 **슈도모르픽**(*pseudomorphic*) HEMT를 형성하도록 성장시킬 수 있다. 이러한 물질계의 예로는 GaAs층 위에 유사형태로 InGaAs를 성장시킨 후 AlGaAs를 성장시키는 것이 있다. 이 물질계의 장점은 DX 센터 문제를 피하기 위해 Al 조성비가 충분히 작은 AlGaAs를 이용하여 유용한 대역불연속을 얻을 수 있다는 것이다.

HEMT 또는 MODFET은 얇은 박판전하에 의해 발생하는 채널에 따라 전도가 일어난다는 사실을 강조하기 위해 **2차원 전자가스 FET**(*two-dimensional electron gas FET*; *2-DEG FET* 또는 *TEGFET*)으로 나타내기도 한다. 또한 이 소자는 채널과 분리된 영역에서 도핑이 일어남을 강조하기 위해 **분리도핑 FET**(*separately doped FET*; *SEDFET*)이라고도 한다.

6.3.3 단채널효과

6.2.3 절에서 고려한 바와 같이 채널길이가 짧아지는 경우(실제로 $< 1\ \mu\text{m}$) JFET과 MESFET의 기본이론에 여러 가지 수정을 해야 한다. 이러한 단채널효과(short-channel effect)는 최근까지도 생소한 것으로 취급되었지만 현재는 FET 소자에서 이러한 효과가 *I-V* 특성을 지배하는 것이 일반화되었다. 예를 들면, $1\ \mu\text{m}(10^{-4}\ \text{cm})$의 채널길이에 1 V가 인가되는 경우 전계는 10 kV/cm가 되어 강전계효과가 발생한다.

속도-전계 곡선에서 간단한 구분적 선형근사(piecewise-linear approximation)는 어떤 임계전계 $\mathscr{E}_c$에 이르기까지는 일정한 이동도(선형) 의존성을 갖는 것으로, 그 이상의 전계에서는 일정한 포화속도 v_s를 갖는 것으로 가정한다. Si에 대한 보다 좋은 근사는

$$\text{v}_d = \frac{\mu\mathscr{E}}{1 + \mu\mathscr{E}/\text{v}_s} \tag{6-13}$$

이며, 여기서 μ는 약전계이동도이다. 이 두 근사를 그림 6-9a에 나타내었다. 만약 전자가 일정한 포화속도 v_s로 표동하여 채널을 통과한다고 가정하면, 전류는

$$I_D = qn\text{v}_sA = qN_d\text{v}_sZh \tag{6-14}$$

의 간단한 형태로 주어지며, 여기서 h는 V_G의 완함수(slow function)이다. 이 경우 포화전류는 속도포화에 따라 결정되며, 채널의 어떤 점에서 공핍층이 만난다는 의미의 진정한 핀치오프를 필요로 하지 않는다. 속도가 포화되는 경우 전달컨덕턴스 g_m은 본질적으로 일정하여, 식 (6-11)로 표현된 이동도가 일정한 경우와는 현저히 다르다. 일정한 포화속도가 지배하게 되면 그림 6-5b 처럼 채널이 길고 이동도가 일정한 경우 V_G에 의존하는 간격에 비해 $I_D - V_D$ 곡선 사이의 간격이 그림 6-9b와 같이 더욱 균일하게 된다.

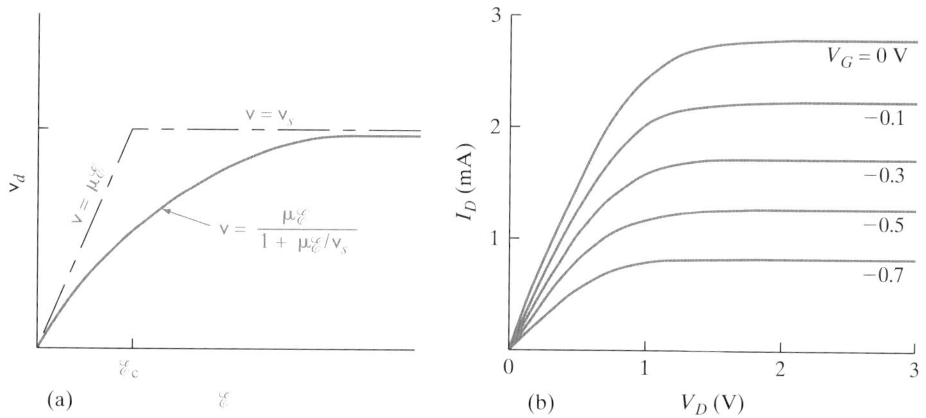

그림 6-9 고전계에서 전자의 속도포화효과: (a) 전계가 증가함에 따라 표동속도가 포화되는 근사; (b) 속도가 포화된 경우에 대한 드레인 전류-전압 특성. 게이트전압이 증가함에 따른 곡선 사이의 공간이 거의 일정함을 보여준다.

대부분의 소자는 이동도가 일정한 영역과 속도가 일정한 영역 사이의 중간적 특성을 가지고 동작한다. 세부적인 전계분포에 의존하면, 채널영역을 두 가지 극단적인 경우에 의해 지배되는 영역으로 나누거나 식 (6-13)의 근사를 사용할 수 있다.

6.2.3절에서 설명한 바와 같이 또 다른 중요한 단채널효과는 핀치오프 이상으로 드레인 전압이 증가함에 따라 유효채널길이가 감소하는 것이다. 채널이 긴 소자의 경우 공핍층의 침투에 의해 생기는 L의 변화는 총 채널길이에 비해 극히 적은 부분이므로 이 효과는 별로 중요하지 않다. 그러나 단채널소자에서는 유효채널길이가 사실상 짧아질 수 있으며, 7.7.2절에서 논의될 쌍극성 트랜지스터의 얼리(Early)효과(베이스폭 감소)와 비슷하게 I-V 특성의 포화영역이 경사를 갖게 된다.

6.4 금속-절연체-반도체 FET

특히 디지털 집적회로에서 가장 널리 사용되는 전자소자 중 하나는 **금속-절연체-반도체**(*metal-insulator-semiconductor*; *MIS*) **트랜지스터**이다. 이 소자의 채널전류는 채널로부터 절연체에 의해 분리된 게이트전극에 인가된 전압으로 제어된다. 이 결과 얻어진 소자를 일반적으로 절연게이트 전계효과 트랜지스터(insulated-gate field-effect transistor; IGFET)라 한다. 그러나 이와 같은 소자의 대부분이 반도체로서는 Si를, 절연체에는 SiO_2를, 그리고 게이트전극에는 금속이나 고농도로 도핑된 다결정실리콘을 사용해서 만들어지므로 **MOS 전계효과 트랜지스터**(**MOSFET**)라는 용어가 일반적으로 사용되고 있다.

6.4.1 기본동작과 제조

p형 Si 기판 위에 증식형 n형 채널이 형성된 경우의 기본적인 MOS 트랜지스터를 그림 6-10a에 나타내었다. n^+형 소스와 드레인영역은 비교적 저농도로 도핑된 p형 기판에 확산 또는 주입(공정)으로 이루어지며, 얇은 산화물층은 Si 표면으로부터 전도성 게이트를 분리시킨다. 그들 사이에 전도성 n형 채널 없이는 드레인에서 소스로 어떠한 전류도 흐르지 않는다. 이런 사실은 MOSFET에서 채널에 따른 평형상태의 에너지대역도를 살펴봄으로써 명백히 이해할 수 있다(그림 6-10a). 페르미준위는 평형상태에서는 평탄하다. n^+ 소스/드레인영역에서 전도대는 페르미준위와 가깝게 위치해 있는 반면, p형 물질에서는 가전자대가 페르미준위와 더 가깝다. 때문에 소스에서 드레인으로 지나가는 전자에 대한 전위장벽이 있게 된다. 이는 소스와 드레인 사이에서 p-n 접합의 내부전위에 대응된다.

기판에 대하여 양의 전압을 게이트에 인가하면(이 경우 기판은 소스에 연결됨) 실질적으로 양의 전하가 게이트금속에 부착된다. 이에 대응하여 그 밑쪽의 Si에 공핍영역과 이동

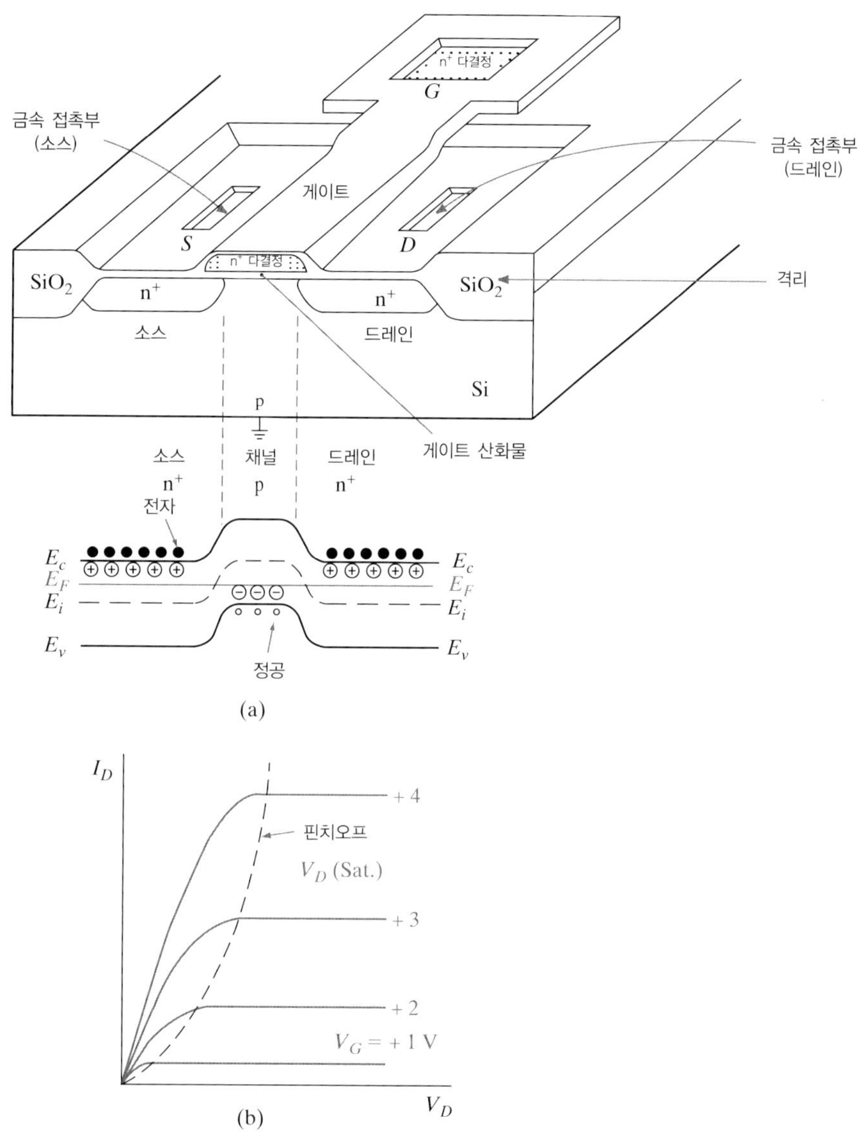

그림 6-10 증식형 n채널 MOSFET: (a) 소자 단면도와 채널에 따른 평형 에너지대역도; (b) 게이트전압에 관한 함수의 드레인 전류-전압 출력 특성.

성 전자가 존재하는 얇은 표면층의 형성으로 인해 음의 전하가 유기된다. 이들 유기된 전자는 FET의 채널을 형성하며 드레인에서 소스로 전류를 흐르게 한다. 그림 6-10b가 암시하듯이 게이트전압의 효과는 JFET의 경우와 유사하게 낮은 드레인-소스 간 전압에 대해 이 유기된 채널의 전도도를 변화시키는 것이다. 전자들이 p형 채널영역에 정전기적으로 유도되기 때문에 채널은 p형 특성이 줄어든다. 그러므로 가전자대는 페르미준위로부터 더 멀리 아래로 움직인다. 이는 분명히 소스 및 채널과 드레인 사이에 전자에 대한 장벽이 감소함을 나타낸다. 만약 장벽이 게이트전압을 **문턱전압**(*threshold voltage*) V_T로 알려진 것 이상으로 인가함으로써 충분히 감소된다면, 소스에서 드레인으로 현저한 전류가 흐를 것이다. 그러므로 MOSFET은 게이트로 제어되는 전위장벽(gate-controlled potential barrier)으로 볼 수 있다. MOSFET에서 적은 오프상태 누설을 보장하기 위해서는 높은 질의, 누설이 적은 p-n 접합을 갖는 것이 매우 중요하다. V_G의 주어진 값에 대하여 전류가 포화되고 그 이후에는 전류가 거의 일정하게 머물게 하는 어떤 드레인전압 V_D가 있을 것이다.

문턱전압 V_T는 채널을 유기시키는 데 필요한 최소 게이트전압이다. 일반적으로 (그림 6-11에 나타낸 것과 같은) n형 채널소자의 양의 게이트전압은 어떤 값 V_T보다는 커야만 전도성 채널이 유기된다. 비슷하게 p형 채널소자(n형 기판 위에 p형의 소스와 드레인영역을 주입이나 확산공정으로 만든)는 채널에 필요한 양의 전하(이동성 정공)를 유기시키기 위해서는 어떤 문턱값보다 더욱 큰 음의 게이트전압이 필요하다. 그러나 이 일반적인 규칙에는 다음에서 알 수 있듯이 예외가 있다. 예를 들어, 일부 n형 채널의 소자는 0의 게이트전압에서 이미 채널을 갖고 있어, 사실상 이 소자를 차단상태로 만들기 위해 음의 게이트전압이 필요하다. 이와 같은 "정상전도상태(normally on)"에 있는 소자를 공핍형(*depletion mode*) 트랜지스터라 하는데, 그 이유는 평형상태에 이미 존재하는 채널을 공핍시키기 위해 게이트에 전압을 인가해야 하기 때문이다. 보다 일반적인 MOS 트랜지스터는 게이트전압이 0일 때 "정상차단상태(normally off)"로 되어 있으며, 전도성 채널을 유기하기에 충분한 게이트전압을 인가함으로써 증식형(*enhancement mode*)으로 동작한다.

MOSFET에 대한 또 다른 관점은 게이트로 제어되는 저항(gate-controlled resistor)이라는 것이다. n채널소자에서 양의 게이트전압이 문턱전압을 초과한다면 전자가 p형 기판에 유기된다. 이 채널은 n^+ 소스영역과 드레인영역에 연결되기 때문에 그 구조가 전기적으로 유기된 n형 저항처럼 보인다. 게이트전압이 증가함에 따라 더 많은 전자들이 채널에 유기되고 채널은 더욱 많은 전도를 하게 된다. 드레인전류는 초기에는 드레인 바이어스에 따라 선형적으로 증가한다(선형영역)(그림 6-10b). 채널 내로 더 많은 드레인전류가 흐름에 따라 채널전위는 접지된 소스 근처의 0부터, 그 채널의 끝인 드레인 근처에 인가된 드레인전위의 어떤 값까지 변화하는 채널을 따라 더 많은 저항성(ohmic) 전압강하가 생긴다. 그러므로 게이트와 채널 사이의 전압차가 소스 부근의 V_G에서 드레인 끝 근처의 $(V_G - V_D)$까지 감소한다. 일단 드레인 바이어스가 $(V_G - V_D) = V_T$인 문턱전압이 드레인 끝단에서 간신히 유지되는 그런 점까지 증가된다면, 이때 그 채널은 핀치오프되었다고 말한다. V_D(sat.)인 점을 벗어난 드레인 바이어스의 증가는 채널이 핀치오프되는 점을 소스 끝단에 더욱 가까워지도록 더욱더 채널 내로 이동시킨다(그림 6-11c). 채널 내의 전자들은 핀치오프영역으로 이끌려서 채널에 따른 매우 큰 종방향 전계 때문에 포화 표동속도를 지닌 채 이동한다. 이때 드레인전류는 드레인 바이어스에 따른 증가가 크지 않기 때문에 포화(*saturation*)영역에 있다고 말한다(그림 6-10b). 실제로, 6.5.10절에서 논의될 채널 길이 변조나 드레인유기 장벽 감소(drain-induced barrier lowering; DIBL)와 같은 여러

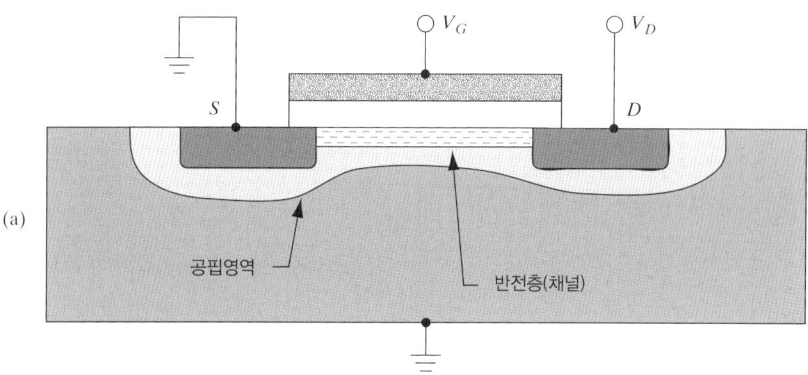

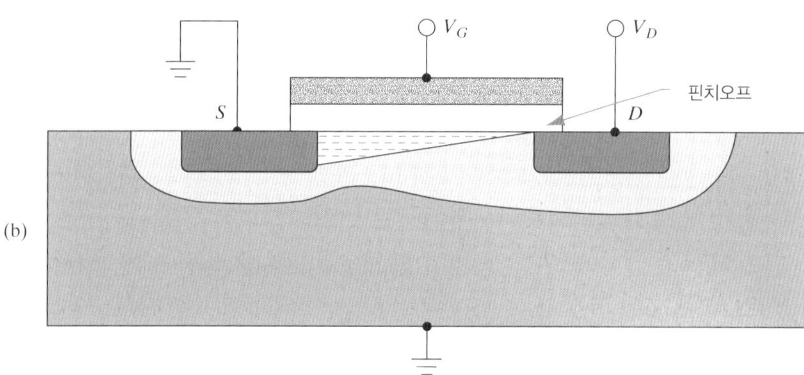

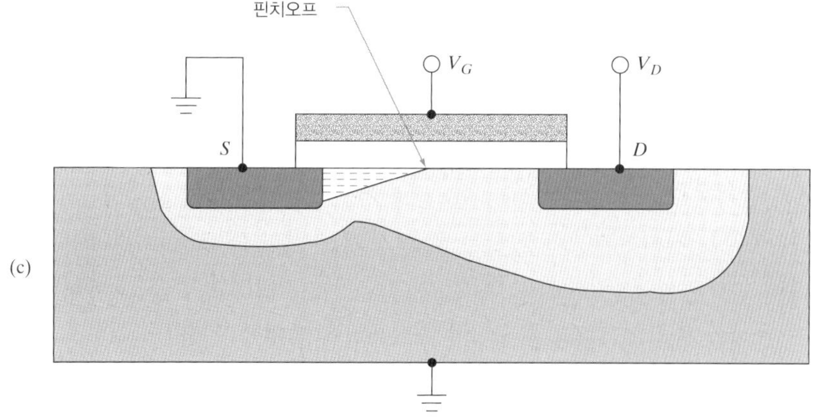

그림 6-11 다른 동작조건하에서의 n채널 MOSFET 단면: (a) $V_G > V_T$와 $V_D < (V_G - V_T)$에 대한 선형 영역; (b) 핀치오프, $V_G > V_T$와 $V_D = (V_G - V_T)$에 대해 포화 개시; (c) 강포화일 때, $V_G > V_T$와 $V_D > (V_G - V_T)$.

영향들에 기인하여 드레인 바이어스에 따른 드레인전류에는 가벼운 증가만 있을 뿐이다.

MOS 트랜지스터는 특히 디지털 회로에서 유용하며, 이 회로에서는 소자가 차단상태(off, 전도성 채널이 없음)에서 전도상태(on)로 스위치된다. 드레인전류의 제어는 산화물에 의해 소스와 드레인으로부터 절연된 게이트전극에서 이루어진다. 따라서 MOS 회로의 직류 입력 임피던스는 매우 크게 될 수 있다.

n형 채널과 p형 채널의 MOS 트랜지스터는 다같이 일반적으로 사용되고 있다. 그림 6-10에 나타낸 n형 채널양식은 Si에서의 전자이동도가 정공이동도보다 크다는 장점이 있기 때문에 일반적으로 보다 바람직한 것이다. 앞으로의 검토에서는 대부분 n형 채널(p형 기판)의 예를 이용할 것이다. 그러나 p형 채널의 경우도 또한 기억해 둘 것이다.

이제 이러한 n채널 MOSFET이 제작되는 방법을 간략히 살펴보기로 하자. 더 자세한 설명은 9.3.1절에서 다루어질 것이다. 몇 옹스트롱(Angstroms) 정도의 매우 얇은 두께를 가진 건식 산화 실리콘 산화물을 p-형 기판 위에 성장한 후 그 위에 흔히 high-k(유전상수가 크다는 뜻) 유전체를 증착하게 된다. 이것이 도전체로 이루어진 게이트와 채널 사이의 게이트 절연체를 이루게 된다. 그 위에 금속전극을 올리게 되는데 이 금속게이트 전극은 반응성이온 식각 (RIE)방법을 이용하여 비등방적으로 식각되어 수직 벽과 같은 모양을 갖게 된다(5.1.7절 참조). 게이트 자체는 n^+ 이온주입에 대한 마스크로 이용되며 이는 소스와 드레인이 게이트에 최대한 인접하게 하고 채널영역을 보호하는 데 기여한다. 이러한 과정은 소스와 드레인을 형성하기 위해 별도의 사진공정이 필요 없기 때문에 **자기정렬공정**(*self-aligned process*)이라 한다. 자기정렬은 간단하며 소스/드레인과 게이트가 상당히 적은 부분만 겹치게 되므로 매우 유용한 공정이다. 이 공정의 장점은 6.5.8절에서 다루어질 것이다. 이온주입된 불순물은 5.1.4절에서 다루어진 이유로 어닐링과정을 거친다. 마지막으로, 금속화 공정을 이용하여 회로 설계에 맞게 MOSFET을 연결하게 된다. 이 과정은 산화 유전막의 LPCVD 공정, RIE를 이용한 접촉구멍의 식각, Cu와 같은 적절한 금속의 도포, 패턴과 식각 등으로 이루어진다.

그림 6-10a에 나타나 있듯이 MOSFET은 두꺼운 SiO_2층으로 모든 면이 둘러싸여 있다. 이 층은 집적회로상의 인접한 트랜지스터로부터 전기적인 격리를 제공한다. 9.3.1절에서 우리는 이러한 격리영역(필드영역)은 얕은 트렌치 격리 (Shallow Trench Isolation; STI) 방법으로 구현할 수 있음을 보게 될 것이다. 이는 기판상에 얕은 굴곡층(Groove)이나 트렌치 구조를 RIE방법으로 식각하고 열산화막(thermal oxide)으로 보호층(passivation)을 도포한 후에 LPCVD로 만든 산화막으로 트렌치를 메우는 방법이다. 두꺼운 필드 산화막이 전기적 격리에 필요한 이유는 6.5.5절에서 설명할 것이다.

6.4.2 이상적 MOS 커패시터

외견상 단순한 MOS 구조에서 생기는 표면효과는 실제로는 매우 복잡하다. 이들 효과의 많은 것들은 여기서의 검토 범위를 넘는 것이기는 하나, 대표적인 MOS 트랜지스터의 동작을 제어하는 것들을 알 수는 있다. 우선 복잡하지 않은 이상적인 경우를 검토하는 것부터 시작하고, 다음 절에서 실제 표면에서 부딪치는 효과들을 포함시킨다.

그림 6-12a의 에너지대역도에서는 몇 가지 중요한 정의를 하고 있다. 금속의 일함수의 특성(2.2.1절 참조)은 페르미준위로부터 금속 밖으로 한 전자를 이동시키는 데 필요한 에너지의 항으로 정의할 수 있다. MOS에 대한 연구에서는 금속-산화물 계면에 대해 **변형된 일함수**(*modified work function*) $q\Phi_m$을 사용하는 것이 더욱 편리하다. 에너지 $q\Phi_m$은 금속의 페르미준위로부터 산화물의 전도대역까지 측정된 것이다.[4] 이와 유사하게 $q\Phi_s$는 반도체-산화물 계면에서의 변형된 일함수이다. 이상적인 경우에는 $\Phi_m = \Phi_s$, 따라서 이 두 일함수에는 차이가 없다고 가정한다. 후에 설명할 논의에서 유용하게 사용될 또 다른 양은 $q\phi_F$이며, 이것은 반도체에 대해 진성 페르미준위 E_i보다 아래쪽으로의 페르미준위의 위치를 측정한 것이다. 이 양은 이 반도체가 얼마나 강하게 p형으로 되어 있는가를 나타낸다[식 (3-25) 참조].

그림 6-12a의 MOS 구조는 본질적으로 한쪽 판이 반도체로 된 커패시터(capacitor)이다. 금속과 반도체 사이에 음의 전압을 인가하면(그림 6-12b) 실효적으로는 금속에 음의 전하가 부착된다. 이에 대응하여 같은 양의 실질적인 양의 전하가 반도체 표면에 축적될 것으로 예측된다. p형 기판의 경우, 이것은 반도체-산화물 계면에서의 **정공축적**(*hole accumulation*)으로서 발생된다.

인가된 음의 전압은 반도체에 대해 금속의 정전기적 전위를 낮게 해 주므로 전자의 에너지는 반도체에서보다 금속에서 상승한다.[5] 그 결과 금속의 페르미준위 E_{Fm}은 평형위치보다 qV만큼 위쪽에 있으며, 여기서 V는 인가전압이다.

Φ_m과 Φ_s는 인가전압에 따라 변하지 않으므로 에너지에 있어 E_{Fm}은 E_{Fs}에 비해 위로 이동하며, 이로부터 산화물 전도대역의 경사(tilt)가 생긴다. 4.4.2절에서 설명한 바와 같이, 전계는 다음 식과 같은 형태로 E_i(그리고 E_v 및 E_c)에서의 기울기를 생기게 하므로 그러한 경사를 예상할 수 있다.

$$\mathscr{E}(x) = \frac{1}{q}\frac{dE_i}{dx} \qquad \text{(4-26 참조)}$$

반도체의 에너지대역은 정공의 축적을 수용할 수 있도록 계면 부근에서 휘어진다.

$$p = n_i e^{(E_i - E_F)/kT} \qquad \text{(3-25 참조)}$$

그러므로 정공농도가 증가하면 반도체 표면에서의 $E_i - E_F$가 증가되어야 함을 의미한다.

MOS 구조를 가로질러 흐르는 전류는 없으므로 반도체 내의 페르미준위는 변할 수 없다. 따라서 $E_i - E_F$가 증가하려면 표면 부근의 에너지에서 E_i가 위로 이동해야 한다. 그

4) 이 절에서의 MOS 대역도에서는 SiO_2(또는 다른 대표적인 절연체)의 대역간극이 Si보다 훨씬 크기 때문에 절연체의 전도대역으로 이르는 전자 에너지의 눈금에 중단점을 표시하였다.

5) 음의 전하에 대해 그려진 전자의 에너지대역도와는 대조적으로 정전기적 전위도는 양의 시험전하에 대해 그린 것이라는 점을 상기하라.

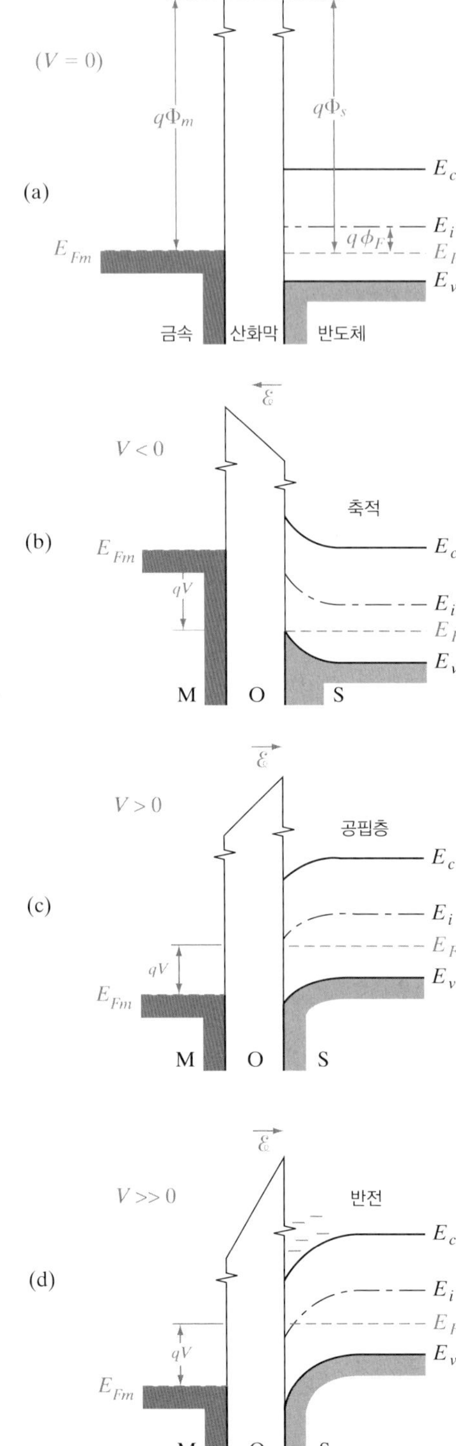

그림 6-12 이상적인 MOS 커패시터에 대한 에너지대역도: (a) 평형상태; (b) 음의 전압은 p형 반도체에 정공의 축적을 일으킨다; (c) 양의 전압은 반도체 표면으로부터 정공이 공핍되게 한다; (d) 보다 큰 양의 전압은 반도체 표면에 반전 "n형" 층이 형성되게 한다.

결과 계면 근처에서 반도체 대역이 휘어진다. 그림 6-12b에서 계면 근처의 페르미준위는 가전자대에 보다 가깝게 있어, 정공농도는 p형 반도체의 도핑으로부터 생기는 것보다 더 커지게 됨을 알 수 있다.

그림 6-12c에서는 금속에서 반도체로 양의 전압을 인가한다. 이것은 금속의 전위를 높이며 금속의 페르미준위를 평형위치에 대하여 qV만큼 저하시킨다. 그 결과 산화물의 전도대는 다시 기울어진다. 이 에너지대역의 기울기는 단순히 반도체 쪽에 대하여 금속 쪽을 아래로 이동시킴으로써 얻어지는데, 이것은 식 (4-26)에 따라 인가전계에 대하여 적절한 방향으로 되어 있음을 알 수 있다.

양의 전압은 금속 위에 양의 전하를 부착시키며, 반도체 표면에는 대응되는 실질적인 음의 전하를 불러일으키게 한다. 이와 같은 p형 물질에서의 음의 전하는 표면 부근의 영역으로부터 정공이 **공핍**(*depletion*)되어, 보상되지 않은 이온화된 억셉터를 뒤에 남겨놓게 된다. 이것은 5.2.3절에서 검토한 p-n 접합에서의 공핍영역과 유사하다. 공핍영역에서는 정공농도가 감소하고 E_i는 E_F에 접근하며, 대역들은 반도체 표면 부근에서 아래로 휜다.

양의 전압을 계속 증가시키면 반도체 표면에서의 대역은 더욱더 아래쪽으로 휜다. 사실상 충분히 큰 전압이 인가되면 E_i는 E_F 아래로(*below*) 휘게 된다(그림 6-12d). $E_F \gg E_i$는 전도대에 큰 전자농도를 갖게 됨을 의미하므로 특히 흥미로운 경우이다.

이 경우 반도체 표면 부근의 영역은 식 (3-25a)로써 주어지는 전자농도를 갖는 전형적인 n형 물질의 전도 특성을 갖는다. 이 n형의 표면층은 도핑으로 형성된 것이 아니라, 인가전압에 의해 원래는 p형인 반도체가 **반전**(*inversion*)됨으로써 형성된 것이다. 아래에 있는 p형 물질로부터 공핍영역에 의해 분리되어 있는 이 반전층은 MOS 트랜지스터 동작의 열쇠이다.

반전영역은 FET에서의 전도성 채널로 되기 때문에 좀더 면밀하게 관찰해야 한다. 그림 6-13에서 임의의 점 x에서 평형위치 E_i에 대하여 측정한 전위 ϕ를 정의한다. 에너지 $q\phi$는 x에서 대역의 휨을 말해 주며, $q\phi_s$는 표면에서의 대역의 휨을 나타낸다. $\phi_s = 0$은 이상적인 MOS의 경우에 대한 **평탄대역**(*flat band*, 즉 그림 6-12a와 같이 보이는 대역)의 조건이라는 것에 주목해야 한다. $\phi_s < 0$이면 에너지대역은 표면에서 위로 휘며 정공축적이 이루어진다(그림 6-12b). 이와 유사하게 $\phi_s > 0$이면 공핍상태가 이루어진다(그림 6-12c). 끝으로, ϕ_s가 양이고 ϕ_F보다 크면 표면에서의 대역은 $E_i(x = 0)$가 E_F보다 아래쪽에 있게 아래로 휘고 반전상태가 얻어진다(그림 6-12d).

ϕ_s가 ϕ_F보다 크면 언제나 표면상태는 반전된다는 것은 사실이지만, 실제 n형의 전도성 채널이 표면에 존재하는지의 여부를 나타내기 위해서는 실제적인 기준이 필요하다. **강반전**(*strong inversion*)상태에 대한 가장 좋은 기준은 기판이 p형인 것만큼 표면이 강하게 n형이어야 한다는 것이다. 즉, E_i는 표면으로부터 떨어진 곳에서는 E_F보다 위쪽에 있는 양만큼 표면에서는 E_F보다 아래쪽에 있어야 한다. 이 상태는

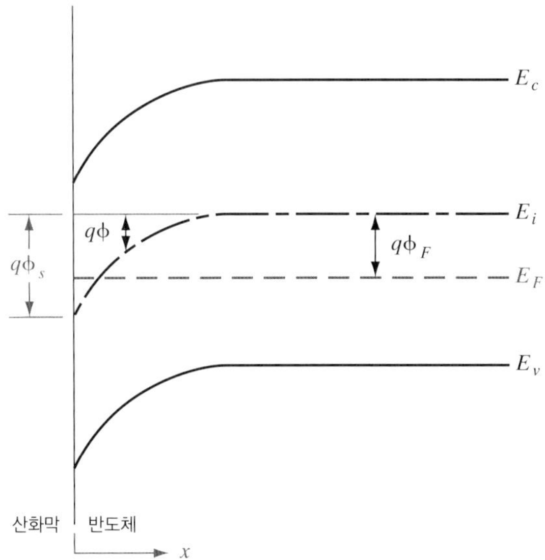

그림 6-13 강반전상태가 시작될 때 반도체 대역의 휨. 표면전위 ϕ_s는 중성인 p형 물질에서의 ϕ_F 값의 두 배이다.

$$\phi_s(\text{inv.}) = 2\phi_F = 2\frac{kT}{q}\ln\frac{N_a}{n_i} \tag{6-15}$$

일 때 생긴다. ϕ_F의 표면전위는 대역들이 표면에서 진성상태(intrinsic condition)($E_i = E_F$)로 휘게 하는 데 필요한 양이며, 그리고 E_i는 표면에서 소위 강반전의 상태를 얻기 위해서 다시 $q\phi_F$만큼 낮아져야 한다.

전자와 정공의 농도는 그림 6-13에서 정의된 전위 $\phi(x)$와 관련되어 있다. 평형상태에서의 전자농도는

$$n_0 = n_i e^{(E_F - E_i)/kT} = n_i e^{-q\phi_F/kT} \tag{6-16}$$

이므로, 임의의 점 x에서의 전자농도는 간단하게 이 항으로 나타낼 수 있다.

$$n = n_i e^{-q(\phi_F - \phi)/kT} = n_0 e^{q\phi/kT} \tag{6-17}$$

정공에 대해서도 유사하게

$$p_0 = n_i e^{q\phi_F/kT} \tag{6-18a}$$

$$p = p_0 e^{-q\phi/kT} \tag{6-18b}$$

이들 식을 푸아송(Poisson) 방정식 (6-19)와 보통의 전하밀도식 (6-20)을 결합시켜 $\phi(x)$에 대하여 풀 수 있다.

$$\frac{\partial^2\phi}{\partial x^2} = -\frac{\rho(x)}{\epsilon_s} \tag{6-19}$$

$$\rho(x) = q(N_d^+ - N_a^- + p - n) \tag{6-20}$$

위 방정식을 풀어 표면전위 ϕ_s의 함수로서 단위면적당 총 축적전하 Q_s를 결정해 보자. 식 (6-16), (6-17), (6-18)을 식 (6-19), (6-20)을 사용하여 전자와 정공의 농도에 대한 식으로 바꿈으로써 다음을 얻을 수 있다.

$$\frac{\partial^2\phi}{\partial x^2} = \frac{\partial}{\partial x}\left(\frac{\partial\phi}{\partial x}\right) = -\frac{q}{\epsilon_s}\left[p_0\left(e^{-\frac{q\phi}{kT}} - 1\right) - n_0\left(e^{\frac{q\phi}{kT}} - 1\right)\right] \tag{6-21}$$

여기서

$$\frac{-\partial\phi}{\partial x}$$

가 깊이 x에 대한 전계 $\mathscr{E}$임을 명심해야 한다.

표면에 대해 체적(대역이 평탄하고 전계는 0이며 캐리어농도는 도핑에 의해서만 결정되는)으로부터 식 (6-21)은 적분식으로 다음을 얻는다.

$$\int_0^{\frac{\partial\phi}{\partial x}}\left(\frac{\partial\phi}{\partial x}\right)d\left(\frac{\partial\phi}{\partial x}\right) = -\frac{q}{\epsilon_s}\int_0^{\phi}\left[p_0\left(e^{\frac{-q\phi}{kT}} - 1\right) - n_0\left(e^{\frac{q\phi}{kT}} - 1\right)\right]d\phi \tag{6-22}$$

적분하면 다음 식이 된다.

$$\mathscr{E}^2 = \left(\frac{2kT\,p_0}{\epsilon_s}\right)\left[\left(e^{-\frac{q\phi}{kT}} + \frac{q\phi}{kT} - 1\right) + \frac{n_0}{p_0}\left(e^{\frac{q\phi}{kT}} - \frac{q\phi}{kT} - 1\right)\right] \tag{6-23}$$

특히 중요한 경우는 표면 수직전계 $\mathscr{E}_s$가 다음과 같이 되는 표면($x = 0$)에 있다는 것이다.

$$\mathscr{E}_s = \frac{\sqrt{2}kT}{qL_D}\left[\left(e^{-\frac{q\phi_s}{kT}} + \frac{q\phi_s}{kT} - 1\right) + \frac{n_0}{p_0}\left(e^{\frac{q\phi_s}{kT}} - \frac{q\phi_s}{kT} - 1\right)\right]^{\frac{1}{2}} \tag{6-24}$$

여기서 새로운 용어, 디바이 차폐길이(*Debye screening length*)를 소개한다.

$$L_D = \sqrt{\frac{\epsilon_s kT}{q^2 p_0}} \tag{6-25}$$

디바이 길이는 반도체에서 매우 중요한 개념이다. 그것은 전하의 불균형이 차단되거나 없어지는 거리 개념을 준다. 예를 들어, n형 반도체에 양으로 대전된 구를 집어넣는다고 가정하면 이동전하들은 구 주위로 모일 것이다. 구에서 수 디바이 길이만큼 떨어진 곳에서는 양으로 대전된 구와 전자운은 마치 중성인 것처럼 보일 것이다. 놀랄 것은 없이, L_D는 캐리어농도가 높으면 높을수록 더욱더 차단이 쉽게 일어나기 때문에 도핑농도와 반대의 의존성을 갖는다. n형 물질에 대해서는 식 (6-25)에서 n_0를 사용한다.

표면에서 가우스(Gauss)의 법칙을 사용함으로써 단위면적당 적분된 공간전하를 전속밀도와 연관지을 수 있다. 기판 안쪽의 깊숙한 곳에서는 전계나 전속밀도가 0임을 명심해야 한다.

$$Q_s = -\epsilon_s \mathscr{E}_s \tag{6-26}$$

식 (6-26)에서 단위면적당 공간전하밀도 Q_s는 그림 6-14에 나타나 있듯이 표면전위 ϕ_s의 함수로서 그려진다. 식 (6-24)와 그림 6-14에서 볼 수 있듯이 표면전위가 0일 때(평탄대역 조건) 순수한 공간전하는 0이다. 이것은 고정 도펀트 전하가 평탄대역에서 이동 캐리어 전하에 의해 상쇄되기 때문이다. 표면전위가 음일 때는 표면에서 다수캐리어 정공을 끌어당겨 축적층을 형성한다. 식 (6-24)에서 첫 번째 항이 지배적이고 축적 공간전하는 음의 표면전위를 가진 채 매우 급격히 (지수적으로) 증가한다. p형 반도체에서 표면전위의 함수로서 표면 정공농도를 나타내는 식 (6-18)을 살펴봄으로써 쉽게 그 이유를 알 수 있다. 대역휨(band-bending)이 깊이의 함수로서 감소되기 때문에 적분된 축적전하는 전 깊이에 걸친 평균을 내포하며 지수항에서 2의 인자를 제시한다. 수학적으로 이것은 식 (6-24)에서 제곱근에 기인한다. 이 전하는 이동 다수캐리어(이 경우엔 정공)에 기인하기 때문에, 전하가 산화물-실리콘 계면 근처에 쌓이고 전형적인 축적층 두께가 ~20 nm라는 것에 주목해야 한다. 또한 표면전위가 축적전하에 지수적인 의존성을 갖기 때문에 대역휨은 일반적으로 작다. 또는 거의 0에 가깝게 속박된다고 말한다.

반면에, 양의 표면전위에 대해 초기에 두 번째(선형) 항이 지배적인 식 (6-24)를 보자. 비록 지수항 $\exp(q\phi_s/kT)$가 매우 크지만, 매우 작은 다수캐리어의 농도에 소수캐리어의 비로서 곱해져서 초기엔 무시할 만하다. 그러므로 작은 양의 표면전위에 대한 공간전하는 그림 6-14에 나타나 있듯이 ~ $\sqrt{\phi_s}$로서 증가한다. 이 절의 후반부에서 상세히 논의되듯이, 이것은 드러난, 고정된 부동 도펀트(이 경우엔 억셉터)에 기인한 공핍영역 전하에 대응한다. 공핍폭은 전형적으로 수백 nm에 걸쳐 퍼져 있다. 그 중 어떤 점에서 대역휨은 페르미전위 ϕ_F의 두 배가 되고, 강반전이 시작된다. 이제 소수캐리어농도 n_0로 곱해진 지수항 $\exp(q\phi_s(\text{inv.})/kT)$은 다수캐리어농도 p_0와 같다. 이 점 이후의 대역휨에 대해, 위 항이 우세한 항이 된다. 축적의 경우에서처럼, 이동 반전전하(mobile inversion charge)는 이제 식 (6-17)에서 지적하고 그림 6-14에 나타난 바와 같이 바이어스에 따라 매우 급격히 증가한다. 전형적인 반전층 두께는 ~5 nm이고 표면전위는 이제 본질적으로 $2\phi_F$에서 고정된다.

축적에 있어, 특히 반전에 있어서 캐리어는 x방향으로 폭이 좁고 모양이 거의 삼각형인 전위우물(2장에서 논의된 것과 유사하게, 양자역학적인 상자 내의 입자상태나 부대역을 유발하는)에 구속된다. 그러나 캐리어는 산화물-실리콘 계면과 평행한 다른 방향으로는 자유롭다. 이는 부록 IV에서 논의되는 계단형의 일정한 상태밀도를 가진 2차원 전자가스(2DEG), 또는 정공가스를 가져온다. 이들 효과의 세부적인 분석은 불행히도 우리가 논의할 범위를 넘어선다.

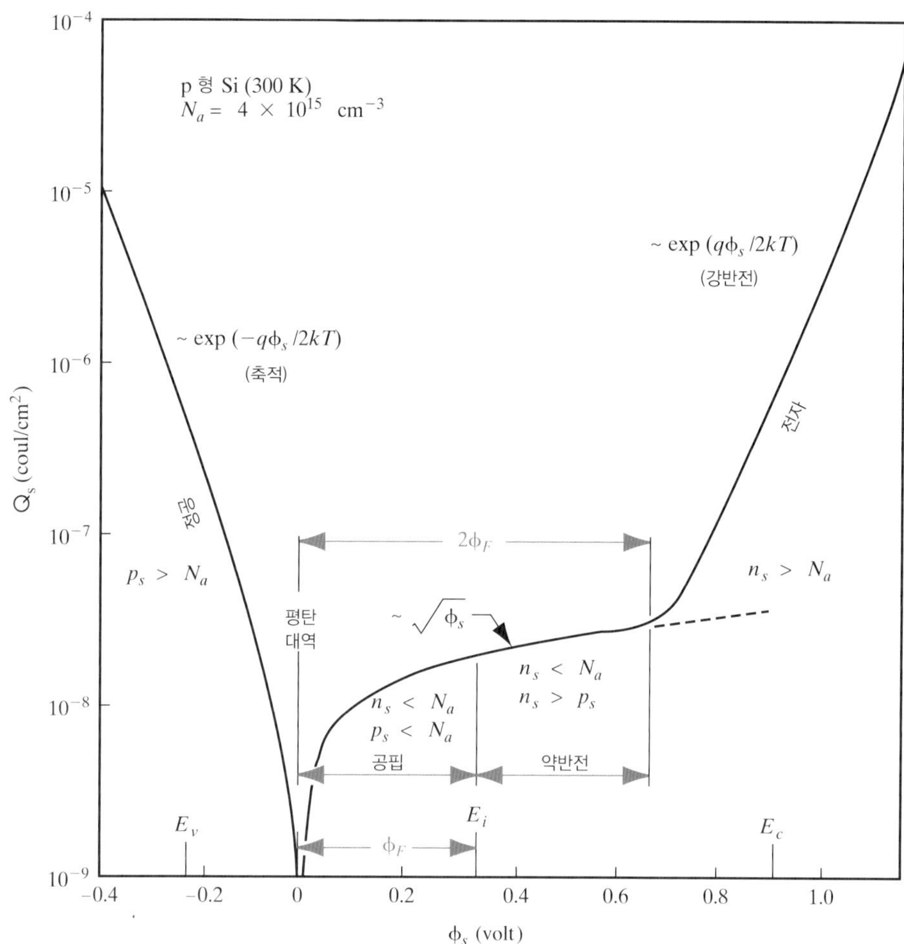

그림 6-14 실온에서 $N_a = 4\times10^{15}$ cm^{-3}을 갖는 p형에 대한 표면전위 ϕ_S의 함수로서의 반도체 내의 공간전하밀도의 변화. p_S와 n_S는 표면에서의 정공, 잔자의 농도이다. ϕ_F는 페르미준위와 체적에서 진성준위와의 전위차이다(Garrett and Brattain, Phys. Rev., 99, 376(1995)).

반전된 표면에 대한 전하분포, 전계 및 정전적 전위를 그림 6-15에 대략적으로 나타내었다. 간단하게 하기 위하여 이 그림에서, $0 < x < W$에서는 완전히 공핍상태이며 $x > W$에서는 중성 물질이라고 가정하는 5장의 공핍근사법(depletion approximation)을 사용한다. 이 근사 방식에서 공핍영역의 보상되지 않은 억셉터에 의한 단위면적당 전하[6)]는 $-qN_aW$이다. 금속의 양의 전하 Q_m은 반도체의 음의 전하 Q_s와 균형을 이루는데, 이 전하 Q_s는 공핍층 전하와 반전영역에 의한 전하 Q_n을 합한 것이다. 즉,

$$Q_m = -Q_s = qN_aW - Q_n \tag{6-27}$$

6) 본 장에서는 전체적 검토를 통하여 A가 포함되는 것을 피하기 위하여 단위면적당 전하 Q와 단위면적당 정전용량 C를 사용할 것이다.

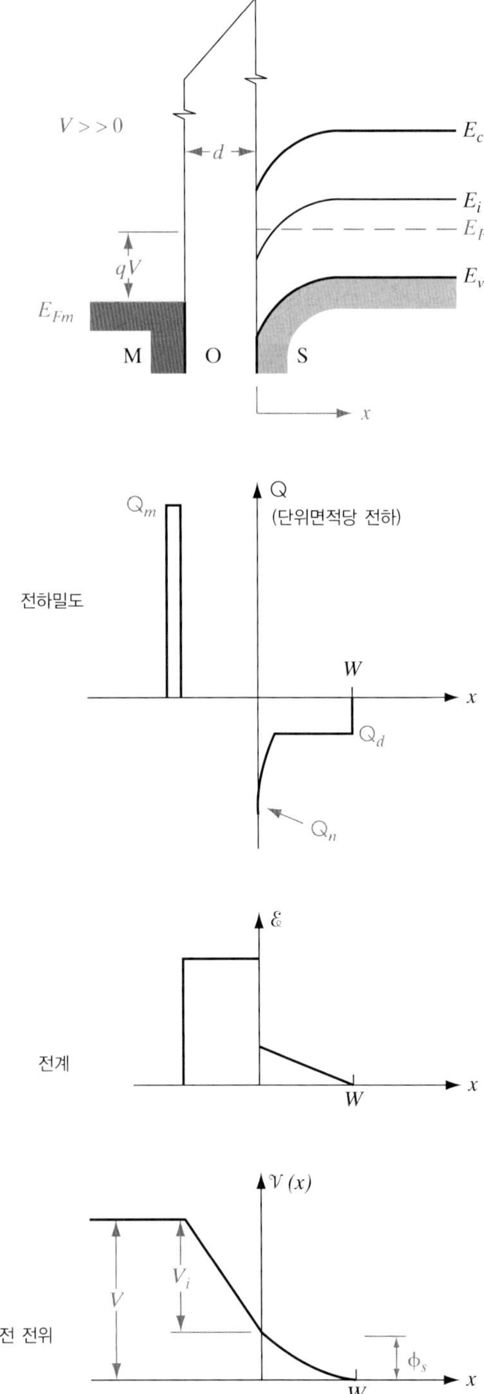

그림 6-15 반전상태에 있는 이상적인 MOS 커패시터에서 전하, 전계, 정전 전위의 근사적인 분포. 반전 영역의 상대적 폭은 실례를 들기 위해 의도적으로 과장되게 그렸으나 전계와 정전전위 도표에서는 생략하였다. 에너지 밴드가 구부러지는 가장자리(edges)에서의 기울기들은 게이트 유전체와 반도체 채널에서의 전계의 크기를 나타낸다. 수직방향의 전계와 유전상수의 곱은 변위(Displacement, D)를 나타내는데 이 D는 유전체-반도체 계면을 전후하여 연속적이다. 이는 상기 계면에 전하는 존재하지 않는다는 가정 하에 맥스웰의 경계조건을 적용한 것이 된다.

그림 6-15에서 반전영역의 폭은 설명을 위해 과장되어 있다. 실제로 이 영역의 폭은 일반적으로 100 Å 이하이다. 따라서 전계와 전위분포의 개략도를 그릴 때는 이것을 무시하였다. 전위분포도에서 인가전압 V의 일부는 절연체를 가로질러서(V_i), 또 일부는 반도체의 공핍영역에 걸쳐서(ϕ_s) 나타난다는 것을 알 수 있다. 즉,

$$V = V_i + \phi_s \tag{6-28}$$

절연체를 가로지르는 전압은 분명히 양쪽에 있는 전하와 관계되며, 전하를 정전용량으로 나눈 것이 된다. 즉,

$$V_i = \frac{-Q_s d}{\epsilon_i} = \frac{-Q_s}{C_i} \tag{6-29}$$

여기서 ϵ_i는 절연체의 유전율(permittivity)이고, C_i는 단위면적당 절연체의 정전용량이다. n 채널에 대해 전하 Q_s는 음이 되며, 따라서 V_i는 양의 값을 갖게 될 것이다.

공핍근사법을 사용하면 W를 ϕ_s의 함수로 풀 수 있다(연습문제 6.8). 그 결과는 공핍영역이 거의 모두 p형 영역 속으로 확장된 5장의 n^+-p형 접합에 대한 것과 같다. 즉,

$$W = \left[\frac{2\epsilon_s\phi_s}{qN_a}\right]^{1/2} \tag{6-30}$$

강반전이 이루어질 때까지의 공핍영역은 커패시터에 걸리는 전압이 증가함에 따라 증가한다. 그 후 전압이 더욱 커지면 공핍영역이 커지기보다는 더욱 강한 반전층이 형성된다. 따라서 공핍영역폭의 최대값은 식 (6-15)를 이용하여 다음과 같이 구할 수 있다.

$$W_m = \left[\frac{2\epsilon_s\phi_s(\text{inv.})}{qN_a}\right]^{1/2} = 2\left[\frac{\epsilon_s kT \ln(N_a/n_i)}{q^2 N_a}\right]^{1/2} \tag{6-31}$$

이 식에서의 여러 양을 알고 있으므로 W_m을 계산할 수 있다.

강반전상태에서 공핍영역의 단위면적당 전하 Q_d는 다음과 같다.[7)]

$$Q_d = -qN_aW_m = -2(\epsilon_s qN_a\phi_F)^{1/2} \tag{6-32}$$

인가전압은 이 공핍영역 전하와 표면전위 ϕ_s(inv.)의 합을 생기게 하는 데 충분할 정도로 커야 한다. 식 (6-15), (6-28), (6-29)를 사용하면, 강반전이 생기는 데 필요한 **문턱전압**(*threshold voltage*)은

$$V_T = -\frac{Q_d}{C_i} + 2\phi_F \text{ (이상적인 경우)} \tag{6-33}$$

7) p형 채널(n형 기판)의 경우, ϕ_F는 음이 되어 $Q_d = +qN_dW_m = 2(\epsilon_s qN_d|\phi_F|)^{1/2}$을 이용한다.

으로 주어진다. 이것은 반전이 일어날 때 반도체 표면에서의 음의 전하 Q_s는 대부분 공핍 영역의 전하 Q_d에 의한 것이라고 가정한 것이다. 이 문턱전압은 강반전을 이루는 데 필요한 최소 전압을 나타내며, MOS 트랜지스터에서 매우 중요한 양이다. 다음 절에서는 실제 MOS 구조의 경우 이 식에 또 다른 항이 첨가되어야 한다는 것을 알게 될 것이다.

이 이상적인 MOS 구조의 정전용량-전압 특성(그림 6-16)은 반도체 표면이 축적상태, 공핍상태 또는 반전상태에 있는가에 따라 달라진다.

MOSFET의 정전용량은 전압 의존적이기 때문에 전압-의존 반도체 정전용량에 대한 식 (5-55)에 있어서 더욱 일반적인 표현을 사용해야 한다.

$$C_s = \frac{dQ}{dV} = \frac{dQ_s}{d\phi_s} \tag{6-34}$$

실제로 MOS 커패시터나 MOSFET의 전기적인 등가회로를 보면, 그건 전압-의존 게이트 산화물(절연체) 정전용량과 식 (6-34)에서 정의된 전압-의존 반도체 정전용량이 하나의 직렬결합이 된다. 이처럼 전체 MOS의 정전용량은 전압 의존성을 갖는다. 반도체 정전용량 그 자체는 그림 6-14에서 Q_s 대 ϕ_s의 기울기로부터 구할 수 있다. 축적상태에서 반도체의 정전용량은 그 기울기가 매우 가파르므로 매우 높다. 즉, 축적전하는 표면전위에 따라 많이 변화한다. 그러므로 축적상태에 있는 직렬 정전용량은 기본적으로 절연체의 정전용량 C_i이다. 음의 전압이 인가된 경우 정공이 표면에 축적된다(그림 6-12b). 그 결과 MOS 구조는 거의 평행판형 커패시터와 같아 보이며 절연체의 성질에 의해 주도되어 $C_i = \epsilon_i/d$로 된다(그림 6-16에서 점 1). 전압이 양으로 됨에 따라 이 반도체 표면은 공핍상태가 된다. 따라서 다음 식으로 표현되는 공핍층의 정전용량 C_d가 C_i와 직렬로 첨가된다.

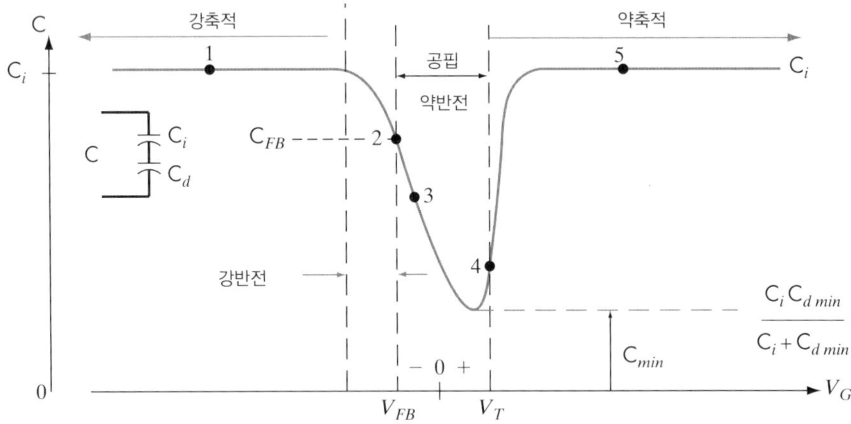

그림 6-16 n형 채널(p형 기판) MOS 커패시터에 대한 정전용량-전압 관계. $V > V_T$에 대한 점선이 극히 높은 측정주파수에서만 볼 수 있다. 평탄대역 전압 V_{FB}는 6.4.3절에서 논의될 것이다. 반도체가 공핍영역에 있을 때, 반도체 C_s는 C_d로 표시된다.

$$C_d = \frac{\epsilon_s}{W} \tag{6-35}$$

여기서 ϵ_s는 반도체의 유전율이고, W는 식 (6-30)으로 주어지는 공핍층의 폭이다. 총 정전용량은 다음과 같다.

$$C = \frac{C_i C_d}{C_i + C_d} \tag{6-36}$$

이 정전용량은 W가 커져서 평탄대역(점 2)과 약반전(점 3)을 지나 V_T에서 강반전(점 4)에 이르게 될 때까지 감소한다. 공핍영역에서 소신호 반도체 정전용량은 표면전위에 대한 (공핍) 공간전하의 변화를 나타내는 식 (6-34)와 같은 공식으로 주어진다. 그 전하는 $\sim \sqrt{\phi_s}$에 따라서 증가하기 때문에, 공핍 정전용량은 분명히 p-n 접합에 대한 공핍 정전용량에 대한 것처럼 정확히 $1/\sqrt{\phi_s}$로서 감소할 것이다[식 (5-63) 참조].

반전에 도달한 후에, 소신호 정전용량은 측정이 고주파수(통상 ~1 MHz)인지 또는 저주파수(통상 ~1 ~ 100 Hz)인지에 따라 달라진다. 여기서 "고" 또는 "저"는 각각 반전영역에서 소수캐리어의 생성-재결합 비에 관계된다. 게이트전압이 급격히 변한다면, 반전영역에 있는 전하는 곧바로 응답하여 변하지 못하므로 소신호 교류 정전용량에 기여할 수 없다. 그리하여, 반도체 정전용량은 최대 공핍폭에 대응하는 최소값에 있게 된다.

반면에, 게이트 바이어스가 천천히 변한다면 소수캐리어가 체적 내에서 발생될 시간이 충분하므로 공핍영역을 지나 반전층으로 표동하거나, 기판으로 되돌아가거나 재결합을 한다. 이제는, 동일한 식 (6-34)에 따르는 반도체 정전용량은 그림 6-14에 나타나 있듯이 반전전하가 ϕ_s에 따라 지수적으로 증가하므로 매우 크다. 그러므로 강반전상태인 저주파수 MOS 직렬 정전용량은 본래대로 다시 한 번 C_i(점 5)가 된다.

축적상태에 있는 정전용량의 주파수 의존성은 어떠한가(그림 6-12a)? 축적층에 있는 다수캐리어는 소수캐리어보다 더 빨리 응답할 수 있으므로 저주파수와 고주파수 두 가지 모두에서 매우 큰 정전용량을 얻게 된다. 소수캐리어는 생성-재결합(전형적으로 실리콘에서는 수백 마이크로초)의 시간에 응답하는 반면, 다수캐리어는 유전완화시간(dielectric relaxation time) $\tau_D = \rho\epsilon$인 시간에 응답한다. 여기서 ρ는 저항률이고, ϵ은 유전율이다. τ_D는 어떤 시스템의 RC 시상수와 유사하나 그것은 다수캐리어(~10^{-13} s)에 비해서는 작다. 흥미롭게도, 반전층에서의 고주파 정전용량은 MOS 커패시터에서는 낮아도 MOSFET에 대해서는 높은데(C_i), 이는 반전전하는 기판 내에서 생성-재결합에 의해 만들어지기보다는 소스/드레인영역으로부터 쉽사리 매우 빠르게(~ τ_D) 흐를 수 있기 때문이다.

6.4.3 실제 표면의 영향

MOS 소자가 전형적인 물질(즉, 금속-high-k(고 유전율) 산화물 혹은 SiO_2-Si)로 만들어졌을 때는 앞서 기술한 이상적인 경우로부터의 이탈 정도가 V_T와 기타 성질에 큰 영향을 미칠 수 있다. 첫째, 금속 게이트와 기판 사이에 일함수 차이가 존재한다. 이 일함수의 값은 기판농도에 따라 다르다. 둘째로, Si-high-k 산화물 혹은 SiO_2 계면과 산화물 내에 불가피하게 고려해야 할 전하가 존재한다.

일함수의 차이. Φ_s는 반도체의 도핑에 따라 변할 것으로 예상된다. 그림 6-17은 도핑을 변화시켰을 때 Si 위의 n^+ 다결정실리콘에 대한 일함수 전위차 $\Phi_{ms} = \Phi_m - \Phi_s$를 나타낸 것이다. 다른 금속 전극인 경우는 그 금속의 일함수 Φ_m가 사용되어야 한다. 이 경우 Φ_{ms}는 언제나 음이며 고농도로 도핑된 p형 Si(즉, E_F가 가전자대역에 근접한 경우)에서 가장 큰 음의 값을 가짐을 알 수 있다.

Φ_{ms}가 음일 때의 평형상태에 대한 에너지대역도를 구성하고자 한다면(그림 6-18a) E_F를 일치시킴에 있어 산화물 전도대의 경사(이것은 전계의 존재를 암시함)를 포함시켜야 함을 알 수 있다. 따라서 일함수의 차이를 수용하기 위해 평형상태에서 금속은 양으로, 반도체 표면은 음으로 대전된다. 그 결과 에너지대역들은 반도체 표면 부근에서 아래쪽으로 휘어진다. 사실상 Φ_{ms}가 충분한 음의 값을 갖게 되면 어떠한 외부전압을 인가하지 않아도 반전영역이 존재할 수 있다. 그림 6-18b에 나타낸 **평탄대역**(*flat band*)을 얻으려면 금속에 음의 전압($V_{FB} = \Phi_{ms}$)을 인가해야만 한다.

계면전하. 일함수의 차이에 덧붙여서 평형상태의 MOS는 절연체 내의 전하와 반도체-산화물 계면에서의 전하(그림 6-19)에 의해 영향을 받는다. 예를 들어, 알칼리(alkali)금속 이온(특히 Na^+)이 성장과정 및 후속 처리단계 중에 산화물 속에 비고의적으로 첨가될 수 있다. 나트륨(sodium)은 일반적인 오염체(contaminant)이므로 극도로 정결한 화학약품, 물, 가스 및 처리환경을 이용하여 유전체층에서 그 영향을 최소로 할 필요가 있다. 나트륨 이온은 이 산화물 내에 양전하(Q_m)를 초래하게 되어 반도체에 음전하를 유기시킨다. 산

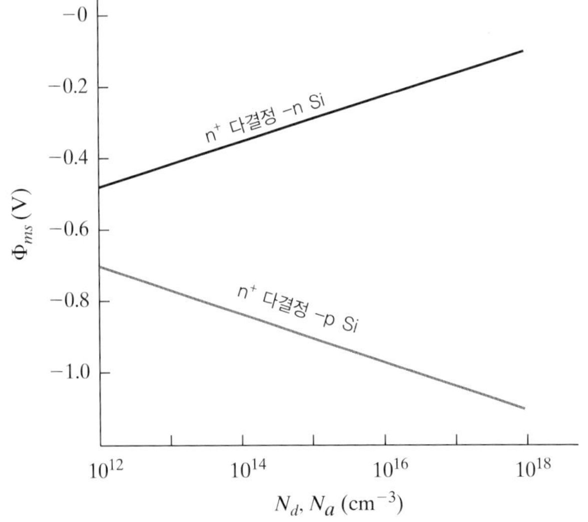

그림 6-17 n^+ 다결정실리콘에 대한 기판 도핑농도에 따른 금속-반도체 일함수 전위차 Φ_{ms}의 변화

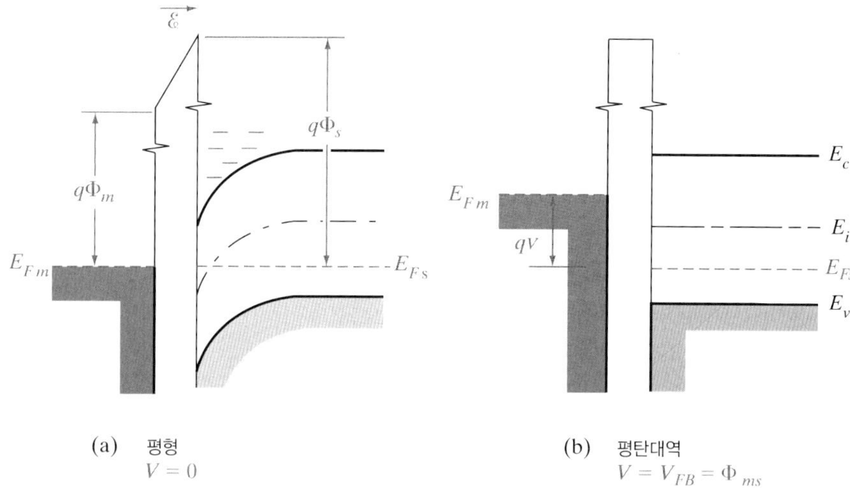

그림 6-18 음의 일함수 차이($\Phi_{ms} < 0$)의 영향: (a) 반도체 표면에서 에너지대역의 휨과 음전하의 형성; (b) 음의 전압을 인가함으로써 평탄대역 조건을 달성.

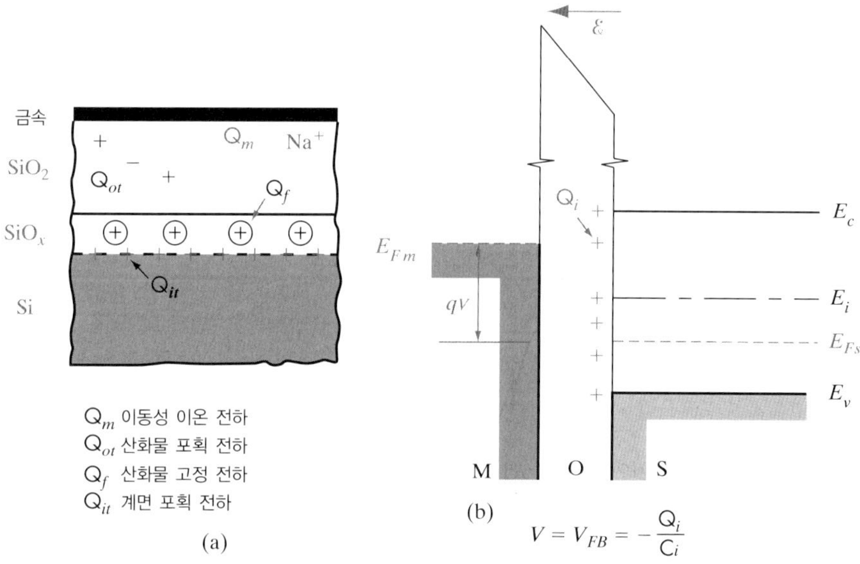

그림 6-19 산화물층과 계면에 있는 전하의 영향: (a) 여러 가지 원인에 의해 생기는 전하밀도(C/cm²)의 정의; (b) 이 전하들을 산화물-반도체 계면에서의 양의 등가 면전하 Q_i로 나타낸 것. 이 양전하는 반도체 내에서 등가적인 음전하를 유기하며, 이로 인해 평탄대역상태를 이루기 위해서 음의 게이트전압이 필요하다.

화물에서 이와 같은 양이온 전하의 영향은 함유된 이온의 수와 반도체 표면으로부터의 거리에 의존한다(연습문제 6.14). 반도체에 유기되는 음전하는 Na^+ 이온이 계면에서 멀리 있을 때보다 가까이 있을 때 더 커지게 된다. 문턱전압에 대한 이 이온전하의 영향은 Na^+ 이온이 SiO_2에서, 특히 높은 온도에서는 비교적 이동하기 쉽고, 따라서 인가된 전계 내에서 표동할 수 있다는 사실로 인해 복잡해진다. V_T가 이미 지나간 전압 바이어스에 의존한다면 그 소자는 분명히 아무 쓸모가 없다. 다행히도 산화물의 Na 오염은 공정 중에 적절한 주의를 함으로써 감내할 수 있을 수준으로까지 감소시킬 수 있다. 산화물은 또한 SiO_2의 불완전성에 기인하는 포획된 전하(Q_{ot})를 갖고 있다.

산화물의 전하에 덧붙여 Si-SiO_2 계면의 **계면상태**(*interface states*)로부터 일련의 양전하가 생긴다. Q_{it}라 하는 이들 전하는 반도체의 결정격자가 산화물 계면에서 갑자기 끊어지는 데에서부터 생긴다. 계면 근처는 고정된 전하(Q_f)를 함유하고 있는 전이층(SiO_x)이다. SiO_2층을 형성함에 있어서 산화가 일어남에 따라 Si는 표면으로부터 떨어져서 산소와 반응한다. 산화가 중지될 때 일부 이온성 Si는 계면 근처에 남는다. 표면에서 Si의 불완전한 결합(bond)들과 더불어 이들 이온은 계면에서 양의 면전하 Q_f를 발생시킨다. 이 전하는 산화의 속도와 후속 열처리 및 결정방향에 의존한다. 조심스럽게 처리한 Si-SiO_2 계면에 대하여 Q_{it}와 Q_f로 인한 전형적인 전하밀도는 {100} 표면의 시료에 대해 10^{10}개/cm^2 정도이다. {111} 표면에 대한 계면전하밀도는 10배 정도 높다. 이런 이유로 통상 MOS 소자는 {100} Si에 만들어진다.

간단하게 하기 위해 여러 산화물 및 계면전하를 계면에서의 **유효**(*effective*)양전하 Q_i(C/cm^2)에 포함시키기로 한다. 이 전하의 효과는 반도체에 등가적인 음전하를 유기시키는 것이다. 따라서 평탄대역 전압에 부가적인 성분을 추가해야 한다. 즉,

$$V_{FB} = \Phi_{ms} - \frac{Q_i}{C_i} \tag{6-37}$$

일함수의 차이와 양의 계면전하는 다같이 반도체 표면에서의 대역을 아래쪽으로 휘게 하므로 그림 6-19b의 평탄대역 조건을 얻기 위해서는 반도체에 대하여 금속에 음의 전압을 인가해야 한다.

6.4.4 문턱전압

평탄대역을 얻기 위해 필요한 전압을 이상적인 MOS 구조(평탄대역 전압이 0이라고 가정함)에 대하여 얻어진 문턱전압의 방정식 (6-33)에 추가해야 한다. 즉,

$$\boxed{V_T = \Phi_{ms} - \frac{Q_i}{C_i} - \frac{Q_d}{C_i} + 2\phi_F} \tag{6-38}$$

따라서 강반전이 생기는 데 필요한 전압은 우선 평탄대역상태(Φ_{ms}와 Q_i/C_i의 항)를 얻고, 다음에 공핍영역에 전하(Q_d/C_i)가 수용되어야 하며, 끝으로 반전영역을 유기($2\phi_F$)시키는 데 충분하도록 커야 한다. 이 방정식은 전형적인 MOS 소자에서 문턱전압에 주된 영향을 주는 효과를 설명하는 것이다. 각 항에 적절한 부호를 포함시킨다면(그림 6-20), 이것은 n

형과 p형 기판[8] 모두에 대하여 쓸 수 있다. Φ_{ms}는 그림 6-17에서와 같이 변하지만 전형적으로 음의 값을 갖는다. 계면의 전하는 양이며, 따라서 항 $-Q_i/C_i$의 기여는 어떤 기판 형식에서든 음의 값을 갖는다. 반면에 공핍영역의 전하는 이온화된 억셉터에 대해서는(p형 기판, n형 채널일 때) 음이고, 이온화된 도너의 경우는(n형 기판, p형 채널일 때) 양이다. 또 중성기판에서 $(E_i - E_F)/q$로 정의되는 항 ϕ_F는 기판의 전도양식에 따라 양 또는 음일 수 있다. 그림 6-20의 부호를 고찰하면 p형 채널의 경우 4가지 항이 모두 음의 기여를 함을 알 수 있다. 따라서 전형적인 p형 채널소자의 경우 음의 문턱전압이 예상된다. 반면 n형 채널소자는 식 (6-38)의 각 항들의 상대적인 값에 따라 양 또는 음의 문턱전압을 가질 수 있다.

식 (6-38)에서 Q_i/C_i를 제외한 모든 항은 기판의 도핑에 의존한다. Φ_{ms}와 ϕ_F는 E_F가 도핑에 의하여 위아래로 이동함에 따른 변화가 비교적 적다. 보다 큰 변화는 Q_d에서 발생

	$V_T =$	Φ_{ms}	$-\dfrac{Q_i}{C_i}$	$-\dfrac{Q_d}{C_i}$	$+\ 2\phi_F$
(a)		(−)	(−)	(+) n 채널 (−) p 채널	(+) n 채널 (−) p 채널

(b)

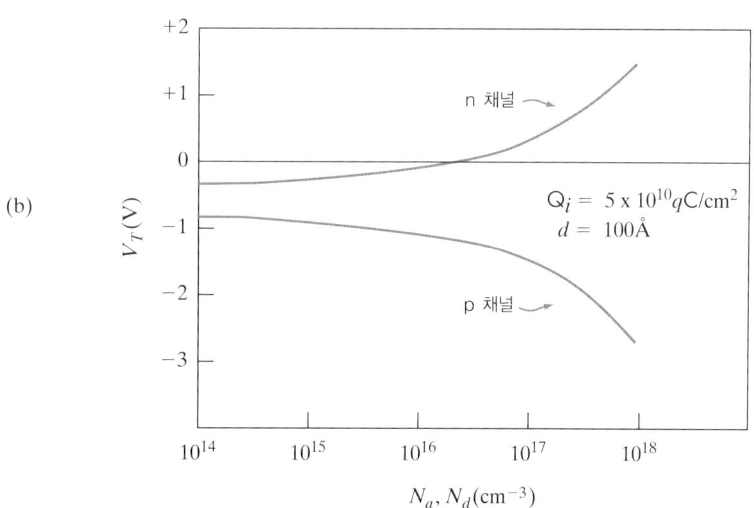

그림 6-20 문턱전압에 대한 물질 파라미터의 영향: (a) 각종 요인의 부호를 나타내고 있는 문턱전압 방정식; (b) n채널과 p채널 n^+ 다결정실리콘-SiO_2-Si 소자에 대한 기판 도핑에 따른 V_T의 변화

8) n형 채널의 소자는 p형 기판 위에 만들어지며, p형 채널의 소자는 n형 기판을 갖는다는 것을 기억하는 것이 중요하다.

하는데, 이 값은 식 (6-32)에서와 같이 도핑 불순물농도의 제곱근에 따라 변한다. 그림 6-20에는 기판 도핑에 따른 문턱전압의 변화를 보였다. 식 (6-38)로부터 기대되는 바와 같이 p형 채널의 경우 V_T는 항상 음이다. n형 채널의 경우 저농도로 도핑된 p형 기판에 대해서는 음의 평탄대역 전압의 항이 주된 영향을 줄 수 있어 그 결과 음의 문턱전압을 갖는다. 그러나 보다 더 고농도로 도핑된 기판에서는 Q_d 항에 대한 N_a의 기여가 증가하여 지배적인 것으로 되며 V_T는 양이 된다.

여기서 일단 중지하고 양이나 음의 V_T가 두 경우에 무엇을 뜻하는가를 고려해 보자. p형 채널소자에서는 채널에 양의 전하를 유기시키기 위해 금속에서 반도체로 음의 전압을 인가해야 할 것으로 생각된다. 이 경우 음의 문턱전압은 강반전상태를 얻기 위해서는 인가하는 음의 전압이 V_T보다 커야 한다는 것을 의미한다. n형 채널의 경우 채널을 유기하기 위해 금속에 양의 전압을 인가해야 할 것으로 생각된다. 따라서 양의 V_T 값은 강반전상태와 전도성 n형 채널을 얻기 위해 인가전압이 문턱값보다 커야 한다는 것을 의미한다. 반면 V_T가 음인 경우는 $V = 0$에서 Φ_{ms}와 Q_i의 효과로 인하여 채널이 존재하는 것을 의미하며(그림 6-18 및 6-19), 또 이 소자를 차단상태로 하기 위해서는 음의 전압 V_T를 인가해야 한다. 저농도로 도핑된 기판은 드레인접합에서 높은 항복전압을 유지하는 데는 바람직하므로, 그림 6-20은 표준공정으로 제작된 n형 채널소자에 대해서는 V_T가 음이 될 것으로 예상된다. 공핍형(정상전도상태) n형 채널 트랜지스터의 형성에 대한 이와 같은 경향은 6.5.5절에서 기술할 특수한 제작방법을 써서 처리해야 할 문제이다.

예제 6-1 n^+ 다결정실리콘 게이트 n채널 MOS 트랜지스터가 $N_a = 5 \times 10^{15}\ \text{cm}^{-3}$인 p형 실리콘 기판 위에 만들어졌다. SiO_2의 두께는 게이트영역에서 100 Å이고 유효계면전하(effective interface charge) Q_i는 $4 \times 10^{10}\ q\text{C/cm}^2$이다. C-V 특성에서 C_i와 C_{min}을 구하고 W_m, V_{FB}, V_T를 구하라.

풀이

$$\phi_F = \frac{kT}{q}\ln\frac{N_a}{n_i} = 0.0259\ln\frac{5 \times 10^{15}}{1.5 \times 10^{10}} = 0.329\ \text{eV}$$

$$W_m = 2\left[\frac{\epsilon_s\phi_F}{qN_a}\right]^{1/2} = 2\left[\frac{11.8 \times 8.85 \times 10^{-14} \times 0.329}{1.6 \times 10^{-19} \times 5 \times 10^{15}}\right]^{1/2}$$

$$= 4.15 \times 10^{-5}\text{cm} = \mathbf{0.415\ \mu m}$$

그림 6-17로부터 $\Phi_{ms} \approx -0.95$ V이고,

$$Q_i = 4 \times 10^{10} \times 1.6 \times 10^{-19} = 6.4 \times 10^{-9}\ \text{C/cm}^2$$

$$C_i = \frac{\epsilon_i}{d} = \frac{3.9 \times 8.85 \times 10^{-14}}{0.1 \times 10^{-5}} = 3.45 \times 10^{-7}\ \text{F/cm}^2$$

$$V_{FB} = \Phi_{ms} - Q_i/C_i = -0.95 - 6.4 \times 10^{-9}/3.45 \times 10^{-7} = \mathbf{-0.969\ V}$$

$$Q_d = -qN_aW_m = -1.6 \times 10^{-19} \times 5 \times 10^{15} \times 4.15 \times 10^{-5}$$

$$= -3.32 \times 10^{-8}\text{C/cm}^2$$

$$V_T = V_{FB} - \frac{Q_d}{C_i} + 2\phi_F = -0.969 + \frac{3.32 \times 10^{-8}}{3.45 \times 10^{-7}} + 0.658 = \mathbf{-0.215\ V}$$

$$C_d = \frac{\epsilon_s}{W_m} = \frac{11.8 \times 8.85 \times 10^{-14}}{4.15 \times 10^{-5}} = 2.5 \times 10^{-8}\,\text{F/cm}^2$$

$$C_{min} = \frac{C_i C_d}{C_i + C_d} = \frac{3.45 \times 10^{-7} \times 2.5 \times 10^{-8}}{3.45 \times 10^{-7} + 2.5 \times 10^{-8}} = \mathbf{2.33 \times 10^{-8}\ F/cm^2}$$

6.4.5 MOS 정전용량-전압 분석

절연막 두께, 기판농도 및 V_T와 같은 MOS 소자의 다양한 변수가 C-V 특성으로부터 어떻게 얻어질 수 있는지를 보자(그림 6-21a). 먼저, C-V 곡선의 형상은 기판의 도핑형에 의존한다. 고주파수 정전용량이 음의 게이트 바이어스에 대해 크고 양의 바이어스에 대해서는 작다면, 그것은 p형 기판이고 그 반대도 성립한다. p형 물질에 대한 저주파수 C-V 곡선으로부터, 게이트 바이어스가 더욱 양으로 증가함에 따라(또는 더욱 음으로 작아짐에 따라) 정전용량은 공핍에서는 천천히 감소하고 반전에서는 급속히 증가한다. 그 결과로서, 모양상으로 저주파수 C-V 곡선은 대칭이 되지 않는다. n형 기판의 경우는 C-V 곡선이 그림 6-21의 거울상이 될 것이다.

축적 또는 강반전(저주파수에서)에서의 정전용량 $C_i = \epsilon_i/d$는 절연체 두께 d를 제공한다. 최소 MOS 정전용량 C_{min}은 C_i와 최대 공핍폭에 대응하는 최소 공핍 정전용량 $C_{dmin} = \epsilon_s/W_m$의 직렬결합이다. 대체로 C_{min}의 측정값을 기판농도를 구하는 데 사용할 수 있다. 그러나 식 (6-31)로부터는 N_a에 관한 W_m의 의존성이 복잡해서 오직 수치적으로만 풀 수 있는 난해한 식을 얻는다는 것을 알 수 있다. 실제로는 최소 공핍 정전용량 C_{dmin}의 항으로 표현된 N_a를 얻을 수 있는 근사적인, 반복적 해가 존재한다.

$$N_a = 10^{[30.388 + 1.683 \log C_{dmin} - 0.03177(\log C_{dmin})^2]} \tag{6-39}$$

여기서 C_{dmin}의 단위는 F/cm^2이다.

일단 기판농도가 얻어지면, 그것으로부터 평탄대역 정전용량을 결정할 수 있다. 평탄대역에서의 반도체 정전용량 C_{FB}(그림 6-16의 점 2)는 디바이 길이 정전용량으로부터 결정된다.

$$C_{debye} = \frac{\epsilon_s}{L_D} \tag{6-40}$$

여기서 디바이 길이는 식 (6-25)에서 설명된 것처럼 도핑에 의존한다. 전체 MOS 평탄대역 정전용량 C_{FB}는 C_{debye}와 C_i의 직렬결합이다. 그러므로 C_{FB}에 대응하는 V_{FB}를 결정할

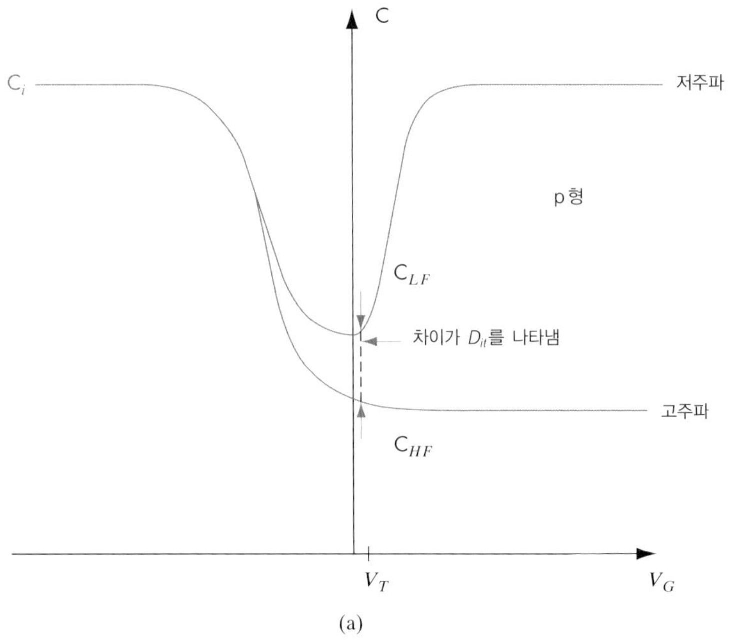

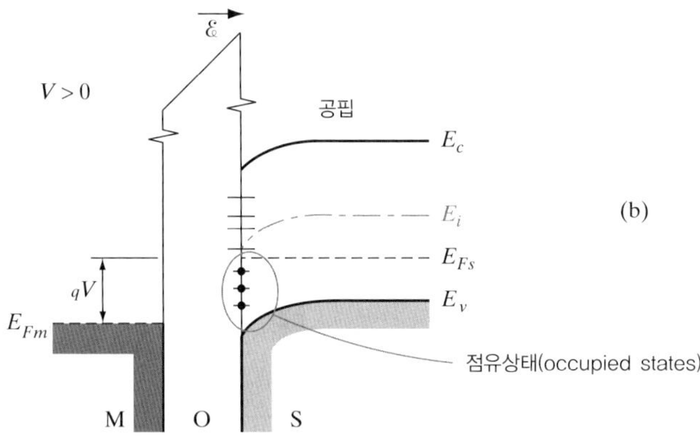

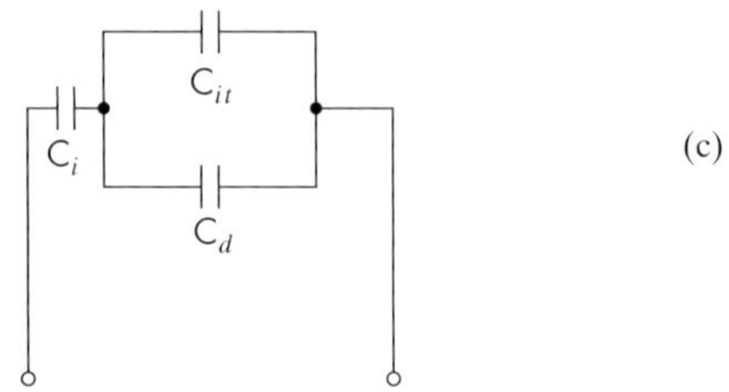

그림 6-21 빠른 계면상태 결정: (a) 빠른 계면상태의 강한 영향을 보여주는 고주파수와 저주파수 C–V 곡선; (b) 빠른 계면상태에 기인한 대역간극에서의 에너지준위; (c) 게이트 산화물(C_i), 채널에서의 공핍층(C_d), 빠른 계면상태(C_{it})에 기인한 정전용량 성분을 보여주는 MOS 구조의 등가회로.

수 있다. 일단 C_i, V_{FB}와 기판농도가 얻어지면, V_T 표현식[식 (6-38)]의 모든 항을 알게 된다. 흥미롭게도, 문턱전압 V_T는 *C-V* 특성 곡선의 최소값 C_{min}에 정확히 대응되지 않고 그림 6-16의 점 4로 표시된 약간 더 높은 정전용량에 대응된다. 실제로 그것은 C_i와 C_{dmin}의 직렬결합이라기보다는 C_i와 $2C_{dmin}$의 직렬결합에 대응된다. 그 이유는, 강반전 근처에서 게이트 바이어스를 변화시킬 때 반도체에서 전하의 변화는 공핍전하에서의 변화와 이동 반전전하에서의 변화의 합이기 때문이다. 여기서 이들 둘은 강반전 개시 때 그 크기가 서로 같다.

C-V 측정으로부터(그림 6-21 및 6-22) **빠른 계면상태(*fast interface state*)** 밀도 D_{it}와 이동 이온전하 Q_m의 MOS 파라미터 또한 결정할 수 있다. 빠른 계면상태 항은 이들 결함이 게이트 바이어스 변화에 응답하여 그들의 전하상태를 상대적으로 빠르게 변화시킬 수 있다는 사실을 언급한다. MOS 소자에서 표면전위가 변화함에 따라, 빠른 계면상태 또는 대역간극에서 포획은 바이어스에 응답하여 페르미준위 위아래로 움직일 수 있다. 이는 대역가장자리에 대한 상대적인 그들의 위치가 고정되어 있기 때문이다(그림 6-21b). 페르미준위 아래의 에너지준위는 높은 전자점유 확률을 가지며, 페르미준위 위의 에너지준위는 비는(empty) 경향을 가진다는 페르미-디랙(Fermi-Dirac) 분포 성질을 명심하면, 페르미준

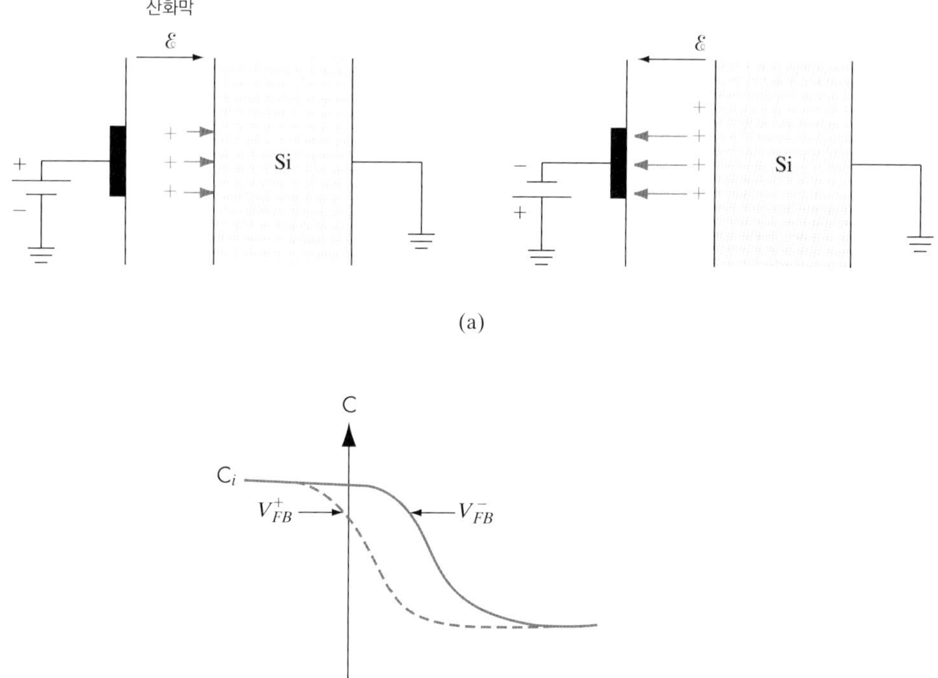

그림 6-22 이동 이온의 결정: (a) 양과 음의 바이어스-온도 강압에 기인한 이동 이온의 이동; (b) 양과(점선) 음의(실선) 바이어스 온도하에서의 *C-V* 특성.

위 위로 움직이는 빠른 계면상태가 포획된 전자를 반도체로 방출하는(혹은 등가적으로 정공을 포획하는) 경향을 띠는 것을 알 수 있다. 거꾸로, 페르미준위 아래의 동일한 계면상태는 전자를 포획한다(혹은 정공을 방출). 반도체에서는 다수캐리어인 전자, 정공의 용어로 얘기하는 것이 분명한 느낌을 준다. 전하축적이 정전용량을 초래하기 때문에 빠른 계면상태는 채널에서 공핍 정전용량(추가적인)과 병렬인 정전용량을 유발한다. 그리고 이런 결합은 절연체 정전용량 C_i와 직렬연결이다. 빠른 계면상태는 게이트 바이어스의 극히 높은 주파수(~1 MHz)가 아닌 낮은 주파수(~1 ~ 1000 Hz)에 보조를 맞출 수 있다. 그래서 빠른 계면상태는 저주파수 정전용량 C_{LF}에는 기여를 할 수 있지만, 고주파수 정전용량 C_{HF}에는 그렇지 못하다. 분명히, 둘 사이의 차이로부터 빠른 계면상태 밀도를 계산할 수 있어야 한다. 비록 여기서 상세한 유도는 할 수 없지만, 다음과 같이 나타낼 수 있다.

$$D_{it} = \frac{1}{q}\left(\frac{C_iC_{LF}}{C_i - C_{LF}} - \frac{C_iC_{HF}}{C_i - C_{HF}}\right) \text{cm}^{-2}\,\text{eV}^{-1} \tag{6-41}$$

빠른 계면상태는 전압 변화에 빠르게 응답할 수 있는 반면, 이름이 함축하듯 고정 산화물 전하 Q_f는 게이트 바이어스나 표면전위에 관계없이 그들의 전하상태를 변화시키지 못한다. 위에서 언급했듯이 평탄대역에서 이들 전하의 영향과 문턱전압은 전하의 수뿐만 아니라 산화물-실리콘 계면에 대한 그들의 상대적인 위치에 의존한다(그림 6-22). 그러므로 멀리 있는 전하보다는 농도가 진한 산화물-실리콘 계면에 가까운 전하들을 셈으로써 전하의 가중합계를 취해야 한다. 이들의 위치 의존성은 이동 이온 전하 Q_m의 측정을 위한 바이어스 온도 강압 검사(*bias-temperature stress test*)의 기초가 된다. MOS 소자를 ~200 ~ 300°C까지 가열하고(더 많은 이동 이온들을 만들기 위해) 양의 게이트 바이어스를 산화물 내에 ~1 MV/cm의 전계를 발생하게끔 인가한다. 커패시터를 실온까지 냉각한 후에 *C-V* 특성이 측정된다. 식 (6-40)과 (6-37)에 의해 주어진 C_i, V_{FB}를 사용하여 어떻게 V_{FB}가 *C-V* 곡선으로부터 구해질 수 있는지를 봐 왔다. 양의 바이어스는 Na^+와 같은 양의 이동 이온을 그들이 V_{FB}^+라 불릴 수 있는 평탄대역 전압에 전적으로 기여할 수 있도록 산화물-실리콘 계면으로 밀어낸다. 그 다음, 커패시터가 다시 가열된다. 음의 바이어스가 음의 이온이 게이트전극으로 표동할 수 있도록 인가되고, 또 다른 *C-V* 측정이 이루어진다. 이제 이동 이온들은 반도체 대역휨에 영향을 미치기엔 너무 멀리 떨어져 있다. 그러나 동일한 반대전하를 게이트전극에 유도한다. *C-V* 결과로부터 새로운 평탄대역 V_{FB}^-가 결정된다. 두 평탄대역 전압의 차이로부터, 이동 이온의 함유량은 다음 식을 사용하여 결정할 수 있다.

$$Q_m = C_i(V_{FB}^- - V_{FB}^+) \tag{6-42}$$

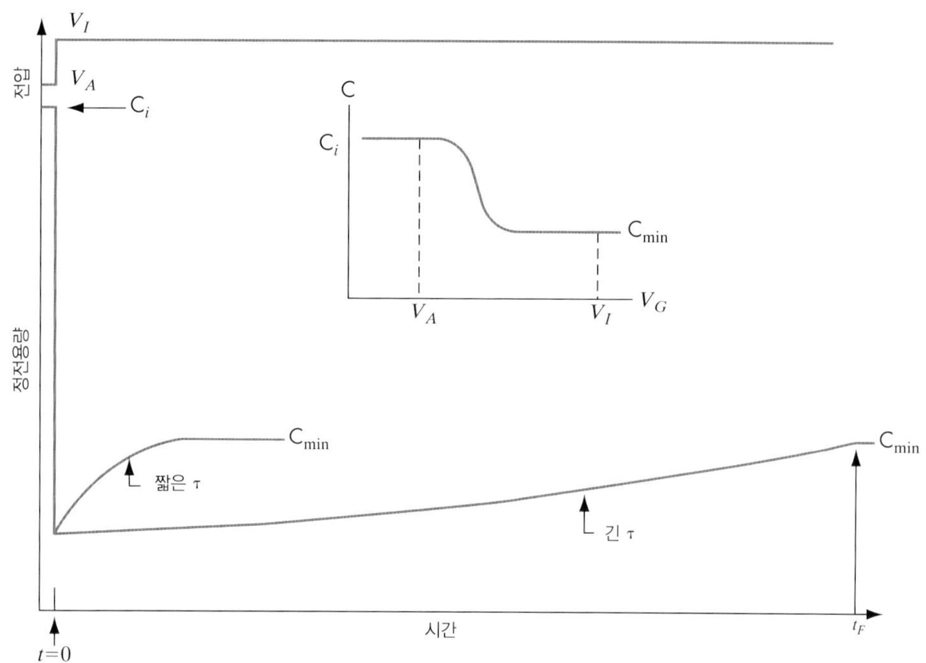

그림 6-23 V_A(커패시터를 축적 상태에 놓는)에서 V_I(커패시터를 반전 상태에 놓는)에 이르는 계단전압을 인가할 때의 시간의존적 MOS 정전용량(C_{HF})

6.4.6 시간에 의존하는 정전용량 측정

C-V 측정 중에 게이트 바이어스가 축적으로부터 반전까지 급히 변한다면, 공핍폭은 V_T를 벗어난 게이트 바이어스에 대한 이론적인 최대값보다 순간적으로 더 크게 된다. 이런 현상은 깊은 공핍(*deep depletion*)으로 알려져 있다. 그리고 전이주기에 대해 MOS 정전용량이 이론적인 최소값, C_{min} 아래로 떨어지게 한다. 한 주기의 시간 후에, 소수캐리어 수명 특성은 MOS 소자에서 소수캐리어의 생성률을 결정한다. 공핍폭은 이론적인 최대값으로 복귀하여 와해되고, 정전용량은 C_{min}을 회복한다(그림 6-23). 이러한 정전용량 전이시간 *C-t*는 제르브스트(Zerbst) 기법으로 알려진 수명 측정을 위한 강력한 기술의 기초가 된다.

6.4.7 MOS 게이트 산화물의 전류-전압 특성

이상적인 게이트 절연체는 어떠한 전류도 흐르지 못하지만, 실제 절연체는 게이트 산화물을 가로지르는 전계나 전압에 따라 변하는 약간의 누설이 있을 수 있다. 산화물-실리콘 계면에 수직인 MOS 계통의 에너지대역도를 살펴봄으로써(그림 6-24), 전도대에 있는 전자에 대해 장벽 ΔE_c(= 3.1 eV)가 있음을 볼 수 있다. 비록 이 장벽보다 더 적은 에너지를 가진 전자들이 고전적으로 산화물을 통과해 지나갈 수 없다고 할지라도, 특히 장벽두께가 충분히 작다면 양자역학적으로 전자들은 장벽을 터널링할 수 있음이 2장에서 논의되었다. 실리콘 전도대에서 SiO_2의 전도대로 흐르는 전자에 대한 파울러-노르트하임 터널링

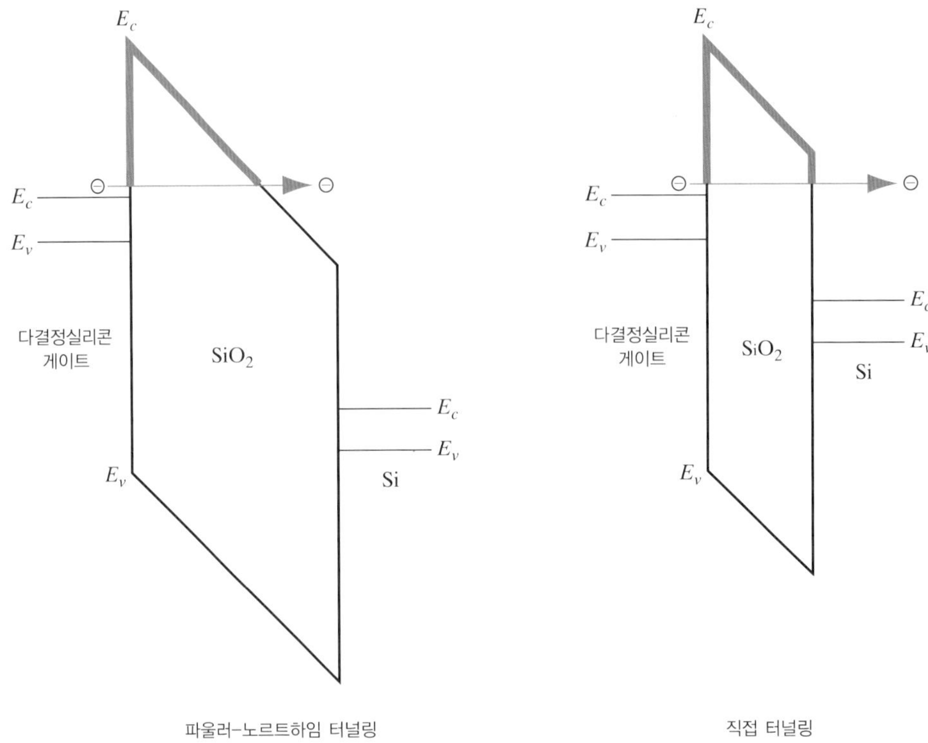

(a)

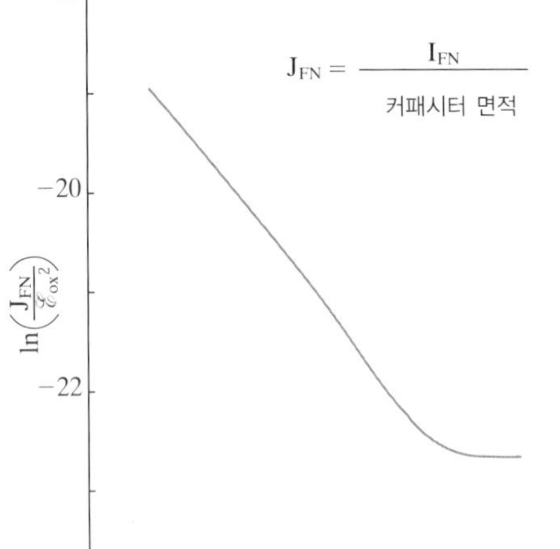

(b)

그림 6-24 게이트 산화물의 전류-전압 특성: (a) 얇은 게이트 산화물을 통한 파울러-노르트하임과 직접 터널링; (b) 산화물을 가로지르는 전계의 함수로서의 파울러-노르트하임 터널링 누설전류에 관한 그림.

(*Fowler-Nordheim tunneling*) 전류의 상세한 계산과, 그때 산화물에서 게이트전극으로의 전자들의 "도약"을 가짐은 전자의 파동방정식에 대한 슈뢰딩거(Schrödinger) 방정식의 해에 연관된다. 파울러-노르트하임 전류 I_{FN}은 게이트 산화물에서 전계의 함수로서 표현될 수 있다.

$$I_{FN} \propto \mathscr{E}_{ox}^2 \exp\left(\frac{-B}{\mathscr{E}_{ox}}\right) \tag{6-43}$$

여기서 B는 m_n^*과 장벽높이에 의존하는 상수이다.

게이트 산화물이 MOSFET의 발전에 의해 더 얇게 만들어짐에 따라 게이트 산화물에서 터널링 장벽이 매우 얇아져서, 실리콘의 전도대에서 전자들이 게이트 산화물의 전도대역을 가로질러 갈 필요 없이 게이트 산화물을 통해 터널링해서 게이트에 나타날 수 있다. 이것은 파울러-노르트하임이라기보다 직접 터널링(*direct tunneling*)으로서 알려져 있다. 전체적인 물리적 특성은 유사하나 몇몇 세부사항에는 차이가 있다. 예를 들면, 파울러-노르트하임 터널링은 삼각형 장벽을 내포하는 반면, 직접 터널링은 사다리꼴 장벽을 통해서 일어난다(그림 6-24a). 그러한 터널링 전류는 MOS 소자를 위한 고입력 임피던스의 유용한 특징이 퇴화되기 때문에 현대 소자에서 큰 문제가 되고 있다.

뒤의 6.5절에서 언급되듯이 드레인전류를 증가시키기 위해서는 MOSFET 소자에서 게이트 정전용량을 증가시키는 것이 필요하다. 식 (6-29)에서 볼 수 있듯이 게이트 산화물의 두께 d를 줄이는 대신 SiO_2보다 유전상수가 높은 절연체를 사용함으로써 더 높은 C_i를 얻을 수 있다. d를 너무 많이 낮추지 않아도 되는 장점은, 터널링 장벽을 넓게 유지하고 게이트 산화물에서의 전장을 낮게 할 수 있으므로 결과적으로 게이트 터널링 누설전류를 낮게 유지할 수 있다는 데 있다[식 (6-43)]. 이산화하프늄 HfO_2와 같이 높은 유전상수를 가진 절연체는 high-k 게이트 유전체로 알려져 있는데, 이는 k가 가끔은 유전상수를 나타내는 기호로 사용되기 때문이다.

게이트 산화물을 통한 지연된 전하전송은 결국 엄청난 절연파괴를 초래할 수 있다. 이것은 시간-의존 절연파괴(*Time-Dependent Dielectric Breakdown*; *TDDB*)로 알려져 있다. 이런 축퇴를 설명하는 인기 있는 모델 중 하나는 음의 전극(음극)으로부터 게이트 산화물의 전도대역으로 전자터널링을 하고, 그때 전계로부터 에너지를 얻어서 게이트 산화물에서 "열"전자가 된다는 것이다. 그들이 충분한 에너지를 얻는다면, 그들은 산화물 내에서 이온충돌을 초래하고 전자정공쌍(EHPs)을 만들어낸다. 전자들은 (양인) 실리콘 기판을 향해 가속되는 반면, 정공은 게이트를 향해 나아간다. 그러나 전자와 정공의 이동도는 SiO_2에서 극히 작다. 정공의 이동도는 특히 낮다(~0.01 cm^2/Vs). 그러므로 이들 충돌생성 정공이 음극에 가까운 산화물 내에서 결함위치에 포획되는 두드러진 성향이 있다. 결과적인 에너지대역도(그림 6-25)는 이러한 점과 게이트 사이에서 내부전계의 증가를 초래하는 포획된 양의 면전하에 의해서 변경된다. Si 양극(anode) 근처에서 전계의 유사한 왜곡은 포획된 충돌생성 전자들에 의해 일어난다. 그러나 그림 6-25에서 가장 급한 기울

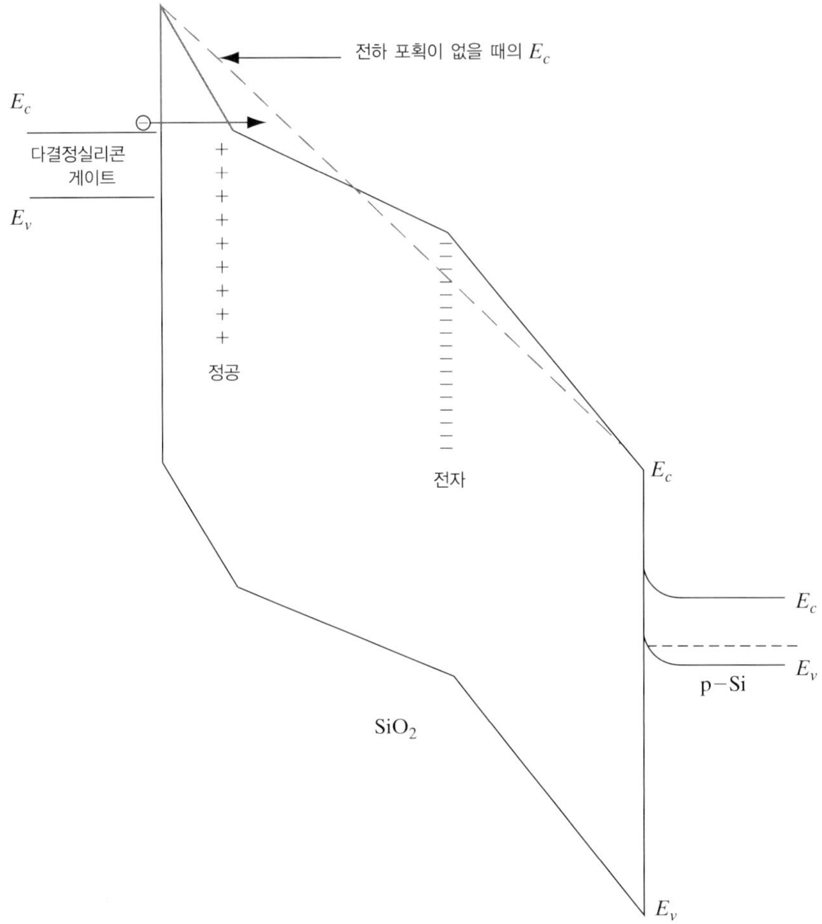

그림 6-25 산화물의 시간-의존 절연파괴(TDDB): MOS 소자에서 다결정실리콘 게이트, 산화물, 실리콘 기판의 에너지 대역도; 산화물에 포획된 정공과 전자들은 대역을 왜곡시키고 게이트와 가까운 산화물 내의 전계를 증가시킨다. 전하의 포획이 전혀 없는 터널링 장벽폭(점선)은 이보다 작게 보인다.

기와 그로 인해 생기는 가장 높은 전계는 게이트 근처에 있다. 결과적으로 게이트로부터 산화물 내로의 전자터널링을 위한 장벽은 줄어든다. 더 많은 전자들이 산화물 내로 터널링할수록 더 많은 충돌이온화를 유발한다. TDDB 과정에서 멀어지도록 하는 양의 피드백효과를 얻는다.

high-k 게이트 유전체인 경우 다른 퇴화현상이 일어날 수 있다. 예를 들어 PMOSFET에 존재하는 음 바이어스 온도 불안정현상(Negative Bias Temperature Instability; NBTI)이 있는데 이는 PMOSFET의 게이트에 음전압을 가해서 On 시킬 때에, 이것이 게이트 유전체 계면 근처의 실리콘-수소결합(Si-H bond)를 깨뜨리고, 또한 게이트 유전체내에서 정공들을 포획(trap)하게 되는 데 따른 것이다. 같은 현상이 NMOSFET에서도 일어날 수 있는데 (PBTI) 실험적으로 PBTI는 NBTI보다는 심하지 않은 것으로 알려져 있다.

6.5 MOS 전계효과 트랜지스터

MOS 트랜지스터는 반도체 표면에서 얇은 통로(즉, 채널)를 통하는 전류의 제어에 의해 동작되기 때문에 표면 전계효과 트랜지스터라고도 한다(그림 6-10). 게이트 아래에 반전층이 형성될 때 전류는 (n형 채널소자의 경우) 드레인에서 소스로 흐를 수 있다. 본 절에서는 이 채널의 컨덕턴스(conductance)를 해석하고, 게이트전압 V_G의 함수로서의 $I_D - V_D$ 특성을 구하고자 한다. JFET의 경우와 같이 포화상태 이하에서의 이들 특성을 구하고 포화상태 이상에서는 본질적으로 I_D가 일정하게 유지된다고 가정한다.

6.5.1 출력 특성

인가된 게이트전압 V_G는 식 (6-28)과 평탄대역을 얻는 데 필요한 전압을 합한 것이다. 즉,

$$V_G = V_{FB} - \frac{Q_s}{C_i} + \phi_s \tag{6-44}$$

반도체에 유기된 전하 Q_s는 이동성 전하 Q_n과 공핍영역의 고정된 전하 Q_d로 구성되어 있다. Q_s에 $Q_n + Q_d$를 대입하면 이동성 전하에 대하여 풀 수 있다. 즉,

$$Q_n = -C_i\left[V_G - \left(V_{FB} + \phi_s - \frac{Q_d}{C_i}\right)\right] \tag{6-45}$$

문턱(전압)에서 괄호 속의 항은 식 (6-38)로부터 $V_G - V_T$로 쓸 수 있다.

전압 V_D가 인가될 때 소스로부터 채널의 각 점 x까지는 전압강하 V_x가 있다. 따라서 전위 $\phi_s(x)$는 강반전을 얻기 위해 필요한 전위($2\phi_F$)에 전압 V_x를 합한 것이다. 즉,

$$Q_n = -C_i\left[V_G - V_{FB} - 2\phi_F - V_x - \frac{1}{C_i}\sqrt{2q\epsilon_s N_a(2\phi_F + V_x)}\right] \tag{6-46}$$

바이어스 V_x에 따른 $Q_d(x)$의 변화를 무시하면, 식 (6-46)은

$$Q_n(x) = -C_i(V_G - V_T - V_x) \tag{6-47}$$

로 간단히 나타낼 수 있다. 이 방정식은 점 x에서 채널에 있는 이동성 전하를 나타내는 것이다(그림 6-26). 미소요소 d_x의 컨덕턴스는 $\bar{\mu}_n Q_n(x)Z/d_x$이다. 여기서 Z는 채널의 깊이, $\bar{\mu}_n$은 표면(*surface*) 전자이동도(표면 근처의 얇은 영역의 이동도는 체적 물질에서와 같지 않음을 나타냄)이다. 점 x에서 다음 식이 유도된다.

$$I_D dx = \bar{\mu}_n Z|Q_n(x)|dV_x \tag{6-48}$$

이 식을 소스에서부터 드레인까지 적분하면,

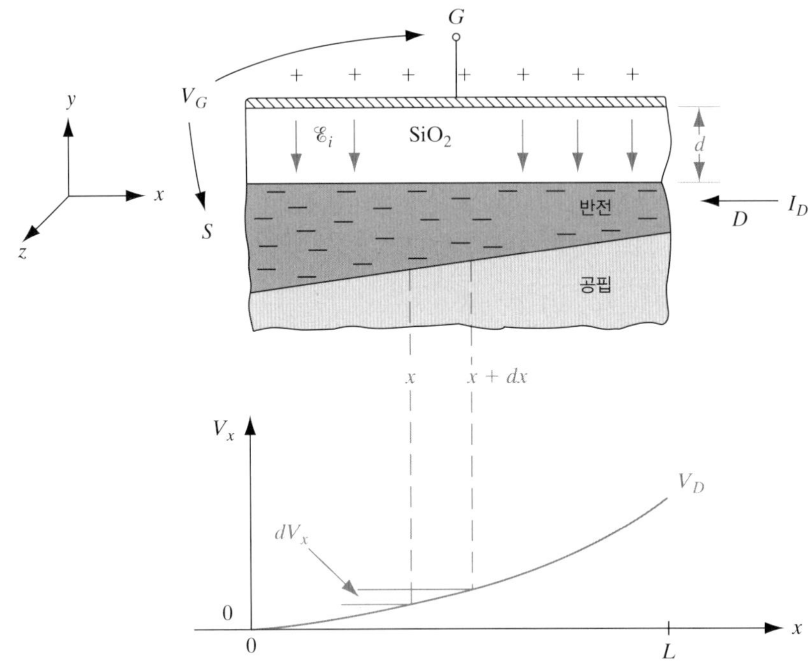

그림 6-26 핀치오프 이하로 바이어스된 MOS 트랜지스터의 n형 채널영역의 개요도와 전도성 채널에 따른 전압 V_x의 변화

$$\int_0^L I_D dx = \bar{\mu}_n Z C_i \int_0^{V_D} (V_G - V_T - V_x) dV_x$$
$$I_D = \frac{\bar{\mu}_n Z C_i}{L}\left[(V_G - V_T)V_D - \tfrac{1}{2}V_D^2\right] \tag{6-49}$$

여기서

$$\frac{\bar{\mu}_n Z C_i}{L} = k_N$$

는 n채널 MOSFET의 전도도와 전달컨덕턴스를 결정한다[식 (6-51)과 식 (6-54) 참조].

이 해석에서는 문턱전압 V_T에서 공핍영역의 전하 Q_d는 단순히 드레인전류가 없을 때의 값이다. V_D가 인가될 때 $Q_d(x)$는 V_x의 변화를 반영하기 위해 상당히 변화하므로 이것은 근사적인 것이 된다(그림 6-26b 참조). 그러나 식 (6-49)는 낮은 V_D 값에 대한 드레인전류를 상당히 정확하게 기술하고 있으며, 그 단순함 때문에 설계 시의 근사적인 계산에서 흔히 사용되고 있다. 더욱 정확하고 일반적인 식은 $Q_d(x)$의 변화를 포함시킴으로써 얻을 수 있다. $Q_n(x)$에 식 (6-46)을 사용해서 식 (6-48)을 적분하면 다음 식을 얻는다.

$$I_D = \frac{\bar{\mu}_n Z C_i}{L}\left\{(V_G - V_{FB} - 2\phi_F - \tfrac{1}{2}V_D)V_D \right. \\ \left. -\frac{2}{3}\frac{\sqrt{2\epsilon_s q N_a}}{C_i}\left[(V_D + 2\phi_F)^{3/2} - (2\phi_F)^{3/2}\right]\right\} \tag{6-50}$$

이들 방정식으로부터 구한 드레인 특성을 그림 6-10c에 나타내었다. 게이트전압이 문턱전압 이상($V_G > V_T$)이 되면, 낮은 V_D에 대한 드레인전류는 식 (6-50) 또는 근사적으로 식 (6-49)로 기술된다. 처음에 이 채널은 본질적으로 선형저항인 것처럼 보이며 그 값은 V_G에 의존한다. 이 선형영역에서 채널의 컨덕턴스는 $V_D \ll (V_G - V_T)$일 때의 식 (6-49)로부터 얻을 수 있다. 즉,

$$g = \frac{\partial I_D}{\partial V_D} \simeq \frac{Z}{L}\bar{\mu}_n C_i (V_G - V_T) \tag{6-51}$$

여기서 채널이 존재하기 위해서는 $V_G > V_T$이다.

드레인전압이 증가함에 따라 드레인 근처에서 산화물을 가로지르는 전압이 감소하며, 이곳에서의 Q_n이 작아진다. 그 결과 채널은 드레인단에서 핀치오프되고 전류는 포화된다. 이 포화조건은 근사적으로 다음과 같이 주어진다.

$$V_D(\text{sat.}) \simeq V_G - V_T \tag{6-52}$$

포화상태에서의 드레인전류는 보다 큰 드레인전압이 인가될 때도 본질적으로 일정하게 유지된다. 식 (6-52)에 식 (6-49)를 대입하면 포화상태에서의 드레인전류의 근사값으로서

$$I_D(\text{sat.}) \simeq \tfrac{1}{2}\bar{\mu}_n C_i \frac{Z}{L}(V_G - V_T)^2 = \frac{Z}{2L}\bar{\mu}_n C_i V_D^2(\text{sat.}) \tag{6-53}$$

을 얻는다.

포화영역에서의 전달컨덕턴스는 근사적으로 식 (6-53)을 게이트전압에 관하여 미분하면 얻을 수 있다. 즉,

$$g_m(\text{sat.}) = \frac{\partial I_D(\text{sat.})}{\partial V_G} \simeq \frac{Z}{L}\bar{\mu}_n C_i (V_G - V_T) \tag{6-54}$$

여기서 제시한 유도는 n형 채널소자에 기초한 것이다. p형 채널의 증식형 트랜지스터에 대해서는 전압 V_D, V_G 및 V_T는 음이고, 또 전류는 소스에서 드레인으로 흐른다(그림 6-27).

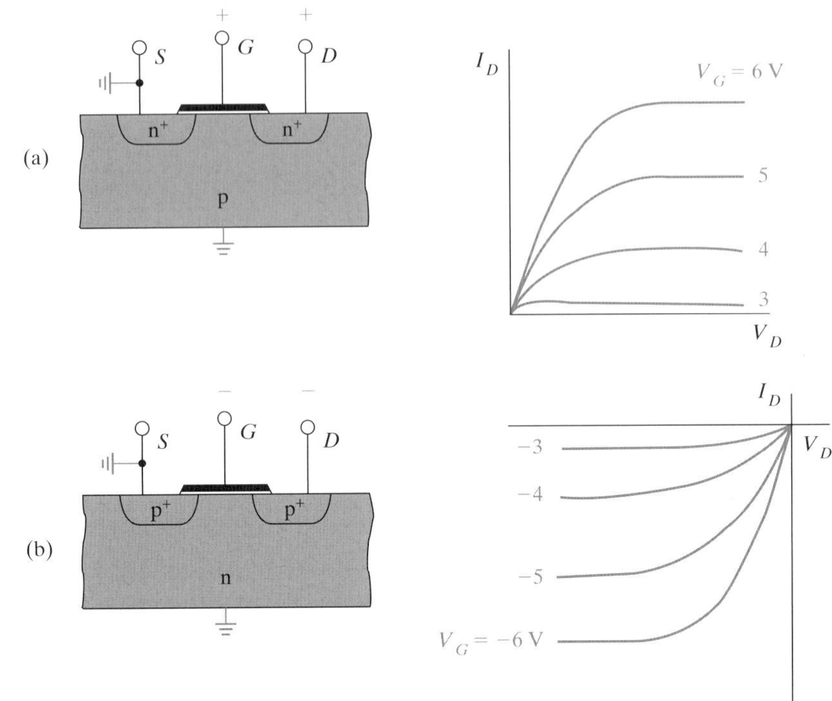

그림 6-27 증식형 트랜지스터에 대한 드레인 전류-전압 특성: (a) n형 채널에 대해 V_D, V_G, V_T와 I_D는 양이다; (b) p채널에 대해 모든 양들은 음이다.

6.5.2 전달 특성

출력 특성은 파라미터로서 게이트 바이어스에 따른, 드레인 바이어스의 함수로서 드레인 전류를 그린다(그림 6-27). 다른 한편으로, 전달(*transfer*) 특성은 고정된 드레인 바이어스에 대해 입력 게이트 바이어스의 함수로서 출력 드레인전류를 그린다(그림 6-28a). 분명히, 선형영역에서 I_D 대 V_G는 식 (6-49)로부터 보면 직선이 되어야 한다. V_G축 위에 이 선의 교점이 선형영역 문턱전압 V_T(lin.)이고 그 기울기(인가전압 V_D로 나뉜)는 n채널 MOS-FET의 k_N의 선형값인 k_N(lin.)을 준다. 그러나 실제 데이터를 보면, 낮은 게이트 바이어스에서는 그 특성이 근사적으로는 선형인 반면, 높은 게이트 바이어스에서 드레인전류는 준선형적으로 증가한다. 선형영역에서 전달컨덕턴스 g_m(lin.)은 식 (6-49)의 오른쪽을 게이트 바이어스에 대해서 미분함으로써 구할 수 있다. 그림 6-28b에서 g_m(lin.)은 V_G의 함수로서 그려진다. 전달컨덕턴스는 약간의 드레인전류가 존재하기 때문에 V_T 아래에서 0이 됨을 주목해야 한다. 그것은 I_D-V_G 곡선의 굴곡점에 있는 최대값을 지난 후 감소한다. 감소는 6.5.3절과 6.5.8절에서 논의될 두 가지 인자에 기인한다; 소스/드레인 직렬저항과 게이트 산화물을 따라 증가하는 수평전계의 함수인 유효채널 이동도의 열화.

포화영역에서의 전달 특성에 대해 식 (6-53)은 V_G에 관한 I_D의 2차 의존성을 보여주기

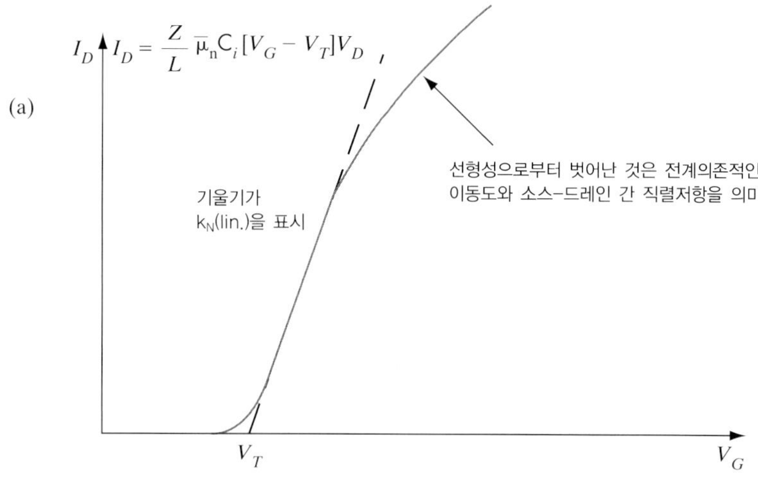

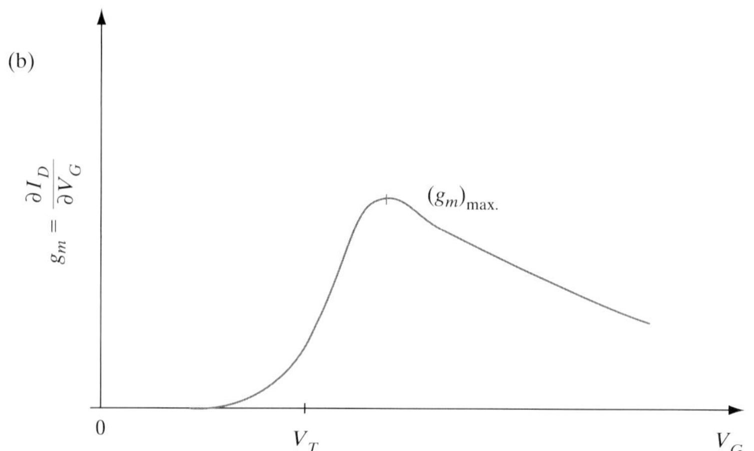

그림 6-28 선형영역 전달 특성: (a) 선형영역에서 MOSFET에 대한 드레인전류 대 게이트전압의 그림; (b) 게이트 바이어스 함수로서의 전달컨덕턴스.

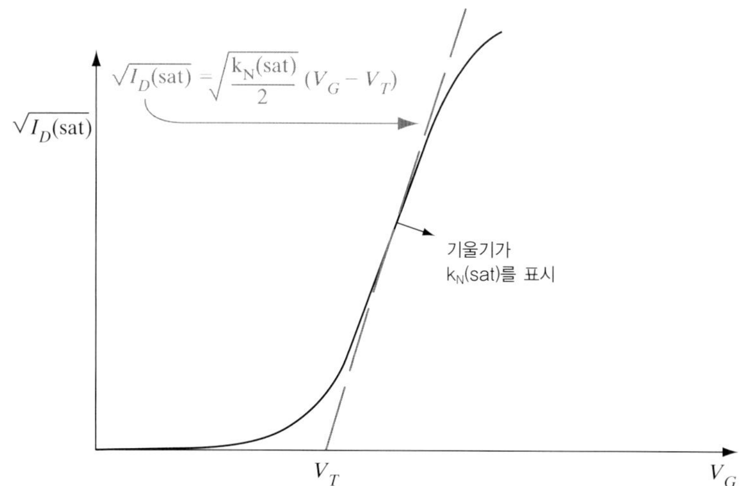

그림 6-29 포화영역 전달 특성: MOSFET에 대한 게이트전압에 관한 드레인전류의 제곱근 곡선

때문에, 선형거동은 드레인전류가 아니라 V_G의 함수인 I_D의 제곱근으로서 얻는다(그림 6-29). 이 경우에 교점은 포화영역 V_T(sat.)에서의 문턱전압을 제공한다. 드레인유기 장벽감소(DIBL)와 같은 효과 때문에 단채널길이 MOSFET에서는 V_T(sat.)가 V_T(lin.)보다 낮아질 수 있는 반면에 긴 채널에서의 값은 비슷하다는 것을 6.5.10절에서 보게 될 것이다. 이와 비슷하게, 단채널소자에서는 k_N(lin.)과 다른 값을 갖는 n채널 MOSFET에 대한 포화영역의 k_N 값인, k_N(sat.)을 구하는 데 전달 특성의 기울기가 이용될 수 있다.

예제 6-2 게이트 산화물 두께가 10 nm이고 $V_T = 0.6$ V, $Z = 25$ μm, $L = 1$ μm인 n채널 MOSFET에 있어서 $V_G = 5$ V, $V_D = 0.1$ V일 때의 드레인전류를 계산하라. $V_G = 3$ V, $V_D = 5$ V일 때도 계산하라. $V_D = 7$ V에서 무슨 일이 일어나는지 논의하라. 전자 채널 이동도는 $\bar{\mu}_n = 200$ cm²/V-s로 가정하라.

풀이

$$C_i = \frac{\epsilon_i}{d} = \frac{(3.9)(8.85 \times 10^{-14})}{10^{-6}} = 3.45 \times 10^{-7}\ \text{F/cm}^2$$

$V_G = 5$ V이고 $V_D = 0.1$ V, $V_T = 0.6$ V이다. $V_D < (V_G - V_T)$를 따르면 선형영역에 있다. 그러므로,

$$I_D = \frac{Z}{L}\bar{\mu}_n C_i\left[(V_G - V_T)V_D - \frac{1}{2}V_D^2\right]$$

$$= \frac{25}{1}(200)(3.45 \times 10^{-7})\left[(5 - 0.6) \times 0.1 - \frac{1}{2}(0.1)^2\right] = \mathbf{7.51 \times 10^{-4}\ A}$$

$V_G = 3$ V, $V_D = 5$ V일 때, $V_D(\text{sat.}) = V_G - V_T = 3 - 0.6 = 2.4$ V

$$I_D = \frac{Z}{L}\bar{\mu}_n C_i\left[(V_G - V_T)V_D(\text{sat.}) - \frac{1}{2}V_D^2(\text{sat.})\right]$$

$$= \frac{25}{1}(200)(3.45 \times 10^{-7})\left[(2.4)^2 - \frac{1}{2}(2.4)^2\right] = \mathbf{4.97 \times 10^{-3}\ A}$$

$V_D = 7$ V에서 I_D는 증가하지 않는데, 이는 포화영역에 있기 때문이다.

6.5.3 이동도 모델

MOSFET의 채널에서 캐리어의 이동도는 추가적인 산란 메커니즘이 있기 때문에 반도체 체적 내보다 더 낮다. 채널에서 캐리어가 반도체-산화물 계면에 매우 근접하므로, 표면 거칠기와 게이트 산화물 내 고정전하에 의한 쿨롱 상호작용에 의해 산란된다. 반전층에서 소스에서 드레인으로 전자가 이동할 때 그들은 산화물-실리콘 계면에서 원자 크기의 미세한 돌기들을 만나서 산란을 경험하게 되는데, 산란은 3.4.1절에서 논의된 것과 같은 완벽

한 주기적 격자전위로부터의 일탈을 초래한다. 이러한 이동도의 열화는 게이트 바이어스에 따라 증가한다. 그것은 높은 게이트 바이어스가 캐리어를 산화물-실리콘 계면에 가깝도록 이끌기 때문이다. 여기서 그들은 계면거칠기에 더욱 영향을 받는다.

MOSFET의 반전층 중간부분에서 평균 수평전계의 함수로서 유효캐리어이동도를 그릴 때, 산화물 두께나 채널 도핑과 같은 기술이나 소자구조 파라미터에 독립적인 어떤 MOSFET에 대한 "보편적인" 이동도 열화 곡선(mobility degradation curve)으로 알려진 곡선을 얻게 됨은 매우 흥미롭다(그림 6-30). 그림 6-31에서 채널 내의 모든 공핍전하와 반전전하 중 절반을 에워싸는 상자모양으로 표시된 영역에 가우스의 법칙을 적용할 수 있다. 반전영역 중간부분의 평균 수평전계는 다음과 같이 주어진다.

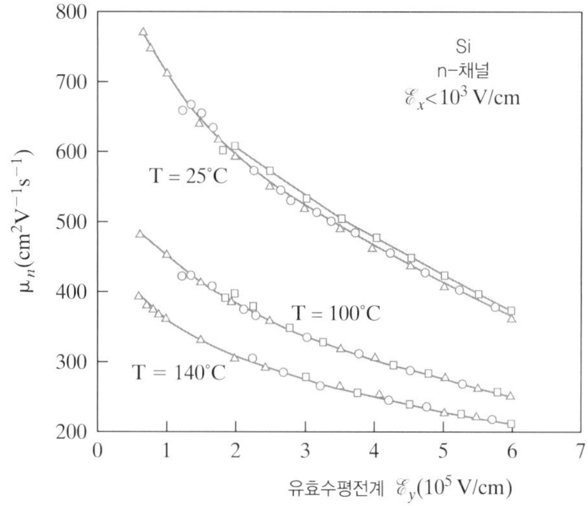

그림 6-30 온도 변화에 따른 반전층 전자이동도 대 유효수평전계. 삼각형, 원, 사각형은 게이트 산화물 두께 및 채널 도핑이 달라짐에 따른 MOSFET의 차이를 나타낸다(After Sabnis and Clemens, *IEEE IEDM*, 1979).

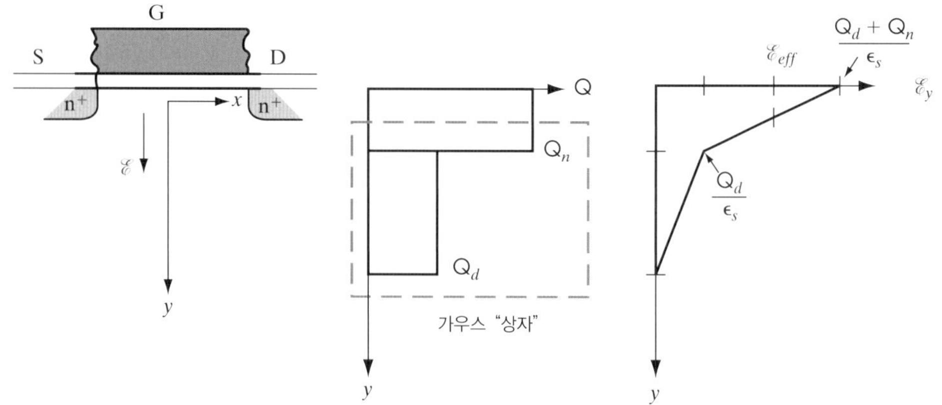

그림 6-31 유효수평전계의 결정. MOSFET 채널에서 깊이의 함수로서, 반전층과 공핍층에서의 이상적인 전하분포와 수평전계. 가우스의 법칙을 적용한 영역이 음영처리되어 있다.

$$\mathscr{E}_{eff} = \frac{1}{\epsilon_s}\left(Q_d + \frac{1}{2}Q_n\right) \tag{6-55a}$$

이런 모델은 전자에 대해서는 잘 들어맞는 반면, 오늘날까지도 명백하게 이해되지 않는 이유로 인해 정공에 대해서는 이제 평균 수평전계를 다음과 같이 정의하여 약간 변경되어야 한다.

$$\mathscr{E}_{eff} = \frac{1}{\epsilon_s}\left(Q_d + \frac{1}{3}Q_n\right) \tag{6-55b}$$

게이트 바이어스에 따른 이동도의 이러한 열화는 흔히 다음과 같은 드레인전류 표현식을 사용하여 간결하게 기술된다.

$$I_D = \frac{\overline{\mu}_n Z C_i}{L\{1 + \theta(V_G - V_T)\}}\left[(V_G - V_T)V_D - \frac{1}{2}V_D^2\right] \tag{6-56}$$

여기서 θ는 이동도 열화 파라미터(*mobility degradation parameter*)이다. 분모의 추가적인 $(V_G - V_T)$ 항 때문에, 드레인전류는 높은 게이트전압에 대한 게이트 바이어스에 따라 준선형적으로 증가한다.

게이트 바이어스나 수평전계에 관한 채널 이동도의 이러한 의존성 외에, 드레인 바이어스나 수직전계에 관해서도 강한 의존성이 있다. 그림 3-24에서 볼 수 있듯이, 캐리어 표동속도는 전계가 $\mathscr{E}_{sat}$에 도달할 때까지 전계[옴(*ohmic*) 거동]에 따라 선형적으로 증가한다. 바꾸어 말하면, 이동도는 $\mathscr{E}_{sat}$까지 일정하다. 이후에 속도는 v_s에서 포화하고, 더 이상 이동도의 항으로 기술될 수 없다. 이들 효과는 다음과 같이 기술된다.

$$v = \mu\mathscr{E} \ (\mathscr{E} < \mathscr{E}_{sat}\text{의 경우}) \tag{6-57}$$

$$v = v_s \ (\mathscr{E} > \mathscr{E}_{sat}\text{의 경우}) \tag{6-58}$$

채널의 드레인 끝 근처의 최대 수직전계는 근사적으로 핀치오프영역에 따른 전압강하($V_D - V_D$(sat.))를 핀치오프영역의 길이 ΔL로 나눔으로써 주어진다.

$$\mathscr{E}_{max} = \left(\frac{V_D - V_D(\text{sat.})}{\Delta L}\right) \tag{6-59}$$

드레인 끝단 부근에서 푸아송 방정식의 2차원 해로부터, 그림 6-11c에서 나타난 핀치오프영역 ΔL이 근사적으로 $\sqrt{(3dx_j)}$와 같다는 것을 보일 수 있다. 여기서 d는 게이트 산화물 두께이고, x_j는 소스/드레인 접합깊이이다. 인자 3은 SiO_2에 대한 Si의 유전상수 비에 기인한다.

6.5.4 단채널 MOSFET I-V 특성

단채널소자에서는 해석이 다소 변경되어야 한다. 앞 절에서 언급된 것처럼, 유효채널 이동도는 게이트 산화물에 수직면으로 수평전계가 증가함(즉, 게이트 바이어스)에 따라 감소한다. 게다가 핀치오프영역에서 매우 높은 수직전계에 대해 캐리어 속도는 포화한다(그림 3-24). 단채널길이에 대해, 캐리어는 포화속도에서 대부분의 채널에 걸쳐 이동한다. 이런 경우에, 드레인전류는 (폭 × 단위면적당 채널전하 × 포화속도)로 주어진다.

$$I_D(\text{sat.}) \approx ZC_i(V_G - V_T)\text{v}_s \tag{6-60}$$

결과적으로 포화 드레인전류는 식 (6-53)에서 보여지듯 $(V_G - V_T)$에 따라 2차적으로 증가하지 못하고, 선형의존성을 보여준다(그림 6-32에서 곡선의 등간격을 주목하라). 실리콘 소자 공정에서 진보, 특히 사진석판공정 때문에 현대 집적회로에서 사용된 MOSFET은 단채널을 갖는 경향을 띠고, 식 (6-53)보다는 식 (6-60)에 의해 흔히 기술된다.

최근 반도체 소자 크기의 극소화가 급속히 이루어지면서 현재 제작되는 나노스케일 MOSFET의 채널길이가 캐리어 산란이 거의 일어나지 않을 정도로 작아지게 되었다. 이

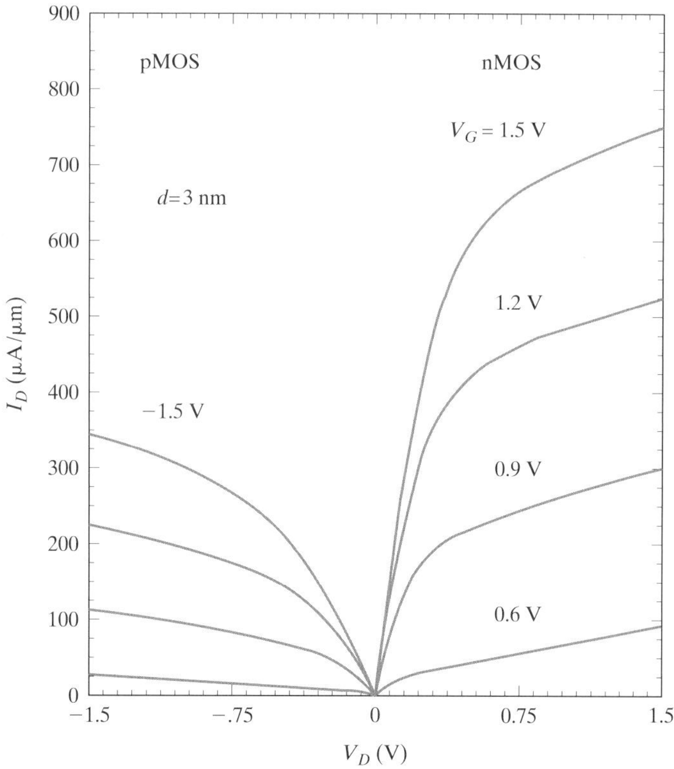

그림 6-32 0.1 μm 채널길이를 지닌 n채널과 p채널 MOSFET의 실험적인 출력 특성. 곡선은 거의 등간격을 나타내며, V_G에 관해 I_D의 2차가 아닌 선형의존성을 지적한다. 또한 I_D가 포화영역에서 일정하지 않고 V_D에 따라 다소 증가함을 보여준다. p채널소자는 정공이동도가 전자이동도보다 작기 때문에 더 낮은 전류를 갖는다.

것이 소위 말하는 탄도(Ballistic) 혹은 준-탄도 동작영역이다. (이 용어는 마치 탄도미사일이 아무 거침없이 없이 하늘을 날아가듯이 전자가 채널공간을 거침없이 날아가도록 쏘아 보낸다는 유사점으로부터 유래되었다.) 이러한 동작조건하에서 전류는 식 (6-60)에서 설명한 드레인 영역 근처의 핀치오프(Pinch-off) 영역에서의 속도 포화에 의하여 더 이상 좌우되지 않는다. (속도포화는 광학적 포논 산란(optical phonon scattering)에 의하여 일어난다). 그 대신 전류는 캐리어가 소스 전극으로부터 얼마나 신속하게 공급되느냐에 달려있다. 이것을 소스 주입에 의하여 제한된 캐리어 수송(source-injection limited transport)이라 부른다. 이 조건하에서는 드레인 전류는 식 (6-61)과 같이 주어진다.

$$I_D(\text{sat.}) \approx \{(1 - r)/(1 + r)\}\, ZC_i(V_G - V_T)\, \text{v}_{inj} \tag{6-61}$$

여기서 r은 소스 근처의 채널 전위 장벽 맨위 근처에서의 전자 파형함수의 반사계수이고 v_{inj}는 유효 소스 주입 속도이다. v_{inj}는 소스에서의 캐리어 임의 열 속도 v_{th}와 관계있다. 채널의 캐리어 농도가 높을 때에는 v_{inj}는 페르미 준위 근처에서의 캐리어 속도인 v_F까지 증가할 수 있다. 나토리(Natori)와 런드스트롬(Lundstrom)은 물리적 해석을 통하여 역산란 혹은 반사계수를 나타내는 r은 채널의 저(low) 전계 이동도와 관계된다는 것을 밝혔다. 이동도가 높을수록 평균자유시간(mean free path)은 길어지고 r은 작아지며 소스주입에 의하여 제한되는 드레인 전류의 값은 커진다. 이러한 나노스케일 소자에서의 캐리어 전송모델은 전자를 전자도파로에서 전파되는 파동으로 취급하며 이를 랜다우어-버티커 정리(Landauer-Buttiker formalism)라고 한다. 이것은 캐리어 산란이 중요하지 않고 따라서 산란에 의하여 결정되는 이동도도 그 효용가치가 의심스럽게 되는, 나노스케일 소자에서의 캐리어전송을 다루는 강력하면서도 색다른 접근법이다. 이 랜다우어 접근법은 전도도(conductivity)도 전자파의 전달(transmission)문제로 다룬다.

6.5.5 문턱전압의 제어

문턱전압은 MOS 트랜지스터를 전도상태 또는 차단상태로 전환시키는 요건을 결정하므로, 소자를 설계하는 데 있어 V_T를 조절할 수 있게 하는 것이 매우 중요하다. 예를 들어, 트랜지스터를 3-V 전지로 구동되는 회로에서 사용한다면, 4-V 의 문턱전압을 갖는 소자는 확실히 사용할 수 없을 것이다. 일부 응용에서는 V_T가 낮은 값을 가져야 할 뿐만 아니라 회로의 다른 소자들과 어울리도록 정확하게 제어된 값을 가져야 할 필요가 있다.

식 (6-38)의 모든 항은 어느 정도 제어할 수 있다. 일함수 전위차 Φ_{ms}는 게이트 도체 물질을 선택함으로써 결정되며, ϕ_F는 기판의 도핑에 의존하고, Q_i는 적절한 산화방법과 (100) 결정방향으로 성장시킨 Si를 이용함으로써 감소시킬 수 있으며, Q_d는 기판의 도핑으로 조절할 수 있고, 또 C_i는 절연체의 두께와 유전상수에 의존한다. 여기서는 소자 제작에 있어 이들 양을 제어하는 몇 가지 방법을 검토하기로 한다.

게이트전극의 선택. V_T가 Φ_{ms}에 의존하기 때문에, 게이트전극 물질(즉, 게이트전극의 일함수)의 선택은 문턱전압에 영향을 미친다. MOSFET이 1960년대에 처음 만들어졌을 때는 Al 게이트를 사용했다. 그러나 게이트 형성 후 소스/드레인 이온주입 시 고온에서 어닐링이 요구되는데 Al은 녹는점이 낮기 때문에 자기정렬 소스/드레인 기술의 사용을 불가능하게 한다. 그러므로 Al은 n^+로 도핑된 LPCVD 다결정실리콘의 **내열성**(*refractory*, 높은 녹는점) 게이트로 대체된다. 여기서 페르미준위는 실리콘에서 전도대 가장자리로 정렬한다. 이는 n채널 MOSFET에 대해서는 잘 동작하는 반면, 9.3.1절에서 살펴보겠지만 p채널 MOSFET에서는 문제를 일으킬 수 있다. 그러므로 때때로 p^+로 도핑된 다결정실리콘 게이트가 p채널소자에 사용된다. 적당한 일함수를 갖는 내열성 (refractory) 금속게이트가 도핑된 다결정 실리콘을 대신하여 쓰이고 있다. 그 중 매력적인 후보의 하나는 텅스텐이

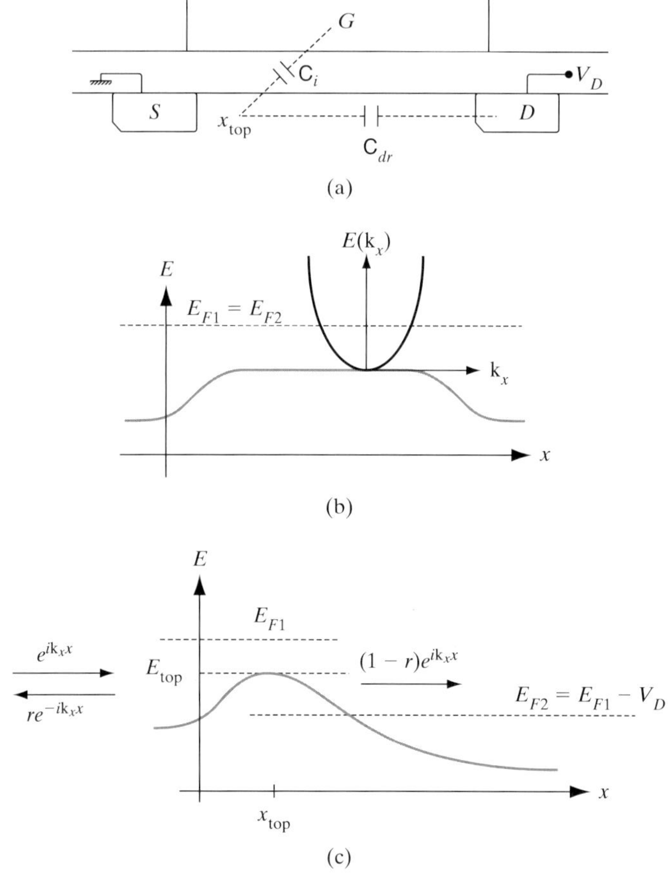

그림 6-33 (a) 소스에 주입된 캐리어 양에 의하여 드레인 전류가 제한되는 준-탄도형(Source-injection-limited quasi-ballistic) MOSFET. 게이트 정전용량과 드레인-채널간 정전용량이 소스 쪽 채널끝단인 x_{TOP} 지점에서 전위장벽을 놓고 경쟁하는 모양을 그린 그림이다. (b) 평형상태에서의 MOSFET에서 채널전위분포도와 포물선형 에너지 밴드구조 E(k)를 중첩해 함께 그린 그림. (c) 드레인 전압이 V_D일 때의 채널 전위분포도로서 "장벽의 최고점(top of barrier)"으로 전자파형이 부분적으로 통과하는 것을 보이고 있다.

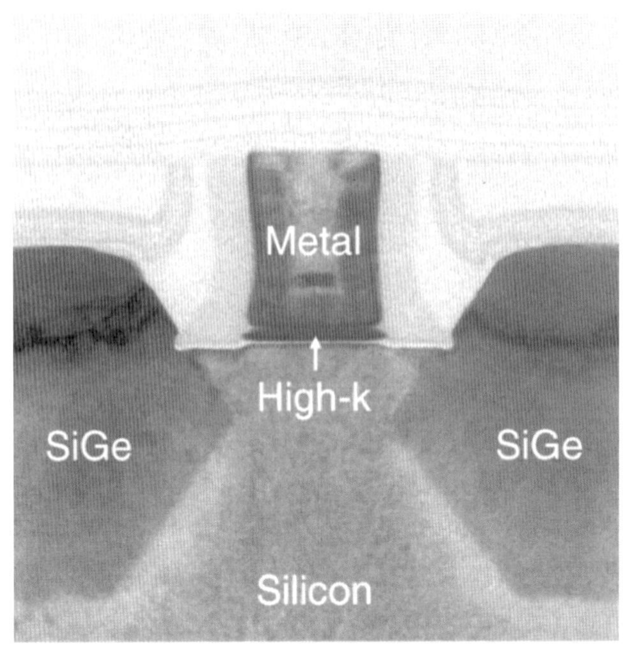

그림 6-34 MOSFET 단면. 실리콘 금속-산화물 반도체 전계효과 트랜지스터의 구조를 보여주는 고해상도 전송 전자 현미경사진이다. high-k 게이트 유전체를 사이에 두고 있는 실리콘 채널과 금속 게이트가 분명히 보인다. 이 45 nm PMOS 금속 게이트 트랜지스터는 게이트 형성을 마지막으로 하거나 (gate-last)이나, 대체하는(replacement) 금속 게이트 공정을 이용하여 만들어졌다.(Intel 제공 사진).

다. 텅스텐의 일함수는 페르미(Fermi) 준위가 Si의 갭 중간에 놓이도록 하는 크기이다.

C_i의 제어. 보통 낮은 V_T 값과 높은 동작전류가 요구되기 때문에 얇은 산화물층이 식 (6-38)에서 $C_i = \epsilon_i/d$를 증가시키기 위해 게이트영역에 사용된다. 그림 6-20으로부터, C_i의 증가는 p채널소자에 대해 음의 값을 갖는 V_T의 절대값을 감소시키며, $-Q_d > Q_i$인 n채널에 대해서는 그 양의 값을 감소시킨다. 실제로 게이트 산화물 두께는 마이크론 이하의 게이트길이를 갖는 최근 소자에서는 일반적으로 10 ~ 100 Å(1 ~ 10 nm) 정도이다. 그런 소자의 한 예가 그림 6-34에 나타나 있다. 이 현미경사진에서 쉽게 관찰되는 게이트 산화물은 high-k 유전체로 만들어준 것이다. 사진에서 실리콘 결정과 high-k 산화층 사이의 계면도 분명히 보이고 있다.

비록 낮은 문턱전압이 트랜지스터의 게이트영역에서 바람직하지만, 소자들 사이에는 큰 V_T 값이 요구된다. 예를 들면, 수많은 트랜지스터들이 단일 실리콘 칩에 서로 연결되어 있다면, 소자들 사이[일반적으로 필드(*field*)라 불리는]에 뜻하지 않게 반전층이 만들어지는 것을 원하지 않는다. 그러한 기생채널을 피하는 한 가지 방법은 앞서 설명한 STI를 사용하여 필드 V_T를 증가시키는 것이다.

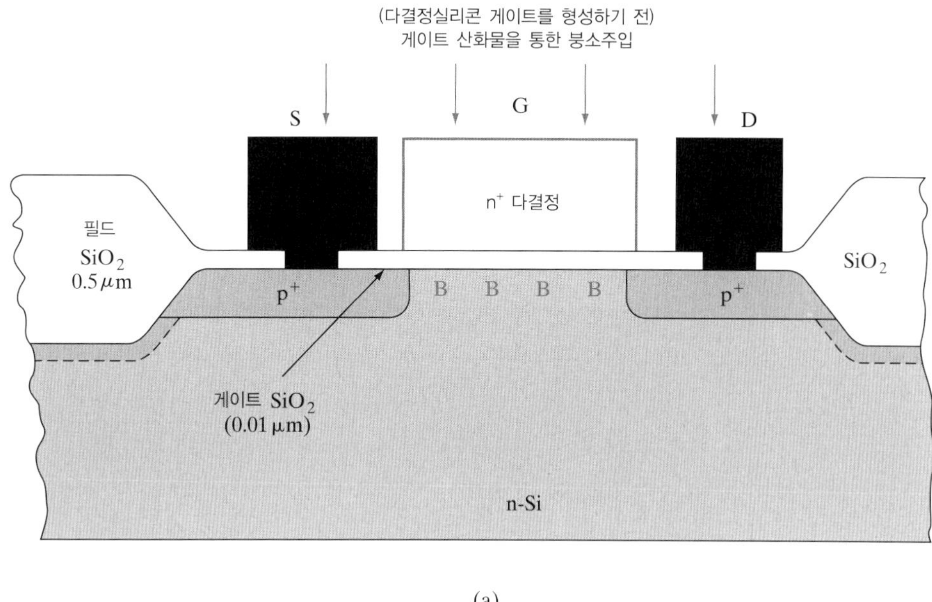

(a)

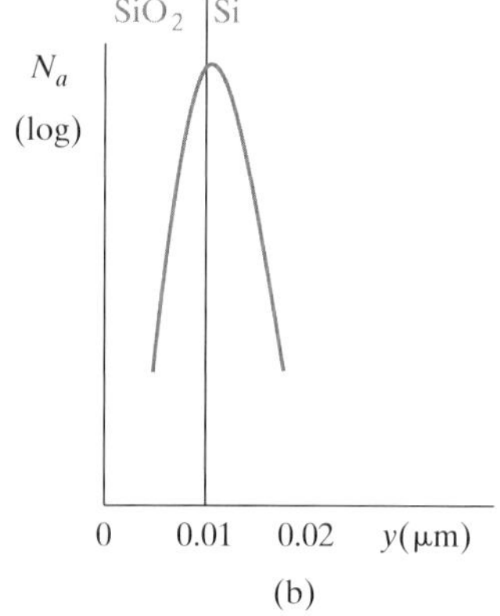

(b)

그림 6-35 V_T 제어를 위한 게이트 영역의 얇은 산화물과 트랜지스터 사이 필드의 두꺼운 산화물(실제 크기 비율이 아님).

이온주입에 의한 문턱전압 조정. 문턱전압을 제어하는 데 가장 유익한 도구는 이온주입(5.1.4절)이다. 이 방법으로 매우 정확한 양의 도핑을 할 수 있으므로 V_T를 정밀하게 제어할 수 있다. 음으로 대전된 붕소 억셉터는 양의 공핍영역 전하 Q_d에 의한 효과를 감소시키는 역할을 한다. 그 결과 음의 값을 갖는 V_T의 절대값이 감소한다. 비슷하게 하여 n형 채널 트랜지스터의 p형 기판으로 얕은 영역에 붕소를 주입하면 V_T의 값은 양이 될 수 있으며, 이는 증식형 소자에서 필요한 것이다.

이 주입이 큰 에너지로 또는 산화물층을 통과하는 대신 노출된 Si에 행해지면 불순물 분포는 표면 아래로 보다 깊게 위치한다. 이와 같은 경우 본질적으로 가우스 분포인 도핑 농도 분포는 Si 표면에서 최대값을 갖는 것으로 근사시킬 수 없다. 따라서 분포된 전하가 식 (6-38)의 Q_d 항에 미치는 효과를 고려해야 한다. 이 경우 V_T에 미치는 효과를 계산하는 것은 더욱 복잡하며, 이 대신 흔히 주입의 투여량에 따른 문턱전압의 이동을 실험적으로 구하게 된다.

얕은 V_T 조절용의 이온주입에서 요구되는 주입에너지는 낮으며(50 ~ 100 keV), 비교적 적은 투여량이 필요하다. 전형적인 V_T 조절용 주입에서 주입시간은 각 웨이퍼당 약 10초면 충분하다. 따라서 이 공정은 대규모 생산요건과 양립할 수 있는 것이다.

이 주입이 높은 투여량에까지 계속되면 V_T는 0을 지나 **공핍양식**(*depletion-mode*)의 상

예제 6-3 게이트 산화물 두께가 10 nm인 p채널 트랜지스터에서 V_T를 −1.1 V에서 −0.5 V로 감소시키기 위해 필요한 붕소(B)이온 투여량 F_B(B^+ions/cm^2)를 계산하라. 주입된 억셉터는 Si 표면 바로 아래에 음의 면전하를 형성하는 것으로 가정하라. 만약 얕은 B 주입이 아니라 훨씬 넓게 분포되었다면 V_T 계산은 어떻게 달라지는가? 붕소 전자빔의 전류를 10^{-5} A로 가정하고 전자빔으로 스캔된 영역이 650 cm^{2}라고 가정하면 주입에 걸리는 시간은 얼마인가?

풀이 B 음이온은 게이트 산화물 바로 아래에 얇은 면전하를 형성하는 것으로 가정되었으므로 V_{FB}에서의 고정 산화물 전하에 영향을 준다. 그러므로

$$C_i = \frac{\epsilon_i}{d} = \frac{(3.9)(8.85 \times 10^{-14})}{10^{-6}} = 3.45 \times 10^{-7}\ \text{F/cm}^2$$

$$-0.5 = -1.1 + \frac{qF_B}{C_i}$$

$$F_B = \frac{3.45 \times 10^{-7}}{1.6 \times 10^{-19}}(0.6) = 1.3 \times 10^{12}\ \text{cm}^{-2}$$

만약 B의 분포가 더 깊게 이루어진다면 이것이 V_{FB}에서의 면전하라고 가정할 수 없다. 이것이 대략 최대 공핍폭에 걸쳐서 일정하다면 V_T의 표현식에서 기판 농도 항을 변화시켜야 한다. 그렇지 않으면, 반도체에서 전압강하를 얻기 위해 B 분포에 맞는 여러 가지 기판농도를 가지고 공핍영역에서 푸아송 방정식을 수치적으로 풀어서 계산해야 한다.

650 cm^{2}의 목표 영역에 걸쳐 스캔된 10 μA의 빔전류에 대하여,

$$\frac{10^{-5}(\text{C/s})}{650\ \text{cm}^2}\,t(s) = 1.3 \times 10^{12}\ (\text{ions/cm}^2) \times 1.6 \times 10^{-19}(\text{C/ion})$$

주입시간은 $t = 13.5$ s이다.

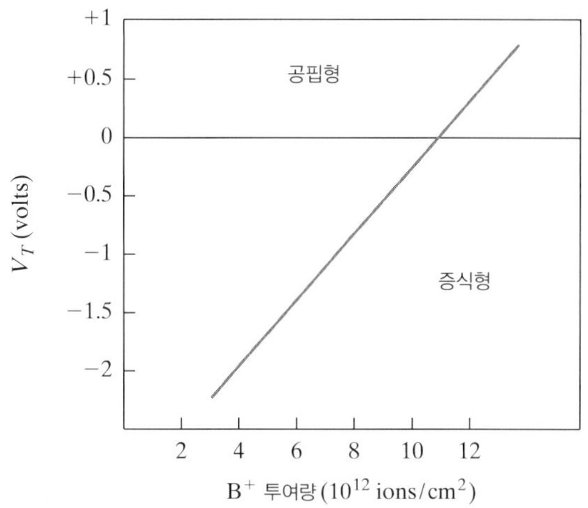

그림 6-36 증가된 붕소주입 투여량에 따른 p형 채널소자에 대한 V_T의 전형적 변화. 원래는 증식형 p형 채널 트랜지스터였던 것이 붕소의 주입이 충분히 커지면 공핍형(V_T > 0)이 된다.

태로 이동할 수도 있다(그림 6-36). 이 능력은 같은 칩 위에 증식형과 공핍형 소자를 통합시킬 수 있게 함으로써 집적회로 설계자에게 상당한 융통성을 제공해 준다. 예를 들어, 공핍형 트랜지스터를 저항 대신 증식형 소자의 부하소자로 사용할 수 있다. 따라서 MOS 트랜지스터의 배열은 IC의 배치로 제작하여 이온주입으로 그 일부는 원하는 증식형의 V_T를 갖게 하고, 또 다른 것들은 공핍형의 부하가 되게 할 수 있다.

위에서 언급했듯이, V_T 제어는 MOSFET에서 뿐만 아니라 격리층과 필드영역에서도 중요하다. 두꺼운 필드 산화물을 사용하는 것 외에, 필드 산화물 아래에 있는 격리영역에 선택적으로 **채널저지 주입**(*channel stop implant*, 격리영역에서 기생채널의 켜짐을 막아 주므로 그렇게 부른다)을 행할 수 있다(그림 6-34). 일반적으로, B 채널저지 주입은 n채널소자에 사용된다(그러한 억셉터 주입은 p형 기판 위에 만들어진 n채널 MOSFET의 필드 문턱전압은 높여 주는 반면, n형 기판 위에 만들어진 p채널 MOSFET의 필드 문턱전압은 감소시킴을 주의해야 한다).

6.5.6 기판 바이어스의 영향–"몸통(Body)" 효과

채널을 따라 흐르는 전류에 대한 식 (6-49)를 유도하는 데 있어 소스 S는 기판 B에 연결된 것으로 가정하였다(그림 6-27). 실제로 S와 B 사이에 전압을 인가할 수 있다(그림 6-37). 기판과 소스 사이에 역방향 바이어스를 인가하면 (n−형 채널의 소자에서 V_B는 음수임), 소스-채널간 접합 전위장벽 (그림 6-10b)는 증가한다. 이때 소스-채널 전위장벽을 충분히 낮게 하여 반전층을 생성하기 위해서는 게이트가, 접지된 기판의 경우에서 보다 더 양의 방향으로, 바이어스되어야 함은 분명하다. 이것은 (역방향) 기판 바이어스와 함께 문턱접압을 증가시키는 효과를 나타내고 이것을 "몸통(Body)효과" 라고 한다. 이 업데이트된 V_T는 접지 기판의 경우에 사용한 $2\phi_F$ 항에다가 게이트와 기판 사이의 전압강하 $-V_B$

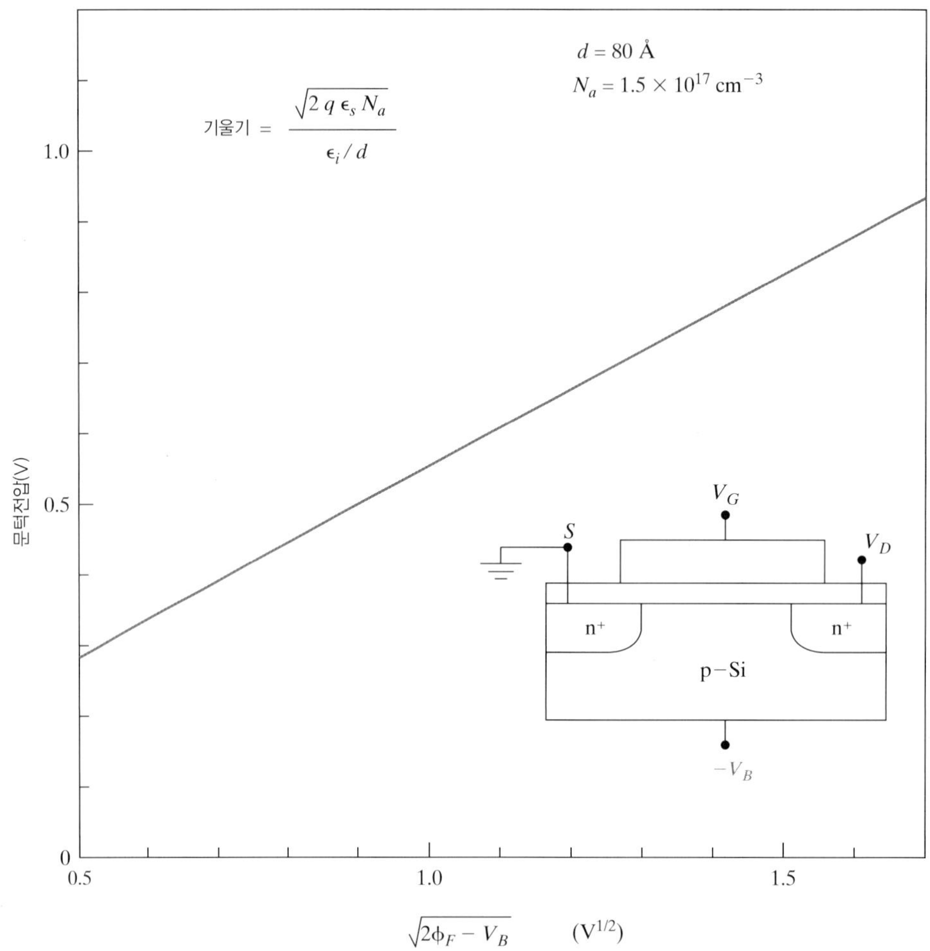

그림 6-37 기판(즉, 체적)에서 소스로 V_B를 인가함에 따른 문턱전압의 기판 바이어스에 대한 의존성. n채널에서 V_B는 소스접합의 순방향 바이어스를 피하기 위해 0이거나 음이어야 한다. p채널에서 V_B는 0이거나 양의 값을 가져야 한다.

를 추가함으로 얻어지며 (그림 6-37) 이에 따라 식 (6-38)은 수정된다.

그러나 V_T가 기판전위에 대하여 정의되어 있지 않고 접지 전위에 대하여 정의되어 있으므로 V_B항은 마지막 항으로 추가되고 이후 이 두 V_B 항은 상쇄되어 없어진다. 이에 따라 채널의 공핍영역은 확장되고, 반전에 필요한 문턱게이트 전압은, 커진 Q'_d를 감당하기 위하여 증가하는 것으로 나타난다.

$$V'_T = \Phi_{ms} - \frac{Q_i}{C_i} - \frac{Q'_d}{C_i} + (2\phi_F - V_B) + V_B \tag{6-62a}$$

$$Q'_d = -[2\epsilon_s q N_a(2\phi_F - V_B)]^{1/2} \tag{6-62b}$$

로 바뀌어야 한다는 것이다. 기판 바이어스로 인한 문턱전압의 변화는 다음과 같다.

$$\Delta V_T = \frac{\sqrt{2\epsilon_s q N_a}}{C_i}[(2\phi_F - V_B)^{1/2} - (2\phi_F)^{1/2}] \quad (6\text{-}63a)$$

기판 바이어스 V_B가 $2\phi_F$(전형적으로는 ~0.6 V)보다 훨씬 크면 문턱전압은 V_B에 의하여 지배된다. 즉,

$$\Delta V_T \simeq \frac{\sqrt{2\epsilon_s q N_a}}{C_i}(-V_B)^{1/2} \text{ (n형 채널의 경우)} \quad (6\text{-}63b)$$

여기서 V_B는 n형 채널의 경우는 음일 것이다. 기판 바이어스가 증가되면 문턱전압은 더욱 양으로 된다. 이 바이어스의 영향은 ΔV_T가 또한 $\sqrt{N_a}$에 비례하므로 기판의 도핑농도가 증가함에 따라 더욱 심하게 된다. p형 채널소자의 경우 몸체-소스(bulk-to-source) 간 전압 V_B는 역방향 바이어스를 이룩하기 위해서 양이고, 또 $V_B \gg 2\phi_F$일 때 ΔV_T 변화는 다음과 같다.

$$\Delta V_T \simeq -\frac{\sqrt{2\epsilon_s q N_d}}{C_i} V_B^{1/2} \text{ (p형 채널의 경우)} \quad (6\text{-}64)$$

따라서 p형 채널의 문턱전압은 기판의 바이어스와 더불어 더욱 음으로 된다.

이 기판 바이어스 효과(몸통효과(*body effect*)라고도 함)는 어떤 형의 소자에 대해서나 V_T를 증가시킨다. 이 효과는 아슬아슬하게 증식형으로 되어 있는 소자의 문턱전압($V_T \simeq 0$)을 약간 크고 더욱 다루기 쉬운 값으로 높이기 위해서 이용할 수 있다. 이것은 특히 n형 채널소자에 대해서는 이점이 될 수 있다(그림 6-20 참조). 그러나 이 효과는 각 소스영역을 기판에 연결하는 것이 실용적이지 못한 MOS 집적회로에서는 문제가 될 수 있다. 이 경우 몸통효과에 의해 일어날 수 있는 V_T의 이동을 회로 설계에서 고려해야 한다.

6.5.7 문턱전압 이하 특성

드레인전류식[식 (6-53)]을 보면, V_G가 V_T로 감소하자마자 전류가 갑자기 0이 됨을 볼 수 있다. 실제로는 문턱전압 아래에서도 여전히 약간의 드레인전도가 존재한다. 그리고 이것은 문턱전압 이하의 전도(*subthreshold conduction*)로 알려져 있다. 이러한 전류는 평탄대역과 문턱전압 사이(0과 $2\phi_F$ 간의 대역휨 동안)에 있는 채널에서의 약반전에 기인한다. 그리고 그것은 소스에서 드레인으로의 확산전류를 유발한다. 문턱전압 이하 영역에서 드레인전류는 다음과 같다.

$$I_D = \mu(C_d + C_{it})\frac{Z}{L}\left(\frac{kT}{q}\right)^2\left(1 - e^{\frac{-qV_D}{kT}}\right)\left(e^{\frac{q(V_G - V_T)}{c_r kT}}\right) \quad (6\text{-}65)$$

여기서

$$c_r = \left[1 + \frac{C_d + C_{it}}{C_i}\right]$$

I_D는 게이트 바이어스 V_G에 지수적인 의존성을 가짐을 볼 수 있다. 그러나 V_D는 일단 V_D가 수 kT/q를 넘어서면 거의 영향을 주지 않는다. 게이트 바이어스 V_G의 함수로서 ln I_D를 그려본다면, 그림 6-38a에서 보는 것처럼 문턱전압 이하의 영역에서 선형거동을 얻게 된다. 이런 선의 기울기(더 엄밀히 말하면, 기울기의 역수)는 문턱전압 이하의 기울기 S로서 알려져 있다. 그것은 현재 MOSFET의 기술 수준으로는 실온에서 ~70 mV/decade

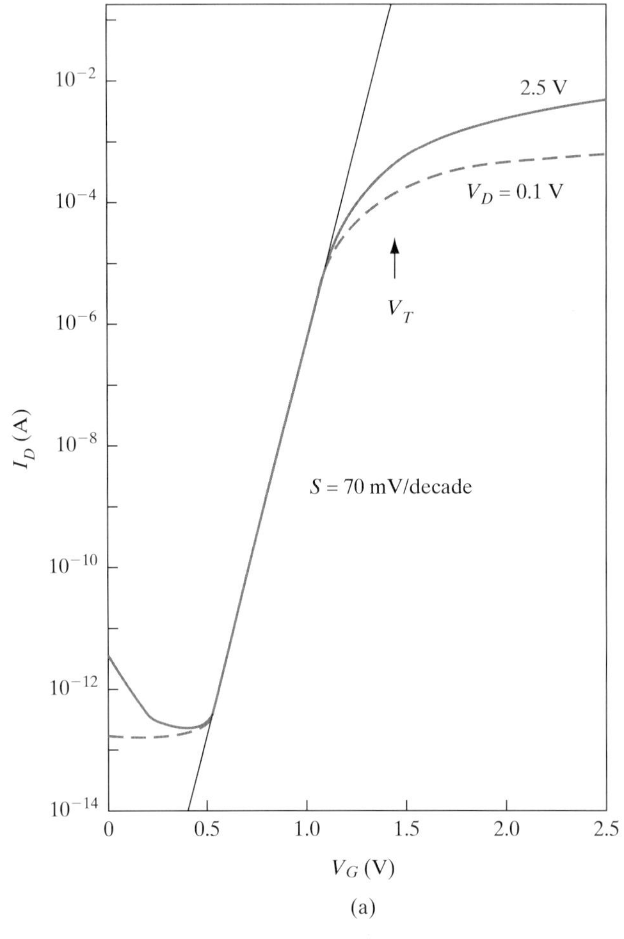

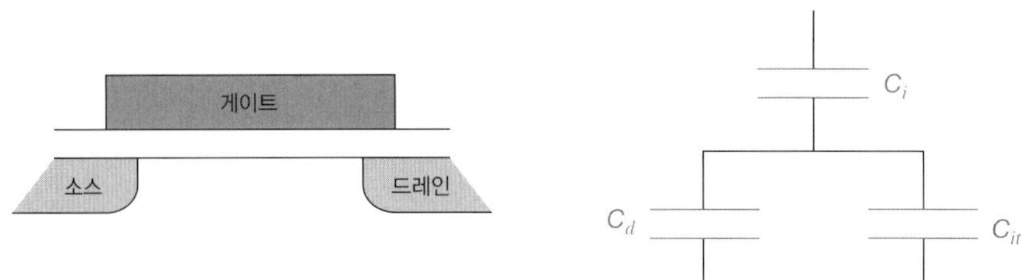

그림 6-38 MOSFET에서 문턱전압 이하의 전도: (a) I_D 대 V_G의 반대수 도표; (b) 문턱전압 이하의 기울기를 결정하는 커패시터 분할자를 보여주는 등가회로.

의 전형적인 값을 갖는다. 이것은 입력전압 V_G가 70 mV 정도 변할 때 출력전류 I_D는 크기의 한 차수 정도까지 변한다는 것을 의미한다. 분명히, S 값이 더 작아짐에 따라 스위치로서의 트랜지스터는 더 좋아진다. S의 작은 값은 입력 바이어스의 작은 변화가 출력전류를 상당히 변화시킬 수 있음을 의미한다.

S에 대한 표현식은 다음과 같이 주어진다.

$$S = \frac{dV_G}{d(\log I_D)} = \ln 10 \frac{dV_G}{d(\ln I_D)} = 2.3 \frac{kT}{q}\left[1 + \frac{C_d + C_{it}}{C_i}\right] \tag{6-66}$$

여기서, ln 10의 인자(= 2.3)는 $\log_{10}$을 자연대수 ln으로 변환하기 위해 도입되었다. 이 방정식은 커패시터 성분으로 된 MOSFET의 전기 등가회로를 살펴봄으로써 이해할 수 있다(그림 6-38b). 게이트와 기판 사이에서, 게이트 정전용량 C_i와 직렬연결된 채널에서의 공핍 정전용량 C_d 그리고 빠른 계면상태 정전용량 $C_{it} = qD_{it}$의 병렬조합이 발견된다. 식 (6-66)의 대괄호를 한 표현식은 인가된 게이트 바이어스 V_G의 얼마가 표면전위의 함수로서 Si-SiO_2 계면에 나타나는가를 말해 주는 단순한 커패시터 분할자 비율이다. 결국 소스와 드레인 사이의 장벽, 즉 드레인전류를 변화시키는 것은 표면전위이다. 그러므로 S는 I_D를 변화시키는 게이트전위의 효험의 기준이다. S가 게이트 산화물 두께를 감소시킴으로써 향상된다는 것을 식 (6-66)으로 관찰할 수 있다. 이것은 게이트전극이 채널에 더 가까워진다면, 게이트 제어는 분명히 더 좋아질 것이기 때문에 합당하다. S의 값은 고농도로 도핑된 채널(공핍 정전용량을 증가시킴)에 대해서 또는 실리콘-산화물 계면이 많은 빠른 계면상태를 갖는다면 더 커진다.

매우 작은 게이트전압에 대해, 문턱전압 이하의 전류는 소스/드레인의 누설전류로 감소한다. 이것은 오프상태 누설전류, 즉 n채널과 p채널 MOSFET을 포함하는 많은 상보형 MOS(CMOS) 회로에서 대기상태 전력소비를 결정한다. 높은 질의 소스/드레인 접합의 중요성도 강조된다. 문턱전압 이하의 특성으로부터, MOSFET의 V_T가 너무 낮다면, V_G = 0에서 완전히 턴오프될 수 없다. 또한 V_T의 불가피한 통계상의 변화는 문턱전압 이하 누설전류의 엄청난 변화를 초래한다. 이와는 달리, V_T가 너무 크다면 전원전압과 V_T의 차이에 의존하는 동작전류를 희생시키게 된다. 이러한 이유들로 인해서 MOSFET의 V_T는 역사적으로 ~ 0.7 V로 설계되어 왔다. 그러나 최근 다양한 형태의 저전압, 저전력 휴대용 전자제품의 출현에 따라, 속도와 전력소비를 최적화하기 위한 소자와 회로 설계에 새로운 도전이 일고 있다.

6.5.8 MOSFET의 등가회로

MOSFET의 등가회로를 그리려고 할 때, 순수한 MOSFET 외에도 그것과 관계된 많은 기생성분이 있다는 것을 알게 된다. 게이트 정전용량에 추가되는 중요한 것은 게이트와 드레인영역의 겹침으로 인한 이른바 **밀러 겹침 정전용량**(*Miller overlap capacitance*)이다

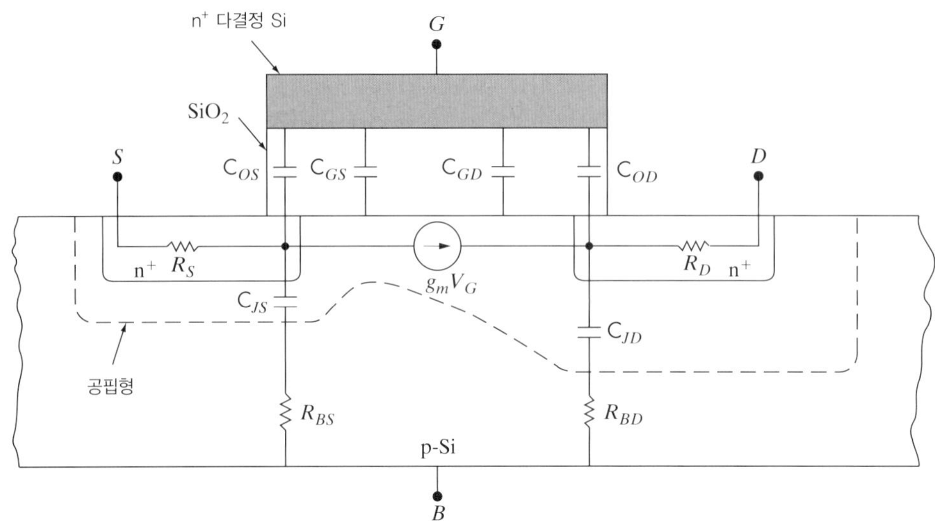

그림 6-39 수동 용량성과 저항성 성분을 보여주는 MOSFET의 등가회로. 게이트 정전용량 C_i는 게이트로부터 채널의 소스단(C_{GS})과 드레인단(C_{GD})까지 분포된 정전용량의 총합이다. 추가적으로, 게이트-소스 사이(C_{OS})와 게이트-드레인 사이(C_{OD})의 겹침 정전용량(게이트전극이 소스/드레인 접합에 겹치는 곳을 뜻함)이 있다. C_{OD}는 또한 밀러 겹침 정전용량으로 알려져 있다. 소스(C_{JS})와 드레인(C_{JD})에 관계된 p–n 접합 공핍 정전용량도 있다. 기생저항은 소스/드레인 직렬저항(R_S와 R_D)과 체적의 접촉부와 소스와 드레인 사이의 기판에 대한 저항(R_{BS}와 R_{BD})을 포함한다. 드레인전류는 (게이트) 전압제어 전류원으로 모델화될 수 있다.

(그림 6-39). 이 정전용량은 드레인 출력단자와 게이트 입력단자 사이의 피드백 회로를 나타내기 때문에 특히 문제가 된다. 밀러 정전용량은 고주파에서 반전층이 채널에서 형성되지 않도록 게이트를 접지상태($V_G = 0$)로 유지함으로써 측정할 수 있다. 그 때문에, 게이트와 드레인 사이에서 측정된 대부분의 정전용량은 게이트 정전용량 C_i라기보다는 밀러 정전용량에 기인한다. 소위, **자기정렬 게이트**(*self-aligned gate*)를 사용함으로써 이러한 정전용량을 최소화하는 것이 가능하다. 이러한 과정에서 게이트 그 자체가 소스/드레인 주입 마스크로 사용될 수 있으므로 정렬을 이룰 수 있다. 하지만 이러한 설계에도 불구하고 측면퍼짐이나 고온의 어닐링과정에서 일어나는 측면확산에 의해 더욱 확대되는 게이트 아랫부분에 주입된 도펀트의 퍼짐 때문에 여전히 어느 정도의 겹침이 있게 된다. 이러한 게이트 가장자리 아래의 소스/드레인의 퍼짐은 이른바 채널길이 감소 ΔL_R을 결정한다(그림 6-40). 다음과 같은 물리적인 게이트길이 L의 항으로 전기적인 또는 "유효" 채널길이 L_{eff}를 얻게 된다.

$$L_{eff} = L - \Delta L_R \tag{6-67}$$

MOSFET의 물리적인 폭 Z로부터 유효폭 Z_{eff}의 변화인 폭의 감소량 ΔZ가 또한 있을 수 있다. 폭의 감소는 일반적으로 LOCOS에 의한 모든 트랜지스터 주위에 형성된 전기적인 격리영역으로 인해 발생한다. LOCOS 격리기술은 9.3.1 절에서 논의된다.

등가회로에서 또 다른 매우 중요한 파라미터는 소스/드레인 직렬저항 $R_{SD} = (R_S + R_D)$이다. 이는 드레인전류와 전달컨덕턴스를 낮추기 때문이다. 소스/드레인 단자에 인가된 어떤 드레인 바이어스에 대해서, 인가된 전압의 일부분은 드레인전류(또는 게이트 바이어스)에 의존하는 이들 저항 양단의 전압강하로서 소모된다. 그렇기 때문에, 순수한 MOSFET 그 자체에 인가된 실제 드레인전압은 더 작게 된다. 이는 V_G에 따라서 I_D를 준선형적으로 증가시킨다.

선형영역에서 MOSFET의 전체 저항으로부터 ΔL_R과 함께 R_{SD}를 결정할 수 있다.

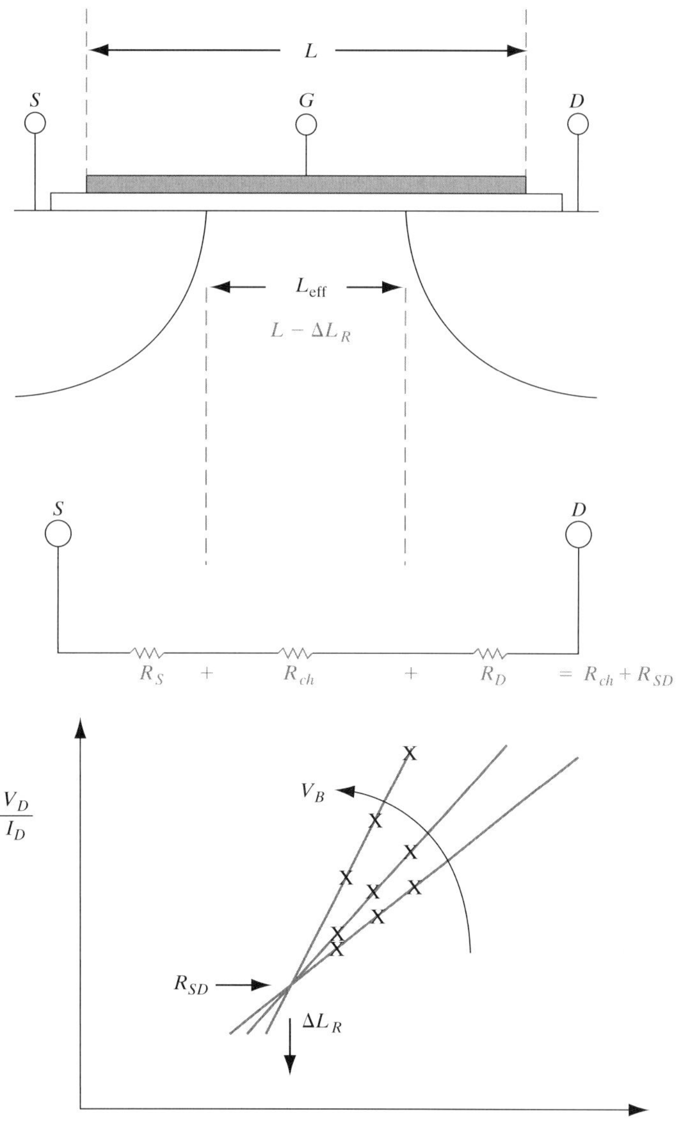

그림 6-40 MOSFET에서 길이 감소와 소스/드레인 직렬저항의 결정. 선형영역에 있는 MOSFET의 전체 저항이 다양한 기판 바이어스에 대해 채널길이의 함수로서 그려져 있다. x는 3개의 다른 물리적 게이트길이 L에 대한 데이터 점들이다.

$$\left(\frac{V_D}{I_D}\right)$$

이것은 진성채널 임피던스 R_{Ch}와 소스-드레인 저항 R_{SD}의 합과 일치한다. 식 (6-51)을 변형하면 다음 식을 얻게 된다.

$$\frac{V_D}{I_D} = R_{Ch} + R_{SD} = \frac{L - \Delta L_R}{Z - \Delta Z}\,\frac{1}{\bar{\mu}_n C_i(V_G - V_T)} + R_{SD} \tag{6-68}$$

기판 바이어스 함수로서 폭이 같지만 채널길이가 다른 다양한 MOSFET에 대해 선형영역의 V_D/I_D를 측정할 수 있다. 기판 바이어스 변화는 몸통효과를 통한 V_T, 즉 L의 함수로서 전체 저항 곡선으로부터 생기는 직선의 기울기를 변화시킨다. 그 선은 그림 6-40에서 볼 수 있듯이 ΔL_R과 R_{SD}에 대응하는 점을 지난다.

6.5.9 MOSFET 스케일링과 열전자효과

반도체 집적회로 기술의 상당한 진전은 소자를 줄이거나 스케일링(*scaling*)할 수 있는 능력 덕택이다. MOSFET의 크기를 줄이는 일은 많은 이득을 준다. 표 6-1에서 집적도, 속도 및 전력소비 향상의 표현으로 스케일링의 이점을 볼 수 있다. 처음으로 IBM에서 데나드(Dennard)가 제기한 스케일링의 열쇠가 되는 개념은 MOSFET의 다양한 구조 파라미터는 소자가 적당히 기능을 유지하고자 한다면 일제히 스케일링되어야 한다는 것이다. 즉, 채널길이 및 폭과 같은 측면치수가 K 인자에 의해 감소된다면, 소스/드레인 접합깊이(x_j)와 게이트 절연층 두께와 같은 수직치수도 감소되어야 한다는 것이다(표 6-1). 공핍폭의 스케일링은 도핑농도를 크게 함으로써 간접적으로 이뤄질 수 있다. 그러나 단순히 치수만을 줄이고 전원전압을 같도록 유지한다면, 소자에서 내부전계는 증가할 것이다. 이상적인 스케일링에 대해, 내부전계를 한 기술세대로부터 다음 세대로 합리적으로 일정하게

표 6-1 상수인자 K에 따른 MOSFET의 스케일링 규칙. 수직, 수평치수들은 동일한 인자로 스케일링된다. 전압은 내부전계를 다소 일정하게 유지시켜 주도록, 그리고 열전자효과를 다루기 쉽도록 스케일링된다.

	스케일링 인자
표면 규격(L,Z)	1/K
수직 규격(d, x_j)	1/K
불순물농도	K
전류, 전압	1/K
전류농도	K
정전용량(단위면적당)	K
전달컨덕턴스	1
회로지연시간	1/K
전력소모	$1/K^2$
전력밀도	1
전력-지연시간 곱	$1/K^3$

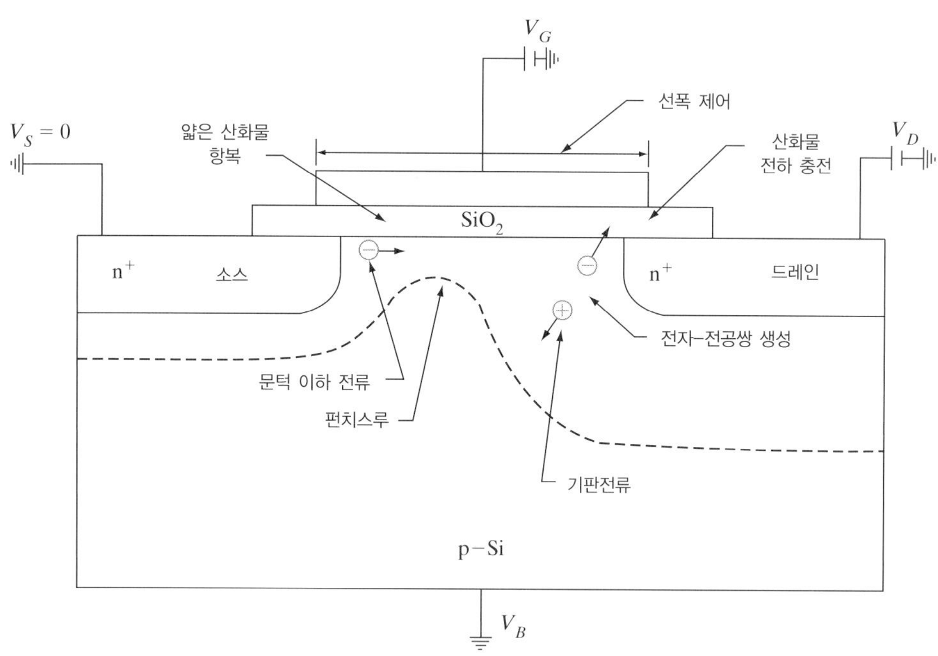

그림 6-41 MOSFET에서의 단채널효과. MOSFET의 크기를 줄임에 따라 단채널효과에 기인한 잠재적인 문제들에는 핀치오프영역에서의 열캐리어 발생, 소스와 드레인 사이의 펀치스루(punch-through), 얇은 게이트 산화물의 항복현상 등이 있다.

유지하기 위해서는 전원전압 또한 감소되어야 한다. 불행히도, 사실상 전원전압은 특히 다른 시스템에 관련된 제한들 때문에 소자의 치수에 따라 병행하여 스케일링될 수 없다. 핀치오프영역에서 수직전계와 게이트 산화물을 가로지르는 수평전계는 MOSFET의 스케일링에 따라 증가한다. 그때 열전자효과와 단채널효과로 알려진 다양한 문제들이 야기된다(그림 6-41).

하나의 전자가 채널을 따라 소스에서 드레인으로 이동할 때, 핀치오프영역에서 전기적인 위치에너지를 소비하여 운동에너지를 얻는다. 그리고선 "열" 전자가 된다. 전도대 가장자리에서 전자는 단지 위치에너지만을 갖는다. 전자가 운동에너지를 얻게 됨에 따라 더욱 더 전도대 위로 올라간다. 소수의 전자들은 Si 채널과 게이트 산화물 사이의 3.1 eV 전위장벽을 뛰어오르기에 충분한 에너지를 가질 수 있다(그림 6-25). 주입된 일부 열전자들은 게이트 산화물을 통과해서 게이트전류로 모일 수 있다. 즉, 입력 인피던스를 줄인다. 더 중요한 것은, 이들 일부 전자들은 고정 산화물 전자로서 게이트 산화물에 포획될 수 있다는 점이다. 식 (6-37)에 따르면 이는 평탄대역 전압, 결국 V_T를 증가시킨다. 게다가 에너지를 가진 열캐리어는 Si-SiO_2 계면에 존재하는 Si-H 결합을 파괴하여 스트레스에 따른 전달컨덕턴스와 문턱전압 기울기와 같은 MOSFET 파라미터를 열화시키는 빠른 계면상태를 만들어낼 수 있다. 그러한 열캐리어의 열화에 대한 결과가 그림 6-42에 나타나 있다. 여기서 스트레스에 따른 V_T의 증가와 기울기, 즉 전달컨덕턴스의 감소를 볼 수 있다. 이런 문

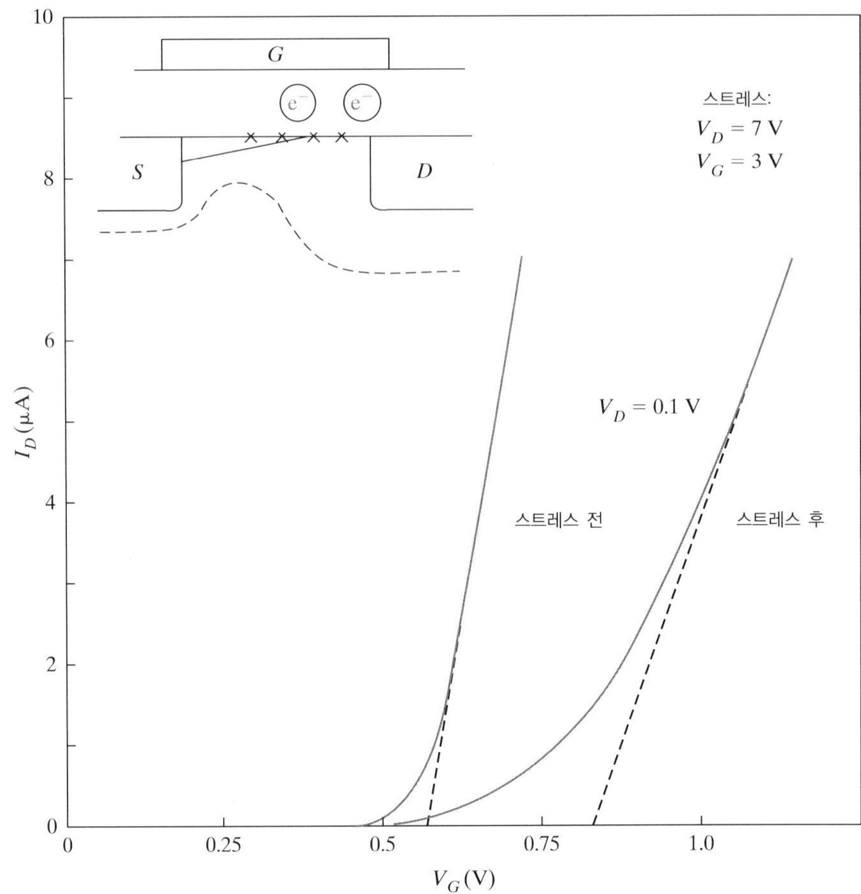

그림 6-42 MOSFET에서 열캐리어의 열화. 열캐리어의 스트레스 전과 후에 대한 선형영역 전달 특성은 열전자의 손상에 의한 V_T의 증가와 전달컨덕턴스(또는 채널 이동도)의 감소를 나타낸다. 손상은 게이트 산화물 안에 고정 산화물 전하를 증가시키는 열캐리어의 주입과 산화물-실리콘 계면(x로 표시됨)에서 빠른 계면상태 때문일 수 있다.

제에 대한 해결책은 **가볍게 도핑된 드레인**(*lightly doped drain*; *LDD*)으로 알려진 방법을 사용하는 것이다. 9.3.1 절에서 더 세부적으로 논의되겠지만, 소스/드레인에서 도핑농도를 감소시킴으로써 역바이어스를 인가한 드레인 채널접합에서 공핍폭은 증가되고 전계는 감소된다.

열캐리어효과는 두 가지 이유로 n 채널소자에서의 전자보다는 p 채널 MOSFET에서의 정공이 문제가 적다. 정공의 채널 이동도는 근사적으로 전자의 절반 정도이다. 즉, 동일한 전계에 대해 열전자보다 열정공이 더 적다. 불행히도, 낮은 정공의 이동도는 n 채널보다는 p 채널에서 낮은 동작전류의 원인이 된다. 또한 Si와 SiO_2 사이의 가전자대에서 정공주입에 대한 장벽은 그림 6-25에 나타낸 것처럼 전도대에서 전자에 대한 것(3.1 eV)보다 더 높다(5 eV). 그러므로 LDD는 n 채널에 대해서는 강제적으로 사용되지만, p 채널소자에서는 보통 사용되지 않는다.

열전자효과를 표현하는 한 가지 방법은 기판전류에 의해서이다(그림 6-43). 전자들이 드레인을 향해 가서 뜨거워짐에 따라 이온충돌과정을 거쳐 2차 전자-정공쌍을 만들어낸다(그림 6-41). 2차 전자들은 드레인에 모여서 포화영역에서 드레인전류가 높은 드레인 바이어스 전압에 따라 증가하도록 한다. 즉, 그것은 출력 임피던스를 감소시킨다. 2차 정공은 기판전류로서 기판에 모인다. 이 전류는 CMOS 회로에서 노이즈나 래치업(latchup)과 같은 회로 문제를 일으킬 수 있다(9.3.1절). 그것은 또한 열전자효과를 위한 모니터로서 사용될 수 있다. 그림 6-43에 나타나 있듯이, 기판전류는 처음엔 게이트 바이어스(고정된 높은 드레인 바이어스에 대해)에 따라 증가하다가 어떤 피크를 지난 다음 감소한다. 이러한 거동을 보이는 이유는 처음에 게이트 바이어스가 증가함에 따라, 드레인전류가 증가하고

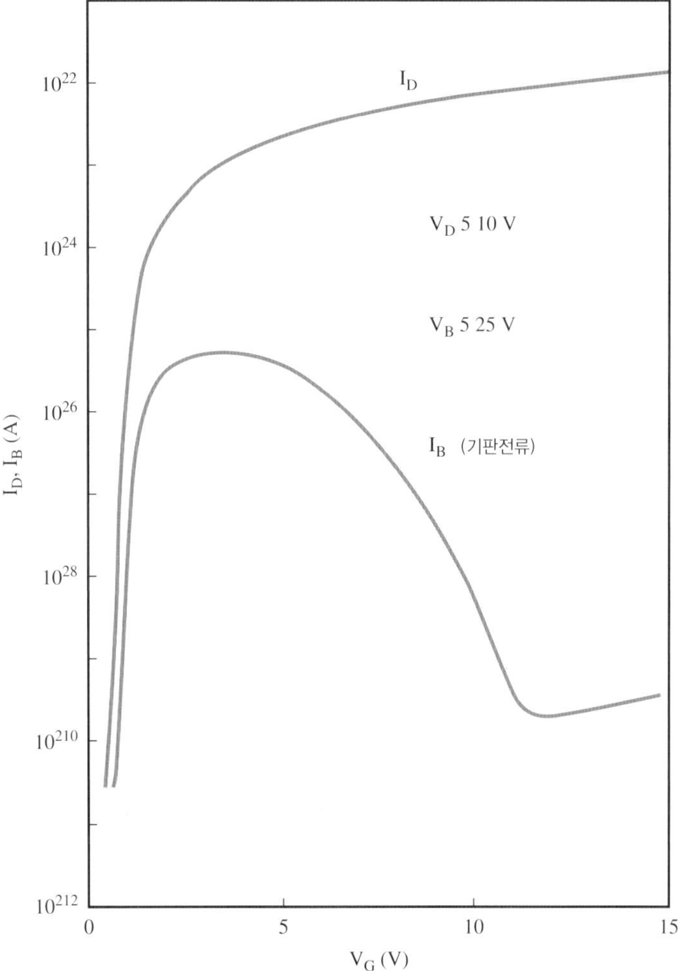

그림 6-43 MOSFET에서의 기판전류. n채널 MOSFET의 핀치오프영역에서 충돌로 발생한 정공에 의한 게이트 바이어스에 대한 기판전류. 기판전류는 처음에 I_D와 유사하게 V_G를 따라 증가한다. 그러나 V_G가 높을 때, MOSFET은 포화로부터 선형영역으로 향하고 핀치오프영역의 높은 전계는 감소하며 이온충돌을 감소시킨다(After Kamata, et. al., Jpn. J. Appl. Phys., 15(1976), 1127).

그렇게 함으로써 이온충돌을 위해 더 많은 원시 캐리어가 핀치오프영역에 공급되기 때문이다. 하지만 훨씬 높은 게이트 바이어스에 대해서는 고정된 V_D가 $V_D(\text{sat.}) = (V_G - V_T)$ 아래로 떨어질 때 MOSFET이 포화영역에서 선형영역으로 들어간다. 핀치오프영역의 수직전계가 줄어듦에 따라 충돌이온화율도 감소한다. 열캐리어의 신뢰성 연구는 피크 기판전류의 "최악의 조건"하에서 행해진다. 일반적으로 이들은, 어떤 잠재적인 문제가 있다면 합당한 시간 내에 결과가 나타나도록 하기 위해 정상적인 동작전압보다 더 높은 조건하에서 이루어진다. 그런 다음, 열화에 관련된 데이터는 실제 동작조건으로 외삽된다.

6.5.10 드레인유기 장벽 감소

작은 채널길이를 갖는 MOSFET이 적당히 스케일링되지 않고, 소스/드레인 접합이 너무 깊으며 채널 도핑이 너무 낮다면, 소스와 드레인 사이에는 **드레인유기 장벽 감소**(*drain induced barrier lowering*; *DIBL*)로 알려진 의도하지 않은 정전기적인 상호작용이 있을 수 있다. 이는 소스와 드레인 사이에 펀치스루 누설이나 항복을 가져오고 게이트가 제어를 상실하게 된다. 이런 현상은 그림 6-44로부터 이해될 수 있다. 그림에는 긴 채널소자와 단채널소자에 대해 채널을 따라 표면전위가 그려져 있다. 드레인 바이어스가 증가함에 따라 드레인에서 전도대 가장자리(전자의 에너지를 나타냄)는 아래로 밀리고, 드레인채널의 공핍폭은 확장된다. 긴 채널 MOSFET에 대해서는 드레인 바이어스가 소스-채널의 p-n 접합 내부전위에 해당하는 소스-채널의 전위장벽에 영향을 미치지 않는다. 그러므로 게이트 바이어스가 이들 전위장벽을 낮추기 위해 증가되지 않는다면, 드레인전류는 거의 흐르지 않는다. 다른 한편으로, 단채널 MOSFET에 대해서는 드레인 바이어스가 증가하고 드레인에서의 전도대 가장자리가 아래로 밀림(드레인 공핍폭과 함께 동시적으로 증가함)에 따라 소스-채널 전위장벽은 DIBL 때문에 저하된다. 이는 채널영역에서 2차 푸아송 방정식의 해를 구함으로써 수치적으로 입증할 수 있다. 물리적으로 이는 그림 (6-33)과 같은 등가회로로 표시할 수 있는데, 게이트 정전용량 C_i와 드레인 정전용량 C_{dr}은 소스 끝 부근에서 채널 전위와 함께 영향을 주게 된다. 극단적으로, DIBL의 징후는 때때로 드레인 공핍영역이 확장함으로써 소스의 공핍영역과 합쳐져서 소스와 드레인 사이에 펀치스루를 초래하는 현상과 일치한다고 여겨진다. 그러나 DIBL은 결국 내부전위 아래로 소스의 접합 전위장벽이 저하됨으로써 초래된다는 것을 명심해야 한다. 그러므로 기판을 접지한 상태에서 MOSFET에서 DIBL이 일어났다면, 그 문제는 기판에 역바이어스를 인가함으로써 완화시킬 수 있다. 이는 소스단에서 전위장벽이 상승하기 때문이다. 이러한 일은 그러한 백바이어스하에서 드레인 공핍영역이 소스 공핍영역과 훨씬 많은 상호작용을 한다는 사실에도 불구하고 일어난다. 일단 소스-채널 장벽이 DIBL에 의해 저하된다면, 게이트가 전류를 차단할 수 없게 됨에 따라 상당한 드레인 누설전류가 생길 수 있다.

이 문제에 대한 해결책은 무엇인가? 소스/드레인 접합은 DIBL을 방지하기 위해 채널길이가 감소함에 따라 충분히 얕게 만들어야 한다. 둘째로, 채널 도핑은 드레인이 소스접합을 제어하는 것을 막기에 충분히 크게 해야 한다. 이것은 채널에서 **펀치스루 방지**(*anti-punch-through*) 주입으로 알려진 것을 행함으로써 성취된다. 때때로, 채널에 두루 이온을 주입(V_T를 올리거나 몸통효과와 같은 바람직하지 못한 결과가 생길 수 있음)하는 대신에, 국부적인 이온주입이 소스/드레인 부근에만 행해진다. 이들은 **무리**(*halo*)나 **포켓**(*pocket*) 주입으로 알려져 있다. 더욱 높은 도핑은 소스/드레인 공핍폭을 감소시키고 그들의 상호작용을 막는다.

단채널 MOSFET에서, DIBL은 핀치오프영역의 채널길이 ΔL의 전기적인 변화에 관계된다. 드레인전류가 전기적인 채널길이에 반비례하므로, 작은 핀치오프영역 ΔL에 대해 다음 식을 얻게 된다.

$$I_D \propto \frac{1}{L - \Delta L} = \frac{1}{L}\left(1 + \frac{\Delta L}{L}\right) \tag{6-69}$$

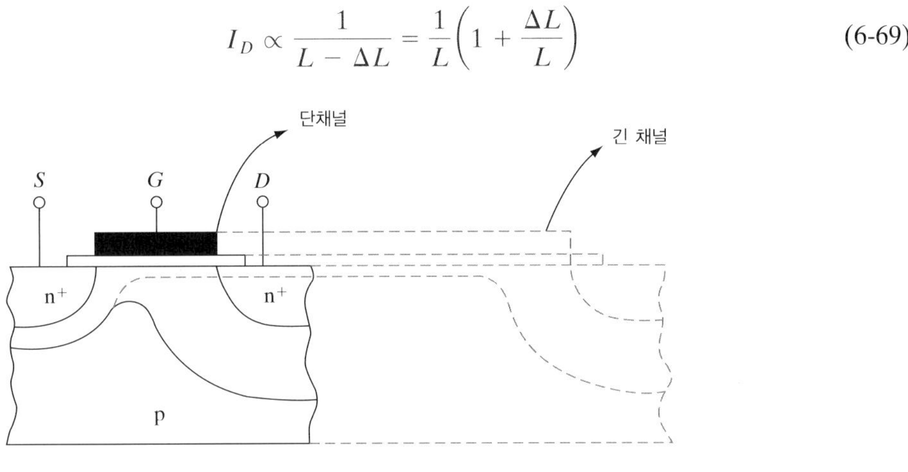

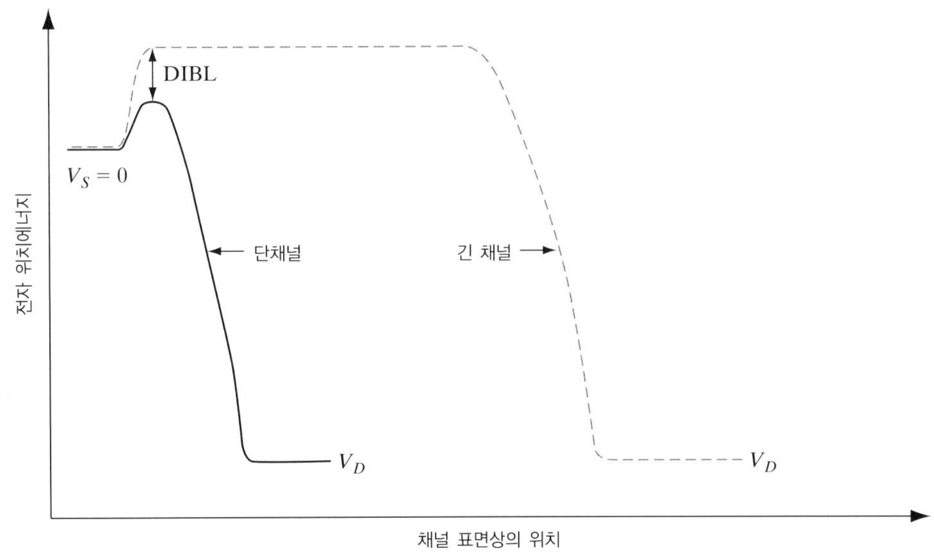

그림 6-44 MOSFET에서의 드레인유기 장벽 감소. 긴 채널과 단채널 MOSFET에서 채널에 따른 단면과 전위분포.

채널길이에서의 작은 변화가 드레인 바이어스에 비례한다고 가정하면,

$$\frac{\Delta L}{L} = \lambda V_D \tag{6-70}$$

여기서 λ는 채널길이 변조 파라미터(*channel length modulation parameter*)이다. 그러므로 포화영역에서 드레인전류 표현식은 다음과 같다.

$$I_D = \frac{Z}{2L}\bar{\mu}_n C_i (V_G - V_T)^2 (1 + \lambda V_D) \tag{6-71}$$

이 식은 출력 특성에서 기울기와 출력 임피던스의 저하를 나타내 준다(그림 6-32).

6.5.11 단채널효과와 협폭효과

MOSFET에서 채널길이의 함수로서 문턱전압을 그린다면, 매우 작은 기하구조에 대해 V_T는 L에 따라 감소함을 보게 된다. 이런 효과를 **단채널효과**(*short channel effect*; *SCE*)라 하며 DIBL과 다소 유사하다. 그 메커니즘은 소스/드레인과 게이트 사이에서 **전하공유**(*charge sharing*)라 불리우는 것에 기인한다(그림 6-45).[9] 문턱전압에 대한 식 (6-38)로부터, 그 항들 중 하나가 게이트 아래의 공핍전하임을 발견한다.

그림 6-45에서 공핍영역을 명시하는 등전위선은 소스/드레인의 윤곽 주위에 그려져 있다. 전기력선은 등전위선에 수직임을 명심하면, 소스/드레인 근처에서 근사적으로 삼각형인 영역에 속하는 게이트 밑바닥의 공핍영역이 그들의 전기력선이 게이트가 아닌 소스/드

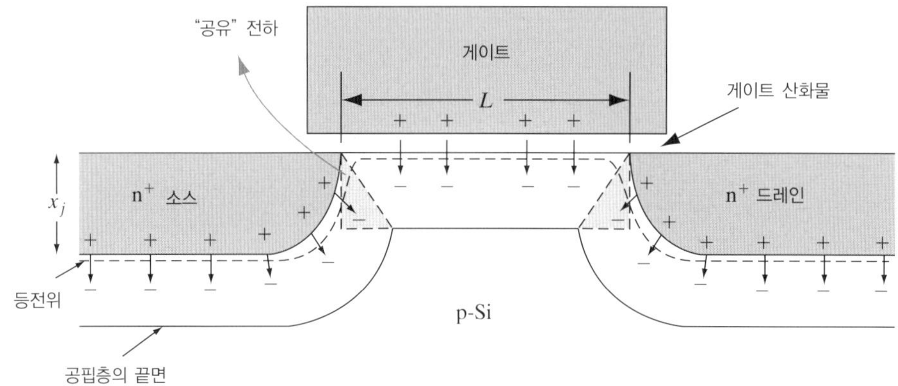

그림 6-45 MOSFET에서의 단채널효과. 게이트, 소스와 드레인 사이의 공핍전하공유를 보여주는 길이에 따른 MOSFET의 단면도.

9) L. Yau, "A simple theory to predict the threshold voltage of short-channel IGFETs," Solid-State Electronics, 17(1974); 1059.

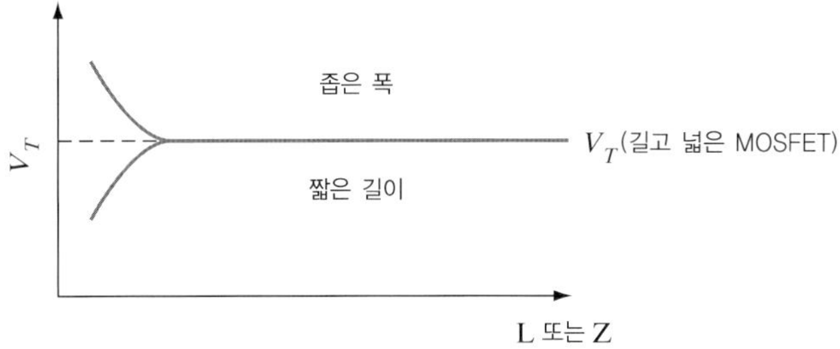

그림 6-46 채널길이 감소에 따른 V_T의 하락과 채널폭 감소에 따른 V_T의 증가

레인에서 끝나도록 함을 보게 된다. 그러므로 이들 공핍전하는 소스, 드레인과 전기적으로 "공유"되어 있어서 V_T의 표현식 (6-38)로는 계산되지 않는다. 우리는 이러한 효과를 게이트 밑의 직사각형 영역 내에 있는 원래의 Q_d 값을 그림 6-45에 있는 사다리꼴 영역 내의 더 작은 Q_d 값으로 교체해서 다룰 수 있다. 분명히, 긴 채널소자에서 소스와 드레인 근처의 삼각형 전하영역은 게이트 아래의 전체 공핍전하의 극히 일부분에 불과하다. 하지만 채널길이가 감소함에 따라서 전체 전하량 중 공유된 전하량이 차지하는 비율이 커지게 되고, L의 함수인 V_T의 하락(*roll-off*)을 초래하게 된다(그림 6-46). 이는 제조에서 채널길이를 정밀히 제어하기 어렵기 때문에 중요하다. 즉, 채널길이 변화는 V_T 제어에 관한 문제를 일으키게 된다.

지난 수년간 L이 줄어듦에 따라 n채널 MOSFET에서 또 다른 효과가 관찰되었다. V_T는 단채널효과 때문에 내려가기 전인 처음엔 상승한다. 이런 현상을 반단채널효과(*reverse short channel effect*; *RSCE*)라고 명명한다. 그리고 이는 소스/드레인의 이온주입 중에 만들어진 Si의 손상된 점들과 채널에 도핑된 붕소(B) 사이의 상호작용 때문이며, 소스와 드레인 근처에 붕소를 쌓게 만들어 결국 V_T를 증가시키게 된다.

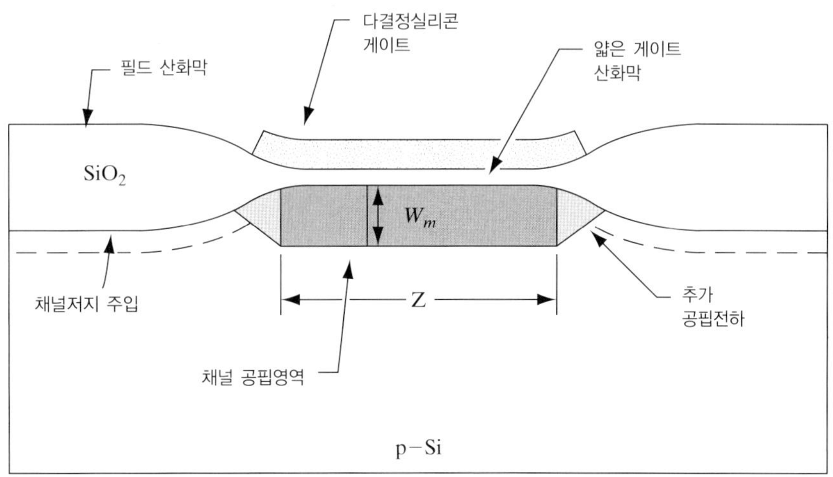

그림 6-47 MOSFET의 협폭효과. 필드영역 또는 LOCOS 격리영역 밑에서 추가적인 공핍전하(체크무늬로 된 영역)를 보여주는 채널에 따른 MOSFET의 단면도.

MOSFET에서 또 다른 관계된 효과는 **협폭효과**(*narrow width effect*)이다. 여기서 V_T는 채널폭 Z가 매우 좁은 소자에 대해 감소함에 따라 증가한다(그림 6-46). 이는 그림 6-47로부터 이해될 수 있다. 여기서 LOCOS 격리영역 아래에 위치한 얼마간의 공핍전하들은 게이트에서 끝나는 전기력선을 갖고 있다. SCE와는 다르게, 유효공핍전하는 소스/드레인과의 전하공유 때문에 감소된다. 여기서 게이트에 속하는 공핍전하는 증가한다. 그 효과는 폭이 매우 넓은 소자에서는 중요하지 않으나, 폭이 1 μm 이하로 감소된 소자에서는 매우 중요하다.

6.5.12 게이트유기 드레인 누설

그림 6-38에 나타난 문턱전압 이하 특성을 관찰하면, 게이트전압이 V_T 아래로 감소함에 따라, 문턱전압 이하 전류는 떨어지고 그때 바닥준위는 소스/드레인 다이오드 누설로 결정됨이 발견된다. 그러나 V_D가 큰 값인 상태에서 훨씬 큰 음의 게이트 바이어스로 더욱

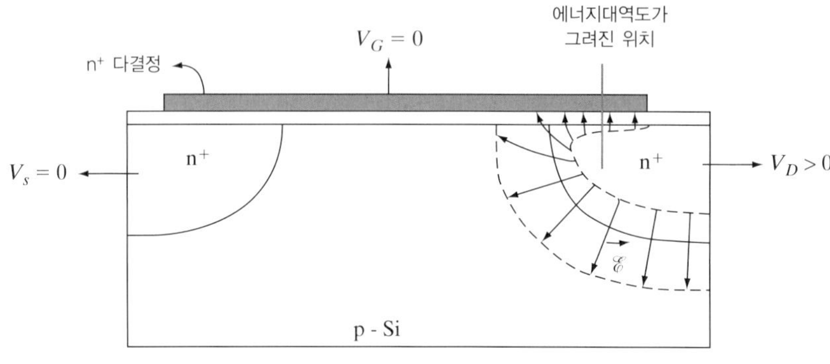

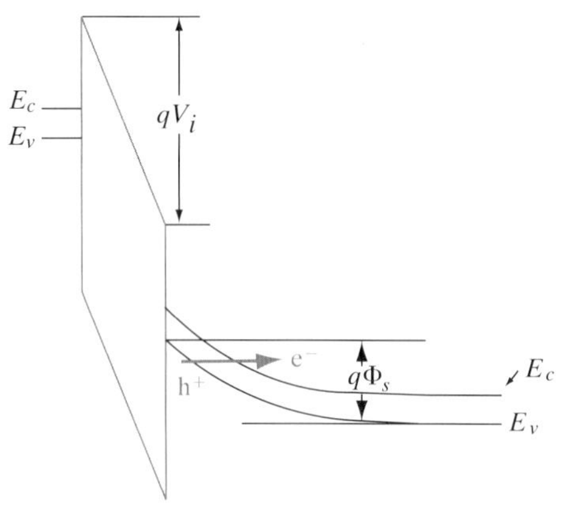

그림 6-48 MOSFET에서의 게이트유기 드레인 누설. 음영처리된 장소에 대한 에너지대역도는 게이트-드레인 겹침영역에 깊이의 함수로서 그려져 있다. 그리고 대역 간 터널링과 실리콘 기판의 드레인영역에서 전자-정공쌍의 생성을 지적한다.

MOSFET을 차단시키려 함에 따라 오프상태 누설전류는 실제로 상승함을 보게 된다. 이는 게이트유기 드레인 누설(*gate-induced drain leakage*; *GIDL*)로 알려져 있다. 증가하는 드레인 바이어스에 대해, 동일한 효과가 0에 가깝게 고정된 게이트 바이어스에서 나타난다. GIDL의 원인은 그림 6-48로 이해될 수 있다. 여기서 게이트와 드레인접합이 겹쳐진 영역에서 깊이의 함수로서 에너지대역도를 나타내고 있다. 게이트가 더 큰 음의 값을 가짐에 따라(또는 고정된 게이트 바이어스에 대해 드레인이 더 큰 양의 값을 가짐에 따라), 공핍영역은 n형 드레인영역 내에 형성된다. 드레인 도핑이 높기 때문에, 공핍폭이 좁아지는 경향이 있다. 대역휨이 좁은 드레인영역에 대한 대역간극 E_g보다 더욱 커진다면, 이 영역에서 대역 간 터널링으로 인해, 즉 전자-정공쌍이 생성됨으로 인해 전도성을 띠게 된다. 이때 전자들은 GIDL에 따라 드레인을 향해 간다. 이러한 터널링이 게이트 산화물을 통해서(6.4.7절)가 아니라, 전적으로 실리콘 드레인영역에 있다는 점은 강조되어야 한다. GIDL이 일어나기 때문에, 드레인 도핑준위는 적당히 해야 한다($\sim 10^{18}$ cm^{-3}). 도핑준위가 이보다 훨씬 낮다면, 공핍폭과 터널링 장벽이 너무 넓게 된다. 반면에 드레인에서 도핑이 매우 높다면, 게이트 산화물에서 대부분의 전압강하와 Si 드레인영역에서 대역휨은 E_g 값 아래로 떨어진다. GIDL은 MOSFET의 현재 기술 수준에서 오프상태 누설전류를 제한하는 중요한 인자이다.

6.6 MOSFET 최신 구조

6.6.1 금속게이트- High-k 계면

앞에서 언급한대로 종래에는 고품질의 계면을 이루는 열성장 SiO_2 게이트 유전체와 고농도로 도핑된 다결정실리콘 게이트 전극을 갖춘 Si MOSFET이 주종을 이루었다. 그러나 산화막의 두께가 초박막으로 얇아짐에 따라 생기는 터널링 누설전류 때문에 최근에는 high-k 게이트 유전체로 이동하는 경향을 보였는데 HfO_2와 같은 high-k 유전물질은 $C_i = \epsilon_i/d$에 따라 두께가 증가해도 게이트 정전용량은 크게 변하지 않는다. 일반적으로 높은 유전상수를 갖는 물질들은 SiO_2보다 작은 에너지 대역간극(bandgap)을 가지고 있다. 그러므로 전도대와 가전자대에서의 high-k 게이트 유전체와 실리콘 사이의 대역간극의 차이(band offset)는 더 작을 수 있다. 따라서 Si 위에 얹은 SiO_2의 경우에 비하여 비록 게이트 유전체 터널 장벽은 더 넓은지 모르나 장벽의 높이는 더 작을 수 있는 문제가 있다. 또 다른 문제는 high-k 물질과 실리콘 사이의 계면은 역성장된 SiO_2과 실리콘 사이의 계면에 비하여 훨씬 열등하기 때문에 캐리어의 채널에서의 이동도가 낮다. 그래서 high-k 물질과 실리콘 사이에 아주 얇은 계면 SiO_2층을 성장하는 것이 일반적이다. 이렇게 하면 캐리어 이동도의 감소를 방지할 수 있다.

그러한 high-k 물질을 증착하는 데 쓰는 가장 일반적인 방법은 원자층 증착법(Atomic layer depostion; ALD)이다. 이것은 CVD의 한 방법으로 대상 물질을 이루는 두 가지 기체 전구물질(precursors)를 자기제한(self-limiting)적으로 번갈아 가면서 반복 사용하는 방법이다. 예를 들어 하프니어(Halfnia: HfO_2)를 성장하기 위하여 첫 주기에는 실리콘 표면을 Hf 함유하는 전구물질을 사용하여 단일층(monolayer)으로 포화시키는데 그 이후에는 특정 기판온도 및 기체압력조건을 사용하여 이 전구물질이 흡착되지 않도록 한다. Hf 함유한 전구물질은 빼내고 산소를 함유한 전구물질(H_2O)를 흘려주게 되면 HfO_2 단일층의 성장은 끝나게 된다. 다음 주기에 들어가면 H_2O를 빼내고 Hf 함유 전구물질을 흘려 넣는다. 이렇게 해서 성장은 성장주기의 수에 따라 결정되는 디지털 성장법이 되며, 이런 점에서 ALD는 성장시간에 따라 성장이 결정되는 CVD 방법과는 사뭇 다르다고 할 수 있다. 이러한 조절가능성은 초박막 게이트 유전체 성장에는 매우 중요하다고 볼 수 있다.

유전박막이 SiO_2에서 high-k 유전체로 바뀌었을뿐 아니라, 게이트 물질도 다결정실리콘(고농도 도핑된)에서 금속게이트(적당한 일함수를 갖는)로 바뀌었다. 이런 방법으로 식 6-38에서 보았듯이 평탄대역 전압과 V_T전압을 변화 시킬 수 있기에 이를 게이트 일함수 공학(gate workfunction engineering)이라고도 부르게 되었다. 최초의 MOSFET은 알루미늄이란 금속 게이트로 만들어졌기 때문에 이것은 어떤 의미에서는 우리가 맨 처음으로 돌아갔다고도 말할 수 있겠다. Al 게이트는 후에 열 내열성(refractory) 다결정 실리콘으로 대치되었는데 이 물질을 패터닝함으로써 소스-드레인 이온주입을 자기정렬적(self-aligned)으로 할 수 있게 되었고 이온주입 이후에 필요한 고열 어닐링 공정도 가능하게 되었다. 그런데 우리는 이제 다시 내열성금속을 이용한 점이 다르긴 하지만, 금속을 이용한 애초의 게이트 기술로 돌아간 것이다.

몇몇 MOSFET 공정에서는 소스-드레인 이온주입 어닐링에 필요한 높은 공정온도를 견딜 수 없는 high-k 유전체를 집적하기 위하여 소스-드레인을 희생 게이트(dummy sacrificial gate)를 이용하여 형성하는 방법을 쓰기도 한다. 소스-드레인 형성후, 이 희생 게이트 전극을 제거하고 high-k 유전체 등을 증착한 후에 마지막으로 금속 게이트를 형성한다. 그래서 이러한 방법을 마지막-게이트(gate-last)공정이라 부른다.

게이트 스택(gate stack)에 대한 공학적 설계 뿐 아니라 소스-드레인 접합, 채널 도핑 모양(profile), 그리고 접촉 전극 금속(접촉 저항을 줄이는 방향으로)을 면밀히 설계하는 것도 필요하다. 이 부분은 9.3.1 절에서 다시 논의된다.

6.6.2 채널 이동도가 증가된 물질들과 격자변형[10)]

6.3.2 절에 설명된 HEMT는 III-V 채널에서의 높은 캐리어이동도 덕분에 고주파 동작과

10) Strained FET: 물질에 응력이 주어져 격자가변형되어 있다는 뜻이다.

높은 구동전류를 내는 것이 가능하다. 그러나 HEMT는 게이트 누설전류가 과다하고 따라서 입력 임피던스가 낮은데 이는 MOS 게이트 보다 누설이 심한 쇼트키 게이트를 사용하기 때문이다. 이러한 III-V 물질 상에, 실리콘과 고품질의 계면을 이루는 SiO_2과 같은 산화물을 성장하는 것은 불가능하다. 그런데 high-k 유전물질이 개발되어 이제는 InGaAs와 같은 전자이동도가 높은 화합물 반도체 위에 그것을 증착함으로써 Si에서 보다 더 우수한 NMOSFET을 III-V 화합물에서 만들 수 있게 되었다. 그러나 III-V 화합물 반도체는 전자의 이동도는 높으나 정공의 이동도는 낮기 때문에 PMOSFET을 위해서 III-V 물질보다 Ge가 더 좋은 선택이다. Ge의 정공 이동도는 Si보다 네 배나 높다. 그러나 더욱 자세히 들여다보면 고 이동도 채널을 사용하는 것 자체가 그다지 좋은 것은 아니라는 것을 알게 된다. 그 이유는 다음과 같다. 즉, MOSFET의 구동전류는 캐리어 농도와 캐리어 속도의 곱이라고 대략적으로 생각해도 되는데, 상기한 고 이동도 채널물질들의 캐리어 속도는 높으나 그 이유는 낮은 값인 전도 유효질량에 반비례하기 때문이다(식 3-36). 반면 캐리어 농도는 반전층과 같은 2차원 시스템에 있어서는 채널의 상태밀도 유효질량에 비례(부록 IV의 식 IV-10b)하기 때문에 구동전류의 식에 있어서 이들 두 유효질량 항들이 서로 상쇄되는 결과를 가져온다. 이것을 고 이동도 채널 물질에서 '상태밀도 병목현상(density-of-states bottleneck)' 이라 부른다. 추가로 그러한 고 이동도 물질에서 소스-드레인 영역이 도달할 수 있는 가장 큰 도핑농도는 실리콘에서와 같이 높지 않기 때문에 소스-드레인 접근저항(access resistance)이 높아지는 문제도 있다. 마지막 문제로는 작은 유효질량을 갖는 반도체물질들이 대체로 갖는 작은 대역간극을 들 수 있다. (단순하게 표현하자면, 유효질량이 작다는 것은 대역들이 많이 구부러져(high band curvature) 있다는 의미이고 이것은 대역들(전도와 가전자 대역들)이 넓다는 이야기이고 따라서 그들 사이의 대역간극이 작다는 이야기가 된다.) 작은 대역간극을 가진 물질에서 만든 MOSFET은 오프 상태에서의 누설전류가 크게 되고 이것은 문제가 되는데, 특히 저전력 로직 회로에 있어서 문제가 된다. 그럼에도 불구하고 경우에 따라서는 세밀히 분석하고 설계한다면 이들 고 이동도 MOSFET이 실제로 Si에서 보다 더 좋은 성능을 가질 수도 있음을 알고 있자.

캐리어 이동도를 개선하는 또 하나의 방법은 기계적인 변형(mechanical strain)을 반도체에 가하는 것이다. 예를 들어 실리콘에서 단축 인장(늘림)변형이 한 방향으로 주어거나 쌍축 변형이 두 방향으로 주어진다면 [100] 방향의 X 점 근처(그림 3-10a 참조)에서 6개의 전도대 최소점이 겹치게 되는 현상(6중 축퇴, six-fold degeneracy of the conduction band minima)가 깨지기 때문에, 단위셀의 입방대칭(cubic symmetry of unit cell)도 깨지게 된다. Si에서 우리가 예제 3-6에서 본 바와 같이, 어떤 [100] 방향에서도 캐리어 수송은 높은 m_l 값을 갖는 두 개의 타원 계곡과, 낮은 m_t을 갖는 네 개의 계곡의 영향을 받는다. 그런데 쌍축 인장변형하에서는 제3의 방향에 있는 평면들이 축소되어 이 방향에 있는 두 개의 골짜기들이 작은 에너지준위를 갖게 되면서 먼저 캐리어들로 점유된다. 인장변형이 생기는 평면에 있는 수송에 대하여는 상기 두 계곡에서 횡방향(transverse) 유효질량 m_t가 작아져서 전자 이동도가 증가된다(그림 6-49). 또한 계곡간 산란이 줄어들어서 산란간 평균

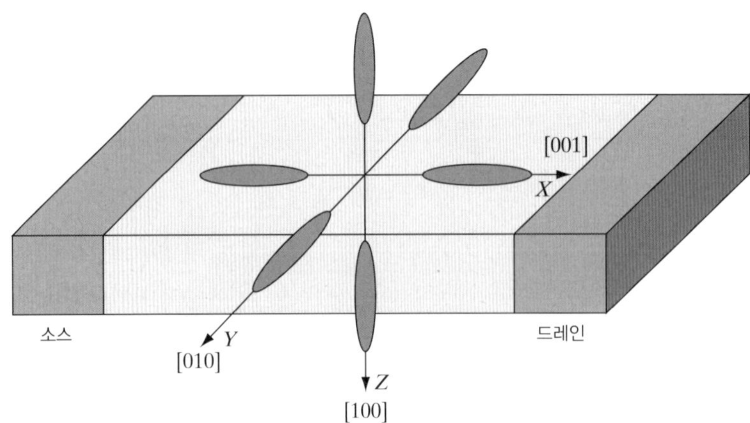

그림 6-49 [100] 평면상에 만들어진 MOSFET에 대하여 그린 Si의 에너지 타원들. 이들이 수직방향의 반전층 전위(inversion layer potential)에 의하여 구속(confine)되면 Z방향의 두 계곡이 낮아진다; 인장변형은 그것들을 더욱 낮추기 때문에 계곡간의 산란이 감소한다. 또한 이 타원들은 소스-드레인 방향인 수송방향에 대하여 낮은 값의 m_t를 가지므로, 이동도와 드레인 전류 모두 증가한다.

자유시간이 증가하고 따라서 이동도가 증가한다. (식 3-40a). 비슷한 정공 이동도의 증가는 수축변형(compressive rain)된 Si에서 가능하다.

반전층 들에서 캐리어 구속에 의한 것에 의한 추가적인 문제가 있기는 하지만, 상기의 효과들로 인하여 격자변형(Strained) Si 채널을 이용해 만든 MOSFET에서 큰 구동정류를 얻을 수 있다. Si에 쌍축 인장 변형(Tensile strain)을 도입하는 방법의 하나는 Si 기판에 성장한 격자상수가 더 큰 SiGe 버퍼층위에 Si을 성장시키는 것이다(그림 1-14 참조). 또는 Si MOSFET 위에 응력을 주기 위한 층(Stressor)으로서 실리콘 질화막 (Silicon Nitride)를 적재적소에 사용하여 단축 인장 변형을 얻을 수 있다. 한편 수축변형(Compressive strain)은 소스-드리엔 영역에 트렌치를 식각한 후 이들을 격자상수가 큰 SiGe로 채움으로써, 공정에 의한 방법으로 이룰 수 있다.

6.6.3 SOI MOSFET과 FinFET

이전 절에서 우리는 펀치 쓰루(punch-through)에 의한 누설전류와 같은, 벌크 Si상에 제작된 단채널 MOSFET에서의 문제에 대하여 논의하였다. 또한 주목 할 점은, MOSFET에서의 전류는 대부분 반전층의 두께 (~10 nm) 정도에 국한되며 사실 벌크 실리콘의 대부분은 기계적인 지지(mechanical support) 이외에는 아무런 전기적인 기능을 하지 못한다는 것이다. 이 점에 착안해서 만든 것이 그림 6.50(a)의 절연체 위에 만든 Si(Silicon-on-Insulator) MOSFET(SOI MOSFET)인데, 이는 벌크 Si 위에 절연 매립 산화물(Buried OXide (BOX)층 (~100 nm 두께)을 쌓고 다시 그 위에 얇은 (~10 − 100 nm) Si 단결정 층을 형성하여 만든 것이다.

SiO_2는 Si 기판위에 손쉽게 성장할 수 있기에 그 위에 또 박막(Thin-film) Si을 키우는 것도 용이하다. 또한 SiO_2 상에 다결정 Si도 쉽게 증착할 수 있기에 박막 다결정 Si에 소자를 만들 수도 있다. 그러나 다결정 물질에 만든 소자에는 그레인 경계(Grain Boundaries)나 다른 결함에 관련된 문제가 있기 때문에, oxide 위에 단결정 Si을 성장하는 여러가지 방법이 개발되었다. 예를 들어, 높은 도즈(dose)의 산소를 Si 웨이퍼 속으로 이온주입(Implantation)함으로써 SiO_2층 매립층을 얻을 수 있다. 이때 표면에 남아있는 Si 층은 약 0.1 μm 두께가 되는데 이 층에 CMOS 등 소자가 만들어질 수 있다. 이 방법을 산소이온주입에 의한 분리방법(Separation by implantation of oxygen (SIMOX))이라고 한다. 이 oxide 위의 단결정 Si 층을 seed 층으로 하여 그 위에 추가로 단결정 Si을 성장하여 두꺼운 Si을 만들고 여기 소자를 제작할 수도 있다. SOI를 만드는 또 하나의 방법은 표면이

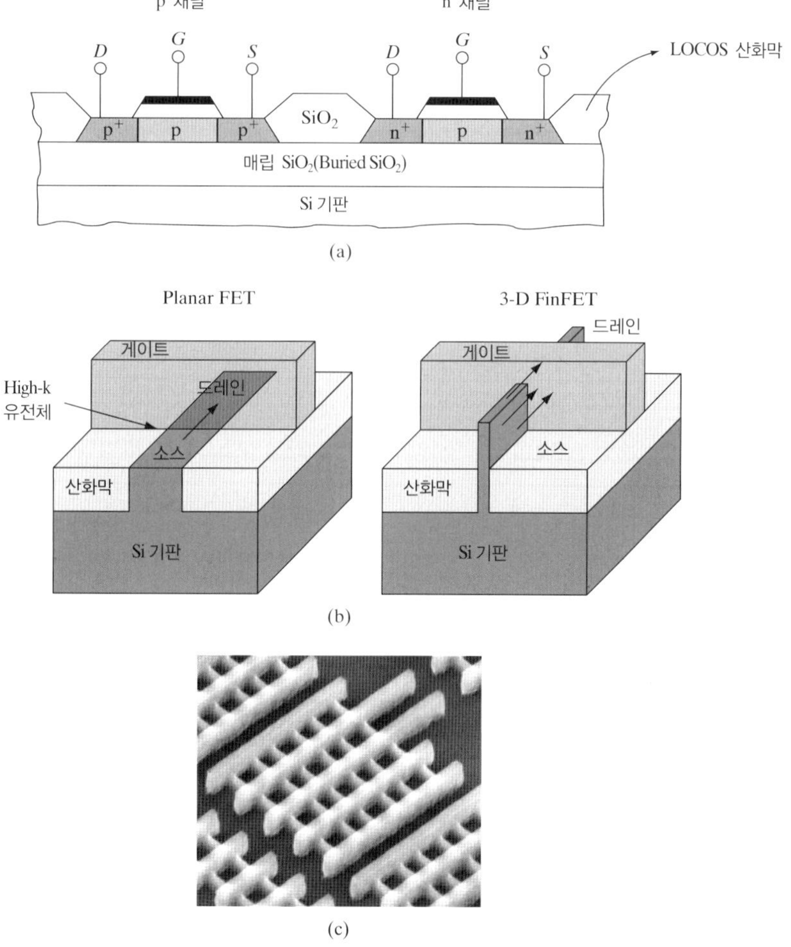

그림 6-50 (a) Silicon on insulator. n 채널과 p채널 증식형(enhancement) 트랜지스터는 각각 절연기판 위에 있는 Si 박막 섬들에 만들어져 있다. 이 소자들은 서로 연결되어 CMOS 회로를 구성할 수 있다. (b) FinFET을 평면형 MOSFET과 비교한 그림 (c) 유료 채널폭을 늘리기 위해 다수의 평행 fin을 사용한 22 nm 삼중 게이트 FET의 전자주사 현미경 사진.

산화된 Si 기판 두 개를 열적으로 맞붙이는 것으로(thermal bonding) 이는 전기로(furnace)에서 열적 어닐링을 수행하면 된다. 부착후 둘 중 하나의 기판은 거의 전부 식각하여 끝의 1 μm보다 작은 두께만을 남기게 된다. 이 방법은 접착 후 식각 SOI (Bond-and-Etch-back SOI(BE-SOI))라고 한다. 그런데 600 μm에 달하는 두께를 식각한 후 정확히 1 μm도 안되는 두께를 남기는 것은 매우 어렵기 때문에 이를 해결하기 위해 p^+ 이온주입을 미리 한 뒤, 화학적 식각을 수행하여 자동식각정지(etch-stop)가 일어나도록 하는 것이 좋다. 이때 물론 화학적 식각액은 그 식각율이 p^+ 층에서 도핑이 작은 기판에서보다 훨씬 작은 것을 사용하여야 한다. 또 다른 방법으로 스마트 절단(Smart Cut)이라 하는 것이 있는데, 이는 BE-SOI의 변형법으로, 접착될 기판 중 하나에 H 이온주입을 고농도로 미리 해 놓는 방법이다. 이때 H 주입된 이온의 피크는 Si 표면에서 약 1 μm 되는 깊이에 있게 된다. 이후 고온어닐링을 하면 이 수소원자들이 서로 엉겨서 아주 작은 수소기포들을 이루게 되고 이것들이 얇은 Si 층을 나머지 기판으로부터 떼어내는 작용을 한다. 이때 이 얇은 Si 층은 산화된 표면을 가진 반대편 기판에 붙어 있기 때문에 SOI 기판이 생긴다. 이렇게 하면 화학적 식각이 불필요하다. 이 공정을 잘 수행한다면 절단된 Si의 표면을 다시 사용할 정도로 매끈하게 만들 수 있다.

이러한 소자를 위해 적당한 또 하나의 기판은 새파이어 상에 성장한 실리콘(SOS: silicon-on-sappire)이다. 실리콘 에피택시 박막은 약 1 μm의 두께로 결정질 새파이어 (Al_2O_3) 기판상에 화학기상증착법(Chemical vapor deposition; CVD)을 이용하여 성장시킬 수 있다. 이를 SOI-SOS라고 부르기도 한다. (발음이 간장을 뜻하는 Soy-sauce와 비슷해서 좀 우습다.)

SOI 박막은 보통의 사진석판기술(Standard photolithographic techniques)을 이용하면 쉽게 섬(island) 형태로 패턴이 가능하기 때문에 MOSFET들을 서로 전기적으로 격리(isolation)시키는 것이 벌크 실리콘을 이용할 때에 비하여 용이하게 된다. 이 섬들에 p^+와 n^+ 이온주입을 하여 소스와 드레인을 형성하면 MOSFET이 된다. 박막이 얇고 또 그 밑은 절연물질이기 때문에 소스와 드레인을 박막두께보다 더 깊게 만들어도 상관없다. 접합 정전용량은 소스-드레인과 채널이 만나는 옆 벽넓이에 해당하는 만큼까지의 값으로 줄어들게 된다. 또한 소자간 연결선이 절연된 기판위를 지나가게 되므로 전도성인 실리콘 기판 위에 만들어지는 종래의 MOSFET에 비해서 연결선의 정전용량도 작게 된다. (또한 소자와 소자 사이의 필드영역에 유도될 수 있었던 기생채널이 생길 가능성도 줄어줄게 된다.) 이러한 정전용량들의 감소는 고주파 동작과 전력소모에 있어서 상당한 개선효과를 가져다 준다.

포화영역에서 SOI MOSFET의 정전기적 성능이 벌크 MOSFET보다 좋아지는데, 이는 채널층이 얇아져서 게이트가 드레인보다 채널 전위에 대한 영향력이 더 커짐으로 인한 것이다. 그러므로 DIBL과 같은 문제점도 감소된다. 벌크 Si에서와 같은 게이트에서 멀리 떨어진 누설경로가 BOX층에 의해 차폐되어 있게 되므로, SOI MOSFET에서 off 상태 누설전류가 감소되며, 이에 따라 채널의 길이도 더 과감하게 줄일 수 있는 장점이 있다. 완전히 캐리어 공핍된(fully depleted) 지극히 얇은 (~10nm) 채널층을 갖는 SOI MOSFET의 경우, 보통의 바이어스 상태에서도 채널 공핍층이 SOI층까지 덮게 되어, 채널을 도핑하지 않고도 펀치쓰루(punch-through)를 막을 수 있어서, 게이트의 일함수만 적절히 선택하면 원하는 V_T를 얻을 수 있다. 도핑되지 않는 채널은 캐리어 산란이 적어서 이동도가 높은 장점과 V_T변동이 작은 장점이 있다. 벌크 Si에 제작한 작은 MOSFET의 채널에 있는 도판트수(도판트수 = 도핑농도 곱하기 채널 부피(폭 × 길이 × 공핍영역 폭))는 매우 적어서 그 수가 조금만 변해도 쉽게 영향을 받으며 이에 따라 V_T도 영향을 받는다. 이에 반하여 도핑되지 않은 채널을 사용하는 SOI MOSFET은 이런 문제가 적다.

상기와 같이 SOI MOSFET의 상부 게이트는 채널 전위에 대한 제어가 잘되게 함으로써 스케일링(게이트를 작게 하는 것)도보다 용이해진다. 채널 전위에 대한 정전기적인 제어를 보다 더 잘 하려면 다수의 게이트가 함께 참여하도록 하는 방법이 있다. 이를 멋지게 구현한 것이 SOI 박막을 식각해서 높이 h, 폭 w인 얇은 핀(fin; 지느러미형 구조물)들을 만드는 것이다. 핀 위에 high-k 유전물질을 올리고 게이트 패턴을 한 뒤에 이 게이트를 자기정렬형 마스크로 사용하여 소스-드레인 이온주입을 하는 것이다(그림 6-50b). 결과는 비평면적인(non-planar) 3차원 구조이며 이 구조상 채널은 핀 당 두 개씩 있는 수직 측벽상에 있게 된다. 이렇게 만든 소자를 FinFET이라 하는데 유효채널 폭은 $(2h + w)$ 곱하기 (평행한 핀의 수)가 된다. 자기정렬된 두 개의 게이트 측벽을 가지는 FinFET에서 게이트가 상부에 있는 SOI MOSFET보다도 더욱 채널전위 제어가 잘된다. 이 FinFET의 종류로는 다중 게이트 FET(Multiple gate FET; MuGFET) 또는 삼중 게이트 FET(Tri-gate FET)가 있다.

이 SOI구조는 9장에서 다루게 될 래치업(latch-up)과 같은 문제가 없는데 이는 전원에서 접지에 이르는 전류경로에 p-n-p-n 다이리스터(thyristor)구조가 없기 때문이다. 물론 SOI구조를 만들기 위해 비용이 더 들지만, 접합에서 기판으로의 누설전류의 제거로 인하여 고속, 저 대기전력이 되는 것, 그리고 Si 기판을 사용하지 않는데 따른 알파 입자 방사(Alpha particle radiation)(우주선(cosmic ray))과 방사능 불순물(radioactive impurities)에 의한)에 대한 저항성 강화(tolerance)등 소자 성능의 개선은 충분히 그 비용을 합리화해준다.

요약 SUMMARY

6.1 전력이득(*power gain*)이 있는 3단자 능동소자는 전자신호의 스위칭과 증폭에 매우 중요하다. 입력 임피던스는 전압제어소자인 전계효과 트랜지스터(FET)에 대해서는 (바라건대) 높고, 전류제어소자인 쌍극성 접합 트랜지스터(BJT)에서는 낮다. a-c 신호의 전력이득은 d-c 전원에서 나온다. 높은 출력 임피던스와 출력전류의 입력전압(또는 전류)에 대한 선형성이 바람직하다.

6.2 JFET(또는 MESFET과 HEMT)과 같은 전계효과소자는 역방향 바이어스된 p-n 접합(또는 쇼트키 다이오드)을 게이트로 사용하여 채널의 비공핍영역을 조절하고, 그리하여 캐리어의 소스(S)와 드레인(D) 사이의 전류흐름을 변조한다.

6.3 MOSFET은 아주 높은 입력 임피던스를 가진, 산화물로 분리된 게이트(MOS 커패시터)를 사용하여 S와 D 사이의 장벽을 변화시키고 채널의 전도성을 바꾼다.

6.4 증식형 NMOSFET에는 n^+ 소스와 드레인영역 사이에 p형 채널이 있다. 평탄대역 조건(V_{FB})하의 채널에는 깊이의 함수로 주어지는 대역휨은 없다. 게이트 바이어스를 V_{FB}보다 더 음으로 하면 표면 근처에서 정공농도가 지수함수적으로 증가하며 대역의 휨이 나타난다.

6.5 게이트전압이 양의 값이 되면, 처음에는 다수캐리어인 정공들이 축출되어서 공핍층이 형성된다. 그러다가 그 값이 문턱전압(V_T) 이상이 되면 소수캐리어인 전자들이 표면으로 끌어올려지고 표면은 반전되며 소스와 드레인 사이에 전도채널이 형성된다. 따라서 PMOSFET의 채널은 NMOSFET에 비하여 반대 극성을 갖게 된다.

6.6 V_T는 채널 도핑을 증가시키거나 게이트 산화물 두께를 증가시켜서(혹은 C_i를 감소시켜서) 늘릴 수 있다. 이는 또한 V_{FB}의 영향을 받는데 이 값은 게이트의 일함수와 산화물 전하의 영향을 받고, 기판 역바이어스(몸통효과)에 따라 또한 증가한다.

6.7 전체 MOS 정전용량은 채널에서 고정 게이트 정전용량 C_i와, 전압의존적인 채널에서의 반도체 정전용량의 직렬결합이다. 단위면적당 반전전하는 대략 $C_i(V_G - V_T)$이다.

6.8 긴 채널 MOSFET에 있어서 초기의 I_D는 선형적으로 V_D와 함께 증가하고 그 후 반전채널이 드레인 쪽에서 핀치오프되면 포화된다.

6.9 긴 채널 MOSFET에 있어서 I_D는 V_G에 대하여 이차적인(제곱의) 관계에 있다. 그러나 속도포화영역(*velocity-saturated region*)이나 소스주입영역(*source-injection regime*)에서 동작하는 단채널소자에 있어서 I_D는 V_G에 대하여 대략 선형적인 관계에 있다.

6.10 단채널길이 L에 대하여 I_{DSat}은 V_D에 대하여 약간 증가하는 경향이 있는데, 이는 여러 가지 단채널효과 때문이고 출력 임피던스의 감소를 가져온다. 단채널효과는 드레인유도 장벽 감소($DLBL$)와 전하공유를 포함하는데, 후자는 L에 대한 V_T 하락의 원인이 된다.

6.11 V_T 아래에도 약간의 전도가 존재하는데, 이는 문턱전압 이하 기울기로 특징지워지며, MOSFET을 스위치로 사용할 때의 효율에 대한 척도가 된다.

6.12 채널반전영역에서 V_T 이상의 전압에서 측정되는 전도도로부터 채널영역의 유효이동도가 기판영역의 이동도에 비하여 감소하게 됨을 알 수 있는데 이는 표면에서의 거칠음에 따른 산란(*surface roughness scattering*)에 따른 것이고, 이러한 현상은 높은 V_G에서 더욱 현저하게 나타난다.

6.13 고도로 스케일링된 MOSFET에서 게이트 터널링에 의한 누설전류(high-k 값을 갖는 유전체를 쓰면 조금 감소한다)가 있을 수 있고, 열전자효과(또한 조금 영향은 덜하지만 열정공효과도)가 나타나는데, 후자는 전원전압을 낮추거나 저농도로 도핑된 드레인(LDD)을 사용하면 그 영향을 낮출 수 있다. 그 결과로 나타나는 높은 값의 기생 직렬저항은 9장에서 배울 자기정렬 siLICIDE (SALICIDE) 공정을 사용하면 최소화시킬 수 있다.

연습문제 PROBLEMS

6.1 그림 6-6에 나타낸 JFET은 Si로 제작되었고, p^+ 영역의 도핑은 10^{18} 억셉터/cm^3이며 채널의 도핑은 10^{16} 도너/cm^3이라고 가정하라. 채널의 반폭 a가 1 μm라면 V_P와 V_0를 비교하라. V_0가 포함되었을 때 핀치오프가 일어나는 데 필요한 전압 V_{GD}는 얼마인가? $V_G = -3$ V일 때 전류를 포화시키는 데 필요한 V_D의 값은 얼마인가?

6.2 연습문제 6.1의 JFET에 대해 $Z/L = 10$이고 $\mu_n = 1000$ cm²/V-s라면, $V_G = 0, -2, -4, -6$ V일 때의 I_D(sat.)를 계산하라. I_D(sat.) 대 V_D(sat.)의 특성 곡선을 그려라.

6.3 연습문제 6.2의 JFET에 있어서 같은 세 가지 V_G 값에 대해 I_D 대 V_D의 특성 곡선을 그려라. 각각의 그림은 포화가 일어나는 점에서 끝낸다.

6.4 식 (6-9)와 식 (6-10)을 사용하여 $a = 1000$ Å, $N_a = 7 \times 10^{17}$ cm^{-3}, $Z = 100$ μm, $L = 5$ μm를 갖는 Si JFET에 대해 300 K에서의 $I_D(V_D, V_G)$를 계산하고 그려라. V_D는 0에서 5 V까지, V_G는 0, −1, −2, −3, −4, −5 V의 값을 갖도록 하라.

6.5 전계의존 이동도(field dependent mobility)의 표현을 이용하여 연습문제 6.4에 언급된 Si JFET에 있어서 게이트길이 0.25, 0.50, 1.0, 2.0, 5.0 μm와 게이트전압 0 V에 대한 $I_D(V_D, V_G)$를 계산하고 좌표로 나타내라. 식 (8-12)의 전계의존 이동도 모델은 다음과 같은 형태를 갖는다.

$$\mu(\mathscr{E}) = \frac{v_d}{\mathscr{E}} = \frac{\mu_0}{1 + (\mu\mathscr{E}/v_s)}$$

여기서 μ_0은 저전계이동도(그림 3-23에서)이고, v_s는 포화속도(10^7 cm/s)이다. $\mathscr{E} = V_D/L$이라고 가정하고 드레인전류는 최고치에 이르렀을 때 포화한다고 가정하라. 짧은 게이트길이를 갖는 (단채널)소자를 사용하는 이점에 대하여 논의하라.

6.6 n채널 JFET (접합FET) 소자의 전달특성곡선을 그려라. 핀치오프 후에는 드레인 전류가 드레인 전압과 무관하다는 것을 보여라. 만약 기판에서의 도너(donor)밀도가 증가하면 드레인 전류에는 어떤 영향이 있을까?

6.7 그림 6-15에서 공핍영역의 폭은 식 (6-30)으로써 주어짐을 증명하라. 캐리어는 5.2.3 절에서 한 것과 같이 W 내에서는 완전히 쓸려나간다고 가정하라.

6.8 n형 반도체 ($\epsilon_r = 10$, $n_i = 10^{13}$ cm^{-3})위에 high-k 게이트 유전물질 ($\epsilon_r = 25$)로 구성된 MOS 축전기의 저주파 및 고주파 특성을 스케치하고 그 차이를 설명하라. 축적, 공핍, 반전 영역을 각각 표시하고 대략적인 평탄 대역과 문턱전압의 위치를 표기하라. 만약 고주파 정전용량이 축적영역에서 250 nF/cm² 이고 반전영역에서 50 nF/cm² 이라면 유전체의 두께와 반전시 공핍층 폭을 구하라.

6.9 p형 Si (도핑농도 10^{17} cm^{-3}) 위에 high-k 게이트 유전물질 ($\epsilon_r = 25$)로 구성된 MOS 축전기의 저주파 및 고주파 특성을 스케치하고 그 차이를 설명하라. 축적, 공핍, 반전 영역을 각각 표

시하고 대략적인 평탄 대역과 문턱전압의 위치를 표기하라. 만약 고주파 정전용량이 축적영역에서 2 μF/cm^{2}이라면 유전체의 두께와 최소 고주파 정전용량을 계산하라.

6.10 n^+ 다결정 실리콘(poly silicon)을 금속게이트로 사용한 CMOS 커패시터에서 게이트 산화물(gate oxide)의 두께는 100 nm이고, 기판 캐리어 농도는 1.5×10^{16}/cm^{3}이며, 산화물 전하 밀도는 8×10^{-8} C/cm^2, 공핍층의 전하밀도는 -6×10^{-8} C/cm^{2}이다. 이때 다음을 구하라. (유전상수 $\epsilon_r = 3.9$, $\epsilon_0 = 8.854 \times 10^{-14}$ F/cm)

(a) 산화물 커패시턴스

(b) 공핍층의 최대 폭

(c) 변형된 일함수(modified work function)

6.11 Al 게이트 p 채널 MOS 트랜지스터가 $N_d = 5 \times 10^{17}$ cm^{-3}인 n형 Si 기판 위에 만들어져 있다. 게이트영역에서 SiO_2 두께는 100 Å이고 $\phi_{ms} = -0.15$ V, 유효계면전하 Q_i는 5×10^{10} q(C/cm^2)이다. W_m, V_{FB}, V_T를 구하라. C-V 곡선을 그리고 스케일링에 필요한 주요 수치들을 구하라.

6.12 식 (6-50)을 사용해서, 산화물 두께 $d = 200$ Å, 채널 이동도 $\bar{\mu}_n = 1000$ cm^2/V-s, $Z = 100$ μm, $L = 5$ μm, $N_a = 10^{14}, 10^{15}, 10^{16}, 10^{17}$ cm^{-3}인 n채널 Si MOSFET에 대하여 300 K에서의 $I_D(V_D, V_G)$를 계산하고 그려라. V_D는 0에서 5 V까지, 그리고 V_G는 0, 1, 2, 3, 4, 5 V의 값을 갖도록 하고 $Q_i = 5 \times 10^{11}$ q C/cm^{2}를 가정하라.

6.13 연습문제 6.12에서의 MOS 구조에 대하여 문턱전압 V_T를 구하라. 현 구조에서의 문턱전압에서 20% 감소를 가져오려면 기판농도를 얼마로 해야 하는가?

6.14 n^+ 다결정 실리콘(poly silicon) 게이트를 사용한 MOS 커패시터에서 실리콘 기판 캐리어 농도는 2×10^{16}/cm^{3}이고, 게이트 산화물(gate oxide)의 두께는 80 nm이다. 산화물 전하 밀도는 2×10^9 C/cm^2, 금속-반도체 일함수 전위차 ϕ_{ms}는 -0.90 V일 때, 평탄대역 전압 (V_{FB})을 구하라.

6.15 그림 6-12, 6-13, 6-14, 6-15를 p채널의 경우로 다시 그려라(n형 기판).

6.16 high-k 게이트 유전막 HfO_2를 가진 MOS 커패시터의 V_T를 계산하라. HfO_2의 상대유전상수는 25이고 이는 전자친화력이 4 eV이고 대역간극은 1.5 eV, 상대유전상수는 10이며 고유의 캐리어농도는 10^{12} cm^{-3}인 새로운 p형 반도체 위에 있다. 이 반도체의 게이트는 일함수가 5 eV이고 게이트 산화물 두께가 100 Å이며 N_a는 10^{18} cm^{-3}이고 고정 산화물 전하가 5×10^{10} q C/cm^{2}인 금속으로 만들어졌다. V_T에서, 산화물-반도체 계면과 기판 깊은 곳에서의 전자와 정공의 농도는 무엇인가? V_T에서 표면에 수직방향으로 레이블(label)을 붙인 에너지대역도를 그리고 주어진 숫자에 기초하여 해당 값을 표시하라.

이 커패시터의 C-V 특성을 저주파수와 고주파수에 대하여 그리고 그 차이를 설명하라. 만약 산화물 두께를 두 배로 한다면 큰 음의 게이트 바이어스에서의 특성이 어떻게 변하는가? 기판농도를 두 배로 한다면 어떠하겠는가?

6.17 그림 P6-17에서 보듯이 Si MOS 커패시터는 강축적에서의 정전용량으로 정규화된 고주파

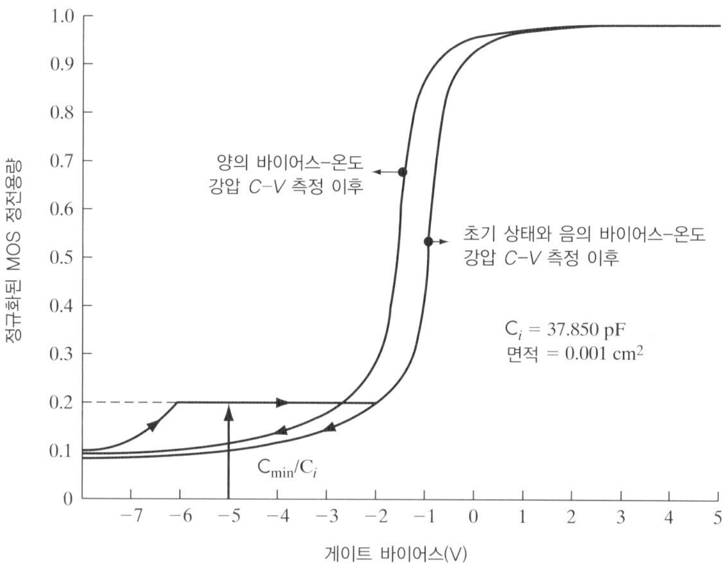

그림 P6-17

수 C-V 곡선을 갖는다. 게이트 대 기판의 일함수 차이가 −0.35 V 임을 가정하여 산화물 두께와 기판농도를 구하라.

6.18 연습문제 6.17 의 커패시터에 대해, 초기의 평탄대역 전압을 구하라.

6.19 연습문제 6.17 의 커패시터에 대해, 고정 산화물 전하 Q_i와 이동 이온량을 구하라.

6.20 n 채널 증식형 Si MOSFET 의 단면도를 그려라. 채널 길이가 2 μm, 폭은 5 μm, high-k 게이트 유전물의 두께는 10 nm, 상대유전상수 25, 기판 도핑은 10^{18} cm^{-3} 이다. 만약 문턱전압이 0.5 V 라면 이 때 평탄대역 전압을 구하라. 게이트 바이어스가 3 V 일 때 채널 반전 전하의 총량은 약 얼마인가? 채널 한 가운데에서 두께의 함수로 에너지 밴드 다이어그램을 그려라. 벌크에서의 페르미 레벨과 게이트 유전물 계면에서의 값을 표기하라.

0.1 V 의 드레인 전압에 대하여 드레인 전류를 구하라. 전자 이동도는 1000 cm^2/V-s 이고 유효 정공 이동도는 200 cm^2/V-s 이다. 반전층의 전하는 소스에서 드레인으로 가는 캐리어의 전송 속도로 나누는 전하제어(charge control) 접근법을 사용하여 드레인 전류를 다시 구해 보라.

6.21 금속-반도체 일함수 전위차 ϕ_{ms}는 −0.25 V 인 Si n-채널 MOSFET 의 V_T를 구하라. 단, 게이트 산화물 (gate oxide)의 두께는 100 nm 이고 $N_A = 10^{17}$/cm^3, 기판바이어스전압 −2 V 일 때 산화물 전하 밀도는 5×10^{18} C/cm^2 이다($QD = 6 \times 10^{-8}$ C/cm^2), 만일 채널 이동도 (mobility)가 $\mu_n = 250$ cm^2/V-sec 일 때, 50 nm 채널 MOSFET 의 작동 전류는 얼마이겠는가? 단, 이 MOSFET 은 2 V 게이트 바이어스전압이 걸린 포화영역에서 동작하고 있고, 게이트 길이는 2 μm 이다.

6.22 M-SiO$_2$-SI MOSFET 이 0.7 V 의 게이트 전압에서 On 되며 1 μF/cm^2 의 커패시턴스를 제공한다. 채널길이가 70 nm 일 때 $V_G = V_D = 3$ V 에서의 과동작전압(overdrive voltage)를 구하라.

이 구조에서 페르미준위은 기판의 진성준위 (intrinsic level)보다 0.365 eV 낮고, 기판은 $2 \times 10^{16}/cm^3$의 농도로 억셉터 도핑되어있다고 가정하라. 또한 유효채널이동도(effective channel mobility)가 550 cm^2/V-sec이고, 캐리어 포화속도(carrier saturation velocity)가 0.5×10^7 cm/sec일 때 드레인 포화전류를 계산하라.

6.23 p-채널 증식형 Si MOSFET의 게이트 유전물질이 50 nm 두께의 HfO_2 high-k 게이트 유전물($\epsilon_r = 25$)이고 문턱전압이 −0.6 V이다. 유효 정공 채널 이동도가 150 cm^2/V-s이다. 채널 폭이 50 μm이고 채널길이가 2 μm인 소자의 구동전류를 $V_G = -3$ V, $V_D = -0.05$ V일 때 구하라. 또 이 게이트 전압에서 포화전류는 얼마인가? 이 소자의 단면도를 개략적으로 그려라. 그림과 함께 게이트와 드레인 전압이 모두 −3 V일 때 반전층의 모양과, 채널전위의 변화하는 모습을 위치의 함수로 그려라.

6.24 $V_T = 1$ V인 긴 채널 n-MOSFET에서 0.1 mA인 I_D(sat.)와 5 V인 V_D(sat.)에 필요한 V_G를 계산하라. $V_D = 10$ V일 때 소신호 출력 컨덕턴스 g와 전달컨덕턴스 g_m(sat.)을 계산하라. MOSFET의 단면도를 개략적으로 그려라. 그림과 함께 $V_D = 1$ V, 5 V, 10 V일 때의 반전층 전하와 공핍층 전하 분포를 개략적으로 보여라.

6.25 게이트에서 기판으로의 일함수가 $\phi_{ms} = -1.5$ eV이고, 게이트 산화물의 두께가 100 Å, $N_a = 10^{18}$ cm^{-3}, 고정 산화물 전하가 5×10^{10} q C/cm^2으로 기판 바이어스가 −2.5 V인 경우 Si n채널 MOSFET의 V_T를 계산하라. V_T에서 산화물-Si 계면에서와 깊은 기판에서의 전자와 정공의 농도는 각각 무엇인가? V_T에서 표면에 수직방향으로 레이블된 에너지대역도를 페르미전위와 함께 그려라.

6.26 게이트 산화물 두께 = 100 Å, $N_a = 10^{18}$ cm^{-3}이고 고정 산화물 전하가 5×10^{10} q C/cm^2인 n^+ 다결정실리콘 게이트에 대해 Si n채널 MOSFET의 V_T를 구하라.

6.27 게이트 산화물 (gate oxide)의 두께가 30 nm이고 문턱전압 V_T는 0.7 V, 채널 폭은 30 μm, 채널 길이는 0.9 μm인 n-채널 MOSFET가, $V_G = 3$ V, $V_D = 0.2$ V로 바이어스 되었을 때의 드레인 전류를 구하라. 또한 전자채널이동도(electron channel mobility)가 200 cm^2/V-sec일 때, 이 MOSFET을 포화영역으로 동작시키기 위해 필요한 드레인 전류는 얼마인가?

6.28 그림 P6-28의 MOSFET 특성 곡선에 대해 다음을 계산하라.

1. 선형 V_T와 k_N
2. 포화 V_T와 k_N

채널 이동도 $\bar{\mu}_n = 500$ cm^2/V-s이고 $V_{FB} = 0$으로 가정하라.

6.29 연습문제 6.28에서 그래프를 이용하든 반복적으로 구하든 간에 산화물 두께와 기판농도를 계산하라.

6.30 게이트 산화물 (gate oxide)의 두께가 20 nm인 n-채널 MOSFET의 문턱전압 V_T를 1.5 V에서 1.0 V로 낮추기 위하여 필요한 인(Phosphorus) 도핑농도 (P ions/cm^2)를 구하라. 만약 인 이온주입이 15초간 일어나고 이온주입 빔 전류가 10^{-6} 암페어(Amp)라면 이 이온 주입 빔이 스캔해야 하는 면적은 얼마가 되어야 하겠는가?

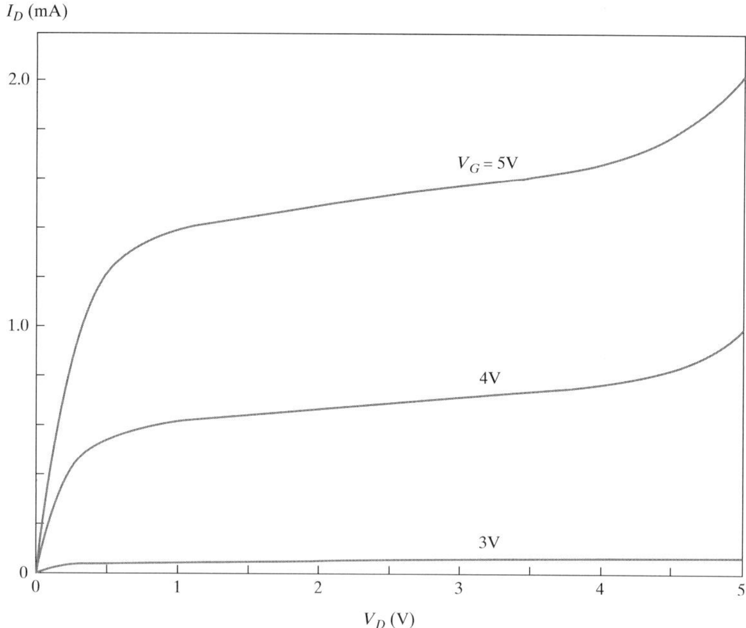

그림 P6-28

6.31 문제 6.30에서 공핍층 전하(Q_D)와 문턱전압 (V_T)를 구하라. 만약 기판과 소스전극 사이에 0.4 V의 역바이어스가 걸렸다면 문턱전압은 어떻게 영향을 받겠는가?

6.32 얇은 산화막을 가진 p채널 트랜지스터의 산화물 두께가 10 nm이고 $V_T = -1.1$ V라고 할 때 I_D 대 V_D의 그림을 여러 V_G 값에 대하여 그려라. I_D(sat.)는 핀치오프 이상에서는 일정한 채 머물러 있다고 가정하라. $\bar{\mu}_p = 200$ cm^2/V-s 및 $Z = 10L$로 가정한다.

6.33 MOS 트랜지스터의 고주파 동작에 대한 대표적인 특성지수(figure of merit)는 차단주파수 $f_c = g_m/2\pi C_G LZ$이고, 여기서 게이트 정전용량 C_G는 대부분의 전압영역에서 본질적으로는 C_i이다. 핀치오프 이상에서의 f_c를 물질 파라미터와 소자의 물리적 크기의 항으로 나타내고, $L = 1$ μm일 때 연습문제 6.32의 트랜지스터에 대하여 f_c를 계산하라.

6.34 MOS 트랜지스터가 $V_D > V_D$(sat.)로 바이어스되었을 때, 유효채널길이는 ΔL만큼 감소하고, 전류 I'_D는 그림 6-32에서 보았듯이 I_D(sat.)보다 크다. 공핍영역 ΔL이 식 (6-30)에 비슷한 표현으로 설명된다고 가정하고, $V_D - V_D$(sat.)가 ΔL상에 걸릴 때, 포화 이후의 컨덕턴스는

$$g'_D = \frac{\partial I'_D}{\partial V_D} = I_D(\text{sat.}) \frac{\partial}{\partial V_D}\left(\frac{L}{L - \Delta L}\right)$$

임을 보이고, V_D의 함수로 g'_D를 설명하라.

6.35 그림 6-44로부터 단채널소자에서는 **펀치스루**라 부르는 조건, 즉 소스와 드레인접합의 공핍층이 만나는 현상이 발생할 수 있음을 알 수 있다. n채널 Si MOSFET의 소스와 드레인영

역은 10^{20} 도너/cm^3으로 도핑되었고, 채널영역은 10^{16} 억셉터/cm^3으로 도핑되었으며, 채널 길이는 1 μm라고 가정하자. 소스와 기판이 접지되어 있다면, 펀치스루를 발생시키는 데 필요한 드레인 전압은 얼마인가?

참고문헌 READING LIST

소자 작동에 관한 이해에 도움을 주는 유용한 정보는 https://nano hub.org/resources/animations에서 이용 가능하다. 집적회로에 사용되는 MOS 소자에 관한 정보는 http://public.itrs.net/에서 찾아볼 수 있다.

Hu, D. "Modern Semiconductor Devices for Integrated Circuits," available free online.

Kahng, D. "A Historical Perspective on the Development of MOS Transistors and Related Devices", *IEEE Trans. Elec. Dev.*, ED-23 (1976): 655.

Muller, R. S., and T. I. Kamins. *Device Electronics for Integrated Circuits*. New York: Wiley, 1986.

Neamen,D. A. *Semiconductor Physics and Devices: Basic Principles*. Homewood, IL: Irwin, 2003.

Pierret, R. F. *Field Effect Devices*. Reading, MA: Addison-Wesley, 1990.

Sah, C. T. "Characteristics of the Metal—Oxide Semiconductor Transistors." *IEEE Trans. Elec. Dev.* ED-11 (1964): 324.

Sah, C. T. "Evolution of the MOS Transistor—From Conception to VLSI." *Proceedings of the IEEE* 76 (October 1988): 1280–1326.

Schroder, D. K. *Modular Series on Solid State Devices: Advanced MOS Devices*. Reading, MA: Addison-Wesley, 1987.

Shockley, W., and G. Pearson. "Modulation of Conductance of Thin Films of Semiconductors by Surface Charges." *Phys. Rev.* 74 (1948): 232.

Sze, S. M. *Physics of Semiconductor Devices*. New York: Wiley, 1981.

Taur, Y., and T. H. Ning. *Fundamentals of Modern VLSI Devices*. Cambridge: Cambridge University Press, 1998.

Tsividis, Y. *Operation and Modeling of the MOS Transistor*. Boston: McGraw-Hill College, 1998.

자가진단 퀴즈 SELF QUIZ

문제 1

(a) 능동소자와 수동소자의 주요 차이점은 무엇인가?

(b) 소자가 전력이득이 있다면, 출력에서 a-c 신호의 큰 에너지는 어디서 나오는가?

(c) 전류제어와 전압제어 3단자 능동소자의 차이점은 무엇인가? 어느 것이 더 좋은가?

문제 2

다음의 (a)에서 (c)까지 다음의 저주파 게이트 정전용량(단위면적당) 대 게이트전압 특성을 금속게이트 n 채널 MOSFET에 대하여 고려하라.

(a) 아래의 그림에서 대략의 영역이나 지점의 위치를 표시하라.

- 약반전(1) • 축적(4)
- 평탄대역(2) • 문턱(5)
- 강반전(3) • 공핍(6)

(b) 단위면적당 산화물 정전용량은 얼마인가? ___________ $\mu F/cm^2$

(c) 다음의 곡선에서 소스/드레인이 접지된 MOSFET의 고주파 곡선을 대략 그려라.

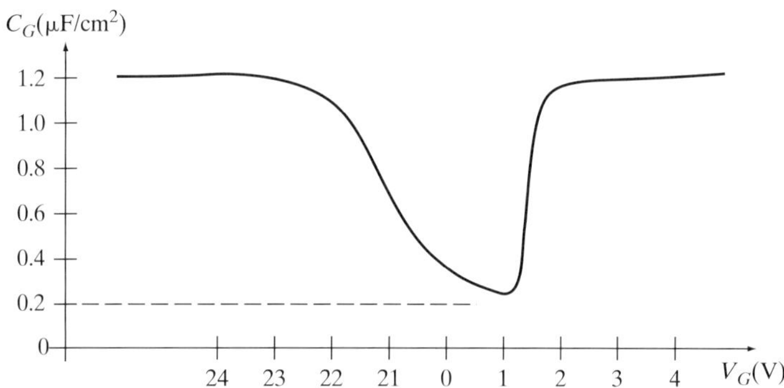

문제 3

다음 MOS 커패시터의 에너지대역도에 축적, 약반전, 공핍, 강반전, 평탄대역, 문턱에 해당하는 제목을 붙여라 – 답을 쓰는 공간은 그림의 위에 있다. 각 답은 하나씩만 사용하라.

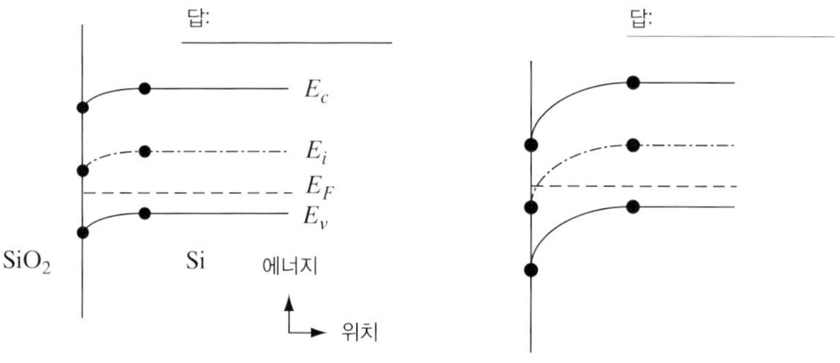

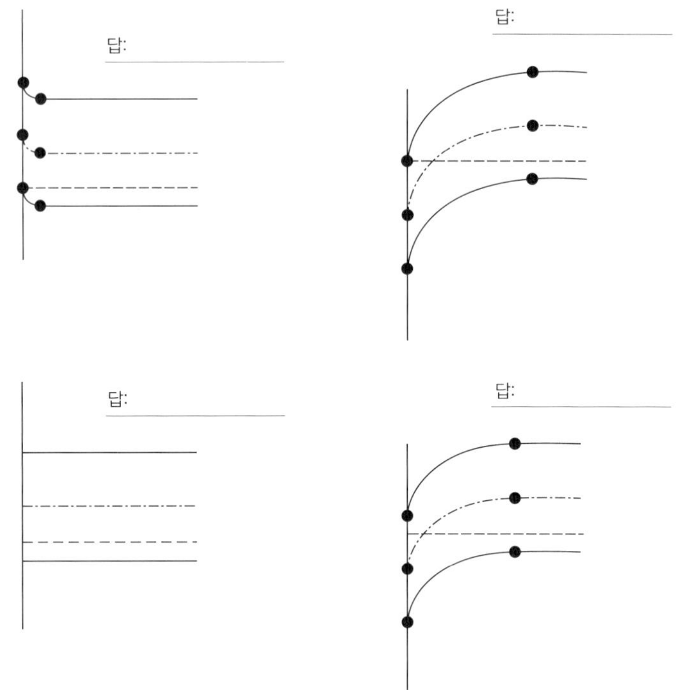

문제 4

다음 MOSFET의 특성을 고려하여 문제에 답하라.

(a) 이는 n채널소자인가, p채널소자인가?

(b) 이것은 장채널소자로 보이는가, 단채널소자로 보이는가?

(c) 문턱전압 V_T는 얼마로 보이는가?

(d) 이는 공핍형 MOSFET인가, 증식형 MOSFET인가?

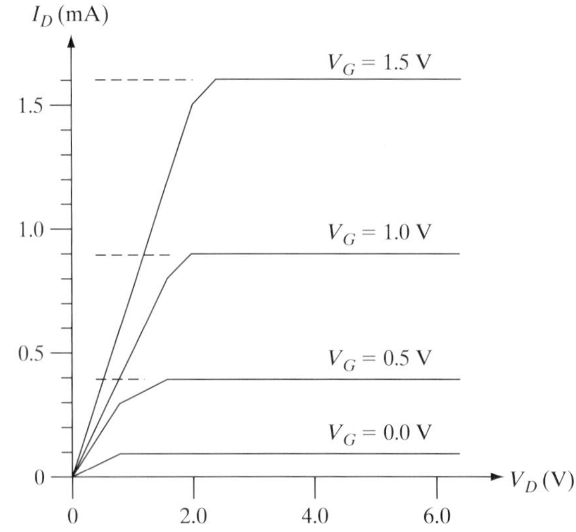

문제 5

MOSFET의 문턱전압 이하 기울기는 다음에 의해 감소(증가)하는가?

(a) 산화물 두께의 증가 또는 감소에 의해

(b) 기판농도의 증가 또는 감소에 의해

이 두 가지 방법 각각에 있어서, 문턱전압 이하 스윙(swing)을 감소시키는 방법으로 사용될 수 있는 정도를 제한하는 한 가지 요소/효과를 말하라.

문제 6

소자의 온도를 증가시키는 것이 다음을 증가, 감소, 또는 변화시키지 않는가?(답에 동그라미표 하라.)

(a) p-n 다이오드의 역방향 포화전류

증가 / 감소 / 무변화

(b) MOSFET의 문턱전압 이하 소스-드레인 누설전류

증가 / 감소 / 무변화

문제 7

결함이나 포획에 의한 계면전하가 없다고 가정할 때, 산화물 두께의 감소 혹은 n채널 MOSFET의 산화물 정전용량의 증가는 다음 기준을 증가, 감소, 또는 기본적으로 변화시키지 않는가?(답에 동그라미표 하라.)

(a) 평탄대역 전압 V_{FB}?

증가 / 감소 / 무변화

(b) 문턱전압 V_T?

증가 / 감소 / 무변화

(c) 문턱전압 이하 기울기?

증가 / 감소 / 무변화

문제 8

다음 MOSFET의 성질을 고려하여 답하라.

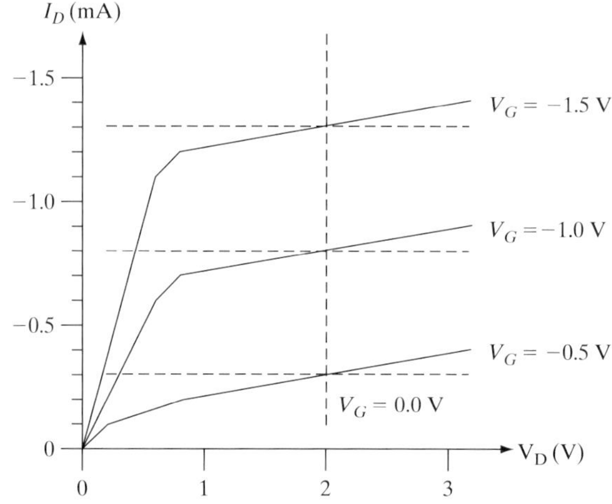

(a) $V_D = -1.0$ V 인 전달컨덕턴스 g_m(mho 단위로)은 얼마인가?

(b) $V_D = -1.0$ V 에서 문턱전압은 얼마로 보이는가?

(c) MOSFET 은 장채널소자로 보이는가, 단채널소자로 보이는가?

(d) 이것은 n 채널소자인가, p 채널소자인가?

(e) 이는 공핍형 MOSFET 인가, 증식형 MOSFET 인가?

문제 9

소자 제작 과목을 듣는 전기컴퓨터 전공 4학년생이 자신이 제작한 n채널 MOSFET을 온도 300 K에서 측정하여 다음과 같은 특성들을 계측하였다고 발표했다.

(a) 이 학생을 믿는다면 이것은 정상전도상태–공핍형인가, 정상차단상태–증식형인가?

정상전도상태 / 정상차단상태

(b) 이 학생을 믿는다면 이 MOSFET은 장채널소자인가, 단채널소자인가?

장채널 / 단채널

(c) 이 학생을 믿는다면 이 MOSFET의 문턱전압 이하 기울기/스윙, S는 얼마인가?

(d) 그러나 이 학생은 결국 이 데이터를 조작함으로써 학교에서 퇴학당해, 학교생활에 대한 기록은 아무것도 남지 않고 거액의 학자금 융자액만 남았다. 물리적으로 이 MOSFET 특성의 어떠한 비현실적인 면이 이 학생으로 하여금 의심받도록 하였는가?(곡선이 매끄럽지 않았던 것을 제외하고)

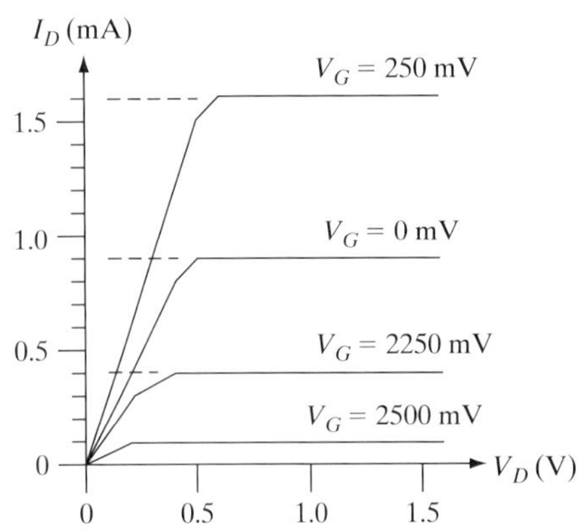

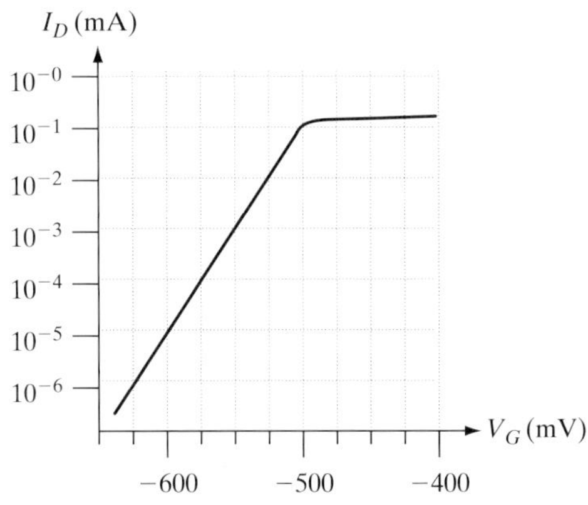

Chapter 07

쌍극성 접합 트랜지스터

학·습·목·표

1. BJT 에너지대역도를 분석하고 전류이득, 베이스전송률과 이미터 주입효율을 이해한다.
2. 이버스–몰(Ebers–Moll) 결합 다이오드 모델, 등가회로, 차단, 포화 그리고 활성영역에 대해서 논의한다.
3. 2차적 효과를 위한 검멜–푼(Gummel–Poon) 전하제어 모델을 개발한다[얼리(Early)효과, 고준위주입].
4. HBT 등 다른 진보된 BJT를 배운다.

이 장에서는 트랜지스터 동작을 물리적으로 완전히 이해하기 위해 **쌍극성 접합 트랜지스터**(*bipolar junction transistor*; *BJT*)에서의 전하전송에 대한 정성적인 검토에서부터 시작하기로 한다. 그리고 이 트랜지스터에서 전하분포를 주의깊게 조사하고 3단자의 전류를 소자의 물리적 특성과 관련시켜 설명할 것이다. 즉, 트랜지스터의 전류흐름과 제어를 확실히 이해하고 동작에 영향을 미치는 가장 중요한 2차적인 효과를 알아내는 것이 목적이다. 먼저 증폭을 위해 적절하게 바이어스된 트랜지스터의 성질을 검토한 후, 상태 스위칭회로에서 부딪치는 더욱 일반적인 바이어스의 영향을 검토할 것이다.

이 장에서는 p-n-p형 트랜지스터를 이용하여 대부분의 성질을 설명한다. 트랜지스터의 동작을 설명하는 데 있어 p-n-p형을 사용하는 이점은 정공의 흐름과 전류가 같은 방향을 갖는 것이다. 이로써 전하전송의 각종 기구를 예비적으로 설명함에 있어 눈앞에 떠오르게 하기가 다소 쉽다. 일단 p-n-p형 소자에 대하여 이들 기본적인 개념이 수립되면,

이 개념을 보다 광범위하게 사용하고 있는 n-p-n 형 트랜지스터에 관련시키는 것은 간단하다.

7.1 BJT 동작의 기초

쌍극성 트랜지스터는 근본적으로 간단한 소자이며, 이 절은 BJT 동작에 대해 단순하고도 다분히 정성적인 고찰을 하기로 한다. 다음 절들에서 이들 트랜지스터를 상세히 설명할 것이지만, 우선 일부 용어를 정의하고 캐리어가 이 소자를 통하여 어떻게 전송되는가를 물리적으로 이해해야 할 것이다. 그러고 나서 두 개의 단자를 통하여 전류가 제3단자에서의 작은 전류 변화로 어떻게 제어될 수 있는가를 검토할 것이다.

그림 7-1의 역방향으로 바이어스된 p-n 접합 다이오드를 고찰함으로써 쌍극성 트랜지스터에 대한 논의를 시작하기로 하자. 5장의 이론에 따르면, 이 다이오드를 통해 흐르는 역방향 포화전류는 접합 부근에서 소수캐리어가 생성되는 비율에 의존한다. 예를 들면, n형에서 p형 영역으로 쓸려가는 정공에 의한 역방향 전류는 본질적으로 접합의 전계 $\mathscr{E}$의 크기와는 무관하며, 따라서 역방향 바이어스와는 독립적임을 알 수 있다. 그 이유는 정공 전류가 접합의 확산거리 내에서 EHP 생성으로 소수캐리어인 정공이 얼마나 자주 발생되는가에 의존하며, 특정한 정공이 전계에 의해 얼마나 빨리 공핍층을 통과하는가에는 무관하기 때문이다. 그 결과 그림 7-1b와 같이 EHP의 생성비율을 증대시켜 다이오드를 통해 흐르는 역방향 전류를 증가시킬 수 있다. EHP 생성비율을 증대시킬 수 있는 편리한 방법은 4.3절의 광검출기에서와 같이 빛($h\nu > E_g$)에 의한 EHP의 광학적 여기(optical excitation)이다. 정상적인 광학적 여기가 있을 때 역방향 전류는 바이어스 전압에는 본질적으로 무관할 것이고, 포화 암전류(dark saturation current)를 무시할 수 있다면 역방향 전

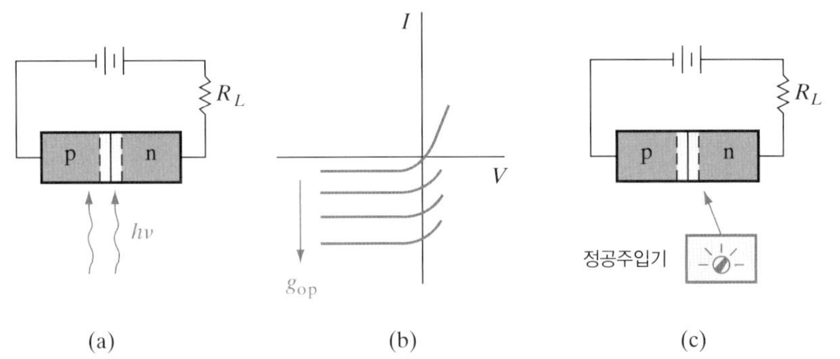

그림 7-1 역방향으로 바이어스된 p-n 접합에서의 전류의 외부적 제어: (a) 광학적 생성; (b) EHP 생성의 함수로 나타낸 접합의 I–V 특성; (c) 가상적인 소자에 의한 소수캐리어 주입.

류는 직접적으로 광학적 생성률 g_{op}에 비례한다.

광학적 생성에 의해 접합을 통과하는 전류를 외부적으로 제어하는 예에서는 흥미로운 한 가지 의문이 제기된다. 즉, 광학적이 아니고 **전기적으로**(*electrically*) 이 접합 부근으로 소수캐리어를 주입시킬 수 있는가 하는 것이다. 만일 그것이 가능하다면 소수캐리어의 주입률을 변화시켜서 접합의 역방향 전류를 간단히 제어할 수 있을 것이다. 예를 들면, 그림 7-1c에서와 같은 가상적인 **정공주입 소자**(*hole injection device*)를 생각해 보자. 이 접합의 n형 쪽으로 미리 정해진 비율로 정공을 주입할 수 있다면, 접합전류에 주는 영향은 광학적 생성의 효과와 비슷할 것이다. n형에서 p형으로 흐르는 전류는 이 정공주입률에 따르며 본질적으로 바이어스 전압에는 무관할 것이다. 이와 같이 전류를 외부적으로 제어하면 분명한 몇 가지 장점이 있다. 예를 들면, 전압은 비교적 중요한 역할을 하지 않으므로 부하저항 R_L을 변화시켜도 역방향으로 바이어스된 접합을 통하여 흐르는 전류의 변화는 매우 적다. 따라서 이와 같은 장치는 제어할 수 있는 정전류전원과 매우 흡사할 것이다.

간편한 정공주입 소자는 순방향으로 바이어스된 p^+-n 접합이다. 5.3.2절에 의하면 이와 같은 접합에서의 전류는 주로 p^+형 영역에서 n형 물질로 주입된 정공에 의한 것이다. 순방향으로 바이어스된 접합의 n형 쪽을 역방향으로 바이어스된 접합의 n형 쪽과 같게 만들면 그림 7-2의 p^+-n-p 구조가 얻어진다. 이 배치에서는 p^+-n 접합에서 중앙에 있는 n형 영역으로의 정공의 주입이 n-p 접합을 통하는 역방향 바이어스일 때의 전류에 참여할 소수캐리어인 정공을 공급하게 된다. 물론 이 주입된 정공이 역방향으로 바이어스된 접합의 공핍층으로 확산할 수 있을 때까지 n형 영역에서 재결합되지 않는다는 것이 중요하다. 따라서 n형 영역은 정공의 확산거리에 비하여 좁게 만들어야 한다.

지금까지 설명한 구조가 p-n-p형 쌍극성 접합 트랜지스터이다. 중앙의 n형 영역으로 정공을 주입시키는 순방향으로 바이어스된 접합을 **이미터접합**(*emitter junction*)이라 하며, 주입된 정공을 집속하는 역방향으로 바이어스된 접합을 **컬렉터접합**(*collector junction*)이

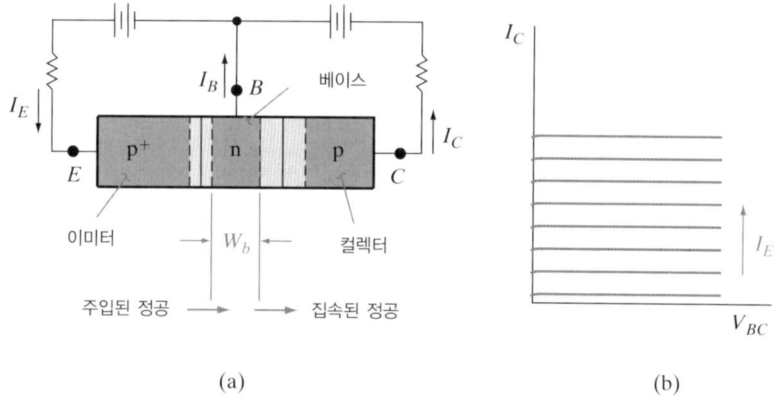

그림 7-2 p-n-p형 트랜지스터: (a) 순방향으로 바이어스된 이미터접합과 역방향으로 바이어스된 컬렉터접합을 갖는 p-n-p 소자의 대략적인 표시; (b) 이미터전류의 함수로서 나타낸 역방향으로 바이어스된 n-p 접합의 *I*–*V* 특성.

라 한다. 정공의 주입원으로 작용하는 p^+ 영역을 **이미터**(*emitter*)라 하며, 이 정공이 역방향으로 바이어스된 접합에 의해 쓸려가게 되는 p형 영역을 **컬렉터**(*collector*)라 한다. 중앙의 n형 영역을 **베이스**(*base*)라 하는데, 그 이유는 트랜지스터 제작에 대한 역사적인 발전을 논의할 7.3절에서 분명하게 알게 될 것이다. 그림 7-2의 바이어스 배치는 베이스전극 B가 이미터와 컬렉터회로에 공통으로 되어 있기 때문에 **베이스공통**(*common base*) 배치라 한다.

좋은 p-n-p형 트랜지스터를 얻으려면 이미터에서 베이스로 주입된 거의 모든 정공이 집속되는 것이 바람직할 것이다. 따라서 n형의 베이스영역은 좁아야 하고 정공의 수명 τ_p는 길어야 한다. 이 요건은 $W_b \ll L_p$로 규정지음으로써 요약할 수 있으며, 여기서 W_b는 베이스를 이루는 **중성**(*neutral*) n형 물질의 길이(이미터와 컬렉터접합의 공핍영역 사이의 길이)이며, L_p는 베이스에서의 정공의 확산거리 $(D_p t_p)^{1/2}$이다. 이 요건이 충족되면 이미터 접합에서 주입된 정공은 일반적으로 베이스에서 재결합하지 않고 컬렉터접합의 공핍영역으로 확산되어 간다. 두 번째 삽입요건은 베이스영역을 이미터에 비하여 저농도로 도핑하여 그림 7-2의 p^+-n 이미터접합을 이루게 하면 충족된다.

정공은 이미터에서 컬렉터로 흐르고 있으므로 적절히 바이어스된 p-n-p형 트랜지스터의 전류 I_E는 이미터로 유입되고 I_C는 컬렉터에서 유출된다는 것은 확실하다. 그러나 베이스전류 I_B는 좀더 세심한 배려가 필요하다. 좋은 트랜지스터에서는 I_E가 본질적으로 정공전류이므로 베이스전류는 매우 작을 것이며 집속된 정공전류 I_C는 I_E와 거의 같다. 그러나 n형의 베이스영역으로 전자가 유입해야 하는 요건 때문에 어떤 베이스전류가 있어

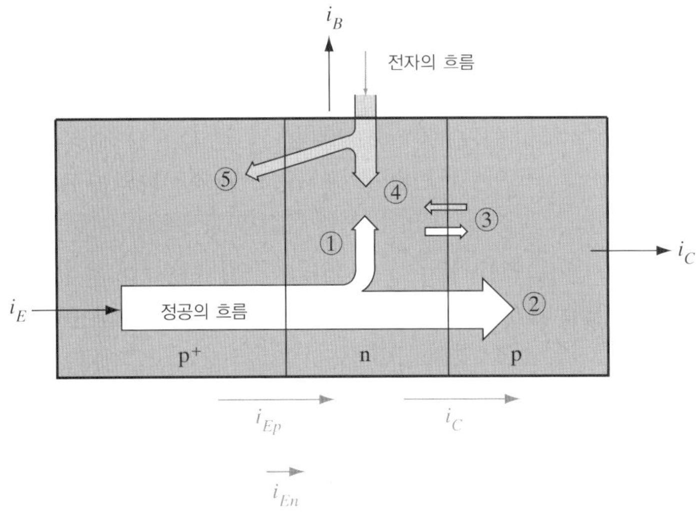

그림 7-3 적절하게 바이어스된 p-n-p형 트랜지스터의 정공 및 전자흐름의 총괄: (1) 베이스에서 재결합으로 소실되는 주입된 정공; (2) 역방향으로 바이어스된 컬렉터접합에 도달하는 정공; (3) 컬렉터접합에서의 역방향 포화전류를 형성하는 열적으로 생성된 전자와 정공; (4) 정공과 재결합하기 위해 베이스 접촉부에서 공급되는 전자; (5) 순방향으로 바이어스된 이미터 접합을 넘어서 주입된 전자.

야 한다(그림 7-3). I_B는 물리적으로 세 가지 유력한 기구로써 설명할 수 있다. 즉,

(a) $W_b \ll L_p$이라 할지라도 베이스에서는 전자와 주입된 정공의 일부가 재결합하게 될 것이며, 재결합으로 인해 소실된 전자는 베이스 접촉부를 통해 공급되어야 한다.
(b) 이미터가 베이스에 비해 고농도로 도핑되었다고 하더라도 일부 전자들은 순방향으로 바이어스된 이미터접합에서 n형으로부터 p형 영역으로 주입될 것이다. 이들 전자 역시 I_B에 의해 공급되어야 한다.
(c) 일부 전자는 컬렉터에서 열적 생성으로 인하여 역방향으로 바이어스된 컬렉터접합에서 베이스 쪽으로 쓸려간다. 이 작은 전류는 베이스에 전자를 공급함으로써 I_B를 감소시킨다.

베이스전류의 주된 성분은 (a) 베이스 내에서의 재결합과, (b) 이미터영역으로의 주입이다. 앞으로 살펴보겠지만 이 두 가지 효과는 소자의 설계에 의해 상당히 감소시킬 수 있다. 잘 설계된 트랜지스터에서 I_B는 I_E의 극히 작은 부분(아마도 100분의 1 정도)이다.

n-p-n형 트랜지스터에서는 전자가 이미터에서 컬렉터로 흐르고, 정공이 베이스로 공급되어야 하므로 위의 세 가지 전류방향은 반대로 된다. n-p-n형 트랜지스터의 동작에 대한 물리적 기구는 p-n-p형 트랜지스터에 대한 검토에서 전자와 정공의 역할을 뒤바꾸어 놓으면 쉽게 이해할 수 있다.

7.2 BJT에 의한 증폭

이 절에서는 트랜지스터 증폭에 관계되는 여러 가지 요소를 다소 단순화하여 검토하기로 한다. 기본적으로 트랜지스터는 이미터와 컬렉터에서의 전류가 비교적 작은 베이스전류에 의해 제어되므로 증폭기로서 유용하다. 여러 가지 2차적인 효과를 무시하면 그 본질적인 기구는 쉽게 이해할 수 있다. 이 검토에서 단순한 분석은 직류와 저주파의 소신호교류에만 적용된다는 것을 이해하고 전체 전류(직류와 교류의 합계)를 사용하기로 한다. 몇 가지 중요한 계수들을 사용해서 트랜지스터의 단자전류 i_E, i_B 및 i_C를 관련시킬 수 있다. 여기서는 컬렉터의 포화전류(그림 7-3에서의 성분 3)와 전이영역에서의 재결합과 같은 효과는 무시한다. 이와 같은 가정하에서 컬렉터전류는 전적으로 베이스에서 재결합으로써 소멸되지 않은, 이미터에서 주입된 정공으로 이루어져 있다. 따라서 i_C는 이미터전류의 정공성분 i_{Ep}에 비례한다. 즉,

$$i_C = Bi_{Ep} \tag{7-1}$$

이 비례상수 B는 단순히 베이스를 넘어서 컬렉터로 가는 주입된 정공의 성분이며, B를 **베이스전송률**(*base transport factor*)이라 한다. 총 이미터전류 i_E는 정공성분 i_{Ep}와 베이스

에서 이미터로 주입된 전자에 의한 전류성분 i_{En}(그림 7-3의 성분 5)으로 구성되어 있다. 이미터 주입효율(*emitter injection efficiency*) γ는 다음과 같다.

$$\gamma = \frac{i_{Ep}}{i_{En} + i_{Ep}} \tag{7-2}$$

효율적인 트랜지스터가 되기 위해서는 B와 γ가 1에 매우 가까운 것이 바람직하다. 즉, 이미터전류는 대부분 정공에 의하여야 하며($\gamma \simeq 1$), 또 이 주입된 정공의 대부분이 결국은 컬렉터전류에 참여해야 한다($B \simeq 1$). 컬렉터전류와 이미터전류와의 관계는 다음과 같다.

$$\frac{i_C}{i_E} = \frac{Bi_{Ep}}{i_{En} + i_{Ep}} = B\gamma \equiv \alpha \tag{7-3}$$

곱 $B\gamma$는 전류전달률(*current transfer ratio*)이라 하는 계수 α로 정의되며, 이것은 이미터 대 컬렉터전류 증폭률을 나타낸다. α는 1보다 작으므로 이들 전류 사이에 실제적인 증폭은 없다. 반면 i_C와 i_B 사이의 관계는 증폭에 대하여 더욱 유망하다.

베이스전류를 설명함에 있어 이미터접합을 넘어서 주입되는 베이스로부터 소실되는 전자의 비율(i_{En})과 베이스에서 정공과 재결합하는 전자의 비율을 포함시켜야 한다. 재결합되지 않고 베이스를 횡단하는 주입된 정공의 부분을 B라 하면 $(1 - B)$는 베이스에서 재결합(*recombining*)하는 부분이 된다. 따라서 컬렉터로부터의 역방향 포화전류를 무시할 때 베이스전류는 다음과 같다.

$$i_B = i_{En} + (1 - B)i_{Ep} \tag{7-4}$$

식 (7-1)과 식 (7-4)로부터 컬렉터전류와 베이스전류 사이의 관계를 구하면 다음과 같다.

$$\frac{i_C}{i_B} = \frac{Bi_{Ep}}{i_{En} + (1 - B)i_{Ep}} = \frac{B[i_{Ep}/(i_{En} + i_{Ep})]}{1 - B[i_{Ep}/(i_{En} + i_{Ep})]} \tag{7-5}$$

$$\frac{i_C}{i_B} = \frac{B\gamma}{1 - B\gamma} = \frac{\alpha}{1 - \alpha} \equiv \beta \tag{7-6}$$

베이스전류에 대한 컬렉터전류의 관계를 나타내는 계수 β는 베이스 대 컬렉터전류 증폭률(*base-to-collector current amplification factor*)[1]이다. α는 1에 가까우므로 좋은 트랜지스터에서는 β가 크게 될 수 있으며, 컬렉터전류가 베이스전류에 비하여 클 것이 분명하다.

1) 또한 α는 베이스공통 전류이득(*common-base current gain*)이라 하고, β는 이미터공통 전류이득(*common-emitter current gain*)이라고도 한다.

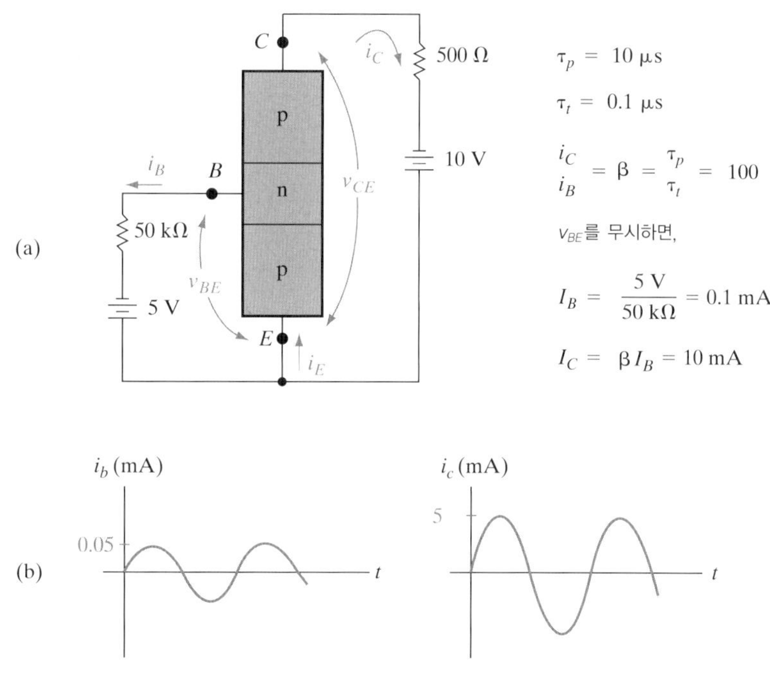

그림 7-4 이미터공통 트랜지스터 회로에서의 증폭 예: (a) 바이어스 회로; (b) 직류값 i_b에 베이스전류의 교류 변화 I_B의 첨가 및 그 결과 생긴 교류성분 i_c.

컬렉터전류 i_C는 작은 전류 i_B의 변동으로써 제어할 수 있다는 것을 증명하는 일이 남아 있다. 이제까지의 논의에 있어 베이스전류는 그 특색이 작은 지엽적인 효과를 나타내는 것으로 보고 이미터전류 i_E에 의한 i_C의 제어를 설명하였다. 사실 공간전하중성(space charge neutrality) 논의로부터 실제로 i_B가 i_C의 크기를 결정하는 데 사용될 수 있음을 증명할 수 있다. i_B가 바이어스 회로에 의해 결정되는 그림 7-4의 트랜지스터를 생각해 보자. 간단하게 하기 위해 이미터 주입효율은 1로, 또 컬렉터 포화전류는 무시할 수 있다고 가정한다. n형 베이스영역은 두 개의 전이영역 사이에서 전기적으로 중성이기 때문에 이미터에서 컬렉터로 주행하는 과잉정공이 있으면 이를 보상하기 위해 베이스 접촉부로부터의 과잉전자가 필요하게 된다. 그러나 전자와 정공이 베이스에 머물러 있는 시간에는 중요한 차이가 있다. 평균적으로 과잉정공은 시간 τ_t를 지내게 되는데, 이것은 이미터에서 컬렉터로의 **주행시간**(*transit time*)으로서 정의된다. 베이스폭 W_b는 L_p에 비하여 작게 만들어지므로 이 주행시간은 베이스에서의 평균 정공수명 τ_p보다는 훨씬 작다.[2)] 한편 베이

2) 재결합하기까지의 평균 정공수명(τ_p)과 정공이 베이스를 횡단하여 주행하는 데 쓰이는 평균 시간(τ_t)과의 차이는 처음에는 혼동될 것이다. 어떻게 해서 수명이 정공이 주행에서 실제로 걸리는 시간보다 길어질 수 있을 것인가? 이 답은 정공이 재결합의 역학에 있어 구분되지 않는다는 사실에 따르는 것이다. 사격연습장에 비유하면, 명사수는 빠르게 이동하는 오리들의 행렬에 서서히 발포한다. 여러 마리의 개개의 오리들은 명중되지 않고 화선을 통과하지만 이 화선 내에 있는 평균적인 오리의 수명을 말할 수 있다. 비슷하게, 베이스에서 재결합률(i_B)은 베이스영역에서의 평균적 수명 τ_p와 구분할 수 없는 정공들의 분포에 따른다.

스 접촉부로부터 공급되는 평균 과잉전자는 평균적인 과잉정공의 수명 동안 공간전하중성을 보충해 주면서 베이스에 τ_p초 동안 머물러 있다. 평균적으로 전자가 재결합을 위하여 τ_p초 대기하고 있는 동안, 여러 개의 정공들이 각자 평균 주행시간 τ_t를 가지고 베이스 영역으로 들어왔다가 나갈 수 있다. 특히 베이스 접촉부로부터 들어가는 각 전자에 대해서는 τ_p/τ_t의 정공이 공간전하중성을 유지하면서 이미터에서 컬렉터로 통과할 수 있다. 따라서 $\gamma = 1$이고 컬렉터 포화전류를 무시할 수 있을 때, 베이스전류에 대한 컬렉터전류의 비는 간단히 다음과 같이 나타낼 수 있다.

$$\frac{i_C}{i_B} = \beta = \frac{\tau_p}{\tau_t} \tag{7-7}$$

베이스에 공급되는 전자(i_B)가 제한을 받으면, 이미터에서 베이스로 움직이는 정공의 수도 이에 대응하여 감소된다. 이것은 베이스 접촉부로부터 주입되는 전자에 대한 제한이 있음에도 불구하고 정공의 주입이 계속된다는 것을 생각하면 간단히 이해할 수 있다. 이 결과로 베이스에서는 실질적으로 양의 전하가 증가하고, 이미터접합의 순방향 바이어스가 상실되어 정공의 주입이 줄어들 것이다. 즉, i_B를 통한 전자의 공급으로 이미터에서 컬렉터로 흐르는 정공의 수를 가감시킬 수 있음은 명백하다.

이 베이스전류는 그림 7-4에서 독립적으로 제어되고 있다. 이 회로는 이미터전극이 베이스와 컬렉터회로에 공통적으로 되어 있으므로 이미터공통(*common-emitter*) 회로라 한다. 이미터접합은 분명히 베이스회로에 있는 전자에 의해 순방향으로 바이어스되어 있다. 그러나 이 순방향으로 바이어스된 이미터접합에서의 전압강하는 작으므로 컬렉터에서 이미터에 이르는 전압의 거의 전부가 역방향으로 바이어스된 컬렉터접합을 가로질러서 나타난다. 순방향으로 바이어스된 접합에 대하여 v_{BE}의 값은 작으므로 무시할 수 있으며, 베이스전류는 근사적으로 5 V/50 kΩ = 0.1 mA로 놓을 수 있다. $\tau_p = 10\ \mu s$ 및 $\tau_t = 0.1\ \mu s$라 하면 트랜지스터의 β는 100이고 컬렉터전류 I_C는 10 mA이다. i_c는 (그들이 역방향으로 바이어스된 컬렉터접합이 유지되는 데 합당한 값인 한) 컬렉터회로에 있는 전지나 저항보다도 β와 베이스전류로써 결정된다는 것에 유의할 필요가 있다. 이 예에서는 컬렉터회로의 전지전압 5 V가 500 Ω 저항 양단간에 나타나며, 5 V가 컬렉터접합을 역방향으로 바이어스시키는 데 이용된다.

작은 교류전류 i_b가 그림 7-4a의 정상상태 베이스전류에 중첩되면 대응되는 교류전류 i_c가 컬렉터회로에 나타난다. 이 컬렉터전류의 시간적으로 변화하는 부분은 i_b에 계수 β를 곱한 것이 되며 전류이득이 생긴다.

이 도입부에서는 트랜지스터의 여러 가지 중요한 성질을 무시하였고 이들 성질의 많은 부분은 이후의 절들에서 상세히 취급할 것이다. 그러나 쌍극성 트랜지스터 동작의 기본적인 근거를 만들었으며, 전자회로에서 전류이득을 얻을 수 있는 방법을 간단히 제시하였다.

예제 7-1 (a) 축적전하가 정상상태에서 교체된다는 논의로부터 식 (7-7)이 타당함을 증명하라. 단, $\tau_n = \tau_p$로 가정하라.

(b) 그림 7-4의 트랜지스터에서 중성 베이스영역의 과잉전자와 정공에 의한 정상상태의 전하 $Q_n = Q_p$는 얼마인가?

풀이 (a) 정상상태에서 베이스에는 과잉전자와 정공이 있다. 전자분포에 있는 전하 Q_n은 매 τ_p초마다 교체된다. 따라서 $i_B = Q_n/\tau_p$이다. 또한 정공분포에 있는 전하 Q_p는 매 τ_t초마다 집속되며, 따라서 $i_C = Q_p/\tau_t$이다. 공간전하중성을 위해서는 $Q_n = Q_p$이며,

$$\frac{i_C}{i_B} = \frac{Q_n/\tau_t}{Q_n/\tau_p} = \frac{\tau_p}{\tau_t}$$

(b) $Q_n = Q_p = i_C\tau_t = i_B\tau_p = 10^{-9}$ C.

7.3 BJT 제작

1947년에 바딘(Bardeen)과 브래튼(Brattain)에 의해 발명된 최초의 트랜지스터는 **점접촉**(*point contact*) 트랜지스터였다. 이 소자에서는 두 개의 예리한 금속선 또는 "고양이 수염(cat's whiskers)"이 캐리어의 "이미터"와 "컬렉터"를 형성했다. 이들 선들은 간단히 주입된 캐리어들이 흐를 수 있는 "베이스" 또는 기계적인 지지물을 제공하는 Ge의 판 위에 눌려 붙여졌다. 이러한 기본적인 발명은 전하주입과 집속이 서로 매우 근접한 두 개의 p-n 접합을 사용하여 이루어지는 BJT로 급속하게 진전되었다. BJT에 있는 p-n 접합은 열확산법을 사용하는 다양한 방법으로 형성될 수 있지만, 현대의 소자들은 일반적으로 이온주입법을 사용해서 만들어진다(5.1.4절).

이중 다결정실리콘과 자기정렬(self-aligned) 기술을 이용한 n-p-n Si BJT를 만드는 방법을 간단히 복습해 보자. 이것은 IC에서 사용될 BJT를 만들기 위해 가장 일반적으로 사용되는 최신 기술이다. 정공에 비해 전자의 이동도가 훨씬 높기 때문에 n-p-n형 트랜지스터가 p-n-p형 소자보다 더 자주 사용된다. 공정 단계는 그림 7-5에 단면도로 나타나 있다. p형 Si 기판이 산화되고 나서 개구부들이 사진석판공정(photolithography)을 사용해 정의되고 산화물에 개구부가 식각된다. 이온주입 마스크로 감광막과 산화물을 사용함으로써, Si에서 아주 작은 확산도를 갖는 도너(donor)가 (예를 들면, As나 Sb 같은) 매우 높은 전도성이 있는 n^+층을 형성하기 위해 열린 개구부로 주입된다(그림 7-5a). 계속해서, 감광막과 산화물이 제거되고 저농도로 도핑된 n형 에피택셜층이 성장된다. 이렇게 높은 온도를 사용해 성장하는 동안, 주입된 n^+층의 아주 조금만이 표면을 향해 확산되고 전도적인

매립형 컬렉터(*buried collector*)가 된다[다른 말로는 서브컬렉터(*sub-collector*)라고도 불린다]. n^+ 서브컬렉터층은 그것이, 선택적으로 패턴되어 만들어진 깊은 n^+ "배출구" 이온주입(deep n^+ "sinker" implant)이나 확산을 사용해서, 바로 다음 단에 오는 컬렉터 옴 접촉과 연결될 때, 컬렉터 직렬저항을 작게 할 수 있다. BJT의 부분 중 베이스와 이미터가 형성되어 있는 부분에 있는 n^+ 서브컬렉터상에 저농도로 도핑된 n형 컬렉터영역은 높은 베이스-컬렉터 역방향 항복전압(reverse breakdown voltage)을 보장한다[서브컬렉터가 형성되고 연속적으로 에피택셜층이 그 위에 성장된 곳마다, 기판 표면에 선이나 계단이 있다. 이런 선은 그림 7-5a에 명확하게 나타나지 않았으나 바로 다음에 서브컬렉터에 대해 LOCOS 격리 마스크(isolation mask)를 정렬해야 하기 때문에 서브컬렉터들의 위치에 대한 표식으로서 매우 유용하게 사용된다].

단지 개별소자로만 된 BJT가 아니라, 서로 연결된 수많은 트랜지스터들을 포함하는 집적회로의 경우에는 서로간에 전기적인 상호간섭을 배제하기 위한 인접한 BJT들 사이의 전기적인 격리가 문제가 된다. 6.4.1절에서 묘사된 것처럼, 그런 격리는 붕소 채널저지 주입(B channel stop implant) 뒤에 필드나 격리 산화물을 형성시키는 LOCOS에 의해 달성된다(그림 7-5b). 고밀도 쌍극성 회로들에 특히 잘 적용되는 또 다른 격리구조는 RIE를 사용해 산화물이나 다결정실리콘으로 메꿔지는 좁은 도랑(trench)들을 형성하는 것을 포함한다(9.3.1절). 이 공정에서 질화막층은 패턴되어서 도랑을 형성하기 위한 실리콘의 이방성 식각을 위한 식각 마스크로서 사용된다. 반응성 이온식각을 사용하여, 약 1 μm 깊이의 좁은 도랑이 매우 쭉 뻗은 옆면들을 따라 형성될 수 있다. 도랑 안쪽에서는 산화과정을 통해 절연막을 형성한다. 그러고 난 후 도랑은 저압화학기상증착(low-pressure chemical vapor deposition; LPCVD)을 사용하여 산화물로 채워진다.

다결정실리콘층은 LPCVD에 의해 증착되고, 증착하는 동안이나 후속적인 이온주입을 통해 붕소를 사용해 p^+로 높게 도핑된다. 그 후에 산화물층은 LPCVD에 의해 증착된다. 베이스/이미터 마스크를 사용한 사진석판을 사용하여, 개구부가 RIE를 통해 다결정실리콘/산화물의 층구조에서 식각되어 만들어진다(그림 7-5c). 고농도로 도핑된 "외인성(extrinsic)" p^+ 베이스는 저저항과 고속의 베이스 옴 접촉을 제공하기 위해서 도핑된 다결정실리콘층으로부터 기판까지 붕소 확산을 통해 형성된다. 그러고 나서 이전에 식각된 베이스 개구부를 닫는 효과를 갖는 산화물층이 LPCVD에 의해 증착된다. 그리고 붕소가 이 개구부를 통해 주입된다(그림 7-5d). 이러한 베이스주입은 p형으로 더욱 저농도로 도핑된 "내인성(intrinsic)" 베이스를 형성한다. 이를 통해 대부분의 전류가 이미터에서 컬렉터로 흐르게 된다. 더욱 고농도로 도핑된 외인성 베이스는 내인성 베이스 둘레에 깃(collar)을 형성하는데, 이것은 베이스 직렬저항을 감소시키는 데 기여한다. 베이스가 컬렉터 속에 잘 감싸지는 것은 그렇지 않은 경우에는 p기판과 단락될 수 있기 때문에 중요하다. 마지막으로, 또 다른 LPCVD 산화물층이 베이스 개구부를 보다 더 완전히 닫기 위해 증착되고, 측벽에는 산화물 스페이서(*spacer*)들을 남겨놓은 채 이 산화물은 RIE에 의

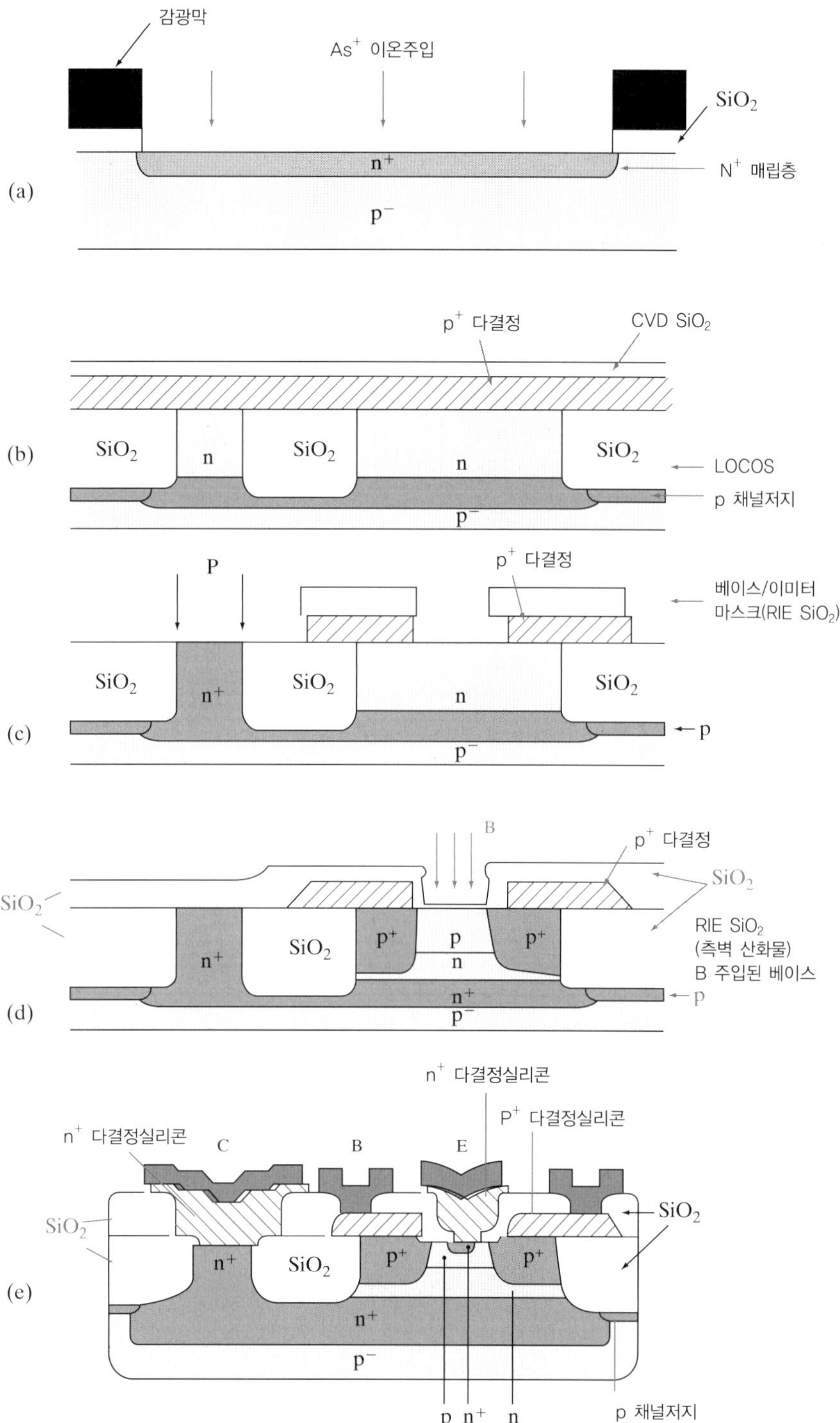

그림 7-5 자기정렬되는 이중 다결정 n-p-n BJT에 대한 공정흐름: (a) n^+ 매립층 형성; (b) n 에피택셜 후의 LOCOS 격리공정; (c) 베이스/이미터 개구부(window)를 정의하고 컬렉터 접촉영역에 마스크를 통해 (선택사항인) "배출구(sinker)"를 주입함(P); (d) 자기정렬시키는 산화물 측벽 스페이서를 사용해 중성베이스를 주입함; (e) n^+ 컬렉터 접촉뿐 아니라 n^+ 이미터를 자기정렬방법으로 형성시킴.

해 Si 기판까지 계속해서 식각된다. 그러고 나서 그림 7-5e에서 볼 수 있듯이 n^+로 고농도로 도핑된(전형적으로 As로 도핑된) 다결정실리콘이 **다결정실리콘 이미터**(**다결정 이미터**)와 컬렉터 접촉을 형성하면서 기판 위에 증착되고 패턴되고 식각된다(두 개의 LPCVD 다결정실리콘층을 사용하는 것은 왜 이 공정이 이중 다결정실리콘 공정으로 언급되는지를 설명한다). 다결정실리콘에서 비소(As)는 n^+ 컬렉터 접촉뿐만 아니라, **자기정렬**(*self-alignment*) 방법으로 베이스 속에 묻힌 n^+ 이미터영역을 형성하기 위해 기판 속으로 확산된다. 자기정렬은 n^+ 이미터영역을 형성하기 위해 따로 분리된 사진석판 단계가 필요하지 않다는 것을 말해 준다. n^+ 이미터영역이 내인성 p형 베이스 내에 있다는 것을 보장하기 위해 적절하게 산화물 측벽 스페이서를 활용했다. 이것은 그렇게 하지 않는다면 이미터가 컬렉터와 단락될 것이기 때문에 중요하다. 틈을 주지 않는다면 이미터-베이스 접합용량이 너무 높아지기 때문에, 우리는 또한 n^+ 이미터와 p^+ 외인성 베이스 사이에 틈을 원한다. 세로방향에서의 이미터-베이스 접합과 베이스-컬렉터 접합의 차이는 베이스폭을 결정한다. 이것은 큰 이득과 고속의 BJT들에 있어서는 매우 좁게 만들어진다.

마지막으로, 산화물층이 CVD에 의해 증착되고 개구부들이 이미터(E), 베이스(B) 그리고 컬렉터(C) 접촉들에 대응하여 산화물 속에서 식각된다. 그리고 Al과 같은 적합한 접촉금속이 옴 접촉을 형성하기 위해 스퍼터링 방법으로 증착된다. 알루미늄은 상호연결 마스크를 사용하는 사진석판에 의해 패턴되고 RIE를 사용하여 식각된다. 그러고 나서 동시에 웨이퍼에 만들어지는 많은 IC들이 적합한 패키지들에 설치된 채 톱질에 의해 개개의 다이(die)들로 분리되고, 다양한 접촉들이 패키지의 외부 도입선에 선으로 연결된다.

7.4 소수캐리어의 분포와 단자전류

이 절에서는 BJT의 동작을 좀더 상세하게 검토하기로 한다. 우선 앞 장의 기법을 협폭 n형 베이스영역으로 정공을 주입하는 문제에 적용함으로써 분석을 시작한다. 그 수학은 협폭베이스 다이오드 문제에서 사용한 것과 매우 유사하다(연습문제 5.35). 근본적으로 순방향으로 바이어스된 이미터에서 베이스로 정공이 주입되고 이들 정공들은 컬렉터접합으로 확산된다고 가정한다. 첫 번째 단계는 베이스에서의 과잉정공분포에 대하여 푸는 것이고, 두 번째 단계는 이 베이스의 양쪽에서 정공분포의 경사도(gradient)로부터 이미터 및 컬렉터전류(I_E, I_C)를 계산하는 것이다. 그러고 나서 베이스전류(I_B)는 전류의 합계로부터 또는 베이스에서의 재결합의 전하제어 분석으로 구할 수 있다.

우선 몇 가지 가정을 함으로써 이 계산을 간단하게 만들 수 있다. 즉,

1. 정공은 이미터에서 컬렉터로 확산한다. 즉, 베이스영역에서의 표동(drift)은 무시할 수 있다.

2. 이미터전류는 전적으로 정공으로 구성되어 있다. 즉, 이미터 주입효율은 $\gamma = 1$ 이다.
3. 컬렉터의 포화전류는 무시할 수 있다.
4. 베이스의 활성영역과 두 접합은 균일한 단면적 A 로 되어 있다. 즉, 베이스에서의 전류의 흐름은 본질적으로 이미터에서 컬렉터로의 1 차원적인 것이다.
5. 모든 전류와 전압은 정상상태이다.

불완전한 주입효율, 베이스에서 불균일한 도핑에 의한 표동, 이미터와 컬렉터접합의 면적 차이와 같은 구조의 영향, 교류동작에서의 정전용량과 주행시간의 효과 등의 의미는 다음 절에서 고찰할 것이다.

7.4.1 베이스영역에서의 확산방정식의 해

주입된 정공은 확산에 의해 이미터에서 컬렉터로 흐른다고 가정하므로, 5 장에서 사용한 기법으로 두 접합을 넘어서는 전류들을 계산할 수 있다. 두 공핍영역에서의 재결합을 무시하면 이미터접합에서 베이스로 들어가는 정공전류는 I_E 이고 베이스를 떠나 컬렉터에 도달하는 정공전류는 I_C 이다. 만약 베이스영역의 과잉정공의 분포에 대하여 풀 수 있다면 전류를 구하기 위해 베이스 두 끝단에서의 분포의 경사도를 계산하는 것은 간단하다. 베이스폭이 두 공핍영역 사이에서 W_b 이고 균일한 단면적이 A 인 그림 7-6a 의 간단한 기하학적 구조를 생각해 보자. 평형에서 페르미준위는 평탄하고 에너지대역도는 두 개의 p-n 접합을 뒤를 맞물려 놓은(back-to-back) 경우와 같다. 그러나 (정규활성양식에서와 같이) 이미터가 순방향, 컬렉터가 역방향 바이어스된 경우 페르미준위는 의사 페르미준위들로 갈라지게 된다(그림 7-6b). 이미터-베이스 접합에서의 장벽은 순방향 바이어스에 의해 감소하고 컬렉터-베이스 접합의 장벽은 역방향 바이어스에 의해 증가한다. 이미터 공핍영역 끝에서의 과잉정공농도 Δp_E 와 이에 대응되는 베이스의 컬렉터 쪽에서의 농도 Δp_C 는 식 (5-29)로부터 구해진다. 즉,

$$\Delta p_E = p_n(e^{qV_{EB}/kT} - 1) \tag{7-8a}$$

$$\Delta p_C = p_n(e^{qV_{CB}/kT} - 1) \tag{7-8b}$$

이미터접합이 강하게 순방향으로 바이어스되고($V_{EB} \gg kT/q$) 또 컬렉터접합이 강하게 역방향으로 바이어스되면($V_{CB} \ll 0$), 이들 과잉농도는 다음과 같이 간단하게 된다.

$$\Delta p_E \simeq p_n e^{qV_{EB}/kT} \tag{7-9a}$$

$$\Delta p_C \simeq -p_n \tag{7-9b}$$

확산방정식 (4-34b)를 적당한 경계조건을 사용함으로써 베이스에서 거리의 함수로서의 과잉정공농도 $\delta p(x_n)$에 대하여 풀 수 있다.

$$\frac{d^2\delta p(x_n)}{dx_n^2} = \frac{\delta p(x_n)}{L_p^2} \tag{7-10}$$

이 방정식의 해는

$$\delta p(x_n) = C_1 e^{x_n/L_p} + C_2 e^{-x_n/L_p} \tag{7-11}$$

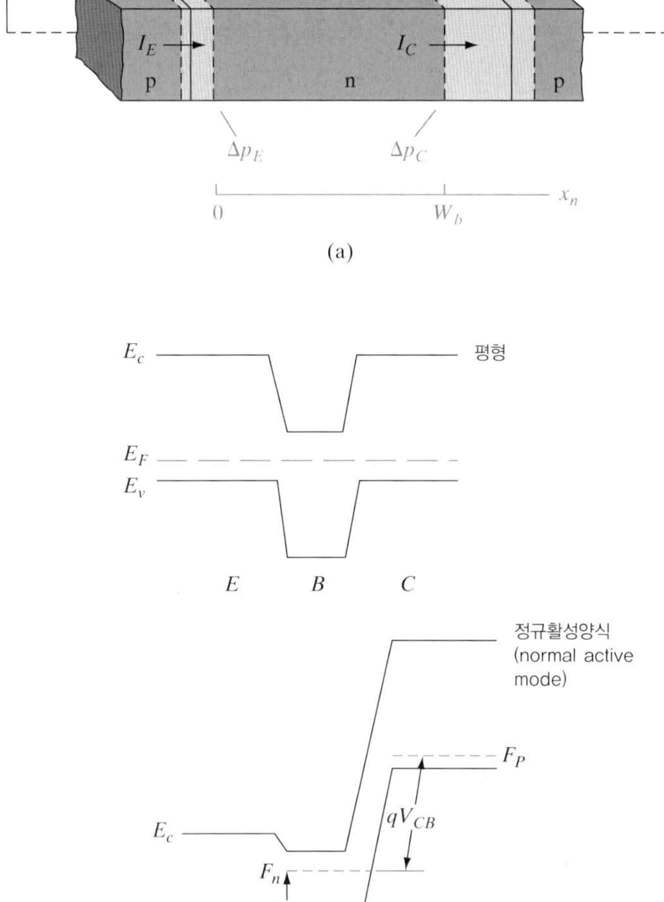

그림 7–6 (a) 계산에 사용한 간략화된 p–n–p형 트랜지스터의 기하학적 구조; (b) 평형상태(평탄 페르미준위)와 정규활성 바이어스하의 p–n–p형 트랜지스터. 의사 페르미준위들은 인가된 전압에 q를 곱한 값만큼 분리된다.

이고, 여기서 L_p는 베이스영역에서 정공의 확산거리이다. 긴 n형 영역으로 주입되는 간단한 문제와는 달리 큰 x_n에 대해서는 과잉정공이 소실된다고 가정하여 적분상수 중 하나를 소거할 수는 없다. 사실상 적절히 설계한 트랜지스터에서 $W_b \ll L_p$이므로 주입된 정공의 대부분은 W_b에서 컬렉터에 도달한다. 이 해는 협폭베이스 다이오드 문제와 매우 흡사하다. 이 경우 적절한 경계조건은 다음과 같다.

$$\delta p(x_n = 0) = C_1 + C_2 = \Delta p_E \tag{7-12a}$$

$$\delta p(x_n = W_b) = C_1 e^{W_b/L_p} + C_2 e^{-W_b/L_p} = \Delta p_C \tag{7-12b}$$

파라미터 C_1과 C_2에 대하여 풀면

$$C_1 = \frac{\Delta p_C - \Delta p_E e^{-W_b/L_p}}{e^{W_b/L_p} - e^{-W_b/L_p}} \tag{7-13a}$$

$$C_2 = \frac{\Delta p_E e^{W_b/L_p} - \Delta p_C}{e^{W_b/L_p} - e^{-W_b/L_p}} \tag{7-13b}$$

를 얻는다. 식 (7-11)에 이들 파라미터를 적용하면 베이스영역에서의 과잉정공분포에 대한 완전한 식이 주어진다. 예를 들어, 컬렉터접합이 강하게 역방향 바이어스되었고[식 (7-9b)] 평형상태에서의 정공농도 p_n이 주입된 농도 Δp_E에 비하여 무시할 수 있다고 가정하면, 과잉정공분포는

$$\delta p(x_n) = \Delta p_E \frac{e^{W_b/L_p} e^{-x_n/L_p} - e^{-W_b/L_p} e^{x_n/L_p}}{e^{W_b/L_p} - e^{-W_b/L_p}} \quad (\Delta p_c \simeq 0 \text{일 때}) \tag{7-14}$$

와 같이 간단하게 된다. 식 (7-14)의 여러 항을 그림 7-7a에 나타내었고, 베이스영역에서 대응하는 과잉정공분포를 적절한 W_b/L_p의 값에 대하여 표시하였다. $\delta_p(x_n)$은 이미터와 컬렉터 공핍영역 사이에서 거의 선형적으로 변한다는 것에 유의해야 한다. 다음에서 보는 바와 같이, 이 분포가 선형성에서 약간 벗어난 것은 베이스영역에서의 재결합으로 인해 생긴 작은 값의 I_B를 나타내는 것이다.

순방향 바이어스된 이미터와 역방향 바이어스된 컬렉터에 해당되는 이미터와 컬렉터에서 소수 전자 캐리어농도는 그림 7-7b에 있다. 여기서 p^+ 이미터의 과잉전자농도는 긴 다이오드에 있어서는 지수적으로 감소되어 0이 되는 것으로 나타난다. 이는 높은 이미터 도핑준위에서 소수캐리어 전자확산거리는 종종 이미터영역의 길이보다 짧기 때문이다. 그렇지 않으면, 협폭 다이오드에서의 표현이 이미터영역에서 사용되어야 한다. 다결정 이미터 구조에 대한 캐리어농도 분포가 나중에 논의되듯이 더 복잡하다. i_{En}의 정확한 형태와 이미터 주입효율은 이러한 세부사항에 의존하게 된다.

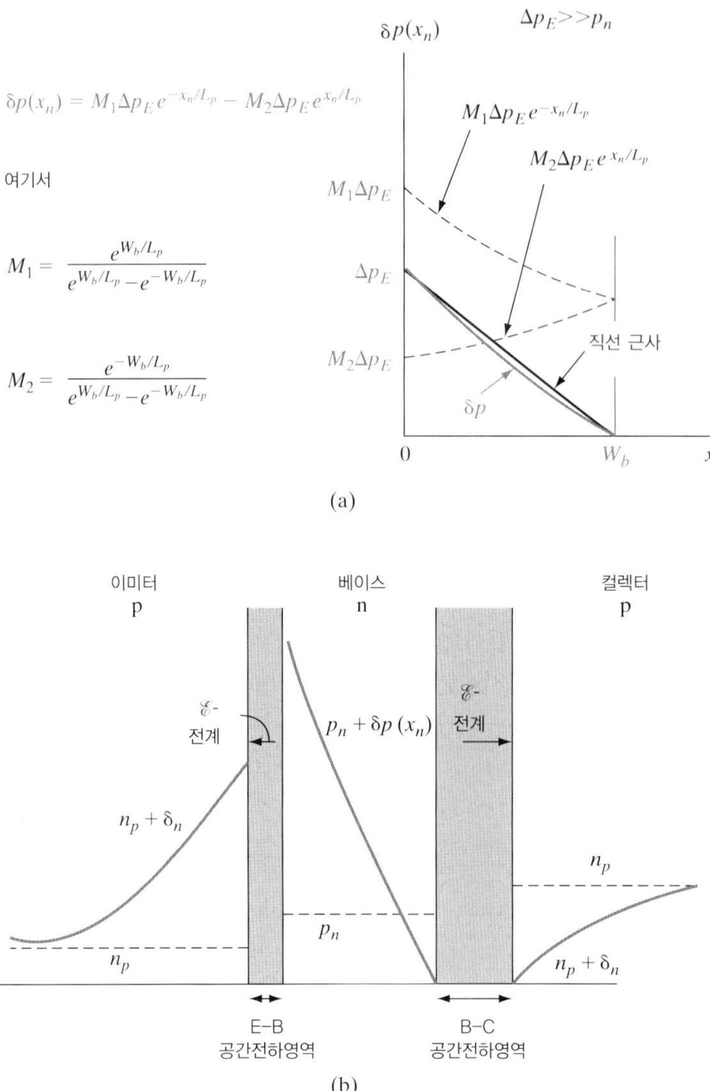

그림 7-7 (a) 베이스영역에서의 정공분포의 선형성을 보여주는 식 (7-14) 항들의 그림 표시. 이 예에서 W_b/L_p = 1/2이다. (b) 이미터와 컬렉터에서의 전자분포.

7.4.2 단자전류의 계산

베이스영역의 과잉정공분포에 대하여 풀었으므로 각 공핍영역단에서 정공농도의 경사도로부터 이미터 및 컬렉터전류를 계산할 수 있다. 식 (4-22b)로부터

$$I_p(x_n) = -qAD_p \frac{d\delta p(x_n)}{dx_n} \tag{7-15}$$

$x_n = 0$ 에서 이 식을 계산하면, 이미터전류의 정공성분

$$I_{Ep} = I_p(x_n = 0) = qA\frac{D_p}{L_p}(C_2 - C_1) \tag{7-16}$$

을 얻을 수 있다. 비슷하게, 컬렉터의 역방향 포화전류에서 컬렉터로부터 베이스로 넘어가는 전자들을 무시하면 I_C는 전적으로 베이스로부터 컬렉터 공핍영역으로 들어가는 정공으로 이루어지게 된다. $x_n = W_b$ 에서 식 (7-15)를 계산하면, 컬렉터전류는 다음과 같다.

$$I_C = I_p(x_n = W_b) = qA\frac{D_p}{L_p}(C_2 e^{-W_b/L_p} - C_1 e^{W_b/L_p}) \tag{7-17}$$

식 (7-13)의 파라미터 C_1과 C_2를 대입하면 이미터 및 컬렉터전류는 쌍곡선함수의 항으로 가장 쉽게 쓸 수 있는 형식이 된다. 즉,

$$I_{Ep} = qA\frac{D_p}{L_p}\left(\Delta p_E \operatorname{ctnh}\frac{W_b}{L_p} - \Delta p_C \operatorname{csch}\frac{W_b}{L_p}\right) \tag{7-18a}$$

$$I_C = qA\frac{D_p}{L_p}\left(\Delta p_E \operatorname{csch}\frac{W_b}{L_p} - \Delta p_C \operatorname{ctnh}\frac{W_b}{L_p}\right) \tag{7-18b}$$

이제 이 소자를 떠나는 베이스 및 컬렉터전류의 합계는 유입되는 이미터전류와 같아야 한다는 전류의 합으로부터 I_B의 값을 구할 수 있다. 만약 $\gamma \simeq 1$ 에 대하여 $I_E \simeq I_{Ep}$라면,

$$I_B = I_E - I_C = qA\frac{D_p}{L_p}\left[(\Delta p_E + \Delta p_C)\left(\operatorname{ctnh}\frac{W_b}{L_p} - \operatorname{csch}\frac{W_b}{L_p}\right)\right]$$

$$I_B = qA\frac{D_p}{L_p}\left[(\Delta p_E + \Delta p_C)\tanh\frac{W_b}{2L_p}\right] \tag{7-19}$$

5장의 기법을 사용해서 물질 파라미터, 베이스폭, 과잉 캐리어농도 Δp_E와 Δp_C의 항으로 트랜지스터의 세 개 단자전류를 계산하였다. 더욱이 이들 과잉 캐리어의 농도는 직접적인 방식으로 식 (7-8)에 의해 이미터 및 컬렉터접합 바이어스 전압과 관련되어 있으므로 여러 가지 바이어스 상태에서의 트랜지스터 동작을 계산하는 것은 간단할 것이다. 여기서 식 (7-18)과 식 (7-19)는 보편적인 트랜지스터 바이어스 방식의 경우에만 한정되는 것이 아니라는 사실에 유의할 필요가 있다. 예를 들어 Δp_C는 강하게 역방향으로 바이어스된 컬렉터의 경우는 $-p_n$일 것이며, 또는 컬렉터가 양으로 바이어스되면 그것이 상당한 양의 값이 될 것이다. 이 식들의 일반성은 트랜지스터의 스위칭회로에의 응용을 고려한 7.5절에서 이용될 것이다.

예제 7-2 (a) $\gamma = 1$일 때 그림과 같은 접속의 트랜지스터에 대한 전류 I의 식을 구하라.
(b) 이 전류 I가 베이스도선과 컬렉터도선 사이에서 어떻게 분배되는가?

풀이 (a) $V_{CB} = 0$이므로, 식 (7-8b)에서 $\Delta p_C = 0$이다. 따라서 식 (7-18a)로부터

$$I_E = I = \frac{qAD_p}{L_p}\Delta p_E \operatorname{ctnh}\frac{W_b}{L_p}$$

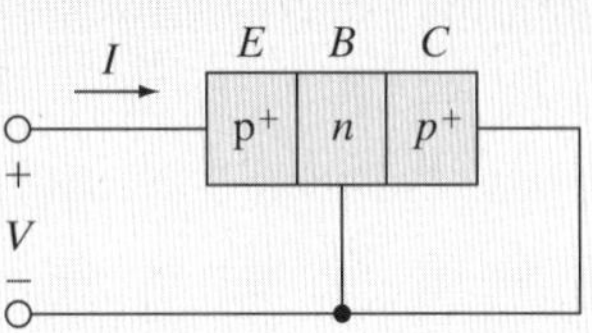

(b)
$$I_C = \frac{qAD_p}{L_p}\Delta p_E \operatorname{csch}\frac{W_b}{L_p}$$
$$I_B = \frac{qAD_p}{L_p}\Delta p_E \tanh\frac{W_b}{2L_p}$$

여기서 I_B와 I_C는 각각 베이스도선 및 컬렉터도선의 전류성분이다. 이상의 결과는 협폭베이스 다이오드에 관한 연습문제 5.40 및 5.41의 결과와 유사함에 유의하라.

7.4.3 단자전류의 근사값

앞 절의 일반적인 방정식은 정규 트랜지스터 바이어스의 경우에 대하여 단순화할 수 있으며, 이와 같은 단순화는 전류흐름에 관한 통찰을 할 수 있게 해 준다. 예를 들어, 컬렉터가 역방향으로 바이어스되면 식 (7-9b)로부터 $\Delta p_C = -p_n$이다. 더욱이 평형상태에서의 정공농도 p_n이 작으면(그림 7-8a), Δp_C를 포함하는 항을 무시할 수 있다. $\gamma \simeq 1$이면 단자전류는 예제 7-2와 같이 줄일 수 있다. 즉,

$$I_E \simeq qA\frac{D_p}{L_p}\Delta p_E \operatorname{ctnh}\frac{W_b}{L_p} \tag{7-20a}$$

$$I_C \simeq qA\frac{D_p}{L_p}\Delta p_E \operatorname{csch}\frac{W_b}{L_p} \tag{7-20b}$$

$$I_B \simeq qA\frac{D_p}{L_p}\Delta p_E \tanh\frac{W_b}{2L_p} \tag{7-20c}$$

쌍곡선함수의 급수전개가 표 7-1에 주어져 있다. W_b/L_p의 값이 작은 경우에 대해서는 이 변수의 1차 이상의 항은 무시할 수 있다. I_C는 이 표와 식 (7-20)으로부터 예측되는 바

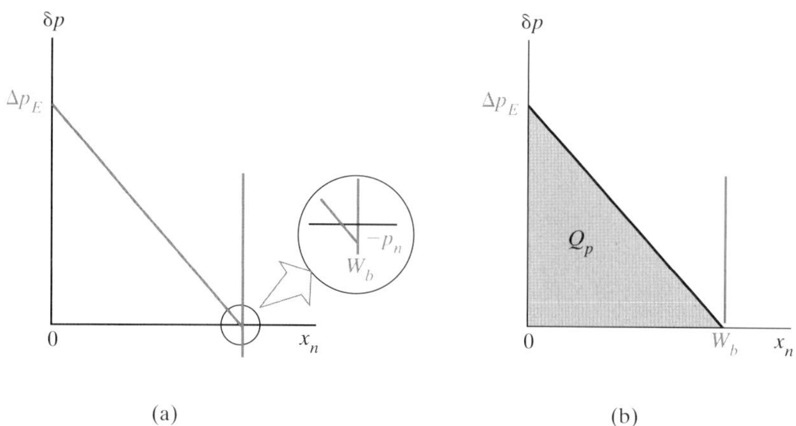

그림 7-8 베이스에서의 근사적인 과잉정공분포: (a) 순방향으로 바이어스된 이미터와 역방향으로 바이어스된 컬렉터; (b) V_{CB} = 0, 즉 p_n을 무시했을 때의 삼각형 분포.

와 같이 I_E보다 약간 작게 됨이 분명하다. tanh y의 1차 근사값은 단순히 y이며, 따라서 베이스전류는 다음과 같다.

$$I_B \simeq qA\frac{D_p}{L_p}\Delta p_E \frac{W_b}{2L_p} = \frac{qAW_b\Delta p_E}{2\tau_p} \tag{7-21}$$

베이스전류에 대한 같은 근사식은 I_E와 I_C에 대한 1차 근사값의 차로부터 구할 수 있다. 즉,

$$\begin{aligned} I_B &= I_E - I_C \\ &\simeq qA\frac{D_p}{L_p}\Delta p_E\left[\left(\frac{1}{W_b/L_p} + \frac{W_b/L_p}{3}\right) - \left(\frac{1}{W_b/L_p} - \frac{W_b/L_p}{6}\right)\right] \\ &\simeq \frac{qAD_pW_b\Delta p_E}{2L_p^2} = \frac{qAW_b\Delta p_E}{2\tau_p} \end{aligned} \tag{7-22}$$

I_B에 대한 이 식은 베이스영역에서의 재결합을 설명해 준다. 7.4.4절에서 설명한 바와 같이 많은 BJT 소자에서는 이미터로의 주입도 포함시켜야 한다.

표 7-1 몇 가지 쌍곡선함수들의 급수전개

$$\text{sech}\, y = 1 - \frac{y^2}{2} + \frac{5y^4}{24} - \dots$$

$$\text{ctnh}\, y = \frac{1}{y} + \frac{y}{3} - \frac{y^3}{45} + \dots$$

$$\text{csch}\, y = \frac{1}{y} - \frac{y}{6} + \frac{7y^3}{360} - \dots$$

$$\tanh y = y - \frac{y^3}{3} + \dots$$

만약 베이스전류 I_B에서 베이스영역의 재결합이 우세하다면 베이스영역의 정공분포가 본질적으로 선형이라는 가정(그림 7-8b)하에서 전하제어 모델로부터 I_B를 구할 수 있다. 이러한 근사에서는 정공분포도가 삼각형으로 나타나므로 다음 식을 얻을 수 있다.

$$Q_p \simeq \tfrac{1}{2} qA\,\Delta p_E W_b \tag{7-23}$$

이 축적전하가 매 τ_p초마다 교체되어야 하고 재결합률이 베이스전류에 의해 전자가 공급되는 비율에 관련되어 있다는 것을 고려한다면, I_B는

$$I_B \simeq \frac{Q_p}{\tau_p} = \frac{qAW_b\Delta p_E}{2\tau_p} \tag{7-24}$$

이며, 이것은 식 (7-21)과 식 (7-22)에서 구한 것과 같다.

이들 근사방법에서는 컬렉터 포화전류를 무시하고 $\gamma = 1$로 가정하였으므로 I_E와 I_C의 차이는 베이스에서의 재결합의 필요조건으로써 설명된다. 식 (7-24)로부터 W_b가 작고 τ_p가 크면 베이스전류는 감소된다는 것을 분명히 알 수 있다. τ_p는 베이스영역에 저농도의 도핑을 함으로써 증가시킬 수 있으며, 이것은 물론 동시에 이미터 주입효율도 개선시킨다.

과잉정공분포를 선형으로 근사시키는 것(그림 7-8)은 베이스전류 계산에 있어서 상당히 정확한 것이다. 반면에, 그것은 I_E와 I_C에 대한 정당한 상태를 보여주는 것은 아니다. 캐리어 분포가 완전히 선형이라면 베이스영역의 각 단에서 그 기울기가 같게 될 것이다. 이것은 베이스전류가 0이 되는 것을 암시하는 것으로 사실과 다르다. 그래서 그림 7-7의 보다 정확한 곡선에서와 같이 그 분포는 아래쪽으로 약간 "처져(droop)" 있다. 이와 같은 선형으로부터의 약간의 이탈로 $x_n = W_b$에서보다 $x_n = 0$에서 급준한 기울기가 생기게 되며, I_E가 I_C보다 I_B만큼 크다. 베이스전류의 전하제어 계산방식에서 선형적 근사를 사용할 수 있는 이유는, 두 경우 모두 정공분포 곡선 아래쪽의 면적이 본질적으로 같기 때문이다.

7.4.4 전류전달률

이 절에서 계산된 I_E의 값은 $\gamma = 1$(이미터전류는 전적으로 정공주입에 의한 것으로 됨)이라 가정하므로 더욱 적절하게는 I_{Ep}로 정의된다. 사실상 실제 트랜지스터의 순방향으로 바이어스된 이미터접합을 넘어서 항상 약간의 전자주입이 있고, 이것의 영향은 전류전달률 α를 계산하는 데 중요하다. p-n-p형 트랜지스터의 이미터 주입효율은 베이스와 이미터의 물질상수의 항으로 쓸 수 있음을 증명할 수 있다.

$$\gamma = \left[1 + \frac{L_p^n n_n \mu_n^p}{L_n^p p_p \mu_p^n} \tanh\frac{W_b}{L_p^n}\right]^{-1} \simeq \left[1 + \frac{W_b n_n \mu_n^p}{L_n^p p_p \mu_p^n}\right]^{-1} \tag{7-25}$$

이 식에서 이미터-베이스 접합의 어느 쪽이 고려되었는지를 나타내기 위해 위첨자를 사용하였다. 예를 들어 L_p^n은 n형 베이스영역의 정공확산거리이고, μ_n^p는 p형 이미터영역의

전자이동도이다. n-p-n 형에서는 위첨자와 아래첨자가 모두 다수캐리어의 기호에 따라 변화되어야 한다. I_{Ep}에 대해서는 식 (7-20a)를, I_C에 대해서는 식 (7-20b)를 사용하면 베이스전송률 B는

$$B = \frac{I_C}{I_{Ep}} = \frac{\operatorname{csch} W_b/L_p}{\operatorname{ctnh} W_b/L_p} = \operatorname{sech} \frac{W_b}{L_p} \tag{7-26}$$

이며, 전류전달률 α는 식 (7-3)에서와 같이 B와 γ의 곱이 된다.

예제 7-3 1이 아닌 이미터 주입효율($\gamma < 1$)의 효과를 포함하도록 식 (7-20a)를 확장하라. 이미터영역은 전자확산거리와 비교하여 길다.

풀이 식 (7-20a)는 실제로 I_{Ep}이다.

$$I_{En} = \frac{qAD_n^p}{L_n^p} n_p e^{qV_{EB}/kT} \text{ for } V_{EB} \gg kT/q$$

그러므로 총 이미터전류는 다음과 같다.

$$I_E = I_{Ep} + I_{En} = qA\left[\frac{D_p^n}{L_p^n} p_n \operatorname{ctnh} \frac{W_b}{L_p^n} + \frac{D_n^p}{L_n^p} n_p\right] e^{qV_{EB}/kT}$$

$$\gamma = \frac{I_{Ep}}{I_E} = \left[1 + \frac{I_{En}}{I_{Ep}}\right]^{-1} = \left[1 + \frac{\frac{D_n^p}{L_n^p} n_p}{\frac{D_p^n}{L_p^n} p_n} \tanh \frac{W_b}{L_p^n}\right]^{-1}$$

$\dfrac{n_p}{p_n} = \dfrac{n_n}{p_p}, \dfrac{D_n^p}{D_p^n} = \dfrac{\mu_n^p}{\mu_p^n}, \dfrac{D}{\mu} = \dfrac{kT}{q}$를 사용하면 나오는 값은

$$\gamma = \left[1 + \frac{L_p^n n_n \mu_n^p}{L_n^p p_p \mu_p^n} \tanh \frac{W_b}{L_p^n}\right]^{-1}$$

이미터가 이미터의 전자확산거리와 비교할 때 길다고 가정하였으므로, 긴 다이오드의 표현은 I_{En}에 적용된다. 한편으로는, 아주 좁은 이미터 폭 W_e에 대하여 L_n^p는 좁은 다이오드에 대한 표현에 따라서 W_e로 대체된다.

7.5 일반화된 바이어스 방식

7.4 절에서 유도한 식들은 그 소자의 기하학적 구조와 기타 인자가 가정과 일치할 때 그 트랜지스터의 단자전류를 나타내게 된다. 7.7 절에서 살펴보겠지만 실제의 트랜지스터는 이들 근사와는 차이가 날 것이다. 컬렉터와 이미터접합은 면적, 포화전류 및 기타 파라미

터가 다를 것이므로 적절한 단자전류의 기술은 식 (7-18)과 식 (7-19)가 나타내는 것보다는 더욱 복잡할 것이다. 예를 들어, 이미터와 컬렉터의 역할이 바뀐다면 이들 식은 트랜지스터 동작이 대칭적이라는 것을 예언하는 것이다. 그러나 실제의 트랜지스터는 일반적으로 이미터와 컬렉터 사이에서 대칭적이지 못하다. 이것은 트랜지스터가 보통의 방식으로 바이어스되지 않을 경우에 특히 중요하게 고려되어야 한다. 지금까지 이미터접합은 순방향으로 바이어스되고 컬렉터는 역방향으로 바이어스되는 정규적인 바이어스 방식[때로는 **정규활성양식**(*normal active mode*)이라 함]을 검토하였다. 그러나 특히 스위칭과 같은 응용에 있어서는 이상의 정규적인 바이어스 법칙이 깨진다. 이와 같은 경우에는 두 접합의 캐리어 주입과 집속에 대한 성질의 차이를 고려하는 것이 중요하다. 본 절에서는 모든 이미터와 컬렉터 바이어스의 조합에 대하여 적용되는 결합 다이오드 모델로 트랜지스터의 동작을 설명하는 일반화된 접근방법을 전개할 것이다. 이 모델은 그 소자의 기하학적 구조와 재료의 성질을 관련지을 수 있는 4개의 측정 가능한 파라미터를 포함하고 있다. 전하제어의 접근방법과 관련시켜서 이 모델을 사용하면 스위칭회로와 기타 응용에 있어서 트랜지스터의 물리적 동작을 기술할 수 있다.

7.5.1 결합 다이오드 모델

트랜지스터의 컬렉터접합이 순방향으로 바이어스되었다면 Δp_C를 무시할 수 없고, 그 대신 베이스영역에서의 더욱 일반적인 정공분포를 사용해야 한다. 그림 7-9a는 이미터와 컬렉터접합이 모두 순방향으로 바이어스되어 Δp_E와 Δp_C가 모두 양의 값을 갖는 경우이다. 대칭적 트랜지스터에 대한 식 (7-18)과 식 (7-19)를 가지고 이와 같은 경우를 취급할 수 있다. 이들 방정식은 각 접합에 의한 주입효과를 선형중첩시킨 것으로 볼 수 있다는 것에 유의해야 한다. 예를 들면, 그림 7-9a의 직선으로 된 정공분포는 그림 7-9b와 c의 두 성분으로 분해할 수 있다. 한 성분(그림 7-9b)은 이미터에 의해 주입되고 컬렉터에 의해 집속된 정공을 설명하는 것이다. 그 결과로 된 전류(I_{EN}과 I_{CN})를 **정규양식**(*normal mode*) 성분이라고 할 수 있는데, 그것은 그들이 이미터에서 컬렉터로의 주입에 의한 것이기 때문이다. 그림 7-9c로 표시된 정공분포의 성분은 전류 I_{EI}와 I_{CI}에 기착되는 것으로 이들은 컬렉터에서 이미터로의 주입, 즉 **반전양식**(*inverted mode*)의 주입을 나타낸다.[3] 물론 이들 반전된 성분은 I_E와 I_C의 처음 정의와는 반대되는 정공의 흐름을 설명하는 것이므로 음의 값이다.

대칭적 트랜지스터(*symmetrical transistor*)의 경우 이들 여러 성분은 식 (7-18)로써 기술된다. $a \equiv (qAD_p/L_p)\,\text{ctnh}\,(W_b/L_p)$ 및 $b \equiv (qAD_p/L_p)\,\text{csch}\,(W_b/L_p)$로 정의하면,

$$\Delta p_C = 0\text{일 때}\quad I_{EN} = a\Delta p_E\text{이고}\quad I_{CN} = b\Delta p_E \tag{7-27a}$$

3) 여기서 이미터와 컬렉터라는 말은 정공의 주입과 집속의 기능에 관한 것이기보다는 이 소자의 물리적인 영역에 대하여 언급한 것이다.

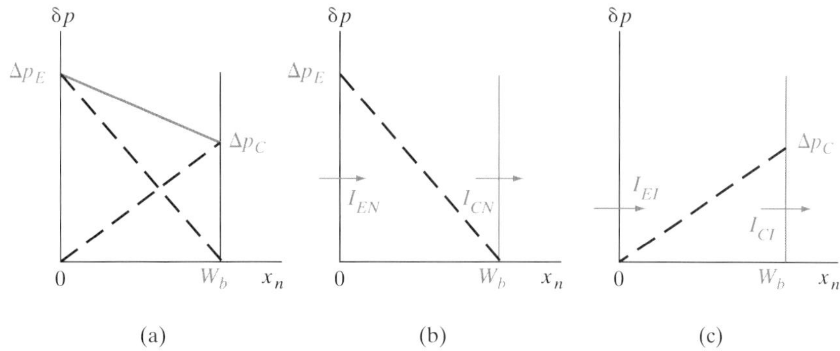

그림 7-9 정규 및 반전양식에 의한 성분으로 표시한 정공분포의 계산: (a) 이미터와 컬렉터접합이 모두 순방향 바이어스되었을 때 베이스에서의 근사적 정공분포; (b) 정규양식에서의 캐리어 주입과 집속에 따르는 성분; (c) 반전양식에 의한 성분.

$$\Delta p_E = 0\text{일 때 } I_{EI} = -b\Delta p_C \text{ 이고 } I_{CI} = -a\Delta p_C \tag{7-27b}$$

이 4개 성분을 식 (7-18)의 선형중첩으로 결합시키면

$$\begin{aligned} I_E &= I_{EN} + I_{EI} = a\Delta p_E - b\Delta p_C \\ &= \mathsf{A}(e^{qV_{EB}/kT} - 1) - \mathsf{B}(e^{qV_{CB}/kT} - 1) \end{aligned} \tag{7-28a}$$

$$\begin{aligned} I_C &= I_{CN} + I_{CI} = b\Delta p_E - a\Delta p_C \\ &= \mathsf{B}(e^{qV_{EB}/kT} - 1) - \mathsf{A}(e^{qV_{CB}/kT} - 1) \end{aligned} \tag{7-28b}$$

여기서 $\mathsf{A} \equiv ap_n$이고, $\mathsf{B} \equiv bp_n$이다.

이들 방정식으로부터 정규 및 반전된 동작에 의한 성분을 선형중첩시키면 대칭적 트랜지스터에 대해서는 앞서 유도한 결과가 얻어짐을 알 수 있다. 그러나 더욱 일반적으로 하기 위해서는 두 접합에서의 비대칭성을 고려하는 계수를 써서 전류의 4개 성분을 관련시켜야 한다. 예를 들어, 정규활성양식에서 이미터전류는

$$I_{EN} = I_{ES}(e^{qV_{EB}/kT} - 1), \quad \Delta p_C = 0 \tag{7-29}$$

로 쓸 수 있다. 여기서 I_{ES}는 정규활성양식에서 이미터 포화전류의 크기이다. 이 양식에서는 $\Delta p_C = 0$으로 규정하였으므로 식 (7-8b)에서 $V_{CB} = 0$임을 의미한다. 따라서 I_{ES}는 컬렉터접합을 단락하였을 때의 이미터 포화전류의 크기라고 생각된다. 비슷하게, 반전활성양식일 때의 컬렉터전류는 다음과 같다.

$$I_{CI} = -I_{CS}(e^{qV_{CB}/kT} - 1), \quad \Delta p_E = 0 \tag{7-30}$$

여기서 I_{CS}는 $V_{EB} = 0$일 때 컬렉터 포화전류의 크기이다. 앞에서와 같이 I_{CI}와 관련된 음의 부호는 단순히 반전양식에서는 정공이 I_C의 정의와 반대되는 방향으로 주입된다는 것을 의미한다.

동작의 각 양식에서 대응되는 집속된 전류는 각각의 경우에 대하여 새로 α를 정의함으로써 다음과 같이 쓸 수 있다.

$$I_{CN} = \alpha_N I_{EN} = \alpha_N I_{ES}(e^{qV_{EB}/kT} - 1) \tag{7-31a}$$

$$I_{EI} = \alpha_I I_{CI} = -\alpha_I I_{CS}(e^{qV_{CB}/kT} - 1) \tag{7-31b}$$

여기서 α_N과 α_I는 각 활성양식에서의 주입된 전류에 대한 집속된 전류의 비율이다. 이 반전양식에서 주입된 전류는 I_{CI}이고, 집속된 전류는 I_{EI}라는 것을 알아야 한다.

전체 전류는 또 다시 이들 성분을 중첩하여 얻어진다. 즉,

$$I_E = I_{EN} + I_{EI} = I_{ES}(e^{qV_{EB}/kT} - 1) - \alpha_I I_{CS}(e^{qV_{CB}/kT} - 1) \tag{7-32a}$$

$$I_C = I_{CN} + I_{CI} = \alpha_N I_{ES}(e^{qV_{EB}/kT} - 1) - I_{CS}(e^{qV_{CB}/kT} - 1) \tag{7-32b}$$

이들 관계는 이버스(J. J. Ebers)와 몰(J. L. Moll)에 의해 유도되었으며 **이버스–몰 방정식**(*Ebers-Moll equation*)이라 한다.[4] 전체적인 모양은 대칭적 트랜지스터에 대한 식 (7-28)과 같으나 이들 식은 접합의 비대칭성에 의한 I_{ES}, I_{CS}, α_I 및 α_N에서 변동을 고려하고 있다. 여기서 증명하지는 않았으나 비대칭적 트랜지스터에 대해서도

$$\alpha_N I_{ES} = \alpha_I I_{CS} \tag{7-33}$$

이라는 것은 가역성의 논의로써 증명할 수 있다.

이버스-몰 방정식의 흥미로운 점은 I_E와 I_C가 비슷한 다이오드 관계식의 항(I_{EN} 및 I_{CI})에 이미터와 컬렉터 성질 사이의 결합을 이루어 주는 항(I_{EI}와 I_{CN})을 합친 것으로써 기술되어 있다는 것이다. 이 **결합 다이오드**(*coupled-diode*)의 성질은 그림 7-10의 등가회로로써 설명된다. 이 그림에서는 이버스-몰 방정식들을 식 (7-8)을 이용하여

$$I_E = I_{ES}\frac{\Delta p_E}{p_n} - \alpha_I I_{CS}\frac{\Delta p_C}{p_n} = \frac{I_{ES}}{p_n}(\Delta p_E - \alpha_N \Delta p_C) \tag{7-34a}$$

$$I_C = \alpha_N I_{ES}\frac{\Delta p_E}{p_n} - I_{CS}\frac{\Delta p_C}{p_n} = \frac{I_{CS}}{p_n}(\alpha_I \Delta p_E - \Delta p_C) \tag{7-34b}$$

의 형식으로 쓴다.

흔히 단자전류는 포화전류에 관련시킬 뿐만 아니라 상호관련시켜 주는 것이 유용하다. 식 (7-32)의 각 부분에 있는 결합항으로부터 포화전류를 소거할 수 있다. 예를 들어, 식 (7-32a)에 α_N을 곱하여 그 결과식을 식 (7-32b)에서 빼면 다음과 같다.

---

4) J. J. Ebers and J. L. Moll, "Large-Signal Behavior of Junction Transistor," *Processings of the IRE* 42, pp. 1761-72(Dec. 1954). 이 원논문과 많은 교재에서 단자전류는 모두 트랜지스터로 유입하는 것으로 정의하고 있다. 이로 인해 여기서 전개하고 있는 바와 같이 I_C와 I_B에 대한 식에 음의 부호가 붙게 된다.

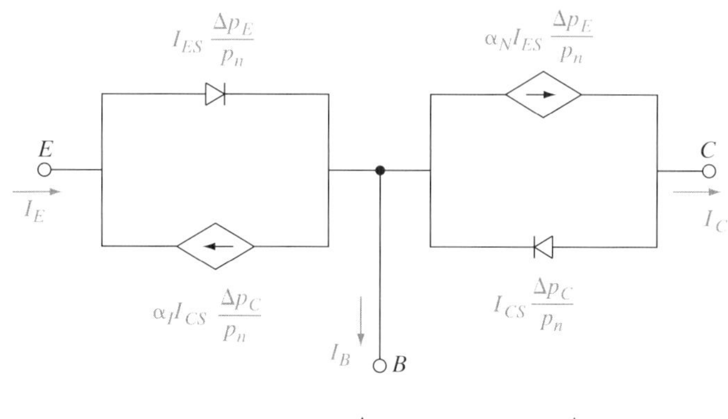

$$I_B = (1-\alpha_N)\,I_{ES}\,\frac{\Delta p_E}{p_n} + (1-\alpha_I)\,I_{CS}\,\frac{\Delta p_C}{p_n}$$

그림 7-10 이버스-몰 방정식을 합성하는 등가회로

$$I_C = \alpha_N I_E - (1-\alpha_N\alpha_I)I_{CS}(e^{qV_{CB}/kT}-1) \tag{7-35}$$

비슷하게, 이미터전류는 컬렉터전류의 항으로 쓸 수 있다. 즉,

$$I_E = \alpha_I I_C + (1-\alpha_N\alpha_I)I_{ES}(e^{qV_{EB}/kT}-1) \tag{7-36}$$

항 $(1-\alpha_N\alpha_I)I_{CS}$와 $(1-\alpha_N\alpha_I)I_{ES}$를 각각 I_{CO}와 I_{EO}로 줄여 쓸 수 있으며, 여기서 I_{CO}는 이미터접합을 개방(*open*)($I_E = 0$)했을 때 컬렉터 포화전류의 크기이며, I_{EO}는 컬렉터를 개방했을 때 이미터 포화전류의 크기이다. 따라서 이버스-몰 방정식은

$$I_E = \alpha_I I_C + I_{EO}(e^{qV_{EB}/kT}-1) \tag{7-37a}$$

$$I_C = \alpha_N I_E - I_{CO}(e^{qV_{CB}/kT}-1) \tag{7-37b}$$

와 같이 되며, 등가회로를 그림 7-11a에 나타내었다. 이 형식에서 방정식들은 이미터 및 컬렉터전류 모두를 단순한 다이오드 특성과 다른 쪽 전류에 비례하는 전류원의 항으로써 나타내고 있다. 예를 들어, 정규 바이어스 상태에서의 등가회로는 그림 7-11b에 나타낸 형식으로 바뀐다. 컬렉터전류는 예기되는 바와 같이 이미터전류의 α_N배에 컬렉터 포화전류를 합친 것이다. 이 결과로 나타난 트랜지스터의 컬렉터 특성은 이미터전류에 비례하는 증분만큼 위치가 바뀐 일련의 역방향 다이오드 곡선으로서 나타난다(그림 7-11c).

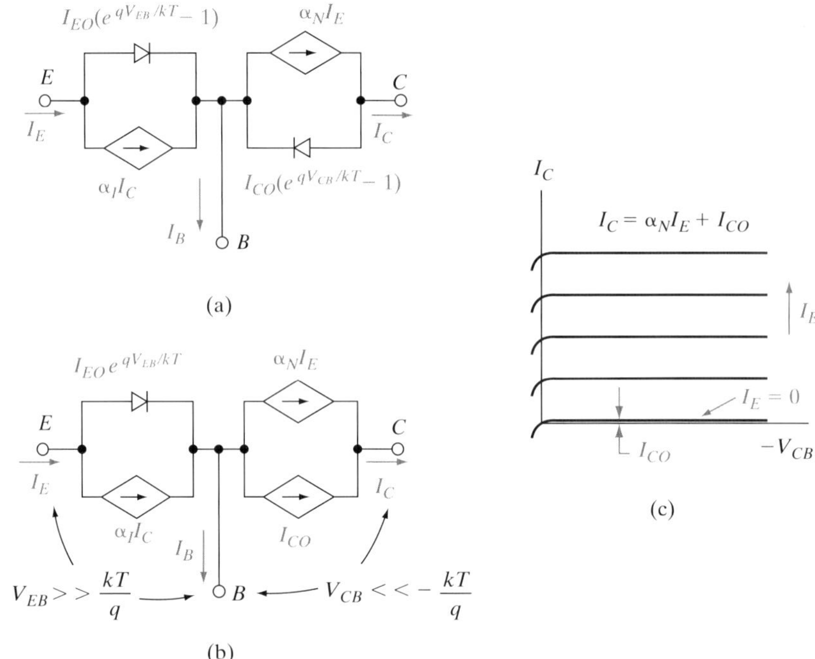

그림 7-11 단자전류와 개방회로 포화전류의 항으로 나타낸 트랜지스터의 등가회로: (a) 식 (7-37)의 합성; (b) 정규 바이어스일 때의 등가회로; (c) 정규 바이어스일 때의 컬렉터 특성.

예제 7-4 대칭적인 p^+-n-p^+ 쌍극성 트랜지스터는 다음과 같은 성질을 갖고 있다.

	이미터	베이스
$A = 10^{-4}\ \text{cm}^2$	$N_a = 10^{17}$	$N_d = 10^{15}\ \text{cm}^{-3}$
$W_b = 1\ \mu\text{m}$	$\tau_n = 0.1\ \mu\text{s}$	$\tau_p = 10\ \mu\text{s}$
	$\mu_p = 200$	$\mu_n = 1300\ \text{cm}^2/\text{V-s}$
	$\mu_n = 700$	$\mu_p = 450$

(a) 포화전류 $I_{ES} = I_{CS}$를 계산하라.
(b) $V_{EB} = 0.3$ V이고 $V_{CB} = -40$ V일 때, 완전한 이미터 주입효율을 가정하여 베이스전류 I_B를 계산하라.
(c) 이미터영역이 L_N과 비교할 때 길다고 가정하고, 베이스전송률 B, 이미터 주입효율 γ, 증폭률 β를 계산하라.

풀이 베이스에서는

$$p_n = n_i^2/n_n = (1.5 \times 10^{10})^2/10^{15} = 2.25 \times 10^5$$

$$D_p = 450(0.0259) = 11.66,\ L_p = (11.66 \times 10^{-5})^{1/2} = 1.08 \times 10^{-2}$$

$$W_b/L_p = 10^{-4}/1.08 \times 10^{-2} = 9.26 \times 10^{-3}$$

$$\begin{aligned} I_{ES} &= I_{CS} = qA(D_p/L_p)p_n \operatorname{ctnh}(W_b/L_p) \\ &= (1.6 \times 10^{-19})(10^{-4})(11.66/1.08 \times 10^{-2}) \\ &\quad (2.25 \times 10^5) \operatorname{ctnh} 9.26 \times 10^{-3} \\ &= 4.2 \times 10^{-13}\ \text{A} \end{aligned}$$

$$\Delta p_E = p_n e^{qV_{EB}/kT},\ \Delta p_C \approx 0$$

$$\Delta p_E = 2.25 \times 10^5 \times e^{(0.3/0.0259)} = 2.4 \times 10^{10}$$

$$I_B = qA(D_p/L_p)\Delta p_E \tanh(W_b/2L_p)$$

또는

$$I_B = \frac{Q_b}{\tau_p} = qAW_b\Delta p_E/2\tau_p = \mathbf{1.9 \times 10^{-12}\ A}$$

이미터에서는

$$D_n = 700(0.0259) = 18.13$$

$$L_n = (18.13 \times 10^{-7})^{1/2} = 1.35 \times 10^{-3}$$

$$I_{En} = \frac{qAD_n^E}{L_n^E} n_p^E e^{qV_{EB}/kT}$$

$$I_{Ep} = \frac{qAD_p^B}{L_p^B} p_n^B \operatorname{ctnh}\frac{W_b}{L_p^B} e^{qV_{EB}/kT}$$

$$\gamma = \frac{I_{Ep}}{I_{En} + I_{Ep}} = \left[1 + \frac{I_{En}}{I_{Ep}}\right]^{-1}$$

$$\gamma = \left[1 + \frac{D_n^E/L_n^E}{D_p^B/L_p^B}\frac{n_p^E}{p_n^B}\tanh\frac{W_b}{L_p}\right]^{-1} \qquad \left(\text{use } \frac{n_p^E}{p_n^B} = \frac{n_n^B}{p_p^E}\right)$$

$$= \left[1 + \frac{18.13 \times 1.08 \times 10^{-2} \times 10^{15}}{11.66 \times 1.35 \times 10^{-3} \times 10^{17}} \tanh 9.26 \times 10^{-3}\right]^{-1} = \mathbf{0.99885}$$

$$B = \operatorname{sech}\frac{W_b}{L_p} = \operatorname{sech} 9.26 \times 10^{-3} = \mathbf{0.99996}$$

$$\alpha = B\gamma = (0.99885)(0.99996) = \mathbf{0.9988}$$

$$\beta = \frac{\alpha}{1-\alpha} = \frac{0.9988}{0.0012} = \mathbf{832}$$

7.5.2 전하제어 해석

전하제어 접근방식은 특히 교류 응용에서 트랜지스터의 단자전류를 분석할 때 유용하다. 이 방법을 이용하면 주행시간 효과와 전하축적을 쉽게 고려해 줄 수 있다. 앞 절의 기법에 따르면 베이스에서의 임의의 과잉정공분포를 그림 7-9의 정규동작일 때의 분포와 반전된 동작일 때의 분포로 분리시킬 수 있다. 정규분포에서 축적된 전하는 Q_N, 반전된 분포에서의 전하는 Q_I라 하면 정규 및 반전활성양식에 대한 전류를 축적된 전하의 항으로 계산할 수 있다. 예를 들어, 정규양식에서 집속된 전류 I_{CN}은 전하 Q_N을 전하가 집속되는 데 필요한 평균 시간으로 나눈 것이다. 이 시간은 정규양식에 대한 주행시간 τ_{tN}이다. 반면 이미터전류는 컬렉터에 의한 전하집속률뿐만 아니라 베이스에서의 재결합률 Q_N/τ_{pN}도 지탱해야 한다. 여기서 반전양식에 대하여 정규양식에서의 주행시간과 재결합수명에는 첨자 N을 사용해서 트랜지스터 구조의 불균형에 의해 일어날 수 있는 비대칭성을 고려하도록 하였다. 이상의 정의를 사용하면 전류의 정규동작성분은 다음과 같다.

$$I_{CN} = \frac{Q_N}{\tau_{tN}}, \quad I_{EN} = \frac{Q_N}{\tau_{tN}} + \frac{Q_N}{\tau_{pN}} \tag{7-38a}$$

비슷하게, 반전된 동작성분은 다음과 같다.

$$I_{EI} = -\frac{Q_I}{\tau_{tI}}, \quad I_{CI} = -\frac{Q_I}{\tau_{tI}} - \frac{Q_I}{\tau_{pI}} \tag{7-38b}$$

여기서 축적된 전하와 주행 및 재결합시간들에 관한 첨자 I는 반전양식을 표시하는 것이다. 식 (7-32)에서와 같이 이들 식을 종합하면 일반적인 바이어스 상태에서의 단자전류는 다음과 같다.

$$I_E = Q_N\left(\frac{1}{\tau_{tN}} + \frac{1}{\tau_{pN}}\right) - \frac{Q_I}{\tau_{tI}} \tag{7-39a}$$

$$I_C = \frac{Q_N}{\tau_{tN}} - Q_I\left(\frac{1}{\tau_{tI}} + \frac{1}{\tau_{pI}}\right) \tag{7-39b}$$

이들 방정식이 이버스-몰 관계식과 일치된다는 것을 증명하기는 어렵지 않다[식 (7-34)]. 여기서

$$\begin{aligned} \alpha_N &= \frac{\tau_{pN}}{\tau_{tN} + \tau_{pN}}, & \alpha_I &= \frac{\tau_{pI}}{\tau_{tI} + \tau_{pI}} \\ I_{ES} &= q_N\left(\frac{1}{\tau_{tN}} + \frac{1}{\tau_{pN}}\right), & I_{CS} &= q_I\left(\frac{1}{\tau_{tI}} + \frac{1}{\tau_{pI}}\right) \\ Q_N &= q_N\frac{\Delta p_E}{p_n}, & Q_I &= q_I\frac{\Delta p_C}{p_n} \end{aligned} \tag{7-40}$$

정규활성양식에서의 베이스전류는 재결합을 유지하고, 베이스-컬렉터 전류증폭계수 β_N은 식 (7-7)로써 예측된 형태를 취한다. 즉,

$$I_{BN} = \frac{Q_N}{\tau_{pN}}, \quad \beta_N = \frac{I_{CN}}{I_{BN}} = \frac{\tau_{pN}}{\tau_{tN}} \tag{7-41}$$

β_N에 대한 이 식은 또 $\alpha_N/(1-\alpha_N)$으로부터도 얻어진다. 비슷하게, I_{BI}는 Q_I/τ_{pI}이며 총 베이스전류는 다음과 같다.

$$I_B = I_{BN} + I_{BI} = \frac{Q_N}{\tau_{pN}} + \frac{Q_I}{\tau_{pI}} \tag{7-42}$$

베이스전류에 대한 이 식은 식 (7-39)로부터 $I_E - I_C$에 의해서도 입증할 수 있다.

축적된 전하의 시간의존성의 영향은 5.5.1 절에서 소개한 방법으로 이들 식에 포함시킬 수 있다. 주입전류 I_{EN}과 I_{CI} 각각에 축적된 전하의 변화율을 더함으로써 적절한 의존성을 포함시킬 수 있다. 즉,

$$i_E = Q_N\left(\frac{1}{\tau_{tN}} + \frac{1}{\tau_{pN}}\right) - \frac{Q_I}{\tau_{tI}} + \frac{dQ_N}{dt} \tag{7-43a}$$

$$i_C = \frac{Q_N}{\tau_{tN}} - Q_I\left(\frac{1}{\tau_{tI}} + \frac{1}{\tau_{pI}}\right) - \frac{dQ_I}{dt} \tag{7-43b}$$

$$i_B = \frac{Q_N}{\tau_{pN}} + \frac{Q_I}{\tau_{pI}} + \frac{dQ_N}{dt} + \frac{dQ_I}{dt} \tag{7-43c}$$

고주파수에서의 트랜지스터 사용을 검토할 7.8 절에서 이들 방정식을 다시 사용할 것이다.

7.6 스위칭

스위칭동작(switching operation)에서는 일반적으로 트랜지스터는 개략적으로 "온(on)" 상태와 "오프(off)" 상태라 할 수 있는 두 개의 전도상태로 제어된다. 이상적으로 스위치(switch)는 닫혀 있을 때는 단락회로로, 열려 있을 때는 개방회로로 나타날 것이다. 더욱이 이 소자는 이들 상태 사이의 한 상태에서 다른 상태로 스위치되는 데 시간이 걸리지 않는 것이 바람직하다. 트랜지스터는 이 이상적인 특성에 꼭 합치되지는 않으나, 실제 전자회로에서 이들은 근사적인 것으로 유용하게 사용될 수 있다. 스위칭동작에서 트랜지스터의 두 상태는 그림 7-12의 단순한 이미터공통형에서 볼 수 있다. 이 그림에서 컬렉터전류 i_C는 특성 곡선군의 대부분의 범위에서 베이스전류 i_B에 의해 제어된다. 부하선은 그림 6-2의 경우와 유사하게 이 회로에 대해 허용되는 $(i_C, -v_{CE})$ 점의 궤적을 규정지어 주는 것이다. 동작점이 부하선의 두 개 끝점 사이의 어느 곳엔가에 있도록 i_B가 주어진다면(그림 7-12b), 이 트랜지스터는 정규활성양식으로 동작한다. 즉, 이미터접합은 순방향으로 바이어스되고 컬렉터는 역방향으로 바이어스되어 있으며, 베이스에서는 상당한 전류(i_B)가 유출되고 있다. 반면 베이스전류가 0 또는 음의 값이면 점 C는 부하선의 아래쪽 끝부분에 도달하게 되며, 컬렉터전류는 무시할 수 있다. 이것이 트랜지스터의 "오프" 상태이며 이

소자는 차단(*cutoff*)체제에서 동작하고 있다고 한다. 베이스전류가 양의 값이고 충분히 크면 이 소자는 S로 표시된 **포화**(*saturation*)체제로 구동된다. 이것은 트랜지스터의 "온" 상태이며, 극히 작은 전압강하 v_{CE}만 있으며 큰 값의 i_C가 흐른다. 다음에서 보는 바와 같이 포화체제의 시작은 컬렉터접합에 걸리는 역방향 바이어스의 상실에 해당한다. 대표적인 스위칭동작에서는 베이스전류가 양에서 음 사이를 변동하면 그것으로 말미암아 소자는 포화상태에서 차단상태로 또는 이와 반대방향으로 구동된다. 이 절에서는 차단 및 포화동작체제에서의 전도의 본질을 조사하고, 또한 트랜지스터가 이 두 상태 사이를 스위치하는 속도에 영향을 주는 요소를 검토할 것이다.

BJT 작동의 여러 가지 영역은 그림 7-12c에 설명되어 있다. 만약 이미터접합이 순방향 바이어스되었고 컬렉터는 역방향 바이어스되었다면, 이는 정규활성양식이다. 그 반대는

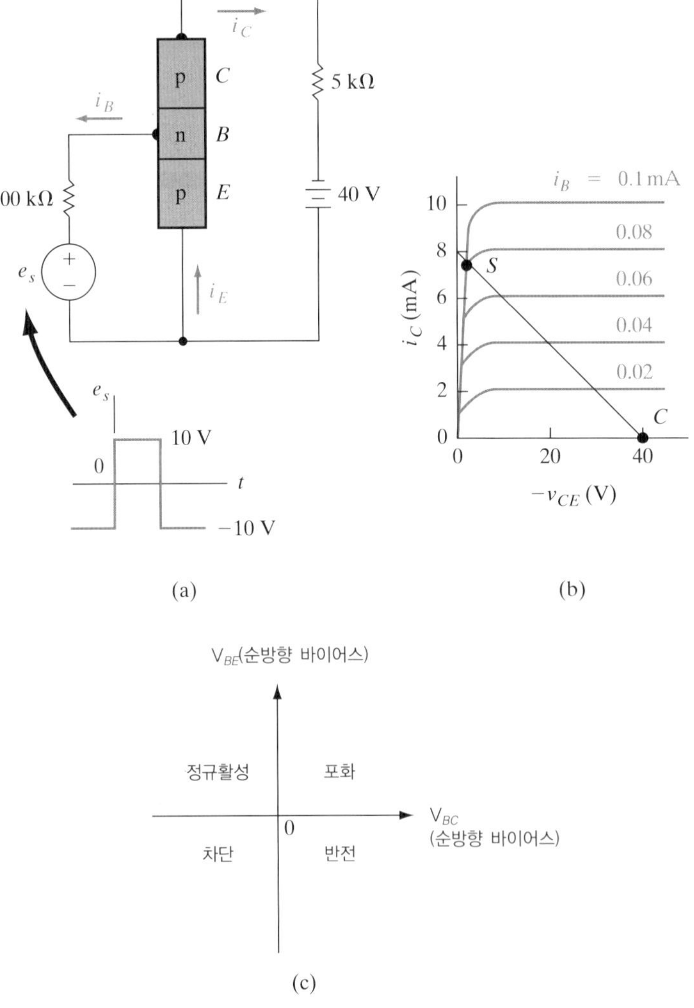

그림 7-12 이미터공통 배치로 된 트랜지스터에 대한 단순한 스위칭회로: (a) 바이어스 회로; (b) 차단과 포화상태를 표시한 이 회로에 대한 컬렉터 특성과 부하선; (c) BJT의 동작영역들

반전양식으로서, BJT의 매우 높은 임피던스 상태가 되는 차단을 얻게 된다. 만약 두 접합이 다 순방향 바이어스되었다면 포화와 낮은 임피던스 상태를 얻게 된다.

7.6.1 차단

이미터접합이 차단동작체제가 되도록 역방향으로 바이어스되면(i_B는 음), 역방향으로 바이어스된 이미터와 컬렉터접합단에서의 과잉정공농도는

$$\frac{\Delta p_E}{p_n} \simeq \frac{\Delta p_C}{p_n} \simeq -1 \tag{7-44}$$

로 근사시킬 수 있으며, 이것은 $p(x_n) = 0$임을 암시하고 있다. 선형으로 근사시키면 베이스에서의 과잉정공분포는 그림 7-13a에 보인 바와 같이 $-p_n$으로 일정하다. 실제로는 각 단에서의 과잉정공분포에는 약간의 경사가 있는데 이것이 접합에서의 역방향 포화전류를 설명해 준다. 그러나 그림 7-13a는 근사적으로 정당한 것이다. 베이스전류 i_B는 대칭적 트랜지스터에 대해서는 전하축적을 근거로 하여 $-qAp_nW_b/\tau p$로 근사시킬 수 있다. 이 계산에서 양의 분포가 재결합을 나타내듯이 음의 과잉정공농도는 생성(*generation*)을 나타내는 것이다. 이 식은 또 표 7-1의 근사를 이용하고 식 (7-44)를 식 (7-19)에 대입해도 얻어진다. 물리적으로는 각각 역방향으로 바이어스된 접합에서 작은 포화전류가 n형 쪽에서 p형 쪽으로 흐르며, 이 전류는 베이스전류 i_B에 의해 공급된다(이 베이스전류는 여기서 쓴 정의에 따르면 p-n-p형 소자의 베이스로 유입될 때 음이다). 이 전류들의 보다 일반적인 계산은 식 (7-44)를 식 (7-34)에 대입하여 이버스-몰 방정식으로부터 얻을 수 있다. 즉,

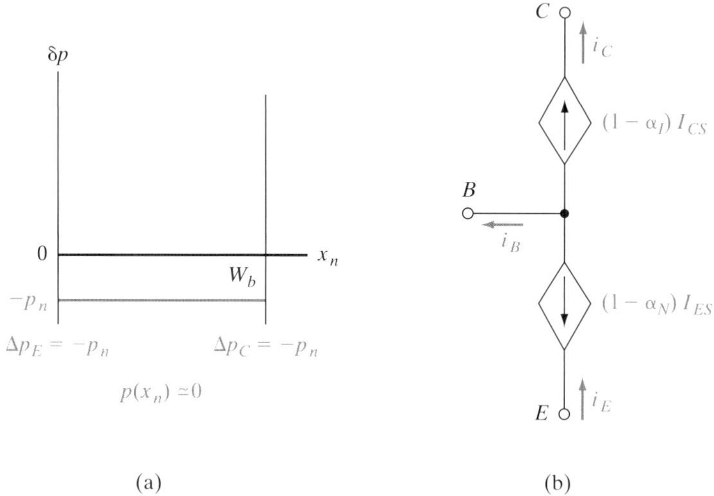

그림 7-13 p-n-p형 트랜지스터의 차단동작체제: (a) 이미터와 컬렉터접합이 역방향으로 바이어스된 베이스영역의 과잉정공분포; (b) 식 (7-45)에 대응하는 등가회로.

$$i_E = -I_{ES} + \alpha_I I_{CS} = -(1 - \alpha_N) I_{ES} \tag{7-45a}$$

$$i_C = -\alpha_N I_{ES} + I_{CS} = (1 - \alpha_I) I_{CS} \tag{7-45b}$$

$$i_B = i_E - i_C = -(1 - \alpha_N) I_{ES} - (1 - \alpha_I) I_{CS} \tag{7-45c}$$

단락회로 포화전류 I_{ES}와 I_{CS}는 작고 α_N와 α_I가 둘 다 1에 가까우면, 이들 전류는 무시할 수 있으며 차단동작체제는 이상적인 스위치의 "오프" 상태에 가깝게 근사시킬 수 있을 것이다. 식 (7-45)에 대응하는 등가회로를 그림 7-13b에 나타내었다.

7.6.2 포화

포화동작체제는 컬렉터접합을 가로지르는 역방향 바이어스가 0으로 감소될 때 시작되며, 컬렉터가 순방향으로 바이어스됨에 따라 계속된다. 이 경우의 과잉정공분포를 그림 7-14에 나타내었다. 이 소자는 $\Delta p_C = 0$일 때 포화되며, 컬렉터접합의 순방향 바이어스(그림 7-14b)는 양의 Δp_C를 이루게 하여 이 소자는 더욱더 포화상태로 구동하게 된다. 그림 7-12에서 전지와 5-kΩ의 저항으로써 고정된 부하선에 따라 베이스전류 i_B의 증가에 의해 포화에 도달하게 된다. 어떻게 하여 큰 값의 i_B가 포화에 이르게 되는가는 전하제어의 논법을 그림 7-14에 적용하면 알 수 있다. 주어진 i_B를 마련해 주려면 어떤 양의 축적된 전하가 필요하기 때문에(이와 반대되는 경우도 성립된다), i_B의 증가는 $\delta p(x_n)$ 분포를 나타내는 곡선 아래쪽 부분의 면적의 증가를 초래한다.

그림 7-14a는 이 소자가 바로 포화에 도달된 순간이며 컬렉터접합은 더 이상 역방향으로 바이어스되지 않는다. 그림 7-12의 회로에 대한 이와 같은 조건의 의미는 쉽게 이야기할 수 있다. 이미터접합은 순방향으로 바이어스되어 있고, 컬렉터접합은 0바이어스로 되어 있기 때문에 컬렉터에서 이미터에 이르는 이 소자에는 전압강하가 거의 나타나지 않는다. $-v_{CE}$의 크기는 수분의 1 V에 지나지 않는다. 따라서 전지전압은 거의 전부가 저항 사이에서 걸리며, 컬렉터전류는 근사적으로 40 V/5 kΩ = 8 mA가 된다. 이 소자가 보다

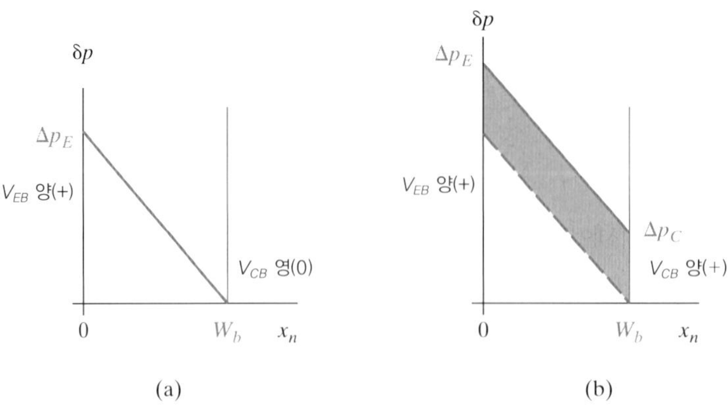

그림 7-14 포화된 트랜지스터 베이스에서의 과잉정공분포: (a) 포화의 시작; (b) 과포화.

깊은 포화상태로 구동되면(그림 7-14b) 컬렉터전류는 베이스전류가 증가하더라도 일정하게 머물러 있다. 이 포화상태에서 트랜지스터는 이상적 스위칭의 "온"상태로 근사시킬 수 있다.

"과포화(oversaturation)"(그림 7-14b의 회색부분)의 정도는 i_C 값에는 크게 영향을 주지 않으나, 이 소자를 한 상태에서 다른 상태로 스위치시키는 데 필요한 시간을 결정하는 데 있어서는 중요하다. 예를 들면, 앞의 경험으로부터 베이스의 축적전하가 큰 값을 갖게 되면 턴오프(turnoff)시간이 길어질 것이라는 것을 알 수 있다. 식 (7-43)으로부터 여러 가지 충전 및 지연시간을 계산할 수 있다. 상세한 계산은 다소 복잡하나 p-n 접합에서의 과도적 효과에 대해 5장에서 사용한 근사방법으로 이 문제를 단순화할 수 있다.

7.6.3 스위칭주기

스위칭주기(switching cycle)에 관여하는 여러 가지 기구를 그림 7-15에 나타내었다. 처

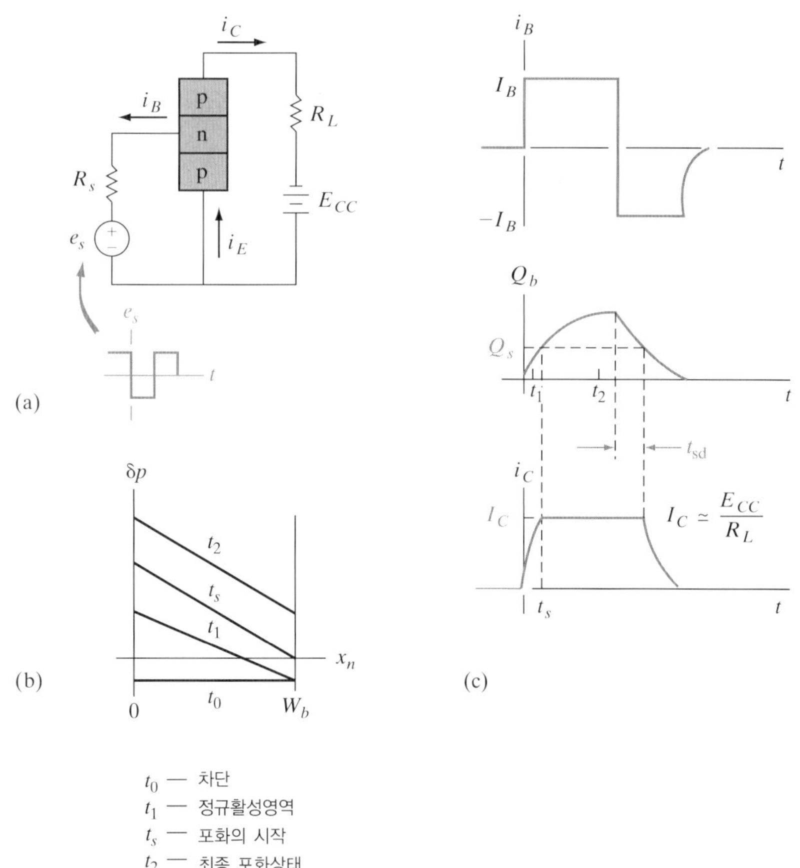

그림 7-15 이미터공통 트랜지스터 회로에서의 스위칭효과: (a) 회로도; (b) 차단상태에서 포화상태로 스위칭되는 동안 베이스에서의 근사적 정공분포; (c) 턴온과 턴오프 과도시기 중의 베이스전류, 축적전하 및 컬렉터전류.

음부터 이 소자가 차단상태에 있었다면 베이스전류가 I_B로 단계적으로 증가함에 따라 정공분포가 근사적으로 그림 7-15b에 보인 것과 같이 증가하게 된다. 5장의 과도현상 분석에서와 같이 계산의 편의를 위해 과도현상의 각 시간간극 사이에서 분포가 같은 모양을 유지하는 것으로 가정한다. 시간 t_s에서 이 소자가 포화상태로 접어들며, 시간 t_2에서 정공분포는 그의 최종상태에 도달한다. 베이스에 축적된 전하 Q_b가 증가함에 따라 컬렉터전류 i_C도 증가한다. 그러나 이 컬렉터전류는 포화상태의 시작점인 t_s에서의 값을 넘어서 증가하지는 않는다. 이 포화된 컬렉터전류는 $I_C \simeq E_{CC}/R_L$로 근사시킬 수 있다. 여기서 E_{CC}는 컬렉터회로의 전지전압이며, R_L은 부하저항이다(그림 7-12의 예에서 $I_C \simeq 8$ mA이다). Q_b가 t_s에서의 값 Q_s로 증가하는 동안 컬렉터전류는 본질적으로 지수함수적으로 증가하며, 이 상승시간이 트랜지스터를 스위칭 응용으로 사용하는 것에 대한 제한의 하나로 작용한다. 이와 유사하게 베이스전류가 음으로(예를 들면, $-I_B$ 값으로) 스위치되면 축적된 차단상태에 이르기 전에 베이스로부터 빠져나와야 된다. Q_b가 Q_s보다 큰 동안 컬렉터전류는 전지와 저항에 의해 고정되는 값 I_C에 머물게 된다. 따라서 베이스전류가 스위칭된 후 i_C가 0으로 떨어지기 시작하기 전까지의 축적지연시간 t_{sd}가 있게 된다. 이 축적된 전하가 Q_s 이하로 감소된 후에 i_C는 지수함수적으로 특정한 하강시간을 가지고 줄어든다. 일단 축적된 전하가 빠져나가면 베이스전류는 더 이상 그의 큰 음의 값을 유지할 수 없고 식 (7-45c)로 표시되는 작은 차단값으로 감소되어야 한다.

7.6.4 스위치 트랜지스터의 규격

식 (5-47)과 유사한 표현을 갖는 시간의존적 베이스전류 $i_B(t)$의 방정식을 풀어서 t_s와 t_{sd}를 구할 수 있다. 차단에서 포화상태로 넘어가는 데 필요한, 이미터접합 정전용량의 충전에 필요한 시간을 무시하면 안 된다. 이미터접합은 차단상태에서는 역방향으로 바이어스되어 있기 때문에 컬렉터전류가 흐를 수 있게 되기까지 이미터의 공간전하층이 순방향 바이어스 상태로 충전되어야 한다. 따라서 이 효과를 설명하기 위해 그림 7-16에서와 같이

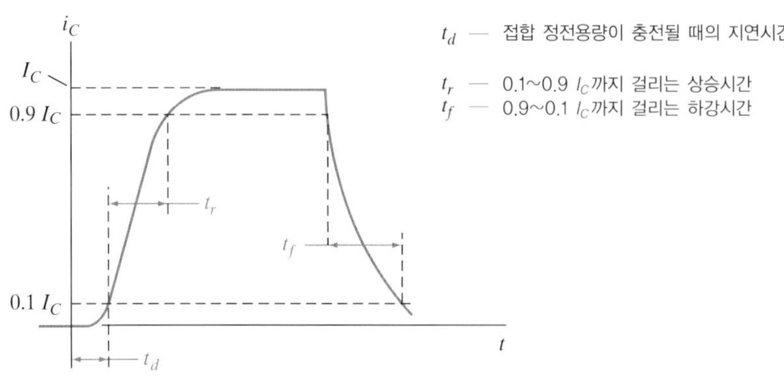

그림 7-16 접합 정전용량 충전에 필요한 지연시간을 포함한 스위칭 과도현상에서의 컬렉터전류: 상승시간과 하강시간의 정의.

지연시간(*delay time*) t_d를 포함시켜야 한다. t_d의 전형적인 값은 컬렉터전류가 최종값의 10% 에서 90% 까지 상승하는 데 필요한 시간으로서 정의되는 상승시간(*rise time*) t_r과 함께 대부분의 스위칭 트랜지스터(switching transistor)의 규격에 대한 정보로 주어진다. 제3의 규격은 i_C가 턴오프 동작과정의 90% 에서 10% 로 하강하는 데 필요한 하강시간(*fall time*) t_f이다.

7.7 2차적 효과

트랜지스터의 성질을 분석하는 데 취한 접근방법은 여러 가지 단순화하는 가정을 포함하고 있다. 이 가정의 일부는 실제 소자를 취급할 때는 수정해 주어야 한다. 이 절에서는 이 기본적인 이론에서 공통적으로 이탈되는 것 몇 가지를 조사하고 각 효과가 중요하게 되는 경우를 제시할 것이다. 여기서 논의한 여러 가지 효과들은 더욱 직접적인 이론의 수정을 의미하고 있기 때문에 이들을 "2차적 효과(secondary effect)" 라고 이름을 붙이는 경우가 많았다. 이것은 그들이 중요하지 않다는 것을 의미하는 것은 아니며, 사실 이 절에서 기술한 효과들은 소자의 기하학적 구조와 회로 응용의 어떤 상태에서는 트랜지스터의 전도작용을 주도할 수도 있다.

이 절에서는 트랜지스터 베이스영역에서의 불균일한 도핑의 효과를 검토할 것이다. 특히 경사형(graded) 도핑은 이미터에서 베이스로의 캐리어 확산에 덧붙여서 베이스를 가로지르는 전하전송의 표동성분을 초래하게 된다는 것을 알 수 있을 것이다. 컬렉터접합에 대한 큰 역방향 바이어스가 인가되는 경우를 접합에서의 공간전하영역의 확대와 애벌랜치 증식작용의 견지에서 검토할 것이다. 높은 전류준위에서는 트랜지스터의 파라미터가 캐리어의 주입 정도와 가열효과로 인해 영향을 받는다는 것을 알게 될 것이다. 이미터와 컬렉터접합면의 비대칭성, 베이스 접촉과 베이스영역의 활성부분 사이의 직렬저항 및 이미터접합에서의 주입의 불균일성과 같은 실제 소자에서 중요한 몇 가지 구조적인 효과를 검토할 것이다. 이들 효과는 모두 트랜지스터의 동작을 이해하는 데 중요한 것이며, 이들의 상호작용에 대한 적절한 고려는 실제적인 트랜지스터 회로의 유용성에 크게 기여할 수 있을 것이다.

7.7.1 베이스영역에서의 표동

베이스영역의 도핑이 균일하다는 가정은 보통 상당한 크기의 불순물 분포의 경사를 수반하는 트랜지스터에서는 성립하지 않는다. 예를 들어, 그림 7-5의 주입형 트랜지스터는 그림 7-17에 그린 것과 비슷한 도핑 분포를 갖는다. 이 예에서는 베이스영역의 도너농도가 컬렉터의 일정한 p형 배경 도핑보다 작게 되면 도핑 분포에 상당히 급준한 불연속성이 있

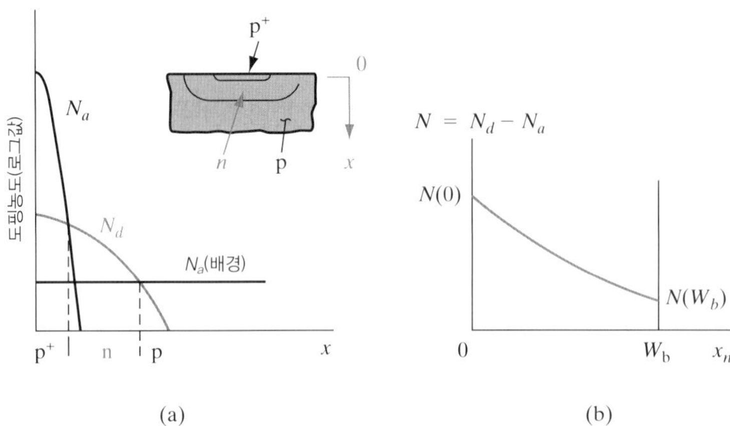

그림 7-17 p-n-p형 트랜지스터 베이스영역에서의 경사형 도핑 첨가: (a) 반대수 눈금으로 그린 대표적 도핑 분포; (b) 선형 눈금으로 그린 베이스영역에서의 실질적 도너농도의 근사적인 지수함수적 분포.

게 된다. 이와 유사하게, 이미터가 고농도로 도핑된(p^+) 얇은 영역으로 되어 있어 베이스에 대한 제2의 매우 급준한 경계를 이루게 된다고 가정할 수 있다. 그러나 베이스영역 그 자체 내에서는 실질적인 도핑농도($N_d - N_a \equiv N$)가 이미터단으로부터 컬렉터단까지 감소하는 분포에 따라 변화한다. 베이스에서 가장 바람직한 도핑 분포는 가우스(Gauss)분포(5.1.4절 참조)의 한 부분일 것이다. 그러나 베이스영역 내에서는 $N(x_n)$이 지수함수적으로 변한다고 가정하는 것은 흔히 좋은 근사방법이 된다(그림 7-17b).

경사형 베이스영역의 중요한 결과 중 하나는 이미터와 컬렉터(p-n-p형의 경우) 사이에 내부전계가 존재하여 베이스를 횡단하는 정공전송에 표동성분을 부가해 준다는 것이다. 이 효과는 평형상태인 베이스에서 필요한 표동과 확산의 균형을 생각하면 간단히 설명할 수 있다. 베이스의 실질적인 도너가 보통의 근사식 $n(x_n) \simeq N(x_n)$을 사용할 수 있을 정도로 충분히 크면 평형상태에서 전자의 표동과 확산전류의 균형은

$$I_n(x_n) = qA\mu_n N(x_n)\mathscr{E}(x_n) + qAD_n \frac{dN(x_n)}{dx_n} = 0 \tag{7-46}$$

의 관계가 필요하다. 따라서 내부전계는 다음과 같다.

$$\mathscr{E}(x_n) = -\frac{D_n}{\mu_n}\frac{1}{N(x_n)}\frac{dN(x_n)}{dx_n} = -\frac{kT}{q}\frac{1}{N(x_n)}\frac{dN(x_n)}{dx_n} \tag{7-47}$$

x_n의 양의 방향으로 감소하는 도핑 분포 $N(x_n)$에 대하여 이 전계는 양의 값이며 이미터에서 컬렉터로 향한다.

지수함수적 도핑 분포를 갖는 예에서 이 전계 $\mathscr{E}(x_n)$은 결과적으로 베이스의 위치에 따라 일정하게 된다. 즉, 지수함수적 분포는 다음과 같다.

$$N(x_n) = N(0)e^{-ax_n/W_b} \quad \text{여기서 } a \equiv \ln \frac{N(0)}{N(W_b)} \tag{7-48}$$

이 분포는 도핑수를 구하며, 식 (7-47)에 대입하면 다음과 같은 일정한 전계를 얻을 수 있다.

$$\mathscr{E}(x_n) = \frac{kT}{q}\frac{a}{W_b} \tag{7-49}$$

이 전계는 이미터에서 컬렉터로 베이스를 가로지르는 정공의 전송을 돕기 때문에 주행시간 τ_t는 비교적 균일한 베이스의 트랜지스터 값 이하로 감소된다. 같은 방식으로 n-p-n형에서의 전자전송도 베이스에서의 내부전계로 인해 도움을 받게 된다. 이와 같은 주행시간의 단축은 고주파용 소자에서는 매우 중요할 수 있다(7.8.2 절). 내부전계를 얻기 위한 또 다른 방법은 $Si_{1-x}Ge_x$ 또는 $In_xGa_{1-x}As$와 같은 합금으로 된 베이스에서 합금조성 x를 변화시키는 것이다. 자세한 사항은 7.9 절에서 논의할 것이다.

7.7.2 베이스단축

지금까지 트랜지스터에 대한 논의에서 유효베이스폭 W_b는 본질적으로 컬렉터와 이미터 접합에 인가된 바이어스 전압에서는 무관하다고 가정하였다. 이 가정은 항상 타당한 것은 아니다. 예를 들어, 그림 7-18의 p^+-n-p^+형 트랜지스터는 컬렉터에 인가된 역방향 바이어스에 의해 영향을 받는다. 베이스영역이 저농도로 도핑되어 있다면 역방향으로 바이어스된 컬렉터접합의 공핍영역은 현저하게 n형의 베이스영역으로 확대될 수 있다. 컬렉터전

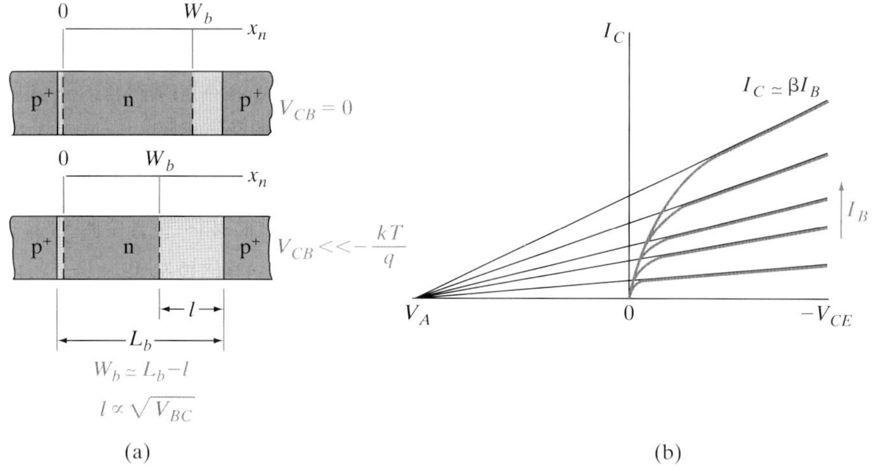

그림 7-18 p^+-n-p^+ 트랜지스터 특성에 미치는 베이스단축의 효과: (a) 컬렉터접합의 역방향 바이어스 증가에 따른 유효베이스폭의 감소; (a) 컬렉터전압의 증가에 따라 I_C가 증가함을 보이는 이미터 공통의 특성; (b)의 검정색선은 곡선의 외삽점이 얼리전압 V_A임을 보여주고 있다.

압이 증가됨에 따라 이 공간전하층은 베이스의 금속학적 폭 L_b를 더욱 점유하며 그 결과로 유효베이스폭 W_b는 감소한다. 이 효과는 **베이스단축**(*base narrowing*), **베이스폭 변조**(*base-width modulation*) 또는 처음 이것을 해석한 얼리(J. M. Early)에 따라 **얼리효과**(*Early effect*) 등 여러 가지로 부른다. 베이스단축의 효과는 이미터공통 배열에 대한 컬렉터 특성에서 분명하게 나타난다(그림 7-18b). W_b의 감소는 β를 증가시킨다. 그 결과 컬렉터전류 I_C는 앞의 단순한 취급에서 예측한 바와 같이 일정하게 유지되는 것이 아니라, 컬렉터전압의 증가에 따라 I_C도 증가한다. 얼리효과에 의해 도입되는 기울기는 I_C와 거의 선형을 이루며, 이미터공통 배열에서 전압축과의 교점은 얼리전압이라 하는 V_A에서 외삽(extrapolate)한다.

그림 7-18의 p^+-n-p^+형 소자에 대하여 컬렉터접합의 n형 물질에서의 공핍영역 길이 l은 V_0를 $V_0 - V_{CB}$로 대치하고 V_{CB}가 큰 음의 값을 갖는다고 하여 식 (5-23b)로부터

$$l = \left(\frac{2\epsilon V_{BC}}{qN_d}\right)^{1/2} \tag{7-50}$$

으로 근사시킬 수 있다.

컬렉터접합의 역방향 바이어스가 충분히 증가되면 W_b는 컬렉터 공핍영역이 본질적으로 전체 베이스를 차지할 정도까지 감소될 수 있다. 이와 같은 펀치스루(punch-through) 조건에서 정공은 이미터로부터 컬렉터로 직접 쓸려가며, 트랜지스터 작용은 상실된다. 펀치스루는 일반적으로 회로 설계에서 피하는 항복(breakdown)효과의 하나이다. 그러나 대부분의 경우 펀치스루에 도달하기 전에 컬렉터접합의 애벌랜치 항복이 일어난다. 다음 절에서 이 애벌랜치 증식작용의 효과를 검토할 것이다.

경사형으로 도핑된 베이스를 갖는 소자에서 베이스단축효과는 덜 중요하다. 예를 들어, p-n-p형 트랜지스터의 베이스영역에서 도너의 농도가 컬렉터에서 이미터로 가면서 위치에 따라 증가하면 컬렉터 공간전하영역의 베이스로의 침입은 이 공간전하를 마련해 주기 위해 더욱 많은 도너를 이용할 수 있으므로 바이어스 증가와 더불어 덜 중요해진다.

7.7.3 애벌랜치 항복

대부분의 트랜지스터에서 펀치스루가 생기기 전에 컬렉터접합에서의 애벌랜치 증식작용이 중요하게 된다(5.4.2절 참조). 그림 7-19와 같이 컬렉터전류는 베이스공통형 배치에 대해서는 명확한 항복전압 BV_{CBO}에서 급격하게 증가한다. 그러나 이미터공통형의 경우에는 컬렉터전압의 상당히 넓은 영역에서 캐리어 증식작용에 큰 영향을 준다. 더욱이 이미터공통형 배치에서의 항복전압 BV_{CEO}는 BV_{CBO}보다 현저하게 작다. 이들 효과는 베이스공통형인 경우의 $I_E = 0$인 상태에 대한 항복과, 이미터공통형인 경우의 $I_B = 0$에 대한 항복을 고찰하면 이해할 수 있다. 이들 상태는 BV_{CEO}와 BV_{CBO}의 첨자 O로 암시하고 있다. 각각의 경우 단자전류 I_C는 컬렉터 공핍영역에 들어가는 전류를 계수 M만큼 곱한

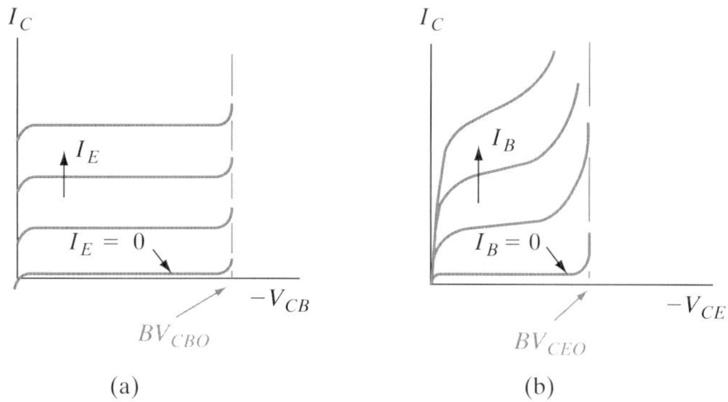

그림 7-19 트랜지스터에서의 애벌랜치 항복: (a) 베이스공통형 배치; (b) 이미터공통형 배치.

것이다. 충돌이온화에 의한 증식작용을 포함시키면, 식 (7-37b)는

$$I_C = (\alpha_N I_E + I_{CO})M = (\alpha_N I_E + I_{CO})\frac{1}{1 - (V_{BC}/BV_{CBO})^n} \tag{7-51}$$

이 되며, 여기서 M에 대해서는 식 (5-44)에서 주어진 경험식을 사용했다.

$I_E = 0$인 극단적인 베이스공통형의 경우(그림 7-19a의 제일 아래 곡선) I_C는 단순히 MI_{CO}이며 항복전압은 격리된 접합에서와 같이 명확하게 정의된다. BV_{CBO} 항은 베이스공통형에서 이미터를 개방한 컬렉터접합의 항복전압을 의미한다. 이미터공통형의 경우 이 상황은 다소 복잡해진다. $I_B = 0$으로 놓으면, 식 (7-51)에서 $I_C = I_E$가 되고

$$I_C = \frac{MI_{CO}}{1 - M\alpha_N} \tag{7-52}$$

이 경우 $M\alpha_N$이 1에 접근하면 컬렉터전류는 무한정으로 증가한다. 이와는 대조적으로 베이스공통형의 경우에는 BV_{CBO}로 되기 전에 M은 무한대로 접근해야 한다. 대부분의 트랜지스터에서 α_N은 1에 가까우므로 항복에 접근하려면 식 (7-52)에서 M은 1보다 약간만 크면 된다. 따라서 애벌랜치 증식작용은 따로 떨어져 있는 컬렉터접합의 항복전압보다 상당히 낮은 값에서 이미터공통형 트랜지스터의 전류를 주도하게 된다. 그러므로 이미터공통형의 경우 애벌랜치에 대한 유지전압 BV_{CEO}는 BV_{CBO}보다 작다.

이미터공통형의 경우 증식작용이 이와 같이 중요한 이유는 베이스전류에 대한 M의 영향을 생각하면 물리적으로 이해할 수 있다. 컬렉터접합의 공핍영역에서 이온화충돌이 생길 때는 2차 전자와 정공이 생성된다. 1차 및 2차 정공들은 p-n-p에서는 컬렉터 쪽으로 쓸려간다. 그러나 전자는 접합전계로 인하여 베이스로 쓸려간다. 따라서 베이스로의 전자의 공급은 증가되며 전하제어 해석에 따라 공간전하중성을 유지하기 위해서는 이미터로부터의 정공주입이 증가되어야 한다는 결론이 나온다. 이것은 재생적인 과정이며 이미터

로부터의 증가된 정공의 주입은 컬렉터접합의 증식작용에 의한 전류를 증가시키게 한다. 한편 이것은 2차 전자가 베이스로 쓸려가는 비율을 증가시켜 더욱 많은 정공의 주입을 초래한다. 이 재생적 효과 때문에 증식과정이 시작되려면 증식계수 M이 1보다 약간만 크면 되는 이유를 쉽게 이해할 수 있다.

7.7.4 주입준위; 열적 효과

트랜지스터 특성의 검토에 있어 α와 β는 캐리어의 주입준위(injection level)에는 무관하다고 가정하였다. 실제 트랜지스터의 파라미터들은 I_E나 I_C의 크기로써 결정되는 주입준위에 따라 상당히 변할 수 있다. 매우 낮은 저주입준위의 경우, 접합의 공핍영역에서의 재결합이 무시할 수 있을 정도라는 가정은 타당치 못하다(5.6.2절 참조). 이것은 이미터접합에서의 재결합의 경우 특히 중요하며 여기서의 어떠한 재결합도 이미터 주입효율 γ를 낮추기 쉽다. 따라서 I_C가 작은 값을 가질 때는 α와 β는 감소될 것이며, 컬렉터 특성 곡선은 큰 전류가 흐를 때보다 전류가 낮은 경우 곡선 사이의 간격이 가깝게 된다.

이 저주입준위의 범위를 넘어서 I_C가 증가함에 따라 α와 β는 증가하지만 매우 큰 주입준위에서는 또다시 낮아진다. 이와 같은 저하의 첫째 요인은 고주입준위에서의 다수캐리어 증가이다(5.6.1절 참조). 예를 들어, 베이스로 주입된 과잉정공의 농도가 커짐에 따라 이에 대응하는 과잉전자농도도 그의 배경이 되는 물질의 전자농도 n_n보다 커질 수 있다. 이와 같은 전도도의 변조효과는 더 많은 전자가 이미터접합을 넘어서 이미터영역으로 주입됨에 따라 γ의 감소를 초래하게 된다.

I_C의 값이 큰 경우 트랜지스터에서 전력소비가 현저해지고, 따라서 소자의 가열이 수반될 수 있다. 특히 I_C와 컬렉터전압 V_{BC}의 곱은 컬렉터접합에서 소비되는 전력의 척도이다. 이 소비는 컬렉터접합의 공핍영역을 통해 쓸려가는 캐리어의 운동에너지가 증대되며 산란충돌로 그 에너지를 결정격자에 준다는 사실에 기인하는 것이다. 트랜지스터는 $I_C V_{BC}$가 그 소자의 최대 전력정격을 넘지 않는 범위에서 동작해야 한다는 것은 매우 중요하다. 고전력용으로 설계된 소자에서 트랜지스터는 효율적인 방열체(heat sink) 위에 설치되어 있어 열에너지가 접합으로부터 쉽게 전달될 수 있게 되어 있다.

소자의 온도가 전력소비나 열적 환경에 의해 상승되도록 허용한다면 트랜지스터의 파라미터가 변한다. 온도에 의존하는 가장 중요한 파라미터는 캐리어의 수명과 확산계수이다. Si나 Ge 소자에서 수명 τ_p는 재결합중심으로부터의 열적 재여기(再勵起)에 의하여 대부분의 경우 온도와 더불어 증가한다. 이 τ_p의 증가는 트랜지스터의 β를 증대시키는 경향이 있다. 한편 이동도는 격자산란범위(lattice-scattering range) 내에서 온도 상승과 더불어 감소되며, 근사적으로 $T^{-3/2}$에 따라 변한다(그림 3-22 참조). 따라서 아인슈타인(Einstein) 관계식으로부터 D_p는 온도 증가에 따라 감소할 것이 예상되며 이로 말미암아 주행시간 τ_t가 증대되어 β의 저하가 일어나게 된다. 서로 경합되는 두 과정 중에서 보통 온도의 증대에 따른 수명의 증가가 우세하게 작용하여 소자가 가열됨에 따라 β는 커지게 된다. 회로가 가열되는 것을 막도록 설계되어 있지 않으면 이 효과로부터 **열적 탈주**(*thermal run-away*)가 생길 수 있다는 것은 분명하다. 예를 들어 이 소자에서의 큰 전력소비는 T의 증가를 일으킬 수 있으며, 이것은 β를 보다 크게 하고, 따라서 베이스전류가 주어졌을 때보다 큰 I_C를 초래한다. 이 증가된 I_C는 더욱 큰 컬렉터 전력소비를 가져오며 이러한 과정이 계속해서 되풀이된다. 컬렉터전류의 이러한 탈주는 소자의 가열과 파괴를 가져올 수도 있다.

7.7.5 베이스저항과 이미터밀집

여러 가지 구조적 효과는 트랜지스터의 동작을 결정하는 데 있어 중요하다. 예를 들면, 그림 7-20a의 이온주입형 트랜지스터에서는 이미터와 컬렉터의 면적이 상당히 다르다. 이것과 대부분의 다른 구조적 효과는 이버스-몰 모델에서의 α_N과 α_I 및 기타 파라미터에서의 차이로 설명할 수 있다. 그러나 실제 트랜지스터의 구조적인 배열에 의해 야기되는 몇 가지 효과는 특별히 주목할 만하다. 이들 효과 중 가장 중요한 것의 하나는 베이스전류가 베이스영역의 활성부분으로부터 베이스 접촉부 B까지 통과해야 한다는 사실이다. 따라서

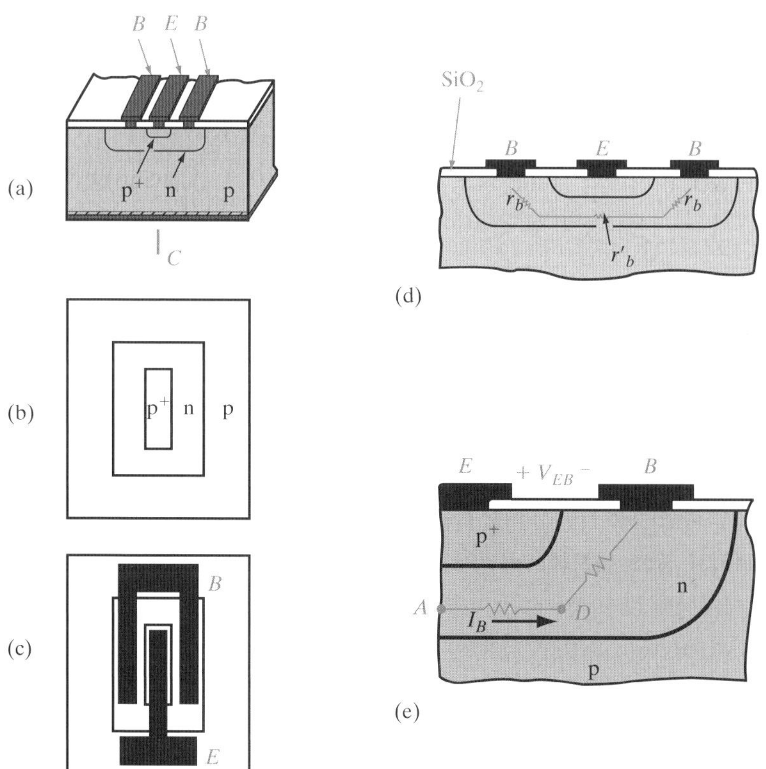

그림 7-20 베이스저항효과: (a) 이온주입형 트랜지스터의 단면; (b)와 (c) 이미터와 베이스영역 및 금속화된 접촉부의 평면도; (d) 베이스저항의 설명도; (e) 베이스영역의 활성부분에서의 분포적 저항의 확대도.

정확하게 하려면 B 부분과 베이스영역의 활성부분과의 사이에서 생길 수도 있는 전압강하를 설명하기 위해 트랜지스터의 등가모델에 저항 r_b를 포함시켜야 할 것이다. r_b 때문에 그림 7-20c에서와 같이 이미터의 양쪽에 금속화된 패턴의 베이스를 접촉시키는 것이 보통이다.

트랜지스터가 베이스에서 이 접촉부로 통하는 n형 영역의 단면적이 크게 되도록 설계되어 있다면 베이스저항 r_b는 무시할 수 있을 정도일 것이다. 반면 얇은 베이스영역을 따라 분포된 저항 r_b'는 거의 어느 경우나 중요하다.[5] 이미터와 컬렉터 사이의 베이스폭은 매우 좁으므로 이 분포된 저항은 보통 매우 크다. 따라서 베이스전류가 베이스영역 내의 점들로부터 각각의 끝쪽으로 흐르면 r_b'에 따라 전압강하가 생긴다. 이 경우 이미터-베이스 접합 간의 순방향 바이어스는 균등하지 않으며 이 분포된 베이스저항의 전압강하에 따라 위치와 더불어 변한다. 특히 이미터접합의 순방향 바이어스는 베이스 접촉 부근 이미터영역의 구석에서 가장 크다. 이것이 사실이라는 것은 단순화된 그림 7-20e의 예를 고찰하면 알 수 있다. 점 A에서 접촉부 B에 이르는 경로에 따른 베이스전류의 변동을 무시하면, 점 A 위쪽의 이미터접합의 순방향 바이어스는 근사적으로 다음과 같다.

$$V_{EA} = V_{EB} - I_B(R_{AD} + R_{DB}) \tag{7-53}$$

실제로, 베이스전류는 베이스영역의 활성부분에 따라 균일하지는 않으며 베이스의 분포된 저항은 여기서 설명한 것보다는 훨씬 복잡하다. 그러나 이 예는 주입이 불균일한 점을 보이고 있다. 즉, A에서의 순방향 바이어스는 근사적으로 식 (7-53)으로 쓸 수 있으나 점 D에서의 이미터 바이어스 전압은

$$V_{ED} = V_{EB} - I_B R_{DB} \tag{7-54}$$

이며, 인가전압 V_{EB}에 매우 가깝게 될 수 있다.

순방향 바이어스는 이미터단에서 가장 크기 때문에 정공의 주입 또한 그곳에서 가장 크다. 이 효과를 **이미터밀집**(*emitter crowding*)이라 하며, 이것이 소자의 동작에 큰 영향을 줄 수 있다. 이미터밀집의 가장 중요한 결과는 전체적인 이미터전류가 매우 커지기 전에 앞 절에서 기술한 고주입준위의 효과가 이미터의 구석에서 국부적으로 우세하게 나타날 수 있다는 것이다. 상당한 크기의 전류를 취급하도록 설계된 트랜지스터에서는 이것이 적절한 구조적 설계를 함으로써 취급해야 하는 문제이다. 이미터밀집 문제에 대한 가장 효과적인 접근방법은 이 이미터전류를 비교적 큰 이미터단에 따라 분포시키고 이로써 임의의 한 점에서의 전류밀도를 감소시키는 것이다. 여기서 분명히 필요한 것은 이미터영역이 면적에 비해 큰 둘레를 갖게 하는 것이다. 이를 달성하기 위한 유망한 기하학적 모양은 양쪽에 베이스 접촉부를 가진 이미터를 길고 얇은 띠(stripe)모양으로 만드는 것이다(그림

---

5) 이 분포된 저항 r_b를 **베이스분산저항**(*base spreading resistance*)이라 한다.

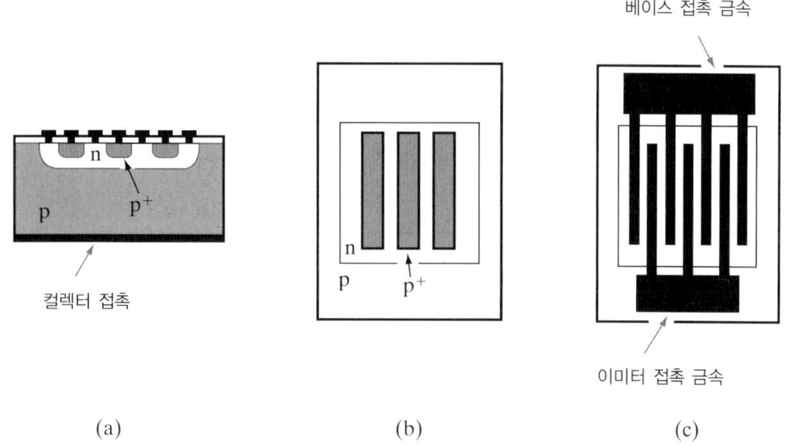

그림 7-21 전력용 트랜지스터에서의 이미터밀집효과를 보상하기 위한 깍지낀 모양의 구조: (a) 단면; (b) 확산영역; (c) 금속화된 접촉부의 평면도. 금속 상호접속은 산화물층에 있는 개구부 부분에서 적당한 베이스 및 이미터영역과 접촉하는 곳을 제외하고는 산화물층에 의해 소자로부터 격리되어 있다.

7-20b와 c). 이 기하학적 모양을 했을 때 총 이미터전류 I_E는 이 띠의 양쪽으로 다소 긴 끝부분에 따라서 퍼져나간다. 더 좋은 기하학적 모양은, 금속화로써 전기적으로는 연결되고 베이스 접촉부분은 산재시켜 놓음으로써 격리시킨 여러 개로 된 이미터띠이다(그림 7-21). 이와 같이 얇고 많은 "손가락" 모양의 이미터 및 베이스 접촉을 상호 엇갈리게 연결하여 전력용 트랜지스터에서는 큰 전류를 취급할 수 있도록 해 줄 수 있다. 이것을 매우 서술적으로 표현할 때 보통 깍지낀(*interdigitated*) 기하학적 모양이라 한다.

7.7.6 검멜-푼 모델

이버스-몰 모델은 매우 작은 BJT들을 위해 높은 정확도가 요구되거나 2차적 효과가 중요한 곳에서는 문제에 부딪친다. 전하제어 모델인 검멜-푼(Gummel-Poon) 모델은 더욱 많은 물리학이 접목되어 있다. 여기서 이 모델을 간략히 살펴보자.

7.7.1 절에서 검토했듯이, 베이스 내의 전형적인 경사형 도핑 분포의 경우에 캐리어들이 이미터에서 컬렉터로 확산되고 있는 방향과 같은 방향으로 소수캐리어들의 표동을 야기시키는 내부생성 전계가 있는데, 이것이 검멜-푼 모델 유도의 시작점을 형성한다. 7.7.1 절에서 언급했듯이, 이 전계는 베이스에서의 소수캐리어들의 움직임을 돕는다. 따라서 전류는 다음과 같이 기술된다.

$$I_{Ep} = qA\mu_p p(x_n)\mathscr{E} - qAD_p \frac{dp(x_n)}{dx_n} \tag{7-55}$$

식 (7-55)에서 $n(x_n) = N_d(x_n)$이라는 가정하에서 베이스에서의 전계를 식 (7-47)의 표현으로 대치시킬 수 있다.

$$I_{Ep} = qA\mu_p p\left(\frac{-kT}{q}\frac{1}{n}\frac{dn}{dx_n}\right) - qAD_p\frac{dp}{dx_n}$$
$$= -\frac{qAD_p}{n}\left(p\frac{dn}{dx_n} + n\frac{dp}{dx_n}\right) \tag{7-56}$$

여기서 아인슈타인 관계식이 사용되었다. 괄호 안의 표현은 pn 곱의 유도로서 인식할 수 있으므로,

$$I_{Ep} = \frac{-qAD_p}{n}\frac{d(pn)}{dx_n} \tag{7-57a}$$

$$\frac{-I_{Ep}n}{qAD_p} = \frac{d(pn)}{dx_n} \tag{7-57b}$$

이미터에서 컬렉터까지 흐르는 전류 I_{Ep}가 좁은 베이스에서 대략 상수라는 것(그 전류가 적분 밖으로 꺼내어질 수 있도록)을 상기하고, 식 (7-57b)의 양변을 이미터-베이스 접합(0)으로부터 베이스-컬렉터 접합(W_b)까지 적분한다.

$$-I_{Ep}\int_0^{W_b}\frac{ndx_n}{qAD_p} = \int_0^{W_b}\frac{d(pn)}{dx_n}dx_n = p(W_b)n(W_b) - p(0)n(0) \tag{7-58}$$

이제 5.2.2 절과 5.3.2 절에서 묘사된 것처럼, pn 곱은 평형상태값

$$pn = n_i^2 \tag{7-59a}$$

로부터 비평형 표현식

$$pn = n_i^2 e^{\frac{F_n - F_p}{kT}} = n_i^2 e^{\frac{qV}{kT}} \tag{7-59b}$$

으로 변화된다. 여기서 페르미준위들의 분리는 접합에 걸리는 인가 바이어스에 의해 결정된다. 이것을 식 (7-58)에 적용하면,

$$p(W_b)n(W_b) = n_i^2 e^{\frac{qV_{CB}}{kT}} \tag{7-60a}$$

$$p(0)n(0) = n_i^2 e^{\frac{qV_{EB}}{kT}} \tag{7-60b}$$

$$I_{Ep} = \frac{-qAD_p n_i^2\left(e^{\frac{qV_{CB}}{kT}} - e^{\frac{qV_{EB}}{kT}}\right)}{\int_0^{W_b} ndx_n} \tag{7-61}$$

를 얻을 수 있다. 베이스에서 일정한 정공확산도 D_p를 가정하면, 분모의 적분은 베이스에

서 적분된 소수캐리어 전하에 대응하는데 이것이 베이스 검멜 숫자(*base Gummel number*) Q_B로 알려져 있다. 컬렉터-베이스 접합에 역방향 전압이 걸리고 이미터-베이스 접합에 순방향 전압이 걸리는 정규활성양식에서, 컬렉터로 흐르는 이미터 정공전류(지배적인 전류)는 다음과 같다.

$$I_{Ep} = \frac{qAD_p n_i^2 e^{\frac{qV_{EB}}{kT}}}{Q_B} \tag{7-62a}$$

이와 유사하게 이미터로 돌아가는 베이스 전자전류를 다음과 같이 쓸 수 있다.

$$I_{En} = \frac{qAD_n n_i^2 e^{\frac{qV_{EB}}{kT}}}{Q_E} \tag{7-62b}$$

여기서 Q_E는 이미터 검멜 숫자(*emitter Gummel number*)로 알려져 있는 이미터에서 적분된 소수캐리어 전하이다. 검멜-푼 모델의 요점은 전류들이 베이스와 이미터영역에서 적분된 모습의 실질적인 전하들로 표현되어서 손쉽게 불균일한 도핑을 다룰 수 있다는 것이다. 또한 Q_B와 Q_E로 기술된 I_{Ep}와 I_{En}에 대한 표현식을 얻었기 때문에, 검멜 숫자들로 표현된 이미터 주입효율 γ[식 (7-2) 참조] 같은 BJT 파라미터들을 기술할 수 있다.

또한 간단히 베이스 검멜 숫자 Q_B, 좀더 정확하게는 다음 식과 같은 표현을 사용함으로써 얼리효과와 베이스에서의 고준위주입과 같은 몇 가지 2차적 효과들을 다룰 수 있도록 검멜-푼 모델을 수정할 수 있다.

$$Q_B = \int_{0(V_{EB})}^{W_b(V_{CB})} n(x_n)dx_n \tag{7-63}$$

여기서 적분의 구간들, 즉 베이스-이미터 접합($x_n = 0$)과 베이스-컬렉터 접합(W_b)이 바이어스에 의존한다는 사실을 명확하게 설명할 수 있다. 물론 이것이 얼리효과이다(7.7.2 절).

더욱이, 고준위주입하에서는(5.6.1 절과 7.7.4 절) 적분된 소수캐리어 전하가 적분된 베이스 도펀트 전하보다 더 크게 된다는 것을 알 수 있다.

$$\int_0^{W_b} n(x_n)dx_n > \int_0^{W_b} N_D(x_n)dx_n \tag{7-64}$$

분명히, 식 (7-61)로부터, 이것은 이미터에서 컬렉터로의 전류인 I_{Ep}가 높은 바이어스에서 이미터-베이스 전압과 함께 급속하게 증가되지 않도록 할 것이다. 5.6.1 절에서 다이오드의 고준위주입에 관해 배운 것을 상기해 볼 때, 베이스에 고준위주입을 할 경우 이미터에서 컬렉터로의 전류는

$$I_C \propto I_{Ep} \propto e^{\frac{qV_{EB}}{2kT}} \tag{7-65a}$$

에 따라 증가한다. 이와는 반대로, 이미터 도핑이 보편적으로 베이스 도핑보다 더 높기 때문에 이미터에서 고준위주입 효과들을 볼 수 없다. 그리고 이미터로 주입된 베이스전류는

$$I_B \propto I_{En} \propto e^{\frac{qV_{EB}}{kT}} \tag{7-65b}$$

와 같이 비례한다.

그러므로 높은 V_{EB} 경우에,

$$\beta = \frac{I_C}{I_B} \propto \frac{e^{\frac{qV_{EB}}{2kT}}}{e^{\frac{qV_{EB}}{kT}}} \propto e^{\frac{-qV_{EB}}{2kT}} \propto I_C^{-1}$$

가 된다.

이러한 결과는 이미터공통 이득이 베이스에서 과잉 다수캐리어들 때문에 고주입준위에서 감소한다는 것을 보여준다.

검멜-푼 모델은 또한 작은 전류준위일 때 베이스-이미터 공핍영역에서의 생성-재결합 현상들에 대해 설명해 준다. 5.6.2 절에서 논의했던 대로, 그런 효과는 다이오드 이상계수(ideal factor)인 **n**에 의해 설명된다. 그러므로 이미터에 주입된 베이스전류는

$$I_B \propto I_{En} \propto e^{\frac{qV_{EB}}{\mathbf{n}kT}} \tag{7-66a}$$

로 기술될 수 있다. 이와는 반대로, 베이스로 주입되는 일반적으로 큰 이미터전류는 생성-재결합에 의해 영향받지는 않는다. 그러므로

$$I_{Ep} \propto e^{\frac{qV_{EB}}{kT}} \tag{7-66b}$$

따라서 낮은 V_{EB}와 낮은 I_C의 경우에, 전류이득은 다음과 같다.

$$\beta = \frac{I_C}{I_B} \propto \frac{e^{\frac{qV_{EB}}{kT}}}{e^{\frac{qV_{EB}}{\mathbf{n}kT}}} \propto e^{\frac{qV_{EB}}{kT}\left(1-\frac{1}{\mathbf{n}}\right)} \propto I_C^{\left[1-\frac{1}{\mathbf{n}}\right]} \tag{7-67}$$

그림 7-22a에서 트랜지스터 컬렉터전류 I_C와 베이스전류 I_B는 V_{EB}의 함수로서 반대수 눈금의 곡선으로 그려진다. 이것이 검멜 곡선(*Gummel plot*)이다. 그림 7-22b에서 전류이득 β는 I_C의 함수로서 나타난다. 검멜-푼 모델에 의해서 묘사되었듯이, 서로 다른 바이어스 영역에서의 I_C에 대한 β의 의존성을 알 수 있다. 저주입준위에서 β는 안 좋은 이미터 주입효율에 의해 나빠진다[식 (7-67)]. 그리고 큰 전류에서 β는 베이스에서의 과잉 다수전하 때문에 감소하고, 이것이 γ를 나쁘게 한다. 얼리효과를 고려하지 않고(즉, 무한대의 얼리전압을 가정) 높은 전류준위에서 β의 하강을 고려하지 않으면 검멜-푼 모델이 이버스-몰 모델로 단순화됨을 증명할 수 있다.

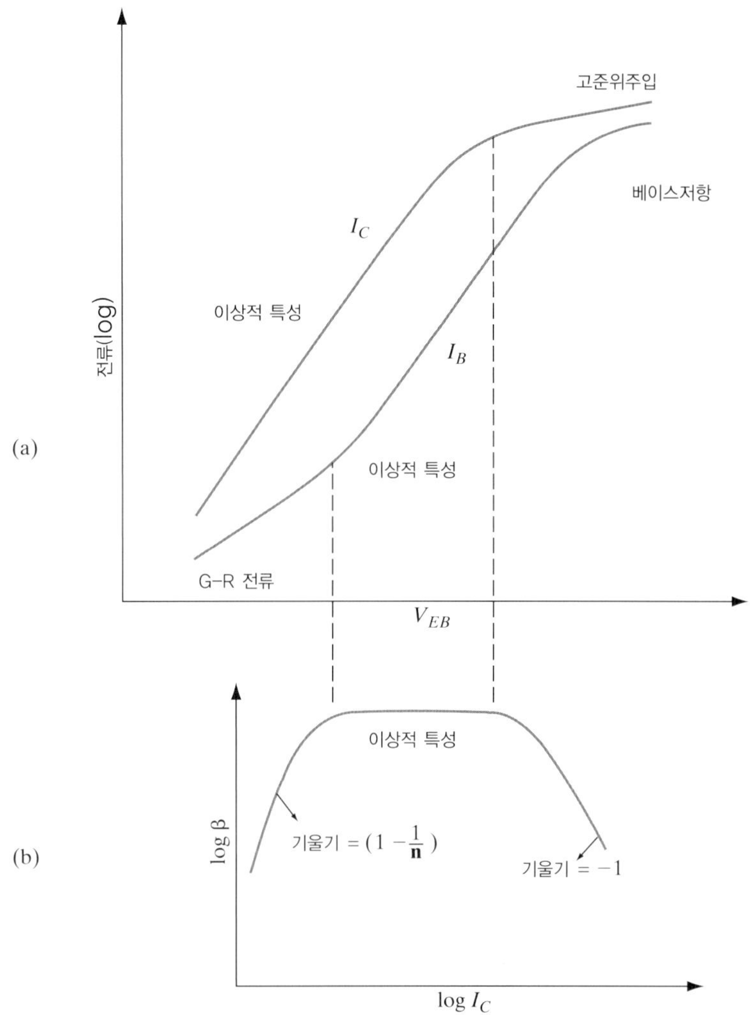

그림 7-22 BJT의 전류-전압 특성: (a) 컬렉터 및 베이스전류를 이미터-베이스 순방향 바이어스에 대한 함수로 표현한 반대수 눈금의 검멜 곡선; (b) I_C의 함수로 표현된 직류 이미터공통 전류이득(= I_C/I_B). 중간 영역에서 I_C 및 I_B는 이상계수가 **n** = 1 인 경우처럼 행동하여 순방향 바이어스에 따라 지수적으로 증가되어 전류와 무관한 이득을 얻게 되는 이상적인 특성을 보인다. 순방향 바이어스가 매우 작게 걸렸을 경우에 생성-재결합(G-R) 전류는 I_B를 증가시키고 이득을 떨어뜨린다. 순방향 바이어스가 크게 걸렸을 경우에는 고준위주입 효과 때문에 I_C가 I_B보다 더 천천히(**n** = 2) 증가되고 이득은 I_C^{-1}로서 떨어진다.

7.7.7 커크효과

전류이득은 아직까지는 커크효과(*Kirk effect*)로 알려진 또 다른 과정 때문에 큰 컬렉터전류에서 떨어진다. 이것은 역바이어스된 베이스-컬렉터 접합에서 공핍 공간전하분포의 수정으로 생기는 중성베이스의 유효확장(effective widening)을 포함한다. 이 현상은 이미터에서 컬렉터로의 증가된 전류흐름 때문에 생기는 유동캐리어의 형성에 의해 일어난다.

이것이 p-n-p BJT에 대해 그림 7-23에 그려졌다. 이들 유동전하의 극성은 베이스-컬렉터 공핍영역의 베이스 쪽에 고정된 도너전하에는 더해지지만, 접합의 컬렉터 쪽에 고정된 억셉터전하로부터는 빼진다는 것을 알 수 있다(그림 7-23c). 그러므로 적지만 보상되지 않은 도너를 이 접합에 걸린 역전압 V_{CB}를 유지하는 데 필요로 한다. 결과적으로, 중성 베이스 폭은 그림 7-23b의 W_b로부터 그림 7-23c의 W_b'로 증가된다. 또한 공핍영역은 컬렉터 쪽으로 더욱더 확장된다. 이것은 베이스-컬렉터 접합이 컬렉터 쪽으로 더 깊게 움직이는 것과 동등하다. 이것으로 인해 중성 베이스영역의 유효확장이 생기고 전류이득의 감소와 베이스 주행시간의 증가가 생긴다.

보상되지 않은 도펀트 전하와 유동캐리어가 존재하는 컬렉터 공핍영역에서의 전계 분포는 푸아송 방정식에 의해 주어진다.

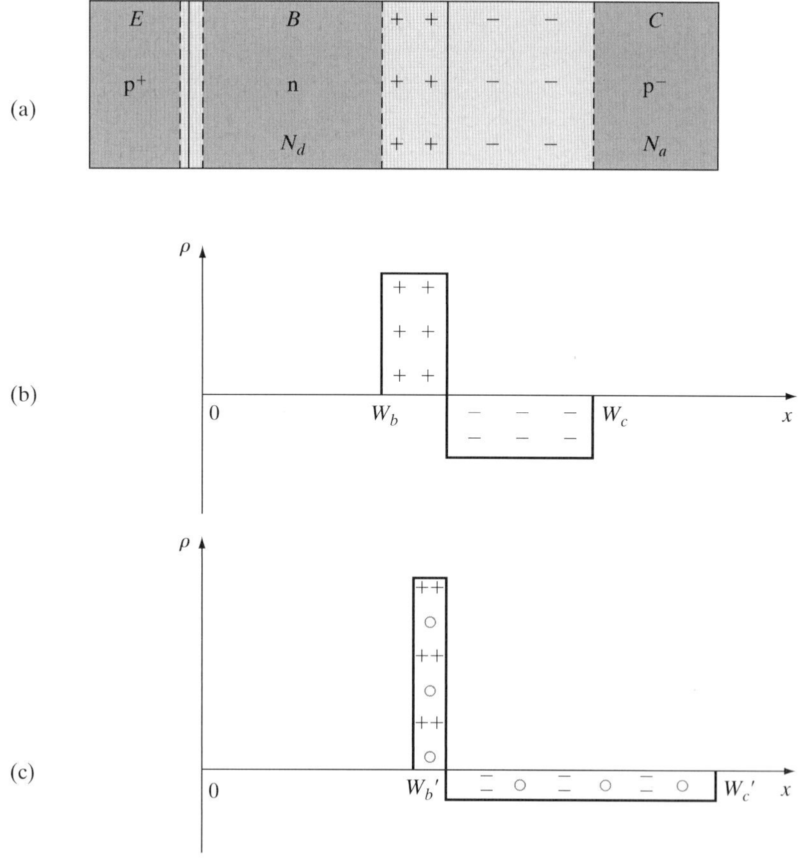

그림 7-23 커크효과: (a) p-n-p BJT의 단면도; (b) 매우 작은 전류가 흐를 때의 역방향 바이어스된 베이스-이미터 접합에서의 공간전하분포; (c) 보다 높은 전류준위에서의 공간전하분포. 이 그림에서 (회색으로 된) 주입된 움직일 수 있는 정공은 공핍영역 내의 베이스 쪽에 있는 움직일 수 없는 도너로 된 공간전하에는 더해지지만 컬렉터 쪽의 움직일 수 없는 억셉터로 된 공간전하로부터는 빼진다는 것을 알 수 있다. 이것 때문에 중성 베이스영역이 W_b로부터 W_b'로 확장된다.

$$\frac{d\mathscr{E}}{dx} = \frac{1}{\epsilon}\left[q(N_d^+ - N_a^-) + \frac{I_c}{A\text{v}_d}\right] \tag{7-68}$$

여기서 유동캐리어 전하농도는 마지막 항에 의해 주어진다. 그리고 v_d는 캐리어의 표동속도이다.

역바이어스된 컬렉터-베이스 접합 양단간의 전압인 V_{CB}는 다음에 의해 전계 분포와 관계된다.

$$V_{CB} = -\int_{W_b}^{W_c} \mathscr{E} dx \tag{7-69}$$

V_{CB}가 고정되어 있고 I_C가 증가된다고 가정하면, 식 (7-68)에서의 마지막 항은 이온화된 도펀트 전하와 관련하여 더욱 중요하게 된다. 푸아송 방정식[식 (7-68)]에서, 공핍영역으로 주입된 추가 정공(extra hole)은 마치 베이스 쪽에서의 도핑준위는 증가되고 컬렉터 쪽의 도핑준위는 감소된 것과 같은 효과를 준다. 거리에 관한 이러한 전계의 적분은 V_{CB}에서 고정되기 때문에[식 (7-69)], 이것은 베이스 쪽에 있는 공핍영역이 붕괴된다는 것을 암시한다.

비록 커크효과를 예시하기 위해 p-n-p BJT를 선택했을지라도, 유사한 결과가 n-p-n형 트랜지스터에 대해서도 얻어진다. 여러 전하의 극성에 대한 것을 제외하면 그 취급방법은 동일하다는 것이 분명하다. 더 자세한 분석을 통해, n^+ 서브컬렉터를 가진 n-p-n형 소자의 경우 저농도로 도핑된 컬렉터영역을 지나 고농도로 도핑된 매립형 서브컬렉터로 감에 따라 더 높은 전류준위에서도 베이스가 확장될 수 있다는 것을 증명할 수 있다.

7.8 트랜지스터의 주파수 한계

이 절에서는 고주파동작에서의 쌍극성 트랜지스터의 성질을 검토한다. 주파수 한계의 일부는 접합 정전용량, 과잉 캐리어분포가 바뀌는 데 필요한 충전시간, 그리고 베이스영역을 횡단하는 캐리어의 주행시간이다. 여기서는 고주파동작의 완전한 분석을 시도하는 것은 아니며, 그보다도 가장 중요한 효과의 물리적 기초를 검토하는 것이 목적이다. 따라서 중요한 정전용량과 충전시간을 계산에 넣고 고주파용 소자에서의 주행시간효과를 검토할 것이다.

7.8.1 정전용량과 충전시간

트랜지스터의 가장 분명한 주파수의 한계는 이미터와 컬렉터접합에서의 접합 정전용량의 존재이다. 5장에서 이와 같은 형태의 정전용량을 고려하였으며, 트랜지스터의 회로모델에 접합 정전용량 C_{je}와 C_{jc}를 포함시킬 수 있다(그림 7-24a). 베이스 접촉부와 베이스영역의 활성부분과의 사이에 어떤 등가저항 r_b가 존재하면, 직렬 컬렉터저항을 설명해 주는 r_c와 더불어 이것을 또한 그 모델에 포함시킬 수 있다.[6] C_{je}와 r_b 그리고 C_{jc}와 r_c의 결합으로 이 소자의 교류회로 응용에 있어 중요한 시상수를 도입할 수 있음은 명백하다.

5.5.4 절로부터 정전용량의 영향들은 시간적 변화를 하는 주입기간 중 캐리어의 분포가 변한다는 요건으로부터 생길 수 있음을 상기하자. 교류회로에서 트랜지스터는 보통 V_{BE}, V_{CE}, I_C, I_B 및 I_E의 직류량으로 특징지워지는 어떠한 정상상태로 바이어스되고 다음에 교류신호가 이들 정상상태의 값에 중첩된다. 이 교류항을 v_{be}, v_{ce}, i_c, i_b 및 i_e라고 나타내고, 전체적인(교류 + 직류) 양은 대문자의 첨자를 갖는 소문자로 표시한다.

작은 교류신호가 한 직류준위와 더불어 이미터 p-n 접합에 인가되면

$$\Delta p_E(t) \simeq \Delta p_E(\text{d-c})\left(1 + \frac{qv_{eb}}{kT}\right) \tag{7-70}$$

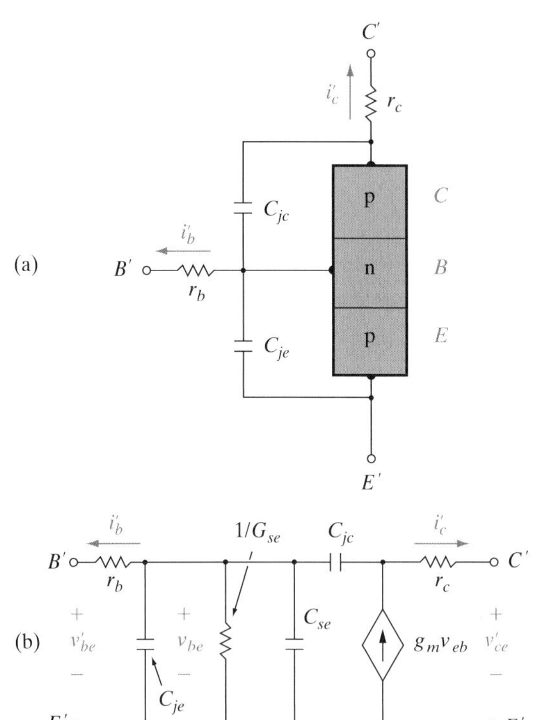

그림 7-24 교류동작 모델; (a) 베이스와 컬렉터저항 및 접합 정전용량을 포함시킨 것; (b) 식 (7-74)와 식 (7-75)를 합성한 하이브리드-파이 모델.

6) 그림 7-24의 r_b 및 r_c와 같은 요소가 앞서 분석한 기본적인 트랜지스터 모델에 첨가되므로 여기서는 단자전압과 전류를 v'_{be}, i'_c 등으로 하는 것이 가장 편리하다. 이와 같이 하여[예를 들면, 식 (7-74)의 i_b와 v_{eb}와 같은] 내부적인 여러 양을 포함한 앞서 유도한 식들을 이용할 수 있다. 대부분의 회로에 대한 교재에서는 여기서 사용한 것과 꼭 반대되는 방법으로 내부적인 양에 대하여 프라임(prime)을 사용하고 있다.

과 같이 됨을 증명할 수 있다. 이 시간적으로 변하는 과잉정공농도를 베이스영역에 축적된 전하와 관련시키고, 식 (7-43)을 사용해서 이로 인한 전류를 결정할 수 있다. 간단히 하기 위해 이 소자는 정규활성양식으로 바이어스되어 있다고 가정하고 $Q_N(t)$만을 사용하기로 한다. 베이스에서의 과잉정공분포가 본질적으로 삼각형이라 가정한다면, 식 (7-23)은

$$Q_N(t) = \tfrac{1}{2}qAW_b\Delta p_E(t) = \tfrac{1}{2}qAW_b\Delta p_E(\text{d-c})\left[1 + \frac{qv_{eb}}{kT}\right] \tag{7-71}$$

로 된다. 괄호 밖의 항은 직류 축적전하 $I_B\tau_p$ 이므로

$$Q_n(t) = I_B\tau_p\left(1 + \frac{qv_{eb}}{kT}\right) \tag{7-72}$$

이다.

이제 시간의존적 축적전하에 대한 간단한 관계식을 갖게 되었기 때문에, 식 (7-43c)를 사용해서 전체 베이스전류를 다음과 같이 구할 수 있다.

$$i_B(t) = \frac{Q_N(t)}{\tau_p} + \frac{dQ_N(t)}{dt} \tag{7-73a}$$

5.5.4 절에서 이미 논의된 바와 같이, 다이오드에서 축적전하가 어디서 적출되거나 “재생되는지”를 결정할 때, 경계조건에 주의해야 한다. 일반적으로 BJT에 있는 이미터-베이스 다이오드의 경우는 식 (5-64)가 적용될 수 있는 “짧은” 다이오드이다. 그 결과 축적전하의 2/3만이 재생된다. 따라서

$$i_B(t) = I_B + \frac{q}{kT}I_Bv_{eb} + \frac{2}{3}\frac{q}{kT}I_B\tau_p\frac{dv_{eb}}{dt} \tag{7-73b}$$

와 같이 쓸 수 있다. 베이스전류의 교류성분은 다음과 같다.

$$i_b = G_{se}v_{eb} + C_{se}\frac{dv_{eb}(t)}{dt} \tag{7-74}$$

여기서

$$G_{se} \equiv \frac{q}{kT}I_B,\ C_{se} \equiv \frac{2}{3}\frac{q}{kT}I_B\tau_p = \frac{2}{3}G_{se}\tau_p$$

따라서 단순한 다이오드의 경우와 같이 교류 컨덕턴스와 정전용량은 전하축적효과로 인해 이미터-베이스 접합과 관련이 있게 된다. 식 (7-43b)로부터

$$i_C(t) = \frac{Q_N(t)}{\tau_t} = \beta I_B + \frac{q}{kT}\beta I_Bv_{eb}$$

$$i_c = g_m v_{eb} \text{ 여기서 } g_m \equiv \frac{q}{kT}\beta I_B = \frac{3}{2}\frac{C_{se}}{\tau_t} \tag{7-75}$$

g_m은 교류 **전달컨덕턴스**(*transconductance*)이며, 컬렉터전류 $I_C = \beta I_B$의 정상상태에서 계산된 것이다. 그림 7-24b에서와 같이 식 (7-74)와 식 (7-75)는 등가교류회로에 종합할 수 있다. 이 등가회로에서 계산에 사용한 전압 v_{be}는 소자 "내부"에 나타나는 것이며, (전극) 접촉부 사이에 인가된 전압을 고려하기 위해서는 r_b의 외부에 새로운 인가전압 v'_{be}을 사용해야 하며, v'_{ce}도 같은 방법을 적용할 수 있다. 이 등가모델은 대부분의 전자회로 교재에서 상세하게 논의되고 있으며, 이것을 보통 **하이브리드-파이**(*hybrid-pi*) 모델이라 한다.

그림 7-24b로부터 몇 가지 충전시간이 트랜지스터의 교류동작에서 중요함이 분명하다. 가장 중요한 것은 이미터와 컬렉터 공핍영역을 충전하는 데 필요한 시간과 베이스영역에서의 전하분포가 바뀌는 데 있어서의 지연시간이다. 완전한 고주파 트랜지스터 분석에서 포함되는 기타 지연시간들은 컬렉터 공핍영역을 통과하는 주행시간과 컬렉터영역에서의 전하축적시간이다. 이들 모두를 하나의 지연시간 τ_d에 포함시킨다면 소자의 주파수 한계의 상한을 계산할 수 있다. 이것을 보통 트랜지스터의 **차단주파수**(*cutoff frequency*) $f_T \equiv (2\pi\tau_d)^{-1}$이라 정의한다. f_T는 이 소자의 교류증폭률[β(교류) $\equiv h_{fe} = \partial i'_c/\partial i'_b$]이 1로 떨어지는 주파수를 나타냄을 증명할 수 있다.

7.8.2 주행시간 효과

고주파 트랜지스터에서의 최종적인 한계는 종종 베이스를 횡단하는 캐리어의 주행시간이다. 예를 들어, p-n-p형 소자에서 정공이 이미터에서 컬렉터로 확산하는 데 필요한 시간 τ_t가 이 소자에 대한 동작의 최고 주파수를 결정할 수 있다. 식 (7-20)과 관계식 $\beta \simeq \tau_p/\tau_t$로부터 정상적으로 바이어스되고 $\gamma = 1$인 트랜지스터에 대한 τ_t를 계산할 수 있다.

$$\beta \simeq \frac{\operatorname{csch} W_b/L_p}{\tanh W_b/2L_p} = \frac{2L_p^2}{W_b^2} = \frac{2D_p\tau_p}{W_b^2} = \frac{\tau_p}{\tau_t}$$
$$\tau_t = \frac{W_b^2}{2D_p} \tag{7-76}$$

τ_t를 계산하는 다른 효과적인 방법은 확산하는 정공이 평균 속도 $\langle v(x_n)\rangle$를 갖는다고 생각하는 것이다(실제로 개개의 정공운동은 4.4.1절에서 논의한 것과 같이 완전히 불규칙하다). 따라서 정공전류 $i_p(x_n)$은

$$i_p(x_n) = qAp(x_n)\langle v(x_n)\rangle \tag{7-77}$$

로 주어지고, 주행시간은 다음과 같다.

$$\tau_t = \int_0^{W_b} \frac{dx_n}{\langle \mathrm{v}(x_n) \rangle} = \int_0^{W_b} \frac{qAp(x_n)}{i_p(x_n)} dx_n \tag{7-78}$$

그림 7-8b 에서와 같이 삼각형 분포에 대해서 확산전류는 거의 $i_p = qAD_p\Delta p_E/W_b$로 일정하며 τ_t는 앞에서와 같이

$$\tau_t = \frac{qA\ \Delta p_E W_b/2}{qAD_p\Delta p_E/W_b} = \frac{W_b^2}{2D_p} \tag{7-79}$$

가 된다. 이 평균 속도의 개념은 확산의 경우 너무 깊게까지 밀고가서는 안 된다. 그러나 그것은 정공의 주입과 집속 사이에는 지연시간이 있다는 점을 보여주는 데 도움이 된다.

전형적인 소자에 대하여 W_b의 값, 예를 들어 0.1 μm(10^{-5} cm)를 선정함으로써 주행시간을 계산할 수 있다. Si 의 경우 D_p의 전형적인 값은 약 10 cm²/s 이며, 따라서 이 트랜지스터에서 $\tau_t = 0.5 \times 10^{-11}$ s 이다. 주파수의 상한을 $(2\pi\tau_t)^{-1}$으로 근사시키면 이 트랜지스터는 약 30 GHz 까지 사용할 수 있다. 실제로 이 계산은 다른 지연시간들 때문에 너무나 낙관적인 것이다. 주행시간은 또 베이스에서의 전계로써 구동되는 전류를 이용하여 감소될 수 있다. 그림 7-17 의 이온주입형 트랜지스터에서는 정공이 베이스영역의 대부분에 걸쳐 이미터에서 베이스로 내부전계 내를 표동한다. 베이스에서의 도핑 경사도를 증가시킴으로써 주행시간이 감소하고, 따라서 트랜지스터의 최대 주파수를 증가시킬 수 있다.

7.8.3 웹스터 효과

주행시간 표현식[식 (7-79)]이 적은 캐리어 주입에서 유효할지라도, τ_t는 많은 캐리어 주입에서는 두 배까지 감소된다. 이것은 다수캐리어농도가 주입된 소수캐리어농도에 맞추기 위해 베이스에서의 평형상태값보다 두드러지게 증가되기 때문에 발생한다. 소수캐리어농도가 베이스-이미터 접합에서 베이스-컬렉터 접합까지 감소하기 때문에(그림 7-8 참조), 다수캐리어농도가 위와 같이 된다. 이것은 이미터에서 베이스까지 다수캐리어들의 확산을 만들어내는 경향이 있다. 그런 다수캐리어 확산은 베이스에서 준평형상태 분포(quasi-equilibrium distribution)를 유지하는 데 필요한 표동-확산(drift-diffusion) 균형을 전복시킬 것이다. 그러므로 내부전계가 대항하는 다수캐리어 표동전류를 만들기 위해 베이스에서 발생된다. 그러고 나면 이러한 유도된 전계의 방향은 식 (7-79)에서 보면 주행시간 τ_t를 감소시키면서, 소수캐리어의 이미터에서 컬렉터로의 전송을 돕는다.

이것이 웹스터 효과(Webster effect)로 알려져 있다. 이 현상이 불균일한 도핑으로 인해 생기는 베이스영역에서의 표동전계효과(drift field effect)와 유사하다는 것을 주목해 보면 흥미가 생긴다(7.7.1 절). 웹스터 효과의 경우, 유기된 전계는 불균일한 도핑에 의한 것이라기보다는 차라리 캐리어 주입에 의해 유기된 불균일한 다수캐리어농도에 의한 것이다.

7.8.4 고주파 트랜지스터

고주파 트랜지스터 제작에 관하여 행할 수 있는 가장 분명한 법칙은 이 소자의 물리적 크기를 작게 해야 한다는 것이다. 주행시간을 줄이기 위해 베이스폭이 좁아야 하며, 접합 정전용량을 줄이기 위해 이미터와 컬렉터의 면적도 작아야 한다. 불행하게도 이 소형의 요건은 일반적으로 그 소자의 정격전력에 대한 요건과는 반대로 작용한다. 보통 주파수의 전력 사이에서는 타협이 필요하기 때문에 트랜지스터의 크기와 기타 설계상의 특징은 특정 회로요건에 맞추어서 조절해야 한다. 한편, 전력용 소자를 위해 유용한 여러 가지 제작 기법을 주파수범위를 증대하기 위해서 채용할 수 있다. 예를 들어, 깍지낀 모양으로 하는 방법(그림 7-21)은 전체적인 이미터 면적은 최소로 유지하면서 유효 이미터단의 길이를 증대하는 방법을 제공한다. 따라서 일부 깍지낀 모양의 형식이 일반적으로 고주파수와 상당한 전력요구를 위하여 설계되는 트랜지스터에서 사용되고 있다.

고주파 소자의 설계에서 고려해야 할 다른 일련의 파라미터는 트랜지스터의 각 영역과 관련된 유효저항이다. 이미터, 베이스 및 컬렉터저항은 여러 가지 RC 충전시간에 영향을 주므로 이들을 최소로 유지하는 것이 중요하다. 따라서 이미터 및 베이스영역과 접촉하고 있는 금속화 패턴은 큰 직렬저항을 나타내서는 안 된다. 더욱이 그 반도체 영역 자체가 저항이 감소되도록 설계되어야 한다. 예를 들어, n-p-n 형 소자의 직렬 베이스저항 r_b는 표면의 접촉면과 베이스영역의 활성부분 사이에 p^+ 형의 확산을 행해 줌으로써 크게 감소시킬 수 있다. γ를 필요한 값으로 유지하면서 베이스의 도핑농도를 증대시켜 베이스저항을 더욱 감소시키기 위해서는 이종접합(heterojunction)을 이용하면 된다(7.9 절).

Si에 있어서는 전자의 이동도와 확산계수가 정공보다 크기 때문에 보통 n-p-n 형 트랜지스터가 바람직하다. n^+ 형 기판 위에 성장시킨 n 형 에피택셜 물질에 n-p-n 형 트랜지스터를 만들어 주는 것이 보통이다. 이 고농도로 도핑된 기판은 컬렉터영역과의 접촉저항을 작게 해 주며, 반면 컬렉터접합의 항복전압이 큰 값을 가질 수 있도록 하기 위해 에피택셜 컬렉터 물질에서는 도핑이 저농도로 유지된다. 그러나 컬렉터접합을 통과하는 캐리어 표동의 주행시간을 감소시키기 위해 컬렉터의 공핍영역을 가능한 한 작게 하는 것이 중요하다. 이것은 저농도로 도핑된 컬렉터영역을 좁게 하여 바이어스 상태에서 공핍영역이 n^+ 형 기판 쪽으로 확장되게 함으로써 이룩할 수 있다.

7.3 절에서 설명했듯이 n^+ 다결정실리콘층을 단결정 n^+ 이미터 위에 증착하는 것이 일반적이다. 그 이유는 그림 7-25를 보면 이해할 수 있다. 옴 접촉이 협폭 n^+ 이미터 바로 위에 만들어진다면, 과잉 소수캐리어 정공농도는 옴 접촉에서 영이기 때문에 과잉 소수캐리어 정공농도 분포는 급격한 기울기를 보인다. 이렇게 되면 베이스에서 이미터로 큰 베이스전류 I_{Ep}가 주입되고 이미터 주입효율은 낮아진다. 다결정실리콘 이미터를 사용하면 베이스-이미터 접합 근처에서의 정공농도분포가 낮은 기울기를 갖게 되어 γ가 향상된다. 다결정실리콘 이미터에서의 정공농도분포의 기울기가 증가하는 것은 다결정실리콘 내의 결정입자경계(grain boundary) 결함들이 확산거리를 낮춘다는 것을 의미할 뿐이다.

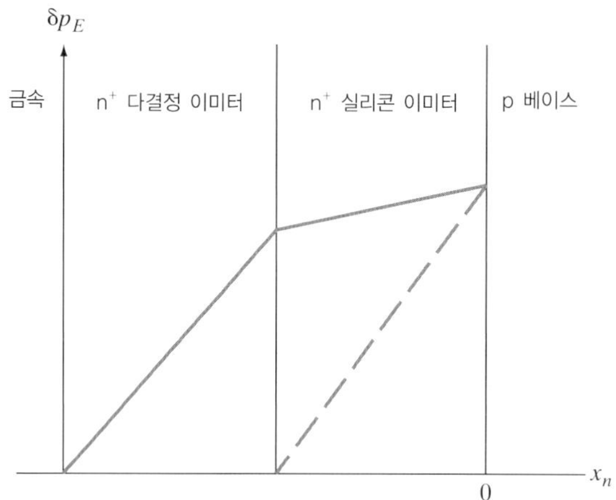

그림 7-25 다결정 이미터의 사용과 무관한 n-p-n형 트랜지스터의 이미터영역에서 과잉 소수 정공농도 분포. 옴 접촉이 단결정 Si 이미터에 직접 형성된 경우의 캐리어 분포는 점선으로 표시되어 있다.

소자 자체의 여러 파라미터에 덧붙여 트랜지스터는 고주파수에서의 기생저항, 인덕턴스 또는 정전용량을 피할 수 있도록 적절하게 패키지(package)해야 한다. 그 방법들이 제작자마다 다르기 때문에 여기서는 트랜지스터의 장착(mounting)과 패키지에 대한 여러 가지 기법을 설명하지는 않을 것이다.

7.9 이종접합 쌍극성 트랜지스터

7.4.4 절에서 쌍극성 트랜지스터의 이미터 주입효율은 순방향에서 감소하는 이미터접합 장벽을 넘어 베이스에서 이미터로 캐리어가 흐를 수 있다는 사실에 의해 제한됨을 보았다. 식 (7-25)에 따르면 γ, 따라서 α와 β를 큰 값으로 유지하기 위해서는 베이스영역에는 저농도로 도핑된 재료를 사용하고, 이미터에는 고농도로 도핑된 재료를 사용할 필요가 있다. 그러나 불행히도 베이스의 도핑농도를 줄이는 요건은 바람직하지 못하게 베이스저항을 커지게 만든다. 이 저항은 베이스폭이 매우 좁은 트랜지스터에서 특히 눈에 띄게 나타나며, BJT의 고주파 응용에 있어서의 주된 제한으로 나타난다. 더구나 축퇴도핑은 도너 준위가 전도대역과 결합함에 따라 이미터에서의 E_g를 약간 줄어들게 할 수 있다. 이 결과 이미터 주입효율이 감소할 수 있다. 따라서 고주파수용으로 가장 적당한 BJT는 베이스가 고농도로 도핑되고 이미터가 저농도로 도핑된 것이다. 이것은 이 장에서 지금까지 토의한 전형적인 BJT와 반대되는 것이다. 이와 같이 근본적으로 다른 트랜지스터를 설계하기 위해서는 이미터접합을 넘어 주입되는 전자와 정공의 상대적인 양을 조절하는 방법으로 도핑 이외의 새로운 기구가 필요하다.

트랜지스터를 제작함에 있어서 이종접합이 일어날 수 있는 물질을 이용한다면 엄격한 도핑 요구조건 없이도 이미터의 주입효율을 증가시킬 수 있다. 그림 7-26에는 단일 물질 [동종접합(*homojunction*)]로 만든 n-p-n형 트랜지스터를 이미터에 에너지 대역간극이 큰 물질을 사용한 **이종접합 쌍극성 트랜지스터**(*heterojunction bipolar transistor; HBT*)와 비교해 놓았다. 이런 구조에서는 전자주입에 대한 장벽(qV_n)이 정공주입에 대한 장벽(qV_p)에 비해 작은 값을 가질 수 있다. 캐리어 주입은 장벽높이에 대해 지수함수적으로 변하므로 두 장벽의 조그만 차이도 이미터접합을 넘어 전송되는 전자와 정공의 양에는 큰 차이

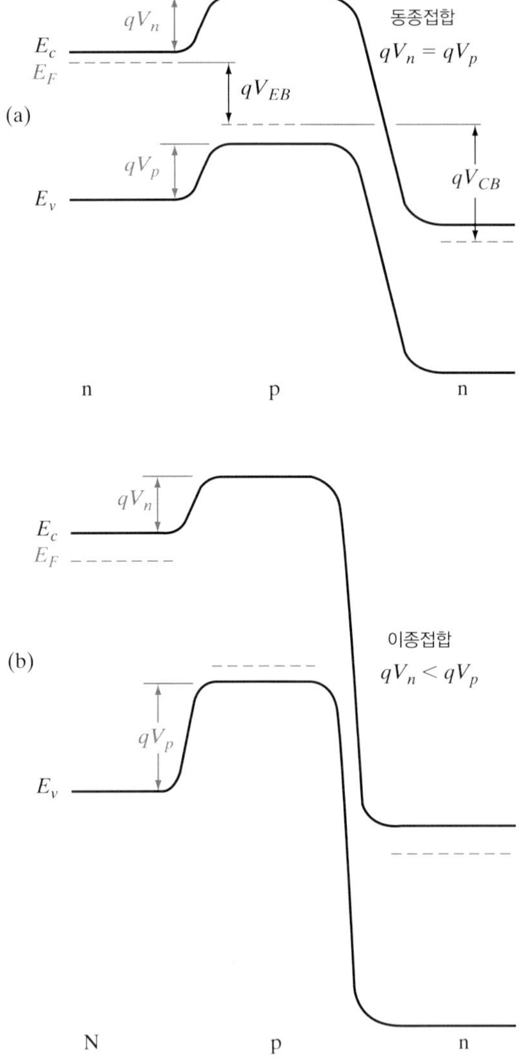

그림 7-26 (a) 동종접합 BJT와 (b) 이종접합 쌍극성 트랜지스터(HBT)의 이미터에서 캐리어 주입의 비교. 순방향 바이어스된 동종접합 이미터에서는 전자장벽 qV_n과 정공장벽 qV_p가 같다. 이미터의 에너지 대역간극이 큰 HBT의 전자장벽은 정공장벽보다 작으며 이로 인해 이미터접합을 통한 선택적인 전자주입이 초래된다.

가 날 수 있다. 캐리어의 이동도와 다른 효과를 무시하면 이미터를 넘어 주입되는 캐리어의 의존성은 다음과 같이 근사시킬 수 있다.

$$\frac{I_n}{I_p} \propto \frac{N_d^E}{N_a^B} e^{\Delta E_g/kT} \tag{7-80}$$

이 식에서 이미터접합을 넘는 전자전류 I_n과 정공전류 I_p의 비는 이미터 도핑농도 N_d^E와 베이스 도핑농도 N_a^B의 비에 비례한다. 동종접합 BJT에서 이와 같은 도핑비는 효율적인 이미터접합을 설계하는 데 있어서 우리가 알아야 할 모든 것이다. 그러나 HBT에서는 지수항 속에 나타나는 에너지 대역간극이 큰 이미터와 에너지 대역간극이 작은 베이스 사이의 에너지 대역간극 차 ΔE_g라는 추가적인 요인이 있다. 그 결과 지수항 속에 있는 ΔE_g의 값이 상대적으로 작은 경우에는 식 (7-80)을 지배할 수 있다. 이로 인해 베이스저항과 이미터접합 정전용량을 적게 할 수 있는 도핑을 선택할 수 있다. 특히 베이스저항을 줄이기 위해 고농도로 도핑된 베이스를 선택하고, 이미터접합 정전용량을 줄이기 위해 저농도로 도핑된 이미터를 선택할 수 있다.

그림 7-26에 나타낸 이종접합은 장벽이 완만하게 되어 있어 이종접합에서 일반적으로 볼 수 있는(그림 5-46 참조) 스파이크(spike)와 V자홈(notch)을 갖지 않는다. 에너지 대역간극의 불연속은 3원소 합금이나 4원소 합금의 조성을 경사지게 함으로써 이와 같이 완만하게 할 수 있다(그림 7-27). 명백히, 전도대의 스파이크를 경사지게 하는 것은 전자가 극복해야 할 장벽을 줄임으로써 전자의 주입을 증가시킬 수 있다. 그러나 HBT의 일부 설계에서는 "진수비탈길(launching ramp)" 처럼 베이스에 열전자를 주입할 수 있도록 스파이크를 이용한다.

HBT에서 일반적으로 사용되는 물질은 명백히 AlGaAs/GaAs계이며, 그 이유는 격자정합이 되는 조성의 범위가 넓기 때문이다. 더욱이 InP 위에 성장시킨 InGaAsP계($In_{0.53}$

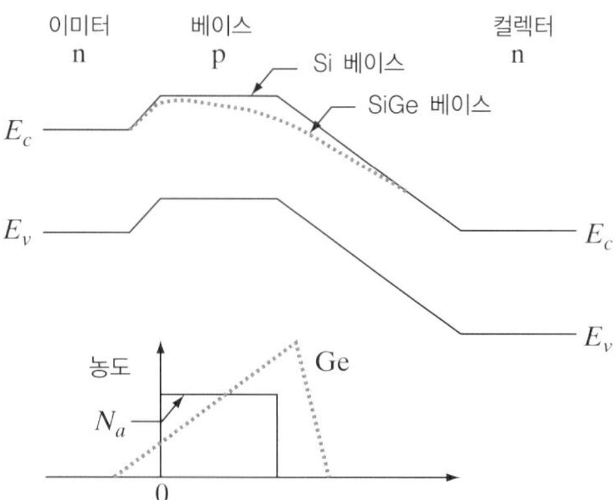

그림 7-27 Si n-p-n형 트랜지스터에서의 SiGe 경사형 베이스. 베이스에서 전도대역 내의 내부표동전계는 전자의 수송을 돕는다.

$Ga_{0.47}As$ 포함)도 HBT 설계에 널리 사용되기 시작하고 있다. 또한 $Si/Si_{1-x}Ge_x$와 같은 기본적인 반도체 이종접합구조를 이용하여 HBT를 제작하는 것도 가능하다. 이 물질을 이용한 계에서 Si 이미터와 에너지 대역간극이 좁은 $Si_{1-x}Ge_x$ 베이스 사이의 에너지 대역간극 차이는 주로 가전자대역에서 일어난다. 그 결과 베이스에 극히 적은 양의 Ge를 첨가하면 동종접합 트랜지스터보다 전자주입효율이 증대하게 된다.

n-p-n의 베이스에서의 SiGe 합금조성을 변화시켜서 베이스의 이미터 쪽으로부터 컬렉터 쪽까지 E_g가 약간 감소하도록 할 경우, 전 베이스영역에 걸쳐 내부전계에 의해 전자들이 가속된다(그림 7-27). 결과적으로 이러한 전계에 따른 베이스전송이 HBT의 주요 장점이다. 이러한 경사형 Ge 도핑 분포는 구조의 제작을 좀더 용이하게 하는데, 이는 p-n 접합과 이종접합 사이에 격자 부정합(mismatch)을 걱정하지 않아도 되기 때문이다.

요약 SUMMARY

7.1 쌍극성 접합 트랜지스터(BJT)는 컬렉터-베이스(CB) 다이오드와 **배면결합**(*back-to-back coupled*)된 이미터-베이스(EB) 다이오드로 이루어져 있다. 보통 **정규활성양식** 동작에서 EB 접합은 순방향 바이어스되어서 이미터에서 주입된 캐리어가 **협폭베이스**를 가로질러 확산되고, 역방향 바이어스된 CB 컬렉터에서 집속된다.

7.2 협폭베이스 다이오드에 있어서의 단자전류는 적당한 경계조건에 대하여 표동-확산 방정식과 연속방정식을 풀어서 구할 수 있다. 총 이미터전류 중 이미터에서 베이스로 주입된 캐리어에 의한 전류의 비율이 **이미터 주입효율**이고 베이스보다 이미터를 훨씬 더 높게 도핑함으로써 1에 가깝도록 만들어진다. 이미터 주입효율을 증가시키기 위한 또 하나의 좋은 방법은 이종접합 쌍극성 트랜지스터(HBT)에서와 같이 베이스에서보다 더 큰 대역폭을 가진 이미터를 사용하는 것이다.

7.3 협폭 베이스를 가로질러 쓸려나가는 확산에서 살아남은 캐리어의 비율이 **베이스전송률**이다. 이 값은 베이스폭을 확산거리보다 좁게 해 주면, 1에 가까워진다. 이미터 주입효율과 베이스전송률의 곱이 전류전송률(I_C/I_E)인데 이로부터 이미터공통 전류이득(I_C/I_B)을 구할 수 있다. BJT와 같은 능동소자는 전력이득이 있다.

7.4 이버스-몰과 같은 등가회로모델은 BJT를 두 전류원과 병렬로 연결된 두 개의 배면결합된 다이오드를 가지고 표현한다. 이 다이오드들은 스위치로 응용될 때는 순방향 또는 역방향 바이어스될 수 있다. 둘 다 순방향 바이어스된 경우에 BJT는 낮은 임피던스 상태(포화)이다; 둘 다 역방향 바이어스된 경우는 높은 임피던스 상태(차단)이다.

7.5 BJT의 전하제어 분석은 (다른 소자에서와 마찬가지로) 베이스에서 집적되는 캐리어농도의 관점에서 가능하다. I_C는 베이스 전송시간으로 나누어지는 베이스 전하로 나타나는 반면, I_B는 캐리어 수명(1의 값을 갖는 이미터 주입효율에 상응한)으로 나누어지는 베이스 전하이다.

7.6 검멜-푼 전하제어 모델에서 전류성분들은 베이스와 이미터에서 적분되는 도펀트 전하(검멜

숫자)들의 형태로 표현된다. 이 모델은 이버스-몰 모델보다 더 정확하고, 2차적 효과를 더 잘 다룰 수 있도록 해 준다.

7.7 2차적 효과로는, CB 역방향 바이어스의 증가에 대하여 중성 베이스영역의 폭이 감소하는 효과(얼리효과), 높은 I_C에서의 전류이득 강하(커크효과), 직렬저항효과에 의한 이미터 가장자리에서의 I_E 전류밀집, 높은 바이어스에서의 BJT 항복 등이 있다.

연습문제 PROBLEMS

7.1 연습문제 5.2에서 주어진 데이터를 가지고, 다음의 이중 확산 트랜지스터의 도핑 분포 $N_a(x)$와 $N_d(x)$를 그려라. 시작할 때 쓰는 웨이퍼는 $N_d = 10^{16}$ cm^{-3}인 n형 Si이고, $N_s = 5 \times 10^{13}$ cm^{-2}인 붕소(B) 원자는 표면에 증착되어 있으며 이 원자는 1100°C에서 한 시간 동안 확산되었다(Si에서 B는 1100°C에서 $D = 3 \times 10^{-13}$ cm^2/sec). 그러고 나서 이 웨이퍼는 1000°C인 인(P) 확산 용광로에 15분간 들어간다(Si에서 P는 1000°C에서 $D = 3 \times 10^{-14}$ cm^2/sec). 이미터확산 중에 표면농도는 일정하게 5×10^{20} cm^{-3}으로 유지된다. 베이스 도핑 분포는 낮은 온도에서 짧은 시간 동안 이루어지는 이미터확산 중 눈에 띄게 변하지 않는다고 가정해도 된다. $N_a(x)$와 $N_d(x)$ 좌표에서 베이스영역의 넓이를 구하라. 힌트: 5주기(five cycle) 반대수 용지를 사용하고 x는 영에서부터 약 1.5 μm까지 $2\sqrt{Dt}$의 단순배수(simple multiple)인 값들을 단계(step)값들로 하라.

7.2 그림 7-4의 트랜지스터의 경우에 대한 이상적인 컬렉터 특성 (i_C, $-v_{CE}$)를 그려라. 이때 i_B는 0에서 0.2 mA까지 0.02 mA씩 변화시키고, $-v_{CE}$는 0에서 10 V까지 변화시켜라. 그림 7-4의 회로의 경우에 대해 이렇게 만들어진 특성 곡선상에 부하선을 그리고, $I_B = 0.1$ mA일 때 $-V_{CE}$의 정상상태값을 그림을 사용하여 구하라.

7.3 $W_B/L_p = 0.2$와 0.5를 가정하고, p-n-p 형 BJT의 베이스영역에서의 트랜지스터의 베이스 과잉 정공분포 $\delta p(x)/\Delta p_E$을 계산하라. 베이스의 폭이 L_P와 $2L_P$인 경우 각각에 대하여 계산하라.

7.4 *npn* BJT 동작에 있어서 정상 능동영역, 포화영역, 차단영역 각각에 있어서 바이어스의 극성을 표시하고 공핍 영역의 모양을 보여주는 그림을 그려라. 그림은 차례대로 정성적으로 그리되 이미터, 베이스, 컬렉터 도핑의 상대적인 크기를 알 수 있도록 하고, 또 상기한 바이어스 조건하에서의 공핍층 폭의 크기를 반영하라.

베이스 전송률이 1.0이고 이미터 주입효율이 0.5인 BJT를 생각하자.

BJT의 베이스폭이 두 배가 된다면 이미터 주입효율과 베이스 전송률은 각각 얼마나 변화(증가, 감소, 혹은 불변)하는지를 대략적으로 계산해보자. 위 계산을 이미터 도핑이 5배로 증가한 경우에 대하여 반복하라. 해당되는 주요 식들을 이용하여 설명하되 다른 BJT parameter들은 변하지 않았다고 가정하라.

7.5 이미터, 베이스, 컬렉터 도핑이 각각 10^{19} cm^{-3}, 5×10^{18} cm^{-3}, 10^{17} cm^{-3}인 npn BJT를 생

각하자. 이 소자는 정상 능동 영역에서 동작하도록 바이어스 되어 있으며 이미터-베이스 전압은 1 V이다. 만약 중성 베이스의 폭이 100 nm이고 이미터 폭은 200 nm일 때, 베이스영역에서의 재결합을 무시하고, 이미터 전류, 이미터 주입효율, 베이스 전송률을 각각 계산하라. 전자와 정공의 이동도는 이미터에서는 각각 500, 100 cm^2/V-s이고, 베이스에서는 각각 800과 250 cm^2/V-s이다. 동작 시 이 소자는 400 K까지 가열되어 이때 $n_i = 10^{12}$ cm^{-3}이고 $\epsilon_r = 15$가 된다. 정성적으로 소자의 구조를 그리고 그 그림 밑에 캐리어 농도와 해당 바이어스 하에서의 에너지 대역도를 보여라. 캐리어 수명은 소자내 어디서나 0.1 μs이라고 가정하라.

7.6 n^+-p-n BJT에 대하여 그림 7-3을 다시 그리고, 정규활성양식 동작에서 전류흐름의 여러 가지 성분과 전류방향을 설명하라. 에너지대역도를 평형상태와 위 바이어스 상태에 대하여 그려라.

7.7 어떤 p-n-p 형 트랜지스터에서, 이미터 도핑은 5×10^{18}/cm^3, 베이스 도핑은 10^{17}/cm^3, 베이스 폭은 0.985 μm, 전자와 정공의 확산길이는 10 μm으로 같다. $\tau_p = \tau_n = 10^{-7}$ sec로 가정하고, 전자와 정공의 이동도가 각각 1250과 450 cm^2/V-sec일 때 이미터주입효율과 베이스전송률, 또 두 전류증폭율 (트랜지스터 전류이득)을 계산하라.

7.8 (a) BJT에서 베이스 도핑을 10배로 증가시키고, 베이스폭을 반으로 하였다. 정규활성양식에서 다른 모든 것이 그대로 있다고 가정하고 컬렉터전류가 몇 배나 변화하는지 대략 계산하라.

(b) 어떤 BJT에서 이미터 도핑이 베이스 도핑보다 100배이고 이미터폭이 베이스폭의 0.1배일 때, 베이스와 이미터폭이 모두 캐리어 확산길이인 L_n과 L_p보다 훨씬 짧다고 가정할 수 있다. 이미터 주입효율과 베이스전송률은 얼마인가?

(c) $L_n = L_p$라 하고, 이번에는 이미터와 베이스의 폭이 둘 다 확산거리보다 넓다고 가정할 때, 이미터 주입효율과 베이스전송률은 얼마인가?

7.9 그림 P7-9의 대칭적인 p^+-n-p^+ 트랜지스터를 다이오드로 사용하기 위해 아래 그림의 네 가지 방법으로 연결하였다. $V \gg kT/q$라 가정하고 각 경우의 베이스영역에서 $\Delta p(x_n)$을 그려라. 다이오드로 사용하기에 가장 적당한 연결은 어느 것인가? 그 이유는 무엇인가?

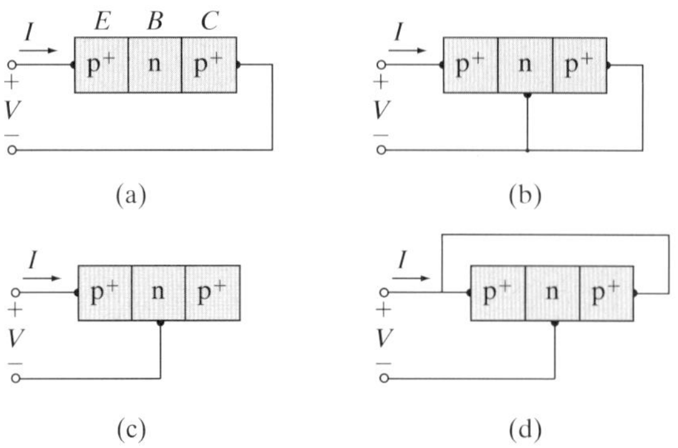

그림 P7-9

7.10 베이스폭이 W_B 이고, 각 영역의 도핑은 균일하며, 순방향 활성영역(forward active region)에 동작하고 있는, p-n-p BJT 에서의 확산방정식을 풀어서, 방정식의 해로 주어지는 과잉 소수 정공 농도(excess minority hole concentration) 에 대한 표현을 유도하라.

7.11 (a) 그림 P7-9b 와 같이 트랜지스터를 연결한 경우 전류 I에 대한 표현식을 구하라. 이 결과를 협폭베이스 다이오드 문제(연습문제 5.40)와 비교하라.

(b) 전류 I가 베이스와 컬렉터 사이에서 어떻게 분배되는가?

7.12 $N_E > N_B > n_C$ 인 p-n-p BJT 가 정규활성양식에서 동작할 때 주요 전류성분들의 방향을 적합한 화살표로 나타내어라. $I_{Ep} = 10$ mA, $I_{En} = 100$ μA, $I_{Cp} = 9.8$ mA, $I_{Cn} = 1$ μA 일 경우의 베이스전송률, 이미터 주입효율, 베이스공통 전류이득, 이미터공통 전류이득 그리고 I_{CBO}를 계산하라. 베이스에 저장된 소수캐리어 전하가 4.9×10^{-11} C 이라면, 베이스 주행시간과 수명을 구하라.

7.13 Si p-n-p BJT 의 각 영역은 $N_E = 10^{18}/\text{cm}^3$, $N_B = 10^{16}/\text{cm}^3$, $N_C = 10^{15}/\text{cm}^3$ 로 균일하게 도핑되어있다. 베이스의 폭은 1.2 μm 이다.

(a) CB 접합에 30 V 의 정규 바이어스 전압이 걸려있을 때 CB 접합에서의 전계의 피크값과 CB 공핍층의 단위면적당 커패시턴스값을 구하라.

(b) 이 바이어스전압에서 단축되는 베이스폭을 구하라. 단 EB 접합의 공핍층은 무시하라.

7.14 상대편 접합이 개방되었을 경우 I_{EO}와 I_{CO}가 각각 이미터와 컬렉터접합의 포화전류라는 것은 식 (7-35)와 식 (7-36)으로부터 분명하다.

(a) 이것이 옳다는 것을 식 (7-32)로부터 증명하라.

(b) 다음의 과잉농도에 관한 표현식을 구하라: 이미터접합이 순방향 바이어스되고 컬렉터접합이 개방되었을 경우의 Δp_C, 컬렉터접합이 순방향 바이어스되고 이미터접합이 개방되었을 경우의 Δp_E.

(c) (b)의 두 경우에 대해 베이스영역에서의 $\Delta p(x_n)$을 그려라.

7.15 대칭적인 Si p$^+$np BJT 가 상온에서 다음과 같은 파라미터를 갖고 있다.

Emitter	Base
$N_a = 10^{18}/\text{cm}^3$	$N_d = 10^{16}/\text{cm}^3$
$\tau_n = 10^{-6}$ sec	$\tau_p = 10^{-6}$ sec
$\mu_p = 200$ cm^2/V-sec	$\mu_p = 400$ cm^2/V-sec
$\mu_n = 800$ cm^2/V-sec	$\mu_n = 1250$ cm^2/V-sec

베이스폭은 0.8 μm 이고 소자의 면적은 10^{-4} cm^2 이다. 포화전류들(IES 와 ICS)과 0.2 V 의 이미터-베이스 인가전압에 대하여 이미터 전류의 전자항과 정공항을 구하라.

7.16 (a) 주입된 정공이 베이스를 통과하는 데 소요되는 시간 τ_t가 베이스에서의 정공수명 τ_p보다 짧게 될 수 있는 이유는 무엇인가?

(b) 소자가 과포화상태로 구동될 때 BJT 의 턴온 과도현상이 빨라지게 되는 이유를 설명하라.

7.17 예제 5-7을 사용하여 적당한 γ와 베이스저항을 가진 n-p-n 이종접합 쌍극성 트랜지스터를 설계하라.

7.18 BJT의 전류증폭계수 β는 베이스 도핑과 컬렉터 도핑의 비와 베이스폭에 매우 민감하다. 다음의 경우에 대해 $L_p^n = L_n^p$인 p-n-p BJT에 관한 β를 계산하고 그려라.

(a) $n_n = p_p$, $W_b/L_p^n = 0.01$ 부터 1까지

(b) $W_b = L_p^n$, $n_n/p_p = 0.01$ 부터 1까지

7.19 (a) 과잉정공 때문에 생기는 전하(쿨롱 단위)가 주어진 직류 바이어스 조건에서 그림 7-4와 같은 트랜지스터의 베이스영역에 얼마나 축적되는가?

(b) 왜 베이스전송률 B가 그림 7-5와 같은 트랜지스터의 정규양식과 반전양식에서 서로 다른가?

7.20 Si p-n-p 형 트랜지스터가 상온에서 다음과 같은 특성을 갖고 있다.

$\tau_n = \tau_p = 0.1\ \mu s$

$D_n = D_p = 10\ cm^2/s$

$N_E = 10^{19}\ cm^{-3}$ = 이미터농도

$N_B = 10^{16}\ cm^{-3}$ = 베이스농도

$N_C = 10^{16}\ cm^{-3}$ = 컬렉터농도

W_E = 이미터폭 = 3 μm

W = 금속성 베이스폭 = 1.5 μm = 베이스-이미터 접합과 베이스-컬렉터 접합 사이의 거리

A = 단면적 = $10^{-5}\ cm^2$

$V_{CB} = 0$과 $V_{EB} = 0.2$ V에 대해 중성 베이스폭 W_b를 계산하라. 0.6 V에 대해 반복하라.

7.21 연습문제 7.20에 있는 BJT에서 $V_{EB} = 0.2$ 및 0.6 V 각 경우에 대해 베이스전송률(B)과 이미터 주입효율(γ)을 계산하라.

7.22 연습문제 7.20에 있는 BJT에서 V_{EB}의 위의 두 값에 대해 α, β, I_E, I_B 및 I_C를 계산하라. 각 경우에서 베이스 검멜 숫자는 얼마인가?

7.23 Si p-n-p BJT가 상온에서 다음과 같은 파라미터를 갖고 있다.

이미터	베이스	컬렉터
$N_a = 5 \times 10^{18}\ cm^{-3}$	$N_d = 10^{16}$	$N_a = 10^{15}$
$\tau_n = 100$ ps	$\tau_p = 2500$ ps	$\tau_n = 2\ \mu s$
$\mu_n = 150\ cm^2/V\text{-}s$	$\mu_n = 1500$	$\mu_n = 1500$
$\mu_p = 100\ cm^2/V\text{-}s$	$\mu_p = 400$	$\mu_p = 450$

베이스폭, $W_b = 0.2$ μm

면적 = $10^{-4}\ cm^2$

전하제어 모델을 사용하여 B와 γ로부터 트랜지스터의 β를 계산하라. 이 결과에 대한 생각을 말하라.

7.24 연습문제 7.23에 있는 BJT에서 $V_{CB} = 0$이고 $V_{EB} = 0.7$ V일 때 베이스에 축적된 전하를

계산하라. 이 BJT의 경우 베이스 주행시간이 주된 지연요소라고 한다면, f_T는 얼마인가?

7.25 아래와 같은 사양을 갖는 Si n-p-n 트랜지스터(BJT)를 300 K의 온도에서 생각하자: 이미터 전류(I_E) = 1 mA, 베이스 폭(W_B) = 100 nm, 컬렉터-베이스 공핍층 폭(x_{dc}) = 50 nm, C_μ = 0.1 pF, C_{je} = 1 pF, 전자확산계수(D_n) = 25 cm^2/sec, 컬렉터 저항(r_C) = 20 ohm, 컬렉터 커패시턴스(C_S) = 0.1 pF, 전자의 포화속도(v_s) = 2.3 × 10^7 cm/sec. 이 트랜지스터의 베이스 전송시간(base transit time)과 차단주파수(cut off frequency)를 계산하라.

7.26 아래와 같은 데이터를 갖는 n-p-n 쌍극성 트랜지스터를 생각하자. 이미터 확산계수(D_E) = 10 cm^2/sec, 베이스 확산계수(D_B) = 25 cm^2/sec, 베이스 폭(W_B) = 0.70 μm, 이미터 폭(W_E) = 0.50 μm, 이미터 도핑(N_E) = 10^{18}/cm^3, 베이스 도핑(N_B) = 10^{16}/cm^3, 이미터와 베이스에서의 소수캐리어 재결합수명은 각각 τ_{E0} = 10^{-7} sec과 τ_{B0} = 5 × 10^{-7} sec. 재결합 전류밀도(J_{r0}) = 5 × 10^{-8} A/cm^{2}이며, B-E 바이어스는 0.5 V이다. 이때 다음을 계산하라.

(a) 이미터 주입효율 (γ)

(b) 베이스 전송계수 (B)

(c) 재결합율

(d) CE 전류이득(β)

(e) CB 전류이득 (α)

참고문헌 READING LIST

BJT 동작에 관한 유용한 정보는 https://nanohub.org/resources/animations에서 찾아볼 수 있다.

Bardeen, J., and W. H. Brattain. "The Transistor, a Semiconductor Triode." *Phys. Rev.* 74 (1948), 230.

Hu, C. "Modern Semiconductor Devices for Integrated Circuits," Freely available online.

Muller, R. S., and T. I. Kamins. *Device Electronics for Integrated Circuits*. New York: Wiley, 1986.

Neamen, D. A. *Semiconductor Physics and Devices; Basic Principles*. Homewood, IL: Irwin, 2003.

Neudeck, G. W. *Modular Series on Solid State Devices*: *Vol. III. The Bipolar Junction Transistor*. Reading, MA: AddisonWesley, 1983.

Shockley, W. "The Path to the Conception of the Junction Transistor." *IEEE Trans. Elec. Dev*. ED-23 (1976), 597.

Sze, S. M. *Physics of Semiconductor Devices*. New York: Wiley, 1981.

Taur, Y., and T. H. Ning. *Fundamentals of Modern VLSI Devices*. Cambridge: Cambridge University Press, 1998.

자가진단 퀴즈 SELF QUIZ

문제 1

단순화하기 위해, 다음의 쌍극성 접합 트랜지스터(BJT) 회로와 특히 순방향 바이어스된 베이스-이미터 접합에 걸쳐 일어나는 전압강하가 일정하고 1 V에 해당한다고 하는 이상적인 트랜지스터 특성을 고려하라.

(a) (이미터공통) 이득 β는 무엇인가?

(b) 트랜지스터 특성에 부하선(load line)을 그려라.

(c) 1/2 V 이내(의 정확도)에서 이 회로의 컬렉터-이미터 전압강하는 얼마인가?

(d) V_1이 바뀔 수 있다면 이 회로에서 BJT가 포화되기 시작하도록 하는 V_1 값은 얼마인가?

(e) 주어진 베이스전류가 0.1 mA로서 (b)의 답과 일관성이 있을 때, 1/2 V 이내(의 정확도)에서 이 회로에서의 컬렉터-이미터 전압강하 V_{CE}는 얼마인가?

(f) (V_1이 달라진다고 가정하면) BJT 트랜지스터를 포화시키는 I_B의 최소값은 얼마인가?

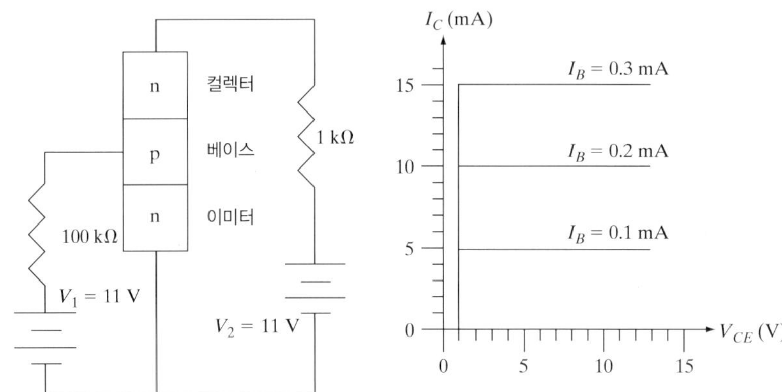

문제 2

다음은 평형상태의 n-p-n BJT에 대한 에너지대역도이다. 위치(*x*)의 함수로 페르미준위를 그려라. 질적으로 정확하면(qualitatively accurate) 충분하다.

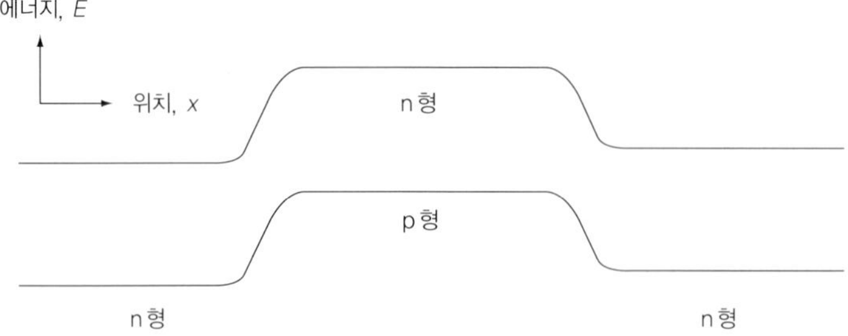

문제 3

BJT의 베이스폭을 감소시키는 것이 다음을 증가, 감소 또는 변화시키지 않는가?(답에 동그라미표 하라.)

(a) 이미터 주입효율 γ? 증가 / 감소 / 무변화
(b) 베이스전송률 B? 증가 / 감소 / 무변화
(c) (이미터공통) 이득 β? 증가 / 감소 / 무변화
(d) 얼리전압 V_A의 크기? 증가 / 감소 / 무변화

문제 4

n-p-n BJT의 단면을 그리고 여러 가지 전류벡터의 정확한 방향을 보여주도록 주요 전류성분들을 화살표와 함께 표시하라. 베이스 도핑을 증가시킬 경우, 어떻게 여러 가지 성분들이 변하는지를 질적으로 설명하라.

문제 5

BJT의 베이스 도핑을 감소시키면 다음을 증가, 감소, 또는 기본적으로 변화시키지 않는가?(답에 동그라미표하라.)

(a) 이미터 주입효율 γ? 증가 / 감소 / 무변화
(b) 베이스전송률 B? 증가 / 감소 / 무변화
(c) 얼리전압 V_A의 크기? 증가 / 감소 / 무변화

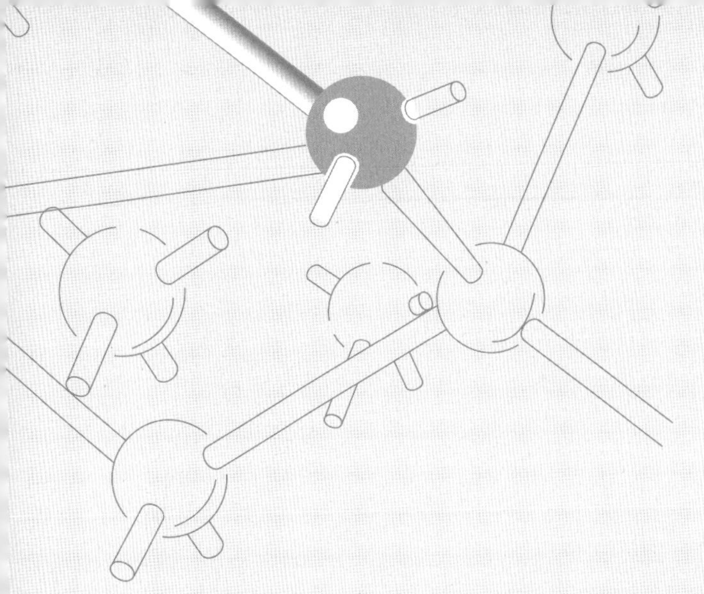

Chapter 08

광전자소자

학·습·목·표

1. 태양전지를 이해한다.
2. APD와 같은 광검출기를 이해한다.
3. LED와 같은 비간섭성 광원과 레이저와 같은 간섭성 광원을 공부한다.

지금까지는 기본적으로 전기소자에 집중해 왔지만 반도체와 광자의 상호작용을 포함하는 아주 다양한 매우 재미있고 유용한 소자기능도 있다. 이들 소자는 광대역 통신과 광섬유를 통한 데이터 전송을 가능케 하는 광원과 검출기를 제공한다. 소자응용의 이 중요한 영역은 **광전자공학**(*optoelectronics*)이라고 불려진다. 이 장에서는 광자를 감지하는 소자와 광자를 방출하는 소자에 관해 검토할 것이다. 광학적인 에너지를 전기적인 에너지로 변환하는 소자에는 광다이오드와 태양전지 등이 있다. 광자 방출기는 발광 다이오드(light-emitting diode ; LED)와 같은 비간섭성(incoherent) 광원과 레이저와 같은 간섭성(coherent) 광원을 포함한다.

8.1 광다이오드

4.3.4 절에서 덩어리로 된 반도체 시료는 광학적 생성률에 비례하는 전도도의 변화를 줌으로써 광전도체(photoconductor)로 사용할 수 있음을 보았다. 흔히 광학적 또는 고에너지 방사 검출기의 응답속도와 감도를 개선하기 위하여 접합형 소자를 사용할 수 있다. 광자 흡수에 응답하도록 설계된 단일 접합형 소자를 **광다이오드**(*photodiode*)라 한다. 일부 광다이오드는 극도로 높은 감도와 응답속도를 갖고 있다. 현대의 전자공학은 종종 전기적 신호와 같은 광학적인 것도 포함하기 때문에, 광다이오드는 전자소자로서 중요한 기능을 제공한다. 이 절에서는 EHP(electron-hole pairs)의 광학적 생성에 대한 p-n 접합의 응답을 조사하고 몇 가지 대표적인 **광다이오드 검출기**(*photodiode detector*)의 구조를 검토할 것이다. 또한 흡수된 광에너지를 유용한 전력으로 바꾸어 주는 **태양전지**(*solar cell*)로서의 접합의 매우 중요한 이용을 고찰할 것이다.

8.1.1 조사된 접합에서의 전류와 전압

5장에서 (캐리어) 생성전류는 접합을 가로지르는 소수캐리어의 표동에 의한 전류임을 확인하였다. 특히 공핍영역 W 내에서 생성된 캐리어들은 접합전계에 의하여 분리되어, 전자는 n형 영역에서 정공은 p형 영역에서 집속된다. 또한 접합 양쪽의 확산거리 내에서 열적으로 생성된 소수캐리어들은 공핍영역으로 확산되어, 전계에 의해 다른 쪽으로 쓸려가게 된다. 만약 접합에 $h\nu > E_g$인 광자들이 균일하게 조사되면 부가적인 생성률 g_{op}(EHP/cm^3-s)가 이 전류에 참여하게 된다(그림 8-1). n형 쪽 전이영역의 확산거리 내에서 매초당 생기는 정공의 수는 $AL_p g_{op}$이다. 비슷하게 $AL_n g_{op}$의 전자가 매초당 x_{p0}로부터 L_n 내에서 발생되고 AWg_{op}의 캐리어가 W 내에 생성된다. 접합에 의해 광학적으로 생성된 이들 캐리어의 집속으로 인해 생긴 전류는 다음과 같다.

$$I_{op} = qAg_{op}(L_p + L_n + W) \tag{8-1}$$

식 (5-37b)에서의 열적으로 생성된 전류는 I_{th}라 한다면 식 (8-1)의 광학적 생성을 더하여 빛의 조사에 따른 총 역방향 전류를 구할 수 있다. 이 전류는 n에서 p로 향하는 방향이므로 다이오드 방정식 (5-36)은 다음과 같이 된다.

$$I = I_{th}(e^{qV/kT} - 1) - I_{op}$$

$$I = qA\left(\frac{L_p}{\tau_p}p_n + \frac{L_n}{\tau_n}n_p\right)(e^{qV/kT} - 1) - qAg_{op}(L_p + L_n + W) \tag{8-2}$$

즉, I-V 곡선은 생성률에 비례하는 양만큼 낮아진다(그림 8-1c). 이 식은 두 개의 부분으로 생각할 수 있다. 즉, 보통 다이오드 방정식으로써 기술되는 전류와 광학적 캐리어 생성에

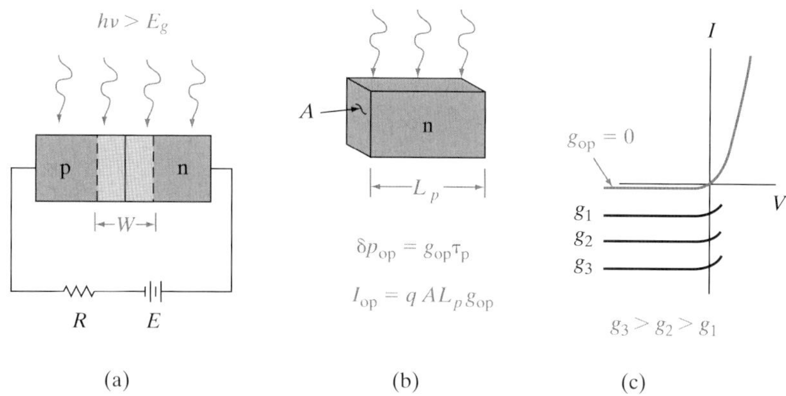

그림 8-1 p-n 접합에서의 광학적 캐리어 생성: (a) 소자에 의한 빛의 흡수; (b) n형 쪽 접합의 확산거리 내에서의 EHP 생성으로부터 생기는 전류 I_{op}; (c) 조사된 접합의 I-V 특성.

의한 전류가 그것이다.

이 소자를 단락시키면($V = 0$) 예상되는 바와 같이 식 (8-2)에서 다이오드 방정식으로부터의 항이 소거된다. 그러나 n형에서 p형으로의 I_{op}와 같은 단락전류가 있다. 따라서 그림 8-1c의 I-V 특성이 g_{op}에 비례하는 음의 값에서 I축과 교차한다. 이 소자 양단간을 개방하면, $I = 0$이고 전압 $V = V_{oc}$는 다음과 같다.

$$V_{OC} = \frac{kT}{q}\ln[I_{op}/I_{th} + 1] = \frac{kT}{q}\ln\left[\frac{L_p + L_n + W}{(L_p/\tau_p)p_n + (L_n/\tau_n)n_p}\cdot g_{op} + 1\right] \tag{8-3a}$$

대칭적 접합의 특수한 경우에는 $p_n = n_p$, $\tau_p = \tau_n$이어서 식 (6-5)를 열적 생성률 $p_n/\tau_n = g_{th}$와 광학적 생성률 g_{op}의 항으로 다시 쓸 수 있다. W 내에서의 재결합을 무시하면 다음과 같다.

$$g_{op} \gg g_{th} \text{인 경우} \quad V_{oc} \simeq \frac{kT}{q}\ln\frac{g_{op}}{g_{th}} \tag{8-3b}$$

실제로, 항 $g_{th} = p_n/\tau_n$은 평형(*equilibrium*) 상태에서의 열적 생성-재결합률을 나타낸다. 소수캐리어농도가 EHP의 광학적 생성으로써 증가함에 따라, 수명 τ_n은 짧아지고 p_n/τ_n은 커진다(p_n은 주어진 N_d와 T에 대하여 일정하다). 따라서 V_{oc}는 증가하는 생성률과 더불어 무한정 증대할 수는 없다. 사실상 V_{oc}에 대한 한계는 평형상태에서의 접촉전위차 V_0이다(그림 8-2). 이 결과는 접촉전위차가 접합을 가로질러서 나타날 수 있는 최대의 순방향 바이어스이므로 예측할 수 있는 것이다. 조사된 접합을 가로질러서 순방향 전압이 나타나는 것은 광기전력효과(*photovoltaic effect*)로 알려져 있다.

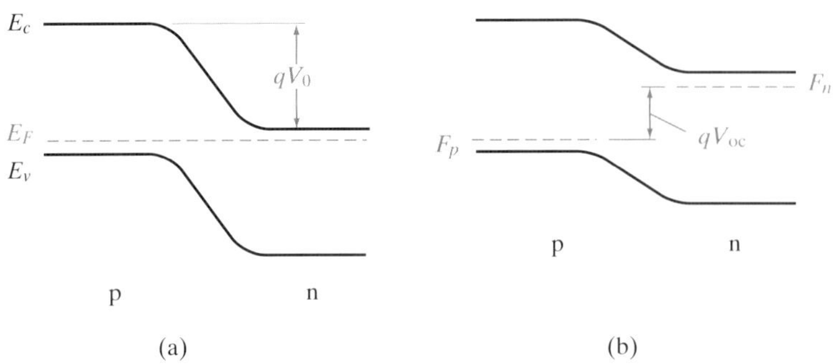

그림 8-2 접합의 개방회로 전압에 주는 빛 조사의 영향: (a) 평형상태에서의 접합; (b) 빛 조사 시의 전압 V_{oc}의 출현.

원하는 응용에 따라서 그림 8-1의 광다이오드를 *I-V* 특성 곡선의 제3 또는 제4분면에서 작동하게 할 수 있다. 그림 8-3에 나타난 바와 같이 전류와 접합전압이 다같이 양이거나 음이면(즉, 제1 또는 제3사분면에서는), 전력이 외부 회로로부터 이 소자에 공급된다. 그러나 제4사분면에서는 접합전압은 양이고 전류는 음이다. 이 경우 전력은 이 접합으로부터 외부회로에 공급된다(제4사분면에서 전류는 전지에서와 같이 *V*의 음에서 양으로 흐른다는 것에 유의하라).

전력이 이 소자로부터 추출되려면 제4사분면이 사용되지만, 한편 광검출기로서의 응용에서는 보통 이 접합을 역방향으로 바이어스하여 그것을 제3사분면에서 동작시킨다. 이들 응용을 다음 검토에서 더욱 자세하게 조사할 것이다.

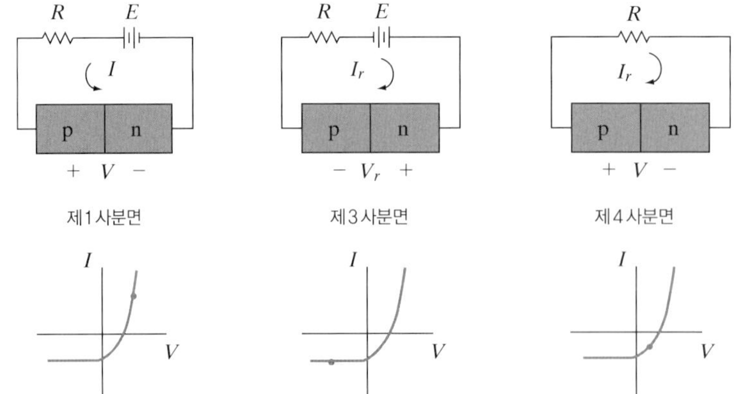

그림 8-3 I-V 특성 곡선의 여러 사분면에서의 빛이 조사된 접합의 동작: (a)와 (b)에서 전력은 외부회로에 의해 이 소자로 공급된다; (c)에서는 이 소자가 부하에 전력을 공급한다.

예제 8-1 정상상태(steady state)의 광 여기(optical excitation)에 대하여, 정공의 확산방정식은 다음과 같이 쓸 수 있다.

$$D_p \frac{d^2 \delta p}{dx^2} = \frac{\delta p}{\tau_p} - g_{op}$$

긴 p^+-n 다이오드에 어떤 광신호가 균일하게 비추고 있어서 g_{op} EHP/cm^3-s 만큼의 EHP가 생기고 있다고 가정하자. 이때 정공확산전류 $I_p(x_n)$을 구하고 $x_n = 0$에서의 값을 구하라. 이 결과를 식 (8-2)를 p^+-n 다이오드에 대하여 푼 결과와 비교하라.

풀이

$$\frac{d^2 \delta p}{dx_n^2} = \frac{\delta p}{L_p^2} - \frac{g_{op}}{D_p}$$

$$\delta p(x_n) = Be^{-x_n/L_p} + \frac{g_{op} L_p^2}{D_p}$$

$x_n = 0$에서 $\delta p(0) = \Delta p$이다. 따라서 $B = \Delta p_n - \frac{g_{op} L_p^2}{D_p}$

(a) $\delta p(x_n) = [p_n(e^{qV/kT} - 1) - g_{op} L_p^2/D_p] e^{-x_n/L_p} + g_{op} L_p^2/D_p$

$$\frac{d\delta p}{dx_n} = -\frac{1}{L_p}[\Delta p_n - g_{op} L_p^2/D_p] e^{-x_n/L_p}$$

(b) $I_p(x_n) = -qAD_p \frac{d\delta p}{dx_n} = \frac{qAD_p}{L_p}[\Delta p_n - g_{op} L_p^2/D_p] e^{-x_n/L_p}$

$$I_p(x_n = 0) = \frac{qAD_p}{L_p} p_n(e^{qV/kT} - 1) - qAL_p g_{op}$$

마지막 방정식은 p 영역에서의 생성에 의한 성분이 포함되지 않은 것을 제외하고는, 식 (8-2)를 $n_p \ll p_n$인 경우에 대하여 쓴 것과 같다.

8.1.2 태양전지

빛이 조사된 접합에 의해 전력이 외부회로에 공급될 수 있으므로 태양에너지를 전기에너지로 변환할 수 있다. 그림 8-3c의 제4사분면을 생각하면 큰 전력이 개개의 소자에 의해 공급될 수 있다는 것이 의심스러워 보인다. 전압은 접촉전위차 이하로 한정되며, 이는 또한 일반적으로 에너지 대역간극 전압 E_g/q보다는 작다. Si의 경우 전압 V_{oc}는 약 1 V보다 작다. 발생되는 전류는 조사면적에 따르지만 대표적 I_{op}는 약 1 cm^{2}의 면적을 가진 접합에 대하여 10 ~ 100 mA의 범위에 있다. 그러나 이와 같은 소자를 많이 사용하면, 그 결과 전력은 상당하게 될 수 있다. 사실상 p-n 접합형 태양전지의 배열체(array)가 현재 많은 우주 인공위성의 전력 공급을 위해 사용되고 있다. 태양전지는 장기간 인공위성에 실려 있는 전자장비에 전력을 공급할 수 있으며, 이것이 전지와 비교했을 때의 현저한 이점이다. 이 접합

(a) (b)

그림 8-4 (a) 국제우주정거장(International Space Station)에 부착된 태양전지 배열체. 태양전지 배열체 날개들의 길이는 한 끝에서 다른 끝까지 74 m이다. 날개 하나에는 32,800개의 태양전지가 있고 정거장에 62 kW의 전력을 공급할 수 있다(NASA 사진제공). (b) 이탈리아에 있는 72 메가와트(MW) 용량의 지상 태양전지 발전소(MEMC/Sun Edison 제공)

의 배열체는 인공위성의 표면에 분포시켜 놓을 수도 있고, 인공위성의 본체에 붙어 있는 짧고 넓적한 노 모양의 태양전지 "장착판(paddle)"에 들어 있을 수도 있다(그림 8-4a). 그림 8-4b는 72 메가와트(MW) 용량의 이탈리아 태양전지 발전소의 사진이다.

얻을 수 있는 광학적 에너지의 최대량을 이용하기 위해서는 소자의 표면 가까이 큰 면적의 접합을 갖는 태양전지를 설계할 필요가 있다(그림 8-5). 이 평면형 접합은 확산이나 이온주입으로써 형성시키며, 표면에는 반사를 감소시키고 표면재결합을 적게 하기 위해 적당한 물질을 도포한다. 태양전지를 설계할 때는 많은 타협이 이루어져야 한다. 예를 들어, 그림 8-5에 나타낸 소자에서 접합의 깊이 d는 표면 근처에서 생성된 정공들이 재결합되기 전에 접합으로 확산될 수 있게 하기 위해서 n형 물질에서의 L_p보다도 적어야 한다. 비슷하게 하여 p형 영역의 두께는 이 영역에서 생긴 전자가 재결합이 일어나기 전에 접합까지 확산할 수 있어야 한다. 이 요건은 전자의 확산거리 L_n, p형 영역의 두께 및 평균 광학적 침투깊이 $1/\alpha$ 사이의 적절한 정합을 암시하는 것이다[식 (4-2) 참조]. 큰 광전압(photovoltage)을 얻으려면 큰 접촉전위차 V_0를 갖는 것이 바람직하며, 따라서 고농도의 도핑을 암시한다. 반면에, 캐리어의 긴 수명이 바람직한데 이것은 도핑농도가 너무 크면 감소된다. 이 소자의 직렬저항은 매우 작아서 이 소자 자체에서의 옴(ohmic) 손실에 의한 열로 전력이 없어지지 않는다는 것이 중요하다. 단지 수 V의 직렬저항도 태양전지의 출력 전력을 현저하게 감소시킬 수 있다(연습문제 8.7). 면적이 넓기 때문에 이 소자의 p형 몸통의 저항은 작게 할 수 있다. 그러나 얇은 n형 영역에 대한 접촉에는 특수한 설계가 필요하다. 이 영역이 끝부분에서 접촉되면 전류가 얇은 n형 영역에 따라 접촉부로 흘러야 한다. 그 결과 큰 직렬저항이 이루어지게 된다. 이와 같은 효과를 방지하기 위해서는 접촉부를 그림 8-5b에서와 같이 작은 손가락(finger) 모양의 접촉부를 만들어줌으로써 n형 표면 위에 펼쳐놓을 수 있다. 이들 협소한 접촉부는 입사하는 빛을 크게 방해하지 않고 직렬저

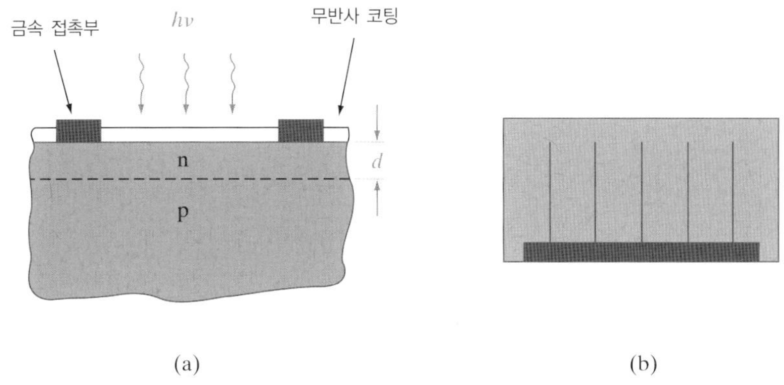

그림 8-5 태양전지의 구성: (a) 평면 접합의 확대도; (b) "손가락" 모양의 금속 접촉부를 보여주는 평면도.

항을 감소시키는 데 도움이 된다.

그림 8-6은 I_r을 표기의 편의상 위쪽으로 그린 태양전지 특성의 제4사분면을 나타낸 것이다. 개방(회로단자) 전압 V_{oc}와 단락전류 I_{sc}는 그 전지의 성질에 따라 주어진 빛의 정도에 대하여 결정된다. 이 태양전지에 의해 부하에 공급되는 최대 전력은 곱 VI_r이 최대가 될 때 일어난다. 이들 전압과 전류값을 V_m 및 I_m이라고 하면, 그림 8-6의 빗금친 직사각형 부분으로 표시되는 최대 공급전력은 곱 $I_{sc}V_{oc}$보다는 적다는 것을 알 수 있다. 비 $I_mV_m/I_{sc}V_{oc}$를 채움인수(*fill factor*)라 하며 태양전지 설계를 위한 특성지수가 된다.

태양전지의 응용은 외기권에 한정되는 것은 아니다. 태양의 세기가 대기에 의해 감소된다고 하더라도, 지상에서 태양전지를 사용하는 응용에서는 태양으로부터 유용하게 전력을 얻을 수 있다. 현재 전 세계 전력 총 생산량은 약 15 TW이고 이것은 약 500 쿼드(quad, 1 쿼드 = 10^{15} BTU임)의 연간 에너지사용량에 해당하며 매년 1 ~ 2% 정도 증가하고 있다. 이중 약 80%는 화석연료(석유, 천연가스, 석탄)에서 만드는데 이는 수백 년 후에는 소진될 예정이다. 또 CO_2 배출과 지구온난화와 같은 문제 때문에 태양전지와 같은 "녹색" 전력원에 관심이 쏠리고 있으나, 현재 설치된 용량은 약 100 GW에 불과하다. 일조량

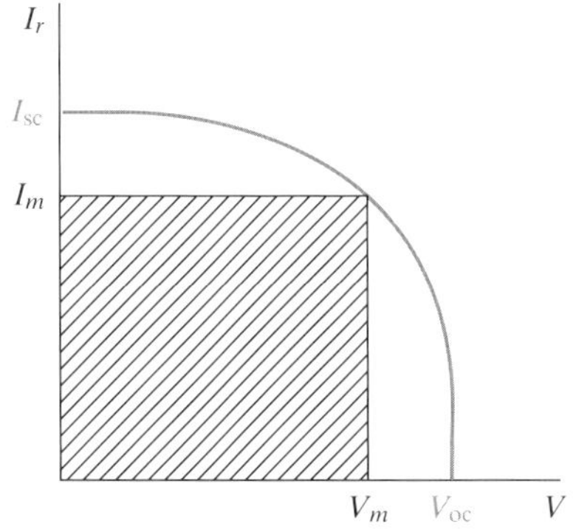

그림 8-6 빛이 조사된 태양전지의 I–V 특성. 최대전력 직사각형이 빗금 그어져 있다.

이 특별히 많은 지역에서는 약 1 kW/m^{2}의 전력생산이 가능하지만(이것은 전 세계적으로 약 600 TW까지 가능함을 의미), 모든 태양에너지가 전력으로 변환될 수 있는 것은 아니다. 광자속(photon flux)의 대부분은 이 전지의 대역간극보다 적은 에너지에 있으며 흡수되지 않는다. 높은 에너지의 광자는 크게 흡수되고, 그 결과로 생기는 EHP는 표면에서 재결합할 수도 있다. 잘 제작된 단결정 Si 전지는 약 25% 의 효율로 태양에너지를 변환시킬 수 있으며, 완전조광(full illumination)상태에서 약 250 W/m^{2}의 전력을 낸다. 이것은 큰 면적의 Si 전지를 제작하는 데 수반되는 노력을 감안할 때 단위 태양전지 면적당 전력의 적절한 양이다. 비정질(amorphous) Si 박막 태양전지의 제작비는 더 싸지만 물질의 결함 때문에 효율이 낮다(약 10%).

광기전력 기술의 지상 응용에 있어서 태양전지 제작에 드는 비용의 절감과 크기의 축소는 매우 중요하다. 현재 화석연료로 전력을 생산하는 데는 불과 KWh당 불과 3센트밖에는 들지 않지만, 비정질 Si 태양전지의 경우는 이의 약 10배가 들고, 투자 회수에는 약 4년이 걸린다. 크기에 대하여 말하자면, 10% 정도의 변환효율을 가정할 때, 미국 전체의 전력수요를 감당하려면 3% 정도의 미국 국토가 태양전지로 덮여야 하므로 이것은 또 다른 환경적 문제를 초래할 것이 분명하다. 전지당 생산전력을 높일 수 있는 방법으로는 거울을 이용하여 집광하는 방법이 있다. 이렇게 하면 온도가 높아지고 따라서 전지의 효율이 감소하지만, GaAs 나 관련 화합물 반도체는 100°C 이상에서도 사용할 수 있다. 그러한 태양집광시스템에서는 전지의 수를 줄일 수 있으므로 전지 생산에 좀더 투자할 수 있는 여유가 생긴다. 예를 들어 GaAs-AlGaAs 이종접합으로 만든 태양전지는 변환효율이 좋고 고온에서도 동작한다. 이러한 시스템에서는 소요면적은 전지가 차지하는 면적보다는 집속기(concentrator)가 차지하는 면적이 된다.

예제 8-2 완전조광조건에서 Si 태양전지는 단락회로 전류가 100 mA 이고 개방회로 전압이 0.8V 이다. 채움인수(fill factor)가 0.7 이다. 이 전지에 의해 부하에 전달될 전력의 최대치를 구하라.

풀이 $P_{\max} = (f.f.)\, I_{sc} V_{oc} = (0.8)(100)(0.7) = \mathbf{56\ mW}$

8.1.3 광검출기

광다이오드를 그의 *I-V* 특성 곡선의 제3사분면에서 동작시킬 때(그림 8-3b), 그 전류는 본질적으로 전압에는 무관하나 광학적 생성률에는 비례한다. 이와 같은 소자는 조명의 수준을 측정하거나, 또는 시간적으로 변화하는 광학적 신호를 전기적 신호로 변환시켜 주는 유용한 방법을 제공한다.

많은 광학적 검출에 대한 응용에서는 검출기의 응답속도가 결정적인 것이다. 예를 들어 광다이오드가 1 ns 떨어져 있는 광펄스(light pulse)에 감응한다면, 광학적으로 생성된 소수캐리어는 1 ns보다 훨씬 적은 시간에 접합으로 확산하고 반대쪽으로 넘어서 쓸려가야 한다. 이 과정에서 캐리어의 확산 단계는 시간이 걸리며 가능하다면 제거되어야 한다. 따라서, 공핍영역의 폭 W는 충분히 커서 대부분의 광자가 중성인 p와 n형 영역에서보다는 W 내에서 흡수되는 것이 바람직하다. EHP가 이 공핍영역에서 생기면 전계는 전자를 n형 쪽으로 정공은 p형 쪽으로 쓸려가게 한다. 이 캐리어의 표동은 매우 짧은 시간에 일어나므로 광다이오드의 응답은 극히 빠르다. 캐리어가 주로 공핍층 W 내에서 생성될 때 이 검출기를 **공핍층형 광다이오드**(*depletion layer photodiode*)라 한다. 분명히 W를 크게 만들 수 있도록, 접합의 적어도 한쪽은 저농도로 도핑을 하는 것이 바람직하다. W의 적절한 폭은 감도와 응답속도 사이에서 타협이 이루어지도록 선정된다. W가 넓으면 대부분의 입사된 캐리어는 공핍영역에서 흡수되어 고감도가 될 것이다. 또 넓은 W는 작은 접합을 가져오며[식 (5-62) 참조], 따라서 검출기 회로의 RC 시상수를 감소시킨다. 한편, W는 광학적으로 생성된 캐리어가 공핍영역 밖으로 표동되어 나오는 데 필요한 시간이 과대하게 되어 대역폭이 좁아질 정도로 넓어서는 안 된다.

이 공핍영역의 폭을 제어하는 한 편리한 방법은 p-i-n **광검출기**(*p-i-n photo-detector*)를 구성하는 것이다(그림 8-7). 이 "i"영역은 저항률이 높기만 하면 참된 진성 반도체일 필요는 없다. 이것은 n-형 기판 위에 에피택셜 방식으로 성장시킬 수 있으며, p형 영역은 확산으로써 만들 수 있다. 이 소자를 역방향으로 바이어스를 가해 주면 인가전압은 전부 i 영역을 가로질러서 나타난다. i 영역 내의 캐리어 수명이 표동시간에 비하여 길다면, 광학적으로 생성된 캐리어의 대부분은 n 및 p 영역에 의해 모아질 것이다. 광검출기를 평가하는 중요한 지수중 하나는, 검출기에 입사되는 광자 하나당 생성되는 캐리어의 수로 표현되는 외부 양자효율(external quantum efficiency), η_Q이다. 광전류밀도 J_{op}에 대해서는 J_{op}/q개의 캐리어가 단위면적당, 단위시간당(매초) 모아진다. 따라서

$$\eta_Q = (J_{op}/q)/(P_{op}/h\nu) \quad (8\text{-}4)$$

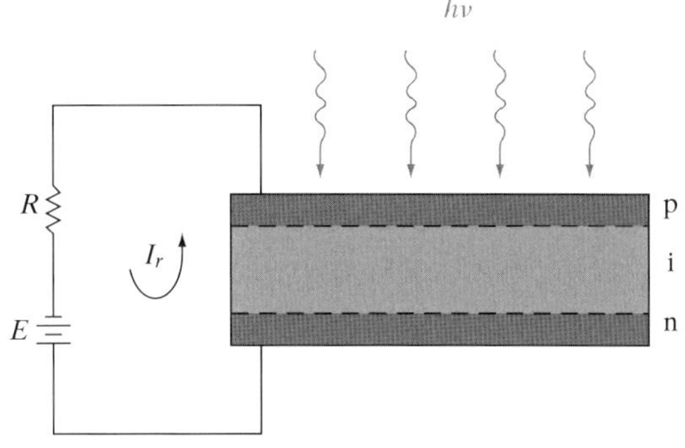

그림 8-7 p-i-n 광다이오드의 개요도

전류 이득이 없는 광 다이오드에 있어서 최대 η_Q는 1(unity)이다. 작은 광학적 신호를 검출하고자 한다면, 광다이오드를 그 특성의 애벌랜치 영역에서 작동되도록 하는 것이 종종 바람직하다. 이와 같은 양식에서 광학적으로 생성된 캐리어는 애벌랜치 증식작용으로 말미암아 전류에 상당한 변동이 생겨서 전류이득과 100% 가 넘는 외부양자효율을 나타내게 된다. 애벌랜치 광다이오드(*avalanche photodiode*; *APD*)는 광섬유 통신시스템에서 유용하다(8.2.2 절).

여기서 기술한 형식의 광다이오드는 그 물질의 에너지 대역간극에 상당하는 에너지에 가까운 에너지를 갖는 광자에 대하여 민감하다[진성(*intrinsic*) 검출기]. $h\nu$가 E_g보다 작으면 광자는 흡수되지 않는다. 한편 광자가 E_g보다 훨씬 큰 에너지를 가지고 있으면, 그들은 표면에 매우 가까운 곳에서 흡수될 것이며 그곳에서는 재결합률이 높다. 따라서 특정한 스펙트럼(spectrum)에 대하여 예민한 광다이오드 물질을 선정해야 한다. 광자가 불순물 준위로나 또는 그 밖으로 전자를 여기시킬 수 있다면, 긴 파장에 감응하는 검출기가 이룩된다[외인성(*extrinsic*) 검출기]. 그러나 이러한 외인성 검출기의 민감도는 EHP가 대역간극에 걸친 여기에 의해 생성되는 진성 반도체에 비해 훨씬 적다.

격자정합된(lattice-matched) 다층의 화합물 반도체를 사용함으로써, 흡수영역의 대역간극을 검출하려는 빛의 파장에 맞도록 할 수 있다. 보다 넓은 대역간극을 가진 물질이 그 경우에 빛이 투사되는 개구부(window)로 사용될 수 있다(그림 8-8). 예를 들어, 그림 1-13에서 In 몰 비(mole fraction)가 53% 인 InGaAs가 InP 위에 매우 격자결합이 잘 되게 단결정 성장을 할 수 있음을 보았다. 이 조성비를 가진 InGaAs는 약 0.75 eV의 대역간극을 갖고 있으며, 8.2.2 절에 보게 될 바와 같이 광섬유시스템에 유용한 파장(1.55 μm)에 민감하게 된다. InGaAs를 활성층(active) 물질로 이용할 때, 빛을 보다 넓은 대역간극을 가진 $In_{0.52}AI_{0.48}As$(역시 InP에 격자정합되어 있음)를 통하여 빛을 입사함으로써 표면재결합 효과를 크게 줄일 수 있다. 좁은 대역간극 물질(예: InGaAs)을 사용하는 애벌랜치 광다이오드의 경우에 이 물질에서 빛을 흡수하고, 그에 따라 생긴 캐리어들은 큰 대역간극 물질(예: InAlAs)에 형성된 접합으로 보내어, 거기서 고전계 애벌랜치 증식이 일어나도록 하는 것이 좋다. 이렇게 흡수와 증식을 다른 영역에서 하는 SAM(separate absorption and multiplication) APD 에서는, 작은 간극 물질에서 흔히 볼 수 있는 역바이어스 접합에서 큰 누설전류를 피할 수 있다. 그림의 구조에는 도핑이 된 InAlAs 전하층이 있어서 SACM[C는 전하(*charge*)를 나타냄] 증식층과 흡수층 사이의 전계를 최적화(감소)시키는 효과도 있다. 또한 큰 대역간극 증식층과 작은 대역간극 흡수층 사이에 합금조성비를 서서히 변화하게 할 수도 있는데, 이렇게 하면 대역 끝에서의 불연속(band-edge discontinuity)에서 생기는, 광 생성된 캐리어의 포획(trap)을 막을 수 있다. 광전류와 암전류 공히 애벌랜치 증식 때문에 바이어스에 따라 증가한다(그림 8-8 b). 그러나 광전류 I_P와 암전류 I_d의 차이 ΔI를 최대화하는 것이 유리한 것은 분명하다. 낮은 기준전압에서의 ΔI와 다른 측정 전압에서의 ΔI와의 비가 그 전압에서의 APD의 이득으로 정의된다.

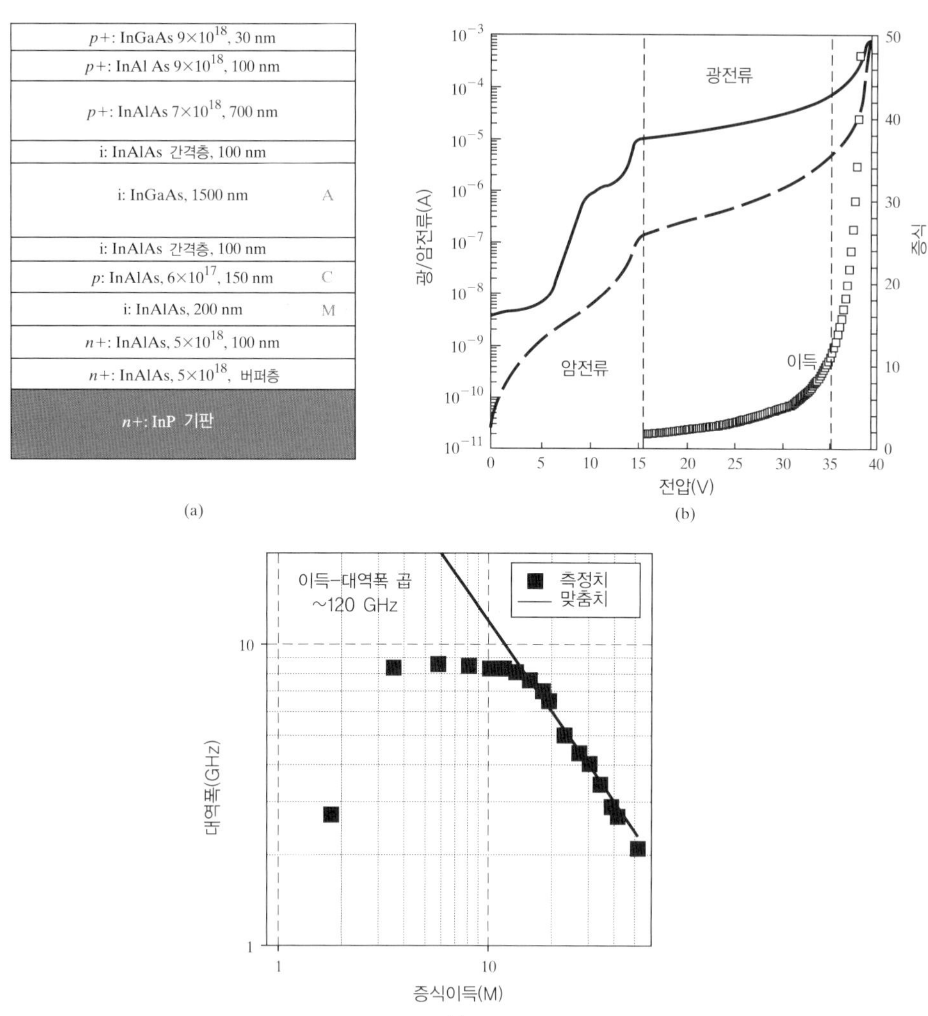

그림 8-8 광다이오드 동작을 향상시키기 위해 사용한 다층 이종접합(multilayer heterojunction): (a) 좁은 간극 물질(InGaAs, E_g = 0.75 eV)에서 넓은 간극 물질(InP와 InAlAs)을 통과한 1.55 μm 근처의 빛을 흡수하는 애벌랜치 광다이오드; 정공은 애벌랜치 증식이 일어나는 InAlAs 접합 쪽으로 쓸려간다. i 영역은 저농도로 도핑되어 있다. (b) 광전류, 암전류, 이득은 애벌랜치 증식 때문에 바이어스의 함수로 증가한다. (c) SACM APD 등에서 볼 수 있는 전형적인 이득-대역폭 특성[After X. Zheng, J. Hsu, J. Hurst, X. Li, S. Wang, X. Sun, A. Holmes, J. Campbell, A. Huntington, and L. Coldren, *IEEE J. Quant. Elec.*, 40(8), pp. 1068-1073, Aug. 2004].

8.1.4 광검출기에서의 잡음과 대역폭

광통신시스템에서는 광검출기의 (이득에 따라 변하는) 감도(sensitivity)와 응답시간(response time, 대역폭)이 특히 중요하다. 이러한 SACM APD의 전형적인 이득 대역폭 특성은 그림 8-8c에 나타나 있고, 이는 그 구조를 지나가는 캐리어의 주행시간에 의해 결정된다. 그러나 불행하게도 이득을 키우려고 설계하면 대역폭이 작아지고 그 반대도 성립한다. 이득-대역폭 곱(*gain-bandwidth product*)을 광검출기에서 특성지수(figure of merit)로 쓰는 경우가 많다. p-i-n 다이오드에는 흡수된 하나의 광자당 많아야 하나의 EHP가 접속되므로 이득이 없다. 그래서 이득은 1이며, 여기서의 이득-대역폭 곱은 대역폭 혹은 주파수응답에 의해서만 결정된다. p-i-n에서 응답시간은 공핍영역의 폭에 달려 있다.

또 하나, 검출기에서 중요한 것은 신호 대 잡음비(*signal-to-noise ratio*)인데, 이것은 검출기에서 사용할 수 있는 정보의 양과 배경잡음의 비를 말한다. 광전도기(photoconductor)의 경우, 주 잡음원은 암전류의 임의 변동(random fluctuation)이며, 이를 존슨 잡음(*Johnson noise*)이라 한다. 잡음전류는 온도($\sim KT$)와 물질의 암전도도에 따라 증가한다. 그러므로 암저항을 늘림으로써 일정 온도에서의 광전도기 잡음을 줄일 수 있다. 그러나 또 하나의 저주파 잡음원이 있는데 $1/f$ 혹은 플리커(flicker) 잡음이라 하며, 이는 결함(defect)에서의 캐리어 포획(trapping)이나 탈출(detrapping)에 의한 것이다.

p-i-n 다이오드에서는 광전도기에 비하여 암전류가 적고 암저항은 훨씬 크다. 여기에서 잡음의 주 원인은 이 영역에서의 임의적인 EHP의 열생성-재결합[산탄 잡음(*shot noise*)이라함]이다. 산탄 잡음은 궁극적으로 전자와 정공에 있는 전하의 양자화(quantization)에 기인하는 것이다. p-i-n 소자의 잡음은 다음에 설명하는 이유들로 인해 APD나 광전도기의 경우보다 훨씬 적다.

애벌랜치 광다이오드는 애벌랜치 증식효과를 통하여 이득을 얻는 장점이 있다. 단점은 애벌랜치 과정에서 임의 변동으로 잡음이 p-i-n에 비하여 증가한다는 것이다. 한 종류의 캐리어만이 높은 전계영역에서 충돌이온화(impact ionization)를 일으킬 때 이 잡음은 감소하게 된다. 만약 전자와 정공 두 캐리어 모두 이온화에 참여한다면 이온화과정에 좀더 많은 변동이 있게 된다. Si에서의 충돌이온화에 있어서는 전자가 EHP를 만들 확률이 정공보다 훨씬 높다. 그러므로 Si APD는 높은 이득과 상대적으로 낮은 잡음으로 작동될 수 있다. 불행히도, Si APD는 Si가 광섬유에 대해 저손실과 저분산을 갖는 파장에서(λ = 1.55와 1.3 μm) 투명하기 때문에 광섬유를 사용한 대부분의 광전송에는 사용될 수 없다. 이러한 더 긴 파장의 경우에 선택된 물질이 $In_{0.53}Ga_{0.47}As$이다. 그러나 대부분의 화합물 반도체에서 전자와 정공의 이온화율은 비슷하여 Si APD에 비해 잡음과 주파수 특성을 안 좋게 한다.

광전도기에 있어서는 여러 가지 잡음원이 신호 대 잡음비(S/N)를 결정한다. 이것을 잡음 등가 전력(noise-equivalent-power; NEP)으로 정량화하는데, 이는 잡음과 동일한 rms 출력을 갖는 검출 가능한 최소의 신호를 나타낸다. 광검출기의 검출도(Detectivity)는 $D = 1/\text{NEP}$로 정의된다.

NEP는 광전도기의 대역폭과 면적에도 관계된다. 특이성 검출도(specific detectivity) D^*는 단위면적과 1 Hz의 대역폭을 갖는 광검출기에 대하여 정의된다. 따라서 대역폭에 대한 요구조건이 맞는다면 가장 큰 D^*를 갖는 광검출기를 선택하는 것이 유리하다.

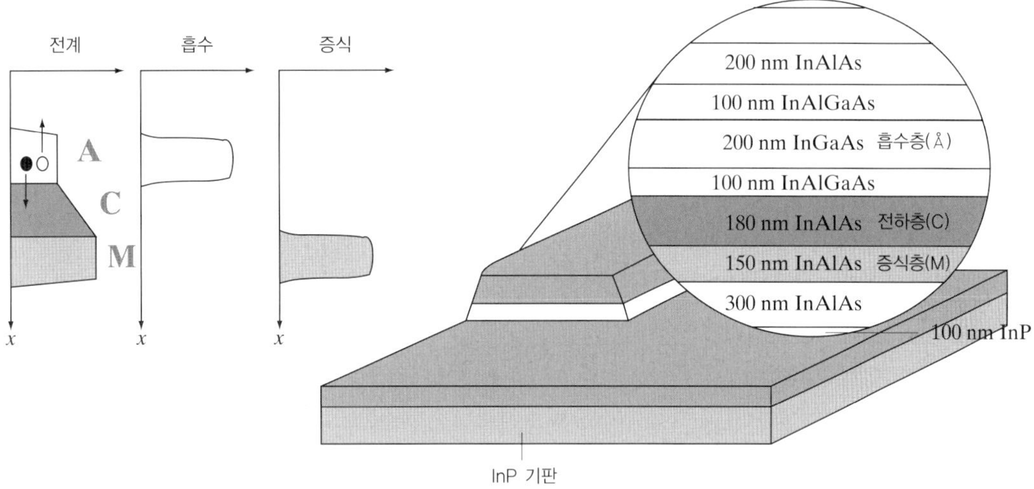

그림 8-9 광도파로형 광다이오드. 광자는 협 에너지대역 InGaAs 영역 A에서 강하게 흡수되고 캐리어는 영역 M에서 애벌랜치 과정에 의하여 증식된다. 전하영역 C는 A와 M 사이의 전계 분포를 최적화시키기 위한 것이다.

높은 감도와 대역폭을 동시에 성취하는 또 다른 방법은 그림 8-9에서와 같이 광도파로(waveguide) 구조를 사용하는 것이다. 여기서는 그림 8-7의 p-i-n 광다이오드나 그림 8-8의 APD와는 달리, 빛은 전류의 수송방향과 수직방향으로 광다이오드에 입사된다. 이 방법의 장점은 광자의 통로 방향으로는 광 흡수층이 꽤 길어도 된다는 것이다. 이에 따라 감도를 높일 수 있는데 광 생성된 캐리어들은 수직방향으로 짧은 거리만을 주행하면 되므로 주행시간이 짧아지고 대역폭은 커진다.

8.2 발광 다이오드

캐리어가 순방향으로 바이어스된 접합을 가로질러서 주입될 때, 그 전류는 보통 전이영역에서와 접합 부근의 중성영역에서는 재결합에 의한 것으로 간주된다. Si나 Ge와 같은 간접형 에너지대역을 가진 반도체에서의 이 재결합은 격자에 열을 방출한다. 한편 직접적인 재결합으로 특성을 이루고 있는 물질에서는 순방향으로 바이어스된 접합으로부터 상당한 빛이 방출될 수 있다. **주입형 전계발광**(*injection electroluminescence*, 4.2.2절)이라 하는 이 효과는 광발생소자로서의 다이오드의 중요한 응용을 이루어준다. 디지털 손목시계나 계산기 표시장치의 발광 다이오드(light-emitting diode; LED) 의 응용은 잘 알려져 있다. 교통, 자동차 신호와 조명 분야에서도 또 다른 중요한 응용들이 있다. 순방향으로 바이어스된 p-n 접합에서의 발광재결합을 이용하는 또 하나의 중요한 소자는 **반도체 레이저**(*semiconductor laser*)이다. 8.4절에서 알게 되겠지만, 레이저는 LED보다 훨씬 좁은 파장대역에서 간섭성(coherent)이 있고 방향성(collimation)이 큰 빛을 방출하고 8.2.2절에서 설명하듯이 광섬유 통신시스템에 아주 유용하다.

LED에 있어서 광자의 주파수(색)는 $h\nu = E_g$인 플랑크(Planck) 관계식에 의한 반도체의 에너지대역폭에 의하여 주어진다. 이 관계를 잘 쓰이는 단위에 대하여 표현하면, $E_g(\text{eV}) = 1.24/\lambda(\mu\text{m})$가 된다. LED의 가장 중요한 지수 중 하나는 외부광자효율(external quantum efficiency) η_{ext}인데 이는 광출력을 입력전력(electrical input power)으로 나눈 것으로 정의된다.

$$\eta_{ext} = (\text{내부복사효율}) \times (\text{방출효율}) \tag{8-5}$$

내부효율은 물질의 질과 층의 구조 및 성분에 의해 주어진다. 물질의 결함은 확실히 비복사성(nonradiative) 재결합으로 이어진다. 그러나 아무리 내부효율이 높다 할지라도 LED로부터 생성된 광자가 모두 밖으로 나오는 것은 아니다. 레이저와는 달리, LED에서 방출된 광자들은 다양한 방출각도의 분포를 갖는다. 예를 들어, LED가 평탄형(planar) 표면을 갖고 있다면, 반도체-외부 계면에 도달한 광자 중 임계각(critical angle)보다 큰 각도를 갖는 광자는 전반사(total internal reflection)되어 궁극적으로는 반도체 내에서 흡수에 의해 소멸된다. 이 때문에 전형적인 LED는, 돔(dome) 모양으로 캡슐화(encapsulation)하는 방법으로 표면을 렌즈로 만들어 광자 방출을 돕는다.

8.2.1 LED 재료

여러 가지 화합물 반도체의 대역간극을 스펙트럼에 관련시켜 그림 4-4에 나타내었다. 에너지 대역간극에 따라서 이용 가능한 광자 에너지는 자외선(GaN 3.4 eV)에서 적외선(InSb, 0.18 eV)에 이르는 광범위한 변화가 있다. 사실상 혼합된 화합물을 이용하여 이 활용 가능한 에너지의 숫자는 크게 증가시킬 수 있다(그림 1-13과 3-6 참조). 화합물 반도체로부터 얻을 수 있는 광자에너지 변화의 좋은 예는 3원소 합금 GaAsP이며 이것이 그림 8-11에 도시되어 있다. 이 물질에서는 As의 백분율이 감소되고 P가 증가함에 따라, 그 결과로 생긴 대역간극은 직접 전이형인 GaAs의 1.43-eV의 대역간극(적외선)으로부터 간접 전이형인 GaP의 2.26-eV의 대역간극(녹색)에 이르는 변동을 한다. 이 $GaAs_{1-x}P_x$의 에너지 대역간극은 0.45의 조성에 도달할 때까지 x와 더불어 거의 선형적으로 변화하며 전자-정공 재결합은 이 범위에서는 직접적이다. LED 표시소자에 사용되는 가장 보편적인 합금의 조성은 $x \simeq 0.4$이다. 이 조성의 경우에 Γ 최소점($\mathbf{k} = 0$에서)이 전도대에서 가장 낮은 부분이 되기 때문에 대역간극은 직접 전이형이어서 효율적인 복사적 재결합이 이어질 수 있고, 방출된 광자는 스펙트럼의 적색부분에 있게 된다.

45% 이상의 P의 농도를 갖는 $GaAs_{1-x}P_x$는 그의 대역간극이 간접적인 X 최소점 때문에 간접 전이형이 된다. 이와 같은 간접적인 물질에서의 복사성 재결합은, 전도대역의 전자는 가전자대역의 정공과는 다른 운동량을 갖고 있기 때문에 발생할 가능성이 희박하다

(그림 3-5 참조). 그러나 흥미롭게도 질소를 도핑한 간접형의 $GaAs_{1-x}P_x$(x = 1 인 GaP 도 포함해서)가 스펙트럼의 황색에서 녹색에 이르는 광출력을 갖는 LED 들에 사용될 수 있다. 이것은 질소 불순물이 실제의 공간에서 전자를 매우 강하게 결속시키기 때문에 가능하다. 실제공간에서의 결속(Δx)은 전자의 운동량이 하이젠베르그(Heisenberg)의 불확실성 원리에 따라 운동량공간 Δp 에서 분산됨을 의미한다[식 (2-18) 참조]. 따라서, 일반적으로 간접 전이형 물질에서 복사성 재결합을 방해하는 운동량 보존법칙에서 빠져나갈 구멍이 생기게 되는 것이다. 이리하여 $GaAs_{1-x}P_x$ 에 대한 질소의 도핑은 기술적으로 유용할 뿐 아니라, 복사과정에 대한 흥미로운 통찰력을 제공해 주기도 한다.

많은 응용에 있어서 LED 의 발광이 사람 눈에 꼭 보일 필요가 있는 것은 아니다. GaAs, InP 및 이들 화합물의 혼합된 합금과 같은 적외선 방출체는 특히 광섬유 통신시스템이나 TV 리모콘에 잘 어울린다. 예를 들어 발광 다이오드는 광다이오드나 기타 감광소자들과 연결지어서, 두 지점 사이에서 광학적으로 정보를 전송하는 데 사용할 수 있다. 다이오드를 통하는 전류를 바꾸어 그 광출력을 변조시켜서, 정보가 검출기로 향하는 광학적 신호로 나타나게 할 수 있다. 또 다른 방법으로는 정보를 광원과 검출기 사이에 넣을 수도 있다. 예를 들어, LED 광검출기의 배열은 컴팩트 디스크(compact disc)나 DVD 시스템에서 돌아가는 디스크(spinning disc)로부터 디지털 정보를 읽는 데 사용될 수 있다. 광방출체와 광다이오드 사이의 유일한 연결은 빛이기 때문에 입력과 출력 사이에는 완전한 전기적인 분리가 이루어지는 광전자적인 한 쌍(optoelectronic pair)을 형성한다. 이 광전자적 분리기(optoelectronic isolator)에서는 두 소자를 다같이 자기(ceramic) 기판 위에 장착하고 단일 헤더에 패키지(package) 할 수 있다.

가시광선과 적외선 파장을 내는 반도체 레이저와 LED 를 요구하는 넓은 적용분야를 볼 때, 사용 가능한 많은 종류의 III-V 물질들은 대단히 유용하다. 그림 3-6 과 8-10 에 나타나 있는 AlGaAs 와 GaAsP 시스템에 덧붙여, InAlGaP 시스템은 적색, 황색과 오렌지색을, AlGaInN 은 청색과 녹색을 강하게 낸다. 청록색 LED 와 같은 단파장 광원에 왜 관심이 많을까? 그림 8-11 에 나타나 있듯이 질소(N) 등전자(isoelectronic) 도핑과 같은 개념에 기반한 GaAsP 시스템에서의, 적당한 효율을 가진(~10 lumens/watt) 적색, 녹색, 황록색 LED 는 오랫동안 있어 왔다. 1990 년대 중반에 InAlGaP 시스템을 이용하여, 휘도와 효율이 훨씬 높은(~30 lumens/watt) 적-오렌지-황색 LED 가 개발되었다. 그보다 에너지 대역간극이 큰 InAlGaN 시스템은 가능한 모든 합금성분의 범위에 대하여 직접형 대역간극을 가지고 있어서 효율이 매우 높은 청색과 녹색 광원을 제작할 수 있다. 광전자공학 연구의 주요 목적 중 하나가 빛의 3 원색인 적색, 녹색, 청색의 고효율 광원을 확보하는 것이다. 위의 삼색 LED 를 조합함으로써[혹은 적당한 인(phosphor)도 사용함으로써] 강한(~500 lumens) 백색광원을 형성할 수 있는데 이는 전통적인 백열등 보다 효율 면에서 2 배 정도 우수하다. 일반 조명은 수천 lumen 의 빛을 필요로 하므로, 이들 고휘도 LED 수 개를 이용하면 된다. 고휘도 LED 는 수명도 훨씬 길고(전통적인 백열등의 수명이 2,000

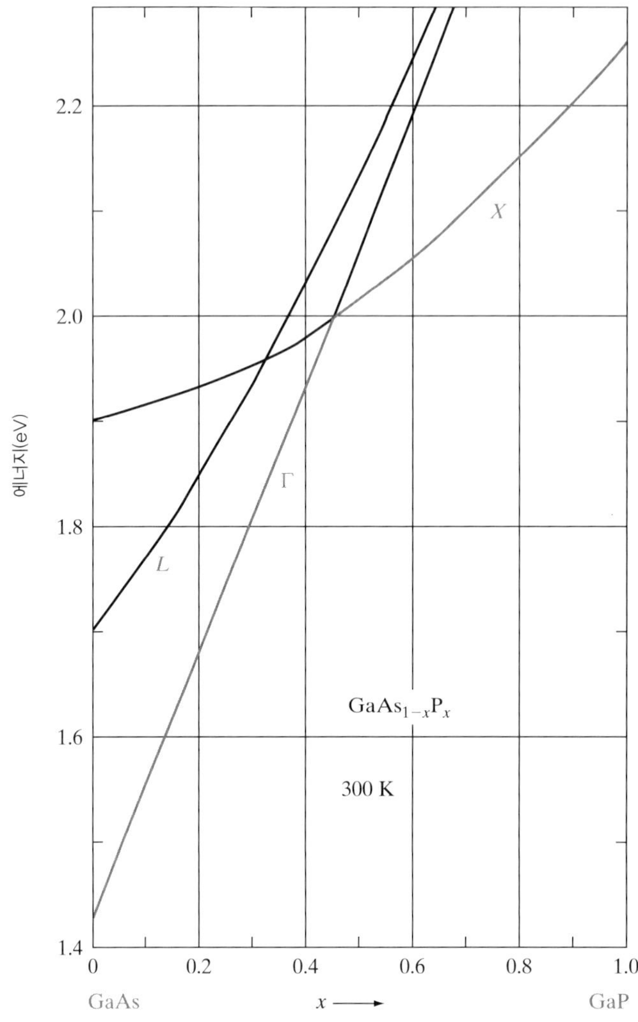

그림 8-10 $GaAs_{1-x}P_x$에서 합금조성비의 함수로 주어진 전도대역 에너지

시간인 데 비해 5,000 ~ 10,000시간) 에너지 효율도 훨씬 높다. 이들 LED의 생산 원가가 최근에 상당히 낮아져 상품 경쟁력이 제고 되었다. 이에 따라 조명이 지속적으로 LED로 이루어진다면 세계적인 에너지 수요도 상당량 감소할 것으로 보인다. 적색, 녹색, 청색 광원을 배열체로 만들어, 자동차 후미등과 방향지시등 외에 야외 디스플레이와 TV 화면에도 사용한다. 적색, 황색, 녹색 LED는 교통신호등에 사용되는데, 일반 전등에 비해 신뢰성이 높고 수명도 길며 에너지도 절약된다.

효율이 높은 청색 광원을 찾는 것은 어려웠는데, 왜냐하면 청색광을 내기 위해 필요한 큰 대역간극을 가진 물질(보통 wide bandgap material이라 함)들은, 그 결정 성장에 상당히 높은 온도가 필요했고, 따라서 그것들을 보통 기판에 성장하는 것에 상당한 어려움이 있었기 때문이다. 그 대표적 물질이 GaN인데 이를 MOCVD 등의 방법으로 성장하기 위해

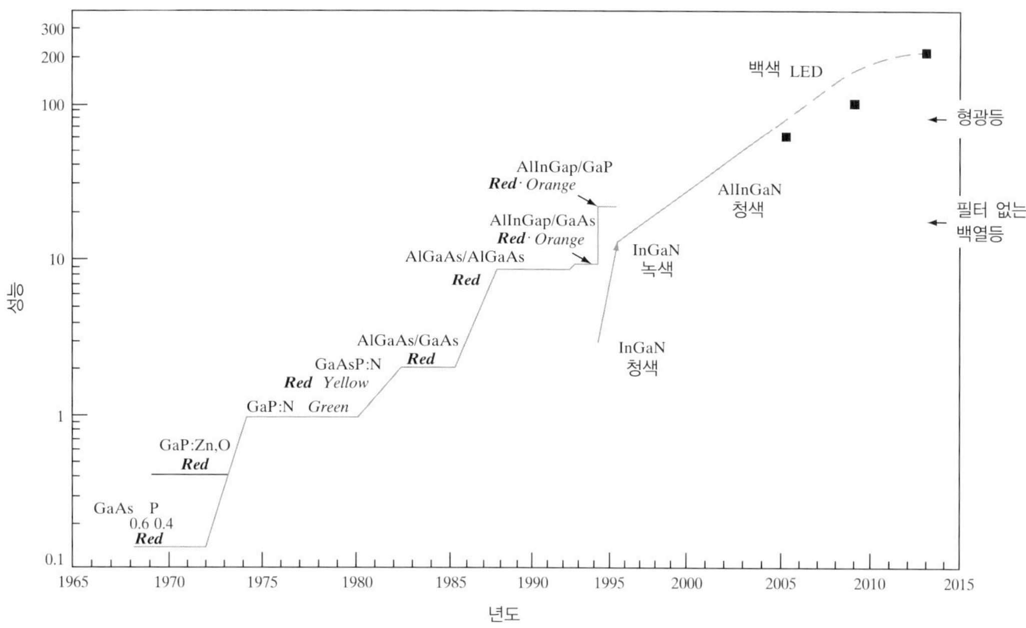

그림 8-11 년도별 LED 조도(luminous intensity)의 증가 추이.

서는 고온을 견딜 수 있는 기판이 필요하였다. 사파이어(Sappire)는 용융점이 2000°C가 넘어서 온도면에서는 알맞은 기판이긴 하지만, 이 위에 GaN를 성장하였을 때에 격자 부정합 (lattice mismatch)이 상당해서 성장된 GaN 박막은 두 물질의 계면에서 시작된 디스로케이션이 생기게 된다. 이런 스레딩 디스로케이션(threading dislocation; 전위가 실처럼 이리저리 뚫고 나간다는 뜻)은 전자-정공쌍(EHP)이 비 복사형 재결합(nonradiative recombination)을 하는 장소로 작용하여, 거기에서 재결합된 에너지는 빛으로 되지 않고 주로 열로 방출된다. 이런 이유로 GaN은 오랫동안 청색 발광을 위한 물질이지만, 비효율적인 광원 물질로 알려져 왔다. 그러나 이러한 난제에도 신은 해결책을 남겨주셨는데, 그 해결책은 바로 인디윰(In)의 사용이었다. 즉 인디윰을 GaN 성장 시에 사용하면 디스로케이션 에서의 캐리어 손실을 막을 수 있게 된 것이다. 인디윰은 GaN에 완전히 섞이지 않고 여기저기 InGaN 뭉치(cluster)를 만드는데, InGaN은 GaN보다 대역간극이 작아서 전위 우물(potential well)을 형성하게 되고, InGaN 내에서 확산되는 캐리어들이 이 전위우물에서 재결합하게 되면 그 재결합은 방출형 재결합(radiative recombination)이어서, 빛이 효율적으로 방출되는 결과를 낳는다. 만약 이러한 InGaN 뭉치(clusters)들의 밀도가 앞서 말한 스레딩 디스로케이션의 밀도 보다 높게 되면, 충분한 수의 전자-정공 쌍이 살아남아서 빛을 방출하는 데 쓰이게 된다. 이 발견은 이 분야의 오랜 숙원을 풀어주게 되었고 비로소 우리는 이제 청색와 자주색 영역의 광원을 가지게 되었다. 있으면 여러모로 유용한 백색광은 적색, 녹색, 청색 광을 결합하거나, 또는 청색 혹은 자주색 광원을 여러 가지 파장으로 재 방출하는 코팅물질을 사용함으로써 얻을 수 있다. 최근에는 이러한 백색광 LED의 효율이 매우 개선되어 조도가 높은 조명 광원을 제공할 수 있게 되었다.

LED가 당면한 또 하나의 문제는 대개의 반도체 소자가 그렇하듯이, 소자가 평면형인 경우 생성된 광자들이 소자를 빠져나오기 어렵다는 것이다. 즉 반도체가 주변 공기보다 굴절율이 높아서 소자내에서 생성되어 표면이 도달하는 광선이 전반사(total internal reflection)조건에 해당되어 소자 내부로 반사되는 것이다. 이 문제를 해결하기 위하여 LED 표면을 둥글게 미세구조의 렌즈(micro-lens)로 만들어 좀 더 많은 광자들이 밖으로 나오도록 하고 있다. 또한 소자에서 생성된 열을 효과적으로 방출시키는 히트싱크 (heat sink)의 설계도 패키징 분야의 도전적 과제이다. 이러한 발전에 힘입어 이루어 놓은 LED의 소모 전력당 생성되는 조도는 실로 감탄할 만하다. 이렇게 결정성장, 소자설계, 패키징 등, 각 분야에서 수고하는 엔지니어의 공헌으로 LED는 디스플레이 분야 뿐 아니라 조명 분야에서도 매우 광범위하게 쓰이게 되었다.

8.2.2 광섬유통신

광원과 검출기 사이의 광학적 신호의 전송은 광원과 검출기 사이에 광섬유(optical fiber)를 놓음으로써 크게 증대시킬 수 있다. 이 광섬유는 본질적으로는 "광도관(light pipe)", 즉 광학적 주파수에 대한 도파관이다. 이 섬유는 일반적으로는 유리의 용융방추형 덩어리(boule)로부터 약 25 μm의 지름으로 뽑아낸다. 이 가는 유리섬유는 비교적 유연하며, 소스와 검출기 사이가 완전히 일직선상에 있을 필요 없이 몇 km 거리를 넘어서 광학적 신호를 유도하는 데 사용할 수 있다. 이것은 전화나 데이터 전송과 같은 분야에 있어서의 광학적 통신의 응용을 현저하게 증대시키고 있다.

광섬유의 한 형태는 비교적 순수한 용융 실리카(무수규산: SiO_2)의 외층에, 보다 큰 굴절률을 갖는 도핑 유리의 중심체가 들어 있는 것이다(그림 8-12a).[1] 이와 같은 **계단형 굴절률**(*step-index*)의 섬유는 그 표면에서의 손실이 거의 없이 주로 중앙의 핵심부에 광속이 유지되게 한다. 빛은 굴절률의 (급변하는) 계단부분에서의 내부적 반사로 인해 이 섬유의 길이 방향으로 빛이 전송된다.

주어진 파장에서 이 섬유에서의 손실은[식 (4-3)의 흡수계수와 비슷한] 감쇠상수 $\boldsymbol{\alpha}$로 나타낼 수 있다. 따라서 이 섬유의 길이방향으로 거리 x에서의 신호의 세기는 시발점에서의 세기에 대하여 보통의 식으로써 관련되게 되어 있다.

$$\mathbf{I}(x) = \mathbf{I}_0 e^{-\alpha x} \tag{8-6}$$

그러나 이 감쇠는 모든 파장에 대하여 같지는 않다. 따라서 신호의 파장을 주의깊게 선정

1) **굴절률**(*index of refraction* 또는 *refraction index*) $\mathbf{n}$은 진공 속에서의 광속 c에 대한 물질 속의 광속 v에 비교되는 $n = c/v$이다. 따라서 그림 8-12a에서 $\mathbf{n}_1 > \mathbf{n}_2$이면 광속은 물질 1에서보다는 물질 2에서 더욱 크다. $\mathbf{n}$의 값은 빛의 파장에 따라 약간 변동한다.

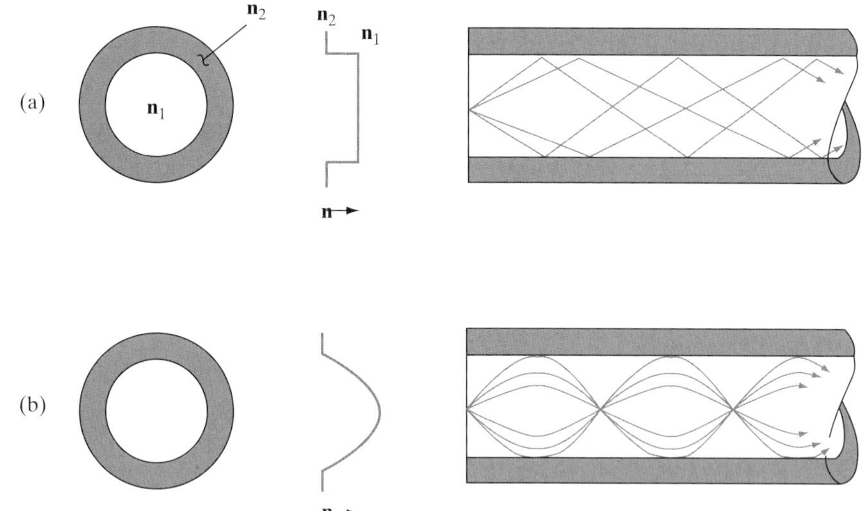

그림 8-12 다중모드(multimode) 섬유의 두 가지 예: (a) 약간 큰 굴절률 n을 갖는 중심체(core)가 있는 계단형 굴절률의 경우; (b) 중심체의 n이 포물선형으로 경사진 경사형 굴절률의 경우. 그림에서는 섬유의 단면(왼쪽), 굴절률의 분포(중앙) 및 대표적인 동작양식의 모양(오른쪽)을 보이고 있다.

하는 것이 중요하다. 대표적인 실리카 유리섬유에 대한 α 대 λ의 관계를 그림 8-13에 나타내었다. 분명히 1.3과 1.55 μm 부근의 α에서 아래로 처진부분(dip)은 신호의 질이 낮아지는 것을 감소시키는 데 활용할 수 있는 감쇠에 대한 “개구부”를 이루고 있다. 파장의 증가에 따른 흡수의 전체적인 감소는 파장과 비교할 수 있는 크기의 작은 임의의 불균일성이 굴절률의 변동을 초래하여 생기는 산란이 감소하기 때문이다. 이러한 형태의 감쇠를 레일리 산란(*Rayleigh scattering*)이라 하고 파장의 4승 꼴로 감소한다. 이 효과는 일출과 일몰 시에도 관찰되는데, 짧은 파장의 청색과 녹색의 감쇠 때문에 햇빛이 적색과 오렌지색으로 보인다. 이 레일리 산란 때문에 광섬유시스템을 장파장 영역에서 동작하는 것이 좋다. 그러나 파장이 1.7 μm를 넘어가면 유리를 이루는 원소의 진동여기(vibrational excitation) 때문에 적외선 흡수가 지배하게 된다. 따라서 실리카 광섬유에서 사용 가능한 흡수의 최소점은 약 1.55 μm에 있게 되고, 이 파장에 알맞은 (In, Ga)(As, P) 에피택셜 물질들은 InP 기판에 격자정합되게 성장될 수 있다(그림 1-13 참조).

또 다른 고려점은 펄스분산(pulse dispersion), 즉 데이터 펄스가 이 섬유를 따라 전파되어 내려감에 따라 퍼지게 되는 것이다. 이 효과는 굴절률의 주파수 의존성으로 인해 생길 수 있는 것으로써, 서로 다른 광학적 주파수의 것들이 약간씩 다른 속도로 이 섬유를 따라 전달되어 내려가게 된다. 이 다색분산(chromatic dispersion)이라 하는 효과는 1.3 μm 파장의 개구부에서는 약간 덜 뚜렷하다(그림 8-13). 이 분산현상의 더욱 심각한 원인은 동작양식이 다른 것은 다른 경로(path) 길이를 가지고 전파된다는 사실이다(그림 8-12a). 이와 같은 형식의 분산은 중심체의 경사형 굴절률을 이용하여(그림 8-12b), 여러 양

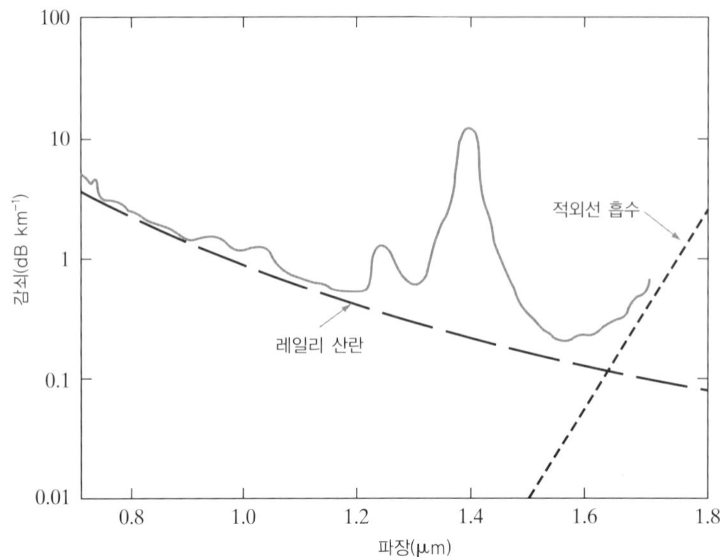

그림 8-13 용융 실리카 광섬유에 대한 감쇠상수 α 대 파장 λ의 대표적 관계도. 피크는 주로 OH^- 불순물에 의한 것으로 개선된 섬유제조로써 감소시킬 수 있다.

식을 연속적으로 재초점을 맞추어 집속되도록 하여 전파행로길이의 차이를 감소시킴으로써 줄일 수 있다.

오늘날의 광섬유시스템을 위한 광원은 레이저인데 이는 레이저가 기본적으로 단일 주파수로 이루어져 있고 매우 큰 정보대역폭을 갖기 때문이다(광섬유시스템에 적합한 반도체 레이저에 대해서는 8.4절에서 설명하겠다). 초기 광전자시스템에서는 레이저나 LED를 제작하기 위해 이미 잘 발달된 GaAs-AlGaAs 시스템을 사용하는 것이 편리하였다. 이 광원들은 매우 효율적이고, 양질의 검출기를 Si p-i-n이나 APD를 이용하여 만들 수 있다. 그러나 이 광원들은 감쇠가 장파장영역에서보다 큰 0.9 μm 부근의 파장영역에서 동작한다. 그러므로 최근의 시스템들은 그림 8-13에서 나타낸 바와 같은 감쇠 최소점, 즉 1.3- 및 1.55-μm 부근에서 동작한다. 이러한 파장영역에서 동작하는 광원들은 InP에 성장할 수 있는 InGaAs나 InGaAsP를 이용하여 제작할 수 있고, 검출기는 같은 물질(그림 8-8 참조)을 이용하여 제작할 수 있다.

다중모드(multimode)의 섬유(지름 ~25 μm)는 단일모드(single-mode)의 섬유(지름 ~5 μm)보다 크나 이것도 간섭성(coherent)의 레이저 빔을 전송하는 데 사용될 수 있다. 여러 개의 광섬유를 다발로 만들어 재킷(jacket)으로 기계적 강도를 주면, 막대한 정보량을 원거리까지 전송할 수 있다.[2] 이 섬유에서의 손실(loss)량에 따라 중계기(repeater sta-

2) 40 G-bit/s에 이르는 전송속도가 표준이 되고 있으나, 400 G-bit/s가 넘는 전송률도 초조밀 파장분할 다중화(ultradense-wavelength-division multiplexing; UDWDM)를 이용하여 성취되었다. 이 방법에서는 약간 다른 파장(색)들을 사용하여 한 광섬유 내에 다른 정보채널들을 실어 보낸다. 40 G-bit/s라는 전송속도를 실감하기 위하여 비교하자면, 사람의 눈은 뇌로 약 1 G-bit/s의 정보를 전송하고 있다.

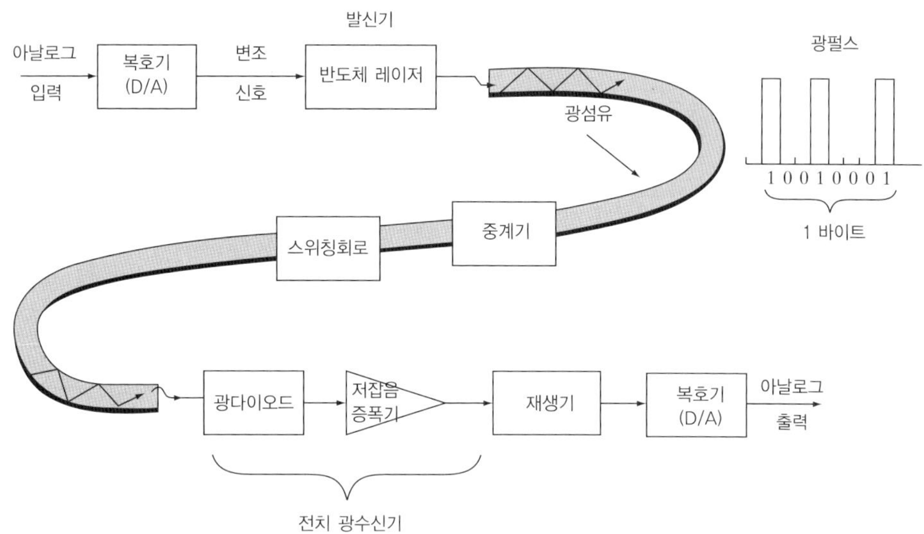

그림 8-14 광섬유 통신 시스템의 간략도. 전화나 TV에서와 같은 아날로그 신호의 전송을 보이고 있다. 신호가 디지털화 된 후 레이저 광출력을 변조하게 되고 이는 광섬유를 따라 전송되는데, 이때 섬유에서의 손실을 보상하기 위해서 중계기(repeater)를 사용하여 주기적으로 증폭 된다. 스위칭 회로가 신호를 적합한 곳으로 보낸다(route). 광 검출기와 저잡음 전치증폭기(low-noise preamplifer; LNA)에 의해 광신호가 전기신호로 바뀐 후에, 디지털신호로로 광섬유를 진행하면서 생긴 왜곡(distortion)을 재생기(regenerator)를 이용하여 교정한 후에 신호는 아날로그 신호로 바뀐다.

tion)가 그 통로에 따라 일정한 간격마다 필요할 수도 있다. 그러므로 광섬유시스템에서는 많은 광검출기와 레이저 광원이 필요하다. 따라서 이상과 같은 광통신시스템의 성공적인 실현을 위해서는, 광원과 광검출기에 적합한 2 원소, 3 원소 및 4 원소 화합물을 포함한 반도체 소자의 개발이 결정적인 것이다. 광섬유 전송시스템의 한 예를 그림 8-14에서 보여주고 있다.

예제 8-3 680 nm 의 적색광을 내기 위해서 $Al_xGa_{1-x}As$ 의 성분 x 는 얼마가 되어야 하는가? 또 $GaAs_{1-x}P_x$ 의 성분은?

풀이 대역간극 $E_g(\mathrm{eV}) = 1.24/\lambda(\mu\mathrm{m}) = 1.24/0.68 = 1.82$ eV.
그림 3-6 으로부터, $Al_{0.32}Ga_{0.68}As$.
그림 8-10 로부터, $GaAs_{0.68}P_{0.32}$.

8.3 레이저

레이저(*LASER*)라는 용어는 복사선의 유도방출에 의한 빛의 증폭(*light amplification by stimulated emission of radiation*)에 대한 두문자어(頭文字語)이며, 중요한 광학적 및 전자적 소자의 동작을 합친 것이다. 레이저는 강한 방향성(directional), 단색성(monochromatic) 및 간섭성(coherent)을 갖는 빛의 원천이며, 그래서 이것은 일부 장기간 계속된 광학적 문제에 대변혁을 일으키고 기초 및 응용광학의 새로운 영역을 개척하였다. 레이저로부터 발생하는 빛은 그 형식에 따라 저전력 또는 중전력의 연속적인 빔일 수도 있고, 수백만 W를 공급하는 강한 빛의 짧은 폭발적인 것일 수도 있다. 빛은 항상 사람과 그 주위를 연결하는 1차적인 통신경로를 이루어 왔으나, 레이저가 발명되기까지는 정보를 전송하고 실험을 하는 데 이용할 수 있는 광원은 일반적으로 단색성도 간섭성도 갖지 못하였고, 비교적 낮은 세기의 것이었다. 따라서, 레이저는 광학에서 매우 흥미로울 뿐만 아니라 광전자공학의 몇 가지 분야, 특히 광통신에서도 매우 중요한 것이다. 유용한 레이저시스템을 창조하고자 하는 노력은 고체(또는 기체) 전자공학의 기법이 포함되며, 레이저신호를 전송하고 검출하기 위해 전자공학의 많은 영역을 이용하고 있다. 레이저(*laser*)라는 용어의 끝의 세 문자는 이 소자가 어떻게 동작하는가를, 즉 복사선의 유도방출(*stimulated emission of radiation; SER*)에 의한 것임을 암시하는 것이다. 2장에서는 여기된 전자가 낮은 에너지상태로 떨어질 때 복사선이 방출되는 것에 대해서 논의했었다. 그러나 일반적으로 이들 과정은 무작위적으로 발생되며, 따라서 자연방출(*spontaneous emission*)이라 한다. 이것은 전자가 에너지의 상위준위 E_2에서 하위준위 E_1으로 떨어지는 비율이 모든 순간에 있어서 E_2에 남아 있는 전자의 수[E_2에서의 분포(*population*)]에 비례한다는 것을 의미한다. 따라서 E_2에서의 초기 전자의 분포가 감쇠될 수 있다면, 상위준위에서 전자가 보내는 시간이 평균적으로 얼마나 되는가를 기술하는 평균 감쇠시간(mean decay time)을 가지고 보다 낮은 에너지준위로 전자가 지수함수적으로 옮겨 갈 것으로 예상된다. 그러나 보다 높은 준위, 즉 여기된 상태에 있는 전자는 자연방출이 생기는 것을 기다릴 필요가 없다. 조건이 타당하면 그것은 보다 낮은 준위로 떨어져 그의 평균적인 자연감쇠시간보다는 훨씬 짧은 시간에 광자를 방출하도록 유도(*stimulate*) 될 수 있다. 이 유도는 적절한 파장의 광자가 존재함으로써 제공된다. 자연적으로 에너지 E_1으로 떨어져서 에너지 $h\nu_{12} = E_2 - E_1$인 광자를 방출하고자 대기하고 있는 에너지상태 E_2에 있는 전자를 생각해 보자(그림 8-15). 이제 상위 에너지상태에 있는 전자가 각각 에너지 $h\nu_{12} = E_2 - E_1$을 갖는 광자의 강한 장에 잠겨져 있으며, 그 광자들은 각각 다른 광자들과 동상에 있다고 가정하자. 이 전자는 E_2에서 E_1으로 에너지가 떨어지게 유도되어 파동이 그 복사장과 동상(*in phase*)인 광자를 제공하게 된다. 이 과정이 계속되고 다른 전자가 자극 유도되어서 같은 형식으로 광자를 방출한다면 큰 복사장이 형성될 수 있을 것이다. 이 복사는 각 광자가 정확히 $h\nu_{12} = E_2 - E_1$의 에너지를 가지므로 단색성(*monochromatic*)을 가지며, 또 방출된

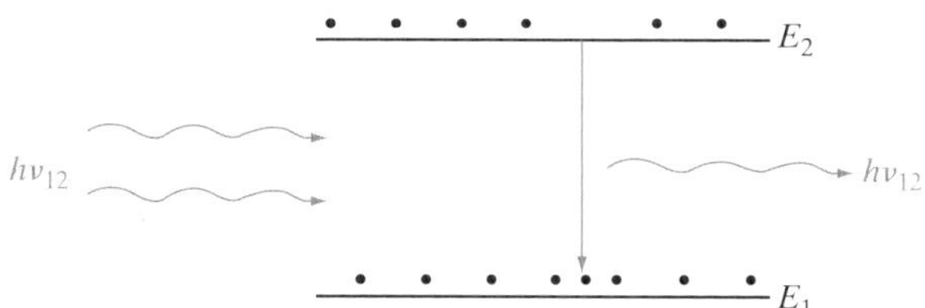

그림 8-15 상위 상태에서 하위 상태로 광자 방출을 동반하는 전자의 유도천이

모든 광자가 동상이며 서로 보강하게 되므로 **간섭성**(*coherent*)을 가질 것이다. 이 유도방출과정은 방출의 확률을 복사장의 세기와 관련시켜서 양자역학적으로 기술할 수 있다. 여기서 앙자역학 없이도 흡수와 방출과정이 생기는 상대적 비율에 관하여 몇 가지 관찰을 할 수 있다. E_1과 E_2의 순간적인 분포를 각각 n_1 및 n_2라 가정하자. 앞에서의 분포와 볼츠만(Boltzmann) 계수에 대한 검토로부터, **열적 평형**(*thermal equilibrium*) 상태에서의 상대적 분포는 이 두 개 준위에 대해 취할 수 있는 상태의 수가 같을 때 다음과 같이 나타낼 수 있다.

$$\frac{n_2}{n_1} = e^{-(E_2 - E_1)/kT} = e^{-h\nu_{12}/kT} \tag{8-7}$$

이 방정식에서 음의 지수는 평형상태에서는 $n_2 \ll n_1$이 됨을 가리킨다. 즉, 대부분의 전자는 낮은 쪽 에너지준위에 있을 것으로 생각된다. 원자가 에너지 $h\nu_{12}$인 광자의 복사장 내에 있다면 장의 에너지밀도(energy density)는 $\rho(\nu_{12})$이므로[3] 유도방출은 흡수와 자연방출이 함께 일어날 수 있다. 유도방출의 비율은 상위 준위에 있는 전자의 순간적인 수 n_2와 유도전계(stimulating field)의 에너지밀도 $\rho(\nu_{12})$에 비례한다. 따라서 유도방출을 $B_{21}n_2\rho(\nu_{12})$로 쓸 수 있으며, 여기서 B_{21}은 비례상수이다. 또 에너지준위 E_1에 있는 전자가 광자를 흡수하는 비율은 $\rho(\nu_{12})$와 E_1에서의 전자밀도에 비례해야 한다. 따라서 흡수율은 $B_{12}n_1\rho(\nu_{12})$이고 여기서 B_{12}는 흡수에 대한 비례상수이다. 끝으로 자연방출의 비율은 상위 준위에서의 분포에만 비례한다. 또 다른 계수를 도입하면 자연방출의 비율은 $A_{21}n_2$로 쓸 수 있다. 정상상태에서 이들 두 가지 방출률이 흡수율과 평형을 이루어야 하며, 결과적으로 분포 n_1과 n_2는 일정하게 유지된다(그림 8-16).

$$\boxed{\begin{array}{ccccc} B_{12}n_1\rho(\nu_{12}) & = & A_{21}n_2 & + & B_{21}n_2\rho(\nu_{12}) \\ \text{흡수} & = & \text{자연방출} & + & \text{유도방출} \end{array}} \tag{8-8a}$$

이 관계는 아인슈타인에 의해 기술되었으며 계수 B_{12}, A_{21}, B_{21}은 아인슈타인 계수(*Einstein coefficient*)라 한다. 식 (8-8a)로부터 상위 에너지상태에서 하위 에너지상태로

3) 에너지밀도 $\rho(\nu_{12})$는 $h\nu_{12} = E_2 - E_1$을 갖는 광자들 때문에 단위체적 및 단위주파수당 복사장에 있는 총 에너지를 나타낸다.

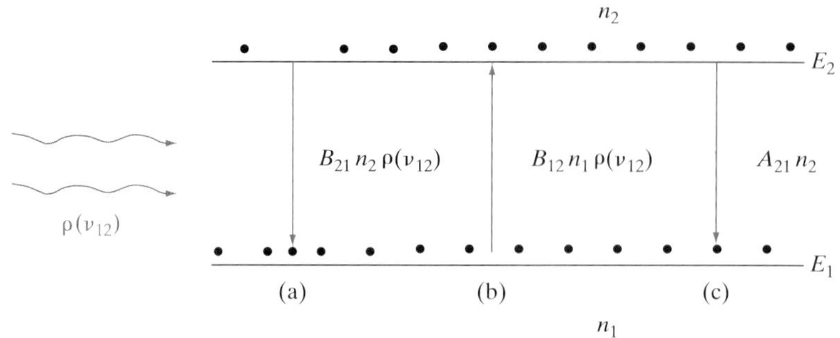

그림 8-16 정상상태에서의 흡수와 방출의 평형: (a) 유도방출; (b) 흡수; (c) 자연방출.

의 천이를 일으키는 데는 에너지밀도 ρ가 전혀 필요하지 않음을 알 수 있다. 즉, 자연방출은 그것을 구동시킬 에너지밀도 없이 발생한다. 그러나 이와 반대되는 과정은 그렇지 않다. 즉, 보다 높은 상태로 전자를 여기(흡수)시키는 데는 열역학적으로 알 수 있듯이 에너지를 가해줄 필요가 있다.

열적 평형에서 자연방출에 대한 유도방출의 비율은 일반적으로 매우 작으며 유도 방출의 기여는 무시할 수 있다. 광자전계가 존재할 때 이 비율은 다음과 같이 주어진다.

$$\frac{\text{유도방출률}}{\text{자연방출률}} = \frac{B_{21}n_2\rho(\nu_{12})}{A_{21}n_2} = \frac{B_{21}}{A_{21}}\rho(\nu_{12}) \tag{8-8b}$$

식 (8-8b)이 가리키는 바와 같이 자연방출 이상으로 유도방출을 증대시키는 방법은 매우 큰 광자전계(photon field) 에너지밀도 $\rho(\nu_{12})$를 갖게 하는 것이다. 레이저에서 이것은 광자의 밀도가 어떤 주파수(ν)에서 다중적 내부반사를 통하여 큰 값으로 증가될 수 있는 **광학적 공진공동**(*optical resonant cavity*)을 만들어줌으로써 촉진된다.

같은 방식으로 흡수 이상으로 유도방출을 얻기 위해서는 $n_2 > n_1$이어야 한다. 즉,

$$\frac{\text{유도방출률}}{\text{흡수율}} = \frac{B_{21}n_2\rho(\nu_{12})}{B_{12}n_1\rho(\nu_{12})} = \frac{B_{21}}{B_{12}}\frac{n_2}{n_1} \tag{8-9}$$

따라서, 유도방출이 복사장으로부터의 광자 흡수보다 우세해야 한다면 하위 준위보다 상위 준위에 더욱 많은 전자를 유지해 줄 방법이 있어야 한다. 식 (8-7)은 어떤 평형상태에서나 n_2/n_1는 1보다 작다는 것을 가리키고 있으므로 이와 같은 상태는 매우 부자연스러운 것이다. 이 비정상적인 성질 때문에 $n_2 > n_1$인 상태를 분포반전(population inversion)이라 한다. 이것은 또한 음의 온도(negative temperature) 상태라고도 한다. 다소 놀라운 이 용어는 분포반전의 불평형적 성질을 강조하는 것이며, 식 (8-7)에서의 비 n_2/n_1가 1보다 커지기 위해서는 온도가 음이 되어야 한다는 사실을 고려하기 위한 것이다. 물론 이와 같은 형식으로 말하는 것은 일반적인 의미에서 온도에 대해 하등 암시하는 것이 없다. 실제로 식 (8-7)은 열적 평형방정식이며, 음의 온도 개념을 빌리지 않고서는 분포반전

의 경우에는 적용할 수 없는 것이다.

결론적으로, 식 (8-8b)과 (8-9)는 광자의 밀도가 자연방출과 흡수보다도 우세한 유도방출로써 증가되려면 두 가지 조건이 충족되어야 함을 가리키는 것이다. 그래서 (1) 광자전계가 증진되는 것을 촉진하기 위한 광학적 공진공동과, (2) 분포반전을 얻는 방법을 제공해 주어야 한다.

광학적인 공진공동은 광자 에너지밀도가 형성되도록 광자를 앞뒤로 반사시키는 반사경들을 사용하여 만들 수 있다. 이 끝의 거울 중 하나는 일부 투과성이어서 빛의 일부가 이 공진시스템에서 "누설(leak out)"되도록 구성되어 있다. 이 투과된 빛이 레이저의 출력이다. 물론 이와 같은 레이저 설계에 있어서 투과되는 양은 공진시스템에 대해 작은 요동이 되도록 선정하여야 한다. 이 끝의 면 사이를 통과할 때마다 얻어지는 광자의 이득은 투과, 불순물로부터의 산란, 흡수 및 기타 손실들보다는 커야 한다. 다중적 내부반사를 일어나게 하는 평행평면의 배치는 페브리-페로(Fabry-Perot) 간섭계[4]에서 사용되고 있는 것과 비슷하다. 따라서 레이저공동의 끝면은 흔히 페브리-페로면이라 한다. 그림 8-17이 나타내고 있는 것과 같이 반파장의 정수배와 양 끝 거울 사이의 거리가 일치되면 특정 주파수의 빛이 이 공진공동 속에서 보강되는(즉, 간섭성의) 방식으로 전후로 반사될 수 있다. 따라서, 유도방출이 일어나기 위한 공동의 길이는

$$L = \frac{\mathbf{m}\lambda}{2} \tag{8-10}$$

이어야 하며, 여기서 **m**은 정수이다. 이 식에서 λ는 레이저물질 내에서의 광자의 파장이다. 대기에서 출력광의 파장 λ_0를 이용하고자 할 때는(보통 진공에서의 값으로 취함) 레이저물질의 굴절률 **n**을 고려해야 한다. 즉,

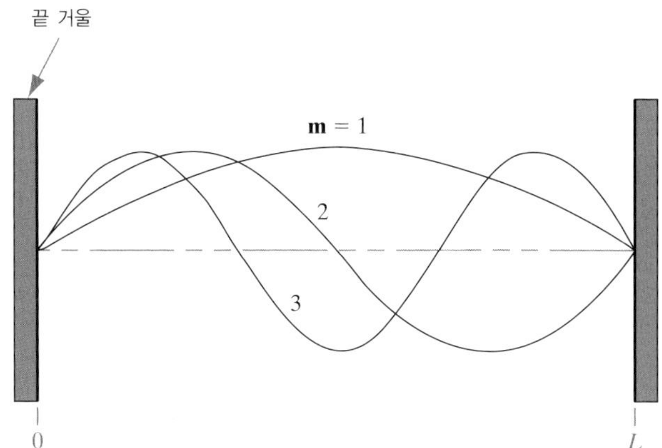

그림 8-17 레이저공동 내에서의 공진양식

4) 간섭계는 많은 대학 2학년 물리학 교재에서 논의되고 있다.

$$\lambda_0 = \lambda \mathbf{n} \tag{8-11}$$

실제로 $L \gg \lambda$이고, 식 (8-10)은 실제 거울 간극의 어느 부분에선가 자동적으로 만족된다. 이 사실이 만족되지 않는 중요한 예외는 8.4.4절에서 설명하게 될 수직공동을 갖는 표면방출형 레이저(vertical cavity surface-emitting laser)에서 찾아볼 수 있으며, 이러한 소자에서는 공동의 길이가 파장과 비교할 만한 값을 가진다.

많은 고체와 액체 그리고 가스의 원자 레벨과 반도체의 에너지대역에서 분포반전(population inversion)을 얻는 방법이 있다. 따라서 다양한 물질을 가진 레이저시스템에 대한 가능성은 매우 크다. 초창기 레이저시스템은 루비막대를 사용했다. 그리고 가스 레이저에서 전자는 분포반전을 이루기 위해 분자 내에 있는 준안정한(metastable) 준위로 올려진다. 이들은 재미있고 유용한 레이저시스템이지만, 이 책에서는 반도체 소자를 강조하기 때문에 반도체 레이저만을 다룰 것이다.

8.4 반도체 레이저

p-n 접합 레이저가 GaAs(적외선)[5]와 GaAsP(가시광선)[6]를 이용하여 처음으로 만들어진 1962년에 레이저는 반도체 소자 기술의 중요한 부분이 되었다. 접합을 넘어서 주입된 전자와 정공의 자연방출에 의한 재결합으로써 발생되는 p-n 접합들로부터의 비간섭성 빛의 방출(LED)에 대해서는 이미 검토한 바 있다. 본 절에서는 이들 주입된 캐리어들에 의해 분포반전이 일어나기 위한 조건과 p-n 접합 레이저로부터 발생하는 간섭성 빛의 성질에 초점을 맞출 것이다. 이들 소자는 앞서 검토한 고체, 가스 및 액체 레이저들과 몇 가지 중요한 점에서 다르다. 접합 레이저는 현저하게 작고(일반적으로는 0.1 × 0.1 × 0.3 mm 정도임), 높은 효율을 나타내며, 또 레이저 출력은 접합부 전류를 제어함으로써 손쉽게 변조된다. 반도체 레이저는 예를 들어, 루비나 CO_2 레이저에 비하여 낮은 전력으로 동작되는 반면, 이들 접합 레이저는 출력에 있어 He-Ne 레이저와 경합을 이룬다. 따라서 반도체 레이저의 기능은 휴대용의 쉽게 제어되는 소전력의 간섭성 복사의 광원으로 이용될 수 있다. 이들은 특히 광섬유통신시스템(fiber optic communication system, 8.2.2절)에 적합하다.

5) R. N. Hall et al., *Physical Rieview Letters* 9, pp. 366~368(November 1, 1962); M. I. Nathan et al., *Applied Physics Letters* 1, pp. 62~64(November 1, 1962); t. M. Quist et al., *Applied Physics Letters* 1, pp. 91~92(December 1, 1962)

6) N. Holonyak, Jr., and S. F. Bevacqua, *Applied Physics Letters* 1, pp. 82~83(December 1, 1962).

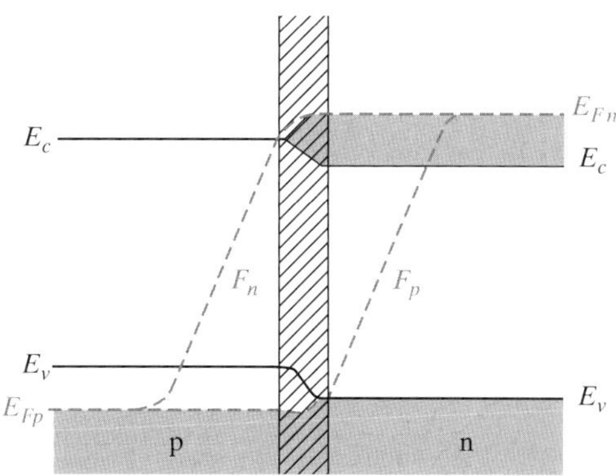

그림 8-18 순방향 바이어스가 인가되었을 때 p-n 접합 레이저의 에너지대역도. 빗금친 부분은 접합에서의 반전영역을 나타낸다.

8.4.1 접합에서의 분포반전

축퇴(degenerate)된 물질 사이에 p-n 접합이 형성되면, 순방향으로 바이어스되었을 때의 에너지대역은 그림 8-18에 나타낸 바와 같다. 바이어스(따라서, 전류)가 충분히 크면 전자와 정공은 상당한 농도로 전이영역을 넘어서 주입된다. 그 결과 접합 부근의 영역은 캐리어가 공핍된 상태와는 아주 달라지게 된다. 이 영역은 전도대 속에는 높은 농도의 전자를, 가전자대역 내에는 높은 농도의 정공을 포함하고 있다. 이들 분포의 농도가 충분히 크면 분포반전의 상태가 이루어지고, 분포반전이 생기는 접합 부근의 영역을 반전영역(inversion region)[7]라 한다.

접합에서의 분포반전은 의사 페르미준위(quasi-Fermi level, 4.3.3절)의 개념을 사용해서 가장 잘 설명할 수 있다. 그림 8-18의 순방향 바이어스된 상태는 현저한 비평형상태이므로 페르미준위를 정의하는 평형방정식들을 적용할 수 없다. 특히 반전영역에서의(그리고 p형 물질 속으로의 수배의 확산거리에 대한) 전자의 농도는 평형상태에 대한 통계가 암시하는 것보다는 크다. n형 물질로 주입된 정공에 대해서도 마찬가지이다. 정상상태에서의 전자와 정공에 대한 캐리어농도는 식 (4-15)를 이용하여 의사 페르미준위의 항으로 나타낼 수 있다. 따라서

$$n = N_c e^{-(E_c - F_n)/kT} = n_i e^{(F_n - E_i)/kT} \tag{8-12a}$$

$$p = N_v e^{-(F_p - E_v)/kT} = n_i e^{(E_i - F_p)/kT} \tag{8-12b}$$

식 (8-12a)와 (8-12b)를 이용하면 전자와 정공의 분포를 알고 있는 임의의 에너지대역도에 F_n과 F_p를 그려넣을 수 있다. 예를 들어, 그림 8-18에서 중성인 n형 영역의 F_n은 평

7) 이것은 MOS 트랜지스터에 관하여 사용된 것과는 용어의 의미가 다르다.

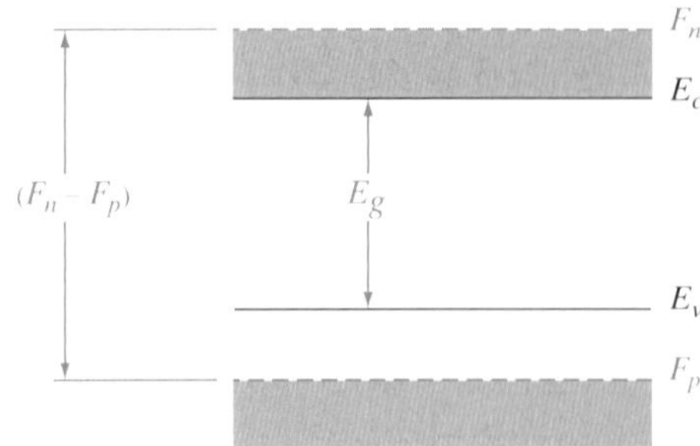

그림 8-19 반전영역 확대도

형상태에서의 페르미준위 E_{Fn}과 본질적으로 같다. 이것은 n형 쪽의 전자농도가 평형상태에서의 값과 같은 한 정당한 것이다. 그러나 다수의 전자가 접합을 넘어서 주입되므로 전자농도는 접합부근에서 큰 값으로 시작되어 p형 물질 속 깊은 곳에서의 평형상태의 값 n_p로 지수함수적으로 감소한다. 따라서 그림 8-18에 나타낸 것과 같이 F_n은 E_{Fn}으로부터 떨어지게 된다. 중성영역 깊은 곳에서 의사 페르미준위들은 본질적으로는 같다는 점에 유의해야 한다. 따라서 임의의 점에서의 F_n과 F_p 격차는 그 점에서의 평형상태로부터의 이탈의 척도가 된다. 이 이탈은 F_n과 F_p가 대역간극보다 큰 에너지만큼 떨어져 있기 때문에 반전영역에서는 상당한 크기로 되는 것을 명백히 알 수 있다(그림 8-19).

8.3절에서 논의한 2준위 시스템의 경우와는 달리 반도체에서의 분포반전에 대한 조건에는 대역 간 천이에 이용할 수 있는 에너지의 분포를 감안하여야 한다. 분포반전의 기본적인 정의는 그대로 유지된다. 즉, 에너지 $h\nu$만큼 떨어져 있는 두 개 에너지준위 사이의 유도방출이 우세하기 위해서는 상위 준위의 전자분포가 하위 준위보다 커야 한다. 반도체의 색다른 상황은 준대역의 준위를 이와 같은 천이에서 이용할 수 있다는 것이다. 분명히 분포반전은 그림 8-19에서 전도대역의 하단 E_c와 가전자대역의 상단 E_v 사이의 천이에 대해서도 존재한다. 사실상 위로 F_n까지에 이르는 전도대역에 있는 에너지준위들과 아래로 F_p에 이르는 가전자대역의 준위 사이에서의 천이는 분포반전의 상태에서 일어난다. 반도체에서 임의의 주어진 천이에너지 $h\nu$에 대하여 분포반전은

$$(F_n - F_p) > h\nu \tag{8-13a}$$

일 때 존재한다.

대역간의 천이에 대해, 분포반전을 위한 최소 요건은 $h\nu = E_c - E_v = E_g$인 광자에 대하여 발생한다. 즉,

$$(F_n - F_p) > E_g \tag{8-13b}$$

F_n과 F_p가 각각 그들의 대역 내에 있을 때는(그림 8-19에서와 같이) 유도방출이 $h\nu = (F_n - F_p)$에서 $h\nu = E_g$에 이르는 천이영역 전체에서 우위를 차지할 수도 있다. 다음에서 알

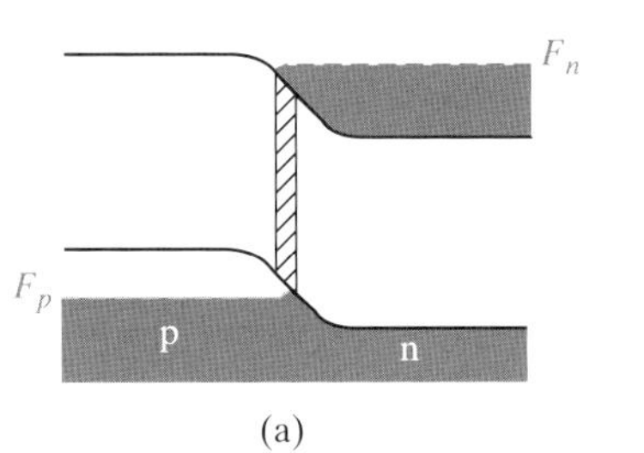

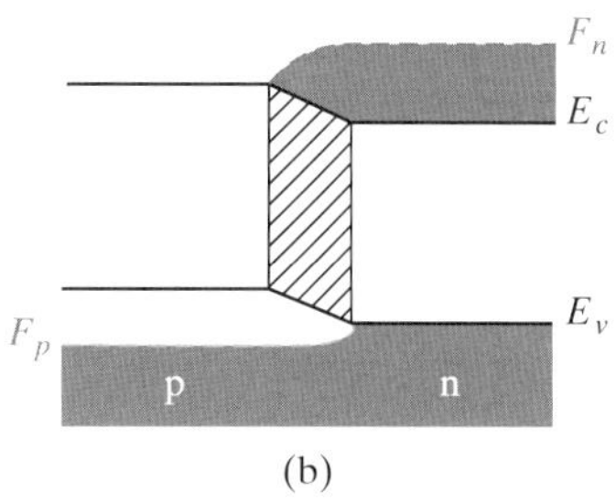

그림 8-20 순방향 바이어스에 따른 반전영역폭의 변화: V(*a*) < V(*b*)

수 있는 바와 같이 레이저 작용이 일어나기 위해 가장 유력한 천이는 공진공동과 $h\nu = E_g$ 부근에서 일어나는 강력한 재결합복사에 의해 주로 결정된다.

접합 레이저 제작을 위한 물질의 선정에 있어서는 일반적으로 Si이나 Ge에서 우세한 포획(trapping) 과정을 통하기보다는 오히려 전자-정공의 재결합이 직접적으로 일어나는 것이 필요하다. 갈륨비소(gallium arsenide)는 이와 같은 "직접형" 반도체의 예이다. 더욱이, 접합을 형성하기 위해 그 물질에 도핑하여 n형 또는 p형으로 만들 수 있어야 한다. 접합영역에 적절한 공진공동을 구성할 수 있다면 결과적으로 그 접합에 인가되는 바이어스 전류에 의하여 분포반전이 이루어지는 레이저를 얻게 된다(그림 8-20).

8.4.2 p-n 접합 레이저의 방출 스펙트럼

순방향 바이어스에서 반전층은 접합의 평면에 따라서 얻어질 수 있으며, 그곳에서는 큰 정공분포가 있는 위치에 큰 전자분포가 존재한다. 그림 8-19를 다시 살펴보면 대체로 F_n-F_p로부터 E_g에 이르는 범위의 에너지를 방출하면서 전자와 정공의 직접적인 재결합에 의하여 광자의 자연방출이 생길 수 있음을 가리키고 있다. 즉, 전자 $h\nu = F_n - F_p$인 에너지의 광자를 방출하면서 F_n에서 F_p에 이르는 에너지를 넘어서 재결합할 수 있거나 전도대역 하단에서 가전자대역 상단으로 $h\nu = E_c - E_v = E_g$인 광자를 방출하면서 재결합할 수 있다. 이들 두 가지 에너지는 근사적으로 레이저 스펙트럼의 바깥쪽 한계선으로서의 역할을 한다.

유도방출에 관여하는 광자의 파장은 식 (8-10)에서와 같이 공진공동의 길이로써 결정된다. 그림 8-21은 반도체 레이저에 대한 방출세기와 광자 에너지의 전형적인 관계도를 나타낸 것이다. 저전류준위(그림 8-21a)에서는 $E_g < h\nu < (F_n - F_p)$인 영역의 에너지를 포함하는 자연방출의 스펙트럼이 얻어진다. 전류가 상당한 분포반전이 존재하는 점까지 증가함에 따라 그림 8-21b에서 나타낸 것과 같이 공동양식에 대응하는 주파수에서 유도방출이 생긴다. 이들 양식들은 식 (8-10)으로 기술된 것과 같이 그 공동 내에서 합치되는 반파장의 연속적인 정수배에 대응한다. 끝으로 더욱 높은 전류준위에서는 가장 바람직한 양식 또는 일련의 양식들이 스펙트럼 출력을 주도할 것이다(그림 8-21c). 이 매우 강한 양식

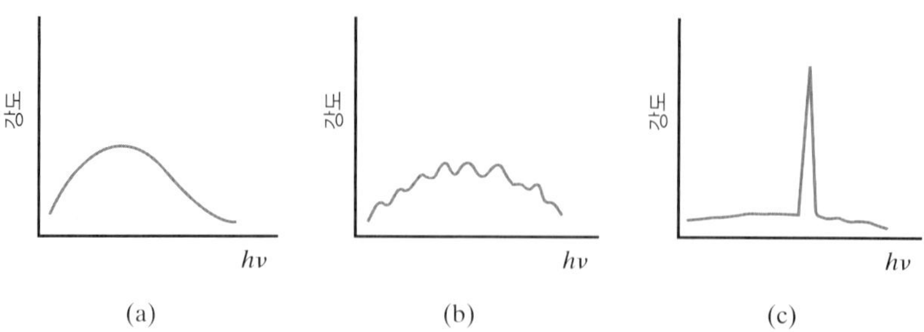

그림 8-21 접합 레이저에 대한 빛의 세기 대 광자에너지 $h\nu$의 관계: (a) 문턱값 이하에서의 비간섭성 빛의 방출; (b) 문턱값에서의 레이저(동작) 양식; (c) 문턱값 이상에서의 주된 레이저 저동작 양식. 세기의 눈금은 (a), (b), (c)의 순으로 크게 압축되어 있다.

은 그 소자의 주된 레이저 출력을 나타내는 것으로써, 출력광은 주로 자연방출에 의한 비교적 약한 배경의 복사에 중첩된 거의 단색광에 가까운 복사로 이루어질 것이다.

그림 8-21b에서 각 양식들의 분리는 GaAs의 굴절률 $\mathbf{n}$이 파장 λ에 의존한다는 사실로 말미암아 복잡하다. 식 (8-10)으로부터 다음 식을 얻을 수 있다.

$$\mathbf{m} = \frac{2L\mathbf{n}}{\lambda_0} \tag{8-14}$$

만약 $\mathbf{m}$(L에서 반파장의 수)이 크면 도함수를 이용하여 λ_0에 대한 $\mathbf{m}$의 변화율을 구할 수 있다.

$$\frac{d\mathbf{m}}{d\lambda_0} = -\frac{2L\mathbf{n}}{\lambda_0^2} + \frac{2L}{\lambda_0}\frac{d\mathbf{n}}{d\lambda_0} \tag{8-15}$$

이제 $\mathbf{m}$과 λ_0에서의 불연속적 변화 형식으로 바꾸면

$$-\Delta\lambda_0 = \frac{\lambda_0^2}{2L\mathbf{n}}\left(1 - \frac{\lambda_0}{\mathbf{n}}\frac{d\mathbf{n}}{d\lambda_0}\right)^{-1}\Delta\mathbf{m} \tag{8-16}$$

로 쓸 수 있다. $\Delta\mathbf{m} = -1$로 놓으면 인접된 양식 사이(즉, 양식 $\mathbf{m}$과 $\mathbf{m} - 1$ 사이)에서의 파장의 변화 $\Delta\lambda_0$를 계산할 수 있다.

8.4.3 기본적 반도체 레이저

p-n 접합 레이저를 만들기 위해서는 고농도로 도핑된 직접형 반도체(예: GaAs)로 접합을 형성하고, 이 접합과 적절한 기하학적 관계를 갖는 공진공동을 구성하여 효율적으로 열을 전도할 수 있는 설치대 위에서 접합에 대한 접촉을 만들어 줄 필요가 있다. 간단한 제작공정을 그림 8-22에 요약해 놓았다. 축퇴상태의 n형 시료로부터 시작하여 한쪽 면에 p형 영역을, 예를 들어 Zn을 n형 GaAs에 확산시킴으로써 형성한다. Zn은 주기율표의 II족

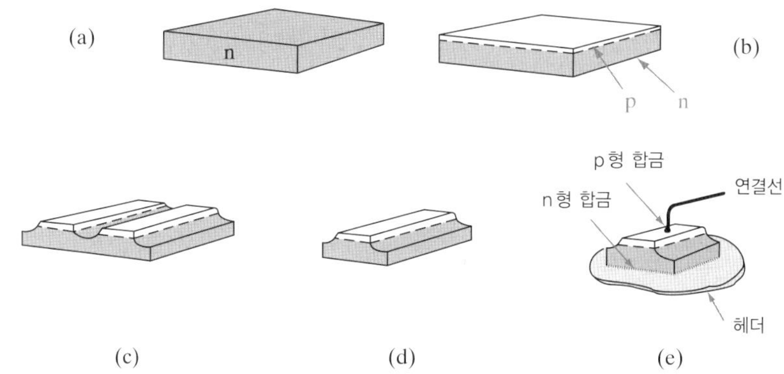

그림 8-22 간단한 접합 레이저의 제작: (a) 축퇴상태의 n-형 시료; (b) p형 쪽 확산; (c) 절단 또는 식각에 의한 접합의 분리; (d) 개개의 접합을 소자로 절단 또는 쪼갬; (e) 장착된 레이저 구조.

에 속하고 Ga의 위치에 치환되어 들어가므로, 그것은 GaAs에서는 억셉터로서의 역할을 한다. 따라서 고농도로 도핑된 Zn의 확산층은 p^+형의 영역을 형성한다(그림 8-22b). 이 점에서 큰 면적의 평면형 p-n 접합이 만들어진다. 다음, 그림 8-22c에서와 같이 시료의 길이에 따라 홈을 파거나 식각하여 서로 분리된 긴 일련의 p형 영역이 남게 한다. 이들 p-n 접합은 절단 또는 꺾어내서(그림 8-22d) 원하는 길이의 소자로 쪼갠다.

제작과정의 이 시점에서 공진공동의 매우 중요한 조건을 고려해야 한다. 공진공동의 앞면과 뒷면은 평탄하고 평형이어야 한다(그림 8-22e). 이것은 쪼개서(cleaving) 이룩할 수 있다. 시료가 그림 8-22d의 긴 접합이 그 물질의 결정면에 수직이 되게 방향을 잡고 있으면, 이 면에 따라 시료를 레이저 소자로 쪼개서 결정구조 자체가 평형면을 이루도록 할 수 있다. 다음, 이 소자를 적당한 헤더(header)에 장착하고 p형 영역에 접촉을 만들어 준다. 큰 순방향 전류 준위에 대하여 이 소자에 적절한 방열부를 만들어 주기 위해서 여러 가지 기술이 사용되고 있다.

8.4.4 이종접합 레이저

위에서 기술한 소자는 반도체 레이저 개발초기에 사용된 최초의 형식이다. 이 소자는 한 형식의 물질에 한 접합만을 포함하고 있으므로 이것을 **동종접합**(*homojunction*) 레이저라 한다. 보다 효율적인 레이저를 얻기 위해서 또 특히 실온에서 동작하는 레이저를 만들기 위해서는 레이저 구조에 다중층을 쓸 필요가 있다. **이종접합**(*heterojunction*) 레이저라 하는 이와 같은 소자를 광통신의 조건을 만족시키도록 실온에서 연속적으로 동작할 수 있게 만들 수 있다. 이종접합 레이저의 예를 그림 8-23에 나타내었다. 이 구조에서는 주입된 캐리어는 좁은 영역에 집속되어 보다 낮은 전류준위에서 분포반전이 이루어질 수 있다. 그 결과 레이저작용이 시작되는 **문턱전류**(*threshold current*)가 낮아지게 된다. 이 단일 이종접합 레이저에서는 GaAs 위에 에피택셜(epitaxially)로 성장된 AlGaAs 층에 의해 캐리

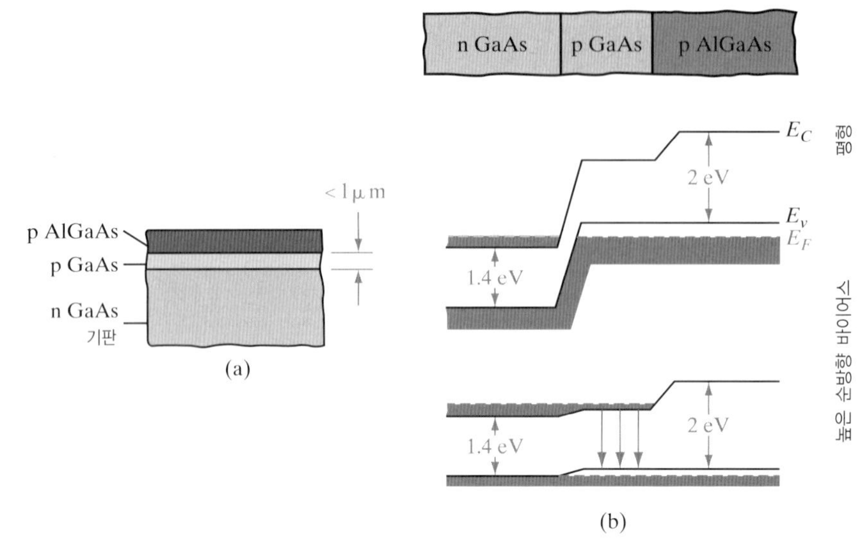

그림 8-23 레이저 다이오드에서 캐리어를 전송하기 위하여 이종접합을 이용: (a) 얇은 p형 GaAs층 위에 성장된 AlGaAs 이종접합; (b) 바이어스하에서 얇은 p형 영역에 전자가 집속됨을 보이는 (a)의 구조에 대한 에너지대역도.

어의 집속이 이루어진다.

GaAs에서 레이저 작용은 정공주입보다는 전자주입이 보다 높은 효율을 나타내기 때문에 접합의 p형 쪽에서 주로 일어난다. 일반적인 p-n 접합에서 주입된 전자는 p형 물질 속으로 확산되어 분포반전은 접합 부근 전자분포의 일부분에만 일어나게 된다. 그러나 p형 물질이 좁고 장벽으로 끝이 난다면 주입된 전자는 접합 부근에 집속될 수 있다. 그림 8-23a에서 p형 AlGaAs($E_g \simeq 2$ eV)의 에피택셜층이 얇은 p형 GaAs 영역의 상부에 성장되어 있다. 주입된 전자는 GaAs-AlGaAs 이종접합에서의 전위장벽을 넘어설 수 없으므로, AlGaAs의 좀더 넓은 대역간극이 p형 GaAs층을 효과적으로 끝나게 한다(그림 8-23b). 주입된 전자가 집속됨으로써 단순한 p-n 접합형보다는 충분히 낮은 전류에서 레이저 작용이 시작된다. 이 캐리어가 집속되는 효과에 덧붙여서 이종접합에서의 굴절률의 변화는 광자가 광학적으로 집속되게 함으로써 도파관의 효과를 제공해 준다.

두 개의 AlGaAs층 사이에 활성의 GaAs층을 끼워줌으로써 좀더 개선될 수 있다(그림 8-24). 이중 이종접합(*double-heterojunction*) 구조는 주입된 캐리어를 활성영역에 더욱더 집속시키며, GaAs-AlGaAs 경계에서의 굴절률의 변화는 발생된 광파를 집속하는 데 도움이 된다. 그림 8-24b에 보인 이중 이종접합 레이저에서는 이 소자를 구동하는 데 필요한 전체적 전류를 감소시키기 위해서 주입된 전류가 레이저 동작방향을 따라 좁은 띠(stripe)로 제한되게 되어 있다. 이와 같은 형식의 레이저는 특히 광섬유 통신시스템에 적합한 레이저의 개발에 큰 진보를 가져왔다.

분리된 집속과 경사형 굴절률을 가진 채널. 그림 8-24에 보이고 있는 이중 이종접합 레이

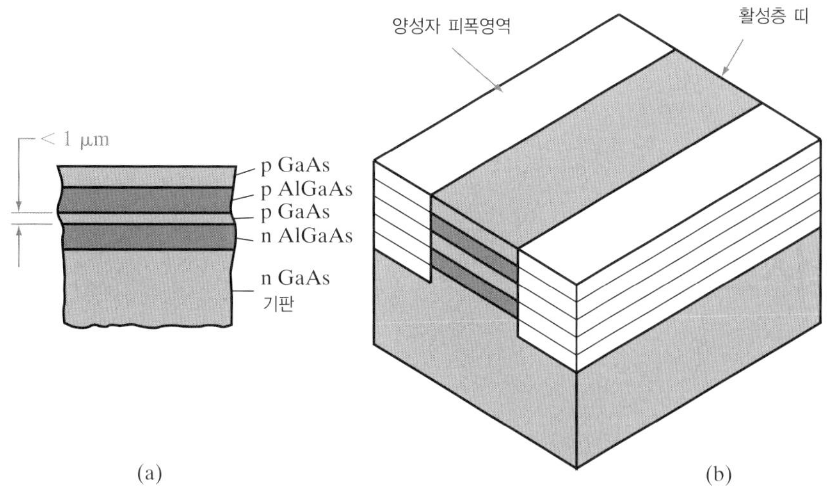

그림 8-24 이중 이종접합 레이저 구조: (a) 주입된 캐리어와 발생된 빛을 집속하기 위하여 사용한 다중층, (b) 레이저 동작이 발생되는 방향에 따라 좁고 가느다란 부분으로 전류주입이 제한되도록 설계된 띠의 기하학적 구조. 이 띠의 기하학적 구조를 얻는 여러 방법 중의 하나로써 이 예는 (b)의 흐린 영역을 양성자(proton)로 때려서 얻은 것이며, 이로써 GaAs와 AlGaAs는 반절연성으로 바뀐다.

저의 단점 중 하나는 캐리어의 집속과 광학적인 도파관 모두가 같은 이종접합에 의존하게 되는 것이다. 높은 재결합영역에 캐리어가 존재하도록 하기 위해 좁은 집속영역을 이용하고, 도파관으로는 이보다 약간 넓은 영역을 이용하여 이 두 기능을 최적화하는 것은 보다 바람직한 일일 것이다. 그림 8-25a 에서는 **분리된 집속**(*separate confinement*)을 가진 레이

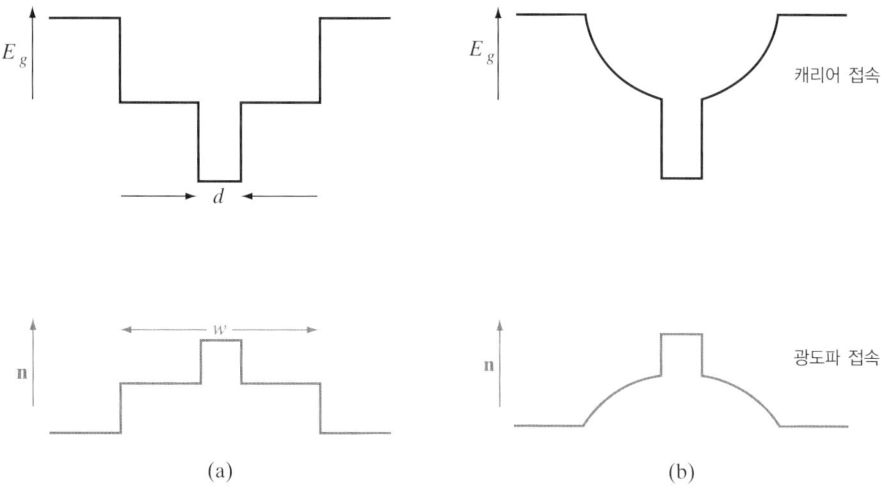

그림 8-25 캐리어의 집속과 광도파 집속의 분리: (a) 가장 작은 대역간극을 갖는 영역(d)에서 캐리어를 제한하고 보다 넓은 영역에서 굴절계수의 계단을 이용하여 도파관(*w*)을 얻기 위해서 AlGaAs 합금 조성의 분리된 변화를 이용한다; (b) 보다 좋은 도파관과 캐리어 집속을 얻기 위한 합금의 조성비, 따라서 굴절률을 경사지게 한다.

저를 보여주며, 여기서 광학적 도파관 영역의 폭(w)은 캐리어를 제한하기 위해 사용된 이종접합으로부터 분리된 이종접합에서의 계단형 굴절률을 이용하여 최적화된다. 예를 들면, GaAs-$Al_xGa_{1-x}As$ 계에서 광학적인 집속관(도파관)은 캐리어 제한 장벽보다 높은 조성비 x를 갖는(따라서, 굴절률이 적은) 계면에서 일어난다. AlGaAs의 조성을 경사지게 하면 더욱 좋은 도파관을 얻을 수 있다. 예를 들어, 그림 8-25b에서는 굴절률을 포물선형으로 경사지게 하여 레이저 내의 도파관이 그림 8-12에 보인 것과 같은 광섬유에 대한 것과 유사하게 되도록 한다. 이 경사형 굴절률을 가진 분리된 집속형 이종접합 구조(*graded index separate confinement heterostructure; GRINSCH*) 레이저는 전자를 보다 잘 집속하기 위한 내부전위도 제공한다.

수직공동을 갖는 표면방출형 레이저(VCSEL). 레이저 다이오드 구조에서 빛이 표면과 수직한 방향으로 방출되면, 패키지를 하기 전 웨이퍼 상태에서 소자를 테스트하기 쉬워지는 등 많은 장점이 있다. 흥미를 끄는 접근법으로는 VCSEL(vertical cavity surface-emitting laser)이 있으며, 이 소자에서는 공진기 거울 대신에 MBE나 OMVPE로 성장시킨 분포된 브래그(Bragg) 반사기[DBR, 빛이 보강 간섭하는 형태로 반사될 수 있도록 간격을 정한 여러 개의 반(半) 반사기로 구성]가 사용된다. 그림 8-26에서 VCSEL의 아래쪽 DBR 거울은 두께가 각 물질에서의 파장의 1/4이 되는 AlAs와 GaAs의 여러 교차층으로 구성되어 있다. 위쪽 거울은 도포된 유전층들(ZnSe와 MgF가 교차되는)로 이루어져 있다. 전류는 AlGaAs층을 산화시킨 알루미늄 산화막(Al_2O_3)을 이용하여 만든 상부 접촉점으로부터 활성영역층으로 깔대기 모양으로 흐른다. 활성영역의 층은 InGaAs-GaAs 양자우물 구조를 채용하고 있으며, 두 DBR 거울 사이의 GaAs 공진기는 한 파장만큼의 길이를 갖는다. VCSEL의 공진기 길이는 다른 구조에 비해 매우 짧게 만들 수 있으며, 식 (8-16)의 결과에서 알 수 있듯이 레이저 양식은 파장대에서 상당히 넓게 분리되어 있다. 따라서 VCSEL에서는 단일모드의 레이저 동작을 쉽게 구현할 수 있다. 발진(lasing)은 이 소자를 사용하면 매우 적은 전류($< 50\ \mu A$)에서 이루어질 수 있다.

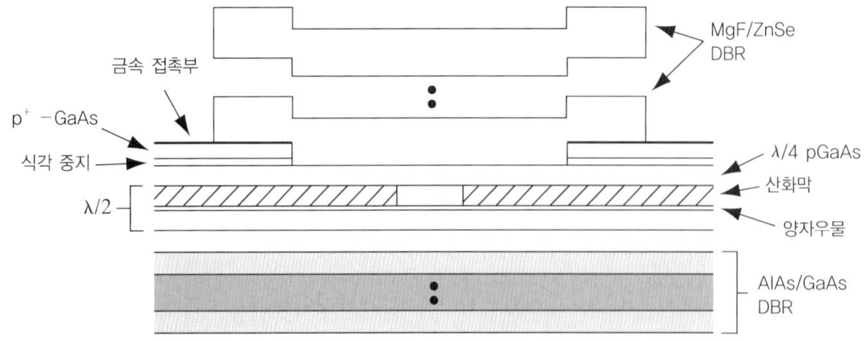

그림 8-26 수직공동을 갖는 표면방출형 레이저 다이오드의 모식적인 단면도[D. G. Deppe et al., IEEE J. Selected Topics in Quantum Elec., 3(3) (june 1997): 893-904].

8.4.5 반도체 레이저의 재료

지금까지는 GaAs와 AlGaAs의 견지에서 접합 레이저의 성질을 검토하였다. 그러나 8.2.2절에서 검토했던 바와 같이 InGaAsP/InP계는 광섬유 통신에 사용되는 레이저에 특히 적합하다. 에피택셜 성장으로 이종접합구조를 형성함에 있어서는 격자정합이 중요하다(1.4.1절). AlGaAs의 에너지 대역간극은 III족 부격자의 조성을 선택함으로써 변화시킬 수 있기 때문에 8.4.4절에서 설명한 바와 같이 장벽과 집속층을 만들 수 있다. 특히 4원소 합금인 InGaAsP는 파장의 선택과 격자정합에 상당한 융통성을 허용할 수 있기 때문에 레이저 다이오드의 제작에 널리 사용하고 있다. 조성을 선택함으로써 광섬유 통신에 필요한 적외선 영역 1.3 ~ 1.55 μm의 레이저를 만들 수 있다. 합금의 조성을 선택함에 있어서 네 성분 모두를 변화시킬 수 있으므로 InGaAsP는 에너지 대역간극(따라서, 방출파장)과 (편리한 기판 위에 격자정합된 성장을 하기 위한) 격자상수를 동시에 선택할 수 있다. 그런 많은 응용에서의 레이저 출력에는 다른 파장의 영역이 필요하게 된다. 예를 들어, 공해 진단에 사용되는 레이저는 InGaAsP와 AlGaAs에서 얻을 수 있는 것보다 훨씬 더 적외선 영역의 파장을 필요로 한다. 이런 응용에서는 3원소 합금 PbSnTe가 재료의 조성비에 따라 저온에서 약 7 μm로부터 30 μm 이상에 이르는 파장의 레이저 출력을 제공한다. 중간 정도의 파장에 대해서는 InGaSb계가 사용될 수 있다.

반도체 레이저의 제작에 사용되는 물질은 효율적인 빛의 방출체이며, p-n 접합의 형성과 대부분의 경우 이종접합의 형성에 적합하여야 한다. 이런 조건으로 인해 일부 물질은 레이저 다이오드의 실질적인 사용에서 제외된다. 예를 들면, 간접형 대역간극을 갖는 반도체는 실제적인 레이저의 제작에 있어서 충분할 정도로 효율적인 빛의 방출체가 되지 못한다. 반면 II-VI 화합물은 일반적으로 빛을 방출하는 데 있어서는 효율적이지만 접합을 형성하기가 어렵다. MBE나 MOVPE 같은 현재의 결정성장기술을 이용함으로써, 억셉터로 N을 이용하여 ZnS, ZnSe, ZnTe 및 이들 물질의 합금을 이용한 접합을 성장시킬 수 있게 되었다. 즉, 이들 물질을 이용한 레이저를 제조할 수 있게 되었고, 이러한 레이저는 스펙트럼의 녹색영역과 청녹색영역의 빛을 방출한다.

최근 몇 년 동안 GaN과 그것의 InN과 AlN과의 합금을 사용한 큰 대역간극 반도체를 성장하는 데 있어서 많은 진보가 이루어졌다. InAlGaN 시스템은 전반적인 합금 구성범위에서 직접 대역간극을 가지므로, 매우 효과적으로 빛을 방출한다. 대역간극은 InN의 약 2 eV에서 GaN의 약 3.4 eV와 AlN의 약 5 eV까지 변화한다. 이것은 청색에서 UV에 해당하는 약 620 nm에서 약 248 nm까지의 파장범위를 포함한다. 일본 나치아(Nichia)사의 나카무라가 GaN에서 아주 고효율 청색 발광 다이오드를 예시함으로써 이 분야에 대한 관심이 다시 촉발되었다.

1970년대에 판코브(Pankove)의 선구적인 업적 이후에 지금까지 이 분야의 진보를 방해했던 두 가지 문제는 GaN과 격자구조가 충분히 맞는 적당한 물질의 부재와 이 반도체에서 p형 도핑을 이룰 수 없다는 것이었다. GaN의 기판의 결정은 질소를 가진 선구물질

(precursor, 일반적으로 암모니아)의 높은 증기압 때문에 쉽게 성장될 수 없다. 이것은 고온 고압에서의 성장을 요구한다. 이것은 GaN 기판 웨이퍼를 에피택셜 성장을 위한 기판으로 사용할 수 없게 한다. 그러나 에피택셜층은 격자부정합(mismatch)에도 불구하고 대체로 성공적으로 다른 기판 위에 성장될 수 있다.

GaN은 육각의 섬유아연석(wurtzite) 형태뿐만 아니라(보다 더 잘 형성되는 구조인) 입방 섬아연광(cubic zincblende) 구조의 형태로 존재한다. 비록 사파이어가 GaN과 격자 정합이 잘 이루어지지 않을지라도 입방 GaN이 사파이어 위에 이종접합으로 성장될 수 있다는 것이 최근의 실험을 통해 보여졌다. 사실, 사파이어는 입방결정구조조차도 아니다(그것은 육각형 기둥이다). GaN의 격자상수는 약 4.5 Å이지만 사파이어는 4.8 Å이다. 이것은 큰 격자부정합이다. 그러나, 일반적으로 예상되는 것과는 달리, 고품질 에피택셜 GaN 박막은 선구물질(precursor)로서 암모니아와 3메틸 갈륨(tri-methyl gallium)을 사용한 MOCVD에 의해 사파이어 위에 성장될 수 있다. GaN로 제작된 단파장 LED와 레이저가 고품질의 박막을 갖출 수 있었던 이유는 이들 광대역 간극 반도체들의 화학적 결합력이 매우 높았기 때문이다. 8.2.1절에서 다루었듯이 인디윰을 GaN에 추가함으로써 대역간극이 작은 영역들을 만들어 방출형 재결합(radiative recombiration)을 유도하였고 디스로케이션에서의 캐리어 손실을 최소화 할 수 있었다. 질화물에서 풀어야 했던 또 하나의 문제는 p-n 접합이 형성되도록 높은 p형 도핑을 이루는 것이었다. 고온의 어닐링 후에 MOCVD 박막을 (II족 요소 중 하나인) Mg로 도핑하는 방법이 이 시스템에서 고농도의 억셉터농도를 이루는 데 사용될 수 있다는 것이 보여졌다.

UV/청색 반도체 레이저와 같은 단파장 방출기는 CD(compact disc)보다 고밀도인 DVD(digital versatile disc)와 같은 저장장치에서 중요하다. 이들 저장장치에서 저장밀도는 정보를 읽는 데 사용할 수 있는 레이저 파장의 제곱에 반비례한다. 따라서 두 배만큼의 레이저 파장을 감소시키는 것은 저장밀도를 4배만큼 증가시키는 결과를 가져온다. 그렇게 증가된 저장용량은 기존의 CD로는 불가능했던, 예를 들어 DVD에 영화 한 편을 완전히 저장하는 것과 같은 새로운 응용분야를 열었다. 이렇게 급속히 발전된 분야에서 최근에 성취한 성공의 일례로는 InGaN으로 된 다중 양자우물 이종구조를 사용한 417 nm 반도체 레이저가 있다.

8.4.6 양자 계단형 레이저(Quantum Cascade Lasers)[8)]

지금까지 위에서 살펴본 레이저들은 모두 대역간 전이(interband transition)를 이용한 쌍극성(bipolar) 소자였다. 즉, 전도대역의 전자들이 가전자대역의 정공과 재결합하여 대역간극에 상응하는 에너지를 가진 광자를 발출하는 것이다. 이것이 4장에서 설명한 바와 같이 레이저를 만들 수 있는 반도체는 직접형 대역간극을 가져야 하는 이유이다.

8) 역자주: cascade는 계단형 폭포를 말하여 여기서는 레이저 물질의 대역간극이 계단형으로 형성되어서 캐리어들을 계단형 폭포에서 물이 떨어짐과 같이 떨어지게 함을 의미한다.

한편 양자 계단형 레이저(QCL, quantum cascade laser)는 초격자(superlattice)에서의 분리된 결합 양자우물(couled quantum well)들 간에서 대역내 전이(interband transition)를 이용하는 단극성(unipolar) 레이저이다. 1장과 2장에서 보았듯이 양자우물들과 초격자들은 드블로이 파장의 크기와 비슷하거나 더 작은 두께를 가지는 반도체 이종접합 구조로 만들어진다.

양자우물들에 있어서 캐리어의 구속(confinement)는 한 방향으로 이루어지지만 평면파 상태(plane wave state)들은 다른 두 방향으로 존재하여 그림 8-27와 같이 준대역준위(sub-band level)들을 만들게 된다. QCL에서의 양자우물을 잘 설계하면 그림 8-27에서 본 것과 같은 3-상태 시스템을 만들 수 있다. 아래에 그 동작원리를 설명하겠다. QCL을 바이어스하여 캐리어들이 왼편에서 3-상태로 주입되면 상태-3과 2 사이에 분포반전(polulation inversion)이 일어난다. 이때 두 양자우물간의 장벽층은 분포반전을 위해서 충분히 두꺼워야 하지만 또한 상태 3과 2의 상태함수간 중복이 있을 정도로는 충분히 얇아서 상태준위들 사이의 전이와 그에 따른 레이저 동작이 일어나야 한다. 이때 광자는 상태-3과 2 사이의 분포반전으로부터 방출된다. 한편 상태-2 양자우물과 상태-1 양자우물은 얇은 터널링 장벽을 사이에 두고 결합되어 있기 때문에 상태-2에 있는 캐리어들은 거의 즉각적으로 상태-1로 전이 된다. 이렇게 하면 상태-3 과 2 사이의 분포반전이 잘 유지된다. 상태-1에 있는 캐리어들은 그 다음 단의 상태-3 으로 주입되어 이 작업은 최종적으로 QCL의 오른편에서 전류가 추출될 때 까지 계속된다. 이 과정에서 방출되는 광자의 총 수는 에너지 계단 1, 2, 3의 총 수에 달려있게 된다.

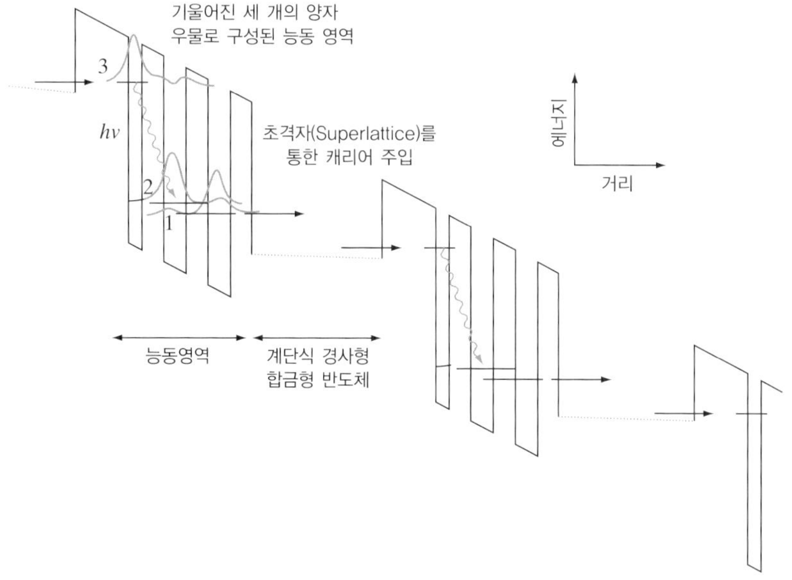

그림 8-27 전도대역 3-준위 시스템 기반의 양자 계단형 레이저(Quantum cascade laser). 이 계단형 시스템에서 광자는 준위(상태)-3에서 준위-2로 전이가 일어날 때마다 방출된다. 전단계의 준위-1로부터 다음 단계의 준위-3 으로의 캐리어 주입은 초격자(superlattice; SL)로 이루어진 미니대역(miniband)을 통하여 이루어진다.

QCL은 캐리어전이가 전적으로 전도대역에서의 준대역(Subband)내 양자우물 상태 사이에서만 이루어지기 때문에 반도체 물질이 직접형일 필요가 없다. 그리고 광자의 에너지는 반도체의 대역간극에 의하여 결정되지 않고 대신 양자우물 설계와 준대역의 에너지 준위에 의하여 결정되며 대역간극 에너지 보다 상당히 작은 값을 얻을 수 있다. 이 소자 때문에 THz 방출이 가능해졌는데 전자파 영역 중 매우 중요한 영역, 즉 마이크로파와 준밀리미터파 그리고 원적외선 영역(300 Ghz – 3 THz)에 해당하는 영역에서 발광하는 광원을 얻은 것이다. 이 영역은 종래에는 소위 THz 갭(gap)이라 해서 좋은 광원이 없었던 영역이다. 이 광원의 발견은 매우 유용한데 예를 들어 많은 분자 내 에너지 전이가 이 주파수 영역에 있기 때문에, 바이오 분자나 화학물질 검출 등에 유용하게 쓰일 수 있다.

요약 SUMMARY

8.1 반도체에 의한 빛의 방출과 흡수는 유용한 광전자소자의 기초가 된다. 방출은 주로 직접형 반도체에서 나타난다. 간접형 반도체는 광학효율이 낮은데, 이는 광자[에너지는 가지고 있지만 운동량(momentum)은 거의 없다]뿐만 아니라 포논(phonon, 운동량은 있지만 에너지는 거의 없다)도 관계되기 때문이다.

8.2 몇몇 광전자소자에 있어서 전자–정공쌍(EHP)은 빛의 흡수에 의해 생성된다. 이들 캐리어들은 전기적인 에너지에 의하여 집속된다. 생성된 EHP들은 열적으로 생성된 다이오드의 역방향 전류에 더해진다[식 (8-2)]. 이로부터 청정 에너지원인 태양전지에서의 개방회로 전압이나 단락회로 전류를 구할 수 있다.

8.3 광 검출기에 있어서는 속도(주행시간을 단축하기 위하여 짧은 흡수층을 써야 함)와 감도(긴 흡수층을 필요로 함) 사이에 상충적인 관계(tradeoff)가 있다. 양쪽을 다 취하는 방법으로 광도파로형 광검출기가 있다. 이득을 얻으려면, 흡수된 광자들 중 일부에 의해 생성된 EHP의 수가 충돌이온화(impact ionization)에 의해서 증가되는 APD를 사용할 수 있다. 하지만 이때 광다이오드의 잡음도 충돌이온화에 의해서 증가함을 유의해야 한다.

8.4 광방출기, 광다이오드는 광섬유와 함께 오늘날 인터넷과 국제통신의 근간을 이루고 있는 광섬유 통신에 쓰이는 중요한 소자이다. 광섬유는 빛이 높은 굴절률의 매질(유리)층에서 낮은 굴절율의 외층(outer layer)으로 진행할 때의 전반사(total internal reflection)효과를 이용한 광도파로이다.

8.5 반도체는 광자를 검출하는데도 사용되지만 직접형 반도체에서의 재결합을 이용하여 빛을 방출하는데도 사용된다. 광방출기는 LED와 같은 비간섭성인 광원과 레이저와 같이 간섭성인 광원으로 나뉜다. 방출된 빛의 색은, 플랑크(Planck) 관계식에 의해 주어지는 에너지 대역간극과 광자 에너지의 비례관계로 인하여, 어떤 반도체를 사용하느냐에 따라 결정된다.

8.6 레이저는 LED보다 제작하기 어려운데 이는 EHP만 있으면 되는 것이 아니고, 에너지가 높

은 캐리어가 낮은 캐리어보다 많아야 하는, **분포반전**이 되어야 하기 때문이다. 분포반전은, 위상이 일정치 않아서 비 간섭성인 빛의 **자연방출**(아인슈타인 A 계수가 방출을 결정)보다, 위상이 일정하여 간섭성인 빛의 **유도방출**(아인슈타인 B 계수가 결정)이 지배적으로 일어나도록 해 준다. 레이저에는 또한 광자전계가 증대되도록 해 주는 광 공동(optical cavity)이 있어야 한다. 빛은 측면 방출형 레이저(edge-emitting laser)에서와 같이 옆에서 나오게 할 수도 있고, 수직공동을 갖는 표면 방출형 레이저(vertical cavity surface-emitting laser: VCSEL)에서와 같이 표면에서 방출되도록 할 수도 있다. 이중 이종구조(double-heterostructure) 레이저는 캐리어와 광자를 같이 구속할 수 있어서 유용하다.

연습문제 PROBLEMS

8.1 그림 8-7의 p-i-n 광다이오드에 대하여 다음을 답하라.

(a) 왜 이 검출기가 이득(gain)을 갖지 않는지 설명하라.

(b) 약한 세기의 빛에 대하여 이 소자를 더욱 민감하게 만드는 것이 어떻게 이 소자의 동작속도를 감소시키는지 설명하라.

(c) 이 소자를 $\lambda = 0.6\ \mu m$의 빛을 감지하는 데 사용하려고 한다면, 어떤 물질을 사용할 것이며 어떤 기판 위에 그것을 성장시킬 것인가?

8.2 60 Å 두께의 GaAs ($E_g = 1.43$ eV)를 AlAs층 ($E_g = 2.18$ eV)들 사이에 넣어서 양자우물을 형성했다고 하자. 두 물질의 대역간극 차이의 2/3는 전도대 쪽에 나타나고 나머지는 가전자대역 쪽에 나타난다고 가정하라. GaAs에서의 전자 및 정공의 유효질량은 각각 0.067 m_0와 0.5 m_0이다. 이 이종물질접합을 이용하여 LED를 만든다고 할 때 GaAs층으로부터 방출될 수 있는 광자의 최소 에너지는 얼마인가? 또 이를 이용하여 광검출기를 만들면, 검출할 수 있는 빛의 최대파장은 얼마인가? 계산에 있어 무한 전위 우물 근사 (전위 우물이 무한대의 전위를 가진 경계면들 사이에 있다는 가정)를 사용할 수 있다. GaAs층의 전도대역과 가전자대역 각각에 몇 개의 구속 상태(confined states)가 있는가를 계산하라. 이 상태들에 대하여 전자와 정공에 대한 확률밀도 함수를 각각 정성적으로 스케치하라. 이종접합으로부터 얼마나 떨어진 지점에서 정공이 두 번째 여기 상태(second excited state)에 있겠는가?

8.3 Si 태양전지에서 암 포화전류(dark saturation current)는 2 μA이고 단락회로 전류(short circuit current)는 150 mA이다. 빛을 비추었을때에 생성된 전류는 0.1 mA이라 할 때 100 mA 전류에 상응하는 전압을 구하라.

8.4 길이가 5 μm 이고 n형 도핑이 10^{15} cm^{-3}으로 되어있는 Si 광전도기에 대하여 다음 조건하에서 빛을 비출 때의 전류밀도의 변화를 계산하라. 빛은 10^{20} 전자-정공쌍/cm^3-s를 생성하며, 캐리어-재결합 수명 $\tau = 0.1\ \mu s$이다. 광전도기 길이에 걸쳐 인가한 전압은 2.5 V이다. 전압을 2500 V로 증가시키면 어떠하겠는가? 전계가 10^4 V/cm 이하인 저항성 영역(ohmic region)

에 대하여 전자와 정공의 이동도는 각각 150 cm^2/V-s 와 500 cm^2/V-s 이다. 반면 강전계하에서는 전자와 정공은 10^7 cm/s 의 포화속도로 진행한다.

8.5 포화 암전류 I_{th} 가 5 nA 인 Si 태양전지에 단락회로 전류가 200 mA 가 되도록 빛을 조사하였다. 이 전지에 대한 *I-V* 곡선을 그림 8-6 에서와 같이 그려라(*I* 는 음수이지만 I_r 로 써서 양의 값으로 그려진다는 것을 기억하라).

8.6 태양전지의 효율을 증가시키는 데 극복해야 할 중요한 문제는 무엇인가?

8.7 태양전지의 주요 문제점은 그림 8-5 에서와 같이 부분적으로만 접촉될 수밖에 없는 얇은 표면에 있는 내부저항이다. 연습문제 8.5 의 전지가 그 전압이 *IR* 만큼 강하하도록 하는 1 Ω 의 직렬저항을 갖는다고 가정하자. 이 경우의 *I-V* 곡선을 그리고 연습문제 8.5 의 전지와 비교하라.

8.8 (a) 왜 태양전지는 접합의 *I-V* 특성 곡선의 4 사분면에서 동작되는가?

(b) 섬유광학에서 LED 를 제작할 때 4 원소 합금의 장점은 무엇인가?

(c) 왜 역방향 바이어스된 GaAs p-n 접합은 파장이 1 μm 인 빛에 대한 좋은 광감지기가 될 수 없는가?

8.9 크기 2 cm × 2 cm, I_{th} = 32 nA 인 Si 태양전지가 접합으로부터 $L_p = L_n = 2$ μm 이내에서 10^{18} EHP/cm^3-s 의 광학적 생성률을 갖는다. 공핍영역이 1 μm 일 때, 단락회로 전류(short-circuit current)와 개방회로 전류(open-circuit current)를 계산하라.

8.10 태양전지에 의해 전달되는 최대 전력은 *I-V* 곱의 최대값으로부터 알 수 있다.

(a) 전력의 최대값에 대한 표현식이 다음과 같음을 증명하라.

$$\left(1 + \frac{q}{kT}V_{mp}\right)e^{qV_{mp}/kT} = 1 + \frac{I_{sc}}{I_{th}}$$

여기서 V_{mp} 는 최대 전력에 대한 전압이고 I_{sc} 는 단락회로 전류의 크기이다. 그리고 I_{th} 는 열 때문에 생기는 역방향 포화전류이다.

(b) $I_{sc} \gg I_{th}$ 이고 $V_{mp} \gg kT/q$ 인 경우에 $\ln x = C - x$ 꼴로 이 방정식을 기술하라.

(c) 1.5 nA 의 포화 암전류 I_{th} 이를 가진 Si 태양전지에 개방회로 전류가 I_{sc} = 100 mA 가 되도록 하는 빛이 조사된다고 가정하라. 최대 전달전력에 관한 전압 V_{mp} 를 얻기 위해 그림을 사용하라.

(d) 이 빛의 조사에 따른 태양전지 출력의 최대값은 얼마인가?

8.11 태양전지의 경우에 식 (8-2)는 다음과 같이 다시 쓸 수 있다.

$$V = \frac{kT}{q}\ln\left(1 + \frac{I_{sc} + I}{I_{th}}\right)$$

연습문제 8.10 의 전지 파라미터가 주어질 경우에 그림 8-6 과 같이 *I-V* 곡선을 그리고 최대 전력 사각형을 그려라. *I* 는 음수이지만 그림에 있는 I_r 처럼 양으로 그려야 한다는 것을 기억하라. I_{th} 와 I_{sc} 는 방정식에서 양의 크기를 가진다.

8.12 태양전지는 원치 않는 직렬저항 때문에 성능이 몹시 안 좋아진다. 연습문제 8.7 에서 기술된 전지에 전지전압을 *IR* 만큼 감소시키는 직렬저항 *R* 을 포함하라. 직렬저항 *R* 값 0~ 5 Ω 에 대

해 채움인수(fill factor)를 계산하고 도시하라. 그리고 R이 전지효율에 미치는 영향에 관해 설명하라.

8.13 미지의 반도체물질의 흡수스펙트럼을 측정할 때 피크값은 364 nm의 파장에서 검출되었다. 이 물질의 에너지대역폭(bandgap)은 얼마이고 어떤 물질인가? 이 물질의 다수 캐리어가 5×10^5 cm/sec의 속도로 움직인다면 이 물질의 캐리어 질량은 얼마인가?

8.14 에너지 대역폭이 1.2 eV인 반도체물질로 만든 소자에서 방출되는 전자파의 파장은 얼마인가? 이 전자파는 광학적인 영역에 속하는가? 이러한 관측으로부터, 대상이 되는 반도체물질이 가지는 에너지 대역폭의 성질을 예측할 수있는가?

8.15 그림 8-19에 보인 에너지대역들의 축퇴된 점유는 방출이 흡수를 압도해야 한다는 레이저 조건을 유지하는 데 도움이 된다. 이 축퇴가 방출파장에서 어떻게 대역 간 흡수를 막게 되는가를 설명하라.

8.16 식 (8-7)로써 기술되는 시스템이 극단적으로 높은 온도에서 열평형상태를 이루고 있어 에너지밀도 $\rho(\nu_{12})$가 본질적으로 무한대라고 가정하자. 이때 $B_{12} = B_{21}$임을 보여라.

8.17 식 (8-7)로써 기술되는 시스템이 ν_{12}에서 매주파수당 에너지밀도가 플랑크(Planck)의 복사율로부터

$$\rho(\nu_{12}) = \frac{8\pi h\nu_{12}^3}{c^3}[e^{h\nu_{12}/kT} - 1]^{-1}$$

인 흑체 복사전계와 상호작용을 한다. 연습문제 8.16의 결과가 주어졌다고 할 때, 비 A_{21}/B_{12}를 구하라.

8.18 $Al_xGa_{1-x}As$ 화합물 반도체에서 Al 농도의 비(x)가 0.4일 때 에너지대역폭의 크기를 구하라(온도는 300 K이고 선형적인 내삽(linear interpolation)방법을 사용하라.) 300 K 온도의 AlGaAs에서, 진성 캐리어농도(intrinsic carrier concentration)가 $2.1 \times 10^3/cm^3$일 때, 분포반전(population inversion)을 위하여 필요한 최소 캐리어농도 n = p를 구하라.

8.19 Si p^+n 긴 베이스 다이오드(long base diode)에서 광 여기(optical excitation)에 따른 과잉 정공 분포는

$$\delta p(x_n) = \left[p_n \cdot (e^{qV/kT} - 1) - g_{op} \cdot \frac{L_p^2}{D_p}\right] \cdot e^{-x_n/L_p} + g_{op} \cdot \frac{L_p^2}{D_p}$$

으로 주어진다. 이 소자의 억셉터 농도는 $10^{18}/cm^3$이고 정공의 확산상수는 10.36 cm^2/sec이며 정공의 이동도는 400 cm^2/V-sec, 캐리어 수명은 10 nsec, 인가전압은 0.7 V이다. 균일한 빛이 조사될 때 $10^{20}/cm^3$의 전자-정공쌍(EHP)가 생성된다. 이 다이오드의 n 쪽 접합에서 확산거리의 두배 거리에 있는 위치에서의 과잉정공분포를 구하라.

참고문헌 READING LIST

Bhattacharya, P. *Semiconductor Optoelectronic Devices.* Englewood Cliffs, NJ: Prentice Hall, 1994.

Campbell, J. C., A. G. Dentai, W. S. Holden, and B. L. Kasper. "High Performance Avalanche Photodiode with Separate Absoiption, Grading and Multiplication Regions." *Electronics Letters,* 19 (1983): 818+.

Casey, Jr., H. C., and M. B. Panish. *Heterostructure Lasers: Part A. Fundamental Principles.* New York: Academic Press, 1978.

Cheo, P. K. *Fiber Optics and Optoelectronics,* 2d ed. Englewood Cliffs, NJ: Prentice Hall, 1990

Denbaars, S. P. "Gallium Nitride Based Materials for Blue to Ultraviolet Optoelectronic Devices." *Proc. IEEE,* 85 (11) (November 1997): 1740-1749.

Dupuis, R. D. "AlGaAs-GaAs Lasers Grown by MOCVD-A Review." *Journal of Crystal Growth* 55 (October 1981): 213-222.

Faist, J., Capasso. F., Sivco, D., Sirtori C., Hutchinson A., and Cho A. Y. *Quantum Cascade Laser, Science* 264 (5158) (April 1994): 553-56.

Jewell, J. L., and G. R. Olbright. "Surface-Emitting Lasers Emerge from the Laboratory." *Laser Focus World* 28 (May 1992): 217-223.

Parais, J. C. *Fiber Optic Communication,* 3rd ed. Englewood Cliffs, NJ: Prentice Hall, 1992.

Pankove, J. I. *Optical Processes in Semiconductors,* Englewood Cliffs, NJ: Prentice Hall, 1971.

Singh, J. *Optoelectronics: An Introduction to Materials and Devices.* New York: McGraw-Hill, 1996.

Verdeyen, J. T. *Laser Electronics,* 3d ed. Englewood Cliffs, NJ: Prentice Hall, 1994.

Yamaomto, Y., and R. E. Slusher. "Optical Processes in Microcavities," *Physics Today* 46 (June 1993): 66-73

자가진단 퀴즈 SELF QUIZ

문제 1

간단한 LED에 대한 다음과 같은 에너지대역도를 고려하라. 모든 재결합은 직접형으로 일어나고 광방출로 이어진다고 가정한다. 순방향 전류는 왼쪽 접촉부(contact)에서 주입된 정공들과 오른쪽 접촉부에서 주입된 전자들로 이루어져 있다.

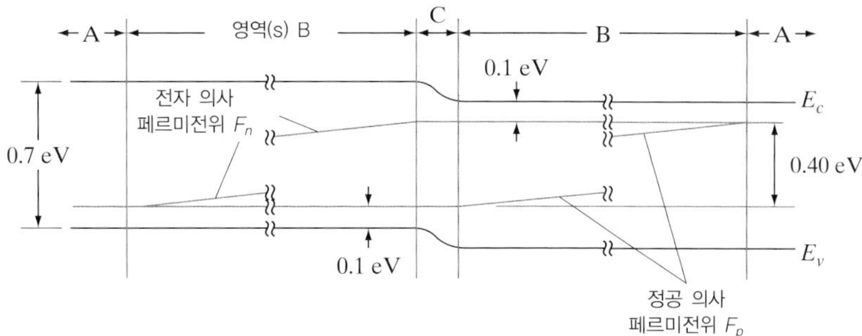

(a) 어느 영역에서 광학적 재결합률이 가장 크겠는가? 동그라미로 표시하라.

영역 A/영역 B/영역 C

(b) 방출된 광자의 에너지는 대략 얼마인가(eV)?

(c) $I=$ 10 mA 인 정상상태(steady state) 전류에 대하여, 모든 광자가 밖으로 나온다면 (b)의 답을 이용하여 계산한 광출력은 얼마인가(W)?

(힌트) Watts= Amps · eV/q = Amps · Volts

(d) 공핍영역에 걸친 전압강하가 0.4 V 라면, C 영역에서 의사 페르미준위들의 간격은 얼마인가? 이것이 전체 순방향 바이어스 1.4 V 보다 작다면 어떻게 설명할 수 있는가?

(e) 소비된 전기전력은 얼마인가(W)?

(f) (c)에서의 광출력과 (e)에서의 입력전력과의 비를 보고, 이 LED 의 효율(%)을 구하라.

문제2

완전조광상태(full illumination)에서 한 태양전지의 단락회로 전류가 50 mA이고 개방회로 전압이 0.7 V이다. 채움지수가 0.8이라면 이 전지가 공급할 수 있는 최대 전력은 얼마인가?

문제3

직접형 에너지대역간극이 2.5 eV인 반도체로부터 LED를 만들면 방출될 빛의 파장은 얼마인가? 이를 가지고 0.9 μm의 파장을 가진 광자를 검출할 수 있는가? 0.1 μm은 어떠한가?

문제4

지구 에너지원으로서 태양전지의 가장 매력적인 점이 무엇인가? 그렇다면 지금까지 널리 사용되지 않는 이유는 무엇인가?

Chapter 09

집적회로

학·습·목·표

1. 집적회로의 축소(scaling)에 있어서의 문제점을 이해한다.
2. CMOS 집적공정을 알아본다.
3. 논리게이트와 CCD의 기본원리를 이해한다.
4. 다른 메모리 셀(SRAM, DRAM, 플래시)의 동작을 연구한다.
5. 집적회로 패키징을 이해한다.

트랜지스터가 진공관보다 많은 융통성, 편의성 및 신뢰성을 제공함으로써 전자공학을 개혁시킨 것과 같이 집적회로(integrated circuit; IC)는 개별 소자로서는 불가능했던 전자공학의 새로운 응용 분야를 가능하게 하고 있다. 집적화(integration)는 많은 수의 트랜지스터, 다이오드, 저항 및 커패시터들로 이루어지는 복잡한 회로를 하나의 반도체 칩(chip)에 포함될 수 있도록 한다. 이것은 정교한 회로를 소형화하여 우주선, 대형 컴퓨터 그리고 많은 개별 부품을 사용해서는 실용화할 수 없는 응용 분야에서 쓸 수 있도록 한다는 것을 의미한다. 이와 같은 소형화의 이점을 제공하는 데 덧붙여, 단일 Si 웨이퍼(wafer)에 많은 IC를 동시에 제작함으로써 제작단가를 상당히 줄이고, 완성된 각 회로의 신뢰성도 증대시킨다. 개별적 부품들이 전자회로의 개발에서 중요한 역할을 해왔음은 자명한 일이다. 그러나 현재 대부분의 회로는 개별 소자의 집합보다는 Si 칩에 제조되고 있다. 이와 같은 경향 때문에 회로 설계자의 역할과 시스템 설계자의 역할 사이의 전통적인 구별은 IC 개발 측면에서는 적용되지 않는다.

이 장에서는 여러 가지 종류의 IC와 이들을 제작하는 데 사용하는 공정기술에 대하여 논의할 예정이다. 단일 Si 칩에 다수의 트랜지스터, 다이오드 및 저항을 만들고 동시에 이들 회로를 유용한 형태로 상호연결, 접속하고 패키지하는 기법을 조사할 것이다. 여기서 논의한 모든 공정은 극히 기본적이고 일반적인 것이다. 이 책과 같은 형식에서는 소자 제작에 관한 모든 세부사항을 광범위하게 고찰하고자 하는 의도는 무리라 본다. 사실상 위에서 언급한 바와 같은 발전되어 가는 분야에 뒤지지 않기 위한 유일한 길은 최신 문헌을 공부하는 것뿐이다. 훌륭한 참고자료들이 이 장 끝의 참고문헌에 많이 제시되어 있다. 더욱 중요한 것은 인용된 이들 잡지의 최신호에서 IC 기술에 관한 최신 정보를 접할 수 있다는 것이다. 이 장의 내용을 숙지한다면, 최신 문헌을 읽을 수 있으며 그럼으로써 전자공학의 극히 중요한 분야에서 최근의 경향에 뒤지지 않고 따라갈 수 있을 것이다.

9.1 배경

이 절에서는 집적회로의 본질과 이를 사용하는 동기에 대하여 개략적으로 알아볼 것이다. 전자공학에서 IC를 현재의 역할로까지 극적으로 상승시킨 데 대한 기술적, 경제적 이유를 깨닫는 것은 중요하다. 여기서는 몇 가지 주된 IC 종류를 검토하고, 그들의 일부 적용 분야를 알아볼 것이다. 좀더 특정한 제작기법은 다음 절들에서 제시될 것이다.

9.1.1 집적의 장점

조그만 단일 Si 기판에 상호연결되어 있는 많은 부품을 사용하여 복잡한 회로를 제작하는 것은 기술적으로나 경제적으로나 모험적인 것처럼 보인다. 그러나 사실상 현대의 기술은 이것을 신뢰성 있게, 그리고 비교적 저렴하게 만들 수 있도록 하며, 대부분의 경우 하나의 Si 칩에 전체 회로를 완성하는 것은 개별적 부품을 사용하여 제작한 비슷한 회로보다 훨씬 더 저렴하고 또 높은 신뢰도를 갖는 제품을 생산할 수 있다는 것을 의미한다. 그 기본적 이유는 단일 Si 웨이퍼에 다수의 같은 회로를 동시에 제작할 수 있기 때문이다(그림 9-1). 이 공정방법을 일괄제작(*batch fabrication*)이라 한다. 웨이퍼공정 단계가 복잡하고 비용이 많이 들지만, 이렇게 만들어진 다수의 회로에 대한 최종 제작단가는 결과적으로 상당히 저렴해진다. 더 나아가 수백만 개의 트랜지스터를 포함하는 회로에 대한 제조공정 단계는 보다 단순한 회로에 대한 제조공정 단계와 본질적으로 같다. 이러한 추세는 IC 제조회사가 더욱 복잡한 회로나 시스템을 각 칩에 형성하고, 보다 큰 Si 웨이퍼(즉, 직경 12인치)를 사용하도록 유도한다. 그 결과, 시스템의 최종 비용을 비례적으로 증가시키지 않으면서도 각 회로에 사용하는 부품의 수가 증가하게 된다. 이 원칙이 암시하는 것은 회로 설계자들에게는 대단히 매력적인 것이다; 이것은 설계 기준의 융통성을 크게 증대시키고

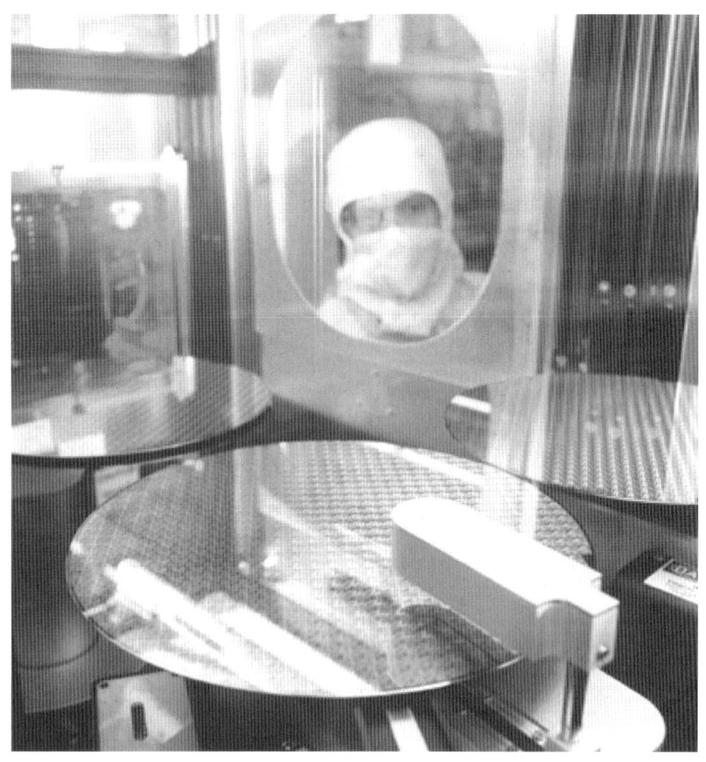

그림 9-1 집적회로용 직경 300 mm(12인치) 웨이퍼. 각각의 회로는 웨이퍼상태에서 테스트되고, 패키지에 장착하기 위해 개개의 칩으로 분리된다(텍사스 인스트루먼트 사진 제공).

있다. 한 회로 기판 위에 서로 배선으로 연결되거나 배치되어 있는 개개의 트랜지스터 및 기타 부품들로 구성된 회로와는 달리, 최종 제품의 가격을 크게 상승시키지 않고 많은 "여분(extra)"의 부품을 IC에 포함할 수 있게 해 준다. 또 모든 소자와 상호연결선들이 견고한 단일 기판에 만들어지기 때문에, 납땜으로 연결되는 개별적인 회로 부품들의 고장으로 야기되는 회로 고장을 크게 줄일 수 있어서 신뢰성이 개선된다.

소형화 관점에서 IC의 장점은 명백하다. 즉, 많은 회로 기능을 작은 공간에 집적시킬 수 있으므로 복잡한 전자장치는 항공기나 우주선에서와 같이 무게와 공간이 극히 제한된 많은 응용 분야에서 사용할 수 있게 된다. 대형 컴퓨터의 경우, 이제는 총체적인 장비의 크기를 감소시킬 수 있을 뿐만 아니라, 전체 회로를 신속하게 그리고 손쉽게 대체할 수 있게 함으로써 쉽게 보수를 할 수 있도록 한다. IC의 응용 분야는 시계, 계산기, 자동차, 전화, 텔레비전, 가전제품 등과 같은 소비재 영역에까지 미치고 있다. IC에 의해 제공되는 소형화와 가격의 감소는 보다 더 정교한 전자장치를 모두 마음대로 얻을 수 있다는 것을 의미한다.

소형화의 가장 중요한 장점의 일부는 회로 사이의 응답시간과 신호전달시간에 관한 것이다. 예를 들어, 고주파회로에서는 신호의 시간지연을 감소시키기 위해서 여러 부품의 간격을 좁게 유지할 필요가 있다. 같은 방식으로, 극히 높은 속도의 컴퓨터에서는 여러 가지 논리회로들과 정보축적회로들을 가깝게 배치하는 것이 중요하다. 전기적 신호들은 궁극적으로 광속(약 1 ft/ns)에 의하여 제한되므로 회로의 실제적인 간격은 중요한 제한요소가 될 수 있다. 9.5절에서 볼 수 있는 바와 같이 하나의 Si 칩에 많은 회로를 **대규모로 집적**(*large-scale integration*)하게 되면 컴퓨터의 크기를 상당히 줄일 수 있고, 이로써 속도와 기능의 밀집도를 놀라우리만큼 증대시킨다. 신호전달시간의 감소에 덧붙여서 집적화는 회로 사이의 기생적 정전용량과 인덕턴스를 감소시킬 수 있다. 이들 기생적인 요소들의 감소로 시스템의 동작속도를 현저하게 개선할 수 있다.

소형화, 고주파동작과 스위칭속도의 개선, 그리고 단일 웨이퍼에 제작된 많은 수의 회로로 인한 가격의 감소와 일괄제조공정에 있어서의 각 장치들의 크기를 축소시킴으로써 얻을 수 있는 몇 가지 장점들을 검토하였다. 또 다른 중요한 장점은 일괄제작으로부터 생산되는 사용 가능한 소자의 백분율[종종 **수율**(*yield*)이라 함]과 관련된 것이다. 결점 있는 소자는 보통 Si 웨이퍼나 제조공정 단계에 존재하는 일부 결함 때문에 생긴다. Si에서의 결함은 격자의 불완전성과 결정성장, 절단 및 웨이퍼 취급 도중에 발생되는 또는 결부되는 변형 때문에 생길 수 있다. 보통 이와 같은 결함은 극히 작으나, 이들의 존재는 결함들 위나 주위에 형성되는 소자들을 불량제품으로 만든다. 각 소자의 크기를 축소하는 것은 주어진 소자가 이와 같은 결함을 피할 수 있게 하는 기회를 크게 증가시킨다. 사진석판용 마스크(mask) 위의 먼지 알갱이 존재와 같은 제작상의 결함에 대해서도 같은 현상이 일어난다. 예를 들어, 지름이 $\frac{1}{2}$ μm인 격자결함이나 먼지는 그 손상된 영역을 포함한 회로를 쉽게 손상시킬 수 있다. 상당히 큰 회로가 이 결함 주위에 구성되면 그것은 고장을 야기할 것이다. 그러나 소자의 크기를 축소하여 이 웨이퍼의 같은 면적에 4개의 회로가 존재하게 된다면, 이 결함을 포함하는 하나의 회로만 고장이고, 나머지 3개는 제대로 동작할 것이다. 따라서 사용 가능한 회로의 백분율인 수율은 칩 면적이 감소하는 어느 범위에서는 증가한다. 각 회로에 대해서는 최적 면적이 있어서 그 이상에서는 결함이 불필요하게 포함되고, 그 이하에서는 회로요소들이 너무 접근하게 되어 신뢰성 있는 제조가 되기 어렵다.

9.1.2 집적회로의 종류

IC는 용도와 제작방법에 따라 몇 가지 범주로 나누는 방법이 있다. 가장 보편적인 범주는 응용 방식에 따라 **선형**(*linear*)과 **디지털**(*digital*)로, 제작 방식에 따라 **모놀리식**(*monolithic*)과 **하이브리드**(*hybrid*)로 구분하는 것이다.

선형 IC는 신호에 대한 증폭 또는 기타 본질적으로 선형동작을 하는 IC이다. 선형회로의 예는 단순한 증폭기, 연산증폭기 및 아날로그(analog) 통신회로 등이다. 디지털회로는 컴퓨터, 계산기, 마이크로프로세서 및 이들과 유사한 응용 분야, 즉 제품들을 위한 논리회로와 메모리 소자들을 포함한다. 이와 같은 회로가 많이 요구되기 때문에, 매우 많은 양의 IC가 디지털 분야에 포함되어 있다. 일반적으로 디지털회로는 트랜지스터의 "온-오프

(onoff)" 동작만을 필요로 하기 때문에 집적화된 디지털회로에 대한 설계요건은 보통 선형회로에 대한 것보다는 덜 엄중하다. 트랜지스터는 개별적 소자 형태에서와 같이 집적회로 형태에서도 손쉽게 제작할 수 있으나 수동회로소자(저항과 커패시터)는 보통 IC로는 정밀한 허용오차를 갖는 것을 생산하기가 더욱 어렵다.

반도체(보통 Si) 단일 칩에 전체적으로 포함되어 있는 집적회로를 **모놀리식** 회로라 한다(그림 9-1). 모놀리식이라는 영어 단어는 "하나의 돌(one stone)"을 의미하며, 전체 회로가 한 조각의 반도체에 포함되어 있음을 암시한다. 반도체 시료에 첨가된 절연층과 금속화된 패턴 등이 칩 표면에 밀접하게 접착되어 있다. **하이브리드** 회로는 저항, 커패시터 또는 다른 회로소자를 가지는 절연성 기판에 적절한 배선으로 연결된 하나 혹은 그 이상의 모놀리식 회로들을 포함하거나, 또는 개별적인 트랜지스터들을 포함할 수 있다. 모놀리식 회로는 모든 부품이 한꺼번에 제작될 수 있는 한 개의 튼튼한 구조물에 포함되어 있다는 장점이 있다. 즉, 수백 개의 같은 회로가 하나의 Si 웨이퍼에 동시에 제작될 수 있다. 반면, 하이브리드 회로는 부품 사이의 격리가 탁월하며, 또 더욱 정밀한 저항과 커패시터를 사용할 수 있게 해 준다. 더욱이 하이브리드 회로는 보통 소량을 만드는 데 있어서는 비용이 적게 든다.

9.2 집적회로의 변천

집적회로(IC)는 1959년 2월에 텍사스 인스트루먼트(Texas Instruments)에 근무하는 잭 킬비(Jack Kilby)에 의해 발명되었다. 또한 1959년 7월에 페어차일드(Fairchild)에 근무하는 로버트 노이스(Robert Noyce)는 평면형 IC를 개별적으로 개발하였다. 그 후 기술의 발전이 대단히 빠르게 진행되었다. 현업에서의 발전 정도를 측정하는 한 방법은 시간 함수에 대한 IC의 복잡도를 확인하는 것이다. 그림 9-2는 시간에 따른 **MOS 마이크로프로세서** IC 칩에 사용되는 트랜지스터의 개수를 나타내고 있다. 시간함수에 대한 소자의 개수를 로그함수로 그린 반대수 도표를 보여주고 있다. 놀랍게도 지난 30년 동안 직선 형태를 보여주고 있는데, 이는 지난 30년 동안 칩의 복잡도가 지수함수적인 증가를 해 왔다는 점을 나타내고 있다. 소자의 개수는 인텔(Intel)에 근무하는 고든 무어(Gordon Moore)가 언급한 것처럼 대략 매 18개월마다 두 배가 된다. 이를 **무어의 법칙**(*Moore's law*)이라 한다.

IC의 역사는 소자의 개수에 따른 서로 다른 세대의 용어로 기술할 수 있다. 소규모 집적(small-scale integration; SSI)은 1 ~ 10^2개의 소자 집적을 나타내고, 10^2 ~ 10^3개의 소자 사이를 중간규모 집적(medium-scale integration; MSI), 10^3 ~ 10^5개의 소자 사이를 대규모 집적(large-scale integration; LSI)이라 한다. 또한 초대규모 집적(very large-scale integration; VLSI)은 10^5 ~ 10^6개, 현재의 극초대규모 집적(ultra large scale inte-

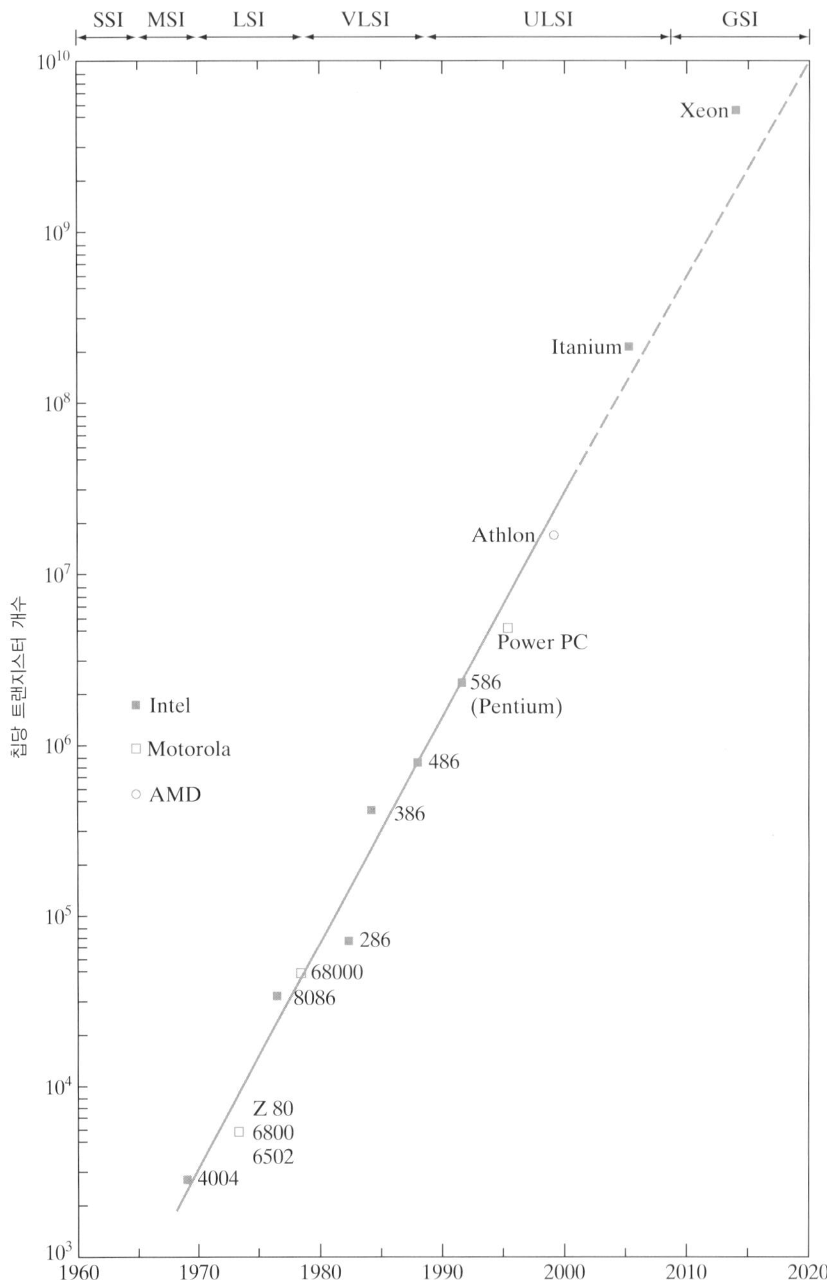

그림 9-2 집적회로에서의 무어의 법칙: 마이크로프로세서의 서로 다른 세대에 대한 시간함수로 표시되는 트랜지스터 개수의 지수적인 증가. 점선은 ITRS(International Technology Roadmap for Semiconductors)에서 언급하는 예상치를 나타내고 있다. 미래에 사용할 트랜지스터 개수는 경제적인 측면과 소비전력 측면 같은 실질적인 제약조건 때문에 과거에 증가되었던 비율과 같이 증가되지는 않을 것이다.

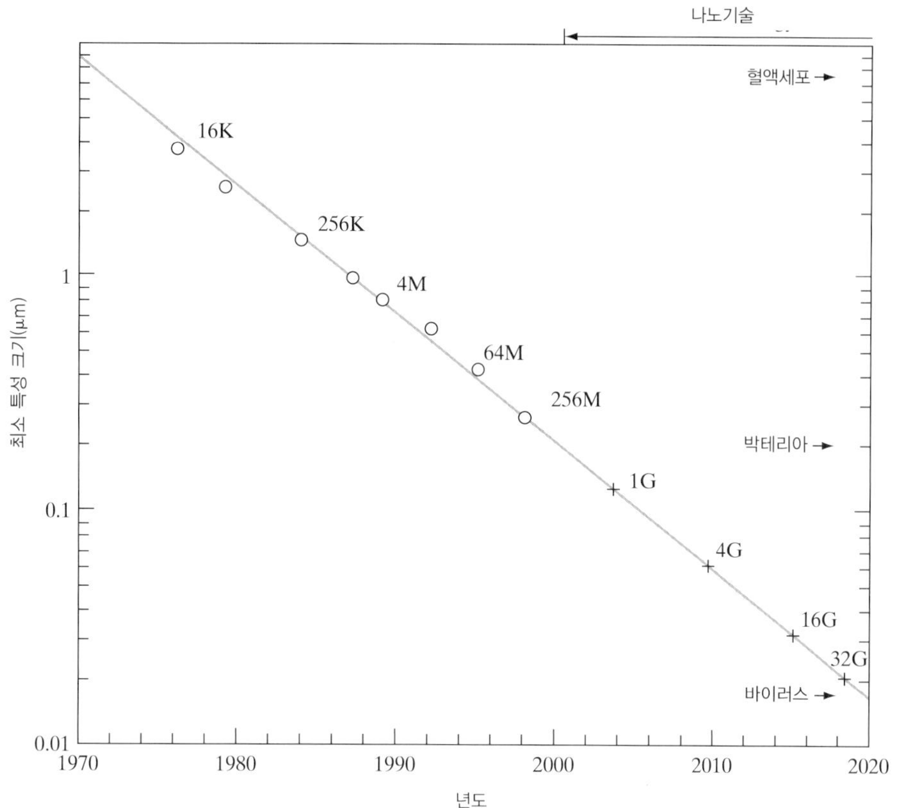

그림 9-3 DRAM의 서로 다른 세대(16 Kb에서 32 Gb DRAM까지)에 대한 시간에 따른 전형적인 특성 크기의 지수적 감소. 참고로 혈액세포, 박테리아 그리고 바이러스의 크기가 μm 크기로 제시되어 있다. 100 nm 이하의 치수는 나노기술 영역으로 간주된다.

gration; ULSI)은 $10^6 \sim 10^9$개의 소자 집적을 나타낸다. 물론 이러한 분류는 다소 명확하지 않은 점이 있다. 다음 세대는 **기가규모 집적**(*gigascale integration*; *GSI*)으로 불리고 있다. 기가규모 집적 이후에는 터무니없는 대규모 집적(ridiculously large-scale integration; RLSI)이 될 것으로 예측하는 농담꾼들도 있다.

이러한 집적도를 증대시키는 주 요인은 소자의 축소기술이다. 최첨단 DRAM(*dynamic random access memory*)에서의 전형적인 최소 크기가 그림 9-3에 시간대별로 반대수 형태로 그려져 있다. 다시 한 번 그래프를 살펴보면 30년 동안 최소 크기가 직선의 그래프로 되는 것을 볼 수 있는데, 이는 그 크기가 지수함수적으로 감소하는 것을 의미한다. 만일 부품들의 크기가 좀더 작아진다면 주요 기능을 내포하고 있는 수많은 부품들을 하나의 IC에 집적시킬 수 있다는 것이 명백해진다. 6.5.9절에서 언급했듯이 소자 축소(scaling, 스케일링)는 적은 전력을 소모하는 속도가 빠른 IC 관점에서 또 다른 장점이 있다.

소자 축소는 기회를 의미하기도 하지만 한편으로는 기술적인 측면에서 어렵고 번거로운 도전을 의미하기도 한다. 이러한 도전 항목 중에서 주목할 만한 것들은 5.1절에서 언급한 바와 같은 사진인쇄공정(lithography)과 식각공정이다. 6.5.9 절에서 언급했듯이 수평방향의 소자 축소는 수직방향 구조의 축소도 요구하기 때문에 도핑, 게이트 유전체, 금속선 형성방법(metallization)에도 어려움이 따른다. 또한 작은 소자 크기와 큰 칩 제작은 극도로 깨끗한, 오염이 없는 환경 속에서 이루어져야 한다. 1 μm IC 공정에서는 문제가 되지 않았던 입자들이 22 mm 공정에서는 수율에 커다란 영향을 줄 수 있다. 따라서 더욱 순수한 화학물질, 더 청정한 장비들 그리고 엄격한 기준의 청정실(clean room)을 필요로 하게 된다. 사실 그림 9-3 에서 보는 바와 같이 요구되는 청결도의 수준들이 초창기에는 최적의 상태가 되지 못했다. 어떤 공정시설에 대한 청정도는 청정실의 클래스(*class*)라는 개념으로 분류된다. 예로, 2000 년도의 최첨단인 클래스 1 청정실은 입방피트당 크기가 0.2 μm 혹은 이보다 큰 입자가 한 개보다 적게 존재해야 한다. 더 크기가 작은 입자는 많고, 큰 입자는 거의 없어야 된다. 명백히 청정실의 클래스가 낮을수록 청결도가 더욱 높아진다. 즉, 클래스 1 이 클래스 100 의 공정 시설보다 청정도가 더욱 높다. 예상하겠지만 클래스의 수준이 높을수록 그 비용은 증대된다. 2014 년도 최첨단 공정시설은 약 50 ~ 100 억 달러 정도의 비용이 들게 된다.

그렇게 많은 비용 부담에도 불구하고 ULSI 에 대한 경제적인 지출은 막대하다. 대략적인 계산을 위해, 2000 년대 초의 경제적인 통계를 살펴보자. 소위 세계 총생산(gross world product; GWP)이라 불리는 전 세계 모든 국가의 연간 총 생산량은 약 85 조 달러에 이른다. 미국의 국민 총 생산량의 경우 약 16 조 달러 혹은 전 세계 GWP 의 1/5 정도이다. 전 세계 IC 분야의 산업생산량은 약 3,500 억 달러이고, 이들 IC 가 사용된 전 세계 전자산업 분야의 총 생산량은 약 2 조 달러이다. 단일 산업으로써 전자 분야는 달러화 기준으로 매우 큰 규모 중의 하나로, 자동차업계(1 년당 전 세계적으로 약 5,000 만 대의 자동차가 팔리고 있음)와 정유업계를 능가한다. 매년 대략 10 억 개의 스마트폰이 전 세계에서 판매되고 있다.

이러한 시장의 성장 비율은 제시되는 기본적인 경제 수치들보다 훨씬 높다. IC 의 판매량을 시간에 따라 그려본다면, 지난 30 년 동안 거의 지수함수적으로 증가하는 것을 알 수 있다. 소비자가 주목해야 할 것은 같은 기간 동안 전자 기능에 대한 비용이 급격하게 떨어졌다는 것이다. 예를 들어, 반도체 메모리(DRAM)의 비트당 단가가 1970 년에 비트당 1 센트에서 요즘은 비트당 10^{-5} 센트 정도로 줄어들었고, 45 년 동안 예전과 비교하여 100000 배 정도가 향상되었다. 이처럼 극도로 절감된 비용으로 지속적인 기능 개선 효과를 이룬 업적을 다른 산업 분야에서는 찾아볼 수 없다.

IC 가 1960 년대에 쌍극성 소자 공정으로 시작되었지만 6 장과 7 장에서 언급했던 이유로 점차적으로 MOS 소자, 그 다음 CMOS 소자로 교체되고 있다. 현재 IC 시장의 약 90% 가 MOS 기반이고 약 8% 가 BJT 기반이다. 반도체 화합물 기반의 광전자소자는 반도체 시장의 약 4% 밖에 되지 않는 작은 규모이지만 앞으로 성장 가능성이 있다. MOS IC 의 상당 부분은 디지털 IC 이다. 전체 반도체 산업에서 단지 약 14% 정도만이 아날로

그 IC이다. DRAM, SRAM 그리고 비휘발성 플래시 메모리 같은 반도체 메모리 분야는 대략 시장의 25%, 마이크로프로세서는 약 25% 그리고 ASIC 분야는 약 20% 정도이다.

9.3 모놀리식 소자의 요소

이제 집적회로를 형성하고 있는 여러 가지 요소들과 그들의 제작에 있어서의 일부 단계를 고찰하고자 한다. 이 기본요소들을 열거하기는 상당히 쉽다. 즉, 트랜지스터, 저항, 커패시터 및 여러 형태의 상호연결 등이다. 그러나 집적회로에는 개별 소자에 단순히 대응시킬 수 없는 일부 요소들이 있다. 9.4절에서 전하전송소자(charge transfer device)를 검토할 것이다. 식자공이 기술 발달을 변화시키는 것보다 소자 제조 기술자가 빠르게 기술 변화를 진행시키기 때문에 이 책과 같은 형태에서 제조기술을 검토하기는 어려울 것이다. 이 중요하고도 매혹적인 분야가 매우 빠르게 변하고 있기 때문에, 독자들은 여기서의 검토로부터 소자의 설계와 공정기술을 기본적으로 이해하게 될 것이며, 최신 문헌에서 새로운 변화를 찾아볼 수 있을 것이다.

9.3.1 CMOS 집적공정

디지털 응용에서 특히 유용한 소자는 칩의 근접 영역에 n형 채널과 p형 채널의 MOS 트랜지스터를 결합시킨 것이다. 이 **상보형 금속 산화물 반도체**(*complementary MOS*, 보통 CMOS라 함)의 결합을 그림 9-4a의 기본적인 인버터(inverter) 회로로써 예시하였다. 이 회로에서는 두 개의 트랜지스터의 드레인이 한데 연결되어 출력단을 형성하고 있으며, 입력단은 트랜지스터의 게이트들에 공통적으로 연결되어 있다. p형 채널소자는 음의 문턱전압을 갖고 있고, n형 채널 트랜지스터는 양의 문턱전압을 갖는다. 따라서 입력전압이 0일 때($V_{in} = 0$) n형 채널소자의 게이트전압은 0 V가 되지만, p형 채널소자의 게이트와 소스 간의 전압은 $-V_{DD}$이다. 따라서 p형 채널소자는 온상태, n형 채널소자는 오프상태로 되고, V_{out}에서는 전체 전압 V_{DD}가 측정된다(즉, V_{DD}는 비전도상태에 있는 n형 채널 트랜지스터의 양단간에 나타난다). 반면 V_{in}에 양의 전압이 인가되면 n형 채널 트랜지스터는 온상태로, p형 채널은 오프상태로 전환된다. "온" 상태의 n형 채널소자 양단간에서 측정된 출력전압은 본질적으로 0이다. 따라서 이 회로는 인버터로서 작동된다. 즉, 입력에 2진 상태의 "1"이 있으면 출력은 "0" 상태에 있고, 반면 "0" 상태의 입력은 "1" 상태의 출력을 낸다. 이 회로의 묘미는 어느 쪽 조건에 대해서나 이들 소자 중 하나가 차단상태로 된다는 것이다. 이 소자들은 직렬로 연결되어 있으므로 한 상태에서 다른 상태로의 상태 전환과정 중의 작은 충전전류를 제외하면 드레인전류는 흐르지 않는다. CMOS 인버터는 극히 작은 전력을 소모하기 때문에, 이것은 매우 적은 전력소모에 의존하고 있는 전자시

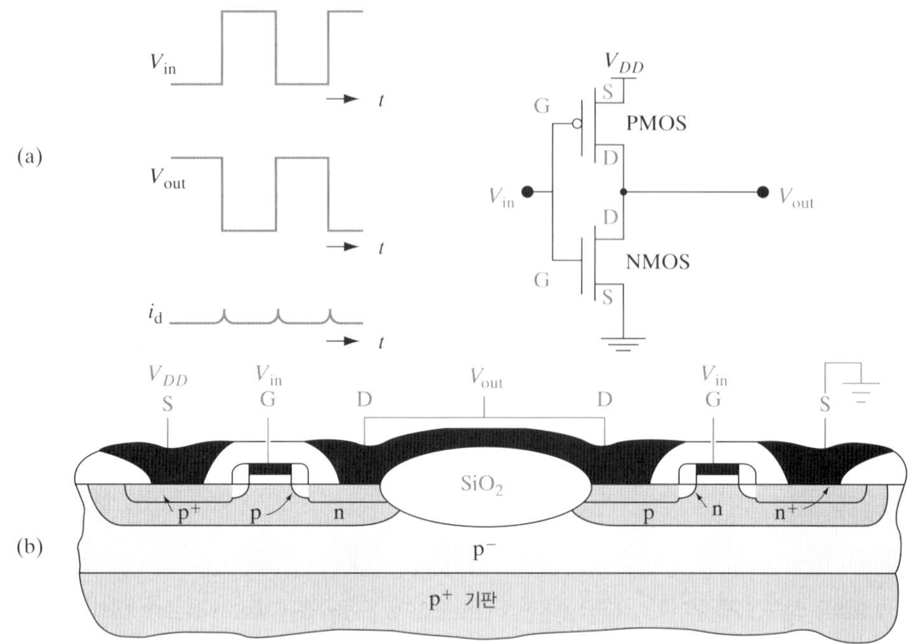

그림 9-4 상보형 MOS 트랜지스터 구조: (a) CMOS 인버터; (b) p형 채널소자와 n형 채널소자의 동시 형성.

계와 같은 응용에 있어서 특히 유용하다. 또한 CMOS는 수천 또는 수백만 개의 소자가 하나의 칩에 집적되어 있을 때, 각 소자의 조그만 전력소모조차 문제가 될 수 있는 극초대규모 집적회로에서 장점이 있다(9.5절).

CMOS 회로를 얻는 소자기법은 주로 비슷한 문턱전압을 갖는 p형과 n형 채널소자들을 같은 칩에 배열해 주는 데 있다. 이 목표를 달성하기 위하여 특정 영역에 확산이나 이온주입을 시행하여 각각의 형태의 소자를 제작하기 위한 n형과 p형 영역을 얻도록 해야 한다. 이러한 영역들을 **통**(*tub*), **탱크**(*tank*) 또는 **우물**(*well*)이라 한다. 이 통에 있어서의 결정적인 파라미터는 실질(net) 도핑농도이며, 이는 이온주입에 의해 정밀하게 제어되어야 한다. 이 통이 형성된 후, n형 채널 및 p형 채널 트랜지스터를 제작하기 위해 소스 및 드레인 이온주입이 수행된다. 두 트랜지스터의 정합은 통에서의 표면 도핑을 조절하고, 이온주입을 이용하여 두 트랜지스터의 문턱전압을 조절함으로써 달성할 수 있다.

기본적인 CMOS 기술에 쌍극성 소자를 포함시키면, 특히 구동전류를 제공해 줄 수 있는 설계기법과 같은 회로 설계에 있어서 유연성이 허용된다. 이와 같은 쌍극성 소자와 CMOS 소자를 결합(BiCMOS라 함)하여 속도가 증가된 회로를 만들 수 있다.

CMOS의 설계에 있어서는 p형 채널과 n형 채널소자가 가까운 거리에서 결합되기 때문에 비고의적인(기생적인) 쌍극성 소자구조를 초래할 수 있다는 사실에 주의해야 한다. 실제로 그림 9-4b에서 p-n-p-n 구조를 발견할 수 있으며, 이 구조는 비효율적이고 골치 아픈 사이리스터(*thyristor*)로 작용할 수도 있다(10장 참조). 어떤 바이어스 상태에서는 이 구조의 p-n-p 부분이 n-p-n 구조의 베이스전류를 공급할 수 있으며, 이로 인해 상당한 전류가 흐르게 된다. 래치업(*latchup*)이라 하는 이 과정은 CMOS 회로에서 심각한 문제가 될 수 있다. 래치업 문제를 제거하기 위해서는 트렌치 격리(trench isolation)(그림 9-6)에 의해 격리되어 있는 n형과 p형 통을 모두 사용하는 것을 포함하여 몇 가지 방법이 사용되고 있다. 또한 격리된 두 통(우물)을 사용하는 방법은 n형과 p형 양쪽 트랜지스터에 대한 문턱전압을 독립적으로 제어할 수 있게 해 준다.

이중웰 자기정렬 실리사이드(Self-Aligned siLICIDE; SALICIDE) CMOS 공정의 흐름을 연구함으로써 MOS 집적회로의 일반적인 제작과정을 대부분 설명할 수 있다. 이 공정은 특히 중요한데, 그 이유는 마이크로프로세서, 메모리 그리고 주문형 반도체(ASIC)와 같은 대부분의 고성능 디지털 집적회로가 이러한 방법으로 만들어지기 때문이다. 증식형(enhancement-mode) n채널소자를 만들기 위해서는 p형 기판이 필요하며, p채널소자를 만들기 위해서는 n형 기판이 필요하다. CMOS는 두 종류가 모두 필요하므로, n형이나 p형 웨이퍼로 시작해야 하며, 그 다음 기판의 특정 영역을 선택하여 기판과 반대되는 도핑을 하여 웰을 형성한다. 예를 들어, p^+ 기판 위에 저농도로 도핑된 p형 에피택셜층을 그림 9-5a에서 볼 수 있다. 우리는 이 층에 n채널소자를 만들 수 있다. 또한 필요한 곳에는 어디에나 n웰을 이온주입함으로써, p채널소자를 만들 수 있다. 이것이 n웰 CMOS 공정이다. 다른 방법으로, n형 기판의 어느 특정 영역에 p웰을 만든다면, p웰 CMOS 공정을 얻을 수 있다. 하지만 최적의 소자 성능을 위해서는 통상적으로 n웰과 p웰 영역을 모두 나눠서 주입하는 것이 바람직하며 이것을 이른바 이중웰(*twin-well*) CMOS라 부른다. 이 원리는 이들 웰에서의 통상적인 도핑수준이 $\sim 10^{18}$ cm^{-3}이고 접합깊이가 ~1 μm인 최첨단 수준의 집적회로를 알고 있다면 이해할 수 있다. MOSFET에서의 드레인유기 장벽 감소(drain-induced barrier lowering; DIBL)로 인한 펀치스루 항복을 막을 수 있으나, 문턱전압을 수용할 수 있을 만큼 낮게 유지시킬 수 있을 정도로 도핑준위가 충분히 높아야 한다. 그림 9-5a에서와 같이 p형 기판의 n채널소자를 사용하고자 한다면, p형 에피택셜층은 10^{18} cm^{-3}까지 도핑되어야 하며, 주입된 n형 층은 $\sim 1 \times 10^{18}$ cm^{-3}의 n형 실질(net) 도핑이 되도록 $\sim 2 \times 10^{18}$ cm^{-3}로 반대도핑(counter-doping)을 하여 만들어진다. 하지만 이들 영역의 전체 도핑농도는 $\sim 3 \times 10^{18}$ cm^{-3}이다. 그와 같이 전체적인 도핑농도를 높게 하는 것은 이온화된 불순물산란(ionized impurity scattering)이 과도하게 일어나게 되는 원인이 되기 때문에 캐리어의 이동에 좋지 않은 영향을 유발한다. 따라서 고성능 집적회로의 제작을 위해서는 최초의 에피택셜 도핑준위를 일반적으로 아주 낮게 ($\sim 10^{16}$ cm^{-3})하여 시작하게 된다. 이 층은 고농도로 도핑($\sim 10^{19}$ cm^{-3})된 기판 위에 성장된다. 고농도로 도핑된 기판은 전기적 접지평면을 얻기 위해 사용된다. 이것은 p^+ 기판쪽으로 다수캐리어(이 경우 정공들)를 우회시켜서(bypass) 집적회로에서의 잡음 문제를 해결할 수 있고, 래치업 문제를 최소화할 수 있다.

자기정렬 측면에서 이중웰을 형성하기 위해 첫 번째로 Si 기판 위에 "패드(pad)" 산화물(~20 nm 두께)을 열적으로 성장한 후, 질화물을 ~ 20 nm 정도 두께로 저압화학기상증착(low-pressure chemical vapor deposition; LPCVD) 방법으로 형성한다. 그림 9-5a에서 보는 바와 같이 산화물-질화물 위에 감광막을 덮고, n 웰을 형성하기 위한 개구부를 만든다. 산화물과 질화물층을 식각하기 위하여 반응성 이온식각(reactive ion etching; RIE) 기술을 사용한다. 감광막을 주입공정의 마스크로 사용한 뒤, 인을 사용하여 n형 주입한다. 이러한 목적으로는 인(P)이 더 좋은데, 그 이유는 인이 비소(As)보다 가볍고 높은 투사영역을 갖고 있어, 보다 빠르게 확산되기 때문이다. 이러한 빠른 확산은 도핑 물질을 기판 쪽으로 아주 깊게 주입시켜 n 웰을 형성하기 위해서 필요하다. 주입공정을 한 후에 감광막은 제거되며, 처리된 웨이퍼는 "탱크" 산화물(~200 nm)을 성장시키기 위해 습식산화를 하게 된다. 그림 9-5b에서 알 수 있듯이 탱크산화공정은 기판 쪽의 Si를 소모하고, 그 결과 산화물이 두껍게 자라게 된다. 실제로 열적 성장되는 산화물의 매 마이크로미터(μm)마다 0.44 μm의 Si를 소모하며, 결국 2.2배의 체적 크기로 확장된다. 질화물이 산소와 물분자의 확산을 막는 성질(그렇게 해서 Si 기판의 산화를 막는다)을 갖고 있기 때문에, 산화물은 질화물에 의해 보호된 영역에서는 성장할 수 없다. 질화물 아래에 사용된 패드 산화물은 두 가지 역할을 한다. 즉, 질화물과 기판 사이의 열적 팽창의 불일치에 따른 스트레스를 줄이며, 실리콘 기판에 질화물이 화학적으로 결합하지 못하도록 막는다.

자기정렬 주입공정 마스크로서 탱크산화물을 사용하면서(즉, 별도의 사진석판과정을 하지 않고), 동시에 붕소주입을 하여 p 웰을 형성할 수 있다(그림 9-5b). 따라서 탱크산화물은 붕소가 투과되는 범위보다 훨씬 두터워야 한다. 자기정렬 방식의 개념은 매우 중요하며, 집적회로공정에서 반복되는 방법이다. 별도의 사진석판과정을 이용하는 것보다 자기정렬 방식을 사용하는 것이 보다 단순하고 비용이 적게 든다. 또한 설계구역 배치 시에 석판의 오정렬을 고려할 필요가 없기 때문에, 이중웰의 실장밀도를 보다 조밀하게 할 수 있다. 인(P)과 붕소(B)는 매우 높은 온도(~1000°C)에서 몇 시간 동안 후 확산(drive-in)공정에 의해 기판 쪽으로 확산되어 통상적으로 마이크로미터 깊이의 웰이 형성된다. 이러한 확산공정 후, 산화물-질화물과 탱크산화물은 식각공정으로 제거된다. 탱크산화는 기판의 Si를 소모하기 때문에, 탱크산화물에 대한 식각공정 결과, n 웰과 p 웰 영역을 나타내는 Si 기판에 단차가 만들어진다. 이 단차는 뒤이어 수행되는 레티클 정렬의 측면에서 중요하며, 그림 9-5c에 과장된 방식으로 표현되었다. 그러나 이 단차는 사진석판 단계를 수행하는 과정에서 초점깊이(depth-of-focus) 측면에서 불이익이 있다. 따라서 위에서 언급한 바와 같은 자기정렬 이중웰공정 대신에, 두 가지 웰 형성용 이온주입공정을 위하여 가끔 서로 다른 사진석판과정을 사용한다. 이러한 접근방법은 좀더 넓은 평판구조를 갖게 되지만, 웰들이 자기정렬되지 않기 때문에 웰의 크기가 조금 증가하게 된다. 응용 분야의 종류에 따라 다양한 종류의 CMOS 공정기술이 있다.

다음으로, 격리영역이나 필드 트랜지스터를 형성하게 되는데, 이들로 인하여 인접한 트랜지스터를 고의적으로 연결시키지 않는다면, 전기적인 누화(cross-talk)가 없게 될 것이

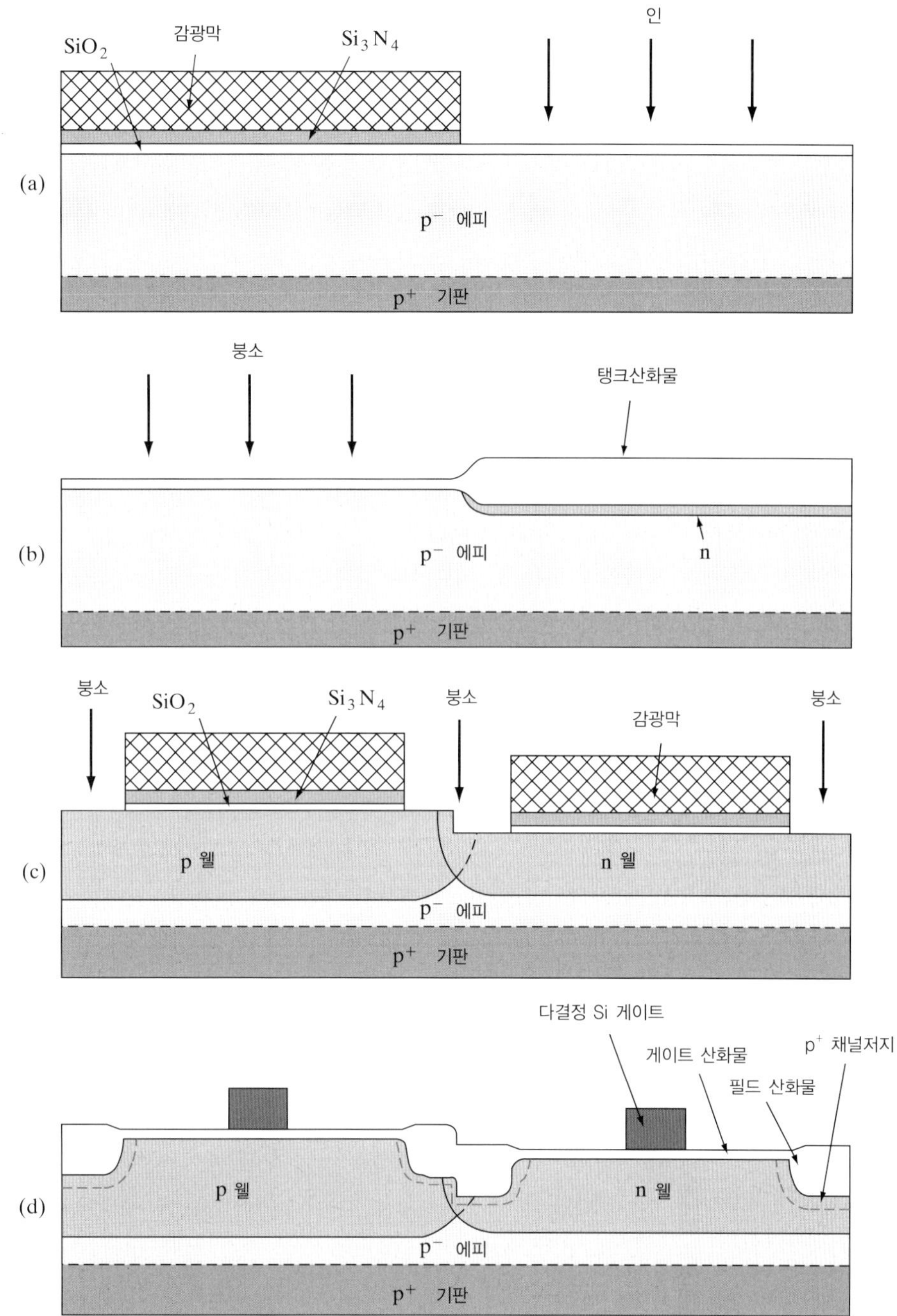

그림 9-5 자기정렬 이중웰 공정: (a) 인(P) 도너주입과 감광막 마스크를 사용한 n 웰의 형성; (b) 붕소(B) 억셉터주입을 이용한 p 웰의 형성. 질화물-산화물(silicon nitride-oxide) 더미가 식각되어 없어진 곳에는 두터운(~200 nm) "탱크"산화물층이 만들어지며, 그 탱크 산화물층은 자기정렬방법으로 붕소의 주입을 차단하는 데 사용된다; (c) 붕소의 채널저지를 보여주는 필드 트랜지스터의 격리 패턴, (d) 질화물 마스크가 제거된 곳은 어디에나 국부적 산화(local oxidation)를 하며, 이것은 두터운 LOCOS 필드 산화물이 된다.

다(그림 9-5c). 이것은 격리영역에 형성될 수 있는 임의의 기생 트랜지스터의 문턱전압을 칩에 공급되는 전원전압보다 훨씬 높게 함으로써 이루어질 수 있으며, 결국 동작상태 조건에서는 기생채널이 결코 턴온(turn on)될 수 없다. 문턱전압의 표현식[식 (6-38)]으로부터 기판 도핑을 높게 하고 게이트 산화물 두께를 두껍게 함으로써 V_T를 올릴 수 있음을 알 수 있다. 하지만 이 접근 방식의 문제점은 문턱전압 이하 기울기 S이며[식 (6-66)], 기울기는 기판 도핑이 증가하고 게이트 산화물 두께가 증가함에 따라 낮아지게 된다. 트랜지스터 사이의 필드영역에서 차단상태의 누설전류는 게이트 바이어스가 영인 조건에서 충분히 낮도록 V_T와 S를 모두 최적화시킬 필요가 있다.

이산화실리콘(산화물)-질화실리콘(질화물)층은 그림 9-5c에서와 같이 사진석판과정에 의해 형성되며, RIE 공정이 수반된다. 이중웰 사이의 붕소 "채널저지(*channel stop*)" 주입은 억셉터 도핑을 증가시키고, 따라서 p 웰의 n 채널 트랜지스터 사이의 문턱전압을 증가시킨다(필드 문턱전압). 하지만 붕소(B)는 n 웰 쪽의 도너 도핑을 상쇄하며, 따라서 n 웰에 있는 p 채널소자 사이의 문턱전압을 낮춘다. 따라서 붕소(B) 채널저지는 두 가지 형태의 웰 모두에 높은 필드 문턱전압을 갖도록 최적화되어야 한다.

채널저지 주입 후에 감광막은 제거되며 그림 9-5c에서 볼 수 있는 (감광막이 제거된) 형상화된 질화물-산화물층을 갖는 웨이퍼는 ~300 nm 두께의 필드 산화물을 선택적으로 성장시키기 위해 습식산화공정을 수행하게 된다. 질화물층은 트랜지스터를 만들려고 하는 영역에 있는 실리콘 기판의 산화를 막는다. 질화물에 의해 보호되지 않는 영역에 SiO_2를 형성시키기 위해 Si를 산화시키는 과정을 "부분 실리콘 산화(LOCal Oxidation of Silicon; LOCOS)"라 한다(6.4.1절). 이러한 경우에 LOCOS는 그림 9-5d에서 볼 수 있듯이 두 트랜지스터 사이에 전기적 격리를 제공한다.

산화공정에 의한 2.2배의 체적 확장은 선택 산화공정이 좁고 제한된 영역 내에서 일어날 수 있기 때문에 중요한 문제이다. 만일 압축 스트레스가 심화된다면, 기판에 디스로케이션(dislocation)을 일으킬 수 있다. 또 다른 문제는 질화물 마스크의 가장자리 근처에서 발생하는 횡방향 산화현상이며, 그것은 질화물 가장자리 부분을 올라가게 하여, 새의 부리(*bird's beak*)로 알려진 것을 형성시키는데, 그것은 각각의 활성영역 쪽으로 ~0.2 μm의 횡방향 호 침입(*lateral moat encroachment*)을 야기하고, 그렇게 해서 중요한 실리콘의 실제 영역을 소모시킨다. 이 횡방향 침입을 최소화하기 위해 여러 가지로 다양하게 변형된 LOCOS 형태와 다른 격리기법이 제안되어 있다. 주목할 만한 예는 얕은 트렌치 격리(*Shallow Trench Isolation*; *STI*)인데 그것은 격리 패턴 후에 Si 기판에 얕은(~1 μm) 트렌치나 홈을 식각하기 위해 RIE 기법을 사용하며, 저압화학기상증착(LPCVD)에 의해 SiO_2의 유전층과 다결정 Si를 증착시킴으로써 이 홈을 완전히 채우며, 그 후에 그 구조를 평탄화하기 위해 화학적-기계적 연마(chemical mechanical polishing; CMP)기법을 사용하게 된다(그림 9-6). 이것은 LOCOS에 비해서 Si 면적을 덜 소모시키지만, 트렌치 구조 아랫부분의 날카로운 구석이 누설전류를 막는 전위장벽 역할을 초래하기 때문에 좋은 격리효과를 준다[코너(*corner*)효과].

앞에서 언급했듯이 질화물과 Si 표면 사이의 패드 산화물은 질화물에 의한 스트레스를 최소화시키며, Si와 질화물이 결합되는 것을 막는다. Si 위의 임의의 잔여 질화물은 뒤이어 일어나는 게이트 산화물의 형성을 방해하며, MOSFET의 게이트영역에 약한 지점들을 생기게 한다. 이 문제는 이 현상을 처음으로 알아낸 네덜란드 과학자의 이름을 딴 화이트 리본(*white ribbon*) 효과 혹은 쿠이(*Kooi*)효과로 알려져 있다. 패드 산화물이 이 문제를 완화시키지만, 완전히 해결하지는 못한다. 따라서 가끔 "희생(sacrificial) 용도" 산화물 혹은 "모조(dummy)" 산화물을 성장하여 잔여 질화물을 포함하는 Si층을 소모시키도록 한다. 이러한 산화물은 실제의 게이트 산화물 성장에 앞서서 습식으로 식각된다.

현대의 CMOS 공정에서 LOCOS는 STI로 대체되고 있다. 여기서 절연 영역에서 얕은 홈이나 트랜치(~0.2 μm 깊이)들을 식각하기 위해서 RIE를 사용한다. 표면을 피복(passivation)하기 위해 얇은 열적 산화물을 성장시킨 후에, 트랜치를 LPCVD 산화물로 채우고, CMP로 표면을 갈아서 평탄화 시킨다. STI는 LOCOS와 달리 해자 침범이 없기 때문에, 작은 SI 면적을 사용하면서도 탁월한 전기절연을 가능하게 한다.

다음으로 초미세(0.3 nm) 두께의 게이트 산화물이 기판 위에 성장된다. 게이트 산화물,

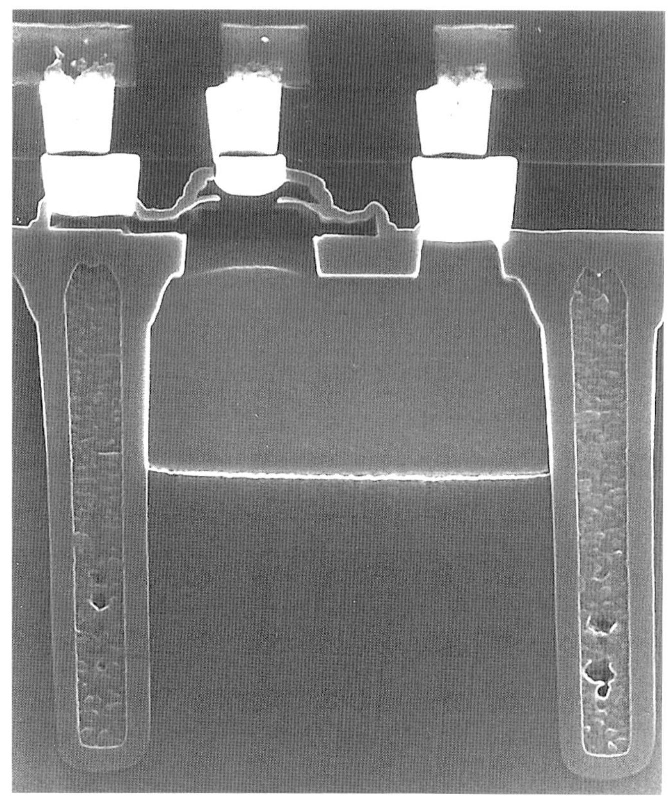

그림 9-6 트렌치 격리: 트렌치나 홈은 RIE 공정에 의해 식각되며 LOCOS 공정과 비교하여 더 좋은 전기적 격리를 제공하기 위해 산화물 및 다결정실리콘으로 채워진다(IBM 사진 제공).

그리고 산화물과 Si 기판 사이의 계면에서의 전기적 특성은 MOSFET의 동작에 아주 중요하기 때문에 건식산화 방식이 이 과정에서 사용된다. 이 단계는 high-k 값을 가지는 게이트 유전체를 증착하는 공정 다음에 행해진다. 게이트 산화물의 오염을 최소화하기 위해 LPCVD 기법으로 다결정실리콘 또는 금속 게이트 전극을 바로 덮어 준다. 다결정실리콘 게이트 층을 전기적으로 금속전극과 같이 동작하도록 하기 위해 다결정실리콘층과 산화물 계면까지 다결정실리콘층 전체를 매우 높은 농도로 도핑한다[전형적으로 확산로에서 $POCl_3$라는 인(P) 도펀트 원료를 사용하는 n^+이다]. 다른 방법으로 LPCVD 다결정실리콘막은 인화수소 혹은 디보란(diborane; B_2H_6)과 같은 적당한 도펀트 가스를 흘림으로써 증착되는 동안에 동시에 도핑될 수도 있다. 게이트 물질에 대한 고농도 도핑은 매우 중요한데, 고농도 도핑이 아니라면 공핍층이 다결정실리콘 게이트에 만들어질 수 있기 때문이다(다중공핍효과). 이것은 게이트 산화물 정전용량이 공핍 정전용량과 직렬로 연결되도록 하며, 그렇게 해서 전체 게이트 정전용량을 감소시켜서, 결국 구동전류를 감소시킨다[식 (6-53) 참조]. 다결정실리콘 게이트에서의 고농도 도핑($\sim 10^{20}$ cm^{-3})은 게이트의 저항과 RC 시정수를 감소시키기 위해서 중요하다. 다결정실리콘층을 고르게 고농도로 도핑하는 것은 필름의 결정경계 결함의 존재에 의해 이루어지게 되며, 결정경계들에 따른 도펀트의 확산이 단결정 Si에서의 확산보다 높은 크기의 차수를 갖기 때문이다. 금속 게이트 전극으로 TiN가 사용된다면, 이 문제들은 해결된다. 다결정실리콘 게이트를 얇은 금속 게이트 전극 위에 증착하는데, 이는 복합구조(composite structure)를 만들기 위한 것이다.

도핑된 다결정실리콘층은 게이트를 형성하기 위해 형상화(patterned)되고, 수직적인 측벽을 이루기 위해 RIE 공정에 의해서 이방성(비등방성) 식각이 수행된다. 식각된 다결정실리콘 게이트가 소스/드레인 주입에 대한 자기정렬 주입 마스크로 사용되기 때문에 매우 중요하다. 위에서 언급된 것과 같이 자기정렬공정은 공정 단순화와 집적밀도의 향상이라는 점에서 언제나 바람직하다. 그것은 이 경우에 특히 중요하며 이는 우리가 소스/드레인과 게이트 간에 어느 정도의 크지 않은 겹침이 있을 것이라는 것을 보증하기 때문이다. 그 겹침의 정도는 (소스/드레인 이온주입 후의 어닐링 같은) 열적 공정 동안에 이온의 횡방향 산란과 도펀트의 횡방향 확산에 의해 결정된다. 만일 겹침이 없다면 채널은 게이트 측면 전계(fringing field)에 의해 이 영역에서 턴온될 수 있다. 채널에서의 결과적인 전위장벽은 소자전류를 낮추게 될 것이다. 다시 말해서 너무 많은 겹침이 있다면 소스나 드레인과 게이트 사이에 겹쳐진 정전용량이 발생한다. 이것은 드레인 종단 근처에서 특히 문제가 된다. 드레인 출력단과 입력 게이트단 사이의 예상치 않은 정전용량적인 귀환을 일으키게 하는 밀러 겹침 정전용량(Miller overlap capacitance)이 야기되기 때문이다(6.5.8절 참조).

p 웰에서의 n채널 MOSFET에 대한 제조과정이 그림 9-7에 나타나 있다. 다결정실리콘 게이트를 식각한 후에 우선적으로 자기정렬 n형 소스-드레인 주입을 한다. 소스-드레인 주입을 진행하는 동안 탱크 마스크층이 감광막으로 덮은 PMOS 소자를 보호하기 위

해 사용된다. NMOS의 소스와 드레인 주입은 두 단계에 걸쳐 이루어진다. 첫 번째 주입 공정은 저농도로 도핑된 드레인(LDD) 주입공정이다(그림 9-7a). 이것은 전형적으로 $\sim 10^{13} \sim 10^{14}$ cm^{-2} 정도의 투여량(dose)을 가지며, 농도로 환산하면 $10^{18} \sim 10^{19}$ cm^{-3}이며, 50 ~ 100 nm의 매우 얕은 접합 깊이를 갖는다. MOSFET이 포화영역에서 동작될 때 드레인 채널접합은 역방향으로 바이어스되며, 결국 핀치오프영역에 매우 높은 전계가 발생하게 된다. 5.4절에서 보았던 역방향 p-n 접합처럼, 도핑준위를 줄이는 것은 공핍층의 넓이를 증가시키고 접합에서 최대 전계를 작게 만든다. 6.5.9절에서 기술한 바와 같이, 소스에서 드레인 쪽으로 채널을 통하여 이동하는 전자들은 운동에너지를 얻을 수 있는데, 이는 열전자가 되어 손상을 일으킨다. LDD 구조로 저농도로의 도핑은 드레인의 끝에서 발생할 수 있는 열캐리어효과를 감소시키는 데 도움을 준다. LDD에서 얕은 접합깊이는 DIBL 및 전하공유(6.5.10절 및 6.5.11절)와 같은 단채널효과를 감소시키는 데 중요하다. LDD 구조를 사용하기 위해 희생해야 할 것은 소스에서 드레인 사이의 직렬저항이 증가하여 전류구동 능력이 감소한다는 것이다.

더욱더 낮은 전원전압을 사용하는 방향으로 기술이 발전함에 따라, 열캐리어효과의 중요성이 낮아졌다. 직렬저항을 감소시켜야 하는 필요에 따라, 이는 LDD 영역에서 10^{19} cm^{-3} 이상의 수준으로 도핑을 증가시키는 경향으로 나타나고 있다. 사실, LDD라는 용어가 잘못된 용어 사용이 되고 말았다. 그래서 가끔은 **소스/드레인 확장**(*source/drain extension*)이나 **팁**(*tip*)이란 용어가 사용되기도 한다.

LDD 영역이 다결정실리콘 게이트를 따라 형성된 후, 더 깊고(~200 nm) 더욱 고농도로 도핑된(10^{20} cm^{-3}) 소스 및 드레인 접합을 게이트의 끝으로부터 더 멀리 주입시킨다(그림 9-7d). 이것은 보다 전도성이 있는 소스와 드레인의 옴(ohmic) 접촉이 LDD 영역에 곧바로 형성되는 것보다 쉽게 형성되게 한다. 그리고 소스/드레인의 직렬저항을 감소시킨다. 이러한 주입은 **측벽 산화물 스페이서**(*sidewall oxide spacer*)의 형성을 이용한 자기정렬 기법을 사용하여 수행된다. PMOS 소자를 덮고 있는 감광막을 제거한 후에 아주 높은 온도(~700°C)(그림 9-7b) 조건에서 전체 웨이퍼에 대하여 테오스(tetra-ethyl-ortho-silicate; TEOS)라 불리는 유기물질을 사용하여 **등각**(*conformal*) LPCVD 산화물(~100 ~ 200 nm의 두께)을 증착시킨다. 등각이라는 말은 증착된 필름이 어느 곳에서나 같은 두께를 갖고, 웨이퍼의 형태를 따른다는 것을 의미한다. 그 다음 산화물층은 RIE 공정에 의해 식각되는데, RIE는 비등방성이다(즉, 그것은 수직방향으로 우세하게 식각한다)(5.1.7절). 만약 RIE 과정이 평평한 표면 위에 증착된 산화물을 모두 식각하여 없애도록 시간이 맞추어져 있다면, 그림 9-7c에서 보는 바와 같이 다결정실리콘 게이트의 가장자리에 산화물 측벽 스페이서를 남긴다. 이 측벽 스페이서는 보다 높은 농도로 깊게 형성하는 n^+ 소스와 드레인의 주입공정 동안에 게이트에 가까운 LDD 영역을 보호하기 위한 자기정렬 마스크로 사용된다(그림 9-7d).

다음으로, NMOS 소자는 감광막에 의해 가려지고, PMOSFET을 형성하기 위해 p^+ 소

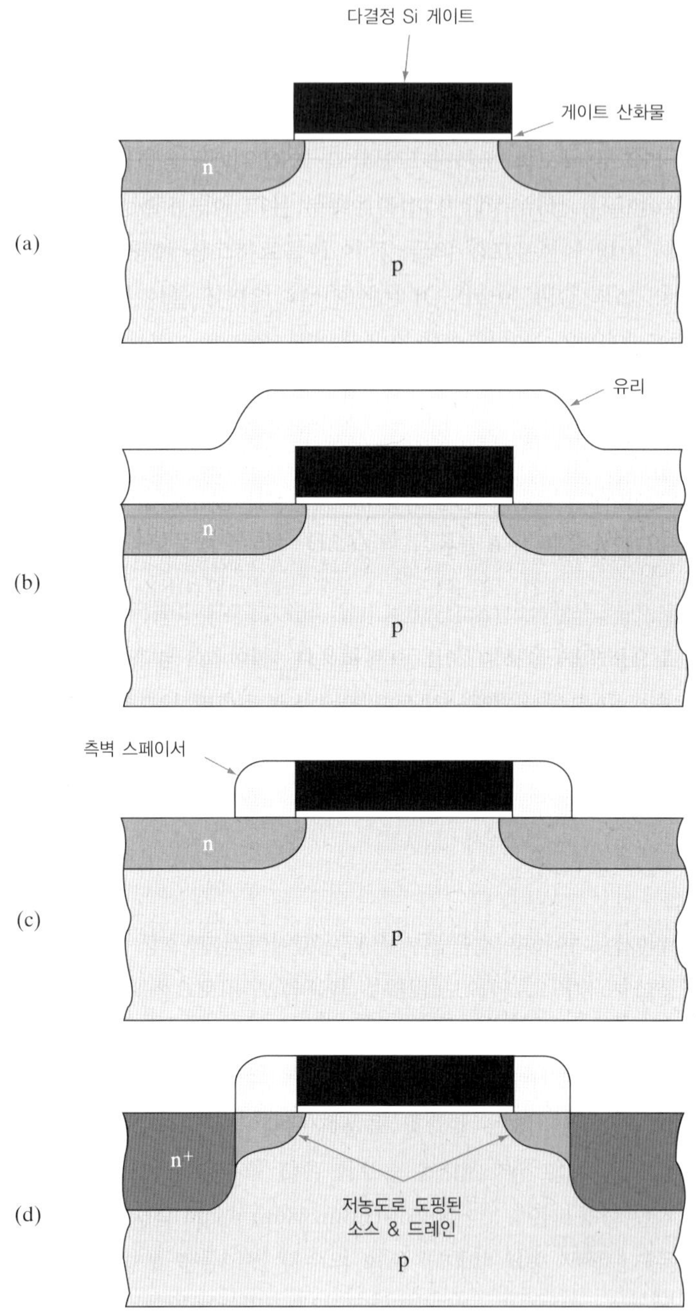

그림 9-7 측벽 스페이서를 이용한 저농도로 도핑된 드레인(LDD) 구조의 제작. 다결정실리콘 게이트는 얇은 게이트 산화물을 덮고 있으며, 처음의 저농도 주입의 마스크 역할을 한다(a). 두꺼운 층은 CVD에 의해 증착된다(b). 그리고 측벽 스페이서만을 남기기 위해서 비등방성 방식으로 식각된다(c). 이들 측벽 스페이서는 두 번째로 수행되는 고농도 주입공정의 마스크 역할을 한다. 후 확산공정 후의 LDD 구조(d).

스와 드레인 주입을 수행한다(그림 9-8a). PMOS에는 LDD가 사용되지 않는다는 것을 알 수 있다. 이것은 열정공효과가 열전자에 의한 열화현상보다 덜 문제된다는 사실 때문이며, 부분적으로는 정공의 낮은 이동도 때문이고, 또 다른 이유로는 가전자대에서의 Si-SiO_2 에너지장벽(5 eV)이 전도대에서의 Si-SiO_2 에너지장벽(3.1 eV)보다 높기 때문이다. 소스-드레인 주입이 된 후에, 도펀트는 활성화되며 이온주입에 따른 손상은 노(furnace)에서 어닐링하거나, RTA(Rapid Thermal Anneal)하여 회복시킨다. 이러한 어닐링의 경우 최소한 허용할 수 있는 온도와 시간 간의 조합(열적 예산)을 이용하는데, 이유는 초소형 MOSFET의 도펀트 분포를 최대한 간결하게 유지시켜야 하기 때문이다.

우리는 이제 대부분의 CMOS 논리소자가 n형보다는 p형 기판에 만들어지는 이유를 이해할 수 있다. n채널 MOSFET은 열캐리어효과로 인하여 PMOSFET의 경우보다 많은 양의 기판전류를 만들어낸다. 따라서 만들어진 정공들은 n형 기판에서보다 p형 기판에서 쉽게 접지까지 흘러갈 수 있다. 또한 초크랄스키(Czochralski) 결정성장과정에서 안티몬(Sb)을 사용하여 n형 기판을 만드는 것보다는 붕소(B)를 사용하여 p형 기판을 만들기가 쉽다. 이는 아티몬이 다른 종류의 원소보다 덜 증발하는 완벽한 도너이기 때문인데, Si 용융체에 도핑을 하기 위한 비소(As)나 인(P)보다 더 나은 도너이다.

n^+ 다결정실리콘 게이트를 NMOS와 PMOS 소자에 사용하는 것은 소자 특성 측면에서 관심을 갖게 한다. n^+ 게이트에서의 페르미준위는 Si 전도대에 매우 가깝기 때문에 그것의 일함수는 NMOS에 대하여 낮은 V_T 값을 얻기가 아주 적합하지만($\Phi_{ms} \sim -1$ V), PMOS에 대해서는 그렇지 않다($\Phi_{ms} \sim 0$ V). V_T의 표현식[식 (6-38)]으로부터, 두 번째와 세 번째 항이 0으로 접근하게 되는 것을 알 수 있는데, 이는 얇은 산화물 기술이 발전함에 따라 C_i가 점점 더 커지기 때문이다. 높은 구동전류를 얻기 위해, NMOS의 경우 V_T가 ~0.3에서 ~0.7 V(PMOS의 경우에 −0.3 V에서 −0.7 V)의 근처에 있게 되도록 한다. 식 (6-38)로부터 p웰 도핑이 NMOS 트랜지스터에 대하여 올바른 V_T를 가질 수 있도록 최적화될 수 있으며, 동시에 소스와 드레인 사이에 펀치스루 항복현상을 막을 수 있도록 충분히 높아야 됨을 알 수 있다. 반면 PMOS 트랜지스터의 경우 10^{18} cm^{-3} 정도의 n웰 도핑이 펀치스루를 막지만, 페르미준위 ϕ_F가 매우 크고 음의 값을 가지므로 V_T가 매우 작아진다. 이 점이 PMOS 소자에 대하여 V_T를 조정하기 위해 분리된 억셉터 주입공정을 하게 하는 이유이다(그림 9-8b). 그 억셉터 양이 충분히 낮아서 게이트전압이 0 V인 조건에서 p층이 완전히 공핍되도록 한다. 이 점이 공핍형 트랜지스터보다는 증식형 트랜지스터를 만들게 한다. CMOS 경우에 PMOS 소자의 음의 V_T 값은 NMOS의 양의 V_T와 같은 값이 되도록 한다.

PMOSFET 채널영역에서 수직방향(게이트 산화물에 수직한)에 따른 에너지대역도에 대한 면밀한 검토가 반전영역에서 갖는 최소의 에너지값을 갖는 정공들이 산화물-실리콘 계면 약간 떨어진 아래(~100 nm)에 있다는 것을 보여주며, PMOS가 매립형 채널동작

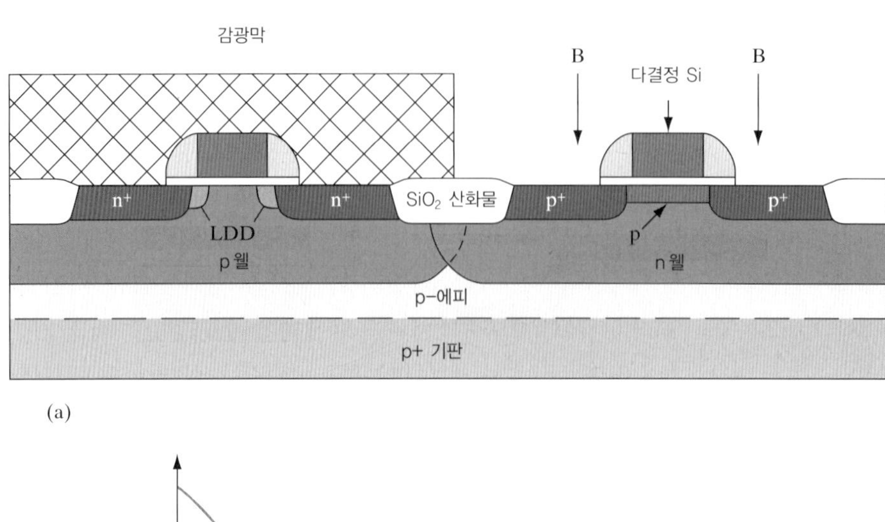

(a)

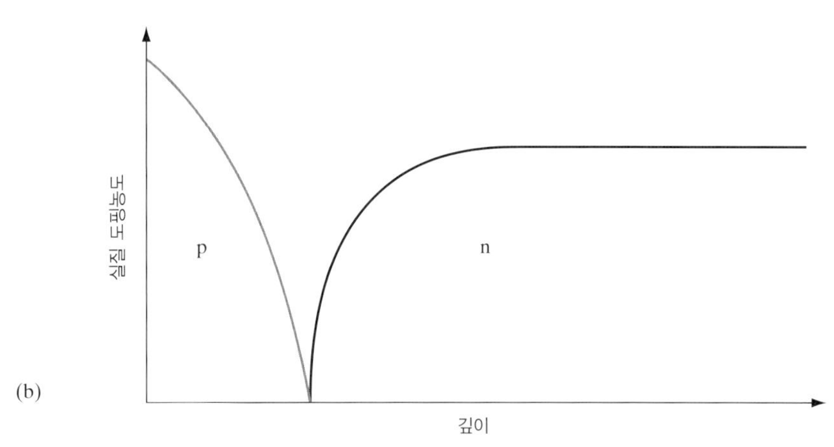

(b)

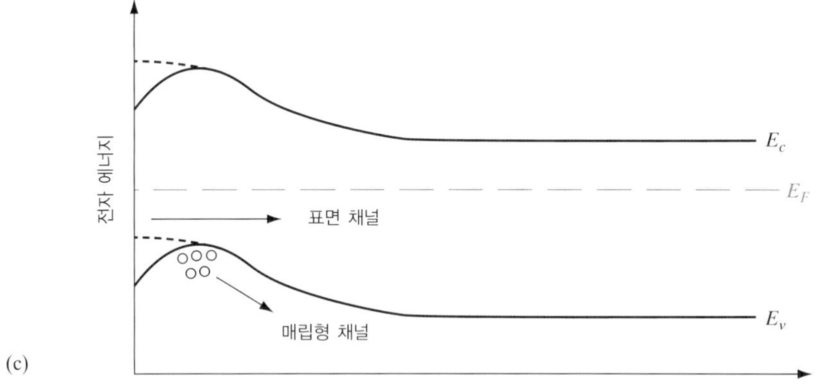

(c)

그림 9-8 매립형 채널 PMOS: (a) 감광막을 사용하여 NMOSFET을 덮어 이 지역을 보호하고, LDD 구조를 갖지 않는 자기정렬 p^+ 소스/드레인 주입. p형 V_T를 조절하기 위한 이온주입공정과정이 채널영역에 회색으로 나타나 있다; (b) 표면 근처에 p형 V_T를 조절하기 위한 이온주입상태를 보여주고 있는 채널의 중앙에서의 깊이 함수로서의 도핑 분포; (c) 채널의 중앙에서 깊이의 함수로서 전자의 위치에너지, 이는 "매립형" 채널에서 정공의 모임을 보여준다. 점선으로 나타나듯이, 보다 높은 게이트전압에 대하여 PMOS 동작은 표면 채널로 바뀌게 된다.

(*buried channel operation*)으로 알려진 바와 같은 현상을 보여준다는 것을 설명한다(그림 9-8c). 반면에, NMOS의 경우에는 반전영역에서의 최소 에너지를 갖는 전자들이 산화물-실리콘 계면 바로 아래에 있고, 이 현상이 표면 채널동작을 하도록 한다.[1)] PMOS 경우에는 이러한 매립형 채널동작의 좋고 나쁜 면이 있다. PMOSFET의 반전층에서는 정공들이 산화물-실리콘 계면으로부터 다소 떨어져 이동하기 때문에, 그 정공들은 NMOS-FET의 경우 전자들이 표면거칠산란으로 인하여 채널이동도 감소의 어려움을 겪는 현상과 같은 채널이동도 감소의 어려움을 겪지 않는다. 실리콘에서의 정공의 이동도가 전자의 이동도보다 일반적으로 낮기 때문에 NMOSFET과 유사한 구동전류를 얻기 위해 PMOS 소자를 NMOSFET보다 넓게 해야 한다. 하지만 매립형 채널소자 DIBL과 펀치스루 항복에 대하여 매우 바람직스럽지 못한 경향을 갖는다. 따라서 MOSFET의 크기를 감소시킴에 따라 DIBL 문제는 보다 심각해지고, NMOS와 PMOS 모두 표면 채널동작을 하도록 요구된다. 따라서 소위 이중게이트(*dual gate*) CMOS라 불리는 구조에 관심이 생긴다. NMOSFET에 대해서는 n^+ 다결정실리콘 게이트가 사용되고, PMOSFET에는 p^+ 게이트가 사용된다. 이와 같은 이중 일함수 게이트는 도핑되지 않은 다결정실리콘을 증착시키고 나서 소스와 드레인 주입공정을 소스와 드레인 자체에 수행하고, 게이트에도 적당히 사용함으로써 얻어질 수 있다. 이러한 접근방법은 높은 다결정실리콘의 결정경계 확산 성질을 이용하여 게이트를 축퇴되게(degenerately) 도핑하고, 동시에 DIBL을 최소화시키기 위한 아주 얕은 소스와 드레인접합을 형성하도록 한다.

역사적인 각주로서, MOSFET 초창기에는 고온의 공정을 잘 견뎌내지 못하는 Al 게이트를 사용했었다. 따라서 소스와 드레인영역은 확산이나 주입공정기법에 의해 먼저 만들어지며, 그 다음 Al 게이트가 증착되고 형상화된다. 이와 같은 비(非)자기정렬공정은 앞에서 언급된 밀러 정전용량과 같은 문제를 갖게 된다. 자기정렬된 소스와 드레인영역을 가능하게 만든 것은 다결정실리콘을 사용하는 공정기술이며, 이 다결정실리콘이 연이어 계속되는 공정을 견뎌낼 수 있을 정도로 충분히 높은 녹는점을 갖는다는 것이다. MOSFET 기술에 대한 최근 연구는 현 시점에서는 텅스텐(W)과 같은 내열금속(refractory metal)을 사용하는 것과 같은 금속게이트로의 완벽한 회귀 경향을 보인다. 이들 금속은 고농도로 도핑된 다결정실리콘보다 더 좋은 전도성을 가지며, CMOS에 더 적합한 일함수를 갖는다. 텅스텐의 일함수는 실리콘 대역간극의 중앙 근처에 위치하며, 평탄대역 전압과 문턱전압이 NMOS와 PMOS 사이에 더욱 대칭적이 되도록 하고 NMOS와 PMOS에 적합하게 되도록 하며, 매립형 채널효과를 피할 수 있도록 한다.

다음 단계에서는 MOSFET의 소스/드레인 및 게이트영역에 금속-실리콘 합금이나 실리사이드를 구성하는데, 이는 직렬저항을 줄이고(결과적으로 *RC* 시정수가 줄어들게 되고),

1) 채널에 대한 억셉터 주입공정이 매립형 채널동작을 초래하는 이유를 정성적으로 이해할 수 있다. 0 V의 전압조건에서 p층이 공핍되지 않도록 억셉터 투여량이 충분히 높다고 잠시 가정하라. 그와 같은 공핍형 소자에서, 소자를 꺼지게 하는 양의 게이트 바이어스가 먼저 표면영역에서 정공을 고갈시킬 것이며, 정공의 전도영역을 산화물-실리콘 계면으로부터 기판 아래쪽 방향으로 보다 깊게 옮겨 가게 한다.

전류구동 능력을 키우기 위해서이다. 이런 과정은 스퍼터를 사용하여 전체 웨이퍼에 Ti와 같은 내열금속을 얇은 막으로 증착시키며, 질소(N) 분위기에서 2단계 열처리를 함으로써 Ti와 Si가 반응하여 직접 접촉이 되도록 하는 과정을 포함한다(그림 9-9a). 600°C 어닐링은 (야금학 관점에서 C49 상태로서 고유저항이 매우 높은) $TiSi_2$를 형성하며, 그런 다음 800°C 어닐링은 $TiSi_2$를 C54 상태인 $TiSi_2$로 변화시킨다. 이는 매우 높은 농도로 도핑된 Si에 비교하여 ~17 μΩ-cm 정도로 매우 작은 고유저항을 갖는다. 반면에, 산화물 측벽 스페이서 위쪽의 Ti는 질소(N) 분위기에서 공정이 수행되기 때문에 실리사이드를 형성하지 않고, 반응하지 않은 Ti로 남거나 TiN을 형성한다. Ti 및 TiN은 과산화수소 기반 습식식

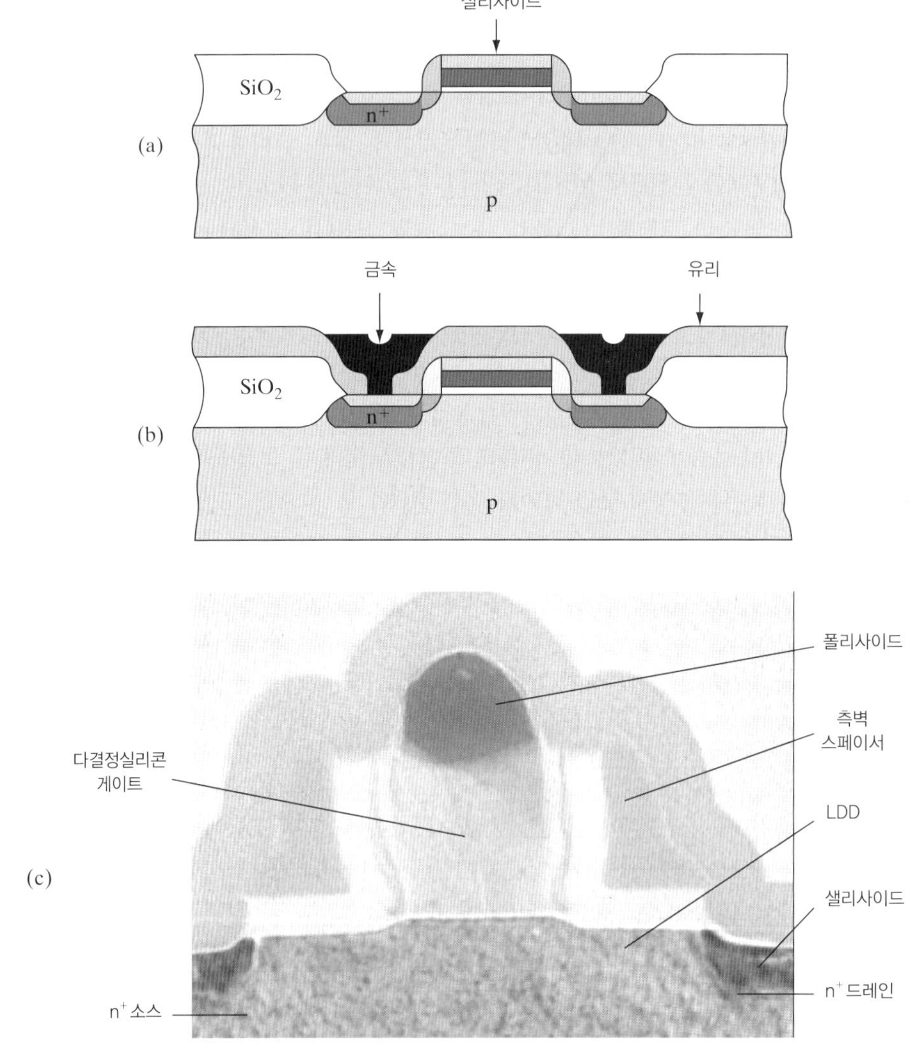

그림 9-9 낮은 저항 접촉을 위한 실리사이드 소스/드레인 및 게이트영역 형성: (a) 전도성 실리사이드층을 형성하기 위해서 드러난 Si 영역에 내열금속층이 증착되고, 반응한다; (b) 반응하지 않은 금속은 제거되고 CVD 유리물질이 증착되고 접촉 금속공정을 위해 형상화된다; (c) 게이트 길이가 52 nm인 LDD MOSFET의 현미경 확대 단면도(텍사스 인스트루먼트 사진 제공).

각공정을 사용하여 선택적으로 식각할 수 있다. 이는 $TiSi_2$를 식각하지 않기 때문에 소스/드레인 영역은 게이트와 전기적으로 분리된다. 이러한 공정은 소스/드레인 및 다결정실리콘 게이트에 서로 분리된 마스크를 사용하지 않고도 샐리사이드(SALICIDE)를 형성할 수 있다, 이때 실리사이드를 **폴리사이드**(*polycide*)라 한다. 이 공정을 이용하여 아주 고성능인 MOSFET을 만들 수 있다.

최종적으로, MOSFET은 금속배선층을 사용하여 회로 배치에 따라 정확하게 상호연결(배선)되어야 한다. 이러한 과정은 붕소와 인으로 도핑된 산화 유전체를 웨이퍼 전체에 형성하는 LPCVD 공정을 포함하며, 접촉 레벨 레티클을 이용하여 형상화하고 기판 아래까지 접촉 구멍을 열기 위해 RIE 공정과정을 포함한다(그림 9-9b 참조). 산화 유전체는 **붕소-인-규소 유리**(*boro-phospho-silicate glass*; *BPSG*)라 불린다. 붕소와 인은 어닐링한 직후 산화물이 유연하고 쉽게 흐르도록 만들어 웨이퍼 상단의 모양새가 평평하거나 부드럽도록 만들어 준다. 수백만 개의 매우 작은 접촉 구멍들의 모양은 표면에서 접촉 구멍까지 증착된 금속이 완벽하게 구멍 아래까지 들어가지 않으면 치명적인 개방회로가 되기 때문에 ULSI 칩에서 아주 중요하다. 사실, CVD 텅스텐층은 다음 단계를 진행하기 전에 접촉 **플러그**(*plug*)를 형성하기 위해 접촉 구멍에 증착된다. 그런 후에 Al(~1% 실리콘과 ~4% 구리의 합금)과 같은 적절한 금속층이 전체 웨이퍼에 스퍼터로 증착되고 금속배선 마스크를 사용하여 형상화되며 다음 단계로 금속 RIE 공정이 진행된다. 접합 **스파이크**(*spiking*) 문제를 해결하기 위해 Si가 Al에 첨가되는 반면에, 순수한 Al은 얕은 소스/드레인 영역에서 Si에 대한 고체 용융도 제한에 관련된다. 이는 Al이 p-n 접합을 통해 단락되거나 "스파이크"가 생기게 된다. 구리는 Al 배선막의 알갱이 크기를 크게 하기 위해 더해지는데, 이는 전류가 흐르는 도중에 전자의 이동이 Al의 원자를 밀어서 배선에 따라 흐르게 하는 현상을 야기시키고, 배선에 개방 보이드(void)를 발생시키는 현상(회로가 끊어지는 현상)을 어렵게 만든다. 이것이 **전자이동**(*electromigration*)현상의 한 예이다. 샐리사이드 LDD MOSFET의 단면도가 그림 9-9c에 나타나 있다.

현대 ULSI 칩에서, 일반적으로 소자 배치상의 복잡도는 소자들을 배선하기 위해 다중 금속층을 요구하게 되었다(그림 9-10). 그러므로 첫 번째 금속을 증착시킨 후, SiO_2와 같은 금속 간 유전체 격리층이 저온 CVD에 의해 증착된다. 저온은 **후 공정**(*back-end*) 단계에서 매우 중요한데, 이는 모든 능동소자가 지금까지 만들어졌고 하나는 도핑 물질들이 더 이상 확산되는 것을 허용할 수가 없기 때문이다. 또한 Al 금속공정은 ~500°C보다 더 높은 온도에서는 수행될 수 없다. 유전체 격리층은 다음 금속층에 대한 증착공정이 진행되기 전에 적절하게 평탄화되어야 하는데, 이는 일반적으로 CMP에 의해 진행된다. 만일 금속이 평탄하지 않은 모양새를 갖고 있는 표면 위에 증착되고, RIE 공정이 바로 뒤이어 진행되면 그림 9-7에 나타난 바와 같이 MOSFET 게이트의 양쪽 측면에 측벽 산화물 스페이서를 얻기 위한 이유처럼 잔류 금속 측면 필라멘트나 혹은 "스트링거(stringers)"가 남게 되기 때문에 평탄화 공정은 중요하다. 이들 금속 스트링거는 인접한 금속선 간에 단

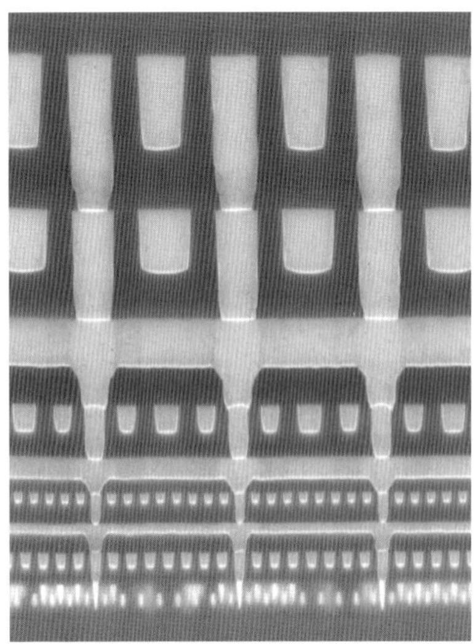

그림 9-10 다층 배선: 금속 사이의 유전물질이 적당히 평탄화되어 있는 Cu 배선을 지닌 IC의 단면. 트랜지스터는 제일 아래에 존재하고 22 nm CMOS와 일치한다(인텔 사진 제공).

락회로를 유발한다. 평탄화 공정은 사진인쇄공정 동안에 초점깊이를 잘 유지하는 측면에서도 중요하다. 격리층을 평탄화시킨 후, 비아(*via*)라 부르는 새로운 형태의 접촉 구멍을 열기 위하여 사진석판기술을 사용하며, 증착공정을 진행하고, 다음 금속층을 형상화한 다음 RIE 공정을 진행한다. 전에 설명한 것처럼, 금속 증착을 진행하기 전에 비아 구멍을 채우기 위하여 W 금속 플러그는 선택적으로 증착되며, 개방회로의 가능성을 감소시킨다.

최종적으로, 환경에 의해 발생할 수 있는 소자의 고장 및 오염을 방지하기 위해서 IC 전체에 보호막을 증착시킨다(그림 9-10). 이것은 Na와 수증기의 확산을 막는 데 좋은 특성을 갖는 실리콘 질화막을 만드는 플라즈마 CVD 공정을 포함한다. 6.4.3절에서 설명했듯이 나트륨은 MOS 소자의 게이트 유전체에서 이동성 이온 문제를 유발한다. 때때로 보호막 물질은 BPSG 막을 사용한다. 보호막이 증착된 후, 금속 접착 패드를 위해 열린 구멍이 식각된다. 자동 검사장비로 칩을 검사한 후에, 정품 다이는 9.6절에 설명한 것처럼 패키지되고 와이어로 연결된다.

9.3.2 기타 회로요소의 집적

집적회로기술의 가장 혁신적인 발전 중 하나는 집적된 트랜지스터가 저항과 커패시터 같은 좀더 세속적인 소자들보다 싸게 만들어진다는 사실이다. 그러나 집적된 형식의 다이오드, 저항 및 커패시터들을 필요로 하는 많은 응용 분야가 있다. 이 절에서는 이들 회로요소를 칩에 구현시킬 수 있는 방법을 간단히 검토한다. 또한 실제 동작시스템에서 집적된 소자들을 모두 연결해 주는 매우 중요한 회로요소인 상호연결 패턴도 검토할 것이다.

다이오드. 모놀리식 회로에 p-n 접합 다이오드를 구성하는 것은 간단하다. 또한 트랜지스터를 사용하여 다이오드의 기능을 수행하는 것도 일반적으로 행해지고 있다. 모놀리식 회로에는 많은 트랜지스터가 포함되어 있으므로 다이오드 소자를 만드는 데는 특별한 확산 단계가 필요하지 않다. 트랜지스터를 다이오드로 접속하는 방법에는 여러 가지가 있는데, 가장 일반적인 방법은 컬렉터와 베이스를 단락시키고 이미터접합을 다이오드로 사용하는 것이다. 이 배치는 본질적으로는 협폭베이스 다이오드 구조이며, 전하축적이 거의 없어 높은 스위칭 속도를 갖는다(연습문제 5.40). 모든 트랜지스터는 동시에 만들어지므로 트랜지스터의 일부를 다이오드로 변환시키기 위해 수행하는 적당한 접속은 금속화 패턴에 포함시킬 수 있다.

저항. 모놀리식 회로에서 확산 또는 주입에 의한 저항은 트랜지스터를 형성하기 위해 사용하는 얕은 접합을 사용해서 얻을 수 있다(그림 9-11a). 예를 들어, 베이스확산 중에 n형의 섬 속에 얇은 p형 층으로 이루어지는 저항을 확산시켜 줄 수 있다. 이에 대한 대안으로 베이스확산 중에 p형 영역을 만들고, 이 p형 영역에 이미터확산 동안 n형 저항채널이 포함되게 할 수도 있다. 어느 경우나 저항채널은 주변 물질에 적당한 바이어스를 행해 줌으로써 회로의 나머지 부분으로부터 격리시켜 줄 수 있다. 예를 들어, 저항이 베이스확산 중 얻어진 p형 채널이라면 주변의 n형 물질을 그 회로 중에서 가장 양의 전위인 곳에 연결하여 역방향 바이어스 접합 격리를 이룰 수 있다. 이 채널의 저항은 길이, 폭, 확산의 깊이, 확산된 물질의 저항률에 의존한다. 깊이와 저항률은 베이스나 이미터확산의 요건에 의해 결정되므로 변화시킬 수 있는 파라미터는 길이와 폭이다. 두 가지 전형적인 저항의 기하학적 구조를 그림 9-11b에 나타내었다. 각각의 경우 저항은 그 폭에 비해 길고, 각각의 끝에는 금속화 패턴과 접촉을 이루게 하기 위한 설비가 만들어져 있다.

확산저항의 설계는 확산층의 면저항(*sheet resistance*)이라는 양으로부터 시작한다. 확산영역의 평균 저항률이 ρ라면 주어진 길이 L의 저항은 $R = \rho L/wt$이며, 여기서 w는 이 층의 폭이고, t는 두께이다. 이제 어떤 정방형의 물질을 생각하면 $L = w$이므로 단위가 Ω/square인 면저항 $R_s \equiv \rho/t$를 얻는다. 주어진 층에 대해 측정된 R_s는 수치적으로는 어떤 크기의 정방형에 대해서나 같다. 이 양은 얇게 확산된 층에 대하여 4점탐침(four-point

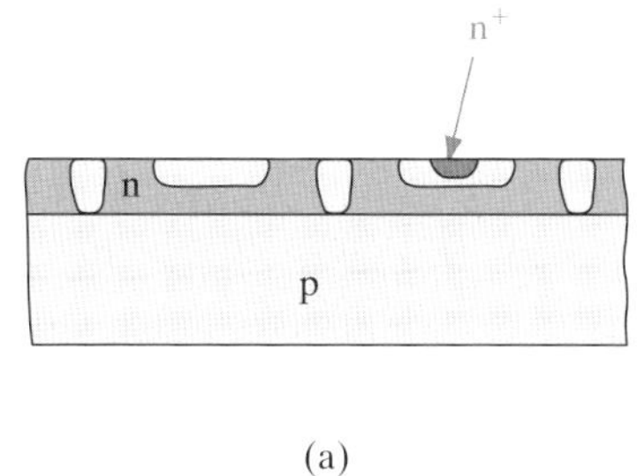

(a)

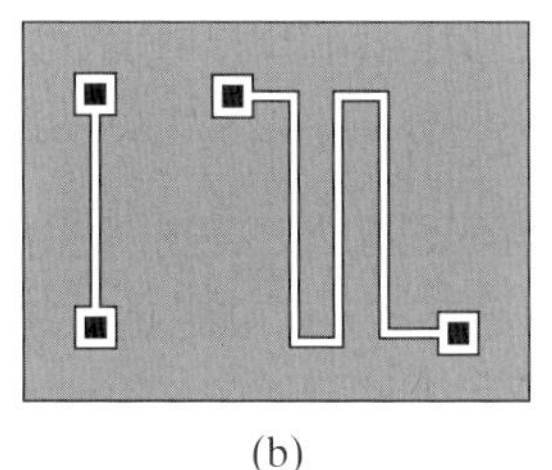
(b)

그림 9-11 모놀리식 저항: (a) 저항에 대한 베이스와 이미터확산의 이용을 나타낸 단면도; (b) 두 가지 저항의 패턴 평면도.

probe)법[2)]으로 측정하기 쉬운 것이다. 따라서 일반적으로, 주어진 확산에 대한 면저항은 아주 정밀하게 알 수가 있다. 그래서 저항은 이미 알고 있는 R_s 값과 저항에 대한 비 L/w[외관비(*aspect ratio*)]로부터 계산할 수 있다. 폭 w는 열소비와 사진석판기법상의 제한 요구범위 내에서 가급적 좁게 한 다음 w와 R_s 값으로부터 필요한 저항의 길이를 계산할 수 있다. 확산저항의 설계 기준은 급격한 회전부분 안쪽 모서리에서의 높은 전류밀도의 존재와 같은 기하학적 인자를 포함하게 된다. 때로는 이와 같은 문제를 줄이기 위하여 꺾어 접거나 지그재그형의 저항(그림 9-11b)에서 모서리 부분을 약간 둥글게 할 필요가 있다.

저항으로 사용되는 자리의 크기를 감소시키거나 보다 큰 저항값을 얻기 위해서는, 흔히 표준형의 베이스나 이미터확산 중에 얻을 수 있는 것보다는 큰 면저항을 갖는 표면층이 필요하다. 한 유용한 대안은 V_T 조절 이온주입과 같은 이온주입을 사용해서 매우 높은 면저항(~10^5 Ω/square)을 갖는 얕은 영역을 형성시킬 수 있다. 이 과정은 칩에서 상당한 공간을 절약할 수 있게 해 준다. FET 집적회로에서는 보통 6.5.5절에서 언급한 것과 같이 공핍형 트랜지스터로 부하저항을 대치하는 것이 일반적이다.

커패시터. 집적회로에서 가장 중요한 요소 중의 하나가 커패시터이다. 각 비트의 정보에 대해 전하가 커패시터에 축적되는 메모리 소자회로의 경우 특히 중요하다. 그림 9-12는 하나의 트랜지스터를 갖는 DRAM 셀을 보여주고 있으며, 이때 n형 채널 MOS 트랜지스터는 인접한 MOS 커패시터로 접근할 수 있도록 해 준다. 커패시터의 상단 판은 다결정실리콘이고, 아래판은 트랜지스터의 n^+형 영역과 연결되어 있는 반전전하층이다. 비트라인

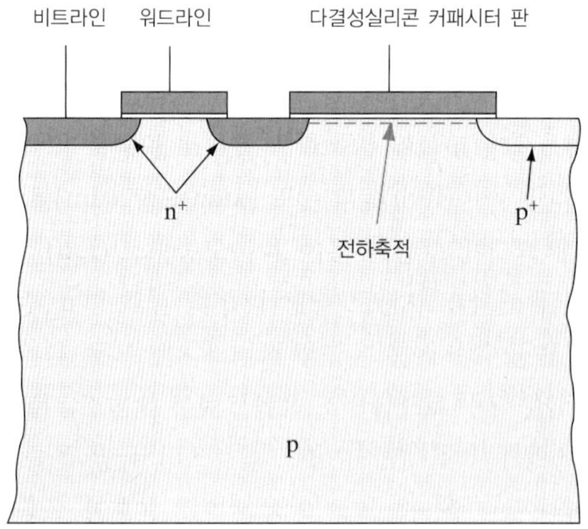

그림 9-12 DRAM 셀에 집적된 커패시터. 하나의 트랜지스터로 구성된 메모리 셀. 여기서 트랜지스터는 인접한 MOS 커패시터에 전하를 저장하거나 읽어낸다.

2) 이 방법은 매우 유용한 방법으로, 전류가 한 탐침에서 웨이퍼로 도입되고 다른 탐침에서 모아지며 이들 사이에 있는 두 개의 탐침으로 전압이 측정된다. 이 측정으로부터 저항률이나 면저항을 계산하기 위해서는 특정 공식이 필요하다.

(*bit line*)과 워드라인(*word line*)이라는 용어는 메모리 구조의 행과 열에 관련된 것이다(9.5.2 절). 하나는 5.5.5 절에서 논의한 p-n 접합과 관련된 커패시터를 사용할 수 있다.

인덕터. 인덕터는 다른 회로소자보다 집적하기가 어렵기 때문에 IC와 공동으로 생산하기가 어려웠다. 또한 인덕터를 집적시켜야 하는 필요성이 크게 요구되지 않았었다. 최근에 비로소 휴대용 통신기기의 rf 아날로그 IC에서 이러한 요구가 증가하는 추세를 띠고 있다. 이러한 응용 분야에서 인덕터는 매우 중요한 역할을 하고 있고, IC 위에 얇은 금속을 원형 감기 모양을 사용해서 적절한 Q 요소를 얻을 수 있었다. 그러한 원형 패턴은 IC 공정에서 사진석판기술과 식각기술이 호환됨에 따라 가능해졌고, 하이브리드 IC에서 공동으로 생산될 수 있다.

접촉 및 상호연결. 금속화 단계 중 각 회로소자의 여러 영역이 접촉되고, 또 적절한 회로소자의 상호연결이 만들어진다. 보통 알루미늄(Al)이 금속화에 사용되는데, 이것은 증착 후 약 550°C로 온도를 잠깐 높이면 알루미늄은 Si 및 SiO_2에 잘 부착되기 때문이다. 일부 모놀리식 소자에 금(Au)이 사용되지만, Si와 SiO_2에 대한 부착성은 나쁘다. 금은 또한 실리콘 내에 깊은 트랩(전하포획준위)들을 만든다.

이 장에서 고려한 바와 같이 집적회로에서는 실리사이드 접촉과 도핑된 다결정실리콘 도체가 일반적으로 사용되고 있다. 산화물층을 통하여 이 도체에 이르기까지 개구부를 뚫음으로써 Al 금속화과정에서 이 도체와 접촉되고 회로의 다른 부분과 연결되도록 할 수 있다. Si와 접촉하기 위하여 Al이 사용되는 경우에는 금속이 접촉되는 영역으로부터 Si와 통합되어 스파이크가 발생하는 것을 방지하기 위하여 약 1%의 Si가 함유된 Al을 사용할 필요가 있다. 또한 Al과 Si 층 사이의 이동을 방지하기 위해 두 층 사이에는 얇은 확산장벽을 사용한다. 9.3.1 절에서 설명한 내열 실리사이드는 이 목적을 만족시킨다.

집적회로에서 복잡도와 충전율이 증가함에 따라 불가피하게 다층금속화가 필요하게 된다. 다층의 Cu 금속은 유전체를 뚫고 연결될 수 있다. 일반적으로 금속은 모두 Al이나 Cu일 수 있으며, 또는 다결정실리콘이나 내열금속과 같은 다른 도체일 수도 있다(열에 의존하기 때문에 이들은 후속 공정에 의해 영향을 받는다). 또한 유전체는 성장 또는 증착된 산화물, 재평탄화를 위한 붕소-인-규소 유리, 질화물 등일 수 있다. 표면의 평탄화는 표면의 굴곡을 가로지를 때 발생할 수 있는 금속화의 끊김을 방지하기 위해서 매우 중요하다. 평탄화를 얻기 위해 리플로유리(reflow glass), 폴리이미드(polyimide) 및 다른 물질을 이용하는 여러 가지 방법이 화학적-기계적 연마기법(CMP: chemical mechanical polishing)과 함께 사용되고 있다.

배선 설계에서 가장 중요한 문제는 *RC* 시상수이다. 이는 칩의 속도 및 능동 전력소모에 영향을 준다. 금속 사이에 유전체를 갖는 배선층 간의 매우 간단한 모델을 그림 9-13과 그림 9-14에 나타내었고, 평행판 커패시터로서 나타낼 수 있다. 사각저항으로서 배선을 고려하면, 그 저항은 다음과 같다.

그림 9-13 다층 상호연결(배선): IC 칩에서의 다층 상호연결 사진: 식각된 층간의 유전체에서 구리선 상호연결을 보여준다.

$$R = \frac{\rho L}{tw} = R_s \frac{L}{w} \qquad (9\text{-}1a)$$

여기서 R_s는 면저항이며, 다른 기호들은 그림 9-14에 정의되어 있다. 정전용량은

$$C = \frac{\epsilon L w}{d} \qquad (9\text{-}1b)$$

로 나타난다. 그러면 RC 시상수는 다음과 같다.

$$\left(\frac{\rho L}{wt}\right)\left(\frac{\epsilon L w}{d}\right) = \frac{\rho \epsilon L^2}{td} = \frac{R_s \epsilon L^2}{d} \qquad (9\text{-}2)$$

이 간단한 1차원 모델로부터, 배선 폭 w는 제거됨을 알 수 있다. 따라서 고속 동작에서 넓은 도체를 사용하는 것은 사리에 맞지 않는다. 또 집적도의 관점에서도 불리하다. 물론 실질적으로 측면 전기장을 계산하고 폭에 따른 의존도를 계산해야 한다. 식 (9-2)로부터, 최대한 낮은 저항과 두꺼운 금속층이 필요하다는 것이 명백하다. 낮은 저항성은 칩의 끝에서 끝으로 전원을 공급하는 금속 버스에서 저항성 전압강하를 줄이는 데 중요한 역할을 한다. 이런 면에서 Al은 매우 우수하며, 따라서 수년 동안 Si 공정에서 중요하게 사용되었다. 또한 Al은 n형 및 p형 Si 모두와 좋은 옴 접촉 및 산화물에 좋은 접착성 등과 같은 좋은 특성을 지니고 있다.

Cu(1.7 μΩ-cm)는 Al(3 μΩ-cm)보다 더 낮은 저항성을 갖고, 전자이동(electromigration)에서 두 배 정도 덜 민감한 특성을 지녔다. 그러므로 Cu는 고속 IC(그림 9-13)에서 Al의 대치 물질로 적합하다. CVD 및 증착기술이 Cu에 대해서 현실적이지 않기 때문에, Cu를 사용하여 금속공정을 사용하기 위해서는 새로운 전기적 증착 및 표면화 기술들이 포함된 해결책이 개발되어야 한다. Cu에서 식각 부산물들의 기화성이 매우 나쁘기 때문

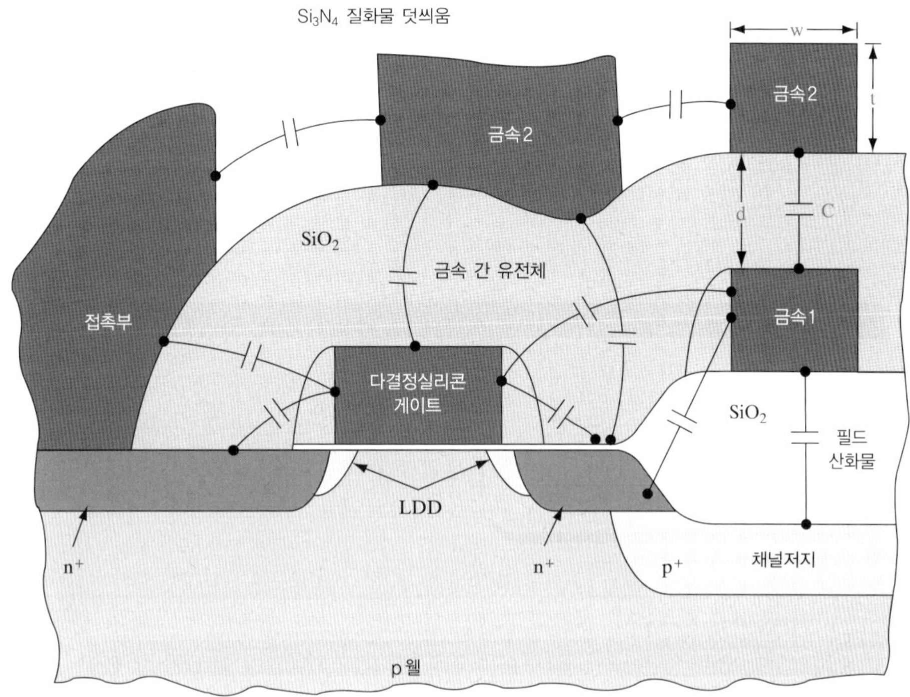

그림 9-14 다층 상호연결(배선): 다층 배선에서의 다양한 기생 커패시터에 대한 등가회로. 그림의 오른쪽 위에는 식 (9-1) 및 식 (9-2)에 언급한 평행판 커패시터 모델을 나타내고 있다(IBM 사진 제공).

에 Cu에 RIE 공정을 사용하는 것은 매우 어렵다. 그래서 Cu 도면 작업에는 RIE 대신에 상감(다마신: *Damascene*) 공정을 사용한다. 이는 처음에 유전층을 식각하여 홈을 만들고, Cu를 여기에 증착시킨다. 그 후 금속층을 화학적-기계적으로 갈아낸 후 산화물 홈에 금속선을 새겨 넣는다. 이 방법에서 금속은 RIE에 의해 직접 식각되어서는 안 되는데, 이것이 공정을 어렵게 만든다. "상감(다마신)"이라는 이름은 칼이나 인공적인 금속물에 금속작업을 하여 문양을 새겨 넣는 고대 터기의 연금술에서 유래되었다. 구리는 Si의 대역간극에 깊은 트랩을 만들 수 있다. 그래서 Cu층과 Si 기판 사이에는 Ti와 같은 적절한 장벽층이 필요하게 된다.

RC 시상수를 최소화할 수 있는 식 (9-2)의 다른 파라미터들은 금속층 사이에 두꺼운 유전층을 사용하거나, 최대한 작은 유전상수를 갖는 물질을 사용함으로써 구현할 수 있다. SiO_2는 상대유전상수가 3.9이다. 이는 유전상수를 최소화하기 위해 생성된 공기주머니나 간극을 지닌 크세로겔(xerogels)/에어로겔(aerogels)이나 폴리이미드와 같은 유기물질을 포함한다.

모놀리식 회로에서 소자를 배치 설계함에 있어 교차(*crossover*, 한 도체가 다른 도체와 교차하는 점) 없이 효율적인 상호연결을 하기 위해서는 소자의 위치를 결정하는 문제를 해결해야 한다. Si 표면에서 교차가 이루어져야만 한다면 저항을 이용하여 쉽게 형성할 수 있다. 주입 또는 확산저항은 SiO_2로 덮여지기 때문에 이 절연된 저항 위를 건너서 도체를 증착시킬 수 있다. 아무 저항도 이용할 수 없는 곳에서 교차가 필요한 경우에는 낮은 값의 확산저항을 도체 통로 중의 하나에 삽입시킬 수 있다. 예를 들어, 짧은 n^+형 영역을 소스/드레인 단계 동안 주입할 수 있고 각각의 끝에 도체 중 하나를 접촉시킬 수 있다. 다음에 다른 도체는 n^+형 영역 위의 산화물층 위쪽을 가로지르게 할 수 있다. 일반적으로 n^+형 영역은 고농도로 도핑되어 있고 길이도 짧게 만들 수 있으므로 이 방법은 저항값을 상당히 증가시키지 않고 교차를 달성할 수 있다.

금속화 단계 중에 외부 단자와 연결할 수 있도록 회로의 적당한 점을 비교적 큰 패드(*pad*)에 연결해야 한다. 이 금속 패드는 모놀리식 회로 사진에서 소자 주위를 둘러싸면서 일정한 간격으로 떨어져 있는 사각형으로서 볼 수 있다. 장착 및 패키지 공정에서 이들 패드는 작은 Au 또는 Al 선으로, 혹은 9.6절에서 검토할 특수한 기법으로 접촉될 것이다.

9.4 전하전송소자

가장 흥미롭고 광범위하게 사용할 수 있는 집적소자 중 하나는 **전하결합소자**(*charge-coupled device; CCD*)이다. 이 CCD는 일반적으로 **전하전송소자**(*charge transfer device*)로 알려진, 좀더 광범위한 부류에 해당되는 구조의 일부이다. 이들은 시각펄스(clock pulse)의 제어하에 사전에 정해진 길을 따라 전하가 이동하는 동적(dynamic) 소자이다. 이들 소자는 신호처리와 영상처리에서 응용되고 있다. 본 절에서는 이들 소자를 이해하기 위한 기초를 마련한다. 그러나 이들의 현재 형태와 여러 응용은 최신 문헌에서 얻어야 한다.

9.4.1 MOS 커패시터에서의 동적 효과

CCD의 기본 특성은 직렬 MOS 커패시터에서의 전하의 동적 축적(storage)과 인출(withdrawal)이다. 따라서 우선 6장의 MOS에 대한 검토를 확대하여 동적 효과의 기초를 포함시키는 것부터 시작해야 한다. 그림 9-15는 큰 양의 게이트펄스가 인가된 p형 기판 위의 MOS 커패시터를 보여주고 있다. 공핍영역은 게이트 밑에 존재하며, 또 표면전위는 게이트전극 아래에서 상당히 증가한다. 사실상 이 표면전위는 **전위우물**(*potential well*)을 형성하며, 이것이 전하축적을 위해 활용될 수 있다.

충분히 긴 시간 동안 양의 게이트 바이어스가 인가되면, 전자가 표면에 축적되고 정상상태의 반전조건이 이루어진다. 이들 캐리어의 원천은 표면 또는 그 부근에서의 전자의 열적 생성이다. 사실상 이 반전전하는 우물에서 전하축적이 이루어질 수 있음을 보여준다. 이 우물이 열적으로 채워지는 데 필요한 시간을 **열적완화시간**(*thermal relaxation time*)이라 하며, 이는 반도체 물질의 질과 절연물과의 계면의 질에 의존한다. 좋은 물질에서 열적

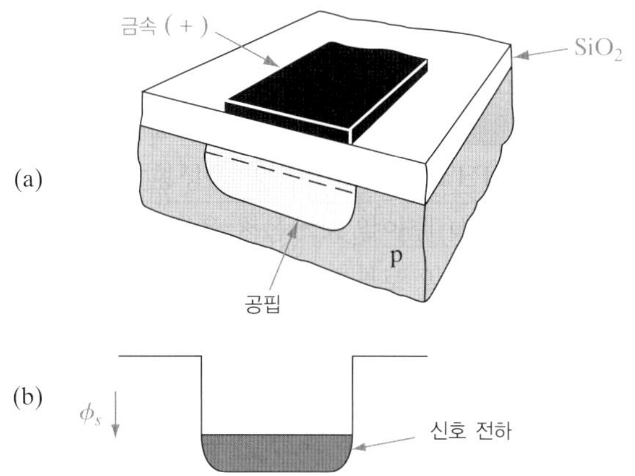

그림 9-15 양의 게이트펄스를 인가한 MOS 커패시터: (a) 공핍영역과 표면전하; (b) (a)에서 보인 표면전하에 상당하는 전자로 부분적으로 충만된 계면에서의 전위우물.

완화시간은 CCD 동작에 관계되는 전하축적시간보다 훨씬 길게 할 수 있다.

정상상태의 바이어스 대신 MOS 게이트전극에 큰 양의 펄스를 인가하면, 처음에는 깊은 전위우물이 생길 것이다. 열적 캐리어 생성으로 반전이 일어나기 전에는, 공핍영역의 폭은 평형상태에서보다는 크다($W > W_m$). 이 과도적인 상태를 흔히 깊은 공핍(*deep depletion*)이라 한다. 이 전위우물에 전기적으로나 광학적으로 전자를 주입시킬 수 있다면, 이 전자들은 그곳에 축적될 것이다.[3] 그러나 이 축적은 일시적인 것인데, 그 이유는 열적 생성이 상당한 양으로 되기 전에 이 전자들을 다른 축적장소로 옮겨야 하기 때문이다.

그리고 필요한 것은 한 전위우물에서 인접한 전위우물로 빠르게, 그리고 큰 전하의 손실 없이 전하를 흐르게 만들어 주는 간단한 방법이다. 이것이 이루어진다면 다양한 전자기능을 할 수 있게 동적으로 전하의 묶음(packet)을 주입, 이동 및 집속시킬 수 있다.

9.4.2 기본적인 CCD

벨(Bell) 연구소의 보일(Boyle)과 스미스(Smith)에 의하여 1969년에 제안된 최초의 CCD 구조는 그림 9-16에 보인 바와 같이 MOS 커패시터의 배열을 구성하는 일련의 금속전극들로 이루어져 있다. 전압펄스가 한 줄에 있는 각기 세 번째마다의 전극(G_1, G_2, G_3)에 연결된 세 개의 선(L_1, L_2, L_3)에 인가된다. 이들 전압은 그림 9-16에서와 같이 시간에 따라 변하는 전위우물을 제공하도록 시간이 맞추어져 있다. 즉, 시간 t_1에서 전위우물은 각 G_1 전극 아래쪽에 존재하며 이 우물은 앞선 동작으로부터 제공된 전자의 묶음을 포함하고 있다. 시간 t_2에서는 인접한 전극 G_2에도 전압이 인가되고, 전하는 공통된 G_1-

3) 전위우물은 반도체의 몸체 속으로 확장되어 있는 공핍영역과 혼동하면 안 된다. 이 우물의 깊이는 거리가 아니고 정전적 전위로 측정된 것이다. 이 전위의 우물 속에 축적된 전자는 사실상 반도체 표면에 아주 가까이 위치하고 있다.

G_2의 우물을 가로질러서 균일화된다. 이 과정은 확대된 용기 속에서 그 준위가 균일하게 되도록 흐르는 액체와 유사한 이동성 전하를 생각함으로써 쉽게 이해할 수 있다. 이 액체 모형은, V_1이 감소되며 따라서 G_1 아래의 전위우물이 줄어드는 시간 t_3에서도 계속된다. 이제 전하는 G_2의 우물로 흘러들어가며, 이 과정은 V_1이 0이 되는 시간 t_4에서 완결된다. 이 과정에 의해 전하의 묶음은 G_1 아래쪽에서 G_2 아래쪽으로 이동한다. 이 절차가 계속됨에 따라 전하는 다음 G_3의 위치로 넘어가고, 시간의 경과에 따라 그 선을 따라 계속 내려간다. 이 방법으로 전하는 입력 다이오드를 사용해서 주입되고, 선을 따라 전송되어 내려가서 다른 쪽 끝에서 검출되게 할 수 있다.

9.4.3 기본구조의 개선

그림 9-16의 CCD 구조를 구현하는 데는 몇 가지 문제가 생긴다. 예를 들어, 전극 간의 분리는 우물 사이의 결합이 이루어질 수 있도록 매우 작아야 한다. 그림 9-17에 보인 것과 같이 겹쳐진 게이트 구조를 사용함으로써 개선할 수 있는데, 예를 들어 이것은 SiO_2로 분리된 다결정 Si 전극이나 다결정 Si와 금속전극을 교대로 배치하여 만들 수 있다.

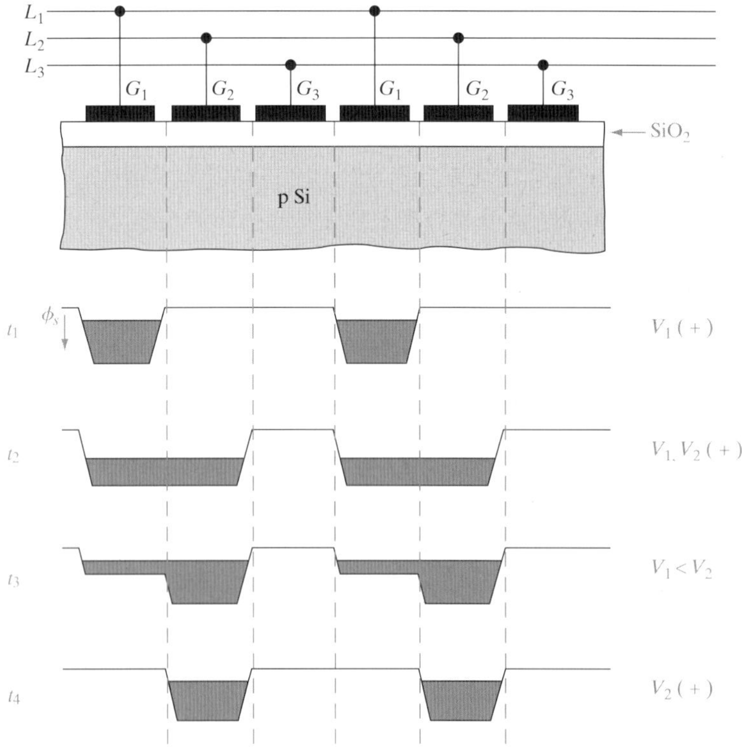

그림 9-16 MOS 커패시터의 선형배열로 구성되어 있는 기본적인 CCD. 시간 t_1에서 G_1 전극은 양의 전위를 가지며, 전하의 묶음은 이 G_1의 전위우물에 축적되어 있다. t_2에서는 G_1과 G_2가 다같이 양의 전위를 가지며, 전하는 두 개의 전위우물 사이에서 분배된다. t_3에서 G_1의 전위는 감소되고, 전하는 두 번째 우물 쪽으로 흐른다. t_4에서 G_2의 우물로 전하의 전송은 완료된다.

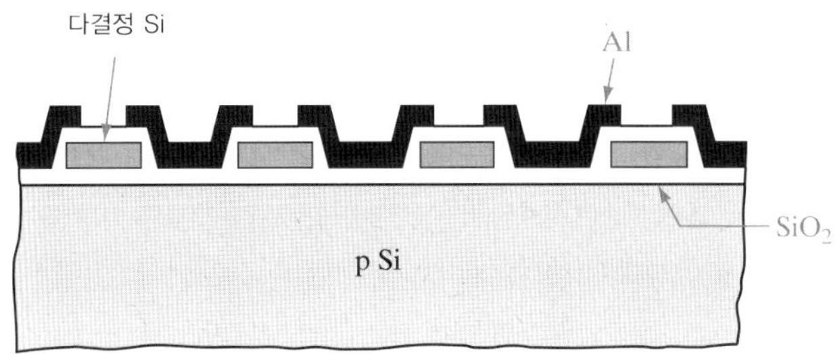

그림 9-17 게이트가 겹쳐진 CCD 구조. 이 경우 한 세트의 전극은 다결정 Si이고, 겹쳐진 게이트는 Al이다. SiO_2는 인접 전극을 분리시킨다.

이 전하전송과정의 고유한 문제 중 하나는 일부 전하가 CCD를 따라 여러 번 전송되는 도중에 불가피하게 없어진다는 것이다. 전하가 Si-SiO_2 계면에 축적된다면, 표면상태가 어떤 양의 전하를 포획한다. 따라서 "0"의 논리상태가 비어 있는 우물의 상태라면, 일련의 펄스의 선도단연부(leading edge)는 "0" 상태에서 비어 있는 트랩(trap)을 채워 주기 위한 전하의 상실 때문에 손상된다. 이와 같은 상태를 개선하는 한 방안은 "0" 상태에서 충분한 바이어스를 주어서 계면과 체적 트랩을 수용해 주도록 하는 것이다. 이 과정을 **패트 0**(*fat zero*)을 사용한다고 한다. 이 패트 0을 사용하더라도 전송과정이 본질적으로 비효율적이기 때문에 여러 번 전송된 후에는 신호가 손상된다.

전하전송층을 반도체-절연체 계면보다 아래쪽으로 이동시킴으로써 전송효율을 개선시킬 수 있다. 이것은 이온주입 또는 에피택셜 성장을 사용해서 기판과 반대 형식의 층을 만들어 줌으로써 이룰 수 있다. 이로 인해 각 전극 아래에서 최대 전위를 갖는 지점은 반도체 몸체 속으로 이동하게 되며, 따라서 반도체-절연체 계면을 피할 수 있다. 이와 같은 형식의 소자를 **매립형 채널**(*buried channel*) CCD라 한다.

그림 9-16에 나타낸 3상의 CCD는 다양한 CCD 구조의 한 예에 불과하다. 그림 9-18은 2상 시스템을 얻기 위한 한 방법을 예로 보인 것이며, 여기서는 전압이 두 개의 선으로부터 번갈아 있는 게이트전극으로 연속적으로 인가된다. 2단의 다결정 Si 게이트 구조가 사용되고 있으며, 여기서는 게이트전극이 겹쳐지고, Si 표면 부근에 도너를 주입함으로써 각 전극의 반쪽부분 아래에는 내장된 우물이 생긴다. 양쪽의 게이트들이 다같이 차단상태(b)로 되면 전위우물은 이온주입된 영역 아래에만 있고, 이들 우물의 임의의 곳에 축적될 수 있다. 전극 G_2가 양의 전위로 펄스가 인가되면 (b)에 보인 전하의 묶음은 (c)가 보여주는 것과 같이 주입된 영역인 G_2 아래의 가장 깊은 우물로 전송된다. 다음에 양쪽의 게이트 전극들이 모두 차단상태가 되면 다시 (b)에서와 같이 우물이 나타나는데, 다만 이제는 전하가 G_2 전극 아래쪽에 있다는 것이 다르다. 전송과정의 다음 단계는 분명히 G_1에 펄스를 주어 양의 전위로 하는 것이며, 이로써 전하는 G_1 전극의 아래쪽 주입된 영역으로 오른쪽으로 이동하게 된다.

기본구조를 개선하는 것이 여러 적용분야에 있어 중요하다. 이들에는 채널저지 또는 축

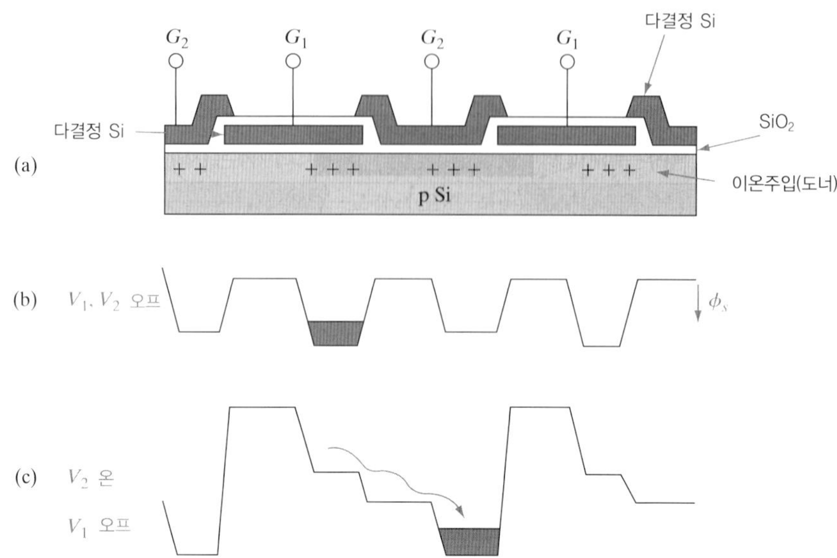

그림 9-18 도너주입으로 각 전극의 오른쪽 절반 아래에 여분의 내장된 전위우물을 갖는 2상 CCD

적된 전하를 횡방향으로 집속하기 위한 기타 방안들이 포함되어 있다. 재생점은 신호가 열화된 후 그것을 보충시키기 위하여 배열에 포함시켜 주어야 한다.

9.4.4 CCD의 응용

CCD는 지연, 여과, 여러 신호의 다중화 등과 같은 신호처리 기능을 포함하여 여러 가지 방법으로 사용되고 있다. 다른 흥미로운 응용 분야로는 천문학적 관찰이나 고체상태의 TV 카메라에서의 영상장치가 있는데, 여기서는 광센서 배열체를 사용하여 수광강도에 따라 전하 묶음(packet)들을 형성하고, 이들을 정보 판독을 위한 검출기까지 이동시킨다. CCD로 이를 이루는 방법에는 여러 가지가 있으며, 여기에는 영상에 대해 상대적으로 스캐너가 움직여서 2차원 영상을 얻을 수 있는 선형배열식 라인스캐너(line scanner)도 포함된다. 이에 대한 대안으로서, 영상을 전자적으로 2차원으로 주사하는 면상영상감응센서(area image sensor)를 만들 수 있다. 후자의 소자는 전자빔으로 위치를 찾아가는 텔레비전의 영상관(imaging tube) 대용으로 사용할 수 있다(그림 9-19).

9.5 극초대규모 집적(ULSI)

집적회로의 초기 개발에서는 처리공정 중에 발생하는 불가피한 결함으로 인해 수십 개 이상의 논리게이트를 포함하는 소자를 제작하는 것은 어렵다고 생각되었다. 대규모 집적을

그림 9-19 CCD 소자 영상센서. 백색 사각부분이 CCD 센서 부분을 나타내고, 나머지 부분은 신호처리를 위한 주변회로를 나타내고 있다(텍사스 인스트루먼트 사진 제공).

위해 1960년대 말에 시도된 방법은 웨이퍼에 여러 개의 같은 논리게이트를 제작하고, 이들을 검사하여 좋은 것을 상호연결[자유배선(*discretionary wiring*)이라 하는 공정]하는 것을 포함하였다. 그러나 이 방안이 개발되는 동안에 소자처리공정에서 급진적인 개선이 이루어져 웨이퍼상에서의 좋은 칩의 수율(yield)이 극적으로 증가되었다. 1970년대 초반까지는 상당한 수율로 칩당 수백 개의 부품으로 된 회로를 조립할 수 있게 되었다. 이들 개선으로 인해 자유배선은 개발되자마자 거의 없어지고 말았다. 공정 결함의 감소, 부품 충전율의 개선 및 웨이퍼 크기의 증대로 말미암아 이제는 실리콘의 단일 칩 위에 수백만 개의 소자요소를 배치하며, 또 웨이퍼당 수많은 완전한 칩을 얻을 수 있다.

집적회로의 개발에 있어서 주된 인자는 각 회로에서 개별적인 요소(트랜지스터, 커패시터)의 크기 감소이다. 개선된 설계기술이나 훌륭한 사진석판기술을 통하여 이들 소자에서 사용하는 최소 특성 크기(즉, 트랜지스터의 게이트)는 엄청나게 감소하고 있다. 256-Mb-DRAM에서 이러한 요소의 크기 감소로 인해 나타나는 결과를 그림 9-20에 나타내었다. 연속된 단계에서 최소 특성 크기가 0.13 μm에서 0.11 μm로 줄어듦에 따라 다이의 면적은 제1세대 설계에서의 약 135 mm^2로부터 제5세대 소자에서의 42 mm^2 이하로 감소하게 되었다. 웨이퍼에 대한 일괄공정으로 더욱 작은 칩을 제작할 수 있으며, 설계를 축소하려는 노력은 좀더 장점이 많은 소자로 보답받게 된다는 것은 명백한 일이다.

감소된 특성 크기를 이용한 연속된 설계로 말미암아 회로의 복잡성을 매우 증가시킬 수 있게 되었다. DRAM 설계는 과거 20년 동안 일정한 속도로 발전해 왔는데, 이 과정 동안 연속적으로 개발된 1-Mb, 4-Mb, 16-Mb 메모리는 2의 누승의 증가를 계속하여 128-Mb의 범위에까지 이르게 되었다. 그림 9-21은 두 개의 64-Mb와 8개의 16-Mb 칩으로 형성한 등가의 메모리량에 대해 128-Mb 메모리의 크기를 비교하고 있다. 이들은 극초대규모

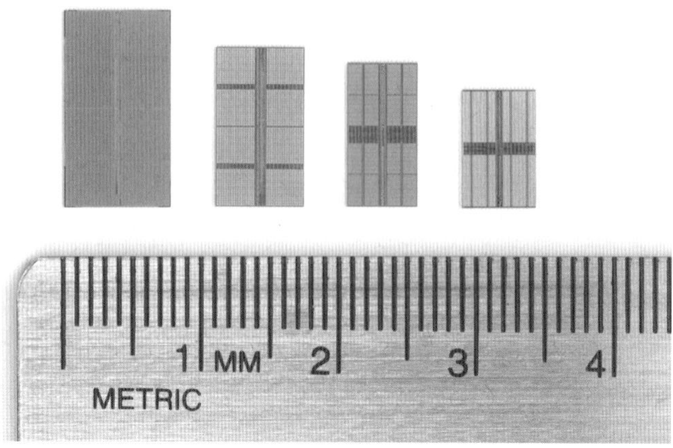

그림 9-20 최소 특성 크기가 제1세대 설계의 0.13 μm(왼쪽에 있는 다이)에서 오른쪽에 위치하고 있는 다이에 대한 0.11 μm로 감소함에 따라 나타나는 256-Mb DRAM의 크기 감소(마이크론 테크놀로지 사진 제공).

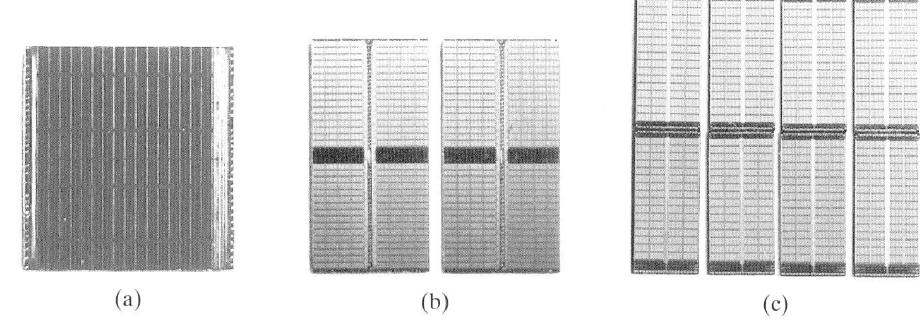

그림 9-21 128 Mb DRAM을 얻기 위한 세 가지 방법: (a) 하나의 128 Mb 칩; (b) 두 개의 64 Mb 칩; (c) 8개의 16 Mb 칩. 128 Mb의 다이 크기는 거의 1 × 1 제곱인치이다(마이크론 테크놀로지 사진 제공).

집적(Ultra Large-Scale Integration; ULSI)의 예이다.

메모리에서 2의 여러 누승의 메모리량을 달성한 것은 인상적이며 중요한 것이나, 다른 ULSI 칩도 서로 다른 많은 시스템의 기능을 집적함에 있어 중요하다. **마이크로프로세서**(*microprocessor*)는 아주 복잡한 연산 기능을 수행하기 위해 필요한 메모리, 제어, 타이밍 및 인터페이스 회로와 함께 컴퓨터의 중앙처리장치(Central Processing Unit; CPU)를 포함하고 있다. 그러한 소자의 복잡도는 그림 9-22의 마이크로프로세스 칩 사진에서 잘 보여 주고 있다.

이 절을 끝마치기 전에 검토한 크기들에 대한 척도를 제공하는 것이 유용할 것이다. 그림 9-23은 동일 배율로 64-Mb DRAM 회로의 배선요소와 인간의 머리카락을 비교하였다. 0.18 μm로 고밀도로 집적된 ULSI 메모리 칩이 직경이 50 μm인 인간의 머리카락과 비교하면 왜소하게 보이는 것을 알 수 있다. 현 세대의 DRAM 피처 사이즈는 ~25 nm

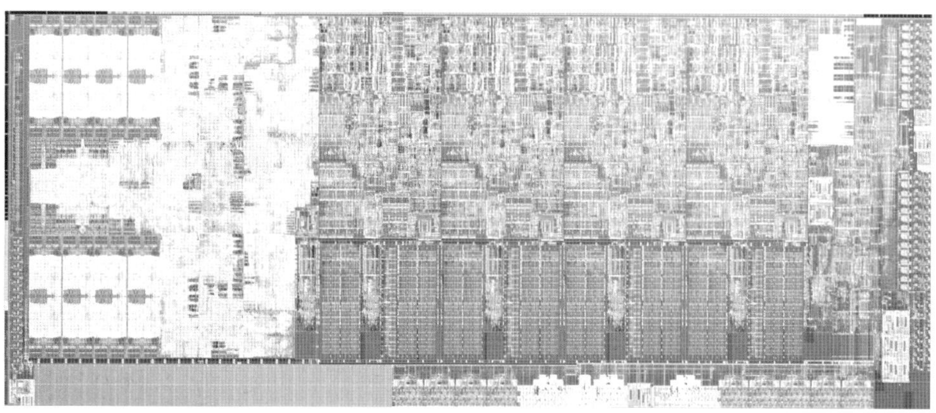

그림 9-22 14억 개의 트랜지스터를 가진 22nm, 쿼드코어 프로세스로 구성된 ULSI 사진(Intel 사진제공).

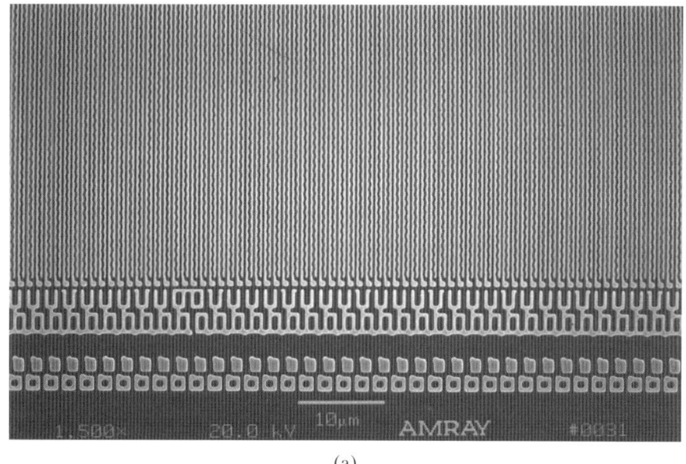

(a)

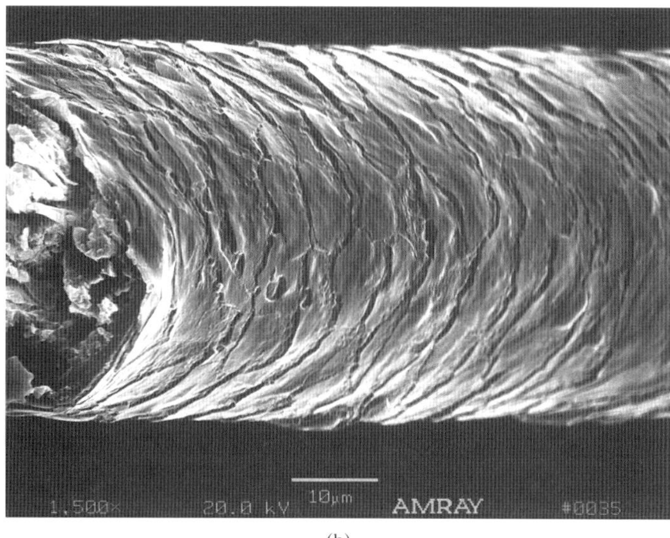

(b)

그림 9-23 인간의 머리카락과 ULSI 회로요소와의 비교: (a) 64 Mb DRAM에 고밀도로 집적된 0.18 μm 배선 라인; (b) 인간의 머리카락. 두 사진은 동일 배율이다(마이크론 테크놀로지 사진 제공).

(0.025 μm)이다.

이 책의 중심되는 내용이 회로가 아니라 소자라 할지라도, 모든 IC의 90% 정도를 차지하는 ULSI 반도체 로직 및 메모리에서 MOS 커패시터 및 FET의 전형적인 응용에 대해서 알아보는 것도 중요하다. 이는 6장에서 물리적인 MOS 소자를 배운 이유를 더 쉽게 이해할 수 있게 한다. 회로의 분석이나 설계는 다른 책이나 강의에서 좀더 자세히 설명하고 있기 때문에 이 장에서는 세밀하게 기술하지는 않을 것이다. 먼저 몇 개의 디지털 응용회로를 살펴본 후, 몇 가지 메모리 소자를 살펴보기로 한다.

9.5.1 논리소자

논리상태를 변화시키는 매우 간단하고 기본적인 회로소자로 인버터(inverter)가 있다. 입력전압이 하이(논리 "1"에 해당)일 때 출력전압이 로우(논리 "0"에 해당)이고, 그 역도 성립한다. 인버터의 기본원리를 설명하기 위해 저항성 부하를 갖고 있는 n채널 MOSFET 인버터를 가지고 가능한 쉬운 방법으로 분석해 보자(그림 9-24a). 그 후 좀더 복잡하고 널리 사용되는 CMOS 인버터를 분석할 것이다.

인버터의 주요 개념 중 하나는 입력 바이어스의 함수로 출력전압을 도식화한 **전압전달특성**(*voltage transfer characteristic*; *VTC*) 곡선이다(그림 9-24c). 한 예로 VTC는 얼마나

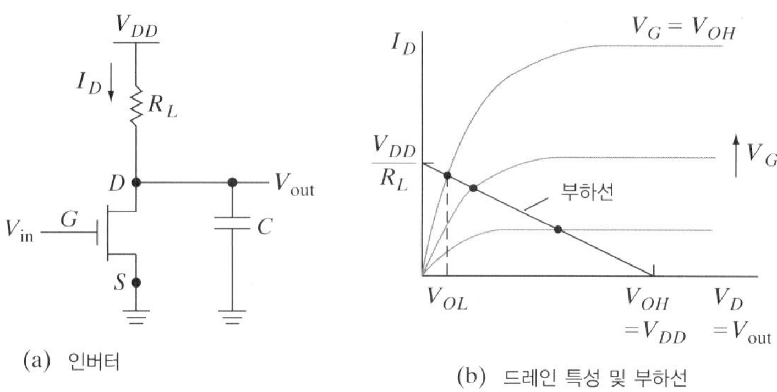

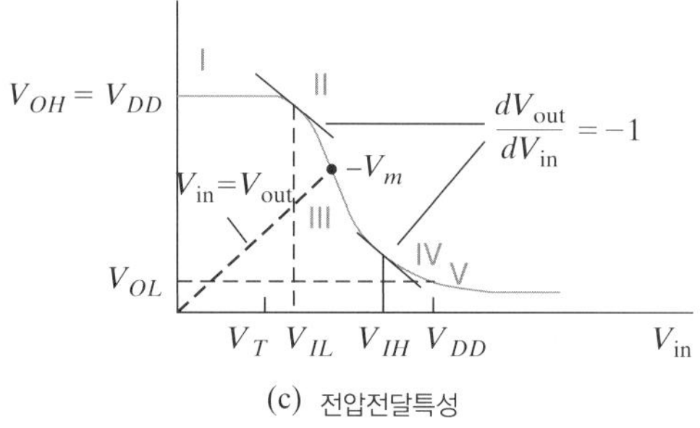

그림 9-24 저항성 부하를 갖는 인버터의 전압전달특성(VTC) 곡선: (a) 부하저항 R_L과 부하 정전용량 C를 갖는 NMOSFET; (b) 부하선(load line)과 중첩을 이용한 VTC의 결정(저항의 선형 I–V 특성); (c) 입력에 대한 출력전압을 보여주고 있는 VTC. 다섯 가지 주요 점: 논리 하이점(V_{OH}), 논리 로우점(V_{OL}), 이득 1인 점(V_{IL}과 V_{IH}) 그리고 입력과 출력전압(V_m)이 같은 논리 문턱전압.

많은 잡음이 디지털회로에 인가될 수 있는지 또는 논리게이트의 스위칭 속도가 얼마나 빠른지를 보여주고 있다. VTC 곡선 위에는 다섯 가지 주요 점들이 존재한다(I ~ V로 표기). 논리 하이 또는 "1"에 해당하는 V_{OH}, 논리 로우 또는 "0"에 해당하는 V_{OL}, 그리고 논리 문턱전압(MOSFET의 V_T와 혼동하지 말 것)이라 알려진 단위경사를 갖는 선과의 교점인 $V_m(V_{out} = V_{in})$은 플립플롭에서 두 개의 인버터가 교차결합(cross-coupled)되었을 때 매우 중요하다. 왜냐하면 각 인버터의 출력이 다른 인버터의 입력과 맞물려 있기 때문이다. 또 다른 두 점은 이득이 1인(unity gain) 점인 V_{IL}과 V_{IH}이다. 만약 입력전압이 이 점들 사이에 있으면 입력전압은 증폭이 되어 출력전압의 변화를 꾀할지도 모르기 때문에 이 두 점은 중요하다. 이 동작범위 밖에서 입력전압의 변화는 출력을 왜곡시킬지 모른다. 명확히, V_{IL}과 V_{IH} 사이에서 잡음이 발생하면 이는 증폭이 되고 회로동작을 왜곡시킬 수 있다.

VTC 곡선을 결정하는 방법에 대해 알아보자. 그림 9-24a의 회로로부터, 전원에서 접지까지의 출력루프에서 저항성 부하를 통해 흐르는 전류는 MOSFET의 드레인전류와 같음을 알 수 있다. 전원전압은 저항을 통한 전압강하와 드레인과 소스 사이의 전압차를 합한 것과 같다. VTC를 결정하기 위해 MOSFET 출력 특성에 부하소자의 부하선(이 경우에는 저항에 대한 직선의 부하선)으로 중첩의 원리를 이용한다(그림 9-24b). 이것은 6.1.1절에서 언급된 부하선과 비슷하다. 부하선은 전압축에서 V_{DD}로 향할 때 0으로 간다. 왜냐하면 출력루프에서 전류가 0으로 가면 저항을 통한 전압강하는 0으로 가게 되고, 모든 전압강하는 MOSFET에 다 걸리게 된다. 전류축에서 부하선은 V_{DD}/R_L까지 가게 되는데 이는 MOSFET을 통한 전압강하가 0으로 가게 되면 저항을 통한 전압강하는 V_{DD}가 되기 때문이다. MOSFET의 게이트전압인 입력 바이어스(V_{in})를 변화시키면 일정한 V_G 곡선에서 그림 9-24b처럼 변화하게 된다. 각 입력 바이어스에서(일정한 V_G 곡선에 해당) 부하선과의 교점이 바로 출력전압과 일치하게 되는 드레인전압(V_D)이 된다. 이는 이 교점에서 커패시터가 아무런 영향을 미치지 않는 직류 특성을 만족하면서 저항을 통해 흐르는 전류가 MOSFET의 전류와 같아지기 때문이다(나중에 교류 특성, 즉 논리게이트가 스위칭될 때 커패시터가 충전 또는 방전하면서 생기는 변위전류에 대해 생각해 볼 필요가 있다). 그림 9-24c에서 보이는 것처럼 입력전압(V_G)이 로우에서 하이로 변화하게 되면 출력전압은 V_{DD}의 하이에서 V_{OL}의 로우로 변화하게 된다. VTC 곡선의 어느 점이든지 MOSFET의 선형영역(linear region) 또는 포화영역(saturation region)의 드레인전류식[식 (6-49) 또는 식 (6-53)]과 저항의 전류식을 이용하여 구할 수 있다. 앞에서 설명했듯이 논리 "0", 즉 V_{OL}을 구해 보자. 이 점은 입력 V_G가 하이이고 출력 V_D가 로우일 때, 즉 트랜지스터가 선형영역에 있을 때 존재한다. 식 (6-49)를 이용하여 다음과 같이 표현할 수 있다.

$$I_D = k\left[V_G - V_T - \frac{V_D}{2}\right]V_D = k\left[V_{DD} - V_T - \frac{V_{OL}}{2}\right]V_{OL} \tag{9-3a}$$

직류의 경우 MOSFET을 통해 흐르는 전류는 저항을 통해 흐르는 전류와 같기 때문에,

$$I_D = I_L = \frac{V_{DD} - V_{OL}}{R_L} \tag{9-3b}$$

만약 R_L과 MOSFET의 파라미터들을 안다면 V_{OL}을 결정할 수 있다. 역으로 특정 V_{OL}을 결정하기 위해 R_L의 값을 구할 수도 있다. R_L을 어떻게 결정하면 좋을까? 나중에 이 절에서 쌍안정 플립플롭(bistable flipflop)을 구성하기 위해 교차결합된 두 개의 인버터를 많은 응용에서 사용하는 것을 볼 것이다. 하나의 플립플롭의 출력에 다른 플립플롭의 입력이 가해지고 그 역도 마찬가지이다. V_{OL}은 당연히 MOSFET의 V_T보다는 작게 설계되어야만 한다. 그렇지 않으면 MOSFET은 온전히 꺼지지 않고 플립플롭은 제대로 동작하지 않게 된다. 비슷한 방법으로 VTC의 다른 점들도 MOSFET의 전류식과 저항을 통해 흐르는 전류를 이용하여 결정할 수 있다.

우리는 이 분석에서 일반적인 관찰을 할 수 있다. VTC의 전이영역(V_{IL}과 V_{IH} 사이)이 최대한 가파르게 되어야 하고(즉, 높은 이득), $V_{DD}/2$ 부근에서 전이되어야 한다. 높은 이득일 때 어떤 논리상태에서 다른 상태로의 전이를 빠르게 할 수 있다. 전이영역에서의 이득을 증가시키려면 부하저항을 늘려야 한다.

$V_{DD}/2$ 부근에서의 전이는 높은 논리 "1"과 "0"에서 **잡음여유**(*noise margin*) 혹은 **잡음면역성**(*noise immunity*)을 보장한다. 잡음면역성의 중요성을 설명하기 위해 인버터 또는 논리게이트의 출력이 다음 단의 입력으로 가게 되는 조합 또는 순차회로를 고려해 보자. 잡음면역성은 각 단에서의 출력이 제대로 그 논리레벨을 유지하기 위해 입력에 얼마의 잡음이 가해질 수 있느냐 하는 척도이다. 그림 9-24c에서 한 예로 정상적으로 입력이 영이면 출력은 하이(논리 "1")이어야 한다. 만약 이 인버터가 다른 인버터 단으로 연결될 경우 이의 출력은 로우에 있어야만 된다. 잡음이 순간적으로 가해져 입력이 V_m 이상 올라가게 되면 출력은 감소하게 되고 연속적인 단에서 디지털 레벨에 오류를 일으킬 수 있다. $V_{DD}/2$에서의 VTC의 전이는 논리레벨의 잡음여유를 높일 수 있다.

저항성 부하를 갖는 인버터의 한 가지 문제는 V_{OL}이 낮지만 0은 아니라는 점이다. 수동 저항을 가지고 결합된 것은 완전히 꺼지지 않을 수 있고 이러한 회로는 상당히 큰 전력소모를 일으킨다. 이러한 문제는 다음에 CMOS 구조에서 언급된다.

CMOS의 경우에도 계산과정이 복잡해지지만 저항성 부하에서처럼 VTC를 결정할 수 있다(그림 9-25). 전에 언급했듯이 입력전압 V_{in}에 대하여 NMOSTET의 V_G는 V_{in}이고, PMOSFET의 V_G는 V_{in}-V_{DD}이다. 비슷한 방법으로, 출력전압 V_{out}에 대하여 NMOSFET의 V_D는 V_{out}이고, PMOS의 V_D는 V_{out}-V_{DD}이다. 이제 부하소자는 선형 전류-전압 관계를 갖는 단순한 저항이 아니고 '부하선'이 I_D-V_D 출력 특성을 갖는 PMOSFET이다(그림 9-25b). V_{out}은 NMOSFET과 PMOSFET의 선형 또는 포화영역에서 전류식을 가지고 V_{in}의 함수로서 구할 수 있다. 각 점에서 NMOSFET I_D와 PMOSFET I_D는 같다.

저항성 부하에서처럼 VTC에 다섯 개의 주요 점들이 존재한다. 논리 "1"은 V_{DD}, 논리 "0"은 0, 논리 문턱전압 $V_m(V_{\text{in}} = V_{\text{out}})$ 그리고 이득이 1인 두 개의 점 V_{IH}와 V_{IL}이 있

다. 그림 9-25c의 영역 I에서 NMOSFET은 오프이고, $V_{out} = V_{DD}$이다. 비슷한 방법으로, 영역 V에서 PMOSFET은 오프이고, $V_{out} = 0$이다. 영역 II에서는 NMOSFET은 포화영역, PMOSFET은 선형영역의 전류식을 이용하여 계산할 수 있다. 이 경우에 NMOSFET

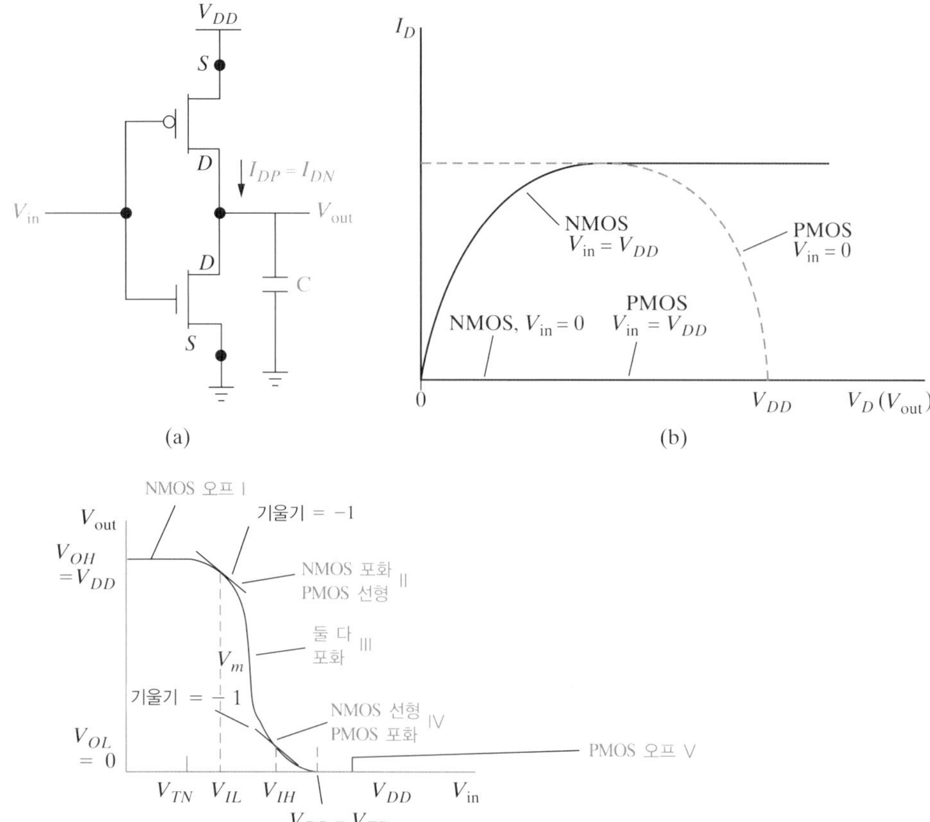

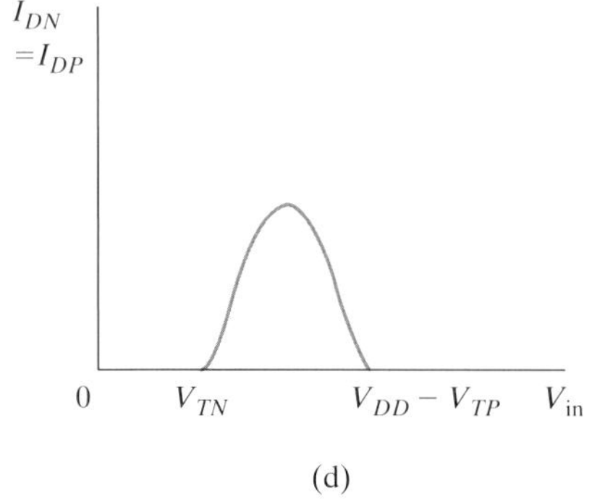

그림 9-25 CMOS 인버터 전압전달특성 곡선: (a) PMOSFET 부하의 부하 기생 정전용량을 갖는 NMOSFET; (b) 부하선의 중첩을 이용한 VTC의 결정(점선은 PMOSFET의 출력 특성); (c) 입력전압의 함수로서 출력을 나타낸 VTC. 다섯 개 주요 점: 논리 하이(V_{OH}), 논리 로우(V_{OL}), 이득 1인 점(V_{IL}과 V_{IH}), 입력과 출력이 같은 논리 문턱전압(V_m); (d) NMOSFET과 PMOSFET의 입력이 온(on)인 영역에서 V_{DD}로부터 접지까지 스위칭하는 전류.

의 포화 드레인전류는 식 (6-53)을 사용하여 다음과 같이 표현할 수 있다. 긴 채널인 경우를 고려하면,

$$I_{DN} = \frac{k_N}{2}(V_{in} - V_{TN})^2 \tag{9-4a}$$

반면에 PMOSFET의 선형영역에서의 전류는 식 (6-49)를 사용하면 다음과 같다.

$$I_{DP} = k_P\left[(V_{DD} - V_{in}) + V_{TP} - \frac{(V_{DD} - V_{out})}{2}\right](V_{DD} - V_{out}) \tag{9-4b}$$

여기서 V_{TN}과 $-V_{TP}$는 각각 n과 p채널의 문턱전압이다. 직류의 경우 출력 부하 커패시터가 아무런 영향을 미치지 않기 때문에 PMOSFET과 NMOSFET의 드레인전류 크기는 같다(그러나 교류의 경우 커패시터의 변위전류를 고려해야 된다).

$$I_{DN} = I_{DP} \tag{9-5a}$$

NMOSFET의 포화영역에서의 전류식[식 (6-53)]과 PMOSFET의 선형영역에서의 전류식[식 (6-49)]을 이용하여,

$$\begin{aligned}\frac{k_N}{2k_P}(V_{in} - V_{TN})^2 &= \left[V_{DD} - V_{in} + V_{TP} - \frac{V_{DD} - V_{out}}{2}\right](V_{DD} - V_{out}) \\ &= \left[\frac{V_{DD}}{2} - V_{in} + V_{TP} + \frac{V_{out}}{2}\right](V_{DD} - V_{out})\end{aligned} \tag{9-5b}$$

식 (9-5b)로부터 영역 II에서 유효한 입력과 출력 사이의 관계를 분석할 수 있다. VTC의 다른 영역에서도 비슷한 방법으로 분석할 수 있다.

그림 9-25c에서 영역 IV는 NMOS가 선형영역인 반면 PMOS는 포화영역에 있다는 것을 제외하면 영역 II와 비슷하다. 영역 III에서는 NMOSFET과 PMOSFET 둘 다 포화영역에 있다. NMOSFET의 출력 임피던스가 높기 때문에 NMOSFET은 거의 무한의 부하저항과 등가이고 매우 가파른 전이영역을 이룬다. 이것이 CMOS 인버터의 스위칭속도가 저항성 부하의 것보다 빠른 이유이다. 영역 I 또는 V에서 NMOSFET과 PMOSFET 중 하나가 오프가 되어 대기 전력소모가 매우 낮기 때문에 보통 CMOS 인버터를 더 많이 선호한다. 사실 앞에서 언급한 각 상태에서의 전류는 소스/드레인 다이오드에 의한 누설전류에 해당하고 그 값이 매우 낮다.

대칭성과 잡음면역성의 관점에서 전이영역(영역 III)이 $V_{DD}/2$에 있는 것이 선호된다. 다시 한 번 NMOSFET I_D가 PMOSFET의 I_D와 같다고 놓으면,

$$V_{in} = (V_{DD} + \chi V_{TN} + V_{TP})/(1 + \chi) \tag{9-6a}$$

여기서

$$\chi = \left(\frac{k_N}{k_P}\right)^{\frac{1}{2}} = \frac{\left[\bar{\mu}_n C_i \left(\frac{Z}{L}\right)_N\right]^{\frac{1}{2}}}{\left[\bar{\mu}_p C_i \left(\frac{Z}{L}\right)_P\right]^{\frac{1}{2}}} \tag{9-6b}$$

$V_{TN} = -V_{TP}$와 $\chi = 1$을 만족하게 하면 V_{in}이 $V_{DD}/2$가 되도록 할 수가 있다. Si MOSFET 채널에서 유효전자이동도가 정공의 이동도에 비해 약 두 배 정도 되기 때문에 $\chi = 1$의 조건을 만족하기 위해 $(Z/L)_p = 2(Z/L)_N$을 선택하면 된다.

CMOS 인버터를 조합해서 NOR나 NAND와 같은 조합회로를 논리게이트의 형태로 구성할 수 있다(그림 9-26). 이 게이트들의 진리표는 그림 9-27에 나타나 있다. 입력 A와 B에 논리 "하이" 또는 논리 "로우"의 조합을 적용하여 진리표에 대응하는 출력상태를 알아낼 수 있다. 이 진리표에 대응하는 논리회로의 합성은 부울대수와 드모르간의 법칙을 이

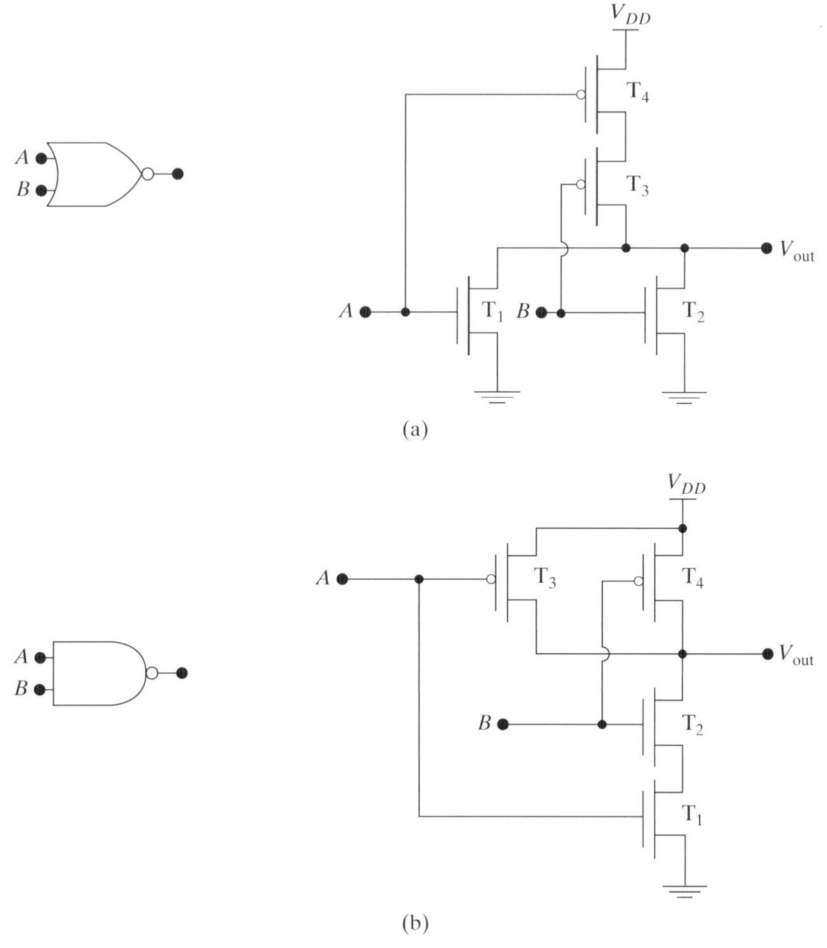

그림 9-26 (a) NOR 게이트와 (b) NAND 게이트의 논리게이트 및 CMOS 응용

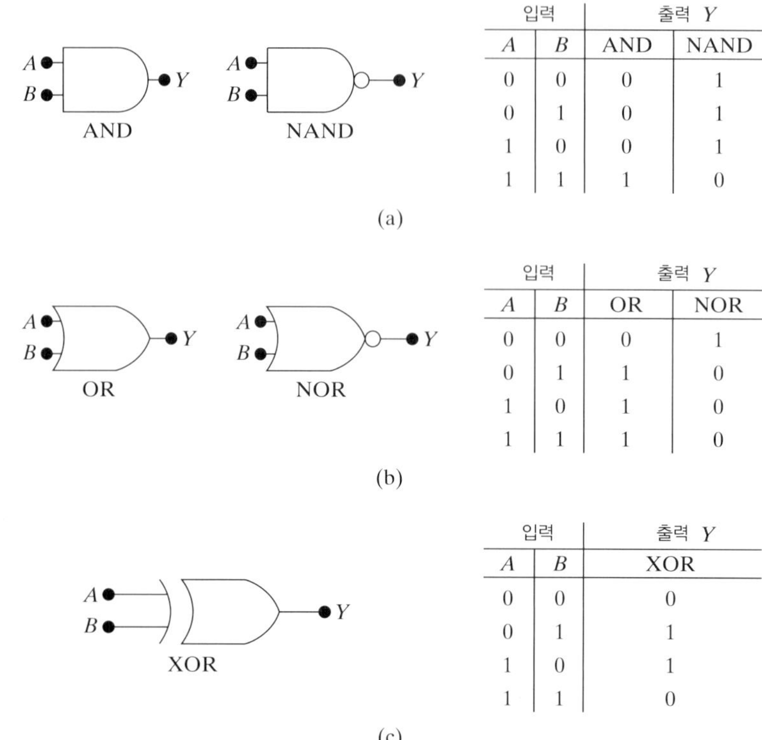

입력		출력 Y	
A	B	AND	NAND
0	0	0	1
0	1	0	1
1	0	0	1
1	1	1	0

(a)

입력		출력 Y	
A	B	OR	NOR
0	0	0	1
0	1	1	0
1	0	1	0
1	1	1	0

(b)

입력		출력 Y
A	B	XOR
0	0	0
0	1	1
1	0	1
1	1	0

(c)

그림 9-27 (a) AND/NAND 논리기호와 진리표; (b) OR/NOR 논리기호와 진리표; (c) XOR 논리기호와 진리표.

용하면 얻을 수 있다. 이 법칙들의 요점은 NAND 게이트 또는 NOR 게이트와 결합된 인버터의 형태면 어떠한 논리회로도 구현할 수 있다는 것이다. 어떤 게이트가 소자의 물리적인 면에서 더 선호가 될까? 그림 9-26에서 NOR 게이트에는 소자 T_3와 T_4가 직렬로 연결되는 반면, NAND에서는 NMOSFET T_1과 T_2가 직렬로 연결된다. 전자의 채널이동도가 정공보다 두 배 정도 되기 때문에 NMOSFET이 명백히 더 선호된다. 그리하여 인버터와 함께 NAND를 더 선택하게 된다.

인버터회로에서 전력소모도 계산할 수 있는데, 논리상태에 따라 NMOSFET과 PMOSFET의 오프상태의 누설전류만이 영향을 미치기 때문에 대기 전력소모가 매우 작다는 것을 이미 알고 있다. 이 누설전류는 소스와 드레인 다이오드의 누설전류와 V_T보다 입력이 작을 때 오프되어 있는 MOSFET의 문턱전압 이하(subthreshold) 전류에 기인한다(6.5.7절 참조).

인버터가 스위칭할 때 또한 트랜지스터들이 온이 되므로 전원으로부터 접지까지 과도전류가 발생하는데(그림 9-25d 참조), 이것을 스위칭전류(*switching current*) 또는 정류전류(*commutator current*)라 한다. 이 전류의 값은 V_{TN}과 V_{TP}의 값에 영향을 받는다. 문턱전압이 높을수록 PMOSFET과 NMOSFET이 온이 되는 입력전압의 스윙폭이 적어진다. 정류전류는 전력소모 면에서 스위칭하는 동안 적어야 바람직하지만, 문턱전압의 증가로 전력

소모를 줄이는 방법은 구동전류의 감소와 전체적으로 회로의 속도 감소를 초래한다.

구동전류는 감소로 인한 속도 감소는, 디지털회로에서 논리상태를 변화할 때 MOSFET의 구동전류는 출력점에서 연결된 기생 커피시터를 충전 또는 방전해야 하기 때문에 발생한다(그림 9-25a). 인버터의 출력에 연결된 부하 커패시터를 충전 또는 방전하면 전력 소모가 발생한다. 이 부하 정전용량은 작은 기생 정전용량과 구동해야만 하는 다음 단의 인버터(또는 논리게이트) 단의 산화물 정전용량으로 이루어진다. 하나의 인버터에서 입력 부하 정전용량은 단위면적당 게이트 산화물 정전용량 C_i와 소자와 크기의 곱으로 나타난다.

$$C_{\text{inv}} = C_i \{(ZL)_N + (ZL)_P\} \tag{9-7}$$

전체 부하 정전용량은 인버터(또는 논리게이트)에 의해 병렬로 연결된 게이트의 수인 팬-아웃(*fanout*)에 의해 결정된다. 이 인버터에 의해 구동되는 모든 인버터들 또는 논리게이트들을 감안하여 부하 정전용량을 계산해야 한다. 등가 부하 커패시터 C를 충전하는 데 필요한 에너지는 충전주기 동안 커패시터를 통하여 흐르는, 시간에 따라 변하는 변위전류와 시간에 따라 변하는 전압의 곱의 적분형태로 나타난다.

$$\begin{aligned} E_C &= \int i_p(t)[V_{DD} - v(t)]dt \\ &= V_{DD}\int i_p(t)dt - \int i_p(t)v(t)dt \end{aligned} \tag{9-8a}$$

C에 저장되는 에너지는 커패시터를 통해 흐르는 변위전류($i_p(t) = C\,dv/dt$)를 고려하여 얻을 수 있다.

$$\begin{aligned} E_c &= V_{DD}\int C\frac{dv}{dt}dt - \int Cv\frac{dv}{dt}dt \\ &= CV_{DD}\int_0^{V_{DD}} dv - C\int_0^{V_{DD}} vdv = CV_{DD}^2 - \frac{1}{2}CV_{DD}^2 \end{aligned} \tag{9-8b}$$

비슷하게, 하나의 방전주기 동안 다음을 얻을 수 있다.

$$E_d = \int i_n(t)v(t)dt = -\int_{V_{DD}}^0 Cvdv = \frac{1}{2}CV_{DD}^2 \tag{9-9}$$

만약 인버터가 주파수 f를 가지고 충전, 방전을 하게 되면 능동(active) 전력소모는,

$$P = CV_{DD}^2 f \tag{9-10}$$

우리는 전력소모뿐만 아니라 논리회로의 속도에도 관심을 갖는다. 게이트의 속도는 그림 9-25에 나타난 것처럼 전파지연(*propagation delay*) 시간 t_P에 의존한다. 출력이 논리 하

이 V_{OH}에서 $V_{OH}/2$로 이동하는 데 필요한 시간을 t_{PHL}로 정의한다. 반대로 논리 로우 $V_{OL}(=0)$에서 $V_{OH}/2$로 이동하는 데 필요한 시간은 t_{PLH}로 정의한다. 출력이 논리 하이에서 논리 로우로(또는 논리 "1"에서 "0"으로) 가게 되면 NMOSFET이 출력노드를 접지를 향해 방전하는 사실을 인식하면, 이러한 시간들을 대략적으로 계산할 수가 있다. 이 기간 동안 NMOSFET은 포화영역에 있을 것이다. 일정한 포화전류가 흐른다고 가정하면, 식 (6-53)으로부터

$$t_{PHL} = \frac{\frac{1}{2}CV_{DD}}{I_{DN}} = \frac{\frac{1}{2}CV_{DD}}{\frac{k_N}{2}(V_{DD} - V_{TN})^2} \tag{9-11a}$$

이는 방전전류에 의한 커패시터의 전하량 감소로 인한 것이다. 역으로,

$$t_{PLH} = \frac{\frac{1}{2}CV_{DD}}{I_{DP}} = \frac{\frac{1}{2}CV_{DD}}{\frac{k_P}{2}(V_{DD} + V_{TP})^2} \tag{9-11b}$$

이를 이해하면 회로속도를 감안한 설계가 가능하다. 물론 정확한 전파지연시간이나 전력소모의 수치계산은 컴퓨터를 이용하게 된다. 집적회로에 대한 모의실험 프로그램 중 널리 알려진 것은 SPICE(Simulation Program with Integrated Circuit Emphasis)이다. 지금까지 소자의 물리적인 특성이 회로의 설계나 분석에 중요하다는 것을 설명하였다.

9.5.2 반도체 메모리

마이크로프로세서와 같은 논리소자와 더불어 집적회로 중 반도체 메모리가 중요하다. 다음과 같은 반도체 메모리의 세 가지 주요 형태를 고찰해서 MOS 소자의 물리적 특성의 중요성을 설명하고자 한다: **정적 랜덤 접근방식 메모리**(*static random access memory*; *SRAM*), **동적 랜덤 접근방식 메모리**(*dynamic random access memory*; *DRAM*), 비휘발성 **플래시 메모리**(*flash memory*)가 있다. SRAM과 DRAM은 전원이 꺼지면 정보를 잃어버리는 휘발성이다. 그러나 플래시 메모리는 정보를 영원히 저장한다. SRAM의 경우 전원이 들어와 있으면 정보를 유지하고 있어 정적이라고 말한다. 반면에 DRAM 셀(cell)에 저장된 정보는 주기적으로 리프레시(refresh)해 주어야 하는데, 이는 논리상태를 나타내는 전하량이 빠르게 누설되기 때문이다. 재생시간은 저장된 전하량이 소멸되는 시간보다 짧아야 된다.

이런 메모리들의 전체 구조는 거의 비슷하다(그림 9-28). 여기서는 메모리 구조에 대한 자세한 설명은 하지 않고 소자의 물리적인 특성에 중점을 둔다. 행 또는 워드라인(word-line) 그리고 열 또는 비트라인(bitline)의 교점에 존재하는 셀구조에 대해서 알 필요성이

있다. 이 메모리들은 연속적인 주소방식으로 동작하는 하드디스크나 플로피디스크와는 달리 주소핀에서 행과 열 주소를 받아 어느 부분으로든지 정보를 쓰거나 읽을 수가 있다 (random access). 일반적으로 핀 수를 줄이기 위해 행과 열 주소핀은 공유를 하게 되는데 이를 멀티플렉싱(multiplexing)이라 한다. 처음에 행 주소가 주소핀으로부터 들어오고 이를 가지고 행 복호기(decoder)가 동작한다. N개의 주소비트를 가지고 있으면 2^N개의 행 또는 워드라인을 선택할 수 있다. 행 복호기가 워드라인을 선택해서 논리 하이로 만들면 2^N(N개의 열 주소에 해당)개의 셀들은 열 또는 비트라인 끝부분의 감지증폭기(sense amplifier)를 통하여 읽거나 쓰여질 수 있다. 적당한 행 주소가 해독된 다음 적당한 열 주소가 같은 핀으로 들어오고 열 복호기는 이를 비트 또는 비트군(바이트 또는 워드)으로 열을 선택하게 된다. 차동증폭기(differential amplifier)로 알려진 기본적인 플립플롭인 감지증폭기를 이용하여 선택된 비트(또는 비트군)로부터 읽거나 쓸 수가 있다.

SRAM. 그림 9-29에 여섯 개의 트랜지스터로 구성된 CMOS SRAM 셀 4개가 나타나

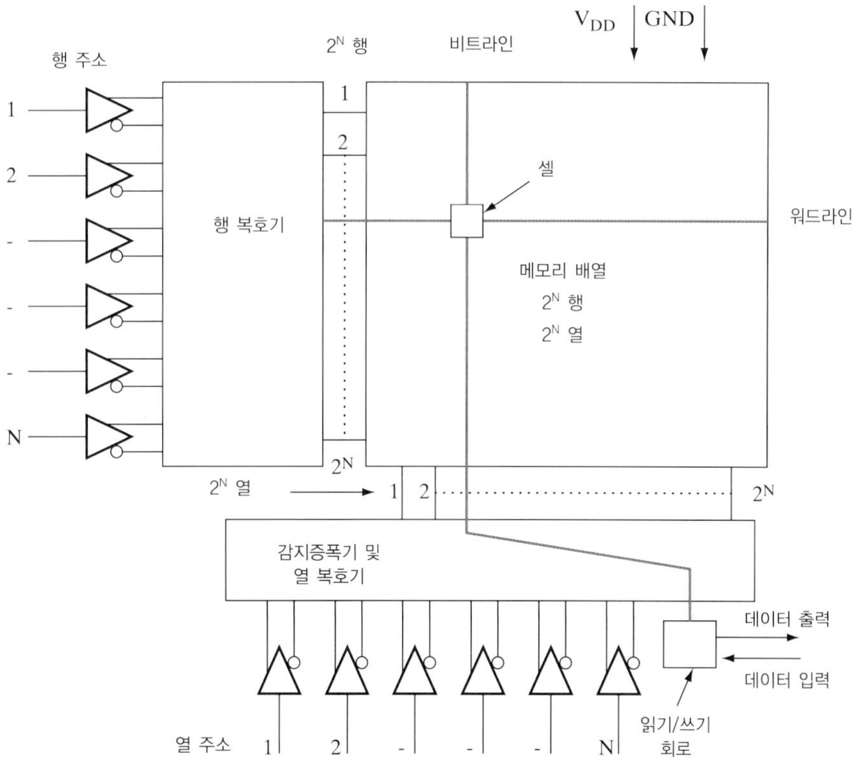

그림 9-28 랜덤 접근방식 메모리(RAM)의 구조: 메모리 배열은 메모리 셀들이 직교하는 구조를 이루고 있다. 행(워드라인)과 열(비트라인)의 교점에는 하나의 셀이 있다. 특정한 메모리 셀을 지정하기 위해서 N개의 주소핀으로부터 N개의 행 주소가 래치(latch)되고 2^N개 중의 하나를 해독한다. 선택된 행의 모든 셀들은 2^N개의 감지증폭기에 의해 읽혀진다. 물론 하나의 비트 또는 바이트나 워드단위로 2^N개 열 복호기에 의해 선택이 되고 이는 출력 버퍼로 정보를 이동하게 된다. 핀 수를 절약하고자 보통 행 주소가 이미 저장되어 있는 상태에서 같은 핀으로 열 주소가 입력되는 멀티플렉싱 구조가 사용된다.

있다. 이 경우에 각 셀은 행 또는 워드라인 그리고 열 또는 비트라인(상보관계의 비트라인 바)의 교점에 있다. 셀은 CMOS 인버터 두 개의 교차결합된 구조의 플립플롭 형태이다. 명확히 쌍안정 구조이다. 한 인버터의 출력이 하이(NMOSFET은 오프, PMOSFET은 온에 해당)이면 다른 인버터의 입력에 이 논리상태가 들어가게 되고 이 인버터의 출력은 로우가 될 것이다. 이를 SRAM의 논리상태 하이 "1"로 본다. 역으로 다른 논리상태를 로우 "0"으로 본다. 9.5.1절에서 설명한 소자의 VTC 개념이 이 구조에서 똑같이 적용된다. SRAM 셀의 스위칭 속도와 잡음면역성을 향상시키기 위해서 V_{OH}에서 V_{OL}까지의 전이가 $V_{DD}/2$에서 이루어지는 것이 바람직하다. 스위칭 속도는 SRAM 플립플롭이 한 안정한 논리상태에서 다른 상태로 래치하는 속도를 말한다. 셀은 게이트가 워드라인에 의해 제어받는 두 개의 접근 트랜지스터에 의해 정보를 주고받는다. 이런 이유로 6개 트랜지스터 셀이라 부른다. PMOSFET 대신 인버터에 부하저항을 사용하는 4개의 트랜지스터와 두 개의 저항을 갖는 다른 구조의 셀도 있다. 9.5.1절에서 설명했듯이 CMOS 셀이 더욱 우수하지만 보다 많은 면적을 차지한다는 단점이 있다.

고속으로 동작하기 위해 행 복호기가 개별 워드라인을 갖지 않는다면 워드라인에 있는 SRAM 셀은 전기적으로 격리된다. 선택된 개별 워드라인에 의해 행에 있는 트랜지스터들에 접근되어 켜지게 되고 SRAM 셀의 출력노드와 비트라인과 상보인 비트라인바 사이

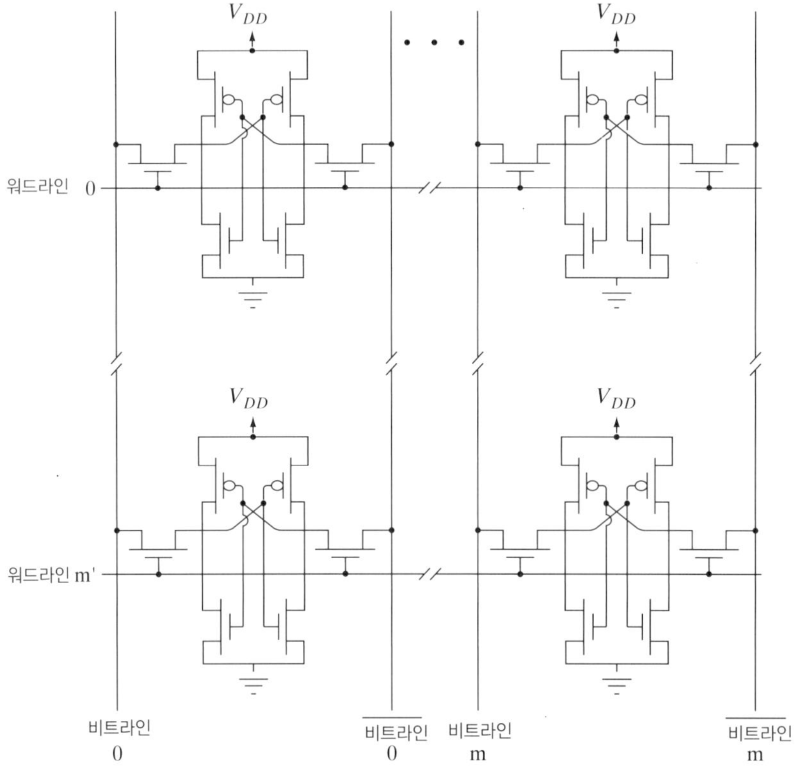

그림 9-29 4개의 CMOS SRAM 셀. 비트라인과 비트라인바는 서로 상보관계이다.

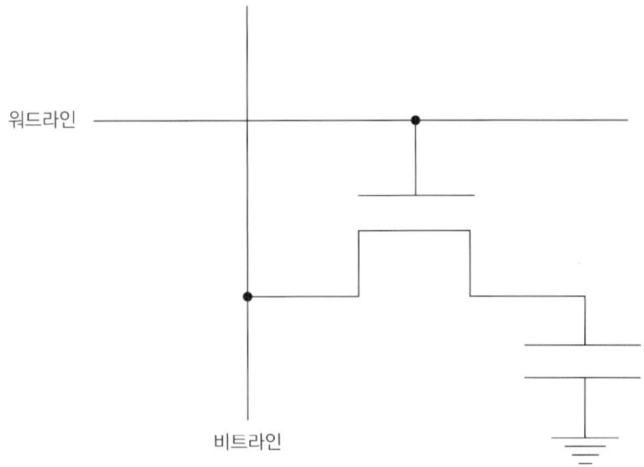

그림 9-30 하나의 트랜지스터와 하나의 커패시터로 구성된 DRAM 셀 등가회로: MOS 저장 커패시터는 워드라인에 의해 조절되는 MOS 패스 트랜지스터 스위치(MOSFET 스위치)를 통해서 비트라인에 연결되어 있다.

에서 전달회로 게이트로서 동작한다. 읽기 명령 동안, 비트라인과 비트라인바 둘 다 같은 전압으로 미리 채워져 있다. 선택된 트랜지스터가 켜질 때, SRAM의 출력노드가 다른 전압(0과 V_{DD})이기 때문에 비트라인과 비트라인바 사이에 작은 전압 차이가 생긴다. 전압 차이는 SRAM의 출력노드에 연관된 기생 정전용량과 비트라인의 커패시터 사이에 전하 재분배가 발생하기 때문에 일어난다. 이런 전압 차이는 감지증폭기에 의해서 증폭된다. 앞서 언급한 것과 같이 감지증폭기는 SRAM 플립플롭 셀 자체의 형태와 매우 유사한 차동 증폭기이다. 비트라인과 비트라인바는 감지증폭기의 두 입력이 되고 전압 차이가 V_{DD}가 될 때까지 증폭된다.

DRAM. DRAM 셀 구조는 그림 9-30에 나타내었다. 정보는 게이트가 워드라인에 의해 조절되는 MOS 패스 트랜지스터(*pass transistor*) 스위치를 통해서 비트라인에 연결되어 있는 MOS 커패시터에 전하로 저장되어 있다. SRAM과 같이 워드라인과 비트라인의 직교배열의 각 교점에 그런 하나의 셀이 있다. 워드라인 전압이 패스 트랜지스터(비트라인과 저장 커패시터 사이의 MOSFET)의 V_T보다 높게 될 때, 채널이 켜지고 비트라인이 MOS 저장 커패시터에 연결된다. 이 커패시터의 게이트(또는 커패시터 평판)는 전원전압 V_{DD}에 영구적으로 연결되어 있으므로, p형 기판인 경우 반전전하로 채워지는 경향으로 전위우물이 생성된다(그림 9-31a). 비트라인에 0 V(일반적으로 논리 "0") 또는 V_{DD}(논리 "1")를 적용하면, 그 적당한 전압은 MOS 커패시터의 기판전위로 나타난다. 셀에 "0"이 저장되어 있는 경우, 평판전압에 의해서 MOS 커패시터 아래에 생성되는 전위우물은 반전전하로 채워진다(그림 9-31b, c). MOS 패스 트랜지스터가 꺼지기 위해 워드라인 전압이 로우로 바뀔 때 저장 커패시터 아래에 있는 반전전하는 같은 양으로 남아 있다. 이것이 커패시터의 안정상태이다. 반면 양전압(V_{DD})이 비트라인에 걸린다면, 패스 트랜지스터를 통해서 반전전하를 빼낸다(그림 9-31d, e). 패스 트랜지스터가 차단상태일 때 MOS 커패시터

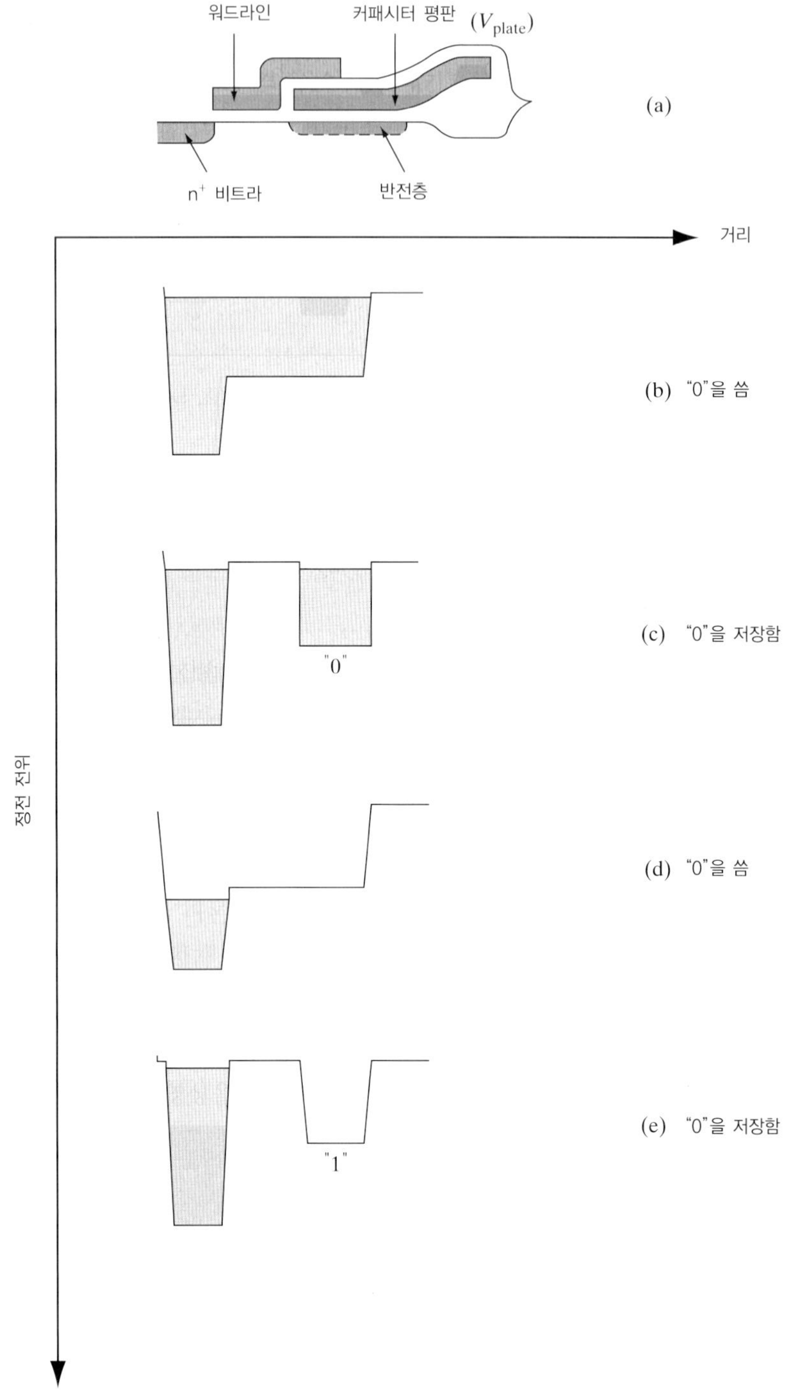

그림 9-31 DRAM 셀구조와 동작: (a) 그림 9-30의 등가회로에 일치하는 셀구조; (b)~(e) "0"을 쓰고 "0"을 저장하고, "1"을 쓰고 "1"을 저장하는 동작을 하는 동안 패스 트랜지스터 채널, 저장 커패시터, 비트라인 아래의 전위. 논리 "0" 상태는 전위장벽이 채워져 있는 것(안정상태)과 일치하는 반면, 논리 "1" 상태는 패스 트랜지스터를 통한 누설과 기판에서 발생하는 소수캐리어들에 의해 시간이 지나면서 채워지는 전위우물이 비워져 있는 것(불안정상태)과 일치한다.

전극 아래의 전위우물이 비게 된다. 한 주기가 지나면, 기판영역에서 열적 생성-재결합 현상에 의하여 끊임없이 생성되는 소수캐리어 전자들과 충전된 MOS 커패시터 전극 아래에 모여지는 소수캐리어 전자들에 의하여 전위우물이 채워지는 경향이 있다. 따라서 논리 "1"이 논리 "0"으로 떨어진다. 이것이 DRAM이 SRAM과 달리 "동적"으로 간주되는 이유이다. 주기적으로 논리레벨을 재저장하거나 저장된 정보를 "리프레시"하는 것이 중요하다.

패스 트랜지스터에 대해서는 흥미로운 소자물리학적인 논쟁점들이 있다. 이 소자는 SRAM에서의 접근 트랜지스터나 논리전달 게이트와 같다. 이런 MOSFET은 소스나 드레인이 영구적인 접지가 아니다. 사실 소스나 드레인으로서의 측면 동작은 회로동작에 의존한다. 셀에 논리 "1"을 쓸 때 비트라인 전압은 하이($= V_{DD}$)를 유지한다. 이 전압이 셀에 쓰여질 때 이것은 마치 패스 트랜지스터의 소스가 V_{DD}까지 전하를 얻는 것이다. 이것을 소스에 대해서 다른 방법으로 알아보면 패스 트랜지스터의 기판 바이어스가 $-V_{DD}$이다. MOSFET의 몸통효과(6.5.6절)는 그것의 V_T를 증가시킨다. 이것은 전달게이트로 동작하는 패스 트랜지스터의 경우 포화상태로 들어가는 것이 아니라 선형상황을 통과하는 필요성 때문에 매우 중요하다. 따라서 게이트나 워드라인 전압은 V_{DD}에 몸통효과를 고려한 MOSFET의 V_T를 더한 값을 유지해야만 한다. 또한 패스 트랜지스터의 누설이 DRAM의 리프레시 요구를 만족시킬 만큼 충분히 작도록 하는 것이 중요하다. 소스/드레인 다이오드는 누설이 낮아야 하고, V_T와 문턱전압 이하의 기울기에 접지된 워드라인에 대한 문턱전압 이하 영역에서 누설이 충분히 낮도록 최적화되어야 한다.

두 논리상태 사이의 저장된 전하의 차이는 MOS 커패시터(그림 9-32)의 C-V(capacitance-voltage) 특성에 의해 결정될 수 있다. "1"이 저장된 경우 근본적으로 MOS 커패시터에 적용되는 기판 바이어스는 몸통효과 때문에 V_T가 증가한다(6.5.6절). 따라서 C-V 특성은 "1"을 저장하기 위해 오른쪽으로 이동한다. MOS 커패시터가 고정되어 있지 않고 전압에 의존하기 때문에 우리는 앞서 그 식이 다른 형태[식 (6-34a)]로 정의되어야 함을 알았다. 대안으로, 다음과 같이 커패시터상에 저장된 전하를 나타낼 수 있다.

$$Q = \int C(V)\,dV \tag{9-12}$$

이것은 간단히 C-V 곡선 아래의 면적이다. 논리 "1"과 "0"을 구분하는 전하 차이는 두 경우의 C-V 곡선 아래 면적의 차이이다(그림 9-32).

셀을 읽을 때, 패스 트랜지스터는 켜지고 MOS 저장 커패시터 전하는 $V_B(= V_{DD})$까지 전충전(precharge)된 비트라인 정전용량 C_B로 전가된다. 비트라인의 전압 스윙은 저장 셀 정전용량 C_C에 저장된 전압 V_C에 의존한다. SRAM의 경우와 같이 비트라인 전압의 전하는 비트라인과 셀 사이의 정전용량 비율에 의존한다. DRAM의 경우에는 차이 감지를 위해서 SRAM의 경우와 같이 셀당 두 비트라인을 사용하지 않는다. 대신에 우리는 대

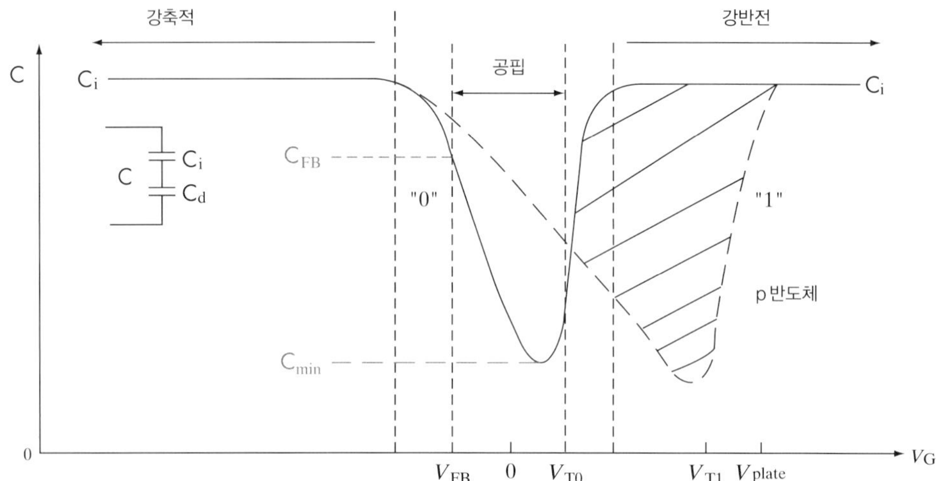

그림 9-32 "0" 또는 "1" 상태가 저장된 DRAM MOS 커패시터의 C-V 특성. 빗금친 부분으로 나타나는 C-V 곡선 아래 면적의 차이는 두 상태 사이의 차이를 반영한다.

략 실제 셀 정전용량 C_C의 반이 되는 MOS 정전용량 C_D를 갖는 더미셀에 연결된 참조 비트라인 전압과, 선택된 셀의 비트라인 전압을 비교한다. DRAM에서 C_B, C_C, C_D의 일반적인 값은 800 fF, 50 fF, 20 fF이다. 감지증폭기에 적용되는 전압 차이는 다음과 같다(그림 9-33).

$$\Delta V = \frac{C_C V_C + C_B V_B}{C_B + C_C} - \frac{C_C V_D + C_B V_B}{C_B + C_D}$$
$$= \frac{(V_B - V_D)C_B C_D - (V_B - V_C)C_B C_D - (V_C - V_D)C_C C_D}{(C_B + C_C)(C_B + C_D)} \tag{9-13a}$$

만약 V_D가 0으로 주어지면, 표현이 다음과 같이 간단해진다.

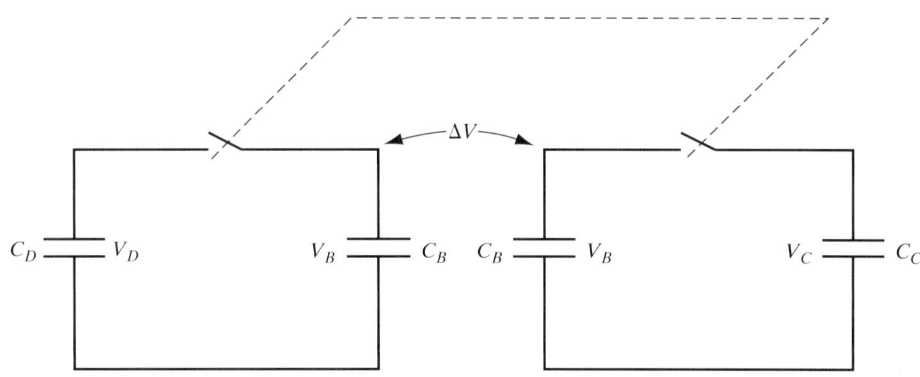

그림 9-33 한쪽은 셀 정전용량(C_C)과 비트라인 정전용량(C_B) 사이에 전하 재분배를, 다른 쪽은 더미셀(C_D)과 비트라인 정전용량(C_B) 사이의 전하 재분배를 보여주는 등가회로

$$\Delta V = \frac{(V_B C_B + V_C C_C)C_D - (V_B - V_C)C_B C_C}{(C_B + C_C)(C_B + C_D)} \tag{9-13b}$$

식 (9-13b)에서 V_C를 0 V 혹은 5 V로 하고, 통상적으로 받아들일 수 있는 비트라인과 셀의 정전용량비 C_B/C_C가 15 ~ 20이 되도록 하면, 논리 “1”과 논리 “0” 상태에 대하여 감지증폭기가 감지해낼 수 있는 서로 극성이 다른 ±100 mV 정도의 차동전압값을 얻을 수 있다. 식 (9-13b)로부터 비트라인 대 셀 정전용량 비율이 더욱더 커질 경우 셀 전압에 관계없이 비트라인 전압의 스윙이 무시될 것을 알 수 있다. 요구되는 최소의 셀 정전용량 C_C는 약 50 fF이고, 소프트 에러라 불리우는 것에 지배받는다. 지구상의 다른 모든 것과 같이 DRAM은 끊임없이 우주선(cosmic ray)에 의해서 충격을 받고, 높은 에너지의 알파 입자들은 반도체 내에서 전자-정공쌍들을 생성할 수 있다. 전형적인 이런 현상들 중 하나에 의해서 모이는 전하가 약 100 fC이다. 이런 가짜 전하는 저장된 전하가 대략 250 fC인 경우, 만약 셀 정전용량이 50 fF이고 셀에 5 V가 인가된다면 무시할 수 있다. DRAM 셀은 전형적인 알파 입자 충격에 면역성이 있다.

셀 치수가 DRAM의 한 세대에서 다음 세대까지 줄어듦으로써 50 fF의 셀 정전용량을 유지하는 것은 상당한 기술적 도전이다. 이런 문제를 보여주는 한 방법을 그림 9-34에 나타내었다. 그 도전은 Si 기판의 평탄한 표면(A_s)상에 단위면적당 더 많은 전하를 저장할 수 있어야 한다. MOS 정전용량은 고정된 전압에 관계없는 커패시터로 근사화하고, 저장된 전하 Q는 다음과 같이 쓸 수 있다.

$$Q = CV = (\epsilon A_C/d)V \tag{9-14}$$

여기서 ϵ은 유전체의 유전율이고, d는 두께, A_C는 커패시터 면적이다. 그림 9-34에서 보여주는 것과 같이 원하는 정전용량을 얻는 역사적인 방법은 유전체의 두께 d를 스케일하는 것이다. 그러나 그 문제들은 6.4.7절에서 논의하였다. 현재 사용되는 다른 방법은 저장 정전용량을 만들기 위해 사용되는 웨이퍼의 평탄한 면적 A_s를 줄일지라도 MOS 저장 커패시터에 바쳐지는 면적 A_c를 증가시키는 제조방법을 사용하는 것이다. 이것은 단순한 평면구조에서 벗어나 3차원 구조를 활용함으로써 성취할 수 있다. RIE를 갖는 기판에 “도랑(trench)”을 팜으로써 Si 안쪽으로 내려갈 수 있고 도랑의 측벽에 트렌치 저장 커패시터를 형성한다(그림 9-35a). 선택적으로 우리는 “쌓는(stacked)” 커패시터 면적을 증가시키기 위해서 커패시터 전극의 여러 층을 쌓아올림으로써 기판에 올릴 수 있다(그림 9-35b). 다른 방법들은 표면 면적을 증가시키기 위해서 커패시터 판에 거친 다결정실리콘 표면을 일부러 생성하려고 시도한다. 미래에는 대안 물질들이 사용될 것이다. 예를 들어, 강유전체들은 SiO_2보다 더 높은 유전상수를 갖고 있고 면적의 증가나 두께의 감소 없이 더 큰 정전용량을 제공한다. 유망한 물질에는 바륨, 스트론튬, 티탄산염, 산화지르코늄 등이 있다.

시점	과거	현재	미래
접근방법	축소된 유전체	트렌치/스택 커패시터	대안 유전체
문제	터널링 & 마모	제조	물질 특성

$$\frac{Q}{A_s} = \frac{CV}{A_s} = \frac{V}{d} \times \frac{A_c}{A_s} \times \epsilon$$

그림 9-34 셀 크기의 증가 없이 DRAM 셀 정전용량과 전하저장밀도를 더 높게 하기 위한 다양한 접근방법(과거, 현재, 미래). A_S = 커패시터에 대한 웨이퍼의 면적; A_c = 커패시터의 면적. 평탄한 커패시터의 경우 $A_c = A_S$; 그러나 평탄하지 않은 경우 $A_c > A_S$. 정전용량은 $C = A_c\epsilon/d$이다; 그리고 $Q = CV$는 고정된 전압 독립 커패시터에 저장된 총 전하이다.

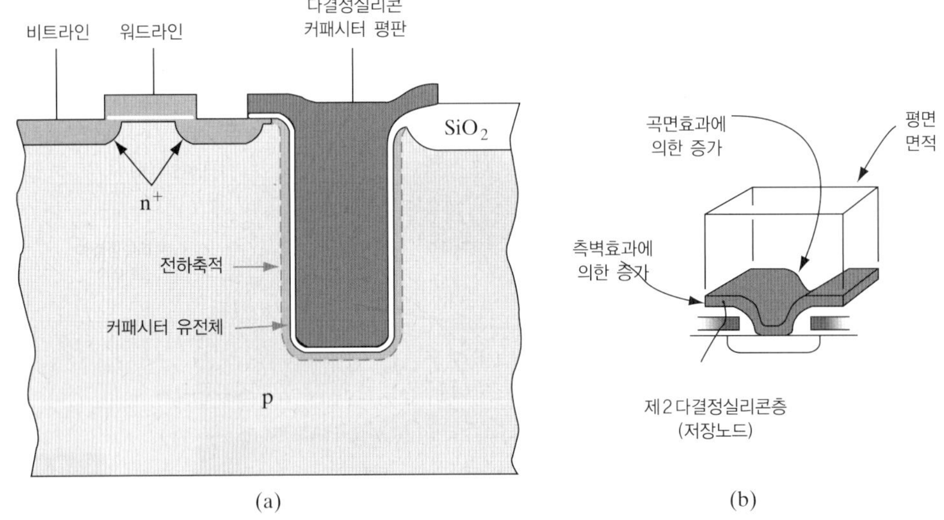

그림 9-35 수직차원을 이용함으로써 셀 정전용량을 증가시킨다: (a) 측벽의 면적을 증가시키기 위해서 기판에 도랑을 식각하는 트렌치 커패시터는 정전용량을 증가시키기 위해 사용된다; (b) 스택 커패시터는 트렌치와 같이 "아래로"라기보다 차라리 "위로" 가고, 여러 개의 다결정실리콘 커패시터 평판을 사용해서 커패시터 면적을 증가시키거나 셀 표면의 지형을 활용하는 것뿐만 아니라 "핀"을 사용하여 증가시킨다.

플래시 메모리. 또 다른 주요한 MOS 소자는 플래시 메모리이고, 이는 비휘발성 메모리의 가장 중요한 형태가 되었다. 메모리 셀구조는 그림 9-36에 나타나 있다. 매우 간단하고 콤팩트하며, 두 개의 게이트전극을 갖는 것을 제외하고는 MOSFET과 같아 보인다. 꼭대기 전극은 직접 전기적으로 접근하고 제어게이트로 알려져 있다. 제어게이트와 그 아래 실리콘에 용량성으로 결합되어 있는 "부유(floating)" 게이트가 꼭대기 전극 밑에 있다.

여러 종단의 부유게이트의 용량성 결합이 다양한 결합 정전용량 요소의 용어로 그림 9-36에 삽입되었다. 부유게이트와 제어게이트는 쌓아올린 산화물-질화물-산화물로 전형적인 플래시 소자에서 산화 유전체로 분류되어 있다. 유전체층이 산화물-질화물-산화물로 만들어져 있기 때문에 두 게이트 사이의 정전용량은 C_{ONO}로 불린다. 전체 정전용량 C_{TOT}는 그림 9-36에 나타낸 모든 기생요소들의 합이다.

$$C_{TOT} = C_{ONO} + C_{TOX} + C_{FLD} + C_{SRC} + C_{DRN} \tag{9-15}$$

여기서 C_{TOX}는 터널 산화물을 통한 부유게이트 대 채널 정전용량이고, C_{FLD}는 LOCOS 필드 산화물 영역에서 부유게이트 대 기판 정전용량이며, C_{SRC}와 C_{DRN}은 게이트 대 소스/드레인 겹침 정전용량이다.

유전체로 둘러싸여 격리되어 있기 때문에 부유게이트의 전하 Q_{FG}는 종단 바이어스의 전하에 의해 변화하지 않는다.

$$Q_{FG} = 0 = C_{ONO}(V_{FG} - V_G) + C_{SRC}(V_{FG} - V_S) + C_{DRN}(V_{FG} - V_D) \tag{9-16}$$

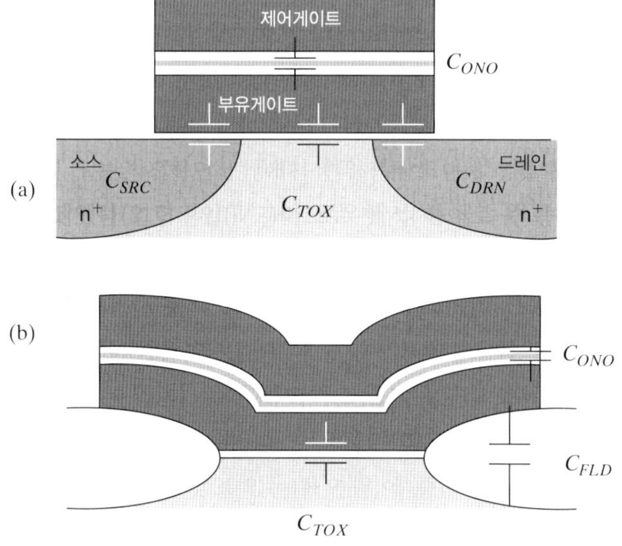

그림 9-36 플래시 메모리 셀구조: (a) 셀구조는 채널길이를 따라서 제어게이트(워드라인), 부유게이트, 소스와 드레인(비트라인)을 보여준다; (b) MOSFET의 폭을 따라서 셀을 보여준다. 부유게이트에 대한 다양한 결합 커패시터를 보여준다.

기판 바이어스가 고정되어 있다고 가정하여 C_{TOX}와 C_{FLD}의 기여를 무시하고 기판에 부유게이트를 연결한다. 부유게이트 전압은 여러 종단 전압과 식 (9-17)에서 정의된 것과 같이 게이트, 드레인, 소스 결합 비율에 의해서 간접적으로 결정할 수 있다.

$$V_{FG} = V_G \cdot GCR + V_S \cdot SCR + V_D \cdot DCR \tag{9-17}$$

여기서

$$GCR = \frac{C_{ONO}}{C_{TOT}}$$

$$DCR = \frac{C_{DRN}}{C_{TOT}}$$

$$SCR = \frac{C_{SRC}}{C_{TOT}}$$

기본적인 셀 동작은 부유게이트에 전하를 집어넣거나 제거하는 관계에 있고, 두 개의 다른 V_T를 갖도록 MOSFET을 프로그램하기 위해서 두 논리레벨에 일치하도록 한다. V_T 표현에서 고정된 산화물 전하와 같이 부유게이트에 저장된 전하를 생각할 수 있다[식 (6-38)]. 만약 많은 전자들이 부유게이트에 저장되어 있다면, NMOSFET의 V_T는 높을 것이다. 그 셀은 논리상태 "0"을 나타내도록 "프로그램"되었다고 생각한다. 반대로 만약 전자들이 부유게이트로부터 제거되었다면, 그 셀은 낮은 V_T 상태 또는 논리 "1"로 "지워졌다"라고 생각된다.

부유게이트 안쪽이나 바깥으로 어떻게 전하들을 옮겨놓을 수 있는가? 셀을 프로그램하기 위해 6.5.9절에서 논의했던 채널 열캐리어효과를 사용할 수 있다. MOSFET이 포화상태에 있도록 하기 위해 드레인(비트라인)과 부유게이트(워드라인) 둘 다 높은 필드를 적용한다. 핀치오프영역에서 높은 경도의 전기장은 전자들을 드레인 쪽으로 가속시키고 그들을 활동적(열)으로 만드는 것이 6.5.9절에서 논의한 것이다. 소스접합보다 드레인접합을 다소 얕게 만들기 때문에 플래시 소자에서 드레인 핀치오프영역 근처에서 열캐리어효과가 최대가 된다(그림 9-37a). 이것은 드레인영역에 마스크를 하고 나누어진 더 높은 에너지 소스 주입에 따라서 이루어질 수 있다. 만약 전자들의 운동에너지가 충분히 높다면, 부유게이트로 산란되기 충분한 열을 갖게 될 것이다. 전자들은 Si와 SiO_2의 전도대 사이에 존재하는 3.1 eV 에너지장벽을 올라가야만 한다. 또한 열전자들은 산화물을 통과해서 지나갈 수 있다(그림 9-37b). 전자들이 부유게이트로 들어갈 때, 전자들은 부유 다결정실리콘 게이트와 다른 쪽의 산화물 사이의 3.1 eV 전위우물에 포획된다. 이런 장벽은 포획된 (낮은 운동에너지) 전자에 대해 상당히 높다. 셀이 의도적으로 지워지지 않는다면, 포획된 전자들은 근본적으로 부유게이트에 영원히 머무르게 된다. 이것이 플래시 메모리가 비휘발성인 이유이다.

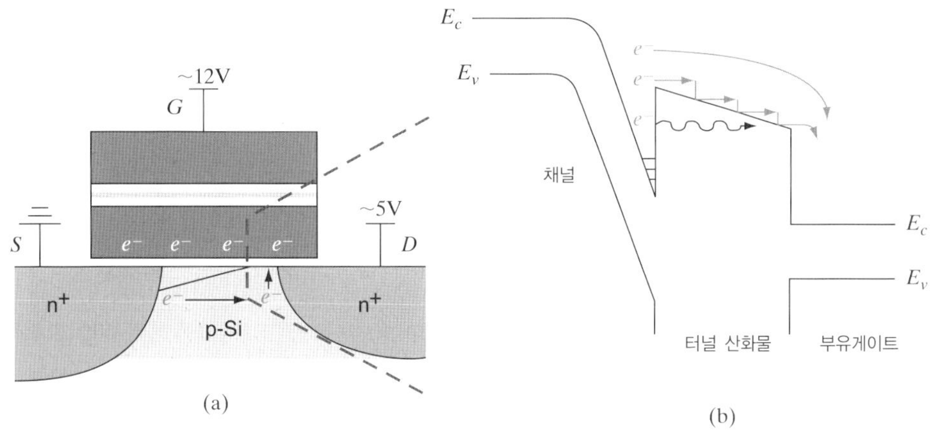

그림 9-37 플래시 셀의 열캐리어 프로그래밍: (a) 셀에 쓰기를 할 경우 전형적으로 요구되는 바이어스를 갖는 플래시 메모리 셀구조. MOSFET의 채널은 포화상태에서 핀치오프된다; (b) MOSFET 채널의 중간에 수직선을 따른 에너지대역도는 게이트 산화물로 주입되고 부유게이트로 포획되는 채널에서 열전자를 보여준다.

셀을 지우기 위해, 겹쳐지는 부분에서 부유게이트와 소스 사이에서 파울러-노르트하임(Fowler-Nordheim) 터널링을 사용한다(그림 9-38a). 높은 양의 전압(~12 V)을 접지된 제어게이트를 갖는 소스에 인가한다. 계의 극성은 산화물 장벽을 통해 부유게이트로부터 소스영역으로 전자들이 지나가게 하기 위한 것이다(6.4.7 절). 동작하는 동안의 에너지대역도(겹쳐진 부분에 수직선을 따라서)는 그림 9-38b에 나타나 있다. 재미있게도 플래시 소자에서 우리는 보통의 MOS 소자에서는 "문제들"로 간주되는 두 개의 효과를 사용한다; 열캐리어효과와 파울러-노르트하임 터널링.

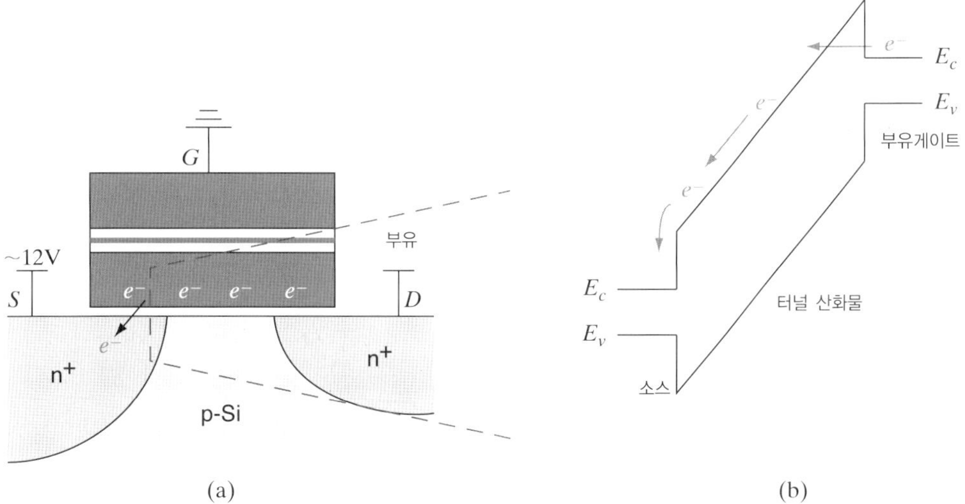

그림 9-38 파울러-노르트하임 터널링 제거: (a) 셀을 지우기 위해 요구되는 전형적인 바이어스를 갖는 플래시 메모리 셀구조; (b) 부유게이트로부터 산화물으로 캐리어들의 양자역학적인 터널링과, 소스까지 연속적인 표동을 보여주는 MOSFET의 게이트/소스의 겹쳐지는 부분에서 깊이 함수에 따른 에너지대역도.

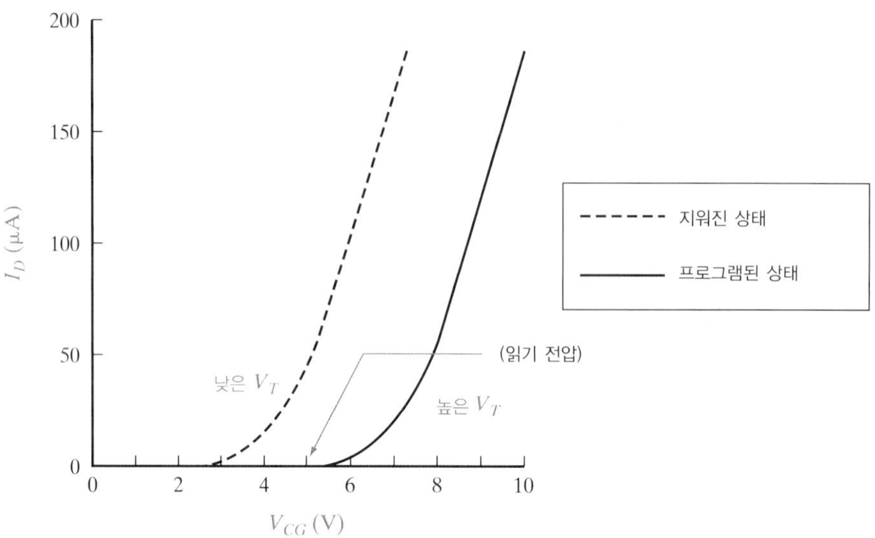

그림 9-39 플래시 셀에서 MOSFET의 드레인(비트라인)전류 대 제어게이트(워드라인) 전압전달 특성: 만약 셀이 높은 V_T (논리 "1")로 프로그램되어 있고, 워드라인에 인가된 읽기 전압이 V_T 아래에 있다면, 그 MOSFET은 동작하지 않을 것이고 비트라인 전류는 무시된다. 반면 만약 셀이 낮은 V_T(논리 "0") 상태로 하기 위해 지워진다면, 그 MOSFET은 켜지고 비트라인 전류는 상당히 중요해진다.

읽기 동작 동안, 비트라인(MOSFET의 드레인)에 적당한 전압(~1 V)을 걸어주고, 워드라인(제어게이트) 전압 V_{CG}는 프로그램된 플래시 메모리 셀의 높은 V_T와 낮은 V_T 상태 사이에 용량적으로 결합된 부유게이트 전압을 야기한다(그림 9-39). 높은 V_T의 경우 비트라인(드레인)에서 드레인전류 흐름을 무시할 것이다. 왜냐하면 게이트전압이 문턱전압보다 낮기 때문이다. 우리는 상태 "0"로서 선택된 셀을 해석할 것이다. 낮은 V_T의 경우 게이트에 적용되는 전압이 셀의 문턱전압보다 높기 때문에 드레인전류는 비트라인(드레인)으로 흐를 것이고, 이것은 상태 "1"으로서 이해된다. 읽기 동작은, 프로그램되고 지워진 상태에서 MOSFET의 전달 특성을 봄으로써 이해할 수 있다(그림 9-39).

9.6 검사, 접착 및 패키징

모놀리식 회로기법에서 다소 극적인 제작 단계에 대한 앞서의 검토에 비추어 볼 때, 도선의 부착과 소자의 패키징은 좀 통속적인 것처럼 보일 수 있을 것이다. 그러나 이 절에서 검토될 기법들이 전체 제작공정에 있어서 결정적인 것이기 때문에 이러한 인상은 정확한 것이 못된다. 실제로 개개 회로의 취급과 패키징은 가격과 신뢰성의 관점에서 어느 것보다도 가장 결정적인 단계들일 수 있다. 개개의 IC 칩은 외부도선에 적절히 연결되고, 보다 큰 회로나 시스템에서 사용하기에 편리한 방법으로 패키지되어야 한다. 소자들은 일단 웨이퍼로부터 분리되면 개별적으로 취급되기 때문에 접착(bonding)과 패키징은 값비싼 공정이다. 접착에서 요구되는 단계를 감소시키기 위해 상당한 연구가 이루어져 왔다. 우선 가장 직접적인 기법을 검토할 것이며, 여기에는 개개의 도선들을 회로에 있는 접촉용 패드로부터 패키지의 단자로 접착하는 것이 포함된다. 그런 다음 모든 접착을 동시에 만드는 두 가지 중요한 방법을 고찰할 것이다. 끝으로 IC에 대한 몇 가지 대표적인 패키지 방법을 검토할 것이다.

9.6.1 검사

모놀리식 회로의 웨이퍼가 처리되고 끝으로 금속화 부분의 패턴이 정의된 후에는, 현미경 아래에서 지지용구(holder)에 설치하고 여러 개의 검침이 있는 프로브(probe)로 검사하기 위하여 정렬한다(그림 9-40). 이 프로브는 개개의 회로상의 여러 가지 패드와 접촉되어 이 소자의 전기적 성질에 대하여 일련의 검사가 이루어진다. 각종 검사는 극히 짧은 시간에 자동적으로 행해지도록 프로그램되어 있다. 간단한 회로에서 이들 검사는 수 ms 정도 걸리지만, 복잡한 ULSI 칩에 대해서는 수초 정도까지 걸릴 수 있다. 이들 검사로부터 얻어진 정보는 컴퓨터로 전달되고, 컴퓨터의 메모리에 저장된 정보와 비교하여 그 회로의 취사여부(acceptability)에 관한 결정을 한다. 만약 어떤 결함이 있어 그 회로가 규격 이하로 떨어지면, 컴퓨터는 버려야 할 칩을 기억하게 된다. 프로브는 자동적으로 웨이퍼 위의 다음 회로로 미리 규정된 거리를 옮겨 가서 위의 과정을 반복한다. 모든 회로를 검사하여 기준품들이 표시된 후에는 검사기계로부터 웨이퍼를 빼내고, 회로(즉, 소자)들 사이를 톱질하여 따로따로 쪼개낸다. 이어서 검사를 통과한 각각의 다이를 집어올려 패키지 속에 위치시킨다(그림 9-41). 검사과정에서 각 다이에 대한 검사로부터의 정보는 버려야 할 회로의 분석을 용이하게 하거나 또는 발생할 수 있는 변화에 대해 제조과정을 평가할 수 있도록 저장된다.

9.6.2 선접착

모놀리식 칩으로부터 패키지 부분까지 연결시켜 주기 위해 사용한 가장 초기의 방법은 가는 Au 선의 접착이었다. 그 후의 기법들은 Al 선을 포함시키는 선접착(wire bonding)과 몇 가지 접착공정으로 발전되었다. 여기서는 선접착의 몇 가지 가장 중요한 국면만을 살펴볼 것이다.

칩을 선접착하려면 우선 금속도선테(lead frame)나 패키지의 금속화된 영역에 단단하게 장착시켜야 한다. 이 공정에서 Au(아마도 이 접착제의 야금을 개선하기 위한 Ge 또는 기타 원소들과 합친)의 박막층을 칩의 밑바닥과 기판 사이에 놓는다. 열과 약간의 문지르는 운동을 가하면 합금접착이 형성되어 칩을 단단히 기판에 붙어 있게 한다. 이 과정을 다이

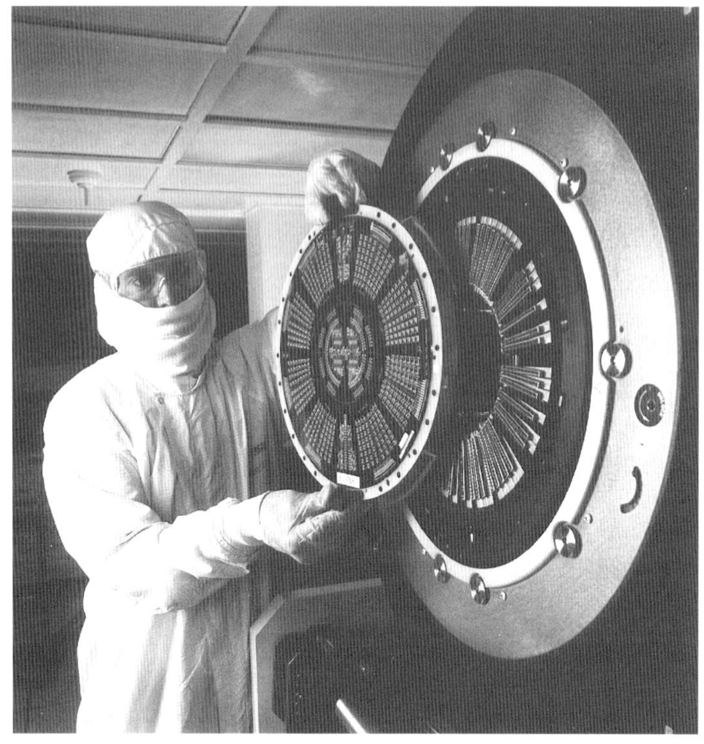

(a)

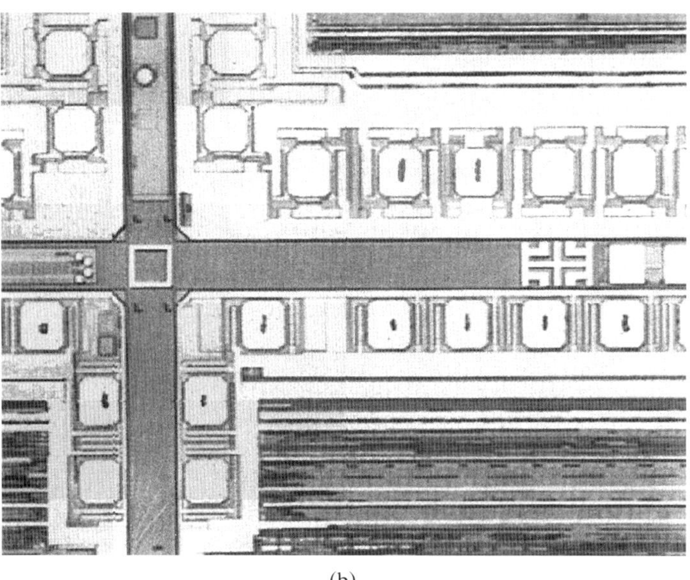

(b)

그림 9-40 소자의 자동 검침: (a) 고속 IC 검사는 검사되는 IC상의 패드 형태와 같은 고정된 프로브를 같은 프로브 카드를 사용함으로써 수행할 수 있다. 많은 전기적 신호는 자동 검사기에 의해 다양한 핀에 인가되거나 측정된다. 하나의 칩이 검사된 후에 검사기는 기계적으로 다음 위치에 있는 웨이퍼로 이동한다; (b) 칩 주변 회로 근처의 Al 패드 배열. 어떤 것들은 프로브 표시가 보인다. 패드 배열 사이의 공간은 검사 후에 개개의 칩으로 분리하기 위한 분리선이다(마이크론 테크놀로지 사진 제공).

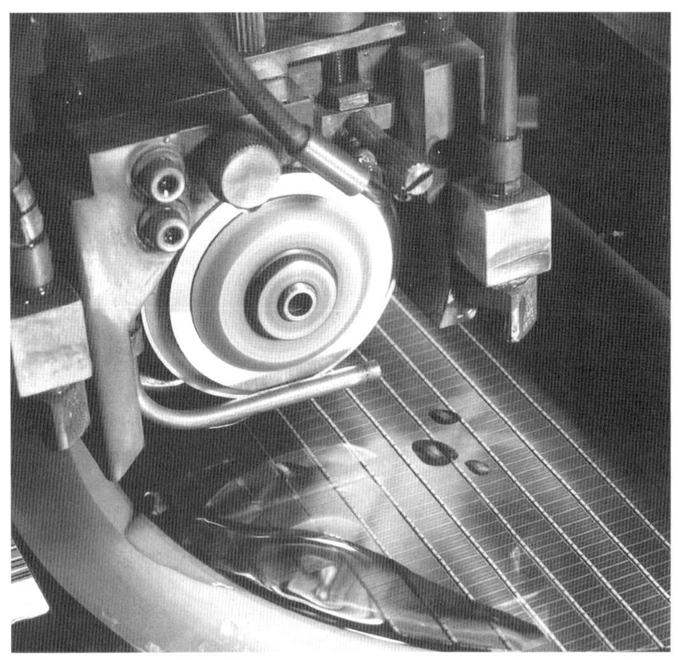

그림 9-41 분리선을 따라 웨이퍼를 자르고 있다: 웨이퍼가 검사된 후, "정품 다이(good die)"로 판정되면, 패키징을 위한 개개의 칩으로 분리된다(마이크론 테크놀로지 사진 제공).

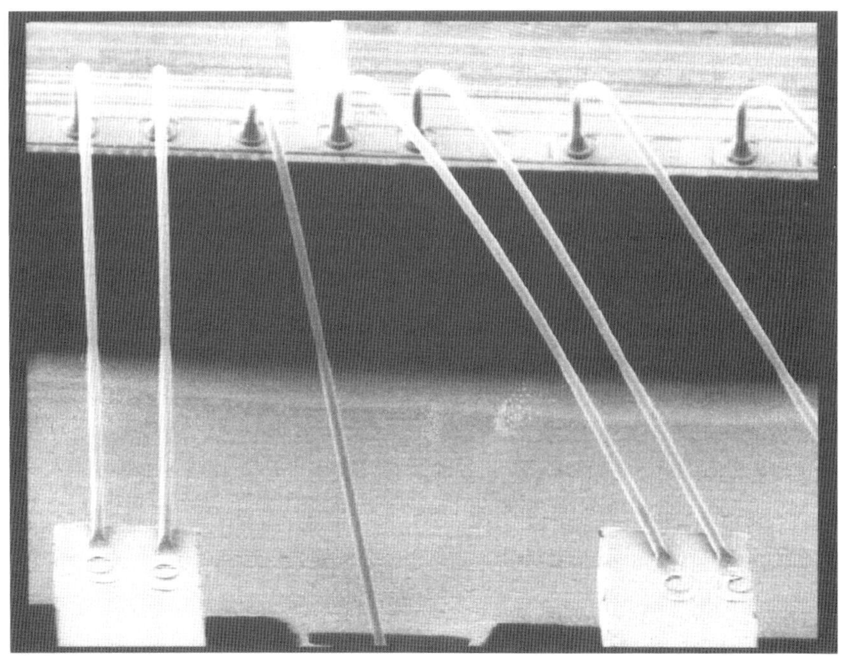

그림 9-42 칩의 주변에 있는 Al 패드로부터 패키지의 기둥(post)까지 도선의 연결(마이크론 테크놀로지 사진 제공)

접착(*die bonding*)이라 한다. 일반적으로 다이접착은 각각의 다이를 집어올리고, 방향을 조절하며, 접착을 위한 장소에 놓는 등의 작용을 하는 자동화된 팔(robotic arm)에 의해 수행된다. 일단 칩이 장착되면 상호연결용의 도선을 여러 접촉용 패드에서부터 금속도선테에 있는 기둥까지 부착시킨다(그림 9-42).

Au 선접착에서는 가는 Au 선(지름이 약 0.007 ~ 0.002 인치)의 실패(spool)를 **도선접착기**(*lead bonder*)에 장착하고, 도선을 유리 또는 텅스텐 카바이드(tungsten carbide)의 **모세관**(*capillary*)을 통해 공급한다(그림 9-43a). 수소가스의 화염분출(flame jet)이 이 선을 스쳐 지나가게 하여 끝에 구가 형성되게 한다. **열압착**(*thermocompression bonding*)에서는 칩(또는 일부 경우에는 모세관)이 약 360°C로 가열되며, 이 모세관을 접촉용 패드 위에 내려놓는다. 이 모세관에 의해 구에 압력이 가해지면 Au 구와 Al 패드 사이에서 접착이 이루어진다(그림 9-43b). 다음 이 모세관을 올리고 패키지의 기둥 쪽으로 이동시킨다. 다시 모세관을 내려서 힘과 온도의 결합으로 선을 기둥에 접착시킨다. 다시 또 모세관을 올린 후 수소화염이 스쳐 지나가게 하여 새로운 구를 만들어 준다(그림 9-43c). 그리고 이 과정은 칩 위의 다른 패드들에 대하여 되풀이된다.

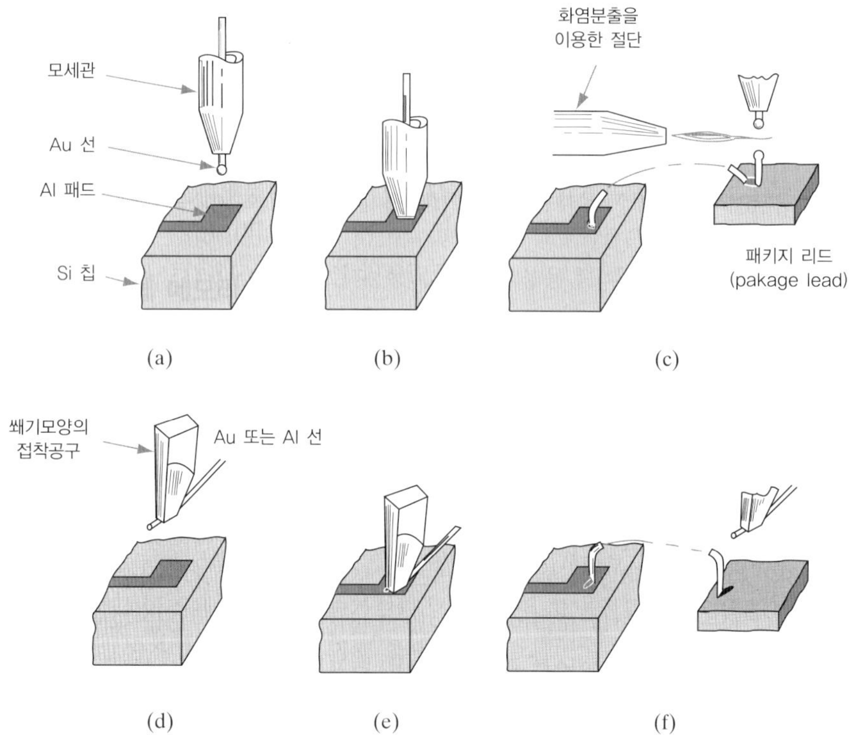

그림 9-43 선접착기법: (a) 구(못머리)접착을 위해 접촉용 패드의 하나 위에 모세관을 위치시킨다; (b) 패드에 선을 접착하기 위해 압력을 가해 준다; (c) 기둥을 접착하고 화염으로 절단한다; (d) 쐐기모양의 접착공구; (e) 압력과 초음파에너지가 인가된다; (f) 기둥접착이 완결되고 다음 접착을 위해 파단 혹은 절단한다.

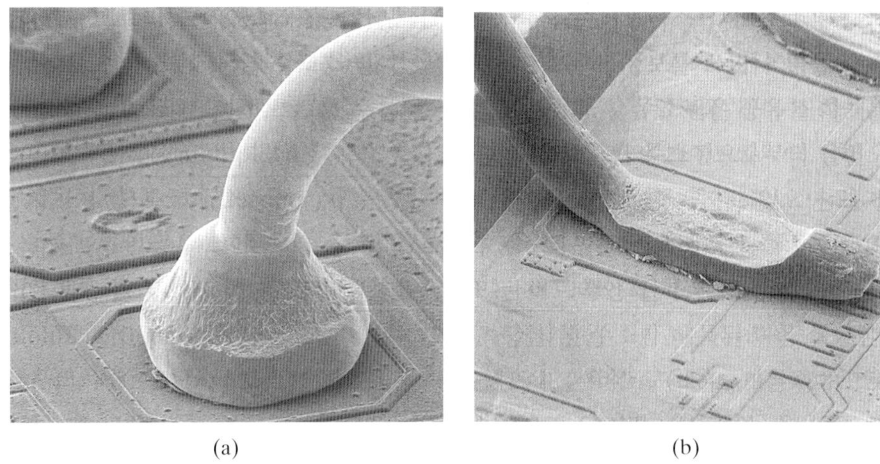

(a) (b)

그림 9-44 구접착(a)과 쐐기접착(b)의 주사 전자현미경 사진(마이크론 테크놀로지 사진 제공)

이 기본방법에는 여러 가지 변형이 있다. 예를 들면, **초음파접착**(*ultrasonic bonding*)법을 사용함으로써 기판을 가열하지 않고도 접착시킬 수 있다. 이 방법에서는 텅스텐 카바이드의 모세관이 초음파변환기(ultrasonic transducer)에 접속된 공구에 의해 지지된다. 선이 패드나 기둥과 접촉할 때는 압력이 가해진 상태에서 진동을 가하여 접착을 이루게 된다. 다른 변형에는 그림 9-43c에서 기둥 위에 남은 (선의) "꼬리"를 자동적으로 제거하기 위한 기법이 포함되어 있다. 칩에 대한 접착이 Au 선 끝의 구에 압력을 가하여 이루어질 때 그것을 **구접착**(*ball bond*) 또는 **못머리접착**(*nail-head bond*)이라 하는데, 그것은 접착이 이루어진 후 변형된 구의 모양 때문이다(그림 9-44a).

초음파접착에서는 Al 선을 사용할 수 있는데, 이 방법은 Au와 Al 패드 사이의 접착에서 있을 만한 야금상의 문제가 없다는 것을 포함하여 Au에 비해 몇 가지 장점이 있다. Al 선이 사용될 때는 수소화염을 이용한 절단과정은 공정 중의 적당한 지점에서 선을 절단하거나 파단하는 과정으로 대치된다. 즉, 접착을 이루는 데 있어 선은 쐐기모양의 접착공구 날 밑에서 굽히게 된다(그림 9-43d). 다음 이 공구가 압력과 초음파진동을 가해서 접착을 형성한다(그림 9-43e와 f). 이 결과로 생긴, 공구와 접착면 사이에서 쐐기로 고정되어 굽은 선에 의해 형성된 평탄접착(flat bond)을 **쐐기접착**(*wedge bond*)이라 한다. 구접착과 쐐기접착의 근접도를 그림 9-44에 나타내었다.

9.6.3 플립-칩 기술

도선을 칩 위의 각 패드에 개별적으로 접착하는 데 소비되는 시간은 몇 가지 동시 접착방법으로써 극복할 수 있다. **플립-칩**(*flip-chip*) 기법은 이들 방법 중의 대표적인 것이다. 이들의 어느 경우나 웨이퍼로부터 소자를 분리하기 전에 비교적 두꺼운 금속을 접촉용 패드에 증착시킨다. 분리 후에 이 증착된 금속은 패키지 기판에 있는 접합용 금속화 패턴과 접촉을 이루는 데 사용된다.

플립-칩 기법에서는 납땜 또는 특수 금속합금의 "범프(bump)"가 각 접촉 패드에 부착된다. 이들 금속 돌출부는 전체 다이를 통해 분포되어 있다(그림 9-45). 웨이퍼로부터 분리된 후 각 칩을 뒤집어 돌출부를 기판 위의 금속화된 패턴과 적절하게 위치를 맞춘다. 이 시점에서 초음파접착 또는 땜(solder)방법으로 이 돌출부를 기판 위의 그와 대응되는 연결체에 부착시킨다. 이 방법의 분명한 장점은 모든 연결이 동시에 이루어진다는 것이다. 단점으로는 접촉이 칩 아래쪽에서 이루어지며 따라서 시각적으로 검사를 할 수 없다는 사실이 포함된다. 더욱이 칩을 가열하거나 압력을 줄 필요가 있다.

9.6.4 패키징

IC 제작의 최종 단계는 의도하는 응용의 주위 환경으로부터 소자를 보호할 수 있게 적절한 매체로 소자를 패키지(package)하는 것이다. 대부분의 경우 이것은 소자 표면을 습기와 오염으로부터 격리시키며, 접착과 기타 회로요소는 부식과 기계적인 충격으로부터 보호해야 한다는 것을 의미한다. 표면 보호의 문제는 현대의 보호막 기법에 의해 크게 감소

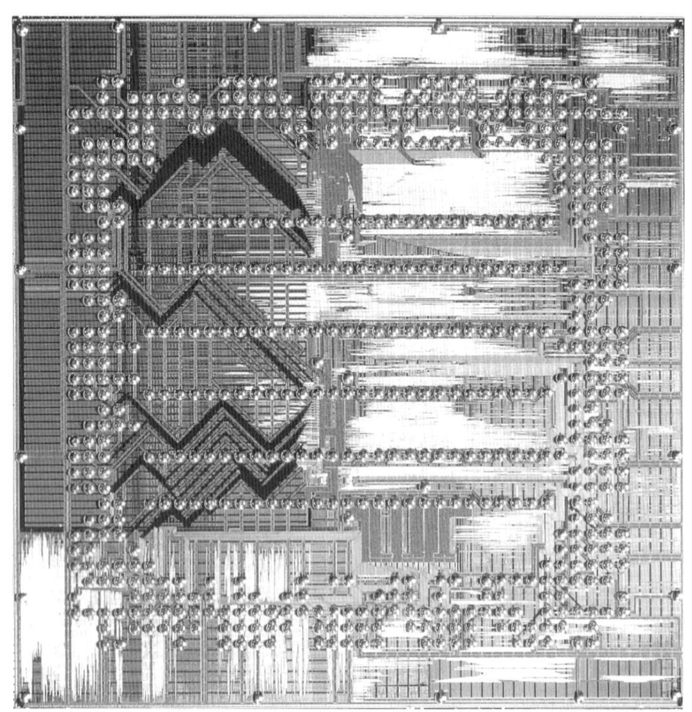

그림 9-45 플립-칩 접착. 파워 PC용 칩은 주변에 존재하는 접촉용 패드 대신에 표면 위에 분포되어 있는 금속 돌출부를 갖고 있다. 이 금속 돌출부는 패키지의 상호연결 패턴과 정렬되고 동시에 접착된다(IBM 사진 제공).

되었지만, 아직도 패키징에 있어서는 보호의 필요성이 어느 정도 있다. 모든 경우에 있어서 패키지 형식은 응용의 요건과 가격에 대한 고려범위 내에서 선택되어야 한다. 소자 패키징을 위한 많은 기법들이 있으며, 이들 각종 기법은 항상 다듬어지며 또 변한다. 여기서는 설명을 위해 몇 가지 일반적인 방법만을 고찰할 것이다.

초기의 IC 기술에서는 모든 소자들이 금속헤더 속에 패키지되었다. 이 방법에서 소자는 헤더 표면에 합금되며, 선접착은 헤더의 기둥에 행해 주고, 이 소자와 선 위에 금속두껑을 용접한다. 비록 이 방법에 몇 가지 취약점이 있긴 하지만, 이는 부품의 외부환경으로부터 완전히 밀폐시켜 준다. 이것을 흔히 **밀폐봉합**(*hermetically sealed*)소자라 한다. 칩이 헤더에 장착되고 기둥에의 접착이 이루어진 후에는 규정된 분위기 속에서 소자가 유지될 제어된 환경(즉, 불활성 가스) 속에서 헤더의 뚜껑을 용접하여 닫아줄 수 있다.

이제 집적회로는 많은 출력단자를 가진 패키지에 장착된다(그림 9-46). 한 방법으로 칩을 찍어낸 금속도선테에 장착하고 접촉부분들을 이루게 한 후, 자기(ceramic) 또는 플라스틱 용기를 이용하여 도선테의 불필요한 부분을 잘라내서 패키지를 형성한다.

일반적으로, 패키지는 납땜하기 전에 PCB 기판 위의 홀(hole)에 패키지된 핀을 넣는 홀-실장되거나 PCB 홀이 아니라 리드핀을 표면에 바로 실장하는 방법이 사용된다. 반면에, 표면실장된 패키지 리드는 PCB 위에 전기적 접촉으로 정렬되고 납땜을 흘림으로써 동시에 연결된다. 대부분의 패키지는 자기나 플라스틱을 사용한다. IC는 외부환경으로부터 보호하기 위하여 밀폐된다. 핀들은 한면(한 선이나 지그재그 형태의 리드: SIP), 양면(이중선 패키지: DIP)이나 사면(quard) 패키지로 구성된다. 좀더 진보된 패키지는 홀-실장 핀 격자 배열(pin grid array; PGA)(그림 9-47)이나 표면실장 볼격자 배열(ball grid array: BGA)(그림 9-48)과 같이 패키지의 표면 전체에 리드핀들을 갖는다. 패키지의 끝에 위치하는 리드에 대한 제한을 없앤다면, 핀 수는 엄청나게 증가할 수 있을 것이다. 이는 많은 수의 전기적 리드를 사용하는 개선된 ULSI에서 매우 흥미를 끌게 될 것이다.

IC 가격의 상당한 부분이 접착과 패키징에 의한 것이므로 이 과정을 자동화하기 위한 많은 혁신이 이루어져 왔다. 여기에는 칩을 그 위에 접착시킬 수 있는 금속의 접촉패턴을 갖는 필름이 감긴 틀을 이용하는 것도 포함되어 있다. 그러면 이 필름은 패키지용 장비로 공급되는데, 여기서는 필름들의 위치를 정합시키는 기능이 있어 자동화된 처리를 할 수 있게 되어 있다. **자동화된 테이프접착**(*tape-automated bonding*; *TAB*)이라 하는 이 공정은 다층의 상호연결 패턴[**다중칩 모듈**(*multichip module*)이라 함]을 가진 큰 자기기판 위에 여러 개의 칩을 장착할 때 특히 유용하다.

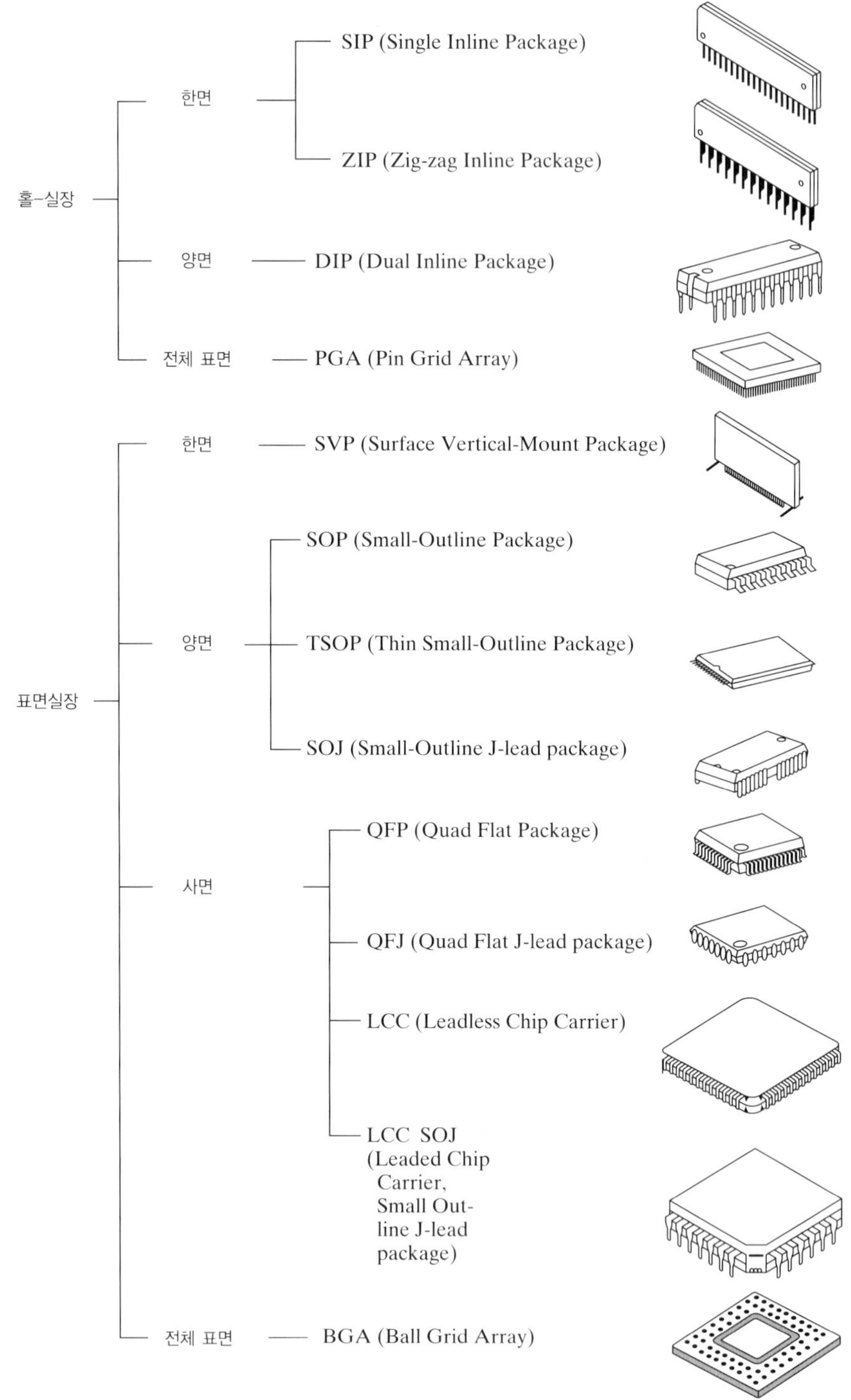

그림 9-46 다양한 형태의 IC 패키징: 패키지는 플라스틱이나 자기로 만들어져 핀홀이나 표면에 실장된다. 핀들은 한면(SIP), 양면(DIP), 사면(quad)이나 패키지의 표면 전체(PGA, BGA)에 위치될 수 있다.

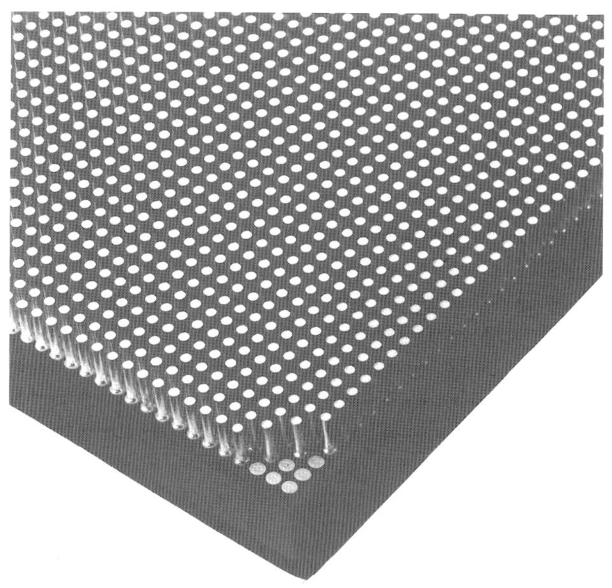

그림 9-47 자기 열격자 배열(ceramic column grid array; CCGA): 이 개선된 패키지는 수백 개의 금속 열로 구성된 PGA의 한 형태이다. 그림 9-45에 나타난 것처럼 금속화된 납땜 범프를 갖는 몇 개의 IC들은 이 패키지의 뒷면에 플립-칩 접착이 될 수 있다. 이를 다중칩 모듈(multi-chip module; MCM)이라 한다(IBM 사진 제공).

그림 9-48 볼격자 배열(BGA): 이 패키지에서, 중간에 놓인 IC는 패키지에 선으로 전기적 배선이 이루어져 있다. 패키지 자체의 윗면에 납땜 볼 배열을 갖고 있고, 이는 납땜을 흘림으로써 PCB 위에 전기적 소켓으로 동일 시간에 정렬하고 표면실장을 할 수 있다(IBM 사진 제공).

요약 SUMMARY

9.1 집적회로의 진보는 시간에 따라 소자의 치수 감소와 이에 상응하여 천문학적으로 증가하는 트랜지스터의 숫자로 대변될 수 있다(무어의 법칙). 경제적인 측면은 소자의 축소와 일괄공정으로 강조된다.

9.2 주요 IC 기술은 논리회로(마이크로프로세서), 메모리(DRAM, SRAM, NVM)들과 ASIC용 IC에 기반을 둔 디지털 CMOS(상보형 금속 산화물 반도체)이다.

연습문제 PROBLEMS

9.1 일정한 p형 실리콘 샘플에서, $10^{18}/\text{cm}^3$의 도너 농도를 가지도록 비소(As)를 확산시켜, 도너 농도에 비해서 억셉트농도를 무시하도록 했다. 소자의 접합깊이 5 μm까지의 확산층 시트저항(sheet resistance) 값을 구하라. 전자이동도가 $\mu_n = 500\ \text{cm}^2/\text{V-sec}$일 때, 전도도(Conductivity) 값을 구하라.

9.2 베이스확산층의 대표적 면저항은 200 Ω/square이다.

(a) 이 확산을 이용할 때 10-kΩ 저항의 외관비(aspect ratio)는 얼마가 되어야 하는가?

(b) 폭 $w = 5\ \mu\text{m}$에 대해 작은 면적을 차지하도록 이 저항의 패턴(그림 9-12b 참조)을 그려라.

9.3 3-μm의 n형 에피택셜층($N_d = 10^{16}\ \text{cm}^{-3}$)이 p형의 Si 기판 위에 성장되어 있다. 이 n형 층의 영역은 1200°C에서 붕소의 확산으로($D = 2.5 \times 10^{-12}\ \text{cm}^2/\text{s}$) 접합 격리되어 있다(그림 9-11a 참조). 표면의 붕소농도는 $10^{20}\ \text{cm}^{-3}$으로 일정하게 유지되어 있다(연습문제 5.2 참조).

(a) 이 격리확산에 필요한 시간은 얼마인가?

(b) Sb를 도핑한 매립층($D = 2 \times 10^{-13}\ \text{cm}^2/\text{s}$)은 이 시간 동안에 에피택셜층 속으로 얼마나 깊게 확산할 것인가? 기판-에피택셜 경계에서의 농도는 $10^{20}\ \text{cm}^{-3}$으로 일정하다고 가정한다.

9.4 $1 \times 10^{15}\ \text{cm}^{-3}$로 도핑된 500 μm 두께의 p형 Si 웨이퍼가 용융점이 제한된 유한 소스 P가 확산된 영역을 갖는다. 이 결과 0.8 μm의 접합깊이를 갖고 $6 \times 10^{19}\ \text{cm}^{-3}$의 표면농도를 나타낸다. 웨이퍼의 두 부분에서 면저항을 측정하고자 한다. p형 부분에서 측정된 면저항은 얼마인가? 만일 n형 부분에서 90 Ω/square의 면저항을 갖는다면, 평균 저항은 얼마인가?

참고문헌 READING LIST

집적회로기술의 진보에 관한 유용한 정보는 http://public.itrs.net/에서 찾아볼 수 있다.

Campbell, S. A. The Science and Engineering of Microelectronic Fabrication. New York: Oxford, 2001.

Chang, C. Y., and S. M. Sze. ULSI Technology. New York: McGraw-Hill, 1996.

Chang, C. Y., and S. M. Sze. ULSI Devices. New York: John Wiley, 2000.

Howe, R. T., and C. G. Sodini. Microelectronics: An Integrated Approach. Upper Saddle River, NJ: Prentice Hall, 1997.

Jaeger, R. C. Modular Series on Solid State Devices: Vol. V. Introduction to Microelectronic Fabrication. Reading, MA: Addison-Wesley, 1988.

Rabaey, J. M. Digital Integrated Circuits. Upper Saddle River, NJ: Prentice Hall, 1996.

Seraphim, D. P., R. C. Lasky, and C. Y. Li, eds. Principles of Electronic Packaging. New York: McGraw-Hill, 1989.

Sharma, A. K. Semiconductor Memories. New York: IEEE Press, 1997.

Tummala, R. R. and E. J. Rymaszewski. Microelectronics Packaging Handbook. New York: Chapman and Hall, 1997.

Wolf, S., and R. N. Tauber. Silicon Processing for the VLSI Era. Sunset Beach, CA: Lattice Press, 2000.

자가진단 퀴즈 SELF QUIZ

문제 1

ITRS 로드맵에서 "공정, 집적화, 소자 그리고 구조(PIDS)" 항목과 "전반부 공정(FEP)" 항목에 대하여 공부하라. ITRS 로드맵은 http;//public.itrs.net/에서 찾을 수 있다. 위에 언급한 항목들은 차세대 CMOS 소자에 대한 추정사항이다.

- 시점 변화에 따른 여러 종류의 표를 이용하여 CMOS 소자의 추정된 파라미터들을 그려라. 이들은 무어의 법칙을 따르는가?
- 6장과 9장에서 배운 내용들을 바탕으로 하여, 여러 가지 기술 분리 시점과 관련한 NMOSFET들에 필요한 포화전류의 값들이 적절한 것인가를 판단하라. 다른 표에 빨간색으로 표시된 MOSFET에 대한 또 다른 요구사항들은 적절한가?

문제 2

MOSFET에서 발생하는 양자역학적 터널링 현상의 결과(좋은 점 하나, 나쁜 점 하나)를 논하라.

문제 3

열전자(hot electron) 손상이란 무엇인가? 열정공 손상에 비해 더 심각한가 아니면 덜 심각한가? 열적 캐리어에 의한 손상을 최소화할 수 있는 방법은 무엇인가?

문제 4

MOSFET 제조 시 Si-SiO_2 계면과 평행인 {100} 방향의 면을 사용하는 이유는 무엇인가?

Chapter 10

고주파, 고전압 및 나노전자 소자

학·습·목·표

1. 터널링, 주행시간 효과(transit time effects)와 전자의 전송 현상이 어떻게 NDR에 이르게 할 수 있는가를 이해한다.
2. SCR을 이해한다.
3 IGFET가 전력을 전환하는 방법에 대해서 논의한다.
4. 몇 가지 나노전자 논리와 메모리 소자를 이해한다.

지금까지 논의한 다이오드와 트랜지스터들은 대부분 반도체 소자들로 이루어졌다. 그 중의 특별한 몇 가지 소자는 우리들의 관심을 끌 만하고, 첨단 소자와 재료들은 미래 응용을 위한 기반이 될 수 있다. 이 장에서는 고주파 회로에 응용하기 위한 두 가지 **부성전도도**(*negative Conductance*) 소자들에 대해 기술한다. 그리고 대용량의 전력을 다루는 중요한 스위칭 소자인 반도체 제어 정류기(semiconductor controlled rectifier: SCR)를 논의할 것이다. 마지막으로는 이전 장에서 사용한, 흥미로운 확장된 재료의 물리적인 성질을 가진 새로운 재료와 소자들에 대해서 고려할 것이다. 이들 새로운 재료들과 물리적 응용은 미래 전자의 기본을 형성할 것이다.

10.1 터널 다이오드

터널 다이오드는 접합부의 전위장벽을 전자가 양자역학적인 터널링을 함으로써, 그의 *I-V* 특성의 일부 영역이 작동하는 p-n 접합소자이다. 터널 다이오드에서의 동작과정을 시발시키는 데는 무시할 수 있을 정도의 역방향 바이어스가 필요하지만, 역방향 전류에 대한 터널링과정은 본질적으로는 제너(Zener)효과와 같다. 이 소자는 고속 스위칭 및 논리회로를 포함한 여러 가지 응용에 사용할 수 있다. 본 절에서 알 수 있을 것이지만, 터널 다이오드[이와 관련해 1973년에 노벨상을 받은 에사키(L. Esaki) 때문에 자주 에사키 다이오드라 불린다]는 *I-V* 특성의 일부에서 음성저항(negative resistance)의 중요한 특징을 나타낸다.

10.1.1 축퇴된 반도체

지금까지 비교적 순수한 반도체의 성질을 검토하였다. 즉, 어떤 도핑도 그 물질의 전체 원자밀도의 작은 부분을 나타낸 것들이었다. 이들 적은 수의 불순물 원자들은 그 시료 전체에 광범위하게 퍼져 있으므로, 그 도너나 억셉터준위 그들 자체 내에서는 하등의 전하전도성이 생길 수 없다고 자신할 수 있었다. 고농도의 경우, 불순물이 그 격자 내에 매우 조밀하게 분포되어 있어서 도너의 준위를 개별적인 상호작용 없는 에너지상태로 되어 있다고 생각할 수 없다. 그 대신 이 도너상태는 전도대역 저부와 겹쳐진 대역을 이룬다. 전도대역의 전자농도 n이 유효상태밀도 N_c를 초과하면, 페르미준위는 이미 에너지 대역간극 부분에는 없고 전도대역 내에 있게 된다. 이와 같이 될 때 이 물질을 **축퇴된**(*degenerated*) n형이라고 한다. 이와 유사한 축퇴된 p형 물질의 경우는 억셉터농도가 매우 크고 페르미준위가 가전자대역 내에 있을 때 생긴다. E_F보다 낮은 에너지상태는 거의 채워져 있고, E_F보다 위쪽의 에너지상태는 페르미 통계로써 지시된 작은 분포를 제외하면 거의 비워져 있다는 것을 상기하자. 따라서 축퇴된 n형 시료에는 E_c와 E_F 사이의 거의 대부분의 영역이 전자로 채워져 있고, 축퇴된 p형에서는 E_v와 E_F 사이의 영역이 거의 완전하게 정공으로 채워져 있다.

두 개의 축퇴된 반도체 사이의 p-n 접합을 에너지대역을 사용하여 그림 10-1a에 나타내었다. 이것은 평형상태이며, 이때의 페르미준위는 접합을 일관하여 일정하다. E_{Fp}는 p형 쪽의 가전자대역 끝부분보다 아래쪽에 있고, E_{Fn}형 쪽 전도대역 끝부분 위쪽에 있음을 알 수 있다. 따라서 에너지대역은 에너지눈금에서 E_F가 일정하기 위해서는 겹쳐져야 한다. 이 대역의 겹침은 매우 중요하며, 작은 순방향 또는 역방향 바이어스로써 충만된 에너지상태와 공유상태가 서로 반대쪽에, 본질적으로 공핍영역폭만큼 떨어져서 나타남을 의미한다. 만일 합금형 접합에서와 같이 금속학적 접합부가 급준하게 되어 있으면, 이 공핍영역은 이와 같이 큰 도핑영역에 대해서는 매우 좁게 될 것이며, 접합에서의 전계는 매우 크게 될 것이다. 따라서 전자 터널링 요건이 만족된다. 즉, 충만대역(꽉 찬 상태)과 전위대역(빈 상태)이 유한한 높이를 갖는 전위장벽으로 좁게 분리되어 있다. 그림 10-1에서는 설명의 편의상 한 분포가 수반하는 조건하에서 대역이 페르미준위까지 충만된 것으로 나타나 있다.

평형상태에서 대역이 겹쳐지므로 작은 역방향 바이어스(그림 10-1b)로, 전자들은 E_{Fp} 이하의 충만된 가전자대역 상태로부터 E_{Fn} 위쪽의 공위의 전도대역 상태로 터널링할 수 있게 된다. 이 상태는 대역이 겹쳐지는 상태를 만드는 데 어떤 바이어스도 필요하지 않다는 것을 제외하고는 제너효과와 비슷하다. 역방향 바이어스가 증가됨에 따라 E_{Fn}은 E_{Fp}에 대하여 에너지눈금을 아래쪽으로 계속 내려가게 되어, p형 쪽의 충만된 상태가 더 많이 n

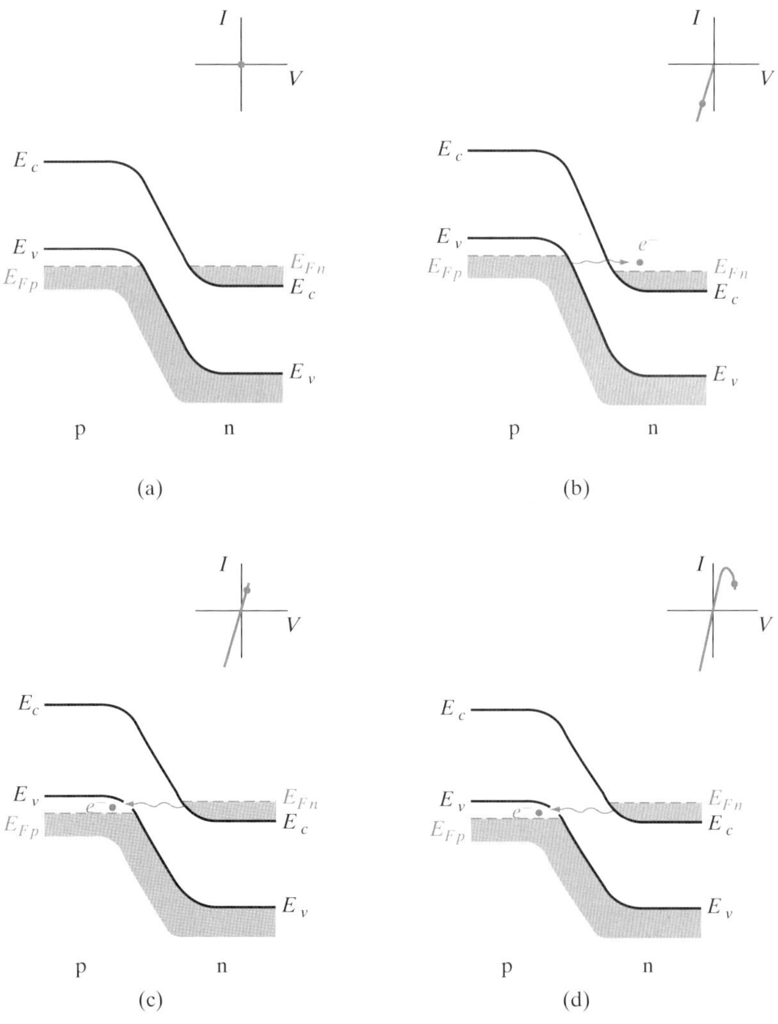

그림 10-1 터널 다이오드의 에너지대역도와 여러 가지 바이어스 상태에 대한 I–V 특성: (a) 평형(0 바이어스)상태, 실질적인 터널링 없음; (b) 작은 역방향 바이어스, p형에서 n형으로의 전자 터널링; (c) 작은 순방향 바이어스, n형에서 p형으로의 전자 터널링; (d) 증대된 순방향 바이어스, n형에서 p형으로의 전자 터널링은 에너지대역들이 서로 엇갈려서 지나감에 따라 감소함.

형 쪽의 공위의 상태 반대편에 자리잡게 된다. 따라서 p형에서 n형으로의 전자의 터널링은 증가하는 역방향 바이어스와 더불어 증가한다. 이로 인한 보통의 다이오드에서 볼 수 있는 전류는 전자흐름의 반대, 즉 n형에서 p형으로 흐르게 된다. 평형상태에서는(그림 10-1a) n형에서 p형으로, 또 p형에서 n형으로 같은 터널링이 생겨 실질적인 전류는 0 전류가 이룩된다.

작은 순방향 바이어스가 인가될 때(그림 10-1c) E_{Fn}은 E_{Fp}에 관하여 qV만큼 에너지가 상승한다. 따라서 n형 쪽의 E_{Fn}보다 낮은 위치의 전자들은 p형 쪽의 E_{Fp} 이상의 공위의 상태 반대편에 위치하게 된다. 전자의 터널링은 그림과 같이 n형에서 p형으로 일어나며, 그 결과 전형적인 p형으로부터 n형으로의 전류를 이룩한다. 이 순방향 터널링전류는 더욱 많은 충만된 상태가 공위의 상태 반대편에 위치하게 되기 때문에 증가하는 바이어스와 더불어 계속해서 증가한다. 그러나 E_{Fn}이 E_{Fp}에 대하여 계속 상승함에 따라 이들의 대역들이 서로 엇갈려 지나치기 시작하는 점에 이르게 된다. 이와 같이 될 때는 공위의 상태 반대편에 있는 충만된 상태의 수는 감소한다. 그 결과로 생긴 터널링전류의 감소를 그림 10-1d에 나타내었다. *I-V* 특성의 이 영역은 증가하는 바이어스에 따르는 터널링전류의 감소가 음의 기울기를 만든다는 점에서 중요하다. 즉, 동적 저항(*dynamic resistance*) dV/dI는 음이다. 이 음성저항영역은 발진기에서 유용하다.

순방향 바이어스가 음성저항영역을 넘어서 증가하면 전류는 다시 증가하기 시작한다(그림 10-2). 일단 에너지대역을 서로 지나치게 되면 그 특성은 전형적인 다이오드의 그것과 비슷하게 된다. 이제 순방향 전류는, 전자가 n형에서 p형으로 전위장벽을 넘고 정공이 p형 쪽에서 n형 쪽으로 그들의 전위장벽을 넘는 확산전류에 의해 주도되게 된다. 물론 이 확산전류는 순방향의 터널링영역에도 있다. 그러나 그것은 터널링전류에 비하여 무시할 수 있다.

전체적인 터널 다이오드 특성(그림 10-3)은 일반적으로 (약간 상상을 가하면) N자 모양을 이룬다. 따라서 이 특성은 N형 음성저항(*type-N negative resistance*)을 나타낸다고 보

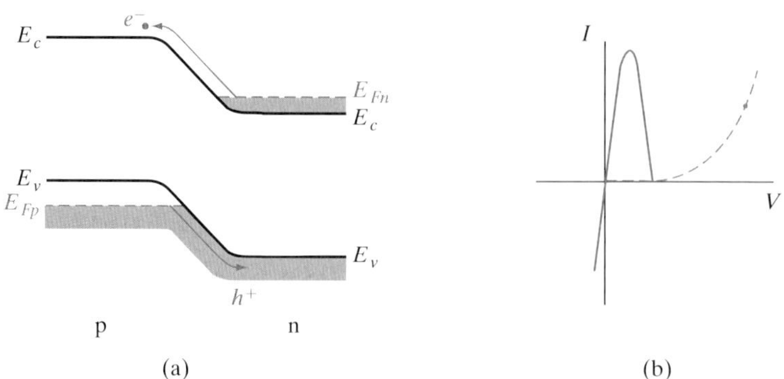

그림 10-2 터널링전류영역을 넘어선 터널 다이오드에 대한 대역도(a)와 I–V 특성(b). (b)에서는 터널링전류 성분은 실선으로, 확산전류 성분은 점선으로 표시되어 있다.

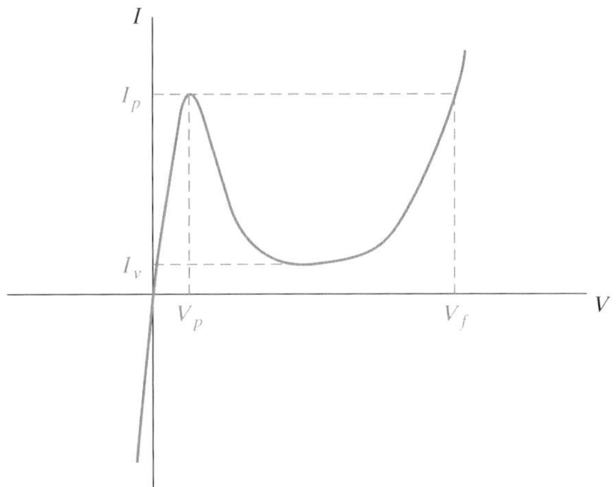

그림 10-3 전체 터널 다이오드 특성

통 말한다. 이것은 또 전압제어 음성저항(*voltage-controlled negative resistance*)이라고도 하는데, 이것은 전류가 어떤 임계전압[이 경우에는 최대의 순방향 터널링이 생기는 점에서 취한 피크전압(*peak voltage*) V_p]에서 급격하게 감소됨을 뜻한다.

피크 터널링전류(*peak tunneling current*) I_p와 계곡전류(*valley current*) I_v(그림 10-3)는 주어진 물질의 다이오드에 대한 음성저항 기울기의 크기를 결정해 준다. 그래서 비 I_p/I_v를 종종 터널 다이오드의 특성지수(figure of merit)로 사용한다. 비슷하게 하여 비 V_p/V_f는 두 개의 양성저항영역 사이의 전압범위폭의 척도가 된다.

터널 다이오드의 음성저항은 스위칭, 발진, 증폭 및 기타 회로 기능을 얻기 위하여 여러 가지 방법으로 사용될 수 있다. 터널링과정이 표동과 확산의 시간적 지연을 나타내지 않는다는 사실과 결부된 이 광범위한 응용에 있어서, 어떤 고속회로에는 터널링 다이오드를 자연적으로 선택하게 만들고 있다. 그러나 터널 다이오드는 비교적 낮은 전류에서의 동작과 다른 소자들과의 경합 때문에 널리 보급되지는 못하고 있다.

10.2 IMPATT 다이오드

이 절에서는 캐리어 주입과 주행시간 효과의 결합으로써 동작되는 마이크로파 음성 컨덕턴스 소자의 한 양식을 설명한다. 단순한 p-n 접합 또는 그 구조에서 변형된 다이오드가 직류 바이어스에 교류전압을 중첩하여 터널링이나 애벌랜치 항복이 일어나도록 바이어스된다. 주입과정에 의해 생성된 캐리어는 표동영역을 통해 소자의 단자 쪽으로 쓸려간다. 바이어스와 소자의 배치가 적절한 조건을 이룰 때, 결과적인 전류의 교류성분은 인가전압과 약 180°의 위상차를 갖게 되며, 이로 인해 공진회로에서 음성 컨덕턴스와 발진을 일으키게 됨을 알 수 있다. 주행시간 소자는 직류를 매우 높은 효율로 마이크로파 교류신호로 변화시킬 수 있으며, 여러 가지 응용에 대한 마이크로파 전력을 생성시키는 데 있어 매우 유용하다.

주행시간 효과를 이용하는 마이크로파 소자는 리드(W. T. Read)에 의해 처음으로 제안되었으며, 그림 10-4와 같은 n^+-p-i-p^+형 구조를 갖고 있다. 이 소자는 표동영역으로 캐리어를 주입함으로써 동작되며, 충격 애벌랜치 주행시간(*impact avalanche transit time; IMPATT*) 다이오드라 한다. IMPATT 동작은 보다 간단한 구조에서도 얻을 수 있으나, 기본원리를 설명하는 데는 리드(Read) 다이오드가 가장 적당하다. 이 소자는 본질적으로 두 개 영역으로 구성되어 있다. 즉, (1) 애벌랜치 증식작용이 발생하는 n^+-p형 영역과, (2) 생성된 정공이 p^+형 접촉부로 이동하는 데 있어 표동하여 통과할 (본질적으로는 진성 반도체인) i형 영역이다. 비슷한 소자를 p^+-n-i-n^+형의 배치로서도 구성할 수 있으며, 여기서는 애벌랜치 증식작용의 결과로 생긴 전자가 i형 영역을 통과하여 표동하는데, 전자는 정공에 비해 높은 이동도를 갖는 장점이 있다.

IMPATT 동작의 상세한 계산은 복잡하고 일반적으로 컴퓨터에 의한 해답이 필요하지만, 기본적인 물리기구는 간단하다. 본질적으로 이 소자는 교류전압이 양이 되는 주기에서 전류의 교류성분이 음이 될 때, 또는 이와 반대되는 경우 음성 컨덕턴스 양식으로 동작한다. 이 음성 컨덕턴스는 전류가 전압에 대해 시간적으로 뒤지게 하는 두 가지 과정, 즉 (1) 애벌랜치 과정에 의한 지연과 (2) 캐리어가 표동영역을 가로질러 이동함으로써 발생하는 추가적인 지연으로 인해 발생한다. 이 지연시간의 합이 근사적으로 동작주파수의 반주기가 되면 음성 컨덕턴스가 생기고, 이 소자는 발진과 증폭에 사용될 수 있다.

다른 관점에서 보면 교류 컨덕턴스는 캐리어 흐름의 교류성분이 교류전계의 영향과 반대로 표동할 때 음성으로 된다. 예를 들어, 그림 10-4의 소자에 직류 역방향 바이어스를 인가하면 정공은 예상되는 바와 같이 왼쪽에서 오른쪽으로(전계방향으로) 표동한다. 이제

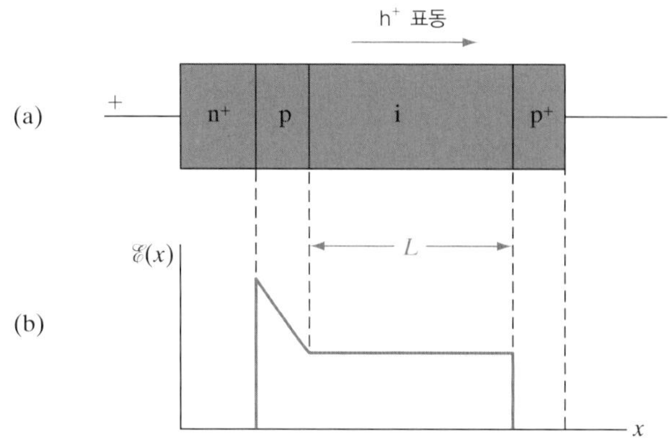

그림 10-4 리드 다이오드: (a) 기본적인 소자 배치; (b) 역방향 바이어스가 인가된 상태에서 소자 내의 전계분포.

전계 $\mathscr{E}$가 음의 반주기 동안 감소하도록 교류전압을 중첩시키면, 일반적으로는 정공의 표동 역시 감소할 것으로 예상된다. 그러나 IMPATT 동작에서 i형 영역을 통하는 정공의 표동은 실제로는 교류전계가 감소하는 동안에 증가한다. 이것이 어떻게 일어나는가를 보기 위해서 인가전압 주기의 여러 점에서 애벌랜치와 표동의 영향을 고찰해 보자(그림 10-5).

논의를 간단히 하기 위해서, p형 영역은 매우 좁고 모든 애벌랜치 증식작용이 n^+-p 접합 부근의 얇은 영역에서 일어난다고 가정한다. 좁은 p형 영역에서의 전계는 균일한 값으로 근사시킨다. 애벌랜치에 대한 임계값 $\mathscr{E}_a$가 n^+-p형 공간전하영역에서 충족되도록 직류 바이어스를 인가하면(그림 10-5a), $t = 0$에서 애벌랜치 증식이 시작된다. 이 애벌랜치로 생성된 전자는 n^+형 영역으로 이동하고 정공은 i형 표동영역으로 들어간다. 이 소자는 마이크로파 공진회로에 장착되어 교류신호가 주어진 주파수로 유지될 수 있게 되어 있다고 가정한다. 인가 교류전압이 더욱 양으로 됨에 따라 더 많은 정공이 애벌랜치 영역에서 생성된다. 사실상 증식과정에 의해 생성된 정공의 펄스(점선으로 표시된 것)는 전계가 $\mathscr{E}_a$ 이

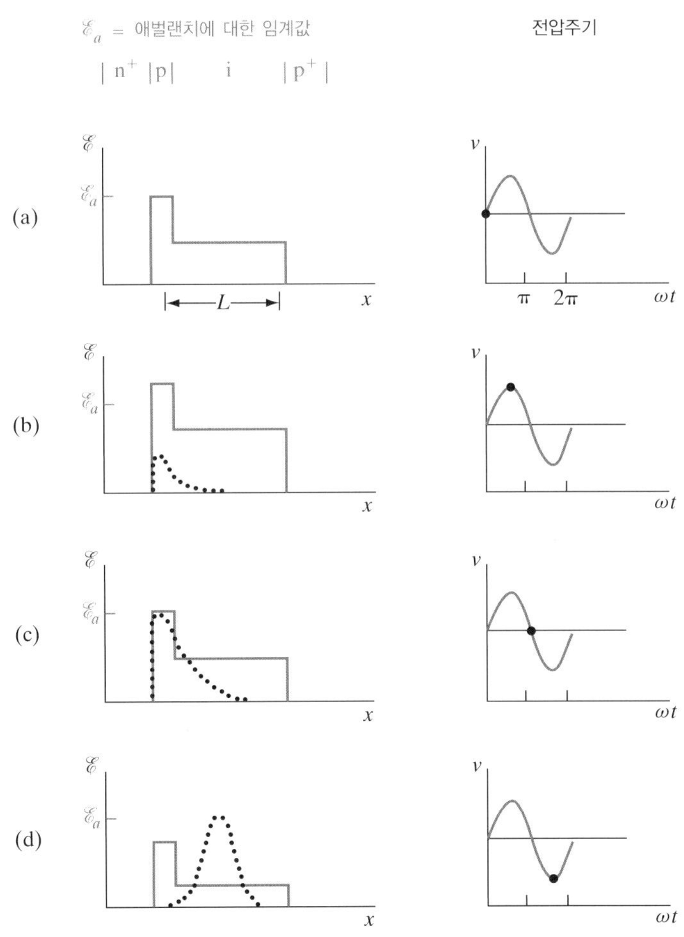

그림 10-5 리드 다이오드에서 인가전압의 한 주기 동안 정공 생성과 표동의 시간의존성: (a) $\omega t = 0$; (b) $\omega t = \pi/2$; (c) $\omega t = \pi$; (d) $\omega t = 3\pi/2$. 정공의 펄스는 전계 그림에 점선으로 그려져 있다.

상인 동안은 계속 성장한다(그림 10-5b). 애벌랜치 증식작용에 의한 이 입자의 흐름은 이 전계가 임계값 이상인 동안은 시간과 더불어 지수함수적으로 증가함을 알 수 있다. 이와 같은 성장의 중요한 결과는 정공 펄스의 최고값이 전압이 최대가 되는 $\pi/2$에서가 아니고, π에서 도달된다는 것이다(그림 10-5c). 따라서 애벌랜치 과정 자체에서 본질적으로 $\pi/2$의 위상지연이 생긴다. 추가적인 지연은 표동영역에서 제공된다. 일단 애벌랜치 증식이 중단되면($\omega t > \pi$), 정공의 펄스는 단순히 p^+형 접촉부로 표동된다(그림 10-5d). 그러나 이 과정 동안 교류 단자전압은 음이다. 따라서 동적 컨덕턴스는 음이고 에너지가 교류전계 쪽으로 공급된다.

이 표동영역의 길이를 적절하게 선정하면, 정공의 펄스는 전압주기가 완결되는 순간에 p^+형 쪽 접촉부에서 집속되며 이 주기 자체가 되풀이된다. 주행시간이 발진주기의 반이 되도록 선정한다면, 이 펄스는 음의 반주기 동안 i형 영역의 길이 L을 통과하여 표동할 것이다. 즉,

$$\frac{L}{v_d} = \frac{1}{2}\frac{1}{f}, f = \frac{v_d}{2L} \tag{10-1}$$

여기서 f는 동작주파수이고, v_d는 정공의 표동속도이다.[1)] 따라서 리드 다이오드에 대한 최적주파수(optimum frequency)는 표동영역을 가로지르는 정공 주행시간의 역수 v_d/L의 반이 된다. 이 소자에 대한 적절한 공진회로를 선택함에 있어 파라미터 L은 결정적인 것이다. 예를 들어, Si에 대해 $v_d = 10^7$ cm/s로 하면 i형 영역의 길이가 5 μm인 소자의 최적 동작주파수는 $f = 10^7/2(5 \times 10^{-4}) = 10^{10}$ Hz이다. 음성저항은 정확히 180°의 위상지연이 생기는 이 최적주파수를 약간 전후한 주파수에서 IMPATT 다이오드에 의해 나타난다. 소신호 임피던스를 주의깊게 분석해 보면 음성 컨덕턴스에 대한 최소 주파수가 식 (10-1)로 기술되는 주파수 부근의 주파수에 대하여 직류 바이어스 전류의 제곱근에 따라 변한다는 것을 알 수 있다.

그림 10-4의 리드 다이오드가 IMPATT 소자의 동작을 가장 직접적으로 보여주고 있지만, 더 간단한 구조가 이용될 수 있으며 어떤 경우에는 이것이 좀더 효율적일 수도 있다. 음성 컨덕턴스는 단순한 p-n 또는 p-i-n 소자에서도 얻을 수 있다. p-i-n의 경우 인가전압의 대부분은 균일한 애벌랜치 영역과 또한 표동영역의 역할을 하는 i 영역에 걸쳐 나타난다. 따라서 리드 다이오드에서는 분리되어 있는 애벌랜치와 표동에 기인하는 지연의 두 과정은 p-i-n의 i 영역 내에 분포한다. 이것은 전자와 정공 모두가 애벌랜치와 표동과정에 참여하게 된다는 것을 의미한다.

1) 일반적으로 v_d는 국부적인 전계의 함수이다. 그러나 이 소자는 보통 i형 영역에 충분히 큰 전계가 인가된 상태로 동작되므로, 정공은 그들의 산란제한속도(scattering limited velocity)로 표동한다(그림 3-24). 이 경우 표동속도는 교류에 의한 전계의 변화에 의해서는 눈에 보일 정도로는 변하지 않는다.

10.3 건(GUNN) 다이오드

전송전자(*transferred electron*)기구에 의해 동작되는 마이크로파 소자를, 흔히 이와 같은 발진양식의 하나를 처음으로 증명한 건(J. B. Gunn)의 이름을 따서 건 다이오드(*Gunn diode*)라 한다. 앞으로 검토해 볼 것이지만 이들 소자에 대해서는 많은 동작양식이 있다. 전송전자기구에 있어서 일부 반도체의 전도전자는 강전계의 영향으로 큰 이동도의 상태에서 낮은 이동도의 상태로 전송된다. 이 기구가 적용되는 다이오드에서 음성 컨덕턴스 동작이 이루어질 수 있으며,[2] 그 결과는 다양하고 또 마이크로파 회로에서 유용하다.

우선, 전자전송의 과정과 이로 인해 생기는 이동도 변화를 기술할 것이다. 그 다음 이 기구를 이용한 다이오드에 대한 동작양식의 일부를 고찰할 것이다.

10.3.1 전송전자기구

3.4.4 절에서 강전계가 인가되었을 때 발생하는 이동도의 비선형성을 검토하였다. 강전계가 인가될 때 대부분의 반도체에서 캐리어들은 산란제한속도에 도달하며, 속도 대 전계의 관계도는 포화상태를 이룬다(그림 3-24). 그러나 일부 물질에서는 전자의 에너지가 인가전계에 의해 상승되어 전자가 전도대역의 한 영역으로부터 다른 영역, 즉 보다 높은 에너지를 갖는 영역으로 전송될 수 있다. 일부 에너지대역 구조에서 이와 같은 전자전송으로 인해 음성 컨덕턴스가 생길 수 있다. 이 과정을 보다 쉽게 이해하기 위해 3.1 절의 에너지대역을 상기하자.

GaAs에 대한 간략화된 에너지 $E(k)$ 대역도를 참고로 그림 10-6에 나타내었다. 일부 상세한 것은 대역 간 전자전송의 본질적인 특색을 따로 설명하기 위하여 이 그림에서는 생략되어 있다. n형 GaAs에서 가전자대역은 충만되어 있고, 보통 전도전자들이 $\Gamma(\mathbf{k} = 0)$에서의 전도대역 중앙계곡(*central valley*)[또는 극소점(*minimum*)]에 존재하고 있다. 좀 더 큰 에너지 위치에서는 일련의 종속적인 극소점들(*subsidiary minima*)[때로는 위성계곡(*satellite valley*)이라 함]이 L에 있으며,[3] 이들 극소점은 중앙계곡보다 수 kT 위쪽에 있으며 보통은 비어 있다. 따라서 Γ에서 이 직접형 에너지 대역간극과 $\mathbf{k} = 0$에 중심을 둔 에너지대역들은 일반적으로 GaAs에서의 전도과정을 설명하는 데 이용된다. 예를 들어, 8.4 절에서 GaAs 레이저에 관한 검토의 경우가 그러하였다. 그러나 L에서 이 위성계곡의 존재는 건효과에 대해서는 결정적이다. 이 물질이 어떤 임계값(약 3000 V/cm) 이상의 전계의 영향 아래에 있으며, 그림 10-6의 중앙 Γ 계곡에 있는 전자는 계곡 간을 분리시키고 있

---

2) 이들은 2단자 소자이기 때문에 이러한 소자를 다이오드라 부르기도 하지만, p-n 접합은 존재하지 않는다. 건(Gunn)효과 및 이와 관련된 소자들은 기판에서의 불안정 특성을 사용하는데, 따라서 접합이 요구되지 않는다.

3) 편의상 한 개의 위성계곡만을 보였으나 **k**-공간이 다른 방향에 대하여 등가적인 계곡들이 있다. 유효질량비 0.55는 이들 결합된 위성계곡에 대하여 언급한 것이다.

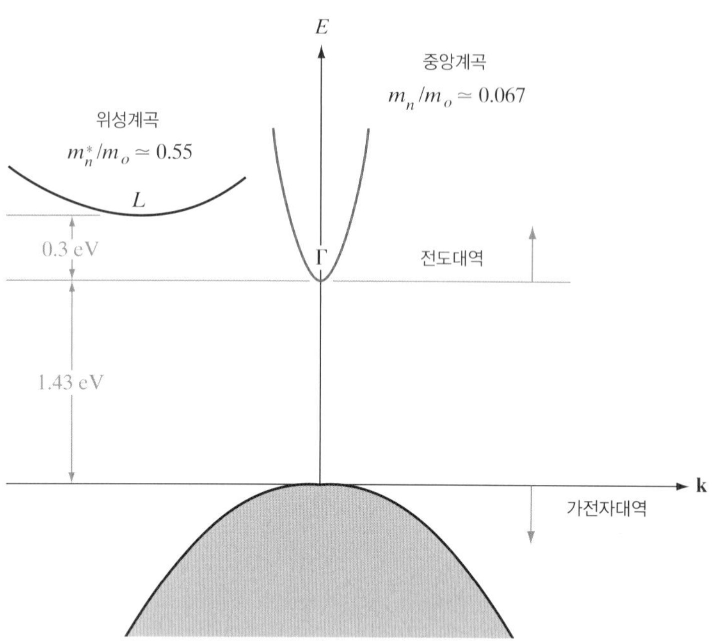

그림 10-6 전도대역의 하층계곡(Γ)과 상층계곡(L)을 설명하기 위한 GaAs에 대한 단순화된 에너지대역도

는 0.30 eV 이상의 에너지를 얻는다. 따라서 L에서 좀더 큰 에너지의 위성계곡으로의 상당한 전자산란이 발생하게 된다.

일단 전자가 전계로부터 충분한 에너지를 얻어 좀더 높은 에너지의 계곡으로 전송되면, 그들은 전계가 이 임계값보다 큰 동안 그곳에 머물러 있다. 이는 높은 에너지 계곡에 대한 결합된 유효상태밀도가 중앙계곡에 대한 값보다 매우 크다(약 24배 정도)는 사실로 설명할 수 있다. 여기서 증명은 하지 않겠지만 이들 계곡 사이에서의 전자의 산란확률은 각각의 경우 유효상태밀도에 의존하며, 많은 수의 상태(밀도)를 갖는 계곡에서 작은 수의 상태(밀도)를 갖는 계곡으로의 (전자의) 산란은 일어나지 않을 것으로 생각된다. 그 결과 일단 전계가 임계값 이상으로 증가하면 GaAs의 대부분의 전도전자는 위성계곡에 존재하여 전도대역 중 그 영역의 대표적인 특성을 나타낸다. 특히 높은 쪽 L 계곡에 있는 전자의 유효질량은 중앙계곡에 있는 것의 거의 8배나 되며 전자의 이동도는 훨씬 낮다. 이것이 음성전도도(conductivity)를 일어나게 하는 중요한 기구이다. 즉, 전계가 증가됨에 따라 전자속도는 임계전계값에 이르기까지는 증가하고, 다음에 그 이상으로 전계가 증가함에 따라 전자의 속도는 오히려 느려진다. 이 전자전송과정은 전계값의 어떤 범위에서 전자가 속도를 희생하고 에너지를 얻도록 해 준다. 전류밀도를 qv_dn으로 취하면 전계가 이 범위에 있을 때 전류 또한 감소되어 음성 미분전도도 $dJ/d\mathscr{E}$가 생길 것이 분명하다.

전자전송이 가능한 물질에서 전계에 대한 전자속도의 의존성을 그림 10-7에 나타내었다. 전계가 낮은 경우, 전자는 전도대역의 낮은(Γ) 계곡에 존재하고, 또 이동도($\mu_\Gamma = v_d/\mathscr{E}$)는 크며, 전계에 대해 일정한 값을 갖는다. 전계가 큰 경우, 전자는 속도와 이동도가 작은

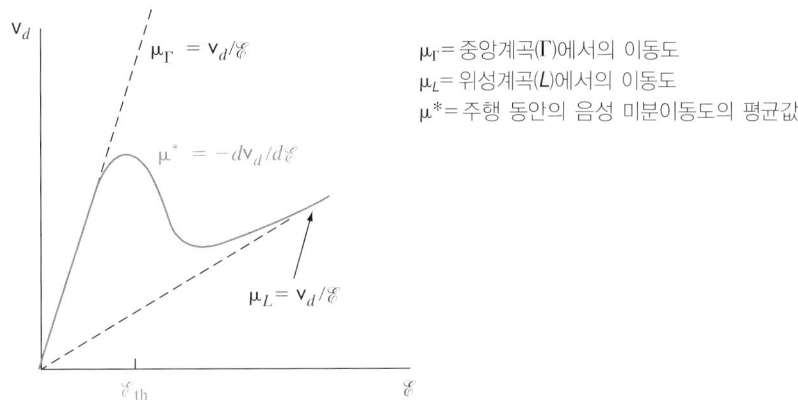

그림 10-7 전송전자기구를 보여주는 반도체에 대한 전자표동속도와 전계 사이의 특성 곡선

위성계곡으로 전송된다. 이들 두 개 상태 사이가 v_d 대 $\mathscr{E}$ 관계도에서의 특성 곡선이 음의 기울기를 갖는 영역이며 음성 미분이동도 $dv_d/d\mathscr{E} = -\mu^*$ 를 나타낸다.[4)]

GaAs와 InP에 대한 전자표동속도의 실제적인 전계의존성을 그림 10-8에 나타내고 있다. InP에서는 전자전송에 의한 음성저항이 보다 높은 전계에서 발생하고 Γ에서 L로의 전송이 발생하기 전에 전자는 좀더 높은 피크속도를 얻는다.

전계가 증가함에 따라 이동도가 저하하고 그 결과로서 음성 컨덕턴스가 일어날 수 있는 가능성은 건(Gunn)이 GaAs에서의 이 효과를 증명하기 수년 전에 리들리(Ridley)와 왓

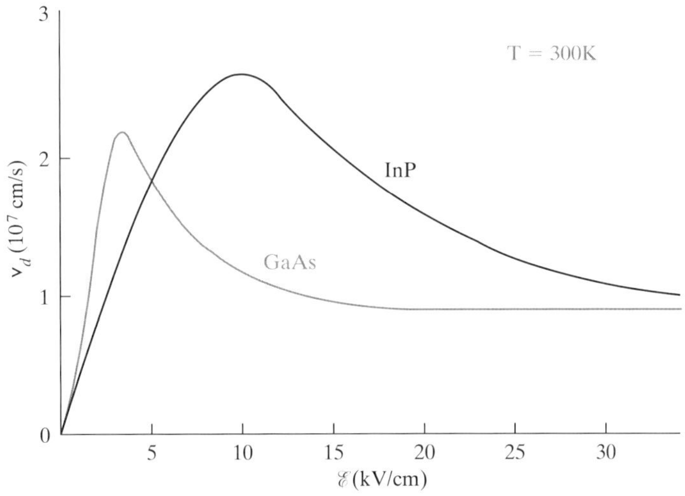

그림 10-8 GaAs와 InP에 대한 전자표동속도와 전계와의 관계

4) μ^*가 상수가 아니고 전계에 따라 변하는 변수이기 때문에 간략한 근사법이다; 도메인이 성장함에 따라 음성 유전완화시간이 시간에 따라 변한다.

킨스(Watkins) 그리고 힐섬(Hilsum)에 의해서 예언되었다. 따라서 전자전송기구는 흔히 리들리-왓킨스-힐섬 기구라고도 한다. 이 음성전도도의 효과는 반도체의 체적 특성에만 의존하며, 접합이나 표면효과에는 의존하지 않는다. 따라서 이를 **체적 음성 미분전도도** (*bulk negative differential conductivity*; *BNDC*) 효과라 한다.

10.3.2 공간전하영역의 형성과 표동

GaAs의 시료가 바이어스되어 전계가 음성전도도 영역에 들어가게 되면 그 결과 공간전하의 불안정성이 생기며 이 소자는 직류 안정상태로 유지될 수 없다. 이들 불안정성의 형성을 이해하기 위하여 우선 보통 반도체에서의 공간전하 손실을 생각해 보자. 연속방정식을 해석하면, 국부화된 공간전하는 양의 저항을 갖는 균일시료에서는 시간과 더불어 지수함수적으로 소멸됨을 알 수 있다(연습문제 10.3). 초기 공간전하가 Q_0라면 순간적인 전하는

$$Q(t) = Q_0 e^{-t/\tau_d} \tag{10-2}$$

이고, 여기서 $\tau_d = \epsilon/\sigma$를 **유전완화시간**(*dielectric relaxation time*)이라 한다. 이 과정 때문에 불규칙한 캐리어농도의 요동(fluctuation)이 급속하게 중화되며, 공간전하중성은 보통의 전도도 영역에서 사용하는 대부분의 반도체에 대하여 근사적으로 잘 맞는다. 예를 들어, 1.0 Ω-cm의 Si 또는 GaAs 시료에 대한 유전완화시간은 약 10^{-12} s이다.

식 (10-2)로부터 전도도가 음인 경우에 다소 주목할 만한 결과를 얻을 수 있다. 이 경우 τ_d 역시 음이며 또 공간전하의 요동은 퇴색하기보다는 오히려 시간과 더불어 지수함수적으로 증대된다. 이것은 캐리어 분포의 정상적인 불규칙한 요동이 이 시료에서 큰 공간전하영역으로 성장할 수 있음을 의미한다. 음성전도도의 영역으로 바이어스된 GaAs 시료에서 어떻게 이러한 일이 생기는가를 살펴보자. 그림 10-9a에는 n형 GaAs에 대한 속도-전계 특성을 나타내었다. 이 소자의 어떤 영역에서 전자농도가 약간 이동하게 되면 그림 10-9b에서 보인 것과 같이 쌍극자층(dipole layer)이 형성될 수 있다. 정상적인 상태라면 이 쌍극자는 급속히 소멸된다. 그러나 음성전도도의 상태에서 이 쌍극자층 내의 전하와 국부적인 전계는 그림 10-9c에 보인 바와 같이 증대된다. 물론 이 증대는 음극에서 양극으로 표동하는 전자의 흐름 속에서 생기며, 또 이 쌍극자층[이하 **도메인**(*domain*)이라 한다]은 성장하면서 이 흐름과 더불어 표동한다. 궁극적으로 이 표동하는 도메인은 양극(anode)에 도달하고, 그곳에서 외부회로에 전류의 펄스로서 에너지를 방출하게 된다.

이 도메인의 초기 성장 중에 인가전압의 증가분은 도메인을 가로질러서 나타나며, 이 반도체 막대의 나머지 부분에서의 전계는 증가할 수 없으며, 오히려 줄어들게 된다. 즉, 막대 속에 하나의 도메인이 형성되면, 막대의 나머지 부분에서의 전계는 음성전도도를 갖기 위한 문턱값 이하로 급속히 떨어지게 되며, 이로 인해 하나의 막대 속에 여러 개의 도메인이 동시에 존재할 수 없다. 이 바이어스가 직류이면 이동하는 도메인 밖의 전계는 그림 10-9a의 A와 같은 양의 전도도를 갖는 점에서 안정화될 것이며, 도메인 내의 전계는 높

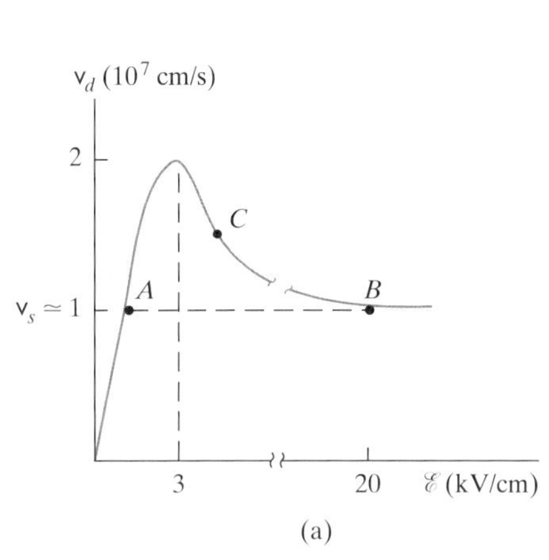

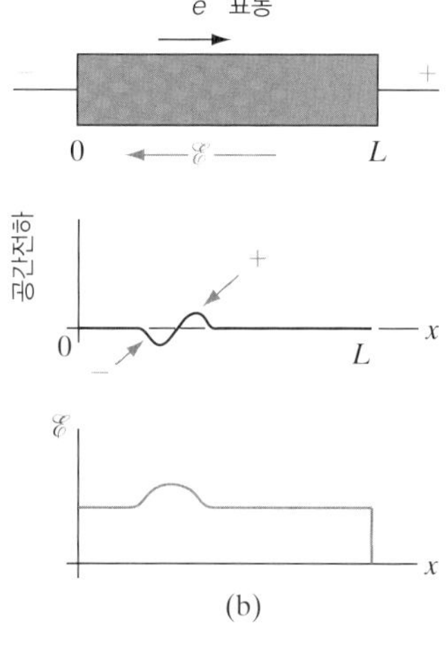

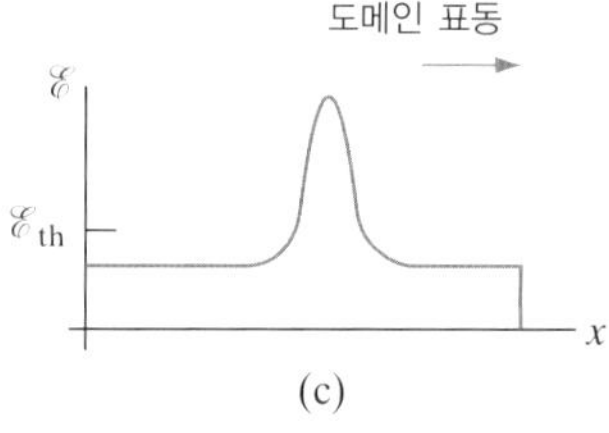

그림 10-9 GaAs에서 공간전하 도메인의 증대와 표동: (a) n형 GaAs에 대한 속도-전계 특성; (b) 쌍극자층의 형성; (c) 음성전도도의 상태에 대한 쌍극자의 성장과 표동.

은 전계값 B에서 안정화를 이룰 것이다. 작은 한 쌍극자층은 불규칙한 잡음요동으로부터 [또는 결정결함, 도핑의 불균일성, 음극(cathode) 그 자체와 같은 영구적인 핵생성 위치(*nucleation site*)에서] 형성되고, 이 쌍극자층은 도메인으로 성장하여 이 반도체 막대를 따라 표동해 내려간다. 이 소자에서 발생된 열의 제거는 매우 심각한 문제이다. 전력소비는 10^7 W/cm^3 또는 그 이상(연습문제 10.5)이 될 수 있어 시료에 상당한 열이 발생한다. 연속적인 동작을 필요로 하지 않는 응용이라면, 마이크로파 펄스의 발진에서 수백 와트의 최대 전력을 얻을 수 있다.

10.4 p-n-p-n 다이오드

전자소자의 가장 보편적인 응용 중 하나는 소자가 "오프(off)", 즉 차단(*blocking*)상태에서 "온(on)", 즉 전도(*conducting*)상태로 변하게 하는 스위칭(switching)이다. 트랜지스터를 이와 같은 응용으로 사용하는 방법에 대해서는 이미 설명한 바 있으며, 그때는 베이스전류가 이 소자를 차단상태에서 포화상태로 구동한다. 비슷하게 다이오드나 기타 소자도 일종의 스위칭 역할을 할 수 있도록 사용할 수 있다. 많은 중요한 스위칭동작에 대한 응용이 있는데, 이들은 소자가 외부신호에 의하여 전도상태로 스위치될 때까지는 순방향 바이어스 아래서 차단상태에 머물러 있어야 한다. 이 조건을 충족시키는 몇 가지 소자가 개발되어 있는데, 이 장에서는 한 종류의 스위치, 즉 **반도체 제어형 정류기**(*semiconductor-controlled rectifier; SCR*)[5)]와 이와 관련된 소자에 대하여 검토하기로 한다. 이들 소자는 스위칭신호가 인가될 때까지는 순방향 바이어스에서 높은 임피던스(즉, "오프"상태)를 갖고, 스위칭된 후에는 낮은 임피던스(즉, "온"상태)를 갖는 특징을 나타낸다. 스위칭에 필요한 신호는 외부적으로 변화시킬 수 있으며, 따라서 이들 소자는 미리 정해진 준위에서 전류를 저지 또는 통과시키는 데 사용할 수 있다.

SCR은 제3단자의 작은 신호에 의해 "온"상태로 되기 전까지는 두 단자를 통하여 흐르는 전류를 효과적으로 차단하는 4층(p-n-p-n) 구조이다. 먼저 2단자 p-n-p-n 소자에서 전류의 흐름을 조사하는 것으로 시작하고, 이어 제3단자에 의한 전환시발(triggering)을 포함하여 논의를 확대한다. p-n-p-n 구조는 많은 목적에서 p-n-p와 n-p-n 트랜지스터의 조합으로 고려될 수 있으며, 7장에서의 해석은 이 특성을 이해하는 데 많은 도움을 줄 것이다.

10.4.1 기본구조

우선 p형 영역의 바깥쪽에 **양극**(*anode*) 단자 A와 n형 영역의 바깥쪽에 **음극**(*cathode*) 단자 K를 갖는 4층의 다이오드 구조를 고려해 보자(그림 10-10a). 양극에 가까운 접합을 j_1, 가운데의 접합을 j_2, 그리고 음극에 가까운 접합을 j_3라 하자. 양극을 음극에 대하여 양으로 바이어스할 때[v는 양(positive)], 이 소자는 순방향으로 바이어스된다. 그러나 그림 10-10b의 I-V 특성이 보여주는 바와 같이 이 다이오드의 순방향으로 바이어스된 상태는 높은 임피던스, 즉 **순방향 차단**(*forward-blocking*)상태와 낮은 임피던스, 즉 **순방향 전도**(*forward-conducting*)상태의 두 가지 분리된 상태로 고려할 수 있다. 여기에 예시한 소자의 순방향 I-V 특성은 임계피크 순방향 전압 V_p에서 차단상태에서 전도상태로 스위치되고 있다.

초기에 인가되는 양의 전압 v는 j_1과 j_3를 순방향 바이어스로, 그리고 가운데 접합 j_2를 역방향 바이어스로 만들게 된다는 사실을 생각하면 뒤에 검토할 전도기구를 예상할 수 있다. v가 증가함에 따라 차단상태에서 순방향 전압의 대부분은 역방향으로 바이어스된 접합 j_2를 가로질러서 나타날 것이다. 전도상태로 스위칭된 후에는 A에서 K에 이르는 전압은 매우 작고(1 V 이하), 이 상태에서는 세 개의 모든 접합은 순방향으로 바이어스되어야 한다고 결론을 내릴 수 있다. j_2가 역방향 바이어스에서 순방향 바이어스로 스위칭되는 기

5) 이 소자에 대해서는 Si가 가장 보편화된 물질이므로, 이는 종종 실리콘 제어형 정류기(siliconcontrolled rectifier)라고도 한다.

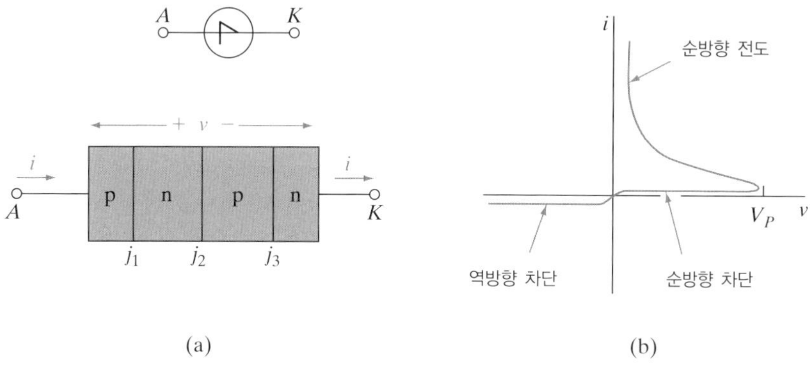

그림 10-10 2단자 p-n-p-n 소자: (a) 기본구조와 일반적인 회로기호; (b) I–V 특성 곡선.

구는 다음에서 검토할 대부분의 과제이다.

역방향 차단(*reverse-blocking*)상태[v는 음(negative)]에서는 j_1과 j_3는 역방향으로 바이어스되고 j_2는 순방향으로 바이어스된다. 양쪽에 있는 역방향으로 바이어스된 접합에 의해 순방향으로 바이어스된 j_2 접합으로 전자와 정공의 공급이 제한되기 때문에, 이 소자의 전류는 j_1과 j_3 부근에서 열적으로 생성되는 EHP에 의한 작은 포화전류로 한정되게 된다. 이 전류는 큰 역방향 바이어스가 인가되어 애벌랜치 항복(avalanche breakdown)이 발생할 때까지는 역방향 차단상태에서의 작은 값에 머물러 있다. 표면 항복에 대한 보호장치(guard)를 갖고 있는 적절히 설계된 소자에서는 이 역방향 항복전압이 수천 V가 될 수 있다. 다음으로 종종 쇼클리 다이오드(*Shockley diode*)라 부르는 이 소자가 순방향 차단상태에서 순방향 전도상태로 스위치되는 기구를 고찰하기로 하자.

10.4.2 2-트랜지스터 유사성

그림 10-10a의 4층 배열은 p-n-p-n형 다이오드를 두 개의 결합된 트랜지스터로 고려할 수 있음을 보여주고 있다. 즉, j_1과 j_2는 각각 p-n-p형 트랜지스터의 이미터와 컬렉터접합을 형성하며, 비슷하게 하여 j_2와 j_3는 n-p-n형의 컬렉터와 이미터접합을 이룬다(n-p-n형의 이미터는 오른쪽이며, 보통의 경우와는 반대방향으로 되어 있음을 주의할 것). 이 유사성에서 n-p-n형의 컬렉터영역은 p-n-p형의 베이스와는 공통으로 되어 있고, n-p-n형의 베이스는 p-n-p형의 컬렉터영역으로서의 역할을 하고 있다. 가운데 접합 j_2는 두 트랜지스터에 대하여 다같이 컬렉터접합의 역할을 하고 있다.

이 2-트랜지스터 유사성을 그림 10-11에 예시하였다. p-n-p형 트랜지스터 컬렉터전류 i_{C1}은 n-p-n형의 베이스를 구동하고, p-n-p형의 베이스전류 i_{B1}은 n-p-n형의 컬렉터전류 i_{C2}에 의해서 구동된다. 이미터-컬렉터 간의 전류전달률 α를 각 트랜지스터와 관련하여 생각한다면, 7장에서 설명한 해석법을 이용하여 전류 i를 계산할 수 있다. α_1은 p-n-p형 트랜지스터의 정규양식에 대한 전류전달률 α_N이고, α_2는 n-p-n형 트랜지스터의 정규양

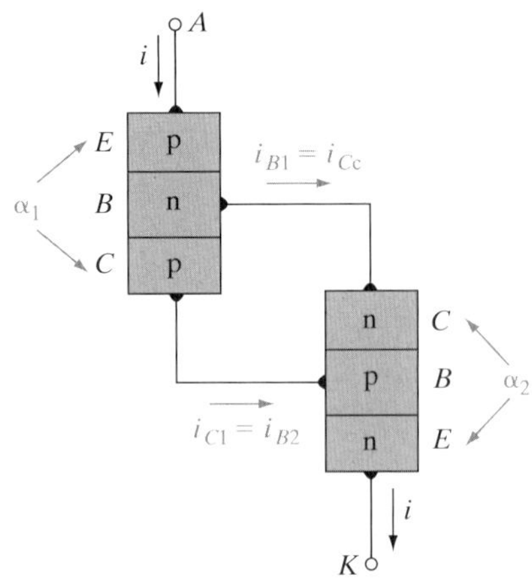

그림 10-11 p-n-p-n형 다이오드의 2-트랜지스터 유사성

식에 대한 전류전달률 α_N이며, 각 트랜지스터의 컬렉터 포화전류는 I_{CO1}과 I_{CO2}라고 할 때, 식 (7-37b)를 이용하여 다음 식을 구할 수 있다.

$$i_{C1} = \alpha_1 i + I_{C01} = i_{B2} \tag{10-3a}$$

$$i_{C2} = \alpha_2 i + I_{C02} = i_{B1} \tag{10-3b}$$

그러나 i_{C1}과 i_{C2}의 합은 이 소자를 통하는 전체 전류와 같다. 즉,

$$i_{C1} + i_{C2} = i \tag{10-4}$$

식 (10-3)을 이용하여 이 합을 계산하면 다음과 같다.

$$\begin{aligned} i(\alpha_1 + \alpha_2) + I_{C01} + I_{C02} &= i \\ i &= \frac{I_{C01} + I_{C02}}{1 - (\alpha_1 + \alpha_2)} \end{aligned} \tag{10-5}$$

식 (10-5)에서 알 수 있듯이, $\alpha_1 + \alpha_2$가 1에 비하여 작은 한 이 소자를 통해 흐르는 전류 i는 작다(근사적으로는 이 두 개의 등가적 트랜지스터의 컬렉터 포화전류의 합계). α의 합이 1에 접근함에 따라 전류 i는 급격하게 증가한다. 그러나 $\alpha_1 + \alpha_2$가 1에 가까워짐에 따라 유도식은 더 이상 타당성을 갖지 못하므로 식 (10-5)가 나타내고 있는 바와는 달리 그 전류가 한없이 증가하지는 않는다. 순방향 전도상태에서는 j_2가 순방향으로 바이어스되므로 스위치된 후에는 양쪽 트랜지스터 모두 포화상태가 된다. 소자가 순방향 전도상태에 있는 동안 두 트랜지스터는 계속 포화상태에 머물게 되며, 이로 인해 소자의 전류도 포화상태를 유지하게 된다.

10.4.3 주입에 따른 α의 변동

이 2-트랜지스터 유사성에서 스위칭이 일어나기 위해서는 $\alpha_1 + \alpha_2$가 1에 접근하도록 전류전달률 α가 증가되어야 함을 알 수 있으며, 따라서 트랜지스터에 대한 주입과 더불어 α가 변하는 상태를 살펴보면 도움이 될 것이다. 이미터-컬렉터 간 전류전달률 α는 7.2절에서 이미터 주입효율 γ와 베이스전송률 B와의 곱으로 주어져 있다. 주입에 따른 α의 증가는 이들 두 가지 인자 중의 어느 하나 또는 둘 다의 증가로써 일어날 수 있다. 매우 낮은 전류(p-n-p-n형 다이오드의 순방향 차단상태에서와 같이)에서 γ는 보통 이미터접합의 전이영역에서의 재결합에 의하여 주도된다(7.7.4절). 전류가 증가함에 따라 접합을 통한 주입은 전이영역 내에서의 재결합보다 우세해지기 시작하고(5.6.2절) γ는 증가한다. 베이스전송률 B가 주입과 더불어 증가하는 기구는 과잉 캐리어농도가 증가됨에 따라 재결합중심이 포화되는 것을 포함하여 몇 가지 있다. 어느 기구가 주체를 이루든지 간에 p-n-p-n형 다이오드의 스위칭에 필요한 $\alpha_1 + \alpha_2$의 증가는 자동적으로 이루어진다. 일반적으로 순방향 차단상태에서 $\alpha_1 + \alpha_2$를 1보다 작게 유지하는 데는 특별한 설계가 필요하지 않다. 왜냐하면 이 조건은 보통 j_1과 j_3의 전이영역 내에서 재결합의 우세로 말미암아 낮은 전류에서는 충족되기 때문이다.

10.4.4 순방향 차단상태

이 소자가 순방향 차단상태로 바이어스된 경우(그림 10-12a)에 인가전압 v는 주로 역방향으로 바이어스된 접합 j_2를 가로질러서 나타난다. j_1과 j_3는 순방향으로 바이어스되어 있기는 하지만 그 전류는 작다. 그 이유는 n_1으로 갈 수 있는 전자와 p_2로 갈 수 있는 정공의 공급을 생각해 보면 분명해진다. 우선 j_1에 관심을 집중하고 정공 하나가 p_1 영역에서 n_1 영역으로 주입된다고 가정하자. n_1 영역(혹은 j_1 전이영역)에서 이 정공이 전자 하나와 재결합한다면 n_1 영역에서 공간전하중성이 유지되기 위해서 새로운 전자 하나가 재공급되어야 한다. 그러나 이 경우 전자의 공급은 n_1 영역이 역방향으로 바이어스된 접합 j_2에서 끝이 나고 있기 때문에 심각하게 제한되어 있다. 보통의 p-n형 다이오드에서는 이 n형 영역이 옴(ohmic) 접촉으로 끝나 있어 재결합을 수용하는 데 필요한 전자의 공급(그리고 p형 영역으로의 주입)이 제한되지 않게 되어 있다. 그러나 이 경우 전자의 공급은 본질적으로 j_2의 확산거리 이내에서 열적으로 생성된 전자로 국한되어 있다. 결과적으로 j_1 접합을 통해 흐르는 전류는 근사적으로 j_2의 역방향 포화전류와 같다. j_3를 통해 흐르는 전류에 대해서도 비슷한 논리를 전개할 수 있는데, n_2 영역으로 주입되기 위해 필요한 정공과 p_2 영역에서 재결합하기 위해 필요한 정공은 중앙의 접합 j_2의 포화전류로부터 제공된다. 인가전압 v는 세 개의 접합 사이에서 적절하게 분배되며, 소자를 통해 흐르는 전류는 작은 값을 갖게 된다.

이 검토에서는 암암리에 j_2를 통해 흐르는 전류는 엄격히 열적으로 생성된 포화전류라고 가정하고 있다. 이것은 순방향으로 바이어스된 접합 j_3에 의해 주입된 전자의 상당수가

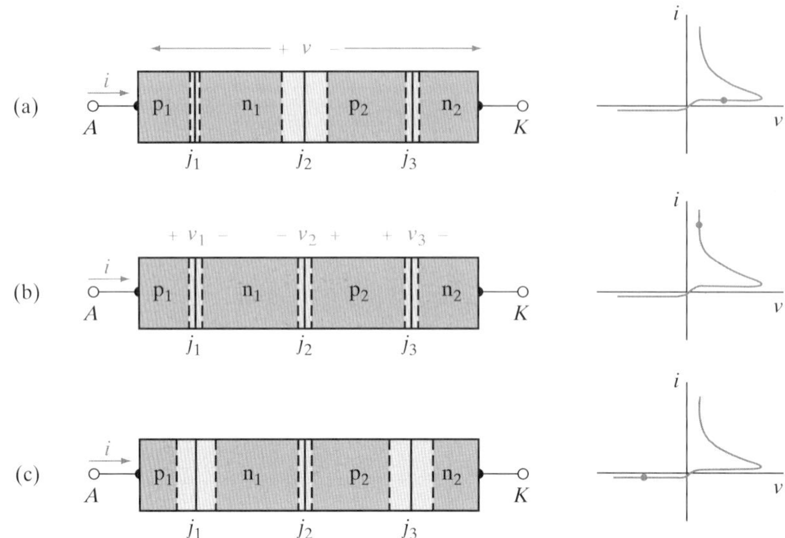

그림 10-12 p-n-p-n형 다이오드의 세 가지 바이어스 상태: (a) 순방향 차단상태; (b) 순방향 전도상태; (c) 역방향 차단상태.

p_2 영역을 가로질러 확산하지 못하며, 결과적으로 트랜지스터 작용에 의하여 역방향으로 바이어스된 접합을 넘어 n_1 영역으로 쓸려갈 전자가 적어지게 된다는 것을 의미한다. 다시 말해서 ("n-p-n형 트랜지스터"에 대한) α_2가 작다. 비슷하게 하여 j_1에서 주입된 정공이 재결합하지 않고 j_2에 도달하는 양이 극히 적기 때문에(즉, "p-n-p형 트랜지스터"에 대한 α_1이 매우 적기 때문에) p_2 영역으로의 정공 공급은 주로 열적으로 생성된 것이다. 이제 $\alpha_1 + \alpha_2$가 작은 경우 식 (10-5)로부터 작은 전류가 흐르게 되는 이유를 물리적으로 이해할 수 있다. 트랜지스터 작용에 의해서 공급되는 전하의 전송이 없다면 열적으로 생성된 캐리어가 n_1 영역으로의 전자 공급 및 p_2 영역으로의 정공 공급의 유일한 중요 원천이다.

10.4.5 전도상태

트랜지스터 작용이 시작되면 전하전송기구는 극적으로 변한다. 앞에서 기술한 기구들 중의 하나에 의하여 $\alpha_1 + \alpha_2$가 1에 접근함에 따라 j_1에서 주입된 많은 정공은 살아남아서 j_2를 건너 p_2 영역으로 쓸려간다. 이것이 p_2 영역에서의 재결합에 필요한 정공을 공급해 주고, 또 n_2 영역으로 정공이 주입될 수 있도록 한다. 이와 유사하게 j_3에서 주입되고 j_2에서 집속된 전자의 트랜지스터 작용은 n_1 영역에 전자를 공급한다. 일단 이와 같은 기구가 시작되면 이 소자를 통해 흐르는 전류는 명확히 훨씬 증가할 수 있다. j_2를 넘어서 주입된 캐리어의 전송은 재생적이며 공간전하중성이 유지되는 동안 n_1 영역으로의 좀더 큰 전자의 공급은 j_1에서 좀더 큰 정공의 주입을 이루어지게 한다. 즉, 정공이 좀더 많이 주입됨으로써 트랜지스터 작용에 의해 p_2 영역을 키우게 되고, 이 과정은 그 자체가 계속 되풀이된다.

$\alpha_1 + \alpha_2$가 충분히 커서 많은 전자가 n_1 영역에 집속되고 또 많은 정공이 p_2 영역에 집속되면, j_2에서의 공핍영역이 감소하기 시작한다. 궁극적으로는 j_2를 가로지르는 역방향 바이어스는 없어지고, 포화상태로 깊게 바이어스된 트랜지스터와 유사하게 순방향 바이어스로 대치된다. 이러한 일이 발생할 때, 세 개의 작은 순방향 바이어스 전압이 그림 10-12b와 같이 나타난다. 이들 전압 중 두 개는 본질적으로 전체적인 v에서는 소거되어 전도상태에서 양극에서 음극에 이르는 이 소자의 순방향 전압강하는 단일 p-n 접합보다 훨씬 크게 되지는 않는다. Si의 경우 큰 전류준위에서 중성영역에서의 저항성분으로 인한 손실이 중요하게 될 때까지 순방향 전압강하는 1 V 이하이다.

지금까지 순방향 차단상태 및 순방향 전도상태에서의 전류전송기구를 검토하였으나, 스위칭이 한 상태에서 다른 상태로 어떻게 시작되는가에 대해서는 설명한 바 없다. 근본적으로는 이에 대한 조건은 j_1과 j_2에서의 캐리어 주입이 무슨 까닭이든 간에 증가하여 j_2를 가로질러서 주입된 캐리어의 상당한 전송이 생겨야 한다는 것이다. 일단 이 전송이 시작되면 이 과정의 재생적 성질이 그 뒤를 맡아서 스위칭이 완결된다.

10.4.6 전환시발기구

2단자 p-n-p-n형 소자를 전환시발하게 하는 가장 보편적인 방법은 단순히 바이어스 전압을 피크값 V_p까지 상승시키는 것이다. 이와 같은 형식의 **전압 전환시발**(*voltage triggering*) 방법은 역방향으로 바이어스된 접합 j_2의 항복(또는 현저한 누설)을 초래하고, 이에 동반되는 전류 증가는 j_1과 j_3에서의 주입과 전도상태로의 스위치에 필요한 (캐리어) 전송을 이루어 준다. 보편적으로 이 항복기구는 **베이스폭 협소화**(*base-width narrowing*)와 **애벌랜치 증식작용**(*avalanche multiplication*)의 결합에 의해서 발생한다.

j_2에서 캐리어의 증식이 일어나면 많은 전자가 n_1 영역 쪽으로, 정공은 p_2 영역 쪽으로 쓸려간다. 이러한 과정을 통해 이들 영역에서 이미터접합으로부터의 주입이 증가되기 위해 필요한 다수캐리어가 공급된다. 트랜지스터 작용이 일어나기 때문에 인가전압은 j_2의 완전한 항복전압에 도달할 필요는 없다. 식 (7-52)에서 보여준 바와 같이 항복은 $M\alpha = 1$일 때 $i_B = 0$인 트랜지스터의 컬렉터접합에서 발생한다. p-n-p-n형 다이오드의 결합된 트랜지스터의 경우

$$M_p\alpha_1 + M_n\alpha_2 = 1 \tag{10-6}$$

일 때 항복이 일어난다. 여기서 M_p는 정공의 증식계수이고, M_n은 전자의 증식계수이다.

순방향 차단상태에서 바이어스 v가 증가함에 따라 j_2 부근의 공핍영역은 가운데의 접합에서 증가된 역방향 바이어스를 수용할 수 있도록 확장된다. 이는 양쪽(n_1과 p_2 영역)의 중성 베이스영역이 얇아진다는 것을 의미한다. 베이스폭이 감소함에 따라 α_1과 α_2는 증가하게 되므로 베이스폭 협소화의 영향으로써 전환시발이 일어날 수 있다. 베이스영역이 줄어들어 스위칭이 일어날 수 있을 정도로 α의 값이 충분히 증가될 수 있기 때문에 실제로

이 영역에서 펀치스루가 일어나야 할 필요는 없다. 더욱이 스위칭은 큰 전압에서 j_2를 통해 흐르는 가능한 누설전류와 더불어 애벌랜치 증식작용 및 베이스폭 협소화와의 결합의 결과일 것이다. 식 (10-6)으로부터 알 수 있듯이 애벌랜치 증식이 존재하기 때문에 j_2의 항복을 시발시키는 데는 $\alpha_1 + \alpha_2$가 1에 접근할 필요는 없다. 일단 항복이 시작되면 n_1 영역과 p_2 영역에서의 캐리어가 증가하게 되고, 이로 인해 이 소자는 결합된 트랜지스터 작용의 재생적 과정에 의하여 순방향 전도상태로 구동하게 된다. 스위칭이 진행됨에 따라 j_2를 가로지르는 역방향 바이어스는 소실되고, 접합의 항복기구는 더 이상 동작되지 않는다. 따라서 베이스의 협소화와 애벌랜치 증식작용은 단지 스위칭과정을 시작하게 하는 역할만 한다.

순방향 바이어스 전압이 이 소자에 급속히 인가되면 스위칭은 보통 dv/dt **전환시발**이라 하는 기구에 의해서 일어난다. 기본적으로 이와 같은 형식의 전환시발은 j_2의 공핍영역이 증가하는 전압을 수용하도록 조절됨에 따라 생긴다. j_2의 공핍영역폭이 증가함에 따라 전자는 접합의 n_1 영역 쪽으로부터 없어지고, 정공은 p_2 영역 쪽으로부터 제거된다. 전압이 완만히 증가하는 경우에는 그 결과로 생기는 j_1으로 향하는 전자와 j_3로 향하는 정공의 흐름으로 인해 발생하는 전류가 상당한 값이 되지 않는다. 그러나 dv/dt가 크면 j_2의 양쪽 영역으로부터 전하가 제거되면서 발생하는 전류가 현저히 증가될 수 있다. 역방향으로 바이어스된 접합의 접합 정전용량(C_{j2})의 항으로 표시할 때, 이 과도전류는

$$i(t) = \frac{dC_{j2}v_{j2}}{dt} = C_{j2}\frac{dv_{j2}}{dt} + v_{j2}\frac{dC_{j2}}{dt} \tag{10-7}$$

로 주어지며, 여기서 v_{j2}는 j_2를 가로지르는 순간전압이다. 이와 같은 형태의 전류를 흔히 **변위전류**(*displacement current*)라 한다. 정전용량은 공핍영역폭의 변화와 시간에 따라 변하기 때문에 C_{j2}의 변화율을 전류 계산에 포함시켜야 한다.

전압의 급상승에 의한 전류 증가는 정상상태에서의 전환시발 전압 V_P보다 훨씬 낮은 값에서 스위칭을 일으킬 수 있다. 따라서 보통 p-n-p-n형 다이오드에 대해 dv/dt 정격은 V_P와 함께 규정되어 있다. 분명히 dv/dt 전환시발은 예측할 수 없는 과도전압의 영향을 받는 회로에서는 단점이 될 수 있다.

이 절에서 검토한 여러 가지 전환시발기구가 2단자 p-n-p-n형 다이오드에 적용된다. 다음 절에서 알 수 있듯이 반도체 제어형 정류기는 제3단자에 인가된 외부신호에 의해 전환시발이 일어난다.

10.5 반도체 제어형 정류기

반도체 제어형 정류기(semiconductor-controlled rectifier; SCR)는 전력 스위칭이나 여

러 제어회로와 같은 많은 응용에서 유용하게 사용되고 있다. 이 소자는 수 mA로부터 수백 A의 전류를 취급할 수 있다. SCR은 외부적으로 전도상태로 턴온될 수 있기 때문에 선주기(line cycle)의 선택된 부분 동안만 전류를 통과하게 함으로써 부하에 전달되는 전력의 양을 조절하는 데 이용할 수 있다. 이러한 적용의 예는 가정에서 사용하고 있는 빛 조광(light-dimmer) 스위치이다. 이 스위치를 조절하게 되면 SCR은 반복적으로 턴온 및 턴오프되어 각 전력주기의 전부 또는 일부가 빛으로 전달될 수 있다. 이 결과 빛의 세기는 최대 밝기로부터 불이 꺼진 상태에까지 연속적으로 변화될 수 있다. 같은 제어원리가 전동기(motor), 전열기(heater) 및 다른 많은 시스템에서 적용될 수 있다. 이 절에서는 소자 동작의 원리를 설명한 후에 이런 형태의 응용에 대해 논의할 것이다.

전력회로 응용에서 가장 중요한 4층 소자는 3단자 SCR[6]이다(그림 10-13). 이 소자는 한 베이스영역에 제3의 도선(즉, 게이트)을 부착한 것 외에는 p-n-p-n형 다이오드와 비슷하다. 이 SCR이 순방향 차단상태로 바이어스되었을 때 게이트에 인가된 작은 전류로 인해 전도상태로 스위칭이 시발될 수 있다. 그 결과 양극의 스위칭전압 V_P는 게이트에 인가된 전류 i_G가 증가함에 따라 감소된다(그림 10-13b). 이와 같은 형식의 턴온 제어는 SCR을 스위칭 및 제어회로에서 유용하게 하며, 또 융통성 있는 소자로 만들고 있다(그림 10-14).

이 게이트 전환시발(*gate triggering*) 기구를 쉽게 이해하기 위해서 이 소자가 순방향 차단상태로 되어 있어 양극에서 음극으로 작은 포화전류가 흐르고 있다고 가정하자. 양의 게이트전류는 정공이 게이트에서 n-p-n형 트랜지스터의 베이스인 p_2 영역으로 흐르게 한다. 이 부가된 정공의 공급과 이를 수용하기 위해 n_2 영역에서 p_2 영역으로 주입되는 전자

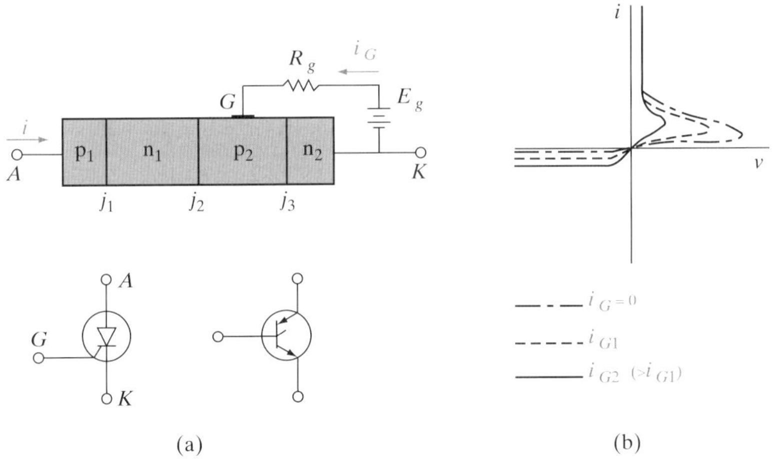

그림 10-13 반도체 제어형 정류기: (a) 4층 구조와 일반적인 회로기호; (b) *I*–*V* 특성 곡선.

6) 이 소자는 가스 사이라트론(gas thyratron)의 고체 유사체로서의 기능이 있음을 나타내기 위하여 사이리스터(*thyristor*)라 한다. 사이라트론은 가스를 채운 관으로서 임계점화전압에서 아크(arc)방전이 생길 때 전류가 통한다. SCR의 게이트전류 제어와 유사하게 이 점화전압은 세 번째 전극에 인가된 전압에 의해 변화될 수 있다.

로 인해 n-p-n형 트랜지스터 쪽에서의 트랜지스터 작용이 시작된다. 주행시간 τ_{t2} 후에는 j_3에 의해 주입된 전자는 가운데 접합에 도달하며, p-n-p형 트랜지스터의 베이스인 n_1 영역으로 쓸려간다. 이로 인하여 j_1에 의한 정공 주입이 증가하게 되며, 이들 정공은 주행시간 τ_{t1} 동안 베이스 n_1을 가로질러서 확산한다. 따라서 약 $\tau_{t1} + \tau_{t2}$의 지연시간 후 트랜지스터 작용이 전체 p-n-p-n형 다이오드를 가로질러서 형성되며, 이 소자는 순방향 전도상태로 구동된다. 대부분의 SCR에서 이 지연시간은 수 ms 이하이며, 턴온에 필요한 게이트 전류는 수 mA에 지나지 않는다. 따라서 SCR은 게이트회로에서 극히 적은 양의 전력에 의해 턴온된다. 반면 이 소자의 전류 i는 수 A가 될 수 있어 이 소자에 의해 제어되는 전력은 매우 큰 값을 가질 수 있다.

일단 SCR이 전도상태로 스위치되면 계속 그 게이트전류를 유지할 필요는 없다. 사실상 이 게이트는 본질적으로 재생적 트랜지스터 작용이 처음 시작된 후에는 소자에 대한 제어를 할 수 없다. 대부분의 소자에 있어서 스위칭을 확실히 하는 데 필요한 게이트전류 펄스는 수 ms 정도만 지속되어도 충분하다. 최소 게이트 펄스의 크기와 기간에 대한 정격들은 일반적으로 특정한 SCR 소자에 대하여 제공되고 있다.

10.5.1 SCR의 턴오프

SCR의 전도상태로부터 차단상태로의 턴오프는 전류 i를 $\alpha_1 + \alpha_2 = 1$의 조건을 유지하는 데 필요한 임계값[유지전류(*holding current*)라 함] 이하로 감소시킴으로써 이루어질 수

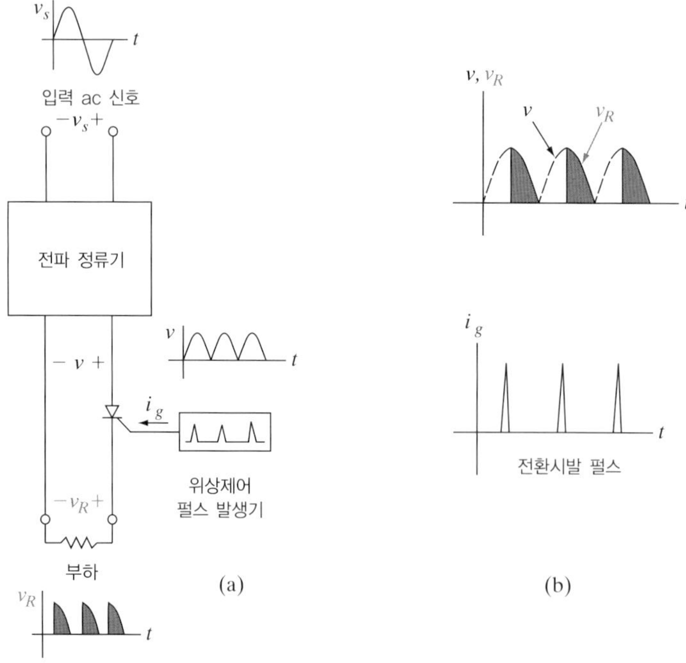

그림 10-14 부하에 공급되는 전력을 제어하기 위한 SCR 사용의 예: (a) 회로의 개요도; (b) 공급된 신호와 위상변화 전환시발 펄스의 파형.

있다. 일부 SCR 소자에서는 게이트의 턴오프 작용을 이용하여 α의 합을 1 이하로 감소시킬 수 있다. 예를 들어, 그림 10-14에서 게이트전압을 역방향으로 인가하면, p_2 베이스영역에 있는 정공이 제거된다. 게이트에 의한 이 정공의 추출비율이 충분히 커서 n-p-n형 트랜지스터가 포화상태로부터 빠져나오면 소자는 턴오프된다. 그러나 흔히 p_2 영역에서 게이트로 전류의 횡방향 흐름을 수반하는 문제들이 있다. 즉, 횡방향 전류가 흐를 때 이미터접합의 바이어스가 위치에 따라 변하기 때문에 j_3에 불균일한 바이어스가 나타날 수 있다. 따라서 SCR 소자에 대해 턴오프 제어를 하기 위해서는 특별한 설계가 필요하다. 그렇다고 하더라도 이 턴오프 능력은 주어진 소자에 대하여 한정된 범위에서만 이용될 수 있을 뿐이다.

10.6 절연게이트 쌍극성 트랜지스터

SCR이 게이트를 사용해서 소자를 효율적으로 차단시키는 것이 어렵다는 것을 10.5절에서 살펴보았다. 전도상태에서 차단상태로 SCR을 변화시킬 수 있는 유지전류 아래로 양극-음극 전류를 감소시키기 위한 추가 회로가 필요하다. 물론 이것이 세련되지 않고 비싼 것은 사실이다.

그래서 절연게이트 쌍극성 트랜지스터(*insulated-gate bipolar transistor*; *IGBT*)가 1979년 발리가(Baliga)에 의해 개발되었다. SCR에서 이러한 변화는 전도상태에서 차단상태로 게이트를 동작하여 쉽게 턴오프시킬 수 있다. 이 소자는 또한 전도성-변조 전계효과 트랜지스터 (conductivity-modulated FET; COMFET), 절연게이트 트랜지스터(insulated-gate transistor; IGT), 절연게이트 정류기(insulated-gate rectifier; IGR), 이득-개선 금속 산화물 반도체 전계효과 트랜지스터(gainenhanced MOSFET; GEMFET) 및 쌍극성 전계효과 트랜지스터(bipolar FET; BiFET)와 같은 몇 개의 다른 이름으로 불린다.

그림 10-15에 n형 채널소자의 기본적인 구조를 나타내었다. 이는 기본적으로 SCR과 MOSFET을 결합하여 MOSFET의 게이트 인가전압에 따라 n^+ 음극(cathode)을 n^- 베이스영역에 연결하거나 끊는 것을 가능하게 하였다. MOSFET의 채널길이는 p 영역에 의해 결정되며, 이는 n^+ 음극처럼 동일한 영역에 주입된 억셉터의 확산에 의해 형성된다. 즉, 채널길이는 일반적인 MOSFET처럼 게이트의 사진석판에 의해 결정되는 것이 아니라, 억셉터의 확산에 의해 결정된다. 그러한 MOSFET은 이중-확산 MOSFET(*double-diffused MOSFET*; *DMOS*)으로 알려져 있다. DMOS 소자는 기본적으로 NMOSFET이다.

IGBT의 주요 부분은 DMOS 소자의 드레인과 같은 역할을 하는 n^- 영역이다. 이는 일반적으로 양극(anode)을 구성하는 고농도 p^+로 도핑된 기판 위에 저농도 도핑(~10^{14} cm^{-3})을 하여 두껍게(~50 μm) 성장시킨 에피택셜 영역으로 구성된다. 이 n^- 영역은 "오

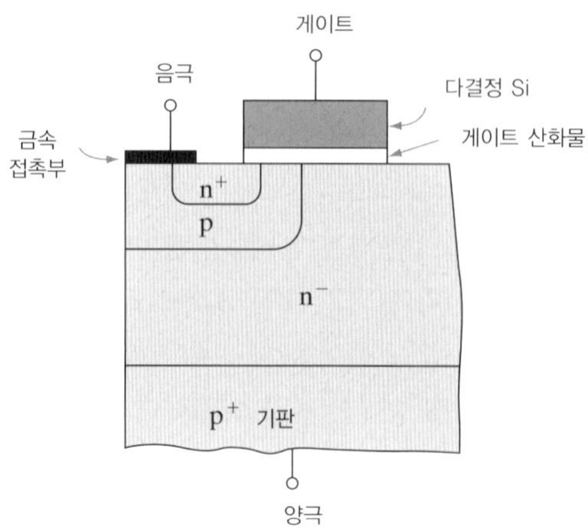

그림 10-15 절연게이트 쌍극성 트랜지스터(IGBT)의 구조

프"상태에서 큰 차단전압을 발생시킬 수 있다. "온"상태에서, 이 저농도로 도핑된 영역의 전도도는 n^+ 음극으로부터 주입된 전자 및 p^+ 양극에서 주입된 정공에 의해 변조(증가)된다. 그래서 또 다른 이름으로 **전도성-변조 FET(COMFET)**이라고 한다. 이러한 전도도의 증가는 "온"상태에서 소자에서 발생하는 전압강하를 최소화할 수 있게 한다.

I-V 특성은 그림 10-16에 나타내었다. 만일 DMOS 게이트전압이 0(아니면 문턱전압 이하)이라 하면, n형 반전영역은 p형 채널영역에서 형성되지 않고, n^+ 음극은 n^- 베이스와 단락되지 않는다. 구조는 항복에 도달하기 전까지는 각각의 극성에서 최소 전류를 흐르게 하는 일반적인 SCR과 정확하게 일치한다. 양성의 양극-음극 인가전압 V_{AK}에서, 애벌랜치 항복은 n^--p 접합에서 발생한다. 반면에 음성의 V_{AK}에서, 애벌랜치 항복은 n^--p^+ 접합에서 발생한다.

게이트전압이 DMOS 게이트에 인가될 때, 양성의 V_{AK}에서 큰 전류의 증가를 볼 수 있

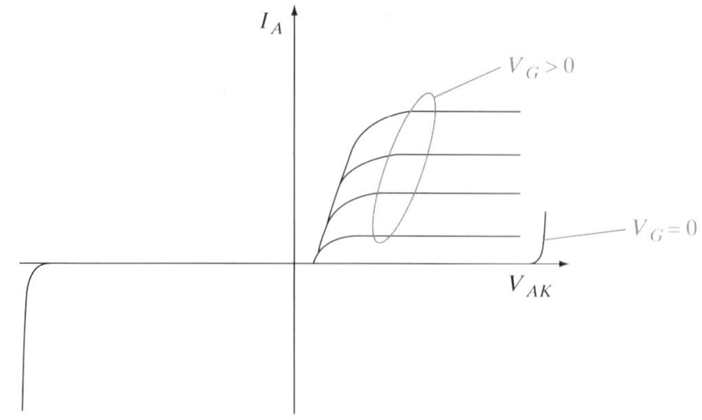

그림 10-16 IGBT(n채널)의 $I-V$ 출력 특성 곡선

다(그림 10-17). 그 특성은 하나만 다르고 MOSFET과 비슷하다. 원점으로부터 증가하여 시작되는 전류 대신에, 다이오드와 비슷하게 오프셋이나 컷인(cut-in) 전압(~0.7 V)이 존재한다. 이러한 이유는 그림 10-17a의 등가회로를 살펴보면 이해할 수 있다. 작은 V_{AK}에서 오프셋 전압까지에서, 그 구조는 p^+ 기판(양극), 진성영역과 같은 n^- 차단영역(베이스)과 n^+ 음극으로 구성된 p-i-n 다이오드와 직렬로 연결된 DMOS와 같다. 이러한 관점에서, DMOS 소자 사이에는 무시할 정도의 전압강하가 존재하며, p-i-n 소자는 순방향 전압이 인가된다. 양극 및 음극에서 주입된 캐리어들은 n^- 영역에서 재결합된다. 5장에서 살펴보았듯이, 공핍영역에서 재결합에 의한 다이오드의 경우 I-V 특성은 다이오드의 이상계수 **n** = 2를 갖는 지수함수를 나타낸다. 그러므로 이 영역에서

$$I_A \propto \exp(qV_{AK}/2kT) \tag{10-8}$$

을 얻었다.

반면에, V_{AK}가 오프셋 전압(~0.7 V)보다 클 때, 그 특성은 p-n-p 쌍극성 접합 트랜지스터의 이득부분이 곱해진 MOSFET과 같게 나타난다. 이 영역에서의 등가회로는 그림 10-17b에 나타나 있다. 이러한 관점에서, 주입된 모든 캐리어들이 거의 진성 n^- 영역에서 재결합되는 것은 아니다. 거의 DMOSFET의 전류과 같은 전류 I_{MOS}는 p^+ 기판(양극), n^- 베이스 및 DMOS 소자의 p^- 채널 사이에 형성된 수직형 p-n-p BJT의 베이스전류처럼 동작한다. 그래서 전류는 다음과 같이 유도된다.

$$I_A = (1 + \beta_{\text{pnp}})I_{MOS} \tag{10-9}$$

특성 곡선의 형태는 DMOS 소자와 유사하다. 이는 원하는 IGBT 동작양식이다.

최종적으로, 전류준위가 너무 높으면, IGBT는 "온"상태의 일반적인 SCR과 같이 저임피던스 상태에 들어간다. 이는 DMOS 소자가 제어 불가능 상태에 놓인다는 의미이기 때문에 원하지 않는 결과이다.

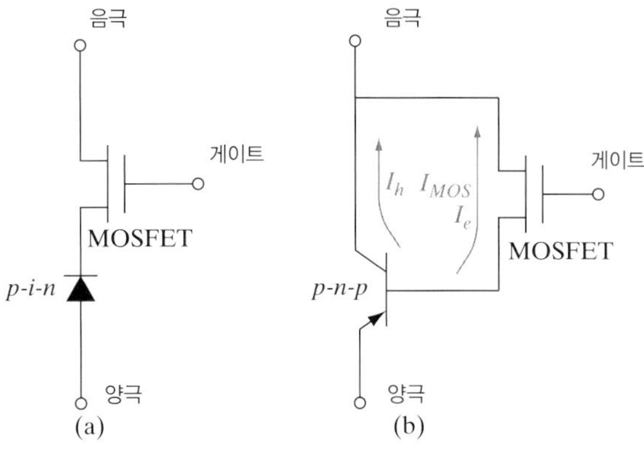

그림 10-17 IGBT 등가회로: (a) 오프셋 전압 이하(낮은 V_{AK}); (b) 오프셋 전압 이상(높은 V_{AK}).

IGBT는 MOSFET과 BJT의 최상의 특성만을 결합시킨 형태이다. MOSFET과 같이 높은 입력 임피던스 및 낮은 입력 정전용량을 갖는다. 반면에, "온"상태에서는 SCR 및 BJT와 같이 낮은 저항 및 고전류 능력을 갖는다. 이러한 요인들과 SCR보다 쉽게 턴오프시킬 수 있다는 점 때문에, IGBT는 점진적으로 기존의 SCR이 사용되던 전압소자를 대치하고 있다.

10.7 나노전자 소자들

나노기술은 가끔은 1-100 nm 스케일의 길이에 해당하는 새롭고 유익한 특성을 가진 공학적인 대상으로 정의되었다. 이러한 나노스케일 체제는 때로는 매소스케일(mesoscale: 중간규모)이라고도 알려졌는데, 마이크로스케일(microscale)과 원자/분자 스케일(~0.1 nm) 사이에 놓여 있다. 물체가 매크로(macro)에서 마이크로스케일(microscale)이나 더 이상으로 줄어들었을 때, 단지 사이즈만 작아지는 것뿐만 아니라, 동작도 달리한다. 이것으로 감사해야 하는 한 가지 방법은, 만약 어떤 사람이 구의 표면에 원자의 일부분이 위치한다고 고려하는 것이다. 매크로스코픽(macroscopic)이나 마이크로스코픽(microscopic)의 규모에서는 대부분 구의 벌크 안에 원자가 위치한 것을 발견할 수 있다. 중간규모(mesoscale)로 들어가게 되면, 근본적인 원자의 부분은 표면에서 발견되는데, 이는 벌크 원자와는 매우 다른 특성을 가지는 것을 때때로 목격할 수 있다. 다르게 말하면, 작은 것이 단지 작은 것으로 끝나는 것이 아니라, "작은 것은 다르다"라는 사실을 나타낸다. 반면에, 만약 원자/분자 보다 더 작은 대상을 고려해 보면, 그들의 특성은 양자 역학이나 화학의 체제에 속하게 된다. 만약 이러한 원자/분자들의 집단을 나노스케일의 대상으로 고려한다면, 원자들 사이에 이러한 집단적인 효과 때문에, 하나의 원자가 나타내지 않는 새로운 특성이 나타날 수 있다. 물리학자인 필립 앤더슨(Philip Anderson)은 이를 "합하면 달라진다"라고 유창하게 표현했다.

연구실에서 조사되고 있는 나노전자 소자의 수는 많이 있다. 간단하게, 나노소자의 차원에서 새로우면서도 나노스케일 특성을 보이는 몇 가지 흥미로운 예에 대해서 논의하도록 한다: 제로-차원 양자점(quantum dots), 1-차원 양자선(quantum wires)과 나노튜브(nanotube)와 그라핀(graphene)과 같은 2-차원으로 층층이 쌓인 크리스털(crystal)들이다. 많은 새로운 특성이 부록 IV에서 논의된 낮은 차원의 상태 밀도로부터 일어난다.

10.7.1 제로-차원(Zero-Dimensional) 양자점

제로-차원 양자점 시스템은 $N(E)$가 $1/E$로 변하는 곳에서, 상태 밀도에서 특이점들을 가진다. 이들을 "인위적 원자(artificial atoms)"라고 부르기도 한다. 그러나 그 유사성은 완벽하지 않다. 원자가 $1/n^2$ [식 (2-15)]에 따라 변하는 에너지 레벨을 인도하는 구형 대칭 쿨롱(Coulomb) 전위를, $V(r) \sim 1/r$, 가지는 동안에 양자점 안에 갇힌 전위는 포물선 전위에 근사하게 되고, 양자역학의 법칙에 의해서 양자점에서의 등 면의 고유-에너지(equispaced eigen-energies)로 인도하는 간단한 조화 진동자(harmonic oscillators)의 양상을 띤다. 양자점의 갇힘 현상은 실질적인 대역간극을 증가시키게 되는데, 이는 전도대나 가전자대에서 가장 최저의 고유상태(eigenstate)를 에너지 축에서 위로 끌어 올리기 때문이고, 이로 인해 점의 크기가 줄어들 때, 청색 편이(blueshift)를 증가시킨다. 이것이 어떤 반도체로 만들어진 양자점의 색깔을, 점의 크기를 바꿈으로 해서, 극적으로 바꾸게 되고 이는 많은 광전자의 응용에 사용된다. 예를 들어 그러한 양자점을 레이저의 활성 영역에 포함시킬 수 있고, 청색 방향으로 방출되는 파장을 조준한다거나, 그리고 3-차원 활성 영역에 비해 선 폭을 더 예리하게 할 수 있다. 양자점은 전지들의 흡수 특성을 조절하거나 태양 스펙트럼을 맞추기 위한 태양 전지에 사용되고 있다.

양자점은 소위 말하는 나노스케일 사진석판공정(lithography)과 이어서 식각하는 것을 포함하는, 톱 다운(top-down) 방식으로 만들어진다. 선택적으로는, 이종 에피택시(hetroepitaxy)를 이용해서 조성된 자기-조립(self-assembled) 양자점 같은 바텀-업(bottom-up) 방식이 있다. 1장에서 서술한 바와 같이, 만약 기판에 다른(이종) 반도체를 성장시킬 경우, 거기에 격자 부정합이 발생한다면, 그것이 에피택셜 층(epitaxial layer)에 변형(strain)을 일으킨다. 일반적으로 초기 층은 층 간 프랭크-반 데어 머로(Frank- Van der Merwe) 성장 모드로 알려져 있는 것으로써 부드럽다. 층 두께가 두꺼워질수록 증가하는 변형 때문에 자주 거친 에피택셜 층이 생긴다. 이는 발머-위버(Volmer-Weber) 성장 모드라고 알려져 있다. 만약 이종 에피택셜에서 격자 부정합이 크면 자기-조립 양식에서, 기판이나 표면에서 거친 조성이나 양자점을 초래할 수 있다. 이것은 스트란스키-크라스타노브(Stranski-Kranstanov) 모드라고 알려졌는데, 점들의 정확한 위치가 치명적으로 역할을 하지 않기 때문에, 많은 광전자 소자 제조에 선호되는 제조 모드이다. 이것은 시간이 많이 걸리는 사진석판공정이나 식각을 피하게 하고, 예를 들어, 방출 선 폭을 예리하게 하는 레이저의 공진기(cavity) 안에 양자점을 포함하는 것을 허락한다.

양자점의 흥미로운 전자 응용은 9.5.2절에 논의 된 플래시 메모리다. 전자가 MOS 구조의 부유 게이트에 비 휘발성으로 저장될 수 있고, 이들 전자의 존재 유무에 따라 숫자 비트(digit bit)의 1 혹은 0과 일치하는 것을 상기해 보라. 이러한 메모리 셀의 크기를 한 단계 축소시키려면, 6.5.9절에 논의 된 축소 법칙에 의해서, 터널 유전체의 두께를 축소시키는 것이 바람직하다. 그러나 만약 터널 산화막이 ~8 nm 보다 작으면 산화막 내부에 피할 수 없는 제조상의 "약점들(weakspots)"이 나타나는데 이로 인하여, 저장된 전자들이 빠져나가거나 필요한 10년 혹은 더 이상의 기간 동안 유지할 수 없게 된다. 만약 연속되는 부유 게이트 전극을 불연속되는 양자점 배열로 교체한다면 전자는 그 안에 저장되고 더 공격적으로 터널 산화막을 축소할 수 있으며 결국 메모리 셀도 축소할 수 있다. 터널 유전체에서 약점은 약점의 주위에 있는 양자점에서 전자가 방전하는 것이지만, 대부분의 전기적으로 분리된 다른 점에서는 여전히 저장된 전자를 유지할 것이다. 이것은 플래시 메모리 셀의 신뢰성을 크게 개선한다.

10.7.2 1-차원 양자선

1-차원 반도체 양자선이나 나노선은 극대규모 MOSFETs를 만들기 위한 매력 있는 플랫폼이다. 이것은 6.6.3절에서 논의한 FinFETs이나 MuGFETs의 자연적인 진화로 볼 수 있다. 3-차원 구조에서 채널의 삼 면에 둘러 싸인 게이트를 가지는 것이 벌크 MOSFET에 비해서 더 양호한 채널 전위의 정전제어를 제공하고 채널 길이의 축소비를 보장한다는 것을 상기하라. 나노선 MOSFET에서 게이트가 채널 주변을 둘러서 감싸진다면, FinFET보다 더 양호한 게이트 제어를 할 수 있다. 그러나 개개의 나노선 FET의 구동전류는 일반적으로 낮다. 때문에 이들 소자에 평행하는 배열을 만들 필요가 있다.

양자점의 경우와 마찬가지로, 양자선도 톱-다운 사진석판공정과 식각 기술로 형성되거나 새로운 바텀-업 방식으로도 가능하다. 바텀-업 방식 중의 하나는 기체-액체-고체(Vapor-Liquid-Solid: VLS) 접근으로 알려져 있는데, 1960년 경에 와그너(Wagner)에 의해 처음으로 발전 되었다. 이 방식으로는 기판 위에 양자점을 형성하기 위하여, Au와 같은 금속 촉매를 패턴으로 사용한다. 구조는 화학기상증착 시스템 안으로 넣어서 적절하게 준비된 가스들이 주입되고 기판은 Au 촉매가 녹을 정도로 충분히 높은 온도를 가진다. 예를 들어 Si 나노선을 성장하기 위하여 사일렌(SiH_4)을 흘려서 녹은 Au 촉매 점에 용해되도록 한다. Au 안으로 Si가 과포화 되고, 이는 Au 촉매가 나노선의 상부에 뜬 채 단 결정 Si 나노선이 Si 기판의 상부에서 수직적으로 성장함에 따라 Si 원자들을 밀어내도록 유도하게 된다. 마지막 VLS 성장에서 Au 촉매는 식각되어 사라진다. 다행히도 Si에서 Au의 낮은 고체 용해도 때문에 나노선이나 기판에서 Au에 의한 오염은 무시할 수 있다. 수직형 FET는 나노선의 숲 속에서 만들어지거나, 이러한 나노선들은 수확되고, 계속되는 소자 제조 동안, 연속적으로 다른 기판 위에 곧바로 눕힐 수 있다. Ge 나노선이나 III-V 나노선을 성장을 위하여 게르마늄과 같은 전구체들은 VLS에 의해 성장된다.

다른 타입의 1D 시스템은 탄소를 기반으로 한 나노관(nanotube)이다. 1장에서 보았듯이, 탄소는 주위의 4개의 다른 탄소 원자들과 sp^3 결합을 통하여 사면체 결합되어 다이아몬드가 된다. 그러나 C는 sp^2 결합을 거쳐서 그라파이트(graphite)의 탄소 원자 시트(sheet)와 같이 평면 구조를 이룰 수도 있다. 탄소의 이런 2-차원 평면 결합의 배열은 탄소에서 소위 벌키볼(bulky ball) 혹은 풀러렌(fullerens)이라고 불리는 첫 번째 나노구조를 탄생 시켰다.[7)] 이들은 이전 절에서 서술된 양자점을 연상시키는 탄소 원자의 구형 셸(spherical shell)이다. 풀러렌은 관모양의 구조 안으로 길게 늘어져서 탄소 나노관을 형성

7) 벌키볼이나 풀러렌의 이름은 상징적인 지오데식 돔(geodesic dome)을 발전시킨 미국의 건축가 벅미니스터 풀러(Buckminister Fuller)의 이름을 딴 것인데, 이 모양은 탄소 제로-차원 나노 구조와 유사하게 보인다.

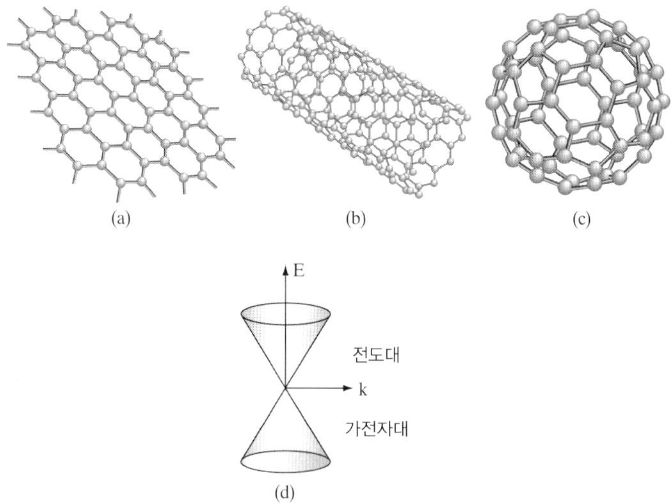

그림 10-18 탄소의 나노 구조들: (a) 2-D 그래핀(graphene); (b) 1-D 나노관; (c) 0-D 벌키볼(bulky ball)(fullerene); (d) 디락 콘(Dirac cone)을 보이는 그래핀의 선형 밴드 구조

(그림 10-18)하고 FET가 그 안에서 만들어진다. 이들은 나노선 FET와 다소 비슷한 특성을 가지나 이러한 탄소를 기본으로 한 상태 밀도에서 흥미로운 차이점들이 있다. 예를 들어, 나노관의 헬리시티(helicity)나 카이랄성(charality)으로 알려진 실린더형 관에서 탄소의 정확한 방향각에 의존해서 반도체로(FETs를 위해 좋다) 혹은 금속(연결선으로 유익)으로 동작한다.

10.7.3 2-차원 층간 크리스털

우리는 이미 3-차원 벌크 크리스털로 만들어진 MOSFET의 반전층 안에 2-차원 전자가스(2-DEG)와 같은 2-차원 시스템을 경험한 적이 있다. 그러한 준-2-차원 시스템은 정전 밀폐(electrostatic confinement)를 통해 형성된다. 최근에는 2-차원 원자 크리스털이나 층을 쌓은 재료들로 돌파구를 찾고 있다.

탄소를 주제로 하면, 2004년에 가임(Geim)과 노보슬로브(Novoselov)는 각각의 sp^2-결합 탄소 원자의 시트를 벗겨내면 그래핀으로 불리는 2-차원 원자 크리스털이 된다고 밝히고 있다. 마찬가지로 그래핀을 실린더 축을 따라서 얇게 슬라이스된 탄소 나노관으로 볼 수 있고 탄소의 단원자(monoatomic) 시트 안으로 평평하게 된다. 그래핀의 단위 셀은 그림 10-18에 보인 것처럼, 고유의 밴드구조 $E(k)$를 가지고 탄소 원자의 육방정계의 구조로 구성된다. 이것은 대부분의 반도체에서 보이는 포물선 $E(k)$와는 확실히 구분된다. 3.2.2절에서 이러한 포물선의 곡률은 전자와 정공의 유효질량(effect mass)을 결정한다. 이에 반해서, 그래핀의 선형 밴드 구조는 제로 정지 질량을 가진다고 알려져 있고 따라서 광속도 c로 이동하는 광자의 선형 분산 관계(dispersion relation)와 흡사하다. 그래핀에서 반송자는 포톤과 유사하게 제로 유효 질량을 가지고 질량이 없는 디락 페르미온(Dirac fermion)으로 알려져 있는데 이는 1.5 절에서 논의한 $E(k)$ 분산 관계의 기울기에 의해 결정된 군속도에서 이동한다. 원통형 $E(k)$ 표면은 디락 콘(Dirac cone)으로 알려져 있다. 그래핀에서는 전자와 정공이 Si 이나 대부분의 반도체 포화 드리프트 속도×10 인, 소위 페르미 속도(Fermi velocity)라고 불리는 속도로 움직인다. 이는 분명히 그래핀을 rf 트랜지스터와 같은 빠른 속도의 소자들을 위한 매력 있는 근간을 마련해 준다. 불행히도 그림 10-18d 의 밴드 구조에서 보는 바와 같이 가전자대와 전도대 간에 대역간극이 없다. 때문에 6 장에서 논의된 이유로 인해서 그래핀의 MOSFET는 높은 '오프-상태' 의 누설전류가 발생함으로 인해서 그래핀 FET를 만드는 것은 높은 ON-OFF 비를 요구하는 디지털 논리에는 적합하지 않다.

이런 이유로 해서, 그래핀과는 유사하지만 대역간극이 존재하는 2-차원 층간 물질에 관심을 가지게 했다. 그러한 물질 중의 하나는 전이 금속 디칼코게나이드(Transitional Metal Dichalcogenides: TMDs)이다. 전이 원소로서 Mo, W 등을 포함하는 반면에 칼코겐(chalcogen)은 주기율표에서 6족 원소로서 S, Se 그리고 Te와 같은 원소가 있다. MoS_2와 같은 전이 금속 디칼코게나이드는 그래핀과 같이 육각형의 단위 셀을 가지며 2-차원 단-원자 시트 구조를 가지고 있으나 그래핀과 달리 짧은 채널 MOSFETs에 매력적인 물질을 만드는 대역간극을 가지고 있다. 그들을 원자 층 두께의 극단적인 한계까지 줄인 SOI 처럼 생각할 수 있다.

최근에 흥미를 끄는 2-차원 층간 물질 군은 비스무스-셀레나이드/텔러라이드(bithmuth-selenide/telluride)와 같은 기하학적인 절연물(topological insulators: TI)이다. 이런 종류의 고체는 벌크에서는 절연 상태이지만 그래핀과 유사하면서 새로운 발상을 나타내는 디락-콘 금속 표면 상태들을 가지고 있다. 전자가 스핀 "업(up)"과 "다운(down)"에 일치하는 ±1/2의 값을 가질 수 있는 스핀이라고 부르는 양자 수를 가진다는 것을 기억하라. 정상적으로는 대부분의 반도체 소자에서 양쪽 스핀의 동일한 수를 가진다. 스핀은 단순히 상태 밀도에서 2배를 더해 주거나 아니면 무시할 수 있다. 중성자 주위의 전자 궤도가 궤도 운동에 의해서 유효 자장을 볼 때 스핀 업/다운 전자들은 자장에서 약간의 다른 에너지들을 가질 수 있다.(그림 3-10에서 보여준 여러 갈래로 갈라진(split-off) 대역은 이러한 간섭으로 인한 결과이다) Bi_2Se_3와 같은 TI 표면은 Bi와 같은 무거운 핵 안에서 강한 스핀-궤도 간섭으로 인해, 전자 스핀은 그의 궤도 운동을 결정짓는 파동 벡터 **k**에 수직으로 교정된다. 달리 말하면, 만약 전자가 TI 표면의 왼쪽으로 움직이면 스핀 업을 가지며 전자가 오른 쪽으로 운동하면 스핀 다운을 가질 것이다. 그러한 흥미로운 물리는 미래에 새로운 나노전자 소자 시대를 열 것이고 이로써 전자의 전하뿐만 아니라 스핀에 대해서도 활용해서, 전자공학과 유사하게 스핀전자공학(spintronics)이라는 새로운 분야로 불려질 것이다.

10.7.4 스핀트로닉 메모리

스핀트로닉스가 비록 반도체에 기반을 두고 있지만, 최근에 급증하는 분야이고, 스핀을 기반으로한 강자성(ferromagnetic) 소자는 오랫동안 하드디스크에 사용되어 왔고 더 최근에는 스핀주입 자화반전 메모리(spin transfer torque random access memory: STTRAM)에 사용되어 왔다. 고체에서의 강자성(ferromagnetism)에 대한 간단한 논의로써 이 소자를 설명할 수 있다. 스핀하는 전자는 위와 아래로 향하는 작은 원자 자석으로 생각 된다. 강자성은 외부의 자기장(전자 스핀을 유도할 수 있는)이 없는 상태에서도, 대부분의 전자들의 스핀이 한 방향으로, 혹은 다른 방향으로 향하고 있는 자성 상태이다.

10.7.3 절에서 언급하였듯이, 정상적으로는 고체에서 스핀 업/다운 전자들은 같은 수로 발견되는 것 같고, 상태 밀도는 2 배의 스핀퇴화(spin degeneracy)를 가진다. 마찬가지로, 3 장에서 페르미 입자(fermions)된 전자는 전체로 파동함수 $\psi(r, \mathbf{s})$를 가져야 하고, 이는 위치, r과 비대칭인 스핀, $\mathbf{s}$의 함수가 된다. 그래서 그림 3-2 에 보인 바와 같이, 만약 파동함수의 공간적인 부분이 대칭이라면 스핀은 역-평행(anti-parallel)이나 그러한 것들이다. 결국, 이 경우에 대칭(결합) 궤도는 낮은 에너지 상태이기 때문에, 스핀이 역-대칭이 되도록 활성화 하고, 고체는 강자성이 아니다. 그러한 고체는 상자성(paramagnetic)이고, 영구자성(permanent magnetism)이 없다. 반면에 만약 자유전자가 그림 3-2 와 같이 강한 이온 핵 전위에 구속되지 않는다고 고려하면, 비대칭 궤도(평행 스핀과 함께)는 에너지적으로 유리한데 왜냐하면 전자가 평균에서 더 멀리 떨어져 있고, 결국 쿨롱 반발력(Coulomb repulsion)이 줄어든다. 스핀은 평행이기 때문에 강자성으로 된다. 스핀하는 전자를 강자성으로 정렬하게 하는 것은 정전기 쿨롱 상호작용이 아니라 자기쌍극자(magnetic dipoles) 간에 더 약한 정자기 상호작용에 의한다. 이 큰 유효 필드는 바이스 교환 필드(Weiss exchange field)로 알려져 있다(두 개의 전자가 서로 교환 되었을 때, 전자 파동함수의 비-대칭에 의해 동작되기 때문). 결과적으로 강자성에서는 페르미 준위 부근에서 대다수 스핀들의 높은 상태 밀도가 있다(그림 10-19a).

이것이 주된 강자성 스핀을 근거로 한 메모리의 기본이다. 예를 들어, 항상 위로 향하는 영구적으로 정해진 강자성을 얻을 수 있는데 이는 터널 유전체에 의해서 위/아래로 향하는 자유 자석으로부터 분리된 것이다. 만약 2 개의 자석이 정렬되면 초기 상태의 높은 밀도가 있고 페르미 준위 부근에서 대부분의 스핀 전자에 대한 마지막 상태가 있다. 이것은 낮은 터널 저항에 일치하고 비트 1 과 일치할 수 있다.(터널링 과정 중에 스핀은 뒤집어지지 않는다) 반면에, 만약 자유 자석이 고정자석에 대하여 역-평행이라면 양 스핀 타입에 대해서 초기와 마지막 상태에서 불일치가 생기고 터널 저항이 높아지면서 비트 0 에 일치하게 된다. 이것은 터널자성저항(tunnel magnetoresistance: TMR)이라고 불린다. 이것과 유사한, 대규모 자성저항(giant magnetoresistance: GMR)이 컴퓨터의 유비쿼터스인 하드디스크 메모리에 사용된다.

이러한 효과는 마찬가지로 우리가 9 장에서 논의한 모든 다른 타입의 메모리(SRAM, DRAM, flash)를 대신하게 할 수도 있는 새로운 타입의 "보편적"인 메모리를 제공하는 STTRAM 의 기본이 된다. STTRAM 에서 비트 1 을 쓰기 위해 전류가 고정 자석에 흐르

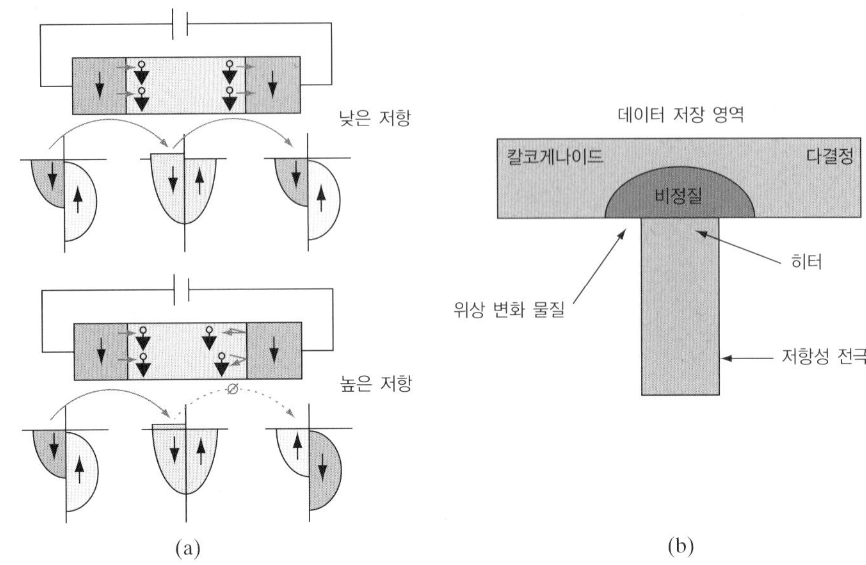

그림 10-19 스핀을 근거로 한 메모리. 오른 편의 "자유(free)" 자석이 왼 편의 "고정(fixed)" 자석에 대해서 평행(역-평행)인가에 따라서 2개의 메모리 상태에 일치하는 낮은(높은) 터널링 저항을 가진다. (b) 칼코게나이드의 결정화(crystallinity)에 따라서 저항이 변하는 위상 변화 메모리(phase change memory)

도록 하면, 스핀이 전자를 다수의 스핀 방향으로 극성화 한다. 전자가 자유 자석 안으로 터널 해 들어갈 때, 스핀 각 운동량을 자유 자석으로 전달하고 회전력을 가해서 고정 자석에 평행하도록 뒤집어 놓는다. 이것이 읽기 동작 중에 STTRAM을 낮은 저항 상태(비트 1)로 고정한다. 만약 쓰기 전류의 극성이 역으로 되고 자유 자석으로 전달되는 각 운동량의 부호가 뒤집어 진다면, 고정 자석에 대해 역-평행이 되고, 높은 저항 상태(비트 0)로 고정된다.

10.7.5 나노전자 저항 메모리

STTRAM에서 본 바와 같이 메모리 소자는 디지털 비트 1과 0, 두 개의 저항 상태에 기본을 두고 있다고 하겠다. 어떤 면에서는 메모리 소자는 ON-OFF 비와 여러 가지 면에서 훨씬 더 엄격한 것을 요구하는 논리 트랜지스터 보다 간단하다. 최근에 저항 변화를 기반으로 해서 비 휘발성 메모리가 개발되어 왔다. 저항성 RAM(ReRAMs)에서 high-K 유전체와 같은 유전체가 두 개의 금속 전극 사이에 끼어 있다. 유전체를 통해서 높은 쓰기 터널링 전류를 흘리면 결함 트랩이나 유전체 내에 전하를 만들어 저항을 변질 시킬 수 있다. 이러한 현상은 6.4.7절의 SiO_2의 I-V 특성에서 논의 한 것과 유사하다. 더 정확한 세부적인 프로그래밍(세팅이라 불린다)과 지우는 것(리-세팅)은 ReRAM에 사용된 유전체에 달려있고 물리학도 아직 역설적인 면이 있다. 타이타늄 산화물을 기반으로 한 유전체에서 연속으로 연결된 산소 빈격자들에 의한 생성과 소멸을 포함하는 메커니즘으로 인해 저항 변화가 일어난다고 믿고 있다. 어떤 유전체는 다른 진폭의 단 극성의 펄스에 의해서 세트되거나 리-세트가 되지만 반면에 다른 것은 반대 극성의 양 극성 펄스를 요구한다. 저항성 RAM은 색깔 있는 이름으로 알려졌는데 메모리 저항(Memory Resister)이나 멤리스터(memristor)이다. ReRAM에서 특유한 저항 변화는 수 백 퍼센트이다. 이들 소자에 대한 도전은 두 개의 저항 상태 간의 반복되는 사이클링의 관점에서 TDDB를 겪지 않고 신뢰성을 나타내는 것이다.

상태 0과 1 사이에 ReRAM의 저항 차이(~10^5) 보다 더 높은 다른 타입의 저항성 메모리는 위상 변화 메모리 (PCM) (그림 10-19b)이다. 여기에서 메모리 저장 요소는 유리 물질이고 아마도 $Ge_2Sb_2Te_5$(GST) 같은 캘코게나이드이다. TiN과 같은 가열된 요소를 통해 지나는 전기 전류의 통로는 GST를 빠르게 가열하고 냉각하는데 사용되는데 이는 높은 저항 위상을 만드는 비정질(amorphous)으로 만든다. 선택적으로 얼마 동안 온도를 결정체 온도 범위에서 유지하게 되면 낮은 저항 결정화 상태로 스위치 하게 한다. 흥미롭게도 위상 변화 물질은 새로운 아이디어가 아니다. 이들은 저장 매체로서 다시 쓸 수 있는 RW 컴팩트디스크(CD)에 확장해서 사용되어 왔다. 레이저는 디지털 비트의 광학적 저장을 위해 층을 비정질(낮은 저항성)이나 다결정질(높은 저항성)으로 만든다.

나노전자 영역은 아직 유아적 시절에 지나지 않는다. 위대한 리챠드 페이만(Richard Feyman)씨가 "밑바닥에는 충분한 방이 있다!"고 말했다.

요약 SUMMARY

10.1 마이크로파 영역에서의 고주파수는 터널링(에사키 다이오드), 전송전자효과(건 다이오드) 혹은 주행시간 효과(IMPATT 다이오드)에 의해 얻을 수 있는 NDR(negative differential resistance)을 이용하여 얻을 수 있다.

10.2 고전압 스위칭은 p-n-p-n 다이오드, 사이리스터 혹은 SCR을 통하여 가능하다. 이들 소자들은 두 개의 BJT 구성가 결합된 것으로 이해할 수 있다. CMOS에서 래치업 현상을 야기하는 것과 같은 효과이다.

10.3 현대의 전력소자들은 SCR과 MOSFET이 합쳐진 IGBT를 근간으로 한다.

10.4 나노전자는 큰 것(마이크로 크기)과 작은 것(원자 크기)의 중간 크기에 기반을 두고 있고, 이 정도의 크기에서 새로운 유익한 현상들을 얻을 수 있다.

연습문제 PROBLEMS

10.1 p형 쪽은 축퇴되도록 도핑하고 n형 쪽은 페르미준위가 전도대역의 바닥과 일치되도록 도핑한 계단형(abrupt) 접합에 대한 에너지대역도를 그려라. 순방향, 역방향 바이어스에서의

에너지대역도를 그리고 I-V 특성을 그려라. 종종 이 다이오드를 역방향 다이오드(*backward diode*)라고 한다. 왜 그렇게 부르는지 설명할 수 있는가?

10.2 터널 다이오드의 피크 터널링 전압값 V_p를 결정하는 것은 무엇인가? 설명하라. 만일 큰 밀도의 트랩 중심이 터널 다이오드에 존재한다면(그림 P10-2), 터널링은 n형 쪽 전도대역에서 트랩준위(A-B)로 발생할 수 있다. 그렇다면 전자들은 p형 쪽의 가전자대역으로 떨어지게 될 것이다(B-C). 그것에 의하여 접합 사이의 전하전송에 대한 2단계 과정이 완료된다. 사실, 트랩 중심의 밀도가 크다면 E_{Fn} 아래의 상태가 바이어스의 증가를 갖고 트랩준위를 통과하는 것처럼 전류가 증가하는 것을 관찰하는 것이 가능할 수도 있다. 그림 P10-2에서, 트랩준위 E_t는 가전자대역에서 0.3 eV 위에 위치한다. 여기서 $E_g = 1$ eV, n형 쪽에서 $E_{Fn} - E_c$는 p형 쪽에서의 $E_v - E_{Fp}$와 같고 이는 0.1 eV라 가정한다.

(a) E_t를 통해 터널링이 발생하는 최소 순방향 바이어스 전압을 계산하라.

(b) E_t를 통해 터널링하기 위한 최대 순방향 바이어스 전압을 계산하라.

(c) 이 터널링 다이오드에 대한 I-V 곡선을 그려라. E_t를 통해 발생하는 최대 터널링전류는 대략 피크 대역-대-대역 터널링전류의 1/3 정도라 가정한다.

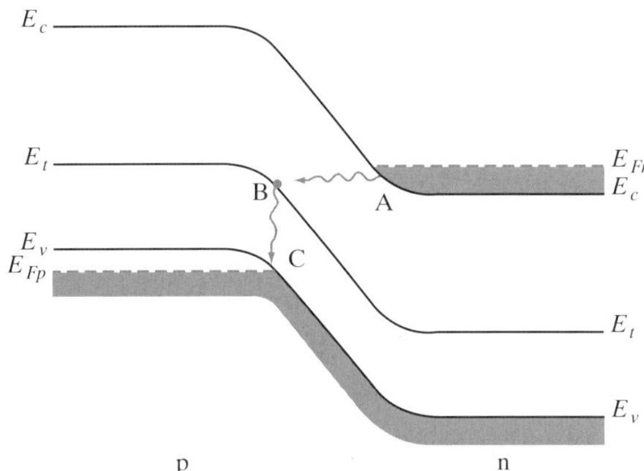

그림 P10-2

10.3 (a) 완전한 연속방정식(continuity equation)을 적어주고 해를 구하라. $t \geq 0$에서, 과잉 소수 정공농도를 시간함수(t)에 대해서 구하라. 단, 외부에서 공급 되는 전계(field)는 없으나 재결합은 존재한다고 가정한다. $T = 300$ K에서 $10^{16}/\text{cm}^3$의 도너농도를 가진 n형 실리콘 샘플로 여겨라. $t = 0$에서 일정하게 비치는 빛으로 인해서, 전자-정공쌍(EHP)은 $10^{20}/\text{cm}^3$의 비율로 생성된다. 소수캐리어의 수명이 10 nsec이면, $t = 5$ msec일 때, 과잉 정공농도를 구하라.

(b) $t \rightarrow \infty$로 접근할 때, 정상상태 과잉 정공농도가 $2 \times 10^{14}/\text{cm}^3$일 때, 소수캐리어 수명을 추정하라.

(c) 과잉 소수캐리어농도가 (b)에서 구한, 정상상태에서 얻은 값의 1/3에 도달하는 시간을 결정하라.

10.4 n_Γ 전자/cm^{3}가 시간 t에서 GaAs 전도대역의 하층(중앙)계곡에 있고 n_L 전자/cm^{3}가 위성(L)계곡에 있다고 가정할 때, 음성 미분전도도($dJ/dE < 0$)에 대한 임계조건이 다음과 같음을 증명하라.

$$\frac{\mathscr{E}(\mu_\Gamma - \mu_L)\dfrac{dn_\Gamma}{dE} + \mathscr{E}\left(n_\Gamma\dfrac{d\mu_\Gamma}{d\mathscr{E}} + n_L\dfrac{d\mu_L}{d\mathscr{E}}\right)}{n_\Gamma\mu_\Gamma + n_L\mu_L} < -1$$

여기서 μ_Γ와 μ_L은 각각 Γ와 L계곡에서의 전자이동도이다(주: $n_0 = n_\Gamma + n_L$). 이동도는 근사적으로 $\mathscr{E}^{-1}$에 비례한다고 가정할 때 음성 미분전도도에 대한 조건을 검토하라.

10.5 GaAs 건 다이오드에서 소비되는 직류전력을 계산하고자 한다. 이 다이오드는 길이가 5 μm이며 안정된 도메인 양식으로 동작한다고 가정한다.

(a) 최소 전자농도 n_0는 얼마인가? 전류펄스 사이의 시간은 얼마인가?

(b) 그림 10-9a의 데이터를 이용하고 n_0를 (a)에서 계산한 값을 이용한다면, 문턱값 바로 아래로 바이어스되었을 때 단위체적당 이 시료에서 소비되는 전력을 계산하라. 일반적으로 보다 높은 주파수에서 동작시키면 보다 많은 전력을 소비하게 되는가?

10.6 (a) GaAs의 전도대역의 하층(Γ)계곡에서의 유효상태밀도에 대한 상층(L)계곡에서의 유효상태밀도의 비 N_L/N_Γ를 계산하라(그림 10-6).

(b) 볼츠만 분포 $n_L/n_\Gamma = (N_L/N_\Gamma)\exp(-\Delta E/kT)$를 가정할 때 300 K의 평형상태에서 중앙계곡의 전자농도에 대한 상층계곡에 있는 전도대역 전자농도의 비를 계산하라.

(c) 개략적 계산으로서 중앙계곡의 하단에 있는 전자는 운동에너지 kT를 갖고 있다고 가정한다. 이것이 전도대역의 위성(L)계곡으로 이동된 후 근사적 등가온도는 얼마인가?

10.7 그림 10-10에 나타낸 p-n-p-n 스위칭동작을 얻기 위하여 분리된 두 개의 트랜지스터를 그림 10-11와 같이 연결할 수 없는 이유를 설명하라.

10.8 p-n-p-n형 다이오드(그림 10-12a)에서 순방향 차단상태 동안 접합 j_3는 순방향으로 바이어스되어 있다. 그러면 그림 10-13에서 게이트-음극 간의 전압으로써 공급되는 순방향 바이어스에 의해 스위칭이 일어나게 되는 이유는 무엇인가?

10.9 (a) 평형상태, 순방향 차단상태 및 순방향 전도상태에서의 p-n-p-n형 다이오드에 대한 에너지대역도를 그려라.

(b) p-n-p-n형 다이오드가 순방향 전도상태에 있을 때의 n_1 영역과 p_2 영역에서의 과잉 소수캐리어의 분포를 그려라.

10.10 그림 7-3에 예시한 것과 같은 개략적인 기법을 사용해서 p-n-p-n형 다이오드가 순방향 차단상태와 순방향 전도상태에 있을 때 정공의 흐름과 전자의 흐름을 그려라. 그 개요도를 설명하고 어떠한 새 기호(예를 들면, EHP의 생성과 재결합을 나타내는 것과 같은 것들)를 정의함에 있어 주의깊게 하라.

10.11 애벌랜치 증배가 있는 결합트랜지스터(coupled Transister) 모델에서, 전자의 증배계수(multiplication factor)는 정공의 증배계수에 비해 2배가 더 크다. n-p-n 트랜지스터에서 이미터에서 컬렉터로 흐르는 전류전송률(current transfer ratio)과 컬렉터 포화전류는 p-n-p 트랜지스터에 비해서 4배가 더 크다. 소자를 흐르는 총 전류의 표현식을 구하라.

참고문헌 READING LIST

Baliga, B. J. *Power Semiconductor Devices*. Boston: PWS, 1996.

Esaki, L. "Discovery of the Tunnel Diode." *IEEE Trans. Elec. Dev.*, ED-23 (1976).

Feynman, R. P. "There' s Plenty of Room at the Bottom," lecture available online.

Gentry, F. E., F. W. Gutzwiller, N. Holonyak, Jr., and E. E. Von Zastrow. *Semiconductor Controlled Rectifiers: Principles and Application of p-n-p-n Devices.* Englewood Cliffs, NJ: Prentice-Hall, 1964.

Gunn, J. B. "Microwave Oscillations of Current in III-V Semiconductors," *Solid State Comm.*, 1 (1963).

Moll, J. L., M. Tanenbaum, J. M. Goldey, and N. Holonyak. "P-N-P-N Transistor Switches." *Proc. IRE*, 44 (1956).

Read, W. T. "A Proposed High Frequency, Negative Resistance Diode," *Bell Syst. Tech. J.*, 37 (1958).

Ridley, B. K., and T. B. Watkins. " The Possibility of Negative Resistance Effects in Semiconductors," *Proc. Phys. Soc. Lond.*, 78 (1961).

Shockley, W. "Negative Resistance Arising from Transit Time in Semiconductor Diodes." *Bell Syst. Tech. J.*, 33 (1954).

자가진단 퀴즈 SELF QUIZ

문제 1

ITRS 로드맵에서 "새로운 소자 연구(Emerging Research Devices)" 항목에 대하여 공부하라. ITRS 로드맵은 http://public.itrs.net/에서 찾아볼 수 있다. 위에 언급한 항목은 나노기술을 사용하는 새로운 종류의 소자뿐만 아니라 차세대 CMOS 소자에 대한 예측사항이다.

- 언급된 소자들 중에서 어떤 소자가 다가오는 5년 후, 10년 후 그리고 20년 후에 실제로 생산제품이 될 것인지에 대하여 보고서를 작성하라.

부록 I

공통적으로 사용한 기호의 정의[1)]

a	1장: 단위셀의 크기(Å); 6장: FET에 대한 채널의 금속학적 반폭(cm)
a, **b**, **c**	기준벡터
A	면적(cm^2)
$\mathscr{B}$	자속밀도(Wb/cm^2)
B	BJT에 대한 베이스전송률
B, E, C	BJT의 베이스, 이미터 및 컬렉터
c	광속(cm/s)
C	MOS에서의 정전용량/면적(F/cm^2)
$\mathsf{C}_i, \mathsf{C}_d, \mathsf{C}_{it}$	단위면적당 절연, 공핍, 계면상태 MOS 커패시턴스(F/cm^2)
C_j	접합 정전용량(F)
C_s	전하축적 정전용량(F)
D, D_n, D_p	도펀트, 전자, 정공의 확산계수(cm^2/s)
D, G, S	FET의 드레인, 게이트 및 소스
e	네이피어(Napierian) 기수
e^-	전자
$\mathscr{E}$	전계강도(V/cm)
E	에너지[2)](J, eV); 전지전압(V)
E_a, E_d	억셉터 및 도너의 에너지준위(J, eV)
E_c, E_v	전도대 및 가전자대 단(J, eV)
E_F	평형상태에서의 페르미준위(J, eV)
E_g	대역간극 에너지(J, eV)
E_i	진성 준위(J, eV)

1) 이 표에는 그들이 정의되어 있는 절에서만 사용되고 있는 일부 기호는 포함되어 있지 않다. 단위는 일반적으로 반도체를 취급할 때 사용하는 형태로 주어져 있으며 적당한 곳에는 cm도 포함되어 있다. 그러나 계산을 할 때 일부 공식에서는 MKS 시스템으로 해야 함을 유의해야 한다.

2) 볼츠만 계수(또는 인자) $\exp(-\Delta E/kT)$에서는 k가 J/K 또는 eV/K로 표시되어 있으면, ΔE는 각각 J 또는 eV로 표시될 수 있다.

E_r, E_t	재결합 및 포획 에너지준위(J, eV)
$f(E)$	페르미-디랙 분포함수
F_n, F_p	전자와 정공에 대한 의사 페르미준위(J, eV)
g, g_{op}	EHP 생성률 및 광학적 생성률(cm^{-3}-s^{-1})
g_m	상호 전달컨덕턴스(Ω^{-1}, S)
h	플랑크 상수(J-s, eV-s); 6장: FET의 채널의 반폭(cm)
$\hbar$	2π로 나눈 플랑크 상수(J-s, eV-s)
$h\nu$	광자 에너지(J, eV)
h, k, l	밀러지수
h^+	정공
i, I	전류[3](A)
I(첨자)	BJT의 반전양식
i_B, i_C, i_E	BJT의 베이스, 컬렉터 및 이미터전류(A)
I_{CO}, i_{EO}	이미터 및 컬렉터 개방 시의 컬렉터 및 이미터 포화전류의 크기(A)
I_{CS}, i_{ES}	이미터 및 컬렉터 단락 시의 컬렉터 및 이미터 포화전류의 크기(A)
I_D	드레인에서 소스로 향하는 FET에서의 채널전류(A)
I_0	p-n 접합에서의 역방향 포화전류(A)
j	$\sqrt{-1}$
J	전류밀도(A/cm^2)
k	볼츠만 상수(J/K, eV/K)
k_N, k_P	V_D로 나눈 NMOSFET과 PMOSFET의 상호 전달컨덕턴스(A/V^2)
$\mathbf{k}$	파동벡터(cm^{-1})
k_d	분포계수
K	스케일링(축소) 인자
K	$4\pi\epsilon_0$(F/cm)
l, L	길이(cm)
L_D	디바이 길이(cm)
$\bar{l}$	불규칙한(또는 무작위적인) 운동에서의 캐리어의 평균 자유경로(cm)
m, m^*	질량, 유효질량(kg)
m_n^*, m_p^*	전자 및 정공의 유효질량(kg)
m_l, m_t	종단(longitudinal) 및 횡단(transverse) 전자유효질량(kg)
m_{lh}, m_{hh}	가벼운 정공유효질량 및 무거운 정공유효질량(kg)
m_0	전자의 정지질량(kg)
M	애벌랜치 증식계수

3) 이 표 끝의 주의를 참조할 것

m, n	정수; 지수
n	전도대에서의 전자농도(cm^{-3})
n	n 형 반도체 물질
n^+	고농도로 도핑된 n 형 물질
n_i	전자의 진성농도(cm^{-3})
n_n, n_p	평형상태에서 n 형 및 p 형 물질의 전자농도(cm^{-3})
n_0	평형상태에서의 전자농도(cm^{-3})
n(첨자)	BJT 의 정규양식
N_a, N_d	억셉터와 도너의 농도(cm^{-3})
N_a^-, N_d^+	이온화된 억셉터와 도너의 농도(cm^{-3})
N_c, N_v	전도대 및 가전자대 단에서의 유효상태밀도(cm^{-3})
p	가전자대에서의 정공농도(cm^{-3})
p	p 형 반도체 물질
p^+	고농도로 도핑된 p 형 물질
p	운동량(kg-m/s)
p_i	정공의 진성농도(cm^{-3}) = n_i
p_n, p_p	평형상태에서 n 형 및 p 형 물질의 정공농도(cm^{-3})
p_0	평형상태에서의 정공농도(cm^{-3})
q	전자전하의 크기(C)
Q_+, Q_-	전체적인 양전하 및 음전하(C)
Q_d	공핍영역의 단위면적당 전하(C/cm^2)
Q_f	산화물층의 단위면적당 고정된 전하(C/cm^2)
Q_i	MOS 계면층의 단위면적당 유효전하(C/cm^2)
Q_{it}	단위면적당 계면포획전하(C/cm^2)
Q_m	단위면적당 움직일 수 있는 이온 전하(C/cm^2)
Q_n, Q_p	전자 및 정공분포 중에 축적된 전하(C)
Q_n	FET 채널 속에서의 단위면적당 움직일 수 있는 전하(C/cm^2)
Q_{ot}	단위면적당 산화물에 포획된 전하(C/cm^2)
$R_p, \Delta R_p$	투시범위, 산란(cm)
r, R	저항(Ω)
R_H	홀(Hall)계수(cm^3/C)
S	문턱전압 이하 기울기(mV/decade)
t	시간(s)
t	시료의 두께(cm)
$\bar{t}$	산란충돌 사이의 평균 자유시간(s)

t_{sd}	축적지연시간(s)
T	온도(K)
v, V	전압[4](V)
V	위치에너지(J)
$\mathscr{V}$	정전적 전위(V)
V_{CB}, V_{EB}	BJT 에서의 컬렉터와 베이스 사이, 이미터와 베이스 사이의 전압(V)
V_D, V_G	FET 에서의 드레인과 소스 사이, 게이트와 소스 사이의 전압(V)
$\mathscr{V}_n, \mathscr{V}_p$	중성의 n 형 및 p 형 물질 내의 정전적 전위(V)
V_0	접촉전위(V)
V_P	6 장: FET 의 핀치오프 전압; 11 장: SCR 의 순방향 브레이크오버(breakover) 전압(V)
V_T, V_{FB}	MOS 의 문턱전압과 평탄전압(V)
v, v_d	속도 및 표동속도(cm/s)
w	시료의 폭(cm)
W	공핍영역의 폭(cm)
W_b	BJT 에서의 베이스폭으로 이미터와 컬렉터 접합부의 공핍영역의 끝 사이에서 측정된 것(cm)
x	거리(cm), 합금의 조성비
x_n, x_p	접합부의 중성 n 형 및 p 형 영역의 거리로서 전이영역의 끝에서부터 측정한 것(cm)
x_{n0}, x_{p0}	전이영역의 n 형 영역과 p 형 영역으로 침투된 거리로서 금속학적 접합으로부터 측정한 것(cm)
Z	원자번호; z 방향으로의 크기(cm)
α	BJT 에서의 이미터-컬렉터 간 전류전달률
$\boldsymbol{\alpha}$	광학적 흡수계수(cm^{-1})
α_r	재결합계수(cm^3/s)
β	BJT 에서의 베이스-컬렉터 간 전류증폭계수
γ	이미터 주입효율; p-n-p 형의 경우는 정공전류 i_{Ep} 를 i_E 로 나눈 값
δ, Δ	증분 변화
$\delta n, \delta p$	과잉전자 및 과잉정공의 농도(cm^{-3})
$\Delta n_p, \Delta p_n$	p 형 쪽과 n 형 쪽 전이영역 끝에서의 과잉전자 및 과잉정공의 농도(cm^{-3})
$\Delta p_C, \Delta p_E$	컬렉터 및 이미터접합의 전이영역 끝에서 구한 BJT 베이스에서의 과잉정공농도(cm^{-3})

4) 이 표 끝의 주의를 참조할 것

$\epsilon, \epsilon_r, \epsilon_0$	유전율, 상대유전상수 및 자유공간에서의 유전율(F/cm); $\epsilon = \epsilon_r\epsilon_0$
λ	빛의 파장(μm, Å)
μ	이동도(cm^2/V-s)
ν	빛의 주파수(s^{-1})
ρ	저항률(Ω-cm); 전하밀도(C/cm^3)
σ	전도도$(\Omega\text{-cm})^{-1}$
τ_d	유전완화시간(s); BJT 에서의 지연시간(s)
τ_n, τ_p	전자 및 정공의 재결합수명(s)
τ_t	주행시간(s)
ϕ	자속밀도(flux density)$(cm^2\text{-}s)^{-1}$; 전위(V), 투여량(dose)(cm^{-2})
ϕ_F	$(E_i - E_F)/q$ (V)
ϕ_s	표면전위(V)
Φ	일함수 전위(V)
Φ_B	금속-반도체 간 장벽높이(V)
Φ_{ms}	금속-반도체 일함수 전위차(V)
ψ, Ψ	시간독립적 및 시간의존적 파동함수
ω	각주파수(s^{-1})
⟨ ⟩	괄호 속 양의 평균

주의: 직류전압과 전류에 대해서는 대문자첨자의 대문자기호를 사용한다. 소문자첨자의 소문자기호는 교류량을 대표하고, 대문자첨자의 소문자기호는 전체 양(교류+직류)을 나타낸다. 2중 첨자의 전압기호에 대해서는 처음 첨자로 언급된 점에서의 전위가 두 번째(첨자로 표시됨) 점의 전위보다 높을 때 V는 양이다. 예를 들어, V_{GD}는 전위차 $V_G - V_D$이다.

부록 II

물리학적 상수와 변환계수[1]

아보가드로수	$N_A = 6.02 \times 10^{23}$ molecules/mole
볼츠만 상수	$k = 1.38 \times 10^{-23}$ J/K
	$= 8.62 \times 10^{-5}$ eV/K
전자전하(크기)	$q = 1.60 \times 10^{-19}$ C
전자 정지질량	$m_0 = 9.11 \times 10^{-31}$ kg
자유공간에서의 유전율	$\epsilon_0 = 8.85 \times 10^{-14}$ F/cm
	$= 8.85 \times 10^{-12}$ F/m
플랑크 상수	$h = 6.63 \times 10^{-34}$ J-s
	$= 4.14 \times 10^{-15}$ eV-s
KT의 실온값	$kT = 0.0259$ eV
빛의 속도	$c = 2.998 \times 10^{10}$ cm/s

	Prefixes:		
1 Å (angstrom) $=10^{-8}$ cm	milli-,	m-	$= 10^{-3}$
1 μm (micron) $= 10^{-4}$ cm	micro-,	μ-	$= 10^{-6}$
1 nm = 10 Å $= 10^{-7}$ cm	nano-,	n-	$= 10^{-9}$
2.54 cm = 1 in.	pico-,	p-	$= 10^{-12}$
1 eV $= 1.6 \times 10^{-19}$ J	kilo-,	k-	$= 10^{3}$
	mega-,	M-	$= 10^{6}$
	giga-,	G-	$= 10^{9}$

파장 1 μm는 광자 에너지 1.24 eV에 해당된다.

1) 많은 반도체의 양에 대하여 길이의 단위로 cm가 사용되므로 계산에 있어서 단위의 착오를 피하도록 주의를 기울여야 한다. MKS 단위로 측정된 양들을 포함한 공식에서 길이를 포함한 양을 쓸 경우에는 보통 모두 MKS 양을 사용하는 것이 가장 좋다. cm를 포함한 표준형의 반도체에 관한 취급으로의 변환은 (계산의) 최종 단계에서 이루어질 수 있다. 에너지단위로서 J와 eV를 사용하는 데 있어서도 비슷한 주의를 기울일 필요가 있다.

부록 III

반도체 물질의 성질

		E_g (eV)	μ_n (cm^2/V-s)	μ_p (cm^2/V-s)	m^*_n/m_o (m_l, m_t)	m^*_p/m_o (m_{lh}, m_{hh})	a (Å)	ϵ_r	밀도 (g/cm^3)	녹는점 (°C)
Si	(*i*/*D*)	1.11	1350	480	0.98, 0.19	0.16, 0.49	5.43	11.8	2.33	1415
Ge	(*i*/*D*)	0.67	3900	1900	1.64, 0.082	0.04, 0.28	5.65	16	5.32	936
SiC (α)	(*i*/*W*)	2.86	500	—	0.6	1.0	3.08	10.2	3.21	2830
AlP	(*i*/*Z*)	2.45	80	—	—	0.2, 0.63	5.46	9.8	2.40	2000
AlAs	(*i*/*Z*)	2.16	1200	420	2.0	0.15, 0.76	5.66	10.9	3.60	1740
AlSb	(*i*/*Z*)	1.6	200	300	0.12	0.98	6.14	11	4.26	1080
GaP	(*i*/*Z*)	2.26	300	150	1.12, 0.22	0.14, 0.79	5.45	11.1	4.13	1467
GaAs	(*d*/*Z*)	1.43	8500	400	0.067	0.074, 0.50	5.65	13.2	5.31	1238
GaN	(*d*/*Z*, *W*)	3.4	380	—	0.19	0.60	4.5	12.2	6.1	2530
GaSb	(*d*/*Z*)	0.7	5000	1000	0.042	0.06, 0.23	6.09	15.7	5.61	712
InP	(*d*/*Z*)	1.35	4000	100	0.077	0.089, 0.85	5.87	12.4	4.79	1070
InAs	(*d*/*Z*)	0.36	22600	200	0.023	0.025, 0.41	6.06	14.6	5.67	943
InSb	(*d*/*Z*)	0.18	10^5	1700	0.014	0.015, 0.40	6.48	17.7	5.78	525
ZnS	(*d*/*Z*, *W*)	3.6	180	10	0.28	—	5.409	8.9	4.09	1650*
ZnSe	(*d*/*Z*)	2.7	600	28	0.14	0.60	5.671	9.2	5.65	1100*
ZnTe	(*d*/*Z*)	2.25	530	100	0.18	0.65	6.101	10.4	5.51	1238*
CdS	(*d*/*W*, *Z*)	2.42	250	15	0.21	0.80	4.137	8.9	4.82	1475
CdSe	(*d*/*W*)	1.73	800	—	0.13	0.45	4.30	10.2	5.81	1258
CdTe	(*d*/*Z*)	1.58	1050	100	0.10	0.37	6.482	10.2	6.20	1098
PbS	(*i*/*H*)	0.37	575	200	0.22	0.29	5.936	17.0	7.6	1119
PbSe	(*i*/*H*)	0.27	1500	1500	—	—	6.147	23.6	8.73	1081
PbTe	(*i*/*H*)	0.29	6000	4000	0.17	0.20	6.452	30	8.16	925

모든 값은 300 K에서의 값임.　　　　*증발점

첫 번째 열의 목록은 반도체, 두 번째는 대역구조 유형과 결정구조(crystal)를 나타내고 있다. 기호의 정의: i는 간접형; d는 직접형; D는 다이아몬드 구조; Z는 섬아연광(zinc blende)구조; W는 섬유아연광(wurtzite)구조; H는 암염(halite; NaCl)구조. 이동도는 고순도 물질에서의 값이다.

섬유아연광구조의 결정은 단위셀이 입방체가 아니기 때문에 여기서 제시된 단일 격자상수로는 완전히 기술할 수가 없다. 몇 가지 II-VI족 화합물 반도체는 섬아연광구조나 섬유아연광구조 중 하나로 성장될 수 있다.

여기서 언급한 많은 값들은 특히 II-VI 및 IV-VI족 화합물 반도체에 대해서는 근사값이거나 불확실하다.

전자에서, 첫 번째 유효질량의 대역곡률 곡선들은 종단질량이며, 두 번째 곡선들은 횡단질량을 의미한다. 정공에서, 첫 번째 것들은 가벼운 정공이며 두 번째 것들은 무거운 정공을 뜻한다.

부록 IV

전도대에서의 상태밀도 유도

이 유도에서는 전도대의 전자는 본질적으로 자유롭다고 생각할 것이다. 특정한 격자에의 속박은 이 유도의 끝에서 전자의 유효질량에 포함시킬 수 있다. 자유전자에 대한 3차원적인 슈뢰딩거(Schrödinger)의 파동방정식은

$$-\frac{\hbar^2}{2m}\nabla^2\psi = E\psi \tag{IV-1}$$

로 주어지며, 여기서 ψ는 전자의 파동함수이고 E는 전자의 에너지이다. 식 (IV-1)에 대한 해의 형태는 다음과 같다.

$$\psi = (\text{const.})e^{j\mathbf{k}\cdot\mathbf{r}} \tag{IV-2}$$

전자는 격자 속에서의 일련의 경계조건의 집합으로 기술해야 한다. 일반적인 접근방법은 주기적인 경계조건을 사용하는 것이며, 여기서는 변의 길이가 L인 물질의 입방체 내에서 전자 에너지는 양자화된다. 이것은

$$\psi(x+L, y, z) = \psi(x, y, z) \tag{IV-3}$$

이고, y 및 z 방향에 대해서도 비슷하게 구할 수 있다. 따라서 파동함수는

$$\psi_n = A\exp\left[j\frac{2\pi}{L}(\mathbf{n}_x x + \mathbf{n}_y y + \mathbf{n}_z z)\right] \tag{IV-4}$$

로 쓸 수 있으며, 여기서 각 방향에서의 계수 $2\pi\mathbf{n}/L$은 식 (IV-3)으로써 기술되는 조건을 만족시키는 것이며, A는 정규화(normalizing) 계수이다. ψ_n을 슈뢰딩거 방정식 (IV-1)에 대입하면 다음 식을 얻을 수 있다.

$$-\frac{\hbar^2}{2m}A\nabla^2\exp\left[j\frac{2\pi}{L}(\mathbf{n}_x x + \mathbf{n}_y y + \mathbf{n}_z z)\right] = EA\exp\left[j\frac{2\pi}{L}(\mathbf{n}_x x + \mathbf{n}_y y + \mathbf{n}_z z)\right] \tag{IV-5}$$

이제 1차원, 2차원, 3차원의 경우에 대해 단위체적당 허용된 에너지상태의 수를 에너지

의 함수[상태밀도 $N(E)$]로서 결정해 보자. **k**-공간의 상태수를 가지고 $N(E)$로 전환하기 위해 대역구조 $E(\mathbf{k})$를 사용할 수 있다.

식 (IV-5)에서 3차원인 경우 **k**-벡터의 성분은 $\mathbf{k}_x = 2\pi\, \mathbf{n}_x/L$, $\mathbf{k}_y = 2\pi\, \mathbf{n}_y/L$ 그리고 $\mathbf{k}_z = 2\pi\, \mathbf{n}_z/L$ 이다. 정수인 양자수 $(\mathbf{n}_x, \mathbf{n}_y, \mathbf{n}_z)$마다 **k**-상태가 존재하기 때문에 **k**-상태당 체적은 $(2\pi)^3/L^3 = (2\pi)^3/V$ 이고, 여기서 $V = L^3$은 3차원 체적이다. 그래서 2 스핀 축퇴(spin degeneracy)의 벡터를 고려하면 $\Delta\mathbf{k}$ 의 **k**-공간에서 3차원에 대한 상태수는,

$$\left\{\frac{L^3}{(2\pi)^3}\Delta\mathbf{k}\right\} \times (2)\text{스핀} \tag{IV-6a}$$

3차원에 대한 단위체적당 상태수는,

$$\frac{2}{(2\pi)^3}(\Delta\mathbf{k}) \tag{IV-6b}$$

일반적으로 p 차원에 대한 수식은,

$$\text{단위체적당 상태수} = \frac{2}{(2\pi)^3}(\Delta\mathbf{k}) \tag{IV-7a}$$

다음과 같은 수식으로 $E(\mathbf{k})$ 대역구조의 관계를 이용하여 **k**-공간을 E-공간으로 전환할 수 있다.

$$N(E)\,\Delta E = \frac{2}{(2\pi)^p}(\Delta\mathbf{k}) \tag{IV-7b}$$

3.2.2 절에서 설명했듯이 가장 간단한 대역구조는 포물선 형태이다.

$$E(\mathbf{k}) = \frac{\hbar^2 k^2}{2m^*} \tag{IV-8a}$$

이것은 전도대역의 바닥이나 가전자대역의 상단 근처에서 근사시키면 얻을 수 있다. 이를 이용하여 다음과 같은 **k**와 E에 대한 관계식을 얻을 수 있다.

$$k = \sqrt{\frac{2m^* E}{\hbar^2}} \tag{IV-8b}$$

$$dk = \left\{\sqrt{\frac{m^*}{2}}\,\frac{1}{\hbar}\right\}\frac{1}{\sqrt{E}}\,dE \tag{IV-8c}$$

여기에 $p = 3$을 대입하면 벌크(bulk) 반도체의 전형인 3차원의 경우를 유도할 수 있다. k와 $k + dk$ 사이에 대한 두 상수-k 구형 표면 사이의 **k**-공간의 체적은(그림 IV-1a) 다음과 같다.

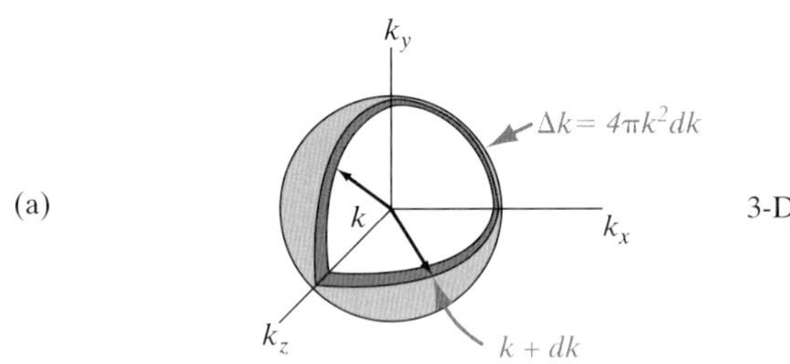

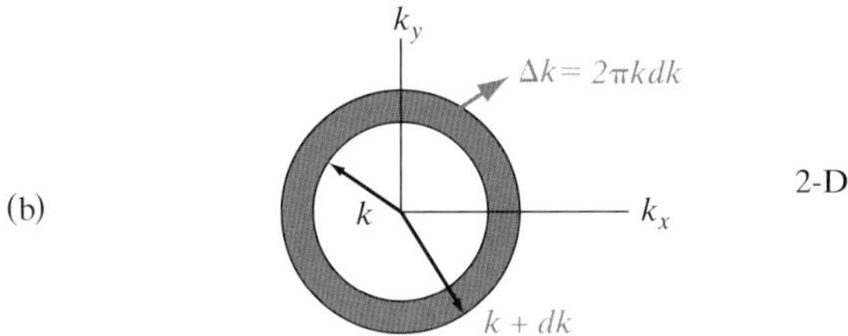

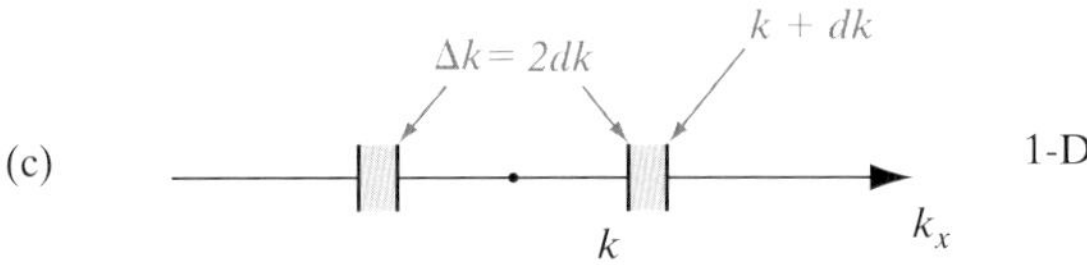

그림 IV-1 k-공간에서의 체적: (a) 3차원 시스템; (b) 2차원 시스템; (c) 1차원 시스템.

$$\mathbf{\Delta k} = 4\pi k^2 dk \tag{IV-9a}$$

여기서 양변의 dk는 상쇄되었다.

상태밀도는 다음과 같이 된다.

$$N(E)dE = \frac{2}{(2\pi)^3} 4\pi k^2 dk = \frac{\sqrt{2}}{\pi^2}\left(\frac{m^*}{\hbar^2}\right)^{3/2} E^{1/2} dE \tag{IV-9b}$$

E에 대한 $N(E)$를 그려보면 포물선 형태의 대역구조 관계에 대한 3차원에 대한 상태밀도가 포물선 형태로 나오는 것을 알 수 있다(그림 IV-2a).

$p = 2$를 대입하면 소위 2차원 전자가스(2-DEG) 또는 정공가스를 얻을 수 있다. 이는 또한 양자우물(3.2.5절)이나 MOSFET의 반전층에서도 일어날 수 있다.

이 경우에 **k**-공간의 "체적"은 그림 IV-1b에 나타나 있듯이 두 원 사이, 즉 k와 $k + dk$ 사이의 고리모양(annular)을 갖는 영역이다. 여기서

$$\mathbf{\Delta k} = (2\pi k)dk \tag{IV-10a}$$

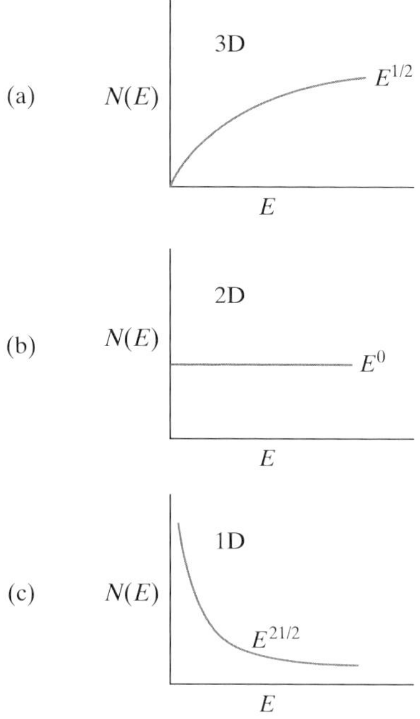

그림 IV-2 상태밀도: (a) 3차원에서; (b) 2차원 전자나 정공가스에서; (c) 1차원 양자 "선"에서.

양변의 dk^2은 상쇄된다.

식 (IV-7a)를 사용하여 단위면적당 상태밀도를 유도하면 다음과 같다.

$$N(E)dE = \frac{2}{(2\pi)^2}(2\pi k)dk = \frac{m^*}{\pi\hbar^2}dE \tag{IV-10b}$$

3차원과는 달리 2차원에서는 상태밀도가 에너지에 대해 일정하다는 것을 알 수 있다 (그림 IV-2b). 실제로, 양자우물이나 반전층(6장 참조)에서 2-DEG에 대하여 2.4.3절 및 3.2.5절에서 설명되었던 소위 "계단형태(staircase)"라 불리는 다른 "상자 속 입자(particle-in-a-box)"에 대한 다양한 일정한 2차원의 상태밀도를 추가해야 한다.

$p = 1$을 대입하면 1차원 양자 "선(wire)"을 얻을 수 있다. 한 예로 보다 난해한 구조도 MBE나 MOCVD로 성장될 수 있다. 이 경우 1차원에서 k와 $k + dk$ 사이 영역의 **k**-공간의 체적은 다음과 같다.

$$\Delta\mathbf{k} = 2(dk) \tag{IV-11a}$$

식 (IV-7a)를 사용하여 상태밀도를 구하면,

$$N(E)dE = \frac{2}{(2\pi)^1}(2dk) = \frac{\sqrt{2m^*}}{\pi\hbar\sqrt{E}}dE \tag{IV-11b}$$

3차원, 2차원, 1차원에서 상태밀도를 구하면서[각각 식 (IV-9b), (IV-10b), (IV-11b)] 매우 흥미로운 사실을 발견할 수 있다. 낮은 차원으로 갈수록 에너지에 대한 상태밀도가 $1/\sqrt{E}$로 변하는 것을 알 수 있다. 사실 0차원 양자 “점(dot)”에 대하여 상태밀도는 $1/E$에 비례한다. 1차원과 0차원인 경우에 상태밀도가 반도체 소자에서 매우 중요한 에너지에 대한 특이성을 갖는 것을 알 수 있다. 이러한 낮은 차원의 구조는 10.7절에 논의되었다.

에너지준위 E의 점유확률을 포함시키기 위해 페르미-디랙(Fermi-Dirac) 분포함수를 이용한다.

$$f(E) = \frac{1}{e^{(E-E_F)/kT} + 1} \tag{IV-12}$$

dE 범위에서 전자의 농도는 그 범위에서의 허용되는 상태의 밀도와 점유확률의 곱으로 나타내어진다. 그리하여 dE 내에 점유전자 상태의 밀도 N_e는 다음과 같다.

$$N_e dE = N(E)f(E)dE \tag{IV-13}$$

3차원의 경우 대역을 통하여 식 (IV-13)을 적분하여 주어진 온도에서 전도대역에서의 전자농도를 계산할 수 있다.

$$n = \int_0^\infty N(E)f(E)dE = \frac{1}{2\pi^2}\left(\frac{2m}{\hbar^2}\right)^{3/2} e^{E_F/kT}\int_0^\infty E^{1/2}e^{-E/kT}dE \tag{IV-14}$$

이 적분식에서 전도대역의 에너지를 대역 끝까지로 보았다($E = 0$으로 주어지는 E_c). 더욱이 $(E - E_F) \gg kT$인 에너지에 대하여 함수 $f(E)$는 다음과 같다.

$$f(E) = e^{(E_F - E)/kT} \tag{IV-15}$$

식 (IV-14)의 적분식을 표준형으로 나타내면 다음과 같다.

$$\int_0^\infty x^{1/2}e^{-ax}dx = \frac{\sqrt{\pi}}{2a\sqrt{a}} \tag{IV-16}$$

그리하여 식 (IV-14)로부터 다음을 얻을 수 있다.

$$n = 2\left(\frac{2\pi mkT}{h^2}\right)^{3/2} e^{E_F/kT} \tag{IV-17}$$

전도대역의 바닥을 $E = 0$ 대신 E_c로 생각하면 전자농도에 대한 표현식은 식 (3-15)에 해당하는 다음과 같다.

$$n = 2\left(\frac{2\pi m_n^* kT}{h^2}\right)^{3/2} e^{(E_F - E_C)/kT} \tag{IV-18}$$

결정에서 전자의 유효질량 m_n^*을 통하여 격자의 구성요소를 포함한 수식이다.

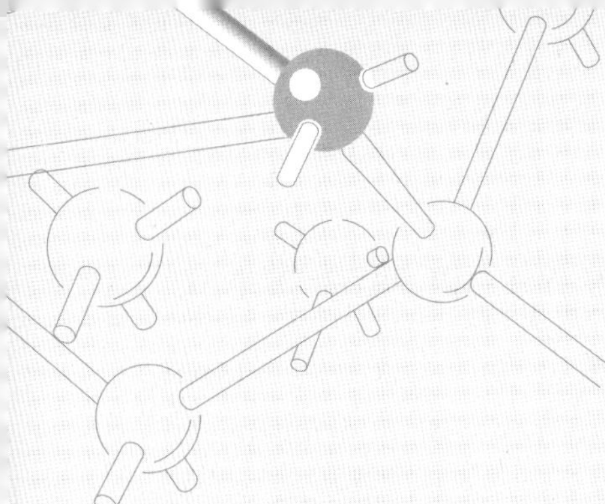

부록 V

페르미-디랙 통계의 유도

이 절에서는 페르미-디랙 통계의 단순화된 유도과정을 살펴볼 것이다. 모든 세부사항들을 살펴보지는 않을 것이지만, 대신에 관련된 물리적인 가정들을 보여줄 것이다. 분포함수는 파울리의 배타원리를 조건으로 하여, 에너지준위 E_k 에서 g_k 상태에 n_k 개의 구별할 수 없는 전자들을 넣을 수 있는 구별된 방법(W_k)의 수를 계산함으로써 결정된다.

가정들은 다음과 같다.

1. 각각의 허락된 상태는 최대값으로 전자 하나를 갖는다(파울리의 배타원리).
2. 각각의 허락된 양자상태가 차지(축퇴)할 확률은 같다.
3. 모든 전자들은 서로 구별되지 않는다.

특정한 에너지준위에 전자들을 넣을 수 있는 구별된 방법의 수는 다음과 같다.

$$W_k = \frac{(g_k)(g_k - 1)(g_k - \overline{n_k - 1})}{n_k!} = \frac{g_k!}{(g_k - n_k)!n_k!} \qquad \text{(V-1)}$$

한 대역의 N개 준위에 대해, 서로 다른 전자들을 배치할 수 있는 방법의 수는 소위 "다양성 함수(multiplicity function)"를 준다.

$$W_b = \prod_k W_k = \prod_k \frac{g_k!}{(g_k - n_k)!n_k!} \qquad \text{(V-2)}$$

우리가 "서로 다른 E_k 준위 안에 있을 n_k 개의 전자(E_k 준위에서 g_k 의 축퇴)의 가장 그럴듯한 분포는 무엇입니까?"라고 묻는다면, 통계학에 바탕을 둔 자연스러운 대답은 다음과 같을 것이다.

> 열평형상태에서, 가장 불규칙적인 분포(예를 들면, 최대 엔트로피를 갖는 또는 가장 많은 방법의 수로 차지할 수 있는)가 가장 그럴듯하다.

그러므로 n_k 에 관하여 W_b 를 최대로 할 수 있어야 한다.

여기서는 대역에서 전자의 총 수가 고정된다고 가정한다.

$$\sum_k n_k = n = \text{상수} \Rightarrow \sum_k dn_k = 0 \qquad \text{(V-3)}$$

또한 대역에서 총 에너지가 일정하다고 가정한다.

$$\sum_k E_k dn_k = 0 \text{을 대입하면 } E_{tot} = \sum_k E_k n_k = \text{상수} \tag{V-4}$$

$g(x_i)$와 $h(x_i)$가 일정하다는 조건을 전제로 하여 q 변수 $x_i(i = 1, \ldots, q)$의 어떤 함수 $f(x_i)$를 최대나 최소로 하기 위해서 라그랑주 미정 승수(Lagrange undetermined multiplier) 방법을 사용한다.

그러면,

$$df = 0 \quad (\text{외부값 } f\text{에서}) \tag{V-5}$$

$$dg = 0, dh = 0 \quad (g\text{와 } h\text{가 일정하기 때문에}) \tag{V-6}$$

을 갖는다. 두 개의 라그랑주 미정 승수 α와 β를 도입하면,

$$\begin{aligned} \sum_i \frac{\partial}{\partial x_i}[f(x_i) + \alpha g(x_i) + \beta h(x_i)]dx_i = 0 \\ \frac{\partial}{\partial x_i}[f(x_i) + \alpha g(x_i) + \beta h(x_i)] = 0 \end{aligned} \tag{V-7}$$

을 얻는다. $i = 1, \ldots, q$에 대해

$$g(x_i) = \text{상수} \qquad h(x_i) = \text{상수} \tag{V-8}$$

그러므로 (x_i, α, β)의 미지의 $(q + 2)$개의 변수에 대해 $(q + 2)$개의 방정식을 얻는다.

손으로 문제를 풀기 위해서 다음의 기술을 적용한다. W_b를 최대화하는 대신에, $\ln W_b$를 최대화하는 것이다. 왜냐하면 수학계산이 좀더 단순화되기 때문이다. 로그함수는 변수와 함께 일정하게 변하기 때문에, 최대값은 다른 것을 최대로 하는 것과 같다.

$$\ln W_b = \sum_k [\ln(g_k)! - \ln(g_k - n_k)! - \ln(n_k)!] \tag{V-9}$$

이 항을 단순화하기 위해, 큰 수의 계승(factorial)에 대한 스털링의 근사(Stirling's approximation)를 사용한다. 큰 x에 대해 $\ln x! = x \ln x - x$이다.

$$\begin{aligned} \ln W_b &= \sum_k [g_k \ln(g_k) - g_k - (g_k - n_k)\ln(g_k - n_k) + (g_k - n_k) - n_k \ln(n_k) + n_k] \\ &= \sum_k [g_k \ln(g_k) - (g_k - n_k)\ln(g_k - n_k) - n_k \ln(n_k)] \end{aligned} \tag{V-10}$$

시스템 조건이 있기 때문에 $dg_k = 0$이다. 그러므로 다음을 얻을 수 있다.

$$d(\ln W_b) = \sum_k \frac{\partial[\ln W_b]}{\partial n_k} dn_k = \sum_k \ln\left(\frac{g_k}{n_k} - 1\right) dn_k = 0 \tag{V-11}$$

또한 두 가지 조건으로부터 다음 식을 얻는다.

$$\sum_k dn_k = 0, \ \sum_k E_k dn_k = 0 \tag{V-12}$$

그러면,

$$\sum_k \left[\ln\left(\frac{g_k}{n_k} - 1\right) - \alpha - \beta E_k \right] dn_k = 0 \tag{V-13}$$

$$\ln\left(\frac{g_k}{n_k} - 1\right) - \alpha - \beta E_k = 0 \tag{V-14}$$

이것으로부터,

$$\frac{n_k}{g_k} = f(E_k) = \frac{1}{1 + e^{\alpha + \beta E_k}} \tag{V-15}$$

기본 열역학으로부터,

$$\alpha = -\frac{E_F}{kT}, \quad \beta = \frac{1}{kT} \tag{V-16}$$

페르미-디랙 분포함수를 얻기 위해 다음과 같음을 보일 수 있다.

$$f(E_k) = \frac{1}{\exp\left[\frac{E_k - E_F}{kT}\right] + 1} \tag{V-17}$$

높은 에너지에 대해,

$$E \gg E_F, \quad f(E) \simeq \exp\frac{E_F - E}{kT} \tag{V-18}$$

이것은 페르미-디랙 분포함수에 대한 고전적인 맥스웰-볼츠만(Maxwell-Boltzmann) 한계이다. 일단 전자가 차지할 확률을 알았다면, 정공이 차지할 확률은 다음과 같이 된다.

$$1 - f(E) = \frac{1}{\exp\frac{E_F - E}{kT} + 1} \tag{V-19}$$

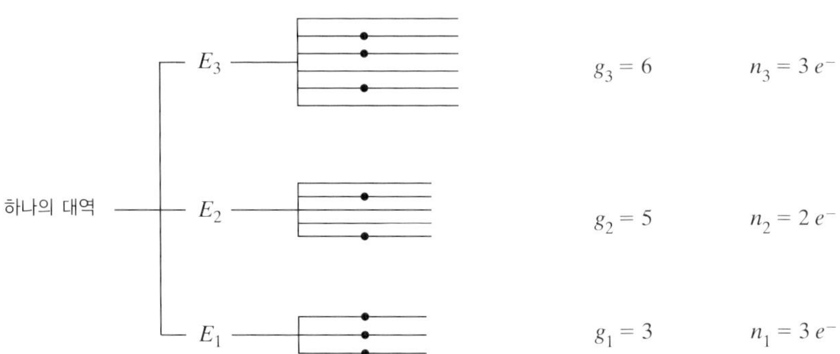

그림 V-1 하나의 대역, 다른 축퇴를 갖는 g 그리고 전자점유도 n에서 나타나는 3개의 에너지준위의 예

부록 VI

시간과 온도의 함수로 주어진 Si에 성장되는 건식 및 습식 열산화 두께[1]

1) **B. Deal.** "The Oxidation of Silicon in Dry Oxygen, Wet Oxygen and Steam." *J. Electrochem. Soc.* 110(1963): 527.

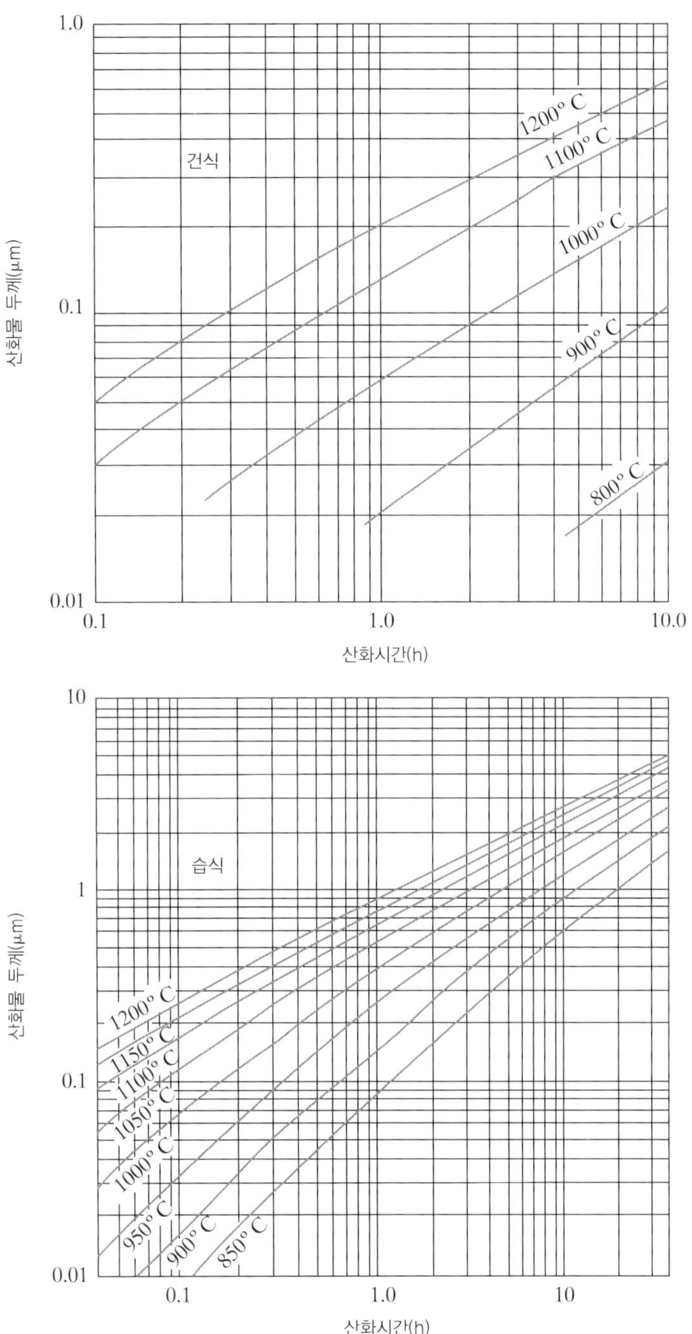
1.0
0.1
0.01
산화물 두께(μm)
건식
1200° C
1100° C
1000° C
900° C
800° C
0.1
1.0
10.0
산화시간(h)
10
1
0.1
0.01
산화물 두께(μm)
습식
1200° C
1150° C
1100° C
1050° C
1000° C
950° C
900° C
850° C
0.1
1.0
10
산화시간(h)

부록 VII

Si와 SiO_2에서 도펀트의 확산도[1)]

1) *J. Appl. Physics*, 27(1956), 544 페이지에 수록된 **C. S. Fuller**와 **J. A. Ditzenberger**의 "Diffusion of Donor and Acceptor Elements in Silicon"을 참조하여 얻은 실리콘 확산도 데이터

J. Electrochem, Soc. 120(1973), 164 페이지에 수록된 **M. Ghezzo**와 **D. M. Brown**의 "Diffusivity Summary of B, Ga, P, As and Sb in SiO_2"를 참조하여 얻은 SiO_2의 확산도 데이터

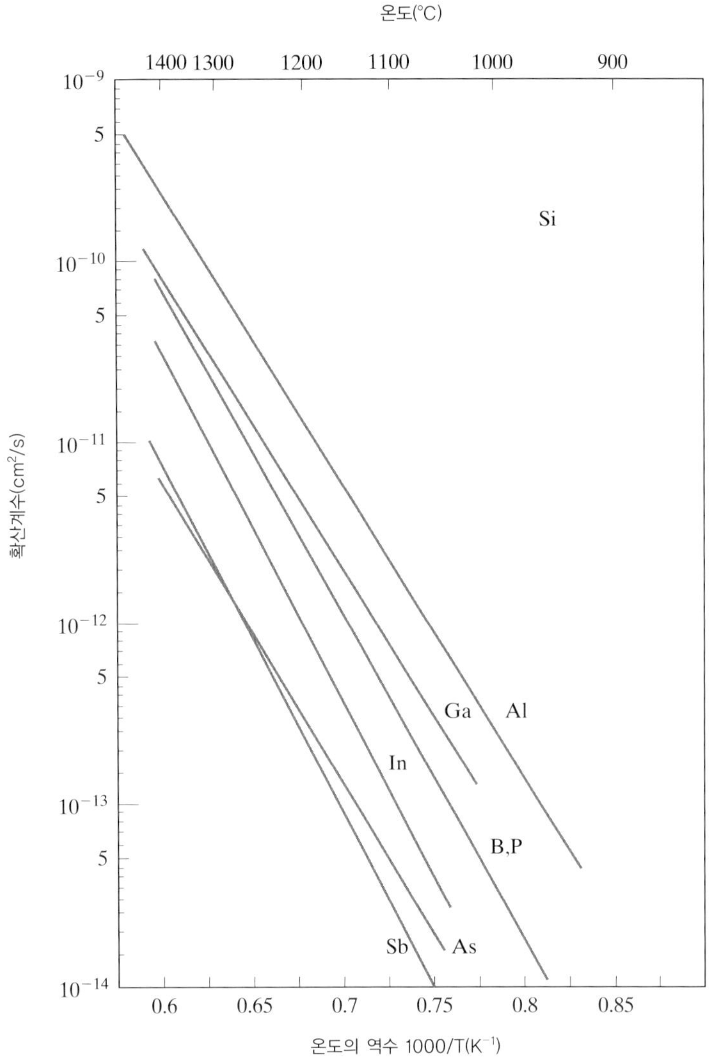

SiO_2에서 다양한 불순물의 확산도		
원소	D_o(cm²/sec)	E_A(eV)
붕소	3×10^{-4}	3.53
인	0.19	4.03
비소	250	4.90
안티몬	1.31×10^{16}	8.75

자가진단 퀴즈 정답

1장

1. (a) (111); (100); (110)
2. (a) 1과 2
   (b) {110}
   (c) B
3. (a) C
   (b) (1) 섬아연광; (2) 다이아몬드
4. 0차원: 빈자리, 틈새; 1차원: 디스로케이션(dislocation: 전위); 2차원: 결정입자경계, 표면
6. InP

2장

1. (a) 허용되지 않는다
   (b) 허용되지 않는다
   (c) 허용된다
2. (a) 아니오
   (b) 예
3. (a) 불가능하다
   (b) 가능하다
   (c) 그렇다
4. 자료가 부족하다
5. p_o; 미정; 미정
6. (a) 에너지 증가; 불변
   (b) 에너지 불변; 감소

3장

1. (a) 반도체, 금속, 절연체
   (b) 물질 3
2. (a) X 계곡
   (b) Γ 계곡
3. (a) GaAs
   (b) GaAs
   (c) 1.4 eV; 0.87μm; 적외선
   (d) 6, 1
4. (a) GaAs
   (b) 같다
5. (a) p 형
   (b) 같다
   (c) 매우 높은 억셉터 도핑
6. (a) 1.08 eV
   (b) $n_0 = 10^{16}\,\text{cm}^{-3}$; $p_0 = 10^4\,\text{cm}^{-3}$
   (c) $p_0 = 10^{16}\,\text{cm}^{-3}$; $n_0 = 10^4\,\text{cm}^{-3}$
   (d) 0.36 eV

4장

1. (a) $10^{17}/\text{cm}^3$-s
   (b) 2×10^{17} eV/cm^3
   (c) 10^{17} eV/cm^3-s
2. (a) 깊은 것이 더 나쁨; Au
   (b) Si; 간접형
   (c) 증가
3. (a) E_F 평탄
   (b) 상수(일정), 전계는 오른쪽 방향을 가리킴
4. (a) 왼쪽, 오른쪽, 오른쪽, 왼쪽
   (b) 왼쪽, 오른쪽, 왼쪽, 오른쪽
5. (b) 4
6. (a) 오른쪽, 오른쪽, 왼쪽, 오른쪽
   (b) 오른쪽, 오른쪽, 오른쪽, 왼쪽

5장

3. 짧은 것
4. 1.5 V
7. (b) 옴 접촉

6장

1. (a) 공핍
   (b) 약반전
   (c) 축적
   (d) 강반전
   (e) 평탄대역
   (f) 문턱
2. (a) 전력이득
   (b) 직류전원
3. (b) 1.2 μF/cm^2
   (c) 동일 곡선
4. (a) n 채널
   (b) 긴 채널
   (c) −0.5 V
   (d) 공핍형
5. (a) 감소
   (b) 감소
6. (a) 증가
   (b) 증가
7. (a) 무변화
   (b) 감소
   (c) 감소
8. (a) 1 mmhos
   (b) −0.2 V
   (c) 단채널
   (d) p 채널
   (e) 증식형
9. (a) 정상전도상태
   (b) 긴 채널
   (c) 25 mV/decade
   (d) S는 60 mV/decade보다 작을 수 없다.

7장

1. (a) 50
   (c) 6 V
   (d) 21 V
3. (a) 증가
   (b) 증가
   (c) 증가
   (d) 감소
5. (a) 증가
   (b) 증가
   (c) 감소

8장

1. (a) C
   (b) 0.7 eV
   (c) 7 mW
   (d) 0.4 eV
   (e) 14 mW
   (f) 50%
2. 28 mW
3. 0.5 μm; 아니오; 예
4. 재생 가능하고 환경친화적; 비용

9장

1. 예; 아니오
4. 가장 낮은 Q_{ox}

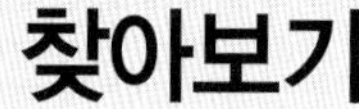

찾아보기

ㅅ

ㅇ

ㅊ

ㅋ

ㅌ

ㅍ

ㅎ

정전용량: $C = \left|\dfrac{dQ}{dV}\right|$ (5-55)

접합 공핍: $C_j = \epsilon A\left[\dfrac{q}{2\epsilon(V_0 - V)}\dfrac{N_d N_a}{N_d + N_a}\right]^{1/2} = \dfrac{\epsilon A}{W}$ (5-62)

축적전하

정공의 지수함수적 분포: $Q_p = qA\int_0^\infty \delta p(x_n)dx_n = qA\Delta p_n \int_0^\infty e^{-x_n/L_p}dx_n = qAL_p\Delta p_n$ (5-39)

$I_p(x_n = 0) = \dfrac{Q_p}{\tau_p} = qA\dfrac{L_p}{\tau_p}\Delta p_n = qA\dfrac{D_p}{L_p}p_n(e^{qV/kT} - 1)$ (5–40), (5–29)

$G_s = \dfrac{dI}{dV} = \dfrac{qAL_p p_n}{\tau_p}\dfrac{d}{dV}(e^{qV/kT}) = \dfrac{q}{kT}I$ (5–65)

긴 p^+-n: $i(t) = \dfrac{Q_p(t)}{\tau_p} + \dfrac{dQ_p(t)}{dt}$ (5-47)

MOS-n 채널

산화물: $C_i = \dfrac{\epsilon_i}{d}$ 공핍: $C_d = \dfrac{\epsilon_s}{W}$ MOS(금속 산화물 반도체): $C = \dfrac{C_i C_d}{C_i + C_d}$ (6-36)

문턱전압: $V_T = \underbrace{\Phi_{ms} - \dfrac{Q_i}{C_i}}_{\text{평탄대역}} - \dfrac{Q_d}{C_i} + 2\phi_F$ (6-38)

반전: $\phi_s\,(\text{inv.}) = 2\phi_F = 2\dfrac{kT}{q}\ln\dfrac{N_a}{n_i}$ (6-15) $W = \left[\dfrac{2\epsilon_s\phi_s}{qN_a}\right]^{1/2}$ (6-30)

$Q_d = -qN_aW_m = -2(\epsilon_s qN_a\phi_F)^{1/2}$ (6-32) At V_{FB}: $C_{FB} = \dfrac{C_i C_{debye}}{C_i + C_{debye}}$

디바이 차폐길이: $L_D = \sqrt{\dfrac{\epsilon_s kT}{q^2 p_0}}$ (6-25) $C_{debye} = \dfrac{\epsilon_s}{L_D}$ (6-40)

기판 전압: $\Delta V_T \simeq \dfrac{\sqrt{2\epsilon_s qN_a}}{C_i}(-V_B)^{1/2}$ (n 채널) (6–63b)